DIE TUBERKULOSE UND IHRE GRENZGEBIETE
IN EINZELDARSTELLUNGEN

BEIHEFTE ZU DEN BEITRÄGEN ZUR KLINIK DER TUBERKULOSE UND SPEZIFISCHEN TUBERKULOSEFORSCHUNG

HERAUSGEGEBEN VON
L. BRAUER-HAMBURG UND H. ULRICI-SOMMERFELD

BAND 5

PATHOLOGISCHE ANATOMIE DER TUBERKULOSE

VON

P. HUEBSCHMANN

O. PROFESSOR · DIREKTOR DES PATHOLOGISCHEN INSTITUTS
DER MEDIZINISCHEN AKADEMIE IN DÜSSELDORF

MIT 108 ZUM GROSSEN TEIL FARBIGEN ABBILDUNGEN

SPRINGER-VERLAG BERLIN HEIDELBERG GMBH
1928

ISBN 978-3-642-98540-9 ISBN 978-3-642-99354-1 (eBook)
DOI 10.1007/978-3-642-99354-1

Vorwort.

Der Plan, der ursprünglich diesem Buch zugrunde lag, war der eines Handbuches. Die große Bedeutung, die die Tuberkuloseforschung von jeher hatte und der gewaltige Aufschwung, der ihr seit etwa 25 Jahren vergönnt war, konnten einen solchen Gedanken rechtfertigen. Auch die pathologische Anatomie hat gerade in dieser Zeit mannigfache neue Probleme aufgegriffen und bearbeitet. Aber eine große Anzahl von Tuberkuloseforschern mußten ihr notgedrungen verhältnismäßig fern bleiben. Jenen ein Werk in die Hände zu geben, an dem sie sich über eine der wichtigsten Grundlagen der Tuberkuloseforschung unterrichten könnten, erschien deshalb als eine reizvolle Aufgabe. Es stellte sich jedoch nach langen mühevollen Vorarbeiten heraus, daß der ursprüngliche Plan nicht gut durchführbar war. Erstens nämlich dürfte schon heute eine lückenlose Bearbeitung der pathologischen Anatomie der Tuberkulose, die die vorhandene Literatur möglichst restlos erfassen wollte, die Kraft eines Einzelnen fast übersteigen oder doch wenigstens so viel Zeit erfordern, daß große Teile beim Erscheinen des Werkes schon wieder veraltet wären. Ein zweiter Grund aber veranlaßte mich in viel stärkerem Maße zur Änderung des Planes. Jeder Pathologe wird zwar mit mir die Überzeugung haben, er gebiete gerade auf dem Gebiet der Tuberkulose über einen so großen Schatz von Erfahrungen, daß er beim Unterricht, bei Demonstrationen usw. nie in Verlegenheit kommen könnte, daß er auch — abgesehen von den erwähnten Schwierigkeiten — wohl imstande wäre, das ganze Gebiet oder einen Teil davon handbuchmäßig zu bearbeiten. Aber sobald ich selbst an die erste Darstellung eines Teilgebietes heranging, türmten sich ungeahnte Schwierigkeiten auf. Es zeigte sich, daß grundlegende Fragen der Histogenese sowohl der allgemeinen wie der speziellen, für die menschlichen Verhältnisse zum Teil nur sehr unvollkommen, oder überhaupt nicht geklärt waren, daß weiterhin zwischen den verschiedenen Beschreibungen und Auffassungen kaum überbrückbare Meinungsverschiedenheiten bestanden. Um mir soweit als irgend möglich ein auf eigenen Erfahrungen beruhendes Urteil zu verschaffen, mußte ich deshalb in vieler Hinsicht von vorn anfangen, wozu immer wieder neues Material und neue zeitraubende Untersuchungen notwendig wurden. Einige Ergebnisse davon sind schon in eigenen Arbeiten und denen meiner Mitarbeiter niedergelegt worden. Ein weiteres Ergebnis ist das vorliegende Buch, das sich demnach in seinem Hauptteil im wesentlichen auf eigene Untersuchungen stützt und eigene Schlußfolgerungen verwertet. Insofern ist es ein durchaus subjektives Erzeugnis und weit entfernt von einem Handbuch im gebräuchlichen Sinn, wenn sich auch an manchen Stellen noch Anklänge an den ersten Bearbeitungsplan finden. Ich hoffe trotzdem, daß es den Tuberkuloseforschern aus allen Lagern manche Kenntnisse vermitteln und manche Anregung bringen wird. Daß es Stückwerk bleiben mußte, dessen bin ich mir selbst zu allererst bewußt. Ein Abschluß mußte aber einmal gemacht werden, wenn es den Zweck erfüllen sollte, in der derzeitigen wichtigen Forschungsperiode die große Bedeutung der pathologischen Anatomie zu betonen. Auch durfte aus begreiflichen Gründen sein Umfang nicht unbeschränkt vermehrt werden. Ist das Buch jetzt in manchen Punkten kaum viel mehr als ein Entwurf, so möchte ich doch betonen, daß es auch ein *Programm* sein soll. Denn ich hoffe, mit meinen Mitarbeitern noch mannigfache weitere Beiträge aus diesem Gebiet zu geben.

Die Anordnung des Stoffes in einen allgemeinen und einen speziellen Teil ergab sich von selbst. Daß im ersten die allgemeine Pathologenese nicht fehlen durfte, versteht sich von selbst. Die Literatur ist auch im Text nicht unberücksichtigt geblieben, wenn auch nur wenige Autorennamen genannt sind. Um diesen Mangel wenigstens in gewissem Umfang auszugleichen und anderen Forschern die Orientierung über die Literatur etwas zu erleichtern, habe ich in einem Anhang eine Auswahl mir wichtig erscheinender Arbeiten referiert oder auch kritisch zu ihnen Stellung genommen.

Die Auswahl der Abbildungen ist keine durchaus einheitliche; auch das hängt noch zum Teil mit der im Laufe der Bearbeitung notwendig gewordenen Abänderung des ursprünglichen Planes zusammen. Die große Mehrzahl der Abbildungen ist jedoch so gewählt, daß die mir besonders wichtig erscheinenden Vorgänge damit genügend illustriert werden. Von den verschiedenen Künstlern, die die Abbildungen herstellten, möchte ich besonders Fräulein SIKORA, z. Zt. in Düsseldorf, mit Anerkennung nennen. Von ihr stammt der größte Teil der farbigen mikroskopischen Bilder.

Daß der Verlag JULIUS SPRINGER seine Aufgabe in jeder Beziehung so erfüllt hat, wie es seiner schönen Tradition entspricht, braucht kaum besonders betont zu werden. Schon die Ausstattung des Buches legt ein beredtes Zeugnis dafür ab. Ihm auch hier zu danken, ist mir ein herzliches Bedürfnis. Ich bin auch vielen Mitarbeitern, die mir in Unermüdlichkeit und Treue geholfen haben, zu großem Dank verpflichtet. Ich habe zuletzt und nicht am wenigsten zu danken der „*Notgemeinschaft der Deutschen Wissenschaft*", ohne deren mir in den letzten drei Jahren zuteil gewordene Unterstützung es mir nicht möglich gewesen wäre, das Buch in der vorliegenden Form abzuschließen.

Düsseldorf, März 1928.

P. HUEBSCHMANN.

Inhaltsverzeichnis.

Allgemeiner Teil.

Spezieller Teil.

Seite

Berichtigung.

S. 170, Zeile 17 v. unten lies Puhl statt Husten.

Allgemeiner Teil.

Einleitung.

Die Infektionskrankheiten, zu denen auch die Tuberkulose gehört, haben trotz ihres ganz verschiedenen Verlaufes eine gemeinsame Eigenschaft, die ihnen eine Sonderstellung unter den pathologischen Vorgängen zuweist, das ist die Wirksamkeit spezifischer, von Kleinlebewesen produzierter Giftsubstanzen. Diese Produktion und also auch Vermehrungsfähigkeit von Giftsubstanzen im infizierten Körper unterscheidet die Infektionskrankheiten grundsätzlich von anderen pathologischen Prozessen, auch solcher, bei denen Gifte in fertigem Zustand in den Körper eingeführt werden. Bei den letzteren resultiert ein Ablauf der pathologischen Vorgänge, der unabänderlich bedingt ist durch die Dosis des wirksamen Giftes und durch die Empfindlichkeit des Organismus oder seiner Gewebe gegen das Gift. Auch die pathologisch-anatomischen Reaktionen sind relativ einfache. Nur wenige Gifte, und unter ihnen nicht gerade die gefährlichsten, setzen schwere Gewebszerstörungen und -schädigungen, so z. B. die ätzenden, Zerstörungen, auf die dann der Körper mit entzündlichen Reaktionen antwortet. Die meisten und gerade die gefährlichsten wirken vermöge ihrer chemischen Affinität elektiv auf bestimmte Zellen und Gewebe, ohne äußerlich so schwere Schädigungen zustande zu bringen, daß daraus entzündliche Veränderungen resultieren müssen. Bei den Infektionserregern liegen aber die Verhältnisse gerade umgekehrt.

Enge Beziehungen zur Wirksamkeit der gefährlicheren Gifte im engeren Sinne haben wir nur in wenigen Fällen, z. B. beim Tetanus und Botulismus, zum Teil bei der Diphtherie (echte Toxinwirkung). Sehen wir im übrigen ab von ganz besonders gearteten Krankheiten, wie z. B. den reinen Blutkrankheiten (Malaria usw.), so haben wir bei den meisten ganz bestimmte Merkmale, die ihnen ihre Sonderstellung unter den pathologischen Vorgängen verschaffen. Es ist die besondere Art der Giftwirkung, wobei es sich in den meisten Fällen nicht oder wenigstens nicht in erster Linie um eine Fernwirkung gelöster Gifte wie bei den einfachen Vergiftungen oder auch den erwähnten besonderen Infektionen handelt, sondern um eine lokale Wirkung der Infektionserreger selbst. Und zwar pflegen es dann nicht sezernierte und von den Infektionserregern unabhängig gewordene Gifte zu sein, eben nicht echte Toxine, sondern sog. Endotoxine, d. h. Leibessubstanzen, bezw. Abbauprodukte, der Mikroorganismen, die erst durch ihre Auflösung frei werden. Die Giftwirkung hat zur Folge die verschiedensten Arten der Zell- und Gewebsschädigungen, verschieden in quantitativer und in qualitativer Beziehung. Diese Gewebsschädigungen können nur bestehen in abnormen Abbauprozessen der lebenden Substanz (Katabiose), Abbauprozessen, die bis zum Gewebstod (Nekrose) gehen können.

Es ist keine Frage, daß bei solchen Prozessen auch aus den geschädigten Geweben Stoffe entstehen, die für den Organismus nicht nur unbrauchbar — am Ort der Entstehung und überhaupt —, sondern auch zum Teil schädlich sind und ihrerseits wiederum, unter Umständen gemischt mit den Stoffwechselprodukten der Mikroorganismen, Giftwirkungen entfalten können.

Dürfen wir in den erwähnten Vorgängen eins der wesentlichen Merkmale der „*Infektion*" sehen, so müssen wir ihnen gegenüberstellen die *reaktiven Prozesse* im Organismus, die sich lokal in jenem Komplex von Erscheinungen äußern, den wir *Entzündung* nennen, und andererseits in allgemeinen Symptomen, wie vor allen Dingen im Fieber, in der Wirkung auf das hämatopoetische System, in Milzschwellung usw. — Beide Gruppen von Erscheinungen, d. h. die durch die Infektion bedingten Schädigungen des Organismus und die reaktiven Prozesse (von MARCHAND zusammengefaßt unter dem Begriff der entzündlichen Krankheit), sind nun nicht etwa nur zeitlich aneinander gereiht, sondern sie verschieben sich in mannigfacher Weise ineinander, so daß etwa nur am Anfang und am Ende der Krankheit der eine und der andere rein vorhanden ist, während in der Mitte beide so eng miteinander verknüpft sind, daß sie exakt kaum voneinander getrennt werden können. Trotzdem sollte die begriffliche Trennung nicht nur erlaubt, sondern sogar geboten sein.

Die mittlere Phase ist in weitem Maße beherrscht von der Art und Virulenz und von der Vermehrungsfähigkeit der Krankheitserreger und ihrer Gifte, und sie ist es, die jeder Infektionskrankheit ihr besonderes Gepräge gibt. Die Virulenz, die nicht nur nach quantitativen, sondern auch nach qualitativen Gesichtspunkten beurteilt werden muß, schafft die besondere Art der Gewebsläsionen und damit der reaktiven Vorgänge. Schon dabei ist auch die Vermehrungsfähigkeit der Mikroorganismen von großer Bedeutung. Mit ihr hängt aber auch in vieler Beziehung ihre Verbreitung im Körper zusammen, in der Kontinuität, innerhalb der Kanäle, auf dem Lymphweg, auf dem Blutweg. Aus allen diesen Faktoren setzt sich dann das Bild der Infektionskrankheit zusammen. Natürlich beeinflußt im einzelnen Fall auch die allgemeine Reaktionsfähigkeit des Organismus und die lokale Reaktionsmöglichkeit seiner Organe und Gewebe (Disposition und Konstitution) in weitem Maße den Krankheitsverlauf. Aber von den allgemeinen Gesichtspunkten der Infektionslehre aus gesehen ist es doch die Eigenart der einzelnen Erreger, die das Krankheitsbild in spezifischer Weise bestimmt. So wird vor allen Dingen auch die jeder Krankheit eigene Pathogenese und pathologische Anatomie dadurch beherrscht.

Nun kennen wir bekanntlich bei den Infektionskrankheiten mehrere verschiedene Ausgänge. Entweder es tritt eine Heilung des Organismus ein, vollständig oder mit Defekt, wobei unter Defekt auch schon etwaige Narbenbildungen zu verstehen sind; oder der Organismus erliegt den Folgen der Infektion; oder endlich es stellt sich eine Art Gleichgewichtszustand her. Dieses letztere ist auf zweierlei Weise möglich. Entweder die Heilung ist wirklich eingetreten in der Weise, daß Krankheitssymptome nicht mehr bestehen, aber die Infektionserreger sind im Körper haften geblieben und führen mit ihm eine Art von Symbiose (z. B. Bazillenträger). Oder die Krankheit ist zwar äußerlich geheilt, hat aber gewissermaßen als Nachhut einzelne oder verschiedene lokale Krankheitsherde hinterlassen (abgekapselte Herde, Fisteln, Sequester u. a.), in denen die betreffenden Erreger noch vegetieren. Ohne den Latenzbegriff hier näher definieren zu wollen, möchte ich sagen, daß wir in beiden Fällen von einer Latenz der Krankheitserreger sprechen können. Beide Zustände können natürlich nicht nur für die Umgebung der Erkrankten eine Quelle von Infektionsgefahren bilden, sondern bedeuten auch eine dauernde Bedrohung für den Körper selbst, der mit ihnen behaftet ist.

An eine weitere Eigenschaft der Infektionskrankheiten, die uns im besondern noch öfter beschäftigen wird, möchte ich hier wenigstens kurz erinnern, das ist die Eigenschaft, den infizierten Körper in einem Reaktionszustand zurückzulassen, der verschieden ist von dem des unberührten Körpers. Wir sind heute gewohnt, diesen Zustand als allergischen, als *Allergie* zu bezeichnen, und wissen, daß er sich bei einer neuen Infektion mit denselben Erregern in verschiedener Weise auswirken kann. Ich wende damit bewußt, wie heute die meisten Forscher, den Allergiebegriff in einem weiteren Sinn an, als es der ursprünglichen Fassung v. PIRQUETS entspricht. Nach dieser weiteren Begriffsfassung können dann Zustände von wahrer Immunität oder von Durchseuchungswiderstand nur Sonderfälle von Allergie sein. Das und der Einfluß von Allergien auf die pathologisch-anatomischen Vorgänge wird später Gegenstand eingehender Erörterungen sein.

Wenn wir im Rahmen einer solchen allgemeinen Betrachtung unsere Aufmerksamkeit der Tuberkulose und ihrem Erreger, dem Tuberkelbazillus, schenken, so werden wir die Besonderheiten dieser Krankheit wie bei allen anderen durch die besonderen Eigenschaften ihres Erregers bedingt sehen müssen. Wir werden uns allerdings bei unseren Überlegungen von vornherein im wesentlichen an pathogenetische und pathologisch-anatomische Gesichtspunkte halten, andere, die mehr die Klinik oder auch die Immunitätsforschung oder gar die rein bakteriologische Forschung angehen, nur soweit berücksichtigen, wie es für unsere Zwecke unbedingt erforderlich scheint. Wir werden dann die Besonderheiten der Tuberkulose schon bei der Erforschung des Infektionsweges in den Körper hinein, bei den Eintrittspforten, erkennen müssen, sodann auch bei der Weiterverbreitung der Erreger im Körper. Wir werden sodann eine besondere Art der Gewebsschädigung erwarten müssen und demgemäß auch besondere gewebliche Reaktionen, welche letztere auch wieder in bestimmter Weise durch die Anwesenheit der Erreger beeinflußt sein müssen. Die Besonderheiten müssen sich also, kurz gesagt, zeigen einmal bei der Histogenese der lokalen Prozesse, sodann aber auch bei der allgemeinen und besondern Pathogenese des Gesamtkrankheitsbildes und seiner einzelnen Erscheinungsformen. Mit diesen beiden allgemeinen Vorgängen werden wir uns also zunächst zu beschäftigen haben, bevor wir die speziellen pathologisch-anatomischen Veränderungen schildern können.

Besonderheiten des Tuberkelbazillus. Ohne Beachtung der besondern Eigenschaften des KOCHschen Bazillus scheint mir eine richtige Beurteilung des gesamten Tuberkuloseprozesses in keiner Weise möglich. Darum muß ich wenigstens mit einigen Worten darauf eingehen. Es kann sich natürlich nicht um eine Analyse seiner bakteriologischen Merkmale handeln. Nur das für unsern Zweck Wichtigste soll angedeutet werden. Da sind es vor allen Dingen zwei Eigenschaften, die von Bedeutung sind; erstens nämlich die, daß die Giftigkeit der Tuberkelbazillen für den Menschen offenbar eine beschränkte ist, eine

Tatsache, für die wir allerdings erst volles Verständnis finden werden, wenn wir in die Pathogenese und Histogenese eingedrungen sein werden. Ich mache dabei keinen Unterschied zwischen Typus humanus und Typus bovinus. Denn es gibt natürlich bei beiden derartige Abstufungen der Virulenz und Giftigkeit, daß man sicher mit einer, wenn auch nur in ziemlich engen Grenzen schwankenden gleichmäßigen Stufenleiter vom virulentesten Typus humanus bis zum avirulentesten Typus bovinus rechnen muß. — Die zweite Eigenschaft ist die hohe Widerstandsfähigkeit des Tuberkelbazillus gegen alle möglichen Einflüsse, die manche andere Mikroorganismen schnell zu schädigen und abzutöten geeignet sind. Diese letztere Eigenschaft hängt offenbar mit der chemischen Zusammensetzung des Tuberkelbazillus zusammen, in erster Linie wohl mit seiner Imprägnierung mit wachsartigen Substanzen.

Auf diesen beiden Eigenschaften scheint mir hauptsächlich die Eigenart der Krankheit Tuberkulose zu beruhen. Vergleichbar ist in dieser Hinsicht die Tuberkulose mit kaum einer der akuten Infektionskrankheiten. Im Gegenteil will mir scheinen, daß gerade der bewußte oder unbewußte Vergleich mit solchen Krankheiten die Tuberkuloseforschung oft auf Irrwege geführt hat. Bei jenen Krankheiten ein kurzer Kampf des Körpers mit den Erregern, meist ein sowohl anatomisch scharf charakterisiertes und auch lokalisiertes, als auch klinisch nach Fieberverlauf usw. streng geregeltes Krankheitsbild, das in wenigen Tagen oder Wochen mit Genesung oder Tod endigt; im ersteren Fall meist ein voller Sieg über die Erreger, die restlos den Körper und seine Gewebe verlassen müssen. Aber selbst wenn sie noch latent im Körper bleiben und unter Umständen einmal ein Rezidiv veranlassen, so zeigt dieses ebenfalls wieder einen akuten Verlauf, während der Ausgang in ein wirkliches chronisches Siechtum zu den Seltenheiten gehört. Auch die eintretenden allergischen Zustände sind meist recht streng geregelt und verlaufen in einer einfachen Kurve.

Bei der Tuberkulose herrschen aber, gerade wegen der Eigenart des Erregers, grundsätzlich verschiedene Verhältnisse. Wenn wir vergleichen wollen, können wir allenfalls die Syphilis heranziehen, aber auch nur mit wenig Berechtigung, wie wir sehen werden. Die meisten Ähnlichkeiten bestehen vielleicht mit der Lepra, die wegen ihrer eminenten Chronizität unter den menschlichen Infektionskrankheiten eine ganz besondere Stellung einnimmt. Denn eins der ganz wesentlichen Merkmale der Tuberkulosekrankheit ist und bleibt ihr ausgesprochen chronischer Verlauf, bedingt eben durch die relative Ungiftigkeit des Tuberkelbazillus einerseits und durch seine hohe Widerstandskraft, auch gegen die Abwehrkräfte des Körpers, andererseits. Ganz akute Formen, gerechnet von der ersten Infektion bis zum Ende der Krankheit, kommen hingegen nur selten vor. Nun herrschen natürlich, wie wir noch genauer sehen werden, auch im Verlaufe der Tuberkulose mannigfache Gesetzmäßigkeiten, doch werden diese in einem großen Teil der Krankheit durch dauernde, teils allgemein, teils lokal bedingte Schwankungen, Remissionen und Exazerbationen, immer wieder verwischt, so daß äußerlich oft eine völlige Gesetzlosigkeit zu bestehen scheint. Ähnliches sehen wir auch in der allergischen Kurve. Sie kann, wie wir noch sehen werden, ungemein kompliziert sein und übt so natürlich auch ihrerseits wieder einen verwirrenden Einfluß auf Pathogenese und Histogenese aus.

Wir werden Gelegenheit haben, auf alle diese Dinge an vielen Stellen zurückzukommen, doch hielt ich es für notwendig, sie hier schon am Anfang in kurzer

Zusammenfassung zu bringen, um dadurch ihre Wichtigkeit für das ganze Tuberkuloseproblem besonders zu unterstreichen.

Wenn wir nunmehr an die allgemeine Pathogenese und Histogenese der Tuberkulose herangehen, so müssen wir uns im klaren sein, daß beide Gebiete sehr eng miteinander verknüpft sind und die Klärung des einen nicht ohne die Kenntnis des andern denkbar ist. Sie könnten also im Zusammenhang behandelt werden. Trotzdem will es mir praktischer erscheinen, auf jedes Gebiet für sich gesondert einzugehen und nur bestimmte Gesichtspunkte zusammen zu erörtern. Bei dieser grundsätzlich getrennten Behandlung gehört die weitergreifendes Interesse beanspruchende allgemeine Pathogenese an den Anfang.

Allgemeine Pathogenese.

Wie auf allen Gebieten der Tuberkuloseforschung, so ist auch auf dem der Lehre der Pathogenese die geschichtliche Entwicklung nicht ohne Reiz. Es liegt jedoch nicht in der Tendenz dieses Buches, den historischen Verlauf der Ereignisse in allen seinen Phasen zu berücksichtigen. Praktisch wichtig sind für unsere Zwecke nur einige markante Punkte aus der Entwicklung der Anschauungen in den letzten 25—30 Jahren. Nur für einige Einzelfragen muß die Betrachtung weiter zurückgreifen. Für viele Fragen ist selbst die auf die Entdeckung der Tuberkelbazillen folgende Zeit noch ohne besondere Bedeutung, wenn man nicht aus ihren Fehlern — und sie war voll von Fehlern — lernen will.

Unter dem Einfluß der Entdeckung dieser und vieler anderer Krankheitserreger, deren Großartigkeit und Tragweite überall den tiefsten Eindruck machen mußte, herrschte im großen und ganzen eine Anschauungsrichtung vor, die schon damals hier und da als eine orthodox-bakteriologische getadelt wurde. So glaubte man wie von den akuten Infektionskrankheiten auch von der Tuberkulose, daß die Infektion bei jeder Berührung mit den krankmachenden Bakterien entstehen müsse, und man hatte die Vorstellung, daß auch bei der Tuberkulose auf diese Infektion die Krankheit unmittelbar und ohne Umweg folge. Der Umschwung trat auf dem Gebiete der Tuberkulose mit dem Auftreten E. v. Behrings ein. Seine Lehre von der Rolle der Rindertuberkelbazillen für die Tuberkulose des Menschen konnte zwar nicht aufrecht erhalten werden, sondern mußte der Anschauung R. Kochs weichen, daß in erster Linie der kranke Mensch mit seinen Tuberkelbazillen die Hauptquelle der Tuberkuloseverbreitung sei. Aber Behrings geniale Konzeption, daß die menschliche Tuberkulose einen *zyklischen Verlauf* habe, daß vor allen Dingen die schweren chronischen Tuberkuloseformen der Erwachsenen mit den im Säuglings- und Kleinkindesalter erworbenen Infektionen in organischem Zusammenhang ständen, hat der neueren Tuberkuloseforschung ihre jetzige Richtung gegeben. Neben ihm muß sein Schüler Römer genannt werden, der besonders auch mit seinen schönen experimentellen Arbeiten viel dazu beitrug, der Lehre Behrings die Wege zu ebenen, und dadurch sicherlich einen starken Einfluß auf die weitere Entwicklung ausübte. Diese Entwicklung führt zu den Arbeiten K. E. Rankes, dessen Anschauungsweise das heutige Angesicht der Lehre von dem zyklischen Verlauf der Tuberkulose in weitem Maße beherrscht. Es ist Rankes unbestreitbares Verdienst, auf Grund umfangreicher klinischer und pathologisch-anatomischer Studien, die bis dahin nur hier und da geahnten Beziehungen zwischen allergischen Zuständen und geweblichen Reaktionen zum ersten Male gründlich durchgearbeitet und damit einen großzügigen Erklärungsversuch für den komplizierten Verlauf der Tuberkulose gegeben zu haben. Ich möchte hier jedoch gleich betonen, daß ich manche Teile der Lehre Rankes, oft nur auf dem Gebiete der Benennung, so aber auch seine Stadieneinteilung nicht anerkennen kann.

Das hindert mich nicht, auf seinen Lehren weiterzubauen und ihn als den eigentlichen Schöpfer der zwar vielfach verbesserungsbedürftigen, aber auch von mir in wesentlichen Punkten übernommenen, im übrigen fast widerspruchlos anerkannten jetzigen Auffassung von dem Werden der Tuberkulose im menschlichen Körper gelten zu lassen. Sehr bedeutsam ist es, daß RANKE die festesten Stützen für seine Lehre in der pathologischen Anatomie fand.

Die pathologische Anatomie hatte aber auch schon ernste Vorarbeiten gerade für pathogenetische Fragen geleistet, und zwar insbesondere auf dem Gebiete der Entstehung des Primärherdes. Das wesentlichste Verdienst kommt hier PARROT sowie seinem Schüler KUESS zu, sodann vor allen Dingen GHON. — PARROT hatte schon 1876 für das Verhältnis zwischen primärem Lungenherd und Bronchialdrüsenerkrankung den Vergleich gemacht, der eine sei das Spiegelbild der andern und umgekehrt. Und KUESS hatte das dann später an einem großen Material bestätigt (1898). — GHON zeigte sodann (1912) an einem besonders gut durchgearbeiteten Material, daß die PARROTsche Lehre nicht nur für die Lunge, sondern ebenso für den Darm sowie sämtliche anderen möglichen Eintrittspforten gültig ist. Weiter mögen die Namen CORNET und BAUMGARTEN und TANGL erwähnt werden, die sich ebenfalls mit den an den Eintrittspforten auftretenden Veränderungen und den entsprechenden Lymphknotenerkrankungen beschäftigten und mit ihren Arbeiten viele Anregungen brachten. Ich werde darauf noch zurückkommen müssen.

Wenn man die historische Übersicht weiter fortspinnen wollte, könnte man übrigens leicht feststellen, daß alle Errungenschaften auf dem Gebiete der pathogenetischen Tuberkuloseforschung stets für ihre endgültige Festigung der Bestätigung durch die pathologische Anatomie bedurften. Daran wird wohl überhaupt für absehbare Zeit festzuhalten sein, und es ist gerade einer der Gründe, die mich zur Herausgabe dieses Buches veranlaßten. Ich möchte meinen, daß in den vergangenen Jahrzehnten dieser Gesichtspunkt oft zu sehr in den Hintergrund trat, dafür aber der Tierversuch zu sehr überschätzt wurde. Ich bin weit davon entfernt, die großen Verdienste der experimentellen Pathologie gerade für die Ausgestaltung der Tuberkuloseforschung in irgendeiner Weise schmälern zu wollen. Aber man darf nicht vergessen, daß gerade für die letzten Fragen der *menschlichen* Tuberkulose der Tierversuch darum nicht zuständig sein kann, weil es kein einziges Versuchstier gibt, bei dem die Tuberkulose auch nur annähernd so verläuft wie beim Menschen. Das gilt gerade von dem gebräuchlichsten Versuchstier, dem Meerschweinchen, in besonders hohem Maße. Es wäre ein leichtes, zu zeigen, wie durch allzu bereitwillige Übertragung von beim Meerschweinchen erzielten Versuchsergebnissen auf die menschliche Pathologie die Erforschung der menschlichen Tuberkulose zuweilen auf Abwege geleitet wurde. Natürlich ist das Tier williger als der Mensch, und es kann auf mannigfache Fragen schneller Antwort erteilen als der Mensch. Aber diese Antworten müssen immer ungenau bleiben. Der Tierversuch kann in gewissem Maße eine Idee weiter spinnen helfen, zum Abschluß kann sie aber nur die pathologisch-anatomische Forschung beim Menschen bringen. Wie die Dinge sich aber entwickelt haben, will es mir scheinen, daß man einstweilen überhaupt in allen pathogenetischen Tuberkulosefragen vom Tierversuch absehen soll. Die Anregungen, die gerade die beiden letzten Jahrzehnte der pathologischen Anatomie gebracht haben, sind so zahlreich und so mannigfach, daß sie für lange

Zeit genug zu tun haben wird, um diese Anregungen aufzuarbeiten. Unklare Tierversuche könnten diese Entwicklung nur stören. So soll auch in allen meinen Ausführungen fast ganz von den Ergebnissen des Tierversuches abgesehen werden. Sie werden sich vielmehr im wesentlichen auf die am Menschen gewonnenen pathologisch-anatomischen Untersuchungsergebnisse stützen.

Wir können auf Grund der Forschungen aller genannter und vieler anderer Autoren, die sich in denselben Bahnen bewegten, heute sagen, daß die menschliche Tuberkulose in der Mehrzahl der Fälle mit einer Herdbildung an der Eintrittspforte beginnt, der eine entsprechende Erkrankung der regionären Lymphknoten zugeordnet ist. Ranke beginnt ebenfalls mit diesem Satz und führte für diese erste Erscheinungsform der Tuberkulose die Bezeichnung des *„primären Komplexes“* oder *Primärkomplexes* ein. Diese Bezeichnung ist wohl heute so gut wie allgemein angenommen worden. Ich selbst halte sie ebenfalls für durchaus zweckentsprechend. Die Frage, ob es auch tuberkulöse Erkrankungen gibt, ohne daß ein Primärkomplex oder ein voller Primärkomplex im Spiele ist, möchte ich zunächst bei Seite lassen, um sie weiter unten besonders zu erörtern.

In welchem Verhältnis stehen nun die übrigen Erscheinungsformen der Tuberkulose zum Primärkomplex? Es ist das eine Frage, die von vielen verschiedenen Seiten betrachtet werden muß. Mit einer kurzen kritischen Übersicht wollen wir beginnen. Ranke bezeichnet den Primärkomplex als das erste Stadium der Tuberkulose, dem ein zweites, das der Generalisation, folge und denen er ein drittes, das der isolierten chronischen Organphthise, gegenüberstellt. Alle Stadien seien außerdem an einen bestimmten Allergiezustand gebunden. Das erste spiele sich in einem von Tuberkelbazillen noch unberührten Körper ab, zeige aber schon gewisse Zeiten der Umstimmung, das zweite sei das der Überempfindlichkeit, das dritte das der relativen Immunität, bezw. Resistenz. Obwohl sich nun, wie wir sehen werden, meine Auffassung mit der Rankeschen, was die tatsächlichen Grundlagen, wenigstens in anatomischer Beziehung betrifft, in wichtigen Punkten deckt, obwohl in diesen Punkten die Bedeutung und Wahrheit der Rankeschen Lehre meines Erachtens gar nicht mehr geleugnet werden kann; so muß ich mich doch mit aller Energie gegen die schablonenhafte Anwendung seiner Stadieneinteilung wenden. Ich finde in der neueren Tuberkuloseliteratur nichts so bedauerlich und nichts so verwirrend, als daß zahlreiche Autoren diese Stadienbezeichnung so gebrauchen, als wenn sie feststehenden und nicht anzuzweifelnden Merkmalen entspräche, sozusagen über alle Einwendungen erhaben wäre. Es ist das zum großen Teil wieder ein Zeichen mangelnder kritischer Einstellung wie so oft bei Verwendung beliebter Schlagworte.

Gegen diese Einteilung in Stadien sind sehr schwere Bedenken zu erheben. Sie sind zunächst sozusagen historischer Natur. Es ist wohl jedem, der sich mit Tuberkulose beschäftigte, bekannt, daß es auch vor und neben Ranke eine große Anzahl von Stadieneinteilungen des tuberkulösen Prozesses gegeben hat. Bezog sich die Turbansche Einteilung in drei Stadien nur auf die Ausbreitung der Tuberkulose in den Lungen, so hat sie doch bis in neueste Zeit hinein noch eine Rolle gespielt und wird hier und da, meines Erachtens mit gutem Recht, noch angewandt. Andere Forscher, von denen nur Petruschky, Wolff-Reiboldsgrün, G. Liebermeister genannt seien, operieren aber mit der Stadieneinteilung wie RANKE in bezug auf das Gesamtbild der Tuberkulosekrankheit, jeder jedoch in einem anderen Sinne und in einer andern Auslegung. Viele Anhänger haben diese Autoren allerdings nicht gefunden. Und dennoch dürften die Dinge so liegen: wenn heute jemand vom ersten, zweiten oder dritten Stadium der Tuberkulose spricht, so kann niemand wissen, wessen Stadieneinteilung eigentlich gemeint ist; man kann auch von keinem Leser verlangen, daß er alle bisher vorgeschlagenen Stadieneinteilungen im Kopfe hat. Wenn wir nun sagen könnten, alle bisherigen Stadieneinteilungen waren verfehlt, während die RANKEsche so gut ist, daß sie alle andern verschwinden läßt und etwas Endgültiges bedeutet, dann könnten jene Bedenken fortfallen. Ich möchte jedoch ernstlich bezweifeln, daß die RANKEsche Leseart diese Bedingungen erfüllt.

Auch RANKE geht bewußt analogisierend mit der Syphilis vor. Nun ist die Einteilung der Syphilis in drei Stadien, den Primäraffekt, die sekundären und die tertiären Erscheinungen, immer noch brauchbar, wenn auch nur bedingt. Es gibt z. B. unter dem Einfluß der modernen Therapie zahlreiche Syphiliserkrankungen, in denen das Sekundärstadium völlig unterdrückt wird, die späteren Erscheinungen dann aber unter Umständen besonders eindrucksvoll werden. Es ist ferner durchaus nicht klar, ob die Tabes und die Paralyse zum dritten Stadium gehören oder ob sie ein besonderes viertes Stadium darstellen. Abgesehen davon lassen sich aber doch die Stadien meist sehr gut zeitlich und örtlich scharf voneinander trennen, lassen auch im allgemeinen gut charakterisierte pathologisch-anatomische Unterscheidungsmerkmale erkennen, lassen sich endlich als die Folgen einer einzigen Infektion erweisen, während Beziehungen zu entsprechenden Allergiezuständen noch nicht entdeckt werden können. Bei der Tuberkulose liegen die Dinge aber ganz anders. Es sei zunächst auf einen Punkt hingewiesen, der erst kürzlich von BENDA hervorgehoben wurde. Es ist bei der Tuberkulose durchaus nicht erwiesen, daß das gesamte Krankheitsbild von einer einzigen Infektion abhängig sei; wir werden uns mit diesem Punkt ausführlicher zu beschäftigen haben. Es mag sodann auch schon hier betont sein, daß auch die Abgrenzung nach pathologisch-anatomischen Merkmalen auf viel größere Schwierigkeiten stößt, als es nach den RANKEschen Beschreibungen scheinen möchte; auch darüber wird noch viel zu sagen sein. Es ist aber weiter scharf zu betonen, daß eine zeitliche und örtliche Trennung von primären, sekundären und tertiären Erscheinungen bei der Tuberkulose in einer Unzahl von Fällen rein äußerlich gar nicht durchzuführen ist. Primärkomplex und das, was nach RANKE zu den sekundären Erscheinungen gehören würde, kann zu gleicher Zeit vorhanden sein. Der Primärkomplex kann heilen, ohne je zu sog. sekundären Erscheinungen zu führen, wohl aber später zu sog. tertiären Veränderungen überzuleiten. Das Sekundärstadium müßte in solchen Fällen nichts weiter als eine leichte larvierte Bazillämie sein. Wozu also von einem Krankheitsstadium sprechen, das in ungezählten Fällen gar keine Manifestationen macht, das übrigens durchaus nichts für die Tuberkulose Besonderes wäre, sondern für viele Infektionskrankheiten eine Selbstverständlichkeit bedeutet. Um ein sekundäres Stadium auch in solchen Fällen hervorzuzaubern, werden ja von manchen Autoren immer wieder einige Kunststücke gemacht. Ich für mein Teil muß gestehen, daß mir solche Kunststücke nicht verständlich sind. Ich kann z. B. schon heute nicht mehr verstehen, warum solche Autoren eine lokale Erkrankung einmal eine sekundäre, ein anderes Mal eine tertiäre nennen. Auf morphologische Unterschiede können sie sich nicht stützen, und was man von dem Versuch, den einen oder andern Allergiezustand anzunehmen, liest, führt in ein Labyrinth von subjektiven, aber unreifen und unbewiesenen Vorstellungen. Womit nicht gesagt sein soll, daß es bei der Tuberkulose nicht Zustände von Überempfindlichkeit und von erhöhter spezifischer Resistenz gibt. Diese sind aber, wie wir noch sehen werden, zum Teil bestimmt nicht an verschiedene Krankheitsstadien gebunden.

Es gibt ferner die Generalisationsformen, die wirklich als sekundärer Prozeß im Anschluß an einen primären Komplex auftreten können, aber ebensogut bei gleichzeitigem Vorhandensein oder nach Abheilung von Veränderungen, die nach RANKE in das dritte Stadium gehörten. Daß es hierbei allerhand wunderliche Beziehungen, ja Gesetzmäßigkeiten gibt, die sich gut in die allgemeinen Grundlagen der RANKEschen Lehre einpassen, werden wir noch zu besprechen haben. Aber mit einer Einteilung in drei Stadien sind solche Vorgänge schlechterdings nicht zu vereinigen.

Denn auch die Charakterisierung der Stadien durch besondere Allergiezustände wird damit umgeworfen, wobei das zweite Stadium das der Überempfindlichkeit, das dritte das der relativen Immunität sein soll. Es würde jedoch viel zu weit führen, die recht komplizierten und noch lange nicht genügend geklärten Allergiezustände bei der Tuberkulose schon hier näher zu besprechen. Ihre theoretische Grundlage und ihre Auswirkung auf Diagnostik und Therapie kann natürlich überhaupt nicht im Rahmen dieses Buches liegen. Was aber für unsere anatomischen Betrachtungen von Belang ist, wird in einem besonderen Kapitel erörtert werden. Einige Bemerkungen können aber auch hier nicht übergangen werden. Es ist absolut nicht zu leugnen, ich möchte es sogar meinerseits auch schon hier unterstreichen, daß es nicht nur klinische Krankheitsbilder gibt, bei denen wir es offenbar mit einer sog. Überempfindlichkeit oder mit einer relativen Immunität zu tun haben, sondern daß auch viele anatomische Befunde so deutlich in diesem Sinne sprechen, daß sie auch von mir als Einteilungsprinzip mit verwandt werden. Ich kann jedoch hier noch weniger wie bei der rein anatomischen Betrachtung zugeben, daß solche Zustände an zeitlich begrenzte Stadien gebunden sind. Die allergischen Verhältnisse bei der Tuberkulose sind wie schon gesagt, recht komplizierte. Sie sind nicht nur abhängig von den jeweils im Körper vorhandenen tuberkulösen Veränderungen mit ihrem wechselvollen Schicksal und Verlauf, sondern auch in weitem Maße den Einwirkungen aller möglicher sonstiger Zustände des Körpers ausgesetzt, kurz gesagt, vielen „unspezifischen" Einflüssen, und beide Momente sind wiederum ihrerseits so eng miteinander verankert, daß daraus höchst labile Zustände resultieren. Die Tuberkuloseimmunität läßt sich, wie ich es einmal ausgedrückt habe, nicht in eine einfache mathematische Formel zwängen, wie man sie etwa bei einem Toxin-Antitoxinversuch im Meerschweinchenexperiment erzielen kann. Sondern sie ist mit so mannigfachen Differentialen belastet, daß sie dem suchenden Forscher immer wieder entgleiten muß. Auch aus diesem Grunde muß ich eine starre Stadieneinteilung, deren Prinzip mit einer gesetzmäßigen Folge von Allergiezuständen rechnet, ablehnen. Ich bin im Gegenteil der Meinung, daß sie gerade durch solche Überlegungen stark erschüttert wird. Gerade mit diesen Allergiezuständen hängt es übrigens zusammen, daß sich in ungezählten Fällen RANKEs zweites und drittes

Stadium gegeneinander ausschließen, so daß entweder nur das eine oder nur das andere in Erscheinung tritt.

Zusammenfassend möchte ich also behaupten, daß die RANKEsche *Einteilung der Tuberkulose in drei „Stadien" ihre Existenzberechtigung nicht erwiesen hat.* Es läßt sich vielmehr im Gegenteil sagen, daß insbesondere der Begriff des zweiten und dritten Stadiums schon manche Verwirrung angerichtet hat. Viele Praktiker und insbesondere Tuberkulosespezialisten führen diese Begriffe im Munde, als ob sie etwas Endgültiges bedeuten und mit einer auch für jeden andern klaren Vorstellung verbunden wären. Da wir aber gesehen haben, daß die Erscheinungsformen der Tuberkulose in dieser Weise nicht faßbar sind, so sind bei der Verwendung derartiger Schlagwörter Mißverständnisse unvermeidlich und andererseits der Willkür Tür und Tor geöffnet. So habe ich ja schon oben darauf hingewiesen, wie besonders bei der Unterscheidung des zweiten und dritten Stadiums schon jetzt von manchen völlig willkürlich verfahren wird.

Daß aber hier schon von verschiedenen Autoren eine fühlbare Lücke empfunden wird, geht daraus hervor, daß man sich hier und da, wo im Verlaufe einer chronischen Organtuberkulose die Einreihung eines Krankheitssymptoms in RANKEs drittes Stadium nicht passen wollte, gezwungen sah, ihm noch ein viertes, ein quartäres Stadium, aufzupfropfen oder daß man auch von einem Rückfall in ein früheres Stadium spricht, ohne sich bewußt zu sein, daß damit die Stadieneinteilung zur Unbrauchbarkeit verurteilt ist.

Was die übrigen Stadieneinteilungen betrifft, so möchte ich hier nur noch wenige Worte der LIEBERMEISTERschen widmen. Wenn LIEBERMEISTER alles, was zwischen Primärkomplex und einer chronischen Organerkrankung liegt, als sekundäres Stadium bezeichnet, so hat das Sinn; es bleibt aber auch bei ihm wie bei RANKE die Frage unbeantwortet, wo eigentlich das tertiäre Stadium beginnt. Im übrigen ist gegen LIEBERMEISTER einzuwenden, daß alles, was er als Sekundärstadium bezeichnet, unter Umständen auch auftreten kann, wenn ein sog. Tertiärstadium schon bestand, aber ganz oder zum Teil wieder abgeheilt war. Damit werden die Verdienste LIEBERMEISTERs um die Klärung aller jener Symptome, die er als sekundär bezeichnet, in keiner Weise geschmälert, auch dann nicht, wenn man manchen seiner Deutungen die Zustimmung versagen will. Soweit es sich dabei nicht um typische tuberkulöse Veränderungen handelt, würde man übrigens wohl am besten von tuberkuloiden Zuständen sprechen.

Ich habe nun oben schon bemerkt, daß ich trotz aller meiner Einwendungen die RANKEschen Vorstellungen in bezug auf die allgemeine Betrachtungsweise in vielen Punkten anerkenne. Denn wenn ich auch auf der einen Seite die Stadieneinteilung grundsätzlich verwerfe, schließe ich mich doch in der folgenden Form der RANKEschen Lehre an. Wenn wir das Gesamtbild der Tuberkulosekrankheit in seinen verschiedenen Manifestationen überblicken, so schälen sich, zunächst rein morphologisch betrachtet, aus der Masse der möglichen Krankheitsbilder, vom pathologisch-anatomischen Standpunkt aus betrachtet, drei besondere *Erscheinungsformen* heraus. Das ist erstens der *primäre Komplex*, das sind zweitens die *Generalisationsformen* und das ist drittens *die isolierte mehr oder weniger chronische Erkrankung eines Organs oder eines Organsystems.* Rein äußerlich könnte man dann noch, wie es NICOL, ASCHOFF, PUHL getan haben, eine primäre Infektionsperiode den Reinfektionsperioden gegenüberstellen, gleich ob die Reinfektionen endogen oder exogen erfolgen. Anatomisch würde dann zu der einen Periode nur der Primärkomplex gehören, alle andern Manifestationen würden sich auf die späteren Perioden verteilen. Das hätte auch insofern eine innere Berechtigung, als ja die Reaktionsverhältnisse des Organismus, wie wir sehen werden, in beiden Fällen verschieden sind. Unsere Erscheinungsformen sind im Prinzip dieselben Krankheitsbilder, die bei RANKE in den verschiedenen Stadien erscheinen. Für die Auffassung aber, daß diese Erscheinungsformen tatsächlich nicht mit zeitlich aufeinanderfolgenden Stadien eines fortlaufenden Krankheitsprozesses identifiziert werden können, werden natürlich im folgenden noch mannigfache Belege gebracht werden. Wieweit diese Erscheinungsformen der Tuberkulosekrankheit auch mit verschiedenen Allergiezuständen des Körpers in Zusammenhang gebracht werden können, wird ebenfalls noch eingehend zu prüfen sein. Ich möchte aber hier vorweg noch einmal betonen, daß das keineswegs der Fall ist, sondern daß Erscheinungen von Überempfindlichkeit und von Unterempfindlichkeit bei *allen Krankheitsformen* beobachtet werden können. Dies vorausgesetzt ist eine Anwendung der Allergielehre auf das anatomische Geschehen nicht nur erlaubt, sondern sogar zweifellos fördernd und aufklärend. Wir werden weiterhin zu untersuchen haben, ob die Haupterscheinungsformen streng abgeschlossene Krankheitstypen sind und ob es nicht Vorkommnisse gibt, die außerhalb des gegebenen Rahmens gelegen sind. Bei näherer Überlegung werden wir allerdings von vornherein vermuten müssen, daß wie bei allen biologischen Prozessen auch hier die Grenzen keine festen sind. Wir werden darum Übergangsbilder zwischen den einzelnen Formen erwarten und werden auch dabei wieder an eine Mitbeeinflussung durch Schwankungen der allergischen Zustände denken. Doch darüber werden sich erst weitere Überlegungen anstellen lassen, wenn wir genauer mit den verschiedenen Erscheinungsformen der Tuberkulose vertraut sind. Ich trete deswegen zunächst in die Besprechung der Pathogenese der einzelnen Formen ein.

1. Die Entstehung des primären Komplexes.

Ich habe mich in den vorhergehenden Ausführungen in weitem Maße an die RANKEsche Anschauungsweise angelehnt, die ihrerseits in bezug auf die Primärinfektion eine Fortführung der Ideen von PARROT, KUESS, GHON u. a. bedeutet. Ich möchte deswegen auch jetzt bei der Besprechung der Entstehung der ersten Tuberkuloseveränderungen, bezw. des Eintrittsweges der Tuberkelbazillen in den Körper, zunächst die Voraussetzung machen, daß in der Tat der Primärkomplex nicht nur identisch ist mit den ersten Tuberkuloseveränderungen, sondern eben auch die Eintrittspforte der Tuberkelbazillen angibt. Ob das unbedingt immer der Fall ist oder ob auch noch andere Möglichkeiten bestehen, soll dann im Anschluß an diese Erörterungen untersucht werden.

Daß wir berechtigt sind, den Primärkomplex, d. h. einen isolierten, in einem als Aufnahmegebiet in Betracht kommenden Organ sitzenden tuberkulösen Herd mit besonderen anatomischen Merkmalen und bestimmten anatomischen Verlaufsform, und eine dazu gehörende, ebenfalls anatomisch gut charakterisierte Erkrankung regionärer Lymphknoten, als die ersten Veränderungen an den Eintrittspforten, als die wirklich primären tuberkulösen Vorgänge, zu betrachten, wird zur Zeit fast allgemein anerkannt; von pathologisch-anatomischer Seite wohl restlos, während einige Kliniker noch Zweifel hegen und in letzter Zeit von experimentell-bakteriologischer Seite neue Bedenken geltend gemacht werden. Was uns berechtigt, diese Bedenken und Zweifel nicht zu teilen, sind mannigfache durch die Tatsachen sich aufdrängende Überlegungen. Wir können die Spuren des Primärkomplexes immer wieder mit großer Sicherheit aufdecken, bei frischen und alten Tuberkulosen, bei akuten und chronischen Formen, bei der Miliartuberkulose usw. Wir können in allen solchen Fällen die Veränderungen, die wir Primärkomplex nennen, fast immer als die wirklich ältesten erkennen. Wir stellen weiterhin immer wieder fest, daß sich dieselben Vorgänge im Verlauf aller möglichen Tuberkuloseerkrankungen fast ausnahmslos später nicht noch einmal wiederholen. Wir sehen ganz besonders diese eigentümlichen Veränderungen in zahllosen Fällen ganz isoliert als einzige tuberkulöse Veränderungen im Körper, entweder in frischen Stadien oder zum Teil oder ganz abgeschlossen. Wir erheben endlich solche Befunde fast ausnahmslos nur an Organen, die in ihrem Verhältnis zur Außenwelt als Eintrittspforten wirklich in Betracht kommen. Mir will es scheinen, daß alle diese Gründe so schwer wiegen, daß an der Lehre vom primären Komplex als den ersten Veränderungen an der Eintrittspforte kaum noch wird gerüttelt werden können.

So wird in weitem Umfange die Frage nach den Eintrittspforten identisch mit der nach dem Sitz des primären Komplexes und wir haben uns deshalb jetzt mit seinen Lokalisationen zu beschäftigen.

Die Leichenbefunde lehren uns, daß die *übergroße Mehrzahl der primären Herde in den Lungen* sitzt. Ich habe nicht die Absicht, in diesem Buche, weder hier noch an anderen Stellen, größere zahlenmäßige Zusammenstellungen zu bringen. Derartige Statistiken haben ja immer nur einen sehr bedingten Wert. Sie sind so von vielerlei Faktoren abhängig und müßten, wenn sie Gültigkeit verlangen wollen, von verschiedenen Seiten betrachtet und eingehend begründet werden. Das würde uns jedoch von den eigentlichen Aufgaben dieses Buches zu sehr entfernen, denen im wesentlichen eigene Erfahrungen zugrunde liegen. Es sollen darum auch dann, wenn Zahlenangaben nicht ganz zu vermeiden sind, im wesentlichen meine eigenen Zusammenstellungen verwertet werden; nicht als ob ich diese für richtiger hielte als andere, sondern weil es eben doch schließlich nur auf Schätzungen ankommt. Das hindert nicht, bei Gelegenheit auch andere Statistiken mit heranzuziehen. — Was nun den primären Lungenherd betrifft, so schwanken im einzelnen die Zahlen der Autoren nicht unbeträchtlich, rechnet doch GHON in seiner letzten Zusammenstellung 93,56% Lungenherde heraus, während unsere Leipziger Statistik (M. LANGE und ich) nur 70% ergibt. In Düsseldorf komme ich auf etwa 80%. Innerhalb ähnlicher Zahlen schwanken auch die andern Statistiken, von denen nur noch GHONS erste mit 88,95% genannt sei. Ich möchte allerdings auch hier betonen, daß ich das gesamte Zahlenmaterial trotz mannigfacher verschiedener Vorbedingungen der Untersuchungen im großen und ganzen für annähernd richtig halte und die Differenzen durch verschiedene örtliche und vielleicht auch zeitliche Verhältnisse erkläre.

Wenn wir aus den angegebenen Zahlen, die die größten Zusammenstellungen umfassen, das Mittel nehmen, so bleiben immerhin für primäre Lungenherde etwa 83%, womit also die Bevorzugung der Lungen ein für allemal bewiesen sein dürfte. Zu gleicher Zeit wird aber auf Grund der obigen Überlegungen auch ausgesagt, daß die Infektion der Lungen durch Inhalation zustande kommen muß; denn wenn die Lungen die Eintrittspforte sind, ist keine andere Infektionsart denkbar. Dieses wird wiederum dadurch erhärtet, daß tatsächlich die Herde fast ausnahmslos in gut beatmeten Lungenabschnitten sitzen, und zwar ziemlich gleichmäßig in den Oberlappen und den Unterlappen. Ob dabei vom anatomischen Standpunkt aus mehr an eine Tröpfchen- oder an eine Staubinfektion gedacht werden muß, soll in dem angeschlossenen Kapitel besonders erörtert werden. Nur selten verlieren sich die primären Herde in weniger ventilierte Bezirke, in besonders seltenen Fällen, die im ganzen 1—2% ausmachen mögen, auch in die Lungenspitzen, wobei ich unter Spitzen je nach dem Lebensalter ein Feld von 1—2 cm, von der mathematischen Spitze der Lungen gerechnet, verstehen möchte. Diese praktisch völlige Aussparung der Lungenspitzen durch den primären Herd ist, wie ich schon öfter zu betonen Anlaß hatte, eine der wichtigsten Tatsachen, die uns die neuere Tuberkuloseforschung gelehrt hat, wurde doch dadurch endgültig die Anschauung beseitigt, daß die Tuberkulosekrankheit überhaupt und insbesondere die chronische Lungentuberkulose von vornherein mit einem Spitzenherde begänne. Nur auf Grund dieser noch nicht alten Kenntnis konnte überhaupt die Lehre vom zyklischen Verlauf der Tuberkulose ausgebaut werden. In dieser Hinsicht ist es auch von Bedeutung, was nun noch betont werden muß, daß sich nämlich die genannten Statistiken auf das Alter von 0—14 Jahren erstrecken, daß also sicher die übergroße Anzahl aller Erstinfektionen im Kindesalter erfolgt. Über die genauen Daten der Infektion vermag die pathologische Anatomie leider noch nicht genügend klare Auskunft zu geben, worauf ich bei der anatomischen Besprechung der Primärherde in den einzelnen Organen noch zurückkommen werde.

Von den *übrigen Eintrittspforten steht der Darm im Vordergrunde.* Auch hier soll auf die Zahlenangaben kein besonderes Gewicht gelegt werden. Nur soviel sei gesagt: wenn wir aus den für diese Frage brauchbaren Statistiken selbst eine Zahl von 16% herausrechnen würden, so ergäbe das immer noch weniger als ein Fünftel der Lungenherde. Die Differenzen, die bei den Angaben über die Häufigkeit der primären Darmtuberkulose vorliegen (1,7—28%) sind darum wichtig, weil mir gerade aus ihnen hervorzugehen scheint, daß neben etwaigen Mängeln der Untersuchungstechnik die schwankenden örtlichen und zeitlichen Verhältnisse gerade bei ihnen eine Rolle spielen müssen. Denn wenn man bedenkt, daß sicher ein Teil der primären Darmherde bei Kindern der Milch von tuberkulösen Kühen zuzuschreiben ist, so werden wir darin eine der Ursachen für die Verschiedenheiten der wirksamen Infektionsquellen und damit für die verschiedenen Ergebnisse der Statistiken sehen können. Im übrigen ist aber zu betonen, daß es für den weiteren Verlauf des Einzelfalls gleichgültig ist, wo der Primärherd gesessen hat, wenngleich wohl manche wichtige Unterschiede bestehen, je nachdem die Infektion durch den Typus humanus oder den Typus bovinus erfolgte. Daß auch im Darm das Bild des Primär*komplexes* vorhanden ist, braucht kaum besonders gesagt werden. Da der Primärherd meist in den unteren Teilen des Ileum sitzt oder selbst dicht vor der Bauhinschen Klappe, sind auch am häufigsten die Lymphknoten im Ileocoecalwinkel betroffen. Es kommt aber im Darm verhältnismäßig häufig vor, daß sich eine Lymphknotenerkrankung allein nachweisen läßt. In der Mehrzahl sind das dann aber alte Fälle mit schon verkalkten Herden, so daß man auch annehmen kann, daß die Darminfektion selbst ohne sichtbare Residuen geheilt ist. In manchen Fällen muß man sich aber gerade bei fehlenden Darmherden und bestehender Lymphknotenerkrankung die Frage vorlegen, ob nicht die Darmwand passiert wurde, ohne zu erkranken (vgl. das folgende Kapitel).

Alle *andern Eintrittspforten* treten zahlenmäßig so sehr gegen die genannten zurück (etwa 1%), daß sie praktisch kaum eine Rolle spielen. Genannt seien die Haut, die Tonsillen, die Nase, die Geschlechtsorgane, das Mittelohr. Natürlich begegnet man auch an diesen Infektionspforten dem Bild des Primär*komplexes*. Wenn früher die Erkrankung der Halslymphknoten als Zeichen der Primärinfektion nicht nur der Tonsillen, sondern auch der übrigen Mundhöhle und der Gesichtshaut des öfteren für sehr viel wichtiger gehalten wurde, als es heute geschieht, so wird das natürlich zum Teil durch die früher mangelhaftere Kenntnis des Infektionsverlaufes zu erklären sein. Aber ich möchte vielleicht eine andere Hypothese auch nicht ganz abweisen. Ich halte es für durchaus möglich, daß man darin zu einem Teil auch einen Erfolg unserer Bekämpfungsmaßnahmen sehen könnte, mit der die sog. Schmutz- und Schmierinfektionen (VOLLAND) seltener geworden sind. Die äußere Haut kommt als Eintrittspforte gewiß sehr selten in Betracht. Die Frage, ob sie, ohne sichtbare Veränderungen zu erleiden, passiert werden kann, ist sehr oft, auch im Tierversuch, erörtert worden. Ich bin davon überzeugt (vgl. wieder das folgende Kapitel). Ich habe noch kürzlich einen Fall gesehen, wo bei einem 27 jährigen, sonst völlig gesunden, allerdings früher auf Tuberkulin nicht geprüften Fellarbeiter, ohne daß Hautveränderungen auftraten, akut eine erhebliche Schwellung der Axillardrüsen auftrat, die sich bei der mikroskopischen Untersuchung als eine ganz frische Tuberkulose mit den Merkmalen, wie sie den Drüsenveränderungen im Primärkomplex eigen sind, erwies.

Ergänzend muß nun noch solcher Fälle Erwähnung getan werden, bei denen es nicht möglich ist, mit Sicherheit eine einzige Eintrittspforte zu erkennen, wenn z. B. zu gleicher Zeit in Lungen und Darm die Zeichen des Primärkomplexes vorhanden sind, oder auch in den Lungen oder im Darm allein zahlreiche derartige Herde gefunden werden. Es handelt sich dann gewöhnlich um schwere, schnell zum Tode führende Erkrankungen von Säuglingen oder kleinen Kindern, und es kann wohl kein Zweifel bestehen, daß dann so massige Infektionen vorgelegen haben, daß gleichzeitig die Infektion mehrerer Aufnahmeorgane bezw. eine förmliche Überschwemmung eines einzigen Organs stattfand. Sehr viel seltener kommt es vor, daß sich an zwei verschiedenen Stellen abgeheilte typische Primärkomplexe finden.

Endlich kann das Problem einer etwaigen *kongenitalen Tuberkulose*, bezw. der intrauterinen Infektion nicht übergangen werden. Zwar werden wir das, was v. BAUMGARTEN die Genäogenese nennt, von vornherein sehr stark einschränken müssen, da diese Bezeichnung alle theoretischen Möglichkeiten umfaßt, die bei einer Infektion während der Entwicklung von den Geschlechtszellen bis zur Geburt auszudenken sind. Denn es ist schlechterdings für eine Infektion von entwicklungsfähig bleibenden Keimzellen oder der ersten Entwicklungsstadien des Embryo vor Bildung der Plazenta noch nicht der geringste Beweis erbracht worden. Es wäre auch gar nicht zu verstehen, warum sich gerade zufällig infizierte Keimzellen weiter entwickeln oder eine ganz junge Keimanlage trotz der Infektion eine normale Weiterentwicklung durchmachen sollten, wenn man nicht die ganz unwahrscheinliche Annahme machen will, daß gerade in ihnen sich die Tuberkelbazillen lange Monate latent erhalten können. Ich bin der Meinung, daß auf diesem Gebiet ernstlich überhaupt nur die plazentare Infektion in den letzten Stadien der Schwangerschaft in Erwägung gezogen werden kann. Dieser und der genäogenetischen Infektion überhaupt weist BAUMGARTEN auch heute noch eine sehr hohe Bedeutung bei und bemerkt dazu, daß es der einzige Übertragungsmodus sei, bei dem nicht nur die Übertrag*barkeit*, sondern auch die Über*tragung* mit Sicherheit festgestellt sei. Das ist insofern richtig, als bei jedem extrauterinen Übertragungsmodus immer noch eine gewisse Dosis Theorie mit in Kauf genommen werden muß, da wir den Infektionsweg nicht unmittelbar sehen, sondern nur aus den anatomischen Befunden erschließen können. Wird hingegen ein Kind mit einer manifesten Tuberkulose geboren, so *muß* die Infektion eine genäogenetische im Sinne BAUMGARTENS, nach unserer Auffassung also eine plazentare, sein. Damit ist aber nichts über die wirkliche Bedeutung der plazentaren Infektion ausgesagt. Denn es kommt hier durchaus nur auf die Häufigkeit ihres Vorkommens an. Es läßt sich schlechterdings nicht so argumentieren: die genäogenetische Infektion ist mit mathematischer Genauigkeit für eine Anzahl von Fällen erwiesen, die extrauterine aber für keinen; folglich muß der ersteren eine größere Bedeutung zukommen als der letzteren. Wie würde das Bild der pathologisch-anatomischen und der biologischen Forschung überhaupt aussehen, wenn sie sich auf derartige Sätze stützen wollte! — Wir werden also auch hier nicht so sehr den solventen Beweis für den Einzelfall gelten lassen, sondern werden uns in erster Linie an die durch die Masse der Beobachtungen gemachten Erfahrungen halten, die uns hier wie auf allen Gebieten der Biologie zur Aufstellung von Gesetzen oder mindestens von Regeln berechtigt.

Wenn wir uns also über die wirkliche Häufigkeit der plazentaren Infektion unterrichten und dabei zunächst von der Möglichkeit einer Latenz der Tuberkelbazillen absehen wollen, so muß für uns die Regel gelten: die Eintrittspforte wird durch das Bestehen eines Primärkomplexes gekennzeichnet. Wir werden nun bei der plazentaren Infektion, bei der nur der Blutstrom die Tuberkelbazillen dem Körper der Frucht zuführen kann — die Möglichkeit der Infektion durch das Fruchtwasser außer acht zu lassen, dürfte kein schweres Versäumnis sein —, primäre Veränderungen in den ersten Aufnahmeorganen erwarten können, das ist vor allen Dingen die Leber, in zweiter Linie sämtliche Organe des großen Kreislaufes, während die Lungen bei ihren eigentümlichen foetalen Kreislaufsbedingungen am wenigsten der Infektion ausgesetzt sein dürften. Im übrigen werden wir solche Fälle als intrauterin entstanden anerkennen, die schon bei der Geburt manifeste Erscheinungen zeigten, oder solche, bei denen sie unmittelbar nach der Geburt auftraten. Alles was nach etwa der dritten Lebenswoche in die Erscheinung tritt, darf dann in Betracht gezogen werden, wenn einwandfrei nach Maßgabe einer ganz exakten Beobachtung absolut kein anderer Infektionsweg im Bereich der Möglichkeit liegt, ein Nachweis, der übrigens wohl nur selten zu erbringen sein dürfte. Endlich sind noch jene Fälle aus dem Säuglingsalter zu beachten, bei denen die offenbar ältesten Veränderungen in Organen sitzen, die als Aufnahmeorgane für eine extragenitale

Infektion nicht in Betracht kommen. Infektionen intra partum gehören streng genommen nicht mehr hierhin.

Unter diesen Voraussetzungen können wir uns über die kongenitale Tuberkulose mit Primärkomplex kurz fassen. Ich selbst habe noch keinen ganz sicheren Fall gesehen, obwohl im Laufe der Jahre ein sehr reichliches Material durch meine Hände gegangen ist. Wenn man aber die wirklich einwandfreien Fälle aus der Literatur zusammenzählt, so kommt eine sehr kleine Anzahl heraus, die wohl auf die große Zahl der sonst in ihren Ursprüngen kenntlichen Infektionen nur einen Bruchteil von eins auf Tausend ausmachen würde. Wenn wir die Fälle näher ansehen, so handelt es sich oft um solche, bei denen die Mutter an Miliartuberkulose litt, also die Placenta wie alle anderen Organe miterkranken konnte. Denn eine Tuberkulose der Placenta muß als Voraussetzung der Infektion der Frucht betrachtet werden. Daß die normale Plazenta für Tuberkelbazillen durchgängig ist, ist wohl möglich. Aber daß ein Durchtritt der Tuberkelbazillen durch sie wirklich öfter vorkommt, müßte doch erst bewiesen oder zum mindesten wahrscheinlich gemacht werden. Handelt es sich um Mütter mit Organtuberkulosen, so wird eine Miterkrankung der Plazenta nicht zu erwarten sein; es gelten hier dieselben Gesichtspunkte, die wir unten für das Verhalten der Organtuberkulose überhaupt erörtern werden. Vor einer allzuweit gehenden Analogisierung mit der Syphilis möchte ich auch in diesem Zusammenhang warnen. Wenn die kongenitale bzw. hereditäre Syphilis sehr viel häufiger als die kongenitale Tuberkuloseinfektion ist, so liegt das einmal daran, daß die Plazenta bei der Syphilis sehr viel häufiger erkrankt als bei der Tuberkulose. Zweitens werden wir an die Eigenart des Syphiliserregers denken müssen. Vielleicht genügt allein schon die besondere Art seiner Beweglichkeit und seiner geschmeidigen Form, um seine Fähigkeit, den Schutzwall der Plazenta zu durchbrechen, zu verstehen. Aber es mögen natürlich auch noch andere Gesichtspunkte mitwirken. Analogien sind jedenfalls immer mißlich, wenn nicht die Vergleichsmomente klar in die Augen springen. Vom Standpunkt der Lehre vom Primärkomplex aus gesehen, kommt sicher der intrauterinen Tuberkuloseinfektion eine wesentliche praktische Bedeutung nicht zu. Ob die Dinge anders liegen, wenn man den Latenzbegriff mit heranzieht, soll im folgenden Kapitel untersucht werden. Einige Tatsachen, die immer wieder Überlegungen über die Bedeutung der intrauterinen Infektion anregen, werden außerdem im speziellen Teil an einigen Stellen zur Sprache kommen.

Einige Worte mögen auch über die *Diagnose des Primärkomplexes* gesagt werden. Hier gilt der Satz: die Diagnose wird makroskopisch gestellt. Natürlich kommt es auf die Untersuchungsmethode an. An frischen Leichenorganen kann sich beispielsweise manches verbergen, was nach der Härtung leicht gefunden wird. Insbesondere bei Besprechung der Lungentuberkulose wird noch davon die Rede sein. Im übrigen aber können wir voraussetzen, daß die primäre Tuberkuloseinfektion fast ausnahmslos Veränderungen setzt, die mit bloßem Auge sichtbar sind. Gehört doch, wie wir im einzelnen sehen werden, zu den Merkmalen eines Primärkomplexes die Verkäsung, wenn vielleicht einmal nicht im Aufnahmeorgan, so doch bestimmt in den regionären Lymphknoten. Eine solche Verkäsung bezw. ihre Folgezustände, die Verkalkung oder die Verknöcherung, kann dem suchenden Auge nicht entgehen, muß nur unter Umständen einmal mikroskopisch oder experimentell als wirklich tuberkulöser Natur verifiziert werden. Bei Veränderungen, die erst bei der mikroskopischen Untersuchung entdeckt werden können, muß von vorneherein der Verdacht bestehen, daß sie nicht primärer Natur sind. Die Gründe dafür können erst bei der Beschreibung der einzelnen Organveränderungen verständlich werden.

Nur wenige Bemerkungen noch über etwaige *rudimentäre Primärkomplexe.* Es wurde soeben schon gesagt, daß wir im allgemeinen einen verkäsenden Prozeß nicht nur in den regionären Lymphknoten, sondern auch im Aufnahmeorgan zu erwarten haben. Fälle, in denen diese Veränderungen nur relativ gering ausgebildet sind, möchte ich noch nicht als rudimentär bezeichnen. Ich möchte diese Bezeichnung vielmehr nur für solche Primärerkrankungen anwenden, bei denen entweder der Primärherd oder die regionäre Lymphknotenerkrankung fehlt. Zunächst ist der Fall denkbar, daß ein Primärherd besteht, ein Lymphknotenherd aber *noch* nicht. Ich habe aber noch nie einen derartigen Fall gesehen. Daß man jedoch eine primäre Lymphknotenerkrankung sieht ohne Organherd, ist nicht so sehr selten. Für eine Erklärung gibt es drei Möglichkeiten. Erstens kann das Aufnahmeorgan passiert sein, ohne zu erkranken, zweitens kann, z. B. im Darm, der Primärherd mit einer so geringen Narbe verheilt sein, daß er praktisch nicht mehr auffindbar ist, und drittens kann der Primärherd im exsudativen Stadium resorbiert oder eliminiert gewesen sein. Ich halte alle drei Möglichkeiten für realisierbar, möchte aber die zweite für die beachtlichste halten.

Kryptogenetische Infektionen und Latenzbegriff.

Jedem, der sich in den letzten Jahren mit den neueren Anschauungen über die Genese der Tuberkulose beschäftigt hat und darum auch am Sektionstisch den Spuren des Primärkomplexes nachgegangen ist, muß es aufgefallen sein, daß immerhin eine gewisse Anzahl Tuberkulosefälle vorkommen, bei denen nicht etwa nur die Erkennung des Primärkomplexes auf gewisse Schwierigkeiten stößt, sondern bei denen überhaupt nichts gefunden wird, was als Primärkomplex gedeutet werden könnte. Es handelt sich einmal um gewisse Generalisationsformen des frühen und frühesten Säuglingsalters oder auch des Kleinkindesalters. Es handelt sich weiter um manche Fälle von sog. chirurgischer Tuberkulose, insbesondere des Kindesalters, aber auch in einzelnen Ausnahmen der späteren Jahrgänge. Es handelt sich endlich um einige chronische Organtuberkulosen großer Kinder oder Erwachsener. Irgendwelche Zahlenangaben zu machen ist mir nicht möglich, da ich erst seit kurzer Zeit systematisch darauf achte und mir darum größere Vergleichszahlen noch nicht zur Verfügung stehen. Im Säuglings- oder Kindesalter sind diese Fälle übrigens sicher sehr selten. Für die chronischen fortgeschrittenen Organtuberkulosen, insbesondere der Lungen, wird es überhaupt stets schwierig bleiben, statistische Berechnungen anzustellen, da die Fehlerquellen groß sind. Denn das Auffinden sehr kleiner Primärherde ist bei chronischen Lungentuberkulosen nicht leicht; sie können außerdem bei ulzerierenden Prozessen verschwinden. Auch in den Lymphknoten können sie unter diesen Umständen übersehen werden. Wie dem auch sei, eine größere Zahl derartiger Fälle wird man selbst bei genauester Untersuchung nicht erwarten können. Ich möchte aber davor warnen, grundsätzlich auch hier nur einen Untersuchungsfehler anzunehmen, wenn der Primärkomplex vermißt wird. Gewisse Fälle des Kindesalters *können* meines Erachtens gar nicht anders gedeutet werden, und darum liegt es nahe, daß sie auch in anderen Lebensaltern vorkommen.

Zahlenmäßig betrachtet dürfte in jedem Fall diese Gruppe von Fällen als relativ unwichtig erscheinen. Und doch ist dieFrage der Infektion ohne Primärkomplex in theoretischer Beziehung so interessant, daß sie nicht übergangen werden kann. Die Angelegenheit gewinnt noch an Bedeutung bei Berücksichtigung der folgenden Überlegungen. Es ist nicht zu bezweifeln, daß unser gesamtes Sektionsmaterial ein sehr einseitiges ist. Es stammt fast ausnahmslos aus den Großstädten mit ihren für die Tuberkulosedurchseuchung besonderen Bedingungen. Es ist durchaus nicht gesagt, daß in ländlichen und in hygienischer Beziehung besonders gut gestellten Bezirken die Leichenbefunde in bezug auf die Primärkomplexe dieselben sein müssen. Man denke z. B. an gewisse Aufzeichnungen aus geschlossenen, verkehrsarmen ländlichen Gegenden mit stabiler Bevölkerung, Aufzeichnungen, aus denen hervorgeht, daß trotz des Fehlens von offenen Tuberkulosen und überhaupt von schweren Tuberkuloseformen die Durchseuchung zahlenmäßig nur wenig hinter der der Großstädte zurücksteht. Unter solchen Verhältnissen wäre es möglich, daß unter den verschiedenen Infektionsbedingungen auch die Befunde von Primärkomplexen qualitativ und quantitativ andere sind als in unseren bisher gewonnenen Statistiken. Es wäre eben auch denkbar, daß Fälle ohne Primärkomplex häufiger sind als in den Großstädten. Doch werden solche Überlegungen erst durch die folgenden Ausführungen verständlicher werden.

Wir haben oben gesehen, daß das häufige Vorkommen von primären Herden gerade in den Lungen gar nicht anders erklärt werden kann als durch eine Inhalationsinfektion. Die Frage, ob Tröpfchen- oder Staubinfektion hat mit diesen Feststellungen ein ganz akutes Interesse gewonnen. Neigten auch früher schon die meisten Forscher mehr der FLÜGGEschen Auffassung zu, daß die Tröpfcheninfektion wichtiger ist, so waren unsere Erfahrungen mit den primären Herden der Lunge imstande, dieser Auffassung eine weitere Stütze zu geben. Gelingt es doch insbesondere den Fürsorgeärzten immer mehr, gerade bei primären Lungeninfektionen die Infektionsquelle in Gestalt von hustenden Phthisikern aufzufinden. Gerade auf diesem Gebiet werden aber in neuester Zeit Zweifel laut, und zwar von seiten NEUFELDs und B. LANGEs, die sich auf Tierversuche des letzteren stützen. Diese Tierversuche sollen einerseits die erhöhte Bedeutung der Staubinfektion erweisen, andererseits aber zu bedenken geben, ob nicht auch beim Menschen tuberkulöse Infektionen ohne Primärherd viel häufiger sind, als man besonders von pathologisch-anatomischer Seite anzunehmen geneigt ist, ob nicht die Lehre vom Primärkomplex bedeutend eingeschränkt werden müsse. Ich möchte die Gelegenheit benutzen, um zu betonen, daß ich mit BEITZKE diese Bedenken NEUFELDs für hinfällig halte. Wenn vielleicht eine gewisse Einschränkung der Lehre vom Primärkomplex notwendig sein sollte, so kann sie doch auf diesem Wege nicht begründet werden. Ich habe oben schon ganz im allgemeinen vor einer Überschätzung des Tierversuches gewarnt. Das muß hier für den Einzelfall noch einmal geschehen. An Meerschweinchen angestellte Inhalationsversuche lassen sich mit den natürlichen Verhältnissen am Menschen in keiner Weise vergleichen. Ganz abgesehen von den künstlichen Infektionsbedingungen bedenke man die weitgehenden

Unterschiede zwischen den zuführenden Atemwegen des Meerschweinchens und denen des Menschen; dort viel feinere Kanäle mit tadellos funktionierendem und sehr wirksam geschütztem Nasenansatz bei relativ geringer Stärke des respiratorischen Luftzustromes, während eine Mundatmung kaum in Betracht kommt; hier viel weitere Röhren, erheblich stärkerer inspiratorischer Luftstrom, weniger gut geschützter Nasenansatz, dagegen völlig unbehinderte Mundatmung. Wir haben allen Anlaß zu der Annahme, daß beim Menschen die zum primären Lungenherd führenden Infektionen durch kräftige Inspirationen bei weit offener Mundatmung zustande kommen, daß weiterhin dazu eine gewisse Massigkeit der Infektionsdosis gehört, wie sie im allgemeinen nur in der Nähe eines hustenden Phthisikers, also bei der Tröpfcheninfektion, gegeben ist. Ich stimme nämlich nicht mit denjenigen überein, die auch die geringste Infektionsdosis für genügend halten, um beim Menschen einen Primäraffekt zu verursachen. Wenn der Mensch wirklich so widerstandslos gegen die Tuberkuloseinfektion wäre, müßten wir viel öfter schwerste, schnell zum Tode führende Primärinfektionen sehen. Die gute Heilbarkeit der Primäraffekte spricht vielmehr auch für gut funktionierende Abwehrkräfte, die wohl auch genügen werden, um mit vielen unterschwelligen Infektionen ganz fertig zu werden. Inwieweit die Entstehungsweise der Lungenanthrakose gegen eine Überschätzung der Staubinfektion spricht, wird auf S. 49 erörtert werden.

Und doch darf die Möglichkeit einer Staubinfektion nicht vernachlässigt werden. Denn es besteht kein Zweifel, daß trockener Staub infektionstüchtige Tuberkelbazillen enthalten kann. Wir müssen uns aber mit dem Staub aufgewirbelte Bazillen in viel regelmäßigerer und dünnerer Verteilung denken, als in dem versprayten Phthisikersputum. Nehmen wir nun an — und wir sind zu dieser Annahme berechtigt —, daß tatsächlich eine gewisse Infektionsdosis nötig ist, um einen primären Herd entstehen zu lassen, so wird diese Dosis bei der Staubinfektion viel schwerer erreicht als bei der Tröpfcheninfektion. Nun müssen wir uns aber noch einmal die Frage vorlegen, was aus den unterschwelligen Infektionen werden kann. Für die unterschwelligen Tröpfcheninfektionen müssen natürlich dieselben Überlegungen gelten. Ich halte aber in diesem Zusammenhang die Staubinfektionen für wichtiger, da sie nach der Lage der Dinge viel häufiger und regelmäßiger stattfinden müssen. Wie ich oben angedeutet habe und wie wir später genauer sehen werden, verfügt der kindliche Organismus gegenüber den zum Primärkomplex führenden Infektionen über so gute Abwehrkräfte, daß die Mehrzahl dieser Herde zur anatomischen Abheilung kommt. Wir werden daraus auch, wie schon gesagt, schließen können, daß ein Teil der unterschwelligen Infektionen in der Weise überwunden wird, daß ihre Tuberkelbazillen der Vernichtung anheimfallen. Wir werden auch die Möglichkeit ins Auge fassen können, daß derartige geringfügige Infektionen von den massigeren, zum Primärkomplex führenden überholt werden, zumal wenn jene tatsächlich, wie NEUFELD glaubt, keine Allergie setzen.

Wir werden uns aber auch sofort wieder der hohen Widerstandsfähigkeit der Tuberkelbazillen erinnern müssen und darum die Möglichkeit gelten lassen, daß wenigstens ein Teil der aus unterschwelligen Infektionen stammenden Bazillen am Leben bleibt und, ohne einen Herd zu setzen, in die Säftebahnen des Körpers hineingelangt. Ich weiß sehr wohl, daß ich damit ins Feld der Hypothesen hineinkomme und daß manche Tuberkuloseforscher derartige

Anschauungen nicht gelten lassen werden. Das darf aber in Anbetracht der Überlegungen, von denen wir ausgegangen sind, nicht hindern, gewisse Möglichkeiten auszudenken. Um auf unseren Ausgangspunkt zurückzukommen, so möchte ich meiner Meinung dahin Ausdruck geben, daß ich derartige, unter Umständen wiederholte unterschwellige Infektionen, meist Staubinfektionen, für den einen der Wege halte, auf denen es zu Tuberkuloseformen ohne Primärkomplex kommen kann. Was aber hier für die Inhalationsinfektion gesagt wurde, gilt natürlich auch für alle anderen Infektionsarten; es scheint mir insbesondere für die enterogene Infektion, vielleicht gerade mit Typus bovinus, und daraus resultierenden „chirurgischen" Tuberkulosen ohne Primärkomplex zu gelten; es muß aber auch für die intrauterine Infektion Gültigkeit haben.

Werden diese Gedanken weiter verfolgt, so stellt sich bald ein neues Problem ein, nämlich das der *Latenz der Tuberkelbazillen*. Sehen wir zuerst die intrauterine Infektion daraufhin an. Ihre Möglichkeit hört mit der Loslösung der Frucht von der Mutter auf. Wenn wir nun gewisse Erkrankungen der Säuglinge oder selbst der Kleinkinder mit unterschwelligen intrauterinen Infektionen in Zusammenhang bringen wollen, so setzt das die Möglichkeit einer unter Umständen recht langen Latenz der Tuberkelbazillen im kindlichen Organismus voraus. Dasselbe gilt natürlich für etwaige unterschwellige Infektionen post partum. Aber gerade wenn man sie im Auge hat, muß man sofort für die Frage nach der etwaigen Länge der Latenz eine Einschränkung machen. Denn wir können unter den obwaltenden Umständen, bei den dauernd vorhandenen Infektionsmöglichkeiten im einzelnen Fall nie genau wissen, wie oft und wann eine geringfügige Neuinfektion eingetreten ist. Ich glaube, daß dieser Gesichtspunkt bei den Diskussionen über die Latenzfähigkeit der Tuberkelbazillen oft vernachlässigt wurde. Immerhin bleibt das Problem der Latenzfähigkeit überhaupt bestehen. Und zwar handelt es sich hier um die sog. *primäre Latenz*, den reaktionslosen Aufenthalt der Bazillen in einem noch nicht an Tuberkulose erkrankten Körper. Wenn wir in dieser Frage von ganz allgemeinen Überlegungen ausgehen, so werden wir den Tuberkelbazillen kaum die Fähigkeit absprechen können, sich im gesunden Körper eine Zeitlang aufzuhalten, ohne abgetötet oder auch nur geschädigt zu werden. Denn das kommt auch bei vielen andern Bakterien vor, die hinfälliger sind, als der Tuberkelbazillus es ist. Wir werden danach sogar dem letzteren eine Latenzfähigkeit auf ziemlich lange Dauer zubilligen müssen; ob für Wochen, Monate oder Jahre, wird wohl einstweilen der Einstellung des einzelnen Forschers anheimgegeben werden müssen. Aber derartige Überlegungen werden uns allein nicht weiter helfen. Wir müssen vielmehr die Tatsachen sprechen lassen.

Auf Grund der vorhandenen Tatsachen darf kein Zweifel darüber bestehen, daß man Tuberkelbazillen in unveränderten Organen von nicht tuberkulösen Individuen finden kann. Hier darf auch der Tierversuch mitsprechen. Denn wenn BARTEL selbst bei dem so empfindlichen Meerschweinchen Tuberkelbazillen in den Lymphknoten noch monatelang nach der Infektion fand, so müssen dadurch die entsprechenden Befunde beim Menschen stark gestützt werden. Solche Untersuchungen sind von BARTEL, BEITZKE, HART u. a. (cf. BARTEL) insbesondere an Lymphknoten und Mandeln gemacht worden und führten ebenfalls zu einwandfreien Resultaten, d. h. zu Tuberkelbazillenbefunden in unveränderten Organen. Ob dabei das von BARTEL postulierte lymphoide Vorstadium existiert, möchte ich dahingestellt sein lassen. Diesen Befunden mögen gleichgesetzt werden jene Fälle, bei denen im Nabelschnurblut oder in Organen von Neugeborenen ohne tuberkulöse Veränderungen durch den Tierversuch Tuberkelbazillen nachgewiesen wurden. — Natürlich muß man bei allen derartigen Befunden, wie auch schon von anderer Seite betont wurde, unterscheiden zwischen einer wirklichen Latenz und einer vielleicht verlängerten Inkubation. Aber wenn es sich um Monate oder gar Jahre handelt, kann man schlechterdings nicht mehr von einem Inkubationsstadium sprechen. Ich möchte außerdem noch einmal darauf hinweisen, daß man streng unterscheiden muß zwischen der Latenz von Tuberkelbazillen im noch gesunden Körper und ihrem Aufenthalt im schon erkrankten oder in alten Krankheitsherden. Darüber wird später zu sprechen sein.

Wie ist nun die Möglichkeit der kryptogenetischen Infektion, mit der die der Latenz eng zusammengehört, auszuwerten? Die Lehre von der intrauterinen Infektion wird kaum viel dadurch gewinnen. Einmal liegt nur sehr spärliches, positiv verwertbares Material vor. Sodann scheint doch gerade der wenige Wochen oder Monate alte Säugling nach unsern sonstigen Erfahrungen am wenigsten widerstandsfähig gegen die Tuberkuloseinfektion zu sein, so daß also auch gerade bei ihm eine Latenz von Tuberkelbazillen am wenigsten Aussicht auf Realisierung hat. Bei ihm genügen wahrscheinlich viel kleinere Dosen zur Infektion als bei größeren Kindern. Doch sind in dieser Hinsicht die Akten durchaus noch nicht geschlossen. Daß man bei manchen Fällen von Säuglingstuberkulose ohne einwandfrei erkennbaren Primärkomplex an zunächst latente intrauterine Infektionen denken muß, darf meines Erachtens nicht geleugnet werden. Was nun die unterschwelligen und latent bleibenden extrauterinen Infektionen betrifft, so werden sie ähnlich gewertet werden müssen, d. h. zur Klärung der Gruppe von Fällen, von denen wir ausgingen, nämlich wieder denen ohne deutlichen Primärkomplex. Im übrigen wird an unsern oben besprochenen Anschauungen über die Entstehung des Primärkomplex nichts geändert zu werden brauchen. Wir werden daran festhalten müssen, daß, wo ein Primärkomplex besteht, er auch die Eintrittspforte angibt. Es muß aber noch einmal offen ausgesprochen werden, daß die Statistiken über den Primärkomplex noch nicht zu der Feststellung genügen, wie oft er bei einer tuberkulösen Krankheit wirklich fehlt. Die Feststellung seiner Häufigkeit im Kindesalter kann nichts darüber aussagen, wieviele Kinder latent infiziert sind. Die Fälle von sog. chirurgischen Tuberkulosen, die nach meinen früheren Erfahrungen auf diesem Gebiet eine nicht geringe Rolle spielen, fallen immer mehr für den pathologischen Anatomen aus, da die neuere Therapie sie immer mehr vom Sektionstisch fernhält. Für chronische fortschreitende und zum Tode führende Tuberkulosen fehlen noch brauchbare Zusammenstellungen, wohl hauptsächlich deswegen, weil derartige Untersuchungen mit mannigfachen, nur dem Pathologen bekannten Schwierigkeiten verknüpft sind. An die Einseitigkeit unseres Sektionsmateriales sei außerdem noch einmal erinnert.

So läßt sich heute die Rolle der „*kryptogenetischen*“ *Infektion* und der damit eng verbundenen „*primären Latenz*“ der Tuberkelbazillen für die Pathogenese der Tuberkulose in ihrer Tragweite noch nicht genügend abschätzen. Wenn auf Grund ihrer in den letzten Jahren erworbenen Kenntnisse und Erfahrungen die pathologischen Anatomen im allgemeinen nicht gerade geneigt sein werden, ihnen zahlenmäßig eine beachtliche Rolle einzuräumen, so ist das kein Grund, sie achtlos beiseite liegen zu lassen.

2. Entstehung der Generalisationsformen.

Wir müssen natürlich, wenn wir die Entstehungsweise der Generalisationsformen erkennen wollen, zunächst vom primären Komplex ausgehen und seine Beziehungen zu ihnen aufzufinden suchen. Es wird sogar praktisch sein, etwaige Beziehungen der Generalisationsformen zu kryptogenetischen Infektionen mit primärer Latenz von Tuberkelbazillen, einstweilen ganz beiseite zu lassen. Damit soll durchaus nicht gesagt sein, daß solche Beziehungen nicht vorkommen können. Aber wir werden bald sehen, daß es sich bei einem Teil der Generalisationsformen um besonders schwere vorausgegangene Infektionen handelt, bei denen eine kryptogenetische Entstehung kaum in Erwägung zu ziehen ist, daß andererseits in einem großen Teil der Fälle der primäre Komplex sicher eine hervorragende Rolle spielt. So können wir getrost die Beziehungen zwischen primärem Komplex und Generalisationsformen ganz in den Vordergrund stellen. Wir müssen also zunächst noch einmal zu der Betrachtung des Primärkomplexes zurückkehren und sein Schicksal wenigstens in großen Zügen verfolgen, während die genauere Beschreibung dieser Vorgänge erst bei den einzelnen Organen erfolgen kann.

Wir wissen, daß sowohl der primäre Herd des Aufnahmeorgans als auch die entsprechende Lymphknotenerkrankung in weitem Maße einer anatomischen Heilung zugängig ist. Wir werden sehen, daß ganz kleine Herde in eine rein fibröse Narbe übergehen können und daß größere abgekapselt werden, dann verkalken und selbst verknöchern können. Wir nehmen jetzt schon vorweg, daß in solchen anatomisch durch Abkapselung geheilten Herden lebende und virulente Tuberkelbazillen zurückbleiben und daß diese den Herd auch ohne oder mit gleichzeitiger Exazerbation, wieder verlassen können. Wir werden weiter sehen, daß die Heilbarkeit der Herde in gewissem Maße von ihrer Größe abhängig ist. Überschreiten die Herde einen gewissen Umfang, der wohl je nach dem Lebensalter verschieden sein kann, so sehen wir oft unmittelbar im Anschluß an die Entstehung des Primärkomplexes schwere Krankheitserscheinungen auftreten, die eben schon zu den Generalisationsformen zu rechnen sind. Ich möchte mit einer gewissen Anlehnung an die RANKEsche Nomenklatur diese Generalisationsformen, die sich unmittelbar an den Primärkomplex anschließen, als *„Frühgeneralisationen"* bezeichnen, diejenigen, die erst später, nach Abheilung des Primärkomplexes, eventuell auch nach Abheilen oder überhaupt nach Auftreten weiterer Veränderungen, zustande kommen, *„Spätgeneralisationen"* nennen.

a) Die Frühgeneralisation.

Die Krankheitsform, die ich hier im Auge habe, entspricht in ihrem Verlauf oft durchaus dem, was RANKE als zweites Stadium bezeichnet hat, und man könnte diese Erkrankungen dann als zweites Stadium anerkennen, wenn sie eine regelmäßige Folge des Primärkomplexes und wenn sie die einzige Erscheinungsform der Generalisationen wäre. Beides ist aber nicht der Fall. Immerhin können wir hier von RANKE ausgehen, der betont, daß diese Generalisationen sich aller zu Gebote stehender Wege bedienen können, der Ausbreitung per contiguitatem, der intrakanalikulären, der lymphogenen und der hämatogenen Ausbreitung. Ich möchte dem Hergang allerdings eine etwas andere Form geben. Ich möchte nämlich glauben, daß die Ausbreitung durch unmittelbares Wachstum und auch die auf dem Lymphweg eine geringere Bedeutung hat. Für viel wichtiger auch als das intrakanalikuläre Fortschreiten halte ich den Blutweg. Wir dürfen annehmen — und wir werden später genauer darauf zurückkommen —, daß der Blutweg bei jeder Tuberkuloseinfektion sehr schnell beschritten wird, wie es ja auch den Ergebnissen des Tierversuches durchaus entspricht. Die erste Propagation findet vom primären Herd aus natürlich auf dem Lymphweg statt; daher als zweiter Herd der Lymphknotenherd. Wir haben aber allen Anlaß zu der Annahme, daß die Grenzen des Lymphknotens oder ihrer mehrerer in jedem Fall überschritten werden. Die Folge muß dann eine Einschwemmung der Bazillen in die Hauptlymphstämme und damit ins Blut sein. Wenn nicht in jedem Fall von Primärkomplex eine Generalisation im anatomischen Sinne stattfindet, so mag das erstens an der Menge der eingeschwemmten Bazillen liegen, sodann am Gesamtzustand des Körpers, in diesem Fall auch schon an den inzwischen eingetretenen allergischen Verhältnissen, die noch verschiedentlich Gegenstand unserer Erörterungen sein werden. Wir müssen auf Grund solcher Überlegungen zu dem Schluß kommen, daß eine manifeste Generalisation im unmittelbaren Anschluß an den Primärkomplex vorkommen wird, wenn die Infektion eine schwere war. Die anatomischen Befunde bestätigen das. Wir finden derartige Generalisationen vorwiegend in Fällen mit großem Primärherd, bezw. Primärkomplex, unabhängig von seiner Lokalisation, und können aus der Größe des Primärherdes einen Rückschluß auf die Schwere, auf die Massigkeit der Infektion machen. Auch gibt es Fälle mit zahlreichen Primärherden, die in derselben Weise zu werten sind.

Diese Generalisationsformen, die wir in unsern Breiten viel häufiger bei Säuglingen und kleinen Kindern als bei großen Kindern und Erwachsenen sehen, bestehen darin, daß alle Organe, insbesondere die Lungen, von größeren tuberkulösen Herden ziemlich dicht durchsetzt sind. Es sind jene Sektionsbilder, bei denen auch die Bezeichnung großknotige, besser großherdige Allgemeintuberkulose Berechtigung hat, ohne daß miliare Tuberkelaussaaten zu fehlen brauchen. Die Bilder gleichen denen der Allgemeintuberkulose beim künstlich infizierten Meerschweinchen oder auch Affen. Eine Leptomeningitis tuberculosa pflegt oft dabei zu sein. Wenn bei diesen Fällen die Lungen im allgemeinen am stärksten betroffen sind, so ist das wohl im wesentlichen auf die mechanischen Verhältnisse der Zirkulation zurückzuführen, nach denen immer das Kapillargebiet der Lungen das erste ist, das von den Tuberkelbazillen überschwemmt wird und darum den größten Ansturm zu ertragen hat. Natürlich ist auch eine Abfuhr der Bazillen aus den Organherden auf dem Blutweg denkbar, und dann müßte bei Primärherden in den Lungen der große Kreislauf zuerst betroffen sein. Aber wir können, ohne fürchten zu müssen auf Widerspruch zu stoßen, den Satz aufstellen, daß die Abfuhr der Tuberkelbazillen aus den Organherden im wesentlichen auf dem Lymphweg erfolgt, der dann die Weiterbeförderung in die venöse Blutbahn besorgt. In jedem Fall ist der *Blutweg* für die Frühgeneralisationen von ausschlaggebender Bedeutung. Gefäßeinbrüche oder Gefäßherde brauchen nicht in Betracht gezogen zu werden. Sie sind nach meinen Erfahrungen nur in solchen Fällen zuweilen vorhanden, die zu den eigentlichen Miliartuberkulosen hinüberleiten. Die Überschwemmung der Blutbahn erfolgt vielmehr fraglos auf dem angegebenen Wege, nämlich über die großen Lymphstämme durch Überrennen der Lymphknotenfilter infolge massenhaften Ansturmes der Tuberkelbazillen.

Daß der *Lymphweg* für das Gesamtbild dieser Fälle, bezw. für die Verteilung der Herde auf die einzelnen Organe, zunächst eine untergeordnete Rolle spielt, wurde schon gesagt. Nachdem er jedoch den Transport in die Blutbahn besorgt hat, kann er u. U. für die weitere Entwicklung des Krankheitsbildes doch noch eine gewisse Bedeutung erlangen. Wir sehen nämlich bei diesen Allgemeinerkrankungen nicht selten auch viele Lymphdrüsengruppen, die zu den mit Knoten durchsetzten Organen gehören, miterkranken. Obwohl dabei natürlich auch eine hämatogene Infektion der Lymphknoten möglich ist, muß doch zugegeben werden, daß die Erkrankung auf dem Lymphweg in solchen Fällen näher liegt.

Sehen wir so die Bedeutung des Lymphweges, wenn auch sekundär, bei der Entwicklung der Frühgeneralisationen deutlich hervortreten, so ist nun noch die *intrakanalikuläre Ausbreitung* zu nennen. Entsprechend der Häufigkeit des Primärherdes in den Lungen tritt diese Art der Propagation auch in ihnen am markantesten in die Erscheinung. Wir sehen auch hier, daß die Größe des Primärherdes, also die Schwere der Infektion, von ausschlaggebender Bedeutung ist. Da, wie wir sehen werden, der Primärherd in einer käsigen Pneumonie besteht, so ist es ohne weiteres verständlich, daß die übrigen Lungenteile um so schwerer gefährdet sind, ein je größerer Lungenbezirk primär betroffen ist. Denn es wird von großen Lungenherden natürlich stets viel reichlicher infizierendes Material durch die Bronchien abgeführt als von kleinen, und so steht bei den größeren auch die Aspirationsgefahr in andere Lungenteile mehr im Vordergrund. Dazu können sich bei den größeren Herden zwei weitere gefährliche Komplikationen gesellen. Das ist erstens die kavernöse Erweichung des Primärherdes, und zweitens der Durchbruch, gewöhnlich eines Lymphknotens, in einen größeren Bronchus. Beide Komplikationen öffnen der widerstandslosen Überschwemmung beider Lungen mit infektiösem Material Tür und Tor. Schnelle intrakanalikuläre Ausbreitungen kommen jedoch bei dieser Erkrankungsform auch in den andern betroffenen Organen mit großer Regelmäßigkeit vor.

Wir sehen also, daß ein charakteristisches Kennzeichen der Frühgeneralisationen darin besteht, daß auf allen zu Gebote stehenden Wegen eine schrankenlose Ausbreitung der Infektion erfolgt. Ob dabei auch eine besondere spezifische Überempfindlichkeit des Körpers mit im Spiele ist, eine Vorstellung, die bei Ranke eine nicht geringe Rolle spielt, soll hier noch nicht erörtert werden. Das wird vielmehr im Zusammenhang mit sonst etwa vorkommenden allergischen Zuständen auf S. 102 geschehen.

Über das Schicksal der von den Frühgeneralisationen betroffenen Individuen können wir uns kurz fassen. Die Erkrankung verläuft meist unter dem Bilde einer akuten Infektionskrankheit und führt rasch zum Tode. Darum finden wir bei dieser Krankheitsform pathologisch-anatomisch auch nur die Anfangsstadien des tuberkulösen Prozesses, derentwegen auf das Kapitel über die allgemeine Histogenese (S. 58) und auf die Beschreibungen der einzelnen

Organerkrankungen verwiesen wird. Vieles, was wir in manchen Fällen von Spätgeneralisationen sehen können, ist hier nur gerade angedeutet.

b) Die Spätgeneralisationen. Die sog. allgemeine Miliartuberkulose.

Ich lege großen Wert darauf, bei der Herausarbeitung der wichtigsten Erscheinungsformen der Tuberkulosekrankheit von vorneherein und immer wieder zu betonen, daß das nur mit einer gewissen, aber überall wohl zu beachtenden Einschränkung geschehen kann. Denn es gibt im biologischen Geschehen keine starren Grenzen. Was wir als besondere Krankheitsformen schildern können, sind sozusagen Extreme, die nur realisierbar sind, wenn wirklich alle für sie maßgebenden Bedingungen voll erfüllt sind. Da aber die Bedingungen mannigfacher Art und von vielen Faktoren abhängig sind, so ist es selbstverständlich, daß unter etwas veränderten Bedingungen auch nicht voll entwickelte Fälle der Grundformen vorkommen müssen. Da aber die für die Entstehung bestimmter Formen notwendigen Bedingungen vielfach ineinander übergreifen, so ist es auch selbstverständlich, daß alle Arten Übergänge zwischen den einzelnen Formen vorkommen müssen. Diese Sätze gelten in hervorragender Weise auch für die Generalisationsformen. Es finden sich tatsächlich fließende Übergänge zwischen den Früh- und den Spätgeneralisationen, zwischen der großherdigen Allgemeintuberkulose und der typischen allgemeinen Miliartuberkulose. Die Übergänge können in verschiedener Weise gegeben sein. Zunächst gibt es Frühgeneralisationen, die sich kaum von dem Bilde der allgemeinen Miliartuberkulose unterscheiden. Sodann kommen zuweilen auch Spätgeneralisationen vor, die in Gestalt der großherdigen Allgemeintuberkulose den großherdigen Frühgeneralisationen in weitem Maße gleichen. Endlich seien hier schon die disseminierten großherdigen oder miliaren Erkrankungen einzelner oder mehrerer Organe genannt, die zwar nicht häufig vorkommen, aber doch in allen möglichen Kombinationen auftreten können. Alles das darf aber nicht hindern, die beiden Haupttypen der Generalisationen als besondere Formen einander gegenüberzustellen, wenn die Gegensätze zwischen ihnen in extremer Weise verwirklicht sind.

In diesem Sinne müssen wir also die allgemeine Miliartuberkulose betrachten, die darum als Spätgeneralisation zu bezeichnen ist, weil sie sich in ihren markantesten Fällen nicht unmittelbar an den Primärkomplex anschließt. Ihr Gesamtbild mit dem Aufsprießen von annähernd hirsekorngroßen Knötchen in fast allen Organen mag hier zunächst als bekannt vorausgesetzt werden. Niemand zweifelt daran, daß es sich bei dieser Generalisationsform um eine hämatogene Ausbreitung handelt.

Die Lehre von der Genese der allgemeinen Miliartuberkulose ist so eng mit dem Namen C. WEIGERTS verknüpft, daß sich an dieser Stelle eine kurze historische Betrachtung nicht vermeiden läßt. Nur die Kenntnis der Umstände, unter denen die WEIGERTsche Lehre entstand, wird uns verstehen lassen, warum diese Lehre so festen Fuß fassen konnte. Sie wird uns aber auch andererseits gerade dazu anregen können, darüber nachzudenken, inwieweit diese Lehre unsern heutigen Anschauungen noch entsprechen kann. Daß das markante Bild der allgemeinen Miliartuberkulose schon in älteren Zeiten manchen Forschern aufgefallen war, ist verständlich. Die erste genaue Beschreibung erfolgte jedoch erst im Jahre 1810 durch den französischen Forscher BAYLE. Da damals über das Wesen der Infektionskrankheiten noch kaum dunkle Vorstellungen bestanden, fragte man auch kaum nach Ätiologie und Pathogenese. Als dann BUHL sich mit dieser Krankheit beschäftigte (1857 und 1872), befand man sich sozusagen in der Morgendämmerung des bakteriologischen Zeitalters. So hatte BUHL die Vorstellung, daß vor der Entstehung der allgemeinen Miliartuberkulose ein tuberkulöser Herd im Körper vorhanden sein müsse, von dem aus die Resorption des Tuberkelgiftes in die Blutbahn hinein stattfände. Dazu kam, daß MARCHAND Ende der siebziger Jahre einen tuberkulösen Prozeß der Aortenintima beschreiben und daß etwa zu gleicher Zeit PONFICK zum ersten Mal auf die Tuberkulose des Ductus thoracicus hinweisen konnte. In diesem Stadium gelang es WEIGERT, die Lungenvenentuberkel als häufige Befunde bei Fällen von Miliartuberkulose festzustellen. Verschiedene Mikroorganismen waren inzwischen als Krankheitserreger beschrieben worden. Damit waren die Grundlagen für die WEIGERTsche Lehre geschaffen. Ein Einbruch eines das tuberkulöse Virus enthaltenden Herdes in die Blutbahn sollte der Schlüssel für die Pathogenese des merkwürdigen Krankheitsbildes sein. Besonders eindrucksvoll mußte die WEIGERTsche Lehre darum wirken, weil gerade in der Zeit zwischen der Drucklegung und dem Erscheinen seiner Veröffentlichung R. KOCH mit seiner Entdeckung des Tuberkelbazillus hervortrat, so daß WEIGERT in der Korrektur seiner Arbeit nur in einer Fußnote zu bemerken brauchte, statt Tuberkulosevirus sei nunmehr das Wort Tuberkelbazillus zu setzen. Welchen Eindruck die Entdeckung R. KOCHs damals machen mußte, läßt sich schwer vorstellen. Uns Heutigen sind die Grundgedanken der Infektionslehre so geläufig, daß wir uns schwer in jene Zeit hineinzuversetzen vermögen. Jedenfalls war der Eindruck ein so starker und nachhaltiger, daß auch die Lehre WEIGERTs unangreifbar schien und bis in die neueste Zeit kaum angezweifelt wurde.

Mit R. KOCHs Lehren von der Entstehung der Infektionskrankheiten ging es aber so wie mit den meisten großen Entdeckungen, Taten und Gedanken großer Männer. Ihre Gültigkeit wurde, zum guten Teil durch die Schuld seiner Anhänger, übertrieben, und es bildete sich allmählich der Zustand heraus, der mit Recht von manchen Seiten als bakteriologische Orthodoxie gegeißelt wurde. Wir wissen heute, daß die orthodoxen bakteriologischen Lehren keine Geltung mehr haben. Wir wissen heute, daß das mechanische Aufeinandertreffen von Mensch und Infektionserreger nicht genügt für die Entstehung einer Infektionskrankheit und für die Weiterverbreitung der Infektionserreger im Körper. Wir wissen im Gegenteil, daß dabei noch mannigfache andere Faktoren mitspielen, die ins Gebiet der sog. Disposition und in das der Konstitution, weiterhin in das Gebiet der Allergielehre gehören; und so sehen wir immer wieder, daß erst bei Berücksichtigung solcher Faktoren manche vorher unerklärlichen Vorgänge verständlich werden. Solche Überlegungen führen schon an und für sich zwangsläufig zu der Frage, ob wirklich bei der allgemeinen Miliartuberkulose die grobmechanische Ausstreuung der Tuberkelbazillen in die Blutbahn der wesentlichste Faktor, ja auch nur ein wesentlicher Faktor ist. Wir finden auch Analoga dazu bei keiner anderen Infektionskrankheit, wie wir noch sehen werden.

Wenn wir nach diesen Überlegungen zu den tatsächlichen Grundlagen der WEIGERTschen Lehre zurückkehren, so ist zunächst festzustellen, daß die

Vorstellung, ein außerhalb eines Gefäßes sitzender Herd bringe die Tuberkelbazillen durch Einbruch in das Gefäß in die Blutbahn hinein, nicht lange zu halten war. Derartige Fälle kommen allzu selten vor. Die von BENDA zuerst richtig erkannten endangitischen Prozesse gewannen hingegen die größere Bedeutung, und noch heute hält wohl die Mehrzahl der Pathologen an der Vorstellung fest, daß derartige Herde die Vorbedingung für das Entstehen einer allgemeinen Miliartuberkulose seien. Ich selbst habe mich jedoch in den letzten Jahren beim Studium der pathologischen Anatomie und Pathogenese der Miliartuberkulose immer mehr davon überzeugen müssen, daß die WEIGERTsche Lehre uns nicht mehr genügen kann. Ich bin sogar zu der Überzeugung gekommen, daß die WEIGERTsche Erklärung nicht nur ungenügend, sondern auch falsch ist. Die Wichtigkeit dieses Themas für die Gesamtauffassung des tuberkulösen Prozesses ist so groß, daß ich etwas genauer darauf eingehen muß. Sollen doch in diesem für weitere Kreise bestimmten Buch nicht nur persönliche Anschauungen vorgetragen, sondern die Sachlage möglichst so geschildert werden, daß sich auch jeder unbefangene und mit der Materie nicht im einzelnen vertraute Leser ein eigenes Urteil bilden kann.

Ich fasse deshalb meine schon an anderer Stelle gemachten Einwendungen gegen die WEIGERTsche Lehre hier noch einmal ausführlich zusammen.

1. Es gibt eine nicht geringe Anzahl von Generalisationsfällen, bei denen ein Gefäßherd nicht gefunden werden kann. Das gilt zunächst für zahlreiche Fälle der unter a) erörterten Frühgeneralisationen, insbesondere im Säuglingsalter. Man kann für diese Fälle sogar sagen, daß bei ihnen Gefäßherde zu den Seltenheiten gehören. Wir haben oben schon gesehen, daß die rasch nach dem Entstehen des Primärkomplexes einsetzende Bazillämie viel besser anders erklärt werden kann. Aber auch Fälle von typischer Miliartuberkulose lassen nicht selten einen Gefäßherd vermissen. Wohl gemerkt, habe ich dabei Gefäßherde im ursprünglichen Sinne WEIGERTs im Auge, d. h. solche, die sich mit bloßem Auge erkennen lassen. Denn es war und ist ja der Sinn der Lehre WEIGERTs, daß irgendwo innerhalb der Gefäßbahn eine ansehnliche Brutstätte von Tuberkelbazillen vorhanden ist, aus der die Bazillen auf einmal in so großen Mengen in die Blutbahn geworfen werden, daß durch sie in allen Organen die tuberkulösen Knötchen erzeugt werden können. Später schränkte WEIGERT dieses Postulat nur insofern ein, daß er nur ein Eindringen genügender Mengen von Bazillen zu annähernd gleicher Zeit verlangte. Das Prinzip bleibt damit dasselbe.

Wenn wir nun tatsächlich immer wieder eine gewisse Anzahl von Fällen beobachten, bei denen der Gefäßherd fehlt, so halte ich es für ganz unmöglich, dies durch die leichte Hypothese erklären zu wollen, es sei der Gefäßherd übersehen worden. Zu WEIGERTs Zeiten mag das noch statthaft gewesen sein, heute ist es nicht an dem. Damals durfte die Überzeugung von der uneingeschränkten Gültigkeit der WEIGERTschen Lehre so stark sein, daß die Vernachlässigung der negativen Befunde entschuldbar war. Nachdem wir aber über eine 45jährige Erfahrung verfügen, die immer wieder von neuem zeigt, daß in einer Anzahl von Fällen die WEIGERTschen Herde fehlen, meine ich doch, wir Pathologen sollten nicht ohne weiteres zugeben, daß wir trotz aller Vervollkommnung der Technik immer wieder mit bloßem Auge sichtbare Herde im Körper einfach nicht zu finden imstande sind. Wo sollten sie denn auch zu finden sein, wenn nicht an den Prädilektionsstellen, insbesondere im Ductus thoracicus und in den Lungenvenen? Denn wenn ein Herd wirklich einmal in einer peripheren Körpervene säße — Arterien kommen doch ernstlich nicht in Betracht —, dann müßte seine Entstehung wieder von einem Organherd im Quellgebiet der betreffenden Vene abhängig sein. Oder möchte jemand behaupten, daß er auch unabhängig von einem solchen entstehen könnte? Beispiele dafür sind meines Wissens bisher nicht bekannt geworden. Solche Organherde aber immer wieder in einem gar nicht so geringen Prozentsatz der Fälle zu übersehen, hieße doch, sich ein ganz besonderes schlechtes Zeugnis ausstellen. Man möge auch folgendes bedenken. Nach unsern heutigen Kenntnissen, die weiter unten noch genauer erörtert werden, ist die Frage, ob eine Miliartuberkulose von einem nicht aufgefundenen peripheren Herd ihren Ausgang genommen haben könnte, auch aus folgendem Grunde außerordentlich unwahrscheinlich. Es handelt sich ja oft gerade um jene Fälle, bei denen außer der Miliartuberkulose nur ein anscheinend abgeheilter Primärkomplex besteht. In solchen Fällen könnte noch irgendwo eine fortschreitende, dem Auge kaum entgehende Organtuberkulose vorliegen; dann aber finden wir erfahrungsgemäß keine schwere Miliartuberkulose. Oder es könnten nur unbedeutende, geheilte oder doch wenigstens nicht fortschreitende Herde bestehen, die für eine massige Aussaat der Bazillen nicht geeignet sind. — Kurzum, es sind periphere Gefäßherde in den Fällen, in denen sie zentral nicht vorhanden sind, kaum zu erwarten.

Tatsachen und Überlegungen führen also unbestreitbar zu dem Schluß, daß es allgemeine Miliartuberkulosen ohne Gefäßherde im Sinne Weigerts gibt. Damit ist eigentlich die Weigertsche Lehre schon so stark durchbrochen, daß sie in allen Fugen wankt. Denn wenn in manchen Fällen die Genese eine andere ist, dann muß man sich sofort fragen, ob sie nicht überhaupt eine andere ist. Gehen wir jedoch weiter.

2. Es gibt noch mehr Einwände gegen die Weigertsche Lehre. Viele Gefäßherde sind nämlich nicht so beschaffen, daß sie als geeignet für eine massenhafte Ausstreuung von Tuberkelbazillen in die Blutbahn angesehen werden können. Ich verweise dazu auch auf das Kapitel über Gefäßtuberkulose auf S. 151. Hier möchte ich nur zusammenfassend bemerken, daß es zwar tuberkulöse Thromben in der Aorta und im Herzen — in den Körpervenen habe ich sie selbst noch nicht gesehen — gibt, die zum Teil geradezu aus Reinkulturen von Tuberkelbazillen bestehen. Solche Fälle sind aber recht selten und sind, wie wir später sehen werden, auch einer andern Deutung zugängig. Was aber die Tuberkulose des Ductus thoracicus betrifft, so gibt es zwar da auch Fälle, in denen eine Art Ulzeration vorliegt und eine dichte Auflagerung von Bazillen besteht, aber viel häufiger sind die Herde ganz glatt, mikroskopisch fibrös und ohne Bazillenauflagerungen und auch im Innern so arm an Bazillen, daß sie für die Möglichkeit einer größeren Aussaat nicht herangezogen werden können. Für die Lungenvenentuberkel gilt das noch in erhöhtem Maße. Sie sind sehr selten ulzeriert und enthalten nach meinen eigenen Erfahrungen gewöhnlich nur sehr wenig Tuberkelbazillen. Zuweilen bilden sich zwar auf ihrem Kamm kleine Thromben aus; diese enthalten dann aber auch nur spärliche Bazillen oder gar keine. Es handelt sich dabei gewiß um gänzlich sekundäre Vorgänge. Nun wurde schon von Weigert selbst gegenüber solchen nicht für seine Lehre sprechenden Befunden eingewandt, daß bei der Sektion ganz glatte und

bazillenarme Herde früher ulzeriert gewesen sein könnten. Das ist aber m. E. sehr schwer vorstellbar. Es handelt sich nämlich oft um ziemlich akut verlaufende, in 3—4 Wochen zum Tode führende Fälle, in denen derartige Heilungsvorgänge kaum zu erwarten sind. Außerdem wäre es durchaus nicht zu verstehen, warum nach derartigen ulzerösen Zuständen im Gefäßlumen nicht des öfteren obturierende Thromben beobachtet würden. — Übersieht man die Gesamtheit der Untersuchungen über die tuberkulösen Prozesse innerhalb der Gefäßbahn, so muß man bei objektiver Einstellung zu dem Schluß kommen, daß sie nur eine sehr schwache Stütze der WEIGERTschen Lehre bedeuten.

3. Endlich muß folgender schwerwiegender Einwand erhoben werden. Es ist noch kein einwandfreier Fall bekannt geworden, in dem an den für Gefäßherde bevorzugten Stellen, im Ductus thoracicus und in den Lungenvenen, tuberkulöse Veränderungen in Entwicklung waren, ohne daß eine allgemeine Miliartuberkulose bestand. Gewiß wäre dagegen einzuwenden, daß unter gewöhnlichen Umständen nach solchen Gefäßherden nicht gesucht wurde. Ich selbst habe es aber durchaus nicht versäumt und möchte versichern, daß es mir bisher trotz eifrigen Suchens an einem großen Material noch nicht gelungen ist, einen Gefäßherd ohne Miliartuberkulose zu finden. Nun ist es eigentümlich, daß dieses Gebundensein von Gefäßherden an eine voll entwickelte Miliartuberkulose schon von WEIGERT und später von andern im positiven Sinne für die WEIGERTsche Lehre verwertet wurde. Es dürfte jedoch kaum ein Argument geben, das stärker gegen WEIGERT spräche. Denn wenn Gefäßherde die obligatorische Vorbedingung für das Entstehen einer Miliartuberkulose wären, dann müßte man sie doch auch zuweilen in Entwicklung sehen, bevor die Miliartuberkulose ausgebrochen ist. Da das nicht der Fall ist, da aber die Gefäßherde tatsächlich sehr oft bei Miliartuberkulose gefunden werden, und zwar ausschließlich und nur bei Miliartuberkulose, so scheint mir damit schon so gut wie erwiesen, daß sie eine wichtige Begleiterscheinung, eine Folge der allgemeinen Miliartuberkulose sind.

Wenn wir nun unsere drei Punkte noch einmal übersehen, so müssen wir zu dem Schluß kommen, daß die WEIGERTsche *Lehre nicht richtig* sein kann. Es würde mir auch sehr gezwungen vorkommen, wollte man aus der Gesamtheit der Fälle von Miliartuberkulose einige heraussuchen, bei denen sich die beiden ersten Einwendungen nicht machen ließen, für sie dann die WEIGERTsche Lehre gelten lassen, für die andern Fälle aber eine andere Erklärung suchen. Wir könnten damit nicht einmal eine Regel mit den bekannten sie bestätigenden Ausnahmen konstruieren. Das wäre vielleicht eher im umgekehrten Sinne möglich. Ich möchte meinen: die WEIGERTsche Lehre hat entweder Allgemeingültigkeit, oder sie gilt überhaupt nicht. Nach den bisherigen Ausführungen scheint mir die Entscheidung nicht schwer.

Nun bin ich mir gewiß der Schwierigkeiten bewußt, vor denen wir stehen, wenn wir die WEIGERTsche Lehre ablehnen. Es ist gewiß bequemer, an einer lieben alten Gewohnheit festzuhalten, als sich in neue ungewisse Verhältnisse zu stürzen. Aber ich bin der Meinung, wenn eine Lage unhaltbar geworden ist, soll man die Konsequenzen ziehen, auch wenn der vorgezeichnete Weg zunächst noch nicht absolut sicher ist. In unserem Fall müssen wir versuchen, auf Grund unserer sonstigen Beobachtungen und Erfahrungen einen von dem

WEIGERTschen verschiedenen Weg zu suchen, auf dem wir zu einer Klärung der Pathogenese der Miliartuberkulose gelangen können. Wird das Ziel nicht gleich erreicht, so müssen wir weiter an der vorliegenden Aufgabe arbeiten. Für unser Vorgehen wird es natürlich notwendig sein, zunächst unabhängig von dem etwaigen Vorhandensein von Gefäßherden die sonstigen Bedingungen zu untersuchen, unter denen wir eine Miliartuberkulose entstehen sehen.

Ich habe oben die *allgemeine Miliartuberkulose* auch als eine *Spätgeneralisation* bezeichnet. Damit sollte gesagt sein, daß sie sich gewöhnlich nicht unmittelbar an den Primärkomplex anschließt, sondern erst in einem späteren Entwicklungsstadium der Krankheit, bezw. lange nach der Heilung des Primärkomplexes, eintritt. Es möge hier aber noch einmal gesagt sein, daß der Gegensatz zwischen Frühgeneralisation und Spätgeneralisation kein absolut scharfer ist, sondern daß natürlich Übergänge zwischen beiden vorkommen. Zur Herausarbeitung der Krankheitstypen brauchten wir jedoch die Gegenüberstellung. Bei der übergroßen Anzahl der Fälle läßt sich diese Gegenüberstellung übrigens auch gut durchführen. Wenn wir nun gesehen haben, daß die Frühgeneralisation entsprechend der zeitlichen Entstehung des Primärkomplexes vorwiegend im Kindesalter auftritt, können wir für die allgemeine Miliartuberkulose sagen, daß sie mit ihrem ganz typischen Bild in jedem Lebensalter auftreten kann. Sie kommt schon im Säuglingsalter nicht selten vor, viel häufiger jedoch im zweiten bis zehnten Lebensjahr, sodann an Häufigkeit allmählich abnehmend bis zum späten Greisenalter. Nach meinen früheren Zusammenstellungen [1] und späteren, daran angeschlossenen, können wir etwa sagen: von 100 Fällen von allgemeiner Miliartuberkulose kommen 6 auf das erste Lebensjahr, 38 auf das zweite bis zehnte, 26 auf das elfte bis dreißigste, 21 auf das einunddreißigste bis sechzigste Lebensjahr und 9 auf das Alter über 60 Jahre. Wir sehen also schon aus dieser Zusammenstellung, daß die Bedingungen für die Entstehung einer Miliartuberkulose in jedem Lebensalter gegeben sein können, daß aber das jugendliche Alter und besonders das Kindesalter stark bevorzugt ist. Aber auch die mittleren Lebensjahre sind noch viel stärker betroffen und selbst das Greisenalter noch mehr heimgesucht als das Säuglingsalter, in dem die Frühgeneralisation so häufig ist.

Schon das Ergebnis dieser Übersicht würde für sich allein die Frage nahe legen, *wie sich die Fälle von Miliartuberkulose zu dem Gange der Tuberkuloseinfektion im menschlichen Körper überhaupt verhalten.* Ich möchte dazu bemerken, daß ich noch nie einen Fall von schwerer allgemeiner Miliartuberkulose gesehen habe, ohne daß auch sonst irgendein Zeichen einer älteren Tuberkulose im Körper vorhanden war. Welcher Art sind nun die schon vor dem Auftreten der Miliartuberkulose bestehenden tuberkulösen Veränderungen? Wir finden Fälle, in denen nur ein Primärkomplex der Miliartuberkulose vorangegangen ist, wir finden aber auch alle Zwischenstufen bis zu den chronischen fortgeschrittenen Organtuberkulosen. Wenn wir aber im einzelnen die Dinge ansehen, so ergibt sich sehr schnell ein ganz anderes Bild. Denn die schwersten und ganz typischen Formen von allgemeiner Miliartuberkulose finden sich fast ausschließlich nur dann, wenn sonst kein fortschreitender tuberkulöser Prozeß im Körper in Entwicklung ist. Sehr oft hat man gerade dann nur einen makroskopisch völlig

[1] Wozu ich bemerken möchte, daß ich hier strenger getrennt habe zwischen den beiden Arten der Generalisationsformen.

geheilten Primärkomplex. In andern Fällen können wenig ausgebreitete und abgeheilte tuberkulöse Veränderungen anderer Organe hinzukommen, während fortschreitende, auch nur wenig ausgebreitete Organtuberkulosen, ebenso frische Primärkomplexe sehr selten sind. Aber es gibt auf der andern Seite auch einige wenige Fälle von allgemeiner Miliartuberkulose, bei denen zu gleicher Zeit eine fortschreitende Organtuberkulose besteht. Es ist dann aber meist das Bild der Miliartuberkulose viel weniger deutlich ausgeprägt als in der ersten Kategorie von Fällen, d. h. die Aussaat ist viel weniger dicht, u. U. auf einige Organe beschränkt, z. B. auf die weichen Hirnhäute, die Milz usw. Die Zahl der Fälle mit ganz typischer schwerer Miliartuberkulose und gleichzeitiger fortschreitender Organtuberkulose ist auf höchstens 4% der Gesamtzahl zu schätzen. — Zwischen den beiden Kategorien von Fällen gibt es alle Übergänge. Zusammenfassend kann man sagen, daß, je schwerer und typischer die allgemeine Miliartuberkulose ist, um so weniger ausgebreitete und fortschreitende sonstige tuberkulöse Erkrankungen im Körper bestehen, und daß sich das Bild der allgemeinen Miliartuberkulose immer mehr verwischt, je stärker die Organtuberkulosen in den Vordergrund treten und je mehr sie eine fortschreitende Tendenz haben. Ich habe daher von einem *Ausschließungsverhältnis zwischen allgemeiner Miliartuberkulose und Organtuberkulose* gesprochen und möchte hier mit allem Nachdruck unterstreichen, daß dieses Ausschließungsverhältnis in der soeben vorgetragenen Form sich immer wieder bei der Übersicht über ein genügend großes Material bewahrheitet. Es ist mir unverständlich, wie jemand diese in gewisser Weise übrigens schon lange bekannte Tatsache, die auch im Rahmen der RANKEschen Vorstellungen liegt, bezweifeln kann. Dieses Ausschließungsverhältnis muß unbedingt mit in Rechnung gestellt werden, wenn man auf einem andern Weg als auf dem der WEIGERTschen Lehre zu einer Klärung der Pathogenese der Miliartuberkulose gelangen will.

Wir können gleich noch einen andern Unterschied zwischen den Fällen von Miliartuberkulose, die sich im Anschluß an im wesentlichen geheilte Herde entwickeln, und den andern feststellen, und das ist folgender. Die ersteren verlaufen nämlich viel stürmischer und führen viel schneller zum Tode als die letzteren. Die Dauer der ersteren beläuft sich auf etwa drei Wochen im Durchschnitt, die der letzteren kann sich jedoch bis auf über zehn Wochen erstrecken. Wir müssen darin ein weiteres Moment sehen, das wir für unsern Erklärungsversuch zu berücksichtigen haben.

Wenn wir uns schon jetzt fragen, wo wir eine Deutung für das Ausschließungsverhältnis von Miliartuberkulose und chronischen fortschreitenden Organtuberkulosen zu suchen haben, so läßt sich leicht erkennen, daß das nur auf dem Gebiete der *Immunitäts- bezw. Allergielehre* sein kann. Ich werde auf die Beziehungen zwischen allergischen Zuständen und pathologischer Anatomie der Tuberkulose noch in einem besonderen Kapitel eingehen. Doch müssen wir uns hier schon mit einigen für unsere Fragestellung wichtigen Gesichtspunkten befassen. Wenn wir sehen, daß in der Regel eine Miliartuberkulose nur auftritt, wenn sonst keine bezw. nur anatomisch geheilte oder wenigstens nur sehr geringe tuberkulöse Veränderungen im Körper vorhanden sind, wenn wir weiter sehen, daß die Miliartuberkulosen um so typischer und schwerer sind und um so stürmischer verlaufen, je leichter die anderen Erkrankungen sind, dann wird man schnell den Schluß ziehen können, daß gerade durch fortschreitende Organtuberkulosen

Bedingungen geschaffen werden, die der Entstehung der Miliartuberkulose entgegenwirken. Oder anders ausgedrückt: fortschreitende Organtuberkulosen bewirken einen Immunitätszustand, bezw. Allergiezustand, der am besten mit dem PETRUSCHKYschen Begriff des Durchseuchungswiderstandes, hier gegen das Angehen einer hämatogenen Allgemeininfektion, gekennzeichnet ist. Wir kommen damit zu den Anschauungen derjenigen Forscher, die eine wahre und wirksame Immunität gegen Tuberkulose nur durch die Gegenwart von tuberkulösen Veränderungen selbst für möglich halten. Das sind übrigens Anschauungen, die wahrscheinlich mutatis mutandis für alle Infektionskrankheiten Geltung haben, insbesondere auch für die Syphilis im Sinne NEISSERS eine weitgehende, wenn nicht einhellige Anerkennung genießen. Wir können aber bei der Tuberkulose auf Grund gerade unserer Beobachtungen bei der Miliartuberkulose weiter gehen und können sagen, daß die Höhe der Immunität, bezw. des Durchseuchungswiderstandes in weitem Maße bestimmt wird durch die *Ausbreitung* der schon bestehenden Veränderungen. Je umfangreicher die vorhandenen Organtuberkulosen sind, um so geringer ist die Wahrscheinlichkeit einer Durchbrechung der Immunität durch eine allgemeine Miliartuberkulose. Diese Betrachtungsweise hat übrigens, wie schon angedeutet, sehr enge Beziehungen zu der RANKEschen Lehre von der isolierten Organtuberkulose, und ich werde bei dem betreffenden Kapitel noch darauf zurückkommen. Auch dort ist ja das Beschränktbleiben der tuberkulösen Veränderungen auf ein bestimmtes Organsystem nur durch die besonderen Immunitätszustände zu erklären. Denn die Gelegenheit zur Infektion aller Organe ist bei den fortschreitenden Organtuberkulosen immer vorhanden, da Tuberkelbazillen bei ihnen unaufhörlich ins Blut gelangen.

Damit sind wir zu einem sehr wichtigen Punkt der Pathogenese der Miliartuberkulose gelangt. *Wie kommen die Tuberkelbazillen ins Blut*, die notwendig sind, um das in allen Organen gleichmäßige Bild der Miliartuberkulose zu erzeugen, und wo stammen sie her? Hier muß zunächst eine Parenthese gemacht werden. Wenn ich tuberkulöse Herde in den Lungenvenen und im Ductus thoracicus als Ursprungsquellen einer allgemeinen Miliartuberkulose nicht anerkennen konnte, so dürften jene Fälle, bei denen ein massiger Einbruch eines erweichenden Käseherdes in eine Körpervene beobachtet wurde, auf einem andern Blatte stehen. In solchen Fällen dürfte dieser mechanische Faktor der Bazillenaussaat in die Blutbahn von überragender Bedeutung sein. Das sind jedoch seltene Vorkommnisse. Für die gewöhnlichen Fälle von allgemeiner Miliartuberkulose ist die Frage nach der Herkunft der Bazillen viel komplizierter. Die Infektionsquellen sind nicht ohne weiteres deutlich sichtbar. Folgende Überlegungen, lassen sich darüber machen. Ich möchte zunächst ganz im allgemeinen betonen, daß Bazillen sehr häufig nicht nur bei schweren Tuberkuloseformen, sondern auch bei leichteren und ganz leichten, ja auch bei so gut wie ausgeheilten mit einer gewissen Regelmäßigkeit im Blute nachgewiesen werden können. Es ist im Rahmen dieses Buches nicht möglich, auf die entsprechende umfangreiche Literatur einzugehen, die diesen wichtigen Befunden gewidmet ist. Ich möchte dazu auf die Zusammenstellungen von FRAENKEL (1913), LÖWENSTEIN (1920) und LIEBERMEISTER (1921) verweisen. Ich halte den Nachweis dieser Bazillämien, wobei ich mich auch auf eigene Kontrollen stützen kann, für wissenschaftlich endgültig erwiesen. Denn was durch die Tatsachen immer wieder positiv belegt wird, kann durch negative

Befunde und Zweifel nicht wieder umgestürzt werden. Auch nur eine partielle Umdeutung der Befunde halte ich für unmöglich. Denn wenn jemand z. B. in den durch die SCHNITTERsche Antiforminmethode gefundenen Bazillen harmlose „Säurefeste“ sehen will, so ist der Einwand doch allzu weit hergeholt. Denn die gesamten harmlosen Säurefesten bilden doch nur ein kleines Häuflein gegenüber den unendlich großen Heerscharen von Tuberkelbazillen im Menschen und in seiner Umgebung. Sofern es sich um nur mikroskopische Befunde handelt, wird eine Verwechslung eines Säurefesten mit einem Tuberkelbazillus im einzelnen Fall hier und da einmal möglich sein. Für die Masse der Untersuchungen kann sie aber prozentual nur eine überaus geringe Rolle spielen. Zudem liegen genügende Beobachtungen, auch eigene, vor, aus denen die Meerschweinchenvirulenz der im Blut gefundenen Tuberkelbazillen hervorgeht.

Darf so kein Zweifel darüber bestehen, daß wahre Bazillämien bei jeder Form und Ausbreitung der Tuberkulose häufig nachgewiesen werden können, so möchte ich in der Auswertung der festgestellten Bazillämien für die gesamte Pathologie der Tuberkulose noch weiter gehen. Es ist sehr wahrscheinlich, daß besonders bei leichteren Erkrankungen sich die Bazillen nicht dauernd im Blut aufhalten, sondern nur von Zeit zu Zeit eingeschwemmt werden, um dann wieder daraus zu verschwinden; auch wird nicht immer die gleiche Menge ins Blut gelangen. So wird es in weitem Maße dem Zufall anheimgegeben sein, ob und wieviel Bazillen bei der jeweiligen Untersuchung nachgewiesen werden. So wird auch der negative Ausfall einer Untersuchung allenfalls sagen können, daß in dem betreffenden Moment keine Bazillen im Blut waren. Bald darauf wären sie vielleicht nachweisbar gewesen. Aus diesen Gründen bin ich der Meinung, daß Tuberkelbazillen noch viel häufiger und durchschnittlich viel reichlicher im Blut vorkommen, als es nach den angeführten Untersuchungen scheinen möchte. Ich möchte darum behaupten, daß es überhaupt keinen Fall von Tuberkuloseinfektion gibt, bei dem nicht von Zeit zu Zeit eine Bazillämie besteht und, auf Stunden oder Tage berechnet, durchschnittlich eine recht ansehnliche Zahl von Bazillen die Blutbahn passiert. Daß solche Tuberkelbazillen lebend und infektionstüchtig sind, wird einmal durch die schon erwähnten Meerschweinchenversuche erwiesen, liegt andererseits aber auch nahe, wenn man an ihre hohe Widerstandskraft gegenüber allen auf sie einwirkenden Einflüssen denkt. So kann man sagen, daß jeder Mensch, der einmal mit Tuberkelbazillen in Berührung gekommen ist, nicht nur dauernd ein Bazillenträger bleibt, sondern auch von Zeit zu Zeit einer Bazillämie ausgesetzt ist.

Ist es aber erwiesen, daß Tuberkelbazillen leicht in die Blutbahn hinein gelangen und sich lebend eine Weile darin zu erhalten vermögen, so drängt sich nun für unseren besonderen Fall die Frage auf, wo die große Zahl von Bazillen herkommt, die doch schließlich für die Entwicklung einer allgemeinen Miliartuberkulose vonnöten sind. Ich selbst habe immer die Ansicht vertreten, daß sich bei Allgemeininfektionen die betreffenden Bakterien in der Blutbahn vermehren können. Ich möchte sogar im Gegensatz zu andern diese Vermehrungsfähigkeit der Mikroorganismen für ein wesentliches Charakteristikum jener Fälle halten, bei denen die Blutinfektion im Vordergrund steht und die ich als Allgemeininfektion mit Bacteriaemia perniciosa bezeichne. Mir ist es nicht verständlich, warum man diese Vermehrungsfähigkeit im Blut ableugnen will, während man sie doch in den Geweben, im Liquor cerebrospinalis, in Pleuraergüssen usw. allgemein anerkennt. Eine Vermehrung tritt eben dann ein, wenn die Abwehrkräfte nicht funktionieren und darin dürfte sich das Blut nicht anders verhalten als die sonstigen Körpersubstrate. Wenn z. B. bei Allgemeininfektionen mit Streptokokken oder Staphylokokken das Blut sub finem vitae von den betreffenden Keimen geradezu wimmelt, so kann das wohl gar nicht anders erklärt werden als durch eine Vermehrung in der Blutbahn. Das sind Zustände, bei denen die Abwehrkräfte schon völlig versagt haben und ein Zeichen dafür, daß mit ihrer Abnahme parallel die Vermehrungsfähigkeit der Keime geht. Die allgemeine Miliartuberkulose gehört nun auch zu den Allgemeininfektionen mit Bacteriaemia perniciosa, und ich halte es auch bei ihr nicht nur für möglich, sondern sogar für sehr wahrscheinlich, daß sich unter dem Einfluß bestimmter, zwar im einzelnen noch nicht ganz sicher nachweisbarer, aber doch zu vermutender Bedingungen die Tuberkelbazillen im Blut vermehren können. Der exakte Beweis könnte nur von klinischer Seite erbracht werden. Dazu scheinen aber nur, wie ich gleich betonen möchte, die frühen Stadien der Miliartuberkulose in Betracht zu kommen. Denn wenn LIEBERMEISTER gerade in einigen Fällen von Miliartuberkulose keine Bazillen im Blut nachweisen konnte, so möchte ich annehmen, daß er Spätstadien der Erkrankung vor sich hatte und daß in diesen Spätstadien die Bazillen schon wieder restlos in den Geweben, und zwar innerhalb produktiver Tuberkel, fixiert waren. — Es gibt aber, wie wir sehen werden, noch andere Möglichkeiten, die Anreicherung der Bazillen bei der Miliartuberkulose zu erklären.

Selbst wenn wir nämlich die Vermehrungsfähigkeit der Tuberkelbazillen im Blut für erwiesen halten, ist über ihre Herkunft noch nichts ausgesagt, und gerade für die schweren Fälle mit sehr geringen vorausgegangenen Herden ist sie nicht ohne weiteres zu erkennen. Wir können allerdings in Fällen, in denen beispielsweise außer der Miliartuberkulose nur noch ein makroskopisch geheilter Primärkomplex besteht, des öfteren sowohl im Aufnahmeherd als auch in den miterkrankten Lymphknoten mikroskopisch die Zeichen der Exazerbation sehen, und für andere, anscheinend ruhende Organherde ist das auch der Fall. Wie wir später sehen werden, läßt sich außerdem sehr wahrscheinlich machen, daß derartige geheilte Herde, die sicher noch lange lebende und virulente Bazillen enthalten, auch ohne eigentliche Exazerbationen ihre Bazillen wieder abzugeben imstande sind. In beiden Fällen wird die Abgabe der Bazillen vorwiegend auf dem Lymphweg erfolgen und so den venösen Blutstrom erreichen. Es wird daraus keine plötzliche Überschwemmung des Blutes mit Bazillen resultieren. Ich bin vielmehr mit LIEBERMEISTER der Meinung, daß die Zufuhr überhaupt gewöhnlich schubweise erfolgt, wofür auch gewisse pathologisch-anatomische Merkmale sprechen. Nun müssen sich aber gerade für die schwersten Fälle Zweifel aufdrängen, ob wirklich die vorhandenen geringfügigen Herde ausreichen, um die genügende Zahl von Bazillen zu liefern.

Damit kommen wir zu einer umstrittenen Frage, nämlich der, ob auch *unterschwellige Reinfektionen* für die weitere Entwicklung der Tuberkulose im Körper eine Rolle spielen. Seit den bekannten Experimenten R. KOCHS herrscht die Ansicht vor, daß die Erstinfektion einen so hohen Schutz verleiht, daß nunmehr geringfügige Neuinfektionen nicht nur nicht mehr angehen können, sondern daß die betreffenden Tuberkelbazillen auch der Vernichtung anheimfallen. Besonders BEITZKE hat neuerdings wieder diese Ansicht mit Nachdruck verfochten.

Wir werden diese Frage bei der Besprechung der Entstehung der Organtuberkulosen noch einmal zu prüfen haben. Hier muß ich aber schon darauf eingehen. Meine Meinung ist die — und ich finde mich darin in Übereinstimmung mit LÖWENSTEIN und andern — daß derartige Neuinfektionen für den schon infizierten Körper durchaus nicht ohne Belang sind, sondern daß sie vielleicht sogar eine sehr wichtige Rolle zu spielen imstande sind. In bezug auf diese Infektionsmöglichkeiten sei auf die die unterschwelligen Primärinfektionen betreffenden Ausführungen verwiesen (S. 20). Daß geringfügige Tuberkuloseherde keinen ansehnlichen Schutz gegen eine tuberkulöse *Erkrankung* verleihen, dafür sprechen schon die obigen Ausführungen über das Ausschließungsverhältnis zwischen Miliartuberkulose und Organtuberkulosen, dafür sprechen auch viele Vorgänge bei der Entstehung der Organtuberkulosen. Weiterhin aber möchte ich immer wieder die besondern Eigenschaften der Tuberkelbazillen geltend machen, die ebenso, wie sie eine hohe Widerstandsfähigkeit gegen Austrocknen, Hitze, Chemikalien zeigen, so sicher auch geringwertigen immunisatorisch erworbenen Schutzkräften zu trotzen vermögen. Ich glaube also, daß die vielen äußeren Infektionsgelegenheiten auch für die Anreicherung der Tuberkelbazillen in Fällen von Miliartuberkulose nicht zu unterschätzen sind. Der Weg, den derartige, in den Körper gelangende, aber keine tuberkulösen Veränderungen setzende Bazillen machen müssen, ist vorgezeichnet. Es kann sich auch wieder nur um einen Transport durch die Lymphbahn und ein allmähliches Hineingelangen in die Blutbahn handeln.

Wenn so äußere und innere Quellen und schließlich die Vermehrungsfähigkeit der Bazillen die genügende Anzahl von infektionstüchtigen Keimen gewährleisten, ist damit des Rätsels Lösung trotzdem noch nicht gefunden. Es gibt zwar Fälle von allgemeiner Miliartuberkulose, bei denen, wie schon angedeutet, auch das anatomische Bild — was ich manchen andern Autoren gegenüber immer wieder betonen möchte — dafür spricht, daß nicht alle miliaren Tuberkel, auch nicht in den einzelnen Organen, zu gleicher Zeit entstehen. Es sind das Bilder, die durchaus mit einer schubweisen Infektion des Blutes im Einklang stehen. Aber es gibt auch genügend Fälle — und sie finden sich gerade wieder unter den schwersten — bei denen tatsächlich die Tuberkel sämtlich so beschaffen sind, daß man um die Annahme einer annähernd gleichzeitigen Entstehung nicht herumkommt. Wie ist das zu deuten, wenn eine plötzliche Überschwemmung des Blutes nicht in Betracht kommt? Es bleibt keine andere Möglichkeit, als auch hier wieder den Latenzbegriff heranzuziehen. Es würde sich dann hier nicht um eine Latenz im, noch keine tuberkulösen Veränderungen aufweisenden, Körper, also nicht um eine primäre Latenz, sondern um eine *sekundäre Latenz* handeln, bei der der Körper schon tuberkulös erkrankt war. Dieser Begriff der sekundären Latenz, an den schon die vorausgegangenen Erörterungen anklangen, möge hier noch etwas genauer besprochen werden. Lassen wir überhaupt die Möglichkeit zu, daß die Tuberkelbazillen sich im infizierten, also allergischen Körper außerhalb der tuberkulösen Veränderungen aufzuhalten vermögen, so ist der Begriff der sekundären Latenz damit gegeben. Schließlich ist die Latenz von Tuberkelbazillen in geheilten abgekapselten Käseherden, an der niemand zweifelt, allein schon ein schlagender Beweis für die lange Haltbarkeit der Bazillen im infizierten Körper. Außerdem wissen wir ganz genau, daß viele Bakterien, die hinfälliger sind als die Tuberkelbazillen, eine derartige sekundäre Latenzfähigkeit auch außerhalb ehemaliger Krankheitsherde oft genug erweisen. Um nur die Staphylokokken zu nennen, so wissen wir, daß sie sich z. B. nach dem Überstehen eines Furunkels Wochen und Monate lang im Körper zu halten vermögen, um dann bei besonderer Gelegenheit, bei einem Trauma usw., eine erneute Erkrankung an ihrem Aufenthaltsort fern von der primären Infektionsstelle, z. B. im Knochen, zu verursachen. Was solchen Bakterien recht ist, muß den Tuberkelbazillen billig sein. Wir werden später auch sehen, daß sich die Tuberkelbazillen gerade im schon allergischen Körper in mancher Hinsicht wie blande Fremdkörper verhalten. Diese Eigenschaft führt uns zu der Vorstellung, wie wir uns den Mechanismus der Latenz zu denken haben. Wie alle in die Blutbahn eingeführten feinen und feinsten Fremdkörper, so werden auch die Tuberkelbazillen im retikulo-endothelialen System an den Ufern der Blutbahn gespeichert werden, in Lungen, Milz, Leber, Knochenmark, Nieren, weichen Hirnhäuten, viel weniger in den Lymphknoten; also gerade in den Organen, in denen sich auch vorzugsweise die Miliartuberkulose abspielt. *Wir können uns also m. E. die Bereitschaft zur Entstehung einer allgemeinen Miliartuberkulose in der Weise vorstellen, daß ins Blut hineingelangte Tuberkelbazillen eine Zeitlang in infektionstüchtigem Zustand in den Retikuloendothelien gespeichert werden.*

Aber mit der Bereitschaft ist das Krankheitsbild selbst noch nicht gegeben. Soll die Krankheit ausgelöst werden, so müssen zweifellos noch andere Faktoren hinzukommen. Denn die allgemeine Miliartuberkulose ist doch schließlich nur ein verhältnismäßig seltenes Ereignis. Sie müßte viel häufiger sein, wenn mangelnder Durchseuchungswiderstand, Bazillämie und retikulo-endotheliale Latenz allein zu ihrem Zustandekommen genügten. Wir werden doch annehmen können, daß im allgemeinen der Körper mit den in seine Blutbahn eingedrungenen und in ihm gespeicherten Bazillen allmählich fertig wird und sie unschädlich macht. *Welche Faktoren sind es nun, die aus der Krankheitsbereitschaft die Krankheit entstehen lassen?* Dazu sei zunächst auf meine frühere, von andern Autoren übrigens ähnlich befundene Statistik der Todesfälle an Miliartuberkulose in den einzelnen Jahreszeiten hingewiesen, die sich bei Verwertung des neu hinzugekommenen Materials noch eindrucksvoller gestaltet. Es geht aus solchen Statistiken hervor, daß die Verteilung der Miliartuberkulosen auf die einzelnen Monate eine sehr verschiedene ist, daß beispielsweise im Frühjahr (April) etwa viermal soviel Menschen an Miliartuberkulose sterben als im Herbst (Oktober). Sodann sehen wir auch einen gewissen Anstieg der Zahl im Beginn des Winters. Kurvenmäßig dargestellt haben wir also einen hohen Frühjahrsgipfel und einen kleinen Gipfel am Winteranfang. Ähnliche Kurven sind von anderen gegeben worden (Albinger, Hartwich). Die Kurve kann nur so gedeutet werden, daß die optimalsten Bedingungen zur Erkrankung an Miliartuberkulose innerhalb des Jahres zeitlichen, von bestimmten Jahreszeiten abhängigen Schwankungen unterworfen sind. Die Kurvengipfel sind übrigens annähernd dieselben, wie wir sie auch für die Tuberkulosesterblichkeit überhaupt und auch für manche katarrhalischen, bezw. sog. Erkältungskrankheiten, in gewisser Weise auch für die Grippe, feststellen können. Man wird an die „Frühjahrskrise“ erinnert. Wenn für sie auch schon kosmische Einflüsse mit in Betracht gezogen werden, so werden wir das für unsern Fall einstweilen unterlassen müssen. Wir werden aber tellurische Einflüsse auf den menschlichen Körper, klimatischer und meteorologischer Natur, gelten lassen müssen und kommen damit zu dem *Begriff der Disposition*, der ja überhaupt in der Tuberkuloseforschung stets Berücksichtigung gefunden hat. Denn wir sehen immer wieder, wie den Körper treffende schädigende äußere Einflüsse für die Entwicklung der Tuberkulose im menschlichen Körper von sehr großer Bedeutung sind, und unsere Kurve legt uns nahe, daß sich die Miliartuberkulose in dieser Hinsicht nicht anders verhält.

Damit sind wir auf ein Gebiet gelangt, das noch weitere Beachtung verdient. Wir erkennen bald, daß auch noch andere Einwirkungen auf den Körper die Entwicklung einer Miliartuberkulose in weitem Maße beherrschen. Sehen wir doch Miliartuberkulose des öfteren gerade dann auftreten, wenn die Kräfte des menschlichen Körpers durch physiologische Umwälzungen oder durch vorübergehende oder dauernde pathologische Zustände besonders stark in Anspruch genommen sind; ich nenne die Pubertätsperiode, die Schwangerschaft, die Gestationsperiode, die Menstruation, das Greisenalter; ich nenne schwere körperliche und geistige oder auch seelische Beanspruchungen, ferner die Unterernährung und endlich andere Krankheiten, insbesondere Infektionskrankheiten wie Lues, Masern, Grippe, Ernährungsstörungen u. a., und schließlich den Diabetes. Sehen wir in zahlreichen Fällen bei genauerer Nachforschung einen oder mehrere der genannten Zustände oder ähnliche, nichtgenannte, eine Rolle spielen, so werden wir für die andern Fälle, in denen derartige Einwirkungen nicht unmittelbar kenntlich sind, annehmen können, daß auch bei ihnen ähnliche Verhältnisse vorliegen mögen. Sind wir doch bisher nicht imstande, alle diejenigen Momente, die wir unter dem Begriff der Disposition zusammenfassen, klar formulieren zu können. Es möge sich oft um geringfügige Störungen des Organismus handeln, wie sie im wechselvollen Verlauf des täglichen Lebens gegeben sind. — Ich möchte nun alle diejenigen Schädigungen unspezifischer Natur, die bei der Entstehung einer Miliartuberkulose mitzuwirken vermögen, unter dem Begriff der *„unspezifischen Disposition"* zusammenfassen.

Oben wurde betont, daß das Ausschließungsverhältnis zwischen Miliartuberkulose und chronischer Organtuberkulose eine Regel ist. Damit wird zu gleicher Zeit ausgesagt, daß auch Ausnahmen vorkommen. Nun ist die Feststellung recht wichtig, daß sich gerade bei diesen Ausnahmen relativ leicht und häufig Einflüsse aufdecken lassen, wie sie ins Gebiet der unspezifischen Disposition gehören, womit die Ausnahmen erklärt sind und die Regel bekräftigt wird.

Letzten Endes werden wir den Einfluß der unspezifischen dispositionellen Faktoren in der Weise auffassen müssen, daß durch sie die normalen und spezifischen Schutzkräfte des Organismus lahmgelegt werden und dadurch den Tuberkelbazillen einmal das Eindringen in den Körper, sodann ihre Mobilisation aus vorhandenen tuberkulösen Herden, ihr Aufenthalt und ihre Vermehrung im Blut und schließlich ihre gewebsschädigende Wirksamkeit erleichtert wird.

Haben wir so versucht, die verschiedenen Bedingungen zu analysieren, unter denen sich eine Miliartuberkulose entwickeln kann, so drängt sich endlich noch die Frage auf, ob es nicht noch andere Momente gibt, Momente, die nicht nur die Entstehung einer Miliartuberkulose erleichtern durch Fortschaffung von Hindernissen, die ihrer Entwicklung entgegenstehen, sondern die auch im positiven Sinne einen besondern Anstoß zur Entwicklung der Krankheit geben können. Ich denke dabei zunächst an Zustände sog. Überempfindlichkeit, die

die experimentelle Bakteriologie und Serologie für alle möglichen Fälle nachgewiesen hat. Es sind bekanntlich Zustände, in denen eine gewisse Allergie sich nicht etwa im Sinne einer echten Immunität, bezw. Widerstandserhöhung gegen eine neue Infektion auswirkt, sondern im Gegenteil zur erneuten Erkrankung disponiert, so zwar, daß sogar unter Umständen besonders stürmische Krankheitsbilder resultieren. Ich erinnere dazu auch an den PFEIFFERschen Versuch, in dem bei choleraimmunisierten Meerschweinchen eine erneute hohe Infektionsdosis ein viel schwereres und akuteres Krankheitsbild erzeugt als beim Normaltier. Solche Zustände können in dem Begriff der *„spezifischen Disposition“* untergebracht werden. In dieses Gebiet gehört in gewissem Sinn auch schon das Ausschließungsverhältnis zwischen allgemeiner Miliartuberkulose und Organtuberkulosen. Es ist aber sozusagen ein negativer Faktor. Der *Mangel* des Durchseuchungswiderstandes ist bei ihm das Wesentliche.

Gibt es nun auch für die Entstehung der Miliartuberkulose Momente, die mehr im positiven Sinne wirken? Ich möchte hier auf diese Frage nicht ausführlich eingehen; das wird vielmehr in dem Kapitel über die Beziehungen zwischen pathologischer Anatomie und Allergie (S. 102) geschehen. Einige Andeutungen mögen hier genügen. Es gibt tatsächlich gewisse stürmische, sich pathologisch-anatomisch sehr eindrucksvoll dem Beschauer aufdrängende Vorgänge, die die Annahme einer besonders spezifischen Disposition nahe legen. Ich erinnere auch an die zahlreichen Beobachtungen aus der Zeit der ersten Tuberkulinära, wo die Todesfälle infolge Anwendung des neuen Mittels erschreckend zahlreich waren. Unter diesen Todesfällen findet sich eine gute Anzahl von Fällen allgemeiner Miliartuberkulose. Solche Ereignisse sind nach unsern heutigen Kenntnissen auch auf Grund einer sog. Autotuberkulinisation möglich. Der Effekt wäre in jedem Fall eine Umstimmung des Organismus, die den Anstoß zu einer besonders stürmischen akuten Krankheit gibt. Ob eine solche Umstimmung des Organismus im Sinne LIEBERMEISTERs plötzlich erfolgt, oder sich im Sinne RIBBERTs allmählich vorbereitet, ist eine Frage sekundärer Bedeutung. Dabei jedoch müssen wir bleiben; ein einziger Faktor schafft nicht das Krankheitsbild der Miliartuberkulose. Es ist dazu die Erfüllung verschiedener Bedingungen notwendig.

Diese Bedingungen mögen zum Schluß noch einmal zusammengefaßt werden. Ich unterscheide unter den Faktoren, die eine allgemeine Miliartuberkulose veranlassen, folgende:

1. Einen sozusagen mechanischen Faktor, das ist die Bazillämie.

2. Den komplizierten dispositionellen Faktor, der wiederum zum mindesten zwei Komponenten enthält, nämlich

a) eine unspezifische Komponente in Gestalt aller möglicher den Körper schädigender Einflüsse (unspezifische Disposition);

b) eine spezifische Komponente, die gegeben ist durch den mangelnden Durchseuchungswiderstand, erkennbar an dem Ausschließungsverhältnis, die zweitens gegeben ist in Zuständen, die in das Gebiet der Allergielehre gehören (spezifische Disposition).

Es ist selbstverständlich, daß wie bei allen biologischen Vorgängen das Gewicht der verschiedenen Faktoren im einzelnen Fall sehr variieren kann. Ist z. B. die Bazillämie wie in den seltenen Fällen von groben Einbrüchen in die Blutbahn eine sehr schwere, so werden schon geringe äußere Einflüsse genügen und auch die spezifischen Momente zurücktreten können, um eine Miliartuberkulose entstehen zu lassen. Ist andererseits die Widerstandskraft des Körpers durch schwere Schädigungen stark herabgesetzt, so wird auch eine geringe Bazillenmenge zum Ausbruch der Krankheit genügen usw. Aber immer werden wohl alle Faktoren einen gewissen Schwellenwert erreichen müssen, damit überhaupt die Möglichkeit der Entstehung der Krankheit gegeben ist.

Nun hieße es aber den Kopf in den Sand stecken, wollte man nicht noch einmal auf die Gefäßherde zurückkommen. Haben wir sie entgegen der WEIGERTschen Lehre als wichtigste Ursache oder überhaupt als Vorbedingung für die Entstehung der Miliartuberkulose ablehnen müssen, so werden wir doch an der Frage nicht vorbeigehen können, was sie nun eigentlich zu bedeuten haben. Wenn die Gefäßherde nicht die Ursache der Miliartuberkulose sein können, dann bleibt nur eine einzige andere Möglichkeit. Denn zufällige Befunde sind es nicht, da man sie *nur* bei der Miliartuberkulose findet. Also können es logischerweise nur Folgeerscheinungen der Miliartuberkulose sein. Jedenfalls würde ich es für sehr gezwungen halten, wollte man die Gefäßherde zum Teil für die Ursprungsstätten der Miliartuberkulose ausgeben, zum andern Teil nicht. Es gilt hier sozusagen das Alles- oder Nichtsgesetz. Können wir also in einem Teil der Fälle die Gefäßherde bestimmt nicht anschuldigen und müssen wir für sie die soeben besprochenen Faktoren allein verantwortlich machen, so ist, wie ich noch einmal betonen möchte, die WEIGERTsche Lehre nicht nur erschüttert, sondern sogar beseitigt.

Die Gefäßherde müssen also als Folgeerscheinungen der Miliartuberkulose betrachtet werden. Das ist bei objektiver und vorurteilsloser Überlegung keine vage Hypothese oder auch nur eine Schlußfolgerung per exclusionem. Die Erklärung der Entstehung ist vielmehr zum Teil recht einfach. Sehen wir die einzelnen Gefäße daraufhin an. Da ist zunächst der Ductus thoracicus. Wir können immer wieder erkennen — und bei der Besprechung vieler Organerkrankungen werden wir darauf zurückkommen —, daß der Abtransport der Bazillen aus tuberkulösen Herden in allererster Linie immer auf dem Lymphweg erfolgt. Wenn nun eine allgemeine Miliartuberkulose einmal begonnen hat, also in fast allen Organen massenhaft kleine tuberkulöse Herde aufgeprossen sind, so ist es klar, daß sich im Ductus thoracicus die Tuberkelbazillen so lange ansammeln und dort in großen Konzentrationen vorhanden sein werden, als der Abtransport aus den Organen im Gange ist. Daß dann in einem Teil der Fälle dort eine manifeste Tuberkulose entsteht, ist ein ganz natürlicher Vorgang. Wir sehen nun, wie meine eigenen Erfahrungen immer wieder bestätigen, die Tuberkulose des Ductus thoracicus gerade in den ganz akut verlaufenden Fällen am häufigsten, in Fällen, in denen wir ebenfalls immer wieder nicht nur annehmen, sondern sogar nachweisen können, daß in den Organherdchen sehr reichlich Bazillen vorhanden sind, also auch die Gelegenheit für einen reichlichen Abtransport eine besonders günstige ist. Ich möchte meinen, wenn man einmal versucht, von der aprioristischen Meinung, die Gefäßherde seien die Ursache der Miliartuberkulose, abzusehen, daß dann diese Entstehungsweise wirklich mehr Wahrscheinlichkeit für sich hat als die gezwungene Annahme, im Anschluß an einen so gut wie geheilten Primärkomplex sollte sich ausgerechnet im Ductus thoracicus eine Tuberkulose entwickelt haben.

Was nun die Lungenvenentuberkel betrifft, so können sie zwar mit dem Abtransport auf dem Lymphwege nichts mehr zu tun haben. Wenn wir aber vorher die Lymphwege als die wichtigsten Abfuhrbahnen von den Organen bezeichneten, so können sie doch nicht die einzigen sein. Daß Tuberkelbazillen wie andere korpuskuläre Bestandteile auch auf dem Blutweg abgeführt werden, ist jedem klar. Es will mir nun auf Grund neuerer Beobachtungen scheinen, daß sich gerade dann Lungenvenentuberkel finden, wenn die Abfuhr von Bazillen aus den Lungen offenbar eine besonders große ist, nämlich in solchen Fällen, in denen die Lungen nicht nur besonders schwer erkrankt sind, sondern in denen sich auch mikroskopisch auffallend reichlich Gefäßherde in den kleinen Gefäßen der Lungen nachweisen lassen. Dadurch ist der relativ reichliche Abtransport von Tuberkelbazillen auf dem Blutweg durch die Lungenvenen verständlich. Für die bevorzugte Lokalisation der größeren Herde meist in ganz bestimmtem Abstand von der Einmündung der Venen in den linken Vorhof, sind schon mannigfache Gründe angeführt worden. Ich bin der Meinung, daß die mechanische Beanspruchung der Venenwände beim systolischen Schluß der Mitralklappen, bei dem ein starker Wellenstoß lungenaufwärts in den Venen stattfindet, das wichtigste Moment ist. Diese mechanische Beanspruchung der Lungenvenenwände bei der Systole drückt sich auch bei einseitigen Hypertrophien der linken Kammer ohne Mitralfehler darin deutlich aus, daß man dabei des öfteren gewisse an die Atherosklerose erinnernde Intimaveränderungen an annähernd denselben Stellen sieht, an denen die Venentuberkel zu sitzen pflegen. Wie aber vor der Entwicklung der Miliartuberkulose solche Venentuberkel entstehen sollten in Fällen, in denen entweder nur ein unbedeutender Primärkomplex in fortgeschrittener Heilung in den Lungen sitzt, von dem kaum Tuberkelbazillen direkt in die Blutbahn abgeführt sein könnten, oder gar in Fällen, in denen der Primärkomplex im Darm sitzt, ist mir absolut unklar.

Es bleiben die tuberkulösen Thromben in Herz und Aorta. Es handelt sich um recht seltene Veränderungen, die ich selbst bisher erst in vier Fällen gesehen habe. Diese Thromben können zum guten Teil sozusagen aus Reinkulturen von Tuberkelbazillen bestehen, die sich z. B. auf dem Boden eines Blutplättchenthrombus auf der atherosklerotisch oder in anderer Weise geschädigten Intima der Aorta ansiedeln. Sie entwickeln sich übrigens gewöhnlich nicht bei den ausgeprägtesten Fällen von Miliartuberkulose, sondern bei solchen mit sehr unregelmäßig verteilten Aussaaten. Man könnte versucht sein, gerade sie für den eigentlichen Ursprungsort der Bazillämie zu halten. Aber natürlich ist es auch für sie ebenso gut denkbar, daß sie eine Folge der bestehenden Bazillämie sind ebenso wie die Miliartuberkulose selbst. Dann aber würden sie trotzdem sehr geeignet sein, die bestehende Bazillämie zu unterhalten und somit doch ihren Teil zur Entwicklung der Miliartuberkulose beizutragen.

Damit komme ich auf die Rolle der Gefäßherde überhaupt noch einmal zurück. Alle Gefäßherde, soweit sie einwandfrei in die Gefäßbahn hineinwachsende Bazillendepots enthalten, sind, wenn sie auch als letzte Ursache der Miliartuberkulose abgelehnt werden müssen, sehr wohl dazu geeignet, den Krankheitsverlauf durch immer neue Zufuhr von Bazillen in die Blutbahn in weitem Maße zu beeinflussen. Ich möchte dazu noch einmal daran erinnern, daß es viele Fälle von Miliartuberkulose gibt, bei denen das anatomische Bild deutlich zeigt, daß es sich nicht um eine einmalige plötzliche Überschwemmung des Blutes mit Tuberkelbazillen handeln kann, sondern daß man mit oft wiederholten, zeitlich auseinanderliegenden Schüben rechnen muß. Die ulzerierten

Gefäßherde würden dann etwa die Rolle einer ulzerösen Endokarditis bei Allgemeininfektionen mit andern Bakterien spielen, bei denen ja auch die immer erneute hämatogene Infektion sehr wichtig für den Krankheitsverlauf ist.

Ich habe oben schon gesagt, daß es eine mißliche Sache sein mag, an einer einfachen und anscheinend gut gestützten und weitgehend beliebten Lehre zu rütteln und an ihre Stelle eine viel kompliziertere Anschauungsweise zu setzen. So muß ich mir auch bewußt sein, daß ich zunächst nicht jedermann überzeugen werde. Aber es dünkt mich besser, eine unhaltbare Lehre fallen zu lassen und dafür eine neue, wenn auch weniger anschauliche aufzurichten, als die nach neuer Erkenntnis strebende Forschung durch ein Dogma abzuriegeln. Eine wirklich kritische Betrachtung der WEIGERTschen Lehre führte zu der Erkenntnis, daß sie nicht auf die Dauer befriedigen kann. Darum war es *notwendig*, auf Grund der vorhandenen Tatsachen und vieler Überlegungen, die in den Rahmen unserer auf allen möglichen Gebieten der Infektionslehre gewonnenen Anschauungen hineinpassen, eine neue Erklärung zu suchen. Die Begründung wird im einzelnen an der Hand klinischer und pathologisch-anatomischer Beobachtungen weiter zu führen sein. Um nur einen Punkt zu erwähnen, so kann ich mir nicht gut denken, daß die immer wieder behauptete Heilbarkeit der allgemeinen Miliartuberkulose mit der WEIGERTschen Lehre vereinbar ist.

3. Die Entstehung der Organtuberkulosen.

Es wurde in den einleitenden Ausführungen gesagt, daß die Einteilung der Tuberkulosekrankheit durch K. E. RANKE in drei aufeinanderfolgenden Stadien zwar nicht durchführbar ist, aber daß doch seine Stadien den wirklichen Erscheinungsformen in vielen Punkten entsprechen. So können wir auch in voller Übereinstimmung mit RANKE feststellen, daß chronische fortschreitende Organtuberkulosen in der Regel isoliert aufzutreten pflegen. Wir werden aber gut tun, von vornherein nicht von eigentlichen Organtuberkulosen zu sprechen, sondern von *Tuberkulosen ganzer Organsysteme*. RANKE hat sein Einteilungsprinzip auf diesem Gebiet vorwiegend für die Lungen durchgeführt. Es läßt sich aber leicht zeigen, daß die genannte Regel sich auf alle Organsysteme anwenden läßt, daß aber auch gewisse Einschränkungen gemacht werden müssen.

Ich möchte zunächst eine kurze Zusammenstellung geben, die zwar deswegen nicht als eine endgültige zu bezeichnen ist, weil das Material dazu noch zu klein ist, zum Teil auch nicht ad hoc seziert wurde, weil überhaupt feststehende Regeln auf diesem Gebiete kaum zu erwarten sind, die aber wohl dennoch in ihren Grundzügen den tatsächlichen Verhältnissen nahe kommen mag. Man muß bei allen solchen Zusammenstellungen bedenken, daß die Abgrenzung der typischen Formen gegen die atypischen (cf. S. 55) immer in gewissem Maße subjektiv gefärbt sein wird. Es kommt aber schließlich nicht so sehr auf absolute und feststehende Zahlen an, sondern auf die Durchführung eines Prinzips, bei dem die Zahlen klare Gegensätzlichkeiten aufdecken. In dieser Hinsicht aber sprechen unsere Zahlen trotz mancher zugegebener Fehlerquellen eine recht deutliche Sprache.

Was zunächst das Verhältnis der Generalisationsformen zu den chronischen Organtuberkulosen überhaupt betrifft, so kommt man immerhin zu einer Proportion von etwa 1:3. Dabei ist aber zunächst zu berücksichtigen, daß darin sämtliche Lebensalter enthalten sind, also vor allen Dingen auch das Säuglings- und frühe Kindesalter, bei denen ja die Generalisationsformen besonders stark vertreten sind.

Bei den chronischen Organtuberkulosen steht natürlich die Tuberkulose der Lungen mit ihren ableitenden Wegen, zu denen zum Teil auch der Darm gerechnet werden muß, gegenüber den Erkrankungen anderer Organe und Organsysteme ganz im Vordergrunde. Das Zahlenverhältnis beträgt, wenn man jede Organtuberkulose einzeln rechnet, etwa 100:18. So weit es sich aber um reine isolierte Erkrankungsformen einerseits der Lungen und andererseits der übrigen Organsysteme handelt, kommt man nur zu einer Verhältniszahl von 100:5.

Den reinen isolierten Organtuberkulosen stehen sodann die Kombinationen zwischen Erkrankungen mehrerer Organsysteme gegenüber, und hiermit kommen wir zu der oben angedeuteten Einschränkung der Regel. Man beobachtet gar nicht selten Fälle, in denen die chronische Tuberkulose nicht auf ein Organsystem beschränkt ist, sondern bei denen sich daneben chronische Erkrankungen anderer Organsysteme finden, die für sich allein betrachtet, durchaus den Eindruck einer selbständigen Erkrankung machen. Das ist darum wichtig, weil damit das Prinzip, daß allgemein allergische Verhältnisse allein die Entwicklung einer isolierten Organtuberkulose beherrschen, durchbrochen wird. Solche Kombinationsformen kommen gegenüber den reinen isolierten Organtuberkulosen in einem Verhältnis von etwa 11:100 vor. Unter ihnen interessieren vor allen Dingen diejenigen, bei denen eine chronische Lungentuberkulose mit einer anderen Organerkrankung zusammenfällt. Hier ist die Urogenitaltuberkulose an erster Stelle zu nennen, und zwar mit 62% der Fälle. Es folgt in der Häufigkeit die Knochen- und Gelenktuberkulose mit 30%, sodann offenbar selbständige chronische Erkrankungen von Darm und Peritoneum mit 7%, Haut mit 2% und Nebennieren mit 2%.

Bei der Verteilung der selbständigen, *isolierten* extrapulmonalen Lokalisationen auf die einzelnen Organsysteme ergeben sich jedoch ganz andere Zahlen. Hier steht die Tuberkulose des Darms und Peritoneums mit 39% an erster Stelle, dann folgen Knochen und Gelenke mit 29%, während die Urogenitalorgane mit 23% erst an dritter Stelle stehen. Endlich sind in diesem Rahmen noch die Lymphknotenerkrankungen mit 9% zu nennen.

Ich möchte mich mit dieser Zusammenstellung einstweilen begnügen und nur noch einige kurze allgemeine Überlegungen daran anknüpfen. Wir sehen, daß sich tatsächlich das Prinzip der isolierten Organtuberkulosen durchführen läßt, wenn auch mit der Einschränkung, daß gewisse Kombinationen gar nicht selten sind. Bei den einzelnen Lokalisationen ist sodann zu berücksichtigen, daß zu den betreffenden Organen bei der Pathogenese der Tuberkulose auch ihre ableitenden Kanalsysteme gehören, die nicht immer anatomisch zu den zuerst erkrankten Organen zu passen brauchen. So sehen wir insbesondere in Abhängigkeit von einer fortschreitenden Lungentuberkulose nicht nur Kehlkopf, Luftröhre, Rachen und Zunge miterkranken, sondern sehr oft auch den Darm, der hier insofern Ableitungsweg ist, als ihn ja stets massenhaft Tuberkelbazillen mit dem verschluckten Sputum passieren. Wir werden erst von einer selbständigen Darmerkrankung sprechen können, wenn etwa bei einer leichteren Lungentuberkulose die Darmerscheinungen an Ausbreitung, Schwere und Chronizität besonders im Vordergrund stehen. Die Abgrenzung dürfte jedoch stets eine etwas willkürliche bleiben. Andere Kombinationen sind an sich schon komplizierterer Art, so z. B. die zwischen Lungentuberkulose und Genitaltuberkulose. Hier wirken offenbar mannigfache unspezifisch-dispositionelle Faktoren mit. Diese gegen allerhand spezifische Einflüsse abzuwägen, ist hier noch nicht der Ort. Derartige spezifische, bzw. allergische Vorgänge spielen ja in dem RANKEschen Einteilungsprinzip eine hervorragende Rolle. Ich werde darauf in dem besonderen Kapitel über Allergie und pathologische Anatomie ausführlicher eingehen. Hier sollen zunächst nur die sozusagen rein äußerlichen pathogenetischen Gesichtspunkte erörtert, die allergischen aber nur insoweit mitberücksichtigt werden, als es vorerst unbedingt notwendig erscheint.

So mag z. B. gleich noch ein besonderes, ebenfalls schon von RANKE hervorgehobenes Merkmal der chronischen isolierten Organtuberkulosen Erwähnung finden, worin sie sich gewöhnlich von den Primärherden und auch von manchen Fällen von Frühgeneralisation unterscheiden; das ist der Mangel der regionären Lymphknotenerkrankung. Man kann zwar nicht sagen, daß bei einer einfachen chronischen Organtuberkulose die zugehörigen Lymphknoten überhaupt keine tuberkulösen Veränderungen aufweisen. Aber der Unterschied gegen die Primärkomplexe tritt doch in der Regel sehr deutlich hervor. Bei den Primärkomplexen eine gewaltige käsige Schwellung der Lymphknoten die oft den Primärherd an Ausdehnung um ein Vielfaches übertrifft, bei den Organtuberkulosen hingegen gewöhnlich eine makroskopisch kaum feststellbare und auch mikroskopisch oft nur unbedeutende Beteiligung. Wir werden aber sehen, daß sich dies Prinzip durchaus nicht einheitlich durchführen läßt, daß es von einer Gesetzmäßigkeit weit entfernt ist. Denn es gibt auch genügend Intermezzi bei chronischen Organtuberkulosen, die mit einer erneuten schweren regionären Lymphknotenerkrankung verbunden sind (cf. S. 111 u. 212).

a) Die Entstehung der Lungentuberkulose.

Da die Lungentuberkulose wegen ihrer Häufigkeit gegenüber allen anderen Organtuberkulosen eine ganz besonders wichtige Stellung einnimmt, soll sie zuerst behandelt werden. Aber noch in anderer Hinsicht ist gerade sie von besonderem Interesse. Denn gerade über ihre Pathogenese haben von jeher große Meinungsverschiedenheiten bestanden und bestehen zum Teil noch heute. Es handelt sich hauptsächlich um die Frage, ob die zur chronischen Tuberkulose führenden Lungeninfektionen im Beginn oder überhaupt vorwiegend auf sog. endogenen Reinfektionen, bezw. Metastasen, beruhen oder ob exogene Reinfektionen dazu notwendig sind. Damit hängt eng zusammen die andere Frage, ob der aerogene oder der hämatogene Infektionsweg wichtiger ist. Um diesen Fragen näher treten zu können, möchte ich aber gleich etwas anderes vorwegnehmen. Man kann nämlich, auch ohne zunächst auf das besondere pathologisch-anatomische Verhalten einzugehen, bei einer ganz groben Übersicht im Prinzip zwei verschiedene Verlaufsformen der Lungentuberkulose erkennen. Das eine Mal handelt es sich um apikal beginnende und allmählich apikal-kaudal fortschreitende Lungenerkrankungen, bei denen also apikal die ältesten, kaudal die jüngsten Veränderungen sitzen. Das andere Mal handelt es sich um einen anatomischen Verlauf, der mehr oder weniger stark von diesem Schema abweicht.

Wir betrachten zunächst die *apiko-kaudal fortschreitenden Formen*, bei denen also der Prozeß in der Spitze beginnt. Die Lehre von der in der Spitze beginnenden

Lungentuberkulose ist schon alt. Sie hat sich in der letzten Zeit nur darin grundsätzlich geändert, daß man heute die Spitzenerkrankung nicht mehr als eine primäre betrachten kann, sondern daß sie eine spätere Etappe in dem zyklischen, mit dem Primärkomplex beginnenden Verlauf der Tuberkulose bedeutet. Daß aber die eigentliche chronische, u. U. zur Heilung kommende, oder nach Jahren zum Tode führende Lungenschwindsucht in den Spitzen ihren Anfang nimmt, wurde bis vor kurzem wohl kaum ernstlich bestritten. Neuerdings wird aber, besonders von seiten eines hervorragenden Fürsorgearztes und Tuberkuloseforschers (REDEKER) gegen diese Anschauung Sturm gelaufen.

Es lassen sich hier einige Worte über meine Stellung zu dieser neuen Lage der Dinge nicht umgehen. Es ist nicht zu bezweifeln, daß gerade die fürsorgerische Tätigkeit in den letzten Jahren für die gesamte Tuberkuloseforschung vieles leistete dadurch, daß sie imstande war, eine große Anzahl von Tuberkuloseerkrankungen, die früher der ärztlichen Beobachtung entgingen, nicht nur in ihren Anfängen zu erfassen, sondern auch in ihrem weiteren Verlauf zu verfolgen. Die Verdienste der Fürsorgeärzte sind auf diesem Gebiete nicht hoch genug einzuschätzen. Es läßt sich heute wohl noch nicht vollständig übersehen, inwieweit solche Beobachtungen schon fruchtbringend gewirkt haben. Man kann aber sicher sein, daß für die Zukunft von der Zusammenarbeit der Fürsorgeärzte mit den andern Tuberkuloseforschern noch viel zu erwarten ist. Die Fürsorgeärzte können im übrigen mit besonderem Stolz sagen, daß K. E. RANKE einer der Ihren ist. Aber damit kommen wir gerade zu einer äußerst wichtigen Tatsache. RANKE konnte zu seinem Lehrgebäude vom zyklischen Verlauf der Tuberkulose nicht allein auf Grund klinischer Beobachtungen gelangen. Er mußte auch die Immunitätslehre zu Hilfe nehmen, und er lehnte sich vor allen Dingen und in erster Linie an die pathologische Anatomie an. Es ist ganz undenkbar, daß RANKE auch nur zu einem kleinen Teil seiner Schlußfolgerungen hätte kommen können, wenn er nicht dauernd die pathologisch-anatomischen Grundlagen vor Augen gehabt und selbst eingehend untersucht hätte. Hieraus sollte man lernen, daß klinische Beobachtungen allein nicht genügen können, um eine so komplizierte Krankheit, wie die Tuberkulose es ist, weiter aufzuklären. Man sollte vor allen Dingen einsehen, daß das Röntgenverfahren für sich allein nicht dazu verwertet werden kann, um neue Krankheitsbilder aufstellen zu lassen. Dazu sind insbesondere im Brustraum die Fehlerquellen zu große. Je üppiger die Phantasie, um so mehr wird sie entdecken und deuten wollen. Es muß dagegen einmal klipp und klar ausgesprochen werden, daß Befunde, die nicht schließlich in irgendeiner Form von der pathologischen Anatomie bestätigt werden können, auch dann nicht Existenzberechtigung haben, wenn sie immer wieder von neuem in ein Röntgenbild hineingedeutet werden. Wenn nun heute auf Grund von Röntgenuntersuchungen die Anschauung, die chronische Lungentuberkulose beginne in der Spitze, als „Irrlehre“ bezeichnet wird, so kann der pathologische Anatom seine Zustimmung dazu nicht geben. Gewiß, die pathologische Anatomie wird sich auch hier, wie sie es immer getan hat, der neuen Anregung nicht verschließen und wird die Behauptung des „infraklavikulären“ Beginnes der Lungentuberkulose nachzuprüfen haben. Aber erst nach einer einwandfreien Nachprüfung auf Grund eines genügend großen Materials wird diese Frage völlig spruchreif werden.

Ich möchte aber schon heute in dieser Frage recht skeptisch sein. Denn ich achte seit vielen Jahren auf diese Dinge und muß gestehen, daß das, was ich bisher von wirklich und sicher frischen oder neben dem Primärkomplex einzigen tuberkulösen Herden in den Lungen gesehen habe, auch ausnahmslos in der einen oder andern Spitze gesessen hat, d. h. entweder unmittelbar unter der Pleura der äußersten Kuppe oder durchschnittlich nicht weiter als 1—2 cm von ihr entfernt, und zwar gewöhnlich in den dorso-medialen Bezirken. Es handelt sich dabei natürlich um spezifische tuberkulöse Veränderungen und nicht um sog. „perifokale" Entzündungen. Wieweit solche etwa im Röntgenbild als infraklavikuläre Infiltrate imponieren können, soll an anderer Stelle erörtert werden. Auch sonst werde ich auf diese Infiltrate noch eingehen, insbesondere bei der Besprechung der pathologischen Anatomie der Lungentuberkulose. Hier ist es mir nur um die Genese der regelmäßig von den Spitzenteilen nach der Basis hin fortschreitenden Tuberkuloseformen zu tun, für die ich infraklavikuläre, als *Initialherde* zu deutende Infiltrate noch nicht gesehen habe. Inwieweit auf diesem Gebiete eine von den anatomischen Befunden abweichende klinische Beobachtung erlaubt ist, soll ebenfalls an anderer Stelle erörtert werden. Für den Spitzenbeginn spricht am Sektionstisch auch die Tatsache, daß gerade unmittelbar in ihr immer wieder alte vernarbte Veränderungen gefunden werden, die nur tuberkulöser Herkunft sein können.

Wir dürfen also einstweilen getrost bei der Anschauung bleiben, daß die die chronische isolierte, apiko-kaudal fortschreitende Lungentuberkulose einleitenden Veränderungen in den *Lungenspitzen* sitzen und müssen uns nun fragen, auf welchem Wege sie zustande kommen.

Ich selbst vertrete seit vielen Jahren die Meinung, daß das *vorwiegend auf dem Blutwege* geschieht, und möchte mich durch mannigfache Einwendungen von anderer Seite davon nicht abbringen lassen. Der Meinung, daß die Spitzentuberkulose hämatogen zustande kommt, steht nämlich im wesentlichen die gegenüber, daß sie ebenso wie der Primäraffekt auf einer aerogenen aspiratorischen Infektion beruhe. Die Vorstellung hingegen, daß auch eine aufsteigende lymphogene Infektion von den Bronchialdrüsen aus oder eine irgendwie von den Zervikaldrüsen fortgeleitete Infektion möglich sei, hat wohl gegenwärtig mit Recht allen Kredit verloren.

Was mich veranlaßt, der hämatogenen Entstehungsweise den Vorzug zu geben, sind zunächst die Befunde beim primären Lungenherd. Wir haben gesehen, daß dieser nur ausnahmsweise in der Spitze sitzt, sogar etwa in der Hälfte der Fälle in den Unterlappen. Da wir nun weiter mit vollem Recht annehmen konnten, daß der Primärherd durch Inhalation entsteht, zumal da er vorwiegend in gut beatmeten Lungenteilen sitzt, können wir daraus den Schluß ziehen, daß die Lungenspitze, obwohl, wie wir sehen werden, besonders disponiert für die tuberkulose Erkrankung, darum bei der Inhalationsinfektion nicht betroffen wird, weil in sie wegen ihrer relativ schlechten Durchlüftung Tuberkelbazillen nicht in der Menge hineingelangen können, die für eine wirksame Infektion notwendig ist. Die Spitzendisposition kann sich also bei einer aerogenen Infektion nicht auswirken.

Daß eine besondere Disposition der Lungenspitzen zur tuberkulösen Erkrankung besteht, wird im großen und ganzen nicht bezweifelt. Nur gehen über die Ursachen dieser Disposition die Meinungen noch etwas auseinander.

Es würde zu weit führen und ist auch für unsere Zwecke nicht notwendig, auf diese Verhältnisse näher einzugehen. Zusammenfassend möchte ich mich an die Autoren anschließen, die angeborene oder erworbene Anomalien der oberen Thoraxaperatur für weniger wichtig oder belanglos halten, dagegen eine allgemeine, bei sämtlichen Menschen und in jedem Lebensalter vorhandene Spitzendisposition anerkennen, die auf den besonderen physiologischen Verhältnissen im Gegensatz zu den meisten andern Lungenteilen beruht. Diese besonderen Verhältnisse der Lungenspitzen sind bedingt durch die schwächere Beatmung, die geringere Blutversorgung und vor allen Dingen die, zum Teil wohl von diesen beiden Faktoren abhängige, mangelhafte Lymphströmung. Gehen diese Vorstellungen im allgemeinen auf die Studien TENDELOOS über die Ursachen der Lungenerkrankungen zurück, so hat neuerdings LOESCHKE im Anschluß an ORSOS die Beeinflussung der Spitzen durch die Zwerchfellatmung, bei der vertikale und horizontale Dehnungen gerade die Spitzenteile besonders betreffen, mitverantwortlich gemacht.

Wir werden nun bei der Mechanik einer inspiratorischen Reinfektion keine andern Verhältnisse annehmen dürfen wie bei der Erstinfektion. Wir werden vielmehr annehmen können, daß auch bei ihr nur selten infektionstüchtige Dosen von Bazillen in die Lungenspitzen hineingelangen, zumal da, wir wir noch sehen werden, bei der Reinfektion die wirksame Dosis sicher höher sein muß als bei der Erstinfektion oder wenigstens sich durch öftere kleine Dosen summieren muß, damit die Infektion auch wirklich angeht. Für die hämatogene Infektion aber läßt sich klar erweisen, daß die Spitzendisposition wirklich zur Auswirkung kommt. Wir sehen das schon bei der allgemeinen Miliartuberkulose, bei der fast in allen Fällen die Spitzenteile viel stärker betroffen sind als die weiter kaudalwärts gelegenen, indem in ihnen die Herdchen dichter stehen und größer sind. Was mir aber immer wieder viel eindrucksvoller nicht nur die Disposition der Spitzen bei hämatogener Infektion, sondern tatsächlich die hämatogene Entstehung der isolierten Spitzentuberkulosen beweist, sind jene Fälle, auf die ich schon verschiedene Male aufmerksam gemacht habe und denen ich immer häufiger bei Kindern und jugendlichen Erwachsenen begegne, je mehr ich darauf achte: ich meine jene Fälle, bei denen außer einem älteren Primärkomplex in Lunge oder Darm sonst nur eine tuberkulöse Leptomeningitis, also eine zweifellos hämatogene Erkrankung, und vielleicht noch einige Miliartuberkel in der Milz bestehen und daneben einige kleine Herdchen unmittelbar in der einen oder andern (häufiger in der rechten) oder auch in beiden Lungenspitzen. Hier kann also kein Zweifel darüber bestehen, daß die Spitzenherde zugleich mit den andern Lokalisationen hämatogen entstanden waren. Wenn ich außerdem noch hinzufüge, daß *fast alle ganz frischen* Herde, die ich bisher in den Lungenspitzen sah, in derartigen Fällen beobachtet wurden, so ist das, möchte ich meinen, eine sehr wichtige Tatsache. Ich glaube, daß derartige positive Befunde eine viel deutlichere Sprache reden und darum viel stringentere Beweise liefern als alle theoretischen Überlegungen. Bei der Betrachtung der Lungentuberkulose im speziellen Teil wird von diesen Herden noch weiter die Rede sein. Natürlich kann zugegeben werden, daß das Material vorläufig noch nicht ausreicht, um ein völlig abschließendes Urteil über die Bedeutung der hämatogenen Spitzeninfektion für die Entstehung der chronischen Lungentuberkulose zu fällen. Aber ich glaube doch, daß es schon jetzt als erwiesen gelten kann, daß eine hämatogene Spitzeninfektion nicht nur vorkommt, sondern daß ihr auch eine überragende Bedeutung gegenüber der aerogenen Reinfektion der Spitzen zukommen muß. Ich möchte aber auch hier schon bemerken, daß ich die Möglichkeit dieses andern Geschehens an sich durchaus zulasse, jedoch zunächst nur für einen Prozentsatz von Fällen, wie er der Spitzeninfektion bei der Erstinfektion entspricht. Hierüber soll weiter unten noch einiges gesagt werden.

Vorerst wollen wir bei der hämatogenen Spitzeninfektion bleiben und müssen uns nun fragen, wo die sie verursachenden Tuberkelbazillen herkommen. Ich kann mich darüber an dieser Stelle kürzer fassen, da das Wesentlichste schon in dem Kapitel über die Genese der Miliartuberkulose (S. 26) gesagt worden ist. Es ist ein Teil derselben Quellen wie dort, nämlich Primärkomplexe einerseits und unterschwellige exogene Reinfektionen andererseits. Man muß nur bedenken, daß zu einer isolierten Spitzeninfektion sehr viel weniger Bazillen genügen. Daß dabei neben der lokalen Spitzendisposition auch andere allgemein-dispositionelle Faktoren mitsprechen können und müssen, mag noch besonders betont werden. So werden wir annehmen können, daß in einem sonst völlig gesunden Organismus die Abwehrkräfte genügen, um sowohl mit aus dem Primärkomplex stammenden, als auch den durch Reinfektion eindringenden Tuberkelbazillen fertig zu werden, so daß sie unter Umständen gar nicht bis in die Lungenspitzen gelangen können. Bei allgemeiner Herabsetzung der Widerstandsfähigkeit werden die Dinge aber anders liegen. Die von außen oder von innen stammenden Tuberkelbazillen werden sich besser im Blut halten können, der Primärkomplex wird zudem leichter exazerbieren, die Spitzendisposition wird sich stärker auswirken können. Gerade darum halte ich auch für diese Fälle den Bazillen enthaltenden, anatomisch geheilten Primärkomplex als Infektionsquelle für so wichtig, weil er eine dauernde Bedrohung des Körpers darstellt und seine Bazillen sozusagen bereit hält für den Fall, daß irgendwelche schädigenden Einflüsse die Widerstandskraft des Organismus schwächen, während exogene Infektionsquellen nicht immer vorhanden sind. Ich glaube andererseits annehmen zu müssen, daß auch für diese Spitzeninfektionen eine gewisse Größe der Infektionsdosis notwendig ist, daß u. U. erst mehrere Infektionsschübe zum Angehen der Infektion führen. Man muß weiter bedenken, daß es sich in diesem Fall um schon allergische Individuen handelt, und zwar zweifellos meist um solche, bei denen die Allergie eine erhöhte Widerstandsfähigkeit bedeutet. Aber auch hierüber hören wir erst Näheres in dem Kapitel über die Allergie überhaupt (S. 102).

Nach den Anschauungen, die ich oben (S. 18) über die Möglichkeit einer kryptogenetischen Infektion ohne Primärkomplex geäußert habe, werden wir wohl annehmen müssen, daß auch bei ihr Spitzenherde auf hämatogenem Wege entstehen können. Da ich selbst aber frische Spitzenherde ohne Primärkomplex noch nie gesehen habe, möchte ich mich nicht näher damit beschäftigen.

Nun werden gegen die überragende Bedeutung der *hämatogenen* Spitzeninfektion allerhand Bedenken vorgebracht. Ich möchte meinen, daß solche Einwände zum Teil deswegen stärker unterstrichen werden, weil sie einer andern Einstellung gegenüber der Bedeutung der Bazillämien bei der Tuberkulose überhaupt entspringen. Ich möchte daher auch hier meinen eigenen Standpunkt noch einmal dahin präzisieren, daß ich auf Grund der oben (S. 34ff) angeführten Tatsachen die Bedeutung der Bazillämien für die Gesamtentwicklung der Tuberkulosekrankheit im menschlichen Körper sehr hoch einschätze. Wenn man einmal die Vorstellung, wie leicht und wie oft es zu Bazillämien kommen kann, in steter Bereitschaft hat, dann stellt man sich manchen Problemen gegenüber ganz anders ein, als wenn man die Möglichkeit der Bazillämie aus seinem Denken ausschaltet.

Welches sind nun die Einwände? (cf. insbesondere BEITZKE). Sie gehen von der Vorstellung aus, daß eine aerogene Spitzeninfektion mindestens ebenso wahrscheinlich sei wie eine hämatogene. Bei der Erstinfektion der Lunge solle sich nämlich die Spitzendisposition darum nicht auswirken können, weil der noch nicht infizierte Mensch so hinfällig gegen eine Tuberkulose sein soll, daß auch bei den geringsten Infektionsdosen überall, z. B. auch in *jedem* Lungenabschnitt, tuberkulöse Herde entstehen müßten. Bei der Neuinfektion bewirke aber die vorhandene Allergie im Sinne einer wahren Immunität, daß die Infektion nur noch an besonders disponierten Stellen, z. B. eben auch in den Lungenspitzen, angehen könne. Wenn wir nun für beide Fälle die äußeren mechanischen Bedingungen gleichsetzen, so kann dieser Einwand gewiß nicht schwer wiegen, jedenfalls nicht als Gegenargument gegen die hämatogene Spitzeninfektion. Denn wenn in beiden Fällen, bei der Erst- und bei der Reinfektion die Tuberkelbazillen in gleichmäßiger Verteilung in die Lungen gelangen, wie ich es für die Staubinfektion annehme, dann wäre nicht einzusehen, warum sich nicht sofort die Spitzendisposition geltend machte und der Primärherd darum vorzugsweise in der Spitze säße. Wenn aber, wie ich es für die Tröpfeninfektion annehme, konzentriertere Dosen zur Infektion führen, so gehen diese eben, wie wir an den Primärherden sehen, gewöhnlich nicht in die Spitzen, sondern in die gut beatmeten Lungenteile. Ich möchte aber auch noch zu bedenken geben, ob wirklich der unberührte Körper gegen die Tuberkelbazillen so empfindlich ist, daß auch die geringste Dosis genügt, um am Ort der Infektion einen Herd zu setzen. Wäre das der Fall, so müßten wir viel häufiger schwerere, öfter zum baldigen Tode führende Primärinfektionen erwarten. Die Tatsache vielmehr, daß die Mehrzahl der Primärherde gutartig, oft klinisch symptomlos verläuft und glatt abheilt, spricht gegen eine sehr hohe Empfindlichkeit des unberührten Körpers.

Anders wird allerdings die Sache, wenn wir für die Erstinfektion eine größere Dosis, z. B. durch Tröpfcheninfektion, annehmen, für die Reinfektionen aber, vielleicht öfter wiederholte, Staubinfektionen. Diese werden dann tatsächlich bei der vorhandenen Allergie in den meisten Lungenteilen nicht angehen, sondern nur dort, wo die meiste Aussicht dazu besteht, wo eine besondere Disposition vorliegt, also in den Spitzen. Ich stehe nicht an, diese Möglichkeit zuzulassen. Nur in diesem Sinne sind auch die Verhältnisse bei der gewöhnlichen Anthrakose zu verwerten.

Es wird nämlich gegen die vorwiegend hämatogene Spitzeninfektion eingewandt, daß die *Verteilung des Kohlepigmentes* in den Lungen dagegen und für die aerogene Reinfektion spreche. In den kranialen Partien solle sich reichlicher Kohlestaub ansammeln als in den kaudalen, und was für den eingeatmeten Kohlestaub spreche, sollte auch für die Tuberkelbazillen gelten. Nun sind, soweit ich sehe, quantitative Untersuchungen über den Kohlegehalt der Lungen bisher nur bei Erwachsenen gemacht worden. Diese dürften aber für unsere

Fragestellung auch dann sehr wenig verwertbar sein, wenn die Untersuchungsmethoden ganz exakt wären, worüber Zweifel erlaubt sind. Denn bei solchen Untersuchungen sind krankhafte Veränderungen, insbesondere narbige Prozesse, nicht berücksichtigt worden, in denen das Kohlepigment bekanntlich sehr festsitzt. Narben tuberkulösen Ursprunges sind aber in den kranialen Lungenteilen, besonders in den Spitzen, sehr häufig. Es kommt überhaupt hier nicht so sehr auf die fertigen Zustände beim Erwachsenen an als auf die Entwicklung der Anthrakose im kindlichen Körper. Hierüber sind Untersuchungen in meinem Institut gemacht worden. Es geht daraus hervor, daß die Anthrakose der Lunge schon bei einige Wochen alten Kindern nachweisbar zu werden beginnt und daß die Kohleablagerung in allen Lungenteilen annähernd gleichmäßig erfolgt. Von einer Bevorzugung der Lungenspitze ist auch bei älteren Kindern noch nicht die Rede. Allenfalls läßt sich eine stärkere Ablagerung in den mittleren Partien gegenüber den kranialen und kaudalen feststellen. Zuweilen ist man insofern Täuschungen ausgesetzt, als einer anscheinend geringeren Ablagerung von Kohle in bestimmten Lungenteilen eine stärkere Anthrakose der zu diesen Teilen gehörenden Lymphknoten entsprechen kann, wobei also ein stärkerer Abtransport wahrscheinlich auf Grund von entzündlichen Veränderungen erfolgt.

Man kann also nicht den Schluß ziehen, daß in stärker pigmentierte Bezirke mehr Pigment hineingekommen sei als in die übrigen Lungenteile. Sondern man kann nur schließen, daß Kohlepigment länger in solchen Bezirken zurückgehalten wird. Wenn nun in späteren Lebensjahren tatsächlich eine stärkere Pigmentierung der Spitze vorhanden sein sollte, so würde das dann auch nicht etwa mit einer reichlicheren Einatmung in die Spitze zu erklären sein, sondern mit der im allgemeinen schwächeren Lymphströmung in ihr. Wieweit es zulässig ist, aus diesen Untersuchungsergebnissen auf die Tuberkelbazillen zu exemplifizieren, werde ich sogleich zusammenfassend erörtern.

In keiner Weise verwertbar scheint mir aber ein weiterer Einwand zu sein, nämlich das relativ häufige Vorkommen von Typus bovinus bei kindlichen Tuberkulosen. Wenn — so wird gesagt — die kindliche Tuberkuloseinfektion als Ausgangspunkt für spätere hämatogene Spitzeninfektionen in Betracht käme, so müßte auch bei der Lungentuberkulose der Erwachsenen häufig der Typus bovinus gefunden werden, was bekanntlich nicht der Fall ist. Dieses Argument ist darum hinfällig, weil derartige Untersuchungen vorwiegend an peripheren, sog. chirurgischen Tuberkulosen, allenfalls an Mesenterialdrüsen, nicht aber an Primärherden der Lungen gemacht wurden.

Endlich möchte ich mich noch kurz gegen die Anschauung wenden, die Entstehung der Spitzenherde müßte, wenn hämatogen, in die sog. erste Generalisationsperiode im unmittelbaren Anschluß an den Primärkomplex fallen (Puhl); da sie aber angeblich später entstehen, müßte es exogen sein. Ich kann dem deswegen nicht beipflichten, weil nach meinen Erfahrungen erstens die Spitzenherde oft tatsächlich schon sehr früh auftreten, auch wenn der Primärherd noch nicht völlig geheilt ist; sodann habe ich ja gezeigt, daß aus alten Primärkomplexen mit oder ohne Exazerbation auch später jederzeit Tuberkelbazillen mobilisiert, daß also auch im Pubertätsalter usw. auftretende Spitzenherde auf endogene hämatogene Infektion zurückgeführt werden können. Ich kann dazu vielleicht noch, meine obigen Ausführungen ergänzend, bemerken, daß die von mir bisher beobachteten frischen Spitzenherde von Individuen von

1—18 Jahren stammen und daß bei ihnen alle Entwicklungsstadien des Primärkomplexes, frische, heilende, geheilte bzw. abgekapselte und exazerbierende, vertreten waren.

Ich möchte die wichtigen Gesichtspunkte *dieser Erörterungen folgendermaßen zusammenfassen,* bezw. ergänzen. Die Tatsache, daß bei der Kohlenstaubaufnahme in die kindliche Lunge alle ihre Teile annähernd gleichmäßig betroffen werden, spricht gegen die Annahme einer Staubinfektion bei der Entstehung des Primärherdes. Wäre eine primäre Staubinfektion der gegebene Infektionsmodus, so müßten sehr viel mehr oder gar alle Primärherde in der Spitze sitzen, da diese fraglos am meisten für die Infektion disponiert ist. Es ist deswegen anzunehmen, daß die Primärinfektion eine Tröpfcheninfektion ist, bei der das spezifisch schwerere und auch größere Partikel aufweisende Infektionsmaterial nur in besonders gut beatmete Lungenteile gelangen kann. Dafür spricht ja auch die Tatsache, daß für die Säuglings- und Kleinkinderinfektion so oft eine schwere äußere Infektionsquelle in Gestalt eines hustenden Kranken nachweisbar ist. Reinfektionen, die auf dieselbe Weise zustandekommen, können ebenfalls nicht in der Spitze sitzen. Sofern sie angehen, müssen sie dieselben Lokalisationen haben wie die Primärherde.

Das Freibleiben, bezw. das seltene Betroffensein der Spitze bei der Primärinfektion spricht des weiteren natürlich auch generell gegen die Bedeutung der Staubinfektion. Immerhin wird sie zugelassen werden können und sogar in einem ungünstigen Milieu, in dem sie sich oft wiederholen kann, nicht unterschätzt werden dürfen. Sie kommt in solchen Fällen auch als Reinfektionsquelle in Betracht, und zwar in der Weise, daß wiederholte direkte Spitzeninfektionen mit kleinsten Dosen schließlich zur Erkrankung führen können. Ich möchte aber noch einmal betonen, daß mit der Möglichkeit dieses Vorganges noch nichts über seine Häufigkeit ausgesagt ist. Es bleibt immerhin die Tatsache bestehen, daß sich für sicher frische Spitzenherde oft die hämatogene Entstehung *beweisen* läßt. Darum möchte ich nach wie vor die hämatogene Entstehung der Spitzentuberkulose für besonders wichtig halten. Die dazu notwendigen Bazillen können dann wohl auch zum Teil aus unterschwelligen Staubinfektionen stammen, durch deren Vermittlung lebende Bazillen in die Lymphblutbahn gelangen. Aber die endogene Mobilisierung der Bazillen aus dem Primärkomplex möchte ich immer wieder als viel wichtiger bezeichnen, weil diese Infektionsquelle immer vorhanden ist, während äußere Infektionsquellen nicht immer zur Verfügung stehen.

Über die *Entstehung jener Formen von chronischer Lungentuberkulose, die nicht in der Spitze beginnen,* kann ich mich recht kurz fassen, zumal da ich auch bei der Besprechung der speziellen pathologisch-anatomischen Veränderungen noch einmal darauf zurückkommen muß. In ihrer Häufigkeit treten solche Fälle gegenüber den in der Spitze beginnenden sehr stark zurück. Neuere Zusammenstellungen an einem allerdings noch kleinen Material ergeben ein Verhältnis von etwa 2:100. Es handelt sich nach meinen Erfahrungen zum guten Teil um recht schwere Krankheitsbilder: bei freien Spitzenteilen sitzt irgendwo in den Lungen, und zwar wieder meist in gut beatmeten Teilen, ganz der Lokalisation des Primärherdes entsprechend, ein gewöhnlich schon kavernöser Herd, und in den übrigen Lungenteilen finden sich unregelmäßig angeordnet meist relativ frische Herde aller Art. So wenigstens ist das Sektionsbild.

Es entwickelt sich fraglos aus einem größeren pneumonischen Reinfekt, der entsprechend seinem Sitz offenbar respiratorisch entstanden und gemäß seiner Ausdehnung auf eine sehr schwere Infektion zurückzuführen ist. Es handelt sich hier offenbar um eine massige, exogene Reinfektion, die die etwa bestandenen allergischen Zustände überrannt hat. Natürlich kommen auch hier und da einmal leichtere Infektionen vor, die einer Heilung zugängig sind. Weiter möchte ich noch bemerken, daß solche Herde auch im Verlauf einer schon bestehenden fortschreitenden oder schon geheilten Lungentuberkulose auftreten können, worauf ich sogleich zurückkomme. Über die weiteren Eigenschaften solcher Herde wird im speziellen Teil berichtet werden.

Ebenso wichtig wie die Frage der ersten Entstehung der Spitzenherde ist die der *weiteren Ausbreitung der Lungentuberkulose,* d. h. die Entwicklung der ausgebreiteten Lungentuberkulose aus den Spitzenherden oder im Anschluß an sie. Daß zahlreiche Spitzenherde und weitere Entwicklungsstadien der Lungentuberkulose ausheilen können, bleibt dabei eine selbstverständliche Voraussetzung. In welcher Weise das geschieht, kann natürlich erst bei der pathologisch-anatomischen Betrachtung erörtert werden. Für die Ausbreitung der Tuberkulose kommen wie überall auch hier die gewöhnlichen Wege in Betracht, einmal das Kontaktwachstum, dann das intrakanalikuläre Fortschreiten, weiterhin der Lymphweg und endlich die sich auf Grund von endogenen oder exogenen Schüben immer wiederholende hämatogene Neuinfektion. Die ersten drei Möglichkeiten werden sich aber zunächst kaum auswirken können. Die ersten Spitzenveränderungen machen im großen und ganzen nicht den Eindruck, als ob von ihnen ein wesentliches Kontaktwachstum oder intrakanalikuläres Vordringen oder eine lymphogene Aussaat in der Umgebung stattfinden könnte. Es handelt sich meist um anscheinend recht schnell produktiv werdende, zur fibrösen Umwandlung und Vernarbung, allenfalls zur Abkapselung neigende Herde. So liegt die Annahme nahe, daß das Fortschreiten des Prozesses zunächst auch vorwiegend durch das Hinzukommen neuer Bazillen auf dem Blutweg bedingt sein wird. Genau so wie für die erste Spitzeninfektion möchte ich auch hier den hämatogenen Weg in den Vordergrund stellen, sei es nun, daß es sich um Bazillen aus schon vorhandenen Herden oder um von außen neu hinzukommende handelt. Überhaupt möchte ich hier der Meinung Ausdruck geben, daß jene Formen von Lungentuberkulose, die langsam und regelmäßig kaudalwärts fortschreiten und zunächst keine schwereren Prozesse mit Einschmelzungen usw. mit sich bringen, sondern große Neigung zu schneller Vernarbung zeigen, vorwiegend oder ausschließlich ihr Fortschreiten einer immer erneuten hämatogenen Reinfektion verdanken. Das leuchtet besonders in solchen Fällen ein und wird zur Gewißheit, bei denen das kontinuierliche, kaudalwärts gerichtete Fortschreiten ohne Berücksichtigung der Lappengrenzen erfolgt und der Kamm der Unterlappen dann erkrankt, wenn sein Niveau in den Oberlappen erreicht ist oder bei denen auch, ist der Prozeß schon weiter fortgeschritten, die Veränderungen der kranialen Teile der Unterlappen in Qualität und Ausdehnung ganz dieselben sind wie in den entsprechenden Teilen der Oberlappen. Es sind das Fälle, wie man sie bei Anwendung genauer Sektionsmethoden u. U. fast täglich zu Gesicht bekommt. Dieses Verhalten kann nicht anders erklärt werden, als daß den Dispositionsverhältnissen der einzelnen Lungenteile entsprechend auf hämatogenem Wege die stärker disponierten kranialen

Teile früher infiziert werden als die weiter kaudalwärts gelegenen weniger disponierten. Eine kontinuierliche oder eine intrakanalikuläre oder eine lymphogene Ausbreitung liegt in solchen Fällen nicht im Bereich des Möglichen. Nebenbei gesagt lassen sich von derartigen Bildern bei Beherrschung eines genügend großen Materials alle möglichen Übergänge zu den eigentlichen Miliartuberkulosen finden, worüber in dem Kapitel über die Lungentuberkulose noch zu sprechen sein wird. Jedenfalls möchte ich für *alle* Fälle von fortschreitender Lungentuberkulose immer wieder daran erinnern, daß dauernde hämatogene Neueinschwemmungen von Tuberkelbazillen immer vorhanden sind: immer wieder die Abfuhr auf dem Lymphweg, also die schließliche Einschwemmung in die venöse Blutbahn und also immer wieder die Überflutung des Lungenkreislaufes, dessen als erstes betroffenes Kapillarnetz der Bazillenzufuhr am meisten ausgesetzt ist. Man muß weiter an lokale spezifische Dispositionen denken. Für diese und etwa andere Allergieverhältnisse möchte ich wieder auf das betreffende Kapitel verweisen (S. 102).

Anders können sich die Verhältnisse natürlich gestalten, wenn im Verlauf dieser Entwicklung schwerere Prozesse, z. B. zunächst in Gestalt von größeren käsigen Herden einsetzen. Damit erhalten wir größere Bazillendepots und dementsprechend u. U. schon, wohl auf dem Lymphweg entstehende sog. Resorptionstuberkel in ihrer Umgebung. Werden aber größere Bronchien in diese Herde einbezogen oder kommt es zu kavernösen Einschmelzungen oder finden gar in diesen Einschmelzungsherden Blutungen statt, so sind der intrakanalikulären Ausbreitung Tür und Tor geöffnet. Da dann unberechenbare Aspirationen in alle möglichen Lungenteile hinein stattfinden können, so werden aus diesen Ereignissen sehr komplizierte Krankheitsbilder entstehen können. Bei der Entwicklung solcher Prozesse mögen auch wieder vorübergehende dispositionelle Faktoren in weitem Maße mitspielen. Vielleicht gehören Aschoffs Pubertätsphthisen hierher. Schließlich wird in schwereren Fällen die intrakanalikuläre Ausbreitung vollkommen das Feld beherrschen. Neue exogene Infektionen werden, wenn sie gegenüber den schweren vorhandenen Prozessen arm an Bazillen sind, nicht mehr in Betracht kommen. Neue hämatogene Bazillenzuführungen werden wohl immer noch eine gewisse Rolle spielen können.

Ist so sicherlich für die in der Spitze beginnenden und langsam kaudalwärts fortschreitenden Lungentuberkulosen die Unterhaltung der Infektion durch immer erneute hämatogene Zufuhren von Tuberkelbazillen überaus wichtig, so werden wir für die weniger typisch verlaufenden Krankheitsbilder, ebenso wie für die nicht in der Spitze sitzenden ersten Reinfekte, noch eine andere Möglichkeit ernstlich ins Auge fassen. Sehen wir z. B. plötzlich und ohne daß eine stärkere Beteiligung des Kanalsystems durch Einschmelzungen usw. in den schon erkrankten kranialen Abschnitten vorhanden ist, an irgendeiner andern Stelle einen größeren Herd auftreten, vielleicht gerade an jenen Stellen, die auch der Primärherd bevorzugt, dann werden wir um die Annahme nicht herumkommen, daß das auch wieder die Folge einer erneuten *massigen* aerogenen Infektion ist. Ganz ähnlich verhalten sich ja auch die ganz unregelmäßig lokalisierten Herde, die durch Einbruch in einen Bronchus oder im Anschluß an eine Blutung entstehen. Wenn wir auch mit Recht ausschließen, daß im schon infizierten Körper geringfügige, von außen kommende Neuinfektionen eine Veränderung zu setzen imstande sind, so werden wir doch massige

Neuinfektionen als Ursache derartiger Herde nicht unterschätzen dürfen; wie auch aus den schönen Tierexperimenten P. RÖMERs hervorgeht, daß massige Infektionen an der Infektionsstelle eine etwa vorhandene Immunität zu durchbrechen vermögen. Natürlich können sich beim Menschen derartige Ereignisse jederzeit einstellen, d. h. bei schon mehr oder weniger fortgeschrittenen Fällen, bei isolierten Spitzentuberkulosen usw. Im großen und ganzen sind aber diese Ereignisse sicher nicht häufig. Aber ich habe doch, seit ich darauf achte, schon eine ganze Anzahl von Fällen gesehen, die in dieser Weise gedeutet werden könnten. Es handelt sich dann naturgemäß um schwere Komplikationen des Krankheitsbildes, die infolge schneller intrakanalikulärer Ausbreitung ein rasches Ende herbeiführen können. Doch mögen auch hier leichtere Verlaufsformen vorkommen, besonders dann, wenn sonst nur geringe Spitzenherde bestehen. Ich denke auch daran, daß die von ASSMANN zuerst beschriebenen, von REDEKER in ihrer Bedeutung überschätzten intraklavikulären Infiltrate in dieser Weise entstanden sein könnten, zumal da auch die aspiratorisch entstandenen Primärherde nicht ganz selten infraklavikulär sitzen.

b) Die Entstehung der extrapulmonalen Tuberkulosen.

Es bleibt nun noch übrig, kurz auf einige allgemeine Gesichtspunkte bei der Entstehung der extrapulmonalen Organtuberkulosen einzugehen. Hier liegen die Verhältnisse im großen und ganzen bedeutend einfacher als bei der Lungentuberkulose. Denn die meisten in Betracht kommenden Organe stehen in keinerlei direkter Beziehung zur Außenwelt. Es können also für sie direkte exogene Infektionen ausgeschlossen werden. Der einzig mögliche Infektionsweg ist dann vielmehr der hämatogene. Die Quellen sind dieselben, die in den vorausgegangenen Ausführungen schon genannt wurden. Über den Zeitpunkt der Infektionen sind die Meinungen noch geteilt. Ich bin der Meinung, daß sie in *jedem* Lebensalter eintreten können, und nicht, wie PUHL meint, lediglich in der sog. ersten Generalisationsperiode im unmittelbaren Anschluß an den Primärkomplex. Denn die Quellen der Infektion beginnen gewöhnlich mit dem Primärkomplex zu fließen und versiegen dann nicht mehr, sondern werden teils von ihm, teils von andern, inzwischen entstandenen Herden, teils von außen unterhalten, genau so wie bei der Lungeninfektion. Dem entsprechen auch die tatsächlichen Befunde. Denn man kann frischen Reinfekten in allen möglichen Organen des großen Kreislaufes am Sektionstisch in jedem Lebensalter begegnen. Daß diese extrapulmonalen Reinfekte viel seltener sein müssen als die der Lungen, ist ohne weiteres verständlich. Denn jede hämatogene Aussaat muß, abgesehen von den seltenen Fällen, in denen die Lungenvenen als Abfuhrwege benutzt werden können, zuerst das Lungenkapillarnetz passieren. Ist aber eine Lungentuberkulose einmal im Gange, so wirkt auch schon der immunisatorische Effekt im Sinne einer verminderten Infektionsgefahr für die andern Organe. Damit könnte man schon zum Teil erklären, daß tatsächlich viele dieser Organtuberkulosen im wesentlichen im Kindesalter oder doch im jugendlichen Alter entstehen, so lange die Durchimmunisierung des Körpers noch eine geringe ist. Aber die immunisatorischen Verhältnisse können sich auch im Verlauf des Lebens wieder ändern, z. B. auch durch Abheilung der zuerst entstandenen Herde oder durch unspezifisch-dispositionelle Faktoren usw. Und so sehen wir, daß doch letzten Endes bei der Lokalisierung der extrapulmonalen Tuberkulosen bestimmte Organdispositionen in weitem Maße richtunggebend sind, die wiederum zum Teil wenigstens vom Lebensalter abhängig sind. So sind die Knochen besonders in der Hauptwachstumsperiode gefährdet, die Geschlechtsorgane in der Pubertätsperiode oder in und nach der Schwangerschaft. Auch Traumen können natürlich lokale Dispositionen schaffen. Aber alle diese dispositionellen Einflüsse auch nur einigermaßen sicher abzuschätzen, sind wir nicht einmal bei einer allgemeinen Betrachtung, geschweige denn für den Einzelfall imstande. Auch konstitutionelle Verhältnisse spielen fraglos mit hinein, ebenso bei der Infektion der Organe als auch bei der Weiterentwicklung der tuberkulösen Herde. Ich muß mich hier mit kurzen Andeutungen begnügen, verweise im übrigen auf die Zusammenstellung am Beginn dieses Kapitels, auf das übernächste Kapitel und auf die Beschreibungen der einzelnen Organtuberkulosen im speziellen Teil.

Für diejenigen Organe, bei denen außer einer hämatogenen auch eine von außen kommende Reinfektion im Bereich der Möglichkeit liegt, müssen im übrigen ähnliche Überlegungen angestellt werden wie für die Lungentuberkulose. Allerdings liegen in dieser Beziehung noch kaum verwertbare Resultate vor, so z. B. bei der Darmtuberkulose, soweit sie nicht eine Begleiterscheinung einer chronischen Lungentuberkulose ist. Um nur noch ein anderes wichtiges Organ zu nennen, so möchte ich meinen, daß die Hauttuberkulosen wohl fast ausschließlich durch besonders exogene Reinfektionen zustandekommen, so insbesondere auch der Lupus vulgaris.

Sehen wir nun gerade bei der Ausbreitung der letzteren Erkrankung ein Kontaktwachstum, bezw. eine Ausbreitung in den Lymphspalten im Vordergrund stehen, so wird doch bei den meisten andern Organtuberkulosen die intrakanalikuläre Ausbreitung bedeutend wichtiger sein, sofern nicht auch hier hämatogene Nachschübe ihre Rolle spielen.

Endlich möchte ich noch betonen, daß sich gerade in der Gruppe der extrapulmonalen Organtuberkulosen manche Fälle befinden, bei denen man mit der Möglichkeit einer kryptogenetischen Infektion rechnen muß. Denn gerade unter ihnen bin ich am häufigsten Fällen begegnet, bei denen ich einen Primärkomplex nicht fand. Ich denke besonders an gewisse multiple Knochenerkrankungen des Kindesalters.

4. Atypische Formen.

Die drei Haupterscheinungsformen der Tuberkulosekrankheit, nämlich 1. der Primärkomplex, 2. die Generalisationsformen und 3. die isolierten Organtuberkulosen stellen zwar jede für sich scharf umschriebene Krankheitsbilder dar, doch darf man mit ihrer Isolierung und Systematisierung nicht zu weit gehen. Denn die Bedingungen für die Entstehung der einzelnen Formen sind so mannigfacher Art, in bezug auf die Bazillenzufuhr einerseits, auf die unspezifischen und spezifischen dispositionellen Verhältnisse andererseits, daß eingreifende Änderungen dieser Bedingungen das einzelne Krankheitsbild in weitem Maße verwischen können. So lassen sich tatsächlich auch atypische Formen, Übergänge zwischen den Hauptformen und Kombinationen unter ihnen finden. Auf solche Möglichkeiten wird bei der Stellung der klinischen Diagnose in weitem Maße Rücksicht genommen werden müssen. Denn es ist keine Frage, daß z. B.

für die Prognose des einzelnen Falles die Kombination zwischen zwei der gewöhnlichen Erscheinungsformen durchaus nicht ohne Belang ist. Das alles hindert nicht, die drei Erscheinungsformen als solche anzuerkennen, zumal da die überwiegend große Anzahl aller Tuberkuloseerkrankungen in eine dieser Formen mit Sicherheit unterzubringen sind. Man kann statt Erscheinungsformen der Krankheit auch von Reaktionsformen des Organismus sprechen. Wieweit man sich bei einer solchen Ausdrucksweise den Lehren RANKEs über die Reaktionsmöglichkeiten des Körpers anschließen kann, werden wir erst weiter unten sehen. Hier denke ich nur an das äußere, rein anatomisch gefaßte Krankheitsbild. Aber ich warne noch einmal vor einer kritiklosen Anwendung einer Stadieneinteilung. Dem Kern der Lehre K. E. RANKEs würde damit schlecht gedient sein.

Nachdem wir die Pathogenese der Haupterscheinungsformen besprochen haben, müssen uns darum auch jene abweichenden Krankheitsbilder besonders interessieren, weil wir in ihnen die Verbindungsglieder zwischen den Hauptformen zu erwarten haben. Aber auch sonst fordern vom pathogenetischen Standpunkt aus diese atypischen Formen eine so große Beachtung, daß sie einer besonderen Besprechung bedürfen. Am klarsten und selbständigsten ist das Bild des Primärkomplexes. Doch auch er kann schon Abweichungen vom gewöhnlichen Verhalten zeigen. Als atypisch wird er z. B. in denjenigen Fällen zu bezeichnen sein, in denen anscheinend der Herd im Aufnahmeorgan fehlt und nur die Lymphknotenerkrankung allein besteht. Sodann erinnere ich an die Fälle von Frühgeneralisation, die auftreten, wenn der Primärkomplex noch in voller Blüte ist, bei denen also zwei Haupterkrankungsformen zu gleicher Zeit bestehen. Weiterhin möchte ich hier die Fälle anführen, bei denen sich eine typische ausgebreitete chronische Lungentuberkulose offenbar unmittelbar vom Primärherd ausgehend entwickelt hat, Fälle, wie sie hier und da im Kindesalter gefunden werden. Endlich muß in diesem Zusammenhang daran erinnert werden, daß auch Fälle mit kryptogenetischer Infektion ohne sicheren Primäraffekt zuweilen beobachtet werden.

Was die atypischen Generalisationsformen betrifft, so sind sie besonders bemerkenswert. Wir haben oben in dem Kapitel über die Miliartuberkulose schon gesehen, daß von den ganz schweren und typischen Fällen alle möglichen Krankheitsbilder zu den weniger typischen Formen hinüberleiten. Dazu kommen dann jene Fälle, bei denen sich die Miliartuberkulose im wesentlichen auf einzelne Organe beschränkt. Ich nenne insbesondere die isolierte Leptomeningitis tuberculosa; aber auch z. B. in der Milz, seltener in anderen Organen können diffuse miliare Erkrankungen isoliert oder fast isoliert vorkommen und leiten dann u. U. zu chronischen isolierten Erkrankungen dieser Organe über. Es bleibt in solchen Fällen nichts anderes übrig, als eine besondere Krankheitsbereitschaft der betreffenden Organe für die hämatogene Infektion anzunehmen. In den weichen Hirnhäuten kann es z. B. die Hauptwachstumsperiode sein, die diese Disposition schafft, sehen wir doch die tuberkulöse Leptomeningitis am häufigsten im Kindesalter. Ich denke ferner an jene Fälle, in denen zwar eine allgemeine Aussaat besteht, aber die einzelnen Organe nur sehr ungleichmäßig betroffen sind, Fälle wie sie dann allmählich zu den oben erwähnten nicht ganz typischen Miliartuberkulosen überleiten. Es schließen sich die völlig abortiven Miliartuberkulosen an, bei denen man nur hier und da in einigen Organen vereinzelte Knötchen findet. Ist die rohe Pathogenese aller dieser

Zustände auch durchaus klar, und entspricht sie im Prinzip genau der der allgemeinen Miliartuberkulose, so werden wir für die Erklärung des Einzelfalles doch des ganzen wissenschaftlichen Rüstzeuges bedürfen, wie es besonders in dem zusammenfassenden Kapitel auf S. 102 analysiert wird. Es treten hier aber auch Abgrenzungsfragen auf. Finden wir z. B. neben einem abgeheilten Primärkomplex lediglich noch ein paar offenbar hämatogen entstandene miliare Knötchen in einer oder in beiden Lungenspitzen, soll man dann noch von einer abortiven Generalisationsform sprechen oder schon von dem Beginn einer isolierten Lungentuberkulose? Bestände zu gleicher Zeit noch eine tuberkulöse Leptomeningitis, so würden wir ohne weiteres von einer atypischen Generalisation sprechen können. Handelt es sich aber um wirklich ganz isolierte Lungenspitzenherdchen, so kann von einer „Generalisation" schlechterdings nicht mehr die Rede sein. Hier taucht dann die Frage auf, von welchem Moment an wir berechtigt sind, von einer isolierten Organtuberkulose zu sprechen, eine Frage, die in dem RANKEschen Schema offen bleibt. Ich bin der Meinung, wir können die Fälle von Spitzenherdchen getrost als den Beginn einer isolierten Organtuberkulose betrachten, da wir nach allen unseren sonstigen Erfahrungen wissen, daß zu solchen Herdchen später weitere hinzukommen können, aus denen dann allmählich das voll entwickelte Bild einer chronischen Organtuberkulose entsteht. Für kleine Herde in anderen Organen kommen natürlich dieselben Gesichtspunkte in Frage.

Auch jene Fälle von Miliartuberkulose sind in diesen Rahmen zu stellen, die in ganz anderer Weise die Übergänge zu den chronischen Organtuberkulosen darbieten. Es handelt sich um allgemeine oder fast allgemeine Aussaaten mit besonderer Bevorzugung der Lungen und mit sehr chronischem Verlauf. Die Lungen zeigen in den kranialen Teilen multiple, kaudalwärts allmählich an Größe abnehmende, im Durchschnitt aber überhaupt ziemlich kleine Kavernen und käsige Herde in einem anscheinend indurierten Lungengewebe, das sich aber bei der mikroskopischen Untersuchung aus in weitem Maße fibrös umgewandelten Miliartuberkeln zusammensetzt. Weiter kaudalwärts folgen dann mehr azinöse und schließlich miliare Herde, und in den andern Organen finden sich ebenfalls zum größten Teil weitgehend vernarbte Miliartuberkel. Hier liegt also eine, nach meiner Ansicht *nur* hämatogene und in verschiedenen Schüben erfolgende Erkrankung vor, die in den kranialen Lungenteilen dem Bilde der chronischen isolierten Lungentuberkulose nahe kommt und als ein Übergangsbild zu ihr betrachtet werden kann.

Ähnlich wie im Fall der isolierten Lungenspitzenherdchen liegen die Dinge, wenn eine chronische Organtuberkulose schon bestand, aber in weitem Maß abgeheilt ist und nun in anderen Organen entweder reichlicher oder nur ganz vereinzelt tuberkulöse Herdchen auftreten. Hier sind dann die Grenzen zwischen dem, was man noch Generalisation nennen könnte, und erneuten Organtuberkulosen durchaus unscharfe. Sodann seien jene Fälle angeführt, in denen nicht unbedeutende tuberkulöse Prozesse bald in den Lungen, bald in anderenOrganen auftreten, in denen die einen heilen oder schon geheilt sind, wenn die anderen auftreten. Jede Erkrankung für sich kann dabei den Eindruck einer isolierten Organtuberkulose machen. Hier kann es sich gewöhnlich auch nur um endogen-hämatogene Infektionen handeln, sofern nicht für die Lungenherde neue Aspirationsinfektionen wahrscheinlich waren. Hier ist es oft durchaus schwierig, die Frage zu entscheiden, ob etwa miteinander abwechselnde isolierte Organtuberkulosen vorliegen oder abortive Generalisationen, die im äußeren Bild den Frühgeneralisationen ähnlich sind. Hierher gehören auch die in einem Locus minoris resistentiae, z. B. nach Trauma auftretenden Prozesse, während im übrigen meist die zu postulierenden dispositionellen Faktoren durchaus dunkel bleiben. Endlich sei auch in diesem Zusammenhang noch einmal an die voll ausgebildeten Kombinationen zwischen isolierten chronischen Organtuberkulosen erinnert.

Es ließen sich natürlich noch mannigfache andere Abweichungen von den Haupterscheinungsformen anführen. Viele der genannten Ereignisse und manche andere werden von den strengen Anhängern der RANKEschen Stadieneinteilung einfach dem zweiten Stadium zugeteilt werden. Ich brauche an dieser Stelle nicht auseinander zu setzen, warum ich das für untunlich halte und verweise vielmehr auf die Einleitung zu den Kapiteln über die allgemeine Pathogenese und auf meine Ausführungen auf S. 106. Mir war es hier nur darum zu tun, an einigen wenigen Beispielen zu zeigen, daß jede Einteilung der tuberkulösen Prozesse, gleich nach welchen Gesichtspunkten man geht, in gewisser Weise scheitern muß, wenn man etwa alle nur möglichen Erscheinungsformen durchaus in ein vorgezeichnetes Schema hineinbringen will. Es *muß* Übergänge zwischen ihnen geben. Das ist im Wesen der ungemein komplizierten Infektionskrankheit Tuberkulose begründet; für sie noch mehr begründet wie im Wesen anderer pathologischer und schließlich aller biologischer Vorgänge überhaupt gelegen. Die Entstehungs- und Verlaufsbedingungen aller Tuberkuloseformen sind ungemein mannigfacher Art und die Haupterkrankungsbilder werden nur dann in ihren typischen Formen realisiert werden können, wenn *alle* für ihre Entstehung und ihren Verlauf notwendigen Bedingungen erfüllt sind.

Allgemeine Histogenese der Tuberkulose.

(Die Tuberkulose als Entzündung.)

Die Anschauungen über die Histogenese der Tuberkulose haben von jeher gekrankt und kranken zum Teil noch heute erstens an der Vorstellung, daß der Epitheloidzelltuberkel sozusagen das primäre Produkt der Tuberkuloseinfektion sei. Von VIRCHOW als Gewebswucherung erkannt, beschrieb er ihn im Rahmen der krankhaften Geschwülste als „wirkliches Neoplasma“. Die Vorstellung des sog. formativen Reizes steckte natürlich dahinter. Und von der Mehrzahl der heutigen Forscher kann man wohl mit einigem Recht sagen, daß sie in ganz ähnlichen Vorstellungen wandeln. Mit diesen Vorstellungen hängt *zweitens* die folgende ebenfalls in der historischen Entwicklung begründete Tatsache zusammen. Seit langer Zeit waren und sind noch heute die Anschauungen zum Teil beeinflußt durch eine uneinheitliche Auffassung des tuberkulösen Prozesses. Bei allen älteren Forschern finden wir diese Auffassung in irgendeiner Weise vertreten. Vor und mit VIRCHOW beschäftigten sich viele andere gewichtige Forscher mit der pathologischen Anatomie der Tuberkulose, in Frankreich LAENNEC, BAILLIE, BAYLE, CRUVEILHIER, LEBERT u. a., in Deutschland ROKITANSKY, BUHL, RINDFLEISCH, REINHARDT, womit aber auf beiden Seiten die Reihe durchaus noch nicht geschlossen ist. Das Studium dieser Epoche ist ungemein reizvoll. Es kann aber nicht im Rahmen unserer Abhandlung liegen, auf diese Dinge näher einzugehen. Wir können nur eins feststellen. In beiden Lagern war das Resultat eine dualistische Auffassung des jetzt als ätiologisch und demgemäß selbstverständlich auch anatomisch einheitlich erkannten Prozesses. Diese dualistische Auffassung zeigt sich z. B. noch heute in Frankreich in der Unterscheidung zwischen LAENNECschem Tuberkel (unserm heutigen azinösknotigen Lungenherd) und dem BAYLEschen Tuberkel (Miliartuberkel). In Deutschland war sie unter dem Einfluß VIRCHOWS ganz anderer Natur und hatte viel weitgehendere Folgen. VIRCHOW wollte zunächst drei Prozesse voneinander trennen, die käsige Entzündung, die Scrofulose (Lymphknotenverkäsung) und die Tuberkulose. Er sah zwar in vielen Punkten enge Zusammenhänge zwischen den drei Prozessen, aber dann auch wieder Gegensätze, die ihn an der endgültigen Erkenntnis der Zusammenhänge hinderten. Die Schwierigkeiten, die sich ihm entgegenstellten, führten ihn schließlich dazu, jede Spekulation über das Wesen der drei Prozesse zu verwerfen. „Jede Hypothese", sagt er in den krankhaften Geschwülsten, „bringt so neue Schwierigkeiten und es dürfte gewiß sehr nützlich sein, wenn man vorderhand alle Spekulation bei Seite ließe und sich an die Tatsachen hielte". Es resultierte daraus eine lediglich von morphologischen Gesichtspunkten ausgehende, getrennte Beschreibung der drei pathologischen Vorgänge, und damit wurde die Trennung besiegelt. Obwohl nun die besondere Stellung der Scrofulose, wenigstens in dieser Form, fiel, blieb über die einheitliche ätiologische Klärung der Tuberkulosekrankheit hinaus die Unterscheidung zwischen käsiger Entzündung und eigentlicher Tuberkulose bestehen, und diese dualistische Auffassung hat sich, wie gesagt, in gewissem Sinne bis in die Jetztzeit erhalten. Sie spielte z. B. bei ORTH eine nicht geringe Rolle, und sie zeigt ihre letzten Ausläufer in der Unterscheidung ASCHOFFS zwischen einer exsudativen und einer produktiven „Form" der Tuberkulose.

Ich möchte dagegen behaupten: *Wenn wir nicht endgültig mit dieser dualistischen Auffassung brechen und wenn wir nicht endgültig von der Vorstellung loskommen, daß der Epitheloidzelltuberkel das eigentliche primäre Produkt der Tuberkulose, sozusagen eine primäre, durch den Tuberkelbazillus hervorgerufene Gewebswucherung, eine Granulationsgeschwulst, sei, dann werden wir zu einer befriedigenden pathologisch-anatomischen Auffassung des tuberkulösen Prozesses nicht gelangen können.* Das Ziel muß eine völlig einheitliche Auffassung sein, wie sie jedem Prozeß mit bekannter Ätiologie zukommt. Ich hoffe für eine solche einheitliche Auffassung im folgenden mannigfache und schwerwiegende Begründungen zu bringen. Ich möchte es sogar als eine der vornehmsten Aufgaben dieses Buches bezeichnen, für diese einheitliche Auffassung so viele Anhänger zu gewinnen, daß sie schließlich als ein gesicherter Besitz unserer Wissenschaft wird bezeichnet werden können. Es handelt sich nicht bloß um rein theoretische Fragen, sondern die Praxis ist auch in starkem Maße von ihnen abhängig. Dient die pathologische Anatomie der klinischen Forschung als Grundlage, so ist es für die Diagnosenstellung und Prognosenstellung durchaus nicht gleichgültig, wie sich die Entwicklung der pathologisch-anatomischen Veränderungen im einzelnen gestaltet. Wir werden gerade auf diese Beziehungen noch des öfteren zurückkommen müssen.

Eine neue Lehre aufzustellen, bin ich mir allerdings nicht bewußt. Ich habe nur die Absicht, unter kritischer Würdigung alles dessen, was uns die ältere und neuere Tuberkuloseforschung kennen gelehrt hat, und unter Verwertung zahlreicher eigener Erfahrungen das Material in einer Weise zu verwerten, daß daraus ein möglichst befriedigendes Gesamtbild entsteht. Daß ich mich dabei in manchen Punkten in Gegensatz zu anderen Forschern der Vergangenheit und der Gegenwart setzen muß, ist unvermeidlich. Dennoch kann es sich nur um eine logische Weiterentwicklung der bestehenden Anschauungen handeln. Ich bleibe mir bewußt, daß grade die Arbeiten der älteren Forscher die Grundlage abgeben, auf der weiter gebaut werden kann. Nichts weiter erstrebe ich, als einen von diesen Grundlagen ausgehenden, aber sich neuen Erkenntnissen anpassenden organischen Fortschritt.

Das Zeitalter, in dem wir uns befinden, scheint übrigens für eine zusammenfassende Darstellung der pathologisch-anatomischen Vorgänge bei der Tuberkulose nicht ungeeignet zu sein. Bestehen über die Ätiologie schon lange keine Unklarheiten mehr, so sind wir auch aus der allzu strengen bakteriologischen Ära schon weit herausgewachsen. Die Immunitätslehre hat an Reife gewonnen, die Konstitutionspathologie hat weitausgreifende Wirkungen erzielt. Die Klinik hat bedeutend tiefere Einblicke in die physiologischen Auswirkungen der Krankheit gewonnen. So werden wir viele Ergebnisse der andern Wissenschaften mitverwerten und werden uns darum von der älteren, rein morphologischen Betrachtungsweise entfernen können. Es gilt heute, das pathologisch-anatomische Bild ebenso bewegt zu sehen wie die physiologischen Vorgänge. Wir wollen keine feststehenden Zustände mehr beschreiben, sondern Entwicklungen und Entwicklungsmöglichkeiten darstellen. Nur in diesem Gewande kann die pathologische Anatomie ihre Aufgaben wirklich erfüllen. Aber gerade in diesem Gewande ist und bleibt sie eine unentbehrliche Grundlage aller wissenschaftlichen Medizin. Es hat sich insbesondere auch in der Tuberkuloseforschung schon oft schwer bestraft und wird sich immer bestrafen, wenn man diese Grundlage glaubt vernachlässigen zu können.

Ich habe oben gesagt, daß die meisten Infektionskrankheiten sich pathologisch-anatomisch in *Entzündungen* äußern. Es liegt darum nahe, auch die Tuberkulose von diesem Gesichtspunkt aus zu betrachten. Denn es ist doch a priori anzunehmen, daß sich bei ihr im Prinzip dieselben reaktiven Vorgänge entwickeln werden wie bei den andern Infektionskrankheiten. Ob sich diese Anschauungsweise bewährt, könnte dann eigentlich erst am Schluß der Erörterungen beurteilt werden. Aber der Versuch muß auf alle Fälle gemacht werden. Denn wir können nicht ohne Marschroute vorgehen. Dazu ist es aber notwendig, zunächst auf den Entzündungsbegriff überhaupt einzugehen.

Ich bin gewohnt, den *Entzündungsbegriff* wie andere biologische Begriffe als eine Fiktion im Sinne VAIHINGERS zu nehmen, also als ein für die Denkarbeit willkürlich hergestelltes Vorstellungsgebilde und Hilfsmittel. Wer das nicht mitmachen will, sollte bedenken, daß auch andere Philosophen die wissenschaftlichen Begriffe mit ähnlicher Freiheit fassen, so z. B. wenn SCHLICK sagt, es seien „die Begriffe in der Tat ja nichts weiter als dasjenige, wovon gewisse Urteile ausgesagt werden können“. Also jedenfalls ist ein Begriff nichts Gegebenes, sondern etwas Gewolltes. Es geht jedoch nicht an, hier weitere erkenntnistheoretische Auseinandersetzungen zu bringen. Ich will vielmehr sogleich medias in res geben. Die Hauptsache bleibt, daß die wissenschaftlichen Begriffe als willkürlich vom Menschen erfundene Vorstellungsgebilde genommen werden müssen. Ich selbst ziehe die VAIHINGERsche Betrachtungsweise vor. Indem ich zu ihm zurückkehre, tue ich so, als ob die gleichzuerwähnenden Erscheinungen die Entzündung sind, und ich gehe sofort weiter und mache die Voraussetzung oder tue so, als ob die Tuberkulose eine Entzündung ist.

Was nennen wir Entzündung? Die Beantwortung dieser Frage kann dem Zwecke dieses Buches entsprechend, natürlich nur in aller Kürze erfolgen. Für alle Einzelheiten muß auf die entsprechenden Handbücher verwiesen werden. Von den CELSUSschen Kardinalsymptomen ausgehend, mit denen die primitivste Definition der Entzündung gegeben ist, sind wir allmählich zu einer viel komplizierteren Definition gekommen. Ich will auf Einzelheiten nicht eingehen. Ich mache vielmehr von der nun einmal in der Begriffsbildung erlaubten Willkürlichkeit Gebrauch und betrachte mit vielen andern, insbesondere F. MARCHAND und B. FISCHER die Entzündung als einen komplexen, sich lediglich am Gefäßstützapparat abspielenden Prozeß. Auf seine Merkmale allerdings muß ich etwas genauer eingehen und halte mich dabei im wesentlichen an MARCHAND, dem für die Ausgestaltung der modernen Entzündungslehre von allen Forschern die größten Verdienste zukommen. Ich werde aber seine ausführliche Definition bzw. die analoge von B. FISCHER in einigen Punkten zu ergänzen haben.

Wenn man sich mit den Merkmalen der Entzündung beschäftigen will, so muß man sich allerdings von vornherein darüber im klaren sein, an welcher Stelle des pathologischen Geschehens man den Entzündungsprozeß beginnen lassen will. Meine grundsätzliche Einstellung zu dieser Frage ist die, daß die sog. alterativen Veränderungen nicht dazu gehören. Ich sage vielmehr mit den erwähnten Autoren: *die alterativen Veränderungen, d. h. also die Gewebsschädigungen,* sind die notwendigen Voraussetzungen der Entzündung. Die Entzündung ist die Reaktion des Körpers auf die Gewebsschädigungen. Diese Gewebsschädigungen bedingt durch die Bakterien und ihre Gifte oder durch chemische oder physikalische Faktoren, können zum Teil so subtiler Natur sein, daß sie mit unsern Untersuchungensmethoden nicht gesehen werden können, sie können sich aber, morphologisch betrachtet, bis zur Nekrose steigern. Sehr viel wichtiger sind sicher die chemischen und physikalischen Vorgänge bei der Gewebsschädigung, die uns in ihren Einzelheiten noch eine völlige Terra incognita sind, als deren wesentliche Merkmale wir aber einen abnormen Stoffwechsel, einen abnormen Um- und Abbau der Gewebsbestandteile betrachten können. Dazu kommt natürlich bei den bakteriellen Erkrankungen die Anwesenheit der Infektionserreger, wobei wir für unsere Zwecke nur die Endotoxinbildner im Auge haben. Die Wirkung solcher Infektionserreger kommt dadurch zustande, daß ihre Leibessubstanz von den Körpersäften oder Zellen abgebaut und dadurch giftige, bezw. gewebsschädigende Stoffe frei gemacht wurden. Es kommt dabei, wie hier zugleich bemerkt werden mag, auch auf das Tempo des Abbaues an, einen Faktor, auf den wir noch später zurückkommen müssen. Diese giftigen Produkte mögen zum Teil an die Zellen gebunden werden, zum Teil durch weiteren Abbau unschädlich werden oder auch abtransportiert werden. Im übrigen liegen die Dinge bestimmt so, daß beide Stoffarten, die noch vorhandenen Bakterienabbauprodukte und die abnormen Gewebsprodukte, die die entzündlichen Veränderungen auslösenden Faktoren sind. Eine Fremdkörperwirkung dürfte bei den meisten Bakterien nicht oder nur in sehr geringem Maße mit im Spiele sein. Wir werden später sehen, daß es bei der Tuberkulose anders ist. Die für jede Bakterienart besondern und spezifischen Giftstoffe sind es, von denen die für jede Infektionskrankheit spezifischen Veränderungen abhängen.

Welches sind nun die reaktiven Vorgänge, die sich an die Gewebsschädigungen anschließen? Es sind zunächst Zirkulationsstörungen: Hyperämie bei zuerst beschleunigter, dann verlangsamter, u. U. bis zum Stillstand oder zur Stase verlangsamter Blutströmung. Es sind sodann Exsudationen aus der Gefäß- und Lymphbahn in Gestalt von Ödembildungen, zu Fibrin gerinnbarer Ausscheidungen, Blutungen und vor allen Dingen auch Leukozytenauswanderungen. Es sind zu gleicher Zeit Wucherungen von Gefäßwandzellen, von denen wir heute wissen, daß sie auch zu Leukozytenbildungen führen können (Marchand, G. Herzog). Diese polymorphkernigen Leukozyten, jugendliche und ausgereifte Formen, sind die charakteristischen zelligen Repräsentanten dieses *ersten Stadiums der Entzündung,* das wir zusammenfassend als das *exsudative* bezeichnen können. Es handelt sich bei den Leukozyten um granulierte Elemente, um Granulozyten, die mikrochemisch auch an ihrem Oxydasegehalt kenntlich sind. Sie können außerdem phagozytische Eigenschaften entfalten (Mikrophagen), sowohl gegenüber korpuskulären Bestandteilen (Bakterien, Gewebstrümmer), als gegenüber gelösten Bestandteilen. Sie enthalten außerdem verdauende proteolytische Fermente und können damit Einschmelzungsvorgänge an den geschädigten oder schon abgetöteten Gewebsbestandteilen in Gang bringen. Sehr bald treten auch andere, größere einkernige Zellen mit phagozytotischen Eigenschaften auf (Makrophagen), von denen wir heute wissen, daß sie von den Retikuloendothelien herstammen (Histiozyten). Schon in diesem Stadium der Entzündung kann man aber sehen, daß die alterativen Einwirkungen auf die Gewebe nicht zeitlich scharf gegen die reaktiv entzündlichen Veränderungen abzugrenzen sind. Die belebten Entzündungserreger können sich weiter entwickeln und nun auch auf die Exsudate schädigend oder bis zu deren völliger Nekrose einwirken, wodurch natürlich erneute schwere Schübe von Zirkulationsstörungen und Exsudatbildungen entstehen müssen. Die Menge der Exsudate ist von verschiedenen Faktoren abhängig, nämlich außer von der Virulenz der Bakterien und der individuellen Reaktionsfähigkeit des Organismus auch von dem Orte der Entzündung. So sehen wir dort, wo freie Oberflächen den Exsudaten zur Verfügung stehen, unter Umständen sehr große Massen von flüssigen oder gerinnungsfähigen Exsudaten erscheinen, so bei den Entzündungen der serösen Häute, so bei der Pneumonie, während in kompakten Organen dieselben Erreger nur unbedeutende Exsudate hervorbringen, größere Mengen erst dann, wenn etwa durch Einschmelzungsvorgänge Hohlräume entstanden sind (Abszesse, Phlegmonen).

Auf dieses exsudative Stadium der Entzündung folgt das *produktive Stadium.* Ich ziehe wie Aschoff den Ausdruck produktiv der Bezeichnung proliferativ vor. Denn unter proliferativ können wir wohl nur schlechthin eine Zellsprossung oder Zellwucherung verstehen, und derartige Zellwucherungen finden wir ja auch in reichem Maße schon im exsudativen Stadium der Entzündung. Das zweite Stadium hingegen ist ganz besonders charakterisiert durch das Neuauftreten, eben die Produktion eines besonderen Gewebes, des Gefäße tragenden und Fasern bildenden Granulationsgewebes und schließlich Narbengewebes. Damit sind schon die wichtigsten Merkmale dieses Stadiums gegeben. Die exsudativen Zonen werden allmählich durchsetzt und schließlich ersetzt von einsprossenden Blutkapillaren, zwischen denen von Fasern begleitete Zellen, die Fibroblasten, auftreten.

Ich sehe hier wie in allen weiteren Erörterungen von den verschiedenen Theorien ab, die sich mit der Herkunft und der Entwicklung der verschiedenen bei der Entzündung auftretenden Zellen befassen. Ich selbst stehe mit MARCHAND auf dem Standpunkt, daß hierbei von vornherein die Gefäßwandzellen eine hervorragende Rolle spielen. Das Wesentliche daran ist, daß sich gerade in ihr stets indifferente, wenn man will „embryonale" Zellen mit den mannigfachsten prospektiven Potenzen befinden, die als Mutterzellen für alle möglichen Elemente dienen können. Hier begegnet sich übrigens MARCHANDs Lehre mit den multipotenten Polyblasten MAXIMOWs und ZIEGLERs. Ich möchte jedoch, wie gesagt, meine Ausführungen, die ja ganz andere Zwecke verfolgen, nicht mit diesen subtil morphologischen und theoretischen Grundfragen der Entzündungslehre belasten. Sie haben auch zur Zeit etwas an Bedeutung und Interesse verloren, gegenüber andern, mehr auf dem Gebiete der pathologisch-physiologischen Chemie gelegenen Fragen. Für die derzeitige Lage der anatomischen Tuberkuloseforschung scheinen mir auch jene morphologischen Probleme nicht von ausschlaggebender Bedeutung zu sein. Ich habe darum bisher nur leicht deutbare Zellen genannt und werde es auch weiter tun, auch bei den eigentlichen Ausführungen über die Verhältnisse bei der Tuberkulose, und werde es soweit als möglich vermeiden, theoretische Betrachtungen über die Herkunft der verschiedenen Zellelemente zu bringen. Daß allerdings für die mikroskopische Diagnose sowohl der gewöhnlichen Entzündung als auch der Tuberkulose eine eingehendere Kenntnis der morphologischen Merkmale wenigstens der wichtigsten Zellelemente notwendig ist, braucht wohl kaum besonders bemerkt zu werden.

Mit dem Auftreten des von Gefäßsprossen getragenen *Granulationsgewebes* ändert sich auch das sonstige Zellbild. Die wichtigste Änderung ist die, daß die Leukozyten allmählich ersetzt werden durch die Zellen aus der lymphatischen Reihe, insbesondere durch die eigentlichen Lymphozyten und die Plasmazellen. Die Makrophagen pflegen sich länger zu halten. Schließlich aber wird die Entzündungszone dargestellt durch ein gefäßhaltiges Gewebe, in dem die Fibroblasten vorherrschen und das im übrigen nur noch mehr oder weniger große Infiltrate von Lymphozyten und Plasmazellen enthält. Im Zusammenhang mit den Fibroblasten steht die immer reichlicher werdende Produktion von zunächst feinsten, kaum färbbaren, dann Kollagenfärbung annehmenden und schließlich auch u. U. dicker und selbst hyalin werdenden Bindegewebsfasern. Unter Zurücktreten der Blutgefäße resultiert schließlich ein faserreiches, elastische Fasern nicht enthaltendes Bindegewebe, die *Narbe*. Im Zentralnervengewebe spielt außerdem die Glia eine große Rolle, indem sie im produktiven Stadium zum großen Teil an die Stelle des Bindegewebes tritt. — Riesenzellen, d. h. große Zellen mit mehreren oder vielen Kernen pflegen bei den einfachen Entzündungen nur dann aufzutreten, wenn sich im Entzündungsgebiet irgendwelche unlösliche oder schwer lösliche Fremdkörper befinden. Zu dem Zellbild der gewöhnlichen, durch die meisten Bakterien hervorgerufenen Entzündung gehören sie nicht.

Auch für das produktive Stadium der Entzündung muß noch bemerkt werden, daß es natürlich nicht zeitlich und örtlich scharf gegen die exsudativen Vorgänge begrenzt ist. Das ist besonders bei den bakteriellen Entzündungen nie der Fall. Denn die Bakterien können sich recht lange im Entzündungsgebiet erhalten und dann nicht nur auf die vorhandenen Exsudate, sondern auch auf schon in Entwicklung befindliche produktive Bestandteile von neuem ihre gewebsschädigende Wirkung entfalten, wobei dann das Granulationsgewebe von neuem von exsudativen Schüben durchsetzt werden kann, auf die dann wieder neue produktive Vorgänge folgen. So schieben sich die Stadien ineinander, und nur am Anfang und am Schluß sind sie in ihrer reinen und unkomplizierten Gestalt zu erkennen.

Daß sich auch während mancher Entzündungen an allen andern Geweben, auch den Deck- und den höherdifferenzierten Drüsenepithelien alle möglichen Veränderungen, insbesondere in Gestalt von *Regenerationserscheinungen* abspielen, ist selbstverständlich. Ich rechne mit andern diese Veränderungen aus praktischen Gründen nicht zum Entzündungsprozeß. Daß diese Regenerationserscheinungen bei allen derartigen Geweben nur einen sehr geringen Effekt haben, ist bekannt. Es ist vielmehr charakteristisch für den Ausgang der Entzündung, daß etwa dabei verloren gegangenes, höher differenziertes Gewebe zum größten Teil nur durch die bindegewebige Narbe ersetzt werden kann und daß diese Narbe selbst in rein bindegewebigen Organbestandteilen ein funktionell minderwertiges Gewebe darstellt. Will man also von einer Heilung nach der Entzündung sprechen, so muß man sich stets bewußt bleiben. daß es sich nicht um eine Restitutio ad integrum handelt, sondern nur um eine Heilung mit Defekt, um einen minderwertigen Ersatz, eben die Narbe.

Man muß sich aber fragen, ob dies tatsächlich der einzige Ausgang der Entzündung ist. Diese Frage ist zu verneinen. Ist nämlich das produktive Stadium noch nicht im Gange, so besteht noch eine andere, auch oft realisierte Möglichkeit. Handelt es sich nämlich um eine ganz leichte Entzündung mit geringem Exsudat, so kann dieses völlig resorbiert und durch Erholung oder Regeneration der geschädigten Zellelemente *eine wirklich Restitutio ad integrum* erreicht werden. Das kann aber auch bei Fällen mit sehr reichlichem Exsudat geschehen, wenn sich dieses auf präformierten und nach außen offenen Oberflächen bildet. Ein typisches Beispiel ist die Pneumonie, die bekanntlich durch Lösung des Exsudates einer völligen Heilung fähig ist. Dasselbe gilt für die leichteren Fälle von Diphtherie und für viele katarrhalische Entzündungen der Schleimhäute, wo durch Abstoßung des Exsudates und Regeneration der Oberflächenepithelien die Restitutio ad integrum erreicht wird. Es geschieht aber nicht bei Oberflächenexsudaten in geschlossenen Hohlräumen, wie den serösen Höhlen, in denen bekanntlich nur ein Ersatz des Exsudates durch narbig fibröses Gewebe möglich ist.

Wir können damit die Erörterungen über die lokalen morphologischen Vorgänge am Orte der Entzündung beschließen, und ich gebe nur noch zusammenfassend eine Definition im Sinne Marchands und B. Fischers mit einigen von mir vorgenommenen Ergänzungen.

Die Entzündung ist die Summe aller lokalen Reaktionen des Gefäß- und Stützgewebsapparates auf lokale Gewebsschädigungen. Ihre Merkmale bestehen in Zirkulationsstörungen und ihnen folgenden zelligen, flüssigen und gerinnungsfähigen Exsudationen und Wucherungen von Gefäßwandzellen (exsudatives Stadium), sodann in Bildung eines allmählich vernarbenden, sog. Granulationsgewebes (produktives Stadium). Der Ausgang der Entzündung kann im exsudativen Stadium unter günstigen Bedingungen die Restitutio ad integrum sein, nach dem Auftreten des produktiven Stadiums kann sie jedoch nur mit einer Narbenbildung enden, also nur zu einer Heilung mit Defekt führen.

Über die *physiologisch-funktionellen Merkmale* der Entzündung kann ich mich hier sehr kurz fassen, da sie für unsere Zwecke nur wenig zu verwerten sind. Ich schließe mich RÖSSLE an, der vom physiologischen Standpunkt aus die Entzündung definiert als „eine krankhaft gesteigerte Funktion gewisser mesodermaler Abkömmlinge, die geeignet erscheint, das Bindegewebe der Organe von Fremdstoffen zu reinigen". Es werden ja durch die die Entzündung verursachenden Gewebsschädigungen zahlreiche Abbauprodukte geschaffen, die bei dem lokalen Ausgleich zum Neuaufbau von Gewebe nicht verwertet werden können. Diese werden sozusagen, wie es ebenfalls RÖSSLEs Ansicht ist, weiter verdaut, d. h. chemisch abgebaut, und durch den Säftestrom dem übrigen Körper zugeführt, wo sie in geeigneten Organen weiter verarbeitet und dem allgemeinen Stoffwechsel zugeführt oder auch ausgeschieden werden können.

Diese Zufuhr von Stoffwechselprodukten aus dem Entzündungsgebiet in andere Körperorgane deutet jedoch noch auf eine weitere Entzündungsfolge hin. Wir sehen schon an diesen Fernwirkungen, daß jede einzige Entzündung, theoretisch betrachtet, auch die allergeringste, nicht nur ein lokal bleibender Vorgang ist, sondern auch den Gesamtkörper in Mitleidenschaft zieht, also eine Allgemeinkrankheit darstellt. Das sehen wir auch klinisch bei jeder schwereren Entzündung in den Allgemeinsymptomen, dem Fieber, der Änderung des Blutbildes, der Milzschwellung usw. Das äußert sich pathologisch-anatomisch ebenfalls in der Milzschwellung mit den charakteristischen mikroskopischen Veränderungen, in Reizungsbildern der Blut bildenden Organe, in trüber Schwellung usw. der übrigen Organe. Ganz abgesehen mag werden von den Verschleppungen intakter Krankheitserreger und infolgedessen entstandener metastatischer Erkrankungen. Ich lege hier mehr Gewicht auf die Überschwemmung des Körpers mit den gelösten chemischen Stoffwechselprodukten. Gewiß spielen in dieser Hinsicht bei den Infektionskrankheiten auch die Bakteriengifte eine große Rolle, aber es ist bemerkenswert, daß Gesamteinwirkungen auf den Organismus im Sinne einer Vergiftung auch bei solchen Prozessen vorkommen, die mit Bakterienprodukten nichts zu tun haben; sehen wir sie doch auch bei aseptischen Entzündungen, wie bei der Verbrennung, auftreten. Diese Einwirkungen müssen bei allen Infektionskrankheiten mitberücksichtigt werden.

Endlich ist noch daran zu erinnern, daß gerade nach den bakteriellen Entzündungen, die ja ein Ausdruck der Infektion sind, sich Zustände ausbilden, die wir heute *allergische* nennen, und die sich darin auswirken, daß bei erneuten Infektionen mit denselben Erregern ein anderes Krankheitsbild entsteht als bei der ersten Infektion, bei dem, soweit wir sehen, allerdings nur quantitative Unterschiede gegenüber der ersten Erkrankung bestehen. Es ist bedeutungsvoll, daß diese Änderung sich nicht etwa nur in einer Verminderung der reaktiven Vorgänge zu äußern braucht, sondern daß auch gewisse Übertreibungen vorkommen. Wir wissen heute, daß diesem klinischen Verhalten auch die pathologisch-anatomischen Vorgänge in weitem Maße entsprechen können.

Haben wir so die wichtigsten Merkmale und Folgeerscheinungen der Entzündung besprochen, so möchte ich jetzt noch ein der Entzündungslehre benachbartes Kapitel der allgemeinen Pathologie kurz streifen, nämlich das der sog.

Organisation. Ich stimme mit denjenigen Forschern überein, die die Organisation von den eigentlichen entzündlichen Vorgängen abtrennen und als einen Vorgang sui generis betrachten. Der Begriff „Organisation" wird, natürlich auch hier willkürlich, zu einem besonderen gemacht, womit nichts gegen seine nahe Verwandtschaft mit dem Entzündungsbegriff ausgesagt wird, können sich doch Organisationsprozesse mit entzündlichen vermischen oder sich eng an sie anschließen. Als Organisation kann man den Ersatz toter Gewebsbestandteile durch gefäßhaltiges Bindegewebe bezeichnen. Wir sehen derartige Vorgänge, z. B. bei Thromben, Infarkten oder auch andern aseptischen Nekrosen auftreten. Gefäßsprossen wuchern in sie hinein, Fibroblasten treten dazwischen auf, und so kommt der Ersatz allmählich zustande. Der Endeffekt ist auch oft eine Narbe, oder es kann auch, wenn der Ersatz kein vollständiger ist, zu einer bindegewebigen Einkapselung toter Bestandteile kommen.

Es mag sodann noch die sog. *chronische Entzündung* genannt werden, die ebenfalls von dem eigentlichen Entzündungsprozeß als ein besonderer Vorgang abgetrennt werden muß. Es handelt sich gewöhnlich um mehr diffuse Erkrankungen großer Organteile oder ganzer Organe. Wir müssen annehmen, daß bei diesen Prozessen anhaltende leichtere Schädigungen die Organe, besonders deren hochdifferenzierte Parenchyme treffen, die nur unvollkommen durch Erholungen und Regenerationen ausgeglichen werden. Die Folge ist eine ebenso anhaltende und sich schleichend entwickelnde Bindegewebswucherung, der Lymphozyteninfiltrationen in verschiedener Stärke und Ausdehnung beigesellt sind. Ein typisches Beispiel ist die Leberzirrhose. Wenn wir in solchen Fällen überhaupt das Wort „Entzündung" anwenden wollen, so müßten wir sagen, es handle sich um eine Entzündung, bei der das exsudative Stadium völlig zurücktritt, das produktive aber in eminent protrahierter Form ganz in den Vordergrund rückt. Vielleicht ist es aber besser, in solchen Fällen überhaupt nicht mehr von Entzündung zu sprechen, sondern für diese Prozesse die Ausdrücke Zirrhose oder Sklerose vorzubehalten.

Mit diesen Ausführungen haben wir eine genügende Grundlage für unsere speziellen Fragen gewonnen und können uns nun den Vorgängen bei der **Tuberkulose** zuwenden. Entsprechend dem Zweck dieses Kapitels werden wir uns natürlich im folgenden nur mit einigen typischen Beispielen beschäftigen können, die besonders geeignet sind, die grundlegenden allgemeinen Vorgänge gut hervortreten zu lassen. Die Nutzanwendung für den einzelnen Fall kann dann erst im speziellen Teil erfolgen. Daß dabei Wiederholungen nicht ganz zu vermeiden sind, muß in den Kauf genommen werden. Allzuviele Rück- oder Vorverweisungen würden die Lektüre in unzweckmäßiger Weise erschweren.

Die *primäre Gewebsschädigung* durch Tuberkelbazillen läßt sich am besten an den Organen mit epithelialen Parenchymen erkennen, aber auch ebenso gut an der Milz und am Knochenmark. Da bei allen diesen Organen Primärerkrankungen nicht vorkommen können, ist ihre Beteiligung an der allgemeinen Miliartuberkulose das gegebene Beispiel. Am eindrucksvollsten treten diese Veränderungen allerdings in denjenigen Fällen hervor, die von Landouzy als Typhobacillose oder als Fièvre bacillaire prétuberculeuse (prégranulique) à forme typhoide beschrieben wurden, wie sie in Deutschland von M. Scholz als Sepsis tuberculosa acutissima, von Rennen als Sepsis tuberculosa gravissima bezeichnet worden sind. Es kommt hier nicht auf die Stellung dieser Fälle im Rahmen der Miliartuberkulose an. Darum sei nur kurz bemerkt, daß ich die Auffassung von LANDOUZY für die richtige halte, daß man nämlich Fälle von allgemeiner hämatogener Aussaat vor sich hat, bei denen die entzündliche Reaktion noch nicht aufgetreten ist. Sind in solchen Fällen die kleinen miliaren Nekrosen tatsächlich sehr eindrucksvoll, so lassen sich doch im Prinzip dieselben Bilder bei manchen vollentwickelten, aber noch frischeren allgemeinen Miliartuberkulosen ebenfalls an verschiedenen Stellen auffinden, so in der Milz, in der Nebenniere, im Knochemark, in der Leber, in der Niere. Auf die meisten dieser Veränderungen komme ich bei den einzelnen Organen zurück. Hier soll als Beispiel die Leber gewählt werden, an der SCHLEUSSING die primäre Gewebsschädigung bei der Miliartuberkulose eingehend studiert und beschrieben hat. Die allgemeine Miliartuberkulose erscheint mir darum noch besonders geeignet für das Studium der primären Gewebsschädigungen, weil man bei ihr unter Umständen in einem einzigen Fall alle Veränderungen von dieser primären Gewebsschädigung an bis zum fertigen Tuberkel sehen kann, also gar nicht der eigentümliche, aber doch hier und da ernstlich gemeinte Einwand gemacht werden kann, diese Gewebsschädigungen seien ein Vorgang sui generis, gewissermaßen eine besondere „Form" der tuberkulösen Erkrankung. Gerade in solchen Fällen sieht man vielmehr am besten, daß man tatsächlich die ersten Folgen der Bazillenansiedlung vor sich hat und daß die sonstigen Veränderungen diesen zeitlich nachgeordnet sein müssen. Ich wähle die Leber als Beispiel und füge nur noch hinzu, daß es zwar im Prinzip gleich ist, ob es sich um die Beteiligung der Leber an der allgemeinen Miliartuberkulose handelt, oder ob eine isolierte Miliartuberkulose der Leber bei Darmtuberkulose vorliegt, daß aber doch bemerkenswerter Weise die Zeichen der Schädigung und der ersten reaktiven Vorgänge sich durchschnittlich häufiger und besser bei der isolierten Miliartuberkulose der Leber nachweisen lassen, die späteren Stadien jedoch umgekehrt bei der allgemeinen Miliartuberkulose (cf. SCHLEUSSING).

Ich folge in der Besprechung der Darstellung von SCHLEUSSING. Makroskopisch sieht man mannigfache typische Tuberkel, besonders unter der Kapsel der Leber. Die mikroskopische Betrachtung belehrt uns, daß außer fertigen Tuberkeln auch kleinste, bis hirsekorngroße, selten größere, einfache Nekrosen zu finden sind. Schon bei schwacher Vergrößerung fallen diese als kleine umschriebene Aufhellungen von runder oder ovaler Form im Bereich des Leberläppchens auf, gleich welche Färbung man anwendet. Erst stärkere Vergrößerungen lassen erkennen, daß diese Aufhellung tatsächlich infolge einer bis zur völligen Nekrose gehenden Schädigung der Leberzellen zustande gekommen ist. Tuberkelbazillen sind im allgemeinen im Bereich dieser Herdchen sehr gut, oft in großen Mengen nachweisbar. Im einzelnen erkennt man folgendes. Die Struktur der Leberzellbalken ist im großen und ganzen noch sichtbar. Die Leberzellen zeigen entweder nur eine leichte Beeinträchtigung der Färbbarkeit von Kern und Protoplasma; oder es sind schon Anzeichen des Kernschwundes vorhanden: der Karyolyse, indem der Kern schattenhaft zu zerschmelzen scheint, oder es kommen auch Verdichtungen des Chromatins, insbesondere in Form von Kernwandhyperchromatose, seltener von Pyknose und Karyorhexis, vor. Schließlich sind, besonders im Zentrum des Herdchens, die Kerne der Leberzellen völlig geschwunden, ohne daß die Struktur der Leberzellbalken wesentlich gelitten hat. Die einfache Nekrose ist fertig (Abb. 1 u. 2). Kerntrümmer sind selten zu sehen. Am Protoplasma laufen den Kernveränderungen parallel Verdichtungen in Form von trüben Schwellungen, während sich eine Verfettung in den zugrunde gehenden Zellen selbst nicht immer feststellen läßt. Es kann aber auch zu einer gewissen Vergrößerung der Zellen kommen, offenbar durch hydropische Aufquellung; dabei werden die Zellgrenzen besonders stark verwischt. Ein völliges Zusammensintern der Zellmassen wird jedoch darum nur selten beobachtet, weil sich die mesenchymalen Elemente viel länger halten. Zunächst die Zellen, d. h. im wesentlichen die Kapillarendothelien, die offenbar resistenter als die Leberzellen sind. Aber selbst wenn diese schon, etwa in derselben Weise wie die Leberzellen, zugrunde gegangen sind, bleiben die Fasern,

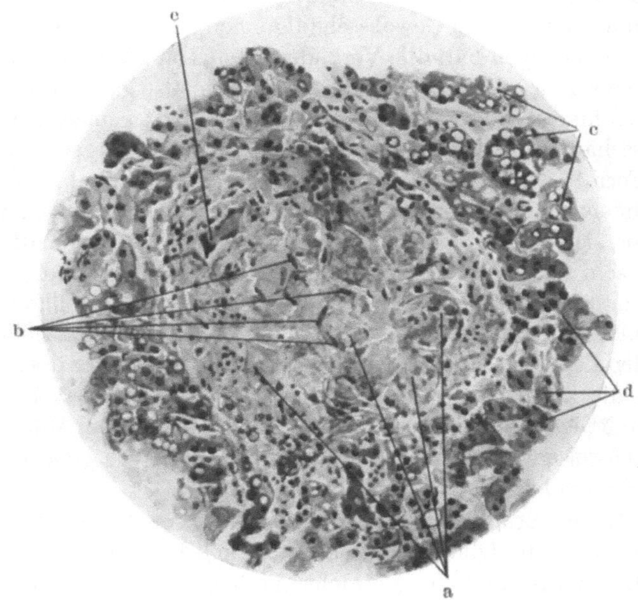

Abb. 1. Miliartuberkel der Leber bei Lungen- und Darmtuberkulose. Primäre Gewebsschädigung. Untergang der Leberzellen (a) bei Erhaltenbleiben der Kapillarendothelien (b). Die erhaltenen Leberzellen (c u. d) in der Umgebung des Herdes stellenweise verfettet (c). Beginnende Riesenzellenbildung (e). Vergr. etwa 200fach. (Nach SCHLEUSSING.)

insbesondere die Gitterfasern, noch lange erhalten, und so ist tatsächlich auch dann, wenn von den früheren Zellelementen überhaupt nichts mehr zu sehen ist, die ursprüngliche Struktur der Leberzellenbalken immer noch recht gut zu erkennen. Bemerkt mag noch einmal werden, daß eine Verfettung im Bereich der absterbenden Partien kaum eine Rolle spielt, wohl aber in der die Nekrose begrenzenden Zone, wo man gewöhnlich eine deutliche Verfettung der Leberzellen sieht (Abb. 1 u. 2); auch findet man schließlich bei fertigen Nekrosen in ihrem Bereich und unregelmäßig zerstreut eine gewisse Anzahl feiner Fetttröpfchen oder -stäubchen.

Können wir mit Bestimmtheit in den *beschriebenen Veränderungen* tatsächlich *die ersten Folgen der Einwirkung der Tuberkelbazillen* sehen, d. h. das was ich als die *direkte primäre Gewebsschädigung oder Alteration und als die Voraussetzung und Ursache der folgenden reaktiven Veränderungen* bezeichne, so mag auch hier gleich dazu bemerkt werden, daß wir selbstverständlich diese Gewebsschädigungen nicht immer, oder man kann sogar sagen, recht selten, rein vor uns haben. Denn die reaktiven Veränderungen setzen unter Umständen sehr rasch ein und vermischen sich mit den alterativen. Ich möchte übrigens gerade für die Leber daran erinnern, daß diese Vorgänge eine weitgehende Ähnlichkeit haben mit denen, die beim Typhus abdominalis vorkommen: auch dort ganz ähnliche Nekrosen, die bald verwischt werden durch Einwanderung von Zellen usw. Ein anderes ist aber noch an der Leber bei Miliartuberkulose von Interesse. Kommt es nämlich zur Ansiedlung von Bazillen im periportalen Gewebe, so

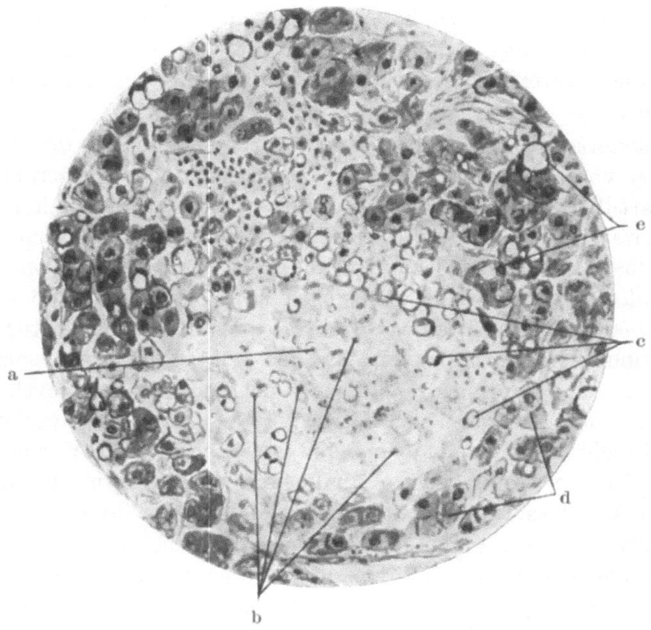

Abb. 2. Miliartuberkel der Leber bei Lungen- und Darmtuberkulose. Primäre Gewebsschädigung. Totale Nekrose (a) mit einzelnen Kerntrümmern (b) und verfettete Leberzellen (c). Erhaltene Leberzellen (d), z. T. mit Verfettung (e) in der Umgebung der Nekrose. Vergr. etwa 200fach. (Nach SCHLEUSSING.)

lassen sich die alterativen Veränderungen des Gewebes nur sehr schwer oder garnicht nachweisen. Es scheint mir daraus und aus den sich immer wiederholenden analogen Beobachtungen auch an andern Organen hervorzugehen, daß im Gefäßbindegewebsapparat die Schädigung eine viel geringere zu sein braucht, um die reaktiven Veränderungen hervorzurufen, eine so geringe, daß sie mit den uns zur Verfügung stehenden Hilfsmitteln überhaupt meist nicht darzustellen ist (WEIGERT, HERXHEIMER). Dasselbe mag aber auch für manche Tuberkelbildungen in parenchymatösen Organen gelten, dann, wenn z. B. die Giftwirkung der infizierenden Bazillen eine sehr geringe ist.

Im übrigen kann man sagen, daß in den anderen Organen mit hochdifferenziertem Parenchym die Gewebsschädigungen in passenden Fällen ganz in derselben Weise nachweisbar sind, wie es soeben für die Leber beschrieben wurde. Bei den einzelnen Organen wird im speziellen Teil noch einiges darüber zu sagen sein.

Zu den Organen ohne wesentliches Parenchym gehört nun auch die Lunge. Darum tritt auch bei ihr die Sichtbarkeit der Gewebsschädigung völlig oder fast völlig zurück. Das Absterben der Alveolarepithelien läßt sich ja kaum im Mikroskop beobachten. Immerhin möchte ich neben den oben angeführten von SCHOLZ, REICHE usw. beschriebenen noch einen selbstbeobachteten Fall erwähnen, wo sich bei einem 6 wöchigen Kind, das offenbar einer sehr schweren und massigen Infektionsquelle ausgesetzt war, in den ganzen Lungen massenhaft makroskopisch eigentümlich graue verwaschene Herde fanden, die sich mikroskopisch als reine reaktionslose Nekrosen des Lungengewebes mit teilweiser Erhaltung der elastischen Fasern erwiesen und geradezu von Reinkulturen von Tuberkelbazillen durchsetzt waren. Wir haben hier offenbar einen Fall vor uns, der im großen das zeigt, was im kleinen bei jedem Lungenherd vorauszusetzen ist, was aber gewöhnlich durch das rasche Hinzutreten der exsudativen Vorgänge verwischt wird.

Diese *exsudativen Vorgänge* lassen sich besonders gut an den Lungen verfolgen. Ihnen voraus und parallel geht die entzündliche Hyperämie. Gerade bei der Miliartuberkulose findet man diese in frischen Fällen über die ganze Lunge verbreitet, im Mikroskop ist sie besonders auffällig im Bereich der miliaren Herdchen selbst. Im übrigen kann man in frischen Fällen von allgemeiner Miliartuberkulose immer wieder und regelmäßig feststellen, daß die miliaren Lungenherdchen im Beginn einwandfrei akutpneumonischer Natur sind. Das heißt, man findet eine Gruppe von Alveolen mit fibrinösem Exsudat gefüllt, dem typische, gelapptkernige Leukozyten beigemischt sind, evtl. auch eine Anzahl mehr oder weniger verfetteter und gequollener Alveolarepithelien. Soweit die Beschreibungen genügen, sind genau dieselben Veränderungen in den wenigen Fällen gefunden worden, in denen es gelang, Primärherde der Lunge in den ersten Anfangsstadien zu untersuchen. Auch bei ihnen handelte es sich um eine fribrinös-zellige Pneumonie. Wenn auch die Art der beigemengten Zellen noch nicht genauer bestimmt wurde, können wir doch annehmen, daß es sich ebenfalls um typische granulierte Leukozyten, untermischt evtl. mit Alveolarepithelien, gehandelt hat. — Im Prinzip wiederum genau so liegen die Verhältnisse bei den tuberkulösen Erkrankungen der serösen Häute, einschließlich der Leptomeningen. Gleich ob wir eine Perikarditis oder eine Pleuritis oder eine Leptomeningitis vor uns haben: wenn wir die Fälle in den ersten Stadien zur Sektion bekommen oder auch klinisch untersuchen, haben wir auch typische akut entzündliche Exsudate vor uns. Wir sehen die fibrinösen Auflagerungen auf Perikard oder Pleura in derselben Weise erscheinen wie bei den Entzündungen anderer Ätiologie. Die Unterschiede sind nicht qualitativer, sondern nur quantitativer Natur. So sehen wir auch bei der Tuberkulose die freien flüssigen Exsudate bei makroskopischer Betrachtung kaum je in rein eitriger Form. Aber darauf kommt es nicht an. Die Hauptursache ist, daß wir auch hier in den ersten Stadien, was die zelligen Beimengungen betrifft, nicht etwa die für die Tuberkulose so oft als pathognomonisch bezeichneten Lymphozyten vor uns haben, sondern wiederum gelapptkernige und oxydasehaltige Leukozyten. Das gilt auch für die tuberkulöse Leptomeningitis. Ich möchte dazu bemerken, daß es nicht genügt, nach einem kurzen Blick ins Mikroskop zu sagen: man sähe einkernige Zellen, also Lymphozyten. Man muß erstens bedenken, daß von vornherein auch einkernige Zellen endothelialer Herkunft anwesend sein können.

Man muß aber vor allen Dingen darauf achten, daß unreife Leukozyten mit noch kaum oder gar nicht gelapptem Kern lymphozytenartige Zellen vortäuschen können. Den Ausschlag gibt dann die Oxydasereaktion. Die Streitfrage, ob diese charakteristisch ist für „myeloische" Elemente, halte ich dabei für belanglos. Viel wichtiger ist, daß uns die positive Oxydasereaktion einen Funktionszustand der Zellen angibt, wie er den ersten Stadien der akuten Entzündung entspricht. Für alle solche Fälle ist es übrigens noch bemerkenswert, daß in diesen frischen Stadien des tuberkulösen Prozesses die Tuberkelbazillenbefunde viel reichlicher zu sein pflegen als in den späteren. Man findet sie dann meist intrazellulär entweder in den Leukozyten oder in großen endothelialen Phagozyten.

Im übrigen ist die frische Tuberkulose der serösen Häute bekanntlich charakterisiert durch Fibrinauflagerungen. Bei makroskopischer Betrachtung von der Oberfläche sind diese von Anfang an bis zur Bildung von dicken zottigen Fibrinhäuten nicht von einer durch andere Bakterien verursachten fibrinösen Entzündung zu unterscheiden. Auch mikroskopisch gelingt das in ganz frischen Fällen nur durch den Nachweis von Bazillen. Im übrigen zeigt das Mikroskop zottige und balkige Fibrinauflagerungen ohne besondere Charakteristika, in denen sich typische gelapptkernige Leukozyten befinden. Auch die Unterlage verhält sich entsprechend: Hyperämie der subendothelialen Schichten mit Ansammlung wechselnder Leukozytenmengen, erst in den tieferen Teilen Lymphozyteninfiltraten. Blutungen können dabei sein, die schon mit den bei der Tuberkulose gar nicht seltenen freien hämorrhagischen Exsudaten in Zusammenhang stehen können.

Ich will und kann es außerdem nicht leugnen, daß auch schon sehr früh sowohl im Gewebe als auch im freien Exsudat bei allen erwähnten Vorgängen Lymphozyten und lymphozytenartige Zellen angetroffen werden können. Aber das wichtigste ist es eben, daß Leukozyten nicht nur da sind, sondern zweifellos immer zunächst die Oberhand haben.

Liegen so bei diesen Organen, bei denen große Oberflächen für die Aufnahme der Exsudate zur Verfügung stehen, die Verhältnisse ziemlich klar, so scheinen bei oberflächlicher Betrachtung Schwierigkeiten zu entstehen, wenn man sich den großen kompakten Parenchymen zuwendet. Hier findet man einen der wesentlichen Gründe, warum eine scheinbare Verschiedenheit der Vorgänge die Dualitätslehre immer wieder stützen konnte. Wenn man dagegen das sich darbietende Material immer wieder sorgfältig und unvoreingenommen studiert, dann schwinden die Gegensätze, und die einheitliche Auffassung findet kein Hindernis mehr. Wir haben oben schon gesehen, daß bei der Miliartuberkulose der Leber neben typischen fertigen Tuberkeln auch miliare Nekroseherdchen zu finden sind, die wir als die ersten Folgeerscheinungen der Ansiedlung von Tuberkelbazillen ansehen konnten. Es ist nun die Frage, ob sich unmittelbar an diese Gewebsschädigungen die Wucherung der sog. Epitheloidzellen anschließt, die zur eigentlichen Tuberkelbildung führt. Es läßt sich nun unschwer zeigen, daß das nicht der Fall ist, oder wenn wir es einstweilen vorsichtiger ausdrücken wollen, nicht immer der Fall zu sein braucht. Natürlich kommt es hier wie bei allen biologischen Prozessen, die wir nicht lebend unter dem Mikroskop verfolgen können, auf die Deutung dessen an, was das Mikroskop in verschiedenen Bildern zeigt. Es gilt auch hier, aus verschiedenen Zustandsbildern den Vorgang sinngemäß zu rekonstruieren.

Obwohl diese zwischen Gewebsschädigungen und Epitheloidzellwucherung eingeschobenen Veränderungen sich an Milz, Nieren, Knochenmark, Nebennieren ebenso verfolgen lassen wie bei der Leber, möchte ich doch wieder bei dem letzteren Organ als Beispiel verweilen und stütze mich dabei wieder auf die Untersuchungen SCHLEUSSINGS. Man kann zunächst eine oft sehr ausgesprochene, fast immer aber doch deutliche Hyperämie an den Randpartien der erwähnten kleinen Nekroseherdchen feststellen. Entprechend dieser reaktiven Hyperämie sieht man dann aber auch die andern Zeichen der frischen Gewebsreaktion. Vor allen Dingen erscheinen, ebenfalls zunächst in den Randzonen, typische Leukozyten, erkennbar an ihrem gelappten Kern und an den eingeschlossenen Oxydasegranula (Abb. 3—5). Dazu muß bemerkt werden, daß es sich bald

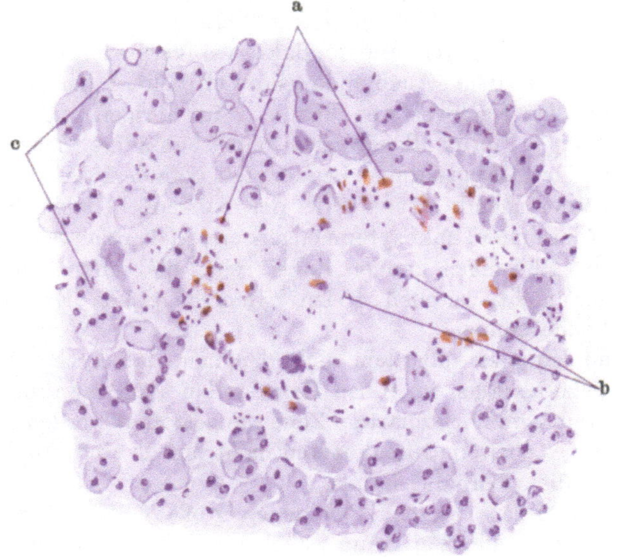

Abb. 3. Lebertuberkel bei allgemeiner Miliartuberkulose. Primäre Gewebsschädigung und beginnende Exsudation. Rundliche umschriebene Nekrose. Im Herd und in der Umgebung des Herdes Ansammlung von Leukocyten (a). Kerne von Gefäßendothelien (b) innerhalb des Herdes eben noch erkennbar. Erhaltene Leberzellen mit geringer Verfettung bei c. — Benzidin-Reaktion-Hämalaun. 228fache Vergr. (Nach SCHLEUSSING.)

um Herdchen handelt, bei denen die Struktur bis zur Unkenntlichkeit verwischt ist, bald um solche, bei denen die Umrisse der Leberzellbalken wenigstens gerade noch kenntlich sind, bei denen dann unter Umständen sogar noch deutlich erkennbare Kapillarendothelzellen im Bereich des Herdes mehr oder weniger gut erhalten sind. Diese Bilder leiten über zu solchen, in denen die Leukozytenansammlungen viel reichlicher, dann entweder in kleinen Haufen inmitten oder in der Peripherie der Herdchen verteilt sind (Abb. 4) oder sich allein im Zentrum des Herdchens in einem dichten Haufen angesammelt haben (Abb. 5). Neben diesen Leukozytenbefunden lassen sich aber schließlich in allen diesen Herden meist auch lymphozytenartige Zellen in wechselnder Menge feststellen, allerdings immer in viel geringerer Zahl als die Leukozyten. Das gilt für die intraazinösen Herde. Finden sich, was übrigens viel seltener ist, beginnende tuberkulöse Veränderungen im periportalen Gewebe, so sind dort lymphozytenartige Zellen viel reichlicher, aber nie fehlt es auch dort an oxydasehaltigen Leukozyten (Abb. 6).

Über die Herkunft beider Zellarten im Bereich des Leberläppchens soll hier nicht weiter diskutiert werden. Finden wir zwar in den angrenzenden Kapillaren auch eine gewisse Leukozytose und können wir auch Bilder erkennen, aus denen die Auswanderung der Leukozyten zu erschließen ist, so gibt es doch gerade hier zweifellos genügend Anhaltspunkte, die für eine Entstehung der freien Elemente aus den Gefäßwandzellen sprechen. Das gilt ebensosehr für die Leukozyten wie für die Lymphozyten.

Wichtiger für unser Thema ist die Tatsache, daß auch andere Merkmale der Exsudation sich oft deutlich erkennen lassen. Wir finden rote Blutkörperchen

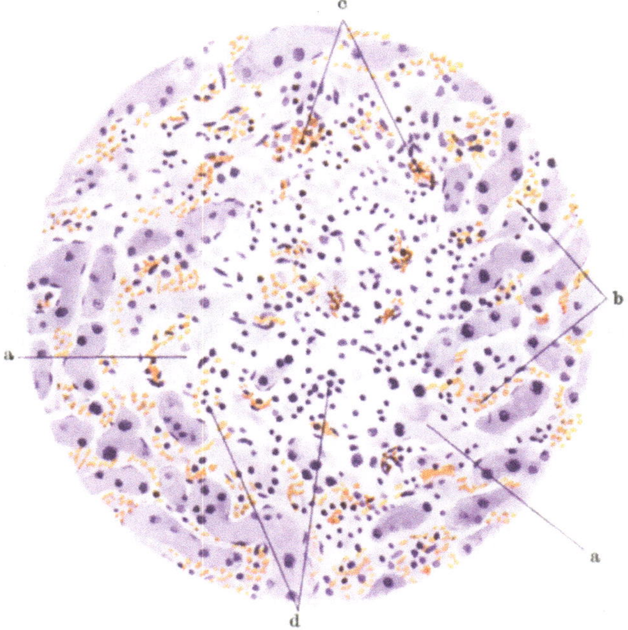

Abb. 4. Lebertuberkel bei Lungentuberkulose mit schwerer Darmtuberkulose. Primäre Gewebsschädigung mit Zirkulationsstörung und Exsudation. Intraazinös gelegener Tuberkel mit zugrunde gegangenen Leberzellen (a). Starke Blutfüllung der Kapillaren (b), Ansammlung von Leukocyten (c) und Lymphocyten (d). Benzidin-Reaktion: Hämalaun. 225fache Vergr. (Nach SCHLEUSSING.)

innerhalb der Herde, besonders in den Randzonen, wenn auch gewöhnlich nur in sehr geringer Menge. Wir finden aber vor allen Dingen auch die Zeichen einer flüssigen Exsudation. Ein gewisses Ödem mit leichter Quellung des ganzen Herdes ist gut nachzuweisen, auch kenntlich unter Umständen an einer leichten Abplattung, bezw. Atrophie des benachbarten Gewebes. Sodann aber ist auch — und das ist das wichtigste — meist etwas gerinnbares Exsudat nachweisbar, dessen Erkennung zwar nicht immer leicht ist, da die WEIGERT sche Fibrinfärbung versagen kann. Wir sehen es in Form von feinen fleckigen Fibrineinlagerungen zwischen den nekrotischen Leberzellmassen, mehr oder weniger stark durchsetzt von den zelligen Elementen (Abb. 7).

Es ist nun keine Frage, daß alle diese geschilderten Veränderungen Vorstufen der Wucherung fixer Gewebselemente sind. Denn je mehr diese nun

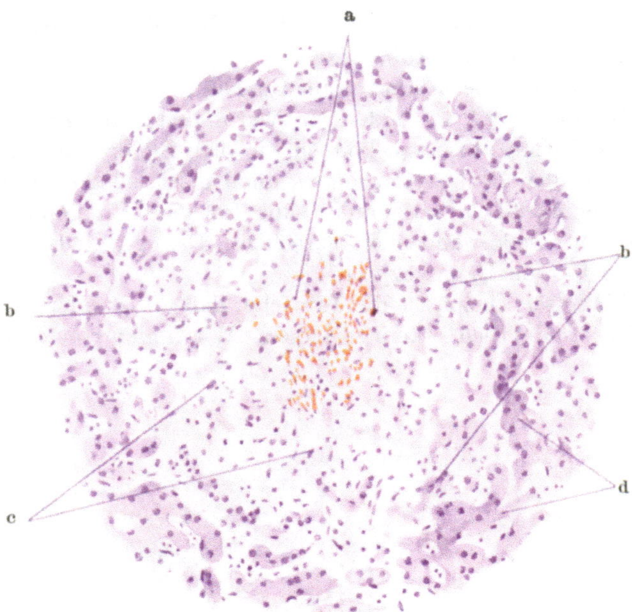

Abb. 5. Lebertuberkel bei Lungentuberkulose mit schwerer Darmtuberkulose. Gewebsschädigung und Exsudation. Leukozyten (a) innerhalb eines Bezirkes mit zugrunde gegangenen Leberzellen; Reste davon bei b. Kerne der Kapillarendothelien noch sichtbar (c). Am Rande erhaltenes Lebergewebe (d). Benzidin-Reaktion: Hämalaun. 178 fache Vergr. (Nach SCHLEUSSING.)

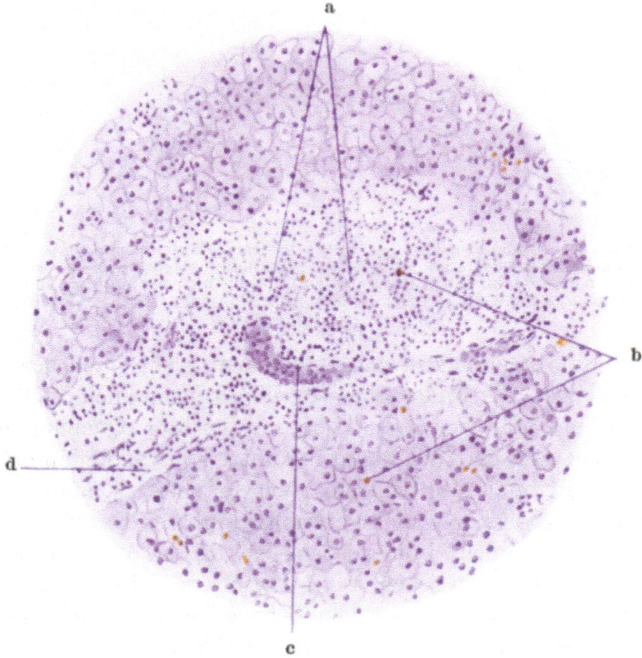

Abb. 6. Lebertuberkel im periportalen Gewebe bei allgemeiner Miliartuberkulose. Diffuse Ansammlung von Lymphozyten (a) mit vereinzelten Leukozyten (b), Gallengang bei c. Längsgeschnittene Arterie bei d. Benzidin-Reaktion: Hämalaun. 143 fache Vergr. (Nach SCHLEUSSING.)

allmählich in den Vordergrund treten, um so mehr nehmen die exsudativen Vorgänge an Deutlichkeit ab. Worauf es mir ankam, war in erster Linie, zu zeigen, daß überhaupt auch in solchen Fällen, in denen man wohl im allgemeinen zu der Annahme geneigt war, daß der Epitheloidzelltuberkel gewissermaßen durch eine primäre Gewebswucherung entstehe, eine exsudative Phase vorausgeht. Ich stehe nicht an, diese für obligatorisch zu halten, möchte diesen Schluß aber zunächst noch nicht eingehender begründen, vielmehr darauf im nächsten Kapitel noch zurückkommen.

Hier ist aber schon der Ort, die auffallende Tatsache wenigstens provisorisch ins Auge zu fassen, warum sich nämlich das eine Mal die exsudative Komponente

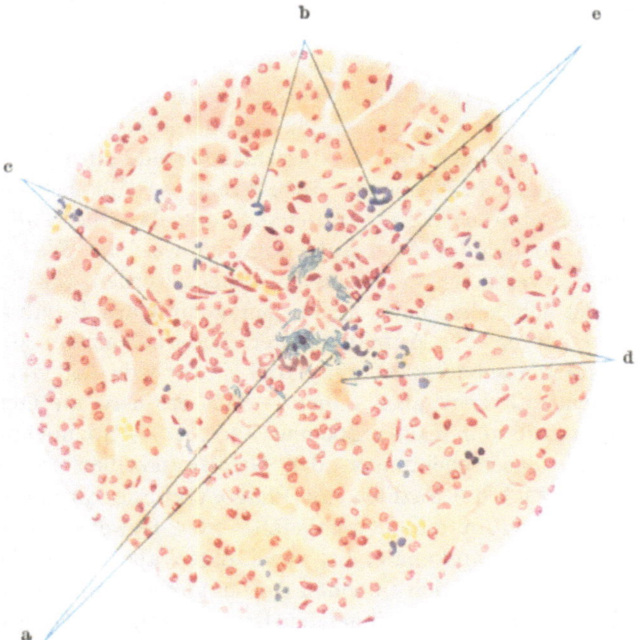

Abb. 7. Lebertuberkel bei Lungentuberkulose mit schwerer Darmtuberkulose. Gewebsschädigung und Exsudation. Blau gefärbte Fibrinmassen bei a. Einzelne Leukozyten (b) und rote Blutkörperchen (c). Zugrunde gegangene Leberzellen (d). Kapillarendothelien (e). WEIGERTS Fibrinfärbung und Karmalaun. 236fache Vergr. (Nach SCHLEUSSING.)

so stark in den Vordergrund drängt, während sie das andere Mal doch immerhin erst durch eine sehr genaue Analyse vieler verschiedener Einzelbilder überhaupt feststellbar ist. Die Erklärung für diesen Unterschied kann nur in der verschiedenen Struktur der betroffenen Organe gefunden werden. Überblicken wir nämlich das bisher Gesagte, so finden wir grobe Zeichen der Exsudation in den Lungen, auf den serösen Häuten, in den weichen Hirnhäuten; sehen wir uns aber in den andern Organen um, so können wir dasselbe feststellen im Nierenbecken, Ureter, Blase, oft in den Tuben und im Uterus, während im Nierenparenchym, in der Milz, in gewisser Weise in den Nebennieren die Verhältnisse ähnlich liegen wie in der Leber, wo die exsudative Phase weniger deutlich in die Erscheinung tritt. Die Organe oder Organteile der ersten Reihe unterscheiden sich von denen der zweiten dadurch, daß bei ihnen freie Oberflächen zur Verfügung stehen, während es sich bei den letzteren um Vorgänge innerhalb eines kompakten Parenchyms handelt. Dieselben Unterschiede können wir ja auch bei manchen andern Infektionen sehen. So machen die Pneumokokken in der Lunge stets eine Alveolen füllende Pneumonie, in den serösen Häuten eine fibrinöse oder fibrinös-eitrige Entzündung, während in denselben Fällen bei einer Allgemeininfektion mit Pneumokokken die großen parenchymatösen Organe entweder gar keine entzündlichen Veränderungen zeigen oder — was noch wichtiger ist — in den Nieren u. U. eine Glomerulonephritis machen, eine Erkrankung also, bei der auch die exsudative Komponente nicht besonders stark ausgesprochen ist. Erst bei stärkeren Einwirkungen kommt es zu Eiterungen. Aber wir brauchen solche Vergleiche nicht, um eine Erklärung für das Verhalten bei der Tuberkulose zu finden. Es sind eben tatsächlich in den Lungen und den serösen Häuten die *Oberflächen*, die imstande sind, beliebig viel Exsudat aufzunehmen, während in den kompakten Parenchymen für ein reichliches Exsudat einfach kein Platz vorhanden ist, bezw. erst dann vorhanden ist, wenn eine Einschmelzung erfolgt ist. Ich trage keine Bedenken, die mechanischen Verhältnisse in den Organen bei diesen Vorgängen für das Ausschlaggebende zu halten. Wenn wir hier nur die hämatogene Infektion im Auge haben, so läßt sich der Gang der Infektion in keiner andern Weise ausdenken, als daß die Tuberkelbazillen in den Kapillaren von Endothelien aufgenommen werden. Was dann weiter geschieht, ist im Tierversuch zwar schon untersucht worden, für den Menschen liegen aber, soweit ich sehe, noch nicht genügend klare Resultate vor. Es ist denkbar, daß durch die Aufnahme der Tuberkelbazillen die Kapillarwände schon so stark geschädigt werden, daß sie für jede Art von Exsudation durchlässig werden. Es liegt aber näher — ich erinnere an OELLERS Tierexperimente und an die von KAGEYAMA und ASCHOFF — anzunehmen, daß bei gleichzeitigen Reaktionserscheinungen der Gefäßwandzellen im Sinne MARCHANDS und G. HERZOGS die Bazillen mit Phagozyten die Kapillaren verlassen und bei vielen Organen in die Lymphgefäße oder Gewebsspalten gelangen, bei andern in die Parenchymkanäle, bei den Lungen aber in die Alveolen und daß nun von dort aus, nach den üblichen Anschauungen auf chemotaktischem Wege, die Exsudatzellen den eindringenden Bazillen folgen. Es wären danach übrigens die meisten tuberkulösen Herde Ausscheidungstuberkulosen im Sinne ORTHS. Ich möchte tatsächlich diese Meinung schon hier klar und deutlich vertreten. Was aber unsere besondere Frage betrifft, so sehe ich keine Bedenken bei der Annahme, daß — natürlich in gewisser Abhängigkeit von der Schwere der Infektion — Exsudate sich dort am leichtesten ausbreiten und vermehren können, wo sie den geringsten mechanischen Widerstand finden, und das sind eben die freien Oberflächen. In kompakten Organen hingegen wirkt einer stärkeren Ausbreitung der Exsudate der Gewebsdruck entgegen. Ich bin mir bewußt, bei dieser Anschauung viele Gesichtspunkte der modernen Exsudat- und Transudatforschung zu vernachlässigen. Aber man kann wohl sagen, daß auf diesem Gebiete keine Theorie ohne Berücksichtigung mechanischer Faktoren auskommt.

Wir sehen also, um nur bei den beiden Beispielen zu bleiben, in der Entwicklung der Miliartuberkulose bei gleich starker Infektion in den Lungen relativ umfangreiche Exsudate auftreten, in der Leber hingegen nur sehr geringe. Wenn SCHLEUSSING in der Leber selbst noch Unterschiede feststellt, je nachdem es sich um eine allgemeine Miliartuberkulose handelt oder um eine umschriebene nach Darmtuberkulose, so werden wir die Erklärung dafür später bei Betrachtung der immunbiologischen Verhältnisse finden. Hier liegt mir nur an dem allgemeinen Gegensatz zwischen Lungen und Leber, bezw. zwischen Organen mit Oberflächen und kompakten Organen. Wenn wir bald sehen werden, daß es gerade die Exsudate sind, an die der Vorgang der Verkäsung gebunden ist, so haben wir damit wieder einen der Schlüssel, die uns das Verständnis für das lange Erhaltenbleiben der Dualitätslehre anbahnen, indem nämlich die örtlichen Verhältnisse zu wenig beachtet wurden. Wir sehen aber damit zu gleicher Zeit den Weg vor uns, auf dem wir auch hier zu einer einheitlichen Auffassung des Tuberkuloseprozesses gelangen müssen.

Noch in einer anderen Weise kann sich der *Einfluß des Terrains* auf die tuberkulösen Prozesse geltend machen. Vergleichen wir z. B. bei einer allgemeinen Miliartuberkulose die Tuberkel der Milz, der Nieren und des Auges miteinander, so sehen wir deutliche Unterschiede in ihrer Gestalt. Während die Tuberkel der Milz auf dem Durchschnitt rund erscheinen und darum wohl im Allgemeinen für annähernd kugelige Gebilde gehalten werden können, haben die der Nieren oft ganz unregelmäßige, zackige Formen. Das kann nur durch die verschiedenen mechanischen Bedingungen bei ihrer Entstehung erklärt werden. In der Milz dürfte nach allen Seiten der Gewebswiderstand ein gleichmäßiger sein, und darum ist bei der Entwicklung des Knötchens die kugelige Form die gegebene. In den Nieren findet es aber an den Harnkanälchen einen stärkeren Widerstand als in den Interstitien, und so drängen sich die verschiedenen Zellarten vorwiegend in die Interstitien nach allen Seiten hinein, während Harnkanälchen dazwischen erhalten bleiben. Das Resultat ist oft ein morgensternartiges, zackiges und auch unregelmäßig gestaltetes Knötchen. Die Chorioidaltuberkel des Auges aber zeichnen sich dadurch aus, daß sie auf dem Durchschnitt eine platte, zackige Form haben, tatsächlich aber wohl nicht spindelförmig gestaltet sind, sondern vielmehr einem stark abgeplatteten Sphäroid gleichen (Abb. 8). Hier kann eine gleichmäßige, kugelige Gestalt nicht gebildet werden, weil der verhältnismäßig hohe intrabulbäre Druck von der einen Seite, die feste und unnachgiebige Sklera nach der andern Seite es verbietet.

Obwohl soeben schon das Wort Verkäsung ausgesprochen wurde, möchte ich doch die Besprechung dieses Vorganges zunächst noch aufschieben und zu der eigentlichen *zweiten Phase des tuberkulösen Prozesses, der produktiven,* übergehen. Dazu erweist sich aus praktischen Gründen wieder der Lebertuberkel als besonders geeignet. Während die bisher erwähnten Veränderungen zum Teil noch deutlich zu erkennen sind, erscheint jetzt eine andere Zellform, die für alle weiteren Vorgänge eine große Rolle spielt, die sogenannte *Epitheloidzelle*. In der Leber läßt sich leicht nachweisen, wie es ja auch von andern Autoren schon oft gezeigt worden ist, daß diese Zellen sich von den Kapillarendothelien herleiten. Auch hier möchte ich meine Ausführungen nicht mit den komplizierten Fragen der Entstehung der Epitheloidzellen im Allgemeinen befassen. Ich möchte nur meiner Meinung dahin Ausdruck geben, daß ich für alle Epitheloidzellen, in welchen Organen sie auch auftreten mögen, ihre Herkunft aus Endothelien von Blut- und Lymphkapillaren für gesichert halte. Die Fähigkeit der Endothelzellen, als Faserbildner zu funktionieren, wie es von Baumgarten schon vor langer Zeit nachgewiesen wurde, halte ich ebenfalls für eine sicher begründete Tatsache. Es soll damit nicht gesagt sein, daß nicht auch andere Zellen an der Bildung der Epitheloidzellen teilnehmen. So kommen vor allen Dingen die gewöhnlichen Bindegewebszellen, die Fibroblasten, in Betracht, die ja in engster Verwandtschaft zu den Endothelien stehen. Sodann ist es natürlich auch möglich, daß indifferente Gefäßwandzellen als Mutterzellen von Epitheloidzellen eine Rolle spielen. Eine Beteiligung von wahren Epithelien, also als Deck- oder Drüsenzellen differenzierten Abkömmlingen des äußeren oder inneren Keimblattes, an der Bildung der Epitheloidzellen möchte ich aber grundsätzlich ablehnen. Wo bei den tuberkulösen Prozessen der einzelnen Organe Bilder vorkommen, die dem zu widersprechen scheinen, werde ich noch gesondert dazu Stellung nehmen. Die VIRCHOWsche Bezeichnung Epitheloidzellen hat ja in früheren Zeiten des öfteren zu irrtümlichen Auffassungen

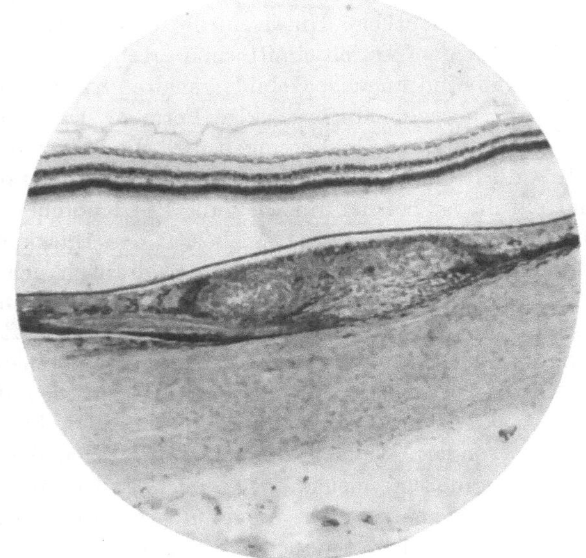

Abb. 8. Abgeplatteter Chorioidaltuberkel des Auges bei allgemeiner Miliartuberkulose. 32fache Vergr.

herausgefordert, und man kann auch heute noch nicht behaupten, daß diese Bezeichnung sehr zweckmäßig ist. Denn die Ähnlichkeit mit den meisten Epithelzellen ist doch im Grunde nur eine recht geringe. Der Name wird sich aber einstweilen kaum ausmerzen lassen. Wenn es möglich wäre, würde am besten die einfache Bezeichnung „*Tuberkelzelle*" passen, da ja im Allgemeinen die Wucherung der sogenannten Epitheloidzellen und ihre Anordnung so charakteristisch für die Tuberkulose, bezw. für den fertigen Tuberkel ist, daß es fast immer gelingt, daraus die Diagnose zu stellen.

Eine ganz kurze Definition der Epitheloidzelle oder Tuberkelzelle könnte lauten: es sind ziemlich große Zellen mit bald ovaler, bald auch mehr unregelmäßiger oder gar verzweigter Form, mit banalem, durchsichtigen, uncharakteristischen Protoplasma und mit einem relativ großen, hellen, ovalen oder mehr in die Länge gezogenen, zuweilen auch etwas gebogenen, u. U. sogar gewundenen Kern, der eine deutliche Membran zeigt und ein bis mehrere, in der hellen Kernsubstanz deutlich sichtbare Kernkörperchen besitzt. Dazu kommt die bald zu beschreibende, oft sehr charakteristische Anordnung der Zellen. Dazu kommt weiter die Tatsache, daß zwischen diesen Zellen bald nach ihrem Auftreten feine Fasern sichtbar werden, an denen man alle Stadien von der bloßen Imprägnierbarkeit mit Silbersalzen bis zur Kollagenisierung, bezw. Färbbarkeit mit Kollagenfarbstoffen und bis zur Hyalinisierung verfolgen kann. Auch von der Theorie der Faserbildung soll hier abgesehen werden. Tatsache ist, daß in der Entwicklung des Tuberkels nur die Fasern auftreten, wo Epitheloidzellen vorhanden sind, daß also die Faserbildung von der Anwesenheit der Epitheloidzellen abhängig ist.

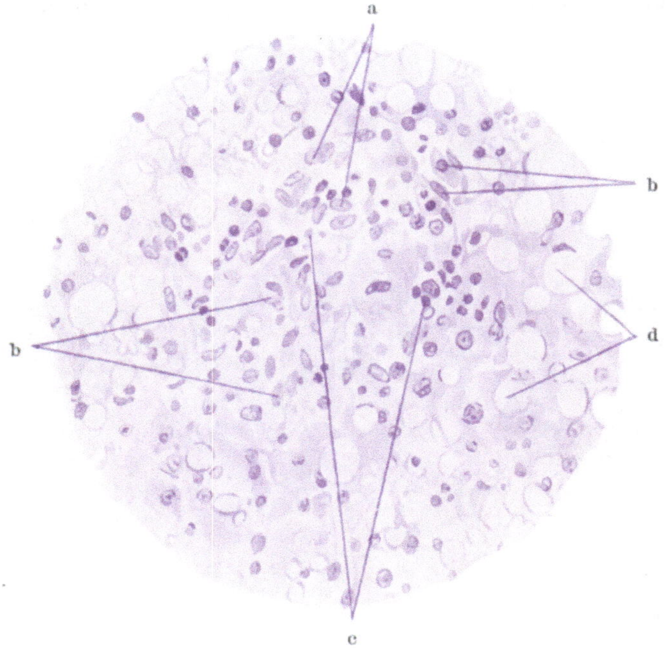

Abb. 9. Lebertuberkel bei allgemeiner Miliartuberkulose. Produktives Stadium in Entwicklung. Gewucherte Kapillarendothelien mit bläschenförmigen (a) und lang gestreckten (b) Kernen und vereinzelten Lymphozyten (c). Leberzellen innerhalb des Herdes zugrunde gegangen. Am Rande großtropfige Verfettung der Leberzellen (d). Benzidin-Reaktion: Hämalaun. 308fache Vergr. (Nach SCHLEUSSING.)

An der Leber läßt sich nun im intralobulären Tuberkel die Entstehung der Epitheloidzellen aus den Kapillarendothelien leicht nachweisen. Wie SCHLEUSSING schon angab, sind zwar auch Quellungs- und Wucherungserscheinungen an den Endothelien zu erkennen, jedoch kaum eigentlich Mitosen, wie sie seit BAUMGARTEN auch von andern Autoren bei der Tuberkelbildung in diesen Zellen, allerdings nur bei Tieren, gesehen wurden. Es lassen sich jedoch beim Menschen reichlich Bilder finden, die für eine amitotische Teilung der Zellen sprechen. Man sieht die Zellwucherung teils von solchen Endothelien ausgehen, die noch in den nekrotischen Leberzellbezirken erhalten geblieben sind, teils in der unmittelbaren Umgebung des Herdes (Abb. 9). Anfangs pflegen dann auch noch Reste der Fibrinausscheidung vorhanden zu sein, desgleichen auch noch Leukozyten, aber bald ist der kleine Herd vollständig ersetzt durch gewöhnlich ganz unregelmäßig durcheinander liegende Epitheloidzellen. Zu gleicher Zeit aber sieht man unter völligem Schwinden der Leukozyten die Zahl der Lymphozyten reichlicher werden, die sich dann unter Umständen vorzugsweise in der Peripherie des Herdes ansammeln. Der Epitheloidzelltuberkel ist fertig. Eine gewisse Zahl von Lymphozyten, also relativ kleiner Rundzellen mit rundem, dunkel färbbaren Kern, gehören zu jedem Tuberkel. Ich rechne ihre Anwesenheit zu den Zeichen der sogenannten perifokalen Entzündung und komme später noch darauf zurück. Die Bezeichnung „lymphoide“ Zellen lehne ich ab, da es sich tatsächlich um diejenigen Zellen handelt, die wir sonst überall unmißverständlich Lymphozyten nennen. Das Verhalten der Epitheloidzellen zur Verkäsung soll erst weiter unten besprochen werden.

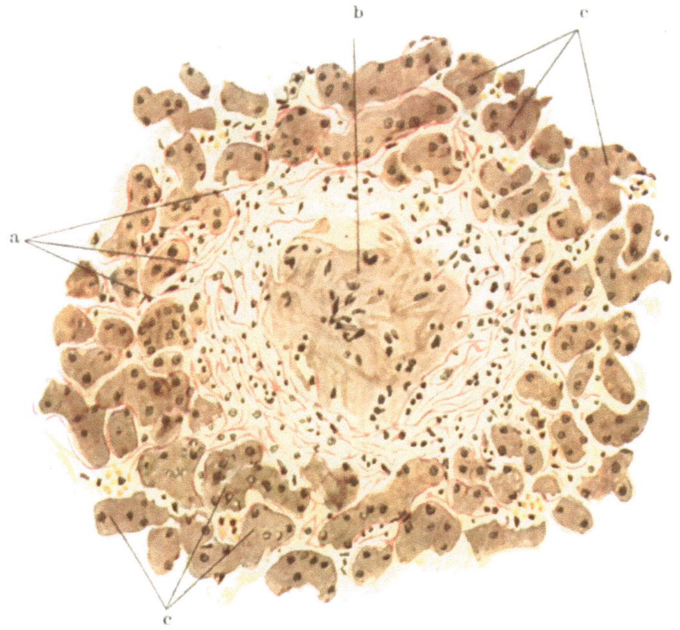

Abb. 10. Lebertuberkel bei Lungen- und Darmtuberkulose. Beginnende bindegewebige Umwandlung des intraazinös gelegenen Tuberkels. Bei a kollagene Retikulumfasern. Im Zentrum (b) vereinzelte erhaltene Lymphozyten, Leukozyten und Endothelien, Leberzellen zugrunde gegangen. Unverändertes Lebergewebe bei c. Hämatoxylin: van Gieson. 225fache Vergr. (Nach SCHLEUSSING.)

Das weitere Schicksal der Tuberkel ist mit dem Verhalten der Fasern eng verknüpft. Ich möchte gleich vorher bemerken, daß eine endgültige Stellungnahme hier noch nicht möglich ist. Es handelt sich um einen Teil des Mesenchymproblems. Es treten hier dieselben Fragen auf, wie sie von HUECK für die normale Entstehung des Mesenchyms aufgeworfen und zum Teil gelöst worden sind, Fragen, die sich mit den Beziehungen zwischen Zellen, Grundsubstanzen und Fasern beschäftigen. Eins ist wohl nach diesen und andern Untersuchungen sicher, daß nämlich die Faser eine größere Selbständigkeit besitzt, als es lange Zeit angenommen wurde. Ich weise weiter auf die interessanten Untersuchungen LOESCHKEs und seiner Mitarbeiter hin, nach denen bei der Faserbildung und auch bei der Entstehung des Hyalins aus ihnen Eiweißpräzipitationen eine Rolle zu spielen scheinen. Ich glaube, daß der tuberkulöse Prozeß sehr dazu geeignet ist, bei der weiteren Bearbeitung und schließlich Lösung dieser

Probleme wertvolles Material zu liefern. Unsere eigenen Untersuchungen sind jedoch auf diesem Gebiet noch nicht so weit gediehen, daß sie in diesem Sinne schon verwertet werden könnten. Ich kann nur rein sachlich über unsere Befunde berichten.

Wenn wir wieder den Lebertuberkel in seiner Entwicklung verfolgen, so läßt sich zeigen, daß bei der primären Nekrose die faserigen Elemente durchaus nicht zu Grunde gehen. Schon bei van Gieson-Färbung lassen sich darin oft entweder nur an der Peripherie oder auch im Innern feinste, rot gefärbte Fäserchen erkennen (Abb. 10), die nach ihrer Anordnung zum Gitterfasersystem gehören. Sehr viel deutlicher werden aber die Fasern bei der Silberimprägnation.

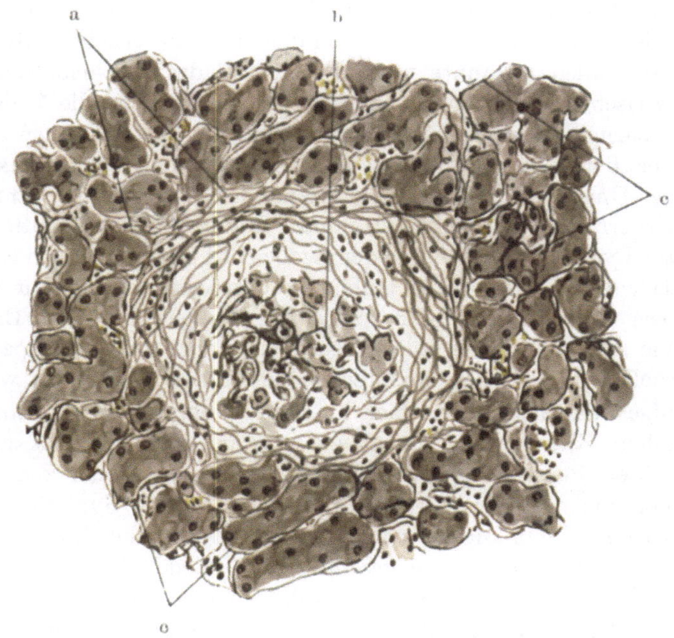

Abb. 11. Der gleiche Herd wie in Abb. 10 bei Silberimprägnation nach BIELSCHOWSKY-MARESCH. Die kollagenen Fasern verbreitert und braun gefärbt (a). Unveränderte Retikulumfasern im Zentrum des Herdes (b) und in der Umgebung des Herdes (c) tiefschwarz. 225 fache Vergr. (Nach SCHLEUSSING.)

Man sieht dabei unter Umständen den ganzen nekrotischen Herd durchsetzt von einem System von ganz feinen, tief schwarz gefärbten oder etwas dickeren, mehr braun gefärbten Fasern, die zwar einerseits in ihrer Anordnung den Gitterfasern entsprechen, andererseits aber so reichlich sein können, daß man wohl von einer Vermehrung oder Aufsplitterung der Fasern sprechen muß (Abb. 11). Es gibt aber auch genügend derartige Herdchen, in denen nur die Peripherie Fasern enthält, und wieder andere, in denen man Verquellungen und Einschmelzungen leicht erkennen kann, in denen also ein Teil oder sogar alle Fasern in der Nekrose zu Grunde gegangen sind. Vielleicht spielen dabei auch schon die Fermente der eingedrungenen Leukozyten eine Rolle, die ja im Stande sind, geschädigte Gewebsbestandteile aufzulösen, bezw. zu verdauen.

Nun muß man bedenken, daß bei einer solchen Beschaffenheit der Nekroseherdchen sich die reaktiven Veränderungen abspielen, also nicht nur die Ansammlung der Leukozyten und der sonstigen zur Exsudation gehörigen Bestandteile, sondern auch die Einwucherung der Epitheloidzellen. Diese finden also meist ein schon bestehendes, bezw. noch erhaltenes Fasersystem vor, und es erscheint mir sehr wahrscheinlich, daß diese Fasern für die Entwicklung des Retikulums, das man nun zwischen den epitheloiden Zellen auftreten sieht, von Bedeutung sind. Ich bin zwar, wie schon oben gesagt, der Ansicht, daß die epitheloiden Zellen selbst im Stande sind, aus sich heraus Fasern zu bilden — und ein Vergleich mit der Organisation des Thrombus muß diese Annahme völlig sichern —, aber es gibt doch auch Bilder, aus denen hervorzugehen scheint, daß die fibröse Umwandlung des Tuberkels besonders rasch fortschreitet, wenn die epitheloiden Zellen schon ein noch brauchbares Fasernetz vorfinden. Das ist nämlich das allen bekannte weitere Schicksal des Epitheloidzelltuberkels: die Fasern zwischen den Zellen werden immer reichlicher, die Zellen werden kleiner und spärlicher und uncharakteristischer. Die Fasern ordnen sich außerdem, von der Peripherie beginnend, in konzentrischen Bündeln; sie werden dicker, unter Umständen hyalin. Das Knötchen schrumpft, wahrscheinlich durch Wasserverlust, immermehr zusammen, und schließlich resultiert ein rein fibröses, bezw. hyalines Knötchen, in dem vielleicht hier und da noch eine Riesenzelle Zeugnis von den vorher abgelaufenen Vorgängen ablegt. Wir haben mit diesen Bildern das Analogon zur Narbe bei der gewöhnlichen Entzündung vor uns. Wie sich diese tuberkulösen Narben in ihre Organe einpassen, wird erst im speziellen Teil an den entsprechenden Stellen besprochen werden.

Nur wenige Worte brauchen hier über die tuberkulösen Riesenzellen, die LANGHANS schen Riesenzellen, gesagt zu werden. Sie sind bekanntlich für den tuberkulösen Prozeß ungemein charakteristische Gebilde, kommen allenfalls noch hier und da einmal in derselben Form bei der Syphilis in größeren oder in miliaren Gummiknoten vor. Die LANGHANSsche Riesenzelle ist so bekannt, daß ihr Aussehen kaum geschildert zu werden braucht. Die großen runden, länglichen oder gezackten, bei gewöhnlichen Färbungen ziemlich gleichmäßigen Protoplasmamassen mit meist sehr zahlreichen Kernen, sehr ähnlich denen der Epitheloidzellen, die stets peripher gelagert sind, in Form bald eines Kranzes, bald eines Hufeisens, bald in polständigen Haufen, sind jedem bekannt. Auch über die Morphogenese dieser Zellen dürften die Akten geschlossen sein. Die letzte größere Arbeit, die ihnen von HERXHEIMER und ROTH gewidmet wurde, gibt wohl zweifellos ihre Entwicklung richtig wieder. Die Mutterzelle ist die typische Epitheloidzelle. Es lassen sich alle Zwischenstufen zwischen ihnen und den größten, massenhaft Kerne enthaltenden Riesenzellen vorfinden. Daß etwa Epitheloidzellen miteinander verschmelzen und auf diese Weise die Riesenzellen entstehen, ist sicher unrichtig. Es handelt sich vielmehr um fortlaufende amitotische Kernteilungen mit gleichzeitigem Wachstum, aber ohne Teilung des Protoplasmaleibes. Diese Kernteilungen lassen sich auch daran deutlich als solche erkennen, daß entsprechend eine Vermehrung der zunächst wirklich zentral gelegenen Zentralkörperchen (HEIDENHAIN) stattfindet und diese Zentralkörperchen sich als solche an der sie umgebenden helleren „Sphäre" noch besonders kenntlich machen. Nun wurde bekanntlich von WEIGERT die Anschauung verfochten, daß die periphere Lage der Kerne dadurch zu erklären sei, daß in der Zelle eine partielle und zwar zentrale Nekrose eintrete. HERXHEIMER und ROTH versuchen diese Theorie durch die Feststellung zu stützen, daß in den späteren Stadien der Riesenzellbildung die Zentralkörperchen mit ihren Sphären in die Peripherie rücken. Es wird dies eben dadurch erklärt, daß in den späteren Stadien tatsächlich ein „Zellzerfall", eine Art zentraler Nekrose eintrete. Dies sei auch dadurch erwiesen, daß — wenn auch selten — zentrale Verkalkungen in LANGHANSschen Riesenzellen vorkommen, wie ich es übrigens auch bestätigen kann. Wieweit hier tatsächlich Stoffwechselstörungen vorliegen, die den Namen Nekrose verdienen, wird wohl erst entschieden werden können, wenn es uns gelungen ist, die chemischen Vorgänge beim Eiweißumsatz in den Zellen durch bessere Methoden, als wir sie bisher besitzen, schärfer zu erfassen. Eins möchte ich aber noch besonders für die Riesenzellen hervorheben. Bilder, wie sie R. KOCH in seiner ersten großen Tuberkulosearbeit abbildet, in denen die Riesenzellen von Tuberkelbazillen erfüllt sind, werden beim Menschen recht selten gefunden. Der Bazillengehalt der Riesenzellen ist durchschnittlich ein sehr geringer, sowohl bei der gewöhnlichen ZIEHL-NEELSEN-Färbung, als auch bei der nach MUCH und der nach HERMAN. Die Mehrzahl der Riesenzellen pflegt bei diesen Färbemethoden überhaupt frei von Bazillen zu sein. Daß trotzdem die Riesenzellbildung auf direkter Wirkung von Bazillen beruht oder wenigstens auf der Wirkung von Bazillenbestandteilen, dürfte außer Zweifel stehen. Weiter unten werden wir uns damit noch zu beschäftigen haben.

Alle diese Vorgänge, die durch das Auftreten von *eigentlichen fertigen Tuberkeln, deren wichtigste Bestandteile die epitheloiden und Riesenzellen* sind, charakterisiert sind, die also zur Bildung eines neuen, Fasern enthaltenden Gewebes und schließlich zu einer Art von Narbe führen, bezeichne ich als das *produktive Stadium der Tuberkulose,* entsprechend dem produktiven Stadium, das wir bei der gewöhnlichen Entzündung kennen gelernt haben. Der Hauptrepräsentant des produktiven Stadiums der Tuberkulose ist also der auf dem Durchschnitt runde oder ovale zellige Tuberkel. Daß mannigfache Abweichungen von diesem Typ vorkommen, ist schon aus manchen der vorausgegangenen Ausführungen zu ersehen, und wird uns in den folgenden Erörterungen noch ausführlicher zu beschäftigen haben. Zunächst stellt sich uns noch die Aufgabe, einen für die Tuberkulose ganz besonders charakteristischen Vorgang genauer zu betrachten, nämlich *die Verkäsung.*

Ich habe schon in der kurzen historischen Einleitung auf S. 58 darauf hingewiesen, daß es gerade die schweren verkäsenden Prozesse waren, die VIRCHOW an einer einheitlichen Auffassung des Tuberkuloseprozesses hinderten. Es sind in der Tat äußerlich kaum größere Gegensätze denkbar, als die zwischen einer ausgebreiteten käsigen Pneumonie und einer Miliartuberkulose. Aber VIRCHOWs Nachfolger verfielen in einen noch viel schlimmeren Irrtum, indem sie eben den Epitheloidzelltuberkel ganz allgemein als das eigentlich primäre Produkt der Tuberkuloseinfektion ansahen und aus ihm die Verkäsung hervorgehen ließen. Wo Vorstellungen über das wahre Verhältnis zwischen Verkäsung und zelligem Tuberkel zu Tage traten, wurden sie kaum beachtet und schnell vergessen. In den Lehrbüchern war in den letzten Jahren und ist noch heute zu lesen, daß im Allgemeinen der zellige Tuberkel zuerst auftritt, eventuell mit andern verschmilzt, und daß dann entweder in einem einzelnen oder in einem Konglomerattuberkel die Verkäsung als eine Koagulationsnekrose infolge mangelhafter Zirkulation und infolge der Giftwirkung der Bazillen zustande käme. Nur für ganz bestimmte Prozesse, so vor allen Dingen für die käsige Pneumonie, ließ man eine Verkäsung zelliger Exsudate zu. Ich möchte mich insofern, wenigstens rein äußerlich, wieder mehr an VIRCHOW anlehnen, daß ich sage: der eigentliche, fertig gebildete Epitheloidzelltuberkel braucht mit der Verkäsung nichts zu tun zu haben, sondern die Verkäsung tritt gewöhnlich ganz unabhängig von einer Epitheloidzellwucherung auf. Aber mit einer dualistischen Auffassung des Tuberkuloseprozesses hat diese eben nur rein äußerliche Anlehnung an VIRCHOW nichts zu tun. Sie führt im Gegenteil gerade zu der einheitlichen Auffassung und fügt, wie wir gleich sehen werden, den Verkäsungsprozeß harmonisch in diese einheitliche Auffassung ein. Denn ich stelle sofort einen zweiten Satz an den Beginn meiner Ausführungen über die Verkäsung und sage: *eine Verkäsung tritt im Allgemeinen nur im exsudativen Stadium der Tuberkulose auf*; wo es dem Scheine nach an schon fertigen produktiven Tuberkeln geschieht, läßt sich stets ein neuer, exsudativer Schub nachweisen. Wir können also auch sagen: *der Prozeß der Verkäsung ist an die exsudative Komponente des Tuberkuloseprozesses gebunden.*

Die Begründung dieser Sätze bereitet morphologisch keine Schwierigkeiten. Sie brauchen sozusagen gar nicht begründet zu werden. Denn die Belege dafür fallen jedem sofort ins Auge, der nur vorurteilslos an die Untersuchung herangeht. Für die käsige Pneumonie hat ja niemals irgend jemand daran gezweifelt, daß auf den „Desquamativkatarrh“ und die gelatinöse Pneumonie unmittelbar die Verkäsung folgt. Ich möchte aber weiter fragen, ob jemand schon einmal epitheloide Vorstufen von käsigen Solitärknoten des Gehirns oder als eine regelmäßige Vorbedingung von käsigen Pyelitiden oder Zystitiden usw. gesehen hat. Was soeben für die käsige Pneumonie gesagt wurde, gilt auch für den Primäraffekt der Lunge, denn er ist ebenfalls eine käsige Pneumonie. Es gilt aber auch für die Miliartuberkulose der Lunge, bei der ich mit A. ARNOLD zusammen nachweisen konnte, daß die zentralen Verkäsungen der Miliartuberkel nicht etwa sekundär im fertigen Epitheloidzelltuberkel entstehen, sondern sich vorher in dem in den Alveolen befindlichen Exsudat ausbilden. Ein sehr schönes Beispiel ist auch die Verkäsung bei der Tuberkulose der serösen Häute. Es läßt sich leicht zeigen, daß das, was uns makroskopisch dabei als Verkäsung imponiert, sich mikroskopisch innerhalb der fibrinösen, also exsudativen Beläge abspielt, bevor das die eigentlichen Tuberkel enthaltende Granulationsgewebe die entsprechenden Stellen erreicht hat. Einigermaßen klar liegen die Verhältnisse auch bei den Lymphknotenverkäsungen des Primärkomplexes. Bei ihnen sah sich schon K. E. RANKE veranlaßt, sie als primäre Verkäsungen den sekundären gegenüberzustellen. Aber auch aus den Untersuchungen GHONS und seiner Mitarbeiter, sowie ZARFLs geht klar hervor, daß diese Verkäsung erfolgt, ohne daß vorher ein Epitheloidzellengewebe vorhanden ist. Ich werde auf diese und viele andere Beispiele natürlich noch bei der Besprechung der Tuberkulose der einzelnen Organe zurückkommen müssen. Hier mögen zunächst noch einige allgemeine Überlegungen angeschlossen werden.

Das makroskopische Verhalten des tuberkulösen Käses ist allen im Großen und Ganzen gut bekannt. Die relativ festen, gelblichen, bei Betrachtung mit bloßem Auge ganz homogenen Massen sind kaum mit etwas anderem zu verwechseln, am ehesten noch mit verkästen syphilitischen Gummen, die aber im Allgemeinen noch fester zu sein pflegen. Allerdings muß betont werden, daß nicht jede tuberkulöse Verkäsungsmasse immer jeder andern durchaus entspricht. Sie wechseln in ihrer Festigkeit, die, wie es scheint, in erster Linie von dem Wassergehalt abhängig ist. So gibt es von weichen wie aufgequollenen, gallertig-gelatinösen Verkäsungen alle Übergänge zu trockenen, etwa wirklich einem alten Holländer Käse entsprechenden. Am besten ist dies an der Tuberkulose der serösen Häute zu sehen. Hat das fibrinöse Exsudat bei ihnen eine gewisse Schichtdicke erreicht, so sieht man zunächst an verschiedenen Stellen ziemlich weiche, fast eiterähnliche, hellgrau-gelbliche, verwaschene, homogene Einlagerungen, und erst dann, wenn schon mannigfache Verklebungen zwischen beiden Blättern zustande gekommen sind, haben sich diese in mehr feste, wirklich käseartige Einlagerungen umgewandelt. Diese festen Käsemassen gleichen übrigens makroskopisch in ihrer Qualität am meisten den anämischen Infarkten, während dagegen im Allgemeinen Tumornekrosen auch ohne Berücksichtigung der übrigen Umstände gut von ihnen zu unterscheiden sind. Es erübrigt sich wohl, näher darauf einzugehen. Die Schwierigkeiten, die die alten Pathologen bei der Differentialdiagnose der verschiedenen Arten nekrotischer Prozesse hatten, die ja zuweilen von VIRCHOW alle unter dem Namen „Verkäsung“ zusammengefaßt wurden, sind wohl durch unsere genaueren Kenntnisse der betreffenden pathologischen Vorgänge so gut wie überwunden. Die makroskopische Diagnose der tuberkulösen Verkäsung bietet heute kaum noch nennenswerte Schwierigkeiten.

Was das mikroskopische Verhalten der Verkäsungen betrifft, so bestehen auch da wohl kaum diagnostische Klippen; aber wenn man versucht, auf Grund des mikroskopischen Verhaltens der Verkäsung in das Wesen der Verkäsung einzudringen, so türmen sich einstweilen noch unüberwindliche Schwierigkeiten auf. Ich bin gezwungen, hier große Lücken unsers Wissens zuzugeben und selbst einzugestehen, daß es mir trotz langjähriger Beschäftigung mit diesem Gegenstand nicht gelungen ist, diese Lücken wesentlich zu verkleinern und ein klares Verständnis für den Verkäsungsprozeß zu gewinnen. Trotzdem müssen wir uns noch etwas näher mit diesem Gegenstand beschäftigen.

Es nützt uns garnichts, mit manchen Lehrbüchern einfach zu erklären, die Verkäsung sei eine Koagulationsnekrose. Denn wir würden damit nur einen Vergleich mit einem Vorgang machen, von dessen Klärung in chemischer und physikalischer Beziehung wir noch weit entfernt sind. Morphologisch allerdings läßt sich bei der tuberkulösen Verkäsung mancherlei erkennen, so z. B. dort, wo umfangreiche fibrinöse Exsudate zur Verfügung stehen, also in den Lungen, auf den serösen Häuten. Hier sieht man ein eigentümliches Aufquellen der Fibrinfasern bis zur völligen Zusammensinterung zu einer homogenen Masse. In diesen Massen sind, was zunächst die serösen Häute betrifft, anfangs noch einige Leukozyten und Lymphozyten an ihren Kernen kenntlich. Aber die Zellen scheinen schnell zu Grunde zu gehen. Denn öfter erkennt man nur mehr oder weniger reichliche Kerntrümmer von durch Karyorhexis zerfallenen Kernen, und schließlich hat man die auch im mikroskopischen Bilde zunächst stark aufgequollene und offenbar sehr feuchte, später erst trockene und dichtere, im Mikroskop dann ganz homogene oder doch wenigstens nur sehr fein gekörnte, sich bei der van Gieson-Färbung gelb färbende Masse, die wir dann auch mikroskopisch als Verkäsung bezeichnen können. In den Lungen liegen die Verhältnisse etwas anders. Auch dort gehen natürlich die zelligen Elemente in derselben Weise zu Grunde, woran die Kerntrümmer noch eine Zeit lang erinnern, doch bleiben immer die elastischen Fasern der Alveolenwandungen in ihrer Mehrheit erhalten, woran man bekanntlich auch in viel späteren Stadien der Entwicklung immer noch erkennen kann, daß ursprünglich ein alveolenfüllender Prozeß vorlag, ferner auch schließen kann, daß die Verkäsung wirklich im exsudativen Stadium erfolgte, da wir nämlich bei Durchwucherung der Alveolenwände mit produktivem Tuberkelgewebe die elastischen Fasern schwinden sehen. Außerdem aber bleiben bei den Verkäsungsprozessen der Lungen und der andern Organe verschieden große Mengen von kollagenen Bindegewebsfasern, ferner auch von nicht färbbaren, aber mit Silber imprägnierbaren Fibrillen und auch von Gefäßen oder ihren Bestandteilen erhalten, ein Umstand, der wahrscheinlich für das weitere Schicksal der Verkäsungen von Belang ist und auf den wir darum noch zurückkommen werden. Ähnlich liegen noch die Verhältnisse bei der Verkäsung der Lymphknoten, insbesondere beim primären Komplex. Die der Verkäsung vorhergehenden Veränderungen sind bei ihnen aber noch kaum beobachtet worden. Nur aus den schon vorher erwähnten Mitteilungen Ghons usw. können wir sie erschließen. Daß es nicht produktive Veränderungen sind, ist sicher. Es sind vielmehr akut entzündliche. Aber wieviel Fibrin dabei ist, wieviel Ödem, wieviel Leukozyten, ist noch unbekannt (vergl. S. 164). Es handelt sich auf alle Fälle dabei um einen sehr stürmisch verlaufenden Prozeß, bei dem sehr schnell auf die Exsudation die Verkäsung folgt. Dabei ist dann die Quellung eine enorme, führt sie doch u. U. zu einer Vergrößerung eines Lymphknotens auf das Vielfache, wohl zuweilen auf das Zehnfache und mehr seines Ursprungsvolumens.

Diese Quellung, die übrigens bei jeder Verkäsung vorhanden ist, wenn auch je nach den verschiedenen Bedingungen verschieden stark in die Erscheinung tritt, ist vielleicht einer Klärung auf Grund physikalisch-chemischer, bezw. kolloidchemischer Vorstellungen zugängig. Eine starke Wasseraufnahme dürfte einer der wesentlichen Faktoren sein. Der Vorgang erinnert in dieser Beziehung durchaus an jene kolloidchemischen Phänomene, die in Gelen, so z. B. in Gelatine und bezeichnender Weise auch in Fibrin auf Grund einer Einwirkung von Elektrolyten, aber auch von Säuren und Basen, bezw. H- oder OH-Ionen auftreten. Auch dabei stellen sich ganz erhebliche Quellungen ein. Man kann in unserm speziellen Fall an die Kohlensäure denken; aber es kommen natürlich auch andere, entweder aus den abgebauten Erregern oder aus dem abnormen Stoffumsatz des Gewebes entstehende Stoffe in Betracht. Die nahen Beziehungen zwischen „Ionisation“ in Gelen bei Säure- oder Alkaliwirkung und der sogenannten Hydratation, also Wasseraufnahme, d. i. Quellung, weisen zum Mindesten auf dem Gebiet der Verkäsung auf interessante Fragestellungen hin. Da unsere eigenen Versuche auf diesem Gebiet noch keine greifbaren Resultate erzielt haben, muß ich mich hier mit diesen Andeutungen begnügen. Ich glaube aber, daß man gerade mit kolloid-chemischen Methoden beim Studium der Verkäsung wird weiter kommen können. Die Arbeiten insbesondere Martin H. Fischers werden hier sicher manche Anregungen geben können. Jedoch wird es mit der Kolloidchemie allein nicht getan sein. Rein chemische Untersuchungen über die Abbau- und Umbauprodukte der Eiweißsubstanzen, nicht nur bei den übrigen gewebsschädigenden Prozessen im Verlauf der Tuberkulose, sondern auch bei der Verkäsung, sind ebenfalls notwendig und werden hoffentlich bald mit brauchbaren Methoden in Angriff genommen werden können. Nach unsern bisherigen Kenntnissen läßt sich nur sagen, daß wir es bei dem Verkäsungsprozeß mit einer Art von Gerinnung unter mehr oder weniger erheblicher Quellung zu tun haben. Fermentative Vorgänge dürften dabei sicher eine Rolle spielen, wenngleich es wohl nicht unbedingt notwendig ist. Es liegt nahe, an die Fermente der Leukozyten zu denken, die ja wesentliche Repräsentanten des exsudativen Stadiums sind. Da aber der Verkäsungsprozeß eine besondere Eigentümlichkeit der Tuberkulose ist, muß man wohl annehmen, daß bei ihm auch die Stoffwechselprodukte der Tuberkelbazillen selbst eine nicht zu unterschätzende Rolle spielen. Man wird dabei gerade an die wachsartigen Substanzen der Bazillen denken müssen, die wir bei den meisten andern für den Menschen pathogenen Bakterien nicht finden. Auch andere Fettstoffe oder auch Lipoide (Myeline) mögen eine Rolle spielen (cf. Fr. Müller).

Es ist nun die Frage, wie weit wir das, was wir für die Verkäsung im Anschluß an größere Oberflächenexsudate abgeleitet haben, auch auf andere Verkäsungen übertragen können. Wenn wir daraufhin die Verkäsung in den kompakten parenchymatösen Organen ansehen, so liegen zwar die Schwierigkeiten sofort auf der Hand, und ich muß zugeben, daß es nicht immer möglich ist, auf diesem Gebiet bei rein morphologischer Betrachtung in jedem Einzelfall die Zusammenhänge klar zu erkennen. Und doch ergibt eine vergleichende Betrachtung des Materials von vielen verschiedenen Organen im Prinzip immer wieder dasselbe, so daß demnach wohl auch allgemeine Schlüsse gezogen werden können. Eins ist auch hier sicher. Es ist keine Rede davon, daß etwa der Verkäsung eine produktive Tuberkulose vorausgegangen sein muß, im Gegenteil gehört auch hier eine Verkäsung produktiver Gewebsteile eher zu den Seltenheiten. Wo wir auch verkäsende Herde untersuchen, können wir immer wieder feststellen, daß sich in dem verkästen Gebiet nicht nur bei Versilberungen, sondern auch bei gewöhnlichen Färbungen, insbesondere nach van Gieson, die frühere Struktur der Organe noch mehr oder weniger gut erkennen läßt, was unmöglich wäre, wenn früher ein Ersatz des Organgewebes durch tuberkulöses Gewebe stattgefunden hätte. Ich nehme die Niere als Beispiel, und zwar sowohl die ins Nierenbecken eingebrochene, käsige Tuberkulose, bei der die Dinge viel einfacher liegen, indem sich dort auch leicht und klar erweisen läßt, daß es sich um eine Verkäsung im exsudativen Stadium handelt, als auch inmitten des kompakten Nierengewebes, z. B. in der Rinde, gelegene verkäsende Herde. Daß die Verkäsung dort zum großen Teil aus nekrotischem Nierengewebe besteht, läßt sich leicht zeigen. Es läßt sich auch erweisen, daß eine starke exsudative Komponente, zum Mindesten in Gestalt von Leukozyten, dabei beteiligt ist. Aber wie weit auch z. B. das Fibrin dabei eine Rolle spielt, vermag ich noch nicht zu sagen. Es scheint mir aber gerade aus diesen Untersuchungen hervorzugehen, daß nicht nur das typische Fibrin, d. h. das aus wirklichen Exsudaten hervorgehende Gerinnungsprodukt der käsigen Quellung zugängig ist, sondern auch andere Fasernetzsysteme, wie Gitterfasern, Bindegewebsfibrillen, Glia, wahrscheinlich aber erst dann, wenn sie sich mit einer fibrinartigen Substanz imprägniert haben, bezw. eine fibrinoide Umwandlung eingegangen sind. Hier kommen also wieder die Beziehungen zwischen vorgebildeten Fasern und Fibrin, bezw. Fibrinoid zum Vorschein. Damit hängt auch die Tatsache zusammen, daß bei manchen tuberkulösen Prozessen die Verkäsung nicht im Bereich der eigentlichen dichten Exsudationszone halt macht, sondern nach außen hin anscheinend unverändertes oder doch nur wenig verändertes Gewebe in sich aufnimmt, in dem allem Anschein nach vorher nur die letzten Ausstrahlungen der Exsudation in Gestalt von leichten Zellinfiltraten und Ödem vorhanden waren. An den Fasern dieser Gewebsteile kann man dann zuweilen alle Stadien jener eben erwähnten Veränderungen erkennen.

Es taucht hier auch die Frage auf, wie sich im einzelnen die *Verkäsung zur primären Gewebsschädigung* verhält. Bei der allgemeinen Miliartuberkulose und auch bei manchen andern Tuberkuloseprozessen lassen sich z. B. in allen möglichen Organen Veränderungen finden, die als Übergang zwischen Gewebsschädigung und Verkäsung betrachtet werden können. D. h. man sieht Bilder, bei denen die Entscheidung schwer ist, ob es sich noch um eine einfache Nekrose oder schon um eine Quellungsnekrose bezw. Verkäsung handelt. Auch kommen bei der allgemeinen Miliartuberkulose an verschiedenen Stellen schon neben den miliaren Herden mit ihren gewöhnlichen Entwicklungsstadien auch größere, offenbar besonders schnell verkäsende Herde vor, die in ihrer Form und sonstigen Beschaffenheit durchaus an anämische Infarkte erinnern. Das ist noch mehr der Fall bei den großherdigen Allgemeintuberkulosen, bei denen der Vergleich mit anämischen Infarkten zuweilen direkt in die Augen springen muß. So kann die Vermutung auftauchen, daß bei diesen nekrotischen oder verkäsenden Herden Gefäßverschlüsse eine Rolle spielen. Diese Frage müßte noch durch besondere Untersuchungen systematisch geklärt werden. Es lassen sich wohl in manchen Fällen embolieartige Füllungen kleiner, zuführender Arterien mit Bazillen feststellen. Aber das sind doch im großen und ganzen sehr seltene Befunde. Ferner werden für manche derartigen Veränderungen tuberkulöse Erkrankungen der zuführenden Arterien beschrieben und verantwortlich gemacht. Ich habe jedoch bisher nicht den Eindruck gewinnen können, daß derartige Verschlüsse oder Verengungen von Arterien wirklich eine weitgehende Bedeutung für jene Veränderungen haben, und zwar weder für die primäre Gewebsschädigung, noch für die Verkäsung, womit nicht ausgeschlossen werden soll, daß sie hier und da einmal eine unterstützende Rolle spielen und daß auch bei manchen Verkäsungen funktionelle Einflüsse auf die zuführenden Arterien mitwirken können. Ist also die morphologische Trennung zwischen primärer Gewebsschädigung und gewissen Verkäsungen nicht immer leicht und läßt sich eine genetische Trennung nicht etwa in der Weise durchführen, daß man sagt, die eine sei die Folge direkter Bakterienwirkung, bei der andern spielen Gefäßverschlüsse eine Rolle, so müssen wir doch dabei bleiben, daß zur Verkäsung vor allen Dingen fermentative Einflüsse gehören, und daß nur dadurch die ihr eigenen Quellungszustände veranlaßt werden können, womit in jedem Fall die begriffliche Trennung aufrecht erhalten bleibt. Wenn aber praktisch die Entscheidung schwer fällt, was noch primäre Gewebsschädigung ist, und was schon zur Verkäsung gehört, dürften die Dinge in den meisten Fällen so liegen, daß es sich um verhältnismäßig stürmische Prozesse handelt, bei denen die Verkäsung so schnell auf die Exsudation und diese so schnell auf die Gewebsschädigung folgt, daß eine tatsächliche Trennung nicht mehr möglich ist.

Soweit mir Material zur Verfügung steht, werde ich bei den einzelnen Organen noch auf diese Fragen eingehen.

Können wir so auf alle Fälle annehmen, daß alle bisher erwähnten Verkäsungsprozesse und die meisten überhaupt im exsudativen Stadium der Tuberkulose entstehen, so ist damit nicht gesagt, daß sie im produktiven vollkommen fehlen müssen. Wir werden gleich sehen, wie sich die Epitheloidzellwucherung zur Verkäsung verhält. Nehmen wir jetzt einmal an, wir hätten einen verkästen Herd, der von einem Epitheloidzellensaum umgeben ist, so ist natürlich denkbar, daß von den im Käse enthaltenen Tuberkelbazillen eine neue Gewebsschädigung ausgeht und nun das nekrotisch werdende Epitheloidzellengewebe entweder direkt in Verkäsung einbezogen wird, oder erst ein erneuter exsudativer Schub folgt, der wiederum schnell einer erneuten Verkäsung anheimfällt. Der letztere Weg scheint nach meinen Erfahrungen häufiger beschritten zu werden. Aber auch in einfachen Epitheloidzelltuberkeln, sowie sie oben geschildert wurden, lassen sich zuweilen Veränderungen nachweisen, die die Möglichkeit ihrer sekundären Verkäsung darlegen, ohne daß vorher in ihnen verkästes Exsudat vorhanden gewesen wäre. Dann liegen die Verhältnisse ähnlich, als wenn sich in einem bindegewebigen Organbestandteil ein tuberkulöser Prozeß zu entwickeln beginnt. Ebenso wie dort die Gewebsschädigung durch die Tuberkelbazillen mit unsern Untersuchungsmethoden nicht nachweisbar zu sein braucht, so auch im rein zelligen Tuberkel, wenn die Bazillen wieder aktiv werden. Die Zellschädigung ist dann wieder darum nicht zu sehen, weil sie schnell von der Exsudation überschwemmt wird. Wir sehen dann vielmehr, wie die Epitheloidzelltuberkel von Leukozyten durchsetzt werden, die sich im Zentrum ansammeln und wahrscheinlich schnell durch käsige Nekrose zu Grunde gehen. Jedenfalls kann man in manchen Fällen alle Übergangsbilder finden zwischen Epitheloidzelltuberkeln mit zentralen Leukozytenansammlungen und solchen mit zentralen Nekrosen, bezw. Verkäsungen. Im Großen und Ganzen sind diese Bilder jedoch selten.

Ich komme zu dem Schluß, daß die Verkäsungen *in der Regel sich unmittelbar an relativ erhebliche exsudative Vorgänge anschließen, daß sie sehr viel seltener, eigentlich nur in Ausnahmefällen in fertigen produktiven Stadien erfolgen können,* daß ihnen aber auch dann erneute exsudative Prozesse vorausgehen. Leukozyten und vielleicht auch Fibrin sind jedenfalls notwendige Voraussetzungen dafür, daß überhaupt eine Verkäsung zustande kommt. Der Verkäsungsprozeß ist unter allen Umständen an exsudative Vorgänge gebunden. Nur in dieser Form erkenne ich die Rankesche Unterscheidung einer primären und einer sekundären Verkäsung an. Ranke gebührt jedoch das Verdienst, zum ersten Male unmißverständlich darauf hingewiesen zu haben, daß nicht nur in den Lungen bei der käsigen Pneumonie, sondern auch in den Lymphknoten „primäre" Verkäsungen vorkommen. Daß seine „sekundäre", erst nach der Bildung produktiven Gewebes auftretende Verkäsung auch von exsudativen Vorgängen abhängig ist, hat er jedoch nicht erkannt.

Nach diesen Auseinandersetzungen über die Verkäsung, die bei dem heutigen Stande unserer Kenntnisse nur skizzenhaft sein konnten, aber wohl auch einige Ausblicke für weitere Untersuchungen ergaben, *müssen wir wieder zu dem produktiven Stadium des Tuberkuloseprozesses zurückkehren.* Wir haben nämlich noch die Beziehungen der Verkäsung zum Epitheloidzelltuberkel zu besprechen.

Denn was bisher darüber gesagt wurde, bezog sich ja auf die Ausnahmen. In der Regel muß auf die Verkäsung als einer Funktion des exsudativen Stadiums erst das produktive Stadium *folgen.* Wenn man sich die gewöhnlichen Verhältnisse zunächst einmal an einem einfachen Beispiel klar gemacht hat, gewinnen auch viele andere Bilder damit an Klarheit und Verständlichkeit. Ich möchte als Beispiel den Miliartuberkel der Lunge wählen. Die Vorgänge sind an ihm von mir und A. ARNOLD genauer studiert worden. Wir haben gesehen, daß sich gerade an ihm die Folge: Exsudatbildung und Verkäsung gut erkennen läßt. Sehen wir weitere Stadien davon an, so erkennen wir, daß von den die käsigen Massen einschließenden Alveolenwänden aus die Wucherung der epitheloiden Zellen stattfindet, und zwar mit Richtung gegen die Verkäsung. Die Zellen wuchern in ähnlicher Weise in den Käse hinein, wie etwa die Gefäßendothelien in einen frischen Thrombus. Wir sehen dabei stark in die Länge gezogene Zellen mit ebenfalls stark verlängerten, oft gebogenen oder gar gewundenen Kernen auftreten. Der konzentrische Aufmarsch dieser Zellen mit Richtung gegen den Käse führt zu der bekannten, von J. ARNOLD zuerst beschriebenen Wirtel- oder Palisadenstellung. Daß sie nicht nur in einer Reihe vorkommen, sondern öfter in mehreren, daß weiter nach außen Lymphozytenansammlungen folgen können, daß sie u. U. von Riesenzellen begleitet werden, braucht kaum besonders gesagt zu werden. Umgeben diese Zellmäntel schließlich den Verkäsungsherd, so hat man den Tuberkel mit zentraler Verkäsung vor sich. Die Reihenfolge der einzelnen Entwicklungsphasen war jedoch nicht, wie die meisten Lehrbücher sagen, Epitheloidzelltuberkel-Verkäsung, sondern war vielmehr zweifellos: *Exsudation — Verkäsung — produktive Reaktion.*

Wenn nun diese, die Verkäsungszone einrahmenden Epitheloidzellen nicht, wie es oben als ein selteneres Vorkommnis beschrieben wurde, in die Verkäsung einbezogen werden, spielen sich an ihnen dieselben Veränderungen ab, wie sie für die Tuberkelbildung ohne Verkäsung geschildert wurden; d. h. es treten Fasern zwischen ihnen auf, die immer kräftiger und reichlicher werden, schließlich eine ringförmige Lage gegen das rundliche, käsige Zentrum einnehmen, wodurch es allmählich zur Bildung einer fibrösen oder schließlich auch hyalinen Kapsel kommt. In der Literatur bestehen nun hier und da Zweifel, ob auch ein vollständiger Ersatz eines käsigen Herdes durch Epitheloidzellengewebe möglich ist und demgemäß eine völlige fibröse Umwandlung eines solchen Herdes zustande kommen kann. Nach meinen Beobachtungen an Miliartuberkeln aller möglichen Organe und mancher anderer Tuberkulosen kann darüber kein Zweifel bestehen. Natürlich wird die Wahrscheinlichkeit einer solchen Umwandlung um so größer sein, je kleiner der Käseherd ist. Außerdem mag noch etwas anderes dabei eine Rolle spielen, und das sind die in der Verkäsung erhalten gebliebenen Fasern oder Faserzüge des Bindegewebes und der Gefäße. Man bekommt tatsächlich hier und da Bilder zu sehen, an denen man den Eindruck gewinnt, als ob diese erhalten gebliebenen Gewebsbestandteile den eindringenden Zellen als Leitungsbahnen und auch zugleich als Matrizen für die eigene Faserbildung dienen und dadurch den Ersatz erleichtern. Aber es ist eigentümlich, wie besonders bei manchen Lungenherden im Verlauf der chronischen Tuberkulose Bilder auftreten, die von einem vollen fibrösen bis hyalinen Ersatz größerer Käseherde zeugen, ohne daß man einen Beleg dafür hat, daß etwa eine Organisation im gewöhnlichen Sinne des Wortes stattfindet, daß also ein Ersatz durch ein von außen einsprießendes Gewebe zustande kommt. Es stellt sich hier wieder die Frage, inwieweit die Fasern eine selbständige, von den Zellen unabhängige Rolle spielen können und welche Beziehungen zwischen fibrinösen und fibrinoiden Fasern einerseits, und kollagenen, bezw. hyalinen andererseits bestehen. Gerade die Verkäsungen und ihre Umwandlungen in hyaline Narben geben hierfür, wie es scheint, ein recht brauchbares Untersuchungsobjekt ab, das wir nicht aus dem Auge verlieren dürfen. Einstweilen sind jedoch die Untersuchungen noch nicht so weit vorgeschritten, um darüber genauer berichten zu können. Inbesondere bei Besprechung der Lungentuberkulose werde ich darauf aber noch einmal zurückkommen. — Es ist hier aber auch noch etwas anderes zu beachten. Man kann wohl im allgemeinen annehmen, daß die epitheloiden Zellen allein nicht imstande sind, größere Bezirke, als sie etwa einem linsengroßen käsigen Herde entsprechen, zu durchwachsen. Anders aber liegen die Verhältnisse, wenn sich an diesen „Organisationen" auch ein richtiges Granulationsgewebe mit Gefäßen beteiligt, und ich möchte gleich vorwegnehmen, daß diese „unspezifische" Organisation, bezw. Einkapselung, gar nicht so selten vorkommt. Zuvor aber mögen noch einige Worte über das Verhalten der Gefäßbildung bei der Tuberkulose überhaupt gesagt werden.

Es ist eine alte Lehre, die immer wieder bestätigt wird, daß der eigentliche Epitheloidzelltuberkel gefäßlos ist und diese angebliche Gefäßlosigkeit wurde ja auch für eine der Ursachen der Verkäsung gehalten. Ich glaube jedoch, daß die Untersuchungen, die dieser Lehre zugrunde liegen, zum Teil von einer falschen Voraussetzung ausgehen. Wird z. B. bei einer Miliartuberkulose der Lunge eine Gefäßinjektion vorgenommen, so darf es nicht Wunder nehmen, daß dabei die Knötchen ausgespart bleiben, haben wir es doch in der Mehrzahl der Fälle mit miliaren käsigen Pneumonien zu tun, in denen selbstverständlich die Gefäße der Alveolensepten verödet sind. Es ist hier also die Verkäsung die Ursache der Gefäßlosigkeit, nicht umgekehrt, und so ist es immer, da produktive Tuberkel nur selten verkäsen, sondern im allgemeinen nur Exsudat und mit Exsudat infiltriertes Gewebe. Untersucht man aber einen typischen, reinen Epitheloidzelltuberkel oder die Epitheloidzellumfassung eines Käseherdes mit oder ohne Gefäßinjektion, so läßt sich feststellen, daß sie zuweilen gar nicht wenig Kapillaren enthalten, besonders in ihren äußeren Schichten, meist allerdings nur spärliche, und wieder in einigen Fällen auch anscheinend gar keine. Man kann also immerhin von einer durchschnittlichen *Gefäßarmut* sprechen und darin besteht auch ein auffallender Unterschied gegenüber gewöhnlichem Granulationsgewebe. Eine einleuchtende Erklärung dafür vermag ich ebenso wenig wie andere Autoren zu geben. Es kommt wohl im wesentlichen die eigentümliche Fremdkörperwirkung der Tuberkelbazillen oder ihrer Bestandteile in Betracht.

Aber auch diese Gefäßarmut kann auf keinen Fall als Ursache der Verkäsung eines produktiven Tuberkels angeführt werden, denn wir müssen annehmen, daß die geringe Masse von Epitheloidzellen, die zu einem Tuberkel gehört, auch ohne Gefäße völlig genügend durch den gewöhnlichen interzellulären Saftstrom ernährt wird. Wo es aber zu einem Konfluieren oder Konglomerieren mehrerer Tuberkel kommt, finden sich zwischen ihnen immer genügend Blutgefäße und Lymphgefäße, so daß Konglomerattuberkel im Großen und Ganzen nicht schlechter ernährt sind als einzelne Miliartuberkel.

Aber — und damit kommen wir auf das Schicksal der Verkäsung zurück — besteht einmal eine Verkäsung, so sieht man, wie gesagt, garnicht so selten, außer den einfachen Epitheloidzellen auch stellenweise typisches gefäßhaltiges Granulationsgewebe in den Herd eindringen. Das läßt sich besonders in den Lungen, bei primären Herden und späteren käsigen Pneumonien, aber auch bei andern Verkäsungen beobachten. Wir können dieses Verhalten jetzt schon so deuten, daß in solchen Fällen der Käse in seiner physikalisch-chemischen Zusammensetzung so beschaffen sein muß, daß in ihm wenigstens an einigen Stellen die für die spezifischen tuberkulösen Veränderungen notwendigen Bedingungen nicht mehr vorhanden sind. Möglich, daß z. B. an solchen Stellen bestimmte Abbauprodukte der Tuberkelbazillen völlig fehlen, Abbauprodukte, die sonst das charakteristische Milieu für die Tuberkelbildung schaffen. Daß man bei tuberkulösen Pneumonien derartige „unspezifische" Organisationen auch an Stellen finden kann, wo eine Verkäsung noch garnicht aufgetreten ist, sei hier schon nebenher bemerkt; wir kommen im speziellen Teil darauf noch zurück. Es ist im Übrigen keine Frage, daß dieses gewöhnliche Granulationsgewebe genau so wie etwa bei einem Thrombus sehr wohl imstande ist, auch größere Herde zu durchdringen und schließlich in Narbengewebe umzuwandeln.

Ist es einmal zur Abkapselung eines Käseherdes gekommen, so tritt gewöhnlich eine weitere Veränderung ein, eine Veränderung, der auch sonst nekrotische oder auch nur in ihrer Ernährung herabgesetzte Gewebsbestandteile anheimfallen, nämlich die *Verkalkung.* Es handelt sich hauptsächlich um phosphorsauren und kohlensauren Kalk. Das Bild der Verkalkung eines käsigen Herdes kann sich makroskopisch und mikroskopisch in verschiedener Weise darbieten. Makroskopisch hat man entweder nach außen ganz glatte Herde, die auf der Schnittfläche in einer zähen fibrösen Kapsel eine weißliche krümelige Masse zeigen, oder mehr maulbeerartige, zackige Gebilde, die sich aber im übrigen genau ebenso verhalten. Die Verkalkung kann nämlich eine ganz unregelmäßige sein, indem entweder im Zentrum oder an mehreren verschiedenen Stellen die Einlagerung der Kalksalze erfolgt; oder der Herd ist von vornherein in seiner ganzen Ausdehnung betroffen. Außerdem können wir verschiedene Stufen des Verkalkungsprozesses unterscheiden. Am Anfang sind diese Herde nämlich noch verhältnismäßig weich, mit dem Messer schneidbar, etwa von der Konsistenz eines Gipsbreies. Sodann findet man alle Übergänge etwa von der Konsistenz eines Gipsbreies kurz vor der Erstarrung bis zu trockener kreidiger Beschaffenheit (Verkreidung) und bis zu einer völlig starren, knochen- oder gar steinharten Masse.

Wir müssen uns den Gang der Verkalkung in der Weise vorstellen, daß die Kalksalze, in der Gewebsflüssigkeit gelöst, von außen her in die verkäste Masse hineindiffundieren und infolge der schlechteren Löslichkeitsverhältnisse dort niedergeschlagen werden. Damit stimmt auch überein, daß man dabei im Mikroskop zuweilen jene rhythmischen Niederschläge in Gestalt konzentrisch angeordneter, der auf dem Schnitt kreisförmigen oder gewellten Kapsel parallellaufender Linien sieht, wie sie in der Kolloidchemie als LIESEGANGsche Ringe bezeichnet werden (Abb. 12). Diese LIESEGANGschen Ringe entstehen bekanntlich dann, wenn ein gelöstes Salz in ein Gel diffundiert, indem ein anderes Salz gelöst ist, das wiederum mit dem diffundierenden eine unlösliche Verbindung eingeht. Es ist m. E. für diese ringförmigen Verkalkungen in abgekapselten

Käseherden kaum eine andere Erklärung möglich. Der mikroskopische Nachweis der freien Kalksalze überhaupt ist einfach. Schon die gewöhnlichen Hämatoxylinfärbungen genügen meist zur Darstellung, da die verkalkten Partien sich damit intensiv violett färben. Geringe und geringste Verkalkungsgrade werden aber besser mit der Methode KOSSAs nachgewiesen, nämlich mittels Silbernitrat. Dies gibt mit dem phosphorsauren Kalk phosphorsaures Silber, das, zunächst gelb, am Licht schnell zu schwarzen Silber reduziert wird.

Eine Folge der Verkalkung kann wiederum die Verknöcherung sein. Sie ist makroskopisch sehr schwer von der gewöhnlichen Verkalkung zu unter-

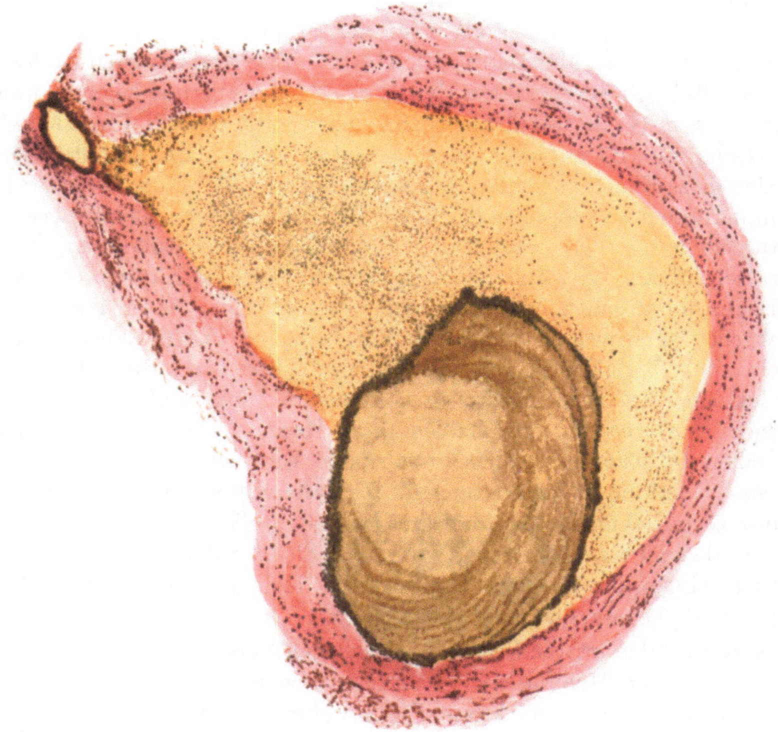

Abb. 12. Abgekapselter käsiger Lymphknoten aus dem Lungenhilus. Zum Teil diffuse feinkörnige, zum Teil geschichtete Verkalkung (LIESEGANGsche Ringe). Hämatoxylin: VAN GIESON. 50fache Vergr.

scheiden. Unter Umständen deutet allerdings schon die rötliche, fleckige Beschaffenheit der Herdchen auf eine mehr oder weniger fortgeschrittene Verknöcherung hin. Die Verknöcherung kommt nämlich in der Weise zustande, daß entweder von dem Gefäßbindegewebsstiel des Herdes (vgl. z. B. in den Lungen auftretende Knochenherde, S. 175) oder an irgendeiner andern Stelle oder an mehreren nach Durchbrechung der fibrösen oder hyalinen Kapsel gefäßhaltiges Bindegewebe in die verkalkten Massen hineinwuchert. Man sieht dann einerseits eine lakunäre Resorption des verkalkten Käses auftreten, andererseits aber auch feine Knochenbälkchen erscheinen, die gewöhnlich eine Schale an der Innerfläche der Kapsel, im Übrigen ein weitmaschiges, feinbalkiges, spongiöses Knochengewebe mit typischem Knochenmark bilden. Es lassen sich aber auch

Fälle beobachten, in denen es wohl zur Resorption der verkalkten Massen, nicht aber zur Knochenbildung kommt. Eine Erklärung dafür vermag ich nicht zu geben; man kann aber wohl an konstitutionelle Momente denken.

Ist bei diesen Vorgängen der verkalkte Käseherd auch ganz passiv, so darf man doch nicht vergessen, daß er in der Regel noch Tuberkelbazillen enthält, wie durch die Untersuchungen von L. Rabinowitsch, Beitzke, Lubarsch u. a. festgestellt worden ist. Ich habe schon oft auf die Bedeutung dieser Tatsache hingewiesen, möchte hier nur noch einmal vom histologischen Standpunkt darauf eingehen. Es könnte nämlich auffallend erscheinen, daß bei der Resorption einer bazillenhaltigen Masse zwar ein frisches, blutgefäß- und markreiches Knochengewebe entsteht, nicht aber die Zeichen einer neuen Tuberkulose. Dazu ist zu bemerken, daß dieser Verknöcherungsprozeß durchaus nicht immer so rein zu sein braucht. Man kann vielmehr im Mikroskop zuweilen nachweisen, daß an einer Stelle eines verkalkten Herdes eine Verknöcherung beginnt, während an einer andern Stelle tatsächlich ein neuer tuberkulöser Prozeß auftritt, eine Exazerbation (Hamburger) des bis dahin anatomisch geheilten Herdes. Wir werden diese Exazerbationen noch im speziellen Teil, besonders unter Lunge und Lymphknoten, zu besprechen haben. Hier möchte ich nur kurz erwähnen, daß man sie gewöhnlich erkennt an Epitheloidriesenzelltuberkeln, die sich entweder den inneren oder äußeren Schichten der fibrösen Kapsel auflegen oder sich zwischen ihren einzelnen Faserlamellen entwickeln. Dieser Vorgang kann dann natürlich auch weitere allgemeine Folgen haben. Denn dabei werden die Tuberkelbazillen mobilisiert und kommen in Lymph- und Blutgefäße hinein; aus der lokalen Exazerbation wird eine allgemeine. Ich glaube aber, daß auch ohne lokale Exazerbation die Bazillen diese Herde verlassen können, sowohl mit einfachen Diffusionsströmen als auch beim Einwuchern von Granulationsgewebe *ohne* tuberkulöse Veränderungen. Ich halte es für möglich, daß die lokale Immunität so gut funktioniert, daß an Ort und Stelle der Mobilisierung zwar kein tuberkulöser Prozeß entsteht, wohl aber die Bazillen in die Säftebahnen des Körpers eingespült werden. Ich verweise dazu auf das Kapitel über die allgemeine Pathogenese und auf das folgende.

Stehen die auf den letzten Seiten beschriebenen Vorgänge in naher Beziehung zu der anatomischen Heilung der Tuberkulose, so ist jetzt noch eine Komplikation zu erwähnen, die im Gegenteil ein weiteres gefährliches Fortschreiten des tuberkulösen Prozesses bedeutet, und das ist die Erweichung des Käses. Hier sind verschiedene Möglichkeiten vorhanden. Wir wollen zunächst die Erweichung solcher Herde betrachten, die an nach außen offenen freien Oberflächen stattfinden; es handelt sich also kurz gesagt um die Entstehung des *tuberkulösen Geschwürs*. Je nach der Lokalisation und sonstigen Umständen gibt es schon da verschiedene Möglichkeiten. Die eigentlichen typischen tuberkulösen Ulzera sehen wir auf den Schleimhäuten und der äußeren Haut, während wir z. B. gewisse ähnliche Vorgänge auf den serösen Häuten nicht dazu rechnen werden, abgesehen von ganz bestimmten Fällen, deren im speziellen Teil Erwähnung getan werden wird.

Auf der Haut und den Schleimhäuten kommen zwei verschiedene Möglichkeiten der *Geschwürsbildung* in Betracht. Einmal sehen wir die Ulzeration auftreten während des exsudativen Stadiums, insbesondere wenn die Verkäsung und mit ihr die Quellung einsetzt. Dabei wird dann die Oberfläche direkt in

Mitleidenschaft gezogen, das Epithel in die Nekrose aufgenommen und die Ulzeration muß sich zwangsläufig einstellen. Diesen Hergang müssen wir z. B. beim primären Herd des Darms annehmen, obwohl, wie es scheint, die allerersten Stadien noch nicht beobachtet worden sind. Der Zerfall tritt dabei offenbar sehr schnell ein. Wir können aber ganz ähnliche Bilder sehen bei manchen generalisierten Tuberkulosen insbesondere des Kindesalters, bei denen wir schnell verkäsende tuberkulöse Herde im Darm auftreten sehen, die, wenn sie oberflächlich gelegen sind, ebenso schnell zu einem typischen tuberkulösen Geschwür führen. Aber auch wenn sich nahe der Oberfläche langsam ein produktiver tuberkulöser Herd entwickelt, kann es zur Geschwürsbildung kommen. Allerdings liegen auch dabei nach meinen Erfahrungen am Darm und an der Luftröhre die Dinge ganz ähnlich wie im ersten Fall. Es kommt dann nämlich ebenfalls zu einem erneuten Schub von Exsudationsbildung mit Verkäsung, und die Geschwürsbildung geht in derselben Weise vor sich wie bei der primären Verkäsung. In beiden Fällen spielen natürlich auch mechanische Reize eine nicht zu unterschätzende Rolle. Der Herd wird sich stets über die Oberfläche vorwölben und damit allen möglichen mechanischen Beeinträchtigungen ausgesetzt sein. Außerdem muß man an die Mitwirkung von Sekundärinfektionen denken, wenn gleich hier, soweit ich sehe, klärende Untersuchungen noch nicht vorliegen und mein eigenes Material auch noch nicht genügend Belege liefert. Sekundärinfektionen wären nämlich deswegen wichtig, weil sie erneute Schübe von Leukozyten bringen. Die Mitwirkung von Leukozyten scheint aber, wie wir noch sehen werden, für die Erweichung des Käses, auf der ja letzten Endes die Geschwürsbildung beruht, von ausschlaggebender Bedeutung zu sein.

Zunächst noch einige Bemerkungen über die äußeren Merkmale des tuberkulösen Geschwürs. Daß es, wie schon lange bekannt ist, überhängende bezw. unterminierte, im Übrigen zackige Ränder hat, ist nach seiner Genese verständlich. Es geht doch gewöhnlich aus rundlichen oder ovalen Herden hervor, die an irgendeiner Stelle ihrer Oberfläche, gewöhnlich an der stärksten Wölbung, zu zerfallen beginnen und aus denen dann schließlich die gesamte käsige Masse, die ja eine annähernd kugelige oder ellipsoide Gestalt hat, entleert wird. Daß beim Weiterschreiten des Prozesses, das sehr oft beobachtet wird, der Rand gezackt sein und die Unterminierung immer wieder vorhanden sein muß, wird ohne Weiteres verständlich, wenn man sich den soeben geschilderten Vorgang mehrere Male wiederholt denkt. Der Grund des Geschwürs pflegt dann mehr oder weniger speckig belegt zu sein, aber durchaus nicht immer deutliche tuberkulöse Knötchen aufzuweisen. Weitere Veränderungen der Geschwüre, Perforationen usw. sollen hier übergangen werden, aber einige Worte mögen noch über ihre Heilung gesagt sein. Ich bin der Meinung, daß dabei in sehr zahlreichen Fällen unspezifisches Granulationsgewebe in hohem Maße beteiligt ist. Zahlreiche Untersuchungen bestätigen immer wieder, daß die Geschwüre von gewöhnlichem gefäßreichem Granulationsgewebe demarkiert werden. Völlige Abstoßung des bazillenhaltigen Materials ist dafür eine wichtige Bedingung. Aber man muß auch bedenken, daß solche Geschwüre nach der Lage der Dinge sehr oft sekundär infiziert werden müssen, wodurch unspezifische Entzündungsvorgänge entstehen, die sehr wohl die Vernarbung begünstigen können. — Es ist bekannt, daß solche tuberkulöse Geschwüre gar nicht selten mit einer kaum sichtbaren Narbe abheilen; ich erinnere z. B. an jene Fälle, in denen es nicht gelingt, zu einem verkästen und abgekapselten oder verkalkten Mesenterialdrüsenherd den entsprechenden primären Darmherd zu finden.

Zwar liegen die Verhältnisse schwieriger bei der andern Art geschwüriger Prozesse, nämlich bei den großen erweichenden käsigen Prozessen, vor allen Dingen der Lungen und Bronchialdrüsen, aber auch der Nieren usw.; andererseits aber führt die Analyse dieser Vorgänge auch zu mehr allgemeingültigen Schlüssen, die dann auch wieder für die gewöhnlichen Geschwüre verwertet werden können. Eins möchte ich dazu im voraus sagen und besonders unterstreichen. Es kommen wohl Fälle vor, in denen bei der Erweichung des Käses sekundäre Infektionen mit Eitererregern eine Rolle spielen, aber die Regel ist das nach meinen Erfahrungen ganz gewiß nicht, im Gegenteil, es ist die Ausnahme. Die übergroße Mehrzahl solcher Erweichungen geht ohne Sekundärinfektionen vor sich. Daß im übrigen die Erweichung des Käses letzten Endes ein proteolytischer Prozeß ist, d. h. daß die geronnenen Eiweißmassen zu löslichen und gelösten Eiweißabbauprodukten „verdaut" werden, darüber kann gar kein Zweifel bestehen. Darum muß auch natürlich in erster Linie an die proteolytischen Fermente der Leukozyten gedacht werden. In der Tat kann man feststellen, daß dort, wo eine Erweichung im Käse einsetzt, stets reichlich Leukozyten zu finden sind. Nach allen Erfahrungen kann man sogar annehmen, daß es noch dieselben Zellen sind, die zu der der Verkäsung vorausgehenden Exsudation gehörten. Denn die Erweichung des Käses ist zweifellos, wie sich immer wieder feststellen läßt, ein mit der Verkäsung sozusagen gleichzeitig einsetzender oder ihr doch auf dem Fuße folgender Vorgang. Als Anstoß dazu muß eine besonders intensive Bazillenwirkung angenommen werden, finden wir doch bei solchen Prozessen stets reichliche, oft ungeheuer zahlreiche Bazillen. Ist ein Käseherd erst einmal eingekapselt, so kommt eine Erweichung viel seltener vor. Die Tatsache, daß unter solchen Umständen Leukozytenfermente auf der einen Seite bei der Gerinnungsnekrose, eben der Verkäsung, mitwirken, auf der andern Seite aber eine Verflüssigung geronnener Massen veranlassen, will mir nicht so paradox erscheinen, daß ich darum an dieser Möglichkeit zweifeln müßte. Allerdings wäre es sehr wünschenswert, wenn alle diese Fragen recht bald durch chemische und kolloidchemische Untersuchungsmethoden genauer geklärt werden könnten. Im Übrigen verweise ich besonders auf das Kapitel über die Lungenkavernen.

Findet man in erweichenden Herden keine Leukozyten, was aber sehr selten ist, so bleibt noch die Möglichkeit, daß ihre Fermente trotzdem noch wirksam waren, wobei noch einmal an das schnelle Einsetzen des Erweichungsprozesses, u. U. schon während der Entstehung der Verkäsung, erinnert sei. Weiterhin kommen für die Erweichungen natürlich auch neue exsudative Schübe in Betracht, insbesondere dort, wo in Kanalsystemen, wie z. B. den Bronchien, die Verkäsungen in das Lumen hineinreichen, wo gewöhnlich noch ausgesprochene exsudative Veränderungen vorhanden sind. Ob mit den Leukozytenfermenten die Sache erledigt ist oder ob auch noch andere Fermente wie bei gewissen autolytischen Vorgängen eine Rolle spielen können, kann wohl noch kaum entschieden werden. — Es muß aber noch gesagt werden, daß offenbar auch die Neigung zur Erweichung des Käses individuellen Schwankungen in weitem Maße unterworfen ist. Man muß dabei an Einflüsse konstitutioneller, dispositioneller und allergischer Natur denken.

Haben wir bisher gesehen, daß dann, wenn ein zelliger Tuberkel entsteht, es sich tatsächlich um ein Knötchen handelt, so soll nun noch der Begriff der sog. *tumorförmigen Tuberkulose* erörtert werden. Ich bin der Meinung, daß von manchen der Sinn dieses Begriffes verkannt worden ist. Zuweilen wird nämlich in der Literatur von tumorförmiger Tuberkulose gesprochen, wenn es sich um einen gewöhnlichen käsigen Prozeß handelt, der makroskopisch als umschriebene tumorartige Schwellung erschien. Aber das ist m. E. kein Kriterium, das die Anwendung des Begriffes gestattete. Ich bin vielmehr der Meinung, daß man nur dann von tumorartiger Tuberkulose sprechen kann, wenn auch mikroskopisch eine Struktur vorhanden ist, die an ein Geschwulstwachstum erinnert. Solche

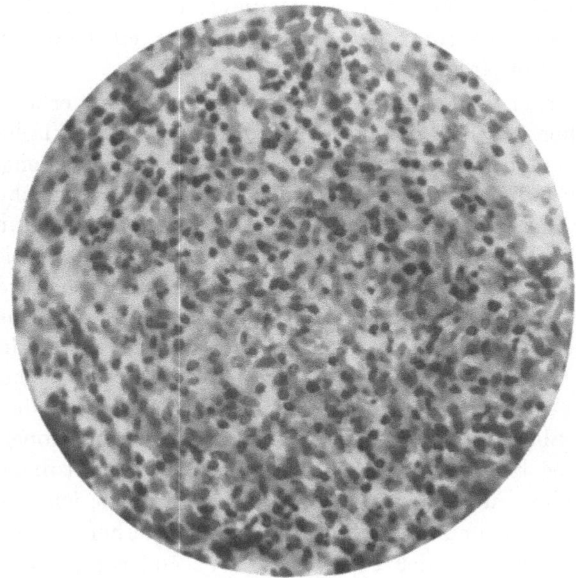

Abb. 13. Tumorartige Tuberkulose der Higmorshöhle. Diffuses sarkomartiges Wachstum der mit einigen Lymphozyten untermischten Epitheloidzellen. 240fache Vergr.

Fälle dürften aber beim Menschen sehr selten sein. Ich habe, wenn ich diesen Maßstab anlege, bisher nur einen einzigen Fall gesehen, der die Bezeichnung verdiente. Es handelte sich um eine Erkrankung der Highmorshöhle (von Perrier veröffentlicht). Hier sah man in einem schon makroskopisch tumorartigen Gewebe im Mikroskop eine *diffuse* Wucherung von Epitheloidzellen ohne Knötchenanordnung, die mancher Sarkomwucherung nicht unähnlich war, die allerdings auch in unregelmäßiger Weise von Lymphozyten durchsetzt wurde (Abb. 13). Der Befund von massenhaft Tuberkelbazillen in diesen Wucherungen konnte die Diagnose sichern. Es handelt sich dabei offenbar um eine Infektion mit wenig virulenten Bazillen, wenngleich ich eine Erklärung dafür, daß eigentliche Knötchen nicht auftreten, nicht geben kann. Ähnlich sind in dieser Beziehung nur noch gewisse tuberkulöse Wucherungen der Nasenschleimhaut selbst und wahrscheinlich auch ihrer andern Nebenhöhlen, sodann vielleicht noch gewisse am Kehlkopf zu beobachtende Prozesse. Eine gewisse Ähnlichkeit besteht auch mit den sog. großzelligen Hyperplasien bei der Lymphknotentuberkulose. Streng genommen gehört in dieses Gebiet aber nicht der sog. tuberkulöse Ileozoekaltumor und ähnliche Prozesse. Diese Erkrankung imponiert eigentlich nur bei der klinischen Beobachtung als „Tumor“. Die autoptische und besonders die mikroskopische Untersuchung deckt aber einen gewöhnlichen tuberkulösen Prozeß mit Knötchen auf, bei dem abwechselnd Geschwürsbildungen, Narbenbildungen, chronisch-entzündliche Infiltrate, alles mit frischeren echten tuberkulösen Prozessen durchsetzt, zu einer starken Verdickung der Darmwand geführt haben. Es handelt sich also bei strenger Definierung durchaus nicht um einen tumorartigen Vorgang. Dasselbe gilt von allen möglichen andern Prozessen, insbesondere solchen auf andern als den genannten Schleimhäuten, von polypenartigen Gebilden usw., wo dann auch u. U., wie bei manchen Heilungsvorgängen im Darm, atypische Epithelwucherungen mit im Spiele sind. Bei den einzelnen Organen werde ich auf alle diese Vorgänge eingehen.

Am wichtigsten erscheinen mir bei diesen zuweilen mit erheblichen Schwellungen einhergehenden Prozessen die oft diffusen, unspezifischen, chronisch- oder auch akut-entzündlichen Infiltrate, die wiederum in enger Beziehung stehen zu dem, was neuerdings als *perifokale Entzündung* bezeichnet wird. Der Ausdruck stammt von Schmincke, wurde von Ranke übernommen, während ihn Schmorl durch zirkumfokale und Tendeloo durch kollaterale Entzündung zu ersetzen suchen. Bei verschiedenen Organtuberkulosen wird von diesem Vorgang noch die Rede sein. Einige allgemeine Erörterungen lassen sich aber hier nicht übergehen. Man findet je nach Organ oder Krankheitsstadium und -art neben den spezifischen tuberkulösen Veränderungen solche von banaler entzündlicher Art entweder in Form von Leukozyteninfiltraten oder von Lymphozyteninfiltraten, aber unter Umständen auch von Granulationsgewebe. Diese umgeben entweder tatsächlich den oder die eigentlichen tuberkulösen Herde und verdienen daher auch einen der angeführten Namen; ich rechne schon die die Tuberkel einschließenden Lymphozytenwälle hierher. Oder sie sind bei unregelmäßiger Anordnung der tuberkulösen Veränderungen in verschiedenen Herden unregelmäßig oder diffus über das ganze Areal der tuberkulösen Erkrankung, so in manchen Schleimhäuten, verteilt. Sofern hier sekundäre oder Mischinfektionen mit andern Bakterien ausgeschlossen werden können, bleibt noch die Frage zu erörtern, ob solche Veränderungen auf die Tuberkelbazillen selbst zurückzuführen sind oder ob eine andere Erklärung möglich ist. Es ist dazu zu bemerken, daß Tuberkelbazillen in diesen entzündlichen Produkten nicht oder nur in sehr geringer Menge gefunden werden. Trotzdem sind manche Autoren geneigt, die Tuberkelbazillen selbst wenigstens in der Weise verantwortlich zu machen, daß diffusible, von ihnen abstammende Gifte, oft als „Toxine“ bezeichnet, die Ursache sein sollten. Ranke spricht z. B. von einer Tuberkulinisierung. Ich selbst stehe durchaus auf dem Standpunkt, daß bei der Tuberkelbildung besonders in den ersten Stadien der Exsudation diffusible Gifte der Bazillen im Spiele sind, allerdings natürlich keine echten Toxine, sondern endotoxinartige Substanzen. Ich möchte aber meinen, daß gerade bei diesen nicht spezifischen, die eigentlich tuberkulösen begleitenden Prozessen abnorme Stoffwechselprodukte der Körpergewebe nicht vernachlässigt werden dürfen. Man braucht dabei nicht nur an die groben Nekrosen bei der Verkäsung zu denken, sondern auch an die sonstigen abnormen Umbauprodukte aller möglicher eiweißartiger Gewebsbestandteile. Auch gewisse mechanische Störungen des Gewebszusammenhanges müssen genannt werden, so vor allen Dingen Lymphstauungen, die bei manchen tuberkulösen Prozessen eine bisher kaum beachtete Rolle spielen können. Das werden wir insbesondere bei der Besprechung der Lungentuberkulose sehen. Ich bin also der Meinung, daß die sog. perifokale Entzündung nicht spezifisch tuberkulöser Natur ist, sondern eine durch unspezifische Faktoren, kombiniert evtl. durch Tuberkulinwirkung, bedingte Begleiterscheinung. Dafür etwa Ausdrücke wie „paratuberkulöse" oder „epituberkulöse" Veränderungen anzuwenden, halte ich für überflüssig. Der unspezifische Charakter dieser Infiltrate wird übrigens auch dadurch betont, daß diese Entzündungen sich schnell zurückzubilden pflegen, wenn der tuberkulöse Prozeß selbst zurückgeht, bezw. das produktive Stadium endgültig erreicht hat oder gar schon die fortgeschrittene Faserbildung auf einen günstig verlaufenden Heilungsprozeß hindeutet. Daß bei sehr umfangreichen „perifokalen" Infiltraten mit gleichzeitigem Auftreten von Granulationsgewebe auch unspezifisches Narbengewebe entstehen und die eigentlichen, aus dem tuberkulösen Prozeß hervorg hfnden Narben vermehren und verstärken kann, mag noch besonders unterstrichen werden. Ich erinnere dazu an manche, von K. E. Ranke beim primären tuberkulösen Lungenherd beschriebenen Veränderungen. Ich erinnere aber auch an das, was ich oben über die unspezifischen Organisationsprozesse bei manchen Tuberkuloseformen gesagt haben. Es liegt auf der Hand, daß mannigfache Beziehungen zwischen jenen und den hier erwähnten Veränderungen bestehen müssen. Jedenfalls lassen sich alle diese verschiedenen Vorgänge sozusagen nicht über einen Kamm scheren. So wird an vielen Stellen des speziellen Teiles noch von ihnen die Rede sein.

Ist die sog. perifokale Entzündung ein örtlich bedingter Vorgang, so leitet ihre Betrachtung doch über zu gewissen *Fernwirkungen der Infektion*, also solchen, die örtlich unabhängig von tuberkulösen Herden entstehen. Die Rolle solcher Fernwirkungen für das ganze Krankheitsbild der Tuberkulose ist vor allen Dingen von dem Franzosen Poncet sehr ernst genommen worden, der alle möglichen im Verlaufe einer Tuberkulose auftretenden, angeblich entzündlichen Erkrankungen sämtlicher Organsysteme ohne tuberkulöse Veränderungen unter dem Namen der „entzündlichen Tuberkulose" (Tuberculose inflammatoire) zusammengefaßt hat. In ähnlicher Weise ist dann in Deutschland G. Liebermeister vorgegangen, in Ungarn Hollos (dessen unkritische Ausführungen allerdings wohl ruhig der Vergessenheit anheimfallen können). Ich bin zwar der Meinung, daß, ganz abgesehen von dem Standpunkt, den man diesen Lehren gegenüber einnehmen will, die fraglichen Veränderungen für eine Behandlung von pathologisch-anatomischer Seite noch nicht reif sind; einzelne Fälle, in denen das Problem greifbar ist, werden im speziellen Teil berücksichtigt werden. Drei hier in Betracht kommende Gesichtspunkte möchte ich aber doch wenigstens kurz andeuten. Das ist 1. die Tatsache der häufigen Bakteriämien bei Tuberkulose, die ja wohl auch Liebermeister eine wesentliche Anregung zu seiner Auffassung der Dinge gegeben hat. Es ist natürlich denkbar, daß diese nicht immer symptomlos verlaufen, auch wenn sie nicht imstande sind, typische tuberkulöse Prozesse zu erzeugen. Es ist denkbar, daß dabei tatsächlich flüchtige, vielleicht zuweilen etwas länger anhaltende entzündliche Erscheinungen unspezifischer Natur entstehen, und daß manche von den Symptomen, die PONCET und LIEBERMEISTER erwähnen, so zu erklären sind; ich denke dabei auch an manche Tuberkulide der Haut. Aber pathologisch-anatomisch sind derartige Vorgänge zunächst nicht faßbar, und ihr systematisches Studium dürfte überhaupt auf sehr große Schwierigkeiten stoßen. Bisher liegen keinesfalls verwertbare Untersuchungen darüber vor. *Zweitens* muß gesagt werden, daß manches, was hier und da als Allgemeinwirkung der tuberkulösen Infektion beschrieben wurde, bestimmt nicht entzündlicher Natur ist. Es sind das alle möglichen Organveränderungen, an gewissen klinischen Symptomen kenntlich, die bei LIEBERMEISTER keine besondere Rolle spielen, bei PONCET aber doch in weitem Maße berücksichtigt werden, Veränderungen, die auch sonst hier und da in der Literatur, teils vom allgemeinen Standpunkt aus, teils in bezug auf die Organpathologie, genannt werden. Anatomisch werden regressive Veränderungen der Parenchyme, auch Atrophien, dann aber auch Veränderungen des Gefäßbindegewebsapparates in Gestalt von Sklerosen beschrieben. Jeder, der Sektionen und mikroskopische Untersuchungen tuberkulöser Leichen ausführt, kann das bestätigen. Aber trotzdem gehören derartige Veränderungen kaum oder doch wenigstens nur in ganz vereinzelten Fällen, in den Rahmen einer pathologisch-anatomischen Darstellung der Tuberkulose. Fragen wir uns, wie sie zustande kommen können, so muß doch klar betont werden, daß sie mit einer unmittelbaren Wirkung der Tuberkelbazillen kaum oder nur sehr wenig zu tun haben. Eine gewisse Komponente von Endotoxinwirkung muß natürlich beteiligt sein. Wenn wir aber diese Veränderungen, soweit sie anatomisch faßbar sind, ganz allgemein als „toxische" Schädigungen bezeichnen, so müssen wir uns dabei bewußt sein, daß es sich in erster Linie um eine Folge allgemeiner Stoffwechselstörungen handelt, bedingt entweder durch die giftigen Produkte, die infolge des Gewebszerfalles und -abbaues in den tuberkulösen Herden selbst entstehen, oder durch die allgemeine Schwächung des Stoffwechsels überhaupt. Daß eine solche Auffassung sehr nahe liegt, geht auch daraus hervor, daß die wichtigste dieser Folgen der Tuberkulose, die Amyloiderkrankung, mit der spezifischen Wirkung der Tuberkelbazillen nichts zu tun hat. Denn sie kommt zwar am häufigsten bei der Tuberkulose vor und erweist so auch die Wichtigkeit allgemeiner Stoffwechselstörungen bei Tuberkulose, aber begleitet doch auch zuweilen andere Erkrankungen, so chronische banale Eiterungsprozesse, die Lues und die bösartigen Geschwülste. Sie beruht eben auf einer tiefgreifenden Störung des Eiweißstoffwechsels, bedingt durch die in den Krankheitsherden entstehenden giftigen Substanzen des Gewebsabbaues. Ebenso wenig wie die Amyloiderkrankung werden darum auch jene andern Prozesse zu unserm Thema der pathologischen Anatomie der Tuberkulose gehören. Das Gleiche gilt übrigens für die Sekundärinfektionen und Mischinfektionen, die nur hier und da Berücksichtigung finden müssen, wo sie unmittelbar das anatomische Bild der Tuberkulose zu beeinflussen imstande sind. *Drittens* wäre in diesem Zusammenhang das Verhalten der großen Blutfilter, und zwar im Wesentlichen des Knochenmarks und der Milz, zu nennen. Myeloide Umwandlung des Fettmarkes und Milzschwellungen sind bei Fällen von akuter und chronischer Tuberkulose häufig, ebenso im mikroskopischen Bilde in der Milz gewisse Veränderungen, wie sie auch bei andern Infektionen vorkommen. Aber auch hierzu muß bemerkt werden, daß man nur in einem sehr geringen Maß von einer direkten Einwirkung der Tuberkelbazillen sprechen darf. Es sind vielmehr auch für diese Veränderungen dieselben Momente verantwortlich zu machen, wie für die soeben erwähnten allgemeinen Organschädigungen. Für Tuberkulose charakteristische, nichttuberkulöse Veränderungen der Milz und des Knochenmarks sind bisher nicht bekannt geworden.

Wenn ich jetzt die wichtigsten in diesem Kapitel erörterten Gesichtspunkte noch einmal kurz *zusammenfasse*, so läßt sich Folgendes sagen. Die Analyse der tuberkulösen Prozesse läßt erkennen, daß die reaktiven, entzündlichen Vorgänge im Prinzip genau so verlaufen wie bei andern Infektionskrankheiten. Das heißt: nach der Gewebsschädigung tritt eine lokale Entzündung auf, bei der wir wie bei andern Entzündungen eine exsudative und eine produktive Phase unterscheiden können. *Die Tuberkulose ist also eine Entzündung.* Es zeigt sich auch, daß wieder ebenso wie bei andern Entzündungen dort, wo Oberflächen zur Verfügung stehen, auch bei der Tuberkulose sehr viel mehr Exsudat gebildet wird als innerhalb der kompakten Parenchyme. Die wichtigen Unterschiede, die gegenüber durch andere Infektionen bedingten Entzündungen bestehen und die der Tuberkulose durchaus eine Sonderstellung unter den Infektionskrankheiten sichern, sind bedingt durch die Eigenart des Erregers. Seine relativ geringe Giftigkeit ist z. B. schon ein Grund für die geringe Exsudatbildung in den kompakten Organen. *Die hervorstechendsten Besonderheiten des tuberkulösen Prozesses sind aber gegeben 1. in der Verkäsung, die an das exsudative Stadium gebunden ist, im produktiven nur dann vorkommt, wenn neue exsudative Schübe auftreten; 2. darin, daß im produktiven Stadium kein gefäßhaltiges Granulationsgewebe auftritt, sondern die sog. Epitheloidzellen oder Tuberkelzellen und die* Langhans*schen Riesenzellen, die entweder den rein zelligen Tuberkel bilden oder verkäste Partien allseitig umfassen.*

Wenn ich sodann auf die am Anfang dieses Kapitels ausgesprochenen Gedankengänge zurückkomme, so kann es natürlich im Rahmen der hier vorgetragenen Auffassung keinen Unterschied zwischen einer exsudativen und einer produktiven „Form“ der Tuberkulose geben, ebenso wenig, wie man etwa von einer eitrigen und einer granulierenden „Form“ des Furunkels spricht. Genau so wie bei diesem kann es sich auch bei der Tuberkulose nur um Stadien oder Phasen ein und desselben Prozesses handeln, die nur je nach den schon erwähnten und im folgenden Kapitel noch weiter zu erörternden Umständen und Lokalisationen sehr verschieden stark ausgebildet sein können. *Bei dieser Art zu sehen gelangen wir tatsächlich zu einer völlig einheitlichen Auffassung des tuberkulösen Prozesses.* Die käsige Entzündung ist nicht eine selbständige Erkrankung, sondern entspricht nur einem besonders stark ausgebildeten exsudativen Stadium. Der Tuberkel der Autoren ist keine selbständige Neubildung, sondern er ist das produktive Stadium desselben Vorganges, nur daß die exsudative Komponente bei ihm unter Umständen stark zurückgetreten ist. In den Lungen haben wir z. B. darum so häufig verkäsende Entzündungen, weil in ihnen eine fortschreitende Tuberkulose ohne verhältnismäßig umfangreiche Exsudatbildung undenkbar ist, in der Leber sind hingegen Verkäsungen darum selten, weil dort Exsudatbildungen keinen Platz für ihre Ausbreitung finden. Bei den einzelnen Organen werden wir an verschiedenen Stellen noch genauer darüber zu sprechen haben.

Genau von denselben Gesichtspunkten aus wie bei den andern Entzündungen müssen auch bei der Tuberkulose die Heilungsmöglichkeiten betrachtet werden. Wir werden uns bei eng umschriebenen, leichten und flüchtigen Prozessen eine völlige Rückbildung im exsudativen Stadium, unabhängig von den einzelnen Organen und Geweben, vorstellen können, wobei also eine Restitutio ad integrum erreicht würde. Wir dürfen auch eine Lösung und Eliminierung von ausgedehnteren Exsudaten und damit wiederum eine Restitutio ad integrum für möglich halten, wenn diese Exsudate sich auf Oberflächen entwickelt haben, die unter normalen Verhältnissen nach außen offen sind. Wir werden aber zweifeln müssen, daß das auch noch bei schon verkästen Exsudaten zu erwarten ist. Wir werden endlich dann, wenn die produktive Phase schon im Gange ist, eine wahre Heilung für ausgeschlossen halten müssen. Unter diesen Umständen kann vielmehr nur wie bei andern Entzündungen das Endresultat eine Narbe, also eine Heilung mit Defekt sein.

Pathologische Anatomie der Tuberkulose in ihren Beziehungen zu den Begriffen Infektion, Allergie, Disposition und Konstitution.

Ein Verständnis für den sehr komplizierten und wechselvollen Verlauf der Tuberkulose läßt sich, wie in der Einleitung schon angedeutet wurde, nur gewinnen, wenn man nicht allzusehr an Vergleichen mit akuten Infektionskrankheiten hängt. Es wurde auch schon mehrere Male gesagt, daß der Schlüssel für das gegen andere Infektionen so differente Verhalten der Tuberkulose letzten Endes in den besondern Eigenschaften der Tuberkulosebazillen gesucht werden muß. Wir wollen nun hier auf diese Dinge noch etwas genauer eingehen. Ich stelle auch hier als ersten Satz den auf, daß der Tuberkelbazillus eine relativ geringe Giftigkeit für den menschlichen Organismus besitzt, dazu aber eine hohe Widerstandsfähigkeit gegen seine bakteriziden Kräfte. Dieser Satz braucht kaum besonders begründet zu werden. Denn wenn man bedenkt, welche ungeheure Menge von Tuberkelbazillen ein Phthisiker Jahre und Jahrzehnte lang mit sich herumträgt, so folgen daraus die beiden Eigenschaften der Bazillen sozusagen von selbst.

Wenn wir uns hier zunächst mit den Beziehungen der Tuberkulose zu dem Begriff der *Infektion* befassen wollen, so können wir von der Frage der Eintrittspforten und der etwaigen Latenz, die schon besprochen wurden, absehen, müssen dagegen die *Art und Weise der Wirksamkeit der Tuberkelbazillen auf die Gewebe* ins Auge fassen. Oben wurde schon gesagt, daß echte Toxine der Bazillen, d. h. von ihnen sezernierte Gifte, nicht bekannt sind. Sicher ist vielmehr, daß die Giftwirkung im Wesentlichen von Endotoxinen ausgeht, d. h. von Stoffen, die beim Abbau der Leibessubstanzen der Bazillen, evtl. bei ihrer Auflösung durch Bakteriolyse, gebildet werden. In der Weise haben wir uns also den Angriff der Tuberkelbazillen auf den menschlichen Körper vorzustellen: nur wenn seine Leibessubstanz von dem lebenden Körpergewebe oder von den Körpersäften derartig angegriffen wird, daß giftige Stoffwechselprodukte entstehen, können sie Giftwirkungen entfalten. Die Wirksamkeit der Infektion geht also in dem Moment an, in dem dies geschieht. Die Folge muß die lokale Gewebsschädigung sein; diese wiederum löst zusammen mit den noch wirksamen

Giftsubstanzen der Tuberkelbazillen die ersten Stadien der Entzündung, nämlich die Zirkulationsstörungen und die Exsudationen aus. Die Nekrose des Exsudates, wie sie auch bei andern infektiösen Entzündungen, z. B. bei den Staphylokokkenerkrankungen vorkommt, muß natürlich auch eine Folge der Giftwirkung der Erreger sein. Eine gewisse Abhängigkeit von der Größe der Exsudate läßt sich aber nicht verkennen. Gerade wo die Exsudate nach Lage der Dinge am umfangreichsten sind, kommt auch ihre Nekrose am häufigsten vor. Daß die Nekrose der tuberkulösen Exsudate unter dem besondern Bild der Verkäsung verläuft, muß zweifellos wieder mit den Eigenschaften der Erreger in Zusammenhang stehen. Es wurde oben schon gesagt, daß leider über das Wesen der Verkäsung noch sehr wenig bekannt ist. Ich möchte auch hier die Vermutung äußern, daß besonders Stoffwechselprodukte der Tuberkelbazillen dabei die wesentliche Rolle spielen, und möchte dabei neben den Eiweißkörpern ganz besonders an die Wachssubstanzen denken. Denn diese sind es, die die Tuberkelbazillen grundsätzlich von andern Bakterien unterscheiden. Gewisse experimentelle Untersuchungen (Auclair usw.) sind geeignet, diese Annahme zu stützen. Nur der weitere Ausbau unserer chemischen und mikroskopischen Untersuchungsmethoden kann uns hier weitere Aufklärungen bringen. — Wir sehen jedenfalls in den Wirkungen, die die Tuberkelbazillen vom Beginn ihrer Tätigkeit an bis zur Verkäsung entfalten, die Giftwirkung, bzw. die Wirkung von Substanzen, die bei ihrem Abbau frei werden, durchaus im Vordergrund stehen. Wir können sagen: *im exsudativen Stadium der Tuberkulose einschließlich der Verkäsung steht die Giftwirkung der Bazillen im Vordergrund.*

In dem durch die epitheloiden Zellen und Riesenzellen charakterisierten produktiven Stadium können wir hingegen besondere Giftwirkungen nicht mehr erkennen. Von Alters her wird hier vielmehr schon der Vergleich mit der Wirkung von kleinsten Fremdkörpern gemacht. Die Vorstellung, daß der rundliche Tuberkel eine Zellwucherung ist, die fremdkörperartige Gebilde in sich einschließt, ist in der Tat sehr einleuchtend, hat doch ein eigentlicher sog. „Fremdkörpertuberkel" einen ganz ähnlichen Bau. Nun bilden sich aber Wälle von epitheloiden und Riesenzellen auch um verkäste Partien herum. Wir müssen also nach den gemeinsamen Bedingungen suchen, die einmal einen zelligen Tuberkel im Anschluß an ein ganz geringes und im Verlaufe der Zellwucherung völlig verschwindendes Exsudat, das andere Mal eine Wucherung derselben Zellen am Rande einer verkästen Partie entstehen lassen. Es gibt da zwei Möglichkeiten. Entweder die Zellwucherung wird unterstützt durch Trümmer von Tuberkelbazillen oder durch ganze Bazillen, die die Fähigkeit, giftige Substanzen abzugeben, fast ganz verloren haben; oder es handelt sich um nach dem Abbau der Bazillen noch übriggebliebene, evtl. ganz oder teilweise gelöste Bazillenbestandteile, die als Fremdkörper wirken. Beide Möglichkeiten werden wohl realisiert werden können, doch möchte ich die letztere für die beachtlichere halten und denke dabei wieder an die Wachssubstanzen. Das würde auch gut mit der Annahme übereinstimmen, daß die wachsartigen Substanzen bei dem Prozeß der Verkäsung in irgendeiner Weise beteiligt sind. Ein Beweis für eine solche Anschauung ist noch nicht zu erbringen. Allerdings findet man bei Färbungen nach Ziehl und andern Methoden zuweilen sowohl im Käse als auch in den produktiven Tuberkeln, als auch sogar in Riesenzellen eine diffuse oder auch nur fleckig angeordnete Färbung, die an gelöste Wachssubstanzen denken läßt.

Aber die Bilder sind doch nicht klar genug, um eine einwandfreie Deutung zuzulassen. Eher noch sind in dieser Richtung gewisse Tierversuche zu verwerten. Es gelingt ja mit durch Hitze abgetöteten Tuberkelbazillen, die also wohl nur sehr schwer angreifbar sind, und ebenso mit isoliertem Bazillenwachs reine Epitheloidzellknötchen mit reichlichen Riesenzellen vom Typus LANGHANS zu erzeugen.

Auf den Gedanken, daß es bestimmte Bestandteile der Tuberkelbazillen sind und nicht oder wenigstens nicht allein in ihrer Gestalt und Zusammensetzung erhaltene Bazillen, die diese Fremdkörperwirkung ausüben, kann man auch darum kommen, weil es doch auffallend sein muß, daß sowohl in produktiven Tuberkeln, als auch in umschlossenen Käsemassen oft gar keine, oder doch meist nur spärliche Bazillen gefunden werden können. Eine Ausnahme machen nur jene seltenen, offenbar von sehr wenig virulenten Bazillen erzeugten torpiden Erkrankungen, zu denen auch die sog. tumorförmigen Tuberkulosen (s. S. 97) gehören. Bilder, wie sie in der Arbeit R. KOCHs wiedergegeben werden, sind, wie schon gesagt, beim Menschen nicht häufig. Wenn man nun diese Bazillenarmut nicht mit dem Vorhandensein einer unfärbbaren Bazillenform, evtl. einer Dauerform erklären will, so muß man zu der andern Erklärung der produktiven Phase kommen.

Wenn alle diese Dinge, besonders in bezug auf die menschliche Pathologie, auch noch sehr viel genauer werden untersucht werden müssen, so wird man doch jetzt schon sagen können: es läßt sich bei der Wirksamkeit der Tuberkelbazillen eine giftige und eine Fremdkörperkomponente unterscheiden. Es geht aber auch logisch daraus hervor, daß die letztere ohne die erstere im Allgemeinen undenkbar ist. Nur in seltenen Fällen fast völliger Ungiftigkeit der Bazillen oder vielleicht auch unter dem Einfluß sehr wirksamer positiver Allergien (s. u.) wird die Giftwirkung sehr gering, unter Umständen fast Null werden können.

Da wir nun die Giftwirkung als die Ursache für die Gewebsschädigung und damit für die ihr unmittelbar folgenden reaktiven Veränderungen zirkulatorischer und exsudativer Natur und schließlich der Verkäsung bezeichnet haben, so müssen wir jetzt zusammenfassend der Fremdkörperwirkung die besondere Art der produktiven Reaktion bei Tuberkulose reservieren. Während bei andern Entzündungen durch die Vorgänge der Exsudation die Vorbedingungen für die Wucherung eines gefäßhaltigen Granulationsgewebes geschaffen werden, bilden dieselben Vorgänge bei der Tuberkulose den Boden für die im allgemeinen gefäßarme Wucherung der Epitheloidzellen, in der wir eben eine Fremdkörperwirkung erkennen können. Eine von vornherein produktive Tuberkulose ist beim Menschen aber unter natürlichen Infektionsbedingungen im Allgemeinen nicht denkbar. Jedenfalls können wir sagen: *im produktiven Stadium der Tuberkulose steht die Fremdkörperwirkung der Bazillen im Vordergrund.*

Nur eins muß hier noch besonders hervorgehoben werden. Der Latenzbegriff wird durch solche Überlegungen nicht berührt. Wir sind durch die schon mehrfach erwähnten Tatsachen zu der Annahme gezwungen, daß sowohl in produktiven Tuberkeln als auch insbesondere in abgekapselten Käseherden, in den letzteren sicher sehr lange Zeit, lebende und virulente Tuberkelbazillen zurückbleiben, die unter besonderen Umständen wieder zu erneuten Infektionsschüben führen können. Hier wieder an Dauerformen, die sich biologisch wie Sporen verhalten, zu denken, liegt nahe. Wir kennen derartige Gebilde jedoch nicht. Auffällig ist nur, wie selten es gelingt, auch in derartigen Herden mikroskopisch Tuberkelbazillen nachzuweisen. Hier und da wird in der Literatur auch aus andern Gründen an die Möglichkeit der Existenz von Dauerformen der Tuberkelbazillen gedacht. Wir werden keinesfalls diese Frage einfach bei Seite schieben können, auch wenn vorläufig tatsächliche Unterlagen für ihre Klärung noch nicht gegeben werden können. Daß etwa in dieser Beziehung die sog. granuläre Form MUCHs eine Rolle spielt, möchte ich allerdings für höchst unwahrscheinlich halten. Ich selbst habe noch nie einen Fall gesehen, in dem ich nicht ebensoviel nach ZIEHL färbbare wie nach MUCH darstellbare Bazillen gefunden habe.

Um auf den Begriff der Infektion zurückzukommen, können wir sagen, daß ebenso wie bei andern Infektionskrankheiten auch bei der Tuberkulose die Folgen der Infektion abhängen einmal von der Massigkeit und zweitens von der Giftigkeit der eindringenden Bazillen. Das sind beides Momente, die auch bei allen weiteren Überlegungen unbedingt mitsprechen müssen. Je massiger die Infektion, um so ausgebreiteter die Gewebsschädigung, um so ausgebreiteter also die Exsudation, um so gefahrvoller also der Ablauf der Infektion. Desgleichen: je giftiger die Bazillen, um so schwerer die Gewebsschädigung, um so stürmischer also die Exsudation usw. Wie wichtig außerdem die Lokalisation ist, von der in weitem Maße der Umfang der Exsudate abhängig ist, daran sei auch noch einmal erinnert. Endlich kommt es aber natürlich auch auf die Reaktionsfähigkeit des Körpers und seiner Gewebe an.

Denn das bisher Gesagte gilt für den Infektionsbegriff ganz im Allgemeinen. Die *Reaktionsfähigkeit des Körpers und seiner Gewebe* kann aber sehr großen Schwankungen unterworfen sein. Wir müssen zunächst bedenken, daß wie bei andern Infektionskrankheiten so auch bei der Tuberkulose mit der Infektion Hand in Hand eine *Änderung der Reaktionsfähigkeit des Organismus* einhergeht. Unberührt *(normergisch)* ist der Körper nur im Beginn der Erstinfektion. Ich habe oben schon auseinandergesetzt, daß die Gefahr dieser Erstinfektion immerhin eine relativ geringe ist. Die meisten dieser Erstinfektionen heilen deswegen auch ab, ohne schwerere oder auch ohne überhaupt Symptome zu machen. Die relative Ungiftigkeit der Tuberkelbazillen zeigt sich also auch darin. Aber bald nachdem die Erstinfektion angegangen ist, setzt die Änderung der Reaktionsfähigkeit des Organismus ein. Wir sprechen dann von *Allergie* (im weiteren Sinne, als es der ursprünglichen PIRQUETschen Formulierung entspricht). Der Körper ist allergisch geworden. Geht jetzt die Krankheit weiter oder treten neue Infektionen ein, so werden wir eine andere Reaktionsfähigkeit, auch in anatomischer Beziehung, erwarten als bei der ersten Infektion. In welcher Weise kann sich diese auswirken?

Wir kennen im allgemeinen *zwei Formen der Allergie. Bei der einen,* die etwa dem entspricht, was man auch im engeren Sinn als Immunität bezeichnen kann, sehen wir die Infektion in der Weise beeinflußt, daß *die reaktiven Erscheinungen,* sowohl die lokalen als auch die allgemeinen, *viel milder oder auch symptomlos* verlaufen. *Bei der andern* hingegen sehen wir *viel stürmischere Erscheinungen* auftreten als im unberührten Körper. Wir sprechen von einer Überempfindlichkeit.

Bevor ich nun selbst zu den Beziehungen zwischen diesen Zuständen und der pathologisch-anatomischen Reaktion Stellung nehme, ist es notwendig, noch einmal auf den RANKE schen Ideenkreis zurückzukommen, spielen doch bei seiner Stadieneinteilung verschiedene Arten von Allergien eine ganz bedeutende Rolle. Er unterscheidet deren drei. Die erste entstehe im Verlaufe der Ausbildung des Primärkomplexes. Er erkennt diese primäre Allergie darin, daß im anfangs pneumonischen Lungenherd, wie er sich ausdrückt, proliferative, also nach unserer Nomenklatur produktive, Prozesse einsetzen. Es wird dann auch von indurativer oder sklerotischer Allergie gesprochen. Die zweite Art der Allergie, die der Überempfindlichkeit, werde ebenfalls zum Teil noch am primären Komplex beobachtet. RANKE sieht sie in solchen Fällen, in denen es zu einer besonders schweren Verkäsung der regionären Lymphknoten und angeblich auch zu einer sekundären Verkäsung des zum Teil schon produktiven Primärherdes kommt und beide Prozesse von schweren perifokalen Entzündungen begleitet werden. Er erkennt die Allergie II ferner daran, daß nun auch nach der Überschwemmung des Blutes mit Tuberkelbazillen hämatogene Metastasen angehen und auch sonst eine schrankenlose Weiterverbreitung auftritt. Die Allergie III oder relative Immunität wird aber darin gesehen, daß hämatogene Metastasen ausbleiben, infolge einer wirksamen humoralen Immunität, und daß auch die Lymphknotenerkrankungen ganz zurücktreten oder abortiv werden, trotz Weiterentwicklung etwa vorhandener Organherde, der isolierten Phthisen. Wir werden sehen, daß man auch hier in manchen tatsächlichen Feststellungen RANKE sehr wohl folgen kann und muß. Jedermann muß vor allen Dingen, wie ich noch einmal feststellen möchte, anerkennen, daß RANKE unbedingt das große Verdienst zukommt, auf die Beziehungen zwischen Allergie und Gewebsreaktion bei Tuberkulose zwar nicht als erster aufmerksam gemacht, aber diese Frage doch nach vielen Richtungen bearbeitet und damit fruchtbare Anregungen gegeben zu haben. Aber es kann kein Zweifel darüber bestehen, daß sich die RANKEschen Vorstellungen von diesen Beziehungen in ihrer Gesamtheit praktisch nicht so schematisch durchführen lassen, wie RANKE es wollte und wie manche heutige Autoren es zu glauben scheinen. Schon die Tatsache, daß die rein anatomische Betrachtung drei gegen einander abgeschlossene Stadien aufstellen ließ, nämlich den Primärkomplex, die sekundäre Generalisationsperiode und die tertiäre isolierte Phthise, daß sich RANKE dann aber gezwungen sieht, bei der immunbiologischen Betrachtung die Allergie II schon in manchen Veränderungen des Primärkomplexes zu sehen, spricht dieser Einteilung das Urteil. Wenn man noch dazu nimmt, daß eigentlich die allgemeine Miliartuberkulose, insbesondere die der Erwachsenen, gar nicht in dieses Schema untergebracht werden kann, so muß man wohl endgültig zu dem Schluß kommen, daß die RANKEsche Stadieneinteilung, vom immunbiologischen Standpunkt gesehen, noch viel weniger den tatsächlichen Verhältnissen bei der Tuberkulose gerecht wird als bei rein anatomischer Betrachtung (vgl. auch meine Ausführungen auf S. 8ff). RANKE hat m. E. den Fehler gemacht, Gesetzmäßigkeiten dort zu sehen, wo sie nicht vorhanden sind. Er wurde dazu um so mehr verleitet, weil er viele andere Faktoren, nämlich die Infektionsdosis und Virulenz der Bazillen, unspezifische Dispositionen, Latenzfähigkeit der Tuberkelbazillen, konstitutionelle Einflüsse zu wenig beachtete, also alles Faktoren, die in weitem Maße geeignet sind, das wechselvolle Bild der Tuberkulosekrankheit zu beeinflussen.

Wenn wir uns nun selbst überlegen, wie denn eine Allergie auf die Infektion einwirken kann, so haben wir zunächst die Vorfrage zu stellen, an welchem

Substrat die allergischen Einflüsse einsetzen werden. Es wird jedoch sofort klar, daß diese Einwirkungen nur auf die Bazillen stattfinden können. Denn die Einwirkung des Infektionsträgers auf die Infektionserreger ist ja eine Voraussetzung für das Angehen einer Infektion überhaupt. Pathogen sind nur solche Mikroorganismen, bei deren Abbau im infizierten Körper auch unter normergischen Verhältnissen für diesen Körper giftige Substanzen entstehen. Für die Betrachtung der allergischen Verhältnisse ist es dann gleich, an welche Immunitätstheorie wir uns halten. Wenn wir sehen, daß eine Infektion überhaupt nur dann angeht, wenn ein Abbau der Leibessubstanzen der Erreger unter Bildung von Endotoxinen stattfindet, so wird die Immunität oder besser Allergie darin bestehen, daß dieser Abbau geändert ist. Nun dürfen wir uns die Endotoxine nicht als chemisch stabile Substanzen vorstellen, sondern wir müssen annehmen, daß im Verlaufe des Abbaus der Bazillen äußerst labile Substanzen auftreten, zum Teil sehr giftige, zum Teil weniger giftige, und daß der endgültige Effekt eine völlige Zerstörung, eine völlige Auflösung der Leibessubstanzen ist, ein Abbau bis zu indifferenten Produkten. Auf der andern Seite ist es auch denkbar, daß die Bazillen unter dem Einfluß der Infektion resistenter werden und sich dem Abbau wirksamer widersetzen oder ihm überhaupt trotzen. In jedem Fall sind unter allergischen Bedingungen zwei Doppelmöglichkeiten vorhanden, nämlich einmal, daß reichlichere und giftigere Stoffwechselprodukte entstehen und das andere Mal, daß spärlichere und weniger giftige Substanzen auftreten. Im letzteren Fall werden wir also geringere oder gar keine Krankheitserscheinungen erwarten, im ersteren dagegen schwerere. Es kommt auf dasselbe hinaus, wenn wir von dem infizierten Organismus ausgehen, da der Begriff der Giftigkeit ja ein relativer ist. Wir können sagen, in dem einen Fall ist der Organismus resistenter gegen die Giftwirkung, in dem zweiten empfindlicher. Der Erwerb einer erhöhten Resistenz, einer *wahren Immunität, eines Durchseuchungswiderstandes* durch eine überstandene Infektion oder eine Impfung ist ein Phänomen, das bekannt ist, so lange man das Wesen der Infektionskrankheiten kennt. Das andere, die *spezifisch erworbene größere Empfindlichkeit* gegen erneute Infektionen, ja gegen Eiweißkörper überhaupt, bei erneuter Zuführung derselben Substanzen, hat man erst allmählich auf experimentellem Wege, bei künstlichen Immunisierungen, kennen gelernt. Man spricht auch von der *negativen Phase* der Immunisierung, die mit erhöhter Empfindlichkeit und Empfänglichkeit des Versuchstieres einhergeht. Am großartigsten zeigt sich dieses Phänomen in Gestalt der Serum- und Eiweißüberempfindlichkeit oder Anaphylaxie, also gerade bei Zufuhr von Substanzen, die für den normergischen Körper überhaupt nicht die geringsten Giftwirkungen zu haben brauchen. Als einen Sonderfall dieser Erscheinung erwähne ich auch das sog. ARTHUSsche Phänomen, bei dem sich die Überempfindlichkeit des Versuchstieres bekanntlich auch lokal an der Injektionsstelle durch Auftreten einer schweren Nekrose äußert. Hier haben wir also die Tatsache, daß in einer bestimmten Phase der Immunisierung eine erneute Zufuhr des Antigens zur Produktion von ganz besonders giftigen Substanzen führt, wohl gemerkt bei Verwendung von primär ungiftigen Stoffen. Ich erinnere aber auch noch einmal an das PFEIFFERsche Experiment mit choleraimmunisierten Meerschweinchen. Kleine Dosen von Choleravibrionen werden bei solchen Tieren so schnell zu ungiftigen Stoffen abgebaut, daß giftige Zwischenprodukte nicht zur Wirkung kommen können und überhaupt keine

Krankheiterscheinungen auftreten, die Tiere also eine wahre Immunität zeigen. Große Dosen führen aber zu einer akuten Vergiftung, weil gerade infolge der „Immunität“ durch den beschleunigten Abbau in kurzer Zeit massenhaft giftige Zwischenprodukte auftreten, die nun auch akut ihre Wirksamkeit ausüben, bevor der weitere Abbau zu ungiftigen Substanzen eingetreten ist. Wir sehen hier also auch die Infektionsdosis eine ausschlaggebende Rolle spielen.

Wir werden alle diese Dinge zu berücksichtigen haben, wenn wir die pathologisch-anatomischen Veränderungen der Tuberkulosekrankheit in Beziehung zu etwaigen Allergiezuständen bringen wollen. Was zunächst die Frage einer wahren Immunität betrifft, d. h. eines Zustandes, in dem der Körper die Fähigkeit hat, noch in ihm verweilende oder neu in ihn eindringende Tuberkelbazillen nicht nur symptomlos zu überwinden, sondern sogar völlig zu vernichten, so muß man in dieser Hinsicht sehr vorsichtig sein. Zu solcher Vorsicht mahnt auch die Tatsache, daß kein einziges der so zahlreichen Schutzimpfungsverfahren bisher zu einem greifbaren Ergebnis geführt hat und daß auch die sozusagen natürliche Impfung, wie sie in einem geheilten Primärkomplex gegeben ist, durchaus keinen besseren Effekt hat. Wir müssen vielmehr damit rechnen, wie ich schon an anderer Stelle ausgeführt habe, daß der einmal mit Tuberkelbazillen infizierte Körper des Menschen auch dauernd trotz Allergie und Immunität Bazillen irgendwo beherbergt und daß neue Bazillen von außen jederzeit hinzukommen können. Mag ein Teil solcher Bazillen auch vernichtet werden, so haben wir doch allen Anlaß zu der Annahme, daß andere selbst im allergischen Körper vermöge ihrer primär vorhandenen und im Verlaufe der Infektion noch erhöhten Resistenz sich der Vernichtung entziehen und latent (sekundäre Latenz) im Körper erhalten bleiben. Ich erinnere auch noch einmal in diesem Zusammenhang an die Bazillenträger bei Typhus usw., an Individuen also, die nach Lage der Dinge „immun“ gegen die betreffenden Bakterien sein müssen. Wieviel mehr muß man Keimträger bei der Tuberkulose mit ihrem widerstandsfähigen Erreger als selbstverständlich betrachten.

Wenn wir nunmehr zu der Frage übergehen, ob und wie wir die bei der Tuberkulosekrankheit auftretenden Gewebsreaktionen in unsere Vorstellungen von den verschiedenen Reaktionsarten, über die der menschliche Organismus verfügt, einpassen können, so läßt sich folgendes sagen.

Die normergische Reaktion haben wir bei der Erstinfektion. Der Primäraffekt zeigt ihr anatomisches Substrat. Unter gewöhnlichen Umständen erfolgt eine exsudative Reaktion mit Verkäsung und als zweites Stadium die produktive Reaktion, die erstere als Ausdruck der Giftwirkung, die letztere beeinflußt durch die Fremdkörperwirkung der Tuberkelbazillen. Kennen wir diese Verhältnisse auch nur genauer am Primärherd der Lunge, so können wir doch nach den zwar spärlichen, ausführlich beschriebenen Primäraffekten anderer Organe auch für sie die entsprechenden Voraussetzungen machen. Hierbei, d. h. bei dem Wechsel von der exsudativen zur produktiven Phase, schon von einer Umstimmung zu sprechen, wie Ranke es tut, halte ich für abwegig. Ranke ließ sich hier wohl von der relativ umfangreichen exsudativen Reaktion dazu verleiten, sie in einen besondern Gegensatz zu der ihr folgenden produktiven Reaktion zu setzen. Denn er hatte den Primärherd der *Lunge* im Auge, bei dem ja wegen der verfügbaren großen Oberflächen relativ viel Exsudat gebildet wird. Es handelt sich aber im Übrigen um den gewöhnlichen Ablauf, vergleichbar mit den exsudativen und produktiv-granulierenden Vorgängen bei andern Infektionen. Wenn man den Übergang der exsudativen zur produktiven Reaktion aber als die Folge einer Umstimmung bezeichnen will, so handelt es sich trotzdem um einen sozusagen normalen Vorgang (wenn der Ausdruck normal hier ausnahmsweise für pathologische Verhältnisse gestattet ist), um eine normergische Reaktion. Denn bei jeder normergischen entzündlichen Reaktion *muß*, wenn das Exsudat nicht resorbiert oder eliminiert werden kann, auf die exsudative Phase eine produktive folgen. Nur das Verhältnis zwischen beiden muß ein auf Grund immer sich wiederholender Erfahrungen annähernd konstant befundenes sein, abhängig im Übrigen natürlich wieder von der Infektionsdosis, der Lokalisation und sonstigen veränderlichen Größen. Wir können also sagen: *unter normergischen Verhältnissen sehen wir eine Reaktion, bei der die exsudative Komponente und die produktive Komponente gewissermaßen gegeneinander ausgeglichen sind*; oder: wenn unter annähernd gleichen Bedingungen, was die Infektionsdosis und Virulenz und die Körper- oder Organbeschaffenheit betrifft, eine Reaktion auftritt, die etwa der im unberührten Körper entspricht, so nennen wir sie eine normergische.

In den regionären Lymphknoten des Primärkomplexes sind die Vorgänge oft genau dieselben. Aber es gibt bekanntlich auch, und zwar nicht nur bei Säuglingen, zahlreiche Fälle, in denen die Lymphknotenerkrankung eine auffallend schwere ist, jene Fälle, in denen bei relativ kleinem Primärherd die Lymphknotenschwellung und -verkäsung eine ganz gewaltige ist. Gerade diese Diskrepanz zwischen Primärherd und regionärer Lymphknotenerkrankung ist auffällig. Es ist ein Ereignis, das m. E. an das Arthussche Phänomen erinnert. Ich bin der Meinung, daß hier in der Tat ein spezifisch allergischer Prozeß vorliegt. Hierin bin ich also mit Ranke derselben Auffassung. Nur meine ich, daß man diese schon im Primärkomplex zuweilen nachweisbare Umstimmung nicht dazu benutzen darf, um nun schon mitten im ersten „Stadium“ das zweite beginnen zu lassen. Es zeigt sich im Gegenteil gerade hier noch einmal, daß eine Einteilung der Erscheinungsformen der Tuberkulosekrankheit nach anatomischen Substraten einerseits und nach Allergien andererseits auf Schwierigkeiten stößt. Beide Einteilungsprinzipien gehen von so verschiedenen Gesichtspunkten aus, daß sie nicht nur hier, sondern, wie wir sehen werden, auch in manchen Etappen der weiteren Entwicklung miteinander unvereinbar sind.

Die Überempfindlichkeit bei der besonders schweren Lymphknotenerkrankung des Primärkomplexes ist so zu erklären, daß mit der Entstehung des Primärherdes zu gleicher Zeit die Umstimmung, bezw. Allergisierung, einsetzt, und daß dann die ja zeitlich immer etwas spätere Erkrankung der Lymphknoten in die negative Phase fällt, eine Phase, bei der entweder die Giftbildung eine besonders intensive, vielleicht unterstützt durch große Infektionsdosen, ist oder Zellen und Gewebe, auch die Gefäße, besonders anfällig, besonders empfindlich sind, zwei Möglichkeiten, die übrigens auf dasselbe hinauskommen, da sie beide mit relativen Größen arbeiten. Das anatomische Substrat ist eine besonders schwere Zirkulationsstörung und Exsudatbildung, wie sie Rössle auch bei andern „hyperergischen“ Entzündungen findet, und eine umfangreiche Nekrose, wie sie Gerlach im Arthusschen Phänomen genauer untersucht hat.

Auf diesem Gebiete bereitet nun die Nomenklatur einige Schwierigkeiten. Wir haben eine Allergie vor uns, für die sehr gut die RÖSSLEsche Bezeichnung *Hyperergie* paßt. RÖSSLE spricht aber auch von einer Allergie mit dem Plus-Vorzeichen, weil wir ein Mehr in der Reaktion, eine schwerere Reaktion sehen als unter gewöhnlichen Umständen. Vom Standpunkt des infizierten Körpers aus kann man aber kaum von einer höheren Allergie sprechen, zumal wenn hinter dem Worte Allergie das Erinnerungsbild des Begriffes Immunität auftritt. Dann muß man natürlich von einem Weniger an Immunität oder an Allergie sprechen, also gerade von einer Allergie mit negativem Vorzeichen, einer negativen Allergie. Auf die Gefahr hin, hier die Einheitlichkeit der Nomenklatur zunächst zu stören, will ich in diesem Sinne von einer negativen Allergie sprechen.

Diese Bezeichnung scheint mir auch darum zweckdienlicher zu sein, weil sie auf den alten Erfahrungen der experimentellen Bakteriologie und Immunitätslehre fußt. Der Ausdruck negative Phase stammt aus diesen Erfahrungen. Denn bei allen möglichen künstlichen Immunisierungen konnte festgestellt werden, daß eine gewisse Zeit nach der Zuführung der immunisierenden Substanz ein Zustand eintritt, in dem nicht nur keine erhöhte Resistenz gegen die betreffende primär giftige oder ungiftige Substanz, sondern sogar eine erhöhte Empfindlichkeit gegen sie bestand.

Für die Tuberkulose könnten wir dann sagen: *die negative Phase der Allergie oder Überempfindlichkeit drückt sich aus in einem schweren und stürmischen Verlauf des exsudativen Stadiums und der Verkäsung,* der dann übrigens u. U. die Erweichung auf dem Fuße folgt. Das Gleichgewicht zwischen exsudativem und produktivem Stadium ist gestört zu Gunsten des ersteren. Es ist nun die Frage, ob wir derartige Vorgänge nur am Primärkomplex sehen oder ob sie auch noch sonst im Verlaufe der Krankheit vorkommen. Die Entscheidung für die letztere Möglichkeit dürfte nicht schwierig sein. Denn es steht z. B. nichts im Wege, die schweren Formen der Frühgeneralisation hierher zu rechnen, wie es von RANKE ja auch gemacht wird. Ferner können, wie von ASCHOFF geschehen ist, gewisse Formen der sog. Skrofulose, nämlich mehr oder weniger generalisierte, zu großen Schwellungen und schnellen Verkäsungen neigende Lymphknotenerkrankungen des Kindesalters, in dieser Weise erklärt werden. Sehen wir hier schon diese Erscheinungsformen in einer gewissen zeitlichen Unabhängigkeit vom Primärkomplex auftreten, so ist das noch mehr der Fall, wenn wir in weitere Epochen hineingehen. So kennen wir schwere, ganz akut verlaufende Fälle von allgemeiner Miliartuberkulose, die in kurzer Zeit zum Tode führen und bei denen die Sektion feststellt, daß sich die einzelnen miliaren Herde, besonders in den Lungen, noch im Stadium der Exsudation und Verkäsung befinden, und zwar ist Exsudation und Verkäsung dabei besonders schwer und umfangreich (vgl. S. 32 u. 185), viel schwerer, als wir es für diejenigen Fälle voraussetzen müssen, die erst viel später unter dem Bilde einer mikroskopisch produktiven Miliartuberkulose zu Grunde gehen. Hier die stürmischen exsudativen Reaktionen als ein Zeichen der hyperergischen Reaktion, der negativen Allergie, zu betrachten, liegt nahe. Es sei daran erinnert, daß es gerade diejenigen Fälle sind, bei denen sonst fast keine tuberkulöse Veränderung im Körper vorliegt, unter Umständen nur ein abgelaufener und abgekapselter Primärkomplex, unter Umständen aber kombiniert mit ebenfalls abgeteilten Lungenspitzen- oder sonstigen Veränderungen. Weiter möchte ich hierher rechnen gewisse Fälle von sehr ausgebreiteten käsigen Pneumonien, die unter Umständen ganze Lappen betreffen und ganz unter dem akuten Bild der genuinen Pneumonie verlaufen, die Fälle, die durch einen stärkeren Einbruch in den Bronchialbaum nicht zu erklären sind. Geradc diese Fälle sind es auch, bei denen sich der gewöhnliche Verlauf dadurch unterbrochen zeigt, daß genau so heftige und verkäsende regionäre Lymphknotenerkrankungen die Lungenherde begleiten (cf. Abb. 44 auf S. 212); auch in andern Organsystemen kommt Ähnliches vor. Akute, schnell verkäsende Prozesse der Nebennieren, der Nieren, der Genitalien, der Knochen, gehören wahrscheinlich auch hierher, sei es nun, daß sie als isolierte Organtuberkulosen oder als Begleiterscheinungen anderer frischerer oder älterer Organtuberkulosen auftreten. Es sind das alles Prozesse, bei denen also unter dem Einfluß einer bestimmten Allergie der tuberkulöse Prozeß in seiner Entwicklung nicht nur gehindert, sondern sogar zu ganz besonders stürmischem Verlauf angefacht wird. Schon bei einem Teil dieser Vorgänge, soweit sie sich nämlich in schon bestehenden Organtuberkulosen abspielen, kann man die alte Wassermannsche Vorstellung von den Herdreaktionen bei der Tuberkulinwirkung zur Erklärung mit heranziehen. Diese Theorie geht davon aus, daß der tuberkulöse Herd selbst der Sitz einer Produktion von Antikörpern sei, die in seine Umgebung diffundieren. Nehmen wir an, daß diese Vorstellung zu Recht besteht und bakteriolytische Antikörper in einer „negativen Phase" den vorhandenen tuberkulösen Herd verlassen und zu gleicher Zeit Tuberkelbazillen, die andererseits auch auf dem Blutweg zugeführt sein können, so würde es verständlich sein, daß gerade in der Umgebung schon bestehender Herde hyperergische Reaktionen zustande kommen. — Wenn man diese Vorgänge vom Standpunkt der Krankheitsbereitschaft, der Disposition aus betrachtet, ist man berechtigt, hier von einer *„spezifischen Disposition"* zu sprechen. Diese Einflüsse allergischer Zustände sind m. E. bisher viel zu wenig gewürdigt worden, besonders von Seiten der pathologischen Anatomen, aber auch von Seiten der Kliniker insofern, als sie die spontane Entstehung solcher Zustände zu wenig beachteten. Nur bei der spezifischen Therapie waren sie gefürchtet. Es ist keine Frage, daß die Überempfindlichkeitsreaktionen bei übertriebener Tuberkulintherapie hierher gehören. Die Sektionsbefunde aus der ersten Tuberkulinära geben ein beredtes Zeugnis dafür ab.

Hier müssen auch noch einige Worte über die sog. perifokale Entzündung gesagt werden, für die ich nicht allein Stoffwechselprodukte der Tuberkelbazillen, sondern auch besonders solche aus den abnormen Gewebsumsätzen, insbesondere aus der Verkäsung stammende Stoffwechselprodukte, verantwortlich gemacht habe. Es ist klar, daß diese um so wirksamer sein müssen, je stürmischer der Prozeß verläuft, und so sehen wir tatsächlich bei den hyperergischen Reaktionen diese perifokalen Entzündungen in viel intensiverem Maße auftreten und sich weiter ausbreiten, als bei den ruhiger ablaufenden Reaktionen.

Auch muß hier noch einmal an die unspezifischen Organisationen mancher Käseherde erinnert werden, ferner an die Demarkation vieler geschwüriger Prozesse durch banales (nicht tuberkulöses) gefäßreiches Granulationsgewebe, so bei kalten Drüsenabszessen, bei Lungenkavernen, bei Darmgeschwüren und dies aus folgendem Grunde. Es handelt sich um Prozesse, die zweifellos wenigstens zum Teil aus einer hyperergischen Reaktion hervorgegangen sind. Wenn wir nun für die spezifischen produktiven Wucherungen neben den häufig wirkenden Bazillenleibern auch gelöste Abbauprodukte, besonders die der Wachstumssubstanzen, verantwortlich gemacht haben, so läßt sich für die Erklärung der unspezifischen Reaktionen vielleicht annehmen, daß an solchen Stellen die Auflösung der Tuberkelbazillen eine so gründliche war, daß wirksame Reste überhaupt nicht mehr bestanden. Ich halte einen derartigen Effekt der hyperergischen Reaktion für durchaus wahrscheinlich. Ich möchte auch den Kochschen Fundamentalversuch der Reinfektion eines infizierten Meerschweinchens in dieser Weise deuten. Wenn dabei an der Reinfektionsstelle ein schnell erweichender Käseherd entsteht, der abszeßartig nach außen durchbricht und bald vernarbt, so kann wohl eine andere Erklärung gar nicht gegeben werden.

Neben diesen allergisch-hyperergischen oder negativ allergischen Reaktionen finden wir aber natürlich auch solche, die dem Zustand der wahren Immunität näher kommen. Als Beispiel sei hier wieder die allgemeine Miliartuberkulose genannt. In den Fällen, in denen wir besonders in den Lungen, wo die Verhältnisse am klarsten liegen, beim Tode nach einem u. U. zwei bis drei Monate langem Verlauf, entweder rein produktive Tuberkel oder wenigstens solche mit nur geringem käsigen Zentrum finden, müssen wir annehmen, daß bei Beginn der Erkrankung die exsudative Reaktion eine relativ geringe war, jedenfalls sehr viel geringer, als bei den oben erwähnten Fällen von tötlichem Ausgang im exsudativen Stadium. Für die Erklärung dieses Gegensatzes ist es nun wichtig, daß diese chronischer verlaufenden und erst im Stadium des produktiven Tuberkels zu Grunde gehenden Fälle solche sind, bei denen das Ausschließungsverhältnis zwischen allgemeiner Miliartuberkulose und Organtuberkulosen sich zu verwischen beginnt, also auch andere und zuweilen sogar fortschreitende Herde vorhanden sein können, während ja bei den ganz akut zum Tode führenden Fällen das Ausschließungsverhältnis eine strenge Regel ist. Wir lernen daraus, daß jener Grad von Allergie, der im Bilde der Miliartuberkulose als Substrat den sich langsam aus einer geringen exsudativen Reaktion entwickelnden produktiven Tuberkel hat, nur dann erreicht wird, wenn auch sonst tuberkulöse Veränderungen im Körper vorhanden sind. Der weitere Schritt ist dann der, daß bei typischen chronischen fortschreitenden Organtuberkulosen die Allergie gleich der wahren Immunität zu setzen ist, indem Metastasen überhaupt nicht mehr angehen. Daß man dadurch zu dem Satze kommen muß, daß eine wahre Immunität gegen Tuberkulose nur durch Tuberkulose möglich ist, daran sei bei dieser Gelegenheit nur kurz erinnert.

Hier gilt es aber, die Beziehungen zwischen Allergie und Histogenese noch weiter zu verfolgen. Konnten wir für die hyperergischen (negativ allergischen) Reaktionen ein stärkeres Hervortreten der Exsudationen und Verkäsungen als charakteristisch betrachten, so können wir für diese positiv allergischen (Rössle spricht umgekehrt von Allergie mit negativem Vorzeichen) Reaktionen eben sagen, daß bei ihnen im Gegenteil die exsudative Komponente stark zurücktritt und die produktive so in den Vordergrund gelangt, u. U. vielleicht auch in die Länge gezogen wird, daß man wohl den Eindruck gewinnen kann, es handele sich von vornherein um eine produktive Gewebswucherung. Es kann in manchen Organen und unter besonderen Umständen wohl auch dieses Zurücktreten der exsudativen Komponente so weit gehen, daß sie praktisch fast Null wird. Bei solchen Vergleichen ist es aber unbedingt notwendig, daß sie immer nur an ein und demselben Organ stattfinden. Denn wir haben ja schon mehrere Male betonen müssen, daß die exsudative Komponente in weitem Maße auch von der Organstruktur abhängig ist, so daß sie z. B. in den Lungen in jedem Fall weit vom Nullpunkt entfernt bleiben wird. Jedenfalls läßt sich sagen: *die positive Phase der Allergie (die der relativen Immunität) drückt sich aus in einer verhältnismäßig geringfügigen exsudativen Reaktion, die schnell in das produktive Stadium übergeht.*

Was hier für die allgemeine Miliartuberkulose abgeleitet wurde, gilt natürlich auch in derselben Weise für alle sonstigen im Rahmen der einzelnen Erscheinungsformen gesetzmäßig oder zufällig auftretenden tuberkulösen Herde des Körpers. Ob wir nun frische isolierte Lungenspitzenherde untersuchen oder irgendwelche andere Organherde, wir werden sie immer unter denselben Gesichtspunkten betrachten können. Nur darf man nie vergessen, dabei auch die möglichen Infektionsdosen mit zu berücksichtigen.

Ich möchte aber auch hier bei Besprechung der positiv-allergischen Reaktionen noch einmal auf den Begriff der spezifischen Disposition zurückkommen. Wenn oben die WASSERMANNschen Vorstellungen über die Herdreaktionen bei der Tuberkulinisierung für die Erklärung gewisser hyperergischer Reaktionen, z. B. in den Lungen bei schon bestehender Lungentuberkulose, in Anspruch genommen wurden, so kann das natürlich auch hier wieder geschehen. Denn wenn die Annahme, daß aus dem Tuberkuloseherd Antikörper diffundieren, die zu einer Lyse neu zugeführter Bazillen führen, zu Recht besteht und damit eine lokale Allergie ermöglicht wäre, so dürfte der Schluß berechtigt sein, daß das auch unter den gegebenen Umständen eine positive Allergie sein kann, also eine solche, die wir jetzt im Auge hatten, bei der unter dem Einfluß eines wirksameren Abbaues der Tuberkelbazillen weniger giftige Stoffwechselprodukte auftreten und darum die Giftwirkung gegenüber der Fremdkörperwirkung zurücktritt. Das Wesentliche aber ist das, daß damit die Bazillen noch nicht unwirksam geworden sind, sondern daß im Gegenteil auch so zwangsläufig von Neuem ein tuberkulöser Prozeß sich entwickeln muß, wenn auch ein harmloserer als im hyperergischen Zustand. Das wäre dann also auch noch eine Sachlage, die in das Gebiet der *spezifischen Disposition* hineingehört: wenn auch keine besonders schweren Veränderungen auftreten, so wird dennoch das Kontaktwachstum begünstigt. Wir dürften sogar gerade in diesem Falle kaum ohne die Annahme derartiger lokaler Allergien auskommen. Denn gerade sie geben uns dann eine eindeutige Erklärung dafür, daß bei chronischen Lungenphthisen, bei gewissen Lupusformen usw., trotz hoher, einer wahren Immunität gleichzusetzender allgemeiner Allergie, die das Angehen hämatogener und lymphogener Metastasen verhindert, dennoch ein Fortschreiten der Organtuberkulose stattfindet. Wenn nun nicht nur die Möglichkeit, sondern sogar die hohe Wahrscheinlichkeit dafür besteht, daß es lokal und u. U. auch allgemein bedingte allergische Zustände gibt, die nicht im Sinne einer Immunität, sondern im Gegenteil im Sinne einer spezifischen Disposition wirken, so wird man das auch bei allen Versuchen einer spezifischen Therapie und vor allen Dingen einer Schutzimpfung in Rechnung stellen müssen.

Fassen wir die Reaktionsmöglichkeiten für die tuberkulöse Infektion noch einmal zusammen, so können wir sagen: unter normergischen Bedingungen halten sich bei der Tuberkulose die exsudative und die produktive Komponente etwa das Gleichgewicht, Giftwirkung und Fremdkörperwirkung der Bazillen sind annähernd gleich stark. Unter allergischen Verhältnissen gibt es zwei Möglichkeiten: in der negativen Phase, also bei negativer Allergie (Hyperergie) tritt die exsudative Komponente besonders stürmisch in den Vordergrund, die Giftwirkung herrscht vor, während die produktive Komponente in gewöhnlicher Weise ablaufen kann; bei positiver Allergie hingegen ist die exsudative Komponente nur schwach ausgebildet und die produktive scheint zuweilen fast selbständig das Feld zu beherrschen, die Fremdkörperwirkung herrscht vor.

Aus diesen allergischen Reaktionen ließ sich auch der Begriff der spezifischen Disposition ableiten, die sich demgemäß sowohl im Sinne einer hyperergischen als auch einer positiven allergischen Reaktion äußern kann. Zur normergischen Reaktion bestehen aber von beiden Seiten her fließende Übergänge. Jedoch stehen, wie jetzt noch hinzuzufügen ist, auf beiden Seiten auch Zustände, die wir als *anergische* bezeichnen können. Den einen dieser Zustände habe ich schon mehrere Male kurz erwähnt. Er entspricht dem einer wahren Immunität, mag diese nun darin bestehen, daß die zur Infektion verfügbaren Bazillen schnell in völlig ungiftige Produkte aufgelöst werden, oder darin, daß ein Gleichgewicht zwischen dem infizierten Körper und den Bazillen zustande gekommen ist, in dem die Bazillen allenfalls noch irgendwo in Retikuloendothelien gespeichert werden, aber tuberkulöse Reaktionen nicht mehr auslösen. Als Übergänge zu diesem anergischen Zustand mögen allerhand geringfügige flüchtige, wohl meist unspezifische Entzündungen in Betracht kommen. Die andere Art der Anergie besteht darin, daß sich bei tatsächlicher Vermehrung der Tuberkelbazillen im Körper wohl schwere und schwerste Gewebsschädigungen, Nekrosen, ausbilden, aber irgendeine entzündliche Reaktion nicht erfolgt. Derartige Fälle sind selten. Ich kenne sie nur bei anscheinend massigen Infektionen offenbar schon sehr geschwächter Säuglinge, die dann auch schnell an allgemeiner Entkräftung zugrunde gehen. Diese Reaktionslosigkeit muß wohl unterschieden werden gegen diejenigen Fälle, bei denen man hier und da in den Organen Gewebsschädigungen sieht, die entzündliche Reaktion aber *noch nicht* aufgetreten ist. — Die erste dieser Anergien als positive, die zweite als negative zu bezeichnen, halte ich für durchaus erlaubt.

Wenn man nun die *allergischen Zustände* noch einmal vom Standpunkt des gesamten Infektionsverlaufes betrachtet, so läßt sich unschwer feststellen, daß sie *nicht an bestimmte Perioden der Krankheit gebunden* sind. Es läßt sich ferner nicht leugnen, daß sie sich nicht auf den gesamten Körper zu beziehen brauchen, sondern *auch lokal bedingt sein können.* Das geht zwar schon aus den bisherigen Ausführungen hervor, es möge aber hier noch einmal zusammenfassend betont sein. Wenn der normergische Zustand nur im Beginn des Primärkomplexes vorhanden ist, so *kann* sich zunächst an ihn ein lokaler hyperergischer anschließen und sich z. B. in einer besonders schweren Lymphknotenerkrankung äußern. Es kann aber auch ein allgemeiner hyperergischer Zustand folgen, dem dann die schweren Formen der Frühgeneralisation entsprechen. Es ist aber ebensogut möglich, daß ein hyperergischer Zustand gar nicht zur Auswirkung kommt, daß der Primärkomplex heilt und daß damit entweder die Erkrankung überhaupt abgeschlossen ist, oder sich später irgendwo eine Organtuberkulose entwickelt, die in ihrem Verlauf unter dem Einfluß einer positiven Allergie steht. Andererseits kann sich aber auch im Anschluß an eine sich zurückbildende Organtuberkulose eine allgemeine Miliartuberkulose entwickeln, die wiederum unter dem Einfluß einer negativen Allergie (Hyperergie) oder einer positiven Allergie stehen kann. Weiterhin besteht die Möglichkeit, daß eine Organtuberkulose nicht dauernd unter dem Zeichen einer positiven Allergie verläuft, sondern daß sie entweder von vorn herein stark hyperergische Merkmale aufweist, oder daß sich in eine zunächst harmlos verlaufende Organtuberkulose plötzlich schwere hyperergische Reaktionen einschieben. Es ließen sich der Beispiele noch mehr konstruieren, die jedem nach zeitlichen Gesichtspunkten geordneten oder sich auf die Gesamtheit des infizierten Organismus beziehenden Schema Hohn sprechen würden. Es zeigt sich auch hier, daß gerade die Definition des Sekundärstadiums im RANKEschen Schema und seine Abgrenzung gegen das Tertiärstadium auf unüberwindliche Schwierigkeiten stößt. Das ist auch das Spiegelbild eines Teiles der heutigen Tuberkuloseliteratur. RANKEs Definition des Sekundärstadiums als dem der Überempfindlichkeit und des Tertiärstadiums als dem der relativen Immunität wird oft wiederholt. Aber warum in vielen einzelnen Fällen von Organtuberkulosen bald von sekundären, bald von tertiären Veränderungen gesprochen wird, ist mir noch niemals klar geworden. Es passen in das RANKEsche Schema tatsächlich nur hinein manche Fälle von Frühgeneralisationen und manche Fälle von isolierten Organphthisen. Aber es ist doch eigentümlich, daß das gerade Fälle sind, bei denen es entweder zu einem sogenannten Tertiärstadium gar nicht kommt, oder Fälle, bei denen ein sogenanntes Sekundärstadium nie vorhanden gewesen ist. Wenn man dagegen einwenden will, daß das Sekundärstadium nur in einer larvierten Bazillaemie mit flüchtigen hier und da aufgetretenen Entzündungserscheinungen bestanden zu haben braucht, so ist darauf zu erwidern, daß etwas Derartiges auch nach dem Abklingen sogenannter Tertiärerscheinungen vorkommen kann und vorkommt, da ja die Bazillaemie bei derartigen „Tertiärstadien“ stets vorhanden zu sein pflegt. Alles zusammengenommen zeigt sich also auch hier, daß eine Stadieneinteilung nach gesetzmäßig ablaufenden Allergieperioden an dem viel zu komplizierten Verlauf der Tuberkulosekrankheit scheitern muß.

Nun wäre es verlockend, diese auf Grund des anatomischen Entwicklungsbildes erlangten Vorstellungen in Vergleich zu bringen mit den klinischen Lehren über die verschiedenen Allergien. Auf die Gefahr hin, in starke Widersprüche hineinzugeraten, mag dieser Vergleich einmal versucht werden. Natürlich ist es undurchführbar, hier auch nur eine kurze Übersicht über alle Lehren, die auf diesem Gebiet von klinischer oder experimenteller Seite aufgestellt sind, zu geben. Deshalb möchte ich nur ein einziges Beispiel nehmen und mich ganz allein mit v. HAYEK beschäftigen, der in den letzten Jahren über die verschiedenen Allergien bei Tuberkulose die eindrucksvollsten Ausführungen gemacht hat. Wir können dann unter Anlehnung an die Einteilung v. HAYEKS etwa Folgendes sagen:

1. Absolut anergisch (HAYEK), nach meiner Nomenklatur normergisch ist der von Tuberkelbazillen unberührte Mensch, wahrscheinlich auch die wenigen Individuen, bei denen z. B. ein Primärkomplex geheilt ist, ohne daß infektionstüchtige Bazillen zurückgeblieben sind. Endlich sind aber normergische Reaktionen auch möglich, wo gewissermaßen genau der mittlere Zustand zwischen

negativ-allergisch und positiv-allergisch besteht. Antomischer Effekt: Exsudatives und produktives Stadium gegeneinander ausgeglichen.

2. Stark positiv anergisch (HAYEK), nach meiner Nomenklatur stark positiv allergisch, immun, kann, in jeweiliger Abhängigkeit von den Infektionsdosen, der von einer Tuberkulose Geheilte, klinisch Gesunde sein, ist aber auch der an einer chronischen fortschreitenden Organtuberkulose Leidende in Bezug auf die lymphogen und hämatogen ausgestreuten Bazillen. Anatomischer Effekt: Trotz Anwesenheit von Bazillen keine tuberkulösen Veränderungen, also wahre, teils allgemeine, teils lokale Immunität.

3. Mehr oder minder stark allergisch oder positiv anergisch (HAYEK), nach meiner Nomenklatur positiv allergisch, können u. A. sein: Die chronisch Tuberkulösen in Bezug auf die isolierte Organerkrankung, Individuen mit leichteren tuberkulösen Erkrankungen in Bezug auf die Entstehung einer langsam verlaufenden Miliartuberkulose, solche mit anatomisch geheiltem Primärkomplex in Bezug auf beginnende Spitzentuberkulosen etc. Anatomischer Effekt: Tuberkulöse Reaktion mit Zurücktreten der exsudativen und Betonung der produktiven Komponente.

4. Die stark allergischen Tuberkulosekranken mit guter Prognose (HAYEK) gehören in unsere Gruppen 2 und 3.

5. Schwächer oder stärker allergisch (HAYEK), nach meiner Nomenklatur negativ allergisch, sind nicht nur schwerkranke Individuen, deren „Durchseuchungswiderstand durchbrochen ist" (HAYEK), sondern auch solche mit leichten tuberkulösen Veränderungen, die sich aber, allgemein oder lokal, in der negativen Phase der Allergisierung befinden. Anatomischer Effekt: Schwere tuberkulöse Reaktion mit starker Betonung der exsudativen Komponente.

6. Negativ anergisch sind nach v. HAYEK Kranke, deren Durchseuchungswiderstand durchbrochen ist. Nach meiner Nomenklatur kämen hier alle Reaktionsformen in Betracht. Anatomischer Effekt: Alle denkbaren anatomischen Reaktionen an hämatogenen Metastasen verschiedener Art, bei chronischen Organtuberkulosen sub finem vitae etc. Regellosigkeit.

7. Müssen wir aber noch die eigentlichen anergischen Individuen nennen, d. h. die nicht reagierenden, bei denen wohl eine Vermehrung der Tuberkelbazillen im Körper stattfindet, die aber keine tuberkulöse Veränderungen, sondern nur uncharakteristische Nekrosen zeigen. Das kommt nach meinen Erfahrungen nur bei massigen Primärinfektionen bei schon vorher geschwächten Kindern vor, vielleicht auch in einzelnen Fällen hämatogener Verbreitung in späteren Lebensaltern.

Ich muß zugeben, daß dieser Vergleich noch in keiner Weise befriedigt. Doch möchte ich es einstweilen nicht für angebracht halten, den Versuch fortzuführen, um vielleicht zu einem harmonischeren Bild zu kommen. Die Bedingungen scheinen mir dafür noch nicht gegeben zu sein. Ich glaube vielmehr, daß hier noch eine sehr intensive Zusammenarbeit zwischen Kliniker und Pathologen notwendig sein wird, bis wir zu Anschauungen gelangen, die allen Beteiligten annehmbar sein werden. Mir will es z. B. scheinen, daß v. HAYEK in seiner Zurückdrängung der pathologisch-anatomischen Anschauungsweise viel zu weit gegangen ist und daß er auch sonst, ebenso wie übrigens zum Teil auch RANKE, manche wichtige Gesichtspunkte zu wenig mit in Betracht gezogen hat. So möchte ich noch einmal anschließend an das oben Gesagte betonen, daß es grade bei der Tuberkulose nicht angängig ist, die verschiedenen möglichen Allergien in wirkliche Gesetze oder auch nur weitgehende Regeln zu kleiden oder sie gar in eine geordnete Reihenfolge zu bringen. Dazu zeigen sich grade bei der Tuberkulose die allergischen Zustände viel zu sehr abhängig von allen möglichen andern, sehr wichtigen Faktoren. Darum muß auch, wie nun abschließend noch einmal bemerkt sein mag, eine auf einem supponierten, geordneten, zeitlichen Ablauf der Allergien basierende Einteilung in Stadien versagen. Wenn wir gesehen haben, daß zwar Rankes Allergie II, unsere negative Allergie sich während der Entwicklung des Primärkomplexes einstellen und somit, wenigstens in einigen Fällen, sozusagen ein zweites Stadium einleiten kann, daß weiter Rankes Allergie III, unsere positive Allergie, bei der chronischen Organtuberkulose im Vordergrund stehen kann, so sehen wir doch andererseits, daß beide Arten der Allergie (ganz abgesehen von ihren Zwischenstufen und höchsten Potenzen) auch ganz unabhängig von dem Entwicklungsstadium des einzelnen Falles, allgemein oder lokal, wirksam sein können, die Allergie III während des Primärkomplexes, die Allergie II im Verlaufe von Organtuberkulosen, bei Miliartuberkulosen etc. etc. Die Allergieverhältnisse bei der Tuberkulose sind eben, wie ich es schon an anderer Stelle ausdrückte, mit so mannigfachen Differentialen belastet, daß sie sich nicht in eine einfache Formel pressen lassen. Das hängt mit den vielen Bedingtheiten dieser Allergien zusammen. Es gibt gerade bei der Tuberkulose, um mich an die Nomenklatur Muchs anzulehnen, nicht nur abgestimmte, sondern auch unabgestimmte Allergien. Anders ausgedrückt: *die Allergien sind in weitem Maße von unspezifischen Faktoren mitbeherrscht.*

Ich kann darum nicht eindringlich genug davor warnen, die allergischen Zustände sozusagen als gesondert existierende, sich im Verlauf einer Tuberkulose selbständig entwickelnde Erscheinungen anzusehen. Das geht aber ganz besonders dann nicht an, wenn man ihre Beziehungen zu den pathologisch-anatomischen Veränderungen vor Augen hat. Zur Herausarbeitung der Begriffe ließ sich das nicht ganz vermeiden. Nun aber kommen die auf Grund von unspezifischen Einflüssen notwendigen Einschränkungen. Noch einmal sei zunächst ihre *Abhängigkeit von der Infektionsdosis* hervorgehoben. Denn die Infektionsdosis kann unter Umständen alle Berechnungen über den Haufen werfen. Es braucht das kaum besonders begründet zu werden. Doch mögen zwei Beispiele angeführt werden. Bei vorhandener negativer Allergie (Hyperergie) können sicher sehr kleine Infektionsdosen fast spurlos ertragen werden, vielleicht nur ganz flüchtige Hyperämien und Exsudatbildungen erzeugen, die schnell zurückgehen. Andererseits kann trotz positiver Allergie eine sehr hohe Infektionsdosis zu den schwersten Erscheinungen führen, wobei man auch immer bedenken muß, daß ja jede Neuinfektion wieder eine Änderung der bestehenden Allergiezustände mit sich bringen kann.

Viel wichtiger sind die eigentlichen *unspezifischen Faktoren*, die bekanntlich die Entwicklung einer tuberkulösen Erkrankung in hohem Maße zu beeinflussen im Stande sind, Einflüsse, die gewöhnlich unter dem Begriff der Disposition zusammengefaßt werden. Nachdem wir schon von einer spezifischen Disposition gesprochen haben, müssen wir hier statt des einfachen Begriffes der Disposition den der „*unspezifischen Disposition*“ verwenden. Für alle Infektionskrankheiten sind solche Einflüsse auf Grund von Beobachtungen am Menschen und von Ergebnissen der experimentellen Bakteriologie und Immunitätslehre bekannt. Bei der Tuberkulose aber müssen sich derartige Einflüsse besonders stark bemerkbar machen. Das liegt wieder an der Eigenart des Erregers, der stets bereit steht, allgemeine und lokale Schwächezustände des Organismus zu benutzen, um sich von Neuem zu regen und seine pathogenen Eigenschaften zu entfalten. Es ist das der Grund, warum ich immer wieder die Gefahren, die dem Organismus von den in ihm schon verweilenden Bazillen drohen, höher einschätze als die von außen hinzukommenden Neuinfektionen. Die letzteren sind nicht immer gegeben, die ersteren aber sind immer da und warten sozusagen nur darauf, in ihren Ruhestätten aufgeweckt und mobilisiert zu werden. So sehen wir grade bei dem Auftreten eines solchen unspezifisch-dispositionellen Faktors Erkrankungen auftreten, die aller mühsam abgeleiteten Gesetzmäßigkeit Hohn sprechen. Man denke z. B. an jene rapiden Verlaufsformen der Tuberkulose, die sich bei einem masernkranken Kinde an einen gut in Heilung begriffenen Primärkomplex anschließen können. Man denke an die schweren, mit stürmischem Zerfall einhergehenden käsigen Pneumonien, an denen Diabetiker zuweilen zu Grunde gehen. Man denke an die gefährlichen, sich in der Schwangerschaft einstellenden Tuberkuloseformen des Kehlkopfes und der Lungen. Man denke an alle die andern unspezifischen Einflüsse, die ich schon bei Besprechung der Genese der allgemeinen Miliartuberkulose genannt habe. Auch der traumatische Locus minoris resistentiae muß hier erwähnt werden. Nur auf Grund unspezifisch dispositioneller Verhältnisse ist es auch zu erklären, warum bei einem sonst tadellos positiv-allergischen, bezw. immunen Körper in der lokal stärker disponierten Lungenspitze allein tuberkulöse Herde angehen können. Ich brauche mich wohl auf weitere Beispiele nicht mehr einzulassen. Ich wollte nur darlegen, daß man sich hüten soll, allein auf Grund bestehender und ja auch durch manche Methoden nachprüfbarer, anscheinend günstiger Allergiezustände auf einen guten Verlauf des Einzelfalls zu rechnen. Wie durch hohe Infektionsdosen, so können auch durch unspezifisch-dispositionelle Einflüsse alle Allergiezustände sozusagen überrannt werden. Nur eins möchte ich noch betonen, nämlich daß in dieser Beziehung grade bei der steten Bereitschaft der Tuberkelbazillen auch viele alltägliche Ereignisse, die dem Körper unzuträglich sind, eine nicht zu unterschätzende Rolle spielen können. Ich meine z. B. die Menstruation, körperliche und geistige Überanstrengungen, „Erkältungen“ und ähnliche im Wechsel des täglichen Lebens gegebene Einflüsse auf den Organismus. — *Sämtliche unspezifischen dispositionellen Einflüsse sind im Übrigen die letzten faßbaren Bedingungen für die Tuberkuloseentstehung und Entwicklung und darum von überragender Bedeutung bei der Bekämpfung der Tuberkulose durch Prophylaxe und Therapie.*

Wichtig, wenn auch schwerer erkennbar und in ihrer Bedeutung schwerer faßbar sind endlich *konstitutionelle Einflüsse* auf die Tuberkuloseerkrankungen und damit natürlich auch auf die allergischen Verhältnisse bei ihr. Damit komplizieren sich diese immermehr. Daß überhaupt die Konstitution auf die Entstehung und Entwicklung der Tuberkulose im menschlichen Körper einen Einfluß ausübt, darüber kann kein Zweifel bestehen. Die Eigenart des Erregers und mit ihr der chronische Krankheitsverlauf bedingt auch hier wieder, daß solche Einflüsse sich stärker bemerkbar machen als bei andern Infektionskrankheiten. Ein einziges Beispiel möge zum Vergleich angeführt werden. Bei so hochpathogenen Keimen wie den Pesterregern wird es im Großen und Ganzen gleichgültig sein, welche Körperkonstitution von ihnen getroffen wird. Gegen die Giftigkeit der Erreger schrumpfen die dispositionellen und konstitutionellen Einflüsse auf ein Minimum zusammen. Bei den relativ ungiftigen und den Organismus schleichend belauernden Tuberkelbazillen werden aber schon geringste Einflüsse, auch konstitutioneller Natur, in die Wagschale fallen. Es ist hierüber schon viel geschrieben worden, über die asthenische Konstitution mit ihren besonderen Thoraxformen und über sonstige vererbbare Konstitutionen und ihre Bedeutung für die Tuberkuloseentstehung. Es ist hier nicht der Ort, auf diese besondern Gesichtspunkte näher einzugehen. Die Rolle der Konstitution ist natürlich nur so denkbar, daß durch sie an irgendeiner Stelle des Körpers ein besonders guter Nährboden für die Entwicklung einer Tuberkuloseinfektion geschaffen wird, also auf dem Umweg über dispositionelle Verhältnisse. In diesem Sinne möchte ich nur noch kurz andeuten, daß konstitutionelle Momente auch für das spezielle pathologisch-anatomische Geschehen bedeutungsvoll sein können. Ich denke insbesondere an die merkwürdige Tatsache, daß bei chronischen tuberkulösen Erkrankungen von Organen des großen Kreislaufes so oft von paarigen Organen von vorneherein beide erkranken, z. B. die Nebennieren, die Nieren, die Hoden etc. Natürlich wäre es auch vorstellbar, daß dabei erworbene Schwächezustände, also rein dispositionelle Faktoren, im Spiele sind. Aber wenn solche absolut nicht zu erkennen sind, so ist die Wahrscheinlichkeit größer, daß eine besondere Empfänglichkeit dieser Organe auf Grund einer ererbten Konstitution das wesentliche Moment ist. Jeder Tuberkulosearzt kennt ferner jene Individuen, bei denen von einer asthenischen Konstitution nicht die Rede ist, im Gegenteil ein oft fettreicher, „pastöser“ Habitus auffällt, Individuen, bei denen schlecht heilende und, wie ich selbst von einigen Sektionen weiß, schnell verlaufende, evtl. oft exazerbierende, auch unregelmäßige Metastasen setzende Tuberkuloseformen vorkommen, zuweilen sogar mit ziemlich lange anhaltenden exsudativen Stadien. Hier drängt sich der Vergleich mit der Wundheilung auf, die ja auch, wie schon manchem Laien geläufig ist, auf Grund konstitutioneller Einflüsse sehr verschieden verlaufen kann.

Derartige konstitutionelle Faktoren möchte ich z. B. auch für jene Fälle in Anspruch nehmen, in denen es in verschiedenen Organen zu einem auffallend weitgehenden Ersatz größerer käsiger Knoten durch grobfasriges und hyalines Bindegewebe kommt, im Gegensatz zu denjenigen, bei denen derartige Herde nur abgekapselt werden. Es ist schon von anderer Seite der Satz ausgesprochen worden, daß das Schicksal des Körpers in engem Zusammenhang steht mit der Qualität seines Mesenchyms. Hier hätten wir ein Beispiel dafür, daß mesenchymale Derivate in hohem Maße imstande sind, einen relativ unschädlichen Ersatz pathologischer Produkte zustande zu bringen. Vielleicht wirkt dabei auch die in solchen Fällen besonders hohe Selbständigkeit der faserigen Elemente mit. Seit wir durch Löschke und Lehmann-Facius wissen, daß nicht nur Amyloid, sondern auch Hyalin höchst wahrscheinlich infolge bestimmter Antigen-Antikörperwirkung als Praezipitationen zustande kommen, liegt es nahe, einen derartigen Vorgang auch schon bei der Faserbildung überhaupt anzunehmen. Die uns hier interessierende konstitutionelle Besonderheit des Organismus wäre dann die, daß er imstande ist, auch in pathologischen

Produkten prompt mit einer umfangreichen Bildung von fibrillären und hyalinen Grundsubstanzen zu reagieren. Natürlich kommen diese Gesichtspunkte auch bei allen andern Heilungsvorgängen tuberkulöser Prozesse in Betracht, und sie sind eben vielleicht ganz im allgemeinen eine der Grundlagen für eine gute Heilbarkeit.

Fassen wir nun alle in diesem Kapitel entwickelten Gesichtspunkte über die Entstehungsbedingungen und den Ablauf tuberkulöser Prozesse zusammen, so können wir sagen: *Jeder tuberkulöse Prozeß ist in seiner Ausbreitung und Qualität abhängig 1. von der anatomischen Beschaffenheit des Organs und des Gewebes, in dem er sich entwickelt, 2. von der Massigkeit und Giftigkeit der Infektionsdosis, 3. von den allgemeinen Reaktionsverhältnissen des Organismus und den lokalen Reaktionsverhältnissen am Orte der Entwicklung (Normergie, negative Allergie oder Hyperergie, positive Allergie oder relative Immunität, Anergie). 4. Sind aber die unter 3. genannten Reaktionsmöglichkeiten wiederum abhängig von allen möglichen dispositionellen und konstitutionellen Faktoren.*

Tuberkulose oder Phthise?

Man könnte gerade durch viele in den vorangehenden Kapiteln entwickelte Anschauungen über das Wesen des tuberkulösen Prozesses in dem Gedanken bestärkt werden, daß das Wort Tuberkulose das Wesen des Prozesses nicht in genügender Klarheit wiedergibt. Dem ist ohne weiteres zuzustimmen. Das Wort Tuberkulose ist tatsächlich nur eine sehr einseitige Bezeichnung, teilt dieses Schicksal aber mit sehr vielen in unserer medizinischen Nomenklatur gebräuchlichen Namen. Wir können trotzdem die Frage erörtern, ob es zweckmäßig ist, diese Bezeichnung durch eine andere zu ersetzen. ASCHOFF hat dieses getan und hat vorgeschlagen, das Wort Tuberkulose ganz allgemein durch Phthise zu ersetzen, und begründet seine Bevorzugung des Wortes Phthise einerseits mit den Eigenschaften der bei der Krankheit auftretenden allgemeinen und besonderen pathologisch-anatomischen Symptome, andererseits auf Grund historischer Überlegungen. Auf letzterem Gebiete ist ihm besonders MARCHAND entgegen getreten. Ich möchte jedoch meinen, daß die historische Entwicklung der Begriffe Tuberkulose und Phthise für uns keine maßgebliche Rolle zu spielen braucht, denn unsere Vorfahren sind bei ihren Namengebungen vielleicht noch mehr allen möglichen Irrtümern ausgesetzt gewesen als wir selbst.

Einer ihrer Irrtümer war auch der, daß sie die Tuberkulose für eine unheilbare Krankheit hielten, bis BREHMER das Gegenteil zeigte. Demgegenüber bedenke man, welch einen unangenehmen und aufregenden Beigeschmack die deutsche Übersetzung des Wortes Phthise, Schwindsucht, hat. Schon allein dieser deutschen Übersetzung wegen sollte das Wort Phthise nur für ganz desolate Fälle, entweder in Bezug auf die schwersten tuberkulösen Erkrankungen eines Organsystems oder in Bezug auf die mit solchen Erkrankungen einhergehende Abzehrung des Körpers vorbehalten bleiben.

Es kommt aber weiter und vor allen Dingen für uns darauf an, eine *unmißverständliche* Bezeichnung zu haben. Wenn es nun gelänge, ein Wort für die Bezeichnung zu finden, in dem wirklich die wesentlichen Züge der Krankheit implicite enthalten sind, dann dürften wir uns nicht scheuen, es in unsere Nomenklatur einzuführen. Selbst eine Bezeichnung, die nicht ganz dieser Forderung gerecht würde, aber besser wäre und mehr sagte als das Wort Tuberkulose, würden wir ebenfalls annehmen können. Will man aber von diesen Gesichtspunkten ausgehen, so läßt sich doch wohl nicht bestreiten, daß das Wort Phthise ganz gewiß nicht mehr aussagt, als das Wort Tuberkulose. Wenn das Wort Phthise im allgemeinen Sinne gebraucht wird und einen Schwund, bezw. Abmagerung, Kachexie des Körpers bedeutet, so zeigen diese Eigenschaften viele aetiologisch ganz verschiedene Erkrankungen. Wenn das Wort Phthise aber im engeren Sinne gebraucht wird, und einen Schwund von Organgewebe mit oder ohne Ulzeration bedeuten soll, so liegen die Dinge kaum anders, denn auch bei unendlich vielen andern Krankheiten kommt es zu analogen Vorgängen. So müssen wir zu dem Schluß kommen, daß Phthise durchaus keine exaktere Bezeichnung ist als Tuberkulose. Wir können vielmehr für die letztere Bezeichnung immerhin das Argument ins Feld führen, daß das Tuberkelknötchen wirklich ein ganz besonders charakteristisches Produkt der Erkrankung ist und daß auch dort, wo es in der klassischen Form nicht von vornherein oder überhaupt nicht vorhanden ist, der Prozeß noch sehr oft in Knötchen- oder Knotenform verläuft. Wir können darum sehr wohl aus sachlichen Gründen von dem alten Vorrecht „a potiori fit denomiatio" Gebrauch machen und bei der Bezeichnung Tuberkulose bleiben. Wir müssen es aber auch aus dem Grunde tun, den ich schon auf dem Tuberkulosekongreß in Bad Elster anführte. Seit dem Beginn der Epoche, die mit den Namen Robert Koch, Paul Baumgarten, Emil Behring und vieler anderer bedeutender Forscher des In- und Auslandes verknüpft ist, sprechen wir von Tuberkulose als derjenigen Krankheit, deren einheitliche Ätiologie der von R. Koch entdeckte Mikroorganismus ist, als derjenigen Krankheit, die weit über das Interesse der Bakteriologen, Pathologen, Kliniker und praktischen Ärzte hinaus die allergrößte Bedeutung für das gesamte Volksleben hat, als derjenigen Krankheit, zu deren wissenschaftlichem Studium und zu deren Bekämpfung zahlreiche nationale und internationale Gesellschaften und Institute gegründet, fürsorgerische Einrichtungen geschaffen, Gesetze erlassen wurden usw. Was hat es da zu bedeuten, wenn sich nicht alle ihre pathologisch-anatomischen Erscheinungen mit der Bezeichnung Tuberkulose decken? Jeder weiß heute genau, was wir, auch in pathologisch-anatomischer Beziehung, unter Tuberkulose verstehen. Jeder, der unter den heutigen Verhältnissen ein anderes Wort gebraucht, wird Gefahr laufen, mißverstanden zu werden. Sehr charakteristisch ist dafür, daß vor einigen Jahren von G. B. Gruber eine Broschüre erschien, in der zwar nicht ein einziges Mal das Wort Tuberkulose vorkam, die aber, um den Inhalt unmißverständlich anzudeuten, den Titel „Altes und Neues über die Tuberkulose" trug. — Ich möchte daher aus allen hier angeführten Gesichtspunkten, denen sich noch manche andere hinzufügen ließen, mit den meisten andern Forschern die Konsequenz ziehen und bei der Bezeichnung Tuberkulose bleiben.

Wertende Betrachtung der tuberkulösen Prozesse.

Ich bin bei meinen Ausführungen der pathologischen Anatomie und Histologie von der Vorstellung ausgegangen, daß die Tuberkulose eine Entzündung ist. Man könnte natürlich auch mit MARCHAND von einer entzündlichen Krankheit sprechen, worunter MARCHAND die Kombination von Gewebsschädigung und reaktiven Vorgängen lokaler und allgemeiner Natur zusammenfaßt. In einer lediglich den anatomischen Vorgängen gewidmeten Abhandlung schien mir aber die Ausarbeitung des Begriffes der entzündlichen Krankheit nicht so wesentlich. Nun werden heute von vielen Autoren die reaktiven entzündlichen Veränderungen als Abwehrvorgänge angesehen. Selbst wenn diese Vorstellung nur eine bildliche und frei von teleologischen Gedanken sein soll, wird sie den Tatsachen nicht gerecht. Denn einerseits gibt es Entzündungen, die durch physikalische und chemische Einflüsse verursacht werden, gegen die schlechterdings von einer Abwehr nicht die Rede sein kann. Andererseits aber ist auch ein auf Grund bakterieller Einwirkungen entstehender Entzündungsprozeß nicht etwa nur ein Abwehrprozeß gegen die betreffenden Erreger, sondern ein viel komplexerer Vorgang, bei dem, wie auch bei den physikalisch und chemisch bedingten Entzündungen die Stoffwechselprodukte der Körpergewebe eine wichtige Rolle spielen. Es ist hier nicht der Ort, noch einmal auf diese Dinge einzugehen, ich verweise dazu auf meine Ausführungen auf S. 61ff und auf das Referat von RÖSSLE.

Wir wollen aber einmal die Voraussetzung machen, daß der Abwehrbegriff auf die bakteriell bedingten Entzündungen anwendbar ist, und unter dieser Voraussetzung treten wir in den Versuch einer wertenden Betrachtung der Entzündung überhaupt und der Tuberkulose im Besonderen, also in eine gewollt teleologische Betrachtung, ein. Ich rechne dahin allerdings nicht die Überlegung über den Einfluß, den lokale und allgemeine tuberkulöse Prozesse auf Ganzheiten wie einzelne Organe oder den gesamten Körper ausüben. Das sind Dinge, die in das Bereich der funktionellen Betrachtungsweise gehören und die schon an anderer Stelle erörtert wurden oder noch in den einzelnen speziellen Kapiteln hier und da erwähnt werden sollen. Ich habe vielmehr Betrachtungen im Auge, die sich in rein teleologischen Bahnen bewegen und bei denen der Zweckmäßigkeitsbegriff die erste Rolle spielt.

Auf die Berechtigung einer solchen Betrachtungsweise und auf ihre erkenntnistheoretische Stellung den exakten und biologischen Naturwissenschaften gegenüber möchte ich hier in keiner Weise eingehen. Ich verweise dazu auf E. ALBRECHT, B. FISCHER und G. HERXHEIMER, deren Ausführungen die Probleme klar herausarbeiten. Daß wir, wie HERXHEIMER zeigt, in unserer an anthropomorphistischen Bildern reichen Sprache gezwungen sind, zahlreiche Ausdrücke zu gebrauchen, die nicht immer zu einer streng kausalen Denkweise passen, ist unvermeidlich. Zwischen einer derartigen bilderreichen Sprache und einer bewußt teleologischen, eine Zielstrebigkeit des Organischen voraussetzenden Betrachtungsweise liegt aber eine tiefe Kluft, der man sich in jedem Fall bewußt bleiben muß.

Ich möchte bei meinen Betrachtungen ausgehen von einem Versuch ASCHOFFS, die entzündlichen Vorgänge als Regulationen aufzufassen, die auf pathologische Einflüsse hin stattfinden. Ich möchte hier allerdings den Spieß umdrehen und sagen: Die Entzündung ist keine Regulation, sondern ein Zeichen dafür, daß die gewöhnlichen Regulationen gestört sind. Dieselben Überlegungen ließen sich auf alle möglichen pathologischen Prozesse anwenden, und man könnte schließlich die krankhaften Vorgänge überhaupt als Störungen der gewöhnlichen Regulationen bezeichnen. Diese Störungen können, wie wir wissen, leichterer und schwererer Natur sein. Wir kennen bei den Krankheiten alle Stufenleitern von harmlosen zu sehr gefährlichen. Wenn auch dabei noch manche andere Faktoren beteiligt sind, möchte ich doch für die weiteren Überlegungen die Voraussetzung machen, daß diese Abstufungen lediglich durch die eigentlichen, für jeden Fall spezifischen, ätiologischen Faktoren bedingt sind, bei den Infektionskrankheiten also durch die entsprechenden Erreger. Wir können auch sagen, daß der Mensch z. B. an die verschiedenen Bakterien in ganz verschiedener Weise angepaßt ist. Manche sind ihm nützlich, die meisten aber gleichgültig. Er vermag sie zu verdauen wie Nahrungsmittel. In gewissem Sinne liegt dann schon eine Art von Abwehr vor (vgl. auch ABDERHALDENs Abwehrfermente). In jedem Fall funktionieren unter diesen Umständen die gewöhnlichen Regulationsvorgänge vorzüglich. Bei anderen aber ist das nicht mehr der Fall. Die gewöhnlichen Regulationen sind gestört und der Organismus bedient sich anderer Mittel. Wir können von Abwehrmitteln sprechen und das Hauptabwehrmittel ist dann bei den meisten krankmachenden Bakterien die Entzündung mit allen ihren Rückwirkungen auf den Gesamtkörper.

Dieser Begriff der Abwehr gegen Kleinlebewesen ist wohl von METSCHNIKOFF zum erstenmal bewußt angewandt worden, und zwar in der Weise, daß es sich bei den Infektionskrankheiten um einen Kampf des infizierten Organismus mit den Infektionserregern handeln solle. Dieser Kampf ist im teleologischen Sinne nicht nur bildlich und vergleichsweise zu verstehen, sondern als ein von beiden Seiten sozusagen bewußtes Vorgehen, sei es nun, daß diese bewußten Tendenzen der lebenden Substanz selbst unterschoben oder unter einen sie von außen leitenden Impuls gestellt werden. Die Zielstrebigkeit aber kann nur darin gesehen werden, daß jeder Teil darauf ausgeht, sich gegen die Angriffe des Gegners zu schützen und ihm gegenüber seinen Bestand und seine Lebensfähigkeit zu wahren. Die Frage lautet dann: Wird bei den Infektionskrankheiten und insbesondere bei der Tuberkulose dieser Kampf von seiten des menschlichen Körpers in zweckmäßiger Weise geführt?

Zunächst ist es klar, daß, wenn wir die gewöhnlichen Regulationen als zweckmäßig bezeichnen, die krankhaften Vorgänge überhaupt und die Abwehr gegen krankmachende Bakterien im Besonderen ihnen gegenüber als weniger zweckmäßig angesehen werden müssen; wie es ganz im allgemeinen unzweckmäßig sein dürfte, daß der Mensch an seine gesamte Umgebung nicht störungslos angepaßt ist. Aber selbst wenn wir davon absehen und wirklich noch in der Infektionsabwehr Zweckmäßigkeiten sehen wollen, so erkennen wir in diesen Zweckmäßigkeiten mannigfache Abstufungen. Auf Einzelheiten einzugehen würde zu weit führen, sondern wir wollen gleich medias in res gehen und uns fragen: Wie verhält sich in dieser Beziehung die Tuberkulose?

Ich habe schon an anderer Stelle von einer Art von Symbiose der Tuberkelbazillen mit den Menschen gesprochen, da der Mensch Jahre und Jahrzehnte die Bazillen beherbergen kann, ohne wesentlich zu erkranken. Doch darf man eben nur von einer Art von Symbiose sprechen, denn eine wahre Symbiose besteht darin, daß beide Teile davon Vorteile haben. Hier aber haben den Vorteil nur die Tuberkelbazillen. In der Außenwelt würden sie bald zugrunde gehen müssen. Der Mensch verhilft ihnen zum Bestand, und wenn man hier von Zweckmäßigkeit sprechen wollte, so wäre es vom anthropomorphistischen Standpunkt aus eine fremddienliche Zweckmäßigkeit (Becher, Armin Müller u. a.). Der Mensch hat keinen Vorteil davon, wohl aber wird er dauernd von den Bazillen, die er beherbergt, bedroht. Und welcher Art sind nun seine Abwehrmaßnahmen, wenn die Bazillen zum Angriff vorschreiten? Nur in Ausnahmefällen mag es ihm gelingen, die Angreifer mit den Exsudaten herauszuwerfen. Sonst bringt er es im besten Fall zu Vernarbungs- und Abkapselungsvorgängen. Er schafft dadurch funktionell minderwertige Bezirke, die oft allein dazu imstande sind, schwere Störungen mit sich zu bringen. Auch die Tatsache, daß nach derartigen anatomischen Heilungen infektionstüchtige Bazillen in den Herden zurückbleiben, ist gefährlich. Das sind jedoch alles Dinge, die auch bei anderen Infektionskrankheiten vorkommen. Wenn jedoch der Fall eintritt, daß die Exsudate verkäsen und gar die verkästen Herde einschmelzen, so zeigt sich darin, daß die Art der Abwehr eine überaus unzweckmäßige ist. Wohl kann unter Umständen beispielsweise bei einem Darmgeschwür durch Einschmelzung und Demarkation der Infektionsherd in seiner Gesamtheit entfernt werden, obwohl schon dabei eine strikturierende Narbe mit ihren unangenehmen Folgen entstehen kann, vor allen Dingen die Bazillen durchaus nicht vernichtet werden, sondern in Freiheit kommen und an anderer Stelle ihre Tätigkeit wieder beginnen können. Aber in der Einschmelzung einer käsigen Nierentuberkulose oder gar in der Kavernenbildung in den Lungen sind beim besten Willen irgendwelche Zweckmäßigkeiten nicht mehr zu erkennen. Der Körper reagiert nach den ihm vorgeschriebenen ewigen Gesetzen immer wieder und überall in grundsätzlich derselben Weise auf den Angriff von Infektionserregern, absolut ohne Rücksicht auf die daraus entstehenden Folgen. So auch bei den allergischen Vorgängen. Nie erreicht der Körper bei der Tuberkulose eine „Immunität", die nicht einmal wieder durchbrochen werden kann, und wir haben allen Anlaß dazu, sogar die Möglichkeit allergischer Zustände zuzulassen, auf Grund derer nicht nur kein Schutz besteht, sondern im Gegenteil besonders schwere Krankheitsbilder auftreten können. Alles in allem genommen können wir also sagen, daß bei der Tuberkulose die gewöhnlichen Regulationen des Körpers ganz besonders schwere Störungen aufweisen, daß der Mensch an die Tuberkelbazillen schlecht angepaßt ist, daß der menschliche Organismus bei seinen Abwehrmaßnahmen gegenüber den Tuberkelbazillen im Großen und Ganzen in überaus unzweckmäßiger Weise vorgeht.

Ich möchte nun fragen: Hat es nach derartigen Überlegungen einen Sinn, bei der Tuberkulose von Abwehrvorgängen zu sprechen und ihnen bewußt oder unbewußt das Merkmal der Zweckmäßigkeit beizulegen? Wohin soll es führen, wenn Schmincke ernstlich die Kavernenbildungen in der Lunge, also oft Tod bringende Veränderungen, als Heilungsvorgänge bezeichnet, oder wenn gar Pagel den „Kern des Wesens der Miliartuberkulose" in einer Immunisierung größten Stieles des Gesamtorganismus sieht, in der „Reaktion sämtlicher Ufergewebe auf das Virus im wesentlichen mit dem Erfolg wirksamer Keimabwehr und Keimvernichtung?" Ich glaube vielmehr, daß gerade bei der Tuberkulose solche Überlegungen dazu angetan sind, die mit den Begriffen der Abwehr und der Zweckmäßigkeit arbeitende teleologische Betrachtungsweise ad absurdum zu führen. Man denke auch daran, welche grotesken Folgerungen gezogen werden können, wenn solche Anschauungen etwa auf die Therapie übertragen würden, von der oft gesagt wird, daß sie nichts weiter tun solle, als die natürlichen Schutzkräfte des Organismus unterstützen. Wir lernen schließlich auch aus derartigen Betrachtungen nichts weiter als das, was wir schon vorher wußten, nämlich daß die Tuberkulose eine sehr gefährliche Krankheit ist und daß unser Bestreben und unsere Kunst nicht darin bestehen soll, nach der Entstehung schwerer Krankheitsprozesse die natürlichen Reaktionsvorgänge blind wüten zu lassen, sondern vielmehr darin, die Krankheit im Keim zu ersticken. Zu dieser Erkenntnis führt uns aber die Beobachtung der tuberkulösen Prozesse und der Versuch, sie kausal aneinander zu reihen, schneller und sicherer als eine wertende Betrachtungsweise.

Spezieller Teil.

Einleitung.

Im folgenden speziellen Teil soll die pathologische Anatomie der einzelnen Organsysteme und Organe zwar systematisch behandelt werden, ich möchte jedoch auch hier noch einmal ausdrücklich darauf hinweisen, daß keine restlose, sozusagen handbuchmäßige, Beschreibung aller nur möglichen Veränderungen beabsichtigt ist. Im Großen und Ganzen soll vielmehr der spezielle Teil soviel wie möglich Belege für die im allgemeinen Teil niedergelegten Anschauungen erbringen. So soll z. B. für die wichtigsten Organveränderungen der Versuch gemacht werden, sie in die einzelnen Haupterscheinungsformen der Tuberkulosekrankheit einzuordnen. Es soll weiter gezeigt werden, daß sich die meisten tuberkulösen Veränderungen der Organe zwanglos in die Auffassung der Tuberkulose als eines Entzündungsprozesses einordnen lassen, daß zum mindesten einer solchen Auffassung nirgends ernste Bedenken entgegenstehen. Diese Darstellungsart läßt sich natürlich auch hier nur durchführen, wenn dabei auch allgemein biologische Gesichtspunkte (allergische Verhältnisse, Disposition, Konstitution) berücksichtigt werden. Wenn hier und da die Darstellung mancher Veränderungen gegenüber andern eine unvollkommene bleibt, so liegt das zum Teil an der Materialfrage. Ich möchte darum hier noch einmal betonen, daß auch mit dem speziellen Teil ein Abschluß nicht gegeben werden soll, sondern daß gerade in ihm vieles als ein Programm für weitere Arbeiten betrachtet werden muß.

Zirkulationsorgane.

1. Herz.

Bei Rokitansky steht in der Häufigkeitsskala, in der die Organe des menschlichen Körpers von der Tuberkulose betroffen werden, das Herz fast an letzter Stelle. Heute kann man sagen, daß dieser Ausspruch nur teilweise zu Recht besteht, nämlich soweit er sich auf mehr selbständige Erkrankungen des Herzens bezieht. Denn nur diese Erkrankungen des Herzens sind selten, während geringfügige Beteiligungen an andern Erkrankungen, wie wir sehen werden, sogar recht häufig sind. Die Literatur über die schwereren Fälle von Herztuberkulose ist zwar seit Rokitansky eine recht umfangreiche geworden. Aber das ist gerade ein Zeichen für die Seltenheit der Fälle. Es handelt sich vorwiegend um eine kasuistische Literatur, weil Fälle von Herztuberkulose immer noch als Befunde betrachtet werden können, die besonders hervorgehoben zu werden verdienen.

Gewisse Fälle von Herztuberkulose sind in der Tat als Kuriosa zu betrachten. Daß aber die Menge der veröffentlichten Arbeiten nicht einen Abglanz der Häufigkeit der tuberkulösen Herzerkrankungen bedeutet, geht daraus hervor, daß gerade über die sicher häufigste Form der mehr selbständigen Erkrankungen, die Tuberkulose des Perikards, die wenigsten Arbeiten existieren. Ist so eine Tuberkulose des Herzens in jedem Fall ein seltenes Ereignis, so bietet sie doch von verschiedenen Gesichtspunkten aus ein recht großes Interesse, so einmal auf dem Gebiet der Pathogenese und dann in ihrem Verhältnis zur akuten Miliartuberkulose. Doch sind das schon Gesichtspunkte, die nicht für die Tuberkulose des Herzens schlechtweg von Bedeutung sind, sondern sich ganz verschieden darbieten, je nachdem, welche Schicht des Herzens erkrankt ist. Wir können tatsächlich die Tuberkulose des Herzens nicht als ein Ganzes betrachten, sondern müssen die Erkrankungen der einzelnen Schichten einer gesonderten Besprechung unterziehen, weil ihre Bedeutung jeweils verschieden ist.

a) Perikard.

Die tuberkulöse Erkrankung des Perikards ist sicher die häufigste Form der Herztuberkulose. Ihre Häufigkeit mag überhaupt auch heute noch unterschätzt werden. Ich stehe mit ASKANAZY auf dem Standpunkt, daß die anatomische Diagnose einer tuberkulösen Perikarditis nicht ganz so selten gemacht werden kann, als aus manchen Statistiken hervorzugehen scheint, wenn man sich nur daran gewöhnt, jede sog. „idiopathische" Perikarditis genau zu kontrollieren. Doch bleibt natürlich auch hier die Häufigkeitsangabe ein relativer Begriff. Denn die Perikardtuberkulose ist zahlenmäßig in einwandfreien Sektionsstatistiken sowohl dem gesamten Material gegenüber als auch den Fällen von Tuberkulose überhaupt gegenüber immer ein seltenes Ereignis. Im Material des pathologischen Institutes Leipzig kommt sie durchschnittlich in etwa 0,01% der überhaupt sezierten Fälle vor und etwa 1% der Tuberkuloseerkrankungen überhaupt, worunter unter Tuberkuloseerkrankungen überhaupt nur solche Fälle verstanden sind, bei denen noch ein irgendwie fortschreitender Prozeß bei der Sektion festgestellt wurde. Und noch eine Einschränkung ist bei diesen Zahlen zu machen: wir können hier nur von solchen Perikardveränderungen sprechen, die im ganzen Sektionsbild eine gewisse Rolle spielten. Eine ganz geringfügige Beteiligung des Perikards an einer allgemeinen Miliartuberkulose wäre z. B. nicht mitzuzählen.

Die Tuberkulose tritt im Perikard grundsätzlich nur in zwei Formen auf, nämlich in der klein- bis großknotigen Form und als fibrinöse (sero-fibrinöse oder hämorrhagisch-fibrinöse) Entzündung mit allen ihren Folgezuständen.

1. **Die knotige Form der Perikardtuberkulose,** gewöhnlich kurz als Tuberculosis pericardii (ORTH, KAUFMANN) bezeichnet.

Man kann unterscheiden: a) die kleinknotige Form oder Miliartuberkulose und b) die großknotige oder unter Umständen perlsuchtähnliche Form.

a) *Miliartuberkulose.* — Sie tritt, wenn auch relativ selten, als Begleiterscheinung einer allgemeinen Miliartuberkulose auf. Man sieht dann meist nur vereinzelte Knötchen, zuweilen in kleinen Gruppen angeordnet, im Verlauf der Gefäße, nach meinen Erfahrungen vorwiegend an der ventralen Fläche längs des Ramus descendens der linken Kranzarterie. Man kann derartige Knötchen aber auch als Begleiterscheinung einer Myokardtuberkulose sehen. Sie sitzen dann als „Resorptionstuberkel“ in der unmittelbaren Umgebung des Muskelherdes. In beiden Fällen ist das viszerale Blatt des Herzbeutels betroffen. ORTH erwähnt aber auch isolierte Miliartuberkel auf dem parietalen Blatt als fortgeleitete Prozesse von einer Lungen- oder Pleuratuberkulose. Ich kann mich kaum besinnen, derartige Fälle gesehen zu haben. Sie werden jedenfalls zu den Seltenheiten gehören. In allen Fällen reiner miliarer Tuberkulose des Perikards erreichen die Knötchen die Oberfläche nicht, sondern sitzen im epikardialen Bindegewebe dicht unter den Deckzellen oder etwas tiefer. ORTH hat gewiß recht, wenn er sagt, daß sie wohl erst kurz vor dem Tode entstanden sind. Durchbrechen sie die Oberfläche, so muß eine Perikarditis die Folge sein. Ob aber in dieser Weise eine allgemeine tuberkulöse Perikarditis entstehen kann, ist, wie wir sehen werden, immerhin fraglich. Gewöhnlich wird sie umschrieben sein und schnell zu Verwachsungen führen. Weitere Folgezustände der miliaren Perikardtuberkulose sind nicht zu nennen. Sie spielt praktisch gar keine Rolle. Als Begleiterscheinung einer akuten Miliartuberkulose verschwindet sie in ihrer Bedeutung ganz hinter den großartigeren Manifestationen dieser Krankheit.

b) *Die großknotige oder perlsuchtartige Form der Tuberculosis pericardii* ist ein sehr seltenes Ereignis. Ich habe sie nie gesehen, und auch Erkundigungen bei andern Pathologen ergaben, daß sie nur hier und da einmal beobachtet wurde. Auch die Literatur schweigt fast ganz von dieser Form. MELTZER beschrieb einen typischen Fall (58 jähriger Mann), bei dem im Epikard etwa 50 erbsen- bis mandelkern- bis kirschgroße Knoten saßen, die sich mikroskopisch als typische Konglomerattuberkel mit Riesenzellen und Verkäsung erwiesen. Zugleich bestand eine totale leichtlösliche Synechie der Perikardblätter. Diese Form der Perikardtuberkulose, von der auch LANCERAUX erklärt, daß sie sehr selten sei, wird mit einigem Recht als perlsuchtartige bezeichnet, entspricht sie doch durchaus den Bildern, wie man sie zuweilen bei Rindern sehen kann. Ob auch der Typus bovinus als ätiologischer Faktor beim Menschen in Betracht kommt, ist nicht bekannt. Man muß sich aber noch, wenn man den Fall MELTZERS vor Augen hat, fragen, ob man es hier überhaupt mit einer selbständigen Erkrankungsform zu tun hat, oder ob nicht einfach eine Spätform der allgemeinen tuberkulösen Perikarditis vorliegt, in der sich dann erst in späteren Stadien die größeren Knoten entwickelt haben. Diese Frage wird bei weiteren Fällen geprüft werden müssen.

In diesem Zusammenhang ist noch ein eigentümlicher Fall von EICHHORST zu erwähnen, wo sich bei einer allgemeinen Perikarditis zugleich am parietalen Blatt drei tiefe tuberkulöse Geschwüre fanden. Es ist möglich, daß hier zunächst eine knotige Tuberkulose vorlag, die erst infolge einer Ulzeration zur Perikarditis führte.

2. **Die tuberkulöse Perikarditis.** Die bisher erwähnten Prozesse treten gegen diese Erkrankung in ihrer Bedeutung sehr zurück. Klinisch spielt die tuberkulöse Perikarditis sowohl, wenn sie isoliert auftritt, als auch als Begleiterscheinung anderer tuberkulöser Prozesse eine nicht geringe Rolle. Nach manchen Autoren soll sie im jugendlichen und Greisenalter häufiger sein als

in den mittleren Lebensjahren. Statistiken, aus denen das hervorzugehen scheint, sind aber bei einer überhaupt relativ seltenen Erkrankung nicht sehr beweiskräftig. Nach meinen Erfahrungen kann die tuberkulöse Perikarditis in allen Lebensaltern beobachtet werden. Ich muß jedoch zugeben, daß gerade in späten Lebensjahren bis zum Greisenalter manche besonders eindrucksvolle, weil so gut wie isoliert auftretende, tuberkulöse Perikarditiden zur Beobachtung kommen. Das Prototyp dieser Erkrankung ist, wie bei anderen Perikarditiden, das fibrinöse Zottenherz. Wenn man bei der Sektion nie versäumt, in Fällen von Zottenherz, die nicht ohne Weiteres durch eine andere Ätiologie geklärt sind, nach Tuberkelknötchen oder Bazillen zu suchen, wird man manche Fälle als der Tuberkulose zugehörig entlarven.

Das tuberkulöse Zottenherz. Es unterscheidet sich beim ersten Anblick kaum von einer anderswie bedingten, z. B. durch Pneumokokken verursachten Perikarditis. Beide Blätter des Perikards, oft das viszerale stärker als das parietale, sind in vollausgebildeten Fällen mit dicken, ziemlich festhaftenden Fibrinmembranen bedeckt. Diese liegen in Falten oder Höckern, oft kammartig; die Falten sind parallel oder netzförmig. Die Oberfläche ist nie glatt, sondern je weiter der Prozeß vorgeschritten ist, um so zottiger. Es handelt sich entweder um kleinere Zacken, z. B. auf der Höhe der Falten oder kammartigen Erhebungen, wodurch dann fischkiemenartige Gebilde zustande kommen. Ganze Teile der Oberfläche zeigen dann eine regelmäßige Zeichnung. Oder die Auflagerungen sind wulstiger und sehr unregelmäßig gestaltet. Natürlich mischen sich auch die verschiedenen Bilder untereinander.

Der Verdacht, daß es sich um eine tuberkulöse Erkrankung handelt, kann aber schon bei Betrachtung des in den Anfangsstadien stets wenigstens in gewisser Menge vorhandenen flüssigen Exsudates aufkommen. Es sei dazu bemerkt, daß es eine ursprünglich rein trockene tuberkulöse Perikarditis kaum gibt. Wir haben dabei zunächst die den ganzen Herzbeutel betreffenden, also totale Perikarditiden im Auge. Hier pflegt bei einigermaßen frischen Fällen die Herzbeutelflüssigkeit wenigstens etwas vermehrt zu sein, was natürlich nicht hindert, daß bei jeder Körperstellung die höhergelegenen Teile trocken sind und dann auch das bekannte Reibegeräusch geben können. Oft begegnet man jedoch einer stärkeren Flüssigkeitsvermehrung, bis 100 und mehr Kubikzentimeter; selbst Fälle mit 1—2 Litern Exsudat sind beschrieben worden. Das ist aber alles für die Diagnose noch unwesentlich. Wichtiger ist die Beschaffenheit des flüssigen Exsudates. Es ist sehr selten rein eitrig, meist durchaus dünnflüssig und mäßig oder wenig getrübt, zuweilen auch fast klar. Noch wichtiger ist, daß die tuberkulöse Perikarditis relativ oft mit einem hämorrhagischen Exsudat einhergeht. Geringe Blutbeimengungen sind sehr häufig. Man hat dann ein leicht fadenziehendes sanguinolentes Exsudat; dies muß immer den Verdacht auf eine tuberkulöse Erkrankung erwecken. Die Blutbeimengungen können aber auch so stark sein, daß das Exsudat einen ausgesprochenen hämorrhagischen Charakter hat. Dabei sind dann auch die Fibrinmassen mehr oder weniger rot gefärbt. Bei der mikroskopischen Untersuchung des Exsudates herrschen neben den etwa vorhandenen roten Blutkörperchen in frischen Fällen durchaus die Leukozyten vor. Doch brauchen Lymphozyten von vornherein keineswegs zu fehlen. In älteren Fällen können dann die Lymphozyten sehr viel reichlicher sein und müssen dann den Verdacht auf Tuberkulose sehr verdichten. Völlig gesichert ist die Diagnose natürlich durch das Vorhandensein von Tuberkelbazillen. Diese finden sich um so reichlicher im freien Exsudat je frischer und leukozytenreicher der Fall ist. Sie sind dann zum großen Teil in die Leukozyten oder in größere phagozytäre Elemente endothelialer Herkunft eingeschlossen.

Um die Diagnose einer tuberkulösen Perikarditis aber schon bei der Sektion zur Sicherheit zu erheben, ist es nötig, die spezifischen Produkte der Tuberkulose aufzufinden. Das gelingt meist leicht, wenn man die fibrinösen Beläge abstreift. Dann erscheinen im darunter gelegenen stark vaskularisierten Gewebe die kleinen grauen oder auch größeren gelblichen Knötchen meist sehr deutlich. Es bleiben aber auch Fälle, in denen erst die mikroskopische Untersuchung die tuberkulöse Natur der Erkrankung aufdeckt.

Das *mikroskopische* Bild des vollausgebildeten tuberkulösen Zottenherzens ist folgendes (Abb. 14). Die Oberfläche wird von Fibrinmassen gebildet: meist homogenen, scholligen und streifigen, vielfach miteinander verflochtenen Massen oder auch, seltener, feineren Netzwerken. Bei schwachen Vergrößerungen hebt sich diese verschieden dicke Fibrinschicht wie bei andern Perikarditiden deutlich gegen die folgende Schicht des Granulationsgewebes ab. Bei stärkeren Vergrößerungen interessiert vor allen Dingen das zellige Bild innerhalb der Fibrinschicht. Dort finden sich polymorphkernige Leukozyten und Lymphozyten in kleineren oder größeren Haufen neben vielen einzelnen Exemplaren. Gegenüber den eitrigen Prozessen ist meist die Zahl der Zellen überhaupt geringer. Entsprechend dem Grade einer etwa hämorrhagischen Entzündung finden sich außerdem Erythrozyten in wechselnder Zahl, unter Umständen allerdings ganz das Bild beherrschend. In den tieferen Schichten der Fibrinauflagerungen stoßen wir sodann auf die Organisationsvorgänge. Man hat wie bei allen fibrinösen Entzündungen seröser Häute das bekannte Bild eines wirren Durcheinanders von Fibrinmassen und sprossendem Granulationsgewebe. Doch treten natürlich bei der tuberkulösen Perikardentzündung gewisse Eigenheiten scharf hervor. Man sieht zunächst die jungen Gefäßsprossen, begleitet vorwiegend von Lymphozyten und ihren Abkömmlingen, den Plasmazellen. Außerdem finden sich aber auch hier schon reichlich größere Zellen mit hellem Kern. Diese sind bald rund und der Kern dann etwas exzentrisch, bald in die Länge gezogen, oval oder spindelig und der Kern dann ebenfalls ausgezogen, oval oder gar stäbchenförmig, gerade oder gebogen oder gedreht. Hier handelt es sich offenbar um histiozytäre Wanderzellen im Sinne Aschoffs. Das Äußere dieser Zellen entspricht durchaus dem der epitheloiden Zellen, und sie sind nach ihrer Herkunft sicher mit diesen identisch, leiten sich also im wesentlichen von jungen Gefäßwandzellen her. Das zeigt sich auch daran, daß solche Zellen schon in ziemlich oberflächlichen Schichten sich zuweilen zu kleineren Verbänden zusammenlegen, die, sobald sie eine gewisse Größe erreicht haben, durchaus einen typischen jungen produktiven Tuberkel darstellen. Mitten im Fibrin, ohne Zusammenhang mit sonstigen Gewebsteilen, kann man solche Gebilde zwischen den jungen Kapillaren liegen sehen; sie können sich selbst etwas über die Kapillargrenze hinausschieben. Auch typische Langhanssche Riesenzellen brauchen in diesen Tuberkeln nicht zu fehlen. Es ist andererseits von großem Interesse, daß Riesenzellen auch isoliert in dieser Mischschicht vorkommen, in

Buchten des Fibrins eingelagert. Ihre Form, die oft manche Zacken und Ausläufer aufweist, deutet darauf hin, daß auch sie in amöboider Bewegung begriffen sein können. Nicht ganz selten findet man auch solche Zellen frei im Exsudat außerhalb des eigentlichen Granulationsgewebes (Abb. 14).

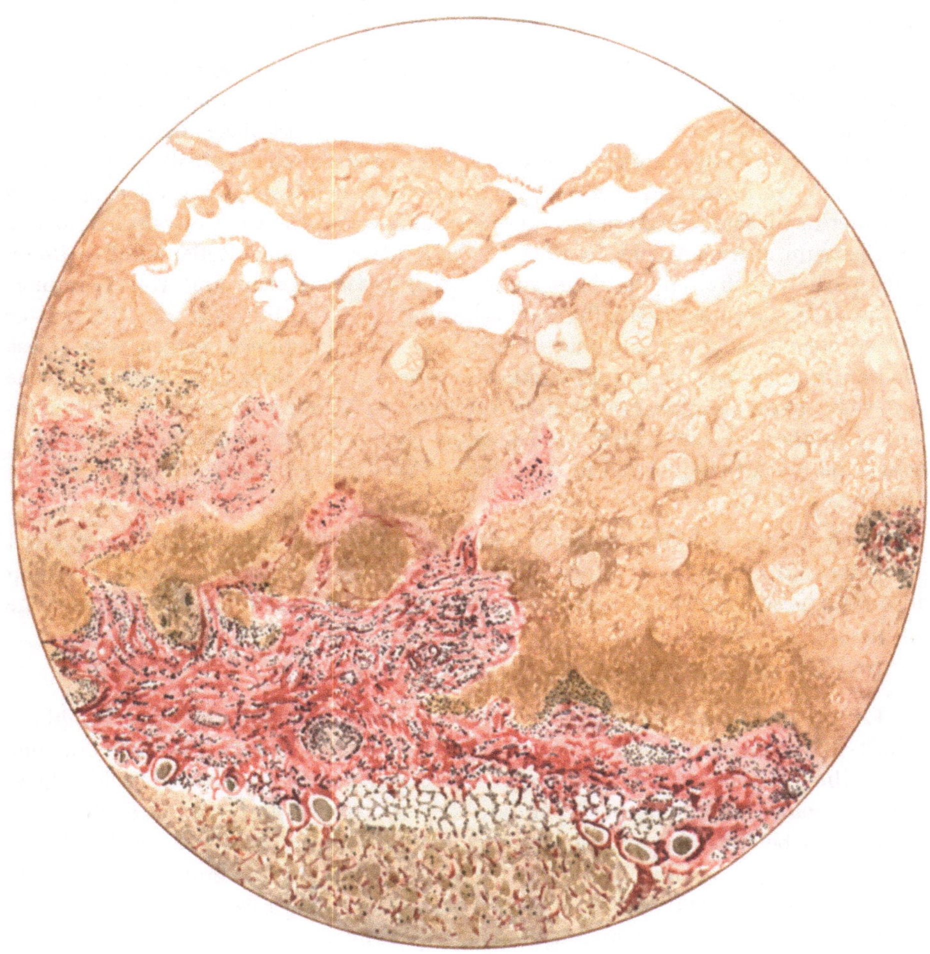

Abb. 14. Tuberkulöse Perikarditis. Unten Myokard, auf das das Epikard folgt, von ihm strahlt Granulationsgewebe in die Fibrinauflagerungen aus. Darin und im Epikard selbst fertige und beginnende Tuberkelbildung. Links unten Riesenzellen-Fibrinauflagerungen in den unteren Schichten in beginnender Verkäsung. Hämatoxylin: VAN GIESON. Etwa 30fache Vergr.

Weiter in der Tiefe zeigt sich sodann das schon ältere Granulationsgewebe. Größere Gefäße und reichlich Bindegewebsfasern sind vorhanden und zwischen den Gefäßen mehr oder weniger zahlreiche typische Epitheloidzelltuberkel mit mitunter sehr vielen und besonders großen Riesenzellen. In den tiefsten, dem alten Perikard aufliegenden Schichten zeigt das ältere Granulationsgewebe flächenhafte Schichtungen von gröberen Bindegewebszügen; untermischt natürlich mit Zellinfiltraten. Etwa vorhandene Tuberkel können schon eine weitgehende fibröse Umwandlung zeigen. — Das Endothel des Herzbeutels zeigt wie bei andern Perikarditiden entweder eine trübe Schwellung, bei Sudanfärbungen übrigens oft eine sehr deutliche kleintropfige Verfettung. Oder man findet auch an ihm Wucherungserscheinungen, wodurch auch drüsenartige Gebilde entstehen. Zuweilen allerdings ist das Endothel nicht mehr sichtbar, sondern ganz in dem Granulationsgewebe untergegangen. Die elastische Membran des Perikards bleibt in den meisten Fällen gut erhalten.

Dort wo sich das Granulationsgewebe vielfach mit den aufgelagerten Fibrinmassen untermischt, sieht man nun in manchen Fällen abgesehen von den Tuberkeln gewisse Erscheinungen, die für eine tuberkulöse Perikarditis ungemein charakteristisch sind. Das sind bei schwächeren Vergrößerungen mehr homogene Gerinnungsmassen, die sich aber bei stärkeren Vergrößerungen als Netzwerke filzartig verzweigter und gequollener Fibrinfäden erweisen und nur im Zentrum zuweilen ganz homogen oder feinkörnig sind. Zellen sind in ihnen nur spärlich enthalten, dahingegen oft pyknotische Kerne und Kerntrümmer. Es handelt sich um geringfügige Verkäsungen (Abb. 14), auf die ich weiter unten noch gesondert eingehen werde. In der Peripherie setzen sich diese Massen unmittelbar in das benachbarte Fibrin fort. Vom Granulationsgewebe aus sieht man an manchen Stellen offenbar in Bildung begriffene Epitheloidzellen in diese Massen sich eindrängen, ohne allerdings zunächst den typischen pallisadenartigen Saum zu bilden. Auch Riesenzellen sind hier oft zu finden.

Nach dieser Schilderung einer voll ausgebildeten Pericarditis tuberculosa ist jetzt die Frage zu erörtern, wie die Perikarditis entsteht, welchen Gang ihre Entwicklung nimmt bis zur vollen Ausbildung und welches ihre Ausgänge sind.

Was die *Entstehung* betrifft, so kommt in Betracht:

1. die direkte Überleitung eines tuberkulösen Prozesses aus der Nachbarschaft. Dazu ist zu bemerken, daß eine Lungen- oder Pleuratuberkulose nur sehr selten die Ursache ist. Wichtiger ist die Fortleitung von einem Myokardherd und von einer tuberkulösen Lymphdrüse des Lungenhilus oder des Mediastinums. Bei beiden Prozessen kann es zu einem direkten Einbruch in den Herzbeutel kommen, woraus dann die Perikarditis resultieren muß. Wichtig ist, daß gerade die Myokardherde, so selten sie an sich sind, relativ häufig zur Perikarditis führen, was ja keiner weiteren Erklärung bedarf.

2. Kommt der Lymphweg in Betracht. Hier sind es vor allen Dingen die tuberkulösen Lymphdrüsen, besonders im jugendlichen Alter, die als Ursprungsstätte anzuschuldigen sind. Es gibt Fälle von Primärkomplex in Lunge und zugehörigen Lymphdrüsen, in denen als sonstige Lokalisation der Erkrankung nur noch eine Perikarditis besteht. Aber auch von anscheinend völlig geheilten Lymphdrüsen aus kann die Infektion ausgehen. Daß solche anscheinend geheilten Herde noch infektionstüchtig sind und auch die Bazillen abgeben können, ist an mehreren Stellen dieses Buches betont worden. Im Allgemeinen werden wir aber eine lymphogene Infektion nur dann anerkennen können, wenn die Ursprungsherde sich in der Nähe des Herzens befinden. Denn es kommt ja im Wesentlichen der retrograde Weg in Betracht, und diesen können wir uns nur auf kurzen Strecken vorstellen.

3. Muß eine hämatogene Entstehung anerkannt werden. Es ist kein anderer Weg möglich, wenn außer der Perikarditis nur irgendwo entfernt vom Herz ein tuberkulöser Herd sitzt. Solche Fälle sind wichtig für die Frage der Bazillämie, die selbst bei sehr geringfügigen Läsionen in irgendwelchen Organen als endogene Reinfektion, vielleicht auch als exogene Reinfektion vorkommen kann. Gerade bei der hämatogenen Infektion spielt dann für die Lokalisation im Perikard auch der Begriff des Locus minoris resistentiae eine Rolle, und einige Fälle von traumatisch entstandener Pericarditis tuberculosa sind so zu deuten. Gegenüber den als „primäre" tuberkulöse Herzbeuteltuberkulose beschriebenen Fällen ist große Skepsis am Platze. Es liegt nahe, daß bei ihnen ein umschriebener Primärkomplex übersehen wurde. Immerhin sind alle diese Fälle interessant, weil bei ihnen die Perikarderkrankung sozusagen als isolierte Organtuberkulose auftritt.

Wir kommen sodann zu der Frage der Entwicklung einer Pericarditis tuberculosa. Ist das erste Substrat der Tuberkel oder beginnt die Erkrankung mit einer banalen Perikarditis, ohne zunächst spezifische Veränderungen aufzuweisen? Wir würden vielleicht für die Pericarditis tuberculosa allein wegen ihrer Seltenheit diese Frage nicht ganz klar entscheiden können. Wenn wir aber die Pleuritiden herbeiziehen, so werden wir in Analogie zu ihnen auch bei der Perikarditis erkennen, daß ohne die Mitwirkung anderer Bakterien die ersten Stadien rein leukozytär-fibrinöser Natur und ohne Tuberkel verlaufen, wie es übrigens LANCERAUX schon vor langer Zeit annahm. Sehr interessant ist in diesem Zusammenhang der Befund von FROMBERG, der eine fibrinös-eitrige Perikarditis bei einer 71jährigen Frau beobachtete mit Vorhandensein von Tuberkelbazillen im Exsudat, der jedoch in mikroskopischen Schnitten der nicht mehr ganz frischen Perikarditis mit Ausnahme einer einzigen LANGHANSschen Riesenzelle, die im fibrinösen Exsudat lag, keine tuberkulösen Veränderungen feststellen konnte. Das fibrinöse Exsudat, war schon in beginnender Organisation, aber das Granulationsgewebe enthielt keinen einzigen Tuberkel, wohl aber sehr reichlich T.B. Von tuberkulösen Veränderungen zeigte sich sonst in den Organen nur eine schiefrig indurierte Lymphdrüse im Lungenhilus, in der sich ebenfalls reichlich T.B. befanden ohne eigentliche tuberkulöse Veränderungen. Man könnte natürlich einwenden, daß auch hier tuberkulöse Herde übersehen wurden. Aber für die Frage der ersten Entstehung tuberkulöser Herde wäre das belanglos. Denn hier waren eben tatsächlich überall reichlich T.B. vorhanden ohne Tuberkel. Wir müssen demnach sagen, daß es eine durch T.B. veranlaßte Perikarditis gibt, die genau so verläuft wie eine banale, etwa durch Eitererreger verursachte Perikarditis. Einen ähnlichen Fall hat KAST bekannt gegeben. Wir können vielleicht für diese extremen Fälle mit FROMBERG annehmen, daß die Entzündung durch relativ avirulente oder atypische Stämme verursacht wurde.

Sind das auch extreme Fälle, so sind sie doch zusammen mit den Erfahrungen bei der Pleuritis für unsere Frage insofern zu verwerten, als wir nun mit um so größerer Sicherheit an der Hand unseres Materials von tuberkulöser Perikarditis, zusammen mit den Beobachtungen beispielsweise LIEBERMEISTERS und BUSCH', sagen können, daß alle tuberkulösen Perikarditiden mit der Bildung eines fibrinös-leukozytären Exsudates beginnen. Bei der hämatogenen und lymphogenen Entstehung wäre dann noch zu prüfen, ob die Bazillen in die

Perikardhöhle ausgeschieden werden und erst von der Höhle aus die für die entzündliche Reaktion notwendige Gewebsschädigung setzen oder ob sie vom Perikardgewebe aus wirken. Der erstere Modus scheint mir sowohl nach den im allgemeinen Teil entwickelten histogenetischen Grundsätzen als auch nach den histologischen Bildern der wahrscheinlichere zu sein.

Der weitere Gang der Ereignisse ist dann ein durchaus klarer. Bald nachdem das erste Exsudat gebildet ist, also das exsudative Stadium im Gange ist, kommt es zu einer Sprossung von jungen Gefäßen aus dem perikardialen Bindegewebe und schließlich zu einer Einwucherung von Granulationsgewebe in das Fibrin, also zu einer Organisation oder in Bezug auf den tuberkulösen Prozeß zum produktiven Stadium, das also zunächst ganz unspezifisch beginnt. Ebenso wie bei sonstigen Entzündungen der serösen Häute greifen auch hier beide Stadien vielfach ineinander ein, weil sich neue Schübe von Exsudationen oft wiederholen können. Während nun im exsudativen Stadium bis auf die nicht immer vorhandenen, weiter unten noch genauer zu besprechenden Verkäsungen überhaupt keine für eine tuberkulöse Erkrankung charakteristischen Zeichen vorhanden zu sein brauchen, bringt erst die produktive Gewebswucherung ganz allmählich die Bildung der typischen und für die Tuberkulose spezifischen Epitheloidzellen und Riesenzellen, nur zum Teil in Gestalt von eigentlichen Tuberkelknötchen, mit sich. So ist es zu verstehen, daß man einem Zottenherz nicht ohne weiteres ansehen kann, ob es tuberkulöser Natur ist.

Nachdem einmal ein tuberkulöses Zottenherz entstanden ist und das oben geschilderte Bild zeigt, ist der weitere Gang der Ereignisse gewöhnlich der, daß beide Perikardblätter miteinander verkleben. Diese Verklebung geht nicht gleichmäßig vor sich, sondern es bleiben zunächst viele Lücken und Spalten, in denen noch freies Exsudat eingeschlossen ist, getrübt seröses oder hämorrhagisches. Schließlich aber wird die Verklebung praktisch eine vollständige, und Verschiebungen der Perikardblätter gegeneinander sind dann nicht mehr möglich, so daß also auch etwa vorhandene Reibegeräusche aufhören müssen. Nach eingetretener Verklebung kann der Sektionsbefund ein ungemein charakteristischer sein. Man sieht auf dem Querschnitt beide Blätter des alten Perikards deutlich als dünne, fibröse Membranen. Darauf folgt eine mehr oder weniger dicke Schicht von gefäßreichem Granulationsgewebe, in dem Tuberkelknötchen oder auch kleine streifige Verkäsungen sichtbar sind. Unscharf begrenzt gegen das Granulationsgewebe findet sich in der Mitte eine weniger als 1 mm bis über 1 cm dicke Schicht von Fibrin. Diese ist sulzig oder hämorrhagisch durchtränkt und weist Züge oder Flecke gelblicher, oft verkäst aussehender Massen auf.

Es handelt sich tatsächlich um Verkäsungen, und diesen Verkäsungen mögen hier noch einige besondere Betrachtungen gewidmet sein. Sie sind für die gesamte Auffassung des tuberkulösen Prozesses von Wichtigkeit und wurden deswegen schon im allgemeinen Teil erwähnt. Es muß aber zunächst bemerkt werden, daß ein großer Teil der tuberkulösen Perikarditiden ohne jede Verkäsung verläuft, daß insbesondere in den Anfangsstadien die Verkäsungen völlig zu fehlen pflegen. Erst wenn die Organisation des unmittelbar den Blättern aufliegenden Exsudates schon begonnen hat, evtl. schon weit fortgeschritten ist, nun aber weitere Exsudationsschübe erfolgen, sehen wir in einer Anzahl von Fällen die Verkäsung hinzutreten. Es könnte nun daraus vielleicht geschlossen werden, daß es die sich bildenden Tuberkel sind, die die Grundlage für den Verkäsungsprozeß abgeben. Davon ist aber gar keine Rede. Makroskopisch können, wie schon aus den bisherigen Ausführungen hervorgeht, geringfügige Verkäsungen der Feststellung entgehen. Erst wenn diese größere Bezirke einnehmen, werden sie mit bloßem Auge sichtbar. Es sind zunächst eher sulzige, sich ganz unscharf im fibrinösen Exsudat verlierende Massen von gelblicher oder gelblichgrünlicher Farbe, die allmählich eindicken, aber fast nie jene trockene käseartige Beschaffenheit annehmen wie in kompakten Organen. Man findet sie meist in Streifen in den mittleren Teilen zwischen beiden Perikardblättern oder auch unregelmäßig fleckig im Exsudat verteilt. Doch gibt es auch Fälle, in denen sie kontinuierlich größere Teile oder auch das ganze Herz umhüllen. Mikroskopisch läßt sich ganz klar zeigen, daß es sich um eine mit stärkerer Quellung einhergehende Zusammensinterung fibrinöser Massen handelt, in die die dort befindlichen Zellen, vorwiegend Leukozyten, einbezogen werden und unter Pyknose und Kernzerfall untergehen. Erst allmählich wird, der makroskopischen Eindickung entsprechend, eine homogene oder feinkörnige Masse daraus. Doch kann man des öfteren beobachten, daß schon fertig gebildetes Granulationsgewebe in die verkäsenden Massen aufgenommen wird, und dasselbe kann dann auch mit fertigen oder in Bildung begriffenen Epitheloidzelltuberkeln geschehen. Doch das geschieht eben nur dann, wenn diese Gewebe ebenfalls ganz von den fibrinös-leukozytären Exsudaten durchsetzt sind. Es ist keine Rede davon und läßt sich mit voller Sicherheit ausschließen, daß etwa die Epitheloidzelltuberkel die Basis für die Verkäsung abgeben. Sondern die Verkäsung ist ganz klar und eindeutig an die exsudative Komponente des Prozesses gebunden. Sind einmal trockene Käsemassen vorhanden, so kann man auch die schon beschriebenen Einwucherungen epitheloider Zellen beobachten. Auch Palisaden- bezw. Wirtelstellungen dieser Zellen kommen dann vor, und so gibt es wenigstens zuweilen schließlich auch käsige Zentren, die von Epitheloidzellsäumen und Riesenzellen und weiterhin Lymphozytenkränzen umgeben sind. Aber auch eine Einwucherung von gewöhnlichem gefäßhaltigem Granulationsgewebe in den Käse läßt sich zuweilen beobachten. Es folgt die Faserbildung, die Einkapselung oder die Organisation der Käseherde, die mit narbigen Bildungen auch in den andern Teilen zusammengehen und so allmählich den Prozeß einer narbigen Abheilung entgegenbringen. Dem entspricht auch das weitere makroskopische Verhalten.

Auch makroskopisch kann man nämlich sehen, wie allmählich das Exsudat mehr oder weniger vollständig von Granulationsgewebe ersetzt wird. Es bleiben zwar noch lange einige Züge von Fibrin und verkästem Exsudat sichtbar. Der Endeffekt ist jedoch schließlich eine totale adhäsive Perikarditis (Concretio pericardii). Auch dabei bleibt natürlich die tuberkulöse Natur der Erkrankung, zunächst nicht nur mikroskopisch sondern auch makroskopisch, gut sichtbar, indem Tuberkel und verkäste Herde noch lange zu erkennen sind. Die Lösung beider Perikardblätter gelingt dann immer leicht und auf den Lösungsflächen sind Tuberkel gut sichtbar. Schließlich kann, aber wohl bloß in leichteren Fällen, der „Heilungsprozeß“ soweit vorschreiten, daß man mit bloßem Auge keine tuberkulösen Veränderungen mehr erkennen kann. Man stellt eine völlige fibröse Synechie der Perikardblätter fest, bei der beide Blätter ziemlich dicht aufeinanderliegen und nur durch eine dünne Schicht von lockerem fasrigem Bindegewebe getrennt sind (wobei übrigens eine Lösung immer noch gelingt, da die ursprünglichen Perikardblätter sehr viel fester sind als das neugebildete Bindegewebe). Hier ist die Diagnose dann schwierig. Eine alte verkäste Lungenhilusdrüse kann einen Fingerzeig geben und bei der mikroskopischen Untersuchung läßt sich dann hier und da einmal ein mehr oder weniger typischer Tuberkel oder auch nur eine restliche LANGHANSsche Riesenzelle erkennen. Aber es gibt sicher Fälle, in denen eine direkte Diagnose nicht mehr gelingen kann, da die Verwachsungsmembran nur noch aus banalem Bindegewebe besteht. Wir können daran festhalten, daß jede adhäsive Perikarditis den Verdacht auf eine tuberkulöse Ätiologie aufkommen lassen muß, zumal wenn sich zu gleicher Zeit im Körper andere Zeichen einer abgelaufenen Tuberkulose zeigen, insbesondere verkalkte oder verkreidete Bronchialdrüsen.

Wie bei allen tuberkulösen Prozessen, so können auch im Verlauf einer tuberkulösen Perikarditis Verkalkungen auftreten. Die hochgradigsten Fälle einer Perikardverkalkung, die denen mit ausgebreiteter Verkäsung entsprechen, sind als sog. „Panzerherz“ oder „Steinherz“ beschrieben worden. Soweit ich sehe, ist allerdings eine tuberkulöse Ätiologie solcher Fälle noch kaum in Betracht gezogen worden. Ohne leugnen zu wollen, daß eine umfangreiche Verkalkung auch auf Grund anderer Entzündungen auftreten kann, möchte ich doch die Mehrzahl der sog. „Panzerherzen“ auf Grund einer tuberkulösen Erkrankung entstanden wissen. Geringere Grade von Verkalkungen lassen sich nicht allzu selten beobachten in solchen Fällen, in denen reichlich verkäsende Exsudatmassen entstehen und auch noch lange nach partiellen Synechien erhalten bleiben.

Bleibt die tuberkulöse Perikarditis im allgemeinen eine lokale Erkrankung, ohne direkt auf die Nachbarorgane überzugreifen, so gibt es doch auch Fälle, in denen der tuberkulöse Prozeß sich nach dem Myokard hin ausbreitet und selbst bis in die Herzhöhlen hinein fortschreiten kann. Ist bei den lokalen Perikarditiden die elastische Membran des Epikards intakt, so sieht man sie in solchen Fällen durchbrochen. Ansätze dazu sind übrigens ziemlich häufig zu beobachten.

Die Folgezustände für den Gesamtkörper sollen hier nicht näher besprochen werden. Es sind die einer mehr oder weniger ausgesprochenen Herzinsuffienz, was sich auch in Änderungen der Lumenweite und Wanddicke aussprechen kann. Besonders zu betonen ist vielleicht noch, daß bei älteren adhäsiven Perikarditiden sich gerade im Pfortaderkreislauf rückwirkend Störungen geltend machen können.

Gilt alles bisher Gesagte für die totale Perikarditis, so müssen wir noch hinzufügen, daß es natürlich auch partielle tuberkulöse Perikarditiden gibt. Wir finden sie als fortgeleitete Prozesse von einer Myokarderkrankung aus und auch bei chronischen Lungenphthisen mit Pleuritis. Ganz frische derartige Fälle bekommt man recht selten zu Gesicht, viel häufiger umschriebene Synechien. Es ist sicher, daß in solchen Fällen als erster Effekt der Erkrankung eine leichte fibrinöse Entzündung auftrat, bei der es sehr schnell zu einer Organisation kam. Es wird sich im allgemeinen um leichtere Reize handeln. Was die histologische Entwicklung solcher Fälle betrifft, so gilt für sie natürlich dasselbe, was für die totalen Perikarditiden gesagt worden ist. Jedoch kommt für solche Fälle auch die Möglichkeit in Betracht, daß keine spezifischen tuberkulösen

Entzündungen vorliegen, sondern daß sie in das Bereich der sog. perifokalen Entzündung gehören. Ich möchte das gerade für solche Fälle annehmen, die offenbar fortgeleitet von einer schwereren Lungentuberkulose entstanden, bei denen man aber selbst im frischen Zustand weder echte tuberkulöse Veränderungen noch auch Tuberkelbazillen oder gar andere Mikroorganismen findet.

b) Myokard.

Die tuberkulösen Erkrankungen des Herzfleisches treten gegen die des Perikards an allgemeiner Bedeutung, insbesondere auch in klinischer Hinsicht, sehr zurück. Doch bieten sie auch gerade wieder ihre eigenen Besonderheiten, so vor allen Dingen in Bezug auf die Frage der diffusen tuberkulösen Entzündung. Raviart, der sich am ausführlichsten mit den tuberkulösen Myokarderkrankungen beschäftigt hat, will fünf verschiedene Formen voneinander unterscheiden: 1. die Miliartuberkulose, 2. die großknotige Form (gros tubercules ou nodules), 3. die diffuse Tuberkulose, 4. die Myocarditis tuberculosa mit Tuberkeln (Myocardite tbc. folliculaire), und 5. die Myocarditis tuberculosa ohne Tuberkel (Myocardite tbc. non-folliculaire), bei welcher letzterer er wieder eine interstitielle und eine parenchymatöse Form trennen will. Ich glaube, daß ganz abgesehen davon, wie man sich überhaupt zu den Formen 3—5 Raviarts stellt, eine Einteilung genügt, in der die wesentlichen Punkte der möglichen Erkrankungsformen genannt sind. Unter dieser Voraussetzung kommt man zu einer Dreiteilung und kann unterscheiden:

1. die Miliartuberkulose,
2. die großknotige oder solitäre Tuberkulose,
3. die Myocarditis diffusa tuberculosa,

von denen die letzteren beiden auch selbständige Erkrankungsformen darstellen können. Daß Übergänge von der einen zur andern Form vorkommen können, braucht kaum besonders betont zu werden.

1. Miliartuberkulose. Über die Miliartuberkulose des Myokards finden sich in der Literatur nur recht spärliche Angaben. Wenn z. B. v. Recklinghausen im Jahre 1859 einen Fall als Begleiterscheinung einer allgemeinen Miliartuberkulose beschreibt und dazu erwähnt, daß außerdem nur noch Virchow einen ähnlichen Fall gesehen habe, so ist das in der neueren Literatur nicht viel anders geworden. Wenn man noch die Anschauung vertreten findet, daß die Miliartuberkulose des Myokards eine sehr seltene Erkrankung sei und nur hier und da einmal als Begleiterscheinung einer allgemeinen Miliartuberkulose beobachtet werde, so möchte ich dem nicht beistimmen. Meine Nachforschungen der letzten Jahre haben vielmehr ergeben, daß bei eifrigem Suchen diejenigen Fälle von allgemeiner Miliartuberkulose immer seltener werden, bei denen man nicht eine Beteiligung des Herzfleisches feststellen kann, was übrigens auch schon C. Weigert ausgesprochen hat, daß man sogar in manchen Fällen recht zahlreiche Knötchen findet. Makroskopisch sind die Tuberkel meist sehr schwer oder auch gar nicht zu erkennen, sofern sie nicht dicht unter dem Endokard sitzen. Denn es sind meist keine scharf begrenzten und auf dem Schnitt über die Fläche hervorspringende Knötchen; sondern allenfalls erkennt man kleinste bis etwa stecknadelkopfgroße, verwaschene und sich deshalb nicht gut abhebende, graue, nicht runde, sondern ovale Herdchen, die in dem oft auch fleckigen Herzfleisch nicht ohne Weiteres als tuberkulöse Produkte zu identifizieren sind.

Das Mikroskop jedoch entschleiert sehr viel häufiger, als man es nach dem makroskopischen Befund erwarten möchte, das Vorhandensein von typischen Tuberkeln. Es gibt dann Fälle, bei denen sich in Schnitten von etwa 1 qcm Größe, die von ohne Auswahl entnommenem Material stammten, allemal etwa 1 bis 3 Tuberkel fanden. Es gibt andere Fälle, in denen erst nach langem Suchen hier und da ein isoliertes Knötchen gefunden wird. Da sie aber in der übergroßen Mehrzahl der Fälle von mir wirklich schon gefunden worden sind, kann man wohl annehmen, daß sie tatsächlich in *jedem* Fall von allgemeiner Miliartuberkulose vorhanden sind.

Am charakteristischsten stellen sich die Knötchen im Mikroskop dar, wenn man sie an Stellen längsgeschnittener Muskulatur findet. Dann sind es spindelige, bezw. ovale Gebilde, die, die Muskelbündel verdrängend, zwischen ihnen eingelagert sind. Über ihr histologisches Verhalten kann man im Übrigen sagen, daß es ganz typische produktive Tuberkel sind, d. h. aus epitheloiden Zellen mit Beimengungen von mehr oder weniger Riesenzellen bestehen, die von einem schmalen oder breiteren Wall von Lymphozyten umgeben sind. Schon auf solchen Längsschnitten kann man oft erkennen, daß sich die Knötchen auch zwischen die benachbarten Muskelfasern einschieben. Das kommt aber naturgemäß noch besser auf dem Querschnitt der Muskulatur zum Ausdruck. Dort sieht man oft, wie besonders der Lymphozytenwall, zuweilen recht weit, in ganz unregelmäßiger Weise in die benachbarten Interstitien eindringt. Hiermit ist die Erklärung für die unscharfe Begrenzung der Knötchen bei der makroskopischen Betrachtung gegeben (Abb. 15).

Präsentieren sich die produktiven Tuberkel in der geschilderten Weise, so ist ihr Werdegang nicht mehr zu erkennen. Aber daß hier nicht etwa primäre Zellwucherungen vorliegen, die zur Tuberkelbildung führten, kann man an andern Knötchen sehen, wie sie in allen Fällen, in manchen sogar vorwiegend oder auch allein, gefunden werden. Die Vorstufe des produktiven Myokardtuberkels ist danach eine umschriebene Nekrose der Muskelelemente, die wir also als die primäre Gewebsschädigung aufzufassen haben und die wahrscheinlich sehr schnell von Zellen, und zwar zunächst Leukozyten durchsetzt wird. Oxydasepräparate zeigen das ganz deutlich. Auf dieses wenn auch vielleicht oft sehr kurze exsudative Stadium folgt erst die Einwucherung der Epitheloidzellen, die offenbar von den Blutkapillaren herstammen und von Lymphozyten begleitet werden. Dieses Stadium des noch nicht fertigen Tuberkels kann man oft sehr schön daran erkennen, daß zwischen den wuchernden Epitheloidzellen noch deutlich die Reste der nekrotischen Muskelfaserteile zu sehen sind (Abb. 15). Die Exsudation kann aber auch stärker sein. Das zeigt sich an Herdchen, die im Wesentlichen aus einer hirsekorngroßen, anscheinend käsigen Masse bestehen, in der sich aber deutlich noch gequollene Fibrinfasern nachweisen lassen, zudem noch einige erhaltene Leukozyten und Kerntrümmer. Auch Übergänge hierzu gibt es, bei denen ebenfalls noch Reste von nekrotischem Muskelmaterial in der noch nicht völlig zusammengesinterten Masse zum Vorschein kommen. In der Peripherie solcher Nekrose- oder Käseherdchen zeigen sich alle Übergänge von zunächst leukozytären oder lymphozytären Infiltraten bis zur Einsprossung von Epitheloidzellen, wodurch dann schließlich jene Bilder entstehen, die gewöhnlich fälschlich für in Verkäsung begriffene Epitheloidzelltuberkel gehalten werden. Zusammenfassend läßt sich sagen, daß die Miliartuberkulose des Myokards ein sehr geeignetes Objekt ist, um an ihr die Entwicklung des produktiven Tuberkels aus einer primären Gewebsschädigung mit nachfolgender Exsudation und unter Umständen Verkäsung zu verfolgen.

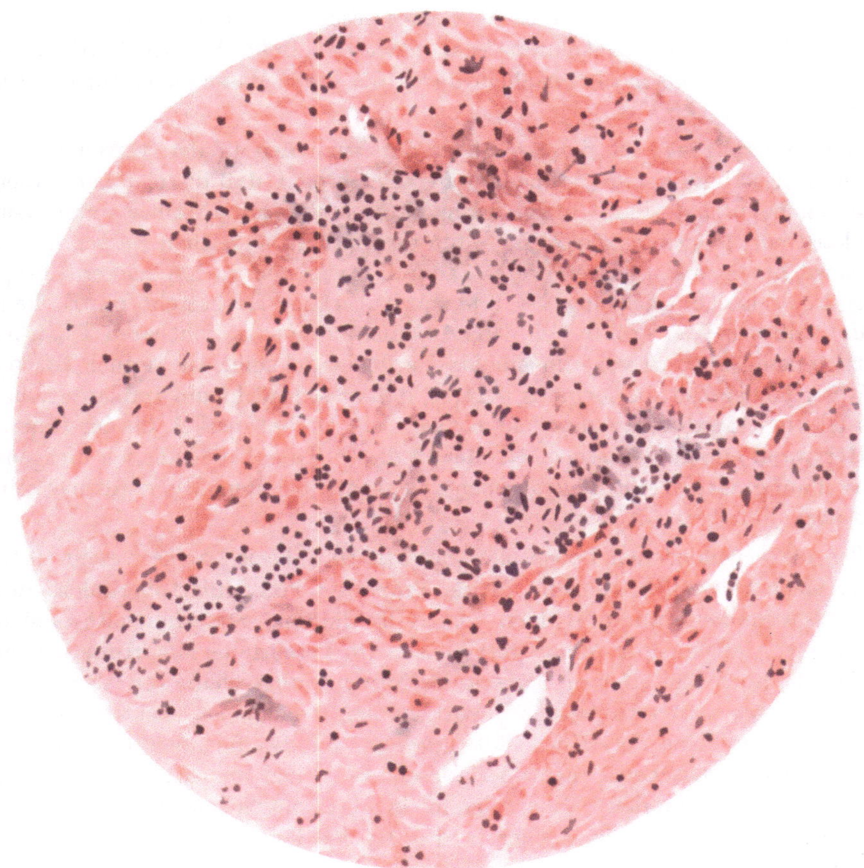

Abb. 15. Miliartuberkel des Myokards. Rundliche Wucherungen von mit Lymphozyten untermischten Epitheloidzellen. Dazwischen noch Reste zugrunde gegangener Muskelfasern. Unregelmäßig ausstrahlende Lymphozyten in der Nachbarschaft. Hämatoxylin : Eosin. 190fache Vergr.

Eine Frage, die hier und da in der Literatur gestreift wurde, ist die, ob an der Bildung der LANGHANS schen Riesenzellen auch Muskelfasern beteiligt sind. Nach meinen Untersuchungen kann ich soviel sagen, daß ich niemals Bilder gesehen habe, die für diese Annahme sprechen müßten. Womit gesagt sein soll, daß die zum Tuberkel gehörenden LANGHANS schen Riesenzellen sich nicht nachweislich von Muskelfasern herleiten lassen; womit aber nicht gesagt sein soll, daß nicht bei tuberkulösen Prozessen des Herzfleisches auch Riesenzellen muskulären Ursprunges vorkommen können. Sie dürften dann dieselbe Rolle spielen wie bei rheumatischen, bei diphtherischen, bei sog. idiopathischen Myokarditiden, nämlich der Ausdruck von Regenerationserscheinungen im Herzmuskel sein. Daß dann ihre funktionelle Bedeutung eine ganz andere ist als die der LANGHANSschen Riesenzellen und sie nicht wie diese in unmittelbarer Beziehung zum tuberkulösen Prozeß stehen, ist ohne Weiteres klar.

Über die Verteilung der Knötchen in den verschiedenen Abschnitten des Herzens kann ich mitteilen, daß ich sie in allen Herzteilen gefunden habe, d. h. in beiden Kammern und Vorkammern und in den muskulösen Septen. Ich habe nicht den Eindruck, daß ein Gebiet besonders bevorzugt wäre. Wenn bei den Befunden der absoluten Zahl nach der linke Ventrikel an erster Stelle steht, so ist das natürlich allein durch die große Masse seiner Muskulatur erklärt.

Eine andere Frage ist die des Sitzes der Knötchen in den verschiedenen Schichten des Herzfleisches. Hier besteht kein Zweifel, daß die endokardnahen Schichten bevorzugt sind. Sitzen dann die Knötchen unmittelbar unter dem Endokard oder — wie es gar nicht selten der Fall ist — reichen sie gar in das Endokard hinein und buchten dieses dadurch etwas vor, so imponieren sie bei makroskopischer Betrachtung als Endokardtuberkel. Es besteht m. E. kein Zweifel, daß z. B. der größte Teil der im Conus pulmonalis sichtbaren Tuberkel derartige das Endokard vorwölbende Myokardtuberkel sind, wie ja auch BENDA schon vor langer Zeit die Meinung vertrat, daß es sich nicht um Implantationstuberkel vom Herzblut aus handele, sondern um Organtuberkel, die im Innern der Herzwand entstanden seien. Gerade an diesen Tuberkeln habe ich übrigens relativ häufig eine Verkäsung gesehen, die sonst bei den Myokardtuberkeln nicht allzu häufig ist.

Was die verschiedenen Lebensalter betrifft, so habe ich keine wesentlichen Unterschiede feststellen können. Meine Präparate von Miliartuberkulose des Myokards stammen von Individuen von 2—67 Jahren. Stets handelte es sich um Fälle von allgemeiner Miliartuberkulose. Ob vereinzelte Miliartuberkel im Herzfleisch auch bei andern Tuberkuloseformen (abgesehen von der großknotigen solitären Herztuberkulose) vorkommen, vermag ich nicht zu sagen. Ich habe bisher keine derartigen Fälle gesehen. Ich zweifle aber nicht daran, daß auch bei chronischen Organtuberkulosen, bei denen man als Nebenbefund meist terminal entstandene Miliartuberkel in allen möglichen Organen finden kann, sich auch einmal ein solcher in das Myokard verirren kann.

2. Die großknotige Herzfleischtuberkulose. Unter dieser Form muß man alle diejenigen Fälle zusammenfassen, bei denen einzelne oder multiple Knoten von übermiliaren, also etwa pfefferkorn- bis hühnereigroße und selbst größere Knoten im Herzfleisch auftreten. Es handelt sich hier um eine für kasuistische Mitteilungen und Dissertationen beliebte Erkrankung. Demgemäß besteht darüber ein ziemlich umfangreiches Schrifttum. Es scheinen im Ganzen weit über 100 einzelne Fälle veröffentlicht zu sein. Wenn man aber bedenkt, daß man bei dieser Erkrankung mit den publizierten Fällen wohl der absoluten Zahl des Vorkommens eingermaßen nahe kommt, so muß man die Erkrankung als besonders selten bezeichnen. Damit stimmt auch überein, daß ich selbst bei einer zusammenhängenden Serie von etwa 8000 Sektionen, über die ich in dieser Beziehung eine Aussage machen kann, nur zwei Fällen begegnet bin.

Wichtiger als bei der vorigen Form ist hier das Verhältnis zum ganzen übrigen Organismus. So sehen wir, daß nur in ganz vereinzelten Fällen eine chronische fortschreitende Organtuberkulose, etwa eine Lungenschwindsucht, bestand. Das stimmt mit unsern allgemeinen Anschauungen über die Tuberkulosekrankheit durchaus überein. Bei der offenbar sehr geringen allgemeinen Disposition des Herzfleisches zur tuberkulösen Erkrankung kann es nicht Wunder nehmen, daß es bei einem durch eine fortschreitende Tuberkulose durchimmunisierten Körper überhaupt fast gar nicht erkrankt. Viele der Fälle sind vielmehr solche, bei denen eine knotige Allgemeintuberkulose (Frühgeneralisation) mit mehr oder weniger eng umschriebenen älteren Herden oder ohne solche bestand, die einen vorwiegend bei Erwachsenen, die andern gewöhnlich bei Kindern. Auch meine beiden Fälle gehören hierher. Wahrscheinlich muß dazu auch noch eine Anzahl von Fällen gerechnet werden, bei denen von einer Miliartuberkulose gesprochen wird und mehrere klein- bis mittelgroßknotige Myokardherde Erwähnung finden. Denn es geht in solchen Fällen aus den Beschreibungen nicht hervor, daß etwa eine typische allgemeine Miliartuberkulose vorlag. Von manchen wird ja heute noch diese Bezeichnung überhaupt für mehrherdige Tuberkulosen angewandt, die nur auf dem Blutweg entstanden sein können. Endlich müssen noch solche Fälle angeführt werden, bei denen die Herztuberkulose fast als isolierte Erkrankung auftritt. Es handelt sich dann stets um Erkrankungen, bei denen das Perikard beteiligt ist, entweder in der Weise, das es ebenfalls noch eine mehr oder weniger ausgesprochene käsige Tuberkulose zeigt (s. o.), oder in der Weise, daß eine reine Obliteratio pericardii besteht, ohne daß noch die direkten Zeichen einer Tuberkulose nachweisbar sind. Hier liegt es nahe, die Perikarderkrankung als die primäre gegenüber der des Myokards zu betrachten, und das wird auch von einer Anzahl von Autoren getan. Daß Perikardtuberkulose als isolierte Erkrankung auftreten kann, ist oben erwähnt worden.

Wir sind mit diesen Ausführungen zur Genese der knotigen Myokardtuberkulose gelangt. Hier muß man daran festhalten, daß die Mehrzahl der beschriebenen Herde nur auf dem Blutwege, und zwar nicht von den Herzhöhlen aus, sondern durch Vermittlung der Kranzgefäße, entstanden sein kann. Dafür spricht auch die oben schon erwähnte Tatsache, daß es sich in vielen Fällen um knotige Allgemeintuberkulosen handelte. Es wurden aber auch schon solche Fälle erwähnt, bei denen eine Entstehung der Myokardtuberkulose von einer Perikardtuberkulose aus nahe lag. Das scheint ohne Weiteres klar zu sein, wenn man das Übergreifen einer Perikardtuberkulose auf das Herzfleisch direkt beobachten kann. Doch ist natürlich auch der umgekehrte Vorgang nicht selten. Besonders interessant sind jene Fälle, bei denen nur noch eine totale oder gar nur partielle Obliteratio pericardii bestand und dazu die knotige Muskeltuberkulose, womöglich als einzige wesentliche Erkrankung im Körper. Den Übergang bilden dann die Fälle, in denen die Obliteration keine vollständige war, sondern sich noch vereinzelte käsige Herde zwischen den Blättern fanden, ohne daß direkte räumliche Beziehungen zwischen diesen Verkäsungen und Myokardherden bestanden. Unter allen diesen Umständen dürfte ein rückläufiger Transport der T.B. mit dem Lymphstrom ins Myokard hinein stattgefunden und dadurch die Infektion erfolgt sein. Den Lymphweg aber auch dann in Betracht zu ziehen, wenn die Ursprungsherde weiter entfernt liegen, etwa auch in den

Bronchialdrüsen, lehne ich ab. Nur unter den abnormen Verhältnissen, wie sie die Perikarditis schafft, wäre auch die abnorme Lymphströmung zu verstehen.

Das anatomische Bild der knotigen Myokardtuberkulose ist makroskopisch ein sehr charakteristisches, mikroskopisch ein besonders interessantes und lehrreiches. Von dem makroskopischen Verhalten wurde oben schon erwähnt, daß Knoten von über Hirsekorngröße bis über Hühnereigröße in Betracht kommen. Die Knoten zeigten sich in allen Fällen verkäst. Sie heben sich mit ihrer gelblichen Farbe deutlich von der rotbräunlichen Muskelsubstanz ab. Sie sind dann natürlich gewöhnlich schon vom Epikard und Endokard aus sichtbar oder wölben sich gar nach innen oder nach außen vor. Nur kleine Knoten können erst auf der Schnittfläche sichtbar werden. Durchbrüche kommen sowohl nach außen wie nach innen vor, führen dann im ersten Fall zur Perikarditis, im letzteren zu Erscheinungen, die erst bei der Endokardtuberkulose besprochen werden sollen. Ob bei bestehender Perikarditis diese sekundär oder primär (s. o.) ist, wird sich in den meisten Fällen schon am Alter oder an der Qualität der beiden Prozesse erkennen lassen. Besteht ein größerer käsiger Herd, der gerade das Epikard erreicht, und zugleich eine frische oder auch ältere umschriebene oder totale Perikarditis, so dürfte der Muskelherd der primäre sein. Doch ist natürlich auch die umgekehrte Möglichkeit sehr beachtenswert, wie oben schon betont wurde. In allen Zweifelsfällen wird die Gesamtlage den Ausschlag geben müssen. Multiple Myokardherde bei allgemeiner knotiger Tuberkulose sprechen für primäre Erkrankung des Muskels. Isolierte Perikarditis mit einem einzigen oder wenigen Muskelherden weist auf eine sekundäre Beteiligung des Herzfleisches hin. In der Literatur sind diese Gesichtspunkte noch nicht berücksichtigt worden.

Die größeren Myokardknoten sind hier und da in der Literatur als tumorförmige Tuberkulose bezeichnet worden. Ich sehe keinen zwingenden Grund für eine solche Bezeichnung. Klinische Gesichtspunkte kommen hier kaum in Betracht. Die Bezeichnung schafft auch Verwirrung und läßt an die eigentliche tumorartige Tuberkulose denken, mit der der Prozeß nach meiner Auffassung nichts zu tun hat. Es handelt sich eben wie gesagt stets um verkäsende Knoten.

Das mikroskopische Verhalten ist darum so interessant, weil es m. E. besonders deutlich die Anschauung stützt, ja beweist, daß die Verkäsung gewöhnlich ein vor der produktiven Reaktion vorhandener Zustand ist. In der Literatur ist das mikroskopische Bild der verkästen Herzknoten nur sehr wenig gewürdigt worden. Es handelt sich meist nur um kurze Schilderungen, mit denen eine Bestätigung der makroskopischen Diagnose gegeben wird. Doch kehrt von Zeit zu Zeit eine mir wichtig erscheinende Bemerkung wieder, daß man es nämlich auch bei größeren Knoten nicht mit einem einheitlichen Käseherd zu tun hat, der von dem tuberkulösen Granulationsgewebe umschlossen wird, sondern daß sich der bei makroskopischer Betrachtung einheitlich erscheinende Käseherd mikroskopisch in eine Anzahl unregelmäßig verzweigter Herde auflöst, die ihrerseits von mehr oder weniger breiten und mit einander konfluierenden zelligen Zonen begrenzt werden. Das ist auch in meinen eigenen Fällen so. Nun ist aber die Verkäsung durchaus keine gleichmäßige, sozusagen homogene, sondern sie setzt sich an den meisten Stellen mit aller Deutlichkeit aus dem nekrotischen Muskelmaterial zusammen, aus längeren, den Fasern entsprechenden Zügen und aus aufgequollenen Schollen, wobei in den ersteren auch stellenweise noch die Querstreifung zu erkennen ist. Zwischen diesen natürlich kernlosen Muskelelementen liegt dann den Interstitien entsprechend eine feinkörnige Gerinnungsmasse. Man kann nun durch Vergleich v rschiedener Stellen gut verfolgen, wie die Muskelelemente allmählich mit den Zwischenmassen zusammensintern und schließlich mit ihnen zusammen mehr oder weniger grobschollige oder feinkörnige, auch von Fibrinfasern untermischte Gerinnungsmassen bilden. Daß in solchen verkästen Bezirken auch zum Teil erhaltene, nach VAN GIESON noch färbbare Bindegewebsfasern eingelagert sind, daß man Reste von Gefäßen sieht, zum Teil mit blutigem Inhalt, daß auch größere Gefäße wie in andern Organen völlig nekrotisch in die allgemeine Nekrose einbezogen sein können, möge noch kurz erwähnt sein. Das ganze Bild ist jedenfalls mit der Vorstellung unvereinbar, daß etwa vor der Verkäsung eine sog. Granulationsgeschwulst vorhanden war, bestehend aus tuberkulösem Gewebe, insbesondere Epitheloidzellen, und daß dieses dann verkäste. Die Verkäsung muß vielmehr vor der produktiven Reaktion vorhanden gewesen sein, und ihr ist vermutlich wieder eine Exsudation vorangegangen. Auf Grund von nur 2 Fällen könnte man diese Frage natürlich nicht entscheiden. Aber bei einem Vergleich mit der Miliartuberkulose des Myokards und sonstigen käsigen Organherden liegen die Verhältnisse ganz klar. Dazu wäre noch zu erwähnen, daß in den Verkäsungen auch reichlich Kerntrümmer gefunden werden, die zum Teil sicher von Leukozyten herstammen, die sich dann wiederum auch in intaktem Zustand sowohl in den verkästen Partien als auch in der zelligen Randzone in mehr oder weniger reichlichen Mengen finden. Eine weitere ausführlichere Schilderung der Bilder erübrigt sich. Man findet an die Verkäsung anstoßend die bekannten epitheloiden Säume mit LANGHANSschen Riesenzellen untermischt und in den weiteren Außenschichten ersetzt von lymphozytenartigen Zellen, Prozesse, die sich dann weit in die benachbarte intakte Muskulatur einschieben können. Zu bemerken wäre noch, daß in der näheren Umgebung solcher Herde isolierte Miliartuberkel vorhanden sind, lymphogene Resorptionstuberkel, die dieselben Eigenschaften haben wie sie unter a) geschildert wurden. Auf etwa noch vorhandene mehr diffuse entzündliche Erscheinungen wird unter c) zurückzukommen sein.

Über das weitere Schicksal der Herde ist nicht viel zu sagen. In den meisten Fällen war, wie schon mehrere Male betont, die Myokardtuberkulose nur der Ausdruck einer Beteiligung an einer schweren, schnell zum Tode führenden Allgemeintuberkulose. Aber auch in den wenigen mehr lokalen Herzerkrankungen sind die unmittelbaren Folgeerscheinungen schließlich doch so schwere, daß mit einer längeren Lebensdauer nicht gerechnet werden kann. So finden wir bei der Sektion fast ausnahmslos die Knoten auf der Höhe ihrer Entwicklung und ohne wesentliche Heilungserscheinungen. Nur in einem Falle STEPHANIS besteht die Möglichkeit, daß größere schwielige Narben aus einem tuberkulösen Herd hervorgegangen waren.

Endlich mögen noch einige Worte über die Verteilung der Knoten auf die verschiedenen Herzabschnitte folgen. Am häufigsten ist, wie es auch schon andere Autoren hervorgehoben haben, die rechte Vorkammer, bezw. das rechte Herzohr befallen (von 50 Herden 20). Es folgt die linke Kammer (12mal), die rechte Kammer (7mal), die linke Vorkammer mit Ohr (7mal), Septum atriorum (4mal). Ein Erklärungsversuch für die Reihenfolge der Lokalisationen könnte sich nur im Rahmen von vagen Hypothesen bewegen und wird deshalb am besten ganz unterlassen. Was die verschiedenen Lebensalter betrifft, so ist das jugendliche nach Lage der Dinge am häufigsten betroffen. Von 34 mir verwertbaren Fällen z. B. kommen 14 auf das erste und zweite Jahrzehnt, 7 auf das dritte. Wenn dann das 4. und 5. Jahrzehnt nur zwei und einen Fall liefern, das 6. und 7. jedoch wieder mit je 4 Fällen belastet ist und auch das 8. noch mit zweien, so will es scheinen, als ob die älteren Jahrgänge wieder mehr für diese Erkrankung disponiert sind als das eigentliche Mannesalter. Aber um diesen Schluß bindend zu ziehen, dazu ist das verwertbare Material noch zu klein.

3. Die Myokarditis tuberculosa. Wenn wir uns bei den beiden bisher besprochenen Formen der Herzfleischtuberkulose auf durchaus sicherem Boden befanden, kann man das nicht in demselben Maße sagen von der dritten Form, der diffusen oder herdförmigen Myokarditis tuberculosa. Wir begeben uns hier auf ein Gebiet, auf dem die Abgrenzung schwer ist zwischen dem, was noch als tuberkulös im ätiologischen und morphologischen Sinn zu bezeichnen ist, und dem, was ätiologisch noch hierher gehört, ohne morphologisch spezifisch zu sein (sog. entzündliche Tuberkulose), und endlich dem, was auch ätiologisch nicht mehr unmittelbar zur Tuberkulose zu rechnen wäre, sondern nur eine Folge der Tuberkulose als einer konsumierenden Allgemeinerkrankung ist.

Wenn wir zunächst jene Fälle im Auge haben, die von RAVIART als Myocardite tbc. folliculaire bezeichnet werden (auch seine dritte Form, die diffuse Tuberkulose, müßte hierher gerechnet werden, sofern es nicht Fälle sind, bei denen es sich einfach um konfluierende Knoten handelt, die sie in unsere zweite Form einreihen würden), so sind sie außer von ihm beschrieben worden von BRUCKER (Fall 3), LÜSCHER, SÄNGER, SOTTI, STOICESCU und BABES, KACH. (Einige weitere von andern zitierten Publikationen konnte ich im Original nicht einsehen und übergehe sie deshalb). Wenn man die Schilderung der Autoren zusammenfaßt — ich selbst habe derartige Fälle nicht gesehen —, so handelt es sich um mehr oder weniger diffuse entzündliche Infiltrate, zuweilen mit Hämorrhagien (SOTTI), wie bei andern Myokarditiden, die unterbrochen werden von bald deutlichen, bald undeutlichen, aus epitheloiden und Riesenzellen bestehenden Tuberkeln oder auch von isolierten LANGHANS schen Riesenzellen. Wenn man nun bedenkt, daß auch insbesondere bei Miliartuberkulose des Myokards, aber auch in geringerem Maße bei der knotigen Tuberkulose an manchen Stellen des Herzfleisches ähnliche Bilder zu finden sind, so wird man an der Möglichkeit nicht zweifeln können, daß derartige von den Autoren beschriebene Prozesse auch isoliert vorkommen. Ich bin allerdings nach den Beschreibungen der Autoren nicht sicher, ob vielleicht in dem einen oder andern Fall eine übersehene allgemeine Miliartuberkulose vorlag. Wenn ich sagte, daß man bei der Miliartuberkulose des Myokards ähnliche Bilder sieht wie die beschriebenen, so muß wieder einschränkend betont werden, daß solche Bilder oft nichts anderes sind als die peripheren Ausläufer von Miliartuberkeln oder tangential angeschnittene Tuberkel. Weiter dürfen auf diesem Gebiete eigentlich nur solche Fälle anerkannt werden, bei denen auch der mikroskopische Nachweis der T.B. im erkrankten Gewebe gelang — und das war meist nicht der Fall — oder wenigstens die tuberkulöse Ätiologie durch den übrigen Leichenbefund einigermaßen gesichert wurde, was auch nicht oft geschah. Ich erinnere daran, daß Riesenzellen, die den LANGHANSschen täuschend ähnlich sein können, aber myogener Natur sind, bei allen möglichen andern Myokarditiden als Regenerationserscheinungen auftreten können. Ich erinnere insbesondere an die neuerdings von SCHILLING (1921) beschriebenen (dort Literatur) Fälle von anscheinend primärer Myokarditis unbekannter Ätiologie mit Auftreten von Lymphozyten, Plasmazellen, Fibroblasten, Leukozyten und zahlreichen myogenen Riesenzellen. Ganz ähnlich ist auch ein Fall ASCHWANDERS (1905), bei dem zunächst die Diagnose Myocarditis tuberculosa gestellt war, aber mangels genauer Anhaltspunkte wieder fallen gelassen wurde. Manche Autoren, die überhaupt eine große Neigung haben, viele ätiologisch nicht völlig geklärte Vorgänge für tuberkulöse zu halten, werden nun natürlich auch solche Fälle von ihrem Gesichtswinkel aus betrachten. Ich kann dem nicht folgen, bin vielmehr, insbesondere auch auf Grund der neueren Untersuchungen von DIETRICH und seinen Schülern über entzündliche Veränderungen gerade des Gefäßsystems bei chronischen Streptokokkenerkrankungen der Meinung, daß hier allerhand verschiedene Möglichkeiten vorliegen. Ich fasse zusammen, daß das Bestehen einer eigentlichen tuberkulösen Myokarditis als einer besonderen Krankheitsform anerkannt werden kann, daß aber diese Frage noch lange nicht völlig geklärt ist.

Nun werden aber auch von manchen Autoren gewisse, morphologisch völlig unspezifische entzündliche Infiltrationen oder schwielige Prozesse des Herzfleisches auf eine tuberkulöse Ätiologie zurückgeführt. Was zunächst die mehr oder weniger diffusen, rein schwieligen Prozesse ohne alle Residuen der vorhergehenden Entzündungsstadien betrifft, so wird man nur dann an der Möglichkeit, daß sie auch auf Tuberkulose zurückgeführt werden können, nicht zweifeln dürfen, wenn man das Bestehen der soeben erwähnten Form annimmt; man hätte die anatomische Heilung einer solchen vor sich. Theoretisch ist auch die Ausheilung der Miliartuberkulose in dieser Weise möglich; eine Möglichkeit ohne große Wahrscheinlichkeit. Der Fall von MASSINI allerdings, wo bei einer 68jährigen Frau ohne alle Zeichen einer Tuberkulose eine diffuse schwielige Myokarditis bestand und der Meerschweinchenversuch angeblich das Vorhandensein von Tuberkelbazillen im Myokard ergab, muß zunächst schleierhaft bleiben. Auf keinen Fall darf er als tuberkulöse Myokarditis bezeichnet werden.

Finden sich aber derartige Sklerosen des Myokards, meist in leichterer Form, in Fällen z. B. von Lungenphthisen, so stehen sie auf einem andern Blatt. Sie sind dann der Endeffekt von länger dauernden, das Myokard treffenden Reizen, wie sie sich auch aussprechen in leichteren interstitiellen Lymphozyteninfiltraten. Daß solche bei Lungenphthisen nicht selten sind, das muß FIESSINGER, PONCET und LIEBERMEISTER zugegeben werden. Sie aber als chronisch-entzündliche Tuberkulosen zu bezeichnen (Myocardite tbc. non-folliculaire, RAVIART), dazu liegt kein Grund vor, trotz der positiven Bazillenbefunde, die LIEBERMEISTER an einigen Fällen erheben konnte. Ich kann TÖPPRICH aber nicht ganz recht geben, wenn er meint, sie hätten mit der Tuberkulose überhaupt nichts zu tun. Sie sind m. E. nur nicht nachweislich von den Bazillen selbst oder ihren Giften verursacht, vielmehr ein Ausdruck der Tuberkulose als Allgemeinerkrankung oder auch Allgemeinvergiftung, wobei neben den unmittelbar von den Tuberkelbazillen ausgehenden Giftwirkungen auch abnorme Produkte des pathologischen Stoffwechsels und Gewebszerfalls in Betracht kommen, unter deren Einfluß z. B. auch eine Amyloiderkrankung entstehen kann. Es sind also keine spezifischen Wirkungen, sondern solche, die auch bei andern chronischen Allgemeinerkrankungen vorkommen können und vorkommen. Wir müssen solche Veränderungen aber hier registrieren und müssen sie in Parallele setzen mit Veränderungen an den Muskelfasern selbst, trübe Schwellung, Myolyse, Verfettung und schließlich braune Atrophie. Auch solche Veränderungen werden ja zum Teil von Poncet und von Liebermeister als spezifische parenchymatöse Entzündungen bezeichnet, nach unserer Auffassung natürlich zu Unrecht.

Es kann, der ganzen Tendenz dieses Buches entsprechend, nicht ausführlicher über die erwähnten und andere unspezifische Schädigungen des Herzfleisches und ihre Folgen berichtet werden. Es seien aber einige Gesichtspunkte wenigstens noch kurz erwähnt. Mit der braunen Atrophie des Myokards ist oft eine erhebliche Verkleinerung des ganzen Herzens ohne wesentliche Formveränderung verbunden. Dann wird auch der Ausdruck „Tropfenherz" gebraucht: das Herz erscheint sozusagen als Anhängsel der großen Gefäße und füllt den Herzbeutel nur zum Teil aus, in dem dann die Flüssigkeit ex vacuo stark vermehrt sein kann. Das subepikardiale Fettgewebe pflegt in solchen Fällen eine recht erhebliche gallertige Atrophie aufzuweisen. Braucht bei diesen Vorgängen eine Veränderung in der Weite der Herzhöhlen nicht zu bestehen, so ist das der Fall, wenn schwerere Schädigungen des Myokards vorliegen, die sich in trüben Schwellungen, Verfettungen usw. äußern. Dann muß es zu Erweiterungen der Herzhöhlen, besonders der Kammern kommen mit ihren Folgeerscheinungen. Bei chronischen Lungentuberkulosen pflegt dann die Erweiterung der rechten Kammer stärker zu sein als die der linken, da der Zirkulationswiderstand im Lungenkreislauf wegen der umfangreichen Erkrankung der Lungen erhöht ist und nur in geringem Maße auch durch eine Hypertrophie des rechten Ventrikels ausgeglichen ist. — Es sei in diesem Zusammenhang aber auch noch einer andern Herzveränderung Erwähnung getan, die viel zu wenig beachtet wird und die sich im Gegensatz zu den besprochenen erst dann einstellt, wenn es zu besonders weitgehenden Heilungsvorgängen in den tuberkulös erkrankten Lungen gekommen ist. Dann ist infolge der umfangreichen Narbenbildungen mit Gefäßverödungen ein ähnlicher Zustand eingetreten wie bei der chronischen Stauungsinduration oder beim Emphysem, und es kommt zunächst zu einer oft sehr erheblichen Hypertrophie des rechten Herzventrikels. Zu gleicher Zeit aber bringt die erhöhte Blutfüllung stets auch eine gewisse Dilatation zustande, die bei der allmählichen Schwächung des Herzmuskels schließlich ganz das Bild beherrscht. Trikuspidalinsuffizienz und schwere Stauungen im großen Kreislauf sind die Folge, und der Tod erfolgt schließlich trotz oder gerade wegen der umfangreichen Heilungsvorgänge in den Lungen.

c) Endokard.

Daß man bei Sektionen von chronischen Organtuberkulosen nicht so selten Endokarditiden findet, ist eine bekannte Tatsache. Es handelt sich meist um leichtere Formen verruköser Natur, die nach meinen Erfahrungen am häufigsten die Aortenklappen betreffen, etwas seltener die Mitralis, während die rechtsseitigen Klappen nur hier und da einmal beteiligt sind. Schon die Frische der Prozesse deutet oft darauf hin, daß es sich um terminale Erscheinungen handelt. Sie werden zweifellos fast ausnahmslos durch Sekundärinfektionen bedingt. Jedenfalls habe ich gerade in solchen Fällen gewöhnlich im Leichenblut Bakterien, besonders die Formen der Streptokokkenreihe, nachweisen können. Das bestätigt auch die direkte mikroskopische Untersuchung der Klappen, in denen Kokken gefunden werden können. Allerdings werden dann auch zuweilen in den Ausstrichen oder Schnittpräparaten der Klappen Tuberkelbazillen gefunden, wie es auch mehrfach in der Literatur beschrieben worden ist. Es handelt sich dann erst recht um terminale, pathogenetisch nebensächliche Befunde, um ein terminales oder agonales Haftenbleiben von Bazillen an den vorher schon erkrankten Klappen. Ob die Entstehung der durch die andern Bakterien verursachten Endokarditiden durch eine vorherige Schädigung der Klappen durch die Tuberkelbazillen oder ihre Gifte begünstigt wird, wie es BONOME will, ist ein immerhin erwägenswerter Gedanke, aber irgendwie beweisbar dürfte eine solche Annahme nicht sein. An sich haben aber diese Endokarditiden bei Tuberkulose nichts mit den eigentlichen tuberkulösen Endokarderkrankungen zu tun, mit denen wir uns hier in erster Linie zu beschäftigen haben. Daß gewisse Übergänge vorkommen, mag zugegeben werden. So mag auch die Grenze hier und da schwer zu ziehen sein, wie wir noch sehen werden. — Über die gewöhnlichen schweren, durch Streptokokken usw. verursachten und zu Klappenfehlern führenden Endokarditiden möge nur gesagt werden, daß sie sich zwar nicht, wie es hier und in der Literatur zu lesen ist, mit einer chronischen Organtuberkulose ausschließen, daß diese Kombination aber immerhin eine Seltenheit ist.

Was nun die eigentlichen tuberkulösen Endokarderkrankungen betrifft, so ist zunächst die Frage zu erörtern, wie sich das Endokard bei der allgemeinen Miliartuberkulose und den Frühgeneralisationen verhält. Daß dabei Knötchen im Endokard sichtbar sind, insbesondere im Bereich des Conus pulmonalis und an den Papillarmuskeln, ist seit WEIGERT eine allen Pathologen geläufige Tatsache. Es sind meist sehr kleine, die Größe eines Stecknadelkopfes kaum überschreitende, graue, glatte, über die Innenfläche des Herzens vorspringende Knötchen. Es ist nur die Frage, ob man es mit eigentlichen Endokardtuberkeln zu tun hat, mit Gebilden, die durch die Ansiedlung von Bazillen auf dem Endokard vom intrakardialen Blut aus entstehen. Schon BENDA hat darauf hingewiesen, daß das nicht der Fall ist, sondern daß die Knötchen innerhalb der Herzwand selbst entstehen, also Organtuberkel sind. Durch zahlreiche Untersuchungen, die ich an solchen Knötchen anstellte, kann ich diese Auffassung nur bestätigen. Wir müssen sogar auf Grund unserer Befunde zu dem Schluß kommen, daß man es im eigentlichen Sinne mit Myokardtuberkeln zu tun hat (vergl. oben S. 138), die ins Endokard hineinwachsen. Das ist auch darum verständlich, weil das Endokard keine Blutgefäße besitzt und darum eine unmittelbare Ansiedlung der T.B. auf dem Weg über die Kranzarterien in ihm nicht erfolgen kann. Man kann natürlich trotzdem von einem Endokardtuberkel sprechen, wenn wenigstens ein Teil des Knötchens im Bereich des Endokards liegt und dieses auch in die Herzhöhle hinein vorbuchtet. Der größere Teil des Knötchens liegt allerdings nach meinen Erfahrungen fast stets im Herzfleisch, und das ist schon darum verständlich, weil das Endokard an den meisten Stellen viel zu dünn ist, um umfangreichere Teile eines Tuberkelknötchens in sich aufzunehmen. Im Übrigen entstehen diese Knötchen wie oben geschildert. Bei verkäsenden Herdchen habe ich auch leichte Ulzerationen gesehen.

Die ausgesprochene Endocarditis tuberculosa, sowohl die valvuläre als auch die parietale, ist eine überaus seltene Erkrankung. Die in der Literatur beschriebenen Fälle lassen sich fast an den Fingern herzählen. Es wird nun bei diesen Prozessen ein Unterschied gemacht zwischen eigentlichen tuberkulösen Endokarditiden und der Tuberkulose in Thromben. Es muß dagegen hier gleich betont werden, daß sich ein prinzipieller Unterschied zwischen den beiden Vorgängen nicht ganz durchführen läßt, daß es gewissermaßen nur quantitative Unterschiede gibt, daß es zum mindesten in einzelnen Fällen nicht leicht sein wird, den Unterschied klar zu erkennen. Vergegenwärtigen wir uns die Entstehung einer Endokarditis überhaupt, so wissen wir, daß das Primäre dabei die Endokard- bezw. Klappenschädigung ist. Gleich ob diese durch den betreffenden Infektionserreger selbst oder durch andere Einflüsse zustande kam, die Folge müssen thrombotische Auflagerungen sein, die in ihrer Menge großen Schwankungen unterworfen sind. Die ganze weitere Entwicklung hängt dann von der Virulenz der Erreger und der Reaktionsfähigkeit des Organismus, hier im Besondern der Herzinnenhaut, ab. Die Schwierigkeiten der Deutung werden in erster Linie bei den parietalen Prozessen bestehen, wie sich zeigen wird, während bei denen der Klappen die Verhältnisse einfacher liegen.

Von tuberkulösen Klappenendokarditiden erwähne ich (indem ich unklare Mitteilungen übergehe) die Fälle von Benda, Dressler, v. Leyden, Londe und Petit, Schede, Soli, Sorgo und Süss, Witte. Soweit Angaben vorliegen, war 4 mal die Mitralis betroffen, 2 mal die Aortenklappen, 1 mal die Trikuspidalis. Wenn auch makroskopisch nicht immer besondere charakteristische Merkmale vorlagen, die die Diagnose nahelegten, so dürfte Etienne doch zu weit gehen, wenn er sagt, es gebe durch Tuberkelbazillen hervorgerufene Endokarditiden, die sich in nichts von den gewöhnlichen unterscheiden. Wenn man von dem „hühnereigroßen“ käsigen Knoten auf der Trikuspidalis im Falle Solis absieht, so werden wohl im allgemeinen Veränderungen vermerkt, wie sie sich auch bei andern Endokarditiden finden, d. h. teils mehr verruköse oder plattenartige Auflagerungen, teils mehr ulzerös-polypöse Gebilde. Es werden aber auch schon makroskopisch sichtbare käsige Veränderungen in den thrombotischen Auflagerungen oder auch Knötchen vermerkt. So scheinen also schon bei der Betrachtung mit bloßem Auge Merkmale zu bestehen, die zum mindesten den Verdacht auf eine tuberkulöse Erkrankung erwecken müssen. Mikroskopisch wird fast für alle Fälle ein reichlicher Bazillengehalt angegeben. Alle sprechen auch von Verkäsungen, wobei Benda, was mir wichtig erscheint, oberflächlich verkäste thrombotische Massen erwähnt. Sicher produktives tuberkulöses Gewebe scheint mir nur in den Fällen von Benda, Dressler und Witte bestanden zu haben.

Ich möchte es nach dieser kurzen Zusammenfassung als sicher hinstellen, daß es echte tuberkulöse Endokarditiden gibt, d. h. solche, die allein durch die

Wirksamkeit der Tuberkelbazillen hervorgerufen werden. Ihre Genese ist zunächst dieselbe wie bei andern Endokarditiden, d. h. es tritt zuerst eine Klappenschädigung ein, der thrombotische Auflagerungen folgen (im allgemeinen scheint es sich hier vorwiegend um Plättchenthromben + Fibrin zu handeln). In diesen Thromben entstehen Versinterungen und Verbackungen, besondere Arten von Gerinnungen unter Wasseraufnahme oder kurz gesagt Verkäsungen. Tuberkulöses Gewebe muß natürlich zunächst völlig fehlen. Erst bei der Organisation der Auflagerungen vom Endokard aus geschieht dies durch Tuberkel bildendes Granulationsgewebe. Unter diesen Umständen ist es nicht zu verwundern, daß in einer Anzahl von Fällen tuberkulöses Gewebe noch nicht vorhanden war. Wir haben eben die Reihenfolge: Thrombus — Verkäsung — produktives tuberkulöses Gewebe, also einen ganz ähnlichen Vorgang wie — um nur diese zu nennen — bei den Tuberkulosen der serösen Häute, insbesondere des Perikards. Ob auch u. U. eine Organisation durch unspezifisches Gewebe allein zustande kommen kann, wie es aus den Fällen von LONDE und PETIT und von SORGO und SÜSS hervorzugehen scheint, muß erst durch weitere Untersuchungen entschieden werden. — Hier muß aber noch einmal darauf hingewiesen werden, daß es selbstverständlich auch denkbar ist, daß sich eine echte tuberkulöse Endokarditis auf Grund einer schon vorhandenen, aus andern Ursachen entstandenen, entwickelt. Wo in solchen Fällen — bei einem Gehalt der thrombotischen Auflagerungen an Tuberkelbazillen — die Grenze zu ziehen ist, ist natürlich für den einzelnen Fall schwer zu sagen.

Sodann sind tuberkulöse Wandendokarditiden beschrieben worden. Sie können entstehen infolge eines Einbruches von Myokardherden ins Endokard. Sie kommen aber auch als selbständige Erkrankungen vor. Ich nenne insbesondere die Fälle von NAUWERCK, REINHARD, W. H. SCHULTZE, E. WAGNER. Es handelte sich um mehr oder weniger ausgebreitete (im Falle REINHARDs mit Abklatsch) verkäste Auflagerungen, die zum Teil durchsetzt waren von tuberkulösem Gewebe, allemal im Bereich des linken Ventrikels. Für ihre Genese gilt dasselbe wie für die Klappenendokarditiden.

Nun liegt die Frage nahe, in welchen Beziehungen alle diese Endokardveränderungen zur allgemeinen Miliartuberkulose stehen. Soweit Angaben existieren, war eine solche stets vorhanden, und soweit die Frage erörtert wird, sind die Autoren davon überzeugt, daß die betreffenden Endokarditiden im Sinne WEIGERTs die Ursache der Miliartuberkulosen gewesen seien. Ich kann das ohne Einschränkung nur für diejenigen Fälle zugeben, bei denen ein käsiger Myokardtuberkel durch das Endokard in die Blutbahn durchbrach. Bei den autochthonen Endokarditiden besteht für mich hingegen mehr Wahrscheinlichkeit, daß sie eine koordinierte Begleiterscheinung der Miliartuberkulose seien, sehr wohl allerdings dazu befähigt, die bestehende Miliartuberkulose zu unterhalten und sogar zu verstärken. Bei der geringen Neigung des Endokards überhaupt zur tuberkulösen Erkrankung dünkt es mich nämlich recht unwahrscheinlich, daß es bei einer geringen Bazillämie zunächst isoliert erkrankt, etwa im Anschluß an einen Primärkomplex. Aber auch sonst sind manche Gründe gegen den genannten Zusammenhang anzuführen. Es ist jedoch hier nicht der Ort, ausführlicher auf diese Frage einzugehen. Ich verweise vielmehr auf das besondere Kapitel über die Genese der Miliartuberkulose.

Es müssen hier aber noch jene Prozesse erwähnt werden, die zum ersten Male von Birch-Hirschfeld, dann von Kotlar beschrieben und von dem ersteren als „Tuberkulose in Herzthromben" bezeichnet wurden. Dahin gehört dann auch eine Anzahl von Fällen, bei denen von besonders großen tuberkulösen Herden in den Vorhöfen oder den Herzohren gesprochen wird. Es handelt sich um das Bestehen von größeren Thromben (bei meist schwer tuberkulösen Individuen), deren Entwicklung offenbar unabhängig von einer Endokarditis geschah, zumal da sich die Thromben ausnahmslos an den Prädilektionsstellen der Thrombenbildung überhaupt finden (Vorhöfe und Herzohren). Gewöhnliche Thromben sind ja bei Tuberkulösen an diesen Stellen gar nicht so selten, und für ihre Entstehung kommt in erster Linie das Abnehmen der Herzkraft in Betracht, unterstützt eventuell durch Erweiterungen infolge Myokardschädigung. Nun ist die Entwicklung derjenigen Vorgänge, die als „Tuberkulose in Herzthromben" bezeichnet wurden, so zu denken, daß infolge einer Bazillämie die Bazillen in den Thrombus hineingeraten, zum kleinen Teil auch wohl schon bei seiner Bildung eingeschlossen wurden. So kommt es zu Verkäsungen und bei der Organisation zur Bildung von typischer histologischer Tuberkulose. Man sieht, wie schwer es hier fallen kann, die Abgrenzung zur eigentlichen tuberkulösen Endokarditis zu finden. Der Bau des Thrombus kann eventuell den Ausschlag geben. Aber wenn man sieht, wie z. B. in dem oben zitierten Fall von Soli im Anschluß an eine tuberkulöse Endokarditis der Trikuspidalis ein gewaltiger (tuberkulöser) Thrombus im rechten Vorhof entstehen kann, so wird man schließlich doch für manche Fälle auf die Abgrenzung verzichten müssen. — Von Birch-Hirschfeld wird übrigens die Vermutung ausgedrückt, daß manche als „Tumor" beschriebenen intrakardialen Knoten eventuell in das Gebiet der „Tuberkulose in Herzthromben" gehörten. Obwohl mir diese Anregung durchaus beachtenswert erscheint, ist es doch unmöglich, sie hier einer genaueren Prüfung zu unterziehen.

Endlich möchte ich noch eines Prozesses Erwähnung tun, der sonst, soweit ich sehe, nur für die Aorta und die großen Gefäße beschrieben worden ist, den ich aber selbst auch einmal im Herz beobachtete und den ich als Tuberkelbazillenthrombose bezeichnen möchte. In meinem Fall saß bei einer 64 jährigen Frau im linken Ventrikel an einem dünnen Stiel ein dreiblättriges Gebilde von etwa 2 cm Länge, von bräunlicher Farbe und rauher Oberfläche. Die Konsistenz war oberflächlich derb, im Innern weicher. Schon ein Ausstrichpräparat von der Oberfläche bestand lediglich aus Tuberkelbazillen. Im mikroskopischen Schnitt erwies sich aber die ganze Masse fast nur aus Bazillen bestehend. In einem breiten oberflächlichen Saum lagen die Bazillen so dicht, daß sie kaum einzeln voneinander abzugrenzen waren. Mehr im Innern bestand dann die Masse aus Blutplättchen, Fibrin und spärlichen roten und weißen Blutkörperchen, und darin fanden sich ebenfalls massenhaft, meist in Häufchen gelegene Bazillen. Natürlich muß man auch für solche Gebilde annehmen, daß hier ursprünglich eine auf Grund einer lokalen Wandschädigung entstandene kleine Thrombose vorlag. Das Eigentümliche aber ist, daß diese dann zu einer so enormen Entwicklung der Tuberkelbazillen führen kann, daß man tatsächlich von einer Reinkultur sprechen kann, hat man doch an der Oberfläche, was Konsistenz usw. betrifft, tatsächlich ganz ähnliche Verhältnisse vor sich wie bei Bouillonkulturen von Tuberkelbazillen; übrigens ein beweisendes Zeichen dafür, daß sich die Bazillen u. U., d. h. bei bestimmter Körperverfassung, in der strömenden Blutbahn schrankenlos vermehren können.

2. Blut- und Lymphgefäße.

a) Arterien.

Bei Besprechung der Lungentuberkulose werden auch die tuberkulösen Veränderungen an den kleineren Arterien besprochen werden. Dort wird sich zeigen, daß solche Erkrankungen eine selbständige Rolle nicht spielen, sondern im wesentlichen als Begleiterscheinungen, bezw. Komplikationen schwerer anderer tuberkulöser Prozesse zu betrachten sind. Bei der Besprechung der andern Organe werden derartige Veränderungen nur wenig berücksichtigt werden. Damit soll aber nicht gesagt sein, daß nicht auch in ihnen zuweilen ganz ähnliche oder gleiche Veränderungen an den kleinen Arterien gefunden werden. Das Gegenteil ist der Fall, insbesondere in Nieren und Milz, nur treten in den meisten Organen diese Veränderungen sehr viel weniger in den Vordergrund als in den Lungen. Man muß sich aber bewußt sein, daß hier noch eine fühlbare Lücke in unseren Kenntnissen besteht. Es wäre zum Beispiel sehr wünschenswert, einmal systematische Untersuchungen über Gefäßerkrankungen in den verschiedenen Organen und über ihre Bedeutung für die Genese verschiedener tuberkulöser Prozesse zu machen. Eine mehr selbständige Erkrankung peripherer Arterien, zum Beispiel auch in den Extremitäten, kann hier und da beobachtet werden, doch handelt es sich dann gewöhnlich um zufällige Nebenbefunde, über deren Bedeutung noch nicht viel gesagt werden kann. Das gilt auch für einen kürzlich von mir beobachteten Fall, bei dem vom Chirurgen ein schmerzhaftes Knötchen vom Malleolus externus entfernt wurde, und bei dem sich bei der mikroskopischen Untersuchung eine kleine, vollständig durch eine typische produktive Tuberkulose obliterierte Arterie fand. Einige Zeit darauf wurde ein tuberkulöser Knochenherd in dem betreffenden Malleolus vorgefunden. Ob hier die Knochentuberkulose oder die Arterientuberkulose vorausging, ist nicht zu entscheiden. Anders liegen die Verhältnisse bei den großen zentralen Arterien. In ihnen wird zuweilen das Übergreifen eines tuberkulösen Prozesses der Nachbarschaft beobachtet, und dies Ereignis dann mit der Genese der Miliartuberkulose in Zusammenhang gebracht. Doch sind das sehr seltene Vorkommnisse. Ich selbst verfüge über einen einzigen Fall, bei dem in dieser Weise eine Lungenarterie von einer Bronchialdrüsenerkrankung aus in Mitleidenschaft gezogen wurde, ähnlich wie im Falle Karl Herxheimers. In der Literatur sind sonst noch Einbrüche in die Aorta beschrieben worden, von Sommer, Zruneck, Schmorl, Kamen, Dietrich, Buttermilch, von Hinüber, Hedinger. Gewöhnlich handelte es sich auch bei diesen Fällen um erkrankte Lymphknoten, die die Aortenwand in Mitleidenschaft zogen, in dem Falle Schmorls jedoch um eine Lungenkaverne. Aneurysmenbildung und zur tödlichen Blutung führende Rupturen sind dabei beobachtet worden. Ob auch eine selbständige tuberkulöse Erkrankung der äußeren Wandschichten der Aorta vorkommen kann, wie Forssner und Hedinger ihre Fälle erklären, mag vorläufig dahingestellt bleiben. Einstweilen möchte ich es für wahrscheinlicher halten, daß auch solche Fälle, in denen meist die Intimaveränderungen nicht fehlen, zu den jetzt zu beschreibenden tuberkulösen Prozessen der Intima gehören.

Auf Tuberkelbazillen zurückzuführende Intimaveränderungen der Aorta und der großen Arterien sind zwar auch recht seltene Ereignisse, aber doch wohl jedem Pathologen bekannt; auch in der Literatur sind sie mehrfach Gegenstand der Erörterung gewesen (BENDA, GEIPEL, ASCHOFF, v. HINÜBER, HANOT, STRÖBE u. a.). Ich selbst habe auch einige Fälle gesehen. Ich möchte zunächst diejenigen Gebilde besprechen, die am besten als tuberkulöse Thromben bezeichnet werden.

Hier handelt es sich nicht eigentlich um eine primäre tuberkulöse Erkrankung der Aortenwand, sondern um eine Ansiedlung von Tuberkelbazillen unter gleichzeitiger Thrombenbildung, die in einer vorher auf andere Weise geschädigten Aorta entstand. In den meisten Fällen liegt eine Atherosklerose vor. Das Bild des Thrombus stellt sich dann in der Weise dar, daß sich im Bereich einer atherosklerotischen Auflagerung ein knopfartiger, stecknadelkopf- bis allenfalls linsengroßer Vorsprung befindet, der von eigenartig fester und zäher, rauher Beschaffenheit und bräunlich-grauer Farbe ist, ganz ähnlich wie bei den entsprechenden Herzthromben. Beim Einschneiden handelt es sich um einen zäheren Überzug an der Oberfläche, während das Zentrum sehr viel weicher ist. Mikroskopisch hat man bei gewöhnlichen Färbemethoden den Eindruck eines gewöhnlichen weißen, aus Blutplättchen, Fibrin und Leukozyten bestehenden, aber auch geschichtete Züge und einige diffus verteilte Erythrozyten enthaltenden Thrombus. Die Oberfläche pflegt dichter zu sein und im wesentlichen aus fibrinartiger Substanz und Leukozyten zu bestehen. Die Bazillenfärbung ergibt jedoch, daß insbesondere die Oberfläche, aber auch sonst die leukozytenreicheren Teile oft ungemein zahlreiche Tuberkelbazillen enthalten, so daß man bei schwächerer Vergrößerung wohl auch den Eindruck von Reinkulturen erhält. Solche Thromben habe ich selbst nur bei allgemeiner Miliartuberkulose älterer Leute gesehen. Es handelte sich um nicht sehr schwere Fälle von Miliartuberkulose, und zwar um solche, bei denen auch sonst noch tuberkulöse Herde, besonders in den Lungen, vorhanden waren. Ihre Bedeutung für die Genese der Miliartuberkulose ist in dem betreffenden Kapitel auf S. 41 besprochen worden.

Während nun bei manchen von diesen Fällen spezifisch tuberkulöse Veränderungen der Aortenwand ganz fehlen können, werden sie doch in andern nicht vermißt. So kommen Zusammensinterungen und Quellungen vor, die durchaus der Verkäsung entsprechen, sodann produktive Prozesse mit epitheloiden und Riesenzellen und dies in einigen veröffentlichten Fällen besonders bei jugendlichen Individuen. Ich bin der Meinung, daß hier ganz analoge Verhältnisse vorliegen, wie bei der Endokarditis, daß nämlich stets zunächst irgendeine Schädigung der Gefäßauskleidung vorliegen muß, auf die die Thrombusbildung folgt, die ihrerseits wiederum auf Grund der tuberkulösen Infektion eine käsige Umwandlung zeigt und bei der sich die Organisation unter der Bildung tuberkulösen Gewebes vollzieht. Das produktive tuberkulöse Gewebe kann dann auch tief in die übrigen Schichten der Gefäßwand, bis über die Adventitia hinaus, eingreifen.

b) Venen.

Mit Tuberkelbazillen infizierte Thromben im Abflußgebiet tuberkulös erkrankter Körperorgane sind hier und da beschrieben worden. Ich selbst habe derartige Fälle noch nicht gesehen und kenne auch noch keinen Fall von Endophlebitis tuberculosa einer Körpervene. Durchbrüche von tuberkulösen Prozessen in Körpervenen sind bekannt. Mir selbst stehen aber aus den letzten Jahren derartige Fälle auch nicht mehr zur Verfügung. Am wichtigsten sind unter den tuberkulösen Erkrankungen der Venen diejenigen der größeren Lungenvenen. Sie haben bekanntlich durch die Lehre WEIGERTs von der Entstehung der Miliartuberkulose eine besondere Bedeutung erlangt. Es ist darum notwendig, etwas genauer auf diese Veränderungen einzugehen. Allerdings möchte ich gleich hervorheben, daß im Prinzip die Verhältnisse nicht anders liegen wie bei manchen Veränderungen der kleinen Lungenvenen, die bei der Besprechung der Lungentuberkulose geschildert werden.

Was nun die größeren Lungenvenen betrifft, so möchte ich betonen, daß Einbrüche von tuberkulösen Prozessen in sie überaus selten sind. Ich kann mich nicht besinnen, einen derartigen Fall je gesehen zu haben. Demnach kann man wohl behaupten, daß es sich in der übergroßen Anzahl der Fälle um Endangitiden im Sinne BENDAs handelt. Die Veränderungen finden sich gewöhnlich nahe der Einmündung der Venen in den linken Vorhof, reichen unter Umständen bis in ihn hinein, oder sie sitzen in den Hauptstämmen, in der Nähe ihres Zusammenflusses. Bei der makroskopischen Betrachtung handelt es sich gewöhnlich um leistenförmige Erhebungen der Intima, die nach dem Herzen zu etwas dicker sind, und, sich lungenwärts verjüngend, allmählich in das Niveau der Innenhaut übergehen. Ihre Farbe ist gewöhnlich gelblich, ihre Oberfläche in den meisten Fällen ganz glatt. Nur selten finden sich am herznahen Ende kleine Rauhigkeiten oder auch Auflagerungen von weichen Thromben. Selbst größere polypenartige Thrombusmassen sind beschrieben worden. Für das Verständnis ihrer Genese wäre es sehr wünschenswert, wenn systematische Untersuchungen über alle Stadien ihrer Entwicklung existierten. Ich selbst habe versucht, derartige Untersuchungen aufzunehmen, doch stand mir zufällig in den letzten Jahren nur relativ wenig Material zur Verfügung, und bei diesem handelte es sich dann um voll ausgebildete Veränderungen. Diese stellen sich im Mikroskop folgendermaßen dar: Die Oberfläche des Herdes wird von einem Gewebe gebildet, das gleichmäßig in die Intima übergeht. Es handelt sich um ein faseriges Bindegewebe, das zellreicher ist als die gewöhnliche Intima und bei größeren Herden auch öfters reichlich Gefäße enthält. Unter Umständen wird der ganze Herd von derartigem Gewebe eingefaßt, in der Weise also, daß auch seine Basis bis zur elastischen Innenmembran davon begrenzt wird. Das Zentrum aber, und oft die größte Masse des Herdes bildet eine Gerinnungsmasse, bei der bald noch reichlich gequollene Fibrinnetze vorherrschen, bald mehr der Eindruck einer homogenen Verkäsung besteht. Die unmittelbare Begrenzung dieser Verkäsungsmasse weist aber natürlich auch mehr oder weniger ausgesprochene spezifisch tuberkulöse Veränderungen in Gestalt von Epitheloidzellanhäufungen und LANGHANSschen Riesenzellen und sich daran anschließenden Lymphozyteninfiltraten auf. Wenn die Verkäsung der elastischen Innenmembran nahe kommt oder sie gar berührt, dann sind auch im Bereich der produktiven Gewebswucherungen Unterbrechungen der elastischen Fasern festzustellen. Doch reichen die Infiltrate nach meinen Erfahrungen niemals tiefer in die Venenwand hinein. An der Oberfläche finden sich dort, wo sich bei makroskopischer Untersuchung Rauhigkeiten zeigten, in kleinerem Umfang aber auch dann, wenn man es nach dem makroskopischen Aussehen nicht vermutete, zuweilen besonders an dem am stärksten hervorragenden zentralen Ende gewöhnliche thrombotische Auflagerungen, im wesentlichen aus Fibrin, Blutplättchen und einigen Leukozyten bestehend, die auch manchmal leicht in die oberflächlichen Gewebsschichten eingreifen. Was den Tuberkelbazillengehalt betrifft, so habe ich gerade in solchen Herden meistens deren relativ wenige gefunden, sowohl in den zentral verkästen Massen, als auch in den etwa vorhandenen frischeren thrombotischen Auflagerungen, womit ich aber nicht leugnen will, daß auch größere Bazillenmengen in ihnen vorkommen können.

In einigen andern Fällen habe ich aber auch von den beschriebenen abweichende Befunde erhoben. Man hatte dann schon makroskopisch den Eindruck, daß es sich um etwas weichere Massen handelte, deren Oberfläche nach dem Herzen hin reichlich frischere Thromben aufwies. Hier zeigt sich mikroskopisch das folgende Bild. Während lungenwärts die Intimaerhebung sich ganz ähnlich verhält wie bei den zuerst beschriebenen Herden, hat man herzwärts reine Thrombusmassen, die ganz unregelmäßig in die Venenwand hineinragen. Die oberflächliche Bekleidung mit Intima-ähnlichem Gewebe nimmt dann ganz allmählich ab und verschwindet schließlich sozusagen unmerklich. Die thrombotischen Massen bestehen zum Teil aus einem grobmaschigen oder scholligen, meist besonders die Oberfläche einnehmenden Substrat und im allgemeinen mehr zentral gelegenen ungleichmäßig verquollenen und körnigen, reichlich Leukozyten oder auch Kerntrümmer enthaltenden Gerinnseln. Innerhalb der Fibrinmassen hat man zuweilen den Eindruck, auch noch verquollene und fibrinoid umgewandelte Intimafasern zu erkennen. In den frei in das Lumen hineinragenden Thrombusmassen findet man nun zuweilen sehr reichlich Tuberkelbazillen, besonders in den leukozytären Teilen und dann auch innerhalb der Leukozyten. Für die Genese dieser Herde kommen nun zwei Möglichkeiten in Betracht. Bei beiden ist die Voraussetzung die, daß die Tuberkelbazillen vom Lumen aus wirken. Entweder handelt es sich nämlich um eine anfänglich ganz oberflächliche Schädigung der Intima und um eine infolgedessen eintretende, sozusagen primäre Thrombenbildung, auf die erst die weiteren Veränderungen der Intima und insbesondere die Gewebswucherungen folgen. Dann hätten wir es mit einem, zum Beispiel den gewöhnlichen Endokarditiden ganz ähnlichen Vorgang zu tun. — Oder wir müssen annehmen, daß von vornherein die Bazillen etwas tiefer in die Intima eindringen, dort eine Gewebsschädigung und darauf folgende exsudationsähnliche Zustände mit schnell folgender Verkäsung veranlassen, von denen dann die weiteren Veränderungen und insbesondere also auch die oberflächliche Thrombenbildung erst abhängig wäre. Ich möchte aber annehmen, daß der erste Modus der gegebene ist, und daß etwa vorhandene tiefer greifende Intimaschädigungen erst ein späteres Stadium bedeuten. Daß dann auch sekundär wieder neue thrombotische Auflagerungen entstehen können, ist selbstverständlich. Im übrigen dürften bei der Entstehung und Entwicklung dieser Herde auch die Virulenz- und Mengenverhältnisse der Bazillen eine wichtige Rolle spielen.

Über die Bedeutung dieser Herde für die Genese der allgemeinen Miliartuberkulose wurde das wichtigste schon an anderer Stelle gesagt (S. 29 u. 41). Hier möchte ich nur noch einen Punkt zur Sprache bringen. Wenn derartige Herde als Ursprungsstätten für die eine Miliartuberkulose veranlassende Bazillenaussaat sein sollten, dann müssen wir erwarten, daß das mutmaßliche Alter, bezw. Entwicklungsstadium der Herde sich in die entsprechenden Bilder der allgemeinen Erkrankung zwanglos einpaßt. Wir müßten also die offenbar älteren und vollkommen abgekapselten Herde in jenen Fällen finden, die erst nach langem Krankheitsverlauf zugrunde gingen und bei denen auch das mikroskopische Bild der einzelnen Miliartuberkel für einen derartigen langen Verlauf sprach. Wir müßten hingegen die Herde mit frischen bazillenreichen Thromben in den viel akuter verlaufenden Fällen wiederfinden. Das ist nun wohl zuweilen der Fall. Es gibt aber auch in mindestens der Hälfte der Fälle ein Abweichen von diesem Verhalten und oft sogar das direkte Gegenteil. Ich brauche hier im übrigen auf die Beziehungen dieser Herde zur allgemeinen Miliartuberkulose nicht noch einmal einzugehen, sondern ich verweise dazu auf das betreffende Kapitel (S. 26).

c) Ductus thoracicus.

Während die Miterkrankung der peripheren Lymphgefäße bei den Organtuberkulosen zwar eine große Rolle spielt, aber doch selbständig nie hervortritt, ist die Tuberkulose des Ductus thoracicus eine durchaus eigenartige und in vieler Beziehung selbständige Erkrankung und muß deswegen auch besonders besprochen werden. Sie findet sich, wie an anderer Stelle schon betont wurde, nur bei Fällen von allgemeiner Miliartuberkulose. In welcher Beziehung sie zu dieser Erkrankung steht, wurde ebenfalls schon besprochen. Hier möchte ich nur noch kurz zusammenfassend betonen, daß ich gerade die Erkrankung des Ductus thoracicus für eine von der allgemeinen Miliartuberkulose abhängige Veränderung und nicht als ihre Ursache ansehe. Ich deute die Infektion des Ductus thoracicus in der Weise, daß infolge der lymphogenen Ausschwämmung der Bazillen aus zahlreichen Organen eine Konzentration der Bazillen im Ductus thoracicus stattfindet und auf diese Weise seine Infektion zustande kommt. Über die Häufigkeit der Erkrankung des Milchbrustganges bei der allgemeinen Miliartuberkulose sind die Angaben etwas verschieden. Durchschnittlich dürfte sie in etwa einem Drittel der Fälle vorhanden sein. Für die makroskopische Diagnose ist es natürlich notwendig, den Ductus thoracicus in seinem ganzen Verlauf frei zu legen und unter Umständen aufzuschneiden. Im allgemeinen ist die Diagnose allerdings nicht schwierig, da gewöhnlich bei einer tuberkulösen Erkrankung auch eine gewisse Lymphstauung in ihm vorhanden zu sein pflegt, wodurch sein Kaliber vermehrt und er leichter auffindbar wird. Im allgemeinen läßt sich die Regel aufstellen, daß bei völlig zusammengefallenem Gefäßrohr eine tuberkulöse Erkrankung kaum zu erwarten ist.

Makroskopisch findet man ganz unabhängig von der Schwere der Ausbreitung der Fälle entweder nur vereinzelte kleinste glashelle Knötchen, oder schwerere Veränderungen bis zu ausgebreiteten käsigen und zum Teil zerfallenen Massen. Nach meinen Erfahrungen sitzen dabei die Veränderungen etwas häufiger in den oberen Teilen des Ganges als in den unteren. Doch läßt sich eine feste Regel in dieser Beziehung nicht aufstellen.

Das mikroskopische Verhalten der Duktustuberkulose ist wegen der wichtigen damit zusammenhängenden Fragen von großem Interesse. Wie es schon von anderen Autoren oft geschildert ist, möchte ich auch bestätigen, daß man entsprechend den makroskopisch meist submiliaren knopfförmigen Exkreszenzen der Intima oft produktive Tuberkel unter Umständen mit vielen LANGHANSschen Riesenzellen finden kann, wenn auch die typische Tuberkelstruktur nicht immer klar zutage tritt. Die Genese dieser Tuberkel dürfte dieselbe sein, wie auch sonst die der Intimatuberkel. Ich habe alle Übergänge gesehen von kleinsten thrombusartigen Gebilden, die im wesentlichen aus einem feinen Fibrinnetz mit zahlreichen, wohl vorwiegend leukozytären, zelligen Beimengungen bestanden, zu solchen Bildern, bei denen die Epitheloidzellenwucherung begann, und schließlich zu solchen, bei denen sie schon die ursprüngliche Thrombusmasse völlig ersetzt hatte. In diesen kleineren knötchenartigen Gebilden fand ich nur wenig oder gar keine Bazillen. Diesen stehen gegenüber die größeren, oft polypösen Massen, deren Genese aber im Prinzip auch keine andere sein dürfte. Ich fand auch bei ihnen in frischen Fällen als Grundlage Fibrinnetze, denen auffallender Weise in manchen Fällen reichlich rote Blutkörperchen beigemengt sein können. Diese größeren Thrombusmassen sind es nun, die auch in Verkäsung übergehen können, wenngleich ich selbst in den letzten Jahren fertige Verkäsungen in ihnen nicht mehr gesehen habe. Doch pflegen diese polypösen Gebilde zuweilen viel reichlicher, manchmal sogar sehr reichlich Tuberkelbazillen zu enthalten. Auch an ihnen kann man dann weiterhin Organisationsvorgänge feststellen, die von vornherein von epitheloiden Zellen bestritten werden. Während nun aber bei den oben geschilderten kleineren Tuberkeln das Zellmaterial lediglich von der Intima herstammt, sieht man bei diesen gröberen Thromben auch das tieferliegende Gewebe in Bewegung. Man erkennt, wie an zahlreichen Stellen die elastische Innenmembran von Epitheloidzellwucherungen durchbrochen wird. Diese Epitheloidzellzapfen stehen dann mit Massen von epitheloiden Zellen in Zusammenhang, die zuweilen ganze Strecken der Duktuswand ersetzt haben. Zwischendurch sind auch gewöhnlich in Schwärmen Lymphozyten eingelagert. Auch Riesenzellen, wenn auch nicht immer typische Exemplare, werden gebildet. Nach der Grenze der z. T. noch erhaltenen Muskulatur hin kann man dann auch unter Umständen geringe Mengen gefäßhaltigen Granulationsgewebes erkennen. Zusammengefaßt handelt es sich also im Prinzip ebenfalls um primäre thrombotische Vorgänge, deren Organisation erst die spezifisch tuberkulösen Bildungen zustande kommen läßt. Über den Zusammenhang der Duktustuberkulose mit der allgemeinen Miliartuberkulose habe ich mich an anderer Stelle ausgelassen.

Respirationsorgane.

I. Lungentuberkulose.

Für die pathologische Anatomie der Lungentuberkulose ergibt sich nach den Anschauungen, die ich im Kapitel über die Pathogenese entwickelt habe, eine Dreiteilung: 1. der primäre Lungenherd, 2. die Generalisationsformen (allgemeine Miliartuberkulose und Frühgeneralisation) und 3. die chronische Lungentuberkulose in ihren verschiedenen Stadien und mit ihren mannigfachen Komplikationen. Im Großen und Ganzen werden wir hier die allgemeinen pathogenetischen Gesichtspunkte nicht mehr berücksichtigen, sondern eine Beschreibung der pathologisch-anatomischen Zustandsbilder und ihrer Entwicklung auseinander geben.

Technische Vorbemerkungen. Um den primären Lungenherd und überhaupt einzelnstehende Herde aufzufinden, darf man sich nicht auf die gebräuchliche VIRCHOWsche Sektionstechnik verlassen. Natürlich ist nichts einfacher, einen Herd zu erkennen, wenn er eine gewisse Größe erreicht hat und an der Oberfläche der Lunge sitzt. Auch seine Abtastung kann nicht schwer sein, selbst wenn er etwas tiefer liegt und Bohnengröße nicht übersteigt. Bei frischeren primären Herden, die unmittelbar an der Oberfläche oder doch nicht weit von ihr entfernt liegen, wird u. U. eine umschriebene fibrinöse Pleuritis den Weg weisen, bei älteren, schon narbigen Herden unter ähnlichen Umständen eine umschriebene fibröse Verwachsung oder auch eine leichte narbige Einziehung der Lungenoberfläche. Doch gelingt es erfahrungsgemäß beim Zerschneiden der frischen bei der Sektion gewonnenen Lunge recht häufig nicht, kleinerer Herde habhaft zu werden. Das kann schon bei frischen Herden mit geringer Ausdehnung vorkommen, wird aber auch dem ganz Geübten unterlaufen, wenn es sich um ganz kleine, alte vernarbte oder auch verkalkte und verknöcherte Herde handelt. Außerdem werden aber auch beim Zerschneiden der unfixierten Leichenlunge gewöhnlich die topographischen Verhältnisse so beeinträchtigt, daß ein solches Vorgehen unzweckmäßig erscheint. Endlich muß man damit rechnen, daß ein zerschnittener unfixierter Herd wegen der Verziehung der Schnittflächen für eine exakte mikroskopische Untersuchung ungeeignet wird.

Deshalb tut man gut, in allen Fällen, in denen man auf die Untersuchung einzelner Herde in irgendeiner Beziehung Wert legt, die Lungen vorher zu fixieren. Dazu genügt es aber im Allgemeinen nicht, die Lungen einfach in die Fixierungsflüssigkeit einzulegen, weil es dann erfahrungsgemäß sehr lange dauert, bis die Fixierungsflüssigkeit in die innern Teile eindringt, und inzwischen dort Fäulnisprozesse und autolytische Vorgänge einsetzen, die zum mindesten die mikroskopische Untersuchung sehr beeinträchtigen. Deswegen ist es praktisch, die Flüssigkeit — *frische* Formalin- oder Kaiserlinglösung — in die Trachea oder die Lungenarterie einlaufen zu lassen, am vorteilhaftesten mittels eines Irrigators. Dann werden die Lungen natürlich in dieselbe Flüssigkeit eingelegt. Der Nachteil, daß durch solche Füllungen der natürliche Inhalt von Bronchien oder Blutgefäßen geändert wird, spielt für die meisten Fragestellungen eine geringe Rolle. Nach genügender Fixierung, d. h. bei gelungener Füllung nach 2, höchstens 3 Tagen, werden dann die Lungen gewässert und können je nach Bedarf in verschiedenen Richtungen durchschnitten werden. Handelt es sich aber darum, einen kleinen Primärherd zu finden, für dessen Lage man nicht den geringsten Anhaltspunkt hat, so bleibt nichts anderes übrig als jede Lunge einzeln mittels Horizontalschnitten in nur wenige Millimeter dicke Scheiben zu zerlegen. Dann kann einem kein Herd mehr entgehen, wenn auch nur eine Spur von ihm — und das ist ja fast ausnahmslos der Fall — übrig geblieben ist. Ist der Sitz des Herdes schon vorher festgestellt und will man ihn in Zusammenhang mit den Lymphknotenveränderungen im Abflußgebiet sichtbar machen, so wird man die entsprechende horizontale, horizontalfrontale, frontale oder frontalsagittale Schnittrichtung wählen. — Für die Verarbeitung zu farbigen Sammlungspräparaten muß man von vornherein, schon für die Füllung der Lunge, die bevorzugten Konservierungsflüssigkeiten (KAISERLING, JORES, PICK usw.) verwenden. — Für die Herstellung von Situspräparaten, zu denen die Erhaltung des knöchernen Thorax notwendig ist, ist es am zweckmäßigsten, die Leiche vor der Sektion mit der richtigen Konservierungsflüssigkeit zu durchströmen.

Für die *mikroskopische Untersuchung* der Lungen können natürlich im Prinzip alle bekannten Methoden angewandt werden. Doch ist die Verwertbarkeit der Resultate sehr verschieden. So muß z. B. für alle tuberkulösen Prozesse der Lunge vor der Hämatoxylin-Eosinfärbung eigentlich direkt gewarnt werden, weil mit ihr für die Tuberkulose ganz wesentliche Elemente überhaupt nicht oder doch nur sehr mangelhaft zur Darstellung gelangen. Dazu gehören vor allen Dingen die elastischen Fasern und die Bindegewebsfasern. Um beide in ein und demselben Schnitt klar zur Darstellung zu bringen — und das ist für die meisten Lungenprozesse erforderlich — bedient man sich als Universalmethode am vorteilhaftesten der kombinierten van Gieson (Vorfärbung mit Weigerts Eisenchloridhämatoxylin) -Elasticamethode, am besten in Celloidinschnitten. Weiter ist von Nöten eine Tuberkelbazillenfärbung, die — welche Methode man auch wählen mag — besonders an aufgeklebten und dann entcelloidinierten Celloidinschnitten sehr gut gelingt. Endlich ist für viele Fragestellungen eine Oxydasereaktion nicht zu vermeiden, die natürlich nur in Gefrierschnitten von Formalinmaterial vorgenommen werden kann. Ich bin bei allen meinen Studien, zumal bei denen, die diesem Buche zu Grunde liegen, mit diesen drei Methoden ausgekommen.

1. Der primäre Lungenherd.

Lage des primären Herdes. Obwohl ich es auch hier möglichst unterlassen möchte, statistische Daten zu bringen, so wird es sich doch nicht vermeiden lassen, einige Zahlenangaben über den Sitz des primären Herdes zu machen, wobei ich mich hauptsächlich auf die Arbeiten von Kuess, Ghon und M. Lange stütze, mit denen aber auch unsere fortgesetzten Untersuchungen immer wieder übereinstimmen. Das gilt auch für die Untersuchung von erwachsenen Lungen, was besonders betont werden muß, da ja die Feststellungen der genannten Autoren sich nur auf das Kindesalter erstrecken. Es ist das unbestreitbare Verdienst von Kuess, zu dieser Frage das erste brauchbare Material geliefert zu haben. Seine Beobachtungen stimmen so weit mit den späteren überein, daß ich ihn hier wörtlich zitiere: „Der primäre Lungenherd sitzt gleich häufig links und rechts, aber er hat eine ausgesprochene Vorliebe für die Unterlappen; manchmal findet er sich in den Oberlappen, vorwiegend in ihren abhängigen Partien, fast niemals in der Spitze; der Luftstrom kann also die Bazillen an irgendeiner Stelle der Bronchiolen ablegen, aber wie es leicht vorauszusagen war, er legt sie häufig dort ab, wo die Luft stark zuströmt, d. h. in den beiden untern Dritteln.“ — Wenn im Einzelnen, wie wir sehen werden, auf Grund eines größeren Materials die Verteilung auf die einzelnen Lungenabschnitte auch etwas verschoben werden muß, so finden sich doch hier schon einige grundsätzliche Feststellungen, die durch die späteren Untersucher immer wieder bestätigt wurden und maßgebend bleiben werden. Das ist die Tatsache, daß die Spitze nicht etwa bevorzugt, sondern im Gegenteil fast niemals betroffen ist, und das ist die weitere Tatsache, daß der pimäre Lungenherd vorzugsweise in gut beatmeten Lungenteilen sitzt.

Wenn wir nun für die Verteilung der Herde auf die einzelnen Lungenabschnitte die Zahlen Ghons und Langes heranziehen, so kommen wir zu folgenden Durchschnitten. Die Oberlappen sind betroffen in 51,45% der Fälle, der rechte Mittellappen in 6,75%, die Unterlappen in 41,8%, woraus also hervorgeht, daß wenigstens von einer Bevorzugung der Oberlappen (wir können nach andern Berechnungen sagen, der kranialen Teile der Lungen) gegenüber Mittel- und Unterlappen zusammen keine Rede sein kann. Im einzelnen sind auf Grund der genannten Statistiken die Lappen in folgender Weise betroffen: der rechte Oberlappen in 26,3%, der linke Oberlappen in 25,15%, der rechte Unterlappen in 21,25%, der linke Unterlappen in 20,6% und der rechte Mittellappen in 6,7% der Fälle. Die rechte Lunge scheint also mit 54,25% etwas häufiger betroffen zu sein als die linke (45,75%). Diese Zahlen stimmen aber genau mit den Volumenverhältnissen der beiden Lungen überein, so daß man keinesfalls etwa von einer irgendwie durch mechanische Verhältnisse bedingten größeren Disposition der rechten Lunge sprechen darf.

Zahl der Herde. Der primäre Lungenherd ist in der überwiegend großen Mehrzahl der Fälle einfach. KUESS bezeichnet das Vorkommen mehrerer Herde als eine Ausnahme, LANGE fand sie in 7% und GHON in 16,5% der Fälle (durchschnittlich also 12%). Hier gibt es zwei Möglichkeiten; entweder die multiplen Herde sind zu gleicher Zeit entstanden oder in verschiedenen Lebensaltern. Der erstere Fall tritt offenbar viel häufiger ein als der letztere. Die gleichzeitige Entstehung der Herde hängt offenbar von der Massigkeit der Infektion ab. Ist die Infektion sehr massig, so können u. U. sehr zahlreiche Herde auftreten. So beobachteten wir kürzlich einen solchen Fall bei einem 6wöchentlichen Kinde, bei dem beide Lungen von primären Herden sozusagen völlig durchsetzt waren, ein Fall, der später noch Erwähnung finden wird. Gleichzeitig entstandene Herde pflegen natürlich auch anatomisch annähernd dasselbe Bild darzubieten. — Aber auch die andere Möglichkeit, das Auftreten von Primärherden in verschiedenen Lebensaltern, kommt, wenn auch, wie es scheint, viel seltener vor. Dann finden wir einen völlig verheilten ersten Primäraffekt und einen zweiten, der nach allen Merkmalen viel jüngeren Datums sein muß. Wieweit man hier wirklich berechtigt ist, von einem neuen Primärherd zu sprechen, soll weiter unten erörtert werden.

Lebensalter. Theoretisch können natürlich in jedem Lebensalter Primärherde entstehen. Doch liegt es nahe, daß wir frische Primärherde in der frühen Jugend, bezw. im Kindesalter am häufigsten erwarten müssen, und wer sich mit der Anatomie der Primärherde befassen will, wird dazu nur die Möglichkeit haben, wenn ihm ein genügend großes Kindermaterial zur Verfügung steht. Bindende statistische Angaben darüber zu machen, in welchen Lebensaltern die Primärherde in den Lungen tatsächlich auftreten, ist auf Grund von anatomischen Befunden deshalb nicht ohne Weiteres möglich. Immerhin begegnet man den offenbar frischen Herden am häufigsten in den ersten drei Lebensjahren, nämlich in etwa 60% aller Fälle bis zum 15. Lebensjahr. Und zwar ist das frühe Säuglingsalter noch am wenigsten betroffen. Erst nach dem ersten Lebensjahr häufen sich die Fälle. Aber auch bis zum 10. Lebensjahr sind sie noch recht häufig, um dann in steiler Kurve abzunehmen. Nach dem 15. Lebensjahr kommen nur noch ganz vereinzelte Fälle zur Beobachtung. Diese Zahlen geben jedoch, wie schon angedeutet, die tatsächlichen Verhältnisse nur sehr ungenau wieder. Genaue Zahlenangaben über das Auftreten der Primärherde in den verschiedenen Lebensaltern, bezw. über den Zeitpunkt der Infektion, könnten wir auf Grund von Sektionsmaterial nur dann machen, wenn wir nach den anatomischen Merkmalen das Alter eines Herdes genau bestimmen könnten. Das ist aber nur selten möglich. Bei frischen Herden werden wir noch einigermaßen genaue Schätzungen vornehmen können. Wie alt aber ein abgekapselter oder schon verkalkter Herd ist, ob Monate oder Jahre alt, ist in den meisten Fällen nicht festzustellen. Dazu kommt noch, daß die absoluten Zahlen darum nicht brauchbar sind, weil uns für das spätere Kindesalter ein viel geringeres Sektionsmaterial zur Verfügung steht als für die früheren Lebensjahre. Aus alledem geht hervor, daß wahrscheinlich nur allenfalls für die Säuglingstuberkulose die auf Grund anatomischer Befunde erhaltenen Zahlen der Wirklichkeit entsprechen, und das auch deswegen, weil die Säuglingsinfektionen wahrscheinlich in der großen Mehrzahl der Fälle zu tödlichen Erkrankungen führen. Für die Mehrzahl der bei älteren Kindern bei der Sektion gefundenen Primärherde muß man jedoch annehmen, daß sie in einem früheren Lebensalter erworben wurden, so daß sich also die Zahlen für die früheren Lebensjahre entsprechend vermehren, die für die späteren entsprechend vermindern müßten. Die Kurve müßte also etwa vom dritten Lebensjahr an sehr viel steiler abfallen. Das geht übrigens auch aus der kurvenmäßigen Darstellung LANGEs hervor, die mit fortschreitendem Lebensalter eine Verminderung der Fälle ohne Heilungstendenz und eine Vermehrung der Fälle mit Heilungstendenz aufweist.

Pathologisch-anatomischer Befund. Größe und Aussehen des Herdes. Daß die Größe des primären Herdes eine sehr verschiedene sein kann, ist selbstverständlich. Doch ist an sich nicht viel damit gewonnen, wenn man einfach feststellt, daß der Herd stecknadelkopf- bis wallnußgroß und größer sein kann. Denn die Größe des Herdes ist von mehreren Faktoren abhängig. Zunächst ist die Schwere der Infektion maßgebend. Je massiger und virulenter die Infektion, je hinfälliger der Körper schon bei der Infektion ist, um so ausgedehnter wird der Lungenherd sein. Das zeigt sich übrigens auch daran, daß man gewöhnlich relativ große Herde findet, wenn sich unmittelbar an den Primärkomplex eine tödliche Generalisation anschloß. Das pflegt im Säuglingsalter und frühen Kindesalter häufiger zu sein als später. — Die Größe des Herdes hängt aber auch davon ab, in welchem Stadium seiner Entwicklung, die eine verschiedene sein kann, sich der Herd befindet, wenn man ihn bei der Sektion zu Gesicht bekommt. Der Herd kann nach seiner Entstehung in die Nachbarschaft ausstrahlen und sich so vergrößern. Der Herd kann aber auch infolge der Abkapselungs- und Schrumpfungsvorgänge kleiner werden, als er bei seiner ersten Entstehung war. Das sind jedoch Dinge, die hier nur angedeutet werden können. Sie werden im Folgenden näher erörtert werden.

Was die Größe des Herdes im Verhältnis zu den Bronchialdrüsenveränderungen betrifft, so können wir daran festhalten, daß der Herd meist kleiner ist als die Drüsenveränderung; und zwar pflegt schon dann, wenn nur eine einzige Drüse ergriffen ist, diese schon einen stärkeren Umfang als der Herd ihres Quellgebietes zu haben, während bei Ergriffensein eines ganzen Drüsenpaketes dieses Mißverhältnis noch mehr vor Augen tritt. In den frühesten Lebensaltern pflegen wir dieses Mißverhältnis besonders häufig und eindrucksvoll zu beobachten. Doch kommt es auch später häufig genug vor. Wenn es aber in den späteren Lebensaltern nicht so deutlich in die Erscheinung tritt, so liegt das sicher zum Teil daran, daß, wie oben betont, eben in den späteren Lebensaltern viel häufiger schon Heilungs- und Schrumpfungsvorgänge das ursprüngliche Verhalten verschleiern. Im Großen und Ganzen wird man es zweifellos als Regel aufstellen können, daß bei frischem Primärkomplex die Lymphknotenerkrankung eine ausgedehntere als die des Quellgebietes ist. Daß das zum Teil mit einer Überempfindlichkeitsreaktion im Lymphknotengebiet zusammenhängen kann, wurde im allgemeinen Teil auseinandergesetzt.

Das Aussehen des primären Lungenherdes hängt von ähnlichen und noch andern Faktoren ab als seine Größe. Im allgemeinen ist es leicht, den Herd auf den ersten Blick als solchen zu erkennen. Ein einziger käsiger oder verkalkter Herd zusammen mit einer entsprechenden Erkrankung der regionären Lymphknoten kann nichts anders sein als ein tuberkulöser Primärkomplex. Es kommt wohl unter Umständen in extrem seltenen Fällen ein Gumma oder ein Parasit in Betracht, aber praktisch spielt das gar keine Rolle. Die allerersten Stadien mögen auch zu Verwechslungen mit gewöhnlichen pneumonischen Herden Anlaß geben, zumal wenn diese wie nicht selten bei Säuglingen und kleinen Kindern stellenweise infolge der Verfettung des Exsudates eine gelbliche käseähnliche Beschaffenheit annehmen. Diese allerersten Stadien werden aber bei der Sektion nur sehr selten gefunden, was sicher daran liegt, daß der Prozeß verhältnismäßig schnell in Verkäsung übergeht. Legen wir die wenigen bisher überhaupt beobachteten ganz frischen Fälle unsern Betrachtungen zu Grunde, so können wir sagen, daß sich allerdings der ganz frische Herd zunächst nur sehr wenig von einem gewöhnlichen pneumonischen Herde unterscheidet. Es handelt sich um eine unregelmäßig begrenzte graugelbliche Infiltration des Lungengewebes, die sich auch inmitten eines unspezifischen infiltrierten Lungenbezirkes befinden kann. Wie gesagt tritt aber offenbar die Verkäsung sehr rasch ein. Die allermeisten Fälle des Kindesalters weisen einen solchen verkästen Herd auf, wobei es sich im allgemeinen um eine gleichmäßige feste gelbliche Verkäsung handelt. Diese Käseherde sind gewöhnlich mindestens erbsengroß, im Durchschnitt aber etwa bohnen- bis haselnußgroß und sehr vielgestaltig. Auf dem Durchschnitt sieht man dreieckige, rundliche, polygonale und ganz unregelmäßige Formen. Das hängt auch von dem Verhalten der Umgebung ab, die bald eine mehr oder weniger ausgebreitete pneumonische Infiltration, bald das Vorhandensein von unregelmäßig verteilten und in die Nachbarschaft ausstrahlenden Tuberkeln aufweist. Sitzt der Herd an der Oberfläche, so fehlt auch die begleitende Pleuritis nicht, die gewöhnlich lokal bleibt. Überschreitet der Herd die angegebene Größe nicht, so ist eine Erweichung kaum zu erwarten. Doch kommen u. U. auch viel größere Herde vor, und dann ist eine unregelmäßige Kavernenbildung innerhalb der käsigen Massen zuweilen festzustellen. Den meisten derartigen Fällen begegnet man wohl im Säuglingsalter.

In späteren Stadien der Entwicklung findet man dann mehr oder weniger abgekapselte Herde. Der Herd begrenzt sich schärfer, nimmt auf dem Durchschnitt eine mehr rundliche Form an, und man erkennt allmählich immer deutlicher eine weißliche Hülle. Die Umgebung pflegt dann makroskopisch ein anscheinend völlig reaktionsloses Aussehen anzunehmen, zuweilen aber ausgesprochen emphysematös gebläht zu sein. Sobald die Abkapselung deutlich ist, können auch schon die ersten Zeichen der Verkalkung hinzukommen. Es treten feine weißliche Stippchen im Käse auf. Bis zur völligen Verkalkung lassen sich dann alle Stadien beobachten. Der total verkalkte Herd stellt sich auf dem

Durchschnitt als krümelige weiße Masse dar, die von einer sehr deutlichen derben weißlichgrauen fibrösen Kapsel umgeben ist. — Auf dem Durchschnitt ist schon die beginnende Verkalkung mit dem Finger leicht zu fühlen. Total verkalkte Herde sind auch von außen gut zu tasten, sofern sie nicht, besonders bei ausgewachsenen Lungen, zu tief im Gewebe liegen oder einen allzu geringen Umfang haben.

Wir können nun sehen, daß im Mittel auf alle beobachteten Herde berechnet, die Größe der Herde vom frischen käsigen und den abkapselnden und den abgekapselten bis zum teilweise oder total verkalkten immer geringer wird. Dafür gibt es zwei Gründe. Einmal sind, wie schon angedeutet, die infizierten Kinder um so gefährdeter, je größer der primäre Herd ist. So gehen die meisten, bei denen sich infolge einer massigen Infektion ein größerer Herd entwickelt, rasch an der Generalisation zugrunde. Wir können darum fortgeschrittene Abkapselungsvorgänge, die ja ein Zeichen der Heilung sind, bei ihnen nur sehr selten beobachten. Zweitens verkleinern sich die Herde aber auch im Laufe der Abkapselung nicht unbeträchtlich durch die eintretende narbige Schrumpfung, mit der wir es offenbar auch bei der Abkapselung zu tun haben. So pflegen total verkalkte Herde im allgemeinen nicht größer als erbsengroß zu sein, gewöhnlich noch kleiner, in seltenen Fällen nur größer. Bemerkt sei noch, daß schon makroskopisch zuweilen im Bereich der Narbenbildung eine stärkere Anhäufung von Kohlepigment festzustellen ist, und schließlich, daß es auch sicher umschriebene, kleine, stark anthrakotisch pigmentierte Narbenherde gibt, die zweifellos Reste primärer Lungenherde sind. Das ist für diejenigen Fälle wichtig, in denen trotz eifrigsten Suchens mit einwandfreien Methoden ein auf den ersten Blick sicherer primärer Lungenherd trotz Vorhandensein entsprechender Lymphknotenveränderungen nicht gefunden werden kann.

Die Beschreibung des primären Herdes kann aber nicht abgeschlossen werden, ohne die Gesamterscheinungen des Primärkomplexes, also auch die vom primären Herd abhängigen Veränderungen in der Lunge und ihrer Nachbarschaft, zu berücksichtigen, die übrigens für die Erhärtung der Diagnose zum Teil unerläßlich sind. Es handelt sich zunächst um die Veränderungen der Lymphknoten im Abflußbereich des Herdes. Schon innerhalb der Lungen pflegen einige Lymphknoten miterkrankt zu sein. Sie erscheinen in ausgebildeten Fällen total verkäst und sind auf ein vielfaches ihres normalen Volumens vergrößert. Dasselbe Bild zeigen dann die den betreffenden Hauptbronchus begleitenden Knoten, ferner ein Teil der trachealen. Alle in Betracht kommenden Möglichkeiten sind von Ghon und Roman, mit denen sich meine eigenen Erfahrungen decken, festgelegt worden. Danach breitet sich der tuberkulöse Prozeß entweder nur auf der Seite des Primärherdes bis zum Venenwinkel aus; oder es tritt eine Kreuzung auf der Mitte oder im oberen Drittel des Weges ein, so daß in beiden Fällen der Prozeß auf der dem primären Herd entgegengesetzten Seite endigt; oder endlich es tritt die Kreuzung ein, aber der Prozeß breitet sich auf beiden Seiten aus. Dazu möchte ich noch bemerken, daß die Lymphknoten in der Bifurkation fast ausnahmslos betroffen sind. Wenn im übrigen die Verteilung der Veränderungen auf die Lymphknoten zuweilen anscheinend eine unregelmäßige ist, so muß man bedenken, daß schon unter normalen Umständen die Abflußwege allerhand Variationen zeigen, daß jedoch unter pathologischen Bedingungen auch abnorme Wege eingeschlagen werden können.

Gelten diese Regeln für die Lokalisation der Lymphknotenerkrankung, so muß doch noch gesagt werden, daß die Veränderungen nicht in allen Knoten dieselben sind. Man kann im Allgemeinen sagen, daß die käsige Schwellung um so schwerer ist, je näher der betreffende Lymphknoten dem Lungenherd gelegen ist. Im weiteren Abflußgebiet finden sich dann bald nur noch partielle Verkäsungen, kombiniert mit saftigen Schwellungen oder diese allein, und in diesen u. U. mehr oder weniger deutliche Knötchen. Die Erklärung dafür gibt erst das mikroskopische Bild.

Die Größe der erkrankten Lymphknoten kann, wie schon aus dem Gesagten hervorgeht, eine ganz gewaltige sein. Schon ein einziger im Hilus oder an der Bifurkation gelegener Lymphknoten kann das Volumen der entsprechenden Lungenerkrankung bedeutend übertreffen. Das ist aber noch mehr der Fall, wenn es sich um Pakete von eng miteinander verlöteten Lymphknoten handelt. Es ist richtig, daß dieses Mißverhältnis zwischen Größe des Lungenherdes und der der Lymphknotenerkrankung besonders im Säuglings- und frühen Kindesalter gesehen werden kann. Das liegt aber im Wesentlichen daran, daß man in dieser Lebensperiode, wie auch für die Lymphknoten bemerkt sein mag, nicht nur die schwersten, sondern auch die frischesten Fälle beobachtet. Bei frischen Fällen der späteren Lebensalter hat man gewöhnlich dasselbe Bild. Wenn aber später in den meisten Fällen dieses Mißverhältnis nicht mehr so auffällig in die Augen springt, so liegt das daran, daß die Schrumpfungsvorgänge es schon etwas gemildert haben. Doch auch dann noch bleibt gewöhnlich der Umfang der Lymphknotenerkrankung größer als der des Lungenherdes.

Für die weitere Entwicklung dieser Vorgänge bis zur Verkalkung, bezw. Verknöcherung, gelten ähnliche Regeln wie für den primären Herd selbst. Zunächst muß noch hinzugefügt werden, daß die Lymphknotenveränderungen um so schwerer sind, je ausgedehnter der primäre Herd ist, so daß gerade die schnell zum Tode führenden Fälle auch die gewaltigsten Pakete aufweisen. Auch Erweichungen kommen dann vor, ebenso Durchbrüche in einen Bronchus oder in eine benachbarte seröse Höhle. Bei den heilenden Fällen sind auch an den Lymphknoten Schrumpfungs- und Abkapselungsvorgänge festzustellen. Was die Verkalkung betrifft, so findet man auch in den Lymphdrüsen seltener größere verkalkte Massen, sondern gewöhnlich nur kleinere, im Durchschnitt höchstens erbsengroße, oft sehr viel kleinere und dann zuweilen multiple Einlagerungen in die im Übrigen fibrös und anthrakotisch indurierten Knoten. Diese verkalkten Stellen heben sich dann oft rein weiß gegen die dunklere Umgebung ab. (Das mikroskopische Verhalten siehe unter Lymphknoten.)

Ferner sind als zum Primärkomplex gehörend zu erwähnen die oft schon makroskopisch sichtbaren, von RANKE zuerst beschriebenen, zuweilen von Tuberkeln begleitenden bindegewebigen Züge zwischen Primärherd und erkrankten Hilusdrüsen. Ihre Bedeutung kann erst bei der Schilderung der mikroskopischen Vorgänge berücksichtigt werden. Derartige Bindegewebsbildungen kommen aber auch zwischen primärem Herd und Pleura vor.

Die Erkrankung von subpleuralen Lymphknötchen gehört nicht eigentlich zum Bilde des primären Komplexes. Verkäsende Prozesse finden sich dort nur in gewissen zur Generalisierung führenden Herden. Etwas häufiger findet man bei heilenden Fällen bis linsengroße flache, etwas indurierte und meist deutlich anthrakotische, in ganz alten Fällen auch völlig anthrakotisch indurierte Knötchen in der Gegend des primären Herdes unter der Pleura.

Endlich muß auch noch die begleitende Pleuritis hier miterwähnt werden. Sie fehlt um so weniger, je näher der Lungenherd der Pleura sitzt. Vorher wurde ihrer schon Erwähnung getan. Hier sei noch hinzugefügt, daß diese Pleuritis natürlich auch interlobär lokalisiert sein kann. Ist diese Pleuritis gewöhnlich eine umschriebene — fibrinöser bis fibröser Natur —, so kommen doch auch Fälle vor, in denen sich schon im Anschluß an einen Primärherd eine diffuse tuberkulöse Pleuritis ausbildet mit allen Eigenheiten dieser Erkrankung, wie sie an anderer Stelle beschrieben werden.

Sind alle bisher beschriebenen Merkmale des primären Herdes bezw. des Primärkomplexes, natürlich von ausschlaggebender Bedeutung für die Diagnose nicht nur des Herdes selbst und seines Entwicklungsstadiums, sondern auch für die Beurteilung des gesamten Falles, so kann doch das feinere biologische Geschehen erst durch die mikroskopische Untersuchung aufgedeckt werden.

Mikroskopisches Verhalten des primären Lungenherdes und der unmittelbar von ihm abhängigen Veränderungen (Abb. 16). Als erster Satz hat hier der zu gelten, daß der primäre Herd eine mehr oder weniger ausgebreitete Pneumonie ist. Wird von allen Autoren, die sich in neuerer Zeit mit dieser Frage beschäftigt haben, dieser Satz anerkannt, so sind doch die meisten auf Grund ihres Materials nur imstande, von einer „käsigen Pneumonie“ zu sprechen, d. h. von einem Zustand, vor dessen Entstehung der Herd schon einige wichtige Entwicklungsphasen durchlaufen hatte. Die ersten Veränderungen, die der Verkäsung vorausgingen, sind erst in wenigen Fällen beobachtet worden, woraus übrigens leicht geschlossen werden kann, daß die Verkäsung im primären Herd relativ schnell einsetzt. Es sind die Fälle von GHON, GHON und POTOTSCHNIG und von ZARFL, während die Fälle von BLUMENBERG in diesem Zusammenhang nicht verwertbar sind.

Diese ganz frischen Fälle lehren uns, daß der Primärherd der Lunge nicht etwa mit der Bildung von Epitheloidzelltuberkeln beginnt, eine Tatsache, die uns nach unsern heutigen Anschauungen als selbstverständlich erscheinen muß. Aus den Schilderungen der genannten Autoren geht zwar nicht mit Sicherheit hervor, welches Zellbild in den betroffenen Alveolen vorhanden war; doch wird das Fibrin ausdrücklich in dem intraalveolären Exsudat erwähnt, ebenso die beginnende nekrotische Umwandlung und endlich die Anwesenheit reichlicher Tuberkelbazillen. Nach den Schilderungen handelt es sich um ein Bild, wie wir es in den Lungenherden bei ganz frischen Miliartuberkulosen finden und wie es wahrscheinlich genau unserer Abb. 30 u. 31 auf S. 187 u. 188 entspricht.

Wir stellen also fest, daß das *erste Entwicklungsstadium der primären Lungeninfektion eine fibrinöszellige, und zwar zweifellos leukozytäre Pneumonie* ist, wozu aber die uns selbstverständliche Voraussetzung gemacht werden muß, daß die Gewebsschädigung vorausging. Wenn diese bisher nicht direkt demonstriert werden konnte, vielleicht überhaupt mit unsern Hilfsmitteln nicht dargestellt werden kann, so mag das daran liegen, daß die Lunge eines Parenchyms wie etwa das der großen Bauchdrüsen, insbesondere der Leber, entbehrt. Immerhin werden weitere Untersuchungen auf diesen Punkt noch genau zu achten haben. Die Tatsache aber, daß wir auch diese ersten Stadien der reaktiven Prozesse so selten zu sehen bekommen (ich habe bei einem recht großen Material trotz eifrigsten Suchens bisher keinen weiteren Fall entdecken können), deutet noch einmal mit großer Sicherheit darauf hin, daß dieses erste Stadium nur ein recht flüchtiges sein kann. Wir sehen in allen andern Fällen das folgende Stadium, die *käsige* Pneumonie. Allerdings berechtigt uns diese Tatsache wieder zu dem Rückschluß, daß ihr ebenfalls eine fibrinös-leukozytäre Pneumonie vorausgegangen ist und daß dies durchaus die Regel ist. Etwas anders ist nicht denkbar. Eine primäre Tuberkelbildung ist noch nicht beobachtet worden.

Eine sehr wichtige praktische Folgerung kann aus diesen Tatsachen gezogen werden. Neben der Annahme, daß die Seltenheit der ersten Stadien am Sektionstisch durch die sehr rasch einsetzende Verkäsung bedingt ist, darf die andere Möglichkeit nicht außer Acht gelassen werden, daß das pneumonische Exsudat vor der Verkäsung eliminiert werden kann; das würde einer Restitutio ad integrum entsprechen. Denkbar ist dieser Vorgang durchaus. Durch gewisse klinische Beobachtungen wird er wahrscheinlich gemacht. Es ist anzunehmen, daß es sich dann um leichtere Infektionen handelt mit wenigen oder wenig virulenten Bazillen, deren Rolle sicher für den Prozeß der Verkäsung von großem Belange ist. Die Vorgänge bei der Lösung des Exsudates müßten ähnliche sein, wie man sie bei andern Pneumonien beobachtet, d. h. es kommt in erster Linie eine fermentative Wirkung der Leukozyten in betracht, durch die das Fibrin verdaut und verflüssigt wird, bevor es zur Verkäsung gekommen ist. Daß auch ein schon verkästes Exsudat wieder entfernt werden kann, ist vielleicht in gewissem Umfange auch noch denkbar, worauf ich noch zurückkomme.

Wenn wir nun an die weitere Beschreibung der Vorgänge herangehen, so können wir diesen Erörterungen die Untersuchungen von K. E. Ranke zu Grunde legen, die ich durch E. Schulze in allen Einzelheiten nachprüfen ließ. Aber es wird sich auch hier wie bei der makroskopischen Betrachtung nicht um den Lungenherd allein handeln können, sondern auch um all das, was mehr oder weniger eng zu ihm gehört, bezw. von ihm abhängig ist, also um alle jene Veränderungen, die Ranke unter dem Begriff des primären Komplexes zusammengefaßt hat. Der eigentliche Lungenherd aber muß natürlich am Anfang dieser Betrachtungen stehen.

Es wurde schon gesagt, daß in der übergroßen Mehrzahl der Fälle uns der primäre Lungenherd bei mikroskopischer Betrachtung als käsige Pneumonie imponiert, und es mag hier gleich vorweggenommen werden, daß sich auch bei ganz alten Herden diese Tatsache immer wieder bestätigen läßt. Was nun die frischeren Herde betrifft, mit denen wir uns hier zunächst zu beschäftigen haben, so sind sie im Prinzip gleich gebaut, d. h. ihre Struktur ist in weitem Maße unabhängig von ihrer Größe und von ihrer Lage. Die käsige Pneumonie stellt sich dar als eine gleichmäßige Füllung der Alveolen mit feinkörnigen, gleichmäßig geronnenen Massen. Die Übergänge von dem Stadium der fibrinösen Pneumonie lassen sich in mehrfacher Beziehung gut beobachten. Vor allen Dingen lassen sich innerhalb der käsigen Massen noch mehr oder weniger deutlich wenn auch stark aufgequollene Fibrinnetze nachweisen. Besonders aber in der Peripherie pflegen bei einigermaßen frischen Prozessen diese Fibrinnetze noch reichlicher vorhanden zu sein, entweder unverändert oder auch schon in beginnender Quellung. Was die zellulären Beimengungen betrifft, so gehen sie schnell in der Verkäsung auf. Es gibt wohl Stadien, in denen man noch reichlich intakte Leukozyten erkennen kann. Gewöhnlich aber sind es nur mehr die Kerne, die sichtbar bleiben, aber nicht intakt sind, sondern alle Formen der Karyolyse, Karyorhexis und Pyknose aufweisen. In späteren Stadien können aber auch diese bis auf kleine Reste von amorphen Kerntrümmern ganz fehlen. Oft sind kleine Blutungen beigemengt, die sich, wie es scheint, ziemlich lange zu erhalten vermögen.

Die fixen Gewebsbestandteile zeigen ein verschiedenes Verhalten. Am besten pflegen sich die elastischen Fasern der Alveolenwände zu erhalten. Selbst dann, wenn sonst von Gewebsbestandteilen kaum noch etwas zu sehen ist, bleiben diese meist gut färbbar. Zuweilen sieht man aber auch an ihnen gewisse Zerfallserscheinungen und Beeinträchtigung ihrer Färbbarkeit, nie jedoch in dem Maße, daß dadurch die ehemalige Alveolenstruktur unkenntlich wird. Die elastischen Fasern setzen also dem ganzen pathologischen Geschehen einen hohen Widerstand entgegen. Erst dann, wenn produktive Prozesse einsetzen, verschwinden sie in deren Bereich. Aber das wichtigste ist, daß ansehnliche Reste gewöhnlich dauernd erhalten bleiben, außer vielleicht in ganz kleinen Herden, die einer totalen Vernarbung fähig sind. So finden wir in fast allen Fällen elastische Fasern auch dann noch, wenn lange eine Verkalkung oder selbst eine partielle Verknöcherung des Herdes eingetreten ist, Dinge, die weiter unten genauer beschrieben werden. Das ist deshalb so wichtig, weil man daran noch nach Jahren, man kann sagen Jahrzehnten, erkennen kann, daß der ursprüngliche Prozeß eine verkäsende Pneumonie gewesen ist.

Die übrigen Teile der Alveolenwände, Kapillaren und Epithelien, sind bei fortgeschrittener Verkäsung oft vollständig geschwunden, während in ihrem Beginn von den Wandteilen noch allerhand zu sehen ist. Auch etwa eingeschlossene Bronchiolen, bei denen es sich nach Lage der Dinge um Bronchioli terminales oder auch ihnen übergeordnete oder untergeordnete Bronchioli handeln kann, zeigen im Großen und Ganzen dasselbe Verhalten. Dabei taucht auch noch die Frage auf, ob in diesen mitbetroffenen Bronchiolen etwa der ganze Prozeß begann und die alveoläre Erkrankung von ihm abhängig ist. Das ist eine Anschauung, wie sie noch heute hier und da im Anschluß an ältere Meinungsäußerungen laut wird. Es wäre z. B. sehr gut vorstellbar, daß die infizierenden Tuberkelbazillen an der engsten Stelle des Bronchialsystems, also im Bronchiolus terminalis stecken bleiben oder doch unmittelbar hinter ihm, also im Bronchiolus respiratorius erster Ordnung abgelagert werden. Ich glaube aber, daß die unmittelbare Infektion der alveolären Bezirke mehr Wahrscheinlichkeit für sich hat. Wir lernen z. B. aus den Erkrankungen der Bronchien bei der chronischen Lungentuberkulose, daß bei käsigen Prozessen ihr Lumen schnell verschlossen wird und eine Atelektase der zugehörigen Lungenteile resultiert. Etwas Derartiges müßte dann auch zuweilen bei Primärherden beobachtet werden. Ich sehe andererseits keinen Grund, der gegen eine unmittelbare Infektion der Alveolen spräche, zumal da wir auch die ersten Zeichen der Anthrakose in den Alveolen auftreten sehen.

Außer einem solchen totalen Zugrundegehen von Bronchiolen und Gefäßen gibt es aber noch andere Möglichkeiten. Während im ersteren Falle, wie wir gesehen haben, nur die elastischen Fasern erhalten bleiben, können sich in andern Fällen kompaktere Bindegewebsmassen, die Bronchiolen und Gefäße begleiten, zuweilen ganz gut erhalten, nur allenfalls auch eine gewisse Quellung eingehen und mit ihr Übergänge zur fibrinoiden Umwandlung zeigen. Sind nun wohl die erhaltenen elastischen Fasern für den weiteren Verlauf kaum von Bedeutung, so werden wir doch weiter unten zu erörtern haben, ob das erhaltene Bindegewebe nicht noch bei den späteren Veränderungen eine Rolle zu spielen vermag.

Daß in vollständig und homogen verkästen Herden eine Lösung des Käses unter Erhaltenbleiben von Alveolarwandungen zustande kommt, kann wohl ohne Weiteres ausgeschlossen werden. Doch ist die Frage, wieweit eine derartige Lösung in früheren Stadien möglich ist, eines weiteren Studiums wert. Gewisse Bilder bei noch frischen primären Herden mit tötlicher Generalisation scheinen mir für diese Möglichkeit zu sprechen. Die Entscheidung dieser Frage ist darum schwierig, weil leichtere Primärherde in ganz frischen Stadien so selten zur Beobachtung kommen. Die Auflösung eines fertig verkästen Herdes kann natürlich nur zur Kavernenbildung führen. Wir sehen eine solche gar nicht selten. Meist handelt es sich dann um große Primäraffekte, die von einer schweren Frühgeneralisation begleitet werden. Doch kommen auch Fälle von Kavernenbildung vor, die länger am Leben bleiben. So steht Material genug zur Verfügung, um die Kavernenbildung im Primärherd von Anfang an bis zur vollen Ausbildung zu verfolgen. Ich kann mich nun nicht davon überzeugen, daß diese Kavernenbildung in ihren makroskopischen und mikroskopischen Eigenschaften sich wesentlich anders verhält als die Kavernenbildung überhaupt. Wenn, wie wir sehen werden, die Bedingungen der Kavernenbildung abhängig sind von der zur Verfügung stehenden Infektionsdosis und gewissen allergischen Verhältnissen, so folgt daraus, daß diese Bedingungen ebenso während des Ablaufes des Primärherdes wie in späteren Entwicklungsstadien der Lungentuberkulose vorhanden sein können. Aus allen diesen Gründen kann ich hier auf die Beschreibung des mikroskopischen Bildes der kavernösen Umwandlung des Primärherdes verzichten, vielmehr auf die Schilderung auf S. 247 ff. verweisen.

Konnten wir bisher prinzipiell von rein pneumonischen Prozessen sprechen, im Bereich derer sich der Verkäsungsprozeß abspielt, so ist das nunmehr sich entwickelnde Stadium charakterisiert durch das Auftreten „spezifischen“ tuberkulösen Gewebes an der Grenze der käsigen Massen, also insbesondere von epitheloiden und von LANGHANSschen Riesenzellen (Abb. 16). Gemäß der Tendenz dieses Buches soll auch hier die Frage der Herkunft dieser Zellen nicht näher erörtert werden. Ich möchte aber meiner Meinung dahin Ausdruck geben, daß für mich keine Zweifel über ihre Herkunft bestehen: es sind die Zellen der Alveolensepten, insbesondere die Endothelzellen der Kapillaren. Wir sehen die epitheloiden Zellen aus den benachbarten intakten Alveolenwänden hervorwuchern in der Richtung nach dem verkästen Exsudat, während die ganze weitere Umgebung von lymphozytenartigen Zellen dicht durchsetzt ist. Dort wo der Wall der epitheloiden Zellen an die Verkäsung anstößt, kommt dann oft die bekannte ARNOLDsche Wirtelstellung der Zellen zustande. Gerade diese Zellen pflegen sich oft sehr in die Länge zu strecken, und auch ihre Kerne sind dann sehr lang, gerade oder etwas geschlängelt. Man hat durchaus ähnliche Bilder wie bei wandernden und sich durch irgendwelche Spalten hindurchdrängenden Leukozyten oder wie bei frei ins Plasma wuchernden Zellen von Gewebskulturen. Leukozyten können noch vorhanden sein, treten aber allmählich ganz zurück.

Sind diese sich an den Käse direkt anlegenden und zum Teil in ihn hineinwuchernden Zellen kaum zu Knötchen geordnet, so sieht man doch die Knötchenbezw. Tuberkelbildung sich unmittelbar anschließen (Abb. 16). An dem schon erwähnten, mehr oder weniger breiten Saum kann man die Anordnung in Knötchen gewöhnlich sehr gut erkennen. Natürlich zeigen auch diese Tuberkel ein intraalveoläres Wachstum, was sich oft schon daran erkennen läßt, daß die einzelnen Knötchen genau der Anordnung und Größe der Alveolen entsprechen, vor allen Dingen aber daran, daß es Übergänge gibt zwischen Alveolen, die,

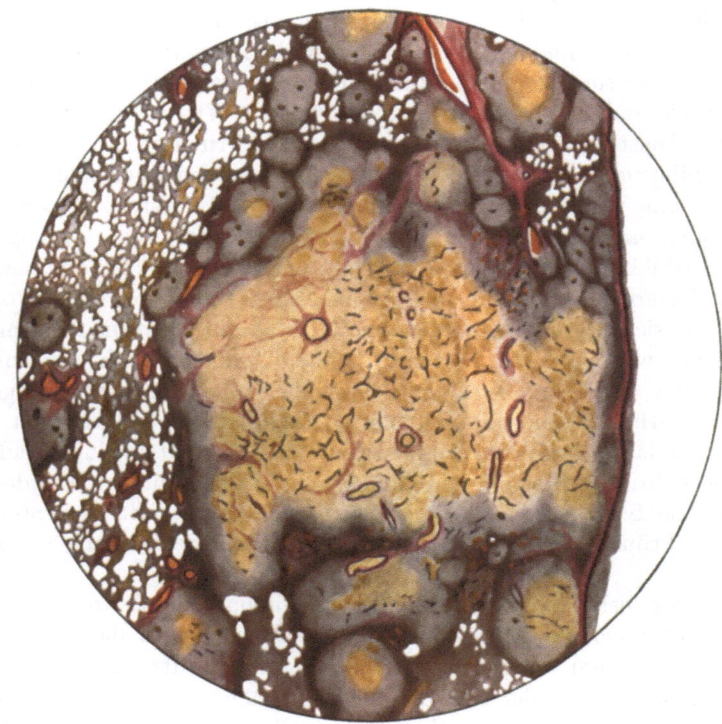

Abb. 16. Frischer primärer Lungenherd. Zentral käsige Pneumonie, in der noch Bindegewebe und Gefäßstränge erhalten sind. Wall von Epitheloidzellen (grau) und von Lymphozyten (schwarz). In der Umgebung teils verkäsende, teils reine Epitheloidzelltuberkel mit Riesenzellen. Elastika : VAN GIESON. 12fache Vergr. (Nach SCHULZE.)

an die perifokale Entzündungszone angrenzend, mit vorwiegend zelligem Exsudat gefüllt sind, und solchen, in denen schon eine Epitheloidzellwucherung vorherrscht. Die elastischen Fasern gehen zwar im Bereich dieser Zellwucherungen in weitem Maße zu Grunde, aber es bleiben doch auch hier und da Reste übrig, das intraalveoläre Wachstum betonend. Die Zahl der Riesenzellen wechselt sehr. Man hat den Eindruck, daß sie durchschnittlich um so reichlicher werden, je weiter sich die nun folgenden Vorgänge entwickelt haben, und daß sie dann zuletzt, wie wir sehen werden, als letzte Zeugen der stattgehabten Umwälzungen in einzelnen Exemplaren allein übrig bleiben können. Am häufigsten findet man sie zunächst in den eigentlichen Tuberkeln, dort meist die Mitte einnehmend. Die dritte der Zellarten des klassischen Tuberkels, die sog. lymphoide Zelle, kurz der Lymphozyt, wurde schon erwähnt. Solche

Zellen sind in wechselnder Menge vorhanden, durchsetzen dicht die Räume zwischen den Epitheloidzelltuberkeln und umgeben die Gesamtheit des Herdes. Auch zwischen den Epitheloidzellen sind sie zu finden.

Die erste Hüllenbildung um den primären Herd besteht also aus einem Kranz epitheloider Zellen, zum Teil in der Anordnung von typischen Tuberkeln. Haben wir nun gleich ein viel späteres Stadium vor Augen, das der fibrösen Kapselbildung, so ist die Frage, wie diese zustande kommt. Dazu muß immer wieder betont werden, daß die Epitheloidzellen selbst es sind, in deren Bereich

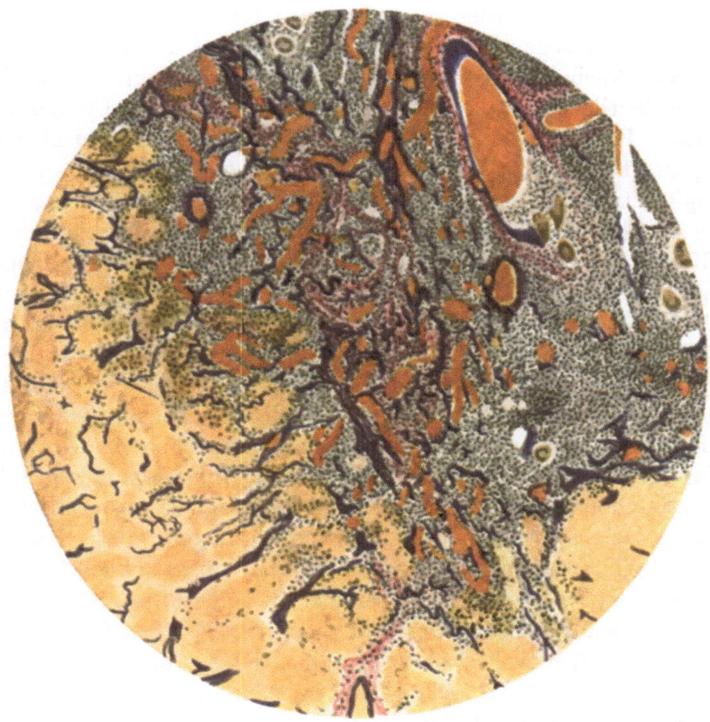

Abb. 17. Vom Rande der käsigen Pneumonie aus dem rechten oberen Quadranten von Abb. 16. Einwucherung von unspezifischem gefäßreichen Granulationsgewebe in den Käse. Nach außen reichlich Epitheloidzellen und Riesenzellen. Elastika : VAN GIESON. 60fache Vergr. (Nach SCHULZE.)

sich die kollagenen Fasern bilden. Wir sehen dieselben Bilder sich abspielen wie auch sonst in Tuberkeln: das Auftreten von zunächst feinen, dann gröberen Fasern zwischen den Zellen, die fortlaufende Verkleinerung und schließlich das Schwinden der Zellen und die allmähliche Verdickung und oft ausgesprochene Hyalinisierung der Fasern zu breiteren Balken. Wir sehen den eigentümlichen Umbau des Fasersystems, der schließlich dahin führt, daß eine aus parallel zueinander verlaufenden und zirkulär den käsigen Herd umgebenden Fasern bestehende Kapsel vorhanden ist, die mit zunehmendem Alter immer zellärmer und fester wird und in ganz alten Fällen nur aus einigen dicken hyalinen Bändern mit nur sehr wenig Zellen und ganz feinen spaltförmigen Maschen besteht.

Mit dieser fibrösen Umwandlung und Hyalinisierung der Kapsel ist natürlich auch wie bei anderen derartigen Narbenbildungen eine gewisse Schrumpfung verbunden. Die Schrumpfung des ganzen Herdes muß aber um so stärker sein, je weiter vorher eine Durchwucherung des Käses durch Gewebselemente stattfand, je weiter — wie man sich auch ausdrücken kann — dadurch eine Organisation des Käses erfolgte.

Diese Organisation des käsigen Herdes kommt erstens, wie schon gesagt, dadurch zustande, daß die Epitheloidzellen in ihn hineinwachsen. Es ist allerdings schwer zu beurteilen, in welchem Umfange das geschehen kann. Aber wir werden sehen, daß in gewissem Umfang auch recht häufig eine völlig unspezifische Organisation zustande kommt (Abb. 17). Jedenfalls ist eines sicher, daß nämlich bei kleinen Herden diese beiden Arten der Organisation zu einem völligen Ersatz des käsigen Herdes führen können und daß dann der Endeffekt eine rein fibröse Narbe sein muß. Das ist, wie schon gesagt, wichtig für Fälle, in denen bei deutlichem Kalk- oder Kreideherd in einem Lymphknoten ein entsprechender Herd in den Lungen nicht gefunden wird. Die kleine fibröse, meist weitgehend anthrakotisch pigmentierte Narbe ist natürlich an sich schwer als ursprünglich tuberkulöser Herd zu deuten. Bilder, die für eine selbständige Beteiligung der in der Verkäsung erhaltenen Bindegewebsfibrillen an dem Ersatz des Käses durch fibröse Massen sprechen, lassen sich an Primärherden viel seltener auffinden als an Reinfekten.

Der völlige Ersatz des primären Herdes durch Narbengewebe ist sicher ein seltener Fall. Entsprechend der Tatsache, daß in der Mehrzahl der Fälle ein zu den Lymphknotenveränderungen gehöriger Lungenherd leicht gefunden wird, wird der käsige Herd eben gewöhnlich nicht völlig organisiert, sondern nur abgekapselt und erfährt dann die weiter unten zu besprechenden Umwandlungen. Daß die faserbildenden epitheloiden Zellen diese Abkapselung selbst bewirken können, wurde schon ausgeführt. Was die Wucherung von unspezifischem gefäßhaltigem Granulationsgewebe betrifft, das von vornherein an der Kapselbildung beteiligt sein kann, so pflegt das, soweit ich sehe, hauptsächlich in der Gegend des Gefäßstieles der Fall zu sein, viel seltener an andern Stellen. Jedenfalls hat das noch eine besondere Bedeutung, auf die wir sogleich zurückkommen. Ein großer Teil, gewöhnlich wohl fast die gesamte Kapsel entsteht also jedenfalls aus spezifischem Gewebe. Ob es nun, wie es ASCHOFF und HUSTEN annehmen, die Regel ist, daß außerhalb dieser spezifischen Kapsel noch eine neue, lediglich aus gewöhnlichem Granulationsgewebe sich entwickelnde unspezifische Kapsel gebildet wird, möchte ich auf Grund meiner Erfahrungen bezweifeln (vergl. auch EB. SCHULZE). Bilder, die dafür sprechen, kommen zwar zuweilen vor, doch habe ich sie in der Mehrzahl der Fälle entweder ganz vermißt oder doch mindestens nicht mit Sicherheit feststellen können.

Man darf sich jedoch die Kapselbildung nicht so vorstellen, daß etwa der käsige Herd wie eine Kugel von einer Schale durch die Kapsel gleichmäßig umgeben und völlig hermetisch gegen die Umgebung abgeschlossen wird. Bei richtiger Schnittführung durch den Herd kann man vielmehr feststellen, daß gewöhnlich an der dem Lungenhilus zugekehrten Seite eine Art von Einstülpung des Kapselgewebes in den Herd oder von Ausstülpung in das benachbarte meist auch narbig veränderte Bindegewebe stattgefunden hat und daß das Kapselgewebe dort überhaupt etwas lockerer erscheint als an den übrigen Stellen, Bilder, wie sie von H. SIEGEN beschrieben worden sind. Es handelt sich um dieselbe Stelle, an der auch hauptsächlich das unspezifische Granulationsgewebe aufzutreten pflegt. Man befindet sich an dem schon erwähnten Stiel des Herdes und findet in ihm auch die Reste des zuführenden Bronchus und der zu- und abführenden Gefäße. Man sieht stets an dieser Stelle Blutgefäße und vor allen Dingen auch Lymphgefäße bis nahe an die käsigen Massen heranrücken (Abb. 18, 19 u. 20). Das ist auch die Stelle, an der die ersten Kohleteilchen auftreten und bis nahe an den Käse heranreichen. Wir haben hier den ersten Anhalt dafür, daß ein gewisser Austausch von dem käsigen und bazillenhaltigen Herd her nach dem gesunden Gewebe hin stattfindet.

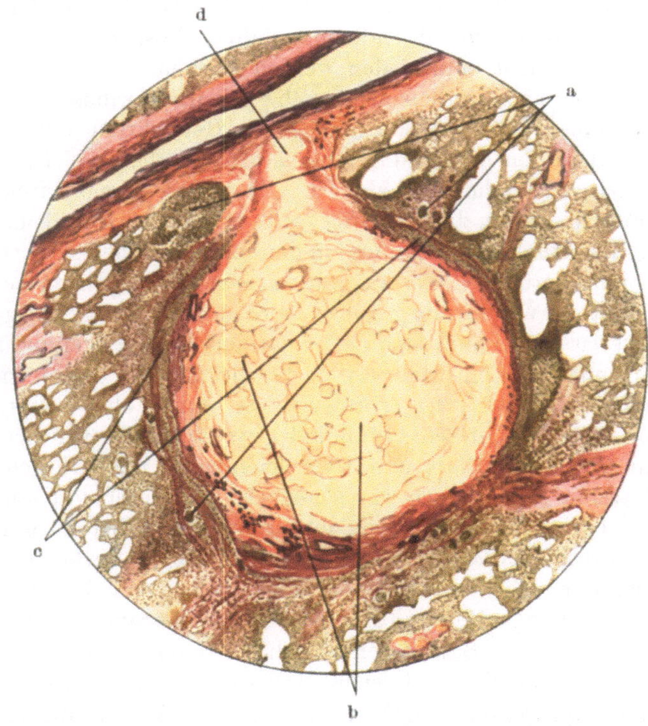

Abb. 18. Eingekapselter exazerbierender Primärherd aus der Lunge eines 14½jährigen Knaben. Frische Epitheloidzelltuberkel mit Riesenzellen in und an der fibrösen Kapsel (a). Käsig-kalkiges Zentrum mit erhaltenem elastischen Faserngerüst (b). Durch Epitheloidzellwucherung gesprengte Bindegewebskapsel (c). Ausbuchtung des käsigen Herdes auf ein benachbartes Gefäß zu (d). Elastika: VAN GIESON. Etwa 30fache Vergr. (Nach SIEGEN.)

Die mikroskopischen Bilder der nun *folgenden Verkalkung* des Herdes können sehr verschieden sein. Man findet Herde — offenbar in den ersten Stadien der Verkalkung —, die nur eine geringe fleckige Verkalkung zeigen, die färberisch z. B. mit Hämatoxylin kaum nachweisbar, sondern nur durch die KOSSAsche Silbermethode darstellbar ist. Von da an gibt es alle Bilder bis zur völligen Verkalkung des Herdes, wo man dann den ganzen Herd förmlich ersetzt sieht von krümeligen oder mehr kristallinisch scholligen Kalkmassen, die alle färberischen Reaktionen verkalkter Gewebe ergeben, aber nach der Entkalkung das ursprüngliche elastische Fasernetz immer noch aufweisen. Chemisch handelt es sich vorwiegend um kohlensauren und phosphorsauren Kalk. Es finden sich aber auch andere Verkalkungsbilder, die ich gerade bei primären Lungenherden relativ häufig gesehen habe. Man sieht dabei die Kalkmassen nicht in unregelmäßigen Flecken auftreten, sondern in ganz regelmäßigen konzentrischen Schichten, die durchaus den Konturen der Bindegewebskapsel parallel verlaufen (vergl. Abb. 12, S. 93). Man kann sich hier des Eindrucks nicht erwehren, daß bei dieser Schichtenbildung die gleichen Faktoren maßgebend sind wie bei der Bildung der LIESEGANGschen Ringe in einer Gallerte, in der sich zwei miteinander Niederschläge gebende diffusible Salzlösungen begegnen. Der Annahme, daß die Käsemasse im physikalischen Sinne ein Gel ist, steht nichts im Wege. Ob allerdings bei der Verkalkung käsiger Massen infolge von Diffusion kalkhaltigen Gewebssaftes chemische Bindungen den Niederschlag erzeugen oder ob es sich nur um Ausfällungen infolge Löslichkeitsverminderung handelt, dürfte noch nicht entschieden werden können.

Die Frage, ob von einem anscheinend völlig geheilten primären Lungenherd (bezw. Primärkomplex) eine innere (endogene) Reinfektion oder Metastase ausgehen kann, hat in den letzten Jahren eine große Rolle gespielt. Schon aus allgemeinen Überlegungen heraus habe ich selbst diese Frage immer bejaht. An die altbekannte Tatsache, daß derartige, selbst verkalkte Herde noch lebende und virulente T. B. enthalten können und in den meisten Fällen sicher enthalten, sei dazu noch einmal erinnert. Da aus allgemeinen Überlegungen heraus aber schließlich doch nur die Vermutung geäußert werden kann, daß derartige Bazillen den Herd auch verlassen, so muß man nach anatomischen Belegen dafür suchen, die diese Vermutung als richtig erweisen. Solche Beweise lassen sich durch die mikroskopische Untersuchung erbringen. Es wurde oben schon auf den gewöhnlich hiluswärts gerichteten Gefäßbindegewebsstiel des primären Herdes hingewiesen, an dem man Blut- und Lymphgefäße in nahe Beziehungen zu dem Käseherd treten sieht. Dort war schon ein Austausch von außen nach innen und umgekehrt anzunehmen. Es muß aber weiter betont werden, daß auch sonst die fibröse Kapsel nicht als eine hermetisch schließende Membran angesehen werden darf. Sie stellt vielmehr ein Maschenwerk dar, durch dessen Maschen nicht nur Flüssigkeiten und in ihnen gelöste Bestandteile diffundieren, sondern auch korpuskuläre Bestandteile hindurchtreten können. Auch sehen wir hier und da in einer völlig hyalinen Kapsel zuweilen kleine Blutgefäße verlaufen, die von Lymphspalten umgeben sein müssen. Als ein äußeres Zeichen der Durchlässigkeit der Membran erkennt man dann auch an verschiedenen Stellen in äußeren und inneren Schichten bis in den Käse hinein Ablagerungen von Kohleteilchen (Abb. 19 u. 20). Was diesen Kohleteilchen recht ist, muß den T. B. billig sein. Sie können fraglos mit dem Gewebsstrom ausgespült werden und in Lymphspalten hineingeraten.

Aber damit nicht genug. Es lassen sich Vorgänge von Exazerbationen auch anscheinend völlig geheilter Herde gar nicht selten direkt beobachten. Zunächst sei auf einen Befund hingewiesen, der, wenn auch nicht häufig, so doch ungemein charakteristisch ist. Bei einem im Übrigen völlig reaktionslosen abgekapselten Herd sieht man zuweilen zwischen den Lamellen der Kapsel hier und da eine vereinzelte LANGHANSsche Riesenzelle liegen. Das müssen wir als ein Zeichen dafür betrachten, daß die Wirksamkeit der Bazillen dort noch irgendwie im Spiele ist. Dies aber wird ohne weiteres klar in den Fällen, in denen man in solchen makroskopisch völlig unverdächtigen Herden mikroskopisch zwischen den Lamellen der Kapsel abgeplattete, länglich spindelige typische Tuberkel auftreten sieht. Die Kapsel erscheint dann an solchen Stellen aufgelockert, die Maschen sind auseinander gezogen, in der Umgebung finden sich leichte Zellinfiltrate in den Alveolen und hyperämische Bezirke, oder es legen sich auch einige intraalveoläre Tuberkel der Kapsel von außen an (Abb. 18). Das ist das typische anatomische Substrat für die Exazerbation des geheilten primären Lungenherdes. Es wurde von SIEGEN in seinen Grundzügen zum ersten Male beschrieben. Wir finden derartige Vorgänge als zufällige Befunde ohne sonstige Erscheinungen von Exazerbation oder auch kombiniert mit den von GHON und POTOTSCHNIG beschriebenen Exazerbationserscheinungen an den regionären Lymphknoten. Beides kann vorkommen, ohne daß weitere Folgezustände zu beobachten sind, oder auch kombiniert mit mehr oder weniger ausgebreiteten

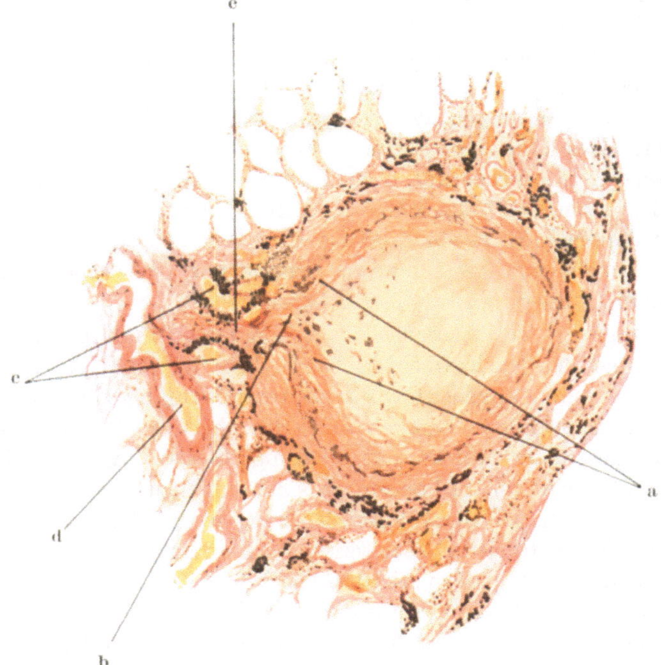

Abb. 19. Alter abgekapselter Primärherd aus der Lunge eines 72jährigen Mannes. Trichterförmiger Verlauf der Bindegewebsfasern (a) in den Blut-Lymphgefäßstiel. Unterbrochene Verkalkungszone. (b) Gefäßäste seitlich des Stieles (c). Hauptgefäß (d). Anthrakosefreies Flußgebiet (e). Elastika: VAN GIESON. Etwa 30fache Vergr. (Nach SIEGEN.)

hämatogenen Aussaaten. Für ganz besonders wichtig aber möchte ich die Fälle halten und sie darum schon hier erwähnen, in denen bei derartigen Exazerbationen im Bereich des Primärkomplexes sich auch schon die ersten Spitzenaffektionen auffinden lassen, die im nächsten Kapitel zur Sprache kommen (S. 202). Es ist keine Frage, daß in allen solchen Fällen, in denen der primäre Herd wieder in Bewegung kommt, die Tuberkelbazillen mit dem Lymphstrom abgeführt werden und so in die Blutbahn geraten können. Es hängt von der sonstigen Beschaffenheit des Organismus ab, ob aus diesen Exazerbationen weitere tuberkulöse Prozesse im Körper zustande kommen oder nicht.

Ich möchte aber bemerken, daß ich die anatomisch nachweisbaren Exazerbationen im Sinne des Auftretens von spezifischen tuberkulösen Prozessen nicht für eine notwendige Bedingung zur Ausschwemmung von Tuberkelbazillen aus den anatomisch „geheilten“ Herden halte. Allerdings bin ich der Meinung, daß derartige Exazerbationen sehr viel häufiger auftreten, als man bisher angenommen hat. Jedenfalls begegne ich, ohne daß ich systematisch danach suche, immer wieder derartigen Fällen. Abgesehen davon aber erinnere ich noch einmal an die Unterbrechung der Kapsel am Gefäßstiel und an die schon frühzeitig dort auftretende Anthrakose; ich erinnere auch an die Vorgänge bei der gleich zu besprechenden Verknöcherung mit ihrem Abbau der käsigkalkigen Massen und schließlich an die Anthrakose innerhalb der intakten Kapsel.

Es ist natürlich nicht nur denkbar, sondern sogar sehr wahrscheinlich, daß auch diese Exazerbationen am Lungenherd oft abheilen, ohne immer bemerkbare Folgen zu haben. Diese Abheilung kann aber nur in derselben Weise vor sich gehen wie auch bei der ersten Heilung, d. h. mit Kapselbildung. Dann besteht erstens die Möglichkeit, daß die schon vorhandene Kapsel dicker und stärker wird, oder auch die andere, daß sich eine neue Kapsel um die alte legt. Ich habe derartige Bildungen zwar nicht in den verschiedenen Etappen verfolgen können. Das könnte wiederum damit zusammenhängen, daß sie relativ schnell ablaufen, nämlich unter dem Einfluß des vorhandenen allergischen Zustandes. In jedem Fall halte ich es für sehr möglich, daß mindestens ein Teil der Fälle mit doppelter Kapselbildung auf diese Weise zu erklären ist. Es würde sich dann also nicht um eine innere spezifische und eine äußere unspezifische Kapsel handeln, sondern um zwei spezifische.

Mit der Frage, ob ein Austausch zwischen dem Inhalt des abgekapselten Primärherdes und der Nachbarschaft, bezw. dem übrigen Körper, stattfindet, hängt auch, wie schon angedeutet, ein weiterer Vorgang zusammen, der sich an die Verkalkung anschließt, nämlich die Verknöcherung. Mit der Exazerbation, wie sie soeben geschildert wurde, hat allerdings dieser Vorgang nichts zu tun. Ich habe ihn im Gegenteil bisher nur in sonst tadellos abgekapselten Herden gefunden. Im Übrigen ist diese Verknöcherung ein so häufiges Ereignis und wird bei Fällen des späteren Lebensalters so oft gefunden, daß man wohl mit der Annahme nicht fehl geht: jeder verkalkte Herd macht schließlich die Umbildung in Knochen durch. Wie besonders aus den Untersuchungen SIEGENS hervorgeht, spielt auch hierbei der Gefäßstiel eine hervorragende Rolle. Entsprechend andern pathologischen Verknöcherungsprozessen im menschlichen Körper kommt nämlich auch hier die Verknöcherung im Prinzip dadurch zustande, daß gefäßhaltiges Granulationsgewebe in den Kalkherd eindringt, und dafür sind die besten Bedingungen am Gefäßbindegewebsstiel gegeben. Aber es können auch hier und da andere Unterbrechungen im Verlauf der Kapsel stattfinden. Die verkalkten Käsemassen werden nun allmählich durch das vordringende gefäßhaltige Gewebe resorbiert unter gleichzeitigem Aufbau zahlreicher, meist feiner Knochenbälkchen (Abb. 20). Gewöhnlich legt sich dabei eine feine Knochenschale dem innern Rande der Bindegewebskapsel an, während im Innern ein weitmaschiges spongiöses Knochengewebe entsteht. Zwischen den Knochenbälkchen aber tritt ein teils fettiges, teils auch blutbildendes Mark auf. Dieser Umbau kann bis zum völligen Ersatz der käsig-kalkigen Massen durch Knochengewebe führen. Solange das nicht der Fall ist, sieht man immer noch in den Resten des verkalkten Käses deutlich wie in einem frischen Herd das Netzwerk der elastischen Fasern, die bis zum letzten Moment daran erinnern, daß man es ursprünglich mit einer verkäsenden Pneumonie zu tun hatte. Daß durch diesen dem Umbau parallel gehenden Zerstörungsprozeß des verkalkten Herdes etwa vorhandene Tuberkelbazillen mobilisiert werden müssen, dürfte wohl ohne Weiteres klar sein. Daß dabei an Ort und Stelle keine neuen tuberkulösen Veränderungen auftreten, braucht nicht gegen die Mobilisierung der Bazillen zu sprechen. Die hohe lokale Allergie kann das verhindern, ohne daß eine Abtötung der Tuberkelbazillen dazu notwendig ist.

Es kommt aber auch eine Resorption des verkalkten Primärherdes ohne Knochenbildung vor. Jedenfalls kann man das aus jenen Bildern schließen,

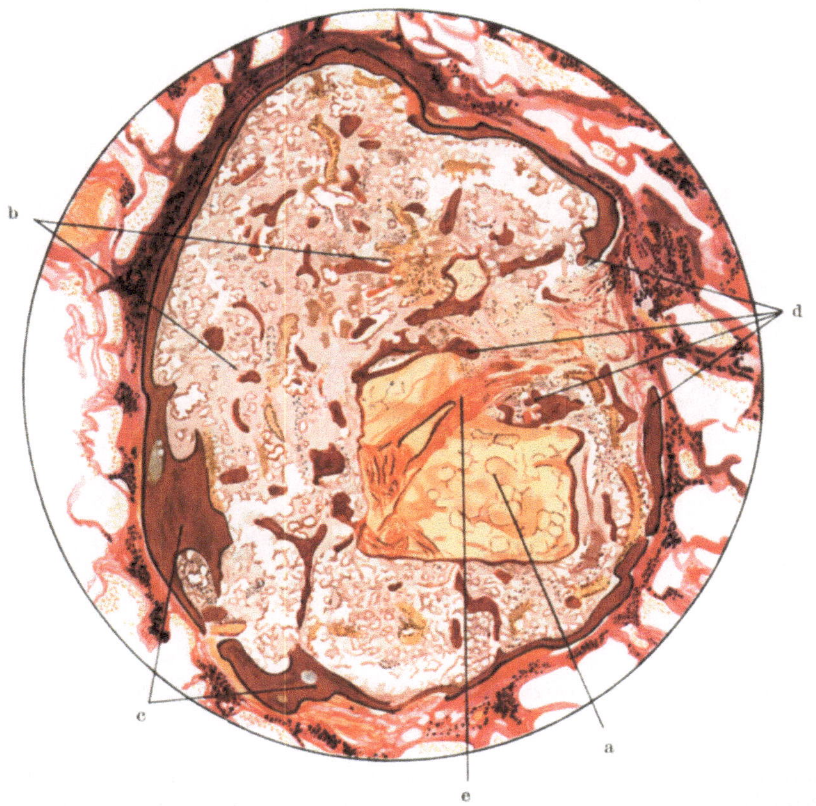

Abb. 20. Alter, zum großen Teil verknöcherter Primärherd aus der Lunge einer 33jährigen Frau. Käsig-kalkiger Kern mit erhaltenen elastischen Fasern von knöcherner Kapsel umgeben (a). Knochenmarkgewebe (b), äußere Knochenkapsel (c), Unterbrechung der Knochenkapsel an der Stelle des von außen in den Herd eindringenden Gefäßbindegewebsstieles (d). Gefäßbindegewebsstiel (e). Elastika: VAN GIESON. Etwa 30fache Vergrößerung. (Nach SIEGEN.)

bei denen nach der Durchsetzung der Kapsel durch gefäßhaltiges Granulationsgewebe dieses in die verkalkten Massen eindringt. Wir sehen dann, wie der verkalkte Käse angenagt wird, und so wahrscheinlich allmählich ganz resorbiert und durch schrumpfendes Bindegewebe ersetzt werden kann. Ich halte es für sehr wahrscheinlich, daß dieses seltene Ereignis nur unter dem Einfluß besonderer neuer Reize auftreten kann, so etwa wenn sich unter dem Einfluß von Mischinfektionen nicht tuberkulöse Entzündungsprozesse in der Nachbarschaft des alten Herdes entwickelt haben. Derartige Mischinfektionen sind es auch, die unter Umständen in anderer Weise die Entfernung des Herdes zustande bringen

(Abb. 21). Jedenfalls möchte ich einige Fälle so deuten, bei denen ich ein offenbar dem Primärherd entsprechendes verkalktes Gewebsstück innerhalb eines schwer eitrig entzündeten und erweiterten Bronchus fand. Es handelt sich um Zufallsbefunde bei der mikroskopischen Untersuchung. Ich glaube sie so erklären zu können, daß der Primärherd durch eine ihn einschließende Eiterung losgelöst wird und so in den Bronchus hineingelangt. Endlich besteht natürlich die Möglichkeit, daß der Primärherd später von einem käsigpneumonischen Prozeß mit anschließender Einschmelzung umfaßt und auf diese Weise eliminiert wird.

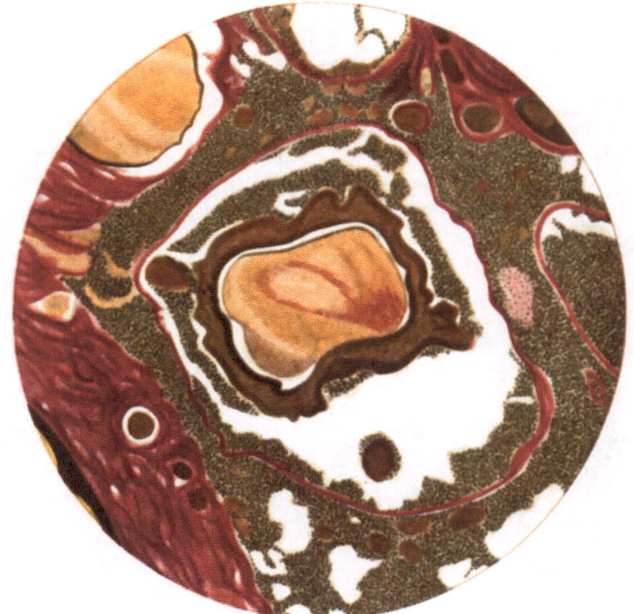

Abb. 21. Frei im Lumen eines vereiterten Bronchus liegender, verkalkter Herd. Elastika: VAN GIESON. 36fache Vergr.

Haben wir bisher nur die Veränderungen besprochen, die sich unmittelbar am Primärherd selbst abspielen, so müssen jetzt noch die weiteren von ihm abhängigen mikroskopischen Lungenveränderungen erörtert werden.

Von diesen als unmittelbare Folgeerscheinungen des Primärherdes auftretenden Veränderungen sollen die der regionären Lymphknoten zusammen mit den sonstigen Lymphknotenveränderungen in dem betreffenden Kapitel (S. 325) besprochen werden. Die übrigen von RANKE angeführten Folgezustände, als da sind: die perifokalen Entzündungen, die Beteiligung des Abflußgebietes zwischen Primärherd und Lymphknotenerkrankung und endlich die im Bereiche der beiden genannten Veränderungen auftretenden spezifisch tuberkulösen Prozesse müssen aber hier noch im Zusammenhang erörtert werden. Was zunächst die *perifokale Entzündung* betrifft, die ich für eine vorwiegend unspezifische durch abnorme Stoffwechselprodukte hervorgerufene Veränderung betrachte, so können wir ihr bei frischen Primäraffekten immer begegnen. Es handelt sich, wie auch bei allen anderen Tuberkuloseherden um gewöhnliche pneumonische

Prozesse, die je nach Schwere und Ausdehnung des Primärherdes ebenfalls eine verschiedene Ausdehnung haben können. Neben diesen alveolenfüllenden Prozessen kommen aber auch interstitielle, zuweilen sogar in nicht geringem Ausmaße, vor. Wir werden alle diese Vorgänge noch bei Besprechung der bei der chronischen Lungentuberkulose auftretenden Herde genauer zu erörtern haben. Darum mag hier diese kurze Andeutung genügen. Ich möchte aber zu dieser perifokalen Entzündung auch die meisten *Pleuritiden* rechnen, die im Anschluß an einen Primärherd auftreten. Wenn er nahe oder ganz an der Oberfläche liegt, so kommen allerdings auch spezifisch tuberkulöse Pleuritiden vor. In diesem Zusammenhang haben für uns aber die unspezifischen größeres Interesse. Es handelt sich in diesem Fall um einfache fibrinöse Pleuritiden mit allen ihren Folgezuständen.

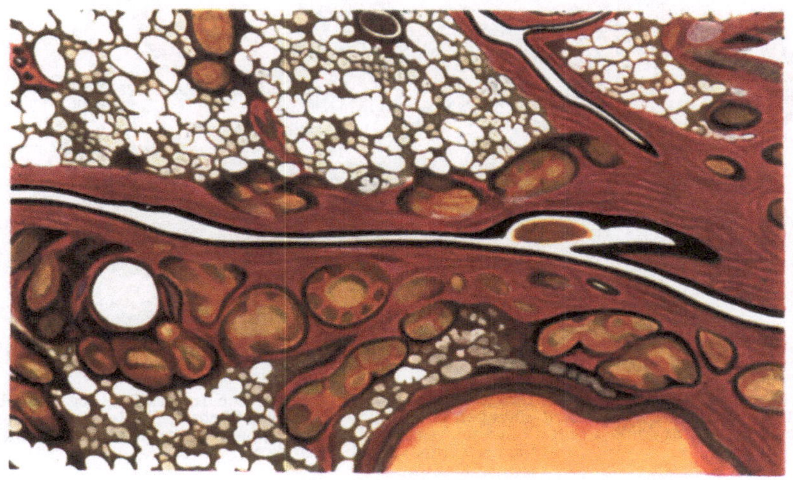

Abb. 22. Teil des Abflußgebietes eines primären, im Bilde rechts unten gelegenen Lungenherdes. Reichlich, zum großen Teil in den perivaskulären Lymphscheiden eines größeren Gefäßes gelegene Tuberkel. Elastika: VAN GIESON. 12fache Vergr. (Nach SCHULZE.)

Die in dem Abflußgebiet entstehenden entzündlichen Vorgänge stehen auf demselben Blatt. Es handelt sich im wesentlichen um Lymphangitiden, die die Bronchien und Gefäße bis zum Hilus begleiten. In einigermaßen frischen Fällen können wir diese in Gestalt eines unspezifischen Katarrhs der Lymphgefäße und in Gestalt von perivaskulären und peribronchialen kleinzelligen Infiltraten erkennen. Doch kommen außerdem, worauf besonders E. SCHULZE aufmerksam gemacht hat, schon in frischeren Fällen auch Lymphstauungen in dem Abflußgebiet vor. Das ist sehr wohl zu verstehen, denn einerseits durch die Erkrankung der Lymphgefäße selbst, andererseits aber vor allen Dingen infolge der schweren Veränderungen der regionären Lymphknoten, muß es zu weitgehenden Verschlüssen der Abfuhrwege kommen, die sich eben vor allen Dingen in einer Rückstauung der Lymphe äußern.

Was endlich die in dem gesamten erkrankten Gebiet auftretenden Tuberkel betrifft, so werden sie mit Recht als lymphogene Resorptionstuberkel bezeichnet. Die in der unmittelbaren und auch weiteren Umgebung des Primärherdes auftretenden Knötchen wurden oben schon beschrieben (Abb. 16). Hier ist nun noch hinzuzufügen, daß derartige Tuberkel auch sehr oft mit den gewöhnlichen entzündlichen Erscheinungen die Abfuhrwege in der Umgebung der Bronchien und Gefäße begleiten, daß man es hier also in der Mehrzahl mit interstitiellen, d. h. nicht innerhalb der Alveolen wachsenden Tuberkeln zu tun hat. Damit

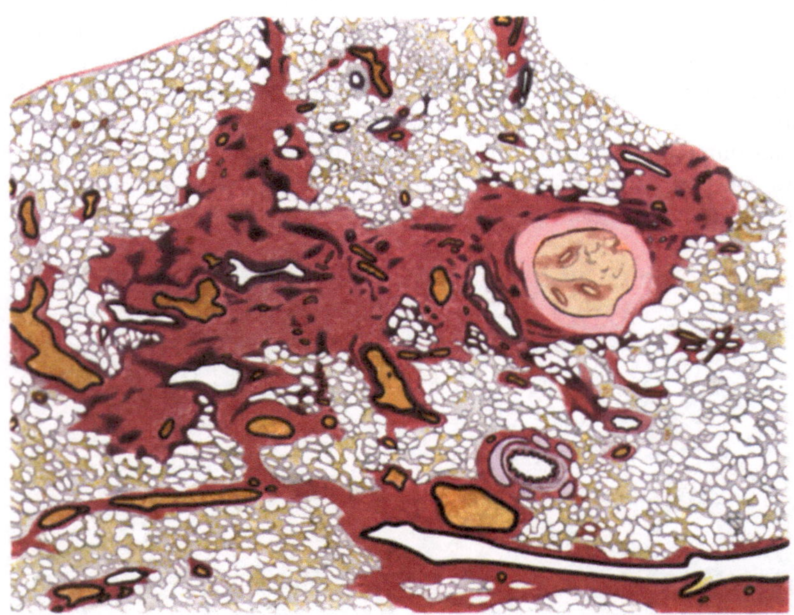

Abb. 23. Geheilter Primärherd der Lunge mit ausgebreiteter fibröser Induration der Umgebung. Rechts der abgekapselte Primärherd, daneben und im linken Teil des fibrösen Herdes eingeschlossene Bronchien. An anderen Stellen eingeschlossene Alveolengruppen. Elastika: VAN GIESON. 10fache Vergr. (Nach SCHULZE.)

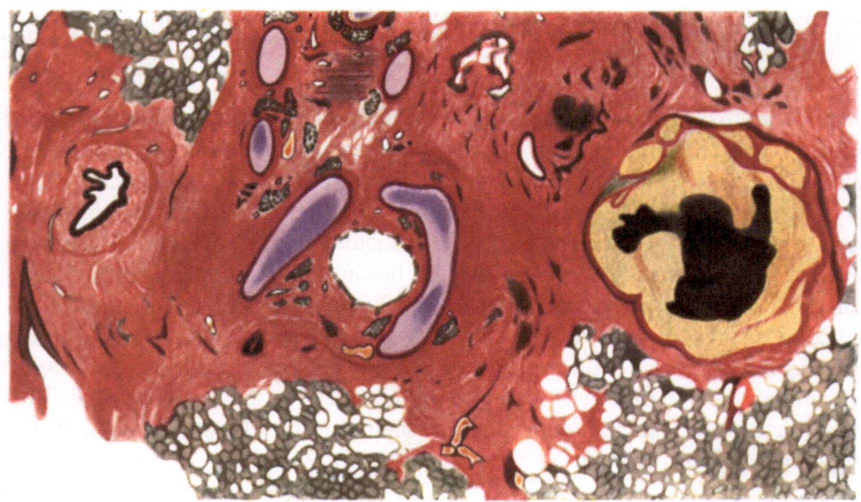

Abb. 24. Alter, abgekapselter und verkalkter, dem Hilus ziemlich nahe liegender Primärherd der Lunge (rechts). In der sich an ihn anschließenden fibrösen Induration ist neben einigen Alveolengruppen und Gefäßen auch ein größerer Bronchus eingemauert. Seine Knorpel (violett) gefärbt sind gut erhalten, das Lumen eng und starr, im übrigen die ganze Wand durch fibröses Gewebe ersetzt. Elastika: VAN GIESON. 60fache Vergr. (Nach SCHULZE.)

soll aber nicht ausgeschlossen werden, daß auch im Bereich des Abflußgebietes intraalveoläre Tuberkel auftreten (Abb. 22). Dort muß es auch zu einer gewissen Stauung der Lymphe in das Lungenparenchym hinein kommen, und demgemäß liegt auch ein gewisser Rücktransport der Tuberkelbazillen im Bereich der Möglichkeit. Derartige Tuberkel treten aber auch zusammen mit der perifokalen Entzündung jenseits des primären Herdes in der Richtung der Pleura auf. Auch die zuweilen zu beobachtende tuberkulöse Erkrankung von kleinensubpleuralenLymphknoten ist hier zu nennen.

Kommt es nun zu einer Heilung des Primärherdes, so geht Hand in Hand mit ihr auch eine Rückbildung aller soeben erwähnten Veränderungen. Hatte der Primärherd eine geringe Ausdehnung und war sein Verlauf auch sonst ein relativ ruhiger, so können sich wohl alle diese Veränderungen, zumal wenn Tuberkel fehlten, in einer Weise zurückbilden, daß kaum noch eine Spur davon zurückbleibt. Handelt es sich aber um einen größeren und stürmischer verlaufenden Primärherd und waren demgemäß auch die perifokalen und sonstigen Entzündungen schwerere, so kann von einer völligen Rückbildung nicht die Rede sein. Es müssen dann vielmehr, sowohl im Bereich der unspezifischen, wie der spezifischen Veränderungen, die produktiven Stadien der Entzündung einsetzen, und der Effekt kann nur in einer mehr oder weniger ausgedehnten Narbenbildung und Induration bestehen (Abb. 23 u. 24). Auch diese Vorgänge, die natürlich auch bei sonstigen tuberkulösen Lungenveränderungen vorkommen, werden genauer in den folgenden Kapiteln erörtert werden, hier möchte ich bloß die Endzustände kurz schildern. Diese bestehen darin, daß sich an den eingekapselten Primärherd anschließend nach allen Richtungen hin mehr oder weniger ausgedehnte und unregelmäßig zackig in die Umgebung ausstrahlende gefäßhaltige Narbenmassen bilden, in die stets kleinere oder größere Gruppen von ausgeschalteten Alveolen und auch kleinere Bronchien eingeschlossen sind (Abb. 23). Saß der Primärherd aber in der Nähe des

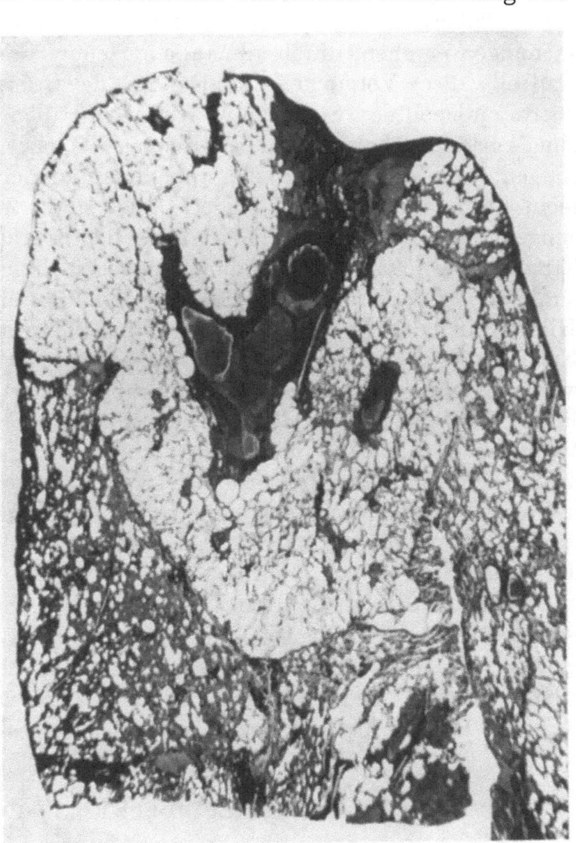

Abb. 25. Alter, abgekapselter Primärherd der Lunge mit fibrös-indurierter Umgebung inmitten eines Lungenlobulus, der eine deutliche emphysematöse Blähung zeigt. 10fache Vergr.

Hilus, so können selbst größere Bronchien in die Narbenmassen in der Weise eingebacken sein, daß man nur noch ein verengtes Lumen und die wohl erhaltenen Knorpelspangen erkennt, die übrigen Schichten des Bronchus aber völlig in den Narbenmassen aufgegangen sind. Weiterhin kann man dann narbige Stränge zwischen Primärherd und Lungenhilus erkennen, in die ebenfalls wieder Gefäße und Bronchien eingemauert sind (Abb. 24). Diese Stränge sind in noch nicht völlig abgeschlossenen Fällen von mehr oder weniger reichlichen Tuberkeln begleitet (Abb. 22), die aber auch, wie vergleichende Untersuchungen ergeben, durch allmähliche Heilung in den Narbenmassen aufgehen. Daß alle diese Vorgänge besonders für die Bronchien nicht gleichgültig sind, dürfte einleuchten. So sehen wir selbst in Fällen, in denen die Bronchien noch einigermaßen erhalten sind, in ihnen stets chronisch-katarrhalische Veränderungen, von denen wir wohl annehmen können, daß sie unter Umständen recht hartnäckig und von langer Dauer sind. Zusammen mit den Beeinflussungen der Bronchien durch die von der Erkrankung der Lymphknoten abhängigen perifokalen Entzündungen, mögen diese Vorgänge, wie auch RANKE annimmt, die Grundlage bilden für den klinisch-diagnostisch wichtigen sog. Hiluskatarrh. Auch nach der Pleura hin bilden sich unter Umständen derartige Narbenmassen aus und gehen dann über in jene umschriebenen Pleuraverwachsungen, die uns so oft den Weg andeuten, auf dem wir in der Lunge den Primärherd zu suchen haben. Noch einen weiteren Folgezustand aller dieser Veränderungen möchte ich hier erwähnen. Es bilden sich nämlich insbesondere in der Umgebung des Primärherdes selbst, infolge der erheblichen Schrumpfung bei diesen Narbenbildungen, umschriebene vesikuläre Emphyseme aus. Diese erscheinen im mikroskopischen Bild sehr eindrucksvoll, besonders dann, wenn der Primärherd etwa in der Mitte eines Lobulus saß und nun sich die emphysematöse Aufblähung genau auf diesen einen Lobulus erstreckt und genau an seinen Grenzen halt macht (Abb. 25). Von den erwähnten Lymphstauungen möchte ich noch erwähnen, daß sie sich anscheinend zuweilen recht lange erhalten können und dann noch zu sehen sind, wenn im übrigen schon völlige Ruhe im Bereich des Primärkomplexes eingetreten ist (vergl. Abb. 60, S. 245).

2. Die Miliartuberkulose der Lungen.

Auf die Genese der allgemeinen Miliartuberkulose und die Beteiligung der Lungen an ihr bin ich an anderer Stelle (S. 26) eingegangen. Hier soll deshalb lediglich das anatomische Verhalten der Lungen geschildert werden. Wir müssen dabei der Tatsache eingedenk sein, daß vereinzelte Miliartuberkel bei jeder einzigen Tuberkuloseform (der Lungen wie anderer Organe) in den Lungen auftreten können. Das lehrt die Erfahrung am Sektionstisch. Wie oft das auch bei heilbaren Tuberkuloseformen vorkommt, ist schwer zu sagen. Im allgemeinen können wir wohl, ohne den Tatsachen Zwang anzutun, sagen, daß wir es in solchen Fällen mit Erscheinungen zu tun haben, die sich erst gegen Ende des Lebens geltend machen, als Zeichen der darniederliegenden Abwehrkräfte des Organismus. Eigentümlich ist, daß diese Miliartuberkel der Lungen anscheinend keinen Lokalisationsgesetzen gehorchen, sondern in ganz unregelmäßiger Verteilung bald hier bald dort in den Lungen auftreten können. Im Übrigen würde über ihr makroskopisches und mikroskopisches Verhalten nichts anderes zu sagen sein als über die Miliartuberkel überhaupt. Wir brauchen deswegen hier auf ihre Beschreibung nicht näher einzugehen und wenden uns gleich der Beteiligung der Lungen an der allgemeinen Miliartuberkulose zu.

Es muß jedoch auch an dieser Stelle und hier mit besonderem Recht bemerkt werden, daß der Ausdruck Miliartuberkulose der Gesamtheit der Erscheinungsformen nicht gerecht wird. Man sollte deswegen gerade auch in Bezug auf die Verhältnisse in den Lungen eigentlich nur von einer sog. Miliartuberkulose sprechen oder richtiger von einer allgemeinen hämatogenen Tuberkulose. Denn wenn es auch gerade in den Lungen Miliartuberkulosen gibt, in denen sämtliche Tuberkel annähernd so groß sind wie ein Hirsekorn (Milium), so beobachtet man doch auch wieder gerade in ihr Formen mit sehr viel kleineren Knötchen und findet andererseits solche, wie wir sehen werden, in denen viel größere Herde und selbst Kavernenbildung zu den eigentlichen chronischen Tuberkuloseformen der Lungen überleiten. Da die große Mehrzahl der Fälle jedoch sehr wohl den Namen Miliartuberkulose verdient, so wollen wir zunächst bei diesem Ausdruck stehen bleiben.

Wenn wir nun versuchen, die allgemeine Miliartuberkulose der Lungen als eine wirklich besondere Form den oben genannten spärlichen, wahrscheinlich erst sub finem vitae auftretenden Aussaaten gegenüberzustellen, so muß gleich wieder zugegeben werden, daß auch das nicht ohne Einschränkung gelingt. Denn es gibt Fälle, in denen sozusagen unzählige Knötchen mit einer gewissen Regelmäßigkeit über die ganze Lunge zerstreut sind, und andere, in denen die Aussaat eine viel weniger dichte ist. Bei Umfassung eines genügend großen Materials könnte man sogar sagen, daß zwischen jenen Fällen mit ganz spärlichen Knötchen bis zu den ausgebreitetsten Überschwemmungen der Lungen alle Übergänge gefunden werden können. An anderer Stelle ist ausgeführt, wie hier auch Beziehungen bestehen zu den der Miliartuberkulose vorausgegangenen tuberkulösen Erkrankungen, bezw. den durch diese bedingten Immunitätsverhältnissen des Organismus. Es bleibt gewissermaßen dem Ermessen des Einzelnen überlassen, was er noch als allgemeine Miliartuberkulose bezeichnen will und was nicht.

Am Besten wäre es wohl, sich hier möglichst nahe an die Klinik anzuschließen und besonders jene Fälle vor Augen zu haben, die auch klinisch das Bild der allgemeinen hämatogenen Erkrankung darboten. Allerdings muß gleich wieder einschränkend gesagt werden, daß die klinischen Symptome einer allgemeinen Miliartuberkulose zuweilen bis zur Unkenntlichkeit verschleiert sein können. Anatomisch kommt uns noch zur Hilfe das Verhalten der andern Organe, insbesondere der Milz, die gewöhnlich ein guter Gradmesser für die Erkrankung in quantitativer Beziehung ist.

Wir können unter Berücksichtigung aller Gesichtspunkte die allgemeine Miliartuberkulose der Lungen im engeren Sinne etwa so definieren, daß wir sagen: sie ist charakterisiert durch das Betroffensein aller Lungenteile mit etwa hirsekorngroßen Knötchen. Selbstverständlich bleiben bei jeder Betrachtungsweise immer noch quantitative Unterschiede zwischen den einzelnen Fällen. Hier läßt sich aber gleich eine wichtige Tatsache feststellen, auf die oben schon angespielt wurde: die schwersten und verbreitetsten miliaren Aussaaten finden sich hier wie in den andern Organen dann, wenn das Ausschließungsverhältnis gegen chronische Organtuberkulosen (s. S. 32) am stärksten ausgesprochen in die Erscheinung tritt; die Übergangsfälle zu den milderen Aussaaten treten aber immer deutlicher hervor, je weiter dieses Ausschließungsverhältnis verwischt wird.

Makroskopisches Verhalten der Miliartuberkulose der Lungen. Gehen wir nach diesen einleitenden Bemerkungen an die Beschreibung heran, so kann man für die äußere Betrachtung zunächst zwei verschiedene Bilder herausschälen. Das eine Mal hat man Lungen vor sich, die sich schon bei der Herausnahme aus der Leiche als ziemlich voluminös und schwer erweisen, deren Luftgehalt offenbar vermindert ist, deren Pleuren zuweilen regelmäßig oder unregelmäßig verteilte fibrinöse Belege zeigen. Auf der Schnittfläche fällt hier sofort das schwere Ödem und die tiefe Hyperämie des ganzen Lungengewebes auf. In vielen Bezirken hat man den Eindruck einer beginnenden pneumonischen Infiltration. Hirsekorngroße, etwas größere und kleinere Knötchen sind überall zu sehen. Sie sind von leicht gelblicher oder graugelblicher Farbe, durchaus unscharf begrenzt, verlieren sich sozusagen allmählich in das benachbarte, anscheinend etwas pneumonisch infiltrierte Lungengewebe. Im zweiten Fall hat man eine mehr oder weniger stark geblähte, überall deutlich lufthaltige Lunge, die auf der Schnittfläche weniger hyperämisch, u. U. sogar blaß und vor allen Dingen auch trockener ist. Die überall vorhandenen Knötchen sind hier von grauer Farbe, scharf begrenzt gegen das lufthaltige Lungengewebe, im Durchschnitt etwas kleiner als im ersten Fall. Auch lassen sie sich viel leichter als im ersten Fall sowohl durch die Pleura als auch auf der Schnittfläche abtasten. Sichtbar pflegen sie von der Pleura aus in beiden Fällen zu sein.

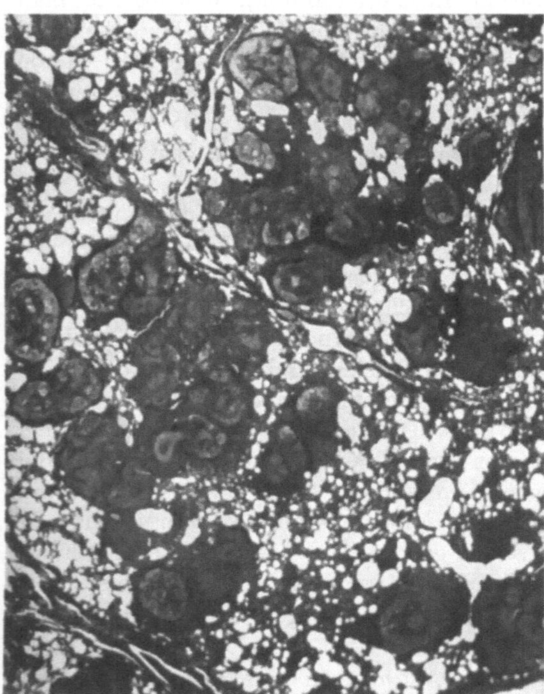

Abb. 26. Aus der Lungenspitze eines Falles von allgemeiner Miliartuberkulose. Dichtstehende, konglomerierte Miliartuberkel, zum Teil azinöse Herde bildend.

Wir werden diese Betrachtungsweise auch bei der Schilderung des mikroskopischen Verhaltens als Ausgangspunkt nehmen, müssen hier aber gleich betonen, daß sich natürlich schon makroskopisch Übergänge zwischen beiden Bildern finden lassen. Auch sei noch betont, daß neben den Fällen mit dem ersten Befund noch ganz vereinzelt solche vorkommen, in denen makroskopisch Knötchen überhaupt kaum zu erkennen sind und erst das Mikroskop das Wesen des Prozesses aufdeckt. Ferner muß noch gesagt werden, daß jene Übergangsbilder sich auch so gestalten können, daß beide Arten von Knötchen sich bei ein und demselben Fall miteinander abwechseln können.

Weiter muß unter allen Umständen daran festgehalten werden, daß es nur wenige Fälle gibt, in denen sämtliche Knötchen dieselbe Größe und dieselbe Verteilung haben. In der übergroßen Mehrzahl der Fälle sitzen die Knötchen in den apikalen und ventralen Partien dichter und sind dort größer als in den kaudalen und dorsalen, so zwar, daß die Übergänge immer fließende sind. Was weiter die Form der Knötchen betrifft, so sind sie durchaus nicht in der Mehrzahl kreisrund, im Gegenteil: unregelmäßige zackige Formen bis zu richtig gelappten oder blattartigen sind ebenso häufig. Und zwar liegen die Dinge so, daß die größeren Knötchen in den apikal-ventralen Teilen diese verzweigten Formen um so deutlicher hervortreten lassen, je größer sie sind, und daß schließlich Herdchen zustande kommen, die sich in nichts von den kleinsten „azinösen" Herdchen unterscheiden, die wir als ein besonders charakteristisches Grundelement der chronischen Lungentuberkulosen kennen lernen werden. Solchen „azinösen" Miliartuberkeln kann man in beiden der geschilderten Bilder begegnen, häufiger allerdings in dem ersten.

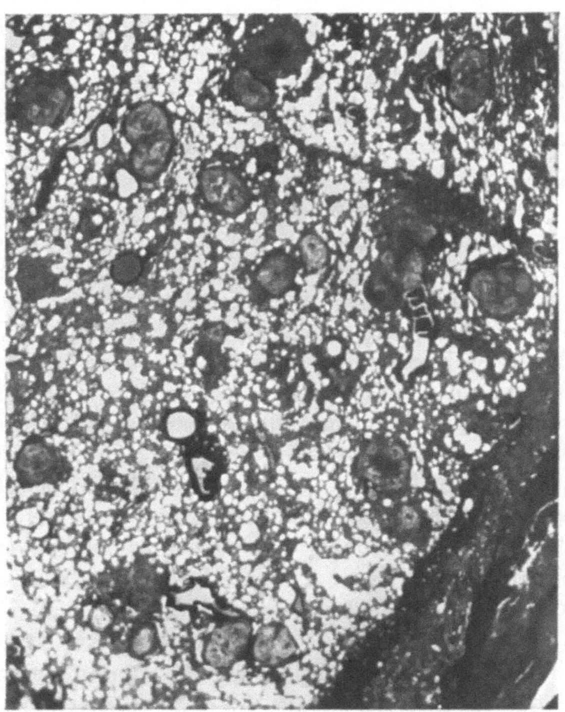

Abb. 27. Aus der Lungenbasis desselben Falles wie Abb. 26. Einzelne und weit auseinander stehende kleine Miliartuberkel.

Es mag hier gleich eingeschaltet werden, daß wiederum von solchen Fällen, in denen diese azinösen Gebilde vorzuherrschen beginnen, Übergänge existieren zu jenen Befunden, in denen das eigentliche Bild der Miliartuberkulose nur noch in den kaudalen und dorsalen Teilen der Lungen mehr oder weniger deutlich vorhanden ist, während in den apiko-ventralen Teilen Bilder aufgetreten sind, die mehr an die isolierten chronischen Lungentuberkulosen erinnern: konfluierend-azinöse Herde, meist verkäsend und ohne wesentliche produktive Komponente, zuweilen aber auch mit beginnenden zentralen Narbenbildungen, in selteneren Fällen Auftreten von multiplen kleinen Kavernen, wobei wiederum alle Übergänge vorkommen. Solche Fälle müssen darum im Rahmen der allgemeinen hämatogenen Miliartuberkulose betrachtet werden, weil das Verhalten der übrigen Organe sie durchaus in diese Gruppe einzureihen zwingt.

Endlich muß noch auf eine besondere Erscheinungsform der Miliartuberkulose der Lungen hingewiesen werden, die ich die *emphysematöse* genannt habe.

Ich muß hier allerdings hinzufügen, daß man mit diesem Ausdruck zwei ganz verschiedene Vorgänge bezeichnen kann. Das eine Mal handelt es sich um Fälle, die sich aus dem ersten der beiden oben geschilderten Bilder herleiten lassen, und zwar um solche, bei denen die aufgetretenen Herdchen relativ groß sind. Das Emphysem tut sich hier in der Weise kund, daß von außen entweder nur eine allgemeine Blähung zu erkennen ist oder schon bei äußerer Betrachtung massenhaft kleine Bläschen durch die Pleura durchschimmern. Erst die Schnittfläche klärt über die wahre Natur des Prozesses auf; sie zeigt im Bereich der gelblichen tuberkulösen Herdchen massenhaft Luftbläschen von Stecknadelkopf- bis Linsengröße. Diese kleinen Hohlräume mögen von manchen, wie die Literatur lehrt, für kleine Kavernen gehalten worden sein. Wir können sie genauer erst nach mikroskopischer Betrachtung analysieren, können aber jetzt schon sagen, daß es sich tatsächlich um Luftblasen innerhalb der tuberkulösen Produkte handelt, und können deshalb schon jetzt von einer *alveolär-emphysematösen* Form der Miliartuberkulose sprechen (vergl. S. 263ff. u. Abb. 66 u. 67).

Im Gegensatz dazu steht die *interstitiell-emphysematöse* Form, etwas häufiger wohl beim zweiten der oben geschilderten Bilder. Solche Fälle entsprechen durchaus den auch bei anderen Lungenerkrankungen, insbesondere des Kindesalters, vorkommenden interstitiellen Lungenemphysemen, kommen aber ebenso häufig bei Erwachsenen wie bei Kindern vor. Von kleinen im interlobulären Bindegewebe gelegenen Luftbläschen über lange Reihen von hiluswärts ziehenden, vorwiegend subpleural gelegenen Luftblasen bis zu einem schweren, auch das ganze Mediastinum betreffenden und selbst bis unter die Haut vordringenden Emphysem kommen alle Übergänge vor. In manchen Fällen kommt es dann auch an den Lungen zu einer erheblichen Vorwölbung der Pleura, nach außen oder interlobär. Es können dann noch an der Leiche walnußgroße und größere Blasen sichtbar sein, von denen anzunehmen ist, daß sie intra vitam noch umfangreicher waren. Durch das Platzen solcher Blasen kann auch, wie ich schon mehrere Male gesehen habe, bei einer Miliartuberkulose ein spontaner, u. U. ziemlich erheblicher Pneumothorax zustande kommen.

Praktisch noch wichtiger sind diese emphysematösen Formen für die Röntgendiagnose. Muß schon die alveolär-emphysematöse Form ein Bild geben, das von den gewöhnlichen Befunden erheblich abweicht, so können auf der andern Seite die größeren Blasen des interstitiellen Emphysems mit ihrem runden, scharf begrenzten Schatten Kavernen vortäuschen.

Schließlich mag noch ergänzend eine sehr seltene Form von Miliartuberkulose der Lungen erwähnt werden, bei der die kleinen grauen, scharf begrenzten Tuberkel nicht wie bei den andern Formen über die Lungen verteilt sind, sondern in Ketten hintereinander liegen, die offenbar dem Verlauf von größeren Gefäßen entsprechen. Das übrige Lungengewebe ist dabei etwas gebläht, im übrigen trocken und wenig blutreich. Wir können auch über diese Art der Aussaat Näheres erst nach ihrer mikroskopischen Untersuchung aussagen.

Mikroskopisches Verhalten der Miliartuberkulose der Lungen. Man muß, um das richtige Verständnis für die mikroskopischen Vorgänge bei der Miliartuberkulose der Lungen zu finden, auch hier von jenen beiden am Anfang dieses Abschnittes (S. 182) geschilderten Erscheinungsformen ausgehen, nämlich jener mit den verwaschenen, mehr gelblichen Herdchen bei schwerer Hyperämie der Lungen und jener mit scharf begrenzten grauen Herdchen. Wir schildern die mikroskopischen Bilder zunächst so, als ob wir zwei verschiedene Prozesse vor uns haben und als ob jeder Fall für sich in allen Lungenteilen dieselben Veränderungen darböte, beides Voraussetzungen, die, wie wir sehen werden, tatsächlich nicht richtig sind.

Bei den Fällen der ersten Kategorie findet man nichts, was außer der umschriebenen Form der Herdchen an den klassischen Tuberkel denken ließe (Abb. 28). In einem schwer hyperämischen und ödematösen Lungengewebe, das außerdem meist noch zu schildernde pneumonische Prozesse außerhalb

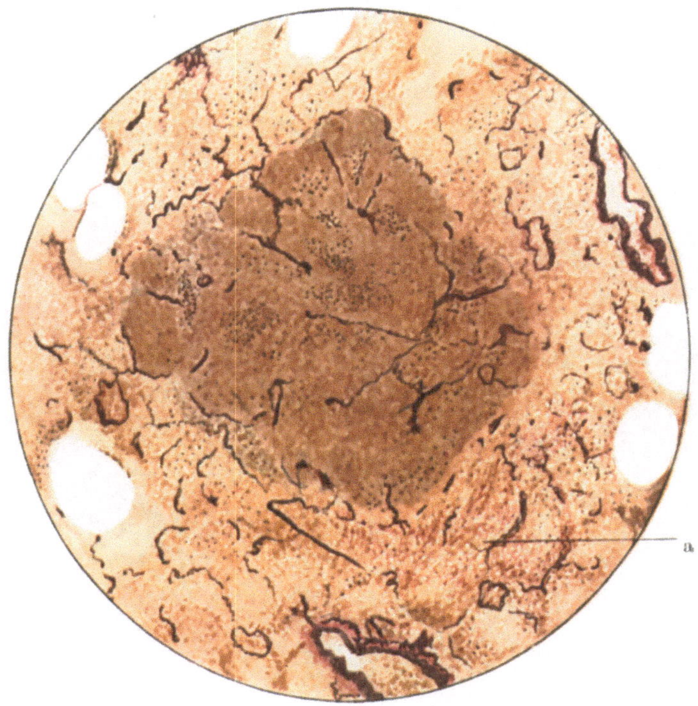

Abb. 28. Miliartuberkel der Lunge bei einem 67 jährigen Mann: miliare, käsige Pneumonie, exsudatives Stadium mit Verkäsung. Bei a unspezifische Organisationsvorgänge in den benachbarten Alveolen. Elastika: VAN GIESON. Etwa 50fache Vergr.

der eigentlichen tuberkulösen Produkte aufweist, erkennt man homogene, offenbar käsige Knötchen, die einer Gruppe von mehreren Alveolen entsprechen. Alles Wünschenswerte leistet hier in der Darstellung nur die kombinierte Elastika VAN GIESONfärbung. Man hat *einen aleveolenfüllenden Prozeß vor sich, eine miliare käsige Pneumonie.* Von den Alveolenwänden ist in reinen Fällen nichts erhalten als das elastische Fasergerüst. In der homogenen oder feinkörnigen Käsemasse sieht man noch zahlreiche Kerntrümmer und pyknotische Kerne, u. U. auch intakte Kerne, die nur zu gelapptkernigen Leukozyten gehören können. Am Rande des Käses häufen sich zuweilen etwas reichlicher Zellen an, die zum Teil mit langgestreckten Kernen in die Käsemassen hineinzuwandern scheinen. Es handelt sich vorwiegend, wie auch die Oxydasereaktion zeigt, um Leukozyten, zum kleineren Teil vielleicht um andere Wanderzellen oder Alveolarepithelien. Auch einige lymphozytenartige Zellen scheinen sich beizumischen. Nach außen gehen diese Veränderungen über in die schon erwähnten pneumonischen Vorgänge, auf die ich noch zurückkomme. Dann wird auch von der fibrinösen Komponente dieser Verkäsungen zu sprechen sein.

In der zweiten Kategorie von Fällen haben wir im Prinzip das *Bild der typischen klassischen Tuberkel,* d. h. von Knötchen, die aus Epitheloidzellen und LANGHANS schen Riesenzellen bestehen und einen mehr oder weniger breiten Wall von Lymphozyten aufweisen. Im Übrigen können sie alle Stadien der fibrösen

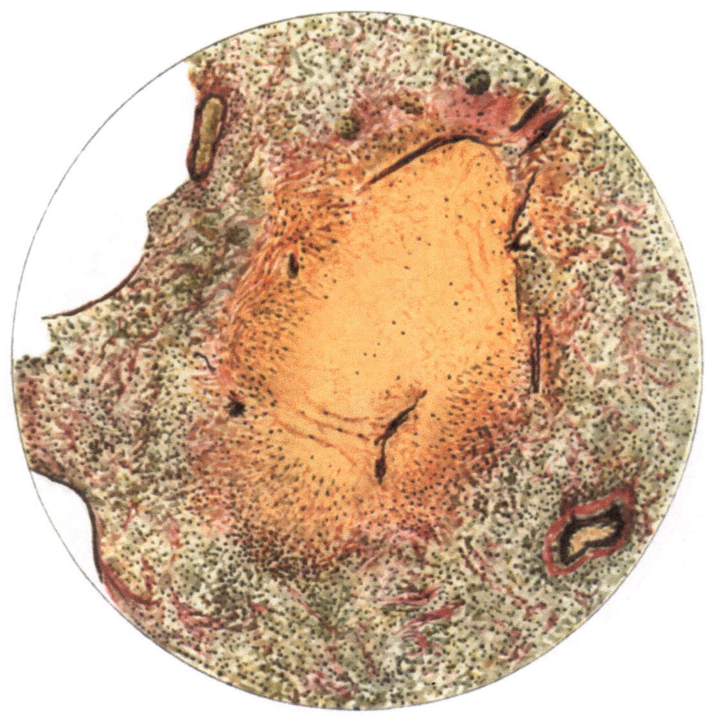

Abb. 29. Miliartuberkel der Lunge bei einem 25jährigen Mann. Verkästes intraalveoläres Knötchen mit erhaltenen elastischen Fasern. In der Peripherie produktive Reaktion mit Faserbildung. Oben einige LANGHANSsche Riesenzellen. Elastika: VAN GIESON. Etwa 80fache Vergr.

Umwandlung zeigen. Das umliegende Lungengewebe ist vielleicht ein wenig hyperämisch, im übrigen aber ziemlich reaktionslos. Man muß hier aber zwischen solchen Fällen unterscheiden, in denen die Tuberkel rein zellig sind, und solchen die in der Mitte eine mehr oder weniger verbreitete Verkäsung enthalten. Im ersten Fall ist es schwer, aus der Beschaffenheit des Knötchens und seiner Struktur allein etwas über seine Lokalisation im Lungengewebe auszusagen, da elastische Fasern fehlen, eventuell einige benachbarte Alveolen etwas komprimiert sind. Es handelt sich um jene, übrigens nicht gerade häufigen Fälle, die die Meinung haben aufkommen lassen, der Miliartuberkel der Lunge sei ein interstitiell wachsendes Gebilde (Abb. 29 u. 33). Daß dem nicht so ist, sagen uns deutlich die andern, viel häufigeren Fälle mit zentraler Verkäsung. Bei ihnen läßt sich nämlich ausnahmslos in der Verkäsung das entweder völlig intakte oder doch in nicht mißverständlichen Resten vorhandene elastische Fasernetz einer Gruppe von Alveolen nachweisen. Ist damit der intraalveoläre Sitz der Tuberkel für diese Fälle bewiesen, so kann man schon jetzt den Analogieschluß machen, daß auch die Knötchen ohne Verkäsung denselben Sitz haben. Jedenfalls läßt sich kein Beweis dafür erbringen, daß jene nicht verkäsenden Tuberkel außerhalb der Alveolen sitzen, abgesehen von jenen spärlichen Knötchen, die hier und da einmal in größeren Bindegewebsmassen im Verlauf von Bronchien und Gefäßen zu finden sind. In den zentral verkäsenden Knötchen sieht man

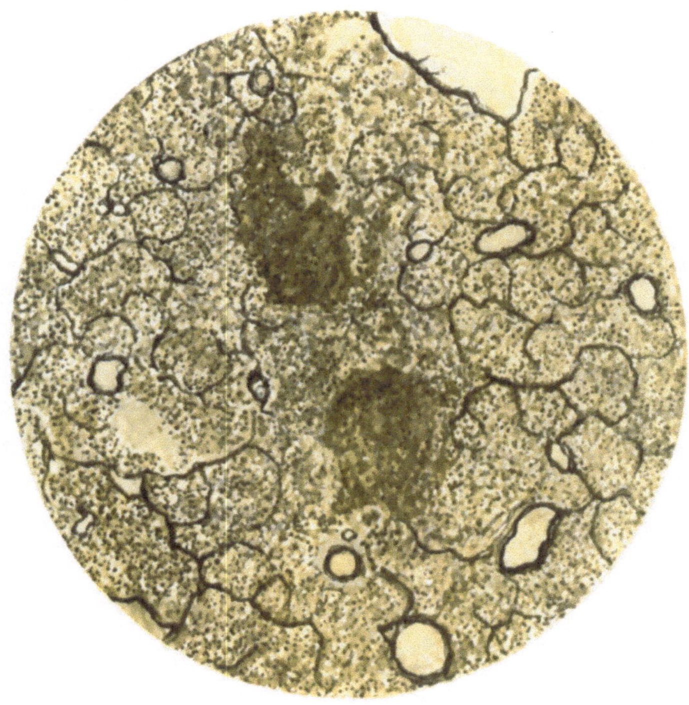

Abb. 30. Miliartuberkel der Lunge einer 75jährigen Frau. Unregelmäßige zellige und fibrös-zellige Pneumonie mit zwei dichteren Herdchen, die eine fibrinös-zellige Pneumonie mit beginnender Verkäsung zeigen. Frühes exsudatives Stadium der Miliartuberkulose. Elastika: VAN GIESON. Etwa 50fache Vergr.

die Epitheloidzellen oft die bekannte Pallisadenstellung gegen den Käse einnehmen. Man sieht ferner, wie schon angedeutet, die Faserbildung zwischen den Zellen und sieht alle Stadien von Abkapselung oder Organisation des Käses.

Um nun ein zusammenhängendes Bild von dem Ablauf der Miliartuberkulose zu erhalten, ist noch auf ein mikroskopisches Bild hinzuweisen, das zu der ersten Kategorie von Fällen gehört. Es handelt sich um jene Fälle, bei denen makroskopisch die tuberkulösen Herdchen kaum sichtbar, bezw. als mattgraurote verwaschene Gebilde gerade noch zu erkennen sind, Fälle, wie man sie übrigens recht selten zu sehen bekommt. Das Mikroskop gibt die Erklärung. Es handelt sich um Lungen mit ganz besonders schweren, fast diffusen pneumonischen Prozessen bei schwerster Hyperämie und Ödem, in denen die Knötchen als umschriebene, reichlich aufgequollene Fibrinnetze enthaltende intraalveoläre

Exsudate imponieren. Die Fibrinmassen sind gewöhnlich so miteinander zusammengesintert, daß man das Bild einer beginnenden Verkäsung vor sich hat. Darin sieht man viele intakte Leukozyten, aber auch schon Kerntrümmer und pyknotische Kerne (Abb. 30). Das Bild ist ganz ähnlich dem, das man bei der Verkäsung des Exsudates bei der Tuberkulose der serösen Häute sieht. Unregelmäßig und unscharf begrenzt gehen diese Gebilde in die Nachbarschaft über. Daß man es hier in der Tat mit den Anfängen der Tuberkelbildung zu tun hat, geht schon daraus hervor, daß gewöhnlich reichlich Tuberkelbazillen in ihnen zu finden sind (Abb. 31). Außerdem gibt das Verhalten der andern

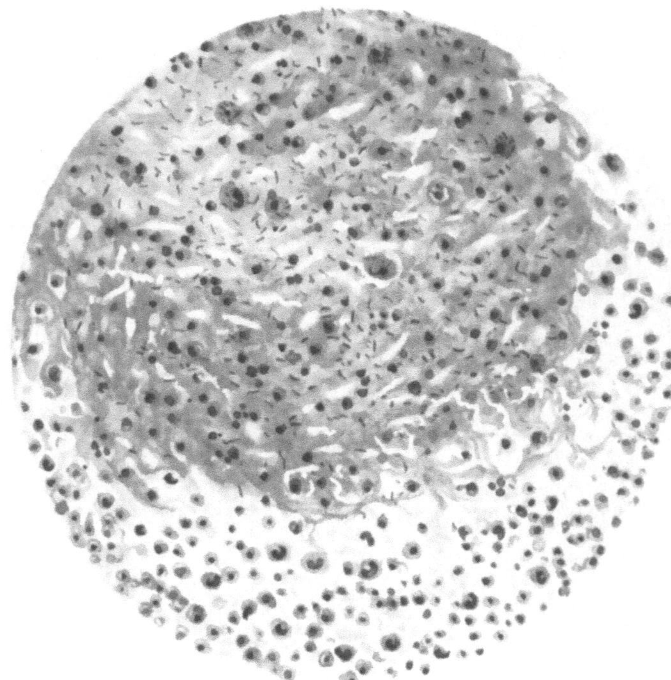

Abb. 31. Starke Vergrößerung (Ölimmersion) vom Rande eines der Herdchen von Abb. 30. Im Herd aufgequollene Fibrinfasern und reichlich Tuberkelbazillen. Färbung nach ZIEHL-NEELSEN und mit Methylenblau.

Organe, in denen gewöhnlich schon spätere Entwicklungstadien der Tuberkel anzutreffen sind, weiteren sichern Aufschluß über die wahre Natur des Prozesses. — Natürlich gibt es auch alle Übergänge zu den schon völlig verkästen Knötchen. Diese Übergänge tun sich unter anderem auch durch die verschieden große Masse von nachweisbarem Fibrin in den Verkäsungen kund.

Diese ganz frischen oder schon stärker verkästen Herdchen liegen, wie gesagt, in einem auch sonst in weitem Maße entzündlich infiltrierten Lungengewebe. Es handelt sich um schwere Hyperämie, um Ödem mit leukozytären Beimischungen und auch um zellige Alveolenfüllungen, wobei Leukozyten und aufgeblähte phagozytische Zellen, offenbar Alveolenepithelien, vorherrschen. Fibrin pflegt außer in den verkäsenden Knötchen zu fehlen. Doch gibt es auch Fälle, in denen die pneumonischen Prozesse zum Teil fibrinöser Natur sind.

Dann hat man gewöhnlich das eigenartige Bild, daß sich die Fibrinmassen in Balken den Alveolenwänden anlegen und dadurch girlandenartige Figuren bilden (Abb. 32).

Um nun die Frage zu erörtern, *in welchem Verhältnis die Fälle der ersten Kategorie mit den miliaren verkäsenden Pneumonien* und den beginnenden Verkäsungen zu denen der *zweiten Kategorie mit den produktiven Tuberkeln* stehen, muß man vor allen Dingen die Fälle ins Auge fassen, die Übergänge zwischen den beiden Erscheinungsformen darstellen und die in nicht geringer Zahl zu

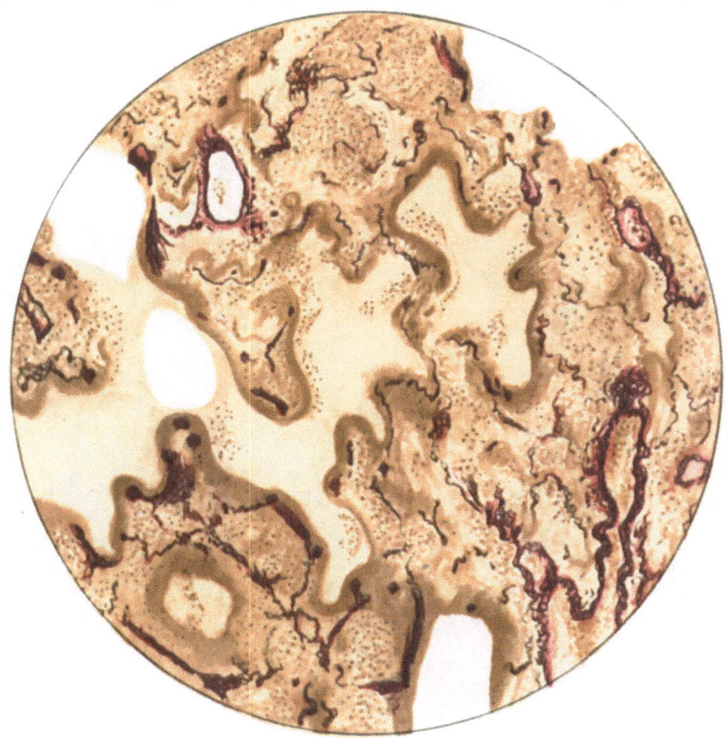

Abb. 32. Aus derselben Lunge wie bei Abb. 28. Gesichtsfeld ohne Tuberkel. Unregelmäßige pneumonische Reaktion. Außer Ödem und zelligen Massen in den Alveolen Fibrin, das in geschlängelten Bändern den Alveolenwänden anliegt. Elastika: VAN GIESON. Etwa 80fache Vergr.

finden sind. Das heißt es gibt Fälle, in denen der Wall von epitheloiden Zellen um den verkästen Herd herum ein ziemlich schmaler ist, eventuell auch die Epitheloidzellen kaum die erste Faserbildung zeigen, auch hier und da noch von Leukozyten begleitet werden.

Sind das schon Dinge, die dem objektiven Beobachter die Annahme nahe legen, daß wir es bei den verschiedenen Bildern des Miliartuberkels in der Lunge nicht etwa mit zwei verschiedenen Tuberkuloseformen, einer exsudativen und einer produktiven, zu tun haben, sondern daß es sich jeweils um Erscheinungsformen ein und desselben Prozesses, um *verschiedene Stadien* dieses Prozesses handelt, so wird dies durchaus zur Gewißheit, wenn man die verschiedenen Sektionsbefunde mit dem klinischen Verlauf der Fälle vergleicht. In den Fällen mit den vorwiegend exsudativen und verkäsenden Herden können wir die kürzesten Krankheitsdauern feststellen, durchschnittlich nicht länger als etwa drei bis vier Wochen. In den Fällen mit fertigen produktiven Tuberkeln, verkästen und unverkästen, hingegen berechnet sich bei Berücksichtigung eines genügend großen Materials und mancher in einem leichteren klinischen Verlauf gelegenen Fehlerquelle die Dauer des Prozesses auf 8—10 Wochen und darüber.

Auf Grund der geschilderten mikroskopischen Befunde und ihres Vergleichs mit dem klinischen Verhalten kann also die *Entwicklung des Miliartuberkels* in der Lunge nur die *folgende* sein: in dem auch sonst entzündlich angeschoppten Lungengewebe treten etwa miliare, Gruppen von Alveolen

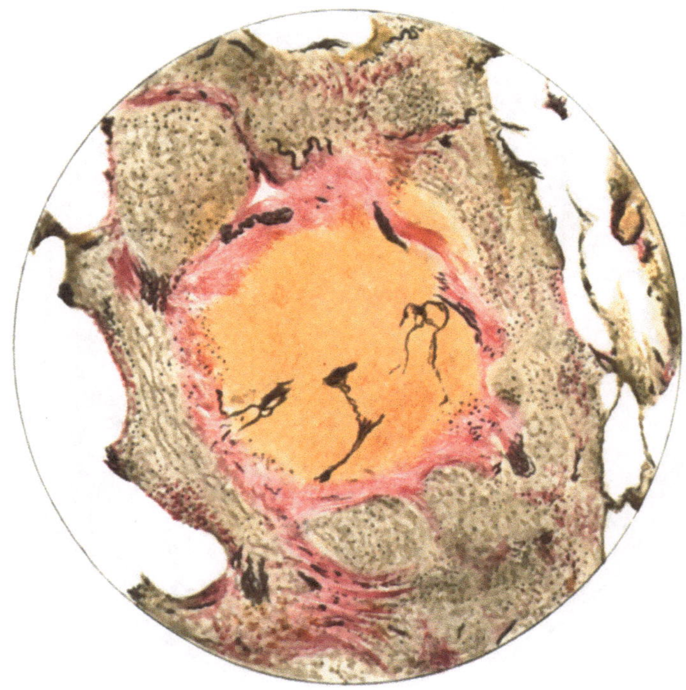

Abb. 33. Miliartuberkel aus der Lunge eines 25jährigen Mannes. Verkäster intraalveolärer Tuberkel mit erhaltenen elastischen Fasern. In der Peripherie fibröse Abkapselung und produktive Reaktion. Elastika: VAN GIESON. Etwa 80fache Vergr.

betreffende, dichte fibrinös-zellige Pneumonien auf, die sehr bald unter Zusammensinterung und Verquellung des Fibrinnetzes in Verkäsung übergehen (miliare käsige Pneumonie). Die Epitheloidzellen und Riesenzellen treten erst sekundär auf. Sie leiten sich offenbar von den Gefäßwandzellen und Fibroblasten der Alveolenwände her und umgeben den Käse mit einem mehr oder weniger breiten Wall, dem sich nach außen ein, ebenfalls in seiner Breite wechselnder Lymphozytenkranz anschließt. Der zentral verkäste Tuberkel ist also nicht durch sekundäre Verkäsung eines produktiven Knötchens zustande gekommen, sondern die Reihenfolge ist: exsudativer Prozeß, Verkäsung, produktiver Prozeß. Durch Einwucherung von Epitheloidzellen kann der käsige Herd zum Teil ersetzt, organisiert werden (Abb. 33). Die Faserbildung erfolgt zwischen den Epitheloidzellen ziemlich rasch, auch unter Abnahme ihres Volumens und ihrer Zahl. — So kann es zur Bildung einer mehr oder weniger breiten und dichten fibrösen Kapsel um das verkäste Zentrum herum kommen, oder es mag in einzelnen Fällen auch die Verkäsung durch produktives Gewebe völlig ersetzt werden; dann ist der Endeffekt ein gewöhnlicher runder geschichteter, völlig fibröser Tuberkel. Weitere Heilungsvorgänge scheinen am Sektionstisch noch nicht beobachtet worden zu sein. Gewisse in der Literatur niedergelegte Beobachtungen scheinen aber darauf hinzudeuten, daß auch eine völlige Ausheilung möglich ist. Wie diese nach der Ausbildung des produktiven Stadiums zu denken ist, kann man aus den Bildern heilender Lungenspitzentuberkulosen und kleiner azinöser Herde in anderen Lungenteilen schließen. Andererseits mag auch die Möglichkeit bestehen, daß es leichtere Fälle gibt, bei denen schon im exsudativen Stadium eine Lösung und Ausscheidung des Exsudates zustande kommt und so die Heilung eintritt. Was die Lokalisation des Tuberkels im Lungengewebe betrifft, so muß unter allen Umständen daran festgehalten werden, daß es sich von vornherein bis zum Schluß um einen intraalveolären Prozeß handelt, der höchstwahrscheinlich durch eine Ausscheidung der Tuberkelbazillen in die Alveolarlumina hinein eingeleitet wird.

Nun darf man sich allerdings nicht vorstellen, daß die bisher geschilderten Bilder einheitlich die Entwicklung jedes Miliartuberkels in der Lunge wiedergeben. Schon der Umstand, daß die Fälle, bei denen wir exsudativ-käsige Herde finden, schnell tötlich verlaufen, diejenigen mit mehr oder weniger produktiven Tuberkeln hingegen sich viel weniger stürmisch — auch im klinischen Verlauf — abwickeln, deutet klar darauf hin, daß bei den letzteren die Infektion eine leichtere sein muß und daher auch von vornherein die exsudativen Vorgänge geringer sein werden als in der ersten Gruppe. Das läßt sich auch direkt im Mikroskop erkennen, da in der zweiten Gruppe von Fällen die Verkäsungen niemals auch nur annähernd so groß sind als die miliaren käsigen Pneumonien der ersten Gruppe. Die Unterschiede springen so in die Augen, daß es unmöglich ist, etwa die kleineren Verkäsungen der zweiten Gruppe lediglich durch den einengenden Organisationsprozeß mittels epitheloider Zellen zu erklären. Können wir so als feststehend erachten, daß bei den Fällen mit produktiven Tuberkeln von vornherein die exsudative Komponente geringer ist als in denen, die während der exsudativen Phase sterben, so muß doch gerade bei der Betrachtung der Verhältnisse in den Lungen postuliert werden, daß es keine Tuberkel gibt ohne exsudative Komponente. Wenn wir im allgemeinen Teil (S. 112) den Satz aufgestellt haben, daß das Verhältnis zwischen exsudativer und produktiver Komponente nicht arithmetisch ausgedrückt werden kann, sondern daß unter den entsprechenden Umständen die Abnahme der exsudativen Komponente gegen die produktive nur in einer geometrischen Reihe auszudrücken wäre, demnach also die erstere niemals gleich Null werden kann, so gilt das ganz besonders für die Lunge mit ihrer alveolären Struktur, in der jede entzündliche Reizung, wie ja auch bei anderen Infektionen, die für eine Exsudatbildung günstigsten Bedingungen vorfindet.

Im Anschluß daran möchte ich auch noch einmal in diesem Zusammenhang die für die vergleichende Organpathologie wichtige Tatsache hervorheben, daß selbst in den Fällen von allgemeiner Miliartuberkulose, in denen die Lungenherde sich noch auf der Höhe des exsudativen Stadiums befinden, in den anderen Organen das produktive Stadium schon mehr oder weniger deutlich hervortreten kann, daß umgekehrt die Leptomeningitis tuberculosa sich oft erst dann ausbildet, wenn selbst in den Lungen das produktive Stadium schon lange erreicht ist. Beides hängt sicher in erster Linie mit den Besonderheiten der Organstrukturen zusammen. Während jedoch für die weichen Hirnhäute die Erklärung nicht leicht sein dürfte (cf. das betr. Kapitel), können wir sie für die kompakten Organe, wie Milz, Leber, Nieren, in ihrem dichten, festen, parenchymatösen Charakter sehen, der eine stärkere Ansammlung von Exsudat wegen des Mangels freier Oberflächen verbietet.

Wenn wir nun untersuchen, woran es liegt, daß einmal so stürmische Erkrankungen auftreten, die schnell zum Tode führen, das andere Mal die Krankheitsdauer viel länger ist und entsprechend dem Verlauf auch bei der Sektion verschiedene anatomische Bilder vorgefunden werden, so hängt das natürlich einmal mit der Schwere und der Massigkeit der Infektion zusammen, sodann aber auch mit den Reaktionsverhältnissen des Organismus, die insbesondere von dem immunbiologischen Zustand beherrscht werden. Diese Fragen mußten uns schon bei der Besprechung der Pathogenese der allgemeinen Miliartuberkulose interessieren. Die Verhältnisse liegen in dieser Beziehung gerade bei der Miliartuberkulose der Lungen am klarsten. Denn diejenigen Fälle, die bei stürmischer exsudativer Reaktion nach kurzem Krankheitsverlauf zum Exitus kommen, zeigen das Ausschließungsverhältnis gegen chronische Organtuberkulosen am deutlichsten, während es bei den länger dauernden Fällen an Klarheit verliert. In letzterem Fall können wir die Beziehungen einer verhältnismäßig hohen positiven Allergie (Immunität, Durchseuchungswiderstand) zu den sonst noch bestehenden tuberkulösen Herden erkennen. Im erstern Fall kann ein solcher Zustand wegen des Fehlens immunisierender Herde nicht bestehen, im Gegenteil vielleicht sogar bei den schwersten Fällen eine negative Allergie im Sinne einer Überempfindlichkeit vorhanden sein.

Wenn wir oben die Fälle mit käsig-pneumonischen Tuberkeln denjenigen mit produktiven Tuberkeln gegenübergestellt haben, die übrigens beide etwa je ein Drittel der Gesamtzahl ausmachen, so muß jetzt einschränkend gesagt werden, daß diese Fälle nur selten ganz reine sind; d. h. in den meisten Fällen befinden sich nicht etwa alle Tuberkel in einem völlig gleichen Stadium der Entwicklung. Es kommen schon in diesen Fällen bemerkenswerte Unterschiede zwischen den einzelnen Tuberkeln, auch ohne Rücksicht auf die Lokalisation in der Lunge, vor. Solche Verschiedenheiten fallen aber besonders stark in die Augen bei dem letzten knappen Drittel der Fälle, die übrigens auch klinisch als die fließenden Übergänge zwischen den beiden Gruppen zu betrachten sind. Anatomisch sind diese Übergangsfälle besonders beachtenswert. Gerade an ihnen läßt sich oft sehr deutlich zeigen, daß die Tuberkel unabhängig von ihrer Lage in ein und derselben Lunge ein sehr verschiedenes Bild darbieten können, indem sie sich nämlich zum Teil noch im Stadium der Exsudation, bezw. Verkäsung befinden, zum Teil schon eine mehr vorgeschrittene produktive Umwandlung zeigen, Bilder also, die auf ein verschiedenes Entwicklungsalter hindeuten (Abb. 34). Solche Unterschiede lassen sich, wie oben schon angedeutet, bei den anderen zwei Dritteln von Fällen ebenfalls zuweilen finden, am seltensten bei den noch frischen exsudativ-käsigen Fällen, etwas häufiger bei den schon vorwiegend produktiven, hier dann auch in der Weise, daß manche Tuberkel noch wenig Faserbildung zeigen, andere schon fast in fibröse bis hyaline Kugeln umgewandelt, bezw. von einer derartigen Kapsel umgeben sind. Es sind das Befunde, die unzweideutig klarlegen, daß die Tuberkel nicht alle zu gleicher Zeit entstanden sind, sondern daß es sich um u. U. zeitlich ziemlich weit auseinanderliegende Prozesse handelt, Befunde also, die für die Klärung der Pathogenese der Miliartuberkulose von einiger Bedeutung sind, nämlich mit der Annahme, die Miliartuberkulose entstehe durch eine plötzliche Ausschüttung

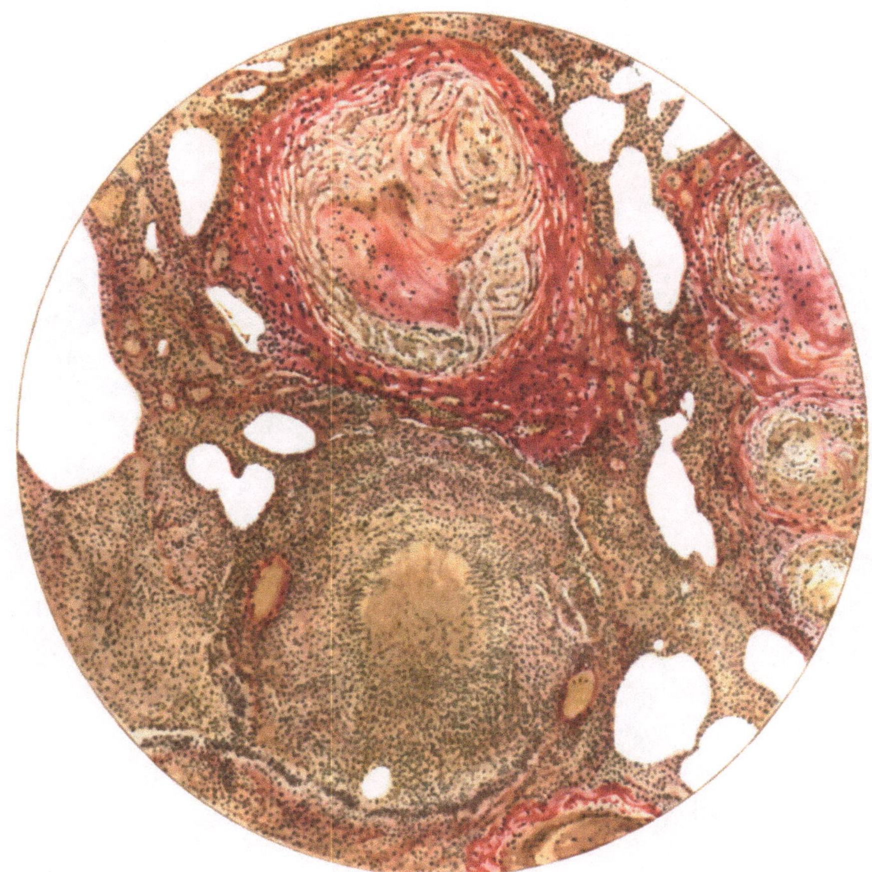

Abb. 34. Miliartuberkulose der Lunge. Teils in weitem Maße fibrös umgewandelte, teils frischere Miliartuberkel. VAN GIESON.

oder doch durch eine annähernd gleichzeitige Aussaat von Tuberkelbazillen in die Blutbahn, nicht in Einklang stehen.

Weiter bieten die Lungen bei der Miliartuberkulose sehr markante Veränderungen an den *Bronchien und Gefäßen* dar.

Was zunächst die kleinen *Bronchien* betrifft, so beteiligen sie sich in allen Fällen von Miliartuberkulose in weitem Maße an der Herdbildung. Am besten läßt sich das in den frischeren Fällen mit verkästem Exsudat erkennen. Je nach Größe des Herdes sieht man dann in die Verkäsung neben den Alveolen nicht nur Alveolargänge, sondern auch Bronchioli respiratorii einbegriffen, und selbst Bronchioli terminales sind hier und da mitbetroffen, so daß alle Übergänge gegeben sind zu den größeren hämatogenen Herden, wie sie sich bei der Frühgeneralisation finden (vergl. Abb. 39, S. 200). Im allgemeinen liegen die Verhältnisse so, daß die käsigen Massen wulstartig oder zapfenartig in das gewöhnlich erweiterte Bronchiallumen hineinragen, und daß darauf eine zähe, mit mehr oder weniger Zellen durchsetzte Schleimschicht folgt. Oft ist im Bereich des käsigen Zapfens das Bronchialepithel noch eine Strecke weit gut erhalten,

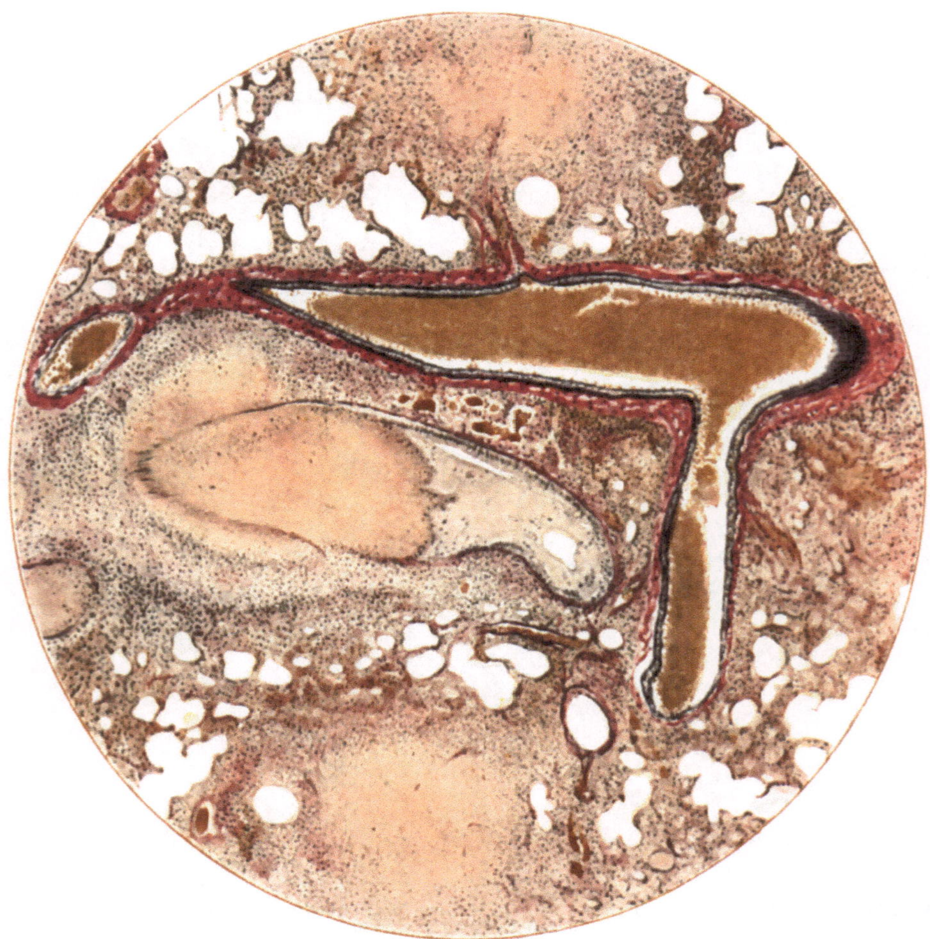

Abb. 35. Frische Miliartuberkulose der Lunge. In der Mitte ein zum Teil intrabronchialer Tuberkel. Elastika : VAN GIEGSON. Etwa 40fache Vergr.

während dann in den weiter peripher gelegenen Teilen die Bronchialwand, soweit sie nicht in der Verkäsung aufgegangen ist, an den zellig reaktiven Vorgängen teilnimmt (Abb. 35); d. h. sie zeigt in ganz frischen Fällen eine zellige Durchsetzung, in älteren eine fast völlige Umwandlung in Epitheloidzellen und Riesenzellen, auf die Lymphozytenzonen folgen. Neben dieser Art der Beteiligung sieht man aber auch zuweilen noch eine andere, dann nämlich, wenn der Bronchialwand eng anliegende Alveolengruppen der Verkäsung anheim fallen. In diese Verkäsung kann dann die Bronchialwand von außen her einbezogen werden, so daß dann ein käsiger Herd zustande kommt, der von erhaltengebliebenen Resten der Bronchialwand, nämlich kollagenen und hauptsächlich elastischen Fasern durchzogen ist. Diese Beteiligung der kleinen Bronchialverzweigungen an einwandfrei hämatogenen Herdbildungen sowohl bei der Miliartuberkulose (Spätgeneralisation), als auch bei der Frühgeneralisation, die übrigens in weitem Maße identisch ist mit gewissen Bildern, die die azinösen Herde bei der chronischen Lungentuberkulose geben, zeigt immer wieder mit großer Deutlichkeit, daß das Ergriffensein der Bronchiolen in keiner Weise für die bronchogene Entstehung eines Herdes verwertet werden kann.

Gefäßveränderungen finden sich zwar bei der Miliartuberkulose der Lungen sehr häufig, aber doch nicht in allen Fällen. Schon diese Tatsache beweist,

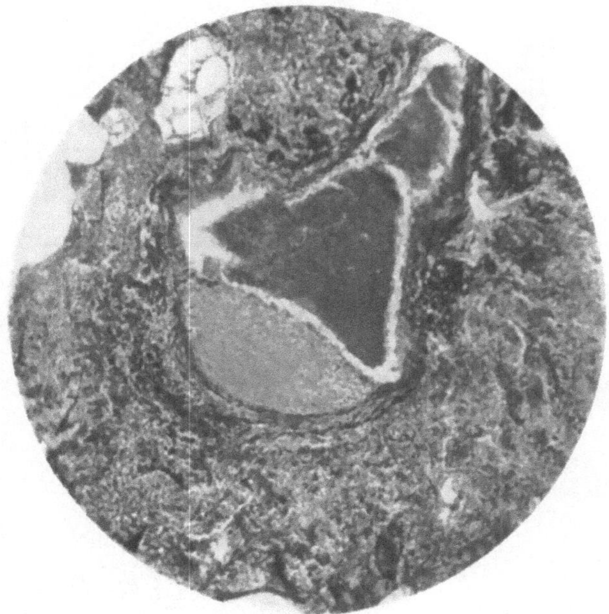

Abb. 36. Miliartuberkulose der Lunge. Kleiner abgeschlossener endangitischer Herd, an der Elastica interna verkäst, nach dem Lumen hin durch Epitheloidzellwucherungen abgeschlossen. 56fache Vergr.

daß solche Gefäßveränderungen nicht etwa mit den ursächlichen Bedingungen der Miliartuberkulose etwas zu tun haben können, sondern eine ihrer Folgen, bezw. Begleiterscheinungen sind. Die Gefäßveränderungen spielen sich gewöhnlich an kleineren Arterien ab, doch werden auch Venen gar nicht selten in derselben Weise betroffen. Auch die Gefäßveränderungen treten in zwei verschiedenen Formen auf. Das eine Mal handelt es sich um einen intravasalen Prozeß, der vorzugsweise die Intima betrifft, also um eine Endangitis im Sinne Bendas (Abb. 36 u. 37). Man sieht dann auf Querschnitten entweder der elastischen Innenmembran eine verkäste Stelle anliegen, die allseitig bedeckt wird von einer verschieden dicken Schicht typisch epitheloider Zellen, unter Umständen mit Einschluß von Riesenzellen. An der Grenze zu den normalen Intimateilen hin finden sich mehr oder weniger Rundzellen, zum größten Teil mit lymphozytenartigem Charakter. An der Oberfläche läßt sich meist ganz gut eine endothelartige Schicht abgrenzen. Oder die Verkäsung liegt der Intima nicht an, sondern es hat sich vielmehr der Tuberkel in der Weise gebildet, daß auch die tiefen Intimaschichten eine Umwandlung in epitheloide Zellen eingegangen sind und die Verkäsung sich dann im Inneren der Zellwucherung, also etwas abseits von der elastischen Innenmembran befindet. Berührt die Verkäsung die elastischen Fasern, so pflegen diese im großen und ganzen intakt geblieben

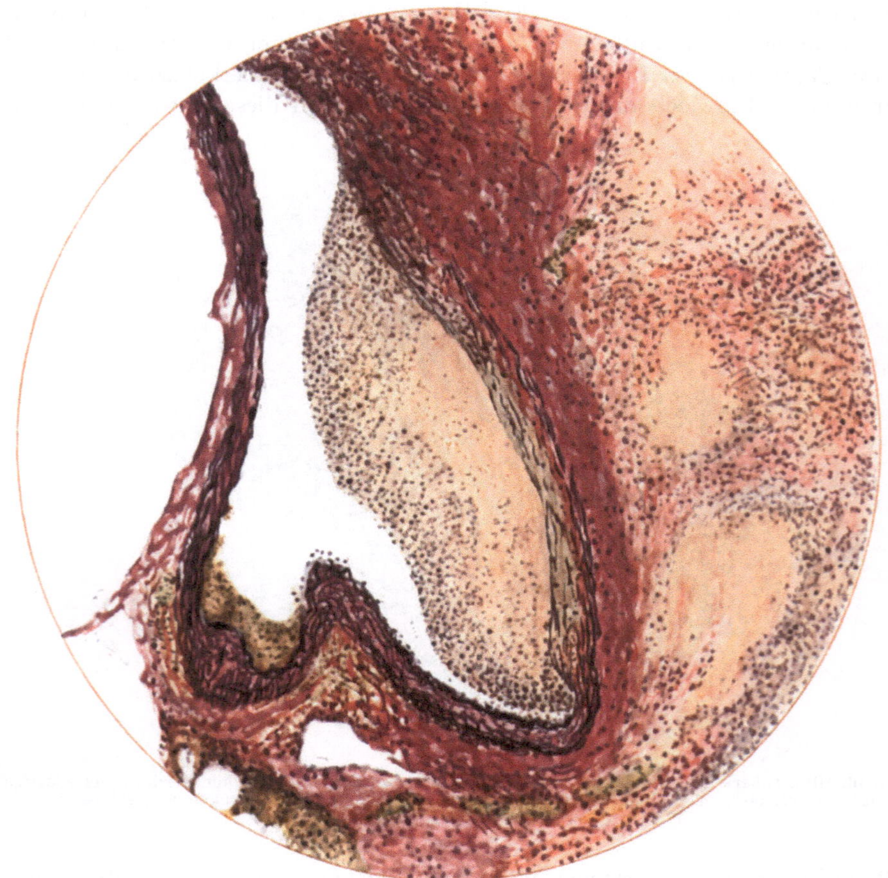

Abb. 37. Miliartuberkulose der Lunge. Endangitis tuberculosa, der Abb. 36 entsprechend. Elastika: VAN GIESON. Etwa 90fache Vergr.

zu sein. Kommt es jedoch an dieser Stelle zur Bildung von epitheloiden Zellen, so kann man ein Zugrundegehen der elastischen Fasern beobachten. Dann kommt es auch vor, daß die Epitheloidzellwucherung die ganze Gefäßwand durchsetzt und selbst weit über die Adventitia hinausgreift, wobei allenfalls noch kleine Trümmer der elastischen Fasern übrigbleiben. Dann kommen auch Bilder vor, bei denen die Entscheidung nicht immer leicht ist, ob man es mit einem ursprünglich intravasalen Herd zu tun hat oder mit einem extravasalen, der von außen die Gefäßwand in Mitleidenschaft gezogen hat. Derartige Herde kommen nämlich ebenso häufig vor und bilden die zweite der oben genannten Erkrankungsformen. Es hat den Anschein, als ob sich diese zweite Form vorwiegend bei den stürmisch verlaufenden Fällen von Miliartuberkulose findet. Sie stellt sich im Mikroskop folgendermaßen dar. Man hat beispielsweise einen Fall vor sich, bei dem sich im Lungengewebe lediglich exsudativ käsige Herde entwickelt haben, noch ohne die geringste produktive Komponente. Liegt nun ein derartiger verkäsender Herd einem Lungengefäß an, so sieht man die verkäsende Zone die Gefäßwand in einer Weise durchsetzen, als ob die Gefäßwand gar nicht vorhanden wäre. Es entsteht ein käsiges Herdchen, das einerseits von elastischem Faserngerüst der Alveolen durchsetzt wird, durch das andererseits die elastischen Fasern des Gefäßes hindurchziehen und das erst im Innern des Gefäßrohres sein Ende findet. Von den übrigen Bestandteilen des Gefäßrohres ist natürlich im Bereich der Verkäsung nichts mehr vorhanden. Bemerkenswert ist aber noch die zelluläre Reaktion in der Umgebung der verkästen Zone, während man im Bereich des Lungengewebes die an anderer Stelle genauer geschilderten verkäsenden Exsudationen sieht, wird die in das Gefäßlumen eingestülpte Käsemasse von einem mehr oder weniger breiten Saum von Zellen umrahmt, die zum größten Teil als typische Epitheloidzellen zu bezeichnen sind und sich in derselben Weise zu der Gefäßintima verhalten, wie es soeben für die rein intravasalen Herde geschildert wurde. Dieses Übergreifen der Verkäsung über die Gefäßwand hinaus ist darum von besonderem Interesse, weil es ein typisches Beispiel dafür darstellt, daß die mit der Verkäsung einhergehende Quellung sich schrankenlos ausbreiten kann, ohne an irgendeinem Gewebe ein Hindernis zu finden (Abb. 38). Es ist darum auch ein guter Beleg dafür, daß man es tatsächlich mit einem zum Teil rein physikalischen Gesetzen gehorchenden Quellungsvorgang zu tun hat. Allerdings wird man die Voraussetzung machen müssen, daß die der Verkäsung vorhergehende Exsudation in die Gefäßwand hinein ausstrahlte.

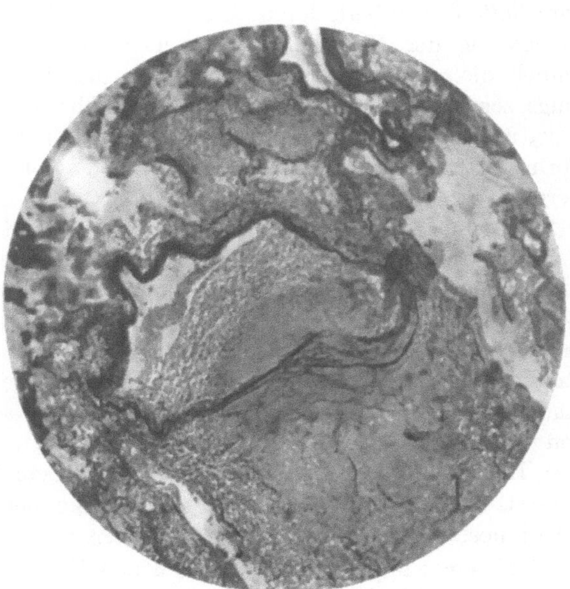

Abb. 38. Miliartuberkulose der Lunge. Rechts unten frischer Miliartuberkel, etwa dem der Abb. 28 entsprechend. Übergreifen der Verkäsung über eine Gefäßwand bis ins Lumen hinein, unter Erhaltung der elastischen Fasern. Im Anschlusse an die Verkäsung außerhalb des Gefäßes nur zellig-pneumonische Reaktion, im Innern des Gefäßes aber deutliche Epitheloidzellwucherung. 56fache Vergr.

Wenn wir uns noch über die Genese der beiden verschiedenen Formen von Gefäßerkrankungen Rechenschaft geben wollen, so ist die Genese der zweiten Form ohne weiteres klar. Sie ist abhängig von einem außerhalb des Gefäßrohres beginnenden und die Gefäßwand sekundär betreffenden, noch exsudativkäsigen Prozeß. Die erste Form kann jedoch wohl nur auf die direkte Einwirkung von im Blute vorhandenen Bazillen zurückgeführt werden. Denn es ist kaum anzunehmen, daß etwa in den perivaskulären Lymphräumen verschleppte Bazillen vorwiegend einen Intimaprozeß zu erzeugen imstande sind. Nun wäre es sehr wünschenswert, wenn man alle Stadien dieser Intimaerkrankung, von der Einnistung der Tuberkelbazillen an gerechnet bis zu den beschriebenen Herden hin verfolgen könnte. Das ist mir jedoch, obwohl mir ein ziemlich großes Material zur Verfügung steht, bisher nicht gelungen. Es mag daraus geschlossen werden können, daß diese Vorgänge sich ziemlich schnell abspielen, und das deutet wiederum darauf hin, daß allergische Zustände dabei mitwirken. Wir müssen wohl annehmen, daß beim Bestehen einer Miliartuberkulose auch lokal, in der Nachbarschaft der tuberkulösen Herde, allergische Zustände entstehen, die die Ausbildung der Gefäßherde in dem Sinne beeinflussen können, daß relativ schnell die produktive Komponente in den Vordergrund treten muß. Allerdings scheint die Intima der Gefäße überhaupt sehr leicht auf sie treffende Reize mit produktiven Reaktionen zu antworten, da wir sie ja auch bei der zweiten Form der beschriebenen Gefäßerkrankungen schneller auftreten sehen, als im Bereich der Lungenalveolen.

Um zum Schluß noch einmal auf die Frage zurückzukommen, ob diese Gefäßerkrankungen etwas mit den Entstehungsursachen der Miliartuberkulose zu tun haben, so läßt sich sagen, daß auch die mikroskopischen Befunde in keiner Weise in diesem Sinne verwertet werden können. Es fehlen sowohl Ulzerationen, als auch Brutstellen von Tuberkelbazillen. Vor allen Dingen ist aber auch für diese Herde zu sagen, daß sie sich vorwiegend dann entwickeln, wenn schon eine Miliartuberkulose besteht und daß sie damit ihre Abhängigkeit von der vorhandenen Miliartuberkulose erweisen. Immerhin läßt sich auch für diese Herde nicht leugnen, daß auch aus ihnen von Zeit zu Zeit Tuberkelbazillen in gewisser Menge in die Blutbahn gelangen können und daß dadurch die Miliartuberkulose in gewisser Weise unterhalten werden kann.

Nachdem wir gesehen haben, daß den Knötchen bei der Miliartuberkulose der Lungen nicht etwa, wie man so oft liest, interstitielle Wucherungen zugrunde liegen, sondern daß es sich um alveolenfüllende, mit Exsudation beginnende Prozesse handelt, haben wir uns noch mit der Frage zu beschäftigen, ob es nicht etwa dennoch auch *interstitielle Tuberkel* bei diesen Erkrankungen gibt. Diese Frage muß bejaht werden. Wir finden bei den langsam verlaufenden Fällen nicht selten in Begleitung von Bronchien und Gefäßen, meist allerdings nur vereinzelt, typische Epitheloidzelltuberkel mit Riesenzellen, die mitten in den Bindegewebsscheiden liegen, jedenfalls zu den Alveolen in keiner Beziehung stehen. Es kann sich hier um nichts anderes handeln als um lymphangitische Prozesse, also Tuberkelbildungen innerhalb der Lymphgefäße. Zuweilen läßt sich diese Lage in den Lymphspalten noch ganz gut erkennen. Ihre Genese muß die sein, daß von den intraalveolären Tuberkeln verhältnismäßig reichlich Bazillen in den Lymphbahnen abgeführt werden und daß auf diese Weise, evtl. noch mit Unterstützung durch eine Lymphstauung, an verschiedenen Stellen die Infektion in den Lymphgefäßen angehen kann. Es ist sehr wahrscheinlich, daß bei ihrer Bildung, zumal da ja zuweilen auch eine hohe positive Allergie vorhanden ist, die exsudative Phase ziemlich stark zurücktritt und es verhältnismäßig schnell zur produktiven Wucherung kommt. So kann man exsudative Stadien kaum beobachten, obwohl hier und da unspezifische lymphangitische Vorgänge zu sehen sind. Auch Verkäsungen habe ich in solchen Knötchen nie gesehen.

Nun kommen aber auch ganz selten Miliartuberkulosen der Lungen vor. Fälle mit gewöhnlich nur leichter Aussaat in andern Organen, in denen diese interstitiellen Tuberkel ganz vorherrschen, ja fast oder ganz ausschließlich vorhanden sind. Es handelt sich dann um makroskopisch ziemlich trockene, etwas geblähte Lungen, an denen man schon mit bloßem Auge eine eigentümliche reihenförmige Anordnung der kleinen grauen, ziemlich scharf begrenzte Knötchen sieht und bei denen diese reihenförmige Anordnung durchaus dem Verlauf der Bronchien und Gefäße entspricht. Im Mikroskop tritt diese Anordnung noch besser hervor. Schon kleinere Bronchien und Gefäße können von ganzen Ketten von Tuberkeln begleitet sein. Auch hier sind es rein produktive Tuberkel, oft mit zahlreichen Riesenzellen. Ich habe solche Fälle im Verlauf der Jahre nur einige wenige Male gesehen. Ich stelle mir vor, daß es sich um Infektionen mit wenig virulenten Bazillen handelt, die gewöhnlich im Bereich der Kapillaren ausgeschieden werden, aber zu keiner oder wenigstens sehr geringer und resorbierbarer Exsudation in den Alveolen führen, dann aber im Bereich der abführenden Lymphbahnen, vielleicht auch unter dem Einfluß einer Lymphstauung, zu leichteren Infektionen Veranlassung geben. Wir werden in weiteren Fällen genauer auf die Genese zu achten haben.

3. Die Lungen bei der Frühgeneralisation.

In manchen Fällen von Frühgeneralisation zeigen die Lungen ganz dasselbe Bild wie bei der gewöhnlichen Miliartuberkulose, während dann in anderen Organen entweder mehr das der großherdigen Tuberkulose vorherrschen oder ebenfalls eine mehr oder weniger ausgebreitete Miliartuberkulose bestehen kann. Im übrigen gibt es bei der Frühgeneralisation in den Lungen alle Übergänge von jenen Herdchen, die man bei einer ganz akut zum Tode führenden Miliartuberkulose sieht, bis zu solchen, die mehr den ganzen frischen azinösen Herden und ganz besonders den jungen lobulären und sublobulären Herden gleich zu setzen sind. Im Prinzip bestehen also keine Unterschiede gegen andere Erscheinungsformen der Lungentuberkulose. Da die Mliartuberkulose schon besprochen wurde, die anderen Erkrankungen noch genauer erörtert werden, so kann ich mich hier sehr kurz fassen. Entsprechend der Tatsache, daß eine Frühgeneralisation gewöhnlich dann auftritt, wenn der Primärkomplex noch in vollster Blüte steht, finden wir diese Art der Lungenerkrankung im wesentlichen bei jungen Kindern, besonders auch Säuglingen, sodann auch hier und da einmal im späteren Kindesalter und bei jugendlichen Erwachsenen. Es ist wichtig, daß bei diesen aber auch solche Formen von großherdiger Generalisation auftreten können, nachdem schon andere Herde in den Lungen oder anderen Organen entwickelt waren. Dann dürfte man allerdings wohl nicht von Frühgeneralisation sprechen, sondern von Bildern, die mit dieser Tuberkuloseform im anatomischen Sinne identisch sind. Es kommt darauf hinaus, daß jener Zustand von Allergie, bezw. Hyperergie, der der Frühgeneralisation entspricht, und die sonstigen für diese Tuberkuloseform notwendigen Bedingungen auch in späteren Entwicklungsstadien einer tuberkulösen Erkrankung gegeben sein können.

Das makroskopische Bild dieser Lungenerkrankung unterscheidet sich zuweilen von dem der Miliartuberkulose nur dadurch, daß die einzelnen Herde größer sind und noch unregelmäßiger in die gewöhnlich sehr stark pneumonisch infiltrierte Umgebung übergehen, während auch hier eine größere Dichte und Ausdehnung in den kranialen Lungenteilen gegenüber den kaudalen vorhanden

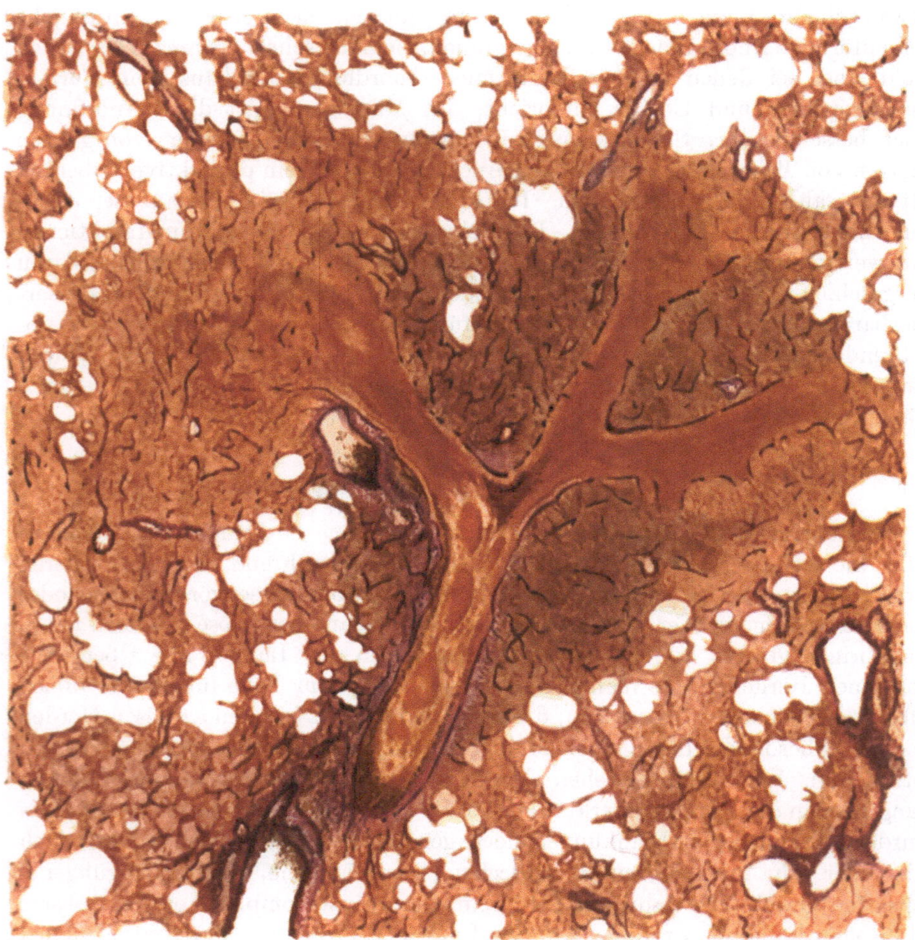

Abb. 39. Käsig-broncho-pneumonischer Herd aus der Lunge eines Kindes mit Frühgeneralisation Elastika: VAN GIESON. Etwa 30fache Vergr.

zu sein pflegt. Doch gibt es auch Fälle, in denen die Verteilung eine ganz unregelmäßige ist. Das ist auch dann der Fall, wenn etwa ein Einbruch eines zum Primärkomplex gehörigen verkästen und erweichten Lymphknotens in einen Bronchus erfolgte. Derartige Fälle gehören insofern fast stets zu den Frühgeneralisationen, als es sich bei ihnen um eine unmittelbar im Anschluß an den noch frischen Primärkomplex auftretende Erkrankung handelt. Unter diesen Umständen können natürlich auch größere, selbst lobuläre Herde zustande kommen. Sonst aber möchte ich als das am meisten charakteristische

Bild für die gewöhnlich hämatogen entstehende Frühgeneralisation dasjenige bezeichnen, das mit seinen azinösen bis lobulären, oft unregelmäßigen und konfluierenden Herden am besten den Namen der großherdigen Tuberkulose trägt, womit auch die oben schon erwähnten analogen Erkrankungsformen späterer Lebensalter umfaßt werden. Die erwähnten Herde, die bei der Sektion stets weitgehend verkäst sind, schließen oft deutlich kleine Bronchien in sich ein, die ebenfalls mit käsigen Massen erfüllt sind. Eine Pleuritis pflegt die Erkrankung zu begleiten. In den am meisten kranial gelegenen Herden können die Zeichen der beginnenden Erweichung oder auch schon richtige frische Kavernen vorhanden sein.

Das mikroskopische Bild ist durchaus das der verkäsenden Pneumonie, so wie es an anderen Stellen mehrmals geschildert wird. Die perifokale Entzündung ist eine besonders schwere. Zeichen einer Abkapselung sind nie vorhanden. Auch die produktive Reaktion pflegt nur in einigen Fällen hier und da angedeutet zu sein, in den meisten aber ganz zu fehlen. Das ist auch durchaus verständlich, denn es handelt sich ja immer um unter dem Einfluß einer Hyperergie stehende und schnell zum Tode führende Krankheiten. Ein einziges Moment ist aber noch der besonderen Beachtung wert und das ist die Beteiligung der Bronchiolen (Abb. 39). Es handelt sich entweder um Bronchioli terminales oder auch um ihnen übergeordnete Bronchiolen. Ich habe den Eindruck, daß bei keiner anderen Erkrankungsform die Bronchiolen in so weitgehendem Maße in die Erkrankungsherde einbezogen werden wie hier. Offenbar sind sie infolge der heftigen Reaktion von vornherein mit zelligem, schleimigem und wohl auch fibrinösem Exsudat total erfüllt, ihre Schleimhaut ebenfalls damit durchsetzt, so daß nun bei der rasch einsetzenden Verkäsung sämtliche zu dem Herd gehörenden Bronchialteile mit darin aufgehen. Nur das elastische Fasergerüst der Bronchiolen gibt dann noch über ihre Lage Auskunft. Ich glaube, daß dieser Verkäsungsprozeß der Bronchiolen sich unmittelbar auf die Alveolen fortsetzt und daß auch oft die Verkäsung der alveolären Teile nicht an der Azinusgrenze halt macht, so daß oft Herde entstehen müssen, die z. B. im eigentlichen Sinne als azinöse nicht zu bezeichnen wären, was sich auch oft in ihrer sehr unregelmäßigen Form ausspricht. Dasselbe gilt dann auch für die größeren Herde, die sich schrankenlos über die Grenzen der Lobuli hin ausbreiten können. Hier wie dort müssen aus solchen Vorgängen auch oft typische konfluierende Formen entstehen.

Die beginnende Kavernenbildung in den kranialen Teilen bei den hämatogenen Formen wurde schon erwähnt. Bei den bronchogenen, z. B. infolge Einbruchs einer erweichten Bronchialdrüse entstehenden Formen kommt es besonders in den oft größeren lobulären Herden der Unterlappen gewöhnlich sehr schnell zu einer Kavernenbildung. Es ist eine typische Überempfindlichkeitsreaktion. Auf die histogenetische Entwicklung dieser Kavernen hier einzugehen, halte ich nicht für notwendig. Sie unterscheidet sich nicht von den Kavernen in anderen Krankheitsperioden.

4. Die chronische Lungentuberkulose.

Es wird in diesem Kapitel im wesentlichen darauf ankommen, die anatomische Beschreibung, der bei der chronischen isolierten Lungentuberkulose auftretenden Veränderungen zu geben, d. h. es sollen die einzelnen Erscheinungsformen beschrieben werden, wobei natürlich auch ihre Zusammenhänge untereinander, ihr Werden und ihr Schicksal berücksichtigt werden müssen. Die Erörterung allgemein-pathogenetischer Fragen, derentwegen auf S. 6 ff. verwiesen wird, soll hier jedoch möglichst vermieden werden. Auch eine Einteilung der vorkommenden Prozesse kann vorläufig nicht gegeben werden. Dazu soll erst die Grundlage durch Beschreibung der einzelnen Erscheinungsformen geschaffen werden. Erst dann werden wir eine Einteilung geben und sie begründen können.

a) Isolierte Spitzentuberkulosen.

Ganz frische Herde und in so geringer Ausdehnung, daß man wirklich von beginnenden Prozessen sprechen kann, sieht man in der Mehrzahl der Fälle im jugendlichen Lebensalter. Meine meisten Fälle stammen aus dem zweiten bis achten Lebensjahr, einige wenige aus der Zeit bis zum 20. Lebensjahr. Das gilt ganz besonders für die wirklich *isolierten* Spitzenerkrankungen, neben denen sonst nur noch ein makroskopisch reaktionsloser Primärkomplex, eventuell bei gleichzeitiger Leptomeningitis, gefunden wird (s. S. 46 ff.).

Makroskopisches Verhalten. Gerade für das Auffinden und für die weitere Verarbeitung dieser kleinen Herde ist eine vorhergehende Härtung der Lungen (s. S. 157) nicht nur wünschenswert, sondern direkt notwendig, insbesondere wenn man auf eine mikroskopische Untersuchung Wert legt. Aber es mag hier gleich bemerkt werden, daß ganz oder fast ganz abgelaufene Prozesse makroskopisch überhaupt nicht erkennbar zu sein brauchen. In den frischeren Fällen erkennt man unmittelbar unter der Pleura der Spitze oder allenfalls $1-1^1/_2$ cm darunter einen oder mehrere ausgesprochen miliare Tuberkel von grauer bis graugelblicher Farbe und runder Form und scharfer Begrenzung. Ein anderes Mal sind es etwas größere, bis linsen- und kleinbohnengroße, mehr gelbliche, offenbar verkäsende Knötchen von etwas unregelmäßiger Form, hier und da ganz und gar an „azinöse" erinnernd. Die Umgebung pflegt besonders im letzteren Fall etwas blutreicher zu sein, zeigt auch manchmal gerade angedeutete oder besser faßbare kleine entzündliche Infiltrate; sie kann aber auch, besonders wenn lediglich miliare Knötchen zu sehen sind, makroskopisch völlig reaktionslos sein. Bemerkt muß weiter werden, daß man zuweilen in solchen Fällen, in denen man auf das Vorhandensein von tuberkulösen Vorgängen in den Lungenspitzen fahndet, einzelne kleine oder auch mehrere unregelmäßig verteilte strahlige weißliche, anscheinend etwas narbige Verhärtungen des Lungengewebes an denselben Stellen finden kann, die dann den Übergang zu den schon angedeuteten, makroskopisch überhaupt nicht mehr feststellbaren Veränderungen bilden. Eine frische Pleuritis habe ich in derartigen Fällen noch nicht gesehen; sie muß aber doch in einer größeren Anzahl von Fällen vorhanden sein, weil sich ja relativ häufig an sonst gesunden Lungen umschriebene Verwachsungen der Spitze finden oder auch leichte kappenartige schwielige Verdickungen der Pleura, die beide nur auf geheilte tuberkulöse Prozesse zurückgeführt werden können. Unter diesen kappenartigen Verdickungen der Pleura pflegt das Lungengewebe etwas gebläht zu sein. Die Verdickungen können eine weiße Farbe haben oder auch umgekehrt mit den unmittelbar anschließenden Schichten besonders reichlich anthrakotisches Pigment enthalten, besonders dann, wenn zu gleicher Zeit Verwachsungen bestehen.

Mikroskopisches Verhalten. Je nach der Größe der Herde verhalten sie sich verschieden. Handelt es sich makroskopisch um richtige Miliartuberkel, zeigen sie auch mikroskopisch durchaus dasselbe Bild; nur pflegt die produktive Komponente sehr viel häufiger stärker ausgesprochen zu sein als bei der allgemeinen Miliartuberkulose. Ich habe in einigen Fällen, die nur vereinzelte miliare Knötchen aufwiesen, rein produktive Tuberkel mit absolut typischem Bau

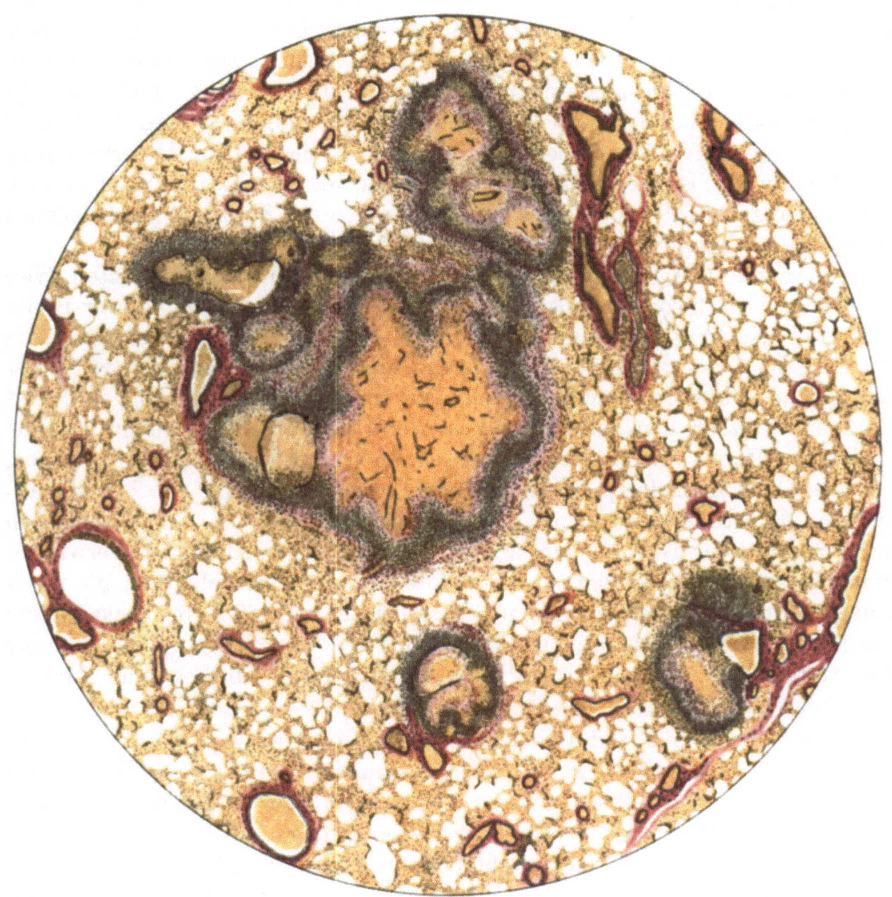

Abb. 40. Frischer Lungenspitzenherd aus der Lunge eines 7jährigen Mädchens. Ein größerer annähernd azinöser und mehrere miliare Herde, alle in der Mitte käsig-pneumonisch, peripher von zum Teil faserhaltigen Zellsäumen umgeben. In den größeren Herd sind links zwei Bronchiolen eingeschlossen. Elastika: VAN GIESON. Etwa 20fache Vergr.

gesehen. Ihr Sitz, ob in den Alveolen oder außerhalb, läßt sich dann nicht mit Sicherheit erkennen. Doch zeigen auch hier wie bei der allgemeinen Miliartuberkulose andere Herdchen, die ein verkästes Zentrum enthalten, mit Sicherheit den intraalveolären Sitz an, da sie in der Verkäsung mehr oder weniger deutlich elastische Fasern von Alveolen enthalten. Noch deutlicher wird das bei den größeren Herdchen (Abb. 40). Hier handelt es sich bei den frischen Fällen, die ich gesehen habe, um Gruppen von Alveolarsäcken, u. U. mit Einbeziehung eines kleinen Bronchiolus respiratorius oder mehrerer Alveolargänge, die sämtlich mit käsigen Massen gefüllt sind und in denen sich die ehemalige Struktur deutlich durch die elastischen Fasern zu erkennen gibt.

Die mitbestehende Bronchialerkrankung darf natürlich in keiner Weise für eine bronchogene Entstehung verwertet werden, da wir ganz dieselben Bilder auch bei sicher hämatogenen Erkrankungen, z. B. bei der allgemeinen Miliartuberkulose und hämatogenen Frühgeneralisation sehen. Auch daß etwa ein solcher Herd mit einer Bronchialerkrankung beginnt, möchte ich für ausgeschlossen halten. Ich bin vielmehr der Meinung, daß die auf dem Blutwege herangeschafften Bazillen vorwiegend in die Alveolen ausgeschieden werden und daß sich von dort aus exzentrisch der Herd ausbreitet. Dafür spricht auch die Tatsache, daß man unter den fraglichen Spitzenherden zwar des öfteren isolierte intraalveoläre Miliartuberkel, aber nie eine isolierte Bronchialerkrankung sieht. Im übrigen stimmen die größeren Herde im Prinzip durchaus überein mit den seinerzeit von Birch-Hirschfeld, Abrikosoff, Schmorl beschriebenen und für primär gehaltenen Spitzenherden.

Peripher wird die käsige Masse umgeben von einem relativ breiten Wall von typischen Epitheloidzelltuberkeln mit Riesenzellen, dem eine in ihrer Breite wechselnde Schicht von Lymphozyten folgt. Das Ganze strahlt unregelmäßig in die Umgebung aus und erinnert in vielen Punkten durchaus an die erst weiter unten genauer zu besprechenden eigentlichen „azinösen" Herde (Abb. 40). Auf die Frage, wie auch hier exsudative Phase und produktive Phase in der Entwicklung der Herde einander folgen müssen, möchte ich nicht näher eingehen. Es handelt sich im Prinzip um denselben Entwicklungsgang wie bei der allgemeinen Miliartuberkulose und den azinösen Herden bei der chronischen Lungentuberkulose. Es sei darum auf die entsprechenden Abschnitte verwiesen. Nur möchte ich noch betonen, daß gerade bei diesen Spitzenherden, die meist in einem stark allergischen Organismus entstehen mögen, offenbar die exsudative Phase häufig stark zurücktreten und die produktive schneller in die Erscheinung treten muß. Auch der Ersatz der Verkäsungen durch fibröses und Narbengewebe mag ziemlich schnell von statten gehen.

Unmittelbar anschließend an solche Herdchen oder auch nur in ihrer Nachbarschaft sieht man sehr oft ganz banale pneumonische Prozesse, d. h. größere Alveolengruppen, meist streifenförmig hilus- oder pleurawärts gerichtet, mit Leukozyten angefüllt und ohne fibrinöse Beimengungen. Es sind das Befunde, denen man auch sonst oft in Lungen, besonders von Kindern, begegnet, ohne daß makroskopisch Pneumonien diagnostiziert waren. Hier ist es aber auffällig, daß sie mit einer gewissen Regelmäßigkeit vorkommen. Ich habe mich bemüht, in solchen Herden Tuberkelbazillen festzustellen. Das ist mir aber nicht gelungen. Doch waren auch andere Bakterien bei verschiedenen Färbungen nicht nachweisbar. Ich nehme an, daß es sich um Veränderungen handelt, die in das Gebiet der „perifokalen" Entzündung gehören und daß solche pneumonischen Reizungen durch Stoffwechselprodukte aus den tuberkulösen Herden entstehen. Für die Röntgendiagnose dürften solche Infiltrate von einiger Bedeutung sein, worauf ich noch zurückkomme. Man hat übrigens nicht den Eindruck, daß es sich hier um eine schwerere Komplikation handelt. Die Alveolenwände bleiben absolut intakt, nur einige Alveolarepithelien pflegen sich dem zelligen Exsudat beizumengen. Daß solche Infiltrate ohne Residuen gelöst werden können, ist nicht zu bezweifeln.

Von größtem Interesse sind nun in solchen Fällen die *weiteren Entwicklungszustände*, bezw. die *Heilungsvorgänge*. Es wurde schon betont, daß die produktive Reaktion vorherrscht. Es gelten dafür dieselben Überlegungen wie bei den allgemeinen, im produktiven Stadium sezierten Miliartuberkulosen (S. 186). Aber auch die Faserbildung zwischen den Epitheloidzellen und in der Peripherie des Tuberkels — und das gilt besonders für die einzelnen Miliartuberkel — drängt sich sehr deutlich dem Auge auf. Wir haben es also offenbar mit Tuberkeln zu tun, die eine starke Tendenz haben, nicht nur schnell das produktive Stadium zu erreichen, sondern auch ebenso schnell zur fibrösen Umwandlung zu gelangen, Tuberkel also, die in einem besonders günstigen Stadium der Allergie gebildet werden. Man kann nun schon bei solchen Tuberkeln

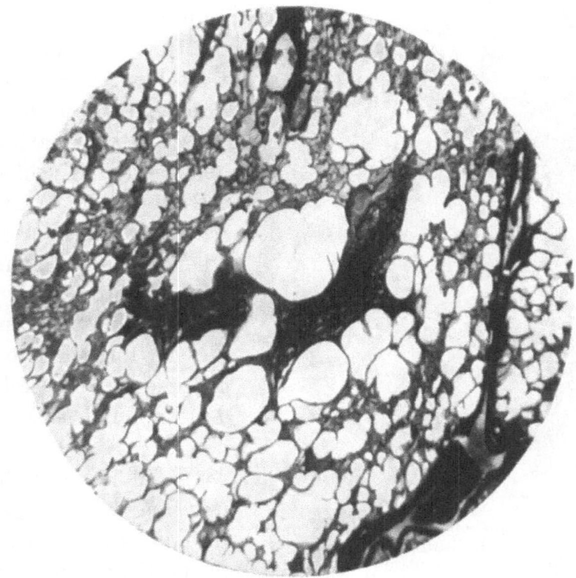

Abb. 41. Vernarbter Spitzenherd eines 15jährigen Mädchens (VAN GIESONfärbung). In die in der Photographie schwarz gefärbte Narbe greifen emphysematös geblähte Alveolen ein. 15fache Vergr.

erkennen, wie ihre fibrös gewordene Peripherie etwas unregelmäßig in die benachbarten Alveolenwände eingreift und so schon leicht unregelmäßige und zackige Figuren entstehen läßt. Noch deutlicher habe ich solche Bilder gesehen bei jenen Formen von Miliartuberkulose, die nur eine geringe Aussaat in den Organen zeigen, bei denen aber eine Meningitis den Tod herbeiführte. Man sieht dann u. U. in den kranialen Lungenteilen weitgehend fibrös umgewandelte Tuberkel, die auch eine starke Schrumpfung und dadurch Verkleinerung erfahren haben und die nun nach allen Seiten unregelmäßig zackig in die Wände der umliegenden Alveolen eingreifen. Diese Gebilde geben sich dann entweder noch unmittelbar als Tuberkel zu erkennen an ihrem oft nur geringen Gehalt an Epitheloidzellen oder solitären Riesenzellen, oder sie sind als Tuberkel fast unkenntlich geworden und bestehen im Wesentlichen aus einem relativ grobfaserigen fibrösen Gewebe mit diffuser oder herdförmiger Beimengung von Lymphozyten. Elastische Fasern sind dann kaum mehr in ihnen zu finden. Diese Bilder leiten über zu denen, die ich des öfteren direkt in den Lungenspitzen sah und deren makroskopisches Verhalten oben geschildert wurde. Es handelt sich um jene Fälle, die sonst nur einen alten Primärkomplex (in der Lunge oder im Darm) aufwiesen und entweder an tuberkulöser Meningitis oder an einer interkurrenten andern Erkrankung gestorben waren und deren Lungenspitzen makroskopisch kaum irgendwelche Veränderungen verrieten. Mikroskopisch fällt hier nur eine narbige Umwandlung von Alveolenwänden auf, die nur einen kleinen umschriebenen Bezirk oder deren mehrere der Lungenspitze einnehmen. Es handelt sich lediglich um fibröse Verdickungen der Alveolenwände, die sich jeweils ganz allmählich verjüngen, die frei von elastischen Fasern sind und allenfalls noch Lymphozyteninfiltrate enthalten (Abb. 41). Zuweilen findet man in ihnen auch sehr kleine drüsenartige spaltförmige Lumina, die offenbar von ehemaligen komprimierten atelektatischen Alveolen oder Alveolargängen herrühren. Die zu diesen verzweigten narbigen Gebilden gehörenden Alveolen sind immer erweitert, die Wandungen offenbar starr und unelastisch. Fragen wir uns rückblickend, wie solche Bilder entstehen können, so müssen wir wohl annehmen, daß die in fibröser Umwandlung begriffenen Tuberkel durch den dauernden Druck und Zug der benachbarten funktionierenden Alveolen immermehr abgeplattet und in die Länge gezogen werden und daß so die zunächst nur wenig in die Umgebung ausstrahlenden, umschriebenen, fast kugelförmigen und auf dem Schnitt fast kreisförmigen Gebilde eine scharf begrenzte Narbe nicht mehr zurücklassen können. — Im Ganzen betrachtet haben wir es also mit einer Heilung zu tun, die zwar nicht eine Restitutio ad integrum bedeutet — denn die fibrösen Alveolenwandungen bestehen eben aus einem minderwertigen Narbengewebe —, aber die Lungenstruktur ist doch soweit wiederhergestellt, daß physikalische Zeichen, insbesondere bei der Perkussion, wohl kaum noch vorhanden sein könnten und daß auch röntgenologisch ein negativer Befund resultieren müßte. Wenn nun tatsächlich, wie oben angedeutet, derartige Prozesse in ihren Anfangsstadien gewöhnlich von banalen pneumonischen Infiltraten begleitet sind, die spurlos verschwinden können, die während ihres Bestehens dem Röntgenbild ihre Spuren aufdrücken und sich dem Hörrohr und dem perkutierenden Finger bemerkbar machen müssen, dann wäre hier einer der Wege gezeigt, der ein völliges Schwinden aller physikalischen Zeichen erklären würde.

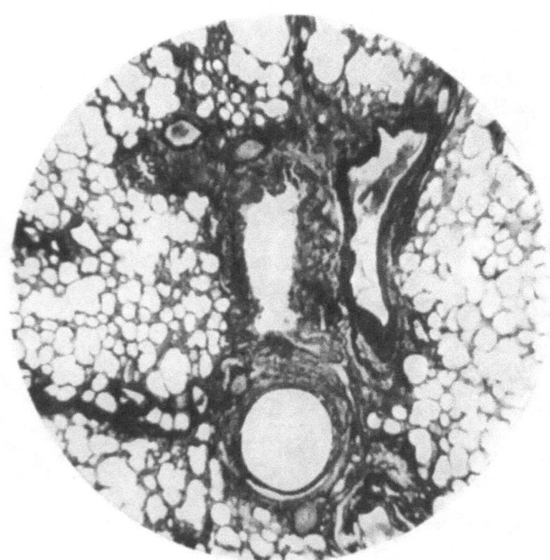

Abb. 42. Aus derselben Lunge wie Abb. 41, etwa dem Abflußgebiet der vorigen Abbildung entsprechend. Im Schnitt doppelt getroffener, deutlich erweiterter Bronchiolus mit chronisch entzündlich infiltrierter und etwas indurierter Wand. 15fache Vergr.

Anders steht es natürlich mit solchen Herden, bei denen die Verkäsungszone so groß ist, daß eine völlige Vernarbung entweder nicht mehr im Bereich der

Möglichkeit liegt oder doch wenigstens die Bildung von so feinen Narben ausgeschlossen ist. Dann gibt es entweder größere und kompaktere, auch anthrakotische oder schiefrig indurierte Narben oder Abkapselungen. Diesen Vorgängen werden wir im Verlauf der weiteren Besprechung noch öfter begegnen. Hier war es mir zunächst nur um diese sozusagen spurlos bei der Heilung verschwindenden Herde zu tun.

In einigen dieser Fälle lassen sich aber auch sehr interessante und praktisch wichtige Veränderungen an den abführenden Bronchien, bezw. Bronchiolen feststellen. Dort nämlich, wo im wesentlichen nur noch Spitzennarben vorhanden sind, finden sich mitunter unmittelbar anschließend an sie oder etwas weiter

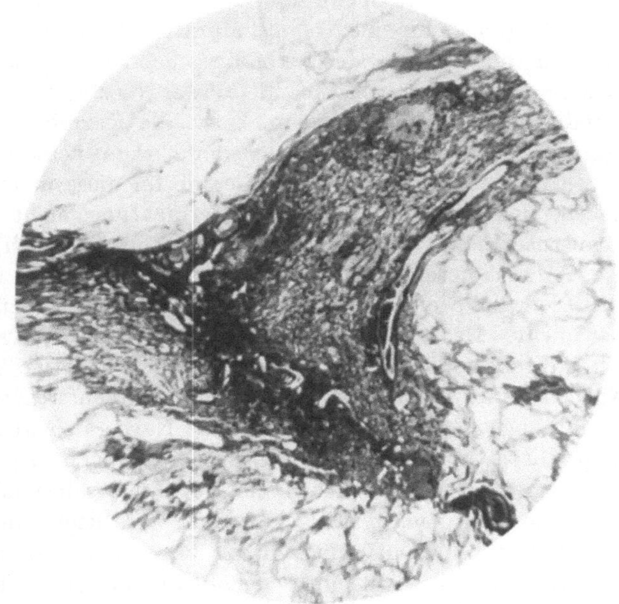

Abb. 43. Lungenspitzennarbe mit Pleuraschwiele verbunden, in der Photographie schwarz gefärbt. Pleura leicht eingezogen. Das zu beiden Seiten der Narbe gelegene Lungengewebe bis zur Pleura kollabiert und zum Teil induriert. Außerhalb davon emphysematös geblähte Alveolen. 10fache Vergr.

hiluswärts, deutlich erweiterte Bronchiallumina, die entweder einem Bronchiolus terminalis angehören oder auch einen der übergeordneten Bronchien betreffen mögen. Bei erhaltenem Epithel zeigt sich die Wand mit Lymphozyten infiltriert oder auch etwas narbig verändert. Ich glaube, daß es sich auch hier eher um die Residuen einer perifokalen Entzündung, als um solche spezifischer Prozesse handelt; jedenfalls um einen entzündlichen Prozeß, der zur Schwächung der Bronchialwand führte, auf die wiederum die Erweiterung folgen mußte. Ich bin der Meinung, daß man neben den erwähnten, emphysematös geblähten Alveolen gerade in diesen *Bronchiolektasien* jene Veränderungen wieder erkennen kann, die auch nach einer geheilten Spitzentuberkulose noch Abweichungen des Atemgeräusches, insbesondere ein verschärftes Exspirium, bedingen (Abb. 42).

Sodann muß noch der Beziehungen dieser Spitzenherde zu den *apikalen Pleuraschwielen* gedacht werden. In vielen Fällen lassen sich direkte

Verbindungen zwischen den Lungennarben und den Pleuraschwielen erkennen. In solchen Fällen pflegen dann auch noch andere interessante Veränderungen hervorzutreten. Man sieht nämlich in dem zwischen der Lungennarbe und den Pleuraschwielen ausgespannten Lungengewebe einen erheblichen Zusammenfall der Alveolen und eine Füllung derselben mit Bindegewebspfröpfen. Wir haben hier also das Gegenteil von dem, was wir in der Umgebung von Narben sehen, die frei im Lungengewebe liegen. Bei diesen sind die Alveolen der unmittelbaren Umgebung emphysematös gebläht, während sie bei jenen nicht nur kollabiert, sondern auch karnifiziert sind. Das ist verständlich; denn einerseits muß eine an der Oberfläche befestigte Narbe bei der Schrumpfung einen solchen Zug auf die umliegenden Alveolen ausüben, daß diese breit zusammengepreßt werden (Abb. 43). Dadurch wird nicht nur eine Kollapsatelektase verursacht, sondern auch die Bedingungen für eine Kollapsinduration geschaffen. Andererseits kommen die mit den tuberkulösen Herden einhergehenden perifokalen Entzündungen hinzu, die in einem derartigen Gelände schwer resorbiert werden können, und so die Grundlage für die Organisation, bezw. die Karnifikation abgeben. Wir finden aber apikale Pleuraschwielen auch dann, wenn keine direkten Verbindungen mit den Lungennarben bestehen. Gerade für diese möchte ich allerdings hervorheben, daß die makroskopische Betrachtung nicht genügt, um Lungennarben auszuschließen. Oft findet man sie noch deutlich, wenn man eine sorgfältige mikroskopische Untersuchung vornimmt. In allen diesen Fällen kann die Pleuraschwiele die Folge einer perifokalen Entzündung sein, braucht es aber nicht. Denn wir finden verhältnismäßig häufig in frischen Fällen der Pleura direkt anliegende Tuberkel. Heilen derartige Tuberkel, so können ihre Narben unmittelbar in die zu gleicher Zeit entstehenden Pleuraveränderungen einbezogen werden. Dann wäre die Narbe also wenigstens zum Teil aus einem spezifisch tuberkulösen Prozeß hervorgegangen. Apikale Pleuraschwielen können sich aber endlich auch finden, ohne daß selbst mikroskopisch irgendwelche Lungennarben nachweisbar sind. Für diese liegt dann aber nach den bisherigen Ausführungen kein Grund vor, zu bezweifeln, daß sie aus einer, wenn auch oft geringfügigen, dicht unter der Pleura gelegenen tuberkulösen Erkrankung hervorgegangen sind.

b) Der azinöse Lungenherd.

Anatomische Vorbemerkungen. Für das Verständnis aller sich in den Lungen abspielender tuberkulöser Prozesse ist die Kenntnis des anatomischen Aufbaus der Lungen eine unentbehrliche Voraussetzung. Das gilt sowohl für gewisse, erst durch besondere Verfahren oder durch die mikroskopische Untersuchung feststellbare Verhältnisse als auch für die grob-makroskopische Anatomie. Über letztere kann ich mich wohl aber kurz fassen. So braucht über die Lappung nichts gesagt zu werden. Doch mag daran erinnert sein, daß die interlobären Spalten die Lungenlappen gewöhnlich vollständig bis zum Hilus voneinander trennen und daß die festgefügten Pleurablätter eine sehr scharfe und für die gewöhnlichen pathologischen Prozesse kaum durchdringbare Grenze zwischen den Lappen auch dann bilden, wenn Verklebungen oder Verwachsungen zwischen sich berührenden Pleurablättern zweier Lappen eingetreten sind. Ferner seien die nicht selten vorkommenden abnormen Lappungen erwähnt, deren Grenzfurchen bald ziemlich oberflächlich verlaufen, bald aber auch wie die gewöhnlichen

Spalten den Lungenhilus erreichen können. — Über die Zusammensetzung der Lappen, Lobi, aus Läppchen, Lobuli, braucht ebenfalls nicht viel gesagt zu werden. Von einem kleinen Bronchus abhängig, bilden sie kubische oder polyedrische Körper mit 1—1,5 cm langen Wandflächen und werden durch zähes, elastische Fasern enthaltendes Bindegewebe gegeneinander abgegrenzt. Da gerade in diesem Bindegewebe sich gewöhnlich reichliches anthrakotisches Pigment ablagert, werden diese interlobulären Septen oft als schwarze Grenzlinien deutlich sichtbar.

Wichtiger ist für die Pathologie der Lungentuberkulose seit der Einführung des Begriffes des azinösen Herdes durch ASCHOFF und NICOL die weitere Aufteilung des Lungenläppchens. Es ist hier nicht der Ort, um auf diese Verhältnisse in allen Einzelheiten oder gar auf die historische Entwicklung unserer Kenntnisse dieser Einzelheiten einzugehen. Die Namen KOELLIKER, FR. E. SCHULTZE, LAGUESSE und besonders RINDFLEISCH wären hier zu nennen, von welchem letzteren die Bezeichnung Lungenazinus stammt. Die Verhältnisse wurden erst vollkommen klargelegt durch die Untersuchungen von LOESCHKE und von HUSTEN. Mikroskopische Untersuchungen beider Autoren und das Ausguß- und Modellverfahren des ersteren brachten annähernd identische Resultate, und ich kann sagen, daß meine Nachprüfungen an den im Pathologischen Institut Leipzig befindlichen Lungenausgüssen von BIRCH-HIRSCHFELD und an eigenen mikroskopischen Präparaten sich im Wesentlichen mit den Ergebnissen der Arbeiten von LOESCHKE und HUSTEN decken. Ich möchte zunächst betonen, daß ich mich in der Definition des Azinus LOESCHKE anschließe, nach dem das Verzweigungsgebiet eines Bronchiolus terminalis diesen Namen tragen soll. Dieser Bronchiolus, der mit flimmerndem Zylinderepithel ausgekleidet ist und eine gut ausgebildete Muskelschicht besitzt, aber wohl kaum, entgegen der Annahme von HUSTEN, Alveolen aufweist, ist die engste Stelle des Bronchialsystems, enger als seine weiteren Verzweigungen, und hat wegen aller dieser Eigenschaften durchaus den Charakter eines Ausführungsganges, der an der Hauptfunktion der Lunge nicht teilnimmt. Was mich aber weiter veranlaßt, sein Verzweigungsgebiet für die letzte vom Bronchialbaum abhängige territoriale Einheit zu halten, ist der LOESCHKE gelungene und an passenden Präparaten immer wieder zu bestätigende Nachweis, daß dieses Gebiet auch ähnlich wie die Lobuli gegen die Nachbarschaft durch wenn auch feine bindegewebige Septen abgegrenzt wird. Der von mir anerkannte Azinus LOESCHKES entspricht also zwei Azinis HUSTENS. Die Größenverhältnisse mögen etwas schwanken; Erbsen verschiedener Größe entsprechen etwa den Ausmaßen.

Es folgen auf diesen Bronchiolus terminalis durch jedesmalige dichotomische Teilung in annähernd rechten oder etwas spitzeren Winkeln die Bronchioli respiratorii I., II. und III. Ordnung HUSTENS, die sehr viel weiter als der Bronchiolus terminalis sind und gewöhnlich peripherwärts an Weite zunehmen. Es handelt sich um muskelhaltige Schläuche, die entsprechend ihrem Namen mit mehr oder weniger reichlichen Alveolen besetzt sind, im Bereich derer die Muskulatur unterbrochen ist. Sie sind zunächst außerhalb der Alveolen mit flimmerndem Zylinderepithel ausgekleidet, das sich aber von den Schläuchen der II. Ordnung an allmählich in nichtflimmerndes Zylinderepithel und schließlich in kubisches Epithel umwandelt. Wie die Bronchioli terminales sind auch diese Schläuche von einer Arterie begleitet. Im Bereich der dieser Arterie anliegenden Wandteile pflegt sich das Flimmerepithel am längsten, und zwar in kontinuierlichem Zusammenhang, zu erhalten, während dort Alveolen fehlen. Auf diese Bronchioli respiratorii folgen die meist noch muskelhaltigen weiteren Alveolargänge, die, gewöhnlich gleichmäßig mit Alveolen besetzt sind, wenn nicht, so doch kaum noch anderes als respiratorisches Epithel aufweisen. Die Alveolargänge entstehen ebenfalls durch Teilung aus dem Bronchiolus respiratorius III und weitere gleichartige Teilungen, so daß man wiederum von verschiedenen Ordnungen sprechen könnte. Wieviel Alveolargänge aus einem Bronchiolus respiratorius entstehen und wie oft sich die Teilung wiederholt, vermag ich auf Grund eigener Erfahrungen nicht zu sagen. Im Allgemeinen habe ich den Eindruck, daß hier ebenfalls nur dichotomische Teilungen stattfinden, und zwar im Allgemeinen kaum mehr als zwei. Das Minimum der zu einem Azinus gehörenden Alveolargänge würde danach 12 betragen; mehr als 15, allenfalls 18, mögen kaum je vorkommen. Diesen Alveolargängen sitzen nun kappenartig die Alveolarsäcke, Sacculi alveolares, auf, die völlig muskelfrei als die blinden Endstücke zu bezeichnen sind. Im Bereich dieser Endsäcke sind die Arterien natürlich schon in Kapillaren aufgelöst; wieweit das auch für die Alveolargänge zutrifft, dürfte noch nicht genügend geklärt sein. Im Bereich der Kapillaren finden sich kaum noch Reste von fibrillärem Bindegewebe, etwas mehr vielleicht im Bereich jener knospenartigen Anschwellungen, die an der Grenze zwischen den Alveolen ins Lumen hineinragen. Dort sind auch knospenartige Verdickungen der elastischen Fasern zu erkennen. Diese bilden im übrigen vom Bronchiolus terminalis an ein kontinuierliches Stützgerüst des ganzen Lungenazinus.

Daß Überkreuzungen von Bronchioli terminales, Br. respiratorii und Alveolargängen nicht vorkommen, glaube auch ich bestätigen zu können. Auch daß, wie Loeschke zeigt, der Lungenazinus im Allgemeinen eine annähernd kubische Form hat, mag weitgehend zutreffen. Trotzdem muß man die Möglichkeit eines gewissen Ineinanderschiebens von Alveolen benachbarter Azini, ferner natürlich zwischen Alveolen ein und desselben Azinus, anerkennen, und dies zweifellos unter pathologischen Bedingungen, unter denen eine ungleichmäßige Blähung der Azini stattfindet. Endlich darf eine wichtige von Loeschke aufgedeckte Tatsache nicht unerwähnt bleiben, daß nämlich richtige Kommunikationen zwischen benachbarten Azini gar nicht selten vorkommen in Gestalt von Verschmelzungen einzelner oder zahlreicher Alveolarsäcke miteinander.

Makroskopisches Verhalten. Ohne die Kenntnis dieser anatomischen Verhältnisse ist, wie gesagt, eine richtige Vorstellung der mannigfachen, bei der chronischen Lungentuberkulose ablaufenden Prozesse kaum zu erlangen, und es ist ein Verdienst von Aschoff und seiner Schule, die Entwicklung der tuberkulösen Lungenherde in Beziehung zu diesen anatomischen Grundlagen gesetzt und sie mit ihnen in Einklang gebracht zu haben. Mit den Begriffen des azinösen oder azinös-nodösen oder azinös-knotigen Herdes haben wir heute eine gute und prägnante Bezeichnung gefunden. Wir werden darum auch gut tun, diese Bezeichnung ganz bestimmten Bildern vorzubehalten, nämlich solchen, bei denen wirklich der Lungenazinus das Geschehen beherrscht. Wir werden bald sehen, daß diese Abgrenzung wichtig ist. Das kann alles erst verständlich werden, wenn wir uns mit den genaueren mikroskopischen Vorgängen vertraut gemacht haben. Trotzdem erscheint es mir praktischer, den Resultaten der mikroskopischen Untersuchung vorauszueilen und zunächst zu definieren zu versuchen, was wir bei makroskopischer Betrachtung als azinöse usw. Herde zu bezeichnen berechtigt sind.

Es wurde schon bei Besprechung der Miliartuberkulose und der isolierten Spitzenherde darauf hingewiesen, daß auch bei ihnen neben eigentlichen miliaren Herden größere mit zackigem Querschnitt vorkommen und daß wir dabei auch nichts anders vor uns haben als die Erkrankung eines ganzen Azinus oder eines Teiles davon. Jedoch pflegen bei den allermeisten Fällen von chronischer Lungentuberkulose diese Verhältnisse sehr viel deutlicher hervorzutreten. Allerdings kommen natürlich auch bei ihr miliare Herde vor. Wir können sogar sagen, daß bei *allen* chronischen Lungentuberkulosen dort, wo der Prozeß noch am frischesten ist, miliare Herde vorhanden zu sein pflegen. Von solchen miliaren Herden finden sich dann alle Übergänge zu den typischen azinösen. Wir können wohl annehmen, daß bei der chronischen Lungentuberkulose, ganz abgesehen davon, ob diese Herde bronchogen oder hämatogen entstehen, der Azinus an irgendeiner Stelle infiziert und daß je nach der Lage dieser Infektionsstelle entweder nur ein Bronchiolus respiratorius III mit seinen zugehörigen Alveolargängen und Alveolarsäcken erkrankt oder deren mehrere oder auch der ganze Azinus; wozu schon jetzt gesagt sei, daß jede derartige Erkrankung unbedingt eine alveolenfüllende, bezw. intrakanalikuläre ist. Ein derartiger frisch entstandener, aber schon als azinös zu bezeichnender Herd ist auf der Schnittfläche linsen- bis erbengroß und unregelmäßig gezackt, von leicht gelblicher Farbe und ziemlich unscharf begrenzt, seine Umgebung bald mehr, bald weniger hyperämisch oder auch angeschoppt (Abb. 44). Bei entsprechender Schnittführung kann man deutlich sehen, wie er auf einem feinen Stiel sitzt, nämlich auf dem von der Arterie begleiteten Bronchiolus wie eine kleine Traube auf ihrem Stengel hängt. Wichtig ist, daß man oft auch schon an sehr kleinen azinösen Herden auf dem Querschnitt den Bronchiolus als feinstes Lumen mit anscheinend verkäster Wand erkennen kann. Auf dieses Verhalten werde ich später noch zurückkommen müssen, möchte aber schon hier betonen, daß es für die weitere Ausbreitung des Prozesses von Wichtigkeit sein kann, wie weit der Bronchiolus in den Herd einbezogen ist. Je kräftiger nämlich der mit erkrankte Bronchiolus ist, je weiter zentral also seine Lage, um so größer pflegt auch der anhängende azinöse Herd zu sein. Er kann dann auch unschärfer begrenzt, mehr von käsiger Beschaffenheit, seine Umgebung stärker entzündet sein.

Aber bleiben wir zunächst bei den einfachsten Verhältnissen. Von den beschriebenen zackigen, bezw. blatt- oder traubenförmigen Herdchen von etwa Linsen- bis Erbsengröße und gleichmäßig gelblichgrauem Aussehen finden sich alle Übergänge zu etwa gleichgroßen Herdchen, die aber von mehr grauer Farbe und schärferer Begrenzung gegen die Umgebung sind und die je nach der Schnittführung bald im Zentrum — wenn sie quer auf der Achse getroffen sind —, bald im Bereich des Gefäßstieles — wenn sie in der Achse getroffen sind — eine mehr graue Farbe zeigen und dort auch deutlich etwas narbig eingezogen sind. Und wiederum von diesen grauen narbigen Einziehungen gibt es alle Übergänge zu tief schwarzen, anthrakotischen Einsprengungen (Abb. 45). Weiter kann man in vielen Fällen, die nicht an der chronischen Lungentuberkulose gestorben sind, des Öfteren kleinste strahlige Narben erkennen, die wir auch ohne die Kenntnis der ihnen zugrunde liegenden mikroskopischen

Prozesse zwanglos als letzte Residuen eines derartigen azinösen Herdes betrachten können.

Wie schon angedeutet, entsprechen oft diese kleinen „azinösen“ Herde nicht etwa einem ganzen Azinus, sondern nur etwa den Alveolargängen und Alveolar-

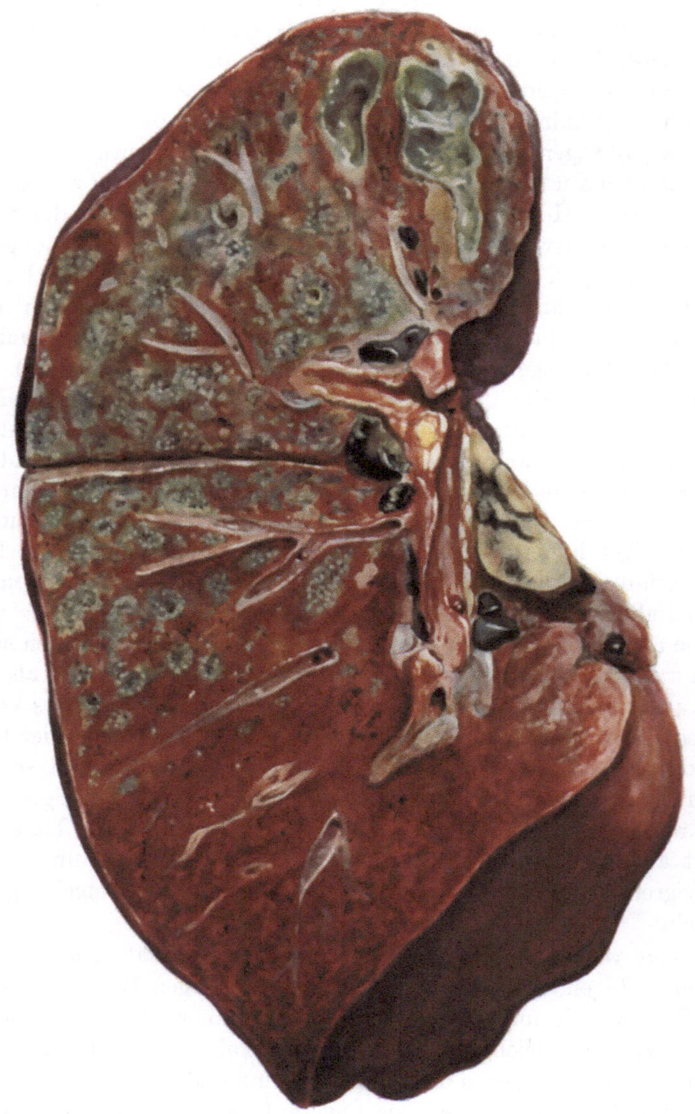

Abb. 44. Lunge mit apiko-kaudal vorschreitenden azinös-knotigen und azinösen Herden. Nahe der Spitze 2 frische Kavernen, in deren Nachbarschaft sich auf anderen Schnittflächen frische lobulär-käsige Herde finden. Ihnen entsprechend eine frische käsige Lymphknotentuberkulose am Lungenhilus. $^2/_3$ nat. Größe.

säcken eines einzigen Bronchiolus respiratorius dritter Ordnung, wozu noch zu bemerken ist, daß infolge der Erkrankung die Größenverhältnisse andere sind, da natürlich die tuberkulöse Erkrankung zu einer mehr oder weniger starken Schwellung des betroffenen Gebietes führt. So wird also auch ein Herd, der der Gesamtheit eines Azinus entspricht, in frischem Zustand die Größe eines normalen Azinus übertreffen können. — Gibt es nun von diesen, im wörtlichen Sinne azinösen Herde, wie wir gesehen haben, alle Übergänge zu kleineren, sozusagen partiell azinösen oder subazinösen und selbst miliaren Herden, so werden wir auch größere noch als azinöse oder wenigstens als azinösknotige Herde bezeichnen können, sofern bei ihnen nur, abgesehen von ihrer Größe, die soeben geschilderten Merkmale der azinösen Herde erhalten sind. Solche Herde werden also mehrere Azini als Grundlage haben und werden deshalb recht ansehnliche Ausmaße erreichen können. Haselnuß- und selbst walnußgroße Herde, ja u. U. auch noch größere, werden wir ohne Schaden noch hierher rechnen können. Auf der Schnittfläche sind solche Herde von runder oder ovaler Form oder vieleckiger Gestalt; bei richtiger Schnittführung hängen auch sie wie die kleineren an einem Bronchialgefäßstiel. Ihr Zentrum ist unregelmäßig grau oder graurosa gefleckt, zuweilen intensiv schwarz gesprenkelt oder marmoriert. Ihre Peripherie ist girlandenartig gezackt wie die der kleineren azinösen Herde. Diese Zackung greift entweder scharf begrenzt und dann von mehr grauweißlicher bis graugelblicher Farbe in das benachbarte Lungengewebe ein oder seltener viel unschärfer begrenzt, einem breiteren, mehr gelblichen girlandenartigen Ring entsprechend. Eine Erklärung hierfür kann ebenfalls erst in dem mikroskopischen Verhalten gefunden werden. Als weitere makroskopisch sichtbare Entwicklungsform solcher Herde sind mehr oder weniger anthrakotische Narben zu nennen, die in ihrer Form noch an den ehemaligen Herd erinnern können, die aber auch schließlich bei starker Schrumpfung die ursprüngliche Form verlieren und als mehr strahlige Gebilde in einem oft geblähten Lungengewebe liegen. An solchen größeren azinösen oder azinösknotigen Herden ist aber zuweilen noch ihre Zusammensetzung aus kleineren daran zu erkennen, daß zwischen den narbigen Massen zuweilen hier und da kleine Gruppen von runden grauen oder graugelblichen Knötchen erscheinen, die der peripheren Alveolenzeichnung entsprechen. Endlich muß noch bemerkt werden, daß durch Zusammenfließen größerer und kleinerer azinöser, bezw. azinösknotiger Herde, teils frischerer, teils älterer Natur, viel größere Abschnitte einer Lunge betroffen sein können, größere Teile eines Lappens und halbe, ja selbst ganze Lappen. Dann pflegen anthrakotisch narbige Partien mit solchen abzuwechseln, in denen noch leidlich die soeben geschilderten Bilder zu erkennen sind. Den Resultaten der mikroskopischen Untersuchung vorgreifend möchte ich zum Schluß dieser Auseinandersetzungen betonen, daß mir *eins bei allen diesen Prozessen von wesentlicher, ja ausschlaggebender Bedeutung zu sein scheint, und das ist die selbständige Rolle, die dabei von vorneherein und bis zum Ende der einzelne Lungenazinus oder vielmehr sogar seine einzelnen Teile spielen.* Schon jetzt können wir sagen — und schon das makroskopische Verhalten ist gar nicht anders zu erklären —, daß die größeren Herde nicht etwa von vornherein

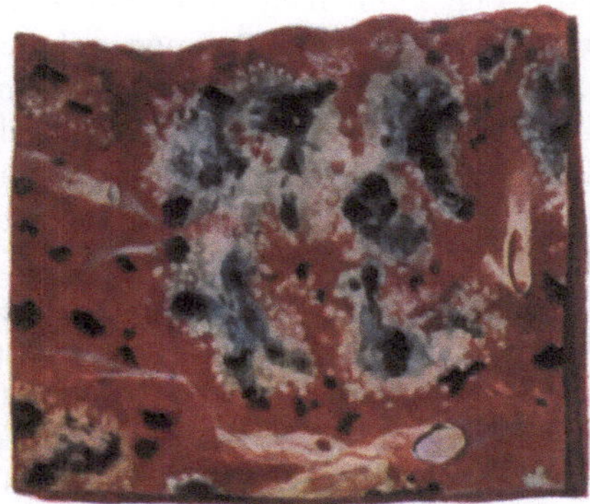

Abb. 45. Azinös-knotige Herde mit zentraler Vernarbung und Anthrokose. Nat. Größe.

und im frischen Zustand ihre endgültige Größe besitzen, sondern daß sie relativ langsam aus kleineren entstehen, durch kontinuierliches, relativ langsames Weiterwachsen oder auch durch Zusammenfließen benachbarter Herde. Das Mikroskop wird uns in dieser Annahme bestärken und wird uns erst die restlose Aufklärung über die Genese und weitere Entwicklung der azinösen und azinösknotigen Herde geben.

Mikroskopisches Verhalten der azinösen und azinös-nodösen Herde. Für die mikroskopische Untersuchung wählen wir unter den verschiedenen Herdchen etwa dieselbe Reihenfolge wie bei der makroskopischen Betrachtung. Sehen wir die kleinsten verwaschenen Herdchen an, so hat man je nachdem, in welcher Richtung und an welcher Stelle das Herdchen getroffen ist, verschiedenartige Bilder. In jedem Fall handelt es sich ausnahmslos, wie kaum genügend scharf betont werden kann, um parenchymfüllende Prozesse. Von irgendeiner aktiven Beteiligung des Gerüstes in Form von interstitiellen oder von lymphangitischen Prozessen kann nicht die Rede sein. Um den wirklichen Ablauf des Gesamtprozesses richtig zu erkennen, geht man wohl am besten so vor, daß man immer wieder vergleichende Untersuchungen an ein und demselben Fall anstellt und hier diejenigen Herde, die voraussichtlich die jüngsten sind, denen gegenüberstellt, die voraussichtlich ältern Datums sind. Da man aber in typischen Fällen mit Recht annehmen kann, daß die isolierten, am weitesten kaudal gelegenen Herde die frischesten sind, daß hingegen die größeren und mehr kranial gelegenen schon eine längere Entwicklungsdauer hinter sich haben, ist der Weg klar vorgezeichnet. Allerdings wird nur der zu einem klaren Urteil kommen können, der zu immer erneuter Kontrolle seiner Resultate Gelegenheit hat. Bei dem ungemein bunten und komplizierten Bild der meisten chronischen Lungentuberkulosen wird man stets auf Überraschungen gefaßt sein müssen. Nur bei Beherrschung eines großen Materials, das eine dauernde Nachprüfung gestattet, wird man sich in solchen Überraschungen zurechtfinden. Es ist eigentümlich, wie naiv hier und da die Urteile von Autoren sind, die nur selten einmal in der Lage sind, eine Sektion zu machen und sich trotzdem veranlaßt fühlen, ihre angeblich interessanten und besonderen Beobachtungen in den gern bereitstehenden Zeitschriften mitzuteilen.

Das Bild eines ganz frischen azinösen Prozesses im Rahmen einer chronischen Lungentuberkulose stellt sich etwa in der Weise dar, wie es Abb. 46 auf S. 215 zeigt. Die Schnittführung geht schräg durch den zentralen Gefäßstiel. Es läßt sich auf den ersten Blick sehen, daß man es mit einem *pneumonischen Vorgang* zu tun hat. Die Alveolen, die zu dem betreffenden Teilazinus gehören, ebenso die Alveolargänge, u. U. auch Teile von respiratorischen Bronchiolen, sind mit, hier durch die van Giesonfärbung, gelb gefärbten Massen gefüllt, die in den zentraleren Teilen dichter erscheinen als in den peripheren. Stärkere Vergrößerungen zeigen, daß das die Alveolen füllende Exsudat sich aus wechselnden Mengen feiner, netzartig verflochtener Fibrinfasern und mannigfachen verschiedenen Zellen zusammensetzt. Unter den Zellen stehen große runde Elemente mit hellem, etwas exzentrisch gelegenem Kern und wabigem, bei Sudanfärbung Fetttropfen, zuweilen mit Doppelbrechung, enthaltendem Protoplasma, Zellen, die ich mit andern für Alveolarepithelien halte, oft an erster Stelle. Doch finden sich *stets* auch einige Leukozyten, zuweilen sogar recht viele, u. a. an der positiven Oxydasereaktion kenntlich. Daneben sind allerhand andere kleinere einkernige Elemente vorhanden, von mehr oder weniger ausgesprochenem Lymphozytencharakter, aber auch zuweilen typische Plasmazellen. Die Kapillaren der angrenzenden Alveolenwände sind gewöhnlich prall mit Blut gefüllt.

Nun findet man aber kaum je einen Herd, in dem nicht auch schon zum mindesten eine beginnende Verkäsung festgestellt werden kann. Das sind diejenigen Stellen, an denen man (vergl. Allgem. Teil) ein Aufquellen und Zusammensintern der Fibrinmassen erkennen kann und ein Zugrundegehen der

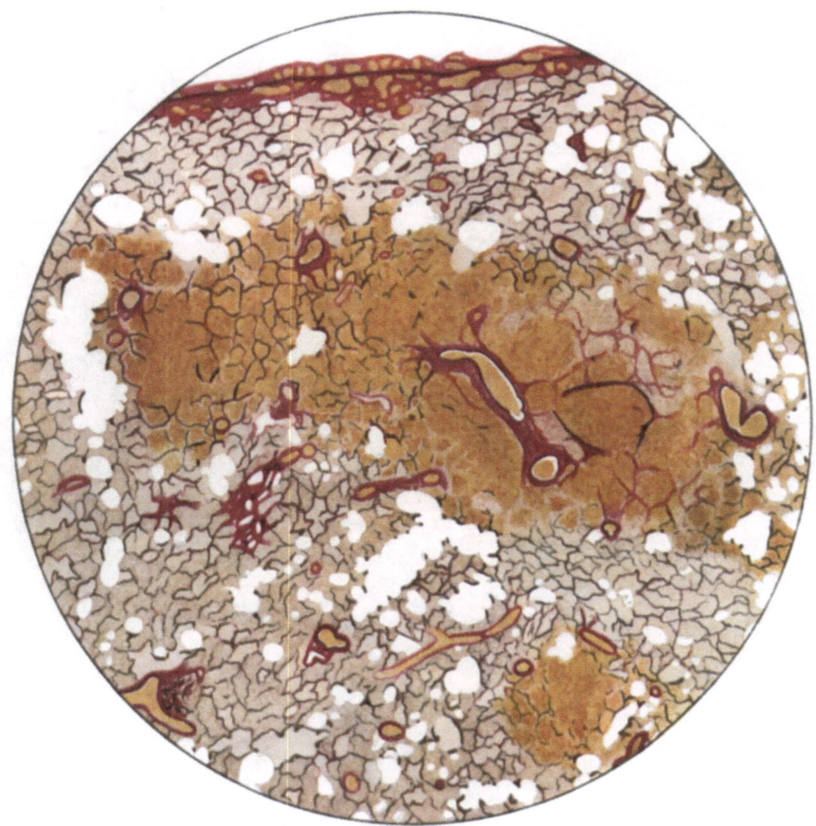

Abb. 46. Ganz frischer azinöser Lungenherd. Reines exsudatives Stadium. Unregelmäßig in die Nachbarschaft eingreifende verkäsende, fibrinös-zellige Pneumonie. Elastika: VAN GIESON. Etwa 20fache Vergr.

Zellen in ihnen. Man hat immer wieder den Eindruck, daß da, wo die Verkäsung beginnt, die Leukozyten reichlicher sind als an andern Stellen. Deren Kern und die der andern Zellen sieht man im Bereich solcher entstehender Verkäsungen in karyorhektischem Zerfall oder in Pyknose. So kann man alle Übergänge sehen zwischen wohlerhaltenem zelligem Exsudat mit feinen Fibrinfäden über gequollene Fibrinmassen und Kernzerfall hin bis zu feinkörnigen Käsemassen, in denen Fibrin nicht mehr kenntlich ist, wohl aber noch Kerntrümmer, und schließlich bis zu den fast homogenen, gleichmäßigen, zellfreien Käsemassen. Oft liegen dabei die Verhältnisse so, daß man in den Alveolargängen die Verkäsung schon fertig oder fast fertig vor sich hat, während in den anliegenden

Alveolen noch mehr oder weniger gut erhaltenes Exsudat zu erkennen ist. Die Tatsache, daß rein exsudative Vorgänge ohne wenigstens eine Andeutung von Verkäsung und daß wiederum eine Verkäsung ohne wenigstens eine Andeutung der nun zu beschreibenden produktiven Vorgänge überaus selten sind, läßt darauf schließen, daß man es im Großen und Ganzen mit relativ sehr schnell ablaufenden Vorgängen zu tun hat.

Abb. 47. Azinöser Lungenherd mit beginnender produktiver Reaktion. Blattförmiger käsig-pneumonischer Herd, von zelliger Pneumonie umgeben. Pallisadenartiges Eingreifen von Epitheloidzellen in die käsigen Bezirke. Elastika: VAN GIESON. 25fache Vergr.

Kaum sieht man nämlich eine Verkäsung sich bilden, so folgen ihr auch schon auf dem Fuße weitere reaktive Erscheinungen, jetzt von Seiten des Gerüstes, mit denen also schon die *produktive Phase* eingeleitet wird (Abb. 47—53). Bei schwachen Vergrößerungen stellt sich z. B. das Bild in folgender Weise dar (Abb. 47). Man sieht den Teil eines Azinus mit Alveolengängen und hauptsächlich in letzteren teils ganz homogene, teils noch Kerntrümmer enthaltende Käsemassen. Die Käsemassen sind nun fast überall nach außen durch einen dunkleren Zellsaum begrenzt, in dem man schon bei schwachen Vergrößerungen die parallele Pallisadenstellung der Zellkerne erkennen kann. Stärkere Vergrößerungen aber zeigen mit aller Deutlichkeit, daß man es tatsächlich mit dem ersten Auftreten der epitheloiden

Zellen, bezw. Tuberkelzellen zu tun hat (Abb. 48). Es läßt sich weiter mit großer Klarheit erkennen, daß diese Zellen von den Kapillarwänden der Alveolenwände aussprossen, zuweilen gerade besonders deutlich von jenen ins Lumen weit hineinragenden Knotenpunkten zweier sich berührender Alveolen, wo sie dann fächerartig divergierend in den Käse hineinstrahlen. Es handelt sich um ziemlich langspindelige Zellen mit länglich ausgezogenem, oder etwas geschlängeltem Kern. Zuweilen treten auch jetzt schon im Bereich dieser

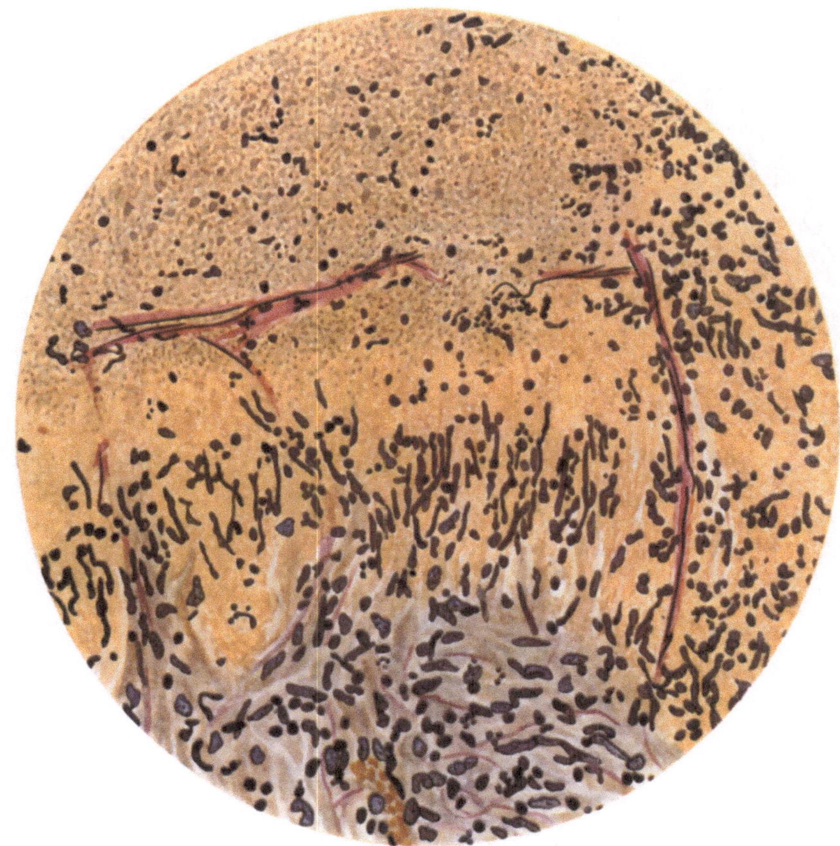

Abb. 48. Aus einem gleichen Herd wie Abb. 47. Einwucherung von epitheloiden Zellen in das verkäste intraalveoläre Exsudat. Elastika: VAN GIESON. Etwa 300fache Vergr.

Zellen einige typische LANGHANSsche Riesenzellen auf. Es läßt sich weiter feststellen, daß die Wucherung der epitheloiden Zellen im Bereich der Alveolenwände bisweilen so stark ist, daß auch manche der anliegenden, noch mit unverkästem Exsudat gefüllten Alveolen von ihnen ausgefüllt werden. In den außerhalb dieses Zellwalles gelegenen, noch pneumonischen Bezirken brauchen zunächst keine weiteren Veränderungen einzutreten. Ich komme jedoch auf diese Dinge, die zum Teil ins Bereich der sog. perifokalen Entzündung gehören, noch genauer zurück.

Die nun folgenden Veränderungen sind charakterisiert durch das *Auftreten von leimgebenden Fasern zwischen den epitheloiden Zellen* (Abb. 49). Zu gleicher Zeit können aber die epitheloiden Zellen noch erheblich weiter wuchern, auch so, daß u. U. schon ein innerer faserhaltiger Bezirk besteht, während sich nach außen ein faserfreier Wall anschließt. Auch können sich dann noch etwas reichlicher Riesenzellen hinzugesellen. Aber im Allgemeinen muß man wohl erstaunt sein, wie wenig sich gerade das typische tuberkulöse Gewebe in den Vordergrund drängt. Die Faserbildung führt, wie schon gesagt, zu einer gewöhnlich ring-

Abb. 49. Azinöser Lungenherd in weiterer Entwicklung. Ersatz und Einkapselung käsiger Bezirke durch faserbildendes Gewebe, besonders auch im Bereich des von rechts oben eindringenden Gefäßbronchialstiels. An vielen anderen Stellen, insbesondere der Peripherie, schreitet der Prozeß in pneumonischer Form, z. T. mit beginnender Verkäsung, weiter fort. Elastika: VAN GIESON. Etwa 30fache Vergr.

förmigen (s. u.) Umfassung der Verkäsungen. Die Käsemassen werden gewöhnlich sehr schnell eingeengt, da die epitheloiden Zellen offenbar weit in sie hineinzuwuchern imstande sind. Es ist keine Frage, daß wie bei der Miliartuberkulose auch hier ein völliger Ersatz der vorher käsigen Bezirke durch produktives und schließlich rein fibröses Gewebe nicht nur vorkommt, sondern hier sogar die Regel ist. Über die Einzelheiten dieser Vorgänge braucht hier kaum noch etwas gesagt zu werden. Man sieht in Bezug auf die Wucherung der Tuberkelzellen, der Faserbildung, der Faseranordnung und Umwandlung in hyaline Massen grundsätzlich dieselben Bilder, wie sie schon im allgemeinen Teil, für den primären Herd, für die Miliartuberkulose geschildert wurden. Auf das Erhaltenbleiben von vereinzelten Riesenzellen, auch auf ihre Neubildung in Stadien, in denen epitheloide Zellen kaum noch vorhanden sind, möge besonders hingewiesen werden.

Hier stellt sich aber noch die wichtige Frage, ob sich bei diesen azinösen Herden Vorgänge erkennen lassen, die für eine von vornherein produktive Gewebswucherung sprechen, ob also entsprechend meiner Auffassung des tuberkulösen Prozesses die exsudative Komponente fast Null werden kann. Dazu ist zu bemerken, daß sich für solche Vorgänge in den azinösen Lungenherden keine Anhaltspunkte finden. *Wir sehen stets die Wucherung der produktiven Zellmassen dort eintreten, wo die Alveolen vorher mit Exsudat gefüllt waren.* Das ganz Gewöhnliche ist der geschilderte Modus, daß die Epitheloidzellen in der Umgebung von verkästem Exsudat auftreten. Seltener schon sieht man ihr Eindringen in noch nicht verkäste, fibrinös-zellige Exsudate enthaltende Alveolen und ausnahmsweise schließlich auch in Alveolen, die nur zelliges und ödematöses Exsudat enthalten. Daß sich je eine vorher leere Alveole mit Epitheloid- und Riesenzellen füllt, läßt sich nicht feststellen. Das hängt, wie hier noch einmal betont werden mag, mit der Struktur der Lungen zusammen, die jeder Art von Exsudat für seine Ausbreitung große Oberflächen zur Verfügung stellt. Die geringste Schädigung der Alveolenwände wird sofort mit Zirkulationsstörungen und Exsudatbildung beantwortet, und das Exsudat kann, ohne von einem Gewebsdruck gehindert zu werden, sich sofort in die Alveolen begeben. Wir können also auch gerade bei jeder gewöhnlichen Form der Lungentuberkulose von vornherein produktive Prozesse mit gutem Recht ausschließen.

Sodann müssen gewisse Besonderheiten des weiteren Verlaufes näher betrachtet werden. Während man gewöhnlich in den ganz frischen Stadien in dem betroffenen Azinus oder Teilazinus eine einheitliche Exsudatmasse sieht, erkennt man mit dem Auftreten der produktiven Wucherung und insbesondere der Faserbildung, wie sich der bisher einförmige Herd in einzelne Felder auflöst. Das heißt es erscheinen auf dem Durchschnitt länglich ovale oder kurz ovale oder runde in der Mitte verkäste und am Rande fibrös eingekapselte Herdchen, jeder etwa von der Größe eines „Tuberkels“ (Abb. 50). Es sind das Bilder, die wohl oft Anlaß dazu gegeben haben, von einer primären Bildung produktiver Tuberkel zu sprechen und die knotigen Herde durch Konfluieren solcher Tuberkel zu erklären. Es sind aber ganz gewiß sekundäre Vorgänge in dem geschilderten Sinne. Die Erklärung kann wohl nur die sein und läßt sich auch durch mannigfache Bilder, die nicht in allen Einzelheiten geschildert werden sollen, erhärten, daß nämlich schon in den Alveolargängen, sodann in den Alveolensäcken durch Einwucherung der epitheloiden Tuberkelzellen von den weit ins Lumen hineinragenden Alveolenspornen aus jene Felder abgegrenzt werden.

Es ist aber noch etwas Weiteres zu berücksichtigen, was bei der Besprechung des makroskopischen Verhaltens schon angedeutet wurde. Sofern sich nämlich bei diesen azinösen Prozessen ein Herd nicht endgültig in fortgeschrittener Heilung befindet oder gar schon völlig vernarbt ist, kann man an seinen einzelnen Teilen immer wieder mit aller Deutlichkeit erkennen, daß sie nicht desselben Datums sind. Neben vernarbten Partien und solchen, die eine weitgehende fibröse Umwandlung zeigen, finden sich andere mit erst beginnender fibröser

Einscheidung oder Epitheloidzellenwucherung und wieder andere, besonders in der Peripherie, mit frischer Exsudation oder beginnender oder vollendeter Verkäsung (Abb. 49, 51, 53). Dies spricht ganz klar dafür, daß tatsächlich die größeren azinösen und azinös-nodösen Herde nicht etwa in der Weise entstehen, daß größere Teile auf einmal erkranken, sondern daß der Prozeß irgendwo (s. o.) in einer kleineren Gruppe von Alveolen (Gänge oder Säcke) mit einem „miliaren" Herd beginnt und langsam in die andern Teile vorkriecht. Nur so können die

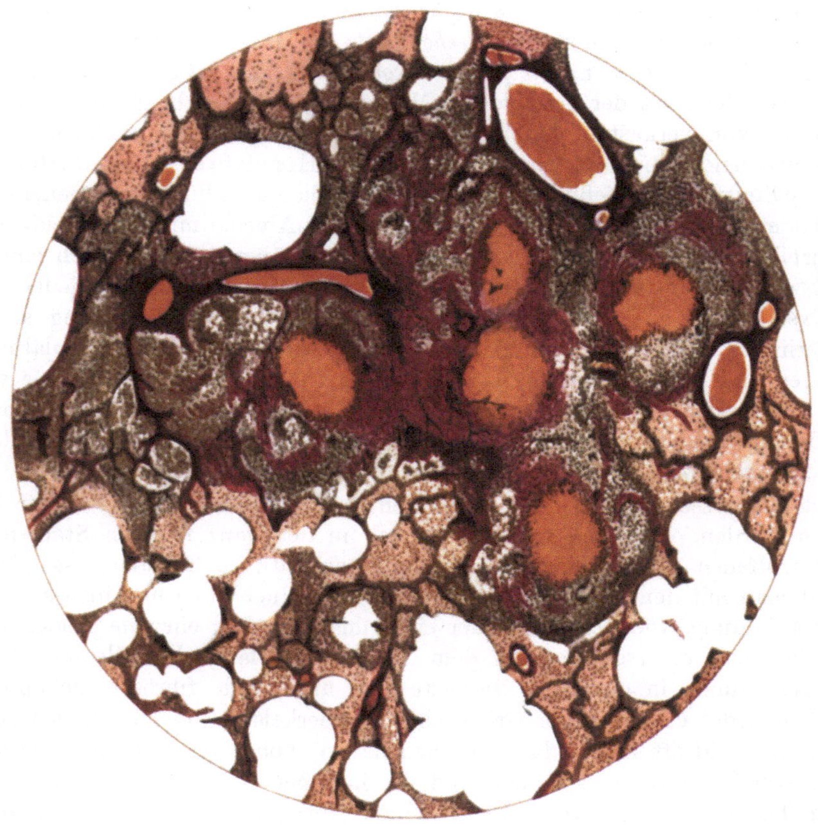

Abb. 50. Aus einem in vorgeschrittener Entwicklung befindlichen azinösen Lungenherd. Käsige Bezirke, z. T. von Bindegewebskapseln, z. T. von Epitheloidzellsäumen mit Riesenzellen umgeben. In der Nachbarschaft umfangreichere Epitheloidzellwucherungen innerhalb der Alveolen. In der Peripherie leichtere pneumonische Prozesse und unregelmäßiges Ödem. Die in den Herd eingreifenden Alveolen sind z. T. emphysematös gebläht. Elastika: van Gieson. Etwa 80fache Vergr.

mikroskopischen Bilder gedeutet werden. Gewiß kommen auch im Rahmen solcher azinöser Herde akute und plötzliche Erkrankungen größerer Alveolengebiete vor und leiten dann zu den später zu besprechenden ausgebreiteten bronchopneumonischen Formen über. Aber ich lege sehr großen Wert darauf, zu betonen, daß *gerade beim eigentlichen azinösen Herd die in der Zeiteinheit* (etwa vom Beginn der Exsudation bis zur Verkäsung gerechnet) *auf einmal erkrankende Alveolenmasse eine nur relativ sehr geringe ist.*

Ich lege darum so großen Wert auf diese Feststellung, weil das endgültige Schicksal des azinösen Herdes in hohem Maße von diesem Verhalten abhängig ist. Stellen wir uns z. B. vor, daß ein Sacculus alveolaris schon vor einiger Zeit erkrankt war und daß die Krankheitsprodukte schon eine weitgehende fibröse Umwandlung erreicht hatten in dem Moment, in dem ein benachbarter Sacculus betroffen wird, so werden auch in diesem die produktive Phase und schließlich narbige Umwandlung ohne Störung vor sich gehen können und zwischen beiden werden wir die Reste der „perifokalen“ Entzündung erkennen, mit der wir uns noch beschäftigen werden. Der Heilungsprozeß wäre aber schon etwas schwieriger, wenn die Gebiete beider Sacculi zu gleicher Zeit betroffen worden wären, weil es ganz klar sein dürfte, daß eine völlige fibröse Umwandlung und Vernarbung um so leichter ist, je kleiner das verkäste Gebiet ist. Und dazu kommt nun noch ein drittes, was jeden typischen azinösen Herd charakterisiert und was für sein Schicksal nicht minder bedeutungsvoll ist, und das ist die Tatsache, daß sich in seinem Bereich und zwischen den einzelnen Erkrankungsgebieten stets, wenn auch in sehr wechselnder Menge, Alveolen und Alveolengruppen finden, die sowohl von der Verkäsung frei bleiben, als auch spezifische produktive Vorgänge vermissen lassen. Während dieses Verhalten bei ganz kleinen Herdchen noch kaum auffällt, drängt es sich bei den größeren sehr eindrucksvoll dem Auge auf. Die Bilder, die man dabei zu sehen bekommt, sind sehr verschiedener Art, doch ist es nicht schwer, sie miteinander in Einklang zu bringen und so eine klare Vorstellung von der Folge der Ereignisse zu erhalten. Fangen wir mit ganz frischen, noch rein exsudativen Herden an, so läßt sich an ihnen noch nicht viel erkennen. Es wurde ja schon betont, daß das Exsudat nicht in allen Alveolen das Gleiche ist, sondern daß fibrinreiche mit fibrinarmen oder -freien Alveolen abwechseln und auch das zelluläre Bild in ihnen schwankt, daß die Verkäsung aber vorwiegend in den fibrinreichen Exsudaten einsetzt. In Fällen aber, in denen die Epitheloidzellenwucherung schon eingesetzt hat, stellt sich das Bild ganz anders dar. Es tritt gewissermaßen eine deutliche Differenzierung zwischen den eigentlichen tuberkulösen Vorgängen und den unspezifischen ein. Das geschieht in folgender Weise. Schon der Epitheloidzellwall ist von mannigfachen Lymphozyten durchsetzt, die sich oft nach außen in dichten, deutlich sichtbaren Ringen um den spezifischen Herd herumlagern. In dieser ganzen Zellmasse ist dann von einer Alveolenzeichnung nichts mehr zu erkennen; die elastischen Fasern sind dort fast restlos verschwunden. Zwischen den einzelnen Teilen des azinösen Herdes bleiben nun aber in ihrer Größe und ihrer Gestalt starken Schwankungen unterworfene Felder von Alveolen übrig, auf die wir nunmehr unser Augenmerk zu richten haben. Wo diese Alveolen anatomisch-topographisch hingehören, ist oft sehr schwer zu sagen. Zuweilen spricht ihre Masse und Anordnung dafür, daß es sich um ganze Sacculi alveolares handelt. Zuweilen aber sind es doch nur kleinere Gruppen von Alveolen, die wir nur für Teile eines Sacculus halten können. Es wurde ja oben schon gesagt, daß die Sacculi eines Azinus sich ineinander schieben können, und unter diesen Umständen ist es dann auch denkbar, daß im Laufe eines krankhaften Prozesses Teile von ihnen so abgeschnürt werden können, daß in sie der krankhafte Prozeß nicht eindringt; für ganze Sacculi ist ein solcher Mechanismus noch besser vorstellbar.

Kommen wir aber auf das mikroskopische Bild wieder zurück, so läßt sich erkennen, daß in solchen, zwischen den spezifisch tuberkulösen Feldern gelegenen Alveolengruppen die einzelnen Alveolen gewöhnlich etwas kleiner sind, als es dem Durchschnitt entspricht (Abb. 49, 50, 53). Ihre Wände sind etwas verdickt und hyperämisch, und ihr Lumen mehr oder weniger dicht mit zelligen Massen gefüllt. Fibrin pflegt ganz zu fehlen, während man es bei den Zellen ganz vorwiegend mit gequollenen und verfetteten Alveolarepithelien zu tun hat, denen in wechselnder Menge lymphozytenartige Zellformen beigemengt sind. Außerdem ist nicht selten in diesen Alveolen ein ausgesprochenes Ödem zu verzeichnen. Ganz ähnliche Bilder sieht man übrigens in den die azinösen Herde peripher umgebenden Alveolenfeldern. Ich zähle alle diese Bilder, von den die spezifischen Herde umgebenden Lymphozytenwällen bis zu den pneumonisch infiltrierten Stellen innerhalb der Herde und denen in ihrer Umgebung, zu SCHMINCKES, bezw. RANKES *perifokaler Entzündung,* und ich erinnere daran, daß nach meiner Auffassung diese Veränderungen eine vorwiegend unspezifisch verursachte Ausstrahlung des tuberkulösen Prozesses bedeuten, bedingt durch die bei der Verkäsung usw. entstehenden abnormen und giftig wirkenden Stoffwechselprodukte. Ich fühle mich dazu gerade hier bei diesen Lungenveränderungen berechtigt, weil sich Tuberkelbazillen in ihnen nicht nachweisen lassen und auch andere Bakterien nicht vorhanden sind. Selbstverständlich können auch einmal durch Sekundärinfektionen erzeugte pneumonische Prozesse in der Umgebung des tuberkulösen Herdes oder auch direkt innerhalb seines Gebietes vorkommen, selbstverständlich kann sich auch hier und da einmal der tuberkulöse Prozeß selbst in diese vorher nicht spezifisch tuberkulösen Gebiete fortpflanzen. Das sind aber Ausnahmen. Regel ist es, daß diese Art der unspezifischen perifokalen Entzündung, bedingt durch Diffusion giftig wirkender, aus dem tuberkulösen Herd stammender Stoffwechselprodukte, den azinösen Herd in unregelmäßiger Ausdehnung durchsetzt und umgibt und so eine obligate Begleiterscheinung des Herdes ist.

Es ist nun die Frage, was aus solchen Infiltraten werden kann. Verschiedene Möglichkeiten liegen vor. Zunächst sei daran erinnert, daß die zwischen den erkrankten Sacculi gelegenen Bezirke oft eine Verkleinerung der Alveolen aufweisen. Es liegt hier offenbar eine unvollständige *Kompressionsatelektase* vor. Daß das tatsächlich der Fall ist, zeigen andere Alveolengruppen, die völlig zusammengefallen sein können und dann nur noch einen geringen Schlitz aufweisen, während die benachbarten, etwas weiteren mit dem genannten, meist zelligen Exsudat angefüllt sind. Nun liegt nicht nur theoretisch die Möglichkeit vor, daß beim Rückgang der Kompressionserscheinungen sowohl die nur komprimierten Alveolen sich wiederentfalten, als auch die mit zelligem Exsudat gefüllten sich wieder entleeren können, sondern man findet tatsächlich immer wieder zahlreiche Bilder, die nur durch derartige Vorgänge zu erklären sind. Daß die perifokale Entzündung allmählich zurückgeht, ist ganz natürlich. Dieser Rückgang geht ziemlich parallel mit dem Rückgang der Exsudation im Herd oder Focus, bezw. mit der fortschreitenden produktiven und fibrösen Umwandlung des Herdes. Man kann dies sehr schön an solchen azinösen Herden erkennen, in denen manche Abschnitte schon fast ganz narbig sind und dann jeder perifokalen Entzündung entbehren, während an andern Stellen, in denen die Exsudatbildung und Verkäsung noch vorhanden ist, umfangreiche perifokale Entzündungen das Bild komplizieren.

In den so wieder frei werdenden Alveolen gehen noch andere Veränderungen vor. Durch die narbige Schrumpfung des eigentlichen tuberkulösen Herdes oder

Herdanteiles muß es zu einer Ausdehnung der anliegenden Alveolen kommen, und so finden wir in der Tat sowohl in den Buchten zwischen den oft viel verzweigten narbigen Prozessen, die aus azinösen Herden hervorgehen, als auch in ihrer Umgebung fast ausnahmslos *emphysematös geblähte Alveolengruppen* (Abb. 51, 52, 53). Das konnten wir auch schon bei der Vernarbung von Spitzenherden beobachten. Aber bei diesen doch stets multiplen azinösen Prozessen treten solche Bilder viel eindrucksvoller in die Erscheinung, zumal in solchen Lungenteilen, die

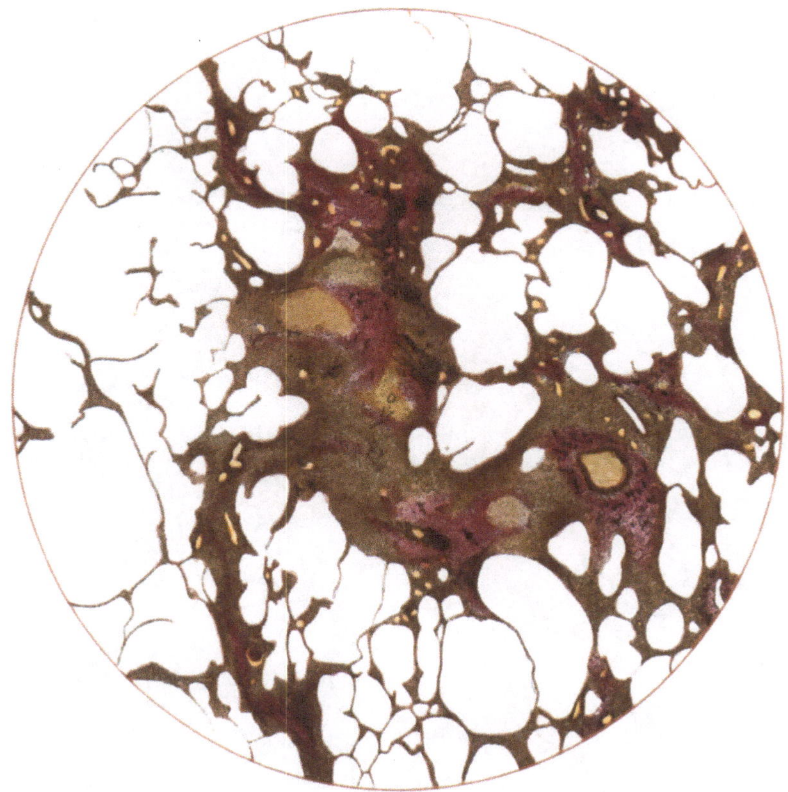

Abb. 51. Aus der Peripherie eines zum größten Teil narbig geschrumpften azinösen Herdes. Auch hier viele (rot gefärbte) Narbenmassen, aber auch frischere pneumonische, z. T. in Verkäsung begriffene Partien. Unregelmäßig emphysematös geblähte Alveolen. Elastika: VAN GIESON. Etwa 60fache Vergr.

besonders gut beatmet sind. Es mag weiter noch erwähnt werden, daß auch gerade bei diesen Herden, wenn sie die völlige Vernarbung erreicht haben, durch immer stärkere Schrumpfung der Narbe einerseits und durch dauernden Druck der anliegenden geblähten Alveolen andrerseits die Narbe sich oft ganz oder teilweise wieder soweit in das grobe Gefüge der Lungenstruktur einpassen kann, daß kaum noch merkliche Veränderungen durch die Mittel der physikalischen Diagnostik nachweisbar sein dürften (Abb. 52). Welche mechanische Faktoren bei diesen lokalen Blähungen noch mitwirken können und welche gewaltigen Ausmaße die Luftblasen annehmen können, soll an anderer Stelle besprochen werden.

Hier sind noch andere Veränderungen zu erwähnen, die in den von den eigentlichen tuberkulösen Prozessen nicht betroffenen Alveolen eintreten können, und zwar vorwiegend in denen, die in den Winkeln zwischen den einzelnen Teilen des Herdes gelegen sind, zuweilen übrigens in unmittelbarer Nachbarschaft

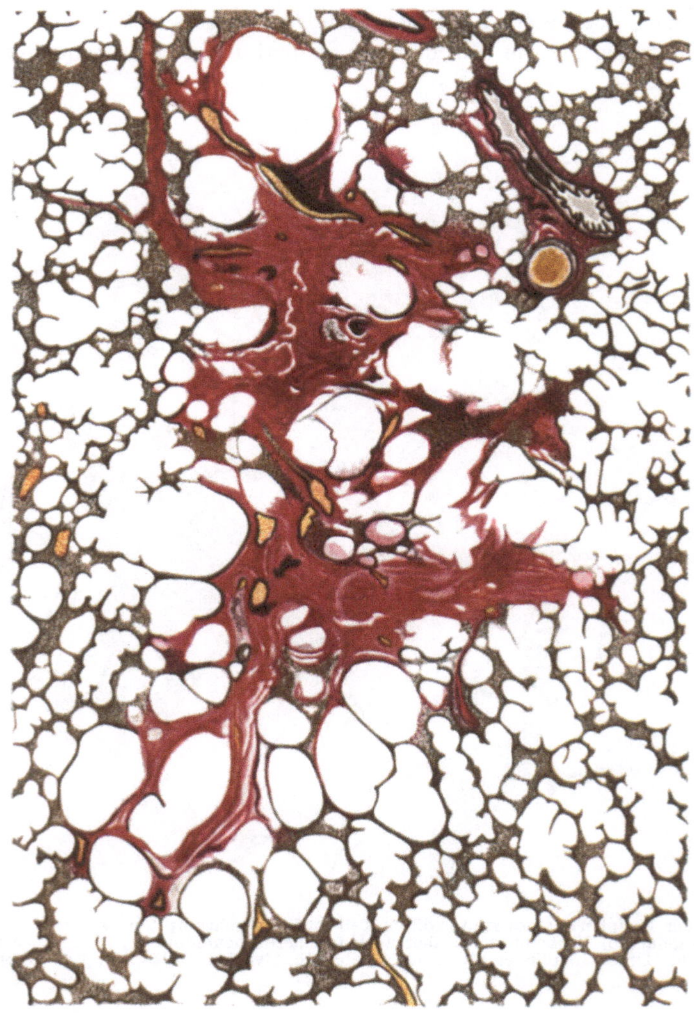

Abb. 52. Völlig geheilter, d. h. vernarbter azinöser Herd. Einpassung in die Lungenstruktur. Eingreifen von emphysematös geblähten Alveolen in die narbigen Massen. Elastika: VAN GIESON. Etwa 30fache Vergr.

der zuführenden Bronchioli und Arterien. Ich meine *Organisationsvorgänge* ohne jeden spezifischen Charakter. Das Bild stellt sich so dar, daß in die, zelliges Exsudat, meist gar kein Fibrin enthaltenden Alveolen Gefäßsprossen von den Alveolarwänden aus einwachsen, daß in deren Umgebung auch Fibroblasten und Bindegewebsfasern auftreten und daß schließlich jede Alveole von einem gefäß- und faserreichen Pfropf erfüllt ist, genau wie wir es bei Lungenkarnifikationen nach gewöhnlichen Pneumonien zu sehen gewohnt sind, genau so wie wir es auch, und zwar in noch großartigeren Ausmaßen, bei ausgebreiteteren tuberkulösen Pneumonien sehen werden. Die Bilder sind bei den azinösen Prozessen ganz dieselben, wie ich sie seiner Zeit für die Organisationsprozesse bei Influenzaerkrankungen der Lunge und Bronchiolitis obliterans beschrieben habe. Auch dort finden wir eine Organisation innerhalb von fibrinfreien und nur zelliges und ödematöses Exsudat enthaltenden Alveolen. Für die Lungentuberkulose und insbesondere für die azinösen Herde sind diese Vorgänge deswegen von Bedeutung, weil dadurch auch im Bereich der perifokalen Entzündung eine irreversible Veränderung geschaffen wird, bei der unter Verödung von Alveolen in der perifokalen Zone gefäßhaltige Narbenmassen entstehen. Solche Narben pflegen dann übrigens, wie hier gleich betont sein mag, verhältnismäßig viel anthrakotisches Pigment zu enthalten. Bei diesen Indurationsvorgängen wirken aber auch interstitiell pneumonische Prozesse mit. Diese dokumentieren sich in gröberen Verdickungen der Alveolenwände, die dann dicht zellig infiltriert zu sein pflegen Auch solche Alveolenwände vermögen sich allmählich in dickere fibröse Balkennetze umzuwandeln.

Das sind auch die Stellen, in denen eine weitere Umwandlung von Alveolen vorkommen kann und in gewissem Umfange immer vorkommt, die schon hier erwähnt sein mag. Es ist die völlige Abschnürung von einzelnen Alveolen und Alveolengruppen unter Rückbildung des bekanntlich kaum sichtbaren respiratorischen Epithels in kubisches Epithel. Dadurch kommen die schon lange bekannten *drüsenartigen Gebilde* zustande. Es handelt sich entweder um einzeln stehende rundliche oder polygonale Lumina, einzelnen Alveolen entsprechend, oder um größere, kompliziert sinuös gestaltete Gänge, denen größere Teile der Sacculi zugrunde liegen (Abb. 53). Auch in ihnen können sich noch Reste des Exsudates finden: Alveolarepithelien, die oft sogar noch Kohlenstaub enthalten, und lymphozytenartige Zellen, ferner gleichmäßig geronnene Eiweißmassen; doch können sie auch ganz oder teilweise leer sein. Schon bei sehr frischen Herden lassen sich solche Bilder beobachten. Doch möchte ich meinen, daß sie dann zunächst wohl noch rückbildungsfähig sind, solange nämlich die Abschnürung und Isolierung der betroffenen Alveolen nur eine vorübergehende ist. Das muß dann der Fall sein, wenn diese Abschnürung im exsudativen Stadium erfolgt und lediglich durch den Druck der benachbarten angeschwollenen Azinusteile bedingt ist. Tritt dann im weitern Verlaufe, in der produktiven Phase und bei der Narbenbildung wieder eine Schrumpfung des spezifischen tuberkulösen Herdes ein, so können auch jene Alveolen dem Luftstrom wieder zugängig gemacht und entfaltet werden. Anders jene „drüsenartigen“ Alveolen, die inmitten von mehr oder weniger narbigem Gewebe gelegen sind und deren Wände durch die interstitiell pneumonischen Prozesse erheblich verdickt und starr geworden sind. Hier ist eine Rückbildung nicht mehr möglich, und selbst wenn ein Teil solcher Alveolen wieder mit der Alveolenluft in Verbindung treten sollte, so verhindert doch die Starre der Wandung eine erneute Entfaltung. Für die Atmung dürften solche Alveolen kaum noch in Betracht kommen. — Alle diese Veränderungen hängen in gewissem Maße mit dem Begriff der Kompressionsatelektase zusammen. Dazu kommen noch die Kollapsatelektasen, die ich jedoch erst weiter unten besprechen möchte.

Während alle bisher erörterten Vorgänge sich auf die alveolären Teile der Azini beziehen, haben wir uns nun noch mit den zuführenden *Bronchiolen* zu beschäftigen, die je nachdem der ganze Azinus oder nur ein Teil davon betroffen ist, Bronchioli terminales oder Bronchioli respiratorii sein können. Wir brauchen aber bei der Besprechung ihrer Veränderungen diese Unterschiede nicht ausdrücklich zu berücksichtigen, weil die Vorgänge im ganzen zu dem Herd gehörenden Bronchialbaum überall prinzipiell dieselben sind. Wenn wir die Bronchioli von den Alveolargängen her verfolgen, wozu u. U. Serieneinschnitte notwendig sind, in jedem Fall zahlreiche Präparate vergleichend durchgemustert

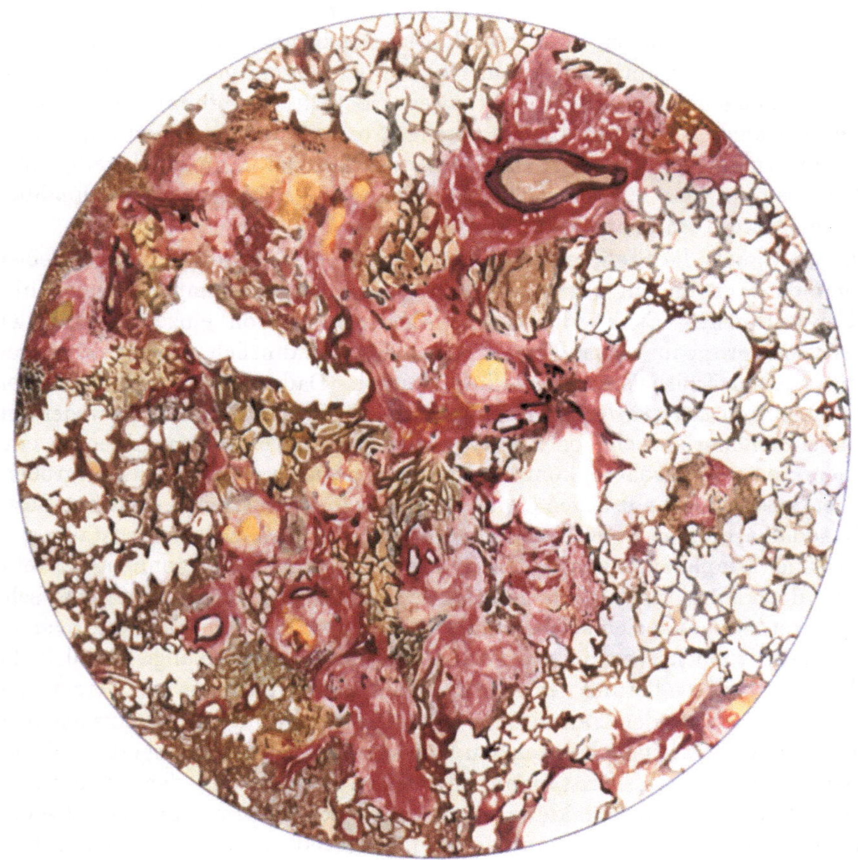

Abb. 53. Zum größten Teil narbig geschrumpfter azinöser Herd. An einigen Stellen, besonders links oben, noch frischere Veränderungen. Innerhalb der narbigen Teile reichlich kollabierte, z. T. „drüsige Alveolen". An einigen Stellen auch Eingreifen von emphysematös geblähten Alveolen in den Herd. Elastika: VAN GIESON. Etwa 25fache Vergr.

werden müssen, dann kann man erkennen, daß sich die verkäsenden Exsudatmassen ins Bronchiallumen hineinerstrecken, während weiter zentralwärts schleimige Massen folgen, die von mannigfachen Zellen durchsetzt sind, Leukozyten, Lymphozyten und abgeschilferten Epithelien. Eine Bronchiolitis begleitet in diesem Stadium den azinösen Herd ausnahmslos. In den Bronchioli respiratorii sieht man zuweilen ebenfalls schon in den anhängenden Alveolen Verkäsungen. Außerdem erscheinen die zuführenden Bronchioli gewöhnlich deutlich etwas erweitert. Es hat nun den Anschein und läßt sich durch viele Bilder erhärten, daß auch in den Bronchioli eine direkte Verkäsung des Exsudates im Anschluß an die in Alveolen und Alveolargängen vorhandenen Verkäsungen zustande kommt. Wie weit dabei auch eine fibrinöse Komponente eine Rolle spielt, kann ich noch nicht entscheiden. Jedenfalls sind die Bilder ganz ähnliche wie beispielsweise bei der Verkäsung von Exsudaten der serösen Häute, d. h. man sieht ein Aufquellen und Zusammensintern der Exsudate unter Auftreten von Kerntrümmern und schließlicher Homogenisierung. Eins ist sicher, daß nämlich eine der Verkäsung vorausgehende produktiv-tuberkulöse Erkrankung der Bronchialwand bestimmt nicht vorliegt. Man hat vielmehr schließlich immer dasselbe Bild, daß nämlich Bronchiolen, an deren Kaliber man oft nur erraten kann, ob es sich um Br. terminales oder respiratorii handelt, mit Käsemassen gefüllt sind, daß in diese Käsemassen die Schleimhaut gänzlich aufgegangen ist und daß nunmehr von den übrigen Wandschichten aus die produktive Reaktion eintritt. Und es ist eigenartig, wie schnell hier mit der Epitheloidzellenwucherung die Faserbildung Schritt hält. Kaum sind die Epitheloidzellen und zuweilen recht zahlreiche Riesenzellen aufgetreten, so sieht man auch schon einen dichten fibrösen Wall die Käsemassen einschließen. Es kann zu einem völligen Abschluß kommen, und man sieht dann die verkästen Teile zentralwärts durch eine fibröse Kapsel abgegrenzt, während das Bronchiallumen noch etwas erweitert und mit schleimigen Massen gefüllt ist. Damit ist übrigens ein Entwicklungsstadium erreicht, in dem zunächst eine intrakanalikuläre Weiterverbreitung des tuberkulösen Prozesses nicht mehr ohne Weiteres möglich ist, wenigstens nicht auf dem Wege des Bronchiolus.

Endlich sind noch einige weitere *Veränderungen in der Umgebung des erkrankten Bronchiolus* zu erwähnen. Zu diesen leiten über die folgenden bemerkenswerten Befunde. Immer wieder bietet sich das eigentümliche Bild dar, daß die im Bereich eines Bronchiolus respiratorius in den Käse hineinwuchernden epitheloiden Zellen von anthrakotischem Pigment nicht nur begleitet werden, sondern auch vollständig mit kleinsten Kohlestäubchen beladen sind. Diese Erscheinung steht im Zusammenhang mit weiteren wichtigen Veränderungen, durch die erst gewisse makroskopische Bilder geklärt werden. Die entzündlichen Veränderungen der Bronchiolen sind natürlich nicht auf das Lumen und die innern Wandschichten beschränkt, sondern die ganze Umgebung des Bronchiolus wird in weitem Maße in Mitleidenschaft gezogen. Der Ausdruck „Peribronchitis“ und „-bronchiolitis“, mit dem früher bekanntlich von Vielen die gesamten Herderscheinungen bezeichnet wurden, die wir heute unter dem Begriff des azinösen Herdes zusammenfassen, sollte für diese Veränderungen vorbehalten bleiben und allgemein gebraucht werden. Sie sind zum Teil sicher noch spezifischer Natur, indem die Epitheloidzellensäume nicht nur die ganze Bronchialwand durchsetzen, sondern auch einen Teil ihrer Umgebung einnehmen können; auch kommen bei diesen Prozessen schon hier Miterkrankungen der Gefäßwand vor, die jedoch erst weiter unten besprochen werden sollen. Sie sind aber zum andern Teil unspezifischer Natur und gehören dann zur perifokalen Entzündung. Das Bild stellt sich gewöhnlich so dar, daß auf die schon mit Lymphozyten durchsetzten Epitheloidzellenwälle dichtere Züge von Lymphozyten folgen und diese dann wiederum, besonders nach der Arterie hin in ein zellreiches und gefäßhaltiges Granulationsgewebe übergehen. Außer diesen periarteriellen Wucherungen sieht man aber zuweilen auch eine entzündliche

Durchsetzung der Arterienwand und sogar endarteriitische Prozesse in Gestalt von Endothelwucherungen. Nun sind ja die die Bronchiolen begleitenden Arterien gewöhnlich von einer nicht unbeträchtlichen Schicht von kohlehaltigem Gewebe umgeben, entsprechend den perivaskulären Lymphräumen, in denen das Kohlepigment abgeführt wird, und teils frei, teils in Zellen eingeschlossen liegt. Gerade auch diese mit Kohlepigment beladenen Zellen finden sich in der perifokalen Entzündungszone in starker Wucherung; andere mögen es erst bei der Wucherung in sich aufnehmen. Es handelt sich ja zum großen Teil um speicherungsfähige Lymphendothelien. Nicht immer, aber recht häufig kann man nun beobachten, wie hauptsächlich im Bereich der Bronchioli respiratorii, solche pigmenthaltige Zellen unter allmählicher Umwandlung in Epitheloidzellen bis in die Bronchialwand vordringen. Dort pflegen sie dann wieder am Rand der Verkäsung besonders dicht zu liegen, verlieren auch zum Teil ihr Pigment, so daß es jetzt frei zwischen den Zellen liegt, und so sieht man an vielen Stellen die Verkäsung durch einen schwarzen Saum begrenzt. Im Übrigen kann man erkennen, wie sich, wahrscheinlich sogar verhältnismäßig schnell, die periarteriellen Gewebswucherungen in narbiges, faserreiches Gewebe umwandeln. Oft hat man dort schon ein fast hyalines Narbengewebe, wenn weiter in der Peripherie des azinösen Herdes die produktiven Prozesse noch voll im Gange sind oder die Narbenbildung erst gerade begonnen hat; auch das periphere Weiterschreiten des azinösen Herdes in Gestalt von neuen exsudativen Schüben hindert diese zentrale Narbenbildung nicht. Daß diese Narben schließlich sehr viel mehr Kohlepigment enthalten, als es der ursprünglichen Menge entspricht, ist keine Besonderheit des tuberkulösen Prozesses, sondern läßt sich bei jeder Narbenbildung in der Lunge beobachten. Vermehrte Zufuhr von Kohlepigment durch den im Entzündungsgebiet lebhafteren Lymphstrom, andererseits Verlegung der abführenden Lymphbahnen sind wohl die allgemeinen Gründe dafür. Aber gerade für den azinösen und azinös-knotigen tuberkulösen Lungenherd sind diese im Verlauf des Gefäßstieles sich bildenden, kohlepigmentierten Narbenbildungen ganz besonders charakteristisch.

Wie haben wir uns nun auf Grund der mikroskopischen Befunde das *Anwachsen von kleineren azinösen Herden zu größeren* azinös-nodösen zu denken? Es kommen zwei Möglichkeiten in Betracht. Einmal kann nämlich der Prozeß in andere Azinusteile und benachbarte Azini in der Weise hineingelangen, daß die Exsudation und mit ihr die Verkäsung im System der Bronchiolen fortschreitet und von dort aus in neue Alveolengruppen hineinwächst. Doch glaube ich kaum, daß diese Art des Fortschreitens für die eigentlichen und gewöhnlichen azinösen Herde von *wesentlicher* Bedeutung ist. Wir sehen ja, daß es gerade der Gefäßbronchialstiel ist, von dem eine schnell fortschreitende und wirksame Vernarbung ausgeht, wobei der zuführende Bronchiolus sehr bald durch Obliteration verschlossen werden kann. Kommt es aber wirklich zu einer schwereren käsigen Erkrankung von Bronchioli terminales und ihnen vorgelagerter Bronchioli bis zu den Endbronchien, so pflegen anders geartete Lungenveränderungen die Folge zu sein, von denen wir noch zu sprechen haben werden. Die zweite Art der Weiterverbreitung ist die per continuitatem im Alveolensystem. Es wurde oben schon darauf hingewiesen, daß Kommunikationen nicht nur zwischen den Alveolen ein und desselben Azinus vorkommen, sondern auch solche zwischen den Alveolensäcken verschiedener Azini. Daß durch solche Öffnungen die tuberkulöse Infektion unbehindert durchtreten kann, ist selbstverständlich. Aber das ist nicht der einzige Modus. Wir haben wohl gesehen, daß es ein Charakteristikum des azinösen Prozesses ist, daß in seinem Bereich meist noch viele Alveolenwände erhalten bleiben, von denen aus produktive Wucherungen und schließlich Narbenbildungen entstehen können. Doch darf damit nicht gesagt sein, daß nicht auch manche Alveolenwände dabei zu Grunde gehen. Es ist ja eine besondere Eigenart des Verkäsungsprozesses, daß benachbarte Zellbezirke leicht in sie aufgenommen werden. Das geschieht auch, wie man leicht beobachten kann, mit Alveolenwänden im Bereich des azinösen Herdes. Damit ist aber die Rolle der Alveolenwand als Schranke gegen eine weitere Ausbreitung des tuberkulösen Prozesses erledigt. Durch das Überschreiten einer Alveolenwand bei der Verkäsung wird das Schicksal der benachbarten Alveolen, bezw. Alveolarsäcke besiegelt. So finden wir z. B. gerade in jenen Fällen, wo wir bei fortschreitender zentraler Vernarbung an verschiedenen Stellen der Peripherie des Herdes frische Exsudationen und Verkäsungen erkennen, auch ein Übergreifen auf benachbarte Alveolengruppen, die kaum noch zu demselben Azinus gehören können. Wenn es im einzelnen Fall auch nicht immer klar zu entscheiden sein mag, ob präformierte Öffnungen dem Fortschreiten des Prozesses Vorschub leisteten oder ob die Verkäsung vorher geschlossene Schranken überschritt, so werden wir doch dem zweiten Modus eine nicht zu unterschätzende Bedeutung beimessen müssen. — Neben diesem intraalveolären Fortschreiten muß natürlich auch ein Transport der Bazillen in den Lymphbahnen, sowohl mit dem natürlichen Strom als auch gegen ihn, da Stauungen bei Herdbildungen unvermeidlich sind, und Ausscheidung in entferntere Alveolensäcke oder Azini ernstlich beachtet werden.

Wenn wir nun, soweit es noch nicht geschehen ist, die Ergebnisse der mikroskopischen Untersuchung mit den makroskopischen Befunden vergleichen, so läßt sich Folgendes sagen. Ist die Peripherie des Herdes ganz oder zum Teil unscharf begrenzt, von graugelber oder ausgesprochen gelblicher Farbe, und geht sie in ein saftiges, hyperämisches, angeschopptes Lungengewebe über, so müssen wir an solchen Stellen die Anfänge des Prozesses, bezw. neue frische Schübe vor uns haben; Exsudationsstadium mit Verkäsungen und frische perifokale Entzündung. Sind aber die Peripherien girlandenartig scharf begrenzt, auch die einzelnen blattartigen Vorsprünge etwas kleiner und von ausgesprochen grauer Farbe, umgeben entweder von noch etwas infiltriertem Lungengewebe oder schon von blassen Bezirken, dann müssen wir annehmen, daß das produktive Stadium schon mehr oder weniger weit fortgeschritten ist. Die weiteren fibrösen Umwandlungen bis zur völligen Vernarbung sind gewöhnlich ganz gut mit bloßem Auge zu erkennen. Das gilt besonders von den vom Bronchialstiel ausgehenden Vernarbungen, die gut an ihrer anthrakotischen Pigmentierung zu erkennen sind. Doch sollte man mit der Diagnose einer völligen Vernarbung des gesamten Herdes insofern vorsichtig sein, als kleinere frische Exsudationen mit bloßem Auge nicht immer sicher erkannt werden können.

c) Die lobulären (und lobären) Prozesse.

Neben den kleeblattförmigen, rosetten- oder traubenartigen azinösen und azinös-knotigen Herden mit allen ihren Entwicklungsformen müssen als zweiter besonders hervorstechender Typus der Lungenerkrankung bei der chronischen

Tuberkulose jene Herde genannt werden, die von vornherein in ihrer Form und Größe eine Anlehnung an die azinöse Struktur der Lungen nicht mehr erkennen lassen, sondern größere Bezirke einnehmen. Obwohl sich, wie wir sehen werden, bei dieser Erkrankungsform die Herde nicht immer mit bestimmten, anatomisch vorgebildeten Bezirken decken, können wir doch verhältnismäßig oft ähnliche Verteilungsverhältnisse sehen wie bei jenen gewöhnlichen pneumonischen Prozessen, die wir im Gegensatz zu der typischen lobären Pneumonie als die lobuläre Ausbreitungsart bezeichnen. Auch bei diesen gewöhnlichen Pneumonien sehen wir nicht immer die einzelnen Herde genau auf die einzelnen Lobuli beschränkt, sondern ebenso wie ein Konfluieren zu viel größeren Herden vorkommt, sehen wir auch kleinere Herde, die nur Teilen eines Lobulus entsprechen. Nur pflegt selbst dann, wenn schließlich ganze Lappen von derartigen Herden durchsetzt werden, die Zusammensetzung aus lobulären Herden immer noch kenntlich zu bleiben, insofern nämlich, als zwischen den einzelnen lobulären Bestandteilen noch lufthaltige, bezw. weniger infiltrierte Teile übrig bleiben. Genau dasselbe Bild bieten nun die entsprechenden tuberkulösen Herde dar. Auch sie setzen sich aus mehr oder weniger deutlichen lobulären Herden, zuweilen kleineren, also sublobulären, öfter größeren, zusammen, die miteinander konfluieren und auf diese Weise größere Teile eines Lappens und selbst ganze Lappen betreffen. (Abb. 72, S. 278). Doch bleibt auch dann die Zusammensetzung aus einzelnen Herden in den meisten Fällen noch kenntlich. Wirklich lobäre, d. h. ganze Lappen gleichmäßig betreffende Veränderungen gehören durchaus zu den Seltenheiten.

Wenn wir nun diese Form der Lungentuberkulose beschreibend betrachten, so erinnern wir uns zunächst, dass es diejenige Erscheinungsform der Lungentuberkulose ist, die seit langer Zeit mit dem Namen der käsigen Pneumonie oder käsigen Lobulärpneumonie oder mit etwa synonymen Ausdrücken bezeichnet wurde. Es steht nichts im Wege, daß diese Bezeichnung auch weiter gebraucht wird. Denn sie entspricht durchaus demjenigen Entwicklungsstadium dieser Erkrankungsform, das sich auf dem Sektionstisch dem Auge am eindrucksvollsten darbietet und das auch für ihr Schicksal, wie wir sehen werden, von ausschlaggebender Bedeutung ist. Das makroskopische Bild ist kurz geschildert. Es handelt sich um unscharf begrenzte und etwas unregelmäßig gestaltete, meist ziemlich derbe, typische, käsige Herde, die im einzelnen oft genau in ihrer auf der Schnittfläche rhombischen oder polyedrischen Form und ihrer auf dem Durchschnitt 1—4 qcm großen Fläche einem Lungenlobulus entsprechen können. Zwischendurch finden sich auch etwas kleinere Herde bis zur Größe von azinösen herab. In schwereren Fällen aber konfluieren sie vielfach und unregelmäßig miteinander und bilden dann ganz formlose, „landkartenartige“ Figuren. Ihre unmittelbare, oft aber auch etwas weitere Umgebung zeigt zum mindesten immer eine schwere Anschoppung mit Hyperämie und schwerem Ödem, aber oft auch ein Bild, das durchaus dem einer gewöhnlichen fibrinösen Pneumonie gleicht, d. h. auf der Schnittfläche von körniger und dunkelgrauroter oder auch saftig roter Beschaffenheit ist, die dann erst weiter nach außen in ödematöse und angeschoppte Bezirke übergeht. Wenn so das Bild der vollentwickelten, käsigen Lobulärpneumonie ein durchaus charakteristisches ist, müssen wir uns doch auch schon bei der makroskopischen Betrachtung fragen, wie denn die Vorstadien dieser käsigen Herde aussehen und welches ihre weiteren Entwicklungsstufen sind.

Was den ersten Teil der Frage betrifft, so ist es wohl klar, daß der Verkäsung solche Veränderungen vorausgehen, wie sie in frischen Herden unmittelbar an sie angrenzen. Doch eignen sich für eine solche Betrachtung besonders jene Fälle, in denen wir eine akute massige Infektion größerer Lungenteile vor uns haben, z. B. dann, wenn infolge einer Lungenblutung eine Aspiration zahlreicher Bazillen stattgefunden hat. Wir sehen dann lobuläre Herde, besonders in den Unterlappen und in den ventralen Teilen der Oberlappen, die beim ersten Anblick zuweilen den Eindruck einer gewöhnlichen Pneumonie machen. In größeren angeschoppten Bezirken liegen körnige Herde, die offenbar einem fibrinreichen Exsudat entsprechen. Doch sind diese Stellen zuweilen von einer eigentümlichen Trockenheit, und grade an solchen Stellen kann man dann auch oft schon den Beginn der eigentümlichen gelblichen Homogenisierung sehen, die wir beim Vergleich mit anderen Stellen oder mit denselben Herden in andern Fällen als die Übergänge zu der eigentlichen Verkäsung erkennen. Zuweilen sieht man an einem deutlich abgegrenzten Lobulus, wie er von zahllosen kleinen Verkäsungen durchsetzt wird, wie diese verkästen Herdchen sozusagen unter den Augen des Beobachters zu konfluieren scheinen und man dicht vor der totalen Verkäsung des ganzen Läppchens steht. Manchmal hat man auch an Stellen mit beginnender Verkäsung eine mehr gelatinöse oder gallertige Beschaffenheit, Bilder, wie sie hier und da als gallertige oder gelatinöse Pneumonie bezeichnet und in enge Beziehung zur Verkäsung gebracht wurden. Doch scheint mir dieser Ausdruck von manchen Autoren auch in einem andern Sinn gebraucht worden zu sein, wie noch zu erörtern sein wird. Wie dem auch sei, schon bei makroskopischer Betrachtung kann man alle Übergänge zwischen anscheinend einfach pneumonischen Veränderungen zu käsigpneumonischen Prozessen erkennen.

Was aber das *weitere Schicksal solcher käsig-pneumonischer Herde* betrifft, so können wir schon an der Hand von makroskopischen Betrachtungen auf die verschiedenen Möglichkeiten schließen. Handelt es sich allerdings um sehr ausgebreitete Prozesse, so sehen wir sie bei der Autopsie auf dem Höhepunkt ihrer Entwicklung und können sie als unmittelbare Todesursache bezeichnen. Auch klinisch pflegt dann zuweilen das Bild der sogenannten „*galoppierenden Schwindsucht*“ vorhanden gewesen zu sein. Ist das nicht der Fall, sondern haben wir mehr einzeln stehende Herde vor uns, wie etwa bei noch wenig ausgebreiteten Lungentuberkulosen, infraklavikulären oder in den ventralen Teilen der Oberlappen oder auch in verschiedenen Teilen der Unterlappen lokalisierten, so können wir zuweilen an ihnen ganz ähnliche Veränderungen erkennen wie bei den primären Herden. D. h. die Herde erhalten eine schärfere Begrenzung, indem auch die umgebenden Infiltrate zurückgehen, und man erkennt bei vergleichender Betrachtung eines genügend großen Materials leicht, daß diese Herde ganz ähnlich wie die primären einer Abkapselung zugängig sind. Doch muß dazu bemerkt werden, daß die *Möglichkeit einer Abkapselung durchaus von der Größe des Herdes abhängig ist.* Denn abgekapselte Herde, die größer sind als etwa eine Haselnuß, werden kaum beobachtet. Bei makroskopischer Betrachtung solche Herde von einem Primärherd zu unterscheiden, ist schlechterdings unmöglich, wenngleich auch zuweilen die Kapsel dicker sein kann und auch öfter mit größeren strahligen Narben in die Umgebung eingreift. Einen gewissen Anhalt aber hat man noch dann, wenn der primäre Herd sich einwandfrei im Rahmen des Primärkomplexes eruieren läßt oder sich etwa infolge vorgeschrittener Verkalkung als sehr viel älter erweist, oder umgekehrt eine dem fraglichen Herd entsprechende Lymphknotenerkrankung nicht vorhanden ist. Daß diese Herde dann später ebenfalls verkalken können, ist selbstverständlich. Wie weit sie im Übrigen unabhängig von den erwähnten Gesichtspunkten letzten Endes von dem primären Herd überhaupt unterschieden werden können, kann erst aus dem mikroskopischen Verhalten hervorgehen. Neben derartigen Abkapselungen kommen aber auch weitgehende Organisationsprozesse in Betracht. Nur so lassen sich wenigstens schon im makroskopischen Bilde gewisse hyalin-knotige Gebilde erklären, wie man sie u. U. bis zu Bohnengröße und darüber hinaus finden kann, und zwar gewöhnlich in Gruppen beieinanderliegend. Sie kommen mit und ohne anthrakotische Einlagerungen vor. Außerdem finden sich bei allen diesen Vorgängen auch noch weitere sehr eigentümliche Indurationsvorgänge, indem sich zwischen den abkapselnden oder vernarbenden Herden Karnifikationen und speckig-zähe, bezw. hart-gelatinöse Bezirke finden, in die massenhaft gelbliche, u. U. leuchtend gelbe Stippchen von Stecknadelkopfgröße eingesprengt sind. Auch ihre wahren Beziehungen zu den käsig-pneumonischen Prozessen und ihren Folgezuständen können erst durch die mikroskopische Untersuchung geklärt werden.

Sind alle erwähnten Veränderungen, *Abkapselung*, *Narbenbildung*, *Induration*, verhältnismäßig günstige Ausgänge der käsig-pneumonischen Prozesse, so erkennen wir auf der andern Seite in ihnen die eigentliche Grundlage für die Kavernenbildung. Das sind schon makroskopisch so klare Beziehungen, daß wir hier zunächst noch nicht näher darauf einzugehen brauchen. Im nächsten Kapitel wird davon die Rede sein.

Das *mikroskopische Bild der käsigen Lobulärpneumonie* ist inmitten der fertigen verkästen Partien ein verhältnismäßig einförmiges (Abb. 54, 55, 57). Gleichmäßige, fast homogene oder feinkörnige Käsemassen erfüllen die Alveolen, von deren Wänden nur die elastischen Fasern erhalten sind (Abb. 55). In diese Käsemassen eingeschlossen sind auch die Bronchiolen, und zwar naturgemäß nicht nur Bronchioli respiratorii, sondern auch Br. terminales und je nach der Größe der Herde auch noch verschiedene Kaliber von größeren abführenden Bronchiolen. Auch von diesen sieht man, soweit sie inmitten des fertig verkästen Herdes liegen, nur noch ihr elastisches Fasergerüst. Das Gleiche gilt von den zuführenden und abführenden Gefäßen. Erst weiter in der Peripherie verkäster Herde pflegen von den Bestandteilen der Bronchiolen und Gefäße größere Gewebsteile erhalten zu sein, worauf ich weiter unten zurückkomme. So wie bei der makroskopischen Betrachtung kann man auch hier Bilder sehen, die für ein multizentrisches Auftreten der Verkäsung, beispielsweise innerhalb eines Lobulus sprechen (Abb. 54); aber auch gerade die plötzliche und gleichzeitige Verkäsung größerer sublobulärer Bezirke, ganzer Lobuli und noch größerer Felder läßt sich klar und eindeutig aus den mikroskopischen Bildern erschließen (Abb. 55). Die *schnelle* Verkäsung derartiger größerer Bezirke ist oft gerade das Charakteristische dieser Prozesse.

Für die Entstehung der Käsemasse ist es wichtig, daß auch hier wieder das fibrinöse Exsudat ganz im Vordergrund steht. Man kann mit aller Deutlichkeit erkennen, daß es Übergänge gibt von Alveolen, die rein homogene käsige Massen enthalten, zu solchen, in denen noch die aufgequollenen Fibrinnetze sichtbar sind, zu solchen endlich, in denen das fibrinöse Exsudat in Form von ganz feinen Fibrinnetzen so rein in die Erscheinung tritt, wie etwa bei einer krupösen Pneumonie. Entsprechend verhalten sich die zellulären Beimengungen. Es gibt Übergänge von reinen Verkäsungen ohne Zellen oder Zell- und Kernreste zu solchen mit mannigfachen Kerntrümmern nebst pyknotischen Kernen in verquollenen Fibrinmassen, zu endlich Alveolen mit wohlerhaltenen Zellen in ebenso gut erhaltenen feinen Fibrinnetzen (Abb. 55). Es

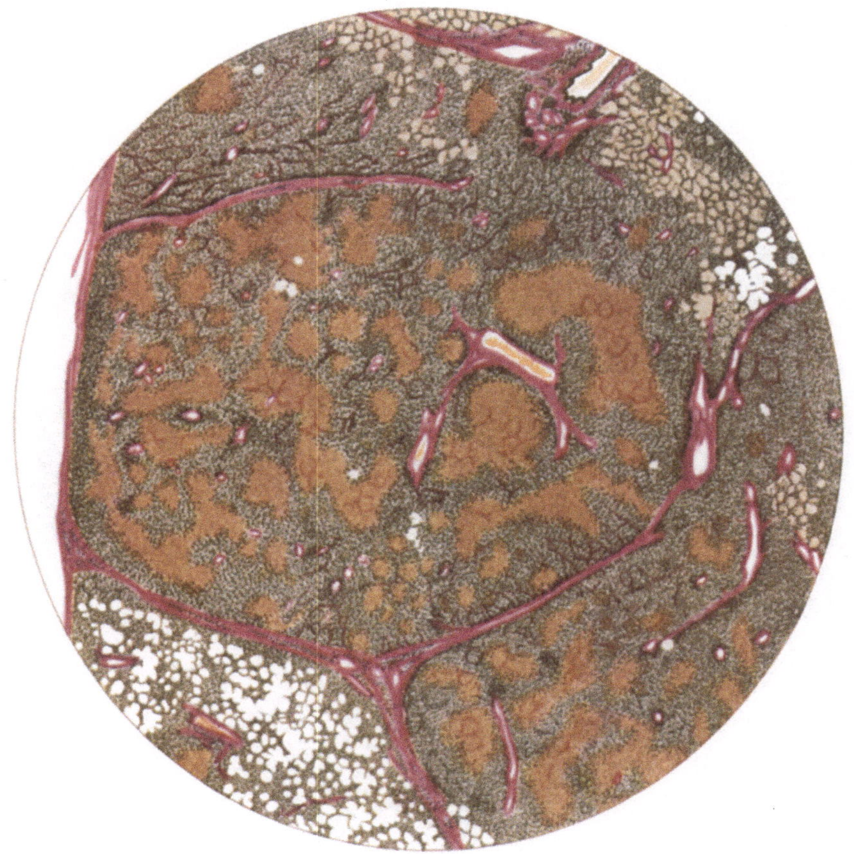

Abb. 54. Lobulärer Lungenherd. Die Septen des Lobulus im Schnitt deutlich hervortretend. Multizentrische Verkäsung des zellig-fibrinösen Exsudates. Elastika: VAN GIESON. Etwa 12fache Vergr.

läßt sich kaum bei einer andern Form der Tuberkulose das Verhältnis zwischen Exsudation und Verkäsung so klar erkennen wie bei dieser. Das zellige Exsudat erfordert aber noch unsere besondere Aufmerksamkeit.

Wenn wir dabei auch durchaus keine allgemeingültigen Prinzipien aufstellen können, so lassen sich doch in einer großen Mehrzahl von Fällen gewisse Regeln nicht verkennen. In der Mitte der frischen Herde, in der das fibrinöse Exsudat am reichlichsten ist, sehen wir in seinen Maschen zwar nicht ganz vorwiegend, aber doch in recht ansehnlicher Anzahl typische Leukozyten. Daneben finden wir lymphozytenartige Zellen und stets schon wechselnde Mengen von gequollenen Alveolarepithelien. Je weiter die Verkäsung in diesen fibrinreichen Bezirken fortschreitet, um so mehr zerfallen die Zellen. Geht man nunmehr in die Peripherie der Herde, so verändern sich die Zellbilder insofern, als die Leukozyten an Zahl viel geringer werden und demgemäß lediglich lymphozytenartige Zellen und besonders Alveolarepithelien vorherrschen; zwischen den Zellen können noch hier und da feine Fibrinnetze bestehen. Daneben tritt jetzt eine homogen geronnene, helle, sich bei van Gieson-Färbung mehr oder weniger bräunlich-gelblich färbende Masse auf, ein anscheinend eiweißreiches Ödem. Noch weiter

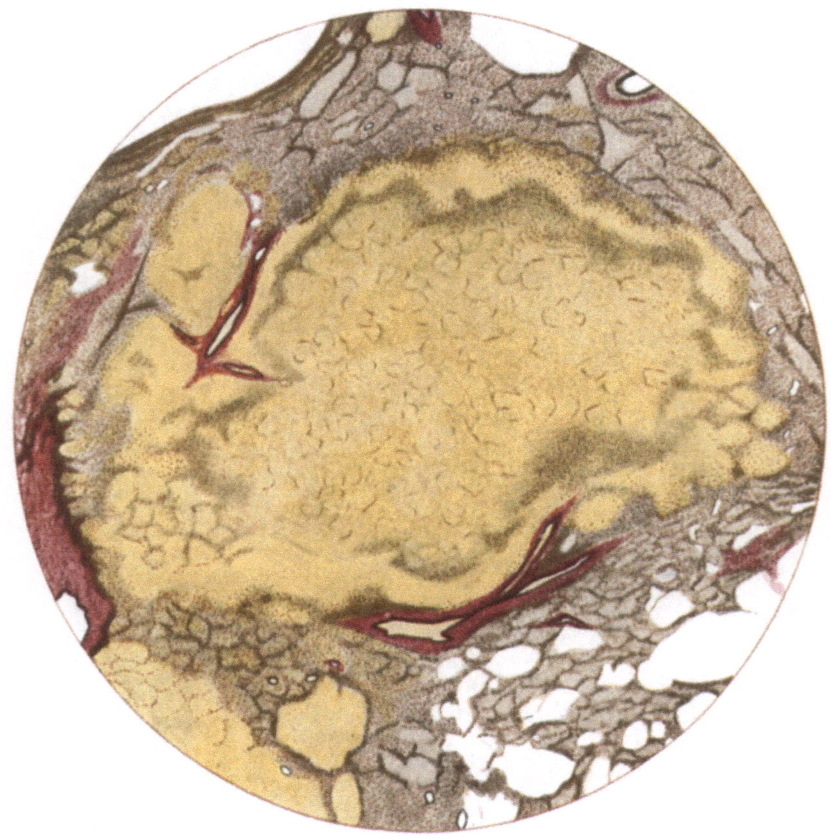

Abb. 55. Total verkäster lobulärer Lungenherd, z. T. noch reichlich Leukozyten enthaltend. Die Umgebung pneumonisch infiltriert. Elastika: VAN GIESON. 20fache Vergr.

in der Peripherie sieht man dann in den Alveolen fast nur noch stark geblähte Alveolarepithelien mit meist doppeltbrechenden Fetttropfen, und diese suspendiert in einer homogenen oder feinkörnig geronnenen Ödemmasse (Abb. 56). Es gibt aber auch Bezirke, in denen die Zellen durchaus vorherrschen und ganze Alveolen füllen, und andere, in denen ein fast reines Ödem besteht. Das Verhalten der Blutkapillaren in den Peripherien der Herde kann ein recht verschiedenes sein. Zuweilen natürlich gibt es pralle Blutfüllungen, auch Schwellungen der gesamten Kapillarwände mit dichten Zellinfiltraten, die überleiten zu den später zu erwähnenden interstitiellen Veränderungen. Auch Blutaustritte kommen dann vor und mischen sich dem andern Alveolarinhalt bei. Zuweilen aber, insbesondere in den stark ödematösen Partien, sind die Alveolarwandungen ganz dünn, die Kapillaren kaum zu erkennen; man kann gradezu von einer Anämie sprechen. Solche Stellen entsprechen am ehesten den bei der makroskopischen Betrachtung als gelatinöse oder gallertige Infiltrate bezeichneten.

Sind so diejenigen Bilder, die wir sozusagen auf der Höhe des Prozesses sehen und nach denen wir das ganze Krankheitsbild mit Recht als *käsige Pneumonie oder käsige Lobulärpneumonie* bezeichnen, in ihren wesentlichen Zügen geschildert worden, so müssen wir uns jetzt noch mit dem Schicksal dieser Veränderungen beschäftigen, soweit wir es aus den mikroskopischen Befunden

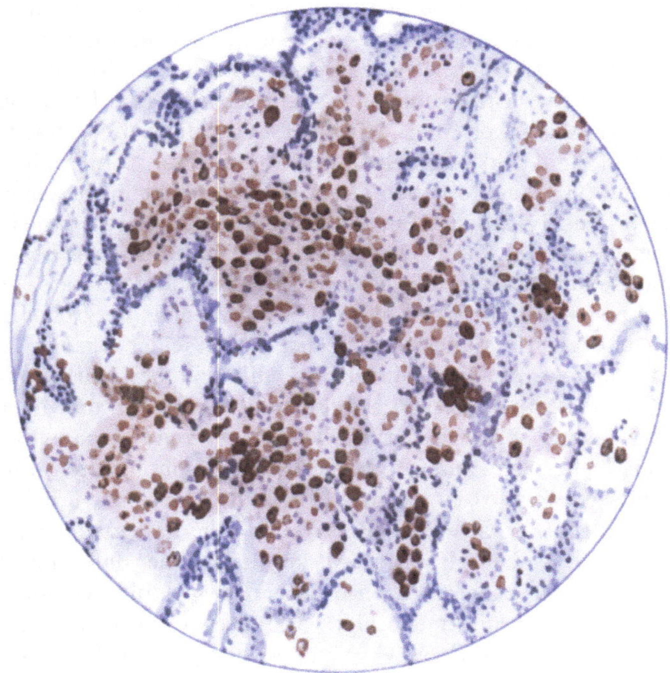

Abb. 56. Aus der Nachbarschaft käsig-pneumonischer Herde. Ödem und reichlich verfettete Zellen in den Alveolen. Zellige Infiltration einiger Alveolenwände. Hämatoxylin-Sudan. Etwa 100fache Vergr.

ablesen können. Dazu ist aber zuerst eine Vorfrage zu erledigen, nämlich die, ob es denn überhaupt immer zu einer Verkäsung kommen muß. Dazu sei bemerkt, daß man natürlich bei manchen Lungentuberkulosen unter Umständen recht umfangreiche lobuläre und vielfach miteinander konfluierende Pneumonien sieht, die noch nicht einmal die Andeutung einer Verkäsung erkennen lassen und die sich dennoch durch den positiven Befund von Tuberkelbazillen als tuberkulöse Pneumonien dokumentieren. Makroskopisch saftig rot, zuweilen etwas gelatinös, stellenweise krupös gekörnt, bieten sie mikroskopisch in unregelmäßiger Verteilung etwa das soeben für die nicht verkästen Teile geschilderte Bild, nur daß eben auch mikroskopisch nirgends jene Quellungs- und Zerfallserscheinungen gesehen werden, die wir als die ersten Etappen der Verkäsung kennen gelernt haben. Eine Schwellung der Alveolarwandungen ist stets vorhanden, eine Hyperämie ebenfalls; u. U. finden sich reichlicher Erythrozyten als sonst. Bei derartigen Bildern muß man unbedingt den Eindruck gewinnen, daß solche Exsudate in weitem Maße eliminiert werden können, ohne daß Residuen der Entzündung zurückbleiben. Wie oft das wirklich geschieht, ist sehr schwer zu sagen. Daß es vorkommt, scheint mir nach manchen klinischen Erfahrungen sicher zu sein. Aber eine weitere Aufklärung dieser wichtigen Frage wird nur bei genauester Zusammenarbeit zwischen Kliniken und Pathologen und auch dann nur, wenn glückliche Zufälle es so fügen, zu erwarten sein. Für solche Pneumonien ist dann natürlich der Name käsige Pneumonie nicht am Platze. Wir müßten dann von nicht verkäsenden tuberkulösen Pneumonien oder von katarrhalischen tuberkulösen Pneumonien sprechen. Daß dann andererseits auch alle Übergänge zwischen diesen Pneumonien und den typischen verkäsenden vorkommen müssen, ist selbstverständlich. Es wird sich im Wesentlichen um quantitative Unterschiede in der Schwere der Reaktion handeln, abhängig von der Massigkeit und Giftigkeit der Infektion einerseits und von der Reaktionsfähigkeit des Lungengewebes andrerseits. Ein anderer Befund, den man hier und da einmal erheben kann, spricht direkt in diesem Sinne. Das sind typische produktiv-tuberkulöse Veränderungen inmitten derartiger katarrhalischer Pneumonien an Stellen, an denen von einer eigentlichen Verkäsung noch nicht die Rede ist, bezw. nur ganz geringe, eben angedeutete, ganz kleine, homogene Nekrosen aufgetreten sind. Bei schwachen Vergrößerungen sieht man an solchen Stellen rundliche, etwa das Gebiet einer kleinen Anzahl von Alveolen einnehmende, dichte Zellinfiltrate, die sich bei stärkeren Vergrößerungen in typische Epitheloidzellen auflösen und auch hier und da in Bildung begriffene oder fertige Riesenzellen aufweisen, während nach außen hin das Ganze in einen mehr oder weniger geschlossenen Lymphozytenwall übergeht, der sich in die benachbarten exsudat-gefüllten Alveolen verliert. Es sind übrigens solche Bilder ein sehr klarer Beweis dafür, daß auch in den Lungen typische produktive Tuberkel auftreten können, ohne daß eine Verkäsung vorangegangen ist, aber auch ein ebenso guter Beleg dafür, wie auch dann die produktive Phase der exsudativen folgt. In unserm speziellen Fall beweisen uns diese spezifischen produktiven Vorgänge auch ohne den färberischen Nachweis von Tuberkelbazillen, daß tatsächlich tuberkulöse Pneumonien vorliegen, wenngleich eine Abgrenzung dieser Prozesse gegenüber den perifokalen Entzündungen nicht immer möglich sein wird (s. weiter unten). Obwohl an solchen Stellen die elastischen Fasern zu Grunde gehen, kann man doch gewöhnlich noch sehr gut das intraalveoläre Wachstum der Tuberkel feststellen. Wenn übrigens in solchen Fällen eine Eliminierung des Exsudates zustande kommt, so müßte ein gewöhnliches Lungengewebe resultieren, in dem hier und da ein produktiver Tuberkel gelegen ist.

Würde also in solchen Fällen ein recht günstiger Ausgang eines lobulären Prozesses vorliegen, so haben wir doch allen Anlaß zu der Annahme, daß solche Ausgänge relativ selten sind. Die totale oder partielle Verkäsung ist wohl das häufigere Ereignis, und der Name käsige Pneumonie hat darum auch seine volle Berechtigung. Was wird nun aus den käsigen Herden, bzw. aus der gesamten Lungengewebsmasse, in der sie in unregelmäßiger Verteilung liegen? Eine nachträgliche Wiederauflösung und Eliminierung des Käses mit Wiederherstellung der Alveolenwände dürfte im Allgemeinen für ausgeschlossen gelten. Im Übrigen müssen wir naturgemäß produktive Prozesse erwarten, die sich an die exsudativverkäsenden anschließen. In welcher Weise sich diese entwickeln, hängt ganz und gar davon ab, wieviel erhaltenes Gefäß-Bindegewebe im Bereich der Verkäsungen noch zur Verfügung steht (Abb. 57). Greifen in die verkästen Partien noch von verschiedenen Seiten intakte Gefäße mit ihren begleitenden Lymphscheiden, mit ihren Bindegewebszellen und Fasern ein, so ist eine produktive

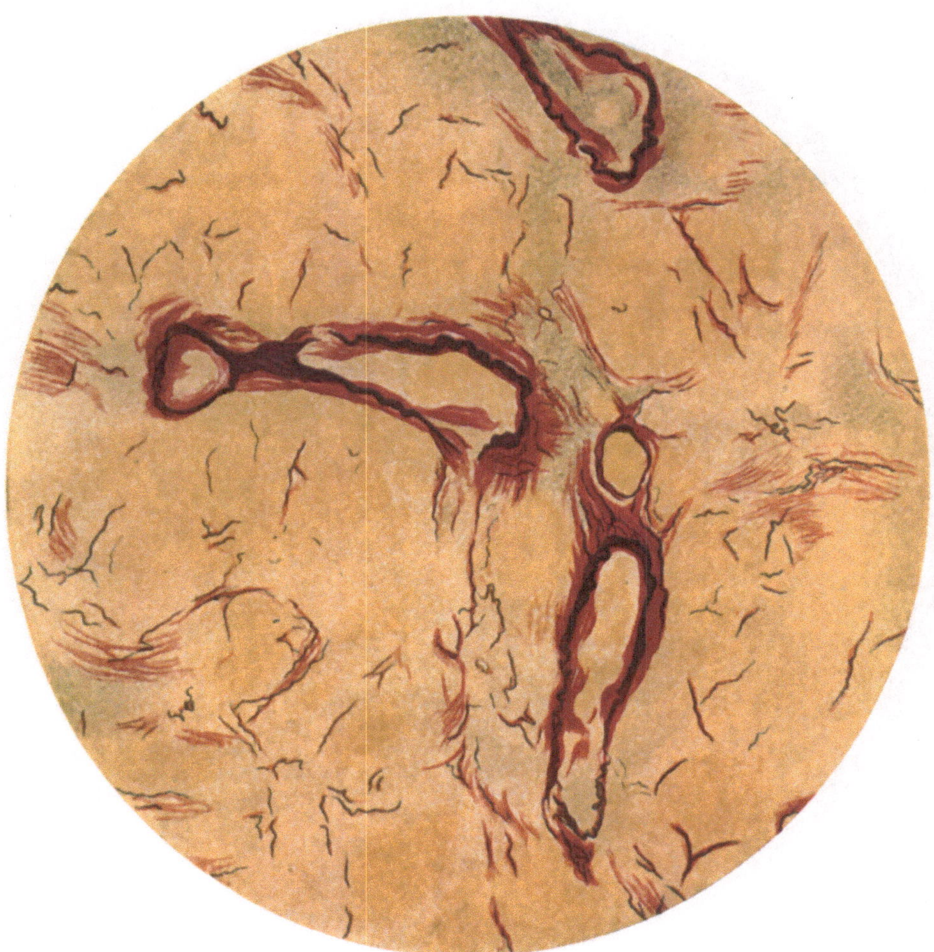

Abb. 57. Aus einem käsig-pneumonischen Lobulärherde, in dem verhältnismäßig viel Bindegewebsfasern, besonders im Bereich der Gefäße, erhalten sind. Elastika: VAN GIESON. 50 fache Vergr.

Gewebswucherung von allen diesen Stellen aus denkbar, und es werden Bilder entstehen können, die ganz ähnlich denen der azinösen Herde sind und durchaus die fließenden Übergänge zu ihnen darstellen. Es mögen sogar auf diese Weise Zustände erreicht werden, die den späteren Stadien der azinösen Herde in jeder Beziehung entsprechen. Dazu gehört natürlich auch, daß zwischen den verkästen Partien noch Alveolengruppen soweit erhalten sind, daß sie nach Eliminierung des Exsudates wieder entfaltungsfähig sind. Ist es also selbstverständlich, daß solche Übergänge zwischen azinösen und lobulären Herden vorkommen, so ist es doch andererseits das charakteristische Merkmal der typischen lobulären Herde, daß größere Abschnitte eines Lobulus oder ganze Lobuli der Verkäsung anheimfallen. Aber auch hier gibt es insofern graduelle Unterschiede, als abgesehen von der Größe und Ausdehnung der Herde in ihnen die Menge des erhaltenen Gefäß-Bindegewebes sehr verschieden sein kann, selbst wenn

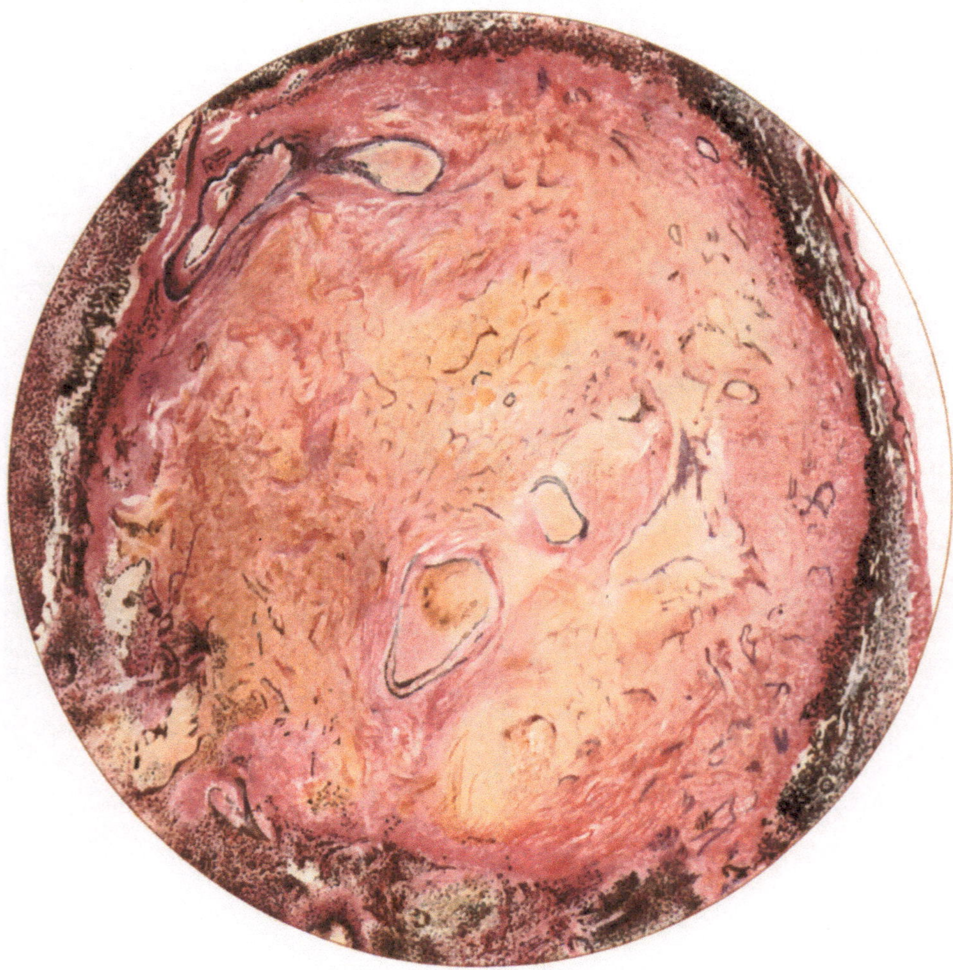

Abb. 58. Fast vollkommener Ersatz eines käsigen Lobulärherdes durch Bindegewebe. Äußere Begrenzung hauptsächlich durch Lymphozytenwälle. Elastika: VAN GIESON. 26fache Vergr.

die Alveolen mit ihren gesamten Wandungen vollständig in der Verkäsung aufgegangen sind. So sieht man Herde, in denen an allen möglichen Stellen, meist in enger Beziehung zu Gefäßen, eine bindegewebige Organisation einsetzt. Man hat übrigens gerade dabei oft den Eindruck, als wenn die Bindegewebsfasern fast selbständig wuchern. Jedenfalls sind epitheloide und Riesenzellen kaum zu sehen, und auch banales gefäßhaltiges Bindegewebe ist in größerer Ausdehnung nicht vorhanden. Ich möchte aber auf dieses eigentümliche Verhalten nur hingewiesen haben, ohne hier weiter auf seine theoretische Bedeutung einzugehen. Es gehört in das zur Zeit sehr aktuelle und auch in diesem Buch hier und da schon angedeutete Mesenchymproblem hinein, insbesondere in die Frage, inwieweit die Fasern eine selbständige Rolle spielen können. Es ist übrigens schwierig, selbst bei recht großem Untersuchungsmaterial, diese Vorgänge in allen ihren Einzelheiten zu verfolgen. Man sieht häufiger ihren Endeffekt als ihre früheren Entwicklungsstadien. Und dieser Endeffekt ist die völlige oder fast völlige fibröse oder auch hyaline Umwandlung der Herde (Abb. 58). Es will mir scheinen, als ob dieses Resultat gewöhnlich sehr rasch erreicht wird und darum die Zwischenstadien so selten zur Beobachtung kommen, daß es sich also um Fälle handelt, bei denen trotz relativ schwerer Reaktion am Anfang der Erkrankung die Heilungstendenz eine so große ist, daß sehr schnell der fibröse und hyaline Narbenzustand erreicht wird. Das Bild ist übrigens auch dann noch dem von geheilten azinösen Herden recht ähnlich, nur daß die einzelnen hyalinnarbigen Gebilde sehr viel größer sind. Diese liegen dann entweder frei in geblähtem Lungengewebe oder strahlen in weitere Indurationsvorgänge aus, von denen weiter unten die Rede sein wird.

In dieser Art der Heilung käsig-lobulärer Herde — und als Heilung können wir den Vorgang bezeichnen — *möchte ich einen gewichtigeren Unterschied gegenüber den primären Herden* sehen, als in der weiter unten beschriebenen Kapselbildung. Denn ein derartiger vollständiger Ersatz selbst kleiner Primärherde läßt sich kaum beobachten. Nur Andeutungen davon finden sich nicht selten. Daß die Unterschiede durch verschiedene allergische Zustände bedingt werden, liegt nahe. Aber in welcher Weise sie sich auswirken, ist schwer zu sagen. Da aber solche Vorgänge nur in einem Teil der Fälle beobachtet werden, muß auch an eine konstitutionelle Komponente gedacht werden, die günstige allergische Zustände unterstützen könnte. Im allgemeinen Teil ist darüber gesprochen worden. Es ist aber weiter von einiger Bedeutung, daß wir derartige restlose fibröse oder hyaline Umwandlungen größerer Käseherde in besonderer Ausdehnung gerade bei schwer anthrakotischen Lungen sehen können. So habe ich sie besonders beobachtet bei Bergleuten aus Kohlengruben. Aber auch sonst läßt sich eine gewisse Beziehung des Kohlenstaubes zu diesen ausgedehnten, aus Verkäsungen hervorgehenden Indurationen nicht verkennen. Also auch diese Komponente muß berücksichtigt werden, wenn es auch Fälle gibt, in denen die Herde völlig frei von Kohlenpigment sind.

Dieser Ausgang der lobulären, bezw. sublobulären Prozesse ist in jedem Fall ein relativ günstiger, aber doch ein ungünstigerer als der zuerst beschriebene, weil bei ihm schon viel reichlicher Lungengewebe aus der Atmung ausgeschaltet wird. Es ist übrigens auch ein relativ seltenes Ereignis.

Nehmen wir nun aber den Fall, daß der Lobulus tatsächlich im Ganzen verkäst war oder wenigstens in seinem größten Teil, daß also auch keine wesentlichen Gefäß-Bindegewebsreste in ihm erhalten geblieben sind, dann wird die Verkäsung nur von dem interlobulären Bindegewebe und vielleicht von einigen Resten der äußersten Alveolen begrenzt und enthält an dem Haupt-Gefäß-Bronchialstiel noch auf eine gewisse Strecke erhaltenes Gefäß-Bindegewebe. Dann besteht nur die Möglichkeit einer Abkapselung des gesamten Herdes in ähnlicher Weise wie beim primären Herd. Sehen wir zunächst den Endeffekt an. Man hat einen, den ursprünglich betroffenen Territorien in der Größe etwa entsprechenden, käsigen Herd mit erhaltener Zeichnung der elastischen Fasern, der umgeben ist von einer ziemlich breiten fibrösen oder hyalinen Kapsel. Diese ist gegen den Käse entweder scharf begrenzt oder erstreckt sich in etwas lockerem Zustand eine Strecke weit in ihn hinein. Nach außen aber schließt sich an die Kapsel ein ziemlich dicht infiltriertes Gewebe an; das sind Lymphozytenwälle und je nach den Verhältnissen ein induriertes (s. u.) oder atelektatisches Lungengewebe, alles ebenfalls von lymphozytenartigen Zellen durchsetzt. In sich geschlossen ist die Kapsel nur dann, wenn der Herd im Schnitt senkrecht auf seiner Achse oder peripher getroffen ist. Liegt der Schnitt aber in der zentralen Achse, so erkennt man den dem Gefäßstiel entsprechenden „Hilus", wieder ähnlich wie beim primären Herd. Dort ist die Kapsel eingebogen und verliert sich allmählich in der Verkäsung. Auch dort finden sich begleitende Lymphozyteninfiltrate. Eine eigentliche Schichtung der Kapsel ist kaum je zu erkennen. Darin stimme ich mit Puhl, der sich mit diesen Dingen besonders beschäftigt hat, überein. Doch schon bei Besprechung des primären Herdes hatte ich Gelegenheit, darauf hinzuweisen, daß diese Tatsache allein nicht genügt, um die Unterscheidung dem primären Herd gegenüber zu sichern, da auch dieser eine doppelte Kapsel nicht zu haben braucht. Das weitere Schicksal dieser abgekapselten käsig-lobulären Herde kann natürlich ebenfalls ein ähnliches sein wie das des primären Herdes. Allerdings muß sofort zugegeben werden, daß man Verkalkungen und gar Verknöcherungen sehr viel seltener sieht. Ich glaube aber nicht, daß das auf einer sozusagen biologischen Verschiedenheit der beiden Herdarten beruht. Man muß vielmehr bedenken, daß selbst durch Abkapselung heilbare käsige Pneumonien in den meisten Fällen Begleiterscheinungen einer auch sonst schweren Lungentuberkulose sind, an der die Patienten relativ rasch sterben, so daß den Herden nicht die Gelegenheit geboten werden kann, noch weitere Umwandlungen durchzumachen. Dafür spricht auch eindeutig und klar die Tatsache, daß wir bei isolierten, abgekapselten käsig-lobulären Herden, z. B. infraklavikulären (s. u.), in Fällen, in denen der Tod interkurrent an einer andern Krankheit erfolgte, Herden, die daran als sicher nicht primäre zu erkennen sind, daß entsprechende Lymphknotenerkrankungen fehlen und zudem der primäre Herd an anderer Stelle deutlich nachweisbar ist, den Verkalkungen und auch in einzelnen Fällen den Verknöcherungen begegnen können.

Viel interessanter sind andere Merkmale, die diese Herde in der überwiegend großen Anzahl aufweisen, und das ist der oft völlige, im Übrigen fast völlige *Mangel an eigentlichen spezifisch-produktiven Veränderungen.* Am häufigsten ist noch der Befund von typischen Langhansschen Riesenzellen, die man in der schon fertig gebildeten Kapsel vereinzelt zwischen den Fasern eingeschlossen oder auch außen anliegen sieht. Aber jene Bilder, wie sie doch am Primärherd die Regel sind, daß man vor Fertigstellung der Kapsel ganze Wälle von typischem tuberkulösem Gewebe, das den Käse einschließt, vor sich hat, kommen sehr selten zur Beobachtung. Wohl findet man hier und da Andeutungen davon in Gestalt von einigen Epitheloidzellen in Wirtelstellung, denen auch die eine oder andere Riesenzelle beigemengt sein kann. Aber der häufigere Befund ist, wie gesagt, der, daß man sie vermißt. Es wäre noch hinzuzufügen, daß die Kapsel in ihren äußeren Teilen, besonders im Bereich der beginnenden Lymphozytenwälle, meist recht reichlich kleine Gefäße enthält und daß das anschließende Gewebe oft durchaus mit gefäßreichem Granulationsgewebe zu vergleichen ist. Dieses eigentümliche Verhalten ist in seiner biologischen Bedeutung interessant. Die käsigen Pneumonien selbst sind ja unbedingt die Zeichen einer sehr stürmischen Reaktion. Mit Bezug auf die Ausführungen im allgemeinen Teil bin ich der Meinung, daß diese schwere Reaktion abhängig ist einmal von der Masse und Giftigkeit der Infektionsdosis, dann aber auch von der Reaktionsfähigkeit des Lungengewebes, die, lokal bedingt, eine andere sein kann wie die des Gesamtkörpers. Die Schwere der Reaktion aber wäre dann nur zu erklären durch eine lokale Überempfindlichkeit. Ich bin geneigt, diese für das wesentliche Moment zu halten. Bei erheblichen Bazillenmengen kommt es dann nicht nur zur verkäsenden Exsudation, sondern auch, wie wir sehen werden, unmittelbar darauf zur Kavernenbildung. Ist aber die Infektion weniger kräftig, so genügt die auftretende, schnell bis zur Verkäsung führende Exsudation, um die vorhandenen Bazillen und ihre Gifte sozusagen zu binden, so daß spezifische Faktoren, die die produktive Tuberkelwucherung hervorrufen könnten, kaum mehr vorhanden sind. Es kommt zu einer fast unspezifischen Abkapselung. Nur hier und da deutet später noch eine Riesenzelle auf eine gewisse Fremdkörperwirkung hin. Eine gewisse Schnelligkeit der Gesamtreaktion mag auch darin erblickt werden, daß der Abkapselungsprozeß, wie man immer wieder durch vergleichende Untersuchungen feststellen kann, nicht nur sehr schnell nach dem Auftreten der Verkäsungen, u. U. fast gleichzeitig mit ihm einsetzt, sondern daß er sich auch recht schnell weiter entwickelt, offenbar unter dem Einfluß von nur noch wenig und unspezifisch wirkenden Stoffwechselprodukten.

Können wir so bei diesen schweren tuberkulösen Prozessen einen verhältnismäßig sehr raschen Wechsel von der spezifischen zur unspezifischen Reaktion erkennen, so lassen sich an der Gesamtheit derartig erkrankter Lungenbezirke noch viel reichlicher *unspezifische Vorgänge* ermitteln. Alles das, was wir bei den azinösen Herden als perifokale Entzündung und ihre Ausgänge erklärt haben, findet sich gewöhnlich bei den lobulären Prozessen in viel stärkerem Maße vor. Es sind vor allen Dingen jene schon erwähnten, ausgebreiteten pneumonischen Bezirke, die von sich demarkierenden Käseherden nach allen Richtungen hin weit ausstrahlen und sich zwischen ihnen befinden, Prozesse, bei denen, wie schon bemerkt, losgelöste und verfettete Alveolarepithelien und Ödem die erste Rolle spielen, Leukozyten und Fibrin mehr in den Hintergrund treten. Es ist keine Frage, daß sich diese Infiltrate, selbst wenn sie sehr ausgedehnt sind, zurückbilden und so gut wie normalem Lungengewebe Platz machen können. Das ist insbesondere dann zu erwarten, wenn die fibröse Abkapselung der tuberkulösen Käseherde selbst gut und schnell von Statten geht oder wenn ihre Heilungstendenz eine so starke ist, daß die ganzen Herde fibrös ersetzt werden. In dieser Weise sind jene Bilder zu deuten, die makroskopisch isolierten erbsengroßen und größeren, scharf begrenzten, rein fibrösen, bzw. mehr oder weniger anthrakotischen Knoten entsprechen, die in einem sonst relativ intakten Lungengewebe liegen. Ganz rein sind diese Bilder ja selten, sondern es finden sich meist schon Übergänge zu den gleich zu beschreibenden in Gestalt von unregelmäßig zwischen den einzelnen Knoten gelegenen Narbenzügen. Im Übrigen ist auch hier das zwischenliegende Lungengewebe sehr unregelmäßig emphysematös gebläht, da der Narbenzug in solchen Fällen natürlich noch wirksamer sein muß als bei den kleineren azinösen Herden.

Diese Ausgänge der lobulären Herde und damit auch der sie begleitenden perifokalen Entzündungen sind aber, wie schon betont, sicher recht selten und beschränken sich wohl auf besondere Fälle, die wir später bei der zusammenfassenden Betrachtung noch erwähnen werden.

Im Allgemeinen können wir feststellen, daß selbst dann, wenn Heilungsvorgänge in weitem Maße zustande kommen, die perifokalen Entzündungen

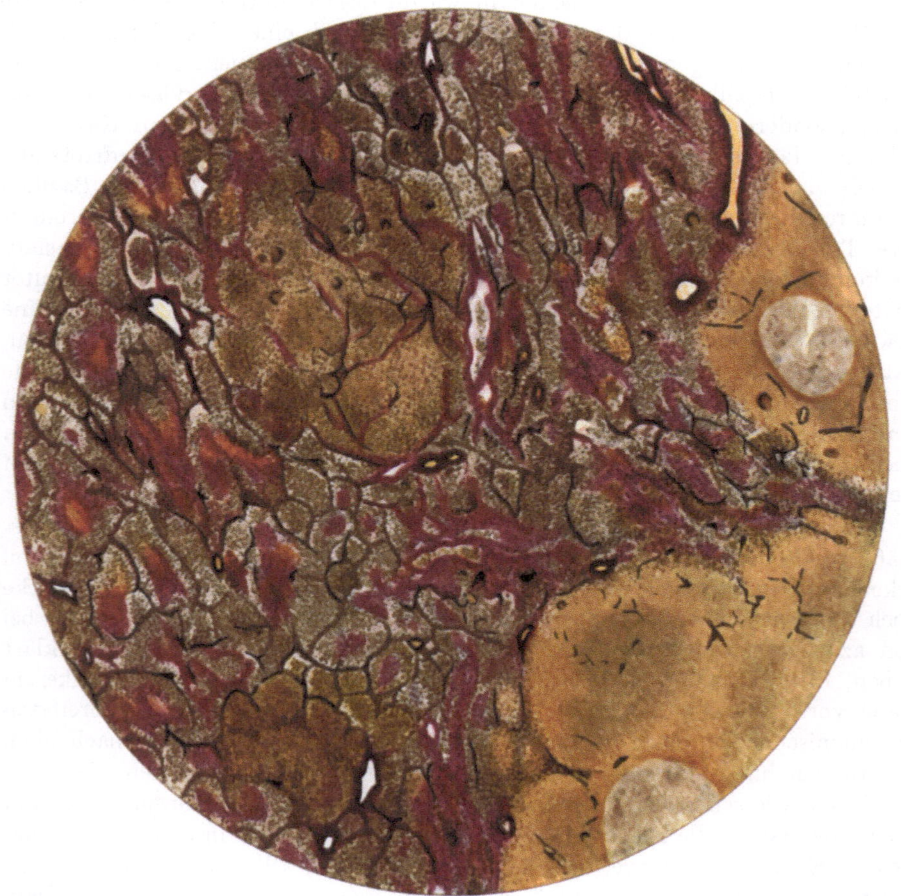

Abb. 59. Bindegewebspfröpfe in zahlreichen Alveolen in der Nachbarschaft käsig-pneumonischer Lobulärherde. Dazwischen auch frischere, spezifisch tuberkulöse Herdchen, zum größten Teil in produktivem Stadium. Elastika: VAN GIESON.

nicht ohne Weiteres zurückgehen. Da das Wiederfreiwerden von solchen exsudatgefüllten Alveolen nur durch Eliminierung nach außen denkbar ist, so ist es leicht zu erklären, daß das um so schwerer geschehen wird, je schwerer und ausgedehnter die tuberkulösen Prozesse sind. Verlegungen der ausführenden Bronchien durch Exsudat, Abschnürung ganzer Lungenpartien durch Kompression von Seiten der gequollenen tuberkulösen Herde usw. kommen dafür in Betracht, außerdem die schnell auftretenden Pleuraverwachsungen, die von MARCHAND schon vor langer Zeit mit für die mangelhafte Eliminierung des Exsudates bei den gewöhnlichen Pneumonien verantwortlich gemacht wurden.

Die Folge dieser mangelhaften Exsudatabfuhr sind wie dort auch hier in erster Linie Karnifikationsprozesse, und es ist zuweilen verblüffend, in welchem Ausmaß diese zwischen ausgebreiteten käsigen lobulär-pneumonischen Herden vorkommen können. Im einzelnen möchte ich in einem gewissen Gegensatz zu CEELEN, dem wir die erste genauere Beschreibung dieser Veränderungen verdanken, betonen, daß es nach meinen Erfahrungen nicht etwa in erster Linie die fibrinreichen Alveolen sind, die der Organisation zugängig sind. Wir haben ja auch oben gesehen, daß grade diese Alveolen, die zum größten Teil zu dem eigentlichen tuberkulösen Fokus gehören, am schnellsten und sichersten der Verkäsung anheimfallen. Ich möchte vielmehr auf Grund sehr zahlreicher Untersuchungen sagen, daß es wie auch bei den azinösen Prozessen grade die fibrinarmen und im wesentlichen mit zelligem Exsudat und insbesondere mit eiweißreichem Ödem gefüllten Alveolen sind, die am ehesten zu einer Karnifikation beitragen. Die Verhältnisse liegen auch hier wieder ganz ähnlich, wie ich sie für die Organisationsvorgänge bei den Influenzapneumonien beschrieben habe. Die Bilder sind im Übrigen durchaus klar. Von den Alveolenwänden, insbesondere von den in die Alveolarsäcke und -gänge hinein vorspringenden Spornen an den Vereinigungsstellen zweier Alveolenwände, sprießen kleine Gefäßsprossen ins Lumen hinein vor, denen sich bald Bindegewebszellen und Fasern hinzugesellen (Abb. 59). So wird das Exsudat allmählich von Bindegewebspfröpfen ersetzt, und man erhält genau dasselbe Bild wie bei den Karnifikationen gewöhnlicher Pneumonien. Es ist, wie gesagt, auffallend, wie umfangreich u. U. diese Verfleischung von Lungengewebe in Bezirken von käsigen Pneumonien mit Abkapselungsvorgängen sein kann. Es kommt aber auch vor, daß mitten im Bereich derartiger unspezifischer Gewebswucherungen auch hier und da eine kleine tuberkulöse Verkäsung auftritt, diese von typischem produktiven Gewebe mit Epitheloidzellen und Riesenzellen umhüllt und schließlich abgekapselt wird. Man sieht sogar hier und da einmal auch bei solchen Gelegenheiten spezifische produktive Gewebswucherungen, ohne daß, soweit zu erkennen ist, eine Verkäsung vorausgegangen ist. Sogar einzeln liegende LANGHANSsche Riesenzellen kommen zuweilen zur Beobachtung. Die biologische Deutung all dieser Ereignisse dürfte nicht allzu schwierig sein. Die ganz unspezifischen banalen intraalveolären Organisationsprozesse müssen tatsächlich mit zur perifokalen Entzündung gerechnet werden, die wir ja auf die Wirksamkeit nicht direkt von den Tuberkelbazillen herstammender abnormer Stoffwechselprodukte beziehen. Wenn dabei zu gleicher Zeit an manchen Stellen auch spezifisch-tuberkulöse Veränderungen vorkommen, so ist das verständlich; denn Tuberkelbazillen dürften aus den benachbarten, ziemlich ausgebreiteten Herden in nicht geringer Zahl, wahrscheinlich auf dem Lymphweg wie beim primären Herd, abgeführt werden. Wenn diese Herde dann schnell produktiv werden und nur kleinere Herde setzen, so liegt es nahe, dafür den hohen Allergiezustand dieser Bezirke verantwortlich zu machen.

Mit diesen *intraalveolären Gewebswucherungen* verbinden sich weiter in manchen Fällen auch recht erhebliche *interstitielle Prozesse*. Schon im Bereich der beschriebenen Karnifikationen pflegen die Alveolenwände verdickt zu sein. Aber auch unabhängig davon sieht man derartige Verdickungen entweder mit den eigentlichen Karnifikationen abwechseln oder sich mit ihnen kombinieren. Es handelt sich um zunächst sehr zellreiche und schon dann bedeutend

16*

verdickte Alveolenwände, an denen man durch vergleichende Untersuchungen feststellen kann, daß sie sich allmählich in ziemlich dicke fibröse Balken umwandeln. Die Alveolenlumina erscheinen dann darin als unregelmäßige, vielgestaltige, sinuöse Gänge. Sie sind entweder mit geblähten und meist doppeltbrechende Fettsubstanzen enthaltenden Alveolarepithelien gefüllt. Das entspricht dann dem oben erwähnten speckigen Aussehen mit den kleinen gelblichen Stippchen; auch Kohlepigment können diese Alveolarepithelien in verschiedener Menge enthalten. Oder die Alveolen sind leer, und dann bilden sich in ihnen die Alveolarepithelien wieder in kubische Zellen zurück, und man erhält die oben schon erwähnten drüsenähnlichen Gebilde, die wiederum bei diesen Prozessen viel umfangreicher sein können als zwischen den azinösen Herden.

Durch die Kombination aller dieser Indurations- und Vernarbungsprozesse, nämlich der Abkapselung käsiger Herde mit ihren Ausstrahlungen in die Nachbarschaft, der intraalveolären Karnifikationen, der interstitiellen Gewebswucherungen, entstehen zuweilen sehr umfangreiche Indurationen. Selten haben diese dann die Eigenschaften gewöhnlicher Schwielen. Vielmehr wird durch die zunehmende Einlagerung von Kohlepigment das Narbengewebe in den meisten Fällen erheblich geschwärzt. Es finden sich dann alle Übergänge zwischen einer grau-schwarzen Fleckung zu rein kohleschwarzen und dann meist auch sehr harten, oft ausgesprochen mineralartigen Bezirken. Man pflegt dann von einer schiefrigen Induration zu sprechen.

Alle diese zur Narbenbildung, Induration, Einkapselung führenden Prozesse können natürlich auch als Heilungsvorgänge gedeutet und gewertet werden. Man muß jedoch bedenken, daß dabei große Teile der Lungen aus der Atmung ausgeschaltet werden und bleiben und auch die angrenzenden und eingeschlossenen Partien in ihrer Funktion beeinträchtigt werden und darum der erreichte Zustand weder für die Lungen noch für den Gesamtorganismus förderlich oder auch nur gleichgültig ist. Immerhin sind es verhältnismäßig günstige Ausgänge, da der tuberkulöse Prozeß durch sie zu einem gewissen Stillstand gebracht wurde. Daß damit allerdings keine Gewähr dafür gegeben ist, daß nicht innerhalb solcher Bezirke wieder frische Prozesse auftreten, muß man sich immer vor Augen halten. Daß im Gegenteil einerseits durch Exazerbation oder durch endogene oder exogene Neuinfektion zuweilen daraus noch ganz besonders unangenehme Verlaufsformen der Krankheit entstehen können, werden wir noch zu besprechen haben. Wozu ich in Bezug auf die Exazerbation noch bemerken möchte, daß nicht nur in den abgekapselten Käseherden, sondern sicher auch in den schiefrig indurierten Teilen lebende und virulente Tuberkelbazillen zurückbleiben können. Immerhin bleibt es dabei, daß man es mit relativ harmlosen Endprodukten zu tun hat. Diesen steht gegenüber eine viel gefährlichere und überhaupt die gefährlichste Komplikation der Lungentuberkulose, und das ist die Einschmelzung der käsig-lobulären Herde und damit die Kavernenbildung. Diese soll in einem besonderen Kapitel besprochen werden.

Mit den in diesem Kapitel beschriebenen Veränderungen steht noch ein anderes Ereignis in Zusammenhang, dessen pathologische Bedeutung zwar für den Ablauf der Tuberkuloseerkrankung eine geringe ist, das aber doch aus verschiedenen Gründen Beachtung verdient, und das ist die *Lymphstauung*. Wir sind ihr schon bei den Primärkomplexen begegnet, wir können sie auch in gewissem Ausmaße im Bereich von azinösen Herden und ihren Folgezuständen vorfinden. Wir sehen sie aber am stärksten bei den schwereren Lungenprozessen und den sie begleitenden oder aus ihnen resultierenden umfangreichen Indurationen hervortreten. Schon makroskopisch lassen sich zuweilen schwere ödematöse Quellungen von Verwachsungen im Bereich der interlobären Spalten feststellen, die in manchen Fällen weite Bezirke einnehmen können. Sodann sehen wir ebensolche Quellungen auch im Bereich der interlobulären Septen, in beiden Fällen natürlich am besten, wenn die Lungen vor der Zerteilung

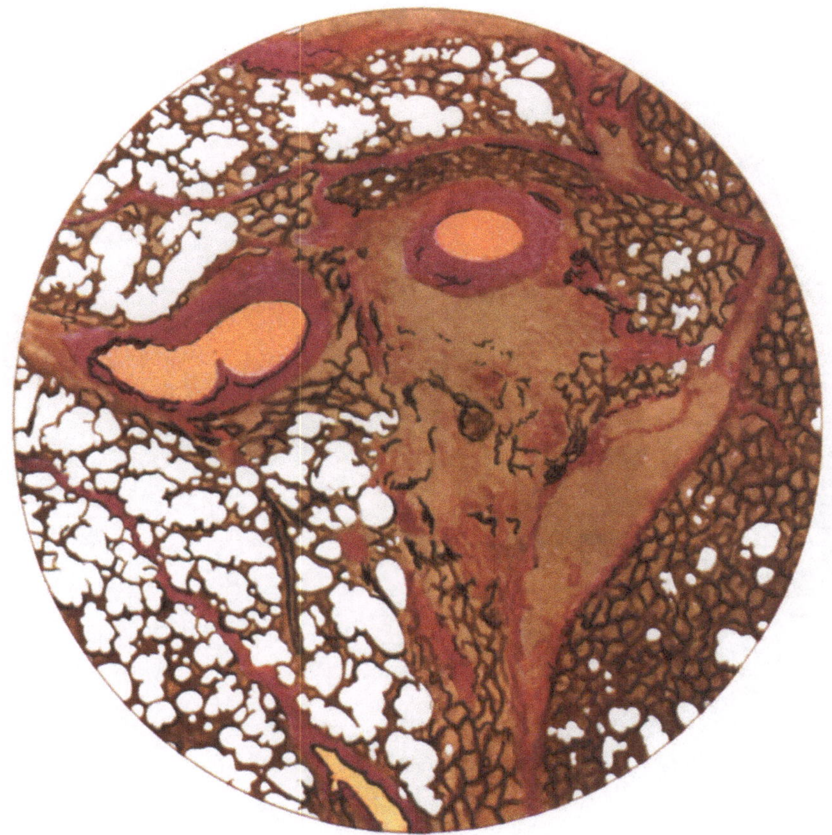

Abb. 60. Lymphstauung in der Nachbarschaft vernarbender tuberkulöser Herde. Elastika: VAN GIESON. 17 fache Vergr.

gehärtet waren. Im Mikroskop läßt sich dann erkennen, daß es sich um Lymphstauungen handelt und nur z. T. um ein eigentliches Ödem, also um eine Quellung von zusammenhängendem Gewebe, das dann auch mit Ödem in benachbarten erhaltenen Lungenbezirken in Zusammenhang stehen kann. Daß es sich um Lymphstauungen handelt, wird dadurch erwiesen, daß man oft tatsächlich die gleichmäßig geronnene eiweißhaltige Flüssigkeit in weiten, den Lymphgefäßen entsprechenden Gassen liegen sieht. Die Tatsache, daß man derartige Bilder nur dort sieht, wo umfangreiche Abkapselungsvorgänge von käsigen Herden und entsprechend schwere perifokale Indurationen vorhanden sind, legt die Annahme nahe, daß infolge der narbigen Schrumpfungen größere

Abflußbahnen der Lymphe verlegt sind und dazu vielleicht noch ein erhöhter Lymphzustrom von noch nicht zur Ruhe gekommenen entzündlichen Prozessen vorliegt. Einen längeren Bestand dürften diese Lymphstauungen trotzdem selten haben, denn es werden schließlich genügende Kollateralen bestehen, die den Abfluß wieder ermöglichen. Man muß aber bedenken, daß sie unter Umständen sehr ausgedehnt sein können, sowohl interlobär als auch interlobulär. Die Abb. 60 gibt eine mäßige derartige Lymphstauung wieder. Sie kann sich

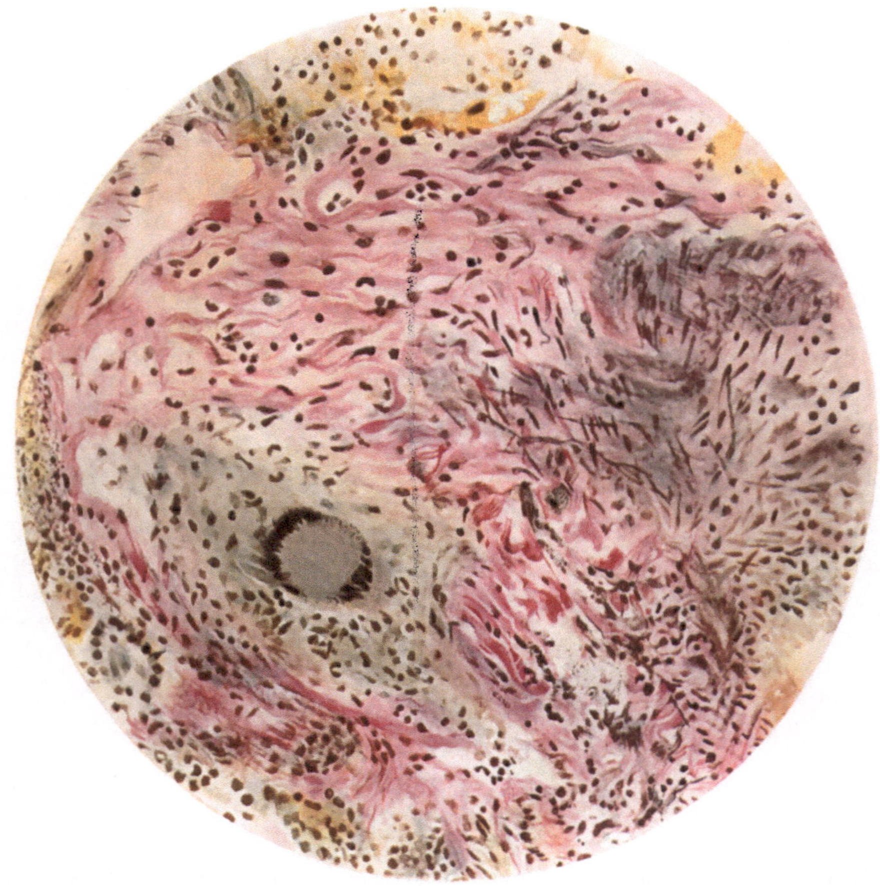

Abb. 61. Interstitieller produktiver Tuberkel in einem perivaskulären Lymphgefäß der Lunge. Rechts die Gefäßwand. VAN GIESON. 192fache Vergr.

aber über vielfach größere Räume erstrecken. In diesem Fall ist es möglich, daß sie im Röntgenbild einen Schatten gibt, der zu Verwechselung mit anderweitigen Infiltraten Anlaß geben kann. Da die Lymphstauung, wie gesagt, sicher in weitem Maße rückbildungsfähig ist, wird dadurch unter Umständen auch die Heilung eines tuberkulösen Prozesses vorgetäuscht werden können.

Endlich möchte ich in diesem Zusammenhang noch einmal die Frage der Entstehung von *interstitiellen Tuberkeln* erörtern. Wir sind ihnen bisher schon in den Abflußgebieten des Primärherdes begegnet, sodann bei gewissen Formen der Miliartuberkulose. Sie mögen hier und da auch einmal in Fällen mit vorwiegend azinösen Herden vorkommen. Ich finde sie aber häufiger bei den schwereren Lungenprozessen, und zwar auch gerade dann, wenn diese schon ziemlich weit ausgebreitet sind und schon Anlaß zu allerhand Indurationen gegeben haben. Sie stehen auch in einem gewissen Zusammenhang mit Lymphstauungen. Zwar habe ich sie bei so schweren Lymphstauungen wie den soeben beschriebenen noch kaum gesehen. Und doch finden sie sich gewöhnlich in etwas erweiterten größeren Lymphgefäßen, denn — und das noch einmal zu betonen, halte ich für wichtig — im Bereich der Alveolenwandungen kommen derartige interstitielle Tuberkel nicht vor. Man findet sie vielmehr ausnahmslos wie auch beim Primärkomplex als Begleiter von größeren Gefäßen und Bronchien, und zwar eben innerhalb der diese Gebilde begleitenden Lymphgefäße. Man kann annehmen, daß im allgemeinen die aus den tuberkulösen Herden abtransportierten Bazillen die Lymphgefäße so schnell passieren, daß sie in ihnen wirksame Veränderungen nicht setzen können. Erst dann, wenn die Lymphe sich staut und so die Tuberkelbazillen in den Lymphgefäßen festgehalten werden, können sie die für die Entstehung von tuberkulösen Prozessen notwendigen Gewebsschädigungen setzen. Ich habe diese Knötchen stets in Form des fertigen, keine Verkäsung enthaltenden Epitheloidzelltuberkels mit Riesenzellen gesehen (Abb. 61).

d) Die tuberkulösen Kavernen.

Es soll hier nur von den eigentlichen typischen tuberkulösen Lungenkavernen die Rede sein, d. h. von solchen, die durch einen Einschmelzungsprozeß von tuberkulösen Produkten und nicht etwa infolge von Sekundärinfektionen, z. B. durch Eitererreger, zustande kommen. Daß diese Einschmelzungsprodukte die verkästen Exsudate sind, bedarf keiner weiteren Erörterung. Es ist eine Tatsache, die seit Langem von niemand bezweifelt wird. Da nun ausgebreitete verkäsende Prozesse in den Lungen in jedem Lebensalter und in jedem Entwicklungsstadium der Tuberkulosekrankheit vorkommen, ist auch die Möglichkeit einer Kavernenbildung stets gegeben. Ob sich darüber hinaus eine Einteilung von verschiedenen Arten von Kavernen geben läßt, werden wir weiter unten sehen.

Wenn wir aber an die bisher besprochenen tuberkulösen Veränderungen der Lungen anknüpfen und uns ganz im Allgemeinen fragen, welche von ihnen es sind, die in Beziehung zur Kavernenbildung zu setzen sind, so läßt sich leicht erkennen, daß miliare Prozesse und azinöse Herde kaum in Betracht kommen können. Es lassen sich an ihnen tatsächlich kaum je Veränderungen feststellen, die auch nur auf eine beginnende Einschmelzung hindeuten. Das hängt mit der relativ rasch und vollständig einsetzenden produktiven Umwandlung solcher Herde zusammen. Die produktive Phase überholt gewissermaßen diejenigen Vorgänge, die eine Kavernenbildung einleiten. Daß es gewisse Bilder gibt, die eine Art von Kavernenbildung bei solchen Herden vortäuschen können, wurde schon hier und da einmal vermerkt. Ich werde weiter unten noch etwas genauer darauf zurückkommen. Es sind vielmehr diejenigen Veränderungen, bei denen von vorneherein größere Bezirke der Lunge betroffen werden, also die lobulären Prozesse und unter ihnen besonders die konfluierenden Formen, die die Grundlage für die Kavernenbildung abgeben.

Bei der *makroskopischen Betrachtung* (Abb. 44. S. 212 u. 72, S. 278) möchte ich zunächst auch wieder mit den voll ausgebildeten, sozusagen fertigen Kavernen beginnen und dann erst die vorausgehenden Stadien und eventuellen endgültigen Abschlüsse besprechen. Vorher wieder einige Worte über die Untersuchungstechnik. Wer alle Besonderheiten der Kavernenbildung kennen lernen will, darf sich nicht damit begnügen, die gewöhnlichen Schnitte gleich bei der Sektion zu machen. Die Kavernen werden dadurch nicht nur in ihrer Gestalt verändert, sondern auch ihre Beziehungen zur Nachbarschaft können so stark verwischt werden, daß eine Rekonstruktion nicht mehr möglich ist. Ihr Inhalt geht zudem verloren und mischt sich mit dem anderer Kavernen, mit Blut usw., die mikroskopische Untersuchung wird beeinträchtigt, da herausgeschnittene weiche Scheiben ihre Gestalt verändern und dadurch die topographischen Verhältnisse verändert werden. Darum ist auch für das Studium der Kavernen die vorherige Fixierung der Gesamtlunge nicht genug zu empfehlen, wobei man am besten von der Füllung durch die Trachea absieht, besser vielmehr von den Arterien aus eine Injektion vornimmt.

Da, wie wir gesehen haben, bei den azinösen Herden Einschmelzungen nicht zu erwarten sind, so sehen wir auch kaum Kavernen, die in ihrer Größe einem azinösen Herde entsprechen würden, wobei noch einmal an die Verwechslung mit Pseudokavernen erinnert sei. Eigentliche Einschmelzungsherde sind in der Regel mindestens bohnengroß. Kleinere, später miteinander konfluierende Herde kann man allenfalls ganz im Beginn des Prozesses sehen, worauf ich noch eingehen werde. Wenn wir uns aber hier mit der bis zu einem bestimmten Stadium entwickelten, fertigen Kaverne beschäftigten, so sehen wir sie entsprechend ihrer Entwicklung aus lobulären, allenfalls sublobulären, sodann größeren, bis lobären Herden, in Ausmaßen, die den Größen einer Bohne oder Haselnuß bis zu denen einer Faust und darüber entsprechen. Die größten sind diejenigen, die einem ganzen Lappen entsprechen, während ein Überschreiten der Lappengrenze zu den größten Seltenheiten gehört. Die Form dieser Kavernen kann allerdings eine sehr verschiedene sein je nach den Umständen, unter denen sie sich entwickelt haben. Gehen die Kavernen aus lobulären oder größeren käsigen Prozessen hervor, die in einem vorher noch relativ intakten Lungengewebe gelegen waren, so haben sie ziemlich regelmäßige Formen, rundliche, ovale, vieleckige Formen mit wenig Buchten und Gängen. Unregelmäßiger werden schon die Formen, wenn mehrere Kavernen verschiedener Größe miteinander konfluieren, ein Ereignis, das garnicht selten vorkommt. Entstanden die Kavernen jedoch in einem Lungengewebe, das von unregelmäßigen Herden heilender oder schon indurierter Tuberkuloseherde durchsetzt war, so können äußerst unregelmäßige, sinuöse, vielbuchtige und stark verzweigte Formen entstehen. Unregelmäßige Formen entstehen auch, wenn frische Einschmelzungen in ältere Kavernen durchbrechen. Wie aber auch die Entstehungsart ist: wenn eine Kaverne eine Weile bestanden hat, ist sie von einer schon makroskopisch deutlich sichtbaren Kapsel begrenzt. Die Innenfläche dieser Kapsel ist rauh, schmierig, von grauer Farbe. Es handelt sich um einen gewöhnlich nur dünnen Belag, der schon makroskopisch am ehesten mit einer Pseudomembran oder einer pyogenen Membran zu vergleichen ist. Es lassen sich auch eiterähnliche Massen abstreichen, die oft untermischt sind mit jenen, als Kochsche Linsen bezeichneten, flachen, butterweichen, grauweißlichen Gebilden von Stecknadelkopf- bis zu wirklich Linsengröße, die mikroskopisch bekanntlich aus Reinkulturen von Tuberkelbazillen bestehen.

Was im Übrigen den Kaverneninhalt betrifft, so ist seine Beschaffenheit wohl in weitem Maße abhängig von dem Verhalten zu den abführenden Bronchien. Dort, wo weite Verbindungen mit diesen bestehen, können die Kavernen mit Ausnahme ihrer Beläge fast leer sein. Doch sind die abführenden Bronchien durchaus nicht ohne Weiteres durchgängig, sondern Verstopfungen und Ventilverschlüsse sind etwas ganz Gewöhnliches. In solchen Fällen sehen wir die Kavernen angefüllt mit fadenziehenden eiterähnlichen Massen, zuweilen auch mit einer richtigen eiterähnlichen Flüssigkeit. Auch hellere, ja fast klare Flüssigkeiten oder dickflüssige, gelatineartige Massen kommen vor. Es gibt aber sicher auch Kavernen mit derartigem Inhalt, die völlig gegen das Lungengewebe, bezw. gegen die Bronchien abgeschlossen sind, Kavernen, die noch nicht genügend in ihrer Genese und in ihrem Verhalten zum umliegenden Lungengewebe studiert sind. In vorher gehärteten Lungen sind es bis wallnußgroße Höhlen mit deutlicher Kapsel, die eine gallertige, bräunlich-gelbliche Masse enthalten, die ähnlich ist der, wie man sie zuweilen z. B. im Zentrum größerer käsiger Gehirnknoten sehen kann. Bei Besprechung des mikroskopischen Verhaltens komme ich noch einmal darauf zurück, da eine Erklärung für das Zustandekommen der eigentümlichen Füllung erst durch Kenntnis der mikroskopischen Vorgänge gewonnen werden kann.

Hier fahren wir fort in der Beschreibung der Kavernenwand. Auf die Belegschicht der innern Auskleidung folgt nach außen eine weitere, viel zähere Zone von rötlicher bis tief roter Farbe, offenbar eine gewebliche Kapsel. Sodann können sich je nach dem Alter der Kaverne und je nach den vorausgegangenen Veränderungen weiter nach außen narbige und schiefrig indurative Gewebsmassen anschließen, die u. U. recht erhebliche Ausmaße annehmen. Zuweilen kann dann die Innenauskleidung nur noch stellenweise die pyogene Membran aufweisen, und man hat dann mehr den Eindruck eines körnigen, sozusagen gesunden Granulationsgewebes. Es brauchen natürlich überhaupt nicht alle Wandteile einer Kaverne ein gleichmäßiges Aussehen zu haben. Auffallend ist nur, daß bei einer „fertigen“ Kaverne in der ganzen Wand schon bei makroskopischer Betrachtung von eigentlichen spezifisch-tuberkulösen Veränderungen oft nichts zu sehen ist.

Ein weiteres wichtiges Merkmal aller fertigen Kavernen sind nun aber noch die in sie *vorspringenden Leisten und Balken* oder auch Zapfen und endlich die rundlichen Stränge, die frei von einer Wand zur andern ziehen und, beiderseits sich verbreiternd, in die Wandungen übergehen (Abb. 72, S. 278). Schon nach ihrem Verlauf kann es sich um nichts anderes als um Gefäßstränge handeln, sieht man sie doch, zuweilen in erklecklicher Anzahl, von der dem Lungenhilus zugekehrten Wandseite entspringend, u. U. sich mehrfach verzweigend, genau dem ursprünglichen Verlauf der Gefäße entsprechend, nach den peripher gelegenen Wandteilen hinüberziehen. Oft zeigen diese Stränge durchaus keine Unregelmäßigkeiten, wenn sie auch stets dieselben Überzüge aufweisen wie die Kavernenwand selbst. Schneidet man sie ein, so erkennt man im Wesentlichen ein blasses oder rötlich geflecktes, anscheinend fibröses Gewebe ohne sichtbares Lumen. Doch lassen sich zuweilen an ihnen und noch häufiger an den Wandleisten Vorbuckelungen erkennen, und diese entsprechen den später noch genauer zu besprechenden Aneurysmen. Makroskopisch sind sie auf der Schnittfläche als solche nur dann zu erkennen, wenn sie noch Blut oder frischere Thromben enthalten. Oft aber bestehen auch sie nur aus zähen Bindegewebsmassen, da etwaige, in ihnen enthaltene Thromben völlig organisiert sein können. Doch sind solche Aneurysmen bekanntlich auch die Hauptquelle der schwereren Lungenblutungen. Auch auf die Beziehungen zwischen diesen und den Gefäßveränderungen will ich erst weiter unten eingehen. Hier muß bezüglich des Kaverneninhaltes noch bemerkt werden, daß kleinere Blutbeimengungen zum Kaverneninhalt nicht selten sind, ohne mit den Aneurysmen etwas zu tun zu haben. Sie stehen vielmehr in Beziehung mit kleineren Blutungen, die sich in der Innenauskleidung finden und die offenbar aus dem unter der pyogenen Membran gelegenen Granulationsgewebe stammen. Bei eigentlichen schweren Lungenblutungen findet man u. U. ganze Kavernen, kleine und große, völlig mit Blut gefüllt und erkennt dann auch als Blutungsquelle ein geplatztes, offen in der Wand gelegenes Aneurysma. Dann pflegt auch in den ableitenden Luftwegen der Inhalt blutig zu sein, und nicht nur dort, sondern auch in den Bronchien und selbst in den Alveolen anderer Lungenteile, wohin das Blut offenbar aspiriert wurde.

Fragen wir uns nun wieder, welches die *Vorläufer der beschriebenen Bilder sind und welches ihr weiteres Schicksal* sein kann, so läßt sich schon makroskopisch ganz einwandfrei die Entstehung der Kavernen aus käsig-pneumonischen Prozessen erkennen. Die ersten Anfänge stellen sich folgendermaßen dar. In anscheinend noch ziemlich frischen und relativ weichen, zuweilen mehr gallertigen Käsemassen sieht man an einer oder mehreren Stellen ausgesprochene Erweichungen oder Verflüssigungen. Es handelt sich entweder um mehr gallertig quellende oder um eiterähnliche Massen, die an solchen Stellen entstehen. Oder es finden sich ganz unregelmäßige, vielfach miteinander in Verbindung stehende Gänge von derselben Beschaffenheit. Die weitere Folge davon ist entweder eine oder mehrere Höhlen oder ein sinuöses Gang- oder Spaltensystem, beide begrenzt von weichen, bröckeligen Käsemassen. Auch hier ist den verflüssigten Massen zuweilen schon etwas Blut beigemengt. Während nun in dem ersten Fall durch exzentrische Erweiterung einer Höhle oder mehrerer unter Zusammenfluß eine einzige rundliche, mit verflüssigtem Material gefüllte Höhle entstehen muß, werden durch die unregelmäßigen Erweichungszüge zuweilen Teile der Käsemasse losgelöst und liegen dann als weiche, aufgequollene Materie in der entstehenden und noch vielfach auch peripher von ebensolchen Käsemassen ausgekleideten Höhle. Die Bezeichnung „Sequestrierung“ ist für solche Fälle wohl erlaubt. Doch sehe ich schon bei makroskopischer Betrachtung keine grundlegenden Unterschiede zwischen der Entstehung einfach mit Flüssigkeit gefüllter Hohlräume, also kurz einfachen Kavernen und solchen, die käsige Sequester enthalten, also sequestrierenden Kavernen. Wir haben in beiden Fällen ein und dasselbe Entwicklungsstadium der Kaverne vor uns, nämlich eine unvollendete Einschmelzung von käsigen Massen, und es gibt keine fertigen Kavernen mit den oben beschriebenen Eigenschaften, in denen noch irgend etwas von einem Sequester zu sehen ist. Wir können die fertigen Kavernen als gereinigte und die noch auf den Wänden oder frei im Lumen liegende Käsemassen aufweisenden als beginnende ungereinigte bezeichnen. Aber von den letzteren eine sequestrierende Form abzugrenzen, halte ich nicht für notwendig. Denn das Schicksal der Kaverne ist von solchen sekundären Besonderheiten unabhängig. Der Endeffekt jeder Kavernenbildung ist zweifellos der, daß sehr schnell alles sozusagen erreichbare, verkäste Lungengewebe dem völligen Zerfall ausgeliefert ist und daß im Allgemeinen der Einschmelzungsprozeß erst Halt macht, wo die Verkäsung in noch gefäßhaltiges Lungengewebe übergeht, von dem dann die Kapselbildung geliefert wird. Wenn wir dann zusammenfassend die fertige Kaverne mit der noch Käsemassen enthaltenden vergleichen, so können wir sagen, die erstere entsteht aus letzterer durch einen Demarkationsprozeß, dessen Folge auch die Kapselbildung ist.

Es mag weiter bemerkt werden, daß man nicht selten derartige frische Kavernen mit älteren in Verbindung stehen sieht. Schon die makroskopische Betrachtung legt es dann nahe, daß hier ein Einbruch der frischen Einschmelzungsherde in die schon bestehende Kaverne erfolgte.

Neben dieser gewöhnlichen Erweichung, die die Kavernenbildung zur Folge hat, wird von einer „breiig atheromatösen" gesprochen (SCHÜRMANN). Es kommen dabei also keine Verflüssigungen oder Auflösungen von Käsemassen vor, sondern es handelt sich lediglich um die Bildung eines pastenartigen Breies. Solche Vorgänge sind aber nach meinen Erfahrungen recht selten und kommen wohl nur in wenigstens zum Teil abgekapselten Käseherden vor. Die breiige Masse hat außerdem oft einen rein weißen Ton, was mit gleichzeitigen Kalkeinlagerungen in Zusammenhang steht. Inwieweit solche Bildungen überhaupt mit den eigentlichen Kavernenbildungen in Beziehung stehen können, wird sich erst auf Grund der mikroskopischen Untersuchung sagen lassen.

Was sodann das weitere Schicksal der fertigen Kavernen betrifft, so ist die Schrumpfung, der Verschluß, die Abglättung der Innenwand zu nennen. Ich werde diese Vorgänge in einem besondern Kapitel über Kavernenheilung besprechen.

Mikroskopische Anatomie der Kavernen (Abb. 62—64). Für die mikroskopische Untersuchung von entstehenden und fertigen Kavernen sei noch einmal an die Mahnung erinnert, das Material dazu möglichst erst nach Härtung der gesamten Lunge zu entnehmen. Andernfalls läuft man Gefahr, daß erweichtes oder sogar schon verflüssigtes, aber noch von den umgebenden festen Teilen gehaltenes Material verloren geht, und das Ergebnis der mikroskopischen Untersuchung muß dann ein unvollkommenes sein. In sachgemäß vorbehandeltem Material kann man aber mikroskopisch alle Etappen der Kavernenbildung auf das Genaueste verfolgen. Es stellt sich dabei ganz klar und einwandfrei heraus, daß die Kavernenbildung auf einer Einwirkung wohlerhaltener Leukozyten auf den Käse beruht. Folgende Bilder lassen sich erkennen. Man sieht in Bezirken käsig-pneumonischer Prozesse, gewöhnlich aber in solchen, in denen die Verkäsung noch keine vollkommene ist, sondern zum mindesten die Fibrinbeimengungen noch ganz gut kenntlich sind, dichte Anhäufungen von Leukozyten, in deren Bereich schon deutlich eine völlige Auflösung des Exsudates eingetreten ist, und sieht, wie diese Leukozytenhaufen in die benachbarten, schon aufgelockerten Käsemassen eindringen. Hier gibt es nun wieder alle möglichen Verteilungsbilder, ganz entsprechend den makroskopisch geschilderten Verhältnissen. Entweder sind es kleine, noch isoliert liegende Erweichungspfützen, oder diese konfluieren miteinander; oder man sieht auch ganze Züge oder Kanäle von Leukozyten in vielfacher Verbindung miteinander; oder endlich hat man schon größere, rundliche oder zackige Löcher in den verkästen Exsudatmassen vor sich. Es läßt sich feststellen, daß die Leukozyten dort, wo sie in die verkäsenden Exsudatmassen eindringen, völlig gut erhalten sind und bei entsprechenden Färbungen alle Eigenschaften dieser Zellen, auch die Oxydasereaktion, aufweisen (Abb 62). Inmitten ihrer Anhäufungen aber erkennt man auch schon Zerfallserscheinungen in Gestalt von Pyknose und Karyorhexis. Sind schon umfangreichere Zerfallserscheinungen vorhanden, die Kavernen also schon gebildet, aber haften dann noch Käsemassen ihrer Wand an, so

Abb. 62. Einschmelzender käsig-pneumonischer Lobulärherd. Unten ziemlich reine Verkäsung, rechts starke Durchsetzung der verkästen Partien durch Leukozyten. In der Mitte, die hellgraue Partie, zeigt die fast nur aus zum größten Teil gut erhaltenen Leukozyten bestehende Einschmelzungszone. Elastika: VAN GIESON. Etwa 50fache Vergr.

zeigt das Mikroskop, wie in diese Käsemassen ganze Schwärme von Leukozyten eingedrungen sind und ihr Auflösungswerk schon begonnen haben, während übrigens auch schon, wie wir sehen werden, die Kapselbildung im Gange ist (Abb. 63). Bei den sogenannten sequestrierenden Formen ist das mikroskopische Bild ganz dasselbe. Die zum Teil oder ganz losgelösten Käsemassen sind in weitem Maße von Leukozyten durchsetzt, und diese zeigen wiederum umfangreiche Zerfallserscheinungen. Auch weitgehende Verfettungen der Leukozyten lassen sich übrigens bei allen diesen Vorgängen feststellen. Über die Beziehungen der ersten beginnenden Einschmelzungen zu den Bestandteilen der Lunge, Alveolen, Gefäße, Bronchien, läßt sich kaum etwas aussagen. Man hat wohl zuweilen den Eindruck, als wenn an der Stelle des abführenden Bronchus die Einschmelzung beginnt, doch sieht man auch so zahlreiche Stellen, an denen solche Beziehungen nicht hervortreten, im Gegenteil mitten in rein alveolären Bezirken die ersten Leukozytenanhäufungen aufgetreten sind, so daß man kaum von irgendwelchen Gesetzmäßigkeiten sprechen kann. Die Art der Wirksamkeit der Leukozyten dürfte nicht problematisch sein. Nach allen Kenntnissen, die wir über diese Zellen besitzen, ist es ohne Weiteres klar, daß es sich bei den Einschmelzungen des Käses um ihre proteolytischen, Eiweiß verdauenden Fähigkeiten handelt. Die Auflösung bezieht sich übrigens nicht nur auf den Käse selbst, sondern auch auf die in ihm noch erhaltenen Gewebsreste. So verschwinden etwa noch erhaltene Bindegewebsfasern restlos. Auch ein großer Teil der stehen gebliebenen elastischen Fasern verfällt der Auflösung. Ein Teil von ihnen bleibt aber auffallend gut erhalten. Es sind dann nicht nur die Gerüste der Alveolenwandungen und Bronchiolen, sondern zuweilen auch die ganzen, nur etwas gelichteten elastischen Fasernetze von kleinen Gefäßen. Alle diese elastischen Fasern schwimmen dann sozusagen frei in den verflüssigten Massen und werden bekanntlich auch in dem ausgehusteten Sputum aufgefunden.

Wenn wir uns nun aber fragen, wo die Leukozyten herstammen, die die Kavernenbildung besorgen, so erinnere ich an meine Auffassung, daß viele umfangreiche Verkäsungsprozesse bei der Tuberkulose als Überempfindlichkeitsreaktion aufzufassen sind, bei denen auch die *leukozytäre Reaktion* eine bedeutende Rolle spielt. Andererseits sehen wir, daß bei den gewöhnlichen Verkäsungsvorgängen die Leukozyten ebenso wie alle andern Zellen gewöhnlich schnell und in großer Menge zu Grunde gehen. Sehen wir nun aber bei den Einschmelzungen die Leukozyten wieder eine große Rolle spielen, so bleibt keine andere Erklärung, als daß sie hier in einem so bedeutenden Überschuß geliefert wurden, daß sie nicht mehr in der Verkäsung aufgehen. Das könnte wiederum als ein besonderes Zeichen einer Überempfindlichkeitsreaktion gedeutet werden, und in der Tat bin ich geneigt, *die Einschmelzungen von käsigen Massen als die höchste Überempfindlichkeitsreaktion* zu deuten, der wir im menschlichen Körper begegnen können. Wir haben ja gesehen, daß bei den Einschmelzungen die Verkäsung noch keine vollständige und fertige zu sein pflegt. Mit der Verkäsung geht vielmehr schon Hand in Hand die Einschmelzung, und das Ganze dokumentiert sich demgemäß als ein exquisit akuter Prozeß. Ich glaube, daß mit dieser Auffassung auch viele klinische Beobachtungen in Einklang stehen. Wenn wir die Menge der Leukozyten im Auge haben, die bei diesen Vorgängen sichtbar werden, drängt sich übrigens wieder die für die ganze Entzündungslehre wichtige Frage auf, welches ihre Herkunft ist. Es ist kaum denkbar, daß es nur ausgewanderte Elemente sind, und so liegt auch hier ihre Entstehung aus wuchernden Gefäßwandzellen nahe. Bilder, die dafür sprechen, sind in ähnlicher Weise wie bei den beginnenden pneumonischen Infiltrierungen vorhanden und geben vielleicht ein brauchbares Material zum Studium dieser Frage überhaupt ab. Beim Abschluß der Einschmelzungsvorgänge werden sie übrigens auch von der gleich zu beschreibenden Kapsel geliefert; doch ist das ein relativ nebensächlicher Befund.

Dagegen ist etwas Anderes noch von Bedeutung. Überall dort, wo Einschmelzungsvorgänge in Entwicklung sind, finden sich *reichlich* mikroskopisch leicht nachweisbare *Tuberkelbazillen.* Ich habe nie eine beginnende oder fortschreitende Einschmelzung ohne Bazillenbefunde gesehen. Zuweilen sind die Bazillen allerdings nur in geringer Menge nachweisbar, oft sind es aber reichliche Mengen und in manchen Fällen kann man sogar überrascht sein von ihrer ungeheuren Menge. Meist liegen sie in Leukozyten eingeschlossen, zum kleineren Teil frei in den erweichten Massen. In die Zusammenhänge, die hier zwischen Bazillenwirkung und Reaktion der Körperzellen und Gewebe bestehen, klar hineinzusehen, dürfte nicht leicht sein. Man könnte z. B. sagen, die Bazillenmengen seien für sich allein der wesentliche Faktor, der chemotaktisch auf die Leukozyten einwirke und damit die Einschmelzung fördere. Dann wäre aber keine klare Grenze zwischen Überempfindlichkeit und Masse der Infektion. Aber dem ist entgegenzuhalten, daß auch bei geringerer Zahl der Bazillen die Reaktion eine ebenso stürmische sein kann. Das wesentliche Moment scheint mir demnach das zu sein, daß bei Anwesenheit von genügenden Mengen von Bazillen der Verkäsungsprozeß schon in seinen ersten Stadien unterbrochen wird durch die proteolytische Tätigkeit von im Überschuß vorhandenen Leukozyten, und darin möchte ich eben ein Zeichen der lokalen Überempfindlichkeit sehen, bei der die Höhe der Infektionsdosis eine sekundäre Rolle spielt. In der Tatsache übrigens, daß für die Verkäsung selbst, also sozusagen für einen Gerinnungsprozeß, die Leukozyten notwendig sind, daß sie aber andererseits auch wieder die Auflösung der verkäsenden Massen besorgen, sehe ich kein Dilemma. Denn es gibt sicher kein einheitliches Leukozytenferment, sondern solche verschiedener Art. Es ist nur die Frage, unter welchen Bedingungen einmal das eine, ein anderes Mal ein anderes in Wirksamkeit tritt, und das ist eine chemische Fragestellung, die wohl der Untersuchung zugängig sein mag.

Oft ist auch die Frage diskutiert worden, ob bei den Einschmelzungsvorgängen *andere Bakterien* als die Tuberkelbazillen beteiligt sind. Es ist nicht zu leugnen — das möge auch hier betont werden —, daß grade bei der chronischen Lungentuberkulose Mischinfektionen mit allen möglichen andern Bakterien, insbesondere den gewöhnlichen Eitererregern und Pneumokokken eine nicht zu unterschätzende Rolle spielen. Auf Grund solcher Infektionen entstehen Bronchitiden und alle Arten begleitender Pneumonien; selbst Abszedierungen können vorkommen, bronchogene und hämatogene. Auch werden schon bestehende Kavernen des Öfteren von diesen Mikroorganismen und selbst von Schimmelpilzen und von Fäulniserregern infiziert. Aber bei den bisher beschriebenen Veränderungen, so bei dem Verkäsungsvorgang und insbesondere bei der Einschmelzung des Käses und der daraus resultierenden Kavernenbildung spielen solche Mischinfektionen ganz gewiß keine Rolle. Wenn das hier und da einmal in einem Fall beobachtet sein soll, so braucht an der Richtigkeit solcher Beobachtungen nicht ohne Weiteres gezweifelt zu werden. Es dürfte sich dann um besondere Ausnahmen handeln, die bei einer Betrachtung des gewöhnlichen Verlaufes tuberkulöser Prozesse unberücksichtigt bleiben können.

Die bei der makroskopischen Beschreibung erwähnten, flüssigen, fast klaren oder auch etwas gelatinösen Massen in abgeschlossenen Kavernen erweisen sich bei der mikroskopischen Untersuchung als, natürlich zum Teil erst infolge der Fixierung und Härtung, gleichmäßig homogen geronnene Massen, die mit reichlichen Haufen und Schwärmen von teils erhaltenen, teils zu Grunde gehenden Leukozyten durchsetzt sind. Ich nehme an, daß es sich hier um eine weitgehende Peptonisierung, jedenfalls um einen Abbau, bezw. eine Verdauung zu größtenteils löslichen und gelösten Eiweißspaltungsprodukten handelt. Genauere chemische Untersuchungen würden hier von besonderem Interesse sein. Ich nehme an, daß derartige Bilder nur in geschlossenen Kavernen vorkommen können, weil aus offenen natürlich flüssige Substrate besonders schnell entleert werden. Ich nehme weiter an, daß es sich hier gewöhnlich nicht um eine akute, mit der Verkäsung Hand in Hand gehende Erweichung handelt, sondern daß es sich vielmehr um eine sekundäre Erweichung eines schon weitgehend abgekapselten Käseherdes handelt. Doch dürften noch weitere Untersuchungen notwendig sein zu einer endgültigen Klärung.

Zur Frage der „atheromatösen“ Erweichung verfüge ich nicht über genügend zahlreiche mikroskopische Untersuchungen, um zu einem fertigen Schluß zu kommen. Ich habe aber den Eindruck, daß diese Art der Erweichung noch weniger als die vorige in dem eigentlichen Kavernenproblem eine Rolle spielt. Es handelt sich, soweit meine Erfahrungen reichen, ebenfalls um Vorgänge in vorher schon abgekapselten Käseherden. Ich finde die breiige, auch mikroskopisch homogene oder sehr feinkörnige Masse nicht immer frei von Zellen und von elastischen Fasern. Es finden sich vielmehr auch hier intakte Leukozyten und Reste von abgestorbenen in Gestalt von Kerntrümmern. Ich glaube, daß es sich hier um unvollkommene Erweichungen handelt, die von wenigen, aus der Kapsel stammenden Leukozyten ausgehen. Der Endeffekt kann dann natürlich ein völlig zellfreier Brei sein, aus dem dann auch wieder allmählich durch Eindickung und Kalkeinlagerung eine steinharte Masse hervorgehen kann. Daß aber Kalksalze schon eingelagert sein können, solange es sich noch um eine breiige Masse handelt, kann ich bestätigen. Cholesterin wird ebenfalls gefunden, ist aber keine Besonderheit dieser Erweichungen; denn es kommt auch sonst in älteren Käsemassen hier und da vor.

Die Genese der bronchiektatischen Kavernen bei Lungentuberkulose wird auf S. 275ff. besprochen werden.

Was das *weitere Schicksal* der einmal durch Erweichung des käsigen Exsudates entstandenen *Kavernen* betrifft, so wurde schon bei der Besprechung des makroskopischen Verhaltens auf die Kapselbildung hingewiesen. Bei der mikroskopischen Untersuchung läßt sich die Kapselbildung schon erkennen, wenn der Erweichungsprozeß noch in vollem Gange ist (Abb. 63). Man sieht im ganzen Umkreis der Verkäsungszone im Bereich der noch pneumonisch, vorwiegend wohl perifokal infiltrierten Partien ein Granulationsgewebe auftreten. Auffallender Weise ist dieses noch viel seltener als bei festen Verkäsungen spezifischer Natur. Es handelt sich vielmehr gewöhnlich um ein gefäßreiches banales Granulationsgewebe, in dem offenbar auch verhältnismäßig schnell Fasern auftreten. So besteht meist schon dann, wenn aller vorhandener Käse restlos eingeschmolzen ist, eine fertige, wenn auch noch ziemlich lockere Kapsel. Zerfall und diese erste Kapselbildung muß darum sehr rasch zustande kommen, weil wir viel häufiger bei der Sektion „fertige“ Kavernen sehen als in Bildung begriffene (Abb. 64). Eine derartige fertige Kaverne mit den am Anfang dieses Kapitels besprochenen makroskopischen Eigenschaften stellt sich dann im mikroskopischen Bilde in der Weise dar, daß ihr im Innern eine Schicht aufliegt, die auch im mikroskopischen Bilde die Bezeichnung pyogene Membran verdient. Sie besteht aus reichlichen, im Ganzen wohl erhaltenen Leukozyten, die von einer grobfaserigen, netzartig verflochtenen, fibrinartigen Substanz zusammengehalten wird. Auf diese Membran folgt ein typisches, gefäßhaltiges Granulationsgewebe mit meist stark erweiterten Gefäßen, und diese Schicht geht allmählich in faserreicheres und zellärmeres fibröses Kapselgewebe über. Die Kapsel

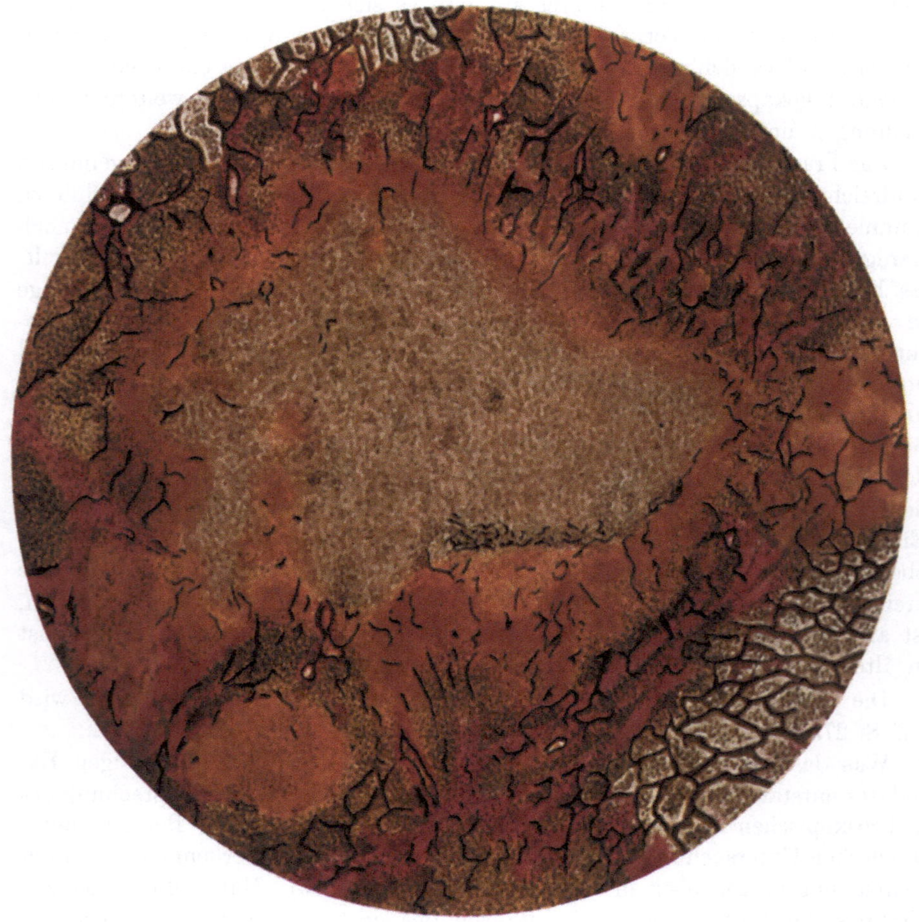

Abb. 63. Einschmelzender käsiger Lobulärherd. Die gelblich-braunen Käsemassen in der Mitte ersetzt durch massenhaft nur noch z. T. gut erhaltene Leukozyten. In der linken Hälfte einige kleine „sequestrierte" Käsebröckel. Viele (schwarz gefärbte) elastische Fasern. In der Peripherie stellenweise schon deutliche Kapselbildung. Elastika: VAN GIESON. 26fache Vergr.

verliert sich dann in strahlig angeordnetem Narbengewebe, genau so wie die Kapseln käsig-pneumonischer Herde (Abb. 64). Überhaupt spielen sich in der Nachbarschaft von Kavernen im Allgemeinen ähnliche Prozesse ab, wie wir sie oben bei den Abkapselungsvorgängen der käsigen Pneumonien kennen gelernt haben. In diesem Zustand können sicherlich viele Kavernen sehr lange Zeit, vielleicht Jahre lang erhalten bleiben, ohne daß die weiter zu schildernden Veränderungen ihr Aussehen wesentlich beeinflussen.

Es muß daran festgehalten werden, daß zahlreiche Kavernen schon mit ihrer Entstehung die Merkmale der eigentlichen tuberkulösen Erkrankung verloren haben. Wenn man sich meiner Auffassung anschließt, daß die Kavernenbildung zu der Überempfindlichkeits- (hyperergischen) Reaktion gehört, dann könnte man vielleicht den Schluß ziehen: je heftiger die Reaktion, um so gründlicher die Entfernung der abgestorbenen Exsudatmassen, um so wirksamer

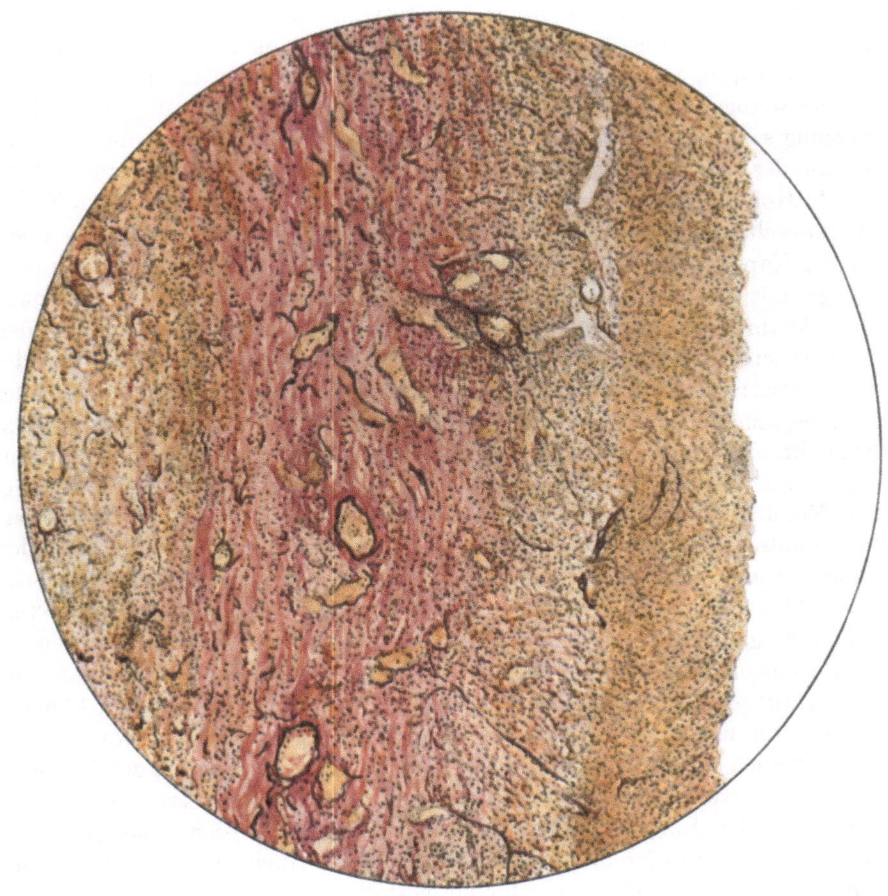

Abb. 64. Aus der Wand einer fertigen Kaverne. Rechts „pyogene“ Membran mit einigen elastischen Fasernresten. Es folgt eine Zone von zellreichem und faserarmen Granulationsgewebe. Sodann eine noch lockere, gefäßreiche, fibröse Schicht. Links pneumonisch infiltriertes Lungengewebe. Nirgends spezifisch tuberkulöse Veränderungen. Elastika: van Gieson. Etwa 30fache Vergr.

auch die lokale Allergie an der Grenze des nicht spezifisch erkrankten Gewebes im Sinne einer wahren Immunisierung. Das unspezifische Granulationsgewebe ist ein Ausdruck dieser hohen lokalen „Immunität“. Damit stimmt auch die Tatsache überein, daß, wie erwähnt, zuweilen in solchen Kavernen noch massenhaft Tuberkelbazillen, z. B. auch in Form der Kochschen Linsen, vegetieren können. Daß ein derartiges Granulationsgewebe schon an sich gegen spezifische Bakterienschädigungen sehr unempfindlich ist, geht aus zahlreichen älteren klinischen und experimentellen Erfahrungen hervor.

Nun wäre es aber ein Trugschluß, wollte man aus den beschriebenen Vorgängen schließen, daß mit ihnen ein fortschreitender Heilungsprozeß in Gang gekommen wäre. Ich habe die Bildung eines unspezifischen Granulationsgewebes nur darum so stark hervorgehoben, weil sie ein großes theoretisches Interesse darbietet. Aber wenn wir auch berechtigt sind, darin den Ausdruck wirksamer lokaler Allergien zu sehen, so müssen wir doch auf der anderen Seite feststellen, daß diese anscheinend verhältnismäßig günstige Lage unter Umständen schnell erschüttert werden kann. So sehen wir tatsächlich häufig — wie Giegler meint, sogar in der Regel — den Zerstörungsprozeß nicht an der in Bildung begriffenen Kapsel Halt machen — wahrscheinlich ist dann die Kapselbildung auch eine weniger intensive —, sondern die Verkäsung und mit ihr die Einschmelzung schreitet an manchen Stellen weiter vor. Wenn dieses nicht gleichmäßig an der ganzen Kavernenwand geschieht, müssen daraus unregelmäßig gestaltete Hohlräume resultieren, die dann auch schließlich in allen ihren Teilen der Verkapselung entgegengehen. Die hier und da vertretene Meinung aber, daß in der Kapsel tuberkulöses Granulationsgewebe, also produktive tuberkulöse Vorgänge mit Epitheloid- und Riesenzell-Tuberkeln entstehen, findet nach meinen Erfahrungen viel seltener eine Bestätigung; und diese wohl zuweilen zu beobachtenden Vorgänge spielen zweifellos keine wesentliche Rolle bei der Weiterverbreitung der Tuberkulose von einer Kaverne aus. Es kommen aber noch andere Möglichkeiten für die Vergrößerung einmal bestehender Kavernen in Betracht. Es ist vor allen Dingen die, daß neue Kavernen sich in der Umgebung der alten bilden und in diese einbrechen, und ein solcher Vorgang, dessen Entstehung wir schon auf Grund der makroskopischen Befunde vermuten konnten, läßt sich in der Tat nicht selten auf Grund von vergleichenden Untersuchungen mikroskopischer Bilder nachweisen. Käsig-pneumonische Prozesse bilden sich außerhalb der Kavernenwände, und wir haben ja verschiedentlich gesehen — auch im allgemeinen Teil wurde darauf hingewiesen —, daß Verkäsungen mit ihren Quellungen nicht an benachbartem, kaum erkranktem Gewebe Halt zu machen brauchen, sondern dieses in sich aufnehmen können. Tritt dann in unserm Fall eine Erweichung der neugebildeten Käsemassen ein, so muß auch ein Einbruch in die alte Kaverne erfolgen. Ich bin der Meinung, daß dieses die wichtigste Art und Weise ist, in der es zur Vergrößerung von Kavernen in der Lunge kommt. Immer wieder lassen sich mikroskopische Bilder finden, die in diesem Sinne zu deuten sind. Auch auf diese Weise entstehen natürlich u. U. sehr unregelmäßig gestaltete Kavernen. Selbstverständlich wird die Kapsel der alten Kaverne dem Verkäsungs- und Erweichungsprozeß einen um so größeren Widerstand entgegensetzen, je dicker und kräftiger sie ist. Sie wird andererseits um so leichter angreifbar werden, je mehr die oben erwähnten lokalen Immunitätszustände verblaßt sind. Ganz zähes und dichtes Narbengewebe wird aber wohl nur selten und höchstens zum Teil in die Verkäsung aufgehen können. Das sehen wir auch, wenn etwa neue käsig-pneumonische Prozesse und mit ihnen Erweichungen in jenem noch erhaltenen Lungengewebe auftreten, das sich zwischen Narbenmassen befindet, die ihrerseits aus azinösen oder lobulären Herden hervorgegangen sind. Das sind dann die Fälle, in denen wir die unregelmäßigsten, oft labyrinthisch verzweigten Kavernen auftreten sehen, die im Übrigen mikroskopisch nicht andere Verhältnisse zeigen wie die geschilderten.

Etwaige *Vergrößerungen bestehender Kavernen* infolge von Abszedierungen auf Grund von Mischinfektionen durch Eitererreger hier genauer zu besprechen, liegt nicht im Rahmen der hier gestellten Aufgaben. Dagegen wäre noch eine ganz besondere Art der Vergrößerung zu erwähnen, die nicht durch Ausdehnung der krankhaften Vorgänge zustande kommt, sondern lediglich auf Grund besonderer mechanischer Verhältnisse. Ich meine die Aufblähung einer Kaverne durch die Inspirationsluft. Dieser Vorgang ist denkbar bei noch relativ frischen und möglichst isoliert in sonst noch in keiner Weise induriertem Lungengewebe liegenden Kavernen. Daß etwas Derartiges vorkommt, ist allerdings für die fertigen, d. h. schon abgekapselten Kavernen auf anatomischem Wege schwer zu beweisen. Doch kommen bei sich bildenden Kavernen, den ersten Einschmelzungsstellen entsprechend runde, ganz glattwandige Aufblähungen vor, die garnicht anders erklärt werden können als durch Ansaugung von Luft. Ich komme auf diese Luftansaugungen weiter unten bei Erörterung der Pseudokavernen noch zurück, möchte sie hier nur als Indizienbeweis dafür verwenden, daß auch Luftaufblähungen fertiger Kavernen, eventuell besonders bei ventilartigen Verschlüssen der abführenden Bronchien, vorkommen können.

Solange die pathologische Antomie der Lungentuberkulose einigermaßen bekannt ist, werden die Kavernen als die *bösesten Komplikationen* gefürchtet, und das mit gutem Recht. Denn die Gefahren, die sie mit sich bringen, sind mannigfacher Art. Wenn wir ganz von der Verminderung der Atemfläche absehen, so sind andere Begleiterscheinungen der Kavernen viel gefährlicher. Denn sie sind es, die lange Zeit hindurch ganz gewaltige Bazillenmengen für die weitere Ausbreitung der Infektion liefern; Aspirationsherde in andern Lungenteilen gehen von ihnen aus, vor allem aber auch die Infektionen der abführenden Luftwege, der Rachenhöhle, der Mundhöhle und schließlich ganz besonders des Darms. Sie sind es aber auch, die die Blutungsquellen liefern, die ihrerseits nicht nur deletär durch den Blutverlust an sich wirken, sondern auch wieder alle eben erwähnten Arten der Infektionsausbreitung ganz besonders unterstreichen. Ich komme auf diese Blutungen und ihre Entstehung weiter unten in einem besondern Kapitel zurück.

Eine weitere von den Kavernen ausgehende Gefahr ist die des Pneumothorax. Wenn man allerdings bedenkt, wie häufig Kavernen vorkommen, und damit die Zahl der Pneumothoraxfälle vergleicht, so muß die Pneumothoraxbildung als eine relativ sehr seltene bezeichnet werden. Das hängt damit zusammen, daß selbst bei oberflächlicher Lage der Kavernen die zähe Pleura nur selten von dem Verkäsungsprozeß mitergriffen ist, daß sich im Gegenteil gewöhnlich schnell auf Grund der ausstrahlenden perifokalen Entzündung eine umschriebene fibrinöse Pleuritis bildet, die ihrerseits schnell zu Verklebungen und Verwachsungen führt. Erfolgt aber doch einmal eine Perforation, so hat es beim einfachen Pneumothorax, der ja an sich eher eine günstige Begleiterscheinung wäre, gewöhnlich nicht sein Bewenden, sondern es kommt auch zu einer schweren Infektion der Pleura mit allen ihren Folgen, von der allgemeinen serofibrinösen Pleuritis bis zum Pleuraempyem. Verhältnismäßig häufig handelt es sich aber um Erweichungen, bei denen Mischinfektionen von vorneherein im Spiele sind, oder die Mischinfektion tritt erst sekundär von der offenen Kaverne aus hinzu. Daraus resultieren dann die schlimmsten Formen des Pleuraempyems, bezw. des Pyopneumothorax. — Ich möchte in diesem

Zusammenhang aber auch nicht versäumen, unter den Gefahren, die die Kavernen mit sich bringen, die für die Umgebung der Kranken ganz besonders stark zu betonen. Die fertigen Kavernen mit ihrem u. U. enormen Bazillenreichtum sind jene ganz gefährlichen Infektionszentren, von denen immer wieder neue schwere Infektionen auf andere Menschen übertragen werden.

Die Kavernenheilung. Haben wir bisher die Vorgänge besprochen, die die Kavernen entstehen lassen und die zu ihrer Ausbreitung führen, so stehen auf der andern Seite die Veränderungen im Sinne einer Heilung, wobei das Wort Heilung natürlich nicht im Sinne einer restitutio ad integrum zu verstehen ist. Denn a priori ist eine derartige Heilung nur unter Narbenbildung, also mit Defekt, möglich. Wenn man darum das zweideutige Wort Heilung vermeiden will, kann man lieber von einer Vernarbung sprechen oder auch die noch farblosere Bezeichnung Gräffs vom Schwund der Kavernen gebrauchen. Die brennende Frage lautet: Gibt es weitere Umwandlungen der Kavernen, durch die nicht nur die oben erwähnten Gefahren beseitigt werden, sondern bei denen es auch, wie manche klinische Beobachter, hauptsächlich auf Grund von Röntgenbildern, behaupten, zu einer Heilung kommt, bei der eine vorher im Röntgenbilde für eine Kaverne typische Aufhellung wieder schwindet, ohne eine Spur zu hinterlassen. Ich möchte dazu zunächst auf meine verschiedentlichen Beobachtungen verweisen, nach denen bei Heilungen kleinerer Tuberkuloseherde die ursprüngliche Lungenstruktur auffallend gut wiederhergestellt wird; ich möchte aber auch daran erinnern, daß diese Wiederherstellung insofern nur eine scheinbare ist, als man es immer mit einer, z. B. elastische Fasern nicht enthaltenden Narbe zu tun hat. Welche Chancen bietet in dieser Hinsicht die Kaverne? Es wurde oben schon angeführt, daß sich die Kavernenkapsel allmählich verbreitert. Das geschieht im Wesentlichen durch das Wachstum des Faserringes. Aber auch im Innern kann das Granulationsgewebe weiter wuchern. Schrumpfen nun außen die fibrösen Massen wie in jedem Narbengewebe und füllt das Granulationsgewebe den sich schon durch die Schrumpfung verkleinernden Innenraum immer mehr aus, so wird dadurch schließlich ein völliger Verschluß des Hohlraums denkbar. Und dieser Vorgang kann noch bedeutend unterstützt werden, wenn ein Kollaps der Kaverne möglich ist. Diese Möglichkeit wird aber nur selten gegeben sein, da die Lungenteile mit kavernösen Veränderungen gewöhnlich durch Pleuraverwachsungen festgehalten werden und darum auch bei Pleuraergüssen oder spontanem Pneumothorax nur selten völlig zusammenfallen können. Aber auch ohne Verwachsungen kann es nicht leicht zu einem Kollaps kommen, liegt doch umgekehrt eine weitere Aufblähung von Kavernen durch den Aspirationsdruck viel näher, zumal wenn durch eine Art Ventilverschluß die Luft bei der Aspiration wohl eintreten, aber bei der Exspiration nicht austreten kann, ein Mechanismus, der uns weiter unten noch genauer beschäftigen wird. Nun ist es allerdings auch denkbar, daß bei völligem Abschluß der Kaverne gegen die Außenluft ebenso wie in unveränderten, aber gegen den Luftstrom abgeschlossenen Lungenteilen ein Kollaps dadurch zustande kommt, daß die Luft aus der Kaverne resorbiert und ihr Lumen durch den Druck des umliegenden Gewebes zusammengepreßt wird. Findet etwas Derartiges bei noch jungen Kavernen mit dünner Kapsel statt, so könnte man sich wohl denken, daß durch Verschmelzung der sich aneinanderlegenden Kapselteile die Bedingungen einer relativ geringen Narbenbildung geschaffen werden.

In welchem Ausmaße derartige Vorgänge denkbar sind, ist einstweilen schwer zu sagen. Daß etwa wallnußgroße Kavernen auf diese Weise schwinden könnten, ist schon sehr schwer vorstellbar, und viel kleinere Kavernen sind ja noch kaum röntgenologisch darzustellen.

Die anatomische Kontrolle jeder Art von *Kavernenheilung durch Verschluß* ist jedoch nicht leicht, da zusammenhängende und vergleichbare Bilder schwer zu erhalten sind. Das Material zur lückenlosen Untersuchung von durch Kollaps heilenden Kavernen wird uns erst ganz allmählich aus den Fällen von künstlichem Pneumothorax und Thorakoplastik geliefert werden. Dann werden wir auch erst erkennen können, welche Unterschiede bestehen zwischen Kavernenheilung mit oder ohne wesentlichen Kollaps. Einstweilen möchte ich eine Kavernenheilung durch Verschluß der Höhle überhaupt nur bei höchstens haselnußgroßen Höhlen für möglich und dabei die Kapselschrumpfung und die Ausfüllung mit Granulationsgewebe und schließlich Narbengewebe für die wesentlichen Momente halten. Derartige Bilder habe ich immerhin einige Male gesehen. Makroskopisch sieht man eigentlich nur dichte Narbenmassen, allenfalls mit kleinen, unregelmäßigen Spalten, und mikroskopisch erkennt man, wie von kleinen rundlichen Öffnungen oder länglichen Spalten die dichtesten Narbenmassen, zunächst mehr in ringförmiger Anordnung, dann aber in mannigfachen breiten Zügen strahlenartig in die Umgebung hineinziehen. In den Resten der Lumina liegen allenfalls einige lymphozytenartige Zellen, im Übrigen sind sie glatt und mit fibrösen Massen bekleidet. Aber es lassen sich solche von einem Punkt ausgehenden strahligen Narben auch in einigen wenigen Fällen beobachten, ohne daß das geringste Lumen wahrzunehmen wäre. Wir können wahrscheinlich alle diese Bilder als die Zeichen einer Kavernenheilung betrachten. Aber einmal kann man wohl als sicher annehmen, daß solche Kavernen ursprünglich nicht größer waren als etwa haselnußgroß. Sodann ist eben zu bedenken, daß das Resultat eine ungemein dichte Narbenbildung sein muß, die für die Röntgenstrahlen nicht so durchgängig sein kann wie etwa lufthaltiges Lungengewebe. Immerhin mögen in einzelnen Fällen durch Verdeckung der Schatten die Bilder undeutlich werden. Aber man muß bedenken, daß, je größer die Kaverne war, um so dichter auch bei einer etwaigen Heilung die Narbe sein muß. Es kommt dazu, daß diese Narben gewöhnlich viel Kohlepigment in sich aufnehmen und um so undurchlässiger für die Röntgenstrahlen werden müssen. Ich bin daher nach allen unsern bisherigen Erfahrungen der Meinung, daß wir eine im Röntgenbilde spurlos verschwindende Kavernenheilung im Allgemeinen nicht annehmen dürfen und werde sogleich auf einige Fehlerquellen eingehen, die eine derartige Heilung vortäuschen können.

Es kommt jedoch noch eine andere Art von Kavernenheilung vor, die allerdings noch viel weniger als die eben beschriebene den Namen einer wirklichen Heilung verdient, sondern nur einen Ruhezustand und einen gewissen Abschluß des Prozesses bedeutet, die im übrigen sogar, wenngleich auch sie selten ist, als die gewöhnliche zu bezeichnen ist, und das ist die *Heilung ohne Verschluß* des Lumens. Sie kann sich bei Kavernen jeder Größe entwickeln und ist selbst bei solchen beobachtet worden, die ganze Lappen einnahmen. Sie ist gewöhnlich nur bei solitären Kavernen zu beobachten und in Fällen, bei denen auch sonst schwerere Erkrankungen oder ihre Residuen fehlen. Die Kavernenwand glättet sich in solchen Fällen, da neue Schübe nicht mehr auftreten, vollständig ab, die Beläge schwinden, während natürlich die balkenartigen Vorsprünge der Wand und etwaige Brücken bestehen bleiben können. Gewöhnlich ist dann die Kavernenwand relativ dick und hart und geht wie auch bei schrumpfenden Kavernen in narbige und anthrakotisch oder schiefrig indurierte Massen über. Die mikroskopische Untersuchung läßt dann eine fibröse Wand erkennen, die oft von hyalin-dickfaseriger Beschaffenheit ist, während eine eigentliche Innenauskleidung fehlt. Nur hier und da finden sich ganz leichte zellig-seröse Auflagerungen. Eine Epithelisierung solcher Kavernenwände habe ich nie gesehen. Ich möchte jedoch nicht bezweifeln, daß sie hier und da vorkommt. Verwechslungen mit Pseudokavernen (s. u.) mögen aber auch hier und da vorgekommen sein. Derartigen ruhenden Kavernen kann man in den kranialen Lungenteilen zwar auch bei Fällen chronischer Lungentuberkulose begegnen, während dann weiter kaudalwärts die Bilder der mehr oder weniger fortschreitenden Tuberkulose vorhanden sind. Dann wird man freilich nicht sagen können, daß hier wirklich eine Dauerruhe vorliegt. Ich habe sie aber auch bis zu Kindsfaustgröße in den Spitzenteilen von Fällen gesehen, bei denen der Tod an irgend einer andern Krankheit eingetreten war und bei denen auch unter Umständen anamnestisch nichts mehr über eine Lungenkrankheit zu erfahren war. Diese Kavernen liegen dann in einem besonders hart indurierten anthrakotischen Gewebe. Da sich auch Tuberkelbazillen in solchen Kavernen nicht mehr nachweisen lassen, können wir mit Fug und Recht annehmen, daß es sich nicht nur um lokale Heilungen, allerdings natürlich mit Defekt, handelt, sondern daß auch den übrigen Lungenteilen und dem Gesamtorganismus von ihnen keine größere Gefahr mehr droht als von andern geheilten tuberkulösen Herden.

Alles in allem genommen können wir sagen, daß auch anatomisch *sicher Kavernenheilungen zu beobachten* sind. Wenn es möglich wäre, diese Vorkommnisse statistisch zu erfassen, so würde allerdings wohl nur eine recht kleine Prozentzahl herauskommen. Um die von GRÄFF in Fluß gebrachte Frage zu beantworten, ob und inwieweit das Auftreten von Kavernen für die Träger das Todesurteil bedeutet, so läßt sich sagen, daß unter allen Umständen jede Kavernenbildung die gefährlichste Komplikation der Lungentuberkulose bedeutet: entweder sie ist der Ausdruck sehr ausgebreiteter und an und für sich schon sehr gefährlicher, oft schnell zum Tode führender käsig-pneumonischer Prozesse, oder sie bedeutet die am längsten fortwirkende, also immer neue Gefährdungen mit sich bringende Komplikation. Aber zu sagen, daß *jeder* Kranke, bei dem eine Kaverne auftritt, darum ein Todeskandidat ist, wäre ein auf die Spitze getriebener und nicht berechtigter Pessimismus.

Für die Gefäßveränderungen im Bereich von Kavernen und ihre Beziehungen zu den Lungenblutungen sei auf das Kapitel auf S. 267 verwiesen.

Über Pseudokavernen. Zwischen den bisher genannten anatomischen Heilungsmöglichkeiten von Kavernen und den immer wieder von klinischer Seite, oft nur auf Grund von Röntgenbildern behaupteten, Heilungen und selbst spurlosen Heilungen von Kavernen ansehnlichen Kalibers besteht ein Widerspruch, der zunächst wohl noch nicht restlos aus der Welt geschafft werden kann. Natürlich werden die Pathologen dieser Frage eine erhöhte Aufmerksamkeit widmen müssen und es ist anzunehmen, daß bei enger Zusammenarbeit mit dem Kliniker und dem Röntgenologen mancher Schritt zur Verständigung getan werden wird. Es wurde oben schon einer dieser Wege angegeben. Doch ist es notwendig, daß auch der Kliniker gewisse Quellen der Täuschung genauer kennen lernt, denen der Anatom nicht selten am Sektionstisch begegnet. Deshalb sehe ich ganz ab von jenen Fehlerquellen, die auch von Seiten der Kliniker schon hier und da beobachtet wurden, als da sind die einem Ringschatten ähnlichen besonderen Verschattungen, ferner der umschriebene Pneumothorax, eventuell kombiniert mit Verwachsungssträngen, usw.

Ich habe vielmehr wirkliche mit Luft gefüllte Hohlräume der Lungen selbst im Auge, die aber durchaus nichts mit Einschmelzungsvorgängen zu tun haben und darum gar nicht zu dem Kavernenproblem in irgendeiner genetischen Beziehung stehen, sondern eben nur darum in diesem Zusammenhang besprochen werden müssen, weil sie vornehmlich im Röntgenbild für Kavernen gehalten werden können. Deshalb ist in diesem Zusammenhang der Name Pseudokavernen für sie berechtigt. Es handelt sich, um es kurz vorweg zu nehmen, um umschriebene abnorme Aufblähungen des Lungengewebes, deren Entstehungsmechanismus im Prinzip stets der gleiche ist. Sie kommen nämlich in der Weise zustande, daß wohl die Inspirationsluft in vorhandene oder erworbene Hohlräume eindringt, die Exspiration aber eine Entleerung nicht zustande bringt. Warum das geschieht, kann erst bei den einzelnen Fällen besprochen werden. Aber eine Eigenschaft haben alle diese Luftansammlungen noch gemeinsam, nämlich die, daß sie sich schon deshalb zurückbilden können und müssen, falls ein neuer Luftzustrom nicht erfolgt, weil allmählich eine Resorption der Luftgase aus solchen geschlossenen Höhlen stattfindet, wie es die alten LICHTHEIMschen Versuche eingehend bewiesen haben.

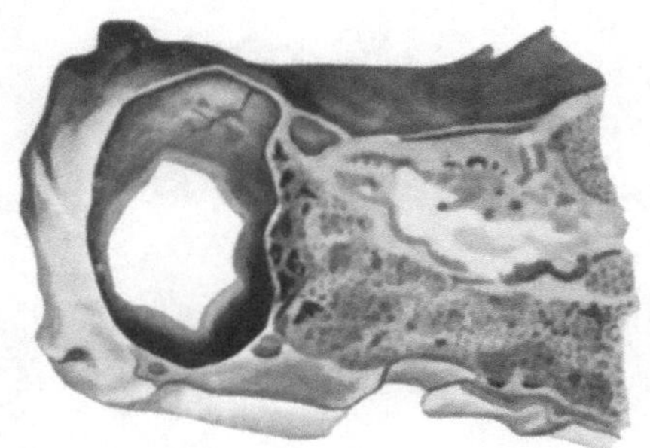

Abb. 65. Subpleural gelegenes bullöses Emphysem im Bereich narbig geschrumpften tuberkulösen Gewebes, das sich im Bilde rechts an die Höhle anschließt. (Pseudokaverne). Natürliche Größe.

Als erste derartige Luftansammlung ist das *interstitielle Emphysem* zu nennen. Es ist zwar bei Erwachsenen nicht so häufig wie bei Kindern und kommt nicht in demselben Ausmaße zustande wie bei diesen. Doch gibt es auch bei Erwachsenen Ausnahmefälle, insbesondere bei der Miliartuberkulose, die durchaus den großartigsten Formen der kindlichen Lunge gleichkommen können. Bei Kindern sieht man es bekanntlich häufig im Verlauf von gewöhnlichen Pneumonien mit Bronchitis und besonders Bronchiolitis. Wenn die unter Umständen bis faustgroßen Blasen unter der Pleura der Interlobärsepten sitzen und an pneumonische Infiltrate angrenzen, mögen sie im Röntgenbild ähnliche Aufhellungen und Ringschatten geben wie Kavernen. Ich habe bei kleineren Kindern derartige interlobäre Emphyseme auch oft bei Tuberkulose gesehen, besonders bei den Generalisationsformen, bei denen ja eine Bronchitis und Bronchiolitis vorhanden zu sein pflegt.

Wichtiger aber sind die *umschriebenen vesikulären bezw. bullösen Emphyseme.* Diese können bei allen möglichen Lungenerkrankungen vorkommen und ganz absonderliche Formen annehmen. Ich verfüge z. B. über einen Fall von kindsfaustgroßer, der vorderen Seite des linken Unterlappens dünnstielig aufsitzender

Luftblase, die noch in der herausgeschnittenen Lunge im Röntgenbild eine Art Ringschatten gab. Doch das nur nebenbei, denn in diesem Fall lag keine Tuberkulose vor. Es gibt aber gerade bei allen möglichen Formen von Lungentuberkulose Blasenbildungen, die besonders eindrucksvoll sind. Von umschriebenen Emphysemen, die sich in der Umgebung von schrumpfenden Herden bilden, wurde schon verschiedentlich gesprochen. Diese können aber, wenn der oben erwähnte Mechanismus vorliegt, gar nicht selten zu ganz bedeutenden Ausmaßen führen. Ich achte erst seit kurzer Zeit genauer auf diese Dinge und habe trotzdem schon mehrere Male Blasenbildungen gefunden, die im Röntgenbild einen typischen Ringschatten geben *müßten*. Natürlich ist es für ihre Feststellung notwendig, daß die Lungen vor dem Zerschneiden gehärtet waren. Es handelt sich um runde Blasen, die am vorderen oder am unteren Ende des Oberlappens lagen, nach außen anscheinend nur von der Pleura bedeckt waren, nach innen aber von mehr oder weniger induriertem Lungengewebe begrenzt wurden (Abb. 65). In einem Fall war die größte dieser Blasen über wallnußgroß, kleinere bis zu Erbsengröße herab befanden sich daneben im Lungengewebe. Solche kleineren Blasen für sich allein kommen sehr viel häufiger vor. Es handelt sich stets um Fälle von chronischen, nur zum Teil kavernösen Lungentuberkulosen mit mannigfachen Indurationen. In der Umgebung der Blasen befinden sich nur ältere vernarbte Herde. Die Innenfläche dieser Hohlräume ist spiegelnd glatt, etwas feucht, von grau-weißlicher Farbe, hier und da mit anthrakotischen Flecken durchsetzt. Die mikroskopische Untersuchung ergibt, daß es sich um aufgeblähte Alveolarbezirke handelt. Nur an den größten Blasen sieht man hiluswärts auch deutliches Bronchialepithel, das sich in einen spaltförmig verengten Bronchiolus verliert. Der Mechanismus der Entstehung dieser Blasen kann nur der erwähnte sein; d. h. bei den offenbar durch eine Dyspnoe bedingten heftigen Atembewegungen genügte wohl der Inspirationsdruck, um durch das verengte Bronchiallumen die Luft einzusaugen, aber die schwächere Exspiration konnte sie nicht mehr hinaus befördern. Ob man diese Blasen bei der Sektion

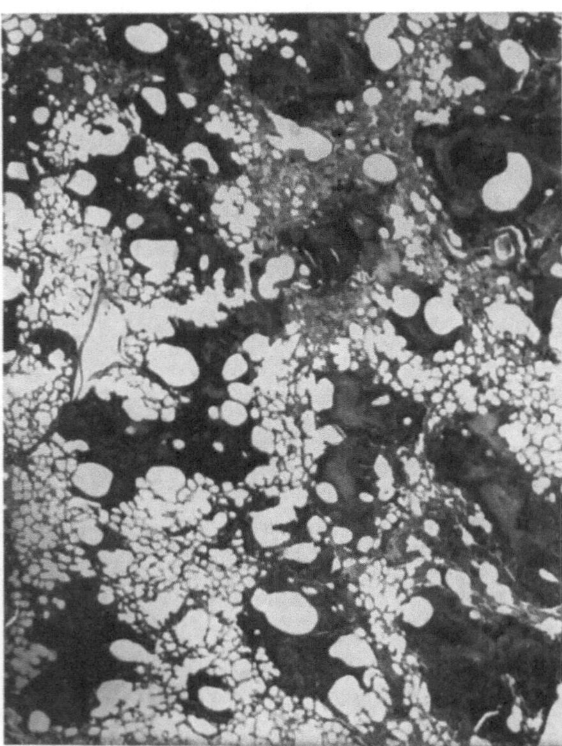

Abb. 66. Alveolär-emphysematöse Form der Miliartuberkulose der Lunge. Reichlich Luftblasen innerhalb des verkäsenden Exsudates. Schwache Vergr.

in ihrer größtmöglichen Ausdehnung sah, muß dabei noch zweifelhaft bleiben. Denn es hätte ja schon ein Teil der Luft aus ihnen resorbiert gewesen sein können. Auch muß man bedenken, daß unter Umständen infolge der Manipulationen bei der Sektion und der nachfolgenden Fixierung die Blasen verkleinert werden können. Wir werden annehmen dürfen, daß derartige Blasen bis zu mindestens Pfirsichgröße vorkommen können.

Ich glaube, daß nur diese beiden Emphysemarten, das umschriebene interstitielle und das umschriebene alveolar-bullöse, differentialdiagnostisch gegenüber echten Kavernen in Betracht kommen. Doch möchte ich in diesem Zusammenhang auch noch andere Blasenbildungen besprechen, die bei Lungentuberkulosen vorkommen und selbst auf dem Sektionstisch noch zu Täuschungen

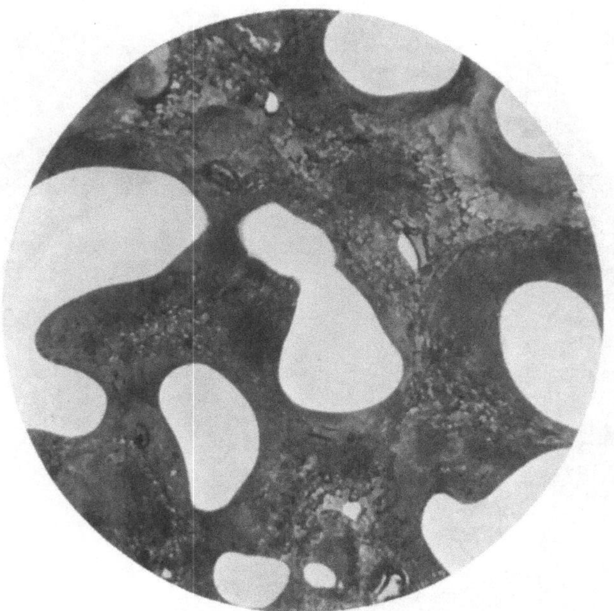

Abb. 67. Derselbe Befund wie in Abb. 66 bei stärkerer Vergrößerung.

Anlaß geben können. Ich habe das Prinzip dieser Blasenbildungen schon bei der Besprechung der Miliartuberkulose der Lunge erwähnt. Ich nannte dort die emphysematöse Form der Miliartuberkulose (Abb. 66 u. 67). Sie ist charakterisiert durch die Bildung von massenhaft kleinen Blasen innerhalb der verkäsenden Herde in frischen Fällen und ist so zu erklären, daß durch das noch weiche in Verkäsung begriffene Exsudat wiederum wohl der Inspirationsstrom eindringen, der Exspirationsstrom aber nicht austreten kann. Begünstigt mag dieses Ereignis wiederum durch die häufigen dyspnoischen Atembewegungen werden, die ja in solchen Fällen stets vorhanden sind. Nun kommen aber derartige Blasenbildungen nicht nur bei der Miliartuberkulose vor, sondern auch in Fällen von chronisch fortschreitender Lungentuberkulose. Ich habe sie bei ausgedehnten, frischen, käsigen lobulär-pneumonischen Prozessen gesehen, wo sie dann bis zu Haselnußgröße anwachsen können. Sie unterscheiden sich makroskopisch von den Einschmelzungen dadurch, daß ihre Wand ganz glatt und spiegelblank ist, ihre Form der kugeligen nahe kommt. Auch mikroskopisch sind dann in den meisten Fällen Zeichen von Einschmelzung nicht zu erkennen. In manchen allerdings ist sie vorhanden, aber wohl nur in ihrem ersten Beginn. Man sieht dann gerade die Blasenwand von Leukozytenzügen eingefaßt, während der Rest der verkästen Massen noch intakt ist (Abb. 68). Der Mechanismus dieser Blasenbildung ist natürlich derselbe, wie bei der Miliartuberkulose, denn auch hier

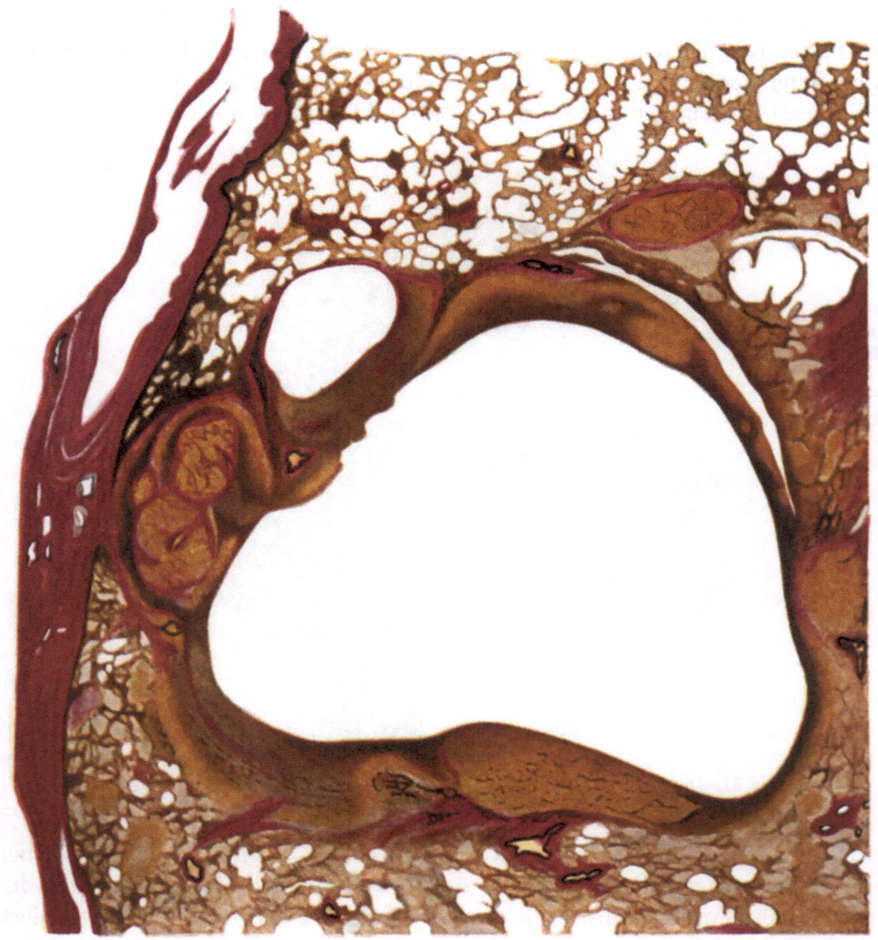

Abb. 68. Luftblasen in einem verkäsenden Lobulärherd. Elastika: VAN GIESON. Etwa 12 fache Vergr.

handelt es sich meist um schwere, zweifellos mit Dyspnoe einhergehende Fälle. Praktische Bedeutung können alle diese in verkäsenden Herden auftretenden Blasenbildungen nicht haben, denn aus allen erwähnten Besonderheiten dieser Fälle dürfte wohl hervorgehen, daß es sich dabei gewöhnlich um terminale, ja vielleicht agonale Erscheinungen handelt. Ich habe jedenfalls im Gegensatz zu den vorher beschriebenen Blasenbildungen diese letzteren noch niemals in leichteren an sich nicht tötlichen Fällen von Lungentuberkulose gesehen. Auch dann übrigens, wenn wirklich einmal eine solche Blase in einem mehr isolierten und in Einschmelzung begriffenen käsig-lobulären Herd auftreten sollte, könnte sie nur sehr kurzen Bestand haben und müßte schließlich in das eigentliche Kavernenbild überleiten.

e) Gefäßveränderungen bei der chronischen Lungentuberkulose.

Die bei der chronischen Lungentuberkulose zu beobachtenden Gefäßveränderungen sind verschiedener Art. Zunächst muß festgestellt werden, daß eine unmittelbar mit dem tuberkulösen Prozeß zusammenhängende Erkrankung der *größeren* Gefäße, wie z. B. bei der Miliartuberkulose, nicht vorkommt, so daß also auch makroskopisch keine Gefäßveränderungen gesehen werden können, wenn man nicht die seltenen Einbrüche von Kavernen in die großen Gefäßstämme hierher rechnen will. Bei der mikroskopischen Untersuchung hingegen findet man in kleineren und kleinsten Gefäßen recht häufig Veränderungen. Im großen und ganzen jedoch ist ihr Vorkommen in einer gewissen Abhängigkeit von der Schwere und Ausdehnung der vorliegenden tuberkulösen Veränderungen, womit nicht gesagt sein soll, daß sie nicht hier und da einmal auch schon in beginnenden Herden beobachtet werden.

In erster Linie müssen natürlich spezifisch tuberkulöse Erkrankungen genannt werden. Bei leichteren Prozessen hier und da einmal vorhanden, finden sie sich bei genauer Nachforschung in schwerer erkrankten Lungen fast ausnahmslos, nach meinen Erfahrungen besonders bei den mit Kavernenbildung einhergehenden schwereren Erkrankungen, und zwar kommen im Prinzip dieselben Veränderungen vor, wie sie auch bei der Miliartuberkulose beobachtet werden. Ich verweise auf die dortigen Beschreibungen (S. 195), möchte dazu aber bemerken, daß bei der chronischen Lungentuberkulose die Einbeziehung von Gefäßwänden, insbesondere von Venen in benachbarte verkäsende Pneumonien, sehr viel häufiger ist, als die isolierten tuberkulösen Endangitiden. Praktisch dürften diese Gefäßveränderungen für den Verlauf des betreffenden Falles von geringer Bedeutung sein. Denn es handelt sich ja, wie schon gesagt, gewöhnlich um schwere fortschreitende Tuberkuloseformen, deren Schicksal durch die Art und Zahl der Lungenherde selbst bestimmt ist. Diese Gefäßherde dürften deshalb nichts weiter bedeuten als ein Zeichen der widerstandslosen Ausbreitung der Erkrankung.

Interessanter sind andere Veränderungen, die sich mindestens ebenso häufig an kleinen Arterien wie an Venen finden, und die für sich allein betrachtet, nicht einmal den Verdacht aufkommen lassen würden, daß sie Begleiterscheinungen einer tuberkulösen Erkrankung sind. Es handelt sich im wesentlichen um chronische endangitische, obliterierende Prozesse. Man beobachtet sie in allen solchen Fällen, in denen es zu ausgedehnteren Indurationen kommt und in denen diese Indurationen, zum Teil wenigstens, mit ausgedehnten sogenannten perifokalen Entzündungen in Zusammenhang stehen. Die einzelnen Bilder sind sehr mannigfacher Art. Zuweilen hat man es nur mit einer Wucherung der Intima zu tun, die dann gleichmäßig verdickt ist, aus einer breiten, relativ zellreichen, und ebenfalls reichlich Fasern enthaltenden Schicht besteht, die im Innern von feinem Endothel bedeckt wird. In anderen Fällen oder an anderen Stellen kommt dazu eine mehr oder weniger dichte Durchsetzung der tieferen Intimaschichten mit meist einkernigen Zellelementen. Bilder, wie sie in gewisser Weise an manche Gefäßveränderungen bei der Meningitis tuberculosa erinnern. Es gibt hier auch fraglos gewisse Übergänge zu wahren tuberkulösen Erkrankungen der Intima. Das kann sich zum Beispiel in der Weise äußern, daß die Zellen zum Teil epitheloidzellenähnlich sind, und daß die gleichen Zellen sich auch in den übrigen Schichten der Gefäßwand finden. Doch sind das relativ seltene Ereignisse. Es möge aber noch bemerkt werden, daß sich zuweilen in der Adventitia, bezw. im perivaskulären Lymphraum eines sonst völlig unspezifisch erkrankten Gefäßes hier und da eine vereinzelte typische LANGHANSsche Riesenzelle befindet, ganz entsprechend dem Vorhandensein derartiger Zellen in sonst völlig unspezifischen, perifokalen, entzündlichen Vorgängen. Erinnern solche Befunde an spezifisch tuberkulöse Vorgänge, oder leiten sie auch zum Teil zu ihnen über, so sind doch die absolut unspezifischen Prozesse sehr viel eindrucksvoller. Wir fahren in ihrer Beschreibung fort. Man kann neben den oben erwähnten Merkmalen auch noch andere Befunde erheben. So sehen wir z. B., wie an manchen Stellen die gesamte Gefäßwand von einwuchernden kleinen Gefäßen durchbrochen wird, und daß sich dann unter Umständen im Bereich der verdickten Intima ein typisches gefäßreiches Granulationsgewebe entwickelt. Beide Vorgänge, d. h. sowohl die reinen Intimawucherungen als auch ihr Ersatz durch Granulationsgewebe, führen gewöhnlich zu einer völligen Obliteration des betreffenden Gefäßes. Solche völlig obliterierten Gefäße finden sich in vielen Fällen sehr reichlich; selbst in weitgehend indurierten Partien kann man derartige Gefäße immer noch daran erkennen, daß große Teile ihrer elastischen Fasern erhalten bleiben, während im übrigen die ganze Gefäßwand in die hyaline Narbenmasse aufgegangen ist. Diese Gefäßverschlüsse dürften übrigens für die hyaline Umwandlung derartiger Indurationen nicht ohne Bedeutung sein. Daß in solchen Partien auch erst nach Fertigstellung der Narbe in noch offenen Gefäßen ebenfalls obliterierende Prozesse beobachtet werden, sei nur nebenher erwähnt. Im übrigen mögen diese kurzen Bemerkungen über Gefäßveränderungen bei indurativen Vorgängen genügen. Für das Schicksal des Einzelfalles werden auch sie im allgemeinen keine große Bedeutung erlangen. Doch möchte ich annehmen, daß das unter bestimmten Bedingungen der Fall sein kann. Ich denke an jene Lungentuberkulosen, die trotz relativ großer Ausbreitung und anfänglich schwerem Verlauf zuweilen unter dem Einfluß eingreifender therapeutischer Maßnahmen oder auch ohne solche eine auffallend große Heilungstendenz zeigen. Ich habe derartige Fälle in den letzten Jahren nicht mehr gesehen, verfüge aber über einige frühere Beobachtungen, bei denen es zu sehr umfangreichen Narbenbildungen und Indurationen in beiden Lungen gekommen war, bei denen sodann eine relativ schwere Hypertrophie und Dilatation des rechten Herzens vorlag und die an den Zeichen einer Herzinsuffizienz zugrunde gegangen waren. Auch in diesen Fällen finden sich, soweit ich es an der Hand der noch erhaltenen Präparate erkennen kann, sehr umfangreiche derartige Gefäßobliterationen. Es ist wohl keine Frage, daß gerade sie es waren, die die Zirkulationsverhältnisse in den Lungen erschwerten und dadurch die Mehrarbeit und schließlich das Versagen des rechten Herzens bedingten.

Praktisch am wichtigsten und für den Verlauf des Einzelfalles am bedeutsamsten sind schließlich die *Gefäßveränderungen, die sich im Bereich von Kavernen finden.* Hier muß zunächst einer immerhin bemerkenswerten Tatsache Erwähnung getan werden. Wenn man nämlich bedenkt, wie häufig bei tödlich verlaufenden Lungentuberkulosen Kavernen vorhanden sind und wie ausgebreitet sie unter Umständen sein können, so muß es auffallen, daß nicht häufiger, als es der Fall ist, tödliche Blutungen zur Beobachtung kommen. Das hängt nun, wie gleich bemerkt sein mag, mit der Tatsache zusammen, daß nur sehr selten *offene* Gefäße in die Kavernenwand hineinragen. Im übrigen erinnere ich daran, in wie geringem Umfange meist in Wänden fertiger Kavernen spezifisch tuberkulöse Veränderungen beobachtet werden, und wie schnell es bei ihnen zu der Bildung einer unspezifischen Kapsel kommt. Wir sehen nun im allgemeinen im Bereich dieser unspezifischen Kapsel, die oft von Gefäßen ansehnlichen Kalibers durchsetzt wird, in diesen Gefäßen dieselben unspezifischen obliterierenden Prozesse auftreten, die oben beschrieben worden sind. Dasselbe

Abb. 69. Teil eines Aneurysmas in der Wand einer Lungenkaverne. Tödliche Blutung. Links Auffaserung der elastischen Fasern in der Aneurysmawand, dessen Lumen z. T. mit thrombotischen Massen angefüllt ist.

gilt auch für jene Blutgefäße, die mit dem sie begleitenden Bindegewebe im Bereich der kavernösen Einschmelzung erhalten bleiben, und die dann nicht nur als Leisten in die Kavernenwand vorspringen, sondern auch als freie Stränge von einer Wand zur anderen verlaufen. Sie zeigen gewöhnlich im Mikroskop eine vollständige oder fast vollständige Enangitis obliterans unspezifischer Natur. Aus solchen Gefäßen kann es natürlich zu größeren Blutungen nicht kommen. Im übrigen dürfen wir wohl annehmen, daß in solchen Fällen von kavernöser Lungentuberkulose, bei denen des öfteren kleinere Blutungen oder nur geringe Blutbeimengungen zum Sputum beobachtet werden, dieses Blut aus dem die Kavernenwand auskleidenden Granulationsgewebe stammt.

Die größeren und oft tötlichen Blutungen stammen jedoch ohne Zweifel ausnahmslos aus *Aneurysmen,* wie es ja auch von den meisten Autoren von jeher angenommen wird. Nach meinen Erfahrungen bilden sich nun auch diese Aneurysmen fast nie in vorher intakten Arterien, sondern in solchen, deren Intima schon gewisse Wucherungserscheinungen, allerdings natürlich ohne vollständige Obliteration aufweist. Im übrigen kann man gewöhnlich erkennen, daß das die Kavernenwand auskleidende Granulationsgewebe die Gefäßwände durchbrochen hat und daß im Bereich derartiger, unter Umständen sehr ausgebreiteter Bezirke die Erweiterung des Arterienrohres erfolgt (Abb. 69). Dort, wo die Arterienwand von Granulationsgewebe durchsetzt wird, sieht man dann eine vollständige Zerstörung der elastischen Fasern. Die aneurysmatische Ausbuchtung kann im Verhältnis zu dem Kaliber der betreffenden Arterie eine recht bedeutende sein. Gewöhnlich sind diese Aneurysmata zum großen Teil mit geschichteten, thrombotischen Massen ausgefüllt, und es mögen auch infolge dieser Thrombosen und anschließender Organisation in manchen Fällen die schweren Folgen, d. h. das Bersten des Aneurysmas und die schwere profuse Blutung vermieden werden. Kommt es jedoch — und das scheint nach meinen Erfahrungen verhältnismäßig oft der Fall zu sein — zu einem Bersten des Sackes vor der Thrombosenbildung, so muß eine besonders schwere Blutung erfolgen, deren Masse im übrigen von der Größe des Lumens des betreffenden Gefäßes abhängig ist.

Neben diesen, in eigentlichen Kavernenwänden entstehenden Aneurysmen seien noch diejenigen genannt, die sich im Anschluß an verkäsende und ulzerierende Prozesse der Bronchien entwickeln. Schon die sogenannte initiale Haemoptoë wird auf derartige Vorgänge zurückgeführt; ob mit Recht, vermag ich nicht zu entscheiden, weil mir Material dazu fehlt. Dagegen habe ich in einigen Fällen fortgeschrittener Lungentuberkulose mit verkäsenden Erkrankungen größerer Bronchien, bezw. mit spezifischer Bronchiektasenbildung, auch Arrosionen der begleitenden Arterie, mit oder ohne Aneurysmabildung, gesehen. Auch dort kommt es teilweise zu Thrombenbildung, aber bei schließlicher Eröffnung des Gefäßes unter Umständen zu ganz besonders schweren Blutungen.

Der Folgen der größeren Blutungen ist schon zum Teil bei der Besprechung der Kavernen Erwähnung getan worden. Hier sei noch einmal zusammengefaßt, daß besonders folgende drei schwere Gefahren in Betracht kommen: 1. kann es zu den schwersten und ausgebreitetsten pneumonisch käsigen Prozessen infolge der Aspiration infektiösen Materials kommen, 2. wird in manchen Fällen eine Erstickung infolge der Füllung des gesamten Bronchialsystems mit Blut beobachtet, und 3. kann der Blutverlust ein so gewaltiger sein, daß bei dem schon vorher geschwächten Patienten der Verblutungstod eintritt.

f) Die Tuberkulose der Bronchien und der Trachea und die sonstigen Veränderungen der Bronchien bei Lungentuberkulose.

Die tuberkulösen Erkrankungen der *kleinen Bronchien* bezw. der verschiedenen Arten von Bronchiolen, sind im Vorhergehenden schon verschiedentlich Gegenstand der Erörterung gewesen. Denn sie ist eine gewöhnliche Begleiterscheinung fast aller tuberkulöser Lungenprozesse. Schon die Erkrankung kleinerer Bronchien kann aber auch hier und da einmal eine gewisse Selbständigkeit und dann als multiple käsige Bronchiolitis in die Erscheinung treten, ohne daß eine entsprechende schwere alveoläre Erkrankung besteht. Sodann kommen auch mehr selbständige Erkrankungen der *größeren Bronchien und der Trachea* vor, von denen hier hauptsächlich die Rede sein soll. In dem Begriff der Selbständigkeit darf aber nicht etwa der der primären Erkrankung liegen. Eine wirkliche primäre Tuberkulose von Bronchien und Trachea im Sinne eines Primäraffektes mit zugehöriger Drüsenerkrankung dürfte zu den größten Seltenheiten gehören. Wir sehen

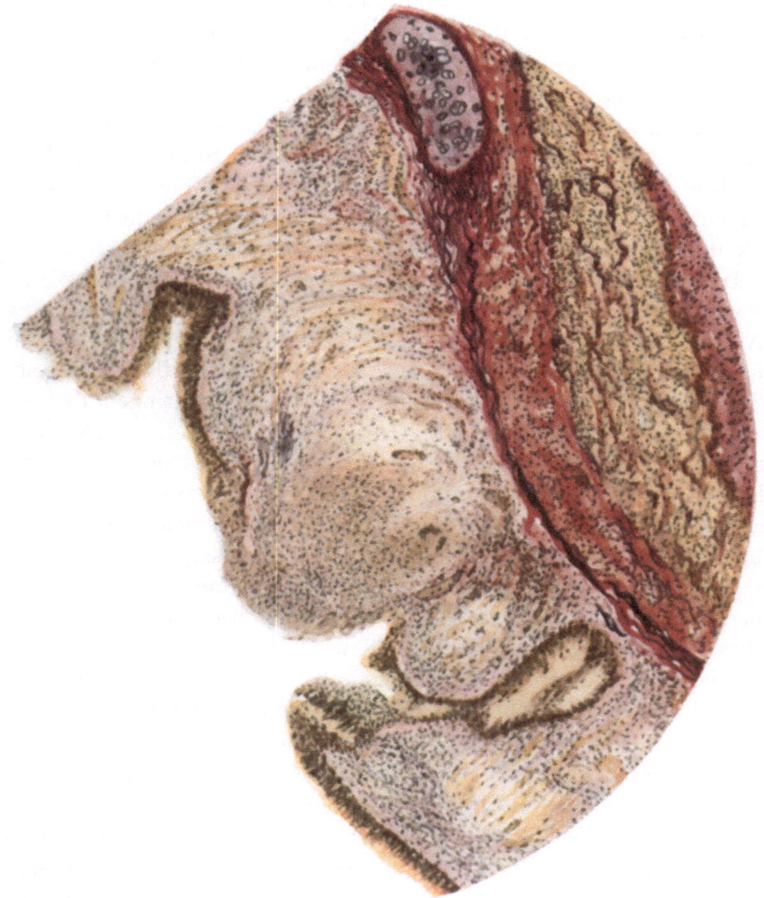

Abb. 70. Tuberkelbildung mit oberflächlicher Ulzeration in der entzündlich verdickten Schleimhaut eines Hauptbronchus. Elastika: VAN GIESON. Etwa 80fache Vergr.

vielmehr in der Regel die Tuberkulose der ausführenden Luftwege als Begleiterscheinung weiter peripher gelegener schwerer Lungenprozesse. Die abführenden Kanäle werden dauernd durch den sie passierenden Auswurf infiziert und diese Dauerinfektion führt fast ausnahmslos bei länger bestehenden Lungentuberkulosen zu ihrer Erkrankung, wenn diese auch in ihrer Ausbreitung und Intensität sehr verschieden sein kann. Auch Infektionen durch Aspiration von aus anderen Lungenteilen stammendem Auswurf, insbesondere von Blutungen aus Kavernen, werden im einzelnen Fall das Auftreten der Erkrankung begünstigen. Andere Infektionsquellen dürften nicht in Betracht kommen.

Das Aussehen der Veränderungen kann gemäß ihrer Entstehung ein sehr verschiedenes sein. In vielen Fällen von Lungentuberkulose läßt sich makroskopisch in Bronchien und Trachea nichts weiter feststellen, als ein einfacher, schleimiger bis schleimig-eitriger oder auch vorwiegend eitriger Katarrh. Daß bei diesen Entzündungen zahlreiche Mischinfektionen mitwirken, sei schon hier vermerkt. Weiter unten werde ich noch einmal darauf zurückkommen. Die mikroskopische Untersuchung deckt aber auch hier fast ausnahmslos irgendwo im Bronchialbaum, am häufigsten wohl in der Trachea, meist schon *typisch produktive Tuberkel*, oft ohne jede Verkäsung, auf (Abb. 70). Wir wollen uns mit der Histogenese dieser Tuberkel hier nicht weiter beschäftigen. Sie entstehen wahrscheinlich unter dem Einfluß einer hohen lokalen Allergie und mögen demgemäß ein wenig ausgesprochenes exsudatives Stadium durchmachen. Nun mag aber gerade bei diesen Tuberkeln wieder die Frage auftreten, ob sie nicht doch auf dem Lymphweg entstanden sind. Ich sehe jedoch keine Wahrscheinlichkeit dafür. Denn da die abführenden Lymphbahnen der Lunge nicht durch die Bronchialschleimhaut hindurch gehen, müßte dafür wieder ein retrograder Transport der Bazillen angenommen werden, was sehr unwahrscheinlich ist. Außerdem müßten dann die Tuberkel viel eher in den äußeren Schichten auftreten, was jedoch nie der Fall ist. Ihre Lage in den oberflächlichen Schleimhautschichten spricht vielmehr einwandfrei für das Eindringen der Bazillen von der Schleimhautoberfläche her. Da nun das Epithel in solchen Fällen oft intakt zu sein pflegt. kann man das als einen Beweis dafür ansehen, daß die Bazillen in diesem Fall das intakte Epithel zu passieren vermögen. Wir werden demselben Mechanismus bei der Darmtuberkulose begegnen. Ich möchte jedoch auch hier aussprechen, daß damit nichts ausgesagt wird für eine ganz allgemein gültige Regel, daß nämlich überall und immer eine solche Passage der gegebene Infektionsmodus ist. Man muß auch bedenken, daß es sich im vorliegenden Fall um eine unzählige Male wiederholte Infektion mit oft sehr großen Dosen handelt und daß man es stets mit vorher schon durch mannigfache Entzündungen aufgelockerten Schleimhäuten zu tun hat.

Die zweite Art der tuberkulösen Manifestation in größeren Bronchien und Trachea ist das *tuberkulöse Geschwür*. Es tritt selten isoliert auf oder auch nur in wenigen Exemplaren. Gewöhnlich vielmehr sehen wir große Massen von Geschwüren in der ganzen Trachea und den großen Bronchien bis weit in die Lungen hinein. Man kann zuweilen von lentikulären Geschwüren sprechen, d. h. von linsengroßen; es kommen aber oft viel kleinere vor, unter Umständen wiederum größere, die auch ringförmig die ganze Schleimhaut umfassen können. Sie sind ebenfalls von einer heftigen katarrhalischen bis eitrigen Entzündung der Schleimhaut begleitet. Können nun solche Geschwüre aus den einfachen Schleimhauttuberkeln hervorgehen oder entstehen sie auf andere Weise? Ich möchte es durchaus nicht für unmöglich halten, daß der erste Weg beschritten werden kann. Eine sekundäre Verkäsung und Einschmelzung auch schon produktiver Tuberkel kommt ja zweifellos unter bestimmten Bedingungen, d. h. auf Grund neuer exsudativer Schübe, vor, zumal wenn die Tuberkel noch frisch sind. Da nun hier immer wieder neue Infektionen an denselben Stellen erfolgen können, auch eventuell mechanische Reize bei tuberkulösen Knötchen, die die Schleimhaut vorwölben, nicht zu vernachlässigen sind, so wären vielleicht gerade hier die Unterlagen für eine solche sekundäre Verkäsung und

Erweichung gegeben. Bei oberflächlichem Sitz des Tuberkels ist dann ein Durchbruch und damit die Entstehung eines Ulcus das zu erwartende Ereignis. Ich bin aber der Meinung, daß gerade bei den multiplen Geschwüren dieser Umweg nicht gewählt wird. Man kann nämlich, wenn man die richtigen Fälle zu untersuchen Gelegenheit hat, auch hier wieder sehen, wie bei schweren Lungenphthisen in den Schleimhäuten der Abfuhrkanäle häufig exsudative und schnell verkäsende Prozesse entstehen, die ebenso schnell durchbrechen, bevor auch nur eine Spur von produktiver Reaktion zu sehen ist. Daß dann danach im Grunde und am Rande des Geschwürs auch typisch produktive Reaktionen und Tuberkelbildungen auftreten können, ist selbstverständlich. Aber auch hier sieht man ebenso wie im Darm bei frischen Geschwüren viel häufiger im Geschwürsgrund und -rand ein tuberkelfreies Granulationsgewebe (Abb. 71). In den benachbarten Schleimhautteilen und den übrigen Schichten sitzen dann freilich häufig typische produktive Tuberkel. Heilungen dürften darum selten sein, weil dazu die Ursprungskrankheit der Lungen eine zu schwere ist, handelt es sich bei diesen Geschwüren doch tatsächlich oft um terminale Erscheinungen. Auch an diesen, oft sehr kleinen Geschwüren kann man übrigens, besonders bei mikroskopischer Betrachtung, oft jenes Überhängen des scharfen Geschwürsrandes beobachten, wie es so charakteristisch für das tuberkulöse Geschwür ist. Erwähnt sei ferner noch, daß es zuweilen im Bereich tuberkulöser Tracheitiden, viel seltener Bronchitiden, zu einer Metaplasie des Zylinderepithels in geschichtetes Plattenepithel kommt (Abb. 71).

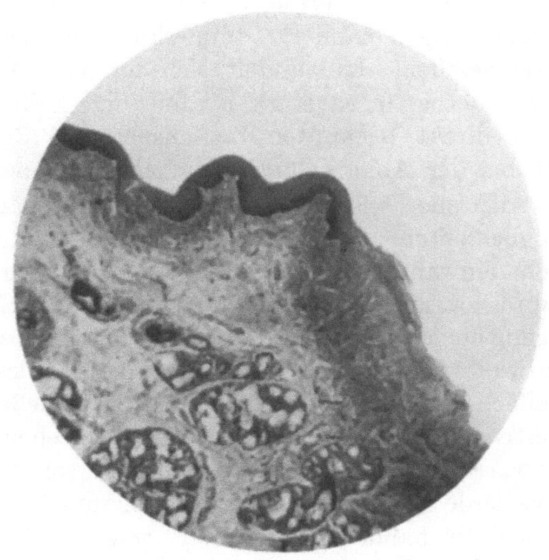

Abb. 71. Rand eines tuberkulösen Geschwüres der Luftröhre ohne spezifische Veränderungen. Links Metaplasie des Epithels zu geschichtetem Plattenepithel. 10fache Vergr.

Die dritte selbständige Erscheinungsform der Tuberkulose der abführenden Luftwege ist die sich über längere Strecken gleichmäßig ausbreitende *röhrenförmige Erkrankung*, wie man sie am häufigsten in den mittleren Bronchien, etwa von solchen zweiter bis dritter Ordnung an bis zum Bronchiolus terminalis beobachten kann. Am meisten imponiert diese Erkrankung, wenn sie sich auf der Höhe der Verkäsung befindet. Ich habe sie zwar in ihren Anfängen noch nicht sicher beobachtet; es ist aber keine Frage, daß sie mit einer akuten exsudativen Entzündung beginnt und daß es dann schnell zur Verkäsung des Exsudates kommt. Wenn man ihr in diesem Stadium begegnet und es gelingt, die Lunge in der Längsrichtung der betreffenden Bronchien zu durchschneiden, so sieht man, zuweilen auf Strecken von mehreren bis 10 Zentimetern die ganze Bronchialwand in eine feste käsige Masse umgewandelt und in der Achse allenfalls noch ein feines Lumen. Man sieht auch, wie sich diese Verkäsung in mehrere

Verzweigungen fortsetzt und erkennt dasselbe auf benachbarten Schnitten, so daß also unter Umständen große Teile des betreffenden Bronchialbaumes auf einmal erkrankt sind. Die mikroskopische Untersuchung ergibt eine gleichmäßige Verkäsung der ganzen Schleimhaut mit reichlichen von Leukozyten herstammenden Kerntrümmern und zum Teil noch erhaltenen Leukozytenwällen am Rande. Oder die Verkäsung hat auch alle übrigen Schichten des Bronchus ergriffen, sie sogar zuweilen überschritten und man kann dann in den angrenzenden Alveolengruppen ebenfalls käsig-tuberkulöse Veränderungen feststellen, zum mindesten aber einfache pneumonische Prozesse. Es liegen also hier zuweilen auch typische peribronchitische Prozesse vor. Da die Erkrankung nicht allzu häufig ist, ist es schwierig, alle ihre weiteren Entwicklungsstadien genau zu verfolgen. Oft mag es sich auch hier um schwerere terminale Erscheinungen handeln. Immerhin habe ich ihre Endprodukte schon mehrere Male gesehen. Es handelt sich um eine feste fibröse Einmauerung in eine dicke, derbe, meist stark hyaline und kernarme Bindegewebsmasse. Die mir nicht direkt bekannten Zwischenstadien dürften im Prinzip dieselben sein, wie bei der Abkapselung mancher käsig-pneumonischer Herde.

Aber hier wie bei anderen Röhrentuberkulosen gibt es auch noch andere Möglichkeiten. Ich meine folgende Bilder, die ich zwar makroskopisch noch nicht einwandfrei aufgefunden habe, die sich aber zuweilen bei systematischer mikroskopischer Untersuchung darbieten. Man sieht auf Querschnitten ringförmig eingekapselte Herde, deren breite fibröse Kapsel sich allemale in indurierte Bezirke verliert, und im Inneren des Herdes wulstige Gewebsmassen, die ein vielfach verzweigtes enges Lumen einschließen und zum größten Teil aus produktiv tuberkulösen Gewebsmassen bestehen; sie sind von reichlichen Fasern, bezw. Narbenmassen durchsetzt und schließen zuweilen auch noch kleinere Käseherde in sich ein. Epithel ist kaum je zu erkennen. Daß es sich aber um Bronchien handelt, kann man gewöhnlich an eingeschlossenen Resten von Knorpelgewebe erkennen, die hier und da angenagt und fast völlig resorbiert im tuberkulösen Granulationsgewebe liegen. Es handelt sich, wie man an Serienuntersuchungen erkennen kann, auch hier um eine röhrenförmige Erkrankung der betreffenden Bronchien, bei denen wahrscheinlich die Verkäsung ursprünglich eine weniger ausgebreitete war und bei denen es auf Grund besonders günstiger allergischer und auch sonstiger Verhältnisse zu einer weitgehenden Organisation des Käses gekommen ist. Diese Bronchialveränderungen findet man nämlich meist bei Lungentuberkulosen, die zwar nach ihrer Ausdehnung als verhältnismäßig schwere zu bezeichnen sind, die aber auch sonst reichlich indurative Prozesse aufweisen. Das Quellgebiet aller dieser Bronchien zeigt natürlich ausgebreitete Atelektasen und ihre Folgezustände, sofern es nicht auch von anderen tuberkulösen Prozessen eingenommen wird. Besonders betonen möchte ich noch einmal, daß ich noch niemals derartige Erkrankungen in einer Situation gesehen habe, die zur Annahme einer primären Erkrankung berechtigen könnte.

Diese Erkrankungen der größeren Bronchien beanspruchen auch darum noch ein besonderes Interesse, weil sie die Ursache von bronchiektatischen Kavernen sein können. Solche direkt auf *tuberkulöser Grundlage beruhenden bronchiektatischen Kavernen* sind nach meinen Erfahrungen nicht sehr groß. Sie bestehen in spindelförmigen Auftreibungen des Lumens von Haselnuß-

bis Walnußgröße. Auch bei derartigen Kavernen mögen gewisse Heilungsprozesse vorkommen, die dann einesteils denen der gewöhnlichen Kavernen entsprechen, andererseits Bilder geben werden, wie sie oben für die späteren Stadien der tuberkulösen Bronchitis geschildert wurden. Ob aus solchen Kavernen auch typische mit Zerstörung des Lungengewebes einhergehende Kavernen werden können, etwa in der Weise, daß der käsige Prozeß auf das benachbarte Lungengewebe fortschreitet und sich dort verbreitet und dann durch den Zerfall eine Kaverne zustande kommt, möchte ich nicht bezweifeln, ganz einwandfreie Fälle der Art habe ich aber kaum gesehen.

In diesem Zusammenhang möge noch kurz auf die *gewöhnlichen bei chronischen Lungentuberkulosen vorkommenden Bronchiektasen* hingewiesen werden. Für sie haben im Großen und Ganzen dieselben Entstehungsursachen Geltung wie auch sonst; d. h. sie sind einmal die Folge von allen möglichen Vorgängen, wie sie ja bei chronischen Lungentuberkulosen infolge von Mischinfektionen nicht nur in den oberflächlichen Schleimhautschichten vorkommen, sondern sich auch zuweilen bis weit in die äußeren Schichten hinein erstrecken. Dazu gesellt sich der Zug von schrumpfendem Lungengewebe, wie er bei allen zur Heilung neigenden und besonders vernarbenden tuberkulösen Prozessen unvermeidbar ist. Wenn man weiter bedenkt, daß fast bei jeder Lungentuberkulose ein dauernder heftiger Hustenreiz eines der gewöhnlichen Symptome ist, folglich nicht nur der inspiratorische Atemdruck auf den Bronchialwänden lastet, sondern auch immer wieder beim Husten ein bedeutend erhöhter Druck ausgeübt wird, so wird man verstehen, daß Bronchiektasen bei chronischen Lungentuberkulosen recht häufig sein müssen. Tatsächlich lassen sie sich auch in sonst noch gut erhaltenen Lungenteilen, wenigstens in einem gewissen Ausmaße, häufig feststellen.

5. Die verschiedenen Krankheitsbilder und ihre Einteilung.

Wenn wir im Vorstehenden die wesentlichen Veränderungen besprochen haben, die bei einer chronischen Lungentuberkulose vorkommen können, so müssen wir uns jetzt noch mit der Frage beschäftigen, wie diese Veränderungen sich zu den verschiedenen Krankheitsbildern kombinieren können. Ich beginne mit den leichteren Formen, die aber wohl klinisch ein noch größeres Interesse beanspruchen, als die ausgebreiteten Lungenphthisen, die der Pathologe so häufig auf dem Sektionstisch zu sehen bekommt. Diese leichteren und leichtesten Formen werden bei der Sektion nur als Zufallsbefunde gesehen. Doch bieten sich bei systematischer Bearbeitung des Sektionsmaterials schließlich so viele Einzelbilder dar, daß sich daraus der Verlauf der einzelnen Fälle im allgemeinen ganz gut kombinieren läßt. Ich habe zunächst die apikalen Erkrankungen im Auge. Ich erinnere daran, daß nach meinen Erfahrungen isolierte und einzelne Herdchen fast ausnahmslos in der Spitze selbst zu finden sind. Man kann nun manche Erkrankungsformen beobachten, die sich offenbar an solche Spitzenherdchen anschließen. Das geschieht nicht in der Weise, daß etwa zuerst das gesamte Lungenspitzengewebe in die Erkrankung einbezogen wird und dann in derselben Weise der Prozeß kaudalwärts fortschreitet. Es geschieht vielmehr in der Weise, daß neben einzelnen Spitzenherdchen in deren Nachbarschaft bis zur Klavikula und darüber hinaus ebenfalls wieder, und zwar ganz ähnlich wie in der Spitze selbst, kleine Herdchen auftreten, die zuweilen die ventralen

Teile etwas mehr bevorzugen als die dorsalen. Nur so sind jedenfalls die anatomischen Bilder zu erklären: kleine, meist völlig vernarbte Herdchen in der Spitze selbst und kappenartige Pleuraverdickung mit oder ohne Adhäsionen und meist etwas frischere Herdchen in den erwähnten Bezirken. Zwischen all diesen kleinen Herden findet sich also reichlich atmendes Lungengewebe, das allenfalls in der Umgebung der schrumpfenden Herdchen umschriebene emphysematöse Blähungen zeigt.

Wir können hier gleich die Frage anschließen: *wie verhalten sich die sogenannten infraklavikulären Infiltrate zu diesen apikalen und subapikalen Erkrankungen*? Dazu muß ich zunächst bemerken, daß ich frische infraklavikuläre Erkrankungen auf dem Sektionstisch noch nicht gesehen habe. Ich kann aber über etliche Befunde berichten, die zweifellos in das Gebiet der infraklavikulären Infiltrate gehören. Es handelt sich um Fälle, bei denen neben den schon erwähnten Veränderungen einzelne oder mehrere erbsen- bis bohnengroße, fibrös abgekapselte Käseherde bestanden, und zwar entweder ziemlich genau in den infraklavikulären Bezirken oder auch etwas höher (SCHMORLsche Druckfurche), seltener etwas tiefer. Ich nehme an, daß hier die apikalen und subapikalen Herdchen schon bestanden, bezw. schon weitgehend geschrumpft waren, nachdem es zur Entwicklung der erwähnten größeren Herde kam. Diese Entwicklung der größeren Herde kann sehr wohl in der Weise gedacht werden, daß es sich um umschriebene käsige Pneumonien mit umfangreicher perifokaler Entzündungszone handelte. Dafür sprechen auch die mikroskopischen Befunde, die nicht nur eine umschriebene Kapselbildung aufzeigen, sondern auch eine mehr oder weniger weite Ausstrahlung des narbigen Kapselgewebes in die Umgebung hinein. Es steht nun nichts im Wege, diese Befunde in der Weise zu erklären, wie es schon im Kapitel über die allgemeine Pathogenese angedeutet wurde. D. h. ich nehme an, daß sich die kleinen (miliaren und subazinösen) Herdchen auf Grund einer haematogenen Infektion entwickelten, während die größeren „infraklavikulären“ Herde ihre Entstehung einer relativ schweren Aspirationsinfektion verdanken können, womit nicht ausgeschlossen sein soll, daß auch für sie die haematogene Entstehung in Erwägung zu ziehen ist. Es mag dazu kommen, daß durch die schon bestehende Erkrankung auch die lokalen Allergieverhältnisse derartige waren, daß dort ein gewisser Grad von Überempfindlichkeit bestand, der zu einer verhältnismäßig heftigen Reaktion bei dieser exogenen Reinfektion führte. Diese einmalige schwerere Infektion traf aber einen im großen und ganzen noch ungeschwächten Organismus, so daß die Heilungsbedingungen verhältnismäßig günstige waren.

Ich glaube, daß diese meine Deutung mit manchen klinischen Befunden sehr gut in Einklang steht. Ich weise aber wiederholt darauf hin, daß ich derartige infraklavikuläre Herde noch niemals mit Sicherheit ohne gleichzeitige Spitzenerkrankung gesehen habe. Allerdings darf in solchen Fällen die mikroskopische Untersuchung des Spitzengewebes nicht verabsäumt werden, die gewöhnlich noch die an anderer Stelle beschriebenen Narben deutlich aufdeckt. Mit den Beobachtungen der älteren Tuberkuloseärzte, die sich zur Feststellung der Spitzenerkrankungen lediglich der Perkussion und Auskultation bedienten, stimmen diese Befunde sehr gut überein; während es mir nicht nur möglich erscheint, sondern sogar sehr wahrscheinlich ist, daß das Röntgenbild allein bei der Feststellung von relativ geringfügigen Spitzenerkrankungen versagen kann. So kann hier unter Umständen die anatomische Betrachtungsweise mit der klinischen in einem gewissen Widerspruch stehen. Denn es ist natürlich auch durchaus denkbar, daß leichtere, nur in schnell vernarbenden Miliartuberkeln bestehende Spitzenerkrankungen klinisch tatsächlich nicht nur ohne röntgenologisch nachweisbare Zeichen, sondern auch ohne klinische Symptome überhaupt verlaufen. Tritt dann ein infraklavikulärer Herd hinzu, dann hat der Kliniker durchaus das Recht, von seinem Standpunkt aus von einem initialen Herd zu sprechen.

Dieses ist aber natürlich nicht der einzigmögliche Verlauf. Gerade auf dem Sektionstisch finden sich andere Erkrankungsformen viel häufiger, bei denen man dichte anthrakotisch pigmentierte oder schiefrig indurierte Narbenmassen in den Spitzenteilen vor sich hat, während sich weiter kaudalwärts daran zunächst größere azinös-nodöse Herde älteren Datums und schließlich kleinere und frischere azinöse Herde anschließen. Solche Befunde sind in allen Abstufungen bis zum Betroffensein der gesamten Lunge oder auch beider Lungen zu erheben. Doch ist diese absolut gleichmäßige Erkrankung der Lungen durchaus nicht die Regel, sondern die azinösen und azinös-nodösen, zu schneller Vernarbung neigenden Herde kombinieren sich allzu oft mit von vorneherein größeren käsig-sublobulären und -lobulären Infiltraten. Zwischen den Herden ersterer Kategorie bleiben ja, wie wir gesehen haben, gewöhnlich größere Bezirke atmenden und dann gewöhnlich etwas emphysematös geblähten Lungengewebes zurück. Das sind dann oft die Stellen, an denen die schwereren Prozesse einsetzen. Es kommt dabei unter Umständen zu ganz eigentümlichen Infiltraten, die in ihrer Form bestimmten vorgebildeten Lungenbezirken absolut nicht zu entsprechen brauchen. So sieht man besonders in den emphysematös geblähten Lungenabschnitten scharf begrenzte, aber ganz unregelmäßig zackige oder auch vielfach verzweigte, trockene, käsige Pneumonien auftreten. Andererseits können sich natürlich typische käsig-lobuläre Prozesse in noch relativ freien Lungenteilen entwickeln. Es ist sogar diese Kombination zwischen azinösen und azinös-nodösen Herden einerseits und käsig-lobulären Herden andererseits ein Befund, der sehr viel häufiger ist, als das Vorherrschen jener harmloseren Tuberkuloseformen. Das Auftreten der käsig-lobulären Herde braucht durchaus an keine bestimmte Lokalisation gebunden zu sein, nur zuweilen sind die dorsalen Partien etwas bevorzugt.

Auf der anderen Seite stehen nun diejenigen Tuberkuloseformen, bei denen die ausgebreiteten lobulär-käsigen Infiltrate durchaus das Feld beherrschen. Sie dürften klinisch darum weniger Interesse beanspruchen, als es sich gewöhnlich um durchaus tödliche Erkrankungen handelt, die irgendeiner Therapie nicht mehr zugängig sind. Es handelt sich insbesondere um jene Fälle, bei denen die Aussaat sich an eine schwere Lungenblutung anschloß, andererseits auch um Fälle, die die Übergänge darstellen zu den großherdigen Formen der Frühgeneralisation. Ich möchte auf eine weitere Analyse von möglichen Einzelfällen nicht eingehen. Es kommt mir nur auf den Hinweis an, daß bei der Fortentwicklung chronischer Lungentuberkulosen von einer Einheitlichkeit der auftretenden Herde im allgemeinen nicht die Rede sein kann. Nur möchte ich noch betonen, daß selbst dann, wenn in manchen Lungenteilen die Indurationen schon so weit vorgeschritten sind, daß man mit Recht von Heilungen sprechen kann, in anderen Teilen wiederum und inmitten der Indurationen ebenfalls alle nur möglichen Herde sich ausbreiten können. Dazu kommt nun noch das Verhalten der Kavernen. Ihre Entstehung und Ausbreitung mag im allgemeinen nach gewissen Regeln gehen, wie sie z. B. von GRÄFF, GIEGLER und anderen aufgestellt wurden. Danach sitzen sie am häufigsten in den Spitzenteilen und verbreiten sich von dort aus längs den dorsalen Lungenflächen, gehen im Unterlappen ebenfalls von dem äußersten Kamm aus, nach den dorsalen

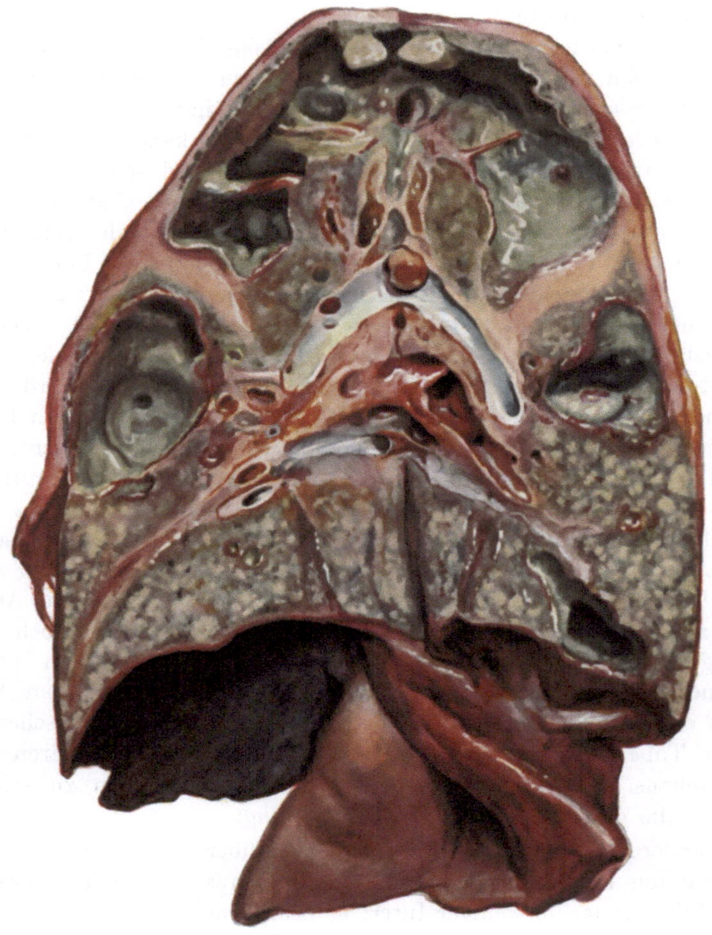

Abb. 72. Schwerste chronische Lungentuberkulose. Im Ober- und Mittelgeschoß große abgekapselte Kavernen. Besonders in den oberen mehrere Gefäßstränge, rechts beginnende Aneurysmabildung. In den kaudalen Partien eine kleinere Kaverne. Im übrigen diffuse, konfluierende, käsig-lobuläre Herde. Etwa $^1/_2$ nat. Größe.

und seitlichen Teilen (Abb 72). Doch können wir auch gerade bei der Kavernenbildung immer wieder Fälle sehen, die derartigen Regeln nicht gehorchen. Am wichtigsten aber scheinen mir jene Fälle zu sein, bei denen sich im Anschluß an jene oben erwähnten käsig-pneumonischen Prozesse, die zwischen älteren und oft vernarbten Herden entstehen, die Kavernenbildung anschließt. Dann entstehen z. B. in einem sonst weitgehend indurierten Oberlappen ganz besonders unregelmäßige, vielfach buchtige und verzweigte Kavernen, die in dem sonst starren Lungengewebe ganz besonders schlechte Aussichten für eine Rückbildung haben. Auch hier kommt es mir im wesentlichen darauf an, zu zeigen, daß sich die gefährlichsten Komplikationen einer Lungentuberkulose mit relativ günstig verlaufenden Prozessen vielfach kombinieren können. Das sind alles für denjenigen, der öfter Sektionen von an Lungentuberkulose Verstorbenen ausführt, Selbstverständlichkeiten. Doch muß man immer wieder darauf hinweisen, weil man gerade in der neueren Zeit bei vielen Tuberkuloseärzten der Tendenz begegnet, ihre Fälle so zu beurteilen, als wenn das Vorherrschen einer einzigen Art der tuberkulösen Manifestationen für die Mehrzahl der Fälle die Regel wäre.

Daß dennoch der *Versuch einer Einteilung der bei der chronischen Lungentuberkulose* vorkommenden Prozesse nach pathologisch-anatomischen Gesichtspunkten berechtigt ist, läßt sich nicht leugnen. Ich darf wohl hier darauf verzichten, eine historische Übersicht über die Entwicklung dieser Frage zu geben, ich möchte vielmehr auch hier wie schon an anderen Stellen nur betonen, daß mir von den bisher gegebenen Einteilungen die auf Grund einer Anregung von A. FRAENKEL durch EUGEN ALBRECHT gegebene als die beste erscheint, wenn ich auch an ihr noch Modifikationen vornehmen möchte. Diese Meinung ist im Nachfolgenden noch zu begründen.

Vorher ist aber die Frage zu beantworten, ob, wie es heute nach dem Vorschlag von ASCHOFF in weiten Kreisen üblich ist, die Unterscheidung zwischen exsudativen und produktiven Prozessen Berechtigung hat. Nach den Anschauungen, die ich im allgemeinen Teil entwickelt und auch in den Kapiteln über die Lungentuberkulose ergänzend begründet habe, könnte man wohl den Schluß ziehen, daß man die Tuberkuloseprozesse überhaupt in solche mit vorwiegend exsudativem und solche mit vorwiegend produktivem Charakter einteilen darf. Ich habe aber schon auf S. 101 darauf hingewiesen, daß eine solche Einteilung insofern Bedenken hat, als damit die einheitliche Auffassung des Tuberkuloseprozesses gestört und die Meinung befestigt wird, daß der fast ohne exsudative Komponente aufsprießende Epitheloidzelltuberkel das wesentliche und sozusagen primäre Produkt der Tuberkulosekrankheit wäre. Lassen sich nun immerhin in manchen Organen gewisse Tuberkuloseformen finden, bei denen die spezifisch produktiven Vorgänge nicht nur eine hervorragende Rolle spielen, sondern auch eine gewisse Selbständigkeit haben, so liegen dagegen in den Lungen die Verhältnisse ganz anders. Abgesehen von den spärlichen, bei allen Formen der Lungentuberkulose vorkommenden, in Lymphspalten gelegenen Tuberkeln gibt es in den Lungen keine tuberkulösen Prozesse, die ohne alveolenfüllende Exsudation verlaufen. Man kann sogar weiter gehen und sagen, es gibt in den Lungen nur selten und dann auch nur auf einem eng umschriebenen Raum Prozesse, bei denen die Verkäsung des intraalveolären Exsudates ausbleibt. Damit ist aber schon einer Einteilung, die von den Begriffen exsudativ und produktiv ausgeht, das Urteil gesprochen.

In keinem anderen Organ läßt sich bei allen Arten von Herden so gut wie in der Lunge zeigen, daß *exsudative Reaktionen und produktive Reaktionen aufeinanderfolgende, allerdings mehrfach ineinander eingreifende Stadien oder Phasen ein und desselben Vorganges* sind. Gewiß kommen auch hier allerhand Abstufungen vor, aber nie in dem Maße, daß man berechtigt wäre, in dem einen Fall auch nur von einer vorwiegend exsudativen und in dem anderen von einer vorwiegend produktiven Reaktion zu sprechen. Es sind das eben theoretische Konstruktionen, die mit den tatsächlichen Verhältnissen nur schwer in Einklang zu bringen sind.

Wenn wir uns nun fragen, nach welchen Gesichtspunkten sich denn eine Einteilung richten soll, die nicht nur für den pathologischen Anatomen, sondern in gleicher Weise für den Kliniker brauchbar und zweckdienlich ist, so scheint mir für eine solche Einteilung das wesentliche Leitmotiv das zu sein, welches das mögliche Schicksal der Herde ist. Das Schicksal eines tuberkulösen Lungenherdes ist aber in allererster Linie abhängig von der *Ausdehnung*, die von vornherein die ersten Manifestationen der reaktiven Vorgänge, also die Exsudationen und mit ihnen die Verkäsung, annehmen. Wir können dabei die Vorbedingungen, Infektion und Gewebsschädigung, außer acht lassen, denn die ersten reaktiven Erscheinungen sind ja nichts weiter als ein Ausdruck dieser Faktoren. Die Ausdehnung der Exsudation ist schon für die Möglichkeit einer völligen Resorption von Wichtigkeit. Wir haben ja verschiedentlich die Frage aufgeworfen, ob noch nicht verkäste Exsudate der Auflösung und der Eliminierung zugängig sind, und haben diese Möglichkeit in gewissem Umfang zugelassen. Es ist klar, daß dafür die Bedingungen um so günstiger sein werden, je geringer die Ausdehnung eines Exsudates ist, womit nicht gesagt sein soll, daß auch unter Umständen größere Exsudate, besonders wenn sie zu einem guten Teil eher der perifokalen Entzündung zuzuschreiben sind, ebenfalls zuweilen gelöst werden können. Diese fraglichen Exsudatlösungen treten aber in ihrer Bedeutung sehr zurück gegen das voraussichtliche weitere Schicksal aller derjenigen Herde, bei denen die Exsudation nicht gelöst wird, sondern die Grundlage abgibt zu allen weiteren Veränderungen. Und gerade für diese Art dieser Veränderungen ist, wie es klar und deutlich aus den Schilderungen in den vorhergehenden Kapiteln hervorgeht, die *Ausdehnung* des Einzelherdes von ausschlaggebender Bedeutung. Wir können in dieser Beziehung das Schicksal etwaiger miliarer Herde beiseite lassen, weil sie bei der chronischen Lungentuberkulose nur eine ganz untergeordnete Rolle spielen. Im übrigen müssen wir auf Grund dieser Überlegungen eben zu der Einteilung EUGEN ALBRECHTs kommen, der bekanntlich neben den zirrhotischen Prozessen, über die noch einiges zu sagen sein wird, die knotigen Tuberkulosen von den käsig-pneumonischen Tuberkulosen unterschied. Ich möchte allerdings dem ALBRECHTschen Ausdruck knotige Tuberkulosen die Bezeichnung ASCHOFFs und NICOLs „azinöse Herde und azinös-knotige Herde“ vorziehen, und ihnen nicht schlechthin käsig-pneumonische Prozesse, sondern lobulär (bezw. sublobulär- oder lobär)-käsig-pneumonische Prozesse gegenüberstellen. Wir haben dann eine Einteilung, die auch insofern von einheitlichen Gesichtspunkten ausgeht, als für beide Gruppen von Prozessen die anatomischen Einheiten genannt sind, die ihnen zugrunde liegen. Wobei man allerdings nie vergessen darf, daß selbstverständlich fließende Übergänge bestehen. Wenn bei den lobulären Prozessen das Wort käsig hinzugefügt wird, obwohl bei den azinösen Herden die Verkäsung ebenfalls fast ausnahmslos vorhanden ist, so mag das damit begründet sein, daß diese ausgedehnteren Verkäsungen für das weitere Schicksal der Herde sehr viel bedeutungsvoller sind, als die wenig umfangreichen Verkäsungen bei den azinösen Prozessen. Im übrigen ist, um es noch einmal zu wiederholen, der Sinn dieser Einteilung der, daß die azinösen Herde gemäß ihrer ganzen Genese viel bessere Aussichten für eine fibröse Umwandlung, bezw. Vernarbung bieten, als die lobulären Herde. Ich verweise dazu auf die Beschreibungen in den betreffenden Kapiteln. Es kommt nicht darauf an, ob ein Herd im Moment der Beobachtung exsudativer oder produktiver Natur ist, sondern es kommt darauf an, welche Aussichten er für einen weiteren günstigen Verlauf bietet. Um die in Betracht kommenden Gesichtspunkte aber noch einmal kurz zusammenzufassen, sei betont, daß die azinösen und azinös-nodösen Herde deswegen besser heilen, weil die in der Zeiteinheit entstehenden Exsudationen und Verkäsungen bei ihnen nur kleine umschriebene Alveolengruppen betreffen, zwischen denen intakte Alveolen mit ihrem Gefäßbindegewebsapparat zurückbleiben, so daß von allen Seiten her ein Ersatz durch produktive Gewebswucherung und schließlich Narbenbildung möglich ist, während bei den größere Massen von Alveolen einnehmenden Verkäsungen der lobulären Herde nur selten ein Ersatz durch Narbengewebe zustande kommen kann, sondern meist nur eine Abkapselung, vor allen Dingen aber auch die Einschmelzung und Kavernenbildung droht.

Was nun die zirrhotischen Prozesse E. Albrechts betrifft, so vermag ich sie als eine besondere Verlaufsform der Lungentuberkulose nicht anzuerkennen. Es kann sich doch nur um jene Zustände handeln, die wir entweder als ausgebreitete Narbenbildungen oder anthrakotische oder schiefrige Indurationen bezeichnen. Diese Zustände gehen aber einmal aus umfangreichen azinösnodösen Prozessen hervor, zum Teil auch aus sublobulären und lobulären, und sind dann nichts weiter als die endgültigen Abschlüsse, oder wenn man will, die Heilungen dieser Prozesse. Wir können aber unmöglich die aus einem entzündlichen Prozeß hervorgehende Narbe als eine besondere Form des entzündlichen Prozesses bezeichnen. Andererseits beteiligen sich bei solchen Indurationen ja auch in weitem Umfange unspezifische perifokale Entzündungen, wodurch sie noch in erhöhtem Maße die Berechtigung verlieren, im Rahmen einer Einteilung der eigentlichen tuberkulösen Lungenprozesse genannt zu werden.

Trotzdem können sie aus praktischen Gründen in dem Einteilungsplan nicht ungenannt bleiben, zumal da sie auch wichtige klinische Symptome darbieten. Außerdem ist ihre Beachtung darum notwendig, weil es sich stets nur um sehr relative Heilungen handelt, innerhalb derer sich alle Arten von frischen tuberkulösen Herden befinden und in deren Bereich sich jederzeit neue und gefährliche Prozesse entwickeln können.

Was nun die klinische Diagnostizierbarkeit der verschiedenen Arten von Herden, insbesondere durch das Röntgenbild betrifft, so möchte ich mich in der Beziehung sehr skeptisch verhalten. Ich gebe zu, daß zwar durch die Zusammenarbeit von Kliniker und Pathologen manches erreicht werden kann. Das Buch von Gräff und Küpferle gibt ein schönes Beispiel dafür ab. Aber je genauer man dieses Buch ansieht, um so mehr erhält man den Eindruck, daß eine in Bezug auf die Qualität der Herde wirklich genaue röntgenologische Diagnose nur in besonders günstig liegenden Fällen möglich ist. Im übrigen kann man wohl sagen, daß in der neueren Tuberkuloseliteratur in dieser Beziehung zuweilen mit einer erschreckenden Kritiklosigkeit verfahren wird. Man kann dabei auch die eigentümliche Tatsache feststellen, daß zuweilen von Autoren, die sonst nicht gerade eine große Vorliebe für die pathologische Anatomie verraten und deren Kenntnisse auf diesem Gebiet darum auch nicht besonders hoch eingeschätzt zu werden brauchen, im Röntgenbild die sichersten pathologisch-anatomischen und gar histologischen Diagnosen gestellt werden. Dahin gehören auch alle jene Veröffentlichungen, in denen ganz kurz nur die Bezeichnung exsudativ oder produktiv in der Diagnose vorkommt. Abgesehen von meinen Einwendungen gegen diese Begriffe halte ich die röntgenologische Diagnose nach qualitativ-anatomischen Substraten darum für so schwierig und oft irreführend, weil, wie wir gesehen haben, reine Fälle so überaus selten sind, weil andererseits manche Entwicklungsstadien käsig-lobulärer Herde sicherlich keinen andern Röntgenschatten geben als manche azinös-nodöse Herde. Ich halte aber eine derartige röntgenologische Diagnose auch gar nicht für notwendig. Es ist natürlich Sache des Klinikers, auf welche Kriterien er seine Diagnose stützen will. Ich möchte aber in dieser Beziehung an ein einfaches Wort des Klinikers STRÜMPELL erinnern, der bei einer Diskussion in der Leipziger Medizinischen Gesellschaft über alle diese Probleme sagte, man solle doch nicht vergessen, daß die Tuberkulose eine Krankheit ist. Es soll damit gesagt sein, daß der Einzelfall nicht allein danach beurteilt werden kann, ob hier und da in der Lunge exsudative oder produktive Prozesse, nach unserer Einteilung azinöse oder lobuläre Herde vorhanden sind, sondern daß dabei die Gesamtlage voll und ganz berücksichtigt werden muß.

Für die Beurteilung der Gesamtlage eines Falles von Lungentuberkulose ist in erster Linie die *Berücksichtigung der Ausbreitung* aller tuberkulöser Prozesse notwendig. In dieser Hinsicht ist man meines Erachtens viel zu sehr von der alten TURBAN-GERHARDTschen Einteilung abgekommen. In der Einteilung E. ALBRECHTS fehlt sie nicht. Weiter ist von ausschlaggebender Bedeutung das *etwaige Vorhandensein von Kavernen* und damit komme ich von Neuem zu der ALBRECHTschen Einteilung zurück, der bei allen Tuberkuloseformen die Feststellung verlangt, ob sie mit Kavernen kompliziert sind. Auch nach den Ausführungen, die ich oben für die Kavernen gegeben habe, ist das eine Selbstverständlichkeit. Endlich stimme ich auch darin mit EUGEN ALBRECHT überein, daß bei allen Fällen von Lungentuberkulose anzugeben ist, ob sie *mit oder ohne Komplikationen* in anderen Organen verlaufen.

Zusammenfassend läßt sich sagen: bei einer gleichzeitig von pathologisch-anatomischen und klinischen Gesichtspunkten ausgehenden Einteilung der bei der chronischen Lungentuberkulose auftretenden Prozesse muß man Folgendes berücksichtigen:

1. Qualitative Gesichtspunkte.

In dieser Beziehung kann man praktisch lediglich unterscheiden zwischen

a) azinösen und azinös-nodösen Herden,

b) lobulär-, bezw. sublobulär- und lobär-käsig-pneumonischen Herden.

Man hat aber außerhalb dieses Rahmens zu nennen

c) zirrhotische Vorgänge, bezw. Indurationen.

Bei allen diesen Prozessen ist hinzuzufügen

d) ob mit oder ohne Kavernen.

2. Quantitative Gesichtspunkte (TURBAN-GERHARDTsche und ähnliche Einteilungen).

3. Etwa vorhandene Komplikationen.

Eine praktische Frage möge hier auf Grund aller bisherigen Betrachtungen über die tuberkulösen Lungenveränderungen und ihre Folgezustände wenigstens kurz gestreift werden. Ich meine das Verhältnis zwischen Röntgenbild und diesen Veränderungen. Ich möchte dabei alle Einzelheiten beiseite lassen. Auf manche wichtige Besonderheit bin ich in meinen Ausführungen schon eingegangen. Hier liegt mir nur an der ganz allgemeinen Erörterung der Frage, unter welchen Bedingungen auf der einen Seite überhaupt bei der Lungentuberkulose Röntgenschatten und Aufhellungen zustande kommen können und unter welchen Bedingungen auf der andern Seite eine Rückbildung von Schatten und Aufhellungen möglich ist. Dazu ist Folgendes zu sagen.

Neben den Schattenbildungen durch ungleichmäßige Füllung der Blutgefäße, durch Erkrankungen der Brustwand, der Pleuren und der Bronchialdrüsen können Röntgenschatten bedingt sein

1. durch die tuberkulösen Prozesse selbst, durch frische exsudative und ältere produktive Stadien in allen ihren Entwicklungsphasen, miliare, azinöse, lobuläre usw.
2. durch vernarbte und verkalkte tuberkulöse Prozesse (Indurationen),
3. durch perifokale Entzündungen und die ihnen folgenden Indurationen,
4. durch Atelektasen und die entsprechenden Indurationen,
5. durch Lymphstauungen.

Rückbildungsfähig sind derartige Schatten unter folgenden Bedingungen:

1. Tuberkulöse Prozesse. Bei allen sind völlige Rückbildungen denkbar, wenn die Schatten Herden im exsudativen, nicht verkästen Stadium entsprechen, in dem theoretisch die Lösung des Exsudates möglich ist. Verkleinern können sich aber alle diese Verschattungen durch narbige Schrumpfungen (s. Nr. 2). Bei Einschmelzungen tritt natürlich an die Stelle des Schattens eine Aufhellung.

2. Bei vernarbten tuberkulösen Prozessen können durch Schrumpfung der Herde die Schatten kleiner, aber auch infolge des kollateralen Emphysems schärfer werden, bei gewissen nicht zu ausgebreiteten Prozessen infolge leidlicher Wiederherstellung der Lungenstruktur ganz schwinden. Auch Verkalkungsschatten können in vereinzelten Fällen schwinden, wenn nämlich der Kalkherd ohne Knochenbildung resorbiert wird oder wenn er bei ulzerösen Prozesssen ausgestoßen wird.

3. Perifokale Entzündungen können sich, solange sie frisch sind und lediglich aus Exsudaten bestehen, restlos zurückbilden und demgemäß ihre Verschattungen in das normale Lungenbild übergehen. Es mögen dies die am häufigsten beobachteten Rückbildungen von Schatten sein. Gehen die perifokalen Entzündungen aber in Indurationen und Karnifikationen über, so bleiben die Schatten bestehen, verkleinern sich allenfalls bei Schrumpfungen.

4. Sind bei Atelektasen die Bedingungen für eine nachträgliche Entfaltung des Lungengewebes gegeben, so werden die Röntgenbilder normal. Aber auch hier können Indurationen und Karnifikationen den Zustand zu einem dauernden machen.

5. Lymphstauungen und ihre Schattenbildungen werden im Allgemeinen in weitem Maße rückbildungsfähig sein. In gewissen Fällen, wo sie in größere narbige Massen eingeschlossen sind, mögen sie aber auch einen gewissen Bestand haben.

Aufhellungen des Röntgenbildes sind unter folgenden Umständen denkbar:

I. durch Rückbildungen der Schatten. Wir können diese mit Ausnahme der durch kavernöse Einschmelzungen bedingten als relative Aufhellungen bezeichnen, weil sie nur unter bestimmten Bedingungen (Emphysem) über die Helligkeit des normalen Lungenbildes hinausgehen.

Die eigentlichen, absoluten Aufhellungen (II.) werden bedingt

1. durch kavernöse Einschmelzungen,

2. durch umschriebene abnorme Blähungen des erkrankten oder noch gesunden Lungengewebes, bezw. durch Luftblasenbildung (Pseudokavernen). Diese kommen vor

a) innerhalb von verkäsenden Prozessen. Diese Blasen haben keine praktische Bedeutung, weil sie einmal gewöhnlich sehr klein sind und kaum Kirschgröße erreichen und weil sie zweitens im Allgemeinen terminale Erscheinungen sind;

b) durch umschriebene alveoläre und bronchioläre Emphyseme im Bereich aller Arten von tuberkulösen Prozessen, frischeren und älteren. Sie führen u. U. zu ausgesprochen rundlichen Blasen bis Pfirsichgröße und vielleicht darüber;

c) durch interstitielle Emphyseme, wie sie ebenfalls bei allen möglichen tuberkulösen Prozessen, besonders des Kindesalters, nicht selten vorkommen.

Rückbildungsfähig sind diese Aufhellungen unter folgenden Umständen.

1. Kavernen. Nur dann werden die durch sie bedingten Aufhellungen rückbildungsfähig sein, wenn es sich um die seltene Heilung infolge von Ausfüllung durch Granulationsgewebe und folgende Schrumpfung handelt. Dabei kann es sich aber einmal nur um kleine Kavernen handeln; sodann muß die Aufhellung durch einen Schatten infolge der dichten Narbenbildung ersetzt werden.
2. die unter a) erwähnten Aufhellungen kommen, da terminal, für eine Rückbildung nicht in Betracht.

b) und c). Die durch umschriebene Emphyseme bedingten Aufhellungen (Pseudokavernen) sind völlig rückbildungsfähig.

II. Pleura.

Unter den tuberkulösen Erkrankungen der serösen Häute ist die der Pleura zweifellos die wichtigste und häufigste. Wir können auch bei ihr, wie bei den tuberkulösen Perikarderkrankungen, die eigentlichen typischen, auch klinisch als entzündlich imponierenden Pleuritiden trennen von den mehr knotenförmigen Erkrankungen. Wirklich primäre Pleuratuberkulosen dürften auf Grund unserer heutigen Kenntnisse des tuberkulösen Prozesses nicht existieren. Es besteht vielmehr zweifellos stets eine Abhängigkeit von anderen tuberkulösen Herden. Von diesen aus ist dann die direkte Infektion der Pleura möglich, also eine Infektion durch direkten Kontakt. Die erste Rolle spielt dabei natürlich die Lungentuberkulose. Daß allerdings die Pleuratuberkulose nicht etwa sozusagen schematisch eine Folge jeder Lungentuberkulose ist, daß vielmehr in dem Wechselspiel zwischen beiden besondere Verhältnisse bestehen, werden wir weiter unten sehen. Andererseits ist auch eine direkte Infektion von Lymphknoten, vom Perikard und von der Brustwand aus möglich. Ferner kommt der Lymphweg in Betracht, wieder in erster Linie von der Lunge aus, wenn deren Herde die Oberfläche nicht erreichen, sodann von den Lymphknoten des Mittelfells, vom Herzbeutel und von der Bauchhöhle aus. Endlich muß als nicht unbedeutsam der Blutweg genannt werden, der besonders auch in jenen Fällen in erster Linie in Betracht kommt, bei denen eine allgemeine Tuberkulose der serösen Häute, also des Peritoneums, der Pleuren und des Perikards vorliegt.

Wenn wir nun zunächst die bei der Sektion *herdförmigen Formen* betrachten, so möchte ich absehen von jenen Fällen allgemeiner Miliartuberkulose oder auch anderer tuberkulöser Erkrankungen, bei denen man hier und da auch vereinzelte Knötchen im Bereich der Pleuren findet, wobei es sich gewöhnlich um Herdchen handelt, die im Pleuragewebe selbst gelegen sind. Dagegen sind diejenigen Fälle etwas wichtiger, in denen knötchenförmige oder platten- oder streifenförmige Veränderungen in einer Ausdehnung vorliegen, daß sie als eine mehr selbständige Erkrankung imponieren. Derartige Erkrankungen sieht man gewöhnlich nicht im Verlauf von chronischen Lungentuberkulosen auftreten, auch nicht bedingt durch Fortleitung oder Einbruch von einer anderen Stelle her, sondern sie sind in der Regel Begleiterscheinungen der Generalisationsformen und finden sich dann als Miliartuberkel entweder in diffuser, ungleichmäßiger Verteilung oder in mehr unregelmäßiger Überstreuung auf beiden Pleurablättern beider Lungen, oder als großherdige, platten- oder leistenförmige Erkrankung in verschiedener Ausdehnung und Verteilung. Die erste der beiden Erkrankungsformen ist eine Begleiterscheinung der typischen, allgemeinen Miliartuberkulose und leitet mit allen möglichen Zwischenformen über zu der letzteren, die als Begleiterscheinung der Frühgeneralisation vorkommt und ein viel eindrucksvolleres Krankheitsbild darbietet. Bei der Sektion handelt es sich um käsige Auflagerungen auf die Pleurablätter, die in manchen Fällen viel reichlicher an der Pleura costalis und diaphragmatica sind, als auf der Pleura pulmonalis. Ihre Genese dürfte im einzelnen noch nicht genügend geklärt sein. Es handelt sich jedenfalls um zunächst typisch exsudative Erscheinungen mit schneller Verkäsung. Daß es dabei nicht zu einer diffusen tuberkulösen Pleuritis kommt, sondern die herdförmige Anordnung erhalten bleibt, spricht dafür, daß bei ihrer Genese auch mechanische Faktoren wirksam sind. Sehen wir zum Beispiel die käsigen Auflagerungen reihenförmig der Pleura aufsitzen und diese Reihen etwa den Interkostalräumen entsprechen und haben wir dabei eine stark geblähte Lunge, so kann man sich vorstellen, daß der Druck der geblähten Lunge eine allgemeine Ausbreitung des Exsudates verhindert. Wir werden bei weiteren Fällen auf diese Verhältnisse etwas genauer achten müssen. — Haben wir es im allgemeinen bei allen diesen Erkrankungsformen mit Begleiterscheinungen akut verlaufender allgemeiner Formen zu tun, so mag doch noch bemerkt werden, daß zuweilen auch mehr chronische Formen beobachtet worden sind, die dann überleiten zu jenen Fällen, die durchaus dieselben Veränderungen aufweisen, wie man sie bei der Perlsucht der Rinder findet.

Diesen *herdförmigen Pleuratuberkulosen* stehen, wie schon angeführt, die *tuberkulösen Pleuritiden im engeren Sinne* gegenüber, die schon darum eine sehr viel wichtigere Rolle spielen, weil sie zuweilen klinisch als absolut selbständige Erkrankungen hervortreten und, wie wir sehen werden, auch anatomisch unter Umständen eine ganz selbständige Rolle zu spielen imstande sind. Für ihr Vorkommen bestehen nämlich zwei Möglichkeiten. Entweder ist die Pleuritis die Folge einer bestehenden fortschreitenden Lungentuberkulose. Oder sie tritt sozusagen als isolierte Organerkrankung auf. Letzteres kann auch im Rahmen einer allgemeinen Polyserositis tuberculosa geschehen, in jenen seltenen Fällen, in denen sonst etwa nur ein alter Primärkomplex besteht und daneben eine tuberkulöse Erkrankung sämtlicher serösen Häute. Häufiger tritt aber der Fall ein, daß eine Pleura allein für sich erkrankt. Es sind das dann Fälle, in denen ebenfalls zuweilen nur noch ein Primärkomplex besteht, oder in denen nur leichtere und zur Heilung neigende oder fast geheilte tuberkulöse Veränderungen in den Lungen vorhergingen. Viel seltener handelt es sich um eine mit einem frischeren Lungenherd in Zusammenhang stehende Pleurainfektion. Sofern in allen diesen Fällen nicht schon Verwachsungen bestanden, haben wir es dann mit der typischen, diffusen, tuberkulösen Pleuritis zu tun. Im großen und ganzen ist ihr anatomischer Verlauf ganz analog dem der tuberkulösen Perikarditis, so daß wir uns hier in seiner Beschreibung ziemlich kurz fassen können. Für die Infektion der Pleura wird wohl der Lymphweg im Vordergrund stehen. Aber auch hier muß unter Umständen der Blutweg mit in Betracht gezogen werden. Der Erfolg der Infektion ist eine fibrinös-seröse bis serös-eitrige oder fibrinös-haemorrhagische Entzündung. Ganz trocken pflegt der Prozeß niemals zu verlaufen, und selbst da, wo klinisch ein derartiger Eindruck besteht, deckt die Sektion doch in den tief liegenden Teilen ein flüssiges Exsudat auf. Im übrigen sieht man auch hier Verklebungen zwischen den fibrinösen Massen beider Pleurablätter und gerade in ihrem Bereich sulzige Käsebildungen; man sieht sodann von beiden Seiten her eine Organisation des Exsudates auftreten, in deren Produkten man schon makroskopisch beim Abziehen der Pseudomembran die Tuberkelknötchen erkennen kann. Bei den weiterhin einsetzenden Verwachsungen zwischen beiden Pleurablättern bleiben oft eingekapselte Exsudaträume mit besonders umfangreichen Verkäsungen zurück, zuweilen auch in den interlobären Spalten. Aber schließlich kann es zu völliger Verwachsung kommen, mit oder ohne Einschluß bestehenbleibender Käsemassen. Der Endeffekt ist eine zähe, lederharte Schwartenbildung, die unter Umständen ganz enorme Ausmaße, bis zur Dicke von 1 cm und darüber annehmen kann. Auch sehr umfangreiche Verkalkungen von käsigen Exsudaten werden beobachtet, bis zu einer fast vollständigen Einpanzerung der ganzen Lunge. Derartige Verkalkungen mögen auch bei anderen Pleuritiden vorkommen. Ich glaube jedoch, daß die sehr große Mehrzahl der Fälle mit der Tuberkulose in Zusammenhang steht. Alle Fälle, die ich daraufhin untersuchen konnte, deuten mit großer Wahrscheinlichkeit darauf hin.

Mikroskopisch bestehen nicht die geringsten Unterschiede gegenüber der Perikarditis tuberculosa. Das erste ist, genau auch den Mitteilungen Liebermeisters entsprechend, die Auflagerung von fibrinös-*leukozytärem* Exsudat. In ganz frischen Fällen kann man die typischen gelapptkernigen Leukozyten immer wieder feststellen und kann immer wieder erkennen, daß dann erst der Lymphozyt folgt, allerdings unter Umständen einmal ziemlich rasch. Besondere allergische Zustände mögen dabei wirksam sein. Die Tuberkelbildung erfolgt erst im einwuchernden Granulationsgewebe, die Verkäsung aber bildet sich deutlich vorwiegend im reinen Exsudat aus, nimmt aber auch stellenweise schon organisiertes Exsudat in sich auf. Die Umwandlung der zunächst tuberkulösen Charakter aufweisenden Verwachsungen in unspezifisches Narbengewebe erfolgt in derselben Weise wie bei anderen tuberkulösen Prozessen. In den entstehenden Schwarten sind zuweilen noch lange einzelne Langhanssche

Riesenzellen zu entdecken. Die Schwarten sind in den schwersten Fällen ausgesprochen grobfaserig hyalin.

Wie gesagt, treten diese eigentlichen schweren tuberkulösen Pleuritiden nicht etwa vorzugsweise als Begleiterscheinung einer fortschreitenden chronischen Lungentuberkulose auf, sondern spielen eine mehr selbständige Rolle, oft direkt in der Form der *isolierten Organerkrankung*. Ist das die Regel, so gibt es natürlich auch einige Ausnahmen; und können wir die Regel gewiß aus bestimmten allergischen Verhältnissen im Sinne einer relativen Immunität ableiten, so müssen die Ausnahmen mit der Annahme erklärt werden, daß dabei auf Grund bestimmter dispositioneller Verhältnisse die allergischen Zustände durchbrochen werden. So sehen wir z. B. zuweilen als Begleiterscheinung besonders rapid verlaufender Lungentuberkulosen schwere diffuse fibrinöskäsige Pleuritiden auftreten. Auf der andern Seite mögen auch die diffusen Pleuritiden in manchen Fällen von Frühgeneralisation erwähnt sein.

Nun verläuft aber keine einzige chronische Lungentuberkulose ohne Pleuraverwachsungen und diese können dann natürlich auch nur die Folge einer Pleuritis sein. Aber es ist eben das Eigenartige, daß diese Pleuritiden gewöhnlich auf die Stelle der Infektion, die stets durch Fortleitung von Lungenherden aus erfolgt, beschränkt bleibt. Wir können auch darin die Wirksamkeit der Allergie erkennen, die nur geringe Exsudatbildung und schnelle Verklebung und Verwachsung bedingt. Doch liegen hier sehr oft auch und wahrscheinlich sogar in der Regel noch andere Verhältnisse vor, die wir sogleich zu besprechen haben werden. Hier mag noch im Rahmen der direkt fortgeleiteten Pleuritiden kurz der Sonderfall erwähnt werden, der beim Durchbruch einer Kaverne in die Pleurahöhle eintritt. In diesem Fall muß natürlich, abgesehen von schon bestehenden Verwachsungen eine diffuse Pleuritis entstehen und mit ihr ein Pneumothorax. Der anatomische Verlauf braucht im übrigen kein anderer zu sein als der einer gewöhnlichen tuberkulösen Pleuritis. Doch muß man sich vor Augen halten, daß von den Kavernen aus auch oft eine Mischinfektion mit anderen Krankheitserregern eintritt und daß dadurch dann das Bild kompliziert werden kann.

Wenn wir sodann zu den umschriebenen und schnell zur Verwachsung führenden *Pleuritiden bei chronisch fortschreitender Lungentuberkulose* zurückkehren, so ist dazu noch folgendes zu bemerken. Untersucht man diese Fälle mikroskopisch, so muß es auffallen, daß man in ihnen gewöhnlich überhaupt keine für Tuberkulose charakteristischen Veränderungen findet. Das gilt zunächst für die noch frischen nnd gefäßreichen Verwachsungen, das gilt aber auch für die ganz frischen fibrinösen Auflagerungen ohne oder mit beginnender Organisation, zum Beispiel auf Lungenteilen, die im Inneren frischere käsige Herde beherbergen. Man vermißt bei der mikroskopischen Untersuchung nicht nur die Tuberkelbildung, sondern auch jegliche Verkäsung, und man vermißt auch die Tuberkelbazillen. Dasselbe gilt nun — und darauf möchte ich mit besonderem Nachdruck hinweisen — für manche Fälle von früher wohl auch als idiopathisch bezeichneten Pleuritiden, bei denen klinisch im Pleuraraum ein fast klares oder nur wenig getrübtes, mikroskopisch einige Leukozyten, in der Mehrzahl aber Lymphozyten oder auch Endothelien aufweisendes Exsudat enthält. Solche Fälle kommen zwar nur selten zur Sektion. Wenn das der Fall ist, kann man dieselben Feststellungen wie intra vitam machen.

Im übrigen zeigt die Sektion, daß die Pleura in frischen Fällen mit ziemlich dünnen, gleichmäßigen, meist ziemlich glatten Fibrinmassen bedeckt ist, in etwas älteren Fällen aber eine weißliche Verdickung unterhalb der dünnen Fibrinauflagerungen aufweist. Bekanntlich finden sich in den Exsudaten keine anderen Bakterien und auch Tuberkelbazillen werden in ihnen fast ausnahmslos vermißt. Nur durch den Tierversuch läßt sich hier und da die Anwesenheit von einigen Tuberkelbazillen feststellen. Der Kliniker bezeichnet solche Fälle auch als initiale Pleuritis und weiß, daß sich später an sie zuweilen eine manifeste tuberkulöse Lungenerkrankung anschließt.

Ich möchte nun sowohl die zuletzt beschriebenen Erkrankungen, als auch die umschriebenen schnell zur Verwachsung führenden Formen von demselben Gesichtspunkt aus betrachten. Wie ist ihre Genese zu erklären? Ich bin der Meinung, daß es sich dabei um richtige, auf *die Pleura fortgeleitete perifokale oder kollaterale Entzündungen* handelt. Wenn ich für eine solche nicht nur Stoffwechselprodukte der Tuberkelbazillen selbst, sondern auch abnorme Umsatzprodukte der geweblichen Reaktion im tuberkulösen Herd verantwortlich mache, so sind in der Tat für die Wirksamkeit solcher Stoffe hier die besten Bedingungen gegeben. Bei jeder Lungentuberkulose müssen solche Stoffe in reichlichem Maße nach der Pleuraoberfläche hin ausgeschieden werden. Wir werden darum typische tuberkulöse Veränderungen nur dann erwarten können, wenn auch virulente Tuberkelbazillen in genügender Anzahl die Pleura erreichen und Reaktionsverhältnisse vorfinden, die die Entstehung eines spezifischen Prozesses gestatten. Gelöste abnorme Stoffwechselprodukte aber werden ganz unabhängig von etwa bestehenden Allergien ihre reizende Wirkung immer vollführen können. Jene Fälle von „idiopathischer“ Pleuritis sind stets solche, bei denen tatsächlich schon tuberkulöse Herde in den kranialen Lungenteilen bestehen. Dafür spricht sowohl die schon erwähnte Tatsache, daß oft auf eine derartige Pleuritis früher oder später eine auch klinisch manifeste Tuberkulose folgt, als auch die Sektionserfahrung. Denn man findet regelmäßig in Fällen, die nach dem Sektionsbefund in diese Kategorie gehören, tuberkulöse Herde im Lungengewebe, wenn auch meist solche, die Heilungstendenzen aufweisen. Darin könnte eventuell ein Widerspruch gegen das Wesen der perifokalen Entzündung gefunden werden, die wir im allgemeinen um so schwerer ausgebildet sehen, je stürmischer der tuberkulöse Prozeß verläuft: Aber die überaus geringe Zahl der vorhandenen Bazillen dürfte erst recht nicht genügen, um mit ihr die Entstehung einer diffusen Lungenfellentzündung zu erklären und dies um so weniger, als ja Bazillen unter Umständen überhaupt nicht nachweisbar sind. Deshalb behält die Annahme einer perifokalen Entzündung ihre Berechtigung. Man muß dazu auch bedenken, daß die Pleura wegen ihrer großen Fläche einen guten Angriffspunkt für jeden entzündlichen Reiz bietet, daß andererseits die Pleuritiden, die wir im Auge haben, entsprechend der relativ geringfügigen Noxe, anatomisch durchaus als leichtere Erkrankung zu betrachten sind. Man muß aber weiter berücksichtigen, daß solche diffusen Pleuritiden durchaus nicht zu den täglichen Befunden gehören, daß also wohl zu ihrer Entstehung noch besondere, nicht immer vorhandene Bedingungen notwendig sind. Diese aber werden wir nur im Rahmen der dispositionellen und konstitutionellen Faktoren suchen können, und es wird sich empfehlen, bei weiteren Beobachtungen darauf zu achten.

Diese diffusen Pleuritiden müssen natürlich, wenn sie zur Heilung kommen, zu einer totalen Pleuraverwachsung führen. Es wird sich dann gewöhnlich um lockere, feinfaserige Verwachsungen handeln, die bei der Sektion der Lösung keinen Widerstand entgegensetzen. Dasselbe sehen wir auch bei vielen umschriebenen Pleuritiden, deren Entstehungsweise dieselbe ist. Doch gibt es bei ihnen alle Übergänge zu festeren Verwachsungen mit und ohne Schwielenbildung. Es ist keine Frage, daß diese umschriebenen Verwachsungen z. T. einer spontanen Lösung intra vitam fähig sind, die auf mechanischem Wege ganz allmählich infolge der Bewegung des Thorax und der Lunge zustande kommt. Die anfangs flächenhafte Verwachsung löst sich zunächst in Stränge auf, sodann in feine und feinste Fäden, bis die vollständige Lösung erreicht ist. Kleinere und lockere Verwachsungen werden auf diese Weise verschwinden können, ohne daß überhaupt bemerkbare Residuen zurückbleiben. Im allgemeinen aber wird man an solchen Stellen eine umschriebene, weißliche Verdickung der Pleura erkennen können, die wiederum überleitet zu den dickeren und härteren Schwielen, die auch als kartilaginöse bezeichnet werden. Sie können in allen Pleurateilen vorkommen, finden sich jedoch häufiger in den kranialen Abschnitten, am häufigsten in den Spitzen. Dort sind dann gewöhnlich Verwachsungen vorhanden, die aber oft in ihrer Intensität nicht der Schwielenbildung entsprechen. Es gibt auch Spitzenschwielen ohne Verwachsungen. Diese Spitzenschwielen hängen, wie wir an anderer Stelle gesehen haben, gewöhnlich, wahrscheinlich sogar fast ausnahmslos, mit narbigen Prozessen im Lungengewebe zusammen, die wiederum aus tuberkulösen Herden hervorgegangen sind. Dann liegt natürlich auch die Annahme nahe, daß sie ebenfalls aus spezifisch tuberkulösen Pleuraveränderungen hervorgegangen sind. Das kann für einen Teil der Fälle nicht bezweifelt werden, und wenn wir bei der Beschreibung dieser Pleuraveränderungen von der perifokalen Entzündung ausgegangen sind, so möchte ich dem zum Schluß hinzufügen, daß selbstverständlich Übergänge bestehen müssen zwischen ihnen und den spezifisch tuberkulösen Veränderungen der Pleura. Ich möchte weiter meinen, daß, je stärker die Schwielenbildung ist, um so mehr die Wahrscheinlichkeit besteht, daß ursprünglich auch spezifisch tuberkulöse Veränderungen vorhanden waren. Ich verweise im übrigen auf meine Ausführungen auf S. 207f. Aus jenen und auch aus den hier gegebenen Erörterungen geht wohl ohne Zweifel hervor, daß diese apikalen Pleuraschwielen — man kann wohl sagen — ausnahmslos mit einer tuberkulösen Erkrankung im Zusammenhang stehen. Bedenkt man nun die Häufigkeit dieser Schwielen in den tatsächlich äußersten Spitzenteilen, so ist das ein weiterer schwer wiegender Beweis nicht nur für die Häufigkeit der Spitzenerkrankung, sondern auch für ihre Entstehung in einer vorher nach Ablauf des Primärkomplexes noch nicht erkrankten Lunge.

III. Kehlkopf und Nase.

Kehlkopf. Die Tuberkulose des Kehlkopfes ist fast ausnahmslos Begleiterscheinung einer schweren Lungentuberkulose. Damit ist zu gleicher Zeit gesagt, daß eine primäre Erkrankung des Kehlkopfes keine Rolle spielt und daß auch die Beteiligung des Kehlkopfes an den Generalisationsformen ganz zurücktritt. Die Kehlkopftuberkulose steht vielmehr genetisch auf demselben Blatt wie die der größeren Bronchien und der Trachea. Sie gehört zur chronischen isolierten Lungentuberkulose, spielt aber als selbständige Organtuberkulose keine Rolle, sondern nur als Miterkrankung der ableitenden Wege. Die Infektionsart ist damit ohne weiteres gegeben. Die immer wiederholte Überspülung der Kehlkopfschleimhaut mit dem bazillenhaltigen Sputum führt schließlich die Erkrankung herbei. Danach werden wir auch eine um so schwerere Kehlkopftuberkulose erwarten können, je schwerer die Lungentuberkulose ist. Die tatsächlichen Befunde bestätigen das im allgemeinen, doch kommen auch einige Ausnahmen vor, sowohl in der Weise, daß der Kehlkopf trotz schwerster ulzeröser Lungentuberkulose nur wenig erkrankt zu sein braucht, als auch umgekehrt, daß eine ganz schwere Kehlkopftuberkulose besteht, obwohl die Lungen nur verhältnismäßig leichte Herde aufweisen. In letzterer Beziehung sei insbesondere an die Kehlkopferkrankungen in der Schwangerschaft erinnert.

Was nun die pathologische Anatomie der Kehlkopftuberkulose betrifft, so hat MANASSE ganz recht, wenn er auf den bisherigen Mangel einer eingehenden Bearbeitung dieses Gebietes hinweist. Trotzdem dürfte wohl jeder Pathologe über reichliche Erfahrungen verfügen, da man die Kehlkopftuberkulose auf dem Sektionstisch überaus häufig beobachtet. Wenn MANASSE als verschiedene Formen der Erkrankung die Infiltration, die Ulzeration, die Perichondritis und die Geschwülste unterscheidet, so werden wir zu einer solchen Einteilung erst am Schluß unserer eigenen Ausführungen Stellung nehmen können.

Derjenige Vorgang, der sich am häufigsten beobachten läßt, ist die *Geschwürsbildung*. Interessant ist in dieser Beziehung die Tatsache, daß solche Geschwüre nicht etwa am häufigsten auf dem mit dem empfindlicheren und dünneren Zylinderepithel bekleideten Teil ihren Sitz haben, sondern sich viel häufiger im Bereich des geschichteten Plattenepithels des Stimmbandes finden. Bekanntlich ist dort die Praedilektionsstelle der Processus vocalis. Für die Entstehung gerade an dieser Stelle dürfte als disponierendes Moment in erster Linie die mechanische Beanspruchung dieser Stelle in Betracht kommen. Die Geschwürsbildung wird nun gewöhnlich in der Weise geschildert, daß zuerst produktive Tuberkel in der Schleimhaut auftreten sollen, denen dann die Verkäsung und Ulzeration folge. MANASSE hat dagegen gezeigt, daß eine Ulzeration im Bereich von produktiven Tuberkeln, die dicht unter dem Epithel sitzen, in der Weise zustande kommen kann, daß schon ohne Verkäsung der Tuberkel unter Zerstörung des Epithels bis zur Oberfläche gelangt, worin er die ersten Stadien der Geschwürsbildung sieht; und er scheint diese Entstehungsweise für die gewöhnliche zu halten und der Meinung zu sein, daß daraus auch größere Geschwüre hervorgehen können. Ich habe diesen Vorgang schon für die Trachea und die großen Bronchien beschrieben und stelle fest, daß er auch am Kehlkopf im Bereich sowohl des Plattenepithels als auch des Zylinderepithels vorkommt. Wir sehen in diesen Fällen aber reichlich Leukozyten auftreten und, wir können auch eine sekundäre Verkäsung von Tuberkelknötchen dabei beobachten. Ich gebe auch zu, daß gerade im Bereich des Processus vocalis durch öftere Wiederholung desselben Vorganges größere und tief greifende Geschwüre entstehen können. Dabei mögen auch Mischinfektionen in weitem Maße mitwirken. Makroskopisch entstehen aus diesen Prozessen, die, wie schon erwähnt, am häufigsten am Processus vocalis sitzenden, tief greifenden Geschwüre mit verhältnismäßig kleiner Öffnung und mit stark gezacktem, überhängendem Rand, Geschwüre, die auch andere Besonderheiten zeigen, die weiter unten besprochen werden.

Nun kommt es natürlich vor, daß diese Geschwüre auch sehr viel weiter um sich greifen, dann große Teile oder das ganze Stimmband zerstören, auch auf das Taschenband und darüber hinaus gelegene Teile der Epiglottis übergreifen, auf der anderen Seite auch weit in die Luftröhrenschleimhaut eindringen. In selteneren Fällen entstehen an anderen Teilen des Stimmbandes oder auf dem Taschenband von vorneherein selbständige ähnliche Geschwüre und greifen ihrerseits auf die Nachbarschaft über. In manchen dieser Fälle mag es sich aber auch um eine Kombination mit den gleich zu beschreibenden sicher auf andere Weise entstehenden Geschwüren handeln.

Den bisher beschriebenen Geschwüren steht nämlich eine andere Art gegenüber, die insbesondere an der Innenfläche der Epiglottis vorkommen, die aber auch an Stimmbändern und Taschenbändern zu finden sind und die schließlich auch mannigfaltige Übergänge zu den soeben beschriebenen Geschwüren zeigen können. Es handelt sich hier gewöhnlich um flache Geschwürsflächen von Hirsekorn- bis Linsengröße und darüber, die oft multipel auftreten und dann vielfach miteinander konfluieren können. Bei Entstehung dieser Geschwüre läßt sich eine vorhergehende Bildung von produktiven Tuberkeln nicht beobachten. Man kann vielmehr, allerdings nicht häufig, erkennen, daß es sich dabei um eine, offenbar an eine größere exsudative Infiltration schnell anschließende Verkäsung handelt, die die oberflächlichen Schleimhautpartien mit dem darüberliegenden Epithel betrifft. Durch die Demarkation und Abstoßung dieser verkästen Partien kommt es dann zur Geschwürsbildung. Auch hier sehen wir dann sehr häufig die spezifischen, produktiv tuberkulösen Veränderungen ganz zurücktreten. Die Übergänge zu den zuerst beschriebenen Geschwüren stellen sich dann in der Weise dar, daß im Anschluß an sie in derselben Weise größere flächenhafte Verkäsungen auftreten, die zu entsprechend größeren Geschwürsbildungen führen. Auch hier ist dann oft der Geschwürsgrund selbst im wesentlichen von gewöhnlichem Granulationsgewebe gebildet, und erst weiter in der Nachbarschaft sieht man, oft in einem diffus lymphozytär infiltrierten Schleimhautgewebe, oder auch in tieferen Schichten, mehr oder weniger reichlich produktive Tuberkel. Die Geschwürsfläche selbst kann dann noch mit Resten der verkästen Zone, in der sich viel Leukozyten befinden, belegt sein (cf. Darmgeschwüre).

Weitere Entwicklungsstadien, insbesondere im Sinne einer Heilung, werden an der Leiche kaum beobachtet. Aber auch in der laryngologischen Literatur findet man kaum Angaben über derartige Vorgänge. Das kann bei der Abhängigkeit aller dieser Veränderungen von schweren Lungentuberkulosen nicht Wunder nehmen.

Doch kommen natürlich, wenn sonst in Bezug auf die Lungentuberkulose und die sonstigen Verhältnisse die Lage eine günstige ist, auch *Heilungen von Geschwüren* vor und müssen dann zu narbigen Veränderungen führen. Hier kann die Differentialdiagnose, insbesondere gegenüber der Lues, schwierig sein, wenn man auch im allgemeinen annehmen darf, daß großartigere Narbenbildungen wohl in der Mehrzahl der Fälle nicht tuberkulösen, sondern syphilitischen Ursprunges sein werden.

Es gibt aber gerade bei den tiefer greifenden Geschwüren des Kehlkopfes noch gewisse Komplikationen, die einer besonderen Erwähnung bedürfen. Es handelt sich vor allen Dingen um die Beteiligung des *Knorpels*. Gewöhnlich wird von einer Perichondritis gesprochen. Das mag für manche Fälle zutreffen, bei denen z. B. die kleinen Knorpel der Ary-Gegend von dem Entzündungsprozeß umfaßt werden, wobei es sich gewöhnlich um Granulationsgewebe oder um die Ansammlung massenhafter Leukozyten handelt. Dadurch kann die ganze Masse des nekrotisch gewordenen und aufgequollenen Knorpels aus seinem Bett herausgelöst werden. Man sieht auf der anderen Seite aber auch eine Durchsetzung größerer Teile der Knorpel mit Leukozyten, also keine Perichondritis, sondern eine Chondritis, die unter starker Aufquellung der Knorpelgrundsubstanz und Aufblähung der Knorpelkapseln mit Zugrundegehen der Knorpelzellen zu einer Auflösung und schließlich zu einem Schwund größerer Knorpelpartien führen kann. Denselben Effekt hat unter Umständen auch die Einwucherung von Granulationsgewebe in den Knorpel. In allen diesen Fällen muß man natürlich eine vorherige schwere Schädigung des Knorpelgewebes voraussetzen, wobei es sich zunächst um die schon erwähnte Aufquellung der Grundsubstanz handelt. Neben der Einwanderung von Leukozyten kommt es dann aber auch zur Durchwucherung des Knorpels mit Granulationsgewebe. In solchen Fällen habe ich dann zuweilen auch einen weitgehenden Ersatz des Knorpels durch Knochengewebe gesehen. Da es sich um jüngere Individuen handelte, kann dabei kaum eine schon vorher vorhandene Verknöcherung vorgelegen haben. Ich nehme vielmehr an, daß es infolge der erwähnten Schädigungen der Knorpelsubstanz zu einer Verkalkung gekommen war, und daß dadurch die Bedingungen geschaffen wurden, unter denen auf Grund der Wirkung des Granulationsgewebes eine Verknöcherung eintreten konnte. Auch die nachträgliche Loslösung solcher verknöcherten Teile habe ich in einem Falle gesehen. Ich möchte darauf besonders hinweisen, da es bekanntlich Fälle gibt, in denen bei Phthisikern kleine verknöcherte Massen ausgehustet werden. Diese brauchen also nach dem erwähnten Befunde nicht aus der Lunge zu stammen, sondern können auch aus dem Kehlkopf herrühren.

Wurden bisher nur solche Knorpelresorptionen erwähnt, die im wesentlichen durch unspezifische Faktoren, Leukozyten und Granulationsgewebe bedingt waren, so ist nun noch hinzuzufügen, daß in allen Teilen des Kehlkopfes, und zwar in dieser Beziehung am häufigsten an der Epiglottis auch Resorptionsvorgänge durch spezifisch tuberkulöses Granulationsgewebe zustande kommen. Die Knorpelveränderungen selbst sind in solchen Fällen nicht andere als die beschriebenen.

Hinter diesen Knorpelveränderungen treten die der übrigen Gewebsteile in ihrer Bedeutung stark zurück. Erwähnt sei noch die zum ersten Mal von E. FRAENKEL beschriebene, unter Umständen sehr hochgradige *Atrophie der Kehlkopfmuskeln*, die in schweren Fällen im Verhältnis sehr viel stärker zu sein pflegt als die der Skelettmuskulatur bei den oft sehr kachektischen Individuen. Weiterhin sind in allen Teilen des Kehlkopfes in schweren Fällen immer reichlich, gewöhnlich chronisch entzündliche Veränderungen, insbesondere in Form von perivaskulären Zellinfiltraten zu beobachten, und wir gehen wohl nicht fehl, wenn wir diese Veränderungen der *perifokalen Entzündung* zurechnen.

Es wurde schon erwähnt, daß bei den geschwürigen Kehlkopfprozessen in der Nachbarschaft der Geschwüre typisch produktive Tuberkel zu finden sind. Diese können nun in manchen Fällen in großer Menge auftreten. Geschieht das in den Schleimhäuten, so kommt dadurch unter Umständen eine wulstige oder höckerige Beschaffenheit zustande. Auch kleine, sekundäre Geschwürsbildungen können die Folge sein. Es liegt zuweilen eine deutliche lymphogene Ausbreitung vor, und man kann die Tuberkelbildung dann auch, wie es MANASSE beschrieben hat, innerhalb der Lymphspalten beobachten. Dabei lassen sich übrigens zuweilen sehr deutlich die verschiedenen Entwicklungsstadien, vom exsudativen bis zum produktiven Stadium, verfolgen. Schon hier zeigen sich auch allerhand Lymphstauungen und ihre Folgen, mikroskopisch in Form von Ödemen und daneben Bindegewebswucherungen. Alle diese Veränderungen leiten einerseits über zu den lupösen und andererseits zu den von den Laryngologen als Tuberkulome bezeichneten Wucherungen.

Was zunächst den *Lupus* betrifft, so ist er als selbständige Erkrankung des Kehlkopfes recht selten. Erwähnt seien besonders die Fälle, in denen die Erkrankung von der äußeren Nase ausging und sich von dort aus nicht nur über die Haut, sondern auch über die Schleimhaut verbreitete, unter Umständen auch vom Munde aus eindrang und nun von beiden Seiten her durch die Rachenhöhle auch den Kehlkopf erreichte. Daneben stehen dann die erwähnten mit einer geschwürigen Kehlkopftuberkulose in Zusammenhang stehenden Prozesse, bei denen allerdings die Geschwüre selbst nur wenig in den Vordergrund zu treten brauchen. Es handelt sich aber auch dann insofern um typisch lupöse Vorgänge, als nur die oberflächlichen Schleimhautschichten betroffen sind und auch sonst das an anderer Stelle beschriebene, gewöhnliche Bild des Lupus vorliegt.

Die unter dem Namen *Tuberkulome* beschriebenen Veränderungen können sehr verschiedener Natur sein. Makroskopisch handelt es sich um äußerlich geschwulstartige, höckrige und breitbasig aufsitzende oder auch gestielte Wucherungen der Schleimhaut, in den meisten Fällen im Bereich der Epiglottis, viel seltener am Taschenband und am Stimmband. Mikroskopisch liegen seltener rein tuberkulöse Prozesse im Sinne einer dichten Anhäufung von produktiven Tuberkeln vor, von denen es alle Übergänge zu den lupusartigen Erkrankungen gibt. Häufiger sind es keine rein tuberkulösen Prozesse, sondern unspezifische Bindegewebswucherungen, in frischen Fällen reich an Gefäßen und ähnlich einem Granulationsgewebe, in älteren gefäßärmer und stark faserig, bezw. auch ödematös und selbst etwas myxomatös. Es liegen dann also Wucherungen vor, die durchaus an Tumoren aus der Fibromreihe erinnern. Ich möchte meinen, daß es sich hier tatsächlich um einen ursprünglich durchaus unspezifischen Vorgang handelt, zu dem hauptsächlich Lymphstauungen, aber wohl auch Blutstauungen den Anlaß geben können. Zugleich mögen dabei die Reizungen im Sinne der perifokalen Entzündung in weitem Maße beteiligt sein. Durch alle diese Faktoren veranlaßt entstehen dann jene geschwulstartigen Gebilde, die in gewisser Weise auch an elephantiastische Vorgänge erinnern. Daß dabei auch atypische Wucherungen des Oberflächenepithels vorkommen, andererseits aber auch atypische Wucherungen von Drüsen und besonders von Drüsenausführungsgängen, mag noch erwähnt sein. Daß dann in diesen Gebilden sekundär tuberkulöse Veränderungen auftreten können, liegt auf der Hand, womit nicht gesagt sein soll, daß von vornherein schon einige Tuberkel in ihrem Bereich bestanden haben können. Wenn oben gesagt wurde, daß es sich zuweilen um rein tuberkulöse Granulationen handelt, so möchte ich jetzt noch betonen, daß es auf der anderen Seite derartige Wucherungen gibt, die ganz frei von Tuberkeln sind, oder nur bei genauer Untersuchung hier und da einmal einen einzeln stehenden Tuberkel aufweisen.

Wenn ich zum Schluß dieser Erörterungen noch einmal auf die Einteilungsfrage zurückkomme, so können wir in der Tat die geschwürigen Prozesse besonders nennen, müssen bei ihnen aber die tief greifenden, besonders vom Processus vocalis ausgehenden Geschwüre den multiplen oberflächlichen Geschwüren gegenüberstellen. Daneben können wir sehr gut von infiltrativen Prozessen sprechen, die einmal als Begleiterscheinung der geschwürigen Formen auftreten, auf der anderen Seite mehr selbständig, entweder in Form des Lupus, oder in Form der geschwulstartigen Wucherungen, hervortreten.

Nase. Im Bereich der ganzen Nasenschleimhaut können dieselben Veränderungen vorkommen, wie im Kehlkopf, d. h. einerseits geschwürige Prozesse, sodann der Lupus, und endlich auch jene oft als Tuberkulome bezeichneten, geschwulstartigen Wucherungen. Da nun die *geschwürigen Prozesse* nicht nur relativ selten sind, sondern sich auch im Prinzip genau so verhalten, wie die des Kehlkopfes, brauche ich nicht noch einmal darauf einzugehen. Dasselbe gilt für den etwas häufigeren Lupus. Dagegen verdienen die geschwulstartigen Wucherungen noch eine etwas genauere Besprechung. Es handelt sich häufig um polypenartige Veränderungen, die dem Pathologen zur Untersuchung zugesandt werden und deren oft eigentümliche fungöse Beschaffenheit schon die Diagnose einer Tuberkulose nahe legt. Sind dann auch zuweilen schon makroskopisch auf dem Querschnitt Tuberkelknötchen zu erkennen, so wird doch im allgemeinen die richtige Diagnose erst im Mikroskop gestellt werden.

Sodann gibt es *polypöse Wucherungen*, bei denen makroskopisch kaum ein Verdacht auf Tuberkulose besteht und erst das Mikroskop die Sachlage klärt, wobei allerdings, wie wir sehen werden, noch manche ungeklärte Fragen sich aufdrängen. Endlich kommen auch diffuse, polsterartige Wucherungen der Nasenschleimhaut vor, die äußerlich keinen geschwulstartigen Eindruck zu machen brauchen, aber im Mikroskop als ähnliche Prozesse wie die genannten erkannt werden.

Die mikroskopische Untersuchung aller dieser Veränderungen hat nun folgendes Ergebnis. In ganz typischen Fällen mit „fungösen“ Veränderungen handelt es sich um eine ganz diffuse Durchsetzung der erheblich angeschwollenen Schleimhaut mit großen, hellen, länglichen oder runden, vielfach miteinander konfluierenden, aus typischen Epitheloidzellen bestehenden Knoten und Knötchen. Riesenzellen können ganz fehlen. Eine Faserbildung ist zuweilen vorhanden, zuweilen aber kaum zu erkennen. Die Begrenzung findet durch Lymphozyten statt, die in Bindegewebszügen gelegen sind. Während nun besonders die tieferen Schichten der Schleimhaut ganz von diesen Gebilden ersetzt sind, die von beiden Seiten her z. T. in die knorpelige Scheidewand eindringen können, sieht man dann mehr an der Oberfläche der Schleimhaut zuweilen in einer diffusen lymphozytären Zellinfiltration einige kleinere, ganz typische Tuberkel mit LANGHANSschen Riesenzellen. Auch sieht man, wie die vorher beschriebenen Herde in die Drüsen eindringen. An der Oberfläche finden sich oft Substanzverluste, leichtere Ulzerationen, die von Granulationsgewebe ersetzt werden, oder auch Pseudomembranen über ihnen, stellenweise auch Epithelmetaplasien in Plattenepithel. Verkäsungen pflegen ganz zu fehlen, nur hier und da einmal erkennt man innerhalb der zuerst beschriebenen größeren Epitheloidzellherde umschriebene Leukozytenansammlungen. Man sieht, daß hier auch enge Beziehungen zum Lupus bestehen. In manchen Fällen wird es sogar kaum möglich sein, eine strenge Trennung wahrzunehmen. Diese Veränderungen leiten andererseits über zu jenen, bei denen man mehr eine diffuse Wucherung von Granulationsgewebe erkennt und in diesem z. T. dieselben reinen Epitheloidzellherde oder auch daneben typische rundliche Tuberkel mit Riesenzellen. Endlich gibt es dann auch Fälle, bei denen man schwerere, akut entzündliche Infiltrate mit Fibrin und Fibrinoid, Übergänge davon zu Verkäsungen und daran anschließende Epitheloidzellwucherungen erkennt. Diese letzteren Veränderungen haben dann schon Beziehungen zu den ulzerierenden Formen.

Auf der anderen Seite stehen die eigentlichen Polypen, die bald fibromatöser, bald myxomatöser Natur sind, bald mehr als Adenofibrome bezeichnet werden könnten, in denen man nur hier und da vereinzelte oder konglomerierte tuberkulöse Knötchen findet. Das mikroskopische Bild dieser weniger ausgebreiteten tuberkulösen Veränderungen unterscheidet sich im Prinzip nicht von dem der diffusen „Tuberkulome“. Für die ausgebreiteteren Fälle dieser Nasenschleimhauttuberkulosen mag noch bemerkt werden, daß auch sie, wie schon erwähnt, nicht etwa nur bis zur Scheidewand vordringen, sondern daß man auch bei allen z. T. weitgehende Resorptionen des Knorpels, einerseits durch Leukozyten, andererseits durch Einwucherung des tuberkulösen Granulationsgewebes feststellen kann. Im einzelnen liegen die Verhältnisse genau so, wie sie für den Kehlkopf geschildert wurden.

Die zuerst beschriebenen, am meisten tumorartigen Wucherungen sind jedoch darum die interessantesten, weil sich bei ihnen wichtige pathogenetische Fragen stellen. Leider scheint nur wenig bekannt zu sein über die Beziehungen dieser Prozesse zu etwa sonst im Körper vorhandenen Tuberkulosen. Es mag wohl Fälle geben, in denen zu gleicher Zeit eine fortschreitende Lungentuberkulose besteht, in anderen Fällen scheint sie aber zu fehlen. Was den Infektionsweg betrifft, so werden wir aber wohl für alle Fälle eine direkte Infektion der Nasenschleimhaut annehmen müssen. Denn wenn z. B. bei der allgemeinen Miliartuberkulose vereinzelte Tuberkel auch im Bereich der Nasenschleimhaut beobachtet werden können, so muß doch für unsere Fälle die Infektion von außen, entweder durch tuberkulöses Sputum oder durch die Atemluft, oder auch durch mechanisches Einreiben näher liegen. Die Frage ist nun die, ob der tuberkulöse Prozeß selbst von vornherein die tumorartigen Wucherungen erzeugt, oder ob schon vorher tumorartige (fibromatöse oder myxomatöse) Polypen vorliegen, die nachträglich mit Tuberkelbazillen infiziert wurden. Nun ist von vornherein kein rechter Grund einzusehen, warum in einer vorher gesunden Nasenschleimhaut andersartige Prozesse auftreten sollen, als im allgemeinen auf anderen Schleimhäuten. Die Eigenart dieser tumorartigen Wucherungen legt vielmehr die Annahme nahe, daß das Feld dazu vorher schon vorbereitet war. Weiterhin erinnern die Wucherungen an jene nicht verkäsenden, großzelligen Lymphknotentuberkulosen, wie sie mit der sogenannten Skrofulose in einem gewissen Zusammenhang stehen. Nun kommen bekanntlich in der Nase nicht nur jene hyperplastischen Zustände bei Kindern vor, die eben mit zum Bilde der Skrofulose gehören, sondern es läßt sich auch nicht leugnen, daß die bei jugendlichen Erwachsenen vorkommenden hyperplastischen Wucherungen der Nasenschleimhaut ebenfalls Zustände darstellen, die in das Gebiet des Lymphatismus oder ähnlicher Zustände hineingehören. Wie weit diese Zustände etwas mit einer tuberkulösen Allergie zu tun haben, dürfte zwar nicht klar sein, doch könnte man jene tumorartigen Wucherungen der Nasenschleimhaut in der Weise erklären, daß sie in einem stark positiv allergischen Organismus und in einer vorher hyperplastischen Schleimhaut entstehen. Kann das auch zunächst nur eine Hypothese sein, so wird es sich doch empfehlen, die Verhältnisse weiter zu prüfen, vor allen Dingen die Beziehungen zwischen dieser eigenartigen Tuberkuloseform und anderen im Körper vorhandenen tuberkulösen Erkrankungen, bezw. auch zu Zuständen, die in irgendeiner Beziehung zur sogenannten Skrofulose stehen können. Die Sachlage wäre dann die, daß bei dem Vorhandensein der genannten Zustände wohl eine gewisse, wahrscheinlich sogar erhöhte Disposition zur tuberkulösen Erkrankung der Nasenschleimhaut vorliegt, daß aber die Infektion immer zu einem verhältnismäßig sehr gutartigen Prozeß führt. Das gilt sowohl für die Fälle, bei denen die Wucherungen fast ausschließlich aus tuberkulösem Gewebe bestehen, als auch für die anderen, bei denen sich im sonst typischen hyperplastischen Polypen vereinzelte Tuberkel auffinden lassen. Wie oft allerdings spontane Heilungen dieser Prozesse vorkommen können, ist mir nicht bekannt.

Was endlich die *Nebenhöhlen der Nase* betrifft, so können in ihnen zweifellos ganz ähnliche und die gleichen Prozesse vorkommen, wie in der Nase selbst. Ich brauche darauf nicht näher einzugehen, möchte aber auch in diesem Zusammenhang auf den an anderer Stelle erwähnten typischen Fall von tumorartiger Tuberkulose der Oberkieferhöhle hinweisen (Abb. 13, S. 97).

Verdauungskanal.

1. Mund- und Rachenhöhle.

Wenn in der älteren Literatur bei Besprechung der tuberkulösen Veränderungen im Anfangsteil des Magendarmkanals fast regelmäßig die Frage diskutiert wurde, ob es sich dabei um „primäre“ oder um „sekundäre“ Veränderungen handelt, und wenn dann sogar viele Veränderungen darum als primäre bezeichnet wurden, weil sie angeblich trotz des Fehlens einer genauen Untersuchung des Gesamtkörpers oder auch nur auf Grund einer klinischen Untersuchung die einzigen tuberkulösen Veränderungen im Körper waren, so müssen wir nach den Erfahrungen der letzten 10—15 Jahre grundsätzlich den Standpunkt vertreten, daß primäre Erkrankungen im Bereich dieser Körperregion zu den Seltenheiten gehören. Wirklich primäre Erkrankungen im modernen Sinne, nämlich als Primärkomplexe, sind meines Wissens bisher nur in ganz vereinzelten Fällen in den Gaumentonsillen festgestellt worden. Wenn sich trotzdem in den in Betracht kommenden Organen nicht selten tuberkulöse Veränderungen finden, so kommen für sie nur Infektionsquellen in Betracht, die außerhalb der primären Infektionsperiode liegen. Wie weit dabei neue äußere Infektionen eine Rolle spielen können, ist für den einzelnen Fall schwer zu sagen. Immerhin wird man in besonderen Fällen an sie denken müssen. Außerdem ist der Blutweg zu nennen, der allerdings im großen und ganzen nur eine sehr geringe Bedeutung haben dürfte. Der Lymphweg ist jedoch praktisch auszuschließen. Denn es ist kaum eine Möglichkeit auszudenken, daß etwa eine Infektion der Lippe, der Zunge, des Rachens von einem anderen Organ her auf dem Lymphweg stattfinden könnte, während ein direktes Übergreifen auf die genannten Organe von benachbarten Herden nicht selten ist. Die wichtigste Infektionsquelle und praktisch wohl überhaupt die einzig wichtige ist aber zweifellos die tuberkulös erkrankte Lunge. Finden wir doch die allermeisten Veränderungen im Bereich der Mund- und Rachenhöhle nur dann, wenn zu gleicher Zeit aus der erkrankten Lunge dauernd bazillenhaltiges Sputum herausbefördert wird und Mund- und Rachenhöhle immer wieder überschwemmt. Für diesen Infektionsweg spricht auch die Tatsache, daß die häufigsten Erkrankungen dort stattfinden, wo auf unregelmäßig gestalteten und Spalten und Krypten enthaltenden Oberflächen die Bazillen leicht haften, in tiefere Schichten eindringen und dort liegen bleiben können, so vor allen Dingen im Bereich der Gaumentonsillen, in zweiter Linie am Zungengrund mit seinen Bälgen. Des weiteren finden bei diesem Infektionsmechanismus nicht selten dort Infektionen statt, wo traumatische Einwirkungen vorausgegangen sind. In der Weise wird z. B. nicht selten die Zunge an solchen Stellen infiziert, die der Einwirkung scharfer Kanten (kariöse Zähne), ausgesetzt waren. Nicht immer allerdings lassen sich derartige unterstützende Faktoren feststellen. Dann muß man an besonders massige oder oft wiederholte und besonders virulente Infektionen denken, die schließlich auch an ganz glatten Oberflächen Fuß zu fassen imstande sind.

Wenn ich nun kurz auf die einzelnen in Betracht kommenden Veränderungen eingehe, so möchte ich die sehr seltenen tuberkulösen Erkrankungen der Lippen außeracht lassen und wende mich sogleich denen der *Zunge* zu. An ihren vordersten Teilen habe ich am häufigsten Veränderungen gesehen, die bei intakter oder fast intakter Oberfläche in den oberflächlichen oder tieferen Schleimhautschichten gelegen waren und sich unter Umständen weit in die Muskulatur hinein erstreckten. Es handelte sich vorwiegend um operativ entferntes Material, das zur Differentialdiagnose zwischen Krebs, Lues und Tuberkulose vom Chirurgen eingesandt wurde. Im allgemeinen war dann auch klinisch eine Lungentuberkulose feststellbar oder es ließ sich auch der Verdacht bestätigen, daß die Infektion im Anschluß an Verletzungen durch kariöse Zähne eingetreten war. Dementsprechend befanden sich diese Veränderungen entweder an der Zungenspitze oder an ihren seitlichen Rändern. Auf der Schnittfläche lassen sich in solchen Fällen die tuberkulösen Veränderungen zuweilen schon makroskopisch in Gestalt von ziemlich scharf begrenzten *streifenförmigen, weißlichen Infiltraten* oder auch in Gestalt von reihenförmig angeordneten Knötchen erkennen. Mikroskopisch handelt es sich in meinen Fällen um ungemein typische produktive Tuberkel, oft mit genau zentral gelegenen Riesenzellen, die von der Schleimhaut her weit in die Muskelbündel eingreifen, und dort auch im Mikroskop oft als Tuberkelreihen zu erkennen sind. Von den peripheren Lymphozytenkränzen aus strahlt in die hyperaemische und oft etwas ödematöse Umgebung ebenfalls eine leichte Lymphozyteninfiltration ein. Die Prognose dieser Erkrankung scheint eine durchaus gutartige zu sein. Ich habe bei meinen Erkundigungen nie erfahren, daß derartige Fälle rezidivierten. Natürlich blieb das Schicksal solcher Patienten abhängig von der gleichzeitig bestehenden Lungentuberkulose, die nicht immer einen gutartigen Verlauf hatte.

Neben diesen mehr harmlosen Prozessen sind die *geschwürigen* zu nennen, die allerdings darum praktisch eine viel geringere Bedeutung haben, weil sie gewöhnlich Begleiterscheinungen einer sehr schweren, schnell fortschreitenden Lungentuberkulose sind. Am häufigsten finden sich diese Prozesse entsprechend den obigen Ausführungen am Zungengrund. Dort kann man einzelne oder multiple, kleinere, etwa lentikuläre Geschwüre beobachten, aber auch sehr viel größere und selbst solche, die den ganzen Zungengrund, von den Papillae vallatae an bis zur Epiglottis einnehmen. Diese Geschwüre zeigen im übrigen die gewöhnlichen Charakteristika des Ulcus tuberculosum, nämlich vor allen Dingen einen unregelmäßig gezackten und etwas überhängenden Rand. Auf der Schnittfläche brauchen im Grunde und am Rande des Geschwüres oder auch in den tieferen sich anschließenden Schichten keine Tuberkelknötchen sichtbar zu sein. Das hängt mit der allgemeinen Histogenese solcher Geschwüre zusammen, die an verschiedenen anderen Stellen besprochen worden ist, und die darum hier übergangen werden kann, zumal da mir spezielle Untersuchungen an Zungengeschwüren fehlen. Neben diesen Geschwüren des Zungengrundes findet man die gleichen viel seltener in den vorderen Teilen, zuweilen anschließend an die oben geschilderten Infiltrate, zuweilen aber auch unabhängig von diesen. Es handelt sich im letzten Falle um flache, oberflächlich torpide Substanzverluste verschiedener Größe (ich habe ein über markstückgroßes derartiges Geschwür gesehen), deren Umgebung mikroskopisch eine lupusartige Beschaffenheit zeigen kann.

Bei allen diesen Zungenerkrankungen sind schwerere regionäre Lymphknotenveränderungen niemals vorhanden. Ich habe nur bei geschwürigen Prozessen hier und da einmal einen einzelnen Tuberkel in einem Lymphknoten gefunden, während im allgemeinen die betreffenden Lymphknoten nur eine leichte Schwellung und im Mikroskop eine gewisse Hyperplasie und Sinusreizung erkennen lassen. Das entspricht auch unseren allgemeinen Anschauungen über den Gang des Tuberkuloseprozesses; denn alle erwähnten tuberkulösen Veränderungen sind nichts weiter als Begleiterscheinungen einer isolierten Organtuberkulose, zu deren charakteristischen Eigenschaften der Mangel einer schweren regionären Lymphknotenerkrankung gehört.

Für die tuberkulöse Erkrankung der *Gaumentonsillen* gelten im großen und ganzen dieselben Überlegungen. Gerade sie wurden ja früher gern als Eintrittspforte für das tuberkulöse Virus genannt, während heute nur noch einige unverbesserliche Skeptiker auf diesem Standpunkt verharren. Daß trotzdem einmal, wenn auch recht selten, primäre Infektionen der Tonsillen vorkommen, wird, wie schon betont, nicht geleugnet. Dann muß aber auch das charakteristische Bild des *Primärkomplexes*, also vor allen Dingen auch die ihm zukommende, in die Augen fallende Beteiligung von regionären Lymphknoten vorhanden sein. Ich selbst habe etwa in den letzten zehn Jahren einen einzigen sicheren Fall von primärer Tuberkulose bei den Gaumentonsillen gesehen, der allerdings noch mit einer offenbar primären Darmtuberkulose kompliziert war, wobei es sich also zweifellos um eine ganz besonders schwere und massige Infektion handelte. Sowohl in den Mandeln wie im Darm wurde durch eine entsprechende Lymphknotenerkrankung das Bild des Primärkomplexes vervollständigt. Die Veränderungen der zervikalen Lymphknoten sind an anderer Stelle verwertet, von der Tonsillentuberkulose besitze ich jedoch leider keine mikroskopischen Präparate.

Von der übergroßen Mehrzahl der tuberkulösen Tonsillenerkrankungen muß aber dasselbe wie von denen der Zunge gesagt werden: sie sind abhängig von dem Bestehen einer Lungentuberkulose. Das gilt sowohl für das Säuglings- und Kindesalter, als auch für Erwachsene. Was nun die einzelnen Erkrankungsformen betrifft, so sind nach meinen eigenen Erfahrungen geschwürige Prozesse ziemlich selten. Dagegen finden sich kleinere Infiltrate in Gestalt von typischen produktiven Tuberkeln als *Begleiterscheinung einer chronischen Lungentuberkulose* Erwachsener sehr häufig. Ich möchte in dieser Beziehung diejenigen Autoren bestätigen, die bei ihren Untersuchungen zu sehr hohen Prozentzahlen (80—90%) kamen, während auch nach meinen Erfahrungen bei Kindern nur sehr geringe Prozentzahlen (1—5%) zu registrieren sind. Ich möchte weiter nur noch bemerken, daß es zwischen den schweren geschwürigen Prozessen und den ganz geringen Erkrankungen auch alle möglichen Übergänge gibt, und daß auch zuweilen ähnliche weit ausgreifende Einlagerungen von produktiven Tuberkeln vorkommen, wie ich sie oben für die Zunge beschrieben habe.

Endlich sind noch die tuberkulösen Veränderungen des *weichen Gaumens* und der *hinteren Rachenwand* zu nennen. Hier mögen mikroskopisch einzelne Schleimhauttuberkel bei Fällen von Lungentuberkulose verhältnismäßig häufig zu finden sein. Wichtiger sind aber die seltener vorkommenden geschwürigen Prozesse. Hier handelt es sich, ähnlich wie in der Trachea, um meist kleine, oberflächliche, im übrigen typische tuberkulöse Geschwüre, die aber zuweilen vielfach mit einander in Verbindung treten und dadurch zu sehr ausgebreiteten Geschwürsflächen konfluieren können. Sie haben dann unter Umständen eine gewisse Ähnlichkeit mit syphilitischen Prozessen. Ihr Auftreten bei der chronischen Lungentuberkulose sichert aber wohl immer, auch ohne die mikroskopische Bestätigung, die Diagnose. Praktisch haben sie als lokale Erkrankung keine Bedeutung. Narbige Heilungsprozesse, wie sie bei der Syphilis vorkommen und zu schweren Deformationen führen, sind meines Wissens noch nicht beobachtet worden.

Gerade am *weichen Gaumen* habe ich aber auch in einigen Fällen typisch *lupöse Erkrankungen* gesehen. Sie kommen sogar nach meinen Erfahrungen dort noch häufiger vor, als an der Lippen- und Wangenschleimhaut. Während in letzteren Fällen die Genese gewöhnlich die ist, daß ein Hautlupus kontinuierlich auf die Schleimhäute übergreift, habe ich das zwar für den Lupus des weichen Gaumens (von der Lippe kontinuierlich über die Wangenschleimhaut nach dem Gaumen ziehend, oder von der Gesichtshaut über die Nasenschleimhaut hin fortgeleitet) auch gesehen. Doch trat in meinen Fällen häufiger diese Erkrankung unabhängig von einem Hautlupus auf. Die sich makroskopisch und mikroskopisch darbietenden Bilder des Lupus der Mund- und Gaumenschleimhaut sind sehr charakteristisch. Bei makroskopischer Betrachtung hat man den Eindruck einer oberflächlich leicht und unregelmäßig ulzerierten, fein gehöckerten oder auch etwas narbig verzogenen Beschaffenheit, während man auf der Schnittfläche nur eine, die wenig verdickte Schleimhaut betreffende, weißliche Infiltration oder auch in ihr deutliche Knötchen erkennt. Im Mikroskop hingegen sieht man entweder in typischen Knötchen oder in umfangreicheren Massen angeordnete Epitheloidzellwucherungen mit ungemein typischen LANGHANSschen Riesenzellen und sieht entweder die einzelnen Tuberkelknötchen gleichmäßig von Lymphozyten umgeben oder diese Zellen die Infiltrate unregelmäßig durchsetzen und auch in die benachbarte Muskulatur einstrahlen. Auch hier läßt sich zuweilen die Genese des Tuberkels aus exsudativen, vor allen Dingen auch Fibrin enthaltenden, Prozessen ganz gut verfolgen. Inmitten der Hauptveränderungen ist gewöhnlich das Schleimhautgewebe restlos geschwunden, und die lupösen Veränderungen stoßen unmittelbar, soweit es nicht ganz verloren gegangen ist, an das meist sehr atrophische, aber stellenweise auch etwas atypisch gewucherte Epithel an. Auch dort, wo es zu oberflächlichen Ulzerationen gekommen ist, fehlen schwerere geschwürige Veränderungen. Doch sieht man zuweilen auch fibrinöse und in Verkäsung begriffene Exsudate durch das Epithel durchbrechen, wodurch dann ganz kleine Geschwüre mit überhängendem Rand zustande kommen können.

Was nun die *Pathogenese dieses Schleimhautlupus* betrifft, so kommen für die von der äußeren Haut fortgeleiteten Prozesse dieselben Überlegungen zur Erwägung, wie sie an anderer Stelle für den Hautlupus gemacht werden. In meinen Fällen von selbständigem Lupus des weichen Gaumens handelte es sich um relativ leichte Lungentuberkulosen. Wir können in solchen Fällen vielleicht von einer Kombinationsform zwischen zwei Organtuberkulosen sprechen. Haben wir es doch auch beim Lupus mit einer chronischen, langsam, aber gleichmäßig fortschreitenden Erkrankung zu tun, bei der Remissionen und Exazerbationen ebenso vorkommen, wie bei anderen chronischen Organtuberkulosen. Ob in solchen Fällen auch exogene Reinfektionen in Erwähnung zu ziehen sind, möchte ich nicht ausschließen, bin aber nicht imstande, Beweise dafür anzuführen.

2. Speiseröhre.

Die tuberkulösen Erkrankungen der Speiseröhre sind so selten und haben ein so geringes praktisches Interesse, daß sie an dieser Stelle übergangen werden können. Mir selbst sind nur einige Fälle bekannt, bei denen von tuberkulösen Lymphknoten aus die äußeren Schichten der Speiseröhre in gewissem Umfange in Mitleidenschaft gezogen, die inneren aber völlig intakt geblieben waren. Ich möchte aber in diesem Zusammenhang jene Fälle erwähnen, bei denen Traktionsdivertikel mit schrumpfenden tuberkulösen Lymphknoten in Zusammenhang standen. Wenn ich auch bezweifle, daß derartige Divertikel allein durch den Zug schrumpfender Lymphknoten zustande kommen können — ich nehme vielmehr auch für sie eine vorher bestehende Anlage an — so läßt sich doch nicht leugnen, daß die Divertikel dadurch bedeutend in die Länge gezogen werden können.

3. Magen.

Ebenso wie die der Speiseröhre, ist auch die Tuberkulose des Magens ein seltenes Ereignis. Auch für sie ist zu sagen, daß primäre Infektionen noch nicht mit Sicherheit beobachtet worden sind. Ältere Mitteilungen darüber können nicht als beweiskräftig angesehen werden. Verhältnismäßig am häufigsten beteiligt sich dagegen der Magen an den Generalisationen. Vor allen Dingen bei der Frühgeneralisation des Kindesalters sieht man nicht allzu selten in seiner Schleimhaut kleine käsige Infiltrate oder auch aus ihnen hervorgehende Ulzerationen, die ganz den entsprechenden Veränderungen des Darms gleichen. Bei der typischen allgemeinen Miliartuberkulose der Erwachsenen hingegen kommen Miliartuberkel in den verschiedenen Schichten des Magens nach meinen Erfahrungen seltener vor.

Selbständige tuberkulöse Erkrankungen des Magens in Form einer chronischen isolierten Tuberkulose sind mir nicht bekannt, und auch in der Literatur scheinen derartige Beobachtungen nicht zu existieren. Dagegen kommen, wenn auch recht selten, tuberkulöse Magengeschwüre als Begleiterscheinung einer Darmtuberkulose vor, die dann ihrerseits in den meisten Fällen von einer schweren Lungentuberkulose abhängig ist. Ich möchte zwei verschiedene Arten von Ulzerationen unterscheiden. Das eine Mal handelt es sich um kleinste *erosionsartige Gebilde*, die entweder einzeln oder in mehreren Exemplaren, besonders längs der kleinen Kurvatur, vorkommen. Bei makroskopischer Betrachtung hat man zunächst garnicht den Eindruck einer tuberkulösen Erkrankung, sondern möchte an gewöhnliche Erosionen denken, zumal da die Substanzverluste der Schleimhaut scharf begrenzt und gewöhnlich mit Blut belegt sind. Erst die mikroskopische Untersuchung deckt die tuberkulöse Natur der Ulcus auf, indem sich an zunächst banale entzündliche Veränderungen vereinzelte typische Tuberkel anschließen. Es liegt nahe, in diesen Fällen die Erosion für den primären Vorgang zu halten, dem dann erst die Infektion mit Tuberkelbazillen nachfolgte. Ich fand derartige Veränderungen nur bei schweren Lungentuberkulosen, während die Beteiligung des Darmes, wenn sie auch nie fehlte, im großen und ganzen keine besonders schwere war. Dafür, daß etwa die Entstehung der Erosion erst durch die tuberkulöse Infektion der Magenschleimhaut veranlaßt wurde, bestehen keine Anhaltspunkte. Es handelt sich ja um schwer erkrankte Individuen, bei denen auch sonst Magenerosionen, besonders in den letzten Stadien der Krankheit nicht selten vorkommen. Damit hängt auch die Frage zusammen, ob das typische peptische Magengeschwür etwas mit der tuberkulösen Infektion zu tun hat. Ich möchte diese Frage hier nicht näher erörtern, möchte mich vielmehr den Argumenten HAUSERs anschließen, der einen solchen Zusammenhang grundsätzlich ablehnt. Wenn ich auch selbst unter meinen Fällen von peptischen Magengeschwüren etwa 10% Tuberkulosekranke feststellen kann, so sehe ich darin doch keinen Beweis, weder für den Zusammenhang mit einer direkten Infektion der Magenschleimhaut, noch auch für eine besondere Disposition tuberkulöser für das peptische Geschwür; womit nicht geleugnet werden soll, daß auch die Tuberkulose einmal im Sinne RÖSSLEs mit den sonstigen disponierenden Faktoren zusammen als „zweite Krankheit" die Entstehung eines peptischen Ulcus begünstigen kann.

Im Gegensatz zu den tuberkulös infizierten Erosionen stehen die größeren *typischen tuberkulösen Geschwüre des Magens*, die auch nach meinen Erfahrungen in allen Größen, bis zu Handtellergröße und darüber, beobachtet werden können. Es mag aber betont werden, daß gerade diese Geschwüre recht seltene Ereignisse sind. Schätzungsweise habe ich sie unter mindestens 10 000 Sektionsfällen nur etwa 8—10mal gesehen. Bemerkenswert ist, daß in solchen

Fällen gewöhnlich eine besonders schwere und ausgebreitete Darmtuberkulose besteht. Es ist deswegen anzunehmen, daß dabei eine besonders massige und oft wiederholte Infektion des Magendarmkanals stattfindet. Womit auch übereinstimmt, daß in derartigen Fällen eine ausgebreitete kavernöse Lungenphthise nur selten zu fehlen pflegt. Wir werden also annehmen müssen, daß die Häufigkeit einer massigen Infektion den wesentlichen Faktor für die Entstehung eines tuberkulösen Magengeschwüres darstellt. Die Merkmale des tuberkulösen Magengeschwüres sind grundsätzlich dieselben wie die des Darmgeschwüres. Ich verweise darum auf die folgende Beschreibung. Ich möchte nur betonen, daß die äußere Gestalt der Magengeschwüre eine sehr verschiedene und unregelmäßige sein kann. Neben regelmäßigen runden Geschwüren gibt es auch ganz unregelmäßige, viel verzweigte. In ihrer Lokalisation habe ich selbst keine besonderen Regeln feststellen können. Ich habe sie sowohl an der großen, wie an der kleinen Kurvatur, sowohl im Magenkörper, als auch in der Pylorusgegend gesehen, möchte aber nicht bezweifeln, daß sie vielleicht in der Nähe des Pylorus am häufigsten vorkommen. Praktisch dürften alle diese Geschwüre von geringer Bedeutung sein, da das Krankheitsbild im allgemeinen von der gleichzeitig bestehenden Lungen- und Darmtuberkulose beherrscht wird. Fälle von sogenannter tumorartiger oder auch stenosierender Tuberkulose, die ich im Anhang noch erwähnen werde, habe ich selbst noch nicht gesehen.

4. Darm.

Daß wirkliche Primärherde im Darm vorkommen, ist bekannt und von mir an anderer Stelle erörtert worden (S. 14). Desgleichen beteiligt sich die Darmschleimhaut häufig an den Generalisationen, sogar ausnahmslos an der Frühgeneralisation. Weiterhin ist die Darmtuberkulose die häufigste Begleiterscheinung einer chronischen isolierten Lungentuberkulose. Endlich kommen aber auch tuberkulöse Darmerkrankungen als selbständige chronische isolierte Tuberkulosen oder als Kombinationen mit anderen derartigen Erkrankungsformen vor. In allen diesen Fällen ist das charakteristischeste Substrat das tuberkulöse Darmgeschwür. Da es nun einstweilen nicht möglich ist, in der Genese dieser Geschwüre, je nach der Erkrankungsform, bei der es auftritt, Unterschiede zu erkennen, so möchte ich hier zunächst ganz im allgemeinen auf seine Entstehung überhaupt eingehen.

Das tuberkulöse Darmgeschwür. Im allgemeinen findet man die Genese des tuberkulösen Darmgeschwüres in der Weise dargestellt, daß das erste Substrat der Schleimhauttuberkel sein solle, und daß dann nach den üblichen Anschauungen die Verkäsung eines einzelnen Tuberkels oder mehrerer konglomerierter Tuberkel stattfände, die wiederum nach außen durchbreche und in dieser Weise das Geschwür entstehen lasse. So werden auch oft Abbildungen gegeben, in denen man den ganzen Grund und die Ränder des Geschwüres von typischen, nicht oder nur zum Teil verkästen Tuberkeln ausgefüllt sieht. Derjenige aber, der die Aufgabe hat, Präparate mit derartigen Bildern, etwa für Lehrzwecke, herzustellen, muß ähnliche Erfahrungen machen wie bei der Suche nach typischen produktiven Miliartuberkeln der Lunge. Jene Bilder lassen sich nämlich durchaus nicht häufig im Darm finden. Es liegen hier vielmehr die Verhältnisse mutatis mutandis ganz ähnlich wie bei der Miliartuberkulose der Lunge und anderen Oberflächenerkrankungen. Bevor ich jedoch darauf eingehe, müssen einige Bemerkungen über das makroskopische Verhalten und die Lokalisation des tuberkulösen Darmgeschwürs gemacht werden.

Als typisch und z. B. auch als Gegensatz zu dem typhösen Ulcus gilt für die Tuberkulose das quergestellte und oft sogar ringförmige Geschwür. Das ist auch für eine große Mehrzahl von Befunden nicht zu bezweifeln. Die Genese ist in der Weise zu denken, daß zunächst ein kleineres, etwa lentikuläres Geschwür entsteht und daß dieses sich insbesondere mit den vorwiegend zirkulär verlaufenden Lymphbahnen vergrößert. Doch lassen sich auch Geschwüre finden, die dieses Verhalten nicht zeigen. Es finden sich z. B. bei allen Verlaufsformen der Darmtuberkulose garnicht selten anscheinend gleichzeitig auftretende multiple kleine Geschwüre im Bereich der PEYERschen Platten. Man sieht dann ferner auch, wie solche Geschwüre miteinander konfluieren und auf diese Weise größere, unregelmäßige, aber im wesentlichen über die betreffenden Platten hin verteilte, landkartenartige Geschwüre zustande kommen können. Zuweilen wird dann auch der Bezirk der PEYERschen Platten überschritten und die Ausbreitung erfolgt unregelmäßig in die benachbarte Schleimhaut hinein. Aber auch jene zirkulären Geschwüre können sich nach allen Seiten hin unregelmäßig vergrößern. In beiden Fällen treten dann ausgebreitete, unter Umständen den ganzen Umfang des Darmes einnehmende Geschwürsflächen auf, im Bereich derer noch hier und da Schleimhautinseln und Schleimhautbrücken bestehen bleiben können, und man erhält auf diese Weise Bilder, die durchaus an manche Formen der Dysenterie erinnern. Diese Ähnlichkeit kann in manchen Fällen sogar noch weiter gehen, indem sich gerade bei ihnen, im Bereich der erhaltenen Schleimhaut im und in der Umgebung des Geschwüres oberflächliche Nekrosen wie bei der Dysenterie feststellen lassen. Im übrigen sind, wie bekannt, die allermeisten tuberkulösen Darmgeschwüre dadurch ausgezeichnet, daß sie einen deutlich überhängenden Rand und von einer gewissen Größe an auch immer einen ausgesprochen gezackten Rand haben. Was den Grund des Geschwüres betrifft, so halte ich es für wichtig, daß man nicht etwa immer, zumal bei makroskopischer Betrachtung nicht, Tuberkel erkennen kann. Es gibt natürlich derartige Fälle. Aber ich möchte nicht einmal sagen, daß es die Mehrzahl ist. Daß direkt in den Geschwürsgrund Knötchen hineinragen, kommt überhaupt kaum vor. Allenfalls sieht man durch die oberflächlichen Schichten tuberkelähnliche Gebilde durchschimmern. Im übrigen ist der Grund bald schmierig, eiterähnlich belegt und sehr weich, bald saftig rot und leicht höckrig, bald auch abgeglättet und mehr von speckiger Beschaffenheit. Wenn oben gesagt wurde, daß die Geschwüre nicht selten im Bereich der PEYERschen Platten sitzen, so läßt sich andererseits zuweilen an ihrer Verteilung erkennen, daß sie auch von Solitärfollikeln ausgehen können. Inwieweit aber überhaupt bei ihrer Entstehung das lymphatische Gewebe eine Rolle spielt, kann erst durch die mikroskopische Untersuchung entschieden werden. Wenn ich vorher gesagt habe, daß Tuberkel im Grund des Geschwüres deutlich nur selten zu erkennen sind, so ist dem jetzt hinzuzufügen, daß sie sich, wenigstens bei einigermaßen ausgebreiteten Geschwüren, an der Außenfläche des Darmes gewöhnlich mit großer Deutlichkeit erkennen lassen. Wir sehen sie dann unter Umständen in oder unter der Serosa längs des sich ausbreitenden Geschwüres in feinen Reihen liegen, und dies besonders bei den wirklich zirkulären Geschwüren. In anderen Fällen aber können die Knötchen auch in unregelmäßigen Gruppen liegen, so z. B. bei mehr rundlichen oder unregelmäßig ausgebreiteten Geschwüren. Im ganzen Bereich dieser Bezirke pflegt dann zum mindesten eine starke Gefäßinjektion zu bestehen. Oft finden sich aber auch feine fibrinöse Beläge auf der Serosa, und man findet dann auch alle Übergänge zwischen diesen und Organisationsprozessen, bezw. Verwachsungen mit anderen Darmschlingen. Über die Beziehungen dieser Veränderungen zur tuberkulösen Peritonitis überhaupt wird an anderer Stelle zu sprechen sein.

Daß tuberkulöse Darmgeschwüre heilen können, kann nicht bezweifelt werden; das beobachten wir vor allen Dingen am primären Darmherd. Wir können sogar für die Mehrzahl der Fälle, in denen wohl eine ältere Mesenterialdrüsentuberkulose festgestellt wird, nicht aber ein dazugehöriger Darmherd, annehmen, daß der Darmherd, ohne deutliche Residuen zu hinterlassen, geheilt ist. Zuweilen lassen sich dann ja auch unscheinbare Narben auffinden. Solche Heilungen können wir aber wohl auch bei anderen Erkrankungsformen erwarten, wenn die gesamte Krankheitslage des Falles überhaupt diese Möglichkeit zuläßt. Manche Einzelheiten dieser Heilungsvorgänge werden wir erst bei der mikroskopischen Untersuchung kennen lernen. Hier möge nur soviel gesagt sein, daß bei Heilungen größerer Geschwüre auch erhebliche Strikturen des Darmrohres vorkommen können. Ein derartiges Ereignis habe ich sogar einmal bei einer offenbar primären Darmerkrankung einer 66 Jahre alten Frau in einem Fall gesehen, der mir von Dr. H. Müller-Mainz zur Verfügung gestellt wurde. Von weiteren in das Gebiet der Heilungen gehörenden makroskopisch sichtbaren Veränderungen seien noch polypöse Schleimhautwucherungen erwähnt, die in ähnlicher Weise wie bei der Ruhr auch im Bereich größerer tuberkulöser Geschwürsflächen vorkommen können.

Was die Verteilung der Geschwüre im Darm betrifft, so lassen sich darüber feststehende Regeln nicht aufstellen. Am häufigsten pflegt wohl bei allen Erkrankungsformen das untere Ileum betroffen zu sein. Doch kommen auch völlig unregelmäßige Verteilungen vor. Das sehen wir schon bei offenbar primären Erkrankungen, bei denen zahlreiche Geschwüre vorhanden sind. Das sehen wir auch bei den im Anschluß an eine Lungentuberkulose vorkommenden Darmerkrankungen. Bei diesen sind außerdem noch zwei Gesichtspunkte bemerkenswert. Erstens braucht nämlich nicht die Schwere der Darmerkrankung mit der Schwere der Lungenerkrankung parallel zu gehen. Wir werden dann in solchen Fällen, in denen die Lungentuberkulose leichterer Natur, die Darmtuberkulose hingegen sehr ausgebreitet ist, von einer mehr selbständigen Darmtuberkulose sprechen und dann in dem gesamten Krankheitsbild eine Kombinationsform zwischen zwei Organtuberkulosen sehen können. Zweitens — und das ist besonders auch vom klinischen Standpunkt aus beachtenswert — braucht die Schwere der Darmerkrankung durchaus nicht mit den klinischen Darm-Symptomen Hand in Hand zu gehen. Es lassen sich immer wieder Fälle finden, bei denen trotz schwerster anatomischer Darmerkrankung die klinischen Symptome sehr gering waren und umgekehrt. Die unregelmäßigsten Verteilungen der Darmherde sieht man übrigens bei den Frühgeneralisationen kleiner Kinder. Ist nun in den meisten Fällen der Dünndarm betroffen, so beteiligt sich doch auch recht oft der Dickdarm an der Erkrankung. Auch dafür lassen sich aber keine Regeln aufstellen, wenn es auch am häufigsten die schwersten Erkrankungen sind, die den Dickdarm in

Mitleidenschaft ziehen. Eine primäre Dickdarmerkrankung dürfte übrigens noch nicht beobachtet sein. Was im übrigen das Aussehen der Dickdarmgeschwüre betrifft, so brauchen sie sich nicht von denen des Dünndarms zu unterscheiden. Vielleicht kommen aber in ihm verhältnismäßig häufiger als im Dünndarm jene großen konfluierenden Prozesse vor, die dann auch klinisch unter den Zeichen einer Dysenterie verlaufen können. Im übrigen mag noch bemerkt sein, daß wie bei anderen Darmerkrankungen so auch hier die Praedilektionsstellen, d. h. das Zökum, die Flexuren und der Mastdarm verhältnismäßig am häufigsten und am schwersten betroffen werden. Eine Beteiligung des Wurmfortsatzes ist nicht selten vorhanden, wir werden ihr unten einige besondere Worte widmen.

Mikroskopische Untersuchung. In der Einleitung zu diesem Kapitel wurde schon gesagt, daß die unmittelbare Begrenzung des tuberkulösen Darmgeschwüres oft spezifisch produktive Veränderungen nicht erkennen läßt. Wenn wir vielmehr offenbar frisch entstandene Geschwüre, z. B. in Fällen von Frühgeneralisation oder auch bei der chronischen Darmtuberkulose, mikroskopisch untersuchen, so können wir in der Mehrzahl der Fälle etwa folgendes Bild feststellen (Abb. 73). Wir sehen einen umschriebenen Substanzverlust, dessen seitliche Ränder von mehr oder weniger überhängenden Schleimhautresten gebildet werden, und dessen Grund leicht gehöckert ist und etwa den oberflächlichen Schichten der Submukosa entspricht. Der ganze Rand zeigt eine dichte Zellinfiltration, die in ganz frischen Fällen oberflächlich aus vorwiegend typischen, aber z. T. nekrotischen Leukozyten besteht, während die Umgebung eine schwere Hyperaemie aufweist. In anderen Fällen aber, die offenbar späteren Entwicklungsstadien entsprechen, erkennt man statt der Leukozyteninfiltration ein typisches gefäßreiches Granulationsgewebe, das z. T. noch fibrinoide Einlagerungen zeigt, im übrigen nach unten und seitlich von dichten Lymphozytenkränzen eingefaßt wird. Darüber liegen dann unter Umständen noch kleine Reste von mit typischen Leukozyten durchsetzten nekrotischen Massen. Man sieht nun wohl zuweilen, daß im Bereich der reaktiven Zone hier und da auch umschriebene, oft rundliche kleine Nekrosen eintreten, die an eine beginnende Tuberkelbildung erinnern. Aber typisch produktive Tuberkel sind zunächst kaum je vorhanden. Bevor ich auf ihre Bildung eingehe, müssen wir uns fragen, in welcher Weise denn ein derartiges Geschwür zustande gekommen ist.

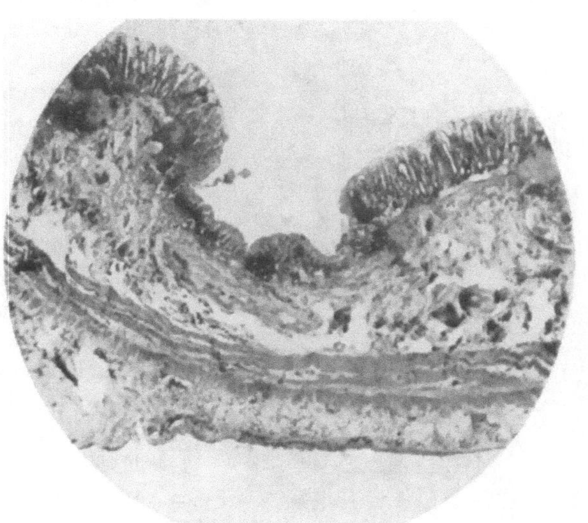

Abb. 73. Tuberkulöses Dünndarmgeschwür mit überhängenden Rändern. Der Grund von gewöhnlichem, z. T. nekrotischen Granulationsgewebe gebildet. Links unter der Schleimhaut beginnende Tuberkelbildung. 10fache Vergr.

Abb. 74. Beginnende Geschwürsbildung im Dünndarm bei einem 10 Monate alten Kinde mit Frühgeneralisation. Nekrotischer Herd der Mukosa und Submukosa, der die Oberfläche nur z. T. in Mitleidenschaft zieht. Demarkierende Entzündung am Rande der Nekrose. VAN GIESON. 25f. Vergr.

Zur Beantwortung dieser Frage eignen sich am besten die Fälle von Frühgeneralisation mit ausgebreiteter Beteiligung des Darmrohres. In solchen Fällen kann man nämlich des öfteren die Vorstadien dieser Geschwürsbildung kennen lernen (Abb. 74). Einige Worte müssen aber hier über das makroskopische Verhalten solcher Veränderungen eingeschaltet werden. Man sieht neben kleineren und größeren fertigen Geschwüren auch umschriebene, oft zirkulär angeordnete, linsengroße oder etwas größere, offenbar käsige und die Schleimhaut etwas vorwölbende Einlagerungen, deren Oberfläche zuweilen schon etwas rauh ist. Mikroskopisch entsprechen diese Veränderungen umschriebenen Nekrosen der Schleimhaut mit Anschluß eines Teiles oder der ganzen Submukosa. In diesen Nekrosen erkennt man wiederum alle Stadien der sich entwickelnden Verkäsung, d. h. man sieht mit Zellen- und Kernresten durchsetztes, aufgequollenes Gewebe, in dem sich Bindegewebsfasern und Gefäßwände gut erkennen lassen, aber bei unregelmäßiger Anordnung fibrinoide Umwandlungen zeigen, in das aber auch typische quellende Fibrinnetze und auch kleinere Blutungen eingelagert sein können. Der Querschnitt eines solchen Nekroseherdes ist rund oder oval, und in seinem der Oberfläche zugewandtem Rand sind in der Mitte auch einige Darmzotten einbezogen, während die seitlichen Teile dann von mehr oder weniger gut erhaltenem, aber etwas entzündlich infiltriertem Schleimhautgewebe bedeckt werden. Im übrigen zeigen die Herde im großen und ganzen eine scharfe Demarkation durch dichte, reichlich typische Leukozyten enthaltende Zellinfiltrate, die in einem stark hyperaemischen, aber auch feine fibrinöse oder fibrinoide Netze enthaltenden Gewebe gelegen sind. Tuberkelbazillen können in den nekrotischen Massen mehr oder weniger reichlich nachweisbar sein. Es ist wohl keine Frage, daß man es hier wieder mit einem Werdegang des tuberkulösen Prozesses zu tun hat, der ganz dem anderer Entzündungen entspricht, in diesem Fall z. B. auch dem des typhösen Geschwüres sehr nahe kommt. Wir müssen eine primäre Gewebsschädigung voraussetzen, der sehr schnell die Exsudation und mit ihr die Nekrose bezw. Verkäsung folgt. Wenn es hier auch noch weniger wie in anderen Organen gelingt, diese einzelnen Etappen genau voneinander abzugrenzen, so mag das daran liegen, daß es sich im großen und ganzen um sehr akut verlaufende Prozesse handelt. Eines wird jedenfalls durch die beschriebenen Bilder bewiesen, daß auch hier der Verkäsung und Ulzeration eine produktive Tuberkelbildung *nicht* vorausgeht. Die Tatsache aber, daß auch die erste Demarkation der Verkäsung des Geschwüres durch banale entzündliche Vorgänge bedingt wird, deutet wiederum darauf hin, daß auch hier sehr häufig hyperergische Reaktionen anzunehmen sind.

Was nun die weiteren Stadien der Geschwürsentwicklung betrifft, so lassen sich zweifellos Bilder beobachten, aus denen hervorgeht, daß eine Heilung derartiger Geschwüre eintreten kann, ohne daß überhaupt produktiv tuberkulöse Veränderungen entstehen. Man sieht nämlich hier und da eine beginnende und stellenweise auch eine fast vollendete Epithelisierung der Geschwürsoberfläche eintreten und kann dann auch zuweilen Rückbildungen und beginnende Narbenbildungen im Bereich des Granulationsgewebes feststellen. Lückenlose Bilder dieser Entwicklung besitze ich allerdings nicht. Doch berechtigen wohl auch Analogien mit ähnlichen Prozessen in anderen Organen zu der Annahme, daß ein derartiger Heilungsprozeß möglich ist. Manche der oben erwähnten Strikturen mögen in dieser Weise zustande kommen.

Doch gerade bei der häufigsten und klinisch wichtigsten Erkrankungsform des Darmes ist der Gang der Ereignisse gewöhnlich ein anderer. Oben wurde schon erwähnt, daß im Bereich des Granulationsgewebes neue Nekrosen auftreten können. Und es ist keine Frage, daß auf diese Weise der eben geschilderte Prozeß sich wiederholen, bezw. weiter ausbreiten kann. Aber viel häufiger ist der Fall, daß nunmehr außerhalb des Granulationsgewebes typische produktive Tuberkel auftreten, und sich dann allmählich Veränderungen entwickeln, wie sie z. B. von Aschoff in seinem Lehrbuch dargestellt worden sind. Immer von chronisch entzündlichen Zellinfiltraten umgeben, sprießen diese Tuberkel nicht nur in der Mukosa und Submukosa auf, sondern auch im Bereich der Muskularis und insbesondere in der Subserosa und Serosa, wodurch dann die oben makroskopisch geschilderten Bilder zustandekommen. Auch das den eigentlichen Geschwürsgrund ausfüllende Granulationsgewebe kann allmählich von Tuberkeln durchsetzt werden, so daß die Geschwüre dann jenes Aussehen erhalten, wie es gewöhnlich in den Lehrbüchern abgebildet wird. Auch unter diesen Umständen kann man natürlich neue Schübe von Exsudationen und von Verkäsungen beobachten, durch die dann die Vergrößerung der Geschwüre zustande kommt.

Natürlich braucht der Prozeß der ersten Geschwürsbildung nicht immer in der geschilderten stürmischen Weise zu verlaufen. Für die Mehrzahl der Fälle möchte ich aber prinzipiell eine derartige Entwicklung annehmen, auch wenn in manchen Fällen die erste Geschwürsbildung nur eine sehr geringfügige, miliare und submiliare, ist. Dabei taucht übrigens noch die Frage auf, inwieweit sich die ersten Veränderungen in den lymphatischen Apparaten abspielen.

Wenn wir bei der makroskopischen Betrachtung für viele Fälle schon eine Bevorzugung der PEYERschen Platten erkannt haben, so zeigt uns die mikroskopische Untersuchung, daß tatsächlich auch recht häufig Solitärfollikel der Sitz kleiner Geschwürsbildungen sein können. So läßt sich also tatsächlich eine gewisse Praedilektion des lymphatischen Darmgewebes für die tuberkulöse Geschwürsbildung nicht verkennen. Ich möchte aber betonen, daß darin durchaus kein Monopol liegt, sondern, daß garnicht selten auch Geschwürsbildungen vorkommen, die sich sicher unabhängig von den lymphatischen Apparaten entwickeln. Gerade in solchen Fällen scheint mir auch unter Umständen zunächst eine Bildung von Tuberkeln vorzukommen, die dann erst infolge neuer sekundärer Schübe verkäsen und ulzerieren können.

Andererseits finde ich das Aufsprießen produktiver Tuberkel bei intakter Schleimhaut zuweilen in solchen Fällen, bei denen an anderer Stelle schon ausgebreitete chronische Geschwürsbildungen bestehen. Hier kommen sogar ganze Reihen vielfach miteinander konfluierender und in fibröser Umwandlung begriffener Tuberkel vor, die durchaus an lupöse Vorgänge erinnern.

Endlich möchte ich auch hier noch die dysenterieartigen, bezw. diphtherischen Prozesse erwähnen, die besonders schwere Darmtuberkulosen begleiten können. Es handelt sich dabei sowohl im Dünndarm, wie im Dickdarm um mikroskopisch überhaupt nicht von der Dysenterie unterscheidbare Prozesse. Man sieht oberflächliche pseudomembranähnliche Nekrosen der Schleimhaut, auf die demarkierende Zellinfiltrationen folgen. Natürlich muß sich hier die Frage stellen, ob es sich überhaupt um Einwirkungen von Tuberkelbazillen handelt, oder ob vielmehr die Folgen von Sekundärinfektionen, eventuell sogar von solchen mit Ruhrbazillen, vorliegen. Diese Frage dürfte ganz eindeutig nicht beantwortet werden können. Was dafür spricht, daß bei diesen Prozessen Tuberkelbazillen tatsächlich im Spiele sind, ist nicht nur die Tatsache, daß sie bei ihnen oft sogar in nicht geringer Zahl gefunden werden können, sondern auch der Umstand, daß Übergänge von diesen oberflächlichen Nekrosen zu ausgebreiteten flächenhaften Verkäsungen vorkommen. Andererseits aber gibt es auch dysenterieartige Prozesse, bei denen die Tuberkelbazillen vermißt werden, wohl aber eine dichte Flora aller möglichen anderen Bakterien vorhanden ist. Ich möchte es auf Grund solcher Beobachtungen für wahrscheinlich halten, daß wohl in jedem Fall bei derartigen Veränderungen die Mitwirkung von allen möglichen Sekundärinfektionen nicht zu unterschätzen ist. Ich möchte dazu auch bemerken, daß ich in manchen Fällen auch tief in die Mukosa und Submukosa eingreifende Abszedierungen gesehen habe, ganz ähnlich wie sie manche Ruhrfälle, besonders des Kindesalters, zuweilen aufweisen.

Gerade bei diesen Prozessen, aber auch ebenso bei den sicher rein tuberkulösen, kommen nun bei etwa einsetzenden Heilungsvorgängen allerhand atypische Epithelwucherungen, auch in Gestalt von eigentümlichen Drüsenbildungen vor, wie sie ja ebenfalls bei anderen Darmprozessen, insbesondere wieder bei der Ruhr, eine nicht geringe Rolle spielen. Ich möchte auf eine genauere Beschreibung dieser Vorgänge verzichten und nur in diesem Zusammenhang noch die Möglichkeit erwähnen, daß aus derartigen Epithelwucherungen auch richtige Karzinome hervorgehen können. Interessant sind in dieser Beziehung besonders die Fälle von multiplen, im Bereich von tuberkulösen Geschwüren entstandenen Darmkarzinomen.

Von besonderen Tuberkuloseformen des Darms mögen nun noch die tuberkulöse Appendizitis und der tuberkulöse Ileozökaltumor erwähnt werden. Was zunächst den *Wurmfortsatz* betrifft, so ist er, wie schon gesagt, sehr häufig bei schweren Darmtuberkulosen, unter Umständen aber auch bei leichteren Formen, miterkrankt und zeigt dann im großen und ganzen keine prinzipiell von den übrigen Darmteilen abweichende Veränderungen. Doch kommen auch mehr selbständige Erkrankungen des Wurmfortsatzes vor, die sogar klinisch

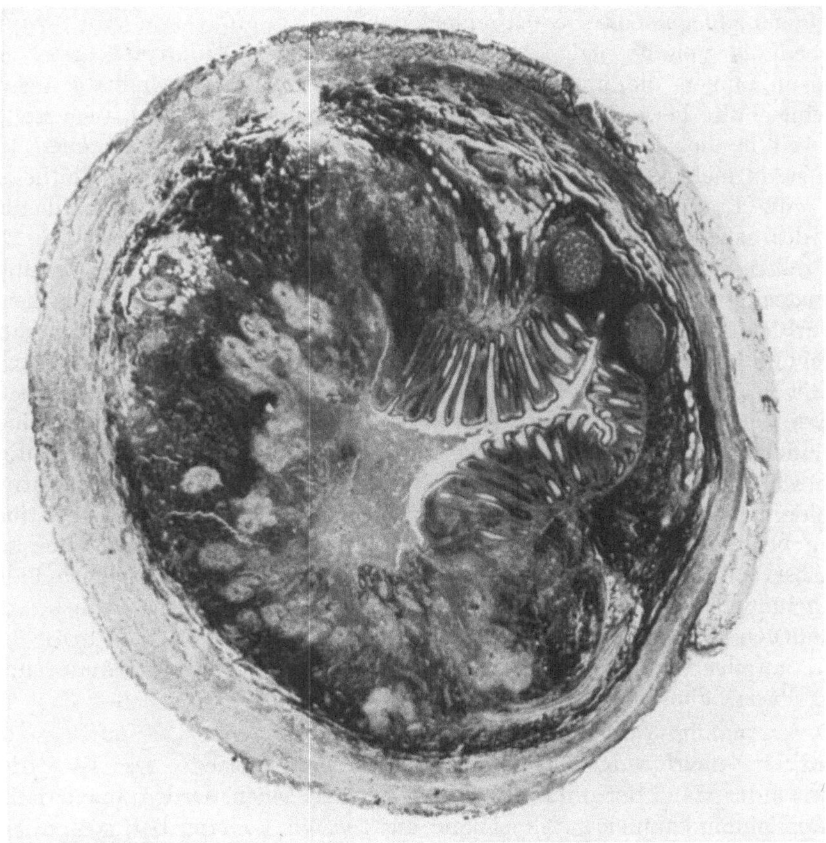

Abb. 75. Tuberkulöse Appendizitis. Rechts erhaltene Schleimhaut mit gewöhnlichem Lymphgewebe. Der linke Teil des Lumens mit eitrigem Exsudat gefüllt. Der Prozeß strahlt nach allen Seiten unter Bildung von (in der Photographie hellen) Epithelzelltuberkeln aus, auf die eine dichtere Lymphozytenzone folgt. 15fache Vergr.

mit dem Verlauf mancher gewöhnlichen Appendizitisformen in weitem Maße übereinstimmen können. Jedenfalls verfüge ich über einige operativ entfernte Wurmfortsätze von jugendlichen Individuen, bei denen erst die mikroskopische Untersuchung das Vorhandensein einer Tuberkulose feststellte. Die Frage, ob es sich in solchen Fällen um primäre Erkrankungen handeln kann oder ob auch nur eine isolierte, unabhängig von einer etwaigen Darmerkrankung entstandene tuberkulöse Appendizitis vorliegt, ist zunächst noch nicht zu beantworten. Bei Sektionen — und sie können ja schließlich nur den Ausschlag in dieser Frage geben — habe ich allerdings noch niemals weder eine primäre noch eine isolierte tuberkulöse Erkrankung des Wurmfortsatzes gesehen. Immerhin bieten meine Fälle auch pathologisch-anatomisch ein so großes Interesse, daß ich wenigstens einen typischen Fall hier schildern möchte. Makroskopisch war die Diagnose nicht zu stellen. Äußerlich bestanden nur leichtere peritonitische Erscheinungen an der Serosa ohne die Merkmale einer tuberkulösen Erkrankung. Auf dem Durchschnitt hatte man an dem geschwollenen distalen Ende mehr den Eindruck einer gewöhnlichen eitrigen Entzündung, indem sich dicke eitrige Massen aus dem Lumen entleerten und die Umgebung eine weiche, anscheinend phlegmonöse Beschaffenheit darbot. Im Mikroskop (Abb. 75) sah man ebenfalls typische eitrige, nur aus gelapptkernigen Leukozyten bestehende Massen im Lumen, die, ähnlich wie bei der gewöhnlichen Appendizitis aus der Tiefe einer Falte hervorkamen. Diese Eitermassen erstreckten sich auch stellenweise weit in die Mukosa und Submukosa hinein. An manchen Stellen aber gingen sie in mehr käsig homogene Massen über, die wiederum von Epitheloidzellen und LANGHANSschen Riesenzellen umfaßt wurden. Und schließlich wurde der ganze Prozeß nach außen begrenzt von reichlichen typischen Epitheloidzellen mit Riesenzellen, die sich dann allmählich in dichten Lymphozytenmassen, bezw. im lymphatischen Gewebe verloren. Stellenweise zeigte sich auch ein unspezifisches gefäßreiches Granulationsgewebe, und die ganze Umgebung des Herdes war überhaupt stark hyperaemisch und etwas zellig infiltriert. Solche Fälle habe ich mehrfach gesehen; sie sind auch geeignet für die Bekräftigung unserer Auffassung von dem Wesen der Tuberkulose als einem entzündlichen Prozeß. Hier ist offenbar die schwere Eiterung der erste auf die Gewebsschädigung folgende Vorgang und die spezifisch tuberkulös produktiven Veränderungen sind erst das zweite Stadium, entsprechend der Granulationsbildung bei gewöhnlichen Entzündungen. Ich möchte dazu noch bemerken, daß selbstverständlich andere Bakterien als Tuberkelbazillen in solchen Fällen nicht gefunden werden. *Perforationen* kommen übrigens ebenso wie bei den gewöhnlichen Darmgeschwüren auch bei der tuberkulösen Appendizitis hier und da zuweilen vor. Auch typische Empyeme des Wurmfortsatzes auf tuberkulöser Basis habe ich wie andere gesehen.

Der sogenannte *tuberkulöse Ileozökaltumor* ist hier und da auch zu den eigentlichen tumorförmigen Tuberkulosen gerechnet worden. Das ist jedoch, wie wir an der Hand der mikroskopischen Befunde sehen werden, nicht richtig. Die Bezeichnung kann sich vielmehr nur auf den rein äußeren Befund beziehen, indem dabei vor allen Dingen bei der klinischen Untersuchung die Erkrankung als eine große, oft bis kindskopfgroße Geschwulstmasse in der rechten Unterbauchseite imponiert. Da zu gleicher Zeit auch Stenoseerscheinungen vorhanden sein können, wird oft der Tumorverdacht noch bestätigt und vor allen Dingen an das Vorhandensein eines Karzinoms gedacht. Auch der grobe pathologisch-anatomische Befund kann diesen Verdacht zunächst noch bestärken. Man findet an der Stelle des Zökums und nach dem Ileum hin übergreifend eine zweifaust- bis kindskopfgroße, derbe Gewebsmasse, oft mannigfach mit der Umgebung verwachsen, die sich hart, aber ungleichmäßig anfühlt, so daß man wohl den Eindruck eines karzinomatösen Tumors gewinnen kann. Sogleich muß aber auffallen, daß metastatische Herde nirgends zu sehen sind, und daß selbst die regionären Lymphknoten keine wesentlichen Veränderungen aufzuweisen brauchen. Die Eröffnung der Masse vom Darmlumen aus stößt auf

Schwierigkeiten, die nicht nur durch die wohl stets in gewissem Ausmaße vorhandene Stenose, sondern auch durch mannigfaltige Buchtenbildungen erklärt werden. Man kann dann schon nach dem Aufschneiden bei makroskopischer Betrachtung feststellen, daß viele Faltenbildungen der gesamten verdickten Darmwand vorhanden sind. Das Lumen bietet wohl hier und da normale Schleimhautbezirke dar, andererseits finden sich oft auch polypöse Wucherungen und auch kleinere oder größere, meist abgeglättete Geschwürsflächen, während das typische unterminierte tuberkulöse Geschwür nicht zu den wesentlichen Kriterien des Prozesses gehört. Aus tiefen Buchten und weit in die Masse hineinreichenden Spalten können sich reichlich schleimige, oder auch etwas eiterähnliche Massen entleeren. Die ganze Wand wird hingegen zu einem Teil von schwielig narbigem Gewebe gebildet, zu einem anderen mehr von dunkelrot geflecktem Gewebe. Sicher tuberkulöse Veränderungen, z. B. auch Verkäsungen, brauchen bei der makroskopischen Betrachtung nicht sichtbar zu sein. Doch kann man in den fibrösen Partien zuweilen schon Konglomeratknötchen erkennen, andererseits auch hier und da verwaschene, käseähnliche Einlagerungen. Eine Abgrenzung der Darmschichten gegeneinander ist kaum möglich. Zuweilen aber grenzen sich deutlich hypertrophische Teile der Muskulatur in dem schwieligen Gewebe ab. Was die Ausbreitung des Prozesses betrifft, so ist in manchen Fällen gerade nur das Zökum betroffen und die Veränderungen machen auch nach dem Dünndarm zu genau an der Ileozökalklappe halt. Zuweilen ist aber auch ein kleines Stück des Ileums mit einbegriffen, oder die Veränderungen setzen sich eine Strecke weit auf das Colon ascendens fort. (Nebenbei sei bemerkt, daß in seltenen Fällen ganz analoge Vorgänge auch an anderen Stellen des Dickdarms, besonders an den Flexuren oder sogar auch einmal am Dünndarm gefunden werden.)

Während auf Grund des makroskopischen Befundes zuweilen die Diagnose auf Tuberkulose nicht direkt gestellt werden kann, sondern sozusagen nur empirisch und per exclusionem, läßt die mikroskopische Untersuchung stets mit großer Deutlichkeit erkennen, daß es sich um einen mit schweren Indurationen einhergehenden, eminent chronischen, tuberkulösen Prozeß handelt, den ich noch am ehesten mit den eigenartigen chronischen isolierten Nebennierentuberkulosen vergleichen möchte. Im einzelnen ist darüber Folgendes zu sagen. Auch mikroskopisch sind typisch tuberkulöse Schleimhautulzera selten. Nach meinen Erfahrungen gleichen die vorhandenen Ulzerationen vielmehr am ehesten denen der chronischen Dysenterie. Man hat glatte torpide Geschwürsflächen mit wenig Belegen und in der Umgebung ganz ähnliche bis zu Polypenbildung gehende Schleimhautwucherungen wie eben bei der Dysenterie. Ich glaube auch, daß es sich hier nicht um erste Vorgänge der Erkrankung handelt, sondern daß diese Ulzerationen erst im späteren Verlauf der Erkrankung, vielleicht auch auf Grund von Sekundärinfektionen, zustande kommen. Damit soll übrigens nicht geleugnet werden, daß hier und da auch richtige tuberkulöse Geschwüre vorkommen können. Das Wesentliche des ganzen Prozesses ist vielmehr ein zu sehr umfangreichen Indurationen und Schrumpfungen führender tuberkulöser Prozeß, der sich im wesentlichen in der Submukosa und in der Subserosa abspielt. In meinen Fällen war stets die Subserosa sehr viel schwerer betroffen, in anderen veröffentlichten Fällen scheint das jedoch nicht der Fall gewesen zu sein. Im einzelnen läßt sich sagen, daß im Bereich der wesentlichen

Veränderungen sich einesteils ein faserreiches, aber auch sehr gefäßreiches und mit unregelmäßigen chronisch entzündlichen Zellinfiltraten durchsetztes Bindegewebe befindet, andererseits aber auch ein grobfaseriges, fast hyalines, aber auch noch relativ gefäßreiches Gewebe. Dazwischen sind in ganz unregelmäßiger Weise eingelagert die spezifisch tuberkulösen Veränderungen. Man sieht einzelne oder auch in größeren konglomerierten Gruppen stehende, meist in fasriger Umwandlung begriffene, produktive Tuberkel mit Lymphozytenwällen, man sieht aber andererseits auch mehr oder weniger große käsige Partien in ganz unregelmäßiger Weise in schwielige Partien eingelagert oder auch innerhalb des zellreicheren Granulationsgewebes. Diese käsigen Partien enthalten oft reichlich Fasern, die den vorher vorhandenen Gewebsstrukturen, darunter auch denen von produktiven Tuberkeln entsprechen. Diese käsigen Bezirke können völlig reaktionslos innerhalb des Gewebes liegen, oder auch wiederum von Epitheloidzellen und auch Riesenzellen eingefaßt werden. Die Muskulatur bleibt gewöhnlich von allen diesen Veränderungen relativ frei. Doch sieht man auch in ihr Indurationen und vor allen Dingen stellt man auch mikroskopisch fast immer eine gewisse Hypertrophie fest. Infolge der mannigfachen Faltungen der Darmwand erkennt man zuweilen mitten in den Veränderungen Drüsenschläuche. Man kann aber immer feststellen, daß diese tatsächlich infolge der Faltungen entstandenen, tiefen Schleimhautkrypten entsprechen. Allerdings sind an solchen Drüsen zuweilen auch gewisse Wucherungserscheinungen festzustellen. Im übrigen ist gewöhnlich das ganze Schleimhautepithel in starker Sekretion begriffen. Oft sind sämtliche Epithelien in große Becherzellen umgewandelt.

Wenn wir nun nach der *Genese* dieser eigentümlichen Veränderungen forschen, so brauchen wir uns auf Grund unserer heutigen Anschauung kaum mehr mit der Frage zu beschäftigen, ob eine primäre Tuberkulose vorliegen kann. Ich glaube nach meinen eigenen Erfahrungen und auf Grund der Literatur sagen zu können, daß primäre derartige Veränderungen nicht vorkommen. Wenn aber in der älteren Literatur diese Frage tatsächlich des öfteren ernstlich gestellt wird, so liegt das daran, daß es sich gewöhnlich um Fälle handelt, bei denen die Zökaltuberkulose als einzige tuberkulöse Manifestation im Körper festgestellt wurde. Es handelt sich ja auch oft um Fälle, die operativ behandelt wurden und bei denen nach der Operation eine völlige Wiederherstellung erfolgte. Tatsächlich kann ich auch für meine Fälle — und ich habe im Laufe der Jahre schon eine ganze Anzahl davon gesehen — aussagen, daß auch bei ihnen die Zökaltuberkulose den einzigen wesentlichen Erkrankungsherd im Körper darstellte. Abgesehen von einem etwa aufgefundenen älteren Primärkomplex finden sich in solchen Fällen nur noch unbedeutende und vernarbte tuberkulöse Veränderungen in den apikalen Lungenteilen. Wir können demnach sagen, daß wir bei dem sogenannten *tuberkulösen Ileozökaltumor eine chronische isolierte Organtuberkulose* vor uns haben. Wie sich ihr erster Beginn gestaltet, darüber allerdings läßt sich einstweilen noch wenig sagen. Sowohl die intestinale, wie die haematogene Entstehungsweise ist möglich. Auch ein einfaches tuberkulöses Geschwür könnte als Ausgangspunkt in Betracht kommen. Im übrigen müssen wir annehmen, daß auf Grund bestimmter allergischer, und vor allen Dingen auch lokal-allergischer, Verhältnisse Bedingungen geschaffen werden, wie man sie etwa auch bei manchen anderen eminent chronisch verlaufenden Organtuberkulosen finden kann, so etwa bei der Nebennierentuberkulose oder auch beim Lupus. Obwohl Heilungsvorgänge einsetzen, bleibt doch die lokale Disposition zum Weiterschreiten der Erkrankung immer erhalten und nur auf diese Weise kann trotz der mannigfachen Heilungen der Prozeß dauernd nach allen Seiten hin fortschreiten. Auch vorübergehende schwerere Schübe bleiben nicht aus, wie es die zuweilen recht umfangreichen Verkäsungen erweisen. Daß die Auffassung, bei der Ileozökaltuberkulose handle es sich um eine chronische isolierte Organtuberkulose, zu Recht besteht, wird auch dadurch bekräftigt, daß schwerere regionäre Lymphknotenerkrankungen fehlen. Ganz frei sind allerdings die Lymphknoten fast nie. Aber man findet doch nur ähnliche Veränderungen, wie sie auch bei den meisten chronisch verlaufenden Lungentuberkulosen vorkommen. Die Verwachsungen der tuberkulösen Ileozökaltumoren mit der Umgebung wurden oben schon erwähnt. Ich möchte hinzufügen, daß auch umfangreiche und innige Verlötungen mit der äußeren Haut vorkommen. Als eine weitere Folge werden in seltenen Fällen auch Perforationen nach außen beobachtet. Sie sind dann die Folge von Einschmelzungsprozessen, die natürlich im Bereich von verkäsenden Partien möglich sind. Ich möchte allerdings annehmen, daß dabei auch Sekundärinfektionen eine Rolle spielen, obwohl ich den Nachweis nicht zu bringen vermag.

Im Anschluß daran seien noch einige Worte über etwaige *Perforationen von tuberkulösen Darmprozessen* überhaupt gesagt. Sie sind im allgemeinen recht selten. Selbst wenn die beschriebenen, verhältnismäßig akut entstehenden Geschwüre sich nicht auf Schleimhaut und Submukosa beschränken, sondern auch Teile der Muskelschichten oder selbst die ganze Muskularis in Mitleidenschaft ziehen, kommt es doch gewöhnlich ebenso schnell zu lokalen peritonitischen Erscheinungen, oft sicher im Sinne der perifokalen Entzündung, die eine prompte Verklebung mit anliegenden Bauchfellteilen zustande bringen. Die oft ebenso schnell eintretende Organisation des fibrinösen Exsudates verhindert dann eine Perforation in die freie Bauchhöhle. Trotzdem kommen natürlich hin und wieder derartige Perforationen vor, und zwar nicht nur in die Bauchhöhle, sondern auch in andere Organe. Besondere Verhältnisse bieten in der Beziehung die *Mastdarmerkrankungen.* Sitzen nämlich die Geschwüre dicht am Anus außerhalb der Peritonealbekleidung des Rektums, dann besteht theoretisch die Möglichkeit der Bildung aller Arten von *Mastdarm- bezw. Analfisteln.* Tatsächlich werden von manchen Autoren die meisten derartigen Fisteln auf tuberkulöse Prozesse zurückgeführt. Ich möchte dem nicht ganz zustimmen. Wenn ich auch bestätigen kann, daß in der Wand solcher Fisteln recht häufig tuberkulöse Veränderungen zu erkennen sind, so ist mir doch auch eine Anzahl von Fällen bekannt, bei denen zu gleicher Zeit weder frische tuberkulöse Veränderungen im Darm bestanden, noch auch mit einiger Wahrscheinlichkeit ältere geheilte tuberkulöse Prozesse anzunehmen waren. In solchen Fällen liegt es näher, daß die Fisteln auf Grund von geschwürigen Prozessen anderer Ätiologie zustande kamen und sekundär entweder von höher sitzenden Geschwüren aus oder selbst nur durch verschlucktes Sputum mit Tuberkelbazillen infiziert wurden.

5. Bauchfell.

Für die tuberkulösen Erkrankungen des Bauchfells gelten prinzipiell dieselben Gesichtspunkte wie auch für die der anderen serösen Häute. Es handelt sich gewöhnlich ebenfalls um solche Prozesse, die in allen ihren Stadien klarer entzündlicher Natur sind, d. h. mit Exsudationen beginnen und erst bei der Organisation des Exsudates in produktiv-tuberkulöse Veränderungen übergehen. Im allgemeinen wird nun aber von den Autoren ein Unterschied gemacht zwischen einer Tuberculosis peritonei und einer Peritonitis tuberculosa. Diese Unterscheidung ist insofern berechtigt, als es tuberkulöse Erkrankungen des Peritoneums gibt, bei denen die exsudative Auflagerung auf die freie Oberfläche nicht oder kaum zustande kommt. Es handelt sich dann um Fälle, bei denen Tuberkelknötchen zwar in der Serosa oder Subserosa sitzen, nicht aber die Oberfläche erreichen. Etwas derartiges findet man sowohl in Fällen länger dauernder allgemeiner Miliartuberkulose als auch, allerdings viel seltener, bei irgendwelchen chronischen Organtuberkulosen, wo es sich dann aber offenbar um einen annähernd terminalen Vorgang handelt. In jedem Fall liegt auch hier zweifellos eine haematogene Entstehung vor. Hierhin gehören aber auch zum großen Teil die im Anschluß an tuberkulöse Darmgeschwüre auftretenden, im Verlauf der Lymphgefäße der Serosa sitzenden Tuberkel.

Interessanter und praktisch wichtiger sind die eigentlichen tuberkulösen Peritonitiden, von denen man umschriebene und allgemeine unterscheiden kann; wobei es sich also nicht oder nicht wesentlich um mehr oder weniger in den Innenschichten des Peritoneums sitzende Vorgänge, sondern in erster Linie um eine Oberflächenentzündung handelt. Was zunächst die *umschriebenen Erkrankungsformen* betrifft, so wird ihrer auch bei der Besprechung der Darmtuberkulose und Tubentuberkulose Erwähnung getan. Wir können diese beiden Organe — auch die Milz wird genannt — als Hauptausgangspunkte der umschriebenen tuberkulösen Peritonitiden betrachten. Die von tuberkulösen Darmgeschwüren ausgehenden Prozesse finden sich zwar nicht regelmäßig, aber doch recht häufig in Fällen, die offenbar schon längere Zeit bestanden haben, aber zuweilen auch schon bei frischeren Geschwüren. Das mikroskopische Verhalten braucht aus den in der Einleitung zu diesem Kapitel angegebenen Gründen hier nicht genauer geschildert zu werden. Ich möchte nur darauf hinweisen, daß man in den Verklebungen und Verwachsungen nicht immer typische tuberkulöse Veränderungen zu finden braucht. Ich möchte deswegen annehmen, daß hier unter Umständen diese Peritonealveränderungen auch in das Bereich der perifokalen Entzündung gerechnet werden können. In den meisten Fällen aber hat man natürlich den gewöhnlichen Hergang wie auch sonst bei der tuberkulösen Entzündung der serösen Häute. Die Tatsache, daß es nur selten in solchen Fällen zur allgemeinen Peritonitis kommt, wurde schon bei Besprechung der Darmgeschwüre mit den schnell einsetzenden Verklebungen und Verwachsungen erklärt. Ich möchte hier noch hinzufügen, daß dabei offenbar auch allergische Zustände mit im Spiele sind; handelt es sich doch gewöhnlich um Individuen mit fortschreitender Lungentuberkulose und mit ebenfalls ziemlich ausgebreiteter Beteiligung des Darmes, also um Fälle, bei denen isolierte Organtuberkulosen und mit ihnen eine allgemeine Allergie im Sinne einer relativen Immunität besteht. Von den Folgezuständen dieser umschriebenen tuberkulösen Peritonitiden möchte ich nur noch Kompressionen, Strangulationen und Abknickungen des Darmrohres erwähnen, die ebenso wie die gewöhnlichen narbigen Stenosen, die dabei übrigens zuweilen vorhanden sind, zu ileusartigen Erscheinungen führen können. Ganz ähnliche Gesichtspunkte kommen für die von den Tuben ausgehenden lokalen tuberkulösen

Peritonitiden in Betracht. Umschriebene Verwachsungen mit den Nachbarorganen, insbesondere auch mit Darmschlingen sind auch hier die endliche Folge. Die Frage, ob auch umgekehrt vom Peritoneum aus die Tuben infiziert werden können, wird immer wieder gestellt. Ich möchte auch hier wie bei der Besprechung der Erkrankungen der weiblichen Genitalien betonen, daß mir selbst keine Fälle bekannt sind, in denen mit Sicherheit ein derartiger Zusammenhang angenommen werden konnte. Des Weiteren stellt sich hier die Frage, ob von einer Tubentuberkulose aus auch eine allgemeine tuberkulöse Peritonitis entstehen kann. Ich möchte diese Frage bejahen. Denn ich verfüge über einige Fälle, bei denen ein solcher Zusammenhang durchaus klar war. Es handelte sich dann um solche Fälle, bei denen neben der Tubentuberkulose kaum andere, wenigstens keine fortschreitenden tuberkulösen Veränderungen in den übrigen Körperorganen bestanden, bei denen also demgemäß auch die Durchimmunisierung des Körpers noch eine relativ geringe war.

Was im Übrigen die *Genese der allgemeinen tuberkulösen Peritonitiden* betrifft, so ist zu bemerken, daß es neben solchen Fällen, in denen man einen direkten Ausgangspunkt feststellen kann, etwa eine Tubentuberkulose, viel seltener eine Darmtuberkulose, eventuell auch eine Mesenterialdrüsentuberkulose, endlich auch eine fortgeleitete tuberkulöse Pleuritis, auch andere gibt, in denen ein direkter Ausgangspunkt nicht zu finden ist. Ich möchte sogar meinen, daß diese letzteren Fälle häufiger sind als die ersteren. Wir kommen um die Annahme nicht herum, daß gerade die diffusen tuberkulösen Peritonitiden zu einem guten Teil selbständige Erkrankungen sind und darum auch in gewisser Weise zu den isolierten chronischen Organtuberkulosen zu rechnen sind, daß endlich wohl die Mehrzahl derartiger Prozesse nur durch eine Infektion auf dem Blutwege zustande kommen kann. Dahin gehören auch die schon bei anderer Gelegenheit erwähnten multiplen Erkrankungen der serösen Häute, die wir unter dem Begriff der Polyserositis tuberculosa zusammenfassen können. Nun werden bei den diffusen tuberkulösen Peritonitiden gewöhnlich trockne und feuchte Formen voneinander unterschieden. Ich bin aber der Meinung, daß sich eine scharfe Trennung nicht machen läßt, denn es lassen sich alle Übergänge beobachten. Immerhin gibt es sicher Erkrankungen, bei denen von vornherein nur wenig freies Exsudat besteht, wohl aber über eine verhältnismäßig geringe Fibrinausscheidung hin das produktive Stadium und mit ihm die Tuberkelbildung sehr schnell erreicht wird. In diesen Fällen kann, wenn die Sektion im entsprechenden Stadium gemacht wird, das gesamte Peritoneum mit unzähligen Knötchen übersät sein, während die fibrinöse Komponente nicht sehr stark in den Vordergrund tritt. Ist diese Erkrankungsform schon in gewissem Sinne als Peritonitis sicca zu bezeichnen, so leitet sie über zu noch trockeneren Formen und diese wiederum zu den Miliartuberkulosen ohne entzündliche Oberflächenerscheinungen, wie sie oben besprochen wurden. Auf der anderen Seite stehen dann die Formen, bei denen das freie Exsudat entweder ein nur wenig getrübtes oder auch eiterähnliches, mehr oder weniger reichliches ist. Hier kann auch die Aussaat produktiver Tuberkel in manchen Fällen noch recht reichlich sein, öfter aber auch zurücktreten, und zwar dies gerade dann, wenn auch die fibrinösen Auflagerungen verhältnismäßig stark ausgebildet sind. Ich möchte meinen, daß aus diesen Erkrankungen, bei denen die exsudative Komponente in den Vordergrund tritt, jene Bilder hervorgehen, bei denen sich in den eintretenden Verklebungen auch reichlich käsige Massen ausbilden können. Es handelt sich um jenes Sektionsbild, bei dem man eine diffuse Verbackung sämtlicher Bauchorgane, insbesondere der Dünndarmschlingen feststellt, wo die Lösung noch einigermaßen gelingt, aber überall gequollene, verkäsende Fibrinmassen und auch trocknere Verkäsungen, hier und da auch abgesackte Eiterungen zum Vorschein kommen. Endlich müssen nun noch jene Sektionsbefunde erwähnt werden, bei denen man eine totale fibröse Verwachsung sämtlicher Bauchorgane untereinander feststellt. Makroskopisch läßt sich dann zuweilen die Diagnose auf Tuberkulose noch an dem Vorhandensein von mehr oder weniger grauen Tuberkeln in den Verwachsungen stellen. Zuweilen aber läßt sich auch erst im Mikroskop an dem Vorhandensein ganz weniger fibröser Tuberkel oder auch vereinzelter LANGHANSscher Riesenzellen die tuberkulöse Natur des Prozesses erkennen. Gerade diese Fälle sind es übrigens auch, bei denen es zuweilen trotz eifrigsten Suchens nicht gelingt, im Bereich des Darmes oder der anderen in Betracht kommenden Organe irgendeine ältere oder frischere tuberkulöse Veränderung festzustellen, woraus sich auch in solchen Spätfällen noch die ursprüngliche haematogene Entstehung der Peritonitis sehr wahrscheinlich machen läßt. Ich bin allerdings der Meinung, daß dieser Zustand eher ein Endprodukt der mehr trockenen, als der mit umfangreichen Exsudationen und Verkäsungen einhergehenden Prozesse ist. Ich möchte aber betonen, daß auf diesem Gebiet eine lückenlose Klärung der Zusammenhänge noch nicht besteht und daß auch die Aufgabe, alle tuberkulösen Peritonitiden in das Gesamtbild der tuberkulösen Erkrankungsformen einzureihen, noch ihrer Lösung harrt. Dabei wäre auch zu berücksichtigen, inwieweit das Peritoneum durch vorhergehende Krankheitsprozesse für eine tuberkulöse Infektion disponiert werden kann. Bekannt und praktisch wichtig sind in dieser Hinsicht die Beziehungen zu einem schon bestehenden Aszites, so insbesondere bei Leberzirrhose.

Zum Schluß möchte ich noch kurz erwähnen, daß bei den Frühgeneralisationen und auch bei den bei älteren Individuen vorkommenden großherdigen Allgemeintuberkulosen am Peritoneum multiple umschriebene, platten- und knopfförmige käsige Prozesse vorkommen, die aber wohl wegen der Schwere des übrigen Krankheitsbildes praktisch keine Rolle spielen. Ihre Histogenese ist dieselbe wie die der entsprechenden Pleuraerkrankungen.

6. Leber.

Die Tuberkulose der Leber ist ein überaus häufiges Ereignis und läßt sich unter allen möglichen Erscheinungsformen beobachten. Zunächst kommt sicher eine *primäre Erkrankung* der Leber vor und zwar bei der kongenitalen Tuberkulose. Obwohl ich selbst nie einen derartigen Fall gesehen habe, möchte ich diese Tatsache doch hier hervorheben. Im übrigen dürften bei dieser Erkrankungsform die makroskopischen und mikroskopischen Veränderungen nicht wesentlich verschieden von denen sein, denen man auch bei anderer Gelegenheit in der Leber begegnet.

Zweitens ist die Leber dasjenige Organ, das sich an allen *Generalisationsformen* gewöhnlich in sehr weitem Ausmaße beteiligt. Wir betrachten zunächst die *allgemeine Miliartuberkulose*. Allerdings wird sich hier eine Beschreibung aller Einzelheiten darum erübrigen, weil die wesentlichsten Punkte des mikroskopischen

Verhaltens schon im allgemeinen Teil berücksichtigt wurden (vgl. S. 67ff. und Abb. 1—7 und 9—11). Makroskopisch ist die Diagnose in den meisten Fällen durch die äußere Betrachtung ziemlich leicht zu stellen. Man sieht nämlich die kaum miliaren, etwas verwaschenen grauen Knötchen deutlich durch die Kapsel hindurchschimmern, wobei noch zu beachten ist, daß in besonders schweren Fällen auch leichtere Fibrinauflagerungen auf der Kapsel nicht fehlen, die ich für manche Fälle als Folgen einer perifokalen Entzündung deuten möchte. In anderen Fällen kommen auch Knötchen in der Kapsel selbst vor und zuweilen auch bei diesen und anderen Tuberkuloseformen richtige tuberkulöse Perihepatitiden. Die durch die Kapsel durchschimmernden Knötchen sind bei der Miliartuberkulose oft in großer Masse vorhanden, immer jedenfalls in solcher Menge, daß sie selbst bei oberflächlicher Betrachtung dem Auge nicht entgehen können. Schwieriger werden allerdings die Verhältnisse, wenn zugleich Verfettungsprozesse oder auch noch Stauungsfolgen der Leber ein geflecktes Aussehen verschaffen. Schon in den helleren verfetteten Stellen wird die Kenntlichkeit der Knötchen undeutlich. Bei der eigentümlichen Fleckung einer Muskatnußleber sind sie aber überhaupt kaum noch wahrnehmbar. Noch mehr gilt das für die Betrachtung der Schnittfläche. Dort sind die Knötchen eigentlich nur dann deutlich zu sehen, wenn, wie es ja relativ selten der Fall ist, die Leber eine gleichmäßige mehr oder weniger dunkle Blutfarbe hat. Sobald die Zeichnung infolge der erwähnten Veränderungen deutlicher wird, werden die Knötchen um so undeutlicher.

Über das mikroskopische Verhalten möchte ich noch folgendes den Bemerkungen im allgemeinen Teil hinzufügen (Abb. 1—7 u. 9—11). Nach meinen Erfahrungen liegen die Knötchen mindestens ebenso häufig, wenn nicht häufiger, intraazinös als interazinös. Im übrigen erinnere ich daran, daß gerade die intraazinösen Knötchen ein ausgezeichnetes Objekt für das Studium des tuberkulösen Prozesses überhaupt darbieten. Primäre Gewebsschädigung, Exsudation, eventuell Verkäsung, produktives Stadium, Faserbildung und Abkapselung, bezw. Organisation, lassen sich an ihnen in allen Entwicklungsphasen beobachten. Daß bei der produktiven Reaktion insbesondere die KUPFFERschen Sternzellen eine hervorragende Rolle spielen, ist sicher. Ganz klar wurde das seinerzeit von R. OPPENHEIMER beim Kaninchen gezeigt, das zuerst Kollargol zur Speicherung in den Sternzellen erhielt und dann durch eine Mesenterialvene tuberkulös infiziert wurde. Daß etwa Leberzellen oder Gallengangsepithelien sich an der Bildung des zelligen Tuberkels beteiligen, möchte ich bestreiten. Wenn Wucherungen an ihnen stattfinden, so hat das mit der Tuberkelbildung an sich nicht das geringste zu tun, sondern ist als eine Regenerationserscheinung zu betrachten, wie sie auch bei allen möglichen anderen pathologischen Prozessen der Leber beobachtet wird. Für die durchschnittlich etwas andere Entwicklung der Tuberkel bei den allgemeinen Miliartuberkulosen und den mehr auf die Leber lokalisierten Miliartuberkulosen sei auf die Ausführungen im allgemeinen Teil verwiesen. Hier möchte ich noch hinzufügen, daß, wie schon gesagt, bei der allgemeinen Miliartuberkulose die Leber gewöhnlich sehr stark beteiligt ist, daß aber auch ähnlich verbreitete Aussaaten in Fällen schwerer Darmtuberkulose vorkommen. Es gibt aber auch gerade bei den Darmtuberkulosen alle Übergänge von diesen schweren Formen zu solchen mit nur ganz wenig und nur mikroskopisch auffindbaren Tuberkeln, wobei die Menge der

Lebertuberkel nicht immer mit der Schwere der Darmerscheinungen parallel zu gehen braucht. Endlich ist die Leber eins der Organe, das auch bei allen Formen der isolierten Organtuberkulosen, so insbesondere auch der Lungentuberkulose (ohne Darmtuberkulose), wenigstens wenn sie tödlich verlaufen, fast stets eine gewisse Anzahl, oft sogar eine nicht geringe Menge miliarer Tuberkel aufweist. Das dürfte mit der Rolle der Leber als Blutfilter, bezw. mit der steten Bereitschaft der KUPFFERschen Sternzellen zur Speicherung korpuskulärer Elemente in Zusammenhang stehen. Im allgemeinen scheint

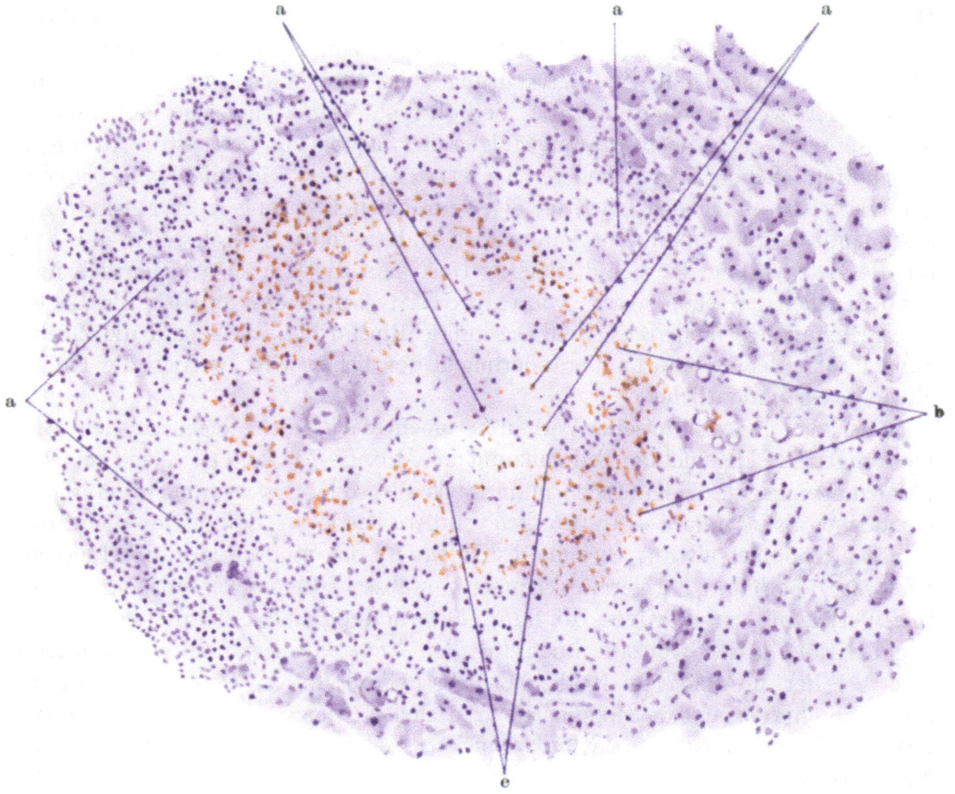

Abb. 76. Größerer tuberkulöser Knoten der Leber bei Lungentuberkulose und Darmtuberkulose. Ansammlung von Lymphozyten (a) und Leukozyten (b) in der Umgebung des Herdes. Im fast völlig nekrotischen Zentrum keine Leberzellen, sondern nur Reste von Lymphozyten (c), Leukozyten (d) und Endothelkernen (e). Benzidin-Reaktion: Hämalaun. 138fache Vergr.

es sich dabei allerdings um terminale Erscheinungen in einem schon völlig widerstandsunfähigen Organismus zu handeln.

Sodann sind von großem Interesse die Veränderungen der Leber bei typischer *Frühgeneralisation*, bezw. den ihnen nahe stehenden Fällen der großherdigen Allgemeintuberkulose. Es kommen dabei zunächst in allen Größen, d. h. etwa Pfefferkorn- bis Bohnengröße, verkäsende Herde vor, die sich im Prinzip nicht von den intraazinösen Miliartuberkeln unterscheiden; nur sind bei ihnen die primär geschädigten Zellbezirke größer, darum auch die Exsudation und die ihr folgende Verkäsung eine massigere. Auch eignet sich das Material zum Teil ebenso ausgezeichnet wie das von Miliartuberkulosen für das Studium des tuberkulösen Prozesses überhaupt (Abb. 76—78). Man kann nämlich an solchen Herden mit aller Deutlichkeit feststellen, daß die Verkäsung nicht vorher produktives Tuberkelgewebe ergreift, daß man die Strukturen des Leberläppchens noch lange bis zu ihrem völligen Zugrundegehen als Grundlage der Verkäsung erkennen kann (Abb. 76). Die zelligen Bestandteile, insbesondere die Leberzellen, dann erst die Kapillarendothelien gehen natürlich bald zugrunde. Aber die Gitterfasern sind es, die dann noch geraume Zeit, wenn auch in gequollenem Zustande die alten Strukturen verraten. Man sieht auch eine gewisse Überschwemmung des Herdes mit Leukozyten, sodann die mit massenhaft Kernresten überstreute verkäsende Fläche, ferner gequollene fibrinöse oder fibrinoide Massen, unter Umständen auch Blutbeimengungen, und schließlich

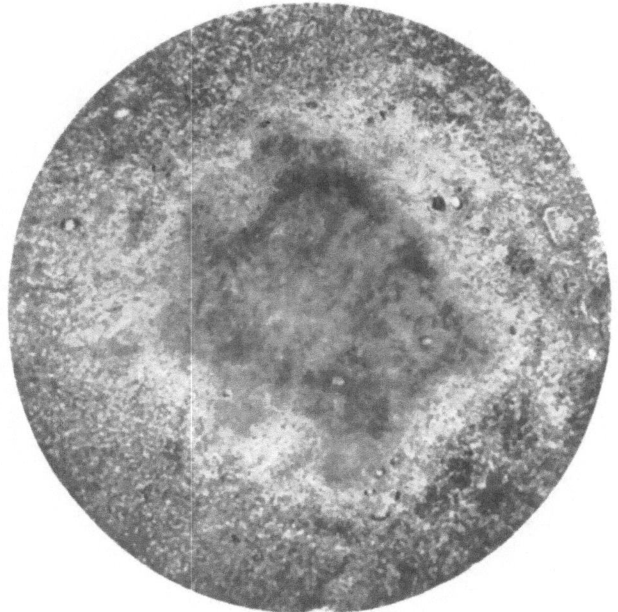

Abb. 77. Käsiger Knoten der Leber mit massenhaften Kerntrümmern (dunkel gefärbt). Am Rande des käsigen Bezirkes eine Zone von Epitheloidzelltuberkeln mit Riesenzellen. 30fache Vergr.

alle Übergänge zum homogenen käsigen Herd. In anderen Fällen erkennt man ausgezeichnet die späteren Stadien, nämlich die produktive Reaktion am Rande der Verkäsung (Abb. 77—78), findet dabei alle typischen Charakteristika der Epitheloidzellwucherung und zuweilen besonders reichliche und schöne LANGHANSsche Riesenzellen. Ein in die Nachbarschaft sich unregelmäßig eindrängender Lymphozytenwall pflegt das Ganze abzuschließen. Es mag hier gleich bemerkt werden, daß ansehnliche derartige Herde zuweilen auch in mehr einzelnen Exemplaren als Zufallsbefunde bei verschiedenen Formen irgendwelcher Organtuberkulosen vorkommen. Und diese Herde sind es wahrscheinlich, die dann später als verkalkte oder gar verknöcherte oder hyalin abgekapselte Herde in der Leber gefunden werden. Da diese Herde nicht häufig sind, habe ich die Kapselbildung zwar nicht in allen Etappen verfolgen können, doch läßt die Analogie mit ähnlichen Herden an anderen Organen wohl den angedeuteten Schluß zu.

Neben den bisher beschriebenen lehrreichen Herden sind nunmehr noch die „*Gallengangstuberkel*" zu nennen, die oft eine charakteristische Begleiterscheinung dieser Erkrankungsformen sind. Makroskopisch handelt es sich um mindestens hirsekorngroße, meist aber größere, etwa linsengroße bis erbsengroße verkäste Herde, die infolge einer Beimengung von Gallenfarbstoff eine intensiv orangegelbe bis grüne Färbung und in den meisten Fällen eine gewisse zentrale Erweichung darbieten. Was das Zustandekommen solcher Herde betrifft, so finden wir in der Literatur immer wieder die Frage aufgeworfen, ob dabei eine Ausscheidungstuberkulose im Sinne ORTHs und eine Röhrentuberkulose,

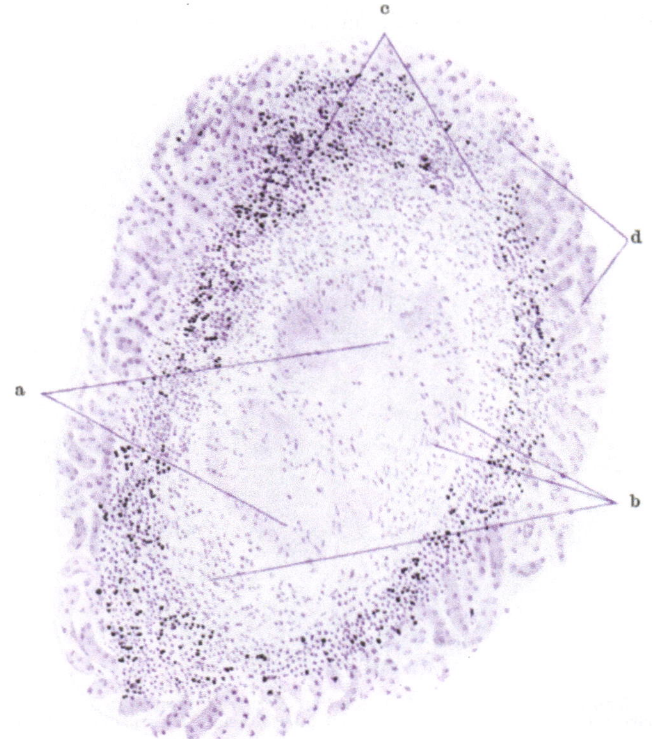

Abb. 78. Tuberkulöser Knoten der Leber. Nekrotisches Zentrum bei a, Epitheloidzellenzone bei b, breiter Lymphozytenwall bei c, unverändertes Lebergewebe bei d. Benzidin-Reaktion: Hämalaun. 76fache Vergr.

also ein primär intrakanalikulärer Prozeß vorliegt, oder ob es sich vielmehr um einen Einbruch von Herden handelt, die außerhalb der Gallengänge entstanden sind. Von unserem Standpunkt aus werden wir die letztere Möglichkeit a priori nur sehr bedingt zulassen können. Denn ich möchte es für sehr unwahrscheinlich halten, daß etwa vorher produktive Tuberkel in die Gallengänge einwachsen oder auch infolge von sekundären Verkäsungen in sie einbrechen. Dennoch kann ich auch auf Grund meiner Erfahrungen einen Einbruch vorher verkäsender Herde in die Gallengänge nicht abstreiten. Ich habe Fälle gesehen, in denen gerade im Bereich des periportalen Gewebes sich größere käsige Herde, zum Teil deutlich perivaskulär im Anschluß an kleine Arterien, ausbildeten. Dabei zeigten sich auch Bilder, die die Deutung zuließen, daß diese quellenden Verkäsungen die Gallengänge in einer Weise in Mitleidenschaft zogen, wie ich sie zum Beispiel für manche Erkrankungen der kleinen Lungengefäße geschildert habe. Die Verkäsung breitet sich nämlich in einer Weise über die Wand eines Gallengangs aus, ohne daß man den Eindruck hätte, daß der Gallengang der käsigen Quellung irgendeinen Widerstand entgegensetzte. Diese Herde entsprachen z. T. denen, die makroskopisch die gallige Färbung darboten, und zeigten auch mikroskopisch eine diffuse oder auch schollige Einlagerung von grünem Farbstoff. Ich glaube jedoch, daß diese Genese der Gallengangstuberkel seltener ist, als die wahre Ausscheidungstuberkulose. Man sieht sie in Fällen, in denen das Lebergewebe miliare und etwas größere Tuberkel enthält, während im periportalen Gewebe vorwiegend, und zwar bei völliger Intaktheit der Gefäße, Gallengangstuberkel zur Entwicklung gekommen sind. Wenn ich auch nicht über ganz lückenlose Untersuchungen verfüge, so läßt sich doch der Gang der Ereignisse in folgender Weise annehmen. Man sieht zunächst einen zellulären Katarrh, d. h. Epithelabschilferung mit reichlichen Leukozytenbeimengungen im Lumen, sodann eine Füllung mit nekrotischen Massen, in denen man noch deutlich die zelluläre Zusammensetzung erkennen kann, in denen aber auch schon Detritusmassen, unter Umständen mit fibrinähnlicher Substanz untermischt, zusammensintern. Hieraus dürfte dann schnell die eigentliche Verkäsung hervorgehen, und zwar unter Einbeziehung der inneren Schichten des Gallengangs. Schon bevor sie vollendet ist, kann man schollige Einlagerungen von Gallepigment erkennen. Die weiteren Entwicklungsstadien bieten dann keine Besonderheiten mehr dar. Man sieht von den Wandteilen aus die produktive Reaktion und ihre Folgen in derselben Weise einsetzen, wie auch bei anderen Herden. Die makroskopisch sichtbaren zentralen Erweichungen entsprechen zum Teil noch ungeronnenem, mit Galle untermischtem Exsudat. Aus diesen Gallengangstuberkeln können aber auch infolge von fortschreitenden Erweichungsvorgängen, die zu gleicher Zeit mit der Verkäsung einsetzen, die aber vielleicht auch begünstigt sein können durch eine Gallenstauung, bezw. durch eine Art Hydrops, kleine und selbst bis walnußgroße Kavernen entstehen. Ich habe einen Fall gesehen, bei dem man alle Übergänge finden konnte, zwischen kleineren Gallengangstuberkeln und derartigen Kavernen. Die Wand der Kavernen war durch eine dünne, fibröse Schicht gebildet, die sich in eine feine, verkäste Zone verlor, während typisch produktive Veränderungen am Rande der Verkäsung nur in sehr geringem Umfange vorhanden waren. Die Kavernen waren mit einer ziemlich dünnflüssigen, nur z. T. etwas gallig gefärbten Masse gefüllt, und imponierten darum bei makroskopischer Betrachtung als Zysten.

Gerade bei diesen großherdigen Formen der Lebertuberkulose habe ich zuweilen in einzelnen Fällen sogar in ziemlich großer Ausdehnung tuberkulöse Veränderungen in Gefäßen, insbesondere in sublobulären Venen gefunden, wie sie im wesentlichen den in der Lunge zu beobachtenden endangitischen Vorgängen entsprechen.

Neben den erwähnten tuberkulösen Veränderungen werden in der Literatur auch ganz große *solitäre*, z. T. als tumorförmige *Tuberkulosen* bezeichnete Knoten gefunden. Es wäre interessant, festzustellen, ob man es mit Fällen zu tun hat, in denen die Leberveränderungen als isolierte Organtuberkulosen zu gelten haben. Ich selbst habe derartige Beobachtungen bisher noch nicht gemacht.

Endlich möchte ich noch den etwaigen Beziehungen zwischen *Tuberkulose und Leberzirrhose* einige Worte widmen. Wenn der pathologische Anatom zunächst sein Gesamtmaterial überschaut, so muß er den Eindruck gewinnen, daß das Vorhandensein einer wahren Leberzirrhose bei einer nur einigermaßen ausgebreiteten Tuberkulose ein recht seltenes Ereignis ist. Dennoch muß die Frage für die seltenen Fälle, in denen ein derartiges Zusammentreffen vorliegt, geprüft werden. Zwei Möglichkeiten liegen vor. Erstens kann nämlich im Anschluß an eine tuberkulöse Erkrankung der Leber bei der Heilung ein zirrhoseartiges Bild entstehen. Das ist denkbar bei lokalen Miliartuberkulosen, die etwa wiederum von einer lokalen, heilungsfähigen Darmtuberkulose abhängig sind. Ich habe derartige Bilder in vereinzelten Fällen gesehen. Im Anschluß an die vernarbenden Miliartuberkel konnte man dann auch ausgebreitete Lymphozyteninfiltrate und mit ihnen Gewebsvermehrungen, sowohl periportal, als auch intraazinös feststellen, wodurch zum mindesten mikroskopisch das Bild einer werdenden Leberzirrhose hervorgerufen wurde. Makroskopisch sieht man in solchen Fällen allenfalls leichtere unregelmäßige Einziehungen der Kapsel und auf der Schnittfläche ebenfalls nur leichtere und nur wenig an Zirrhose erinnernde Veränderungen. Aber es kann nicht ein für allemal bestritten werden, daß daraus wirklich einmal in vereinzelten Fällen eine richtige Leberzirrhose wird, zumal wenn noch weitere Schädigungen hinzukommen, die für sich allein schon geeignet wären, die Entstehung einer Leberzirrhose zu veranlassen. Wenn man nun bedenkt, daß wir zwar in manchen Fällen von Leberzirrhose die ätiologischen Faktoren klar erkennen können, daß es aber fast ebenso viele Fälle gibt, deren Ätiologie uns unklar bleiben muß, so wird man diese Unsicherheit auch bei denjenigen Fällen von werdender oder fertiger Leberzirrhose in Rechnung stellen müssen, die zwar im Laufe einer Tuberkulose anderer Organe eintreten, bei denen sich aber Beziehungen zwischen einer anatomisch nachweisbaren tuberkulösen Erkrankung der Leber und der Zirrhose nicht ermitteln lassen. Das sind jene Fälle, die von den Autoren im Sinne der Lehre Poncets von der entzündlichen Tuberkulose oder der Anschauungen Liebermeisters vom zweiten Stadium der Tuberkulose erklärt werden. Ich möchte dem hinzufügen, daß für solche Fälle nicht nur die Tuberkelbazillen und die von ihnen direkt abhängigen Gifte, sondern auch schädliche Stoffwechselprodukte der Körpersubstanz, wie sie besonders bei schwereren tuberkulösen Prozessen gebildet werden, mit in Betracht gezogen werden müssen. Dennoch muß noch einmal betont werden, daß die Kombination zwischen Leberzirrhose und Tuberkulose ein recht seltenes Vorkommnis ist, gleich ob man atrophisch-zirrhotische oder auch hypertrophisch-zirrhotische Prozesse im Auge hat. Immerhin werden wir für die Ätiologie der Leberzirrhose überhaupt neben den sonstigen schädigenden Momenten, zu denen manche Infektionskrankheiten gehören, auch die Tuberkulose gelten lassen können. Der Gang der Ereignisse müßte dann derselbe sein, wie auch sonst bei der Leberzirrhose, d. h. die primäre Schädigung würde die Leberzellen treffen und diese Schädigung würde in geringem Maße durch Erholung und Regeneration ausgeglichen werden, während bei länger dauernden und sich immer wiederholenden Schädigungen schließlich die Bindegewebswucherung und mit ihr die Lymphozyteninfiltration im Sinne einer chronischen Entzündung einsetzt. Man muß aber weiter bedenken, daß bei chronischen Lungentuberkulosen mit ihren Rückwirkungen auf das rechte Herz auch Stauungserscheinungen zu den unmittelbaren Folgen gehören, die wiederum bei längerer Dauer gerade in der Leber zu zirrhoseähnlichen Veränderungen führen können. Alles in allem genommen möchte ich meinen, daß bei schwereren Organtuberkulosen, die keiner Heilung mehr zugängig sind, die Zeit im allgemeinen nicht ausreichen wird, um es zu einer typischen Leberzirrhose kommen zu lassen, falls nicht noch andere wirksamere Faktoren im Spiele sind. Ich möchte weiter meinen, daß die leichteren zur Heilung neigenden Organtuberkulosen im allgemeinen nicht so schwere Stoffwechselstörungen bedingen werden, wie sie für die Entwicklung einer Leberzirrhose notwendig wären. So glaube ich zum Schluß noch einmal betonen zu müssen, daß die Beziehungen zwischen Tuberkulose und Leberzirrhose praktisch genommen recht geringe sind.

Alle sonstigen im Verlauf einer tuberkulösen Erkrankung vorkommenden Leberveränderungen stehen sicher nur in mittelbarem Zusammenhang mit der Tuberkulose. Ich nenne noch einmal die Stauungsprozesse und die sie eventuell begleitenden Verfettungen (Muskatnußleber). Ich nenne die braune Atrophie und endlich die Amyloidose. Was übrigens die Verfettungen betrifft, so stehen wir ja heute ganz allgemein auf dem Standpunkt, daß es sich um eine fettige Degeneration im alten Sinne Virchows nicht handelt, sondern daß Speicherungen vorliegen, die nur eventuell in vorher geschädigten Leberzellen eine besondere Intensität aufweisen. Die Menge der gespeicherten Fettsubstanzen ist dann abhängig einmal von dem Grade dieser Schädigung, zweitens aber, und sicher im stärkeren Maße, von der Menge des zugeführten Fettes. Für die Fettzufuhr kommt nun einerseits der durch die Kachexie bedingte Abbau des Körperfettes in Betracht, sodann aber auch die Zufuhr von außen. Ich möchte nun meinen, daß gerade in Fällen besonders ausgedehnter diffuser Leberverfettungen gerade diese Zufuhr von außen ganz besonders wichtig ist, zumal dann, wenn von einer ausgesprochenen Kachexie noch nicht die Rede ist. Ich habe den Eindruck, daß die reichliche Zufuhr guter und fetthaltiger Nahrungsmittel, die der Krankenhausaufenthalt für diejenigen Patienten mit sich bringt, die erst in den letzten Wochen vor ihrem Tode dem Krankenhaus zugeführt wurden, dabei nicht zu unterschätzen ist.

7. Pankreas.

Die Tuberkulose des Pankreas ist ein recht seltenes Ereignis. Eine primäre Erkrankung braucht überhaupt nicht in Erwägung gezogen zu werden. Auch sind mir Fälle, in denen etwa die Pankreastuberkulose als eine selbständige Organerkrankung zu gelten hätte, nicht bekannt. Es bleibt also nur die Beteiligung der Bauchspeicheldrüse an den Generalisationsformen übrig. Bei der typischen Miliartuberkulose finde ich nur selten Veränderungen. Es handelt sich dann um vereinzelte Herdchen, ohne bevorzugte Lokalisationen, in den verschiedenen Abschnitten der Drüse. Makroskopisch ist in solchen Fällen kaum etwas zu erkennen. Mikroskopisch handelt es sich nach meinen Erfahrungen um Knötchen, die innerhalb eines Drüsenläppchens sitzen. Ich habe alle Stadien von der Gewebsschädigung an bis zur Bildung des typischen produktiven Tuberkels beobachten können.

Häufiger beteiligt sich das Pankreas an den Frühgeneralisationen, bezw. den ihnen gleichwertigen, großherdigen, allgemeinen Tuberkulosen Erwachsener.

Selten sieht man dabei die auch von anderer Seite (SEYFARTH) beschriebenen, ganz uncharakteristisch und unregelmäßig verteilten einfachen Nekrosen ohne die geringste zelluläre Reaktion mit oder auch ohne Bazillenbefund. Auf diese Veränderungen komme ich weiter unten noch einmal zurück.

Der typische Befund besteht in schon makroskopisch sichtbaren linsen- bis haselnußgroßen, unscharf begrenzten, anscheinend ausgesprochen käsigen Herden. Mikroskopisch sieht man dann, daß diese Herde ganze Läppchen betreffen, oder auch mehrere benachbarte Läppchen zu gleicher Zeit einnehmen. Es handelt sich aber gewöhnlich im mikroskopischen Bild nicht etwa um fertige homogene Verkäsungen, sondern vielmehr um eine unregelmäßig gefleckte Beschaffenheit. Denn erstens ist die Läppchenanordnung z. T. noch zu erkennen, wenn auch irgendwelche Zellbestandteile der Drüse mit Ausnahme einiger Residuen von Fettzellen nirgends mehr hervortreten. Zweitens aber ist das ganze nekrotische Gebiet unregelmäßig durchsetzt von teils erhaltenen Zellen, und zwar einwandfreien Leukozyten, teils von Kerntrümmern. Beim Vergleich verschiedener Fälle kann man alle Abstufungen zwischen reinen dichten Zellinfiltraten und schon homogen werdenden Verkäsungen erkennen. Zuweilen sieht man inmitten der verkäsenden Herde sehr stark aufgequollene, völlig nekrotische, fibrinoid bis hyalinaussehende Gefäße, und zwar offenbar Arterien, von deren Innenschichten noch kleine Teile erhalten sein können. Entsprechend dem akuten Verlauf der meisten derartigen Fälle sind gewöhnlich weitere Reaktionsveränderungen nicht festzustellen. Allenfalls sieht man auf die peripher meist besonders dichte Leukozytenzone einen helleren Streifen folgen, in dem man schon Zellen erkennen kann, die den epitheloiden in gewisser Weise ähnlich sind und zweifellos frische Entwicklungsstadien derselben darstellen. Darauf pflegt dann außerdem ein unscharf begrenzter, im wesentlichen aus Lymphozyten bestehender Saum zu folgen, der überall in die benachbarten Interstitien eingreift. In anderen Fällen erkennt man aber auch schon eine deutlichere Ausbildung der epitheloiden Zellen, die dann in Schwärmen auf die Verkäsung hin gerichtet sind und stellenweise auch pallisadenförmig in sie eindringen. Alles in allem genommen sind auch diese Pankreasherde ein gutes Beispiel für die Genese des tuberkulösen Prozesses überhaupt, denn wir sehen hier die primäre Nekrose im vorher unveränderten Parenchym. Wir sehen aber außerdem entsprechend der stürmischen, wahrscheinlich hyperergischen, Reaktion die Exsudation und Verkäsung fast zu gleicher Zeit erscheinen. Wir sehen weiter, daß dieses Entwicklungsstadium rein vorhanden sein kann und erkennen wiederum in anderen Fällen deutlich, daß die produktive Reaktion sekundär am Rande des Käses auftritt. Weitere Entwicklungsstadien habe ich in derartigen Fällen noch nicht gesehen. Ergänzend möchte ich übrigens bemerken, daß zu gleicher Zeit mit den beschriebenen Herden auch jene am Anfang erwähnten uncharakteristischen Nekrosen vorkommen.

Beim Pankreas ist von manchen Autoren ebenso wie bei der Leber auch die Frage erörtert worden, ob bei anderweitigen tuberkulösen Erkrankungen in ihm banale entzündliche und indurative Prozesse auftreten können und ob diese eventuell mit der Entstehung des *Diabetes* in Zusammenhang stehen. Zuletzt hat SEYFARTH diese Erörterungen wieder aufgenommen und ist geneigt, einen solchen Zusammenhang in gewissem Ausmaße zuzulassen. Er stützt sich dabei auch auf das relativ häufige Zusammentreffen irgendeiner Organtuberkulose, insbesondere der Lungentuberkulose, mit dem Diabetes. Ich möchte dagegen mit anderen einwenden, daß es mir mißlich erscheint, eine so häufige Erkrankung wie die Tuberkulose mit einer viel selteneren wie dem Diabetes in einen kausalen Zusammenhang zu bringen. Dem Zufall ist dabei ein zu breiter Spielraum gegeben. Ich möchte deswegen einstweilen ablehnen, daß auch nur einigermaßen fest begründete Beziehungen zwischen diffusen interstitiellen Pankreaserkrankungen, insbesondere der Zirrhose, und der Tuberkulose erwiesen sind. Der Zusammenhang zwischen einer ausgebreiteten Miliartuberkulose und einer Pankreaszirrhose dürfte nach dem oben Gesagten kaum ernstlich in Betracht kommen. Im übrigen gelten hier dieselben Gesichtspunkte, wie bei der Leberzirrhose. Ich möchte es nicht leugnen, daß auch einmal bei einer chronischen Tuberkulose das Pankreas in ähnlicher Weise geschädigt wird wie manche anderen Organe. Bei der Unklarheit der Ätiologie des Diabetes, auch in Bezug auf die Inseltheorie, müßte aber erst ein erdrückendes Beweismaterial herbeigeschafft werden, um einigermaßen klare Zusammenhänge zwischen Diabetes und Tuberkulose konstruieren zu können.

Auf der anderen Seite mag auch an dieser Stelle auf die schweren Gefahren hingewiesen werden, die umgekehrt ein bestehender Diabetes im Verlauf einer tuberkulösen Erkrankung mit sich bringt. Ich erinnere daran, daß der Diabetes einer der gefährlichsten unspezifisch dispositionellen Faktoren ist, unter dessen Einfluß sich aus ganz harmlosen Tuberkuloseformen die schwersten Erkrankungen entwickeln können.

Lymphknoten.

Wenn man die tuberkulösen Erkrankungen der Lymphknoten von rein morphologischen Gesichtspunkten aus betrachtet, so sehen wir unter den verschiedenen Bildern zwei anscheinend ganz verschiedene Erkrankungsformen hervortreten. Es handelt sich dabei erstens um jene Fälle, bei denen es unter zuweilen recht gewaltiger Schwellung zu einer totalen Verkäsung kommt. Diesen Fällen stehen zweitens diejenigen gegenüber, bei denen die Verkäsung völlig fehlt, dagegen unter mehr oder weniger starker Schwellung das Lymphknotengewebe völlig oder fast völlig durch Epitheloidzellwucherungen, z. T. in Gestalt von typischen Tuberkeln, ersetzt ist. Wir werden es aber auf Grund unserer heutigen Anschauungen zu vermeiden trachten, von zwei grundsätzlich verschiedenen Erkrankungsformen zu sprechen, wir werden vielmehr versuchen, auch die Entwicklung der Lymphknotenerkrankungen in unsere Vorstellung über die Entwicklung des gesamten tuberkulösen Krankheitsbildes im menschlichen Körper einzureihen. Das scheint mir am besten in der Weise möglich, daß wir auch bei Besprechung der Lymphknotenerkrankungen zunächst von unseren Haupterscheinungsformen der Tuberkulosekrankheit ausgehen.

1. Die Lymphknotenerkrankung beim Primärkomplex.

Eine wirklich primäre Erkrankung von Lymphknoten ist in jenen Fällen denkbar, bei denen im Aufnahmeorgan kein tuberkulöser Herd entsteht, sondern die Erkrankung der regionären Lymphdrüsengruppen selbständig zustande kommt. Es wurde an anderer Stelle gezeigt, daß dieser Fall wohl denkbar ist, aber praktisch sicher keine besondere Bedeutung hat. Auch aus einem anderen

Grund möchte ich an dieser Stelle über diese Möglichkeit hinweggehen; denn in den mir bekannten Fällen, in denen eine derartige Überlegung überhaupt in Betracht kam, handelte es sich um ältere oder ganz alte Lymphknotenveränderungen, die sich in nichts von den weiter unten zu beschreibenden unterscheiden. Im übrigen komme ich sub 2 noch einmal auf die Frage der primären Lymphknoteninfektion zurück.

Für unsere jetzigen Betrachtungen können wir an der allgemein üblichen Vorstellung von der Entstehung des Primärkomplexes festhalten, wonach die Lymphknotenerkrankung im regionären Abflußgebiet des Primärherdes zustande kommt. Es handelt sich also um jene Lymphknotengruppen, die in erster Linie zu den Lungen, sodann zum Darm und nur in ganz vereinzelten Fällen zu anderen Organen gehören. Bei dieser im Rahmen des Primärkomplexes entstehenden Lymphknotenerkrankung liegt nun gewöhnlich ein mit schneller und totaler Verkäsung einhergehender Prozeß vor. Nicht ein, sondern in den meisten Fällen mehrere Lymphknoten pflegen betroffen zu sein. Makroskopisch ist das Bild ein durchaus charakteristisches. Man findet statt der sonst kaum sichtbaren Lymphknoten rundliche oder ovale käsige Knoten, deren jeder einzelne das Vielfache des Volumens eines normalen Lymphknotens einnimmt. Auf der Schnittfläche gleichmäßig trocken und derb käsig, pflegt bei makroskopischer Betrachtung der Herd nur von der feinen Bindegewebskapsel des Lymphknotens umgeben zu sein. Verbackungen und Verlötungen einzelner Knoten miteinander werden allerdings oft beobachtet. Über die topographischen Verhältnisse ließe sich manches sagen, doch dürfte es zu weit führen, hier auf die besonderen Verhältnisse jedes einzelnen Organes einzugehen. Ganz im allgemeinen läßt sich sagen, daß bei gleichzeitiger Erkrankung mehrerer Lymphknoten der Gang der Infektion im allgemeinen dem normalen Lymphstrom folgt, daß aber auch, wahrscheinlich durch Stauung begünstigt, Überkreuzungen und selbst rückläufige Infektionen stattfinden können. Wenn man die Größe der einzelnen Knoten miteinander vergleicht, so lassen sich zuweilen manche Besonderheiten feststellen. Sehen wir z. B. die von einem Primärherd der Lunge abhängigen Lymphknotenerkrankungen an, so finden wir im allgemeinen im Abflußgebiet innerhalb der Lunge einen bis mehrere erbsen- bis allenfalls bohnengroße Herde, während im Hilus bis zur Trachea sehr viel größere (bohnenbis haselnuß- und selbst walnußgroße) Knoten gelegen sind. In dem weiteren Abflußgebiet bis zum Venenwinkel pflegen dann die Knoten an Größe wieder abzunehmen. Wenn auch hier und da Abweichungen von diesem Verhalten vorkommen, so muß es doch durchschnittlich nicht nur für die Lungenherde, sondern auch für andere Primärherde als eine gewisse Regel gelten. Wenn wir uns aber fragen, worauf dieses Verhalten beruht, so scheinen mir zwei Gründe dafür in Betracht zu kommen. Erstens ist der Umfang des erkrankten Knotens abhängig von der ursprünglichen Größe des normalen Lymphknotens; zweitens aber dürfte der Grad der Vergrößerung auch in umgekehrtem Verhältnis zu der Entfernung vom Primärherd stehen. Ich werde auf den zweiten Punkt sogleich noch einmal zurückkommen.

Für das *mikroskopische Bild* wählen wir als Beispiel ebenfalls die Bronchialdrüsenerkrankung beim Primärkomplex in der Lunge. Sowohl die noch innerhalb der Lunge gelegenen Knoten, als auch die im Hilus gelegenen zeigen im voll ausgebildeten Stadium ein sehr markantes Bild. Es handelt sich um eine ganz gleichmäßige homogene Verkäsung, ohne daß auch nur die geringsten Reste von Lymphgewebe erhalten zu sein brauchen. Die Verkäsung stößt dann unmittelbar an das fibröse Kapselgewebe an, oder es findet sich allenfalls noch

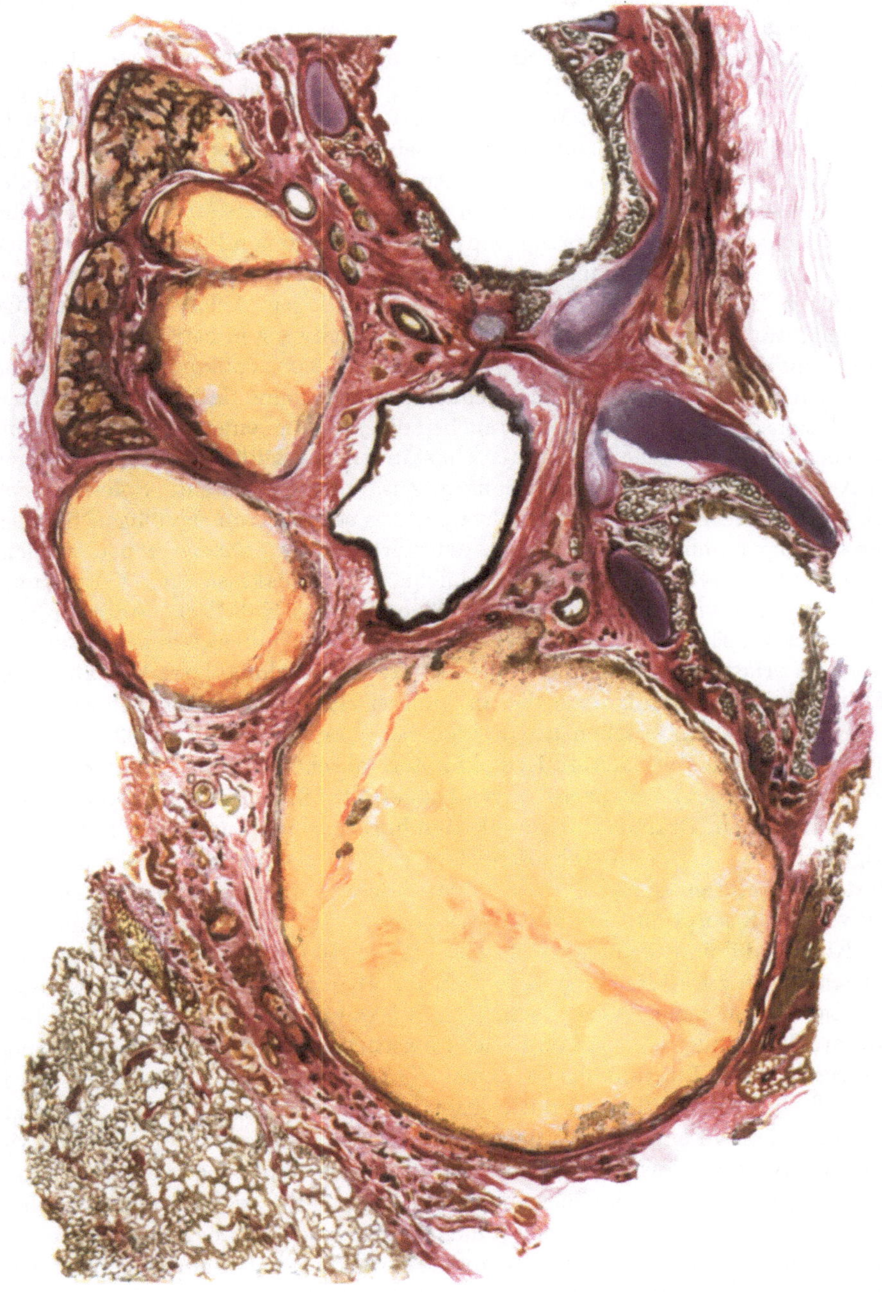

Abb. 79. Bronchiale Lymphknoten von einem Primärkomplex. Rechts und links unten zwei total verkäste Knoten mit ganz geringer zelliger Reaktion. Oben kleiner Knoten mit geringer Menge erhaltenen Lymphgewebes. Links davon Knoten mit geringer Verkäsung und beginnenden Epitheloidzelltuberkeln. Bronchien und Gefäße. Elastika: VAN GIESON. 6fache Vergr.

eine ganz dünne Schicht lymphozytenartiger Zellen dazwischen, die auch in das Kapselgewebe eingreift. Inmitten der verkästen Zone erkennt man allerdings in fast allen Fällen noch einige Reste von zellfreien Bindegewebsfasern und Gefäßwänden (Abb. 79). Über die Vorgänge, die zu dieser mit gewaltiger Schwellung verbundenen Verkäsung führen, wird sich etwas abschließendes auf Grund unserer bisherigen Kenntnisse überhaupt noch nicht sagen lassen. Ich bin im allgemeinen Teil auf die in Betracht kommenden Gesichtspunkte eingegangen und werde weiter unten nach Mitteilung der Befunde noch einmal darauf zurückkommen. Hier möge aber schon gesagt sein, daß selbstverständlich eine derartige Verkäsung nicht etwa erst nach Ausbildung eines tuberkulösen Granulationsgewebes zustande kommt, sondern daß es sich um eine sogenannte primäre Verkäsung handelt, einen Vorgang, wie er ja auch schon von RANKE angenommen wurde. Die weiteren Veränderungen derartig erkrankter Lymphknoten sind einfacherer Natur. Es bilden sich vor allen Dingen Abkapselungsvorgänge aus, und zwar können diese besonders in den am schwersten betroffenen Lymphknoten spezifischer tuberkulöser Veränderungen fast vollkommen, in vielen Fällen jedenfalls, entbehren. Man sieht dann, auch ohne daß ein gewöhnliches Granulationsgewebe aufzutreten braucht, die Bildung einer grobfaserigen bis hyalinen Kapsel entstehen, die unter Umständen mit zahlreichen Fasersträngen und Netzen im Inneren der Verkäsung in Zusammenhang steht. Sofern es sich aber um größere Käseknoten handelt, dürfte es selten zu einer völligen fibrösen Umwandlung kommen, ein Vorgang, den wir noch zu erörtern haben werden. Die größeren Käseknoten verfallen vielmehr wohl ausnahmslos der Verkalkung, und zwar sehen wir entweder unregelmäßige schollige Kalkflecke auftreten, die auch in ganz späten Stadien noch als ausgesprochen mineralähnliche Einlagerungen zu erkennen sein können, oder es treten gleichmäßigere Verkalkungen auf, in denen man dann auch die an anderer Stelle erwähnten Schichtungen in Form der LIESEGANGschen Ringe erkennen kann (Abb. 12, S. 93). Endlich werden auch an den verkalkten Lymphknoten (anscheinend aber nicht so häufig wie an Organherden) Verknöcherungen festgestellt, indem sekundär die Kapsel von gefäßreichem Granulationsgewebe durchbrochen wird und dann mit gleichzeitiger Resorption die Knochenbälkchen auftreten. Ich habe aber auch an derartig verkalkten Lymphknoten Bilder gesehen, die darauf hindeuten, daß eine völlige Resorption der verkalkten Massen stattfinden kann, ohne daß eine Knochenbildung erfolgt. Auf diese Weise wären jene röntgenologischen Beobachtungen zu erklären, in denen ein offenbar verkalkter Bronchialdrüsenherd später nicht mehr zu erkennen ist. Noch etwas anderes sei an dieser Stelle erwähnt. Man findet hier und da in der Literatur Angaben über Fälle, bei denen ein verkalkter, im Lungenhilus gelegener Herd röntgenologisch festgestellt wird, ohne daß eine positive Tuberkulinreaktion vorliegt. Manche sind dann geneigt, das Vorhandensein einer abgelaufenen tuberkulösen Erkrankung überhaupt abzulehnen. Nach den Erfahrungen der Pathologen dürften jedoch verkalkte Bronchialdrüsen kaum bei irgendeiner anderen Krankheit zu erwarten sein. Ich selbst möchte dazu betonen, daß ich noch nie einen Fall gesehen habe, in dem eine verkalkte Bronchialdrüse auf irgendeine andere Krankheit hätte zurückgeführt werden können. Ich möchte deswegen eher annehmen, daß in solchen Fällen eine so vollkommene Heilung, nicht nur im anatomischen, sondern auch im biologischen Sinne eingetreten war, daß der normergische Zustand wieder erreicht wurde.

Ist diese Verkalkung bezw. Verknöcherung der eine Ausgang der Bronchialdrüsentuberkulose, so ist auf der anderen Seite die Erweichung zu nennen, die dann ein exquisit praktisches Interesse gewinnt, wenn mit der Erweichung ein Einbruch in einen Bronchus verbunden ist. Da ich derartige Fälle in neuerer Zeit nicht beobachtet habe, verfüge ich auch über keine mikroskopischen Untersuchungen. Es dürfte aber keinem Zweifel unterliegen, daß es sich um denselben Vorgang handelt, den wir auch sonst bei Erweichungen verkäster Massen beobachteten. Im einzelnen Fall wäre aber immer zu prüfen, ob nicht außer den Tuberkelbazillen auch andere Mikroorganismen dabei eine Rolle spielen. Die Folgen eines derartigen Einbruchs sind in jedem Fall schwere Überschwemmungen der Lunge mit infektiösem Material und dann gewöhnlich ein akut tödliches Krankheitsbild.

Was nun den Einbruch derartiger verkäster oder verkäsender Lymphknotenherde in die Gefäße betrifft, so möchte ich zwar nicht bezweifeln, daß auch unter Umständen offene Einbrüche erweichender Lymphknoten, insbesondere in Venen, erfolgen können. Ich selbst habe allerdings etwas derartiges noch nicht gesehen. Dagegen sind mir Fälle bekannt, in denen einer Lungenarterie oder Lungenvene eng anliegende Lymphknoten bei ihrer Verkäsung nicht nur die Kapsel überschritten, sondern auch bis über die Gefäßwand hinausgriffen, in ähnlicher Weise, wie ich es für kleinere Gefäße an anderer Stelle (S. 197) beschrieben habe. Wie jene groben Einbrüche, mögen auch diese für die Entstehung mancher Fälle von Miliartuberkulose nicht ohne Belang sein.

Außer diesen beiden Ausgängen der totalen Lymphknotenverkäsung kommt jedoch noch ein dritter vor, und das ist die vollkommene fibröse, bezw. hyaline Umwandlung. Es wurde oben schon erwähnt, daß innerhalb der verkästen Massen Bindegewebsfasern erhalten bleiben. Auf die Frage, inwieweit diese bei den späteren Veränderungen eine von eigentlichen zelligen Bestandteilen unabhängige Rolle zu spielen imstande sind, möchte ich an dieser Stelle nicht eingehen, obwohl diese Objekte für die Lösung der angedeuteten Frage gewiß nicht ohne Bedeutung sind. Hier möchte ich nur betonen, daß man, allerdings nur bei relativ kleinen, etwa bis erbsengroßen Lymphknoten alle Übergänge finden kann, von einer einfachen Verkäsung bis zu einer völlig hyalinen Umwandlung. Man sieht eine besonders breite Kapsel entstehen, man sieht diese weit in die Käsemassen eingreifen und man sieht endlich, wie teils durch Vermehrung und Verbreiterung der erhaltenen, teils durch Eindringen von Kapselfasern allmählich der endgültige hyaline Zustand erreicht wird. Dabei scheint aber auch die Anthrakose eine gewisse Rolle zu spielen, denn derartige hyaline Lymphknoten sind, oft sogar in großer Ausdehnung, von Kohlepigment durchsetzt.

Bisher ist von spezifisch produktiv tuberkulösen Veränderungen noch nicht die Rede gewesen. Ich habe jedoch oben bei der ersten Erwähnung der Abkapselungsvorgänge von *fast* vollkommen unspezifischen Prozessen gesprochen. Es ist nun hinzuzufügen, daß sich in der Mehrzahl der Fälle doch auch jene bei den bisher beschriebenen tuberkulösen Veränderungen fast stets vorkommenden spezifisch-produktiven Bildungen entwickeln, und zwar in Gestalt von dünnen Lagen von typischen Epitheloidzellen und vereinzelten LANGHANSschen Riesenzellen am Rande der verkästen Zone. Auf den Gang der beschriebenen Ereignisse werden diese Veränderungen aber ohne großen Einfluß sein.

Auch hier dürfte die Umwandlung des spezifischen Gewebes in unspezifisches relativ schnell vor sich gehen, und der Abkapselungsvorgang mit seinen Folgen in keiner Weise gestört werden. Doch möchte ich an dieser Stelle bemerken, daß man die schon an anderer Stelle erwähnten Exazerbationsvorgänge auch an den abgekapselten verkästen Lymphknoten relativ oft in klarer Weise verfolgen kann. Man sieht dann in unmittelbarer Nachbarschaft der Kapsel entstehende oder auch in sie eingreifende und sie zerstörende produktive Tuberkelbildungen auftreten, die offenbar von den in den verkästen Massen noch erhaltenen Bazillen verursacht werden. Es sind das jene Befunde, die die Gefährlichkeit auch anscheinend völlig ruhender Herde für den Gesamt organismus immer wieder vor Augen führen.

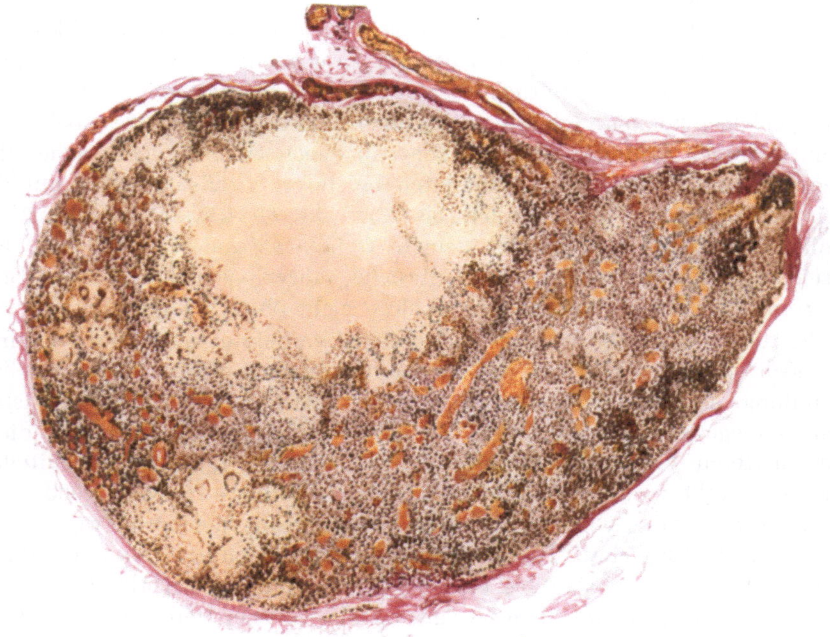

Abb. 80. Trachealer Lymphknoten vom Primärkomplex aus dem weiteren Abflußgebiet. Partielle Verkäsung und in ihrer Umgebung Epitheloidzelltuberkel mit Riesenzellen. VAN GIESON. 30fache Vergr.

Im Rahmen der beim Primärkomplex auftretenden Lymphknotentuberkulosen sind nun aber die folgenden Veränderungen von besonderem Interesse, und sie gelten selbstverständlich nicht nur für den von der Infektion der Lungen abhängigen Primärkomplex, sondern auch für alle anderen. Es wurde oben schon betont, daß im Verhältnis zur ursprünglichen Größe der Lymphknoten die Masse der verkästen Zone etwa proportional mit der Entfernung vom Primärherd abnimmt (Abb. 79, S. 327). Wir können nun oft folgendes feststellen. Die noch innerhalb des Lungengewebes gelegenen Lymphknoten, ebenso wie die zuerst im Hilus betroffenen zeigen eine totale Verkäsung. Im weiteren Verlauf des Abflußgebietes jedoch erkennen wir schon bei makroskopischer Betrachtung, daß die Verkäsung nicht die Gesamtmasse des einzelnen Lymphknotens einnimmt, und dies wird durch die mikroskopische Untersuchung bestätigt. Wir sehen dann unter Umständen sehr unregelmäßig gestaltete verkäste Zonen, die auch in viel reichlicherem Maße wie die total verkästen Lymphknoten von Epitheloidzellen und Riesenzellen eingerahmt werden, und wir erkennen des weiteren in dem noch erhaltenen Gewebe solcher Lymphknoten ebenfalls reichlich typische Epitheloidzelltuberkel mit Riesenzellen in verschiedenen, weiter unten zu schildernden Entwicklungsstadien (Abb. 80). Endlich können sich an derartig veränderte Lymphknoten auch solche anschließen, in denen eine Verkäsung überhaupt nicht mehr besteht, sondern nur noch Epitheloidzelltuberkel gelegen sind.

Diese, vom Primärherd an gerechnet, allmählich an Heftigkeit abnehmenden Reaktionen im Bereich der Lymphknoten scheinen mir darum von besonderem Interesse zu sein, weil sie uns einen guten Einblick gewähren in die allgemeinen Reaktionsverhältnisse bei der Tuberkulose. Wir können gewiß annehmen, daß die zuerst betroffenen Lymphknoten mit relativ großen Mengen von Bazillen infiziert werden, während die entfernteren nur noch wenige Bazillen aufnehmen können. Es besteht für mich jedoch kein Zweifel daran, daß die Infektionsdosis allein nicht zur Erklärung der verschiedenen Reaktionsart hinreicht. Die mit der totalen Verkäsung einhergehende enorme Quellung deutet vielmehr auf eine besonders stürmische Reaktion hin, die nur durch einen hyperergischen Zustand erklärt werden kann. Ich möchte, wie ich schon an anderer Stelle auseinandergesetzt habe, annehmen, daß nach Bildung des Primärherdes sehr schnell dieser hyperergische Zustand erreicht wird, und daß die Erkrankung der zuerst erreichten Lymphknoten in dieses hyperergische Stadium fällt. Die folgenden Lymphknoten werden jedoch erst erreicht, nachdem das hyperergische Stadium schon in weitem Maße abgeklungen ist. Darum tritt in ihnen die produktive Tuberkelbildung viel stärker in den Vordergrund.

Ich habe hier als Beispiel der Lymphknotenerkrankung bei Primärkomplexen Fälle im Auge gehabt, die sicher schon zu den schwereren gehören, die aber auch zweifellos einer anatomischen Heilung zugängig sind. Bei den schwersten Fällen, zu denen auch die mit Erweichungen gehören, kommt es nach meinen Erfahrungen überhaupt kaum zu produktiven Veränderungen, sondern zu totaler Verkäsung sämtlicher erreichbarer Lymphknoten, und diese Fälle entsprechen dann den akut einsetzenden Frühgeneralisationen. Dem stehen aber leichtere Fälle gegenüber, in denen kaum einzelne Lymphknoten einer totalen Verkäsung anheimfallen, und demgemäß auch je nach dem Stadium, in dem der Fall zur Untersuchung kommt, die produktiven Veränderungen gegenüber den Verkäsungen durchaus in den Vordergrund treten und auch große Teile der verkästen Gebiete oder selbst alles verkäste Gewebe ersetzen können. Es mögen selbst Fälle von sehr leichten und avirulenten Infektionen vorkommen, in denen die Verkäsung überhaupt fehlt und relativ schnell das rein produktive Stadium erreicht wird. In beiden Fällen werden wir auch bei der weiteren Entwicklung, bezw. der Heilung solcher Lymphknotenerkrankungen dieselben Veränderungen bis zu hyalinen Narbenbildungen erwarten können, wie sie weiter unten geschildert werden.

Bei den bisher erwähnten Lymphknotenveränderungen handelt es sich sicher um sogenannte primäre Verkäsungen (s. S. 84). Es möge aber hier gleich die Frage gestreift werden, ob auch sekundäre Verkäsungen nach fertiger Entwicklung produktiver Veränderungen in den Lymphknoten vorkommen. Das ist nach meinen Erfahrungen zweifellos zuweilen der Fall. Und zwar kann das einmal in der Weise geschehen, daß, wie es im allgemeinen Teil geschildert wurde, innerhalb einzelner kleiner Gebiete oder auch einzelner Tuberkel neue exsudative Schübe, besonders unter Ansammlung von Leukozyten, zustande kommen, und daß sich daran kleinere Verkäsungen anschließen. Andererseits habe ich auch Fälle von ausgebreiteteren, offenbar sekundären Verkäsungen gesehen, die allerdings zum Teil wohl schon in den folgenden Abschnitt hineingehören, der auch von den Lymphknotenerkrankungen bei den Frühgeneralisationen handelt. Ich meine Bilder, bei denen im Lungenhilus nicht nur gleichmäßig homogene verkäste Lymphknoten zu erkennen sind, sondern auch solche, bei denen man den Eindruck hat, daß vorher schon in ihnen mannigfache produktive Tuberkel mit und ohne Faserbildung bestanden. Man sieht in solchen Fällen in den sonst gleichmäßigen Verkäsungen unter Umständen reichlich in kleinen Herden zusammenliegende konzentrisch angeordnete Fasernetze, die in ihrer Struktur durchaus den produktiven Tuberkeln entsprechen. Es scheint sich um Fälle zu handeln, bei denen auf einen Primärkomplex bald die Frühgeneralisation mit ausgebreiteten käsigen Prozessen in den Lungen folgt. Infolge dieser Lungenprozesse werden die regionären Lymphknoten von Neuem mit Bazillen überschwemmt, und die noch erhaltenen Teile verfallen infolge der hohen Hyperergie in ihrer Totalität der Verkäsung, gleich ob sie frei von Tuberkeln waren, oder schon produktive Tuberkel enthielten.

Hier ist auch der Ort, noch einige Worte über die perifokale Entzündung im Bereich der erkrankten Lymphknoten zu sagen. Von Ranke sind grade für den Primärkomplex derartige Veränderungen im Bereich der Lymphknoten beschrieben und eingehend gewürdigt worden. Es läßt sich tatsächlich für alle Fälle mit schwereren Lymphknotenerkrankungen bestätigen, daß unspezifische Entzündungsprozesse weit über die Kapsel der Lymphknoten hinaus gehen. In frischeren Fällen handelt es sich um einfache Lymphozyteninfiltrate. Bei älteren kann man aber auch die Entwicklung von einer Art Granulationsgewebe und Übergänge zur Narbenbildung erkennen. Es kommt infolge dieser Prozesse nicht nur zu engen Verlötungen der Lymphknoten miteinander, sondern auch zu Verwachsungen mit Bronchien und Gefäßen. In ganz seltenen Fällen läßt sich dann zeigen, wie durch solche Verwachsungen hindurch anthrakotisches Pigment, sowohl in die Bronchialwände, als auch in die Gefäßwandungen eindringt. Ferner kommen auch infolge dieser Prozesse die schon bei Besprechung der Lungenveränderungen erwähnten Einmauerungen von Bronchien in narbiges Gewebe vor. Da in solchen Fällen auch stets eine gewisse Rückwirkung auf die Bronchialschleimhaut stattfindet, können diese Veränderungen sehr wohl zuweilen die Grundlage für jene Symptome abgeben, die von den Klinikern als Hiluskatarrh bezeichnet werden.

2. Die Lymphknotenerkrankung bei den Generalisationsformen.

Die Beteiligung der Lymphknoten an der typischen allgemeinen Miliartuberkulose ist ohne wesentliche Bedeutung. Man kann wohl fast in allen Fällen vereinzelte Tuberkel in verschiedenen Lymphknotengruppen feststellen. Irgendwelche Besonderheiten bieten diese Veränderungen aber nicht dar. Sie mögen aber darum hier genannt sein, weil sie in vielen Fällen einwandfrei dafür sprechen, daß auch die Lymphknoten haematogen infiziert werden können, eine Anschauung, die ja stets von Baumgarten vertreten worden ist.

Bei der Frühgeneralisation hingegen, bezw. bei den Fällen von großherdiger Allgemeintuberkulose, treten die Lymphknotenerkrankungen oft sehr stark hervor. Wie schon an anderer Stelle bemerkt wurde, haben wir es hier allerdings sicher nicht mit einer nur hämatogenen Infektion zu tun, sondern die Erkrankungen der Lymphknoten stehen zweifellos auch in einer gewissen Abhängigkeit von den entsprechenden Organherden und sind demgemäß auf dem Lymphweg zustande gekommen. Die makroskopischen und mikroskopischen Befunde dieser Lymphknotenerkrankungen weisen keine hervorstechenden Besonderheiten auf. Man findet gewöhnlich nicht totale Verkäsungen, sondern nur partielle mit mäßigen Schwellungen verbundene. Oft handelt es sich um mehrere isoliert stehende kleinere, käsige Herdchen. Im Mikroskop stehen ebenfalls die Verkäsungen ganz im Vordergrund, während produktive Veränderungen gewöhnlich nur in geringem Umfange, oft auch garnicht vorhanden sind. Befunde von einzelnen Riesenzellen am Rande des Käses sind allerdings nicht selten. Auch hier hängt die schnelle Entstehung der Verkäsung sicher mit einem gewissen hyperergischen Reaktionszustand zusammen, wie wir ja überhaupt für diese Gruppe von Fällen mit Ranke eine allgemein hyperergische Reaktionsfähigkeit des Gesamtkörpers angenommen haben.

3. Die Lymphknotenerkrankungen bei chronischen Organtuberkulosen.

Es ist keine Frage, daß ein gewaltiger Unterschied besteht zwischen der zu einem Primärherd gehörenden Lymphknotenerkrankung und den von einer chronischen Organtuberkulose abhängigen Veränderungen. Diese, zum erstenmal von Ranke klar herausgearbeitete Tatsache läßt sich immer wieder bestätigen. Doch darf damit nicht gesagt sein, daß die zu chronischen Organherden regionären Lymphknoten überhaupt nicht tuberkulös erkranken. Ich möchte vor allen Dingen auch hier betonen, daß ganz krasse Ausnahmen gegenüber der Rankeschen Regel auftreten, daß nämlich auch in vereinzelten Fällen im Verlauf von chronischen Organtuberkulosen (Lunge, Darm, Tonsillen etc.) in den regionären Lymphknoten Veränderungen auftreten können, die sich prinzipiell in nichts von denen beim Primärkomplex unterscheiden (Abb. 44, S. 212). Aber man kann ruhig zugeben, daß dieses Ausnahmen sind, die jene Regel durchaus nicht erschüttern, sondern nur bestätigen können. Ich habe an anderer Stelle das Auftreten solcher Lymphknotenerkrankungen durch lokal bedingte hyperergische Zustände erklärt. Sie ließen sich auch in dem Sinne verwerten, daß eine Stadieneinteilung nach allergischen Zuständen bei der Tuberkulose nicht möglich ist.

Abgesehen von diesen aus dem gewöhnlichen Gang der Ereignisse herausfallenden Veränderungen findet sich aber auch sonst ausnahmslos in allen Fällen von chronischen tuberkulösen Organerkrankungen eine gewisse Mitbeteiligung der regionären Lymphknoten. Wir können das nicht nur in fortschreitenden Fällen, z. B. von Lungentuberkulose und von Darmtuberkulose, sondern auch bei zur Heilung neigenden Prozessen feststellen, und finden Residuen solcher Erkrankungen auch bei wenig umfangreichen und völlig geheilten Herden. Auf manche Einzelheiten der Histogenese werde ich weiter unten im Zusammenhang eingehen. Hier sei nur soviel gesagt, daß bei diesen

Lymphknotenerkrankungen verkäsende Prozesse eine untergeordnete Rolle spielen, sie fehlen zwar nicht, doch handelt es sich gewöhnlich um kleine Herde, die schnell von produktiven Zellwucherungen umgeben oder auch ersetzt werden (Abb. 81); oder man findet überhaupt im wesentlichen typische produktive Tuberkel ohne Verkäsung und mit mehr oder weniger reichlichen Riesenzellen. Als Reste solcher Herde erkennt man in den Bronchialdrüsen fast aller Fälle von chronischen Lungentuberkulosen kleine hyaline Einlagerungen. Unter Umständen kommt aber auch die Bildung größerer fibröser, bezw. auch hyaliner

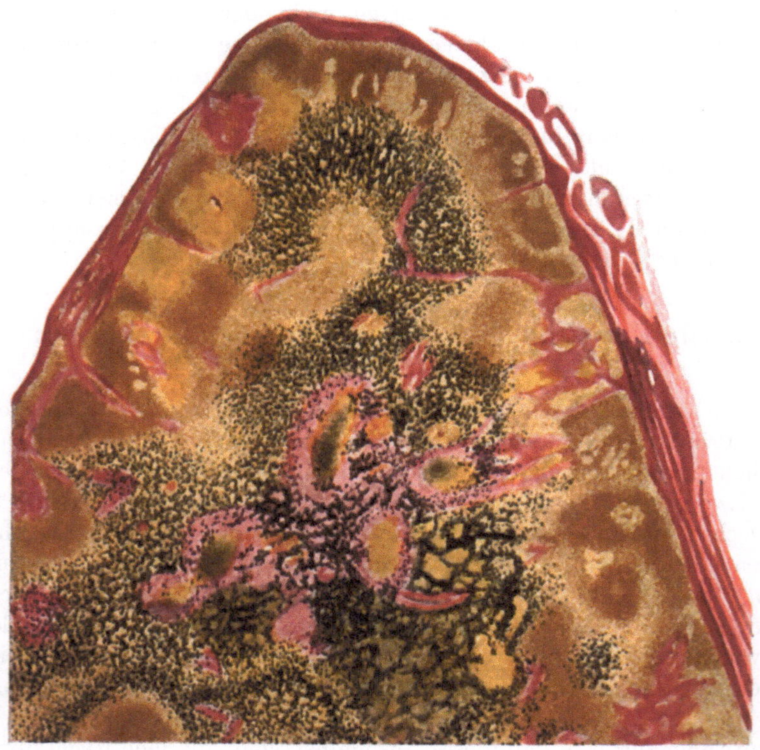

Abb. 81. Bronchiale Lymphknoten bei chronischer fortschreitender Lungentuberkulose. Neben älteren fibrösen Indurationen und umfangreicher Anthrakose finden sich auch mannigfache frischere Verkäsungen und Epitheloidzelltuberkel. VAN GIESON. Etwa 18fache Vergr.

Gebilde vor. Für die Bronchialdrüsen ist bei diesen Vorgängen noch eine weitere Besonderheit von Interesse. Man findet nämlich in ihnen auch Zeichen einer allgemeinen entzündlichen Reizung in Gestalt von Sinuskatarrh und Lymphstauung. Man findet andererseits zuweilen in Lymphknoten mit noch frischeren Veränderungen eine deutliche Verminderung des Kohlepigmentes. Hier haben wir es offenbar mit einer Fortschaffung der Kohle zu tun, wie sie auch sonst im Verlauf von entzündlichen Veränderungen der Lunge und der Bronchialdrüsen beobachtet wird. Im Gegensatz dazu stehen dann die Lymphknoten, in denen es zu einer totalen oder partiellen Induration gekommen ist, und die dann gewöhnlich besonders reichlich Kohlepigment enthalten, so daß man mit Recht von einer schiefrigen Induration sprechen kann.

4. Besondere Erkrankungsformen und Histogenese.

Wurde bisher der Versuch gemacht, die tuberkulösen Lymphknotenerkrankungen in die einzelnen Erscheinungsformen der Gesamtkrankheit einzuordnen, so müssen wir uns nun noch mit Veränderungen beschäftigen, die unter den bisher erwähnten Umständen nicht oder wenigstens sehr selten vorzukommen pflegen, die aber sonst verhältnismäßig häufig beobachtet werden. Es handelt sich um jene Erkrankungen, die auch wegen ihres eigenartigen mikroskopischen Bildes zuweilen als *großzellige Hyperplasie* der Lymphknoten bezeichnet wurden. Makroskopisch handelt es sich dabei um vergrößerte und etwas verhärtete oder auch weichere und etwas markige Lymphknoten, die auf der Schnittfläche eine mehr oder weniger saftige Quellung und unter Umständen eine gewisse Körnelung zeigen und im Großen und Ganzen mehr den Eindruck einer diffusen Hyperplasie, bezw. auch eines gleichmäßigen, z. B. sarkomatösen Tumors, machen. Mikroskopisch findet man in solchen Fällen in der hyperämischen Substanz, und zwar sowohl im Bereich der Sinus, als auch im Bereich des eigentlichen Lymphgewebes entweder isoliert liegende helle Knötchen oder auch konfluierende helle Zellmassen, die nur stellenweise sich in Knötchenform gruppieren (Abb. 82). Die genauere mikroskopische Untersuchung zeigt, daß die hellen Gewebsmassen zum größten Teil aus mehr oder weniger typischen Epitheloidzellen bestehen, denen nur spärliche Lymphozyten beigemischt sind. Auch alle Übergänge zu fibrösen Einkapselungen, bezw. zu fibrösem Ersatz und ihre Folgezustände können in manchen Fällen beobachtet werden. Riesenzellen sind zuweilen selten, doch habe ich sie nie ganz vermißt.

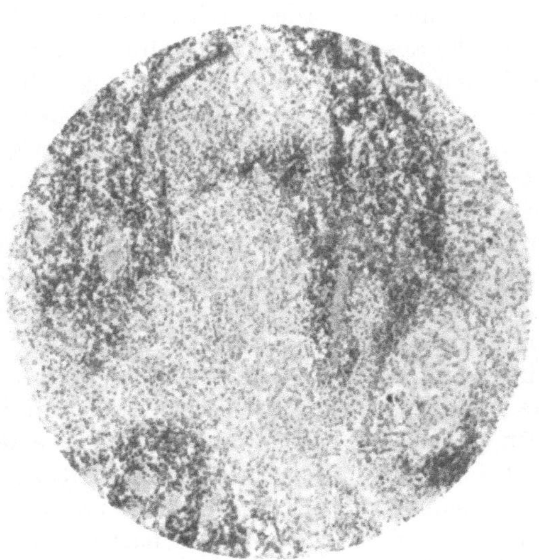

Abb. 82. Lymphknotenerkrankung mit sog. großzelliger Hyperplasie, d. h. zum Teil diffuser, zum Teil knötchenförmiger Epitheloidzellwucherung, in der Photographie hell gefärbt. 58fache Vergr.

Es ist charakteristisch für diese Art der Lymphknotenveränderungen, daß man sie recht häufig als zufällige Befunde erhebt, und zwar an oberflächlich gelegenen exstirpierten Lymphknoten oder auch bei der Sektion, wobei dann keine örtlichen Beziehungen zu anderen tuberkulösen Erkrankungen zu bestehen brauchen. Ich habe die Vermutung, daß es sich dabei um die Folgen von exogenen Infektionen in einem hoch positiv allergischen Körper handelt. Ähnliche Veränderungen kann man aber auch unter Umständen bei der sog. Skrofulose (s. u.) und bei den seltenen Formen der generalisierten Lymphknotentuberkulose erheben.

Hiermit sind wir zu jenem Krankheitsbild gelangt, bei dem man die *Lymphknotentuberkulose als eine isolierte Organerkrankung* bezeichnen kann. Allerdings möchte ich betonen, daß bei dieser seltenen Erkrankung nicht nur die eben beschriebene Erkrankungsform zur Beobachtung kommt, sondern daß häufiger sogar verkäsende Prozesse, unter Umständen mit gewaltiger Schwellung der Lymphknoten, beobachtet werden. Als rein isolierte Organerkrankung scheinen solche Veränderungen allerdings nicht aufzutreten, sie pflegen sich vielmehr gewöhnlich mit einer anderen Organerkrankung zu kombinieren.

Eine wichtige Frage ist nun noch die nach der *Histogenese der Lymphknoten tuberkulose überhaupt und ihrer Beziehung zu etwaigen allergischen Zuständen.* Was die reine Histogenese betrifft, so ist sie, so lange eine Tuberkuloseforschung mit einigermaßen modernen Mitteln besteht, sehr oft Gegenstand der Erörterung gewesen. Allerdings sind die meisten Untersuchungen nicht am Menschen, sondern entweder an künstlich infizierten oder auch an spontan erkrankten Tieren gemacht worden. Ich möchte den Wert aller dieser Arbeiten in keiner Weise herabsetzen, auch die Objektivität der Schilderungen durchaus nicht bezweifeln. Den gegebenen Deutungen aber vermag ich in manchen Punkten nicht zu folgen, wie ich an anderer Stelle ausführen werde. Hier möchte ich mich jedoch bei meinen Erörterungen ganz allein an die Verhältnisse beim erkrankten Menschen halten. Auch hier ist der Satz voranzustellen, daß nach meinen Erfahrungen eine primäre Epitheloidzellbildung nicht den tuberkulösen Prozeß einleitet und daß auch die Verkäsung kaum je erst eine Folge der Tuberkelbildung ist, sondern daß akut entzündliche Veränderungen vorhergehen. Für die Lymphknotenveränderung im typischen Primärkomplex kann ich allerdings den direkten Nachweis dafür noch nicht führen. Die Verkäsung tritt hier aus besonderen Gründen so schnell auf, daß die vorhergehenden Stadien durch sie völlig verdeckt werden. Ich möchte in diesem Zusammenhang noch einmal den Fall erwähnen, wo bei einem sonst gesunden Mann ziemlich akut eine Achseldrüsenschwellung auftrat, die sich bei der mikroskopischen Untersuchung als tuberkulös erwies, und wo nachträglich in Erfahrung gebracht werden konnte, daß der Mann Fellarbeiter war und sich offenbar bei dieser Arbeit mit Tuberkelbazillen infiziert hatte, ohne allerdings einen Krankheitsherd an der Infektionsstelle aufzuweisen (s. S. 15). Hier konnten im Mikroskop in den Lymphdrüsen umschriebene Nekrosen festgestellt werden, die von Leukozyten durchsetzt waren. An einigen dieser Stellen waren in der Umgebung schon reichlicher Epitheloidzellen und auch vereinzelte Riesenzellen aufgetreten. An anderen Stellen wurde auch ein Sinuskatarrh mit Zellphagozytose etc. festgestellt. Viel großartiger habe ich aber diesen akut entzündlichen Verlauf in Fällen von Frühgeneralisation gesehen, in Gestalt von ausgebreiteten, in Verkäsung übergehenden Nekrosen mit dichten Leukozyteninfiltraten, bezw. Kerntrümmern und sehr reichlichem Bazillengehalt, während eine Epitheloidzellwucherung noch ganz fehlte. Aber auch in manchen jener Fälle von sogenannter großzelliger Hyperplasie sieht man neben der Tuberkelbildung einen Sinuskatarrh mit etlichen typischen Leukozyten und großen Phagozyten, und erkennt von diesen Veränderungen allerhand Übergänge zu der eigentlichen Tuberkelbildung, bezw. Epitheloidzellwucherung.

Ich möchte darum auch behaupten, daß sich die Genese der Lymphknotentuberkulose des Menschen prinzipiell in nichts von dem Gang der Ereignisse unterscheidet, wie er besonders im allgemeinen Teil, aber auch sonst bei vielen Organtuberkulosen, geschildert wurde. Allerdings spielen nun auch in diese

Vorgänge allergische Zustände in weitem Maße hinein. So ist die mit gewaltiger Schwellung einhergehende, überaus rasche Verkäsung im Bereich des Primärkomplexes als eine Überempfindlichkeitsreaktion zn deuten, und so können wir, wie schon oben angedeutet, auf der anderen Seite die im wesentlichen als produktive Veränderungen erscheinenden Tuberkuloseformen durch einen Zustand hochgradiger positiver Allergie erklären, bei der die exsudative Reaktion sehr gering oder sogar fast Null geworden ist. Alle Zwischenstufen sind natürlich nicht nur möglich und ausdenkbar, sondern tatsächlich bei allen erwähnten Erkrankungsformen und zwischen ihnen zu finden. Natürlich muß auch hier die Masse und Virulenz der Infektion ihre Rolle spielen, doch scheint es mir unmöglich zu sein, allein durch sie die Entstehung der verschiedenen Erscheinungsformen zu erklären.

Wurde bisher im wesentlichen die Entstehungsweise der einzelnen Veränderungen erörtert, so muß nun noch einiges über ihre *Ausgänge* hinzugefügt werden. Nachdem die weiteren Stadien der beim Primärkomplex vorkommenden Veränderungen oben schon ausführlicher geschildert wurden, haben wir uns nunmehr mit den Endzuständen der leichteren Erkrankungen zu beschäftigen. Mit den typischen Tuberkeln geschieht zunächst dasselbe, was auch in anderen Organen an ihnen zu beobachten ist, d. h. es treten zwischen den Epitheloidzellen Fasern auf, die allmählich entweder zu einer Abkapselung oder zu einer völligen fibrösen Umwandlung führen. Wir sehen aber gerade bei den Lymphknotenerkrankungen schon sehr bald, besonders in der Peripherie, hyaline Quellungen der kollagenen Fasern auftreten, die schon in unregelmäßiger Weise in die Umgebung eingreifen können, so lange der eigentliche Tuberkel noch besteht. Schließlich aber schwinden die Epitheloidzellen immer mehr, während allerdings vereinzelte, zuweilen sogar ziemlich zahlreiche Riesenzellen noch lange erhalten bleiben. Der Endeffekt ist dann ein völlig von spezifischen Zellen freies, bald rundliches, bald mehr sternförmiges oder ganz unregelmäßig gestaltetes, aus relativ dicken *hyalinen Balken bestehendes Gebilde,* in dem nur spärliche uncharakteristische, platte Zellkerne gelegen sind (Abb. 81, S. 334). Diese hyalinen Gebilde dürften für die Tuberkulose so charakteristisch sein, daß man an ihnen auch noch, nachdem der Prozeß schon lange abgelaufen ist, einen Rückschluß auf eine ehemalige tuberkulöse Erkrankung mit großer Wahrscheinlichkeit ziehen kann. Können sich derartige hyaline Gebilde schon aus rein zelligen produktiven Tuberkeln entwickeln, so werden sie doch noch größer und eindrucksvoller, wenn vorausgegangene Verkäsungen mit im Spiele sind. Denn grade dann, wenn kleinere Verkäsungen von Epitheloidzellen ersetzt werden, oder sich in ihrem Inneren unabhängig von einer Zelleinwucherung kollagene Fasern bilden, sehen wir die hyaline Quellung der aufgetretenen Fasern in viel stärkerem Maße. Dann kann es zur Bildung viel soliderer und größerer hyaliner Herde kommen, die entweder gleichmäßig homogen oder grobmaschig und netzförmig sind und mit mannigfachen Ausläufern in die Umgebung ausstrahlen.

In allen lehrbuchmäßigen Abhandlungen über die Lymphknotentuberkulose pflegen Erörterungen über die sogenannte *Skrofulose* nicht zu fehlen. Es ist aber für den pathologischen Anatom, wenigstens für den heutigen, außerordentlich schwierig, zu diesem Begriff Stellung zu nehmen. Denn erstens gibt es noch heute über das Wesen der Skrofulose viel verschiedene und oft sich widersprechende Auffassungen; und zweitens erhält der heutige pathologische Anatom nur noch selten Material von Fällen, die klinisch als Skrofulose bezeichnet wurden. Wir können als Skrofulose eine torpide und gutartig verlaufende Tuberkulose der Lymphknoten, insbesondere der oberen Körperregion, vor allen Dingen des Halses, bezeichnen, die sich in einem kindlichen Körper mit lymphatischer, bezw. exsudativer Konstitution oder Diathese abspielt. Diese Definition entspricht wohl auch im Großen und Ganzen den Anschauungen derer, die sich in den letzten Jahren ausführlicher mit diesem Thema beschäftigt haben; ich nenne insbesondere Escherich, Spieler und Moro. Wenn nun Spieler diese Lymphknotenerkrankungen auf oft wiederholte Infektionen der Haut und des Nasenrachenraumes zurückführt, so möchte ich dem zustimmen. Moro wendet aber mit Recht ein, daß Spieler dabei die moderne Lehre vom Primäraffekt und Primärkomplex nicht berücksichtigt hat. In der Tat müssen wir wohl annehmen, daß mindestens die Mehrzahl, wenn nicht alle skrofulösen Kinder schon einen Primärkomplex mit sich herumtragen und demgemäß erneuten Infektionen gegenüber allergisch sind. Damit stimmt auch die Tatsache überein, daß diese Kinder auf Tuberkulin positiv reagieren. Jene von Spieler angenommenen wiederholten Neuinfektionen finden also in einem schon allergischen Körper statt. Nun müssen wir uns auch hier vor Augen halten, daß die Allergie sich in einer Überempfindlichkeit oder auch in einer Unterempfindlichkeit äußern kann. Vom anatomischen Standpunkt aus lassen sich bei Skrofulose beide Fälle insofern feststellen, als man sowohl schnelle verkäsende und selbst erweichende Lymphknotenerkrankungen findet, als auch solche, bei denen die exsudative Komponente des tuberkulösen Prozesses eine sehr geringe ist und die produktive so schnell in den Vordergrund tritt, daß sie das Bild beherrscht. Nach meinen Erfahrungen lassen sich wenigstens sowohl typische total verkäste Lymphknoten, als auch solche mit sogenannter großzelliger Hyperplasie und natürlich auch Zwischenstufen zwischen diesen beiden Extremen bei der Skrofulose feststellen. Und *beide* Arten der Erkrankung scheinen fast immer im wesentlichen lokal zu bleiben und in relativ schnelle Heilung überzugehen. Auffallend ist das besonders für die stürmisch und mit schneller Verkäsung verlaufenden Fälle. Ich möchte nun für dieses Lokalisiertbleiben und die gute Heiltendenz auch der anscheinend schwereren Erkrankungen jenen Faktor verantwortlich machen, der eben in dem Begriffe der lymphatischen (exsudativen) Diathese gelegen ist. Er mag sich darin äußern, daß die mesenchymalen Reaktionen so prompt und so wirkungsvoll ablaufen und auch die humoralen Abwehrkräfte so gut funktionieren, daß die entstehenden tuberkulösen Erkrankungen schnell abgegrenzt und damit einem ungestörten Heilverlauf zugeführt werden. Daß das nicht immer der Fall ist, ist bekannt, denn es treten ja bei solchen Kindern zuweilen auch andere tuberkulöse Erkrankungen, so z. B. der Knochen, hinzu. Das hindert aber nicht, jene Vorstellung über das Wesen der Skrofulose prinzipiell aufrecht zu halten.

Milz.

Eine primäre Tuberkulose der Milz ist zuweilen beschrieben worden, doch handelte es sich dann gewöhnlich um rein klinische Beobachtungen. Aber auch dort, wo Sektionsbefunde vorlagen, wurde auf einen etwa vorhandenen abgelaufenen Primärkomplex nicht geachtet, stammen doch solche Beobachtungen aus einer Zeit, in der die Lehre vom zyklischen Verlauf der Tuberkulose noch nicht Allgemeingut war. Grundsätzlich kann man natürlich die Möglichkeit nicht leugnen, daß bei kryptogenetischen oder intrauterinen Infektionen auch einmal der erste Herd in der Milz sitzen kann. Ich komme auf diese Frage weiter unten noch einmal zurück.

Im übrigen kann man unterscheiden: 1. Die Beteiligung der Milz an der allgemeinen Miliartuberkulose, 2. ihre Beteiligung an der Frühgeneralisation, und 3. ihre isolierte tuberkulöse Erkrankung, womit allerdings, wie wir sehen werden, die Möglichkeiten noch nicht völlig erschöpft sind.

1. Bei der *allgemeinen Miliartuberkulose* ist die Milz nicht nur ausnahmslos miterkrankt, sondern sogar gewöhnlich in ganz hervorragender Weise beteiligt. Schon das makroskopische Verhalten ist sehr charakteristisch. Das Organ ist gewöhnlich nur wenig geschwollen, und nur selten kommen stärkere Vergrößerungen vor, gleich mit welchem Lebensalter man es zu tun hat. Im Greisenalter kann sogar bei allgemeiner Miliartuberkulose die Milzschwellung völlig fehlen. Schon von außen ist zuweilen die Diagnose zu stellen oder doch wahrscheinlich zu machen. Denn man findet zuweilen auf der Kapsel mehr oder weniger reichlich flache, weißliche Knötchen, unter Umständen dann auch zwischen ihnen leichte fibrinöse Auflagerungen. Mit Sicherheit wird aber die Miliartuberkulose auf der Schnittfläche erkannt. Das Gewebe ist im allgemeinen weicher, als es der Norm entspricht, allerdings selten so weich wie bei anderen Allgemeininfektionen. In der gewöhnlich sehr blutreichen Pulpa sind die Trabekel sehr gut zu erkennen. Ebenso weichen die Follikel im allgemeinen von ihrem gewöhnlichen Verhalten kaum ab. Nur dem Ungeübten macht es nun Schwierigkeiten, die Follikel von den Tuberkeln zu unterscheiden. Dem Geübten gelingt es leicht. Während die Follikel stets als mehr oder weniger deutliche graue Fleckchen im Niveau der Schnittfläche imponieren, quellen die Durchschnitte der Tuberkel stets etwas aus der Schnittfläche heraus. In Fällen, in denen sie sehr zahlreich sind, — und das ist garnicht selten —, zeigt dann die ganze Schnittfläche eine feingranulierte Beschaffenheit. In ihrer Farbe brauchen, sofern Verkäsungen nicht vorhanden sind, die Miliartuberkel keine Unterschiede gegenüber den Follikeln zu zeigen. Auch sie sind grau, sei es nun, daß es sich um noch ganz frische Nekrosen (s. u.) handelt, sei es, daß produktive Herdchen vorliegen. Im ersteren Fall sind sie allerdings viel weniger scharf begrenzt und sind viel durchsichtiger, unter Umständen so, wie gequollene Sagokörner (aber viel kleiner als bei der sogenannten Amyloid-Sagomilz), im zweiten Fall sind sie hingegen scharf begrenzt und undurchsichtiger, ihr Kaliber kann in beiden Fällen ganz dasselbe sein, d. h. Senfkorngröße, allenfalls Hirsekorngröße erreichen. Ist dies das gewöhnliche Bild der Milzerkrankung bei der schweren allgemeinen Miliartuberkulose, so gibt es doch auch andere Befunde, z. B. bei den mehr atypischen Fällen von Miliartuberkulose. Dann kann sich eine unregelmäßige Aussaat finden und diese neben den grauen Knötchen auch etwas größere, gelbliche, verkäste aufweisen. Diese verkästen Knötchen können ebenfalls unscharf oder scharf begrenzt sein, je nach dem Grad der in Gang befindlichen Abkapselung. Alle Übergänge zwischen der diffusen gleichmäßigen Aussaat und der ungleichmäßigen, ferner von letzterer zu den großherdigen Formen bei der Frühgeneralisation werden beobachtet. Neben dieser Beteiligung der Milz an der allgemeinen Miliartuberkulose kommen aber

auch Miliartuberkel in diesem Organ bei allen möglichen anderen Erkrankungsformen vor. So sieht man des öfteren einzelne Knötchen in Fällen von tuberkulöser Meningitis ohne allgemeine Generalisation, ebenso in Fällen von Früherkrankungen anderer Organe. Ferner findet man mitunter bei chronischen Organtuberkulosen, die zum Tode führten, eine Mitbeteiligung der Milz. Diese kann in manchen Fällen sogar so weit gehen, daß das Bild der diffusen, gleichmäßigen Aussaat entsteht. In den meisten derartigen Fällen werden allerdings Miliartuberkel erst zufällig bei der mikroskopischen Untersuchung gefunden. In beiden Fällen dürfte es sich um terminale Erscheinungen handeln, die erst dann entstehen, wenn die Widerstandskraft des gesamten Organismus schon sehr stark geschwächt ist.

Das mikroskopische Bild der miliaren Milztuberkel ist sehr geeignet für das Studium der Tuberkelbildung überhaupt. Die ersten Stadien lassen sich zuweilen am besten bei den eben erwähnten Fällen von terminaler Aussaat erkennen. Doch werden sie auch in frischen Fällen von allgemeiner Miliartuberkulose nicht vermißt. Diese ersten Stadien zeigen sich im Mikroskop durchaus unter dem Bilde von miliaren, in der Pulpa gelegenen Nekrosen. Diese Nekrosen sind gewöhnlich stark untermischt mit Kerntrümmern, zeigen aber auch, besonders in ihrer Peripherie, noch intakte Leukozyten, weisen endlich auch mehr oder weniger deutliche Netze von gequollenen Fibrinfasern, bezw. fibrinähnlichen Massen auf. Wir haben also auch hier wieder die primäre Gewebsschädigung deutlich vor uns und erkennen, daß die exsudative Phase schnell folgt und ebenfalls zum Teil in die Nekrose einbezogen wird. Auch hier ist wieder die primäre Nekrose von der eigentlichen Verkäsung nicht scharf zu trennen. In der Peripherie sieht man diese Herdchen ganz allmählich mit Leukozyten und anderen uncharakteristischeren Zellen in die Pulpa übergehen. Irgendeine Epitheloidzellenreaktion ist nicht vorhanden. Dagegen läßt sich ganz selten einmal an der Grenze der Nekrose eine einzige LANGHANSsche Riesenzelle auffinden. Tuberkelbazillen pflegen in diesen Herden immer, oft sogar in sehr reichlicher Menge, vorhanden zu sein.

In den Fällen von allgemeiner Miliartuberkulose lassen sich nun alle weiteren Stadien aufs beste verfolgen. Wir sehen z. B. Tuberkel mit ganz kleinem oder etwas größerem käsigen Zentrum, mit breiten Ringen von epitheloiden Zellen, denen gewöhnlich äußerst charakteristische LANGHANSsche Riesenzellen, zuweilen in recht beträchtlicher Zahl, beigesellt sind, und ganz in der Peripherie ausgesprochene Lymphozytenwälle. Es läßt sich an Übergangsbildern sehr gut verfolgen, wie aus den primären Nekrosen und den fibrinös-zelligen Exsudaten allmählich eine ganz gleichmäßige, homogene, völlig kernlose Verkäsung hervorgeht, deren Entstehung aus verquollenen fibrinähnlichen Fasern oft noch recht gut zu erkennen ist. Wir sehen, wie die Epitheloidzellen zuweilen eine deutliche Pallisadenstellung gegen diese Käsezone einnehmen, zuweilen aber auch eigenartigerweise ohne derartige Strukturen sich der Verkäsung einfach anlegen. Wir können schließlich erkennen, daß zwischen den Epitheloidzellen Fasern auftreten, daß zu gleicher Zeit die Lymphozytenwälle sich verringern und daß auf diese Weise schließlich deutliche Abkapselungsvorgänge zustande kommen. Allerdings kommt eine völlig unspezifisch erscheinende Abkapselung bei der Miliartuberkulose nur in den allerseltensten Fällen, und dann auch nur an einigen wenigen Tuberkeln zustande, da in den tödlich endenden Fällen die

Zeit dazu nicht ausreicht. Man kann aber derartige Bilder zuweilen als Zufallsbefunde bei anderen Tuberkuloseformen erheben.

Neben diesen Bildern von Miliartuberkeln mit käsigem Zentrum kommen nun natürlich auch reine Epitheloidriesenzelltuberkel ohne Verkäsung vor, und bei der ganz typischen Miliartuberkulose viel reichlicher als jene. Man findet sie entweder mit den bisher beschriebenen Tuberkeln untermischt und dann nur in geringer Zahl, oder man findet sie als einzige Substrate. Die Fälle von länger dauernder allgemeiner Miliartuberkulose stellen für derartige Bilder das Hauptkontingent. Es handelt sich dann um ungemein typische Tuberkel, in denen man ebenfalls alle Stadien der fasrigen Umwandlung verfolgen kann. Für alle Miliartuberkel der Milz möchte ich noch bemerken, daß sie zuweilen von richtigen hämorrhagischen Zonen umgeben sind, oder daß auch die Knötchen selbst von kleineren und selbst zuweilen ansehnlichen Blutungen durchsetzt sein können.

Wenn man bei Fällen von allgemeiner Miliartuberkulose die Milztuberkel mit denen der Lunge vergleicht, so kann man immer wieder feststellen, wie es auch schon an anderer Stelle betont wurde, daß sie verschiedenen Alters zu sein scheinen, indem nämlich in der Milz schon vorgeschrittene produktive Veränderungen bestehen, während in den Lungen noch kaum etwas davon zu sehen ist. Ich mache auf diese Erscheinung an dieser Stelle noch einmal aufmerksam. Daß die Tuberkel tatsächlich verschiedenen Alters sind, ist wohl ohne weiteres auszuschließen. Die Verschiedenheit der Herde ist vielmehr durch die Verschiedenheit des Gewebes zu erklären, in dem sie zur Entwicklung kommen. In der Milz tritt wohl die Gewebsschädigung deutlich hervor, während die exsudative Komponente in dem kompakten Organ nicht so stark zur Geltung kommen kann, wie in der Lunge. Ferner steht für die schnelle Bildung der Epitheloidzellen in der Milz die Masse der Sinusendothelien zur Verfügung, so daß auch darum die produktive Phase schnell erreicht werden kann. Vielleicht ist die Bereitschaft der Sinusendothelien zur Wucherung noch darin besonders begründet, daß die Milz als blutfilterndes Organ diese Endothelien in dauernder Funktion und darum in hoher Lebenstätigkeit hält. Ob dabei schließlich auch noch allergische Zustände eine Rolle spielen, die in der Milz stärker ausgebildet sind als in den Lungen, ist eine schwer zu entscheidende Frage. An sich ist wohl sicher die Milz ein in dieser Beziehung sehr genau funktionierendes Organ, ist man doch schon seit langer Zeit geneigt, einen guten Teil der Antikörperproduktion in sie hineinzuverlegen. Ich selbst habe mich schon früher mit diesem Thema beschäftigt und die Bildung von Plasmazellen in gewisser Weise mit der Antikörperbildung in Zusammenhang gebracht, und habe damals festgestellt, daß auch bei vielen Fällen von Miliartuberkulose, und wie ich jetzt ergänzen kann, besonders in den Fällen mit vorgeschrittenen Tuberkeln, Plasmazellen in reichlicher Zahl aufzutreten pflegen.

Wenn oben bemerkt wurde, daß man in Fällen von allgemeiner Miliartuberkulose keinen Anlaß hat, die Milztuberkel darum für ältere Produkte als die der Lunge zu halten, weil in ihnen im Gegensatz zu letzteren schon produktive Veränderungen im Gange sind, so muß doch noch betont werden, daß die Milztuberkel selbst sich durchaus nicht alle in dem gleichen Entwicklungsstadium zu befinden brauchen. Es kommen natürlich Fälle vor — und das sind gewöhnlich die verhältnismäßig schnell mit überall gleichmäßiger diffuser Aussaat verlaufenden —, in denen es so ist; aber in vielen anderen Fällen kann man beginnende Tuberkel sehen und fertige, oder gar schon in Abkapselung begriffene. Es ist das wieder ein Zeichen dafür, daß in ein und demselben Organ nicht alle Miliartuberkel zu gleicher Zeit entstanden, und damit ist ein weiteres Argument gegen die Entstehung der allgemeinen Miliartuberkulose infolge einer einzigen Aussaat großer Mengen von Bazillen geliefert.

2. In den Fällen von *Frühgeneralisation* hat man zuweilen ebenfalls das Bild einer gewöhnlichen Miliartuberkulose, allerdings meist mit etwas größeren Herden verschiedenen Kalibers und mit Verkäsung. Häufiger aber handelt es sich dabei um eine mehr großherdige käsige Tuberkulose, bei der die Herde Pfefferkorn- bis Linsengröße erreichen und selbst noch größer sein können. Unter Umständen ist dann das zuweilen stärker vergrößerte Organ von derartigen, oft recht unregelmäßig gestalteten Herden vollkommen durchsetzt. Zumal wenn dann auch die gelbe, käsige Beschaffenheit etwas blasser ist als gewöhnlich, können auf diese Weise Bilder entstehen, die durchaus an die Porphyrmilz oder Speckwurstmilz bei der Lymphogranulomatose erinnern. Verwechslungen mit dieser Erkrankung sollen dann bei makroskopischer Betrachtung schon vorgekommen sein. Mikroskopisch unterscheiden sich diese Herde nicht wesentlich von den verkäsenden Knötchen bei der Miliartuberkulose, d. h. man sieht größere käsige Felder, in denen sich oft noch massenhaft Kerntrümmer finden, in denen aber auch intakte Leukozyten vorhanden sind und auch von dort aus in die Umgebung einstrahlen. Doch auch produktive Veränderungen pflegen in der Mehrzahl der Fälle schon in gewissem Umfange vorhanden zu sein. Sie bilden dann aber gewöhnlich nur einen engen Ring um die Käsemasse, die zuweilen schon mehr homogen geworden ist. Riesenzellen sind nicht gerade besonders häufig. Doch mag betont werden, daß auch sie in einzelnen Exemplaren zuweilen schon vorhanden sind, bevor die eigentliche Epitheloidzellwucherung eingesetzt hat. Auch haemorrhagische Zonen sind gerade in diesen Fällen nicht selten. Faserbildung oder gar Abkapselungsvorgänge werden entsprechend der Schwere des gesamten Krankheitsbildes ziemlich selten beobachtet. Doch kann man in manchen Fällen, auch ohne daß eine spezifische Epitheloidzellwucherung vorliegt, in der Peripherie eine gewisse Faserbildung erkennen, die also als der Beginn einer unspezifischen Kapselbildung anzusehen wäre, ähnlich, wie wir das in manchen verkäsenden Lungenherden festgestellt haben. Weiterhin mag bemerkt werden, daß der Herd selbst unter Umständen mannigfache Reste der vorgebildeten Fasern enthält, so besonders, wenn Follikel mit ihren Zentralarterien in ihn eingeschlossen sind. In der nekrotischen Gefäßwand sind dann die elastischen Fasern erhalten und in der Umgebung ein guter Teil des Follikelretikulums, dessen Fasern dann allerdings mannigfache Quellungsvorgänge aufweisen können. Es ist das wieder ein weiterer Beweis dafür, daß die Verkäsung das vorgebildete Gewebe direkt betraf und eine Epitheloidzellwucherung vorher nicht stattgefunden hatte. Doch möchte ich in diesem Zusammenhang noch folgendes erwähnen.

Ich kenne einige Fälle und habe erst kürzlich wieder einen solchen bei einem vierjährigen Mädchen beobachtet, bei denen ein typischer, ziemlich frischer Primärkomplex der Lunge und eventuell noch anderer Herde, darunter auch tuberkulöse Meningitis bestand, während die Milz nur vereinzelte pfefferkorn- bis erbsengroße käsige Herde enthielt. Diese Herde erwiesen sich im

Mikroskop als homogene Verkäsungen mit ausgesprochener, unspezifischer, bindegewebiger Kapsel, von der allenfalls noch einige epitheloidzellähnliche Elemente in die Käsemasse einstrahlten. Die Käsemasse selbst zeigte außerdem verschiedene Verkalkungsherde. Hier ist es wohl nicht möglich, einfach von einer rascheren produktiven Reaktion in der Milz gegenüber den Herden in der Lunge etc. in dem bei der Miliartuberkulose erörterten Sinne zu sprechen. Hier dürften vielmehr zweifellos die ältesten tuberkulösen Prozesse in den Milzherden zu suchen sein. Ob diese nun post partum infolge einer kryptogenetischen Infektion entstanden (in meinem letzten Fall lag übrigens auch eine ulzerierende Hauttuberkulose vor), oder ob gar bei ähnlichen Fällen im Säuglings- und frühen Kindesalter eine Infektion ante partum anzunehmen ist, dürfte sehr schwer zu entscheiden sein. Doch müßten derartige Fälle, mit denen solche mit ähnlichen Herden in anderen Organen in einer Reihe stehen, künftighin mehr beachtet werden, um mit ihnen eventuell die Bedeutung der intrauterinen und der kryptogenetischen Infektion weiter aufzuklären. Systematische mikroskopische Untersuchungen dürften dabei allein zum Ziele führen. Ich möchte dazu aber noch betonen, daß Fälle, wie die erwähnten, die Lehre vom Primärkomplex insofern nicht zu beeinträchtigen brauchten, als wohl die Möglichkeit nicht abgestritten werden kann, daß derartige intrauterin oder kryptogenetisch erworbene Herde auch soweit abheilen können, daß wesentliche, eine neue exogene Infektion beeinflussende allergische Zustände nicht zurückzubleiben brauchen oder auch durch irgendwelche unspezifische Faktoren ausgeschaltet oder endlich durch besonders virulente Infektionen überrannt werden können.

Wenn die großherdige Milztuberkulose bisher der Frühgeneralisation zugerechnet wurde, so muß nun noch betont werden, daß gerade in manchen atypischen Fällen von Tuberkulose, z. B. manchen Organtuberkulosen, die sich mit einer nicht voll ausgebildeten Generalisation kombinieren, gerade die Milz mitbeteiligt sein kann und dann grundsätzlich dasselbe Bild zeigt. Diese Fälle leiten dann über zu denjenigen Erkrankungen der Milz, die für sich als eine isolierte Organtuberkulose zu betrachten sind.

3. Die Fälle von wirklich *isolierten Organtuberkulosen* der Milz dürften allerdings sehr selten sein. Ich habe in den letzten Jahren nur einen einzigen ganz klaren Fall gesehen. Es handelte sich um eine 63jährige Frau, die an einem chronischen Herzfehler und seinen Folgen zugrunde gegangen war. Im übrigen bestand nur eine wenig umfangreiche vernarbte Lungentuberkulose mit indurierten tracheobronchialen Lymphknoten und den gleichen Veränderungen in einigen perigastrischen Lymphknoten. Die vergrößerte Milz aber zeigte eine tuberkulöse Erkrankung in Form von Einlagerung zahlreicher scharf begrenzter bis über walnußgroßer käsiger Knoten. Im Mikroskop handelte es sich um eine zum größten Teil homogene Verkäsung, nur in der Peripherie mit Kernen und Gewebsresten, allerdings auch mit Einschluß von einigen Follikeln mit ihren Zentralarterien. Ganz dünne Epitheloidzellsäume mit einigen Riesenzellen begrenzten an einigen Stellen die Käseknoten, die im übrigen mit relativ dicken fibrösen Zügen abgekapselt waren. An einigen Stellen ließ sich auch eine Exazerbation des tuberkulösen Prozesses in Form von Tuberkelbildung innerhalb der Kapsel feststellen. Hier ist der Gang der Erkrankung in folgender Weise zu deuten: Primärinfektion und Entwicklung einer wenig fortschreitenden und zu schneller Heilung neigenden Lungentuberkulose;

mehrfache Bazillämien und Infektionen der in irgendeiner Weise disponierten Milz; schließlich ein selbständiges Hervortreten dieser Milzerkrankung als isolierte Organtuberkulose. Da die Lungentuberkulose noch nicht völlig verheilt war, kann man natürlich auch von einer Kombination zweier Organerkrankungen sprechen. Ob die Stauung in diesem Fall die Entstehung der Milztuberkulose begünstigt hat, ist schwer zu sagen, zumal da im allgemeinen Stauungszustände das Gegenteil zu bewirken pflegen. Die zu schneller Induration führende Erkrankung der perigastritischen Lymphknoten erfolgte zweifellos in Abhängigkeit von der Milztuberkulose.

Ganz ähnliche großherdige Milzerkrankungen lassen sich nun auch in atypischen Fällen feststellen, bei denen voll ausgebildete andere tuberkulöse Organerkrankungen zum Tode führten. Es sind das die oben erwähnten Fälle, die die Übergänge zu den Miterkrankungen der Milz bei den Generalisationsformen darstellen. Bei derartigen Erkrankungen kommen nicht selten partielle Verkalkungen der Käseherde vor. Ferner sieht man zuweilen einen Cholesterinausfall in den Käsemassen. Endlich werden auch puriforme Erweichungen beobachtet, deren mikroskopisches Bild mir allerdings nicht bekannt ist. Es ist aber kaum anzunehmen, daß die Erweichung in anderer Weise erfolgt wie auch sonst in verkästen Herden. Gerade bei diesen Erkrankungsformen kommt übrigens zuweilen auch das Bild des sogenannten tuberkulösen Milzinfarktes vor. Hier drängt sich wieder die Frage auf, ob spezifische Arterienveränderungen diesen keilförmigen Käseherden vorausgehen. Ich selbst habe zwar in derartigen Fällen zuweilen eine Arterienerkrankung gesehen, kann mich aber noch nicht davon überzeugen, daß wirklich eine Abhängigkeit des Käseherdes von der Arterienveränderung bestand. Auch Embolien habe ich in solchen Fällen noch nicht gesehen. Im übrigen ist zu bemerken, daß in allen solchen Fällen gewöhnlich die einzelnen Herde in der Milz sehr verschiedenen Alters sind, daß an vielen Stellen ein Fortschreiten der Tuberkulose unter Durchbruch durch die schon gebildete Kapsel erfolgt, und daß zwischen den größeren Herden auch mehr oder weniger reichlich miliare Tuberkel aufgesprossen sind.

Im Rahmen dieses Kapitels möchte ich noch einige Bemerkungen zu der *tuberkulösen Splenomegalie* machen. Im pathologischen Institut Düsseldorf befindet sich eine Milz, über deren Herkunft leider nicht das Geringste zu erfahren ist, die bei einer Größe von $34^1/_2 : 16^1/_2 : 8$ cm ein Gewicht von 3340 g hat und die kurz als Milztuberkulose bezeichnet ist. Auf der Schnittfläche dieser jetzt in der Fixierungsflüssigkeit sehr derb gewordenen und nicht besonders gut erhaltenen Milz zeigt sich allenthalben eine feinfleckige Beschaffenheit, während größere Herde in ihr nicht zu erkennen sind. Im Mikroskop erkennt man in allen Teilen einen fast völligen Ersatz des Milzgewebes durch zum größten Teil rein produktive Tuberkel ohne Verkäsung mit reichlichen Riesenzellen und einer umfangreichen Faserbildung, besonders in der Peripherie sämtlicher Knötchen. Ich erwähne diesen Fall als Kuriosum. Er gehört zweifellos zu den auch auf Grund der Literatur äußerst seltenen tuberkulösen Splenomegalien. Über die Genese dieses Prozesses vermag ich aus eigenen Erfahrungen nichts auszusagen.

Bei Besprechung der Miliartuberkulose der Milz wurden schon gewisse Kapselveränderungen erwähnt. Ich möchte jetzt hinzufügen, daß bei allen Formen von Milztuberkulose umschriebene oder auch diffuse Perisplenitiden beobachtet werden können, deren Genese im Prinzip nicht anders ist als die der Erkrankungen der serösen Häute. Im allgemeinen spielen nun diese Perisplenitiden keine besondere Rolle. Sie führen schnell zu Verklebungen und bei etwas längerem Verlauf zu Verwachsungen, in denen oft nicht die geringten spezifischen Veränderungen zu erkennen sind. Man hat es hier offenbar wieder zum großen Teil mit Veränderungen zu tun, die in das Gebiet der perifokalen Entzündung gehören. Ich möchte aber noch betonen, daß unter Umständen auch weitergehende Infektionen des Peritoneums von der Milz aus nicht nur denkbar sind, sondern auch mit einiger Sicherheit hier und da einmal festgestellt werden können.

Drüsen mit innerer Sekretion.

1. Nebennieren.

Die tuberkulöse Erkrankung der Nebennieren kann sich in drei verschiedenen Formen äußern. Erstens nämlich in einer Beteiligung an einer allgemeinen Miliartuberkulose (Spätgeneralisation), zweitens in einer Beteiligung an der Frühgeneralisation, bezw. an Formen der allgemeinen großherdigen Tuberkulose des frühen und späteren Kindesalters und selbst Mannesalters, drittens in Gestalt einer selbständigen Erkrankung des Organes, unter Umständen als isolierte chronische Organtuberkulose.

Was zunächst die Beteiligung der Nebenniere an der typischen *allgemeinen Miliartuberkulose* betrifft, so möchte ich betonen, daß das ein ganz gewöhnliches Ereignis ist. Ich habe bisher nicht einen einzigen Fall von allgemeiner Miliartuberkulose ohne Beteiligung der Nebennieren gesehen. Allerdings werden die Herdchen nicht immer bei dem ersten Orientierungsschnitt durch das Organ gesehen, denn sie können zuweilen sehr spärlich sein. Aber bei nur einigermaßen genauer mikroskopischer Durchmusterung werden sie, wie gesagt, ausnahmslos entdeckt. Die makroskopische Untersuchung führt nicht immer zum Ziel. Die, wie wir bei der mikroskopischen Beschreibung sehen werden, oft sehr kleinen Knötchen können sich nicht immer so hervorheben, daß sie dem unbewaffneten Auge sichtbar werden. Die sichtbaren Knötchen pflegen etwa hirsekorngroß, von gelblicher Farbe und unscharf begrenzt zu sein. Sie liegen öfter in der Rinde als im Mark. Zuweilen handelt es sich dann schon um Erkrankungsformen, die zu der großknotigen Tuberkulose überleiten.

Das mikroskopische Verhalten der bei der typischen Miliartuberkulose vorhandenen Knötchen ist ungemein charakteristisch und für die Analyse des tuberkulösen Prozesses überhaupt mindestens ebenso gut zu verwerten, wie das der Miliartuberkel der Leber und des Herzfleisches. Sehr reichlich sind die Knötchen nur selten. Sie sitzen, wie gesagt, in der großen Mehrzahl in der Rinde. Das Mark ist im großen und ganzen selten betroffen. Was die einzelnen mikroskopischen Bilder und die Histogenese der Knötchen betrifft, so läßt sich zunächst kein Unterschied zwischen denen der Rinde und denen des Markes erkennen. Sie können deswegen im Zusammenhang besprochen werden. Wenn auch die durchschnittliche Seltenheit der Knötchen dafür spricht, daß die infizierenden Bazillen bei der allgemeinen Miliartuberkulose nur in geringer Zahl in die Nebenniere hineingelangen, scheinen sowohl die Rinden- wie die

Markzellen gegen die Wirksamkeit der Tuberkelbazillen recht empfindlich zu sein, denn die primäre Gewebsschädigung läßt sich in beiden Teilen besonders gut erkennen, am besten in den allerkleinsten Herden. Man sieht z. B. in der Rinde einige Zellbalken durch eine umschriebene kleine rundliche Nekrose unterbrochen, ohne daß ihre Begrenzung oder die Struktur der Kapillaren dabei wesentlich beeinträchtigt ist. Natürlich bietet sich dieser Vorgang fast niemals ganz rein dar. Es folgt auch hier offenbar die zellige Exsudation der Gewebsschädigung auf dem Fuße, und so werden die Herdchen sehr bald von eindringenden Leukozyten und anderen Zellen durchsetzt. So gibt es Knötchen, die lediglich aus einem Gemisch von Leukozyten, Lymphozyten und einigen Zellen bestehen, die mit ihren Kernformen an epitheloide Zellen erinnern. Weitere Entwicklungsstadien dieser kleinsten Knötchen sind zuweilen in ein und demselben Fall nicht festzustellen. Man könnte daraus schließen, daß derartige Herdchen bei der allgemeinen Miliartuberkulose ziemlich spät aufgetreten sind, so daß die Zeit nicht ausreichte, um weitere Entwicklungsstadien entstehen zu lassen.

In anderen Fällen von Miliartuberkulose sind die Herdchen etwas größer und weisen ein verkästes Zentrum auf. Sie gehen zweifellos in der Weise aus den kleineren hervor, daß die Gewebsschädigung etwas weiter ausgreift, die Zelleinwanderung um so umfangreicher ist, daß weiterhin, wie man zuweilen noch deutlich an den verkästen Massen erkennen kann, auch fibrinöses, bezw. fibrinartiges Exsudat hinzutritt und daß das Ganze dann der gewöhnlichen Verkäsung anheim fällt. So kann man auch hier wieder in den oft sehr unregelmäßig gestalteten und unscharf begrenzten Käseherdchen neben mannigfachen Kerntrümmern wohl erhaltene Leukozyten erkennen, die dann erst weiter peripher in eine Zone übergehen, die die ersten sich bildenden Epitheloidzellen aufweist, während sich ganz peripher vorwiegend lymphozytenartige Zellen finden. Die ganze Umgebung ist aber hyperaemisch und die Zellinfiltrationen greifen zwischen den meist wohl erhaltenen Nebennierenzellbalken in unregelmäßiger Weise in die benachbarten Interstitien ein. Das ist auch ein Grund dafür, warum solche sich ganz allmählich in der Nachbarschaft verlierende Knötchen makroskopisch so undeutlich hervortreten. Auch in diesen etwas größeren Knötchen sieht man nur sehr selten ausgesprochen produktive Veränderungen. Nur in wenigen Fällen finden sich neben einigen frischen Knötchen auch vereinzelt solche, an denen man schon von einer typischen Epitheloidzellwucherung sprechen kann und die dann auch vereinzelte LANGHANSsche Riesenzellen aufweisen. In solchen Knötchen sieht man dann nicht nur fibröse Fasern zwischen den Epitheloidzellknötchen, sondern auch zuweilen im Bereich der Verkäsung, wo sie offenbar zu Faserresten in Beziehung stehen, die bei der Verkäsung erhalten blieben. Ausgesprochen produktive oder gar fibröse Umwandlungen habe ich auch bei diesen Knötchen nie gesehen. Wenn oben bemerkt wurde, daß sich prinzipielle Unterschiede zwischen Rinden- und Markknötchen nicht feststellen lassen, so möchte ich doch noch bemerken, daß im allgemeinen die Knötchen in der Rinde isoliert liegen, während man gerade im Mark zuweilen eine gewisse Anhäufung von verkäsenden Knötchen feststellen kann, die auch zuweilen deutlich eine Neigung zur Konfluenz aufweisen.

Diese etwas größeren Knötchen mit käsigem Zentrum leiten nun über zu den *großherdigen Tuberkulosen,* denen man im allgemeinen bei der *Frühgeneralisation* begegnet. Es kann sich dabei um makroskopisch gerade sichtbare, aber deutlich verkäste Herde handeln, es kommen aber ebenso häufig größere, nämlich pfefferkorn- bis erbsengroße Knoten vor, und schließlich unter Umständen auch schon ausgebreitete Verkäsungen mit starker allgemeiner Schwellung des Organs und makroskopisch nur geringen Resten erhaltenen Gewebes. Daß außerdem von solchen Herden fließende Übergänge bestehen zu den mehr selbständigen oder gar isolierten käsigen Tuberkuloseformen, mag hier schon bemerkt werden.

Das mikroskopische Bild dieser großherdigen Formen (Abb. 83), wie wir sie jetzt kurz nennen wollen, unterscheidet sich prinzipiell nicht von dem

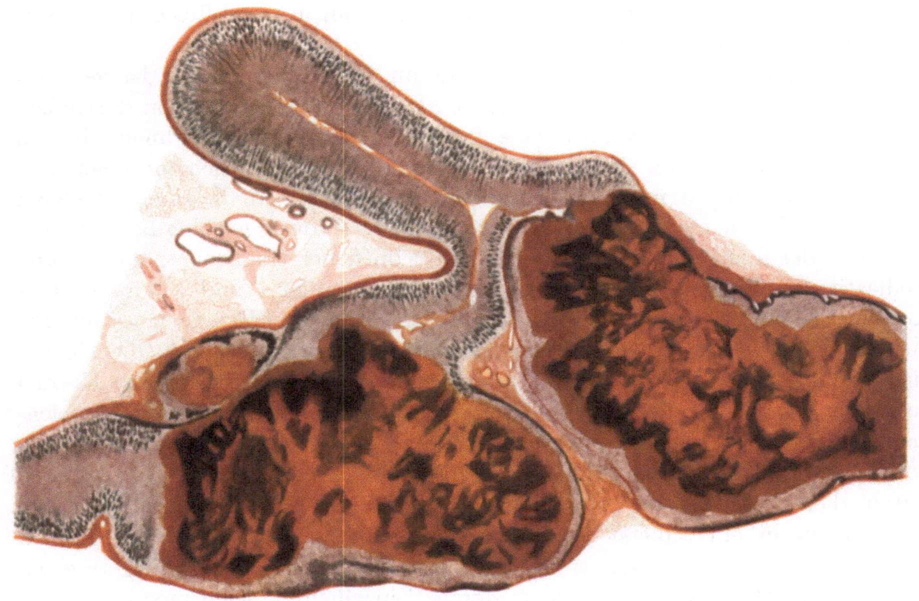

Abb. 83. Käsige Tuberkulose der Nebenniere bei einer Frühgeneralisation. Käsige Massen braungelb gefärbt, darin noch massenhaft schwarz gefärbte Kernreste und pyknotische Kerne, stellenweise von schmalen Säumen hellerer, den epitheloiden ähnlichen Zellen umgeben. VAN GIESON. 6 fache Vergr.

der Miliartuberkulose. Man sieht größere, unregelmäßig miteinander konfluierende käsige Bezirke, die zum Teil noch ihre Herkunft aus gequollenen Fasermassen verraten, und sieht diese Käsemassen unregelmäßig durchsetzt von Zügen zerfallener Kerntrümmer, denen auch noch wohl erhaltene Leukozyten beigemengt sein können. Man erkennt aber zuweilen noch in den verkästen Partien eine Andeutung der ehemaligen Nebennierenstruktur. Die Grenze der Verkäsungszone weist unter Umständen nur eine uncharakteristische, zum Teil sicher leukozytäre, Zellinfiltration auf, die sich, wie bei den Miliartuberkeln, unscharf in der Umgebung verliert, oder es dringen bei offenbar etwas älteren Fällen Zellen mit langen, etwas gewundenen Kernen in die Käsemassen ein, die als epitheloide bezeichnet werden müssen. Zuweilen schließen sich daran auch verschieden breite Säume typischer epitheloider Zellen an, die wiederum von Lymphozyten durchsetzt und umrahmt werden. Typische Riesenzellen sind im ganzen nur selten zu finden. Die Andeutung einer beginnenden fibrösen Kapselbildung findet sich zuweilen. Oft sieht man mehrere derartige Herde in verschiedenen Teilen der Nebenniere, während andere periphere Partien der einzelnen Lappen völlig intakt sind. Eine Beschränkung auf einzelne Schichten der Nebenniere findet sich nur bei den kleineren Herden, indem bald die Rinde, bald das Mark vorzugsweise betroffen ist und die benachbarte Schicht nur zum geringen Teil in Mitleidenschaft gezogen wird. Zuweilen sitzen solche Herde aber auch ziemlich genau auf der Grenze zwischen Mark und Rinde und nehmen gleich große Teile von beiden in sich auf. Bei den größten dieser Herde aber, die makroskopisch als linsen- bis erbsengroße und größere Knoten erscheinen, hat man durchaus den Eindruck, als ob sie im wesentlichen von der Marksubstanz ihren Ausgang nehmen, zumal da man hier und da in der Peripherie zwischen den Epitheloidzellwucherungen noch Reste der Nebennierenrindensubstanz festzustellen glaubt.

Wenn die soeben beschriebenen Befunde im großen und ganzen das gewöhnliche Bild der Beteiligung der Nebenniere an der Frühgeneralisation darstellen, so möchte ich doch auch noch eine weitere Veränderung erwähnen, die ich bisher in einem einzigen Fall beobachtet habe. Es handelt sich um einen vier Monate alten Jungen mit typischer Frühgeneralisation, d. h. einem größeren käsigen Herd des rechten Lungenmittellappens, diffuser großherdiger Tuberkulose beider Lungen, käsiger Tuberkulose sämtlicher tracheobronchialen und mediastinalen Lymphknoten und unregelmäßiger miliarer und etwas größerer Aussaat in Milz, Leber und Nieren, beginnenden Dünn- und Dickdarmgeschwüren und endlich tuberkulöser Leptomeningitis. In diesem Fall wiesen die Nebennieren ebenfalls ausgebreitete und zwar ziemlich scharf begrenzte käsige Knoten auf. Hier zeigte aber die mikroskopische Untersuchung scharf begrenzte gleichmäßige käsige Herde, die nur die Rindensubstanz einnahmen, allerdings unter sehr erheblicher Schwellung der Markzone. Diese ganzen käsigen Herde waren aber umgeben von einer völlig unspezifischen fibrösen Kapsel, die sich nach außen in ein äußerst gefäßreiches Granulationsgewebe verlor. Darauf folgte überall eine, wenn auch stellenweise atrophische Rinde ohne die geringsten Zeichen von Tuberkulose. Von weiteren Einzelheiten seien noch erwähnt mannigfache Verkalkungen im Bereich der verkästen Massen, Verkalkungen, die zum Teil sicher an einzelne nekrotische Zellen oder Zellkomplexe des Markes geknüpft waren, aber auch offenbar Kapillarwände betrafen, auch zum Beispiel die Intima der zentralen Vene, von der noch fibröse Teile einigermaßen sichtbar waren. Solche Verkalkungen fanden sich aber auch an der Grenze zwischen dem erwähnten Granulationsgewebe und der Rinde und nahmen auch da offenbar dem Mark angehörende Zellkomplexe ein. Aber auch einige Rindenkapillaren zeigten deutliche Verkalkungen. Endlich fanden sich sowohl in den Käsemassen reichlich Haemotoidinkristalle in Drusen, als auch Haematoidin und Haemosiderin gemischt in der Granulationszone.

Ich habe diesen Fall etwas genauer beschrieben, weil er in zweierlei Richtungen zu besonderen Überlegungen auffordert. Die beschriebenen Nebennierenveränderungen machen zweifellos den Eindruck, als wenn sie älter sind, als sämtliche anderen tuberkulösen Herde des Körpers. Obwohl auch in den anderen Organen die produktiven Veränderungen zum Teil schon ziemlich weit vorgeschritten waren, so zeigten sich doch nirgends so deutlich Einkapselungsvorgänge, wie in den Nebennieren. Das könnte natürlich an besonderen lokalen Reaktionsverhältnissen liegen. Ich werde darauf weiter unten zurückkommen und möchte zunächst die Voraussetzung machen, daß die Nebennierenveränderungen tatsächlich die ältesten sind. Dann würden wir hier einen Fall von primärer Nebennierentuberkulose vor uns haben und es könnte der Schluß gezogen werden, daß es sich um eine intrauterine Infektion handelt. Daß dies kein sicherer Schluß wäre, ist auf S. 15ff erörtert worden. Läge aber eine kongenitale Tuberkulose nicht vor, so müßten wir eine kryptogenetische Infektion annehmen, die am Orte der Aufnahme der Bazillen keine Veränderungen setzte. Bei beiden Infektionsarten müßte aber eine besondere Empfindlichkeit gerade des Nebennierengewebes vorausgesetzt werden, und es wäre damit erwiesen, daß schon im frühen Kindesalter eine derartige lokale Empfindlichkeit bestehen kann.

Die Annahme einer besonderen Empfindlichkeit des Nebennierengewebes für die tuberkulöse Infektion würde den Fall auch dann, wenn wir eine primäre Infektion der Nebenniere ablehnen würden, in besonderem Lichte erscheinen lassen. Wir würden nämlich auch dann, wenn der Primäraffekt in der Lunge zu suchen ist, die besonders vorgeschrittenen Nebennierenveränderungen damit erklären können. Man müßte dann annehmen, daß sehr bald nach der Primärinfektion von den ersten im Blute kreisenden Bazillen die Nebennieren infiziert wurden, und daß die Infektion der anderen Organe erst später nachfolgte. Eine derartige schnellere Entwicklung des tuberkulösen Prozesses an einer bestimmten Stelle des Körpers läßt sich auch sonst bei allgemeinen Tuberkulosen hier und da beobachten.

Die Annahme einer weitgehenden Erkrankungsbereitschaft der Nebenniere leitet nun über zu denjenigen Fällen, bei denen wir im späteren Lebensalter eine hochgradige und unter Umständen isolierte Tuberkulose dieser Organe beobachten können.

Wir kommen somit zu der eigentlichen dritten Form der *Nebennierentuberkulose*, die bekanntlich in enger Beziehung zu der ADDISON*schen Krankheit* steht. Diese Beziehungen sollen hier nur soweit erörtert werden, als sie für die Beurteilung der Entstehung der tuberkulösen Veränderungen verwertet werden können. Da ist zunächst die Tatsache wichtig, daß die ADDISONsche Krankheit nur auf Grund einer Erkrankung *beider* Nebennieren entsteht. Diese doppelseitige tuberkulöse Erkrankung der Nebennieren ist überhaupt sehr viel häufiger als die einseitige und es drängt sich damit zwangsläufig wieder die Annahme auf, daß in solchen Fällen eben eine besondere Empfindlichkeit des Nebennierengewebes vorliegen muß. Zufällige, auf dem Gebiet der Disposition gelegene Faktoren werden dabei kaum eine Rolle spielen können, sondern es bleibt gar keine andere Möglichkeit, als an eine konstitutionell bedingte Krankheitsbereitschaft zu denken, wobei die minderwertige Konstitution bei manchen Fällen in einer mangelhaften Entwicklung im Sinne einer Hypoplasie (WIESEL) ihren Ausdruck finden mag. Daß vor der Erkrankung unter Umständen auch einmal eine besondere funktionelle Beanspruchung vorgelegen haben könne, ist möglich, und sie mag zur Erhöhung der Erkrankungsbereitschaft beitragen.

In den Rahmen solcher Überlegungen paßt auch die Tatsache hinein, daß die doppelseitige chronische Nebennierentuberkulose so oft als eine *typische isolierte Organerkrankung* auftritt. Das geht schon aus den ersten von ADDISON veröffentlichten Fällen hervor, und das läßt sich immer wieder an der Hand der sonst in der Literatur veröffentlichten Fälle erhärten. Wenn man nämlich in den meisten dieser Fälle diejenigen noch vorhandenen tuberkulösen Veränderungen abzieht, die sicher erst in später Abhängigkeit von der Nebennierentuberkulose oder gar als terminale Erkrankungen entstanden, so bleibt für die Mehrzahl der Fälle ein Bild zurück, bei dem die Nebennierentuberkulose völlig im Vordergrund steht, die anderen Organveränderungen aber allenfalls ein Bild geben, wie es etwa den Begleiterscheinungen der allgemeinen Miliartuberkulose entspricht.

Was nun die anatomischen Veränderungen betrifft, so stehen bei der relativen Seltenheit der Erkrankung dem einzelnen leider nur wenig Fälle zur eigenen Beurteilung zur Verfügung. Bei der Sektion hat man des öfteren vorwiegend käsige Formen vor sich, wobei selbst in frischeren Fällen schon eine sehr erhebliche Schwellung der Organe vorhanden sein kann. Unter Umständen lassen sich dann makroskopisch überhaupt keine Reste von erhaltenem Nebennierengewebe mehr feststellen. Das mikroskopische Bild solcher Fälle unterscheidet sich im Prinzip nicht von dem, wie es oben für die Fälle von Frühgeneralisation beschrieben wurde. So tritt auch hier das an die Verkäsungszonen grenzende Epitheloidzellgewebe zuweilen stark zurück, und der ganze Prozeß macht dann den Eindruck einer unter dem Einfluß einer Überempfindlichkeit eminent akut verlaufenden Erkrankung, bei der es nach kurzer stürmischer exsudativer Reaktion schnell zu einer völligen Verkäsung unter erheblicher Schwellung kommt. Oft lassen sich dabei auch mikroskopisch nicht die geringsten Reste von Nebennierengewebe feststellen, und klinisch verlaufen dann diese Fälle zuweilen unter den Symptomen der akuten Nebenniereninsuffizienz. Bei anderen Fällen bleibt aber auch noch mehr oder weniger Nebennierengewebe gut erhalten. Auffallend ist dabei, daß es sich vorwiegend um Rindengewebe handelt. Das spricht dafür, daß hier die leichte Angreifbarkeit des Gewebes besonders am Nebennierenmark hervortritt, und daß in diesem auch die ersten Anfänge des Prozesses zu suchen sind. Bei diesen Fällen kommt es auch zu mehr oder weniger ausgesprochen produktiven Veränderungen, und diese leiten dann über zu den gleich zu besprechenden chronischen Formen von Nebennierenverhärtung.

Vorher aber möge noch von Fällen die Rede sein, bei denen zwar auch von einer isolierten Erkrankung der Nebenniere gesprochen werden kann, die Veränderungen jedoch nicht so schwer sind, daß ihre Folgen klinisch bemerkbar werden, sei es, daß bei doppelseitiger Erkrankung noch reichlich Nebennierengewebe erhalten bleibt, sei es, daß nur *eine* Nebenniere allein betroffen wird. In solchen Fällen sieht man eine ganz unregelmäßige Durchsetzung von Mark und Rinde mit verschiedenartigen tuberkulösen Herden. Es handelt sich um einzeln stehende oder vielfach miteinander konfluierende Verkäsungen, andererseits aber um diese umfassende fibröse Indurationsvorgänge, im Bereich derer sich dann auch massenhaft produktiv-tuberkulöse Veränderungen in Gestalt von Epitheloidzelltuberkeln, unter Umständen mit sehr zahlreichen Riesenzellen, finden. Manche Gebiete der Nebenniere zeigen dabei schon eine völlige fibröse Induration mit Schrumpfung, und nur noch vereinzelte LANGHANSsche Riesenzellen deuten an solchen Stellen auf eine abgelaufene tuberkulöse Erkrankung hin. Daß es in solchen Fällen auch zu einer mit starker Schrumpfung einhergehenden total fibrösen Umwandlung der Nebenniere führen kann, hat SIMMONDS beschrieben.

Am eindrucksvollsten jedoch von allen tuberkulösen Erkrankungen der Nebenniere sind diejenigen, bei denen sich verkäsende Prozesse mit fibrös indurierenden verbinden und bei denen es nicht etwa zu einer Schrumpfung, sondern zu einer gewaltigen Vergrößerung der Organe kommen kann, Formen, wie sie am besten als fibrös-käsige bezeichnet werden. Sie entsprechen der klinisch unter dem Bilde des chronischen ADDISON verlaufenden Erkrankung. So viel über diese Formen auch schon geschrieben worden ist, so dürften sie in ihrer Genese doch noch lange nicht geklärt sein, und ich selbst werde mich auch lediglich auf die Beschreibung beschränken müssen, ohne eine abschließende Erklärung geben zu können. Die Erkrankung ist immer eine doppelseitige. Bis zu Hühnereigröße geschwollene Organe werden in der Literatur erwähnt. Ich habe jedoch vor kurzem auch einen Fall gesehen, bei dem jede Nebenniere fast mannsfaustgroß war. Mit der Umgebung sind in solchen Fällen die Organe zuweilen stark verbacken. Fibröse Verwachsungsmassen strahlen nach allen Seiten aus. Die Gestalt ist meistens eine so unregelmäßige, daß einige Phantasie dazu gehört, um in ihr noch die ehemalige Form der Nebenniere wieder zu erkennen. Auf dem Durchschnitt hat man es mit speckig fibrösen Massen zu tun, in die mehr oder weniger reichlich zähe Käsemassen, meistens in unregelmäßiger Verteilung, eingeschlossen sind. Hier und da wird auch eine gewisse Schichtung beschrieben. Makroskopisch ist erhaltenes Nebennierengewebe nirgends festzustellen.

Im Mikroskop hat man es auch im wesentlichen mit einer Kombination von Verkäsungen und fibrös indurierenden Prozessen zu tun (Abb. 84). Die Verkäsungen sind zum Teil ganz homogene; dann sind sie meist scharf begrenzt von im ganzen nicht sehr kernreichen fibrösen Zügen, von denen nur hier und da einmal Gruppen von Zellen, die an Epitheloidzellen erinnern, in die Käsemasse eingreifen. Zum anderen Teil findet man im Käse massenhaft Kerntrümmer. Dann ist auch die Begrenzung eine unschärfere; zahlreich strahlen vom Rande her lymphozytenartige und epitheloidzellartige Elemente in den Käse hinein. Diese Zellelemente gehen zum Teil von einem ziemlich zellreichen, fast unspezifisch erscheinenden Granulationsgewebe aus, das wiederum in faserreiches und schließlich kernarmes, narbiges Bindegewebe übergeht. In der Nachbarschaft solcher Käseherde findet man dann auch rundliche Knötchen mit etwas uncharakteristischen Epitheloidzellen und ebenfalls uncharakteristischen spärlichen Riesenzellen. Nur selten einmal sind ganz typische Tuberkelknötchen sichtbar. Verkalkungen werden in den Käsemassen zuweilen beobachtet. Nur selten sind diese schon makroskopisch feststellbar, aber im Mikroskop fehlen sie, wenigstens in geringem Umfange, fast nie. Ich habe in einem Fall auch die Bildung von kleinen drusigen Kalkkörpern beobachtet. Auch Verknöcherungen sind in der Literatur beschrieben worden. Die Hauptmasse wird jedoch gebildet durch vielfach sich durchkreuzende, nur zuweilen etwas schichtenförmig gelagerte, fibröse Zellzüge, die stellenweise noch kernreich, stellenweise aber auch kernarm und hyalin sind. Andererseits aber finden sich zwischen und innerhalb dieser fibrösen Züge reichlich streifige, netzförmige und rundliche, follikelartige Einlagerungen von typischen Lymphozyten. Sodann können aber noch folgende Besonderheiten erkannt werden. Die fibrösen Massen, die schließlich ganz unregelmäßig in die Umgebung ausstrahlen, schließen in sich, vorzugsweise in den peripheren Teilen, mannigfache Gebilde ein, nämlich neben größeren Gefäßen auch reichlich Nervenzüge, sympathische Ganglien und schließlich Fettgewebe, stellenweise auch Muskulatur. Ferner zeigen die Käsemassen unter Umständen Schatten von gewissen Strukturen, die an die beschriebenen fibrösen Züge erinnern, und zuweilen kann man auch noch relativ gut erhaltene Reste dieses fibrösen

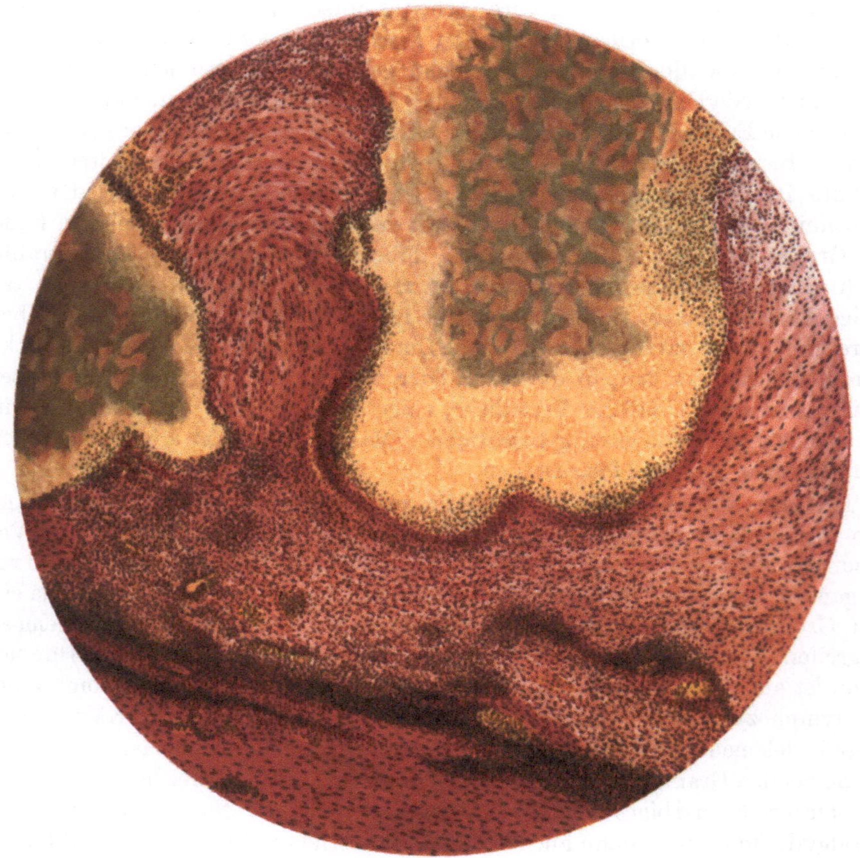

Abb. 84. Aus einer chronischen käsig-fibrösen Nebennierentuberkulose. Unten am Rande alte, fast hyaline Bindegewebsmassen, nach oben anschließend lockeres Bindegewebe und darin mannigfache Lymphozyteninfiltrate, gelb gefärbte Käseherde mit grauen bis schwarzen Kerntrümmern, zum Teil mit fibröser Kapsel, zum Teil mehr mit zelligen Infiltraten begrenzt. VAN GIESON.

Gewebes innerhalb des Käses feststellen, Reste, die dann deutlich Übergänge zu den erwähnten Strukturen zeigen, nur daß in diesen die Fasern stark aufgequollen sind und sich bei der van Gieson-Färbung nicht mehr rot, sondern mehr orange-gelb oder rein gelb färben. Hier sehen wir also deutlich unter dem Mikroskop, wie ein neu entstehender Verkäsungsprozeß nicht nur auf benachbartes, bisher noch intakt gebliebenes Gewebe übergreift, sondern auch ein auf Grund eines schon abgelaufenen tuberkulösen Prozesses entstandenes fibröses bis hyalines Narbengewebe in sich aufnimmt. Was das Nebennierengewebe selbst betrifft, so wird man wohl annehmen müssen, daß selbst in vorgeschrittenen Fällen noch hier und da etwas erhalten bleibt. Anders wäre die Chronizität der Erkrankung nicht zu verstehen. Natürlich kommen für manche Fälle auch die zuerst von MARCHAND beschriebenen akzessorischen Nebennieren, vorzugsweise im Verlauf der Arteria spermatica, für eine vikariierende Funktion in Betracht. Aber derartige akzessorische Bildungen dürften nicht in allen Fällen vorhanden sein. Kann so ein sich unter Umständen über Jahre hinziehender Verlauf der Erkrankung in manchen Fällen nur auf erhaltene Gewebskomplexe der Nebennieren zurückgeführt werden, so hat man doch den Eindruck, daß in den schwersten Fällen schließlich das Nebennierengewebe völlig schwindet. Es könnten wohl nur lückenlose Serienuntersuchungen diese Frage endgültig klären. Im übrigen machen die beschriebenen Veränderungen durchaus den Eindruck, als ob in ihrem Bereich ein Erhaltenbleiben von Nebennierenzellen kaum noch möglich ist.

Wenn wir nun den Versuch machen wollen, uns die wahre Genese dieser eigentümlichen Erkrankung vorzustellen, so könnte das in folgender Weise geschehen. Die Erkrankung beginnt in der Weise, wie es oben für die zum Teil indurierenden Fälle beschrieben wurde. In dem noch erhaltenen Nebennierengewebe aber kommt es zu neuer, unter schneller Verkäsung einhergehender Erkrankung. Die Annahme einer dabei bestehenden schweren lokalen geweblichen Überempfindlichkeit läßt sich dann nicht umgehen. Unter dem Einfluß der darum einsetzenden neuen stürmischen Reaktionen, die bei neuen Bazillenschüben zustande kamen, wird auch ein Teil der schon vernarbten Partien und auch das die Nebenniere umgebende Gewebe in die Verkäsung mit einbezogen. Entsprechend anderen hyperergischen Vorgängen kommt es auch hier zu relativ geringfügiger spezifischer produktiver Reaktion, und die unspezifische fibröse Vernarbung tritt ganz in den Vordergrund. Solche Schübe können sich mehrere Male wiederholen. Die Erkrankung wird erst tödlich, wenn die letzten Reste von Nebennierengewebe zerstört sind.

2. Schilddrüse.

WEGELIN, der in neuester Zeit die tuberkulösen Erkrankungen der Schilddrüse ausführlich bearbeitet hat, unterscheidet die akute miliare Form und die chronische Form der Schilddrüsentuberkulose. Diese Einteilung kann ohne weiteres angenommen werden.

Miliartuberkulose. Wenn WEGELIN annimmt, daß eine Beteiligung der Schilddrüse an der allgemeinen Miliartuberkulose fast nie vermißt wird, so möchte ich dem hinzufügen, daß ich in den letzten Jahren an einem sehr ansehnlichen Material von allgemeiner Miliartuberkulose eine Beteiligung der Schilddrüse, wenn auch manchmal erst mikroskopisch, ausnahmslos festgestellt habe. Dasselbe gilt auch für die Fälle von Frühgeneralisation, die sich im übrigen kaum, weder makroskopisch noch mikroskopisch, von den anderen zu unterscheiden brauchen. Außerdem besteht aber auch die Beobachtung mancher Autoren zu Recht, daß nämlich auch ohne allgemeine Generalisation, bei manifesten oder latenten Organerkrankungen, vereinzelte Miliartuberkel in der Schilddrüse zuweilen beobachtet wurden. Sodann kann ich auch die Angabe von WEGELIN bestätigen, daß zuweilen sowohl bei den Generalisationen, als auch in den anderen Fällen die Miliartuberkel vorzugsweise in kropfig veränderten Teilen gelegen sind, wie man es auch an Operationsmaterial zuweilen festzustellen Gelegenheit hat. Nach allen diesen Beobachtungen kann natürlich nicht nur von einer „Immunität“ der Schilddrüse gegen Tuberkulose schlechthin keine Rede sein, sondern man gewinnt eher den Eindruck, daß die Tuberkelbildung in ihr besonders leicht auftritt, wenngleich, wie wir noch sehen werden, schwere Erkrankungsformen nur recht selten vorkommen.

Das makroskopische Bild der Miliartuberkulose der Schilddrüse bietet keine weiteren Besonderheiten dar. Je nach der Größe der Knötchen, ob submiliar oder miliar oder etwas größer, sind sie entweder auf der Schnittfläche gut sichtbar und dann auch gewöhnlich ziemlich deutlich begrenzt, oder sie werden mit Sicherheit erst im Mikroskop erkannt. In Fällen, in denen sie eine zufällige Begleiterscheinung einer anderen Tuberkulose sind, werden sie nur in ganz vereinzelten Exemplaren gefunden. Auch bei den Generalisationsformen sind sie zuweilen spärlich, in anderen Fällen aber auch sehr reichlich, ohne daß man eine plausible Erklärung dafür geben könnte.

Im Mikroskop handelt es sich in meinen Fällen ausnahmslos um typische produktive Tuberkel, und die Beobachtungen anderer Autoren scheinen damit im Wesentlichen in Einklang zu stehen. Das gilt auch für diejenigen Fälle von Miliartuberkulose, bei denen nicht nur in den Lungen, sondern auch in den meisten anderen Organen das produktive Stadium noch nicht erreicht ist. Die von älteren Autoren hier und da angenommene hohe Resistenz der Schilddrüse gegen tuberkulöse Erkrankungen, die ja auch zuweilen zu der Behauptung geführt hat, daß die Schilddrüse überhaupt nicht tuberkulös werden kann, scheint sich also doch in einer gewissen Weise zu bewahrheiten. Sie zeigt sich eben darin, daß bei der Miliartuberkulose das exsudative Stadium sehr geringfügig, ja in vielen Fällen wohl fast Null sein kann, daß demgemäß die produktiven Veränderungen fast selbständig zu entstehen scheinen. Daß aber schließlich die Bildung der Miliartuberkel im Prinzip nicht anders erfolgt, als in anderen Organen, glaube ich aus mannigfachen Bildern schließen zu können. Vor allen Dingen möchte ich behaupten, daß es sich nicht etwa um interstitielle Vorgänge handelt, sondern daß die Tuberkel fast ausnahmslos, nicht nur innerhalb der einzelnen Drüsenläppchen, sondern auch vielmehr innerhalb der einzelnen Drüsenschläuche, zur Entwicklung kommen. Dafür spricht vor allen Dingen die Tatsache, daß man in den nicht selten zentral verkästen Herdchen noch Reste der Grenzmembranen, bezw. des interstitiellen Bindegewebes des Drüsenläppchens in derselben Weise wie bei anderen verkäsenden Prozessen ganz gut erkennen kann. Dafür spricht weiter die Tatsache, daß derartige Tuberkel in ihrer Form oft absolut identisch mit einem Drüsenläppchen sind, während doch Bindegewebsmassen von dem Umfange eines tuberkulösen Knötchens in der Schilddrüse überhaupt nicht existieren. Zum mindesten müßte man in solchen Fällen regelmäßig eine Kompression benachbarter Drüsenanteile sehen. Nun werden allerdings die Miliartuberkel nicht selten peripher von einigen komprimierten Drüsenschläuchen begrenzt, bezw. umgeben. Doch das ist nur so zu erklären, daß der Tuberkel in der Mitte eines Läppchens entstand, und daß dann bei Entwicklung des produktiven Gewebes lediglich einige periphere Drüsenschläuche mechanisch beengt wurden. Derartige Herde zeigen oft auch eine ganz gleichmäßige Einfassung mit Bindegewebe, genau so, wie ein normales Drüsenläppchen. Ich möchte weiter aus der erwähnten Arbeit von WEGELIN zitieren, daß sowohl er wie E. FRAENKEL Fälle beobachteten, in denen nur miliare Verkäsungen, bezw. Leuko- und Lymphozyteninfiltrate bei Anwesenheit reichlicher Bazillen bestanden. Hier hatte offenbar die Schilddrüse aus irgendeinem Grunde ihre Resistenz gegen die Tuberkelbazillen eingebüßt, und es konnten demgemäß exsudativ-käsige Veränderungen beobachtet werden, wie sie sonst nur in anderen Organen vorkommen. In jedem Falle dürften auch die Veränderungen bei der Miliartuberkulose der Schilddrüse nicht prinzipiell unserer Gesamtauffassung des tuberkulösen Prozesses widersprechen.

Die chronische Form der Schilddrüsentuberkulose. Ich selbst verfüge auf diesem Gebiete über keine Erfahrungen und möchte deswegen auf den Literaturanhang verweisen.

3. Andere Drüsen mit innerer Sekretion.

Über selbständige tuberkulöse Erkrankungen der *Hypophyse*, der *Zirbeldrüse*, der *Epithelkörperchen*, des *Thymus* ist nur sehr wenig bekannt. In dem Literaturkapitel sollen auch hierüber einige Bemerkungen gegeben werden. Ich selbst verfüge auf diesem Gebiete über kein Material. Einige Bemerkungen möchte ich nur noch über Befunde an der Hypophyse und dem Thymus machen. Wie andere Autoren, konnte auch ich feststellen, daß bei der generalisierten Tuberkulose, insbesondere bei der mit Meningitis einhergehenden Frühgeneralisation im Kindesalter, der Hinterlappen der Hypophyse sehr viel häufiger betroffen wird, als der Vorderlappen, und daß es in ersterem unter Umständen zu nicht unbedeutenden käsigen Herden kommen kann. Die Thymusdrüse enthält bei den Generalisationsformen, insbesondere bei der Spätgeneralisation, nicht immer tuberkulöse Herde. Man findet aber bei der Frühgeneralisation, zumal im Säuglingsalter, nicht selten recht ausgebreitete Verkäsungen in ihr. Es handelt sich dann gewöhnlich um jene Fälle, bei denen auch das Lymphknotensystem stark miterkrankt ist und bei denen die Tracheobronchialdrüsen sehr ausgebreitete käsige Veränderungen zeigen.

Harnorgane.

1. Niere.

Wenn in der älteren Literatur garnicht selten von einer primären Nierentuberkulose gesprochen wird, so ist das nur zu erklären durch die damals herrschenden ganz anderen Anschauungen über die allgemeine Genese der Tuberkulose, in der man die Rolle des Primärkomplexes noch nicht kannte. Es handelt sich zudem in solchen Mitteilungen meistens nur um klinische Beobachtungen. Wo Sektionsergebnisse vorlagen, konnte wohl hier und da auch eine anderweitige tuberkulöse Erkrankung, insbesondere der Lungen, nachgewiesen werden. Auf das Verhältnis der tuberkulösen Nierenerkrankung zu den anderen Organen soll weiter unten eingegangen werden. Nach unseren heutigen Anschauungen wird eine wirkliche primäre Nierentuberkulose nur äußerst selten möglich sein. Sie kann nur im Rahmen der spärlichen Fälle vorkommen, für die wir die Möglichkeit einer kryptogenetischen Infektion zugelassen haben. Obwohl ich noch nie einen derartigen Fall gesehen habe, möchte ich gerade bei den Nieren diese Möglichkeit darum betonen, weil sie als Ausscheidungsorgan in gewisser Weise bei einer Bazillämie besonders gefährdet sind. Das zeigt sich auch bei ihrer Beteiligung an der allgemeinen Miliartuberkulose; das zeigt sich auch daran, daß unter den Kombinationen einer chronischen Lungentuberkulose mit einer anderen Organtuberkulose die Nieren neben den Geschlechtsorganen an erster Stelle stehen. Allerdings möchte ich gleich hier betonen, daß die Ausscheidung von Tuberkelbazillen durch die Nieren nicht gleichbedeutend mit ihrer Infektion ist. Ich kenne eine ganze Anzahl von Fällen, denen eine Niere wegen Tuberkelbazillengehaltes ihres Harns von Chirurgen herausgenommen wurde, das Organ jedoch bei genauester Untersuchung keinen einzigen auch nur tuberkuloseverdächtigen Herd zeigte. Ich muß mich auf Grund solcher Erfahrungen der Meinung derjenigen Autoren anschließen, die eine Ausscheidung von Tuberkelbazillen durch die intakte Niere zulassen. Nach unseren heutigen Anschauungen über die Allergie- bezw. Immunitätsverhältnisse bei der Tuberkulose ist diese Ausscheidung ohne Erkrankung auch durchaus verständlich. Haben wir z. B. infolge einer Lungentuberkulose jene Allergieverhältnisse, die einer Durchimmunisierung des gesamten Körpers entsprechen, so daß trotz Bazillämie in anderen Organen keine tuberkulösen Herde auftreten, so ist es nicht zu verwundern, daß die Tuberkelbazillen auch einmal, insbesondere im Bereich der Glomeruli, in den Harn gelangen, ohne irgendeine Spur zu hinterlassen.

In den bisherigen Ausführungen wurde schon als selbstverständlich vorausgesetzt, daß die Infektion der Nieren im wesentlichen auf dem Blutweg erfolgt. Kein anderer Infektionsmodus liegt im Bereich der Möglichkeiten. Es ist z. B. auch in keiner Weise auszudenken, wie etwa der Lymphweg für die Infektion in Betracht kommen sollte. Aber auch die intrakanalikuläre Infektion muß für eine vorher intakte Niere abgelehnt werden. Hierin ist BAUMGARTEN unbedingt Recht zu geben und alle Experimente, die gemacht worden sind, um seine Anschauung zu widerlegen, können daran nichts ändern. Die Sektionsergebnisse an menschlichem Material reden außerdem in dieser Beziehung eine zu deutliche Sprache, als daß durch die Experimente oder durch theoretische Überlegungen der aufsteigende Infektionsweg an Kredit gewinnen könnte. Wir müssen unbedingt an dem Satz festhalten, daß die Infektion einer vorher gesunden Niere in der Regel nur auf dem Blutweg erfolgen kann. Ob während bestehender Erkrankung diese Verhältnisse sich ändern, soll weiter unten erörtert werden. Es mag aber noch erwähnt sein, daß für ganz wenige Fälle auch die Möglichkeit der direkten Kontaktinfektion von benachbarten Organen her bestehen kann. Diese spärlichen Fälle spielen aber im Rahmen des Gesamtbildes eine nur sehr untergeordnete Rolle.

Da also eine primäre Nierentuberkulose noch nicht einwandfrei bekannt ist, haben wir in folgendem im wesentlichen die Beteiligung der Nieren an den Generalisationsformen und sodann die Nierentuberkulose als isolierte Organtuberkulose zu besprechen.

a) Die Miliartuberkulose der Nieren.

Die Beteiligung der Nieren an der allgemeinen Miliartuberkulose kann eine sehr verschiedenartige sein. Aber man kann wohl den Satz aufstellen, daß es keine Miliartuberkulose mit Beteiligung der Organe des großen Kreislaufes gibt, bei der nicht auch die Nieren mitbetroffen sind. Dann liegen die Verhältnisse aber durchaus nicht immer so, daß beispielsweise die Menge der Miliartuberkel in der Niere denen in anderen Organen proportional ist. Sondern unabhängig von den Verhältnissen anderer Organe findet man bald eine geringere bald eine stärkere Beteiligung der Nieren. Wir werden daraus schließen können und werden durch später zu erwähnende Beobachtungen in diesem Schluß bestärkt werden, daß die Empfindlichkeit der Nieren gegen die tuberkulöse Infektion Schwankungen unterworfen ist, die wohl in diesem Fall nur auf dem Boden konstitutioneller Besonderheiten zu suchen ist.

Das *makroskopische Bild* der Miliartuberkulose der Nieren ist ein sehr charakteristisches. Die Nieren sind natürlich äußerlich in ihrer Form und in ihrer sonstigen Beschaffenheit kaum verändert. Man bemerkt allerdings von außen schon eine gewisse Hyperämie, die sogar in manchen Fällen sehr hohe Grade erreichen kann. Nur darf man die Hyperämie nicht ohne weiteres auf Kosten von in der Niere vorhandenen Miliartuberkeln setzen. Denn wenn z. B. zu gleicher Zeit eine Leptomeningitis tuberculosa besteht, so kann eine schwere Nierenhyperämie von ihr abhängig sein, wie überhaupt oft Nierenhyperämien zentral durch irgendwelche Gehirnerkrankungen bedingt sind. Außerdem sind die Nieren zuweilen von schlafferer und weicherer Konsistenz, als es der Norm entspricht. Die miliaren Tuberkel bieten sich oft dem ungeübten Auge von außen nicht allzu deutlich dar (Abb. 85). Es ist im Gegenteil sehr charakteristisch für sie, daß sie in der Mehrzahl der Fälle als ganz unscharfe, durchaus verwaschene, blasse, graue, allenfalls etwas grau-gelbliche Fleckchen erscheinen. Das liegt, wie wir sehen werden, daran, daß sie nur sehr selten unmittelbar an der Oberfläche gelegen sind und daß sie auch mikroskopisch aus bestimmten Gründen oft keine scharfen Begrenzungen aufweisen. Die wenigen unmittelbar an der Oberfläche gelegenen Knötchen sind natürlich viel deutlicher zu erkennen und kaum mit anderen Gebilden zu verwechseln. Andere tiefer gelegene werden wohl schon hier und da einmal übersehen oder nicht genügend beachtet oder auch für irgendwelche anderen Gebilde gehalten worden sein, zumal wenn auch auf der Schnittfläche die Veränderungen nicht unmittelbar in die Augen sprangen. Seltener sind die Fälle, bei denen schon auf der Oberfläche die graugelblichen Miliartuberkel ungemein deutlich, zuweilen von einer tief roten Zone begrenzt, hervortreten. Auch auf der Schnittfläche kann das Bild ein sehr verschiedenes sein. Es gibt, wenn auch nicht sehr häufig, Fälle, in denen tatsächlich nur einige Rindenknötchen vorhanden sind, die auch auf der

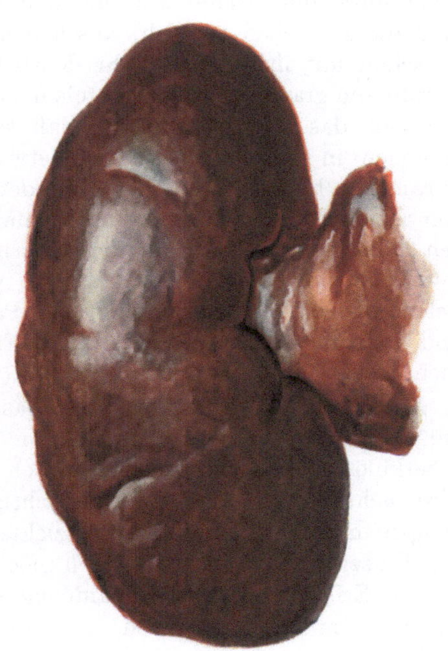

Abb. 85. Miliartuberkulose der Niere. Sehr reichlich verwaschene grau-gelbe Fleckchen an der Oberfläche. $^3/_4$ nat. Gr.

Schnittfläche so undeutlich sein können, daß sie nicht auf den ersten Blick erkannt werden. Der Geübte wird sie aber auch hier wie in anderen Organen unschwer identifizieren, da sie immerhin auch dann, wenn sie klein, verwaschen und von mehr grauer Farbe sind, etwas die Schnittfläche überragen. Unter Umständen heben sie sich auch durch ihre Blässe gegen das übrige hyperämische Gewebe deutlich ab; denn auf der Schnittfläche tritt die Hyperämie des Organes noch deutlicher zutage, wie auch die deutliche Gefäßzeichnung verrät. Daneben existiert, wie gleich bemerkt werden mag, stets ein gewisser Grad der trüben Schwellung, während eine Verfettung nicht eigentlich zum Bilde gehört. In anderen Fällen, und das sind wohl die häufigeren, ist die Miliartuberkulose der Nieren auf der Schnittfläche sehr leicht zu diagnostizieren. Sind die Herdchen gelblich, anscheinend ganz oder z. T. verkäst, so treten sie schon mit ihrer Farbe sehr deutlich hervor. Aber auch kleinere Konglomerate von grauen Tuberkelknötchen sind ebenso gut sichtbar. Wichtiger aber noch als das ist die Tatsache, daß sehr oft graue oder gelbliche Tuberkelknötchen in Reihen liegen, z. B. etwa den Markstrahlen folgend bis in die Pyramiden hinein. In letzteren findet man neben rundlichen Querschnitten von tuberkulösen Herdchen (die allenfalls mit Markfibromen verwechselt werden könnten) bedeutend häufiger als in der Rinde streifenförmige Herde, die gewöhnlich von gelblicher Farbe, wie verkäst sind und unter Umständen die freie Oberfläche der Pyramide an der Papille erreichen. Auch im Nierenbecken sind dann neben akut entzündlichen Erscheinungen hier und da einmal knötchenartige Gebilde zu sehen.

Mikroskopische Untersuchung. Das mikroskopische Verhalten aller tuberkulösen Nierenveränderungen ist für die Grundfragen der Histogenese des tuberkulösen Prozesses überhaupt von außerordentlich großem Interesse. Es wird nicht möglich sein, auf alle wichtigen Einzelheiten einzugehen. Vor allen Dingen möchte ich auch hier verzichten, über systematische Untersuchungen von Einzelfällen zu berichten. Ich möchte vielmehr versuchen, auf Grund aller meiner Erfahrungen eine zusammenfassende Darstellung zu geben. Wie in anderen kompakten Organen, z. B. der Leber, liegen natürlich auch hier die Verhältnisse ganz anders als beispielsweise in der Lunge und den serösen Häuten. Die Exsudatbildung muß zurücktreten, weil kein Raum für sie vorhanden ist. Dagegen lassen sich auch hier wie in der Leber die dem exsudativen Stadium vorausgehenden primären Gewebsschädigungen um so besser erkennen. Haben wir z. B. einen Fall von allgemeiner Miliartuberkulose vor uns, bei dem wir in der Lunge noch die ersten Stadien von Exsudatbildung erkennen können, so bieten sich in der Niere an manchen Stellen die folgenden Bilder dar. Wir sehen bei schwacher Vergrößerung in der Nierenrinde ein etwa hirsekorngroßes, zellreiches Knötchen, bei stärkerer Vergrößerung erkennt man in ihm ein unregelmäßig gestaltetes nekrotisches Zentrum, an dem sich aber sehr deutlich erkennen läßt, daß es sich aus nekrotischen und etwas aufgequollenen Nierenepithelien zusammensetzt, und zwar kann es sich nach Lage der Dinge nur um Epithelien der gewundenen Kanälchen, bezw. Hauptstücke, handeln. Bei der van Gieson-Färbung, und ich kann ihre Anwendung für Tuberkulosestudien nicht oft genug empfehlen, wird dies alles noch deutlicher, weil man mit ihr die faserige Begrenzung der Harnkanälchen auch in den völlig nekrotischen Teilen meist noch recht gut erkennen kann. In anderen

Fällen sind die Fasern aufgesplittert oder gar aufgequollen und gehen dann allmählich in der Nekrose, bezw. Verkäsung auf. Diese Deutung ist um so sicherer, als sich weiter nach außen alle Übergänge von z. T. nekrotischen und im Lumen auch Eiweißmassen enthaltenden bis zu völlig intakten Kanälchen finden. In diesen nekrotischen Stellen sieht man teils wohl erhaltene Leukozyten, teils Kerntrümmer und pyknotische Kerne von solchen. In anderen Fällen ist die nekrotische Masse schon zusammengesintert, enthält reichlich Leukozyten und man kann zu gleicher Zeit auch mehr oder weniger deutliche und ausgebreitete feine Fibrinnetze darin erkennen, unter Umständen auch vereinzelte feine Gefäßlumina mit fibrinoid aufgequollener Wandung. Wenn wir gleich kurz auf die Deutung dieser Bilder eingehen, so kann man nur sagen, daß es sich hier um Kombinationen handelt zwischen primärer Gewebsschädigung, Exsudation und Verkäsung und man kann gerade an diesen Bildern sehr deutlich erkennen, wie schnell zuweilen oder auch gewöhnlich der Übergang von der einen zur anderen Phase ist. Man kann weiter sagen, daß uns gerade diese Bilder deutlich vor Augen führen, daß eine zeitliche Begrenzung zwischen diesen Phasen nicht besteht, sondern daß sie vielfach ineinander übergreifen.

Sehen wir nun die weiteren Merkmale solcher Knötchen an, so erkennen wir, daß peripherwärts die Leukozyten sich bald mit Lymphozyten mischen und daß schließlich in der äußersten Peripherie nur noch Lymphozyten vorhanden sind. Diese Lymphozyteninfiltrate greifen dann in ganz unregelmäßiger Weise in die benachbarten Interstitien zwischen den einzelnen Harnkanälchen ein, so daß tatsächlich auch mikroskopisch derartige Knötchen als unscharf begrenzt und in der Peripherie sehr unregelmäßig zackig erscheinen, so daß damit auch eine Erklärung für das verwaschene makroskopische Aussehen gegeben ist. Wenn oben gesagt wurde, daß auf die im Zentrum gelegenen, völlig nekrotischen Harnkanälchen in der Peripherie besser erhaltene folgen, so muß nun noch hinzugefügt werden, daß im Bereich der lymphozytären Infiltrate unter Umständen reichlich völlig intakte Harnkanälchen zu sehen sind, und daß auch dort befindliche Glomeruli nicht die geringsten Veränderungen zu zeigen brauchen. Es wäre weiter zu bemerken, daß im Umkreise solcher Knötchen die Hyperaemie, die auch in den anderen Teilen der Niere vorhanden ist, besonders stark hervortritt. Endlich weise ich noch auf den Befund von Leukozyten im Lumen mancher benachbarter Harnkanälchen hin, insbesondere solcher, die weiter zentral, also hiluswärts gelegen sind. Wenn dieser Befund auch nicht in allen Präparaten mit Sicherheit zu erheben ist, so ist er doch von großer Wichtigkeit. Deutet er doch auf die intrakanalikuläre, absteigende Weiterverbreitung des Prozesses hin. Auch rote Blutkörperchen kommen nicht selten in den benachbarten Kanälchen vor.

Das Bild, wie es eben beschrieben wurde, ist natürlich nicht ein zufälliger Einzelbefund, sondern läßt sich immer wieder bei genauer Durchmusterung der meisten Fälle von Miliartuberkulose erheben. Natürlich wird es am leichtesten und am häufigsten in möglichst frischen Fällen gefunden. Aber auch in solchen, bei denen die gleich zu beschreibenden späteren Entwicklungsstadien schon völlig vorherrschen, ist es noch hier und da an einzelnen Tuberkeln zu erkennen, übrigens eine der Tatsachen in der Kette der Beweise für die ungleichmäßige Entstehung der allgemeinen Miliartuberkulose. Im einzelnen wechseln die Bilder natürlich auch in ziemlich weiten Grenzen. So kann man Tuberkel sehen, bei denen in der Zone der primären Gewebsschädigung die Epithelien nicht mehr als solche zu erkennen sind und auch die fibrösen Fasern der Zwischensubstanz kaum hervortreten. So können diese Fasern, je nach dem nur gewundene oder auch gerade Kanälchen getroffen sind, einen verschiedenen Verlauf haben. Denn wenn die Herdchen auch öfter im Bereich von gewundenen Kanälchen liegen, so kann man ihnen doch auch schon in der Rinde im Bereich der Markstrahlen, ferner auch im Mark im Bereich der Sammelröhren begegnen. Die bei der makroskopischen Beschreibung erwähnten streifigen Herde der Pyramiden bieten ebenfalls grundsätzlich mikroskopisch ganz dasselbe Bild dar. Weiterhin kann das Bild der primären Epithelnekrose dadurch verwischt werden, daß der kleine nekrotische Bezirk sehr frühzeitig von Leukozyten durchsetzt wird. Dann hat man einen kleinen Herd, dessen Zentrum aus einem dichten Leukozytenhaufen besteht, der in einer uncharakteristischen körnigen, ebenfalls einige Fibrinfäden enthaltenden Grundsubstanz liegt und nach außen alle Male in die stets vorhandenen lymphozytären Infiltrate übergeht.

Wenn man sich nun fragt, wie diese Herde zustande kommen, so könnte man an eine primäre Gefäßschädigung mit organischem oder funktionellem Verschluß eines zuführenden Gefäßes denken. Dafür würde der Befund von fibrinoid aufgequollenen kleinen Arterien im Bereich des Herdes sprechen. Doch sind diese Befunde durchaus nicht immer zu erheben. Man kann im Gegenteil des öfteren in der Peripherie des Herdes völlig intakte Arteriolen sehen, zu deren Versorgungsgebiet zweifellos das betreffende Herdchen gehört. Auch müßte man dann wohl häufiger infarktartige Herde an der Nierenoberfläche finden. Aber oberflächliche Herde sind, wie oben erwähnt, überhaupt ein sehr seltenes Vorkommnis. Es kann vielmehr auch hier die Pathogenese garnicht anders gedeutet werden, als daß man eine Ausscheidung der Tuberkelbazillen durch die Kapillaren in perivaskuläre Lymphräume und in die Harnkanälchen annimmt und daß dadurch erst die Gewebsschädigung zustande kommt. Besonders bemerken möchte ich noch, daß ich Verstopfungen von Nierengefäßen durch Tuberkelbazillen, wie sie z. B. BENDA beschrieb, noch nie gesehen habe.

Und doch gibt es wiederum andere, nunmehr zu beschreibende Bilder, bei deren Zustandekommen das Gefäßsystem einen viel größeren Anteil hat und das sind solche Herde, die sich im Bereich der Glomeruli ausbilden (Abb. 86—87). Schon in den bisher beschriebenen Tuberkeln lassen sich an manchen Stellen, wo Glomeruli nahe der nekrotischen oder käsigen Zone gelegen sind, hyalin-fibrinoide Umwandlungen an ihren Hilusgefäßen feststellen. Doch gibt es auch Tuberkel — in manchen Fällen sind sie sehr häufig oder stehen sogar im Vordergrund —, bei deren Entwicklung der Glomerulus im Mittelpunkt des Geschehens steht. Ein derartiges Bild stellt sich beispielsweise in folgender Weise dar. Man erkennt bei mikroskopischer Betrachtung inmitten eines kleinen käsig-nekrotischen Herdes ein rundliches glomerulusgroßes Gebilde mit feiner Faserkapsel und darin bei stärkerer Vergrößerung ein Netz- oder Schlingenwerk von mehr oder weniger deutlich fibrösen Fasern und in den Maschen des Schlingennetzes erhaltene oder miteinander verklebte und in Auflösung begriffene rote Blutkörperchen, die hier und da auch über die Kapsel hinaus treten (Abb. 86). Von diesem Zentrum strahlt ein gleichmäßig körnig-nekrotischer Herd zackig in die Nachbarschaft aus und in seinem Bereich lassen sich noch manche Fasern, den

Interstitien der zugrunde gegangenen Harnkanälchen entsprechend, erkennen. Das Ganze ist durchsetzt von mehr oder weniger reichlichen, z. T. zugrunde gehenden Leukozyten, die wiederum peripher allmählich durch Lymphozyten ersetzt werden. Die äußere Begrenzung verhält sich genau so, wie bei den anderen Tuberkeln. Hat man solche Bilder erst einmal erkannt, so wird die Deutung auch in anderen leichter, indem man nun auch ganz uncharakteristische, rundliche oder längliche Gebilde mit kaum mehr sichtbarer Kapsel und kaum mehr

Abb. 86. Miliartuberkel der Niere. In seiner Mitte ein nekrotischer, noch blasse Erythrozyten enthaltender Glomerulus, von nekrotischer Zone umgeben, auf die erst die zellige Reaktion folgt. VAN GIESON. 110fache Vergr.

sichtbaren Innenfasern als völlig nekrotische Glomeruli erkennt. Es handelt sich hier also offenbar um eine primäre Glomerulonekrose, und hier kann die Entstehung des Prozesses nur durch eine relativ starke Ansammlung von Tuberkelbazillen in dem langsamen Blutstrom der weiten Glomerulusschlingen erklärt werden. Daran muß festgehalten werden, auch wenn man nicht in zu erwartender Anzahl Tuberkelbazillen darin nachweisen kann. Finden wir doch auch in allen möglichen anderen tuberkulösen Herden zuweilen recht spärlich oder garnicht die Bazillen, die wir unbedingt erwarten zu müssen glauben.

Bevor alle weiteren Entwicklungsstadien besprochen werden, möchte ich nun noch erwähnen, daß man natürlich auch mikroskopisch das intrakanalikuläre Fortschreiten des Prozesses daran erkennen kann, daß man die kleinen Tuberkelherde in Reihen hiluswärts gerichtet liegen sieht, daß dann die peripheresten Tuberkel gewöhnlich die älteren sind, während die zentralen frischere Stadien zeigen. Zuweilen hängen diese Herdchen miteinander zusammen und verschmelzen zu längeren Reihen, zuweilen reihen sie sich perlenkettenartig aneinander. In anderen Fällen lassen sich auch, besonders in der Rinde, kleine rundliche oder kleeblattartige Konglomerate von Tuberkelherdchen feststellen.

Gehören alle bisher beschriebenen Veränderungen zu dem auf die primäre Gewebsschädigung folgenden exsudativen Stadium mit der Verkäsung, so haben wir nunmehr die produktiven Vorgänge zu besprechen. In vielen Herden, in denen man bei oberflächlicher Betrachtung zunächst nur Leukozyten und Lymphozyten zu sehen glaubt, kann man bei stärkerer Vergrößerung schon Zellen erkennen, deren Größe und deren Kern durchaus denen der Epitheloidzellen entspricht. In den Fällen, in denen nur kleine umschriebene Nekrosen bestanden und es zu einer eigentlichen Verkäsung nicht gekommen ist, ersetzen diese epitheloiden Zellen, u. U. von einigen Riesenzellen begleitet, sehr schnell das ganze Feld, und wir haben bald einen typischen miliaren oder submiliaren produktiven Tuberkel, der mit einem unregelmäßigen Lymphozytenwall nach allen Richtungen in die benachbarten Interstitien einstrahlt. In anderen Herdchen sieht man die epitheloiden Zellen zwischen den mehr oder weniger erhaltenen Kanälchenabschnitten der die Verkäsung umgebenden Zellzone auftreten. Sie stammen zweifellos von den dort befindlichen Gefäßwandzellen ab. Späteren Stadien entsprechend sieht man dann ganze Wälle derartiger Zellen um die verkäste Partie herum auftreten und auch in sie eindringen, während nun Leukozyten kaum noch vorhanden sind, nach außen aber der Lymphozytenwall erhalten bleibt oder sich sogar verbreitert. Der produktive Tuberkel mit zentralem Käseherd ist fertig. Auffallend ist nur, daß im Bereich der Epitheloidzellen- und Lymphozytenzone zahlreiche Harnkanälchen durchaus gut erhalten bleiben. Das kann man auch in noch späteren Entwicklungsstadien sehen, wenn nämlich zwischen den Epitheloidzellen reichlich Fasern auftreten und nunmehr das käsige Zentrum entweder von einem ungleichmäßig gestalteten Faserring umgeben oder auch von fibrösen Fasern ganz durchsetzt wird. Im Verlauf dieser Entwicklung treten übrigens unter Umständen recht zahlreich LANGHANSsche Riesenzellen am Rande der Verkäsung auf, und auch noch dann, wenn im Verlauf des Vernarbungsprozesses eigentliche Epitheloidzellen kaum mehr zu sehen sind, kann man hier und da doch noch den letzten Riesenzellen begegnen. Diese Vernarbungsstadien lassen sich natürlich im Rahmen einer allgemeinen Miliartuberkulose kaum je erkennen. Doch kommen ja auch bei anderen tuberkulösen Prozessen zuweilen einzelne Nierentuberkel vor, an denen man dann zuweilen Bilder von strahligen kleinen Narben mit eingeschlossenen, unter Umständen etwas zystisch erweiterten Harnkanälchen sieht, die als ein Endprodukt der Tuberkelbildung aufzufassen sind. Komplizierter erscheinen bei der Miliartuberkulose die Bilder dann, wenn es sich ursprünglich um konglomerierte Herde handelte. Dann sieht man die fibröse Umwandlung in jedem Tuberkel isoliert einsetzen und es müssen daraus viel kompliziertere Bilder entstehen. Dazu kommt noch, daß hier und da auch im Verlauf des

Vernarbungsprozesses peripher neue Massen von Epitheloidzellen, z. T. in Knötchenform, aufsprießen können, bei denen dann ebenfalls allmählich eine Faserbildung und ein fibröser Ersatz zustande kommt.

Besonders interessant sind nun noch die weiteren Veränderungen im Bereich der betroffenen Glomeruli. Sofern der Glomerulus im Zentrum eines Herdchens unter völliger Nekrose zugrunde gegangen ist, wird man wohl annehmen können, daß er bei der weiteren Entwicklung keine Rolle mehr spielt. Dem entsprechen manche Befunde. So sieht man z. B. Epitheloidzelltuberkel mit käsigem Zentrum, in dessen Mitte sich ein grade noch schattenhaft an einigen Fasern kenntlich machender Glomerulus befindet. Sogar kleine Restchen der Schlingen mit verblaßten roten Blutkörperchen können eben noch sichtbar bleiben, oder es kommt auch vor, daß ein derartiger Glomerulus für sich allein das käsige Zentrum des Tuberkels darstellt. In beiden Fällen ist also der Glomerulus, obwohl sein Gerüst noch nicht vollständig zerstört war, in die Verkäsung einbezogen worden.

Doch gibt es in den Glomeruli auch noch andere Abstufungen der Schädigung. Man kann z. B. dann, wenn unabhängig von den Glomeruli schon weitgehend fibrös umgewandelte Tuberkel bestehen, daneben folgendes Bild erkennen. Man sieht einen Glomerulus, dessen Schlingen stark aufgequollen und fibrinoid oder hyalin umgewandelt sind und dessen Kapselfasern sich ähnlich verhalten oder auch aufgesplittert sind. In den Spalten zwischen den homogenen Balken sieht man dann noch einige Leukozyten, im übrigen aber Zellen mit großem, hellen Kern, bei denen man es also offenbar mit Epitheloidzellen zu tun hat. Es folgt auf einen solchen Glomerulus eine Zone, der eine lockere nekrotische oder aus aufgequollenen Fibrinmassen bestehende Masse zugrunde liegt, die ihrerseits von Leukozyten und einigen anscheinend epitheloiden Zellen durchsetzt ist. Das Ganze wird dann nach außen abgeschlossen durch Epitheloidzellmassen, die z. T. in radiärer Pallisadenstellung stehen. Hier hatte man es offenbar nicht mit einer völligen Nekrose des Glomerulus zu tun, sondern viele seiner Gefäßwandzellen blieben erhalten und beteiligen sich nunmehr ebenfalls an der produktiven Phase, während die exsudative Phase noch nicht völlig abgelaufen ist. Die weitere Peripherie solcher Herde braucht sich nicht viel von den anderen zu unterscheiden. Endlich gibt es Bilder, bei denen man einen teils nekrotischen, teils von Epitheloidzellen ersetzten Glomerulus inmitten eines einfachen oder konglomerierten Epitheloidzelltuberkels liegen sieht (Abb. 87). Der Endeffekt solcher Vorgänge müßte aber der sein, daß in der nunmehr entstehenden Narbe ein hyaliner und dann allmählich immer stärker schrumpfender Glomerulus vorhanden ist. Auch noch leichtere Glomerulusschädigungen sind hier und da zu erkennen, indem man nur einzelne Schlingen betroffen sieht, während andere leidlich erhalten und sogar bluthaltig sind. Die Kapselepithelien des Glomerulus gehen bei diesen Prozessen wohl stets zugrunde. Selbst dann, wenn in der Kapselgegend eine stärkere Wucherung von Epitheloidzellen zu sehen ist, halte ich es doch für sehr unwahrscheinlich, daß diese zu den Kapselepithelien in irgendwelcher Beziehung stehen. Besonders eigenartig sind gerade bei diesen Vorgängen die Riesenzellbildungen. Man sieht sie öfter in ganz bizarren Formen den Resten der fasrigen Glomeruluskapsel anliegen oder man erkennt sie auch im Inneren des Glomerulus zwischen den einzelnen homogenen Balken.

Wenn wir diese Beschreibung der Miliartuberkel der Niere noch einmal überblicken, so läßt sich wohl nicht leugnen, daß auch sie ein ungemein instruktives Beispiel sind für meine Gesamtauffassung des Tuberkuloseprozesses. Wir sehen entsprechend der Tatsache, daß es sich um ein hoch organisiertes Parenchym handelt, die Gewebsschädigung sehr deutlich ausgesprochen und sehen wiederum die Abstufung dieser Gewebsschädigung im Bereich des

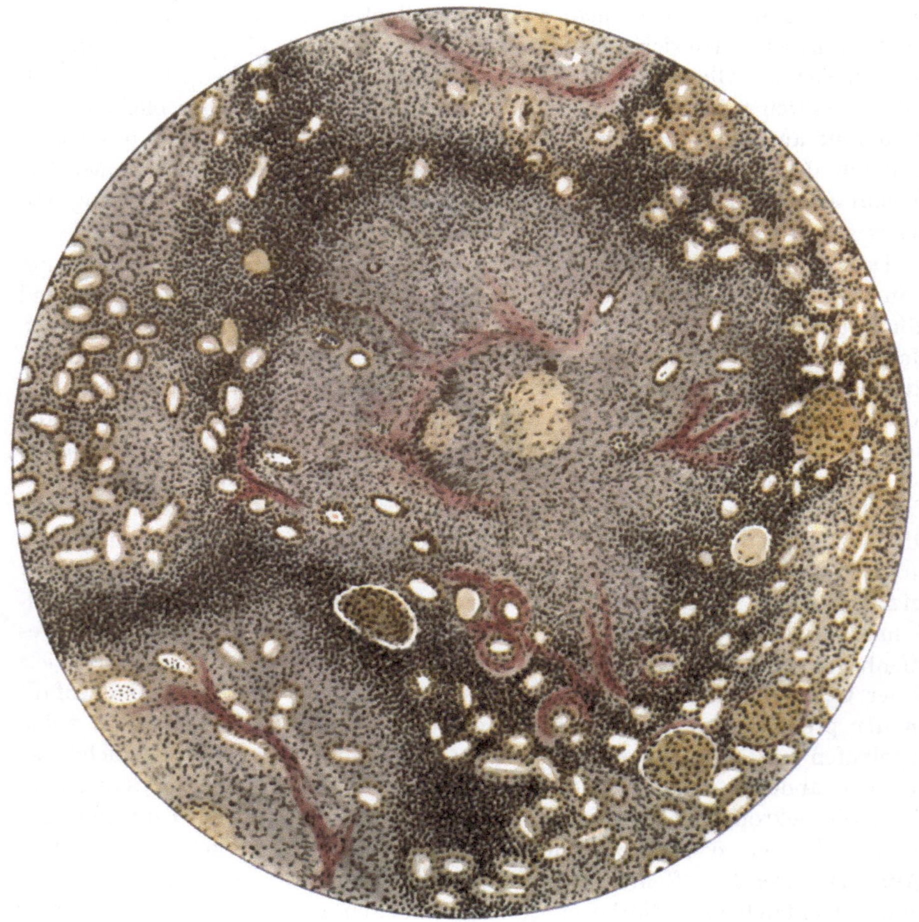

Abb. 87. Miliartuberkel der Niere im produktiven Stadium, in seiner Mitte noch Reste eines von Zellen durchsetzten nekrotischen Glomerulus. VAN GIESON. 80fache Vergr.

Glomerulus sehr eindrucksvoll hervortreten. Besonders interessant ist dabei die Feststellung, daß der Glomerulus als mesenchymales Gebilde weniger empfindlich ist als die hochdifferenzierten Epithelien der Harnkanälchen. Das sieht man daran, daß der noch nicht völlig nekrotische Glomerulus, dessen Endothelien sich sogar an der Epitheloidzellenbildung beteiligen können, zuweilen inmitten eines völlig nekrotischen Ringes von Harnkanälchen gelegen ist. Wir sehen weiter die exsudative Komponente in Gestalt von Leukozyten und Fibrinbildung in weitem Maße zurücktreten, entsprechend den anatomischen

Verhältnissen, die eine größere Ausbreitung von Exsudaten wie auf freien Oberflächen nicht gestatten. Der Verkäsungsprozeß tritt trotzdem ein, aber Einschmelzungsvorgänge kommen nicht zustande. Die produktive Komponente läuft grundsätzlich nicht anders ab, als bei anderen tuberkulösen Vorgängen. Nur ist natürlich auch hier die exsudative Komponente starken Schwankungen unterworfen. Sie kann wohl unter Umständen nahe an Null sein, so daß man hier und da den Eindruck gewinnen könnte, daß es sich um primär produktive Vorgänge handelt. Noch eindrucksvoller treten nun all diese Merkmale hervor bei den ausgebreiteteren Nierenerkrankungen, die das Bild der isolierten chronischen Nierentuberkulosen ausmachen. Den Beteiligungen der Niere bei jenen Frühgeneralisationen, bei denen man von multipler knotiger Tuberkulose sprechen kann, ein besonderes Kapitel zu widmen, dürfte nicht nötig sein, da diese Nierenveränderungen etwa auf der Mitte stehen zwischen denen bei Miliartuberkulosen und den frischeren Prozessen bei der chronischen Nierenphthise. Wir können uns deshalb gleich diesen letzteren Veränderungen zuwenden.

b) Die chronische isolierte Nierentuberkulose.

Unter den chronischen isolierten Tuberkulosen begrenzter Organsysteme spielt die der Nieren und der ableitenden Harnwege eine bedeutende Rolle. Abgesehen von den Erkrankungen der Lunge kommt sie zusammen mit denen der Geschlechtsorgane am häufigsten vor. Sie gehört auch, wie schon mehrfach erwähnt, zu den häufigsten Kombinationen mit einer chronischen Lungentuberkulose. In jedem Lebensalter kann man ihr begegnen. Selbst bei kleineren Kindern kommt sie hier und da schon vor, ist dann relativ häufig im jugendlichen Alter, von der Pubertät an gerechnet. Die meisten Fälle lassen sich aber wohl, ebenso wie die von chronischer Lungentuberkulose im Alter von 20—40 Jahren beobachten, während in den späteren Jahrzehnten frische Fälle seltener zur Sektion kommen, naturgemäß aber ältere Stadien von nicht tödlichen Erkrankungen häufiger beobachtet werden. Wie schon oben erwähnt, kommt als Infektionsweg für die ersten Veränderungen lediglich der haematogene in Betracht. Glücklicherweise gibt es mindestens ebenso viele Fälle, bei denen nur eine Niere betroffen wird, wie solche, bei denen beide Nieren etwa zu gleicher Zeit erkranken. Gerade aber die doppelseitige Erkrankung der Nieren legt wieder die Vermutung nahe, daß dabei eine konstitutionell bedingte Krankheitsbereitschaft besteht. Worauf diese beruht, läßt sich zunächst noch in keiner Weise ermitteln. Diese Krankheitsbereitschaft kann sich in der Weise dokumentieren, daß eine oder beide Nieren nach mehr oder weniger abgeheiltem Primärkomplex allein erkranken, ohne daß überhaupt an irgend einem anderen Organ, auch nicht in den Lungen, Zeichen von Tuberkulose vorhanden sind. Sie kann aber auch in der Weise offenbar werden, daß schon eine Infektion der kranialen Lungenteile bestand, diese aber weitgehend abgeheilt war, endlich eben auch darin, daß die Nieren trotz fortschreitender Lungentuberkulose erkranken. Außerdem sei noch auf das schon oben erwähnte Moment hingewiesen, daß die Nieren als Hauptausscheidungsorgan bei jeder Bazillämie mehr gefährdet sind als viele andere Organe.

Das voll entwickelte Bild einer Nierentuberkulose (Abb. 88) ist ein sehr eindrucksvolles. Man kann hier mit Recht auch von einer Nierenphthise sprechen, wenn man als Phthise einen lokalen Prozeß verstehen will, bei dem größere Organteile fast völlig oder völlig vernichtet werden. Eine derartige Niere ist zwar gewöhnlich ziemlich stark geschwollen, zeigt aber auf der Schnittfläche, daß von einer Funktion kaum noch die Rede sein kann. Wir sehen das Nierenbecken mit den Anfangsteilen des Ureters stark erweitert und in weiter Verbindung stehend mit den ebenfalls ausgedehnten Kelchen, deren Höhlen unter Umständen unter

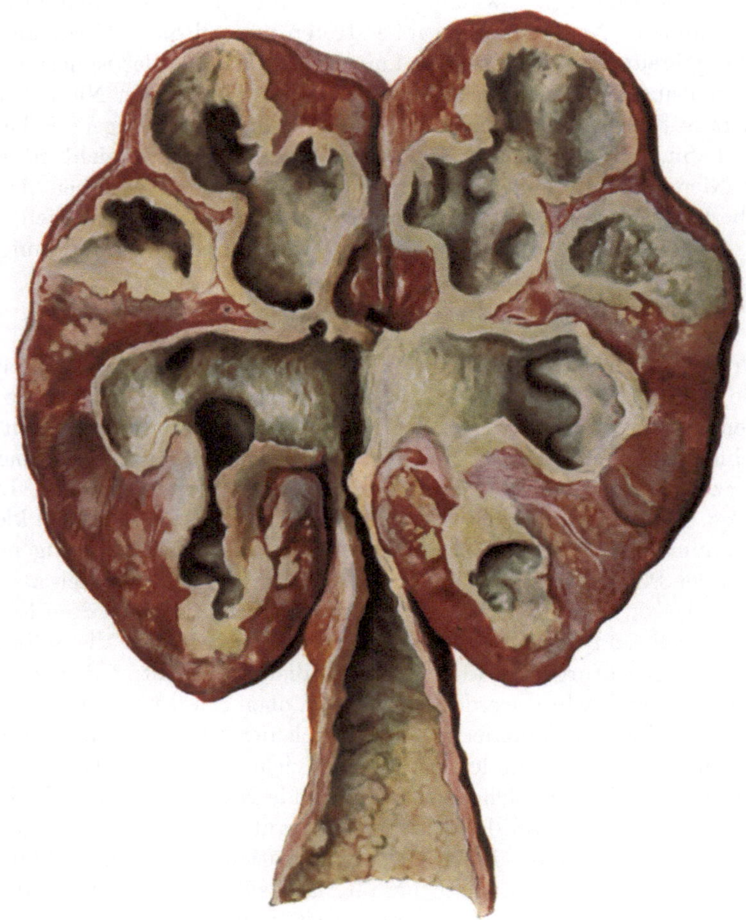

Abb. 88. Chronische isolierte Nierentuberkulose mit stark erweitertem und käsig ausgekleideten Becken und Kelchen. Auch in dem erhaltenen Nierengewebe reichlich käsige Herde. Ureter erweitert und mit käsigen Massen ausgekleidet. $^2/_3$ nat. Gr.

Zerstörung der Nierensubstanz bis dicht unter die Oberfläche reichen. Wir haben also, was Form und Weite des gesamten Nierenbeckens betrifft, ähnliche Verhältnisse wie bei einer gewöhnlichen Hydronephrose. Dieser Hohlraum ist jedoch bei der Tuberkulose mit eiterähnlichen Massen erfüllt, und die vielbuchtige Höhle wird ausgekleidet von einer mehrere Millimeter bis fast 1 cm dicken ausgesprochen käsigen Schicht, deren Innenfläche rauh und höckrig ist und von schleimig-eitrigen Massen belegt wird (Abb. 88). Hier und da sieht man in die höhlenartig erweiterten Kelche noch einige Wülste vorspringen, die den Resten der Papillen entsprechen. Doch zeigen auch diese auf der Schnittfläche eine völlige Verkäsung. Was nun das übrige Nierengewebe betrifft, so werden wir unregelmäßig verteilt in ihm knotige Herde finden, die teils von fester käsiger Beschaffenheit sind, teils mit grauer Farbe unscharf in die Umgebung übergreifen. An anderen Stellen und besonders an solchen, wo die käsige Innenauskleidung an noch erhaltene Pyramiden angrenzt, sieht man in diesen mehrere käsige Streifen nach der Peripherie hin ziehen. Da diese Herde z. T. die Oberfläche erreichen, kann man an ihr, nachdem die im allgemeinen leicht abziehbare Kapsel entfernt ist, reichlich unregelmäßige Vorbuchtungen erkennen, die entweder in ziemlich scharf begrenzten Gruppen stehen oder sich auch unregelmäßig über die Oberfläche verteilen. Besonders die Buckel dieser Herde sind von gelblicher Farbe, auf dem Durchschnitt käsig und erstrecken sich zuweilen streifenförmig in die Tiefe, zuweilen bis zu der käsigen Innenauskleidung.

Ist dies das Bild der voll ausgebildeten käsigen Nierentuberkulose, so kann man natürlich auch häufig, besonders in Fällen von operativ entfernten Nieren, weniger ausgebildete Stadien des Prozesses beobachten. Es handelt sich in den einfachsten Fällen um vereinzelte oder einen einzigen, oft gerade am oberen Pol der Niere gelegenen käsigen Herd, der in der Rinde eine unregelmäßige knotige Beschaffenheit zeigt und sich durch das Mark hin in Streifen erstreckt. Ein Teil der Pyramide oder die ganze Pyramide pflegt dann in eine käsige Masse umgewandelt zu sein und als solche frei in den entsprechenden Nierenkelch hinein zu ragen. Die benachbarten Teile des Nierenbeckens zeigen dann ebenfalls eine käsige Beschaffenheit und begrenzen sich unter Umständen ziemlich scharf gegen die übrige Schleimhaut, die jedoch ihrerseits eine Schwellung und fleckige Rötung, unter Umständen mit kleinen Hämorrhagien, aufweist. Aber auch isolierte käsige Erkrankungen einer oder mehrerer Pyramiden ohne Rindenherde kommen vor.

Die Übergänge zwischen diesen leichteren und den schwersten Formen können in verschiedener Weise gedacht werden. Es gibt einmal Fälle, bei denen sicherlich annähernd zu gleicher Zeit mehrere Herde entstehen, wie sie zuletzt beschrieben wurden. Es ist klar, daß sich aus solchen Fällen bei Weiterfortschreiten des Prozesses das Bild der totalen käsigen Nierentuberkulose entwickeln muß. Es gibt aber auch Fälle, bei denen eine andere Deutung möglich ist, nämlich die, daß zunächst ein einziger isolierter Herd bestand, der ins Nierenbecken durchbrach und dieses infizierte. Dabei kann es, wenn der Abfluß durch den Ureter behindert ist — und das dürfte nicht selten der Fall sein — zu einer Anhäufung des infektiösen Materials im Nierenbecken und auch zu erhöhtem Druck in ihm kommen. Dann sind alle Bedingungen dafür gegeben, daß nunmehr auch vom Nierenbecken aus intakte Pyramiden infiziert werden und von ihnen aus aufsteigend andere Teile der Nieren erkranken. Es gibt mannigfache Bilder bei der totalen käsigen Nierentuberkulose, die für diese Entwicklungsart sprechen. Diejenigen Stellen nämlich, wo in solchen Fällen die käsig ausgekleideten Höhlen bis zur Oberfläche der Niere reichen, werden zweifellos denen entsprechen, die die ersten Erkrankungsherde aufwiesen. Diejenigen Stellen aber, an denen man entsprechend einem breiter ausgedehnten Kelch eine entweder schon total verkäste oder eine nur streifige Verkäsungen aufweisende Pyramide sieht, ohne daß in den entsprechenden Rindenteilen schwerere Erkrankungsherde vorhanden sind, mögen denjenigen Bezirken entsprechen, in denen eine aufsteigende Infektion stattfand.

Das restierende Nierengewebe pflegt in allen derartigen Fällen schwere Veränderungen aufzuweisen. In noch frischeren Fällen steht die Hyperaemie ganz im Vordergrunde. Dazu kommt eine weiche ödematöse Beschaffenheit und eine Schwellung mit Verwischung der Struktur. In älteren Fällen steht dann diese Trübung stärker im Vordergrund und es kommt auch zu relativen Verhärtungen des gesamten Gewebes, wobei dieses eine eigenartige durchscheinende Beschaffenheit annehmen kann, ohne daß das etwa durch eine Amyloiderkrankung bedingt ist. Daß letztere aber garnicht selten vorkommt, möge nebenbei bemerkt werden.

Welches sind nun die Ausgänge solcher Nierenerkrankungen? Dazu muß zunächst bemerkt werden, daß man Heilungen in allen Stadien und auch bei den schwersten Formen beobachten kann. Man sieht zum Beispiel folgendes Bild. Etwa die Hälfte der Niere, gewöhnlich die untere, zeigt mit dem zu ihr gehörenden Beckenteil annähernd gewöhnliche Verhältnisse, während die ganze obere Hälfte aus käsig-krümeligen Massen besteht, die sich aus einzelnen haselnuß- bis walnußgroßen rundlichen Bezirken zusammensetzen, von denen jeder von einer schmalen grauen bindegewebigen Kapsel eingeschlossen ist. Aber selbst Fälle, bei denen eine ganze Niere dieses Bild zeigt, kommen garnicht so selten vor. Es braucht dann übrigens das Organ in seiner Größe kaum verändert zu sein; unter Umständen ist es sogar etwas kleiner. Die Farbe der krümelig-käsigen Massen ist meist eine helle weißliche und fast weiße (mikroskopisch lassen sich Kalkeinlagerungen feststellen). Der Endeffekt dieses Prozesses kann dann eine totale Verkalkung sein. Wir haben eine versteinerte Niere vor uns und dürfen wohl annehmen, daß derartige Bilder nur auf Grund eines tuberkulösen Prozesses zustande kommen können. Die Bedingungen dafür, daß alle diese Vorgänge zur Entwicklung kommen, ist nur unter besonderen Umständen gegeben. Ich weise darauf hin, daß die Öffnungen zwischen Nierenkelchen und Nierenbecken in ihrer Größe weitgehenden Schwankungen unterworfen sind. Sie können z. B. auffallend schmal sein. In solchen Fällen dürfte ein frühzeitiger Verschluß dieser Öffnungen stattfinden und damit die Weiterverbreitung der tuberkulösen Infektion ins Nierenbecken und die abführenden Harnwege verhindert werden. In diesem Sinne spricht auch die Tatsache, daß wir selbst in Fällen von totaler abgekapselter Verkäsung ein schmales Nierenbecken mit intakter Schleimhaut zuweilen noch gut erkennen können und daß man dann im Ureter und in der Blase keine Zeichen einer stattgehabten Infektion nachweist.

Für alle Heilungsmöglichkeiten der Nierentuberkulose scheint mir dieser Abschluß gegen die ableitenden Harnwege von Bedeutung zu sein. Solche kommen natürlich auch, wie schon erwähnt, an den Ureteren vor. Sind das auch Bedingungen, die gerade die aufsteigende Infektion begünstigen können, so unterstützen sie zweifellos durch Abschluß des tuberkulösen Prozesses in manchen Fällen auch die Heilungsmöglichkeiten. Ist in solchen Fällen die Nierentuberkulose noch relativ wenig ausgebreitet, so entwickeln sich auch Formen von Hydronephrose, die dann Übergangsbilder darstellen zwischen einer einfachen Hydronephrose und der oben geschilderten Nierenphthise mit erweitertem Becken und Kelchen.

In Fällen, bei denen ein wesentlicher Durchbruch der Nierenherde ins Becken nicht erfolgt, gibt es natürlich auch für die isoliert bleibenden Herde viel bessere Heilungsmöglichkeiten. Sie sind begründet in den allgemeinen Verhältnissen der tuberkulösen Prozesse. Auf die Verkäsung muß die produktive Gewebsbildung und mit ihr die Abkapselung, Organisation und Vernarbung folgen. Wir können in der Tat alle diese Vorgänge auch makroskopisch in passenden Fällen beobachten und können erkennen, daß ebenso wie aus anderen nekrotischen Herden, Infarkten etc. auch hier oberflächliche oder tief eingezogene Narben entstehen. Bilden sich diese an verschiedenen Stellen, so muß eine kleine Niere mit mannigfachen narbigen Einziehungen resultieren. Wir haben das Bild der tuberkulösen Schrumpfniere.

Mikroskopische Untersuchung. Sucht man auf Grund der mikroskopischen Befunde eine Vorstellung von der Histogenese der käsigen Nierentuberkulose zu gewinnen, so muß wieder ein unanfechtbarer Satz an den Anfang gestellt werden. Es ist keine Rede davon, daß etwa die verkästen Massen aus einem vorher produktiven Gewebe entstehen. Auch hier läßt sich ganz einwandfrei nachweisen, daß die Verkäsung aus einem in seiner Grundstruktur nicht veränderten Nierengewebe hervorgeht. Es ist wohl im Einzelfall nicht immer leicht, sich vollständig zurecht zu finden und sich aus den mikroskopischen Präparaten ein lückenloses Bild des Vorganges zu rekonstruieren. Aber nach vergleichenden Untersuchungen zahlreicher verschiedener Fälle ist keine andere Deutung möglich, als daß die gleich zu schildernden umfangreichen Verkäsungsprozesse in derselben Weise entstehen wie die meisten anderen auch, daß es sich nämlich um ausgebreitete exsudativ-leukozytäre Prozesse handelt, die direkt der Verkäsung anheimfallen. Auf die Frage, ob etwa gröbere Gefäßverschlüsse bei diesen Nierenverkäsungen eine Rolle spielen, wird besonders geachtet. Es ist mir jedoch nicht möglich gewesen, dafür irgendwelche Anhaltspunkte zu finden. Um das Beispiel zu wählen, daß bei einer mehr oder weniger ausgebreiteten tuberkulösen Erkrankung der Rinde eine völlige Verkäsung des dazu gehörigen Markbezirkes bis zur Pyramidenspitze vorhanden ist, so stelle ich mir die Entstehung der Verkäsung in der Weise vor, daß die Tuberkelbazillen in ansehnlicher Zahl in die Sammelröhren hineingelangen und mit ihnen eventuell auch Exsudatzellen, daß weiterhin, wiederum auf der Basis einer besonderen lokalen Überempfindlichkeit, auf die Gewebsschädigung in der Pyramide rasch eine leukozytäre, z. T. auch fibrinöse oder fibrinoide Reaktion von den Gefäßen ausgeht, und daß dieser exsudativ infiltrierte Herd ebenso rasch und ebenfalls unter dem Einfluß der Überempfindlichkeit in Verkäsung übergeht. Man erkennt im Mikroskop folgende Veränderungen. Eine in der Mitte des Herdes körnig käsige, ungleichmäßig gefärbte Masse wird überall von nach der Pyramidenspitze hin konvergierenden feinen, aber etwas aufgequollenen Fasersträngen durchzogen (Abb. 89). Diese treten natürlich nur bei der van Giesonfärbung deutlich hervor, während sie bei Eosinfärbung leicht übersehen werden können (Abb. 90). Die zwischen diesen Zügen gelegenen körnigkäsigen Massen zeigen massenhaft feinste Kerntrümmer, außerdem unregelmäßig verteilte Netzwerke fibrinähnlicher Massen. Die Faserzüge, die selbstverständlich den Markgefäßen mit ihren interstitiellen Fasern entsprechen, sind stellenweise aufgesplittert und stark gequollen und gehen dann allmählich in die fibrinähnlichen Massen über. Nach der Peripherie dieser Herde hin werden die Kerntrümmer gröber und liegen dichter und schließlich erkennt man noch mehr oder weniger reichlich wohl erhaltene Leukozyten zwischen ihnen oder auch ganz am Rande eine Zone von erhaltenen Leukozyten allein. In dieser Weise ragt auch die Pyramidenspitze ins Nierenbecken hinein, und man sieht auch die benachbarten Teile der Beckenschleimhaut in derselben Weise verändert. Etwas frühere Stadien desselben Prozesses sah ich in Bildern, bei

Abb. 89. Aus einer käsigen Pyramide bei chronischer isolierter Nierentuberkulose. Die bei anderen Färbungen (vergl. Abb. 90) homogenen Massen weisen noch reichlich erhaltengebliebene, wenn auch gequollene Bindegewebsfasern zwischen den verkästen und Kerntrümmer enthaltenden Massen auf. VAN GIESON. 60fache Vergr.

denen der gesamte nekrotische Herd ganz dicht von pyknotischen Kernen und Kerntrümmern überschwemmt ist. Es ist in solchen Fällen gar nicht anders denkbar, als daß hier eine zellige Exsudation vorlag, die schnell nekrotisch wurde. Ich habe jedoch Bilder, in denen ein reines und frisches exsudatives Stadium vorlag, noch nicht gesehen. Das ist vielleicht darauf zurückzuführen, daß eben die Reaktion ungemein stürmisch verläuft und daß wie auch in zahlreichen anderen tuberkulösen Prozessen die Verkäsung mit der Exsudation sozusagen Hand in Hand geht.

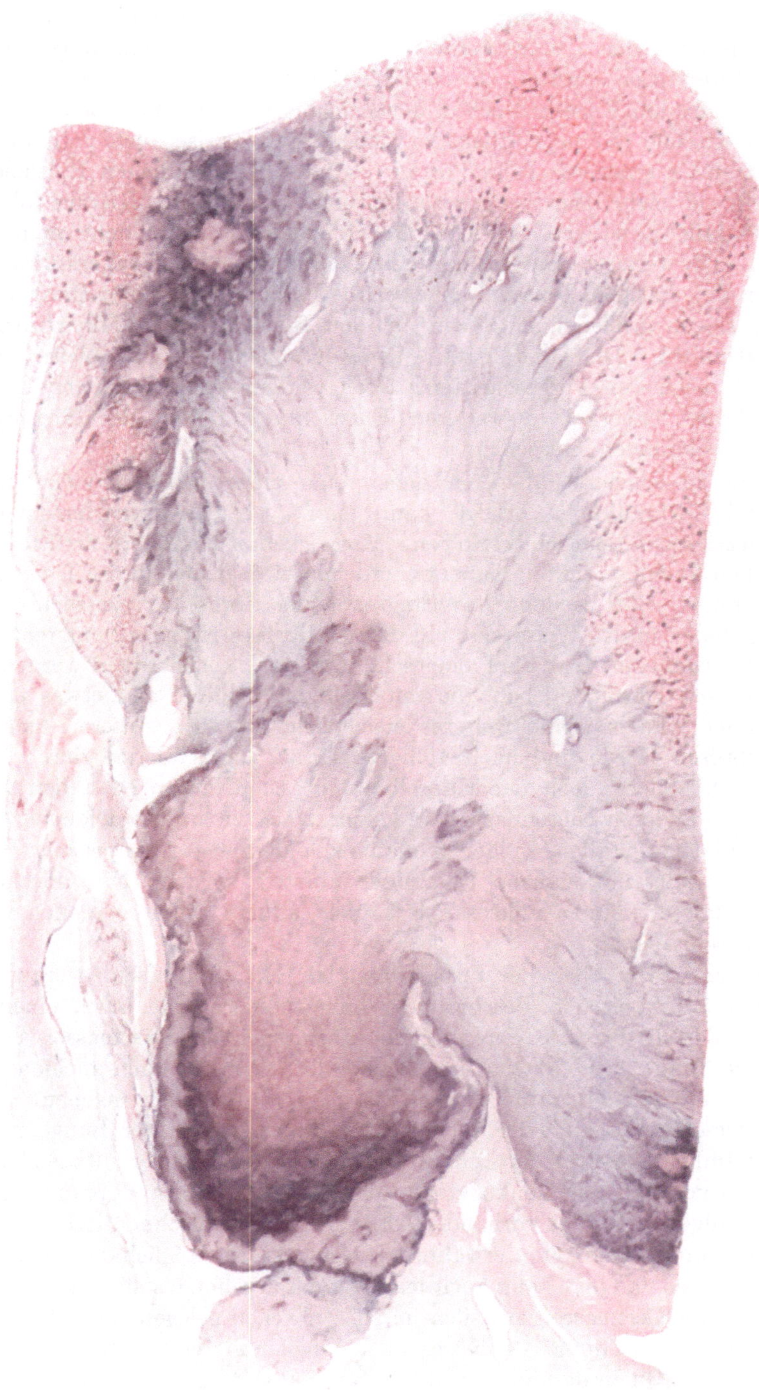

Abb. 90. Käsige Tuberkulose einer Nierenpyramide und einige tuberkulöse Knoten im entsprechenden Rindenteil. Bei der einfachen Hämatoxylin-Eosinfärbung erscheint die Verkäsung, abgesehen von den Kerntrümmern, ganz homogen. Etwa 4fache Vergr.

Bei den frischesten von mir beobachteten Fällen sieht man nach dem gesunden Gewebe hin auf den Leukozytenwall eine lymphozytäre Zone folgen, die sich in den Interstitien verliert. In anderen Fällen hingegen ist die produktive Reaktion um den Käseherd schon deutlich ausgebildet. Man sieht im ganzen ziemlich schmale Säume epitheloider Zellen, stellenweise auch pallisadenartig, sich dem Käse anlegen, oft in Form von typischen rundlichen Epitheloidzelltuberkeln mit mehr oder weniger zahlreichen Riesenzellen. Hierauf folgt dann eine ebenfalls meist schmale Lymphozytenzone. Sodann sieht man in der näheren und weiteren Entfernung noch zahlreiche kleine tuberkulöse Herde mit oder ohne käsigem Zentrum. Die genaue Beschreibung dieser Herde erübrigt sich, da sie im großen und ganzen mit den Bildern bei der Miliartuberkulose übereinstimmen. Die produktiven Veränderungen sind in solchen Herden schon oft recht weit vorgeschritten. Doch werden wir auf manche Besonderheiten dieser Tuberkel in weiteren Entwicklungsstadien der Nierenphthise noch zurückkommen müssen.

Gerade in solchen Fällen, in denen eine offenbar schon ziemlich lange bestehende Erkrankung vorliegt, kann man auch die Vernarbungsvorgänge stellenweise recht deutlich verfolgen. Man erkennt besonders an Stellen mit zahlreichen konglomerierten Tuberkelherdchen einmal die fibröse Umwandlung der Knötchen selbst, sodann das Eingreifen der fibrösen Prozesse bis weit in die Umgebung, in der Weise, daß ein dichtes fibröses Netzwerk entsteht, in das die noch erhaltenen Tuberkel eingeschlossen sind. Außerdem werden darin eingeschlossen Harnkanälchen, die mit Zylindern gefüllt und etwas erweitert sein können. Es ist ohne weiteres ersichtlich, daß bei weiterer Ausbildung dieser fibrösen Herde und nach völligem Ersatz der Tuberkel durch fasriges Gewebe schließlich neben der Kapselbildung auch Narben entstehen müssen, die sich von anderen Nierennarben in keiner Weise zu unterscheiden brauchen.

In denjenigen Fällen, in denen man nach dem makroskopischen Befunde annehmen muß, daß manche Pyramiden aufsteigend vom Nierenbecken aus infiziert wurden, können mikroskopisch nicht andere Bilder gefunden werden, als die beschriebenen.

Nun sehen wir aber bei fortschreitenden Nierenphthisen, worauf schon bei der makroskopischen Beschreibung hingewiesen wurde, auch einen weitgehenden Zerfall der ins Nierenbecken hineinragenden Käsemassen erfolgen. Es ist die Frage, wie dieser Zerfall zustande kommt. Nach meinen Untersuchungen möchte ich dafür zwei Faktoren verantwortlich machen. Das ist erstens derselbe Vorgang, der auch die Einschmelzung in der Lunge zustande bringt, nämlich die proteolytische Wirksamkeit der noch erhaltenen oder im Überschuß vorhandenen Leukozyten. Bilder, die für diesen Vorgang sprechen, sind in genügender Menge vorhanden. Es wurde ja oben schon die Demarkation des Käses durch Leukozyten erwähnt. Hiermit ist die Möglichkeit einer Sequestration gegeben und man kann auch makroskopisch schon feststellen, daß krümelige, losgelöste Käsemassen zuweilen im Nierenbecken gelegen sind. Ich möchte aber für die Erweichung des Käses noch einen anderen Faktor heranziehen, und das ist die Quellung und Mazeration des Käses durch den Harn. Man sieht jedenfalls im Mikroskop nur bei diesen Nierenverkäsungen ganz eigentümliche helle Aufquellungen, die anscheinend bis zur Verflüssigung gehen und unter Umständen bis an den Rand der Verkäsung heranreichen. Darin bleiben die erwähnten faserigen Stränge z. T. noch erhalten; man sieht sie nur durch die aufquellenden Käsemassen auseinander getrieben. Ich habe auch Bilder gesehen, bei denen diese gequollenen Massen durch die reaktive Zone hindurch deutlich mit erhaltenen Sammelröhren in Verbindung standen. Zuweilen sieht man in diesen gequollenen Käsemassen einige Schwärme von Leukozyten, immer aber an ihrem Rande deren viele, die sich natürlich ihrerseits auch an der Auflösung des Käses beteiligen. Immerhin möchte ich neben der Leukozytentätigkeit dem mazerierenden Einfluß des Harns eine nicht unbedeutende Rolle bei der Erweichung des Käses in der Niere zuschreiben.

Wenn man sich auf Grund der mikroskopischen Befunde Rechenschaft darüber verschaffen will, in welcher Weise die Ausbreitung des tuberkulösen Prozesses bei der Nierenphthise stattfindet, so komme ich auch hier zu dem Schluß, daß der Verkäsungsvorgang ebenso wie die Erweichung einen verhältnismäßig sehr akuten Ablauf hat und daß auch hierbei relativ schnell auf die exsudativkäsigen die produktiven Vorgänge folgen. Das hindert natürlich nicht, daß neue Herde entweder aufsteigend vom Nierenbecken aus oder auch durch Nachschübe haematogener Infektion oder endlich auch durch Weiterverbreitung der Bazillen auf dem Lymphwege entstehen und, sofern noch eine lokale Überempfindlichkeit besteht, sich in derselben Weise entwickeln, wie die ersten Herde, daß sie ferner hier auch in schon teilweise von produktiven Säumen abgeschlossene ältere käsige Herde einbrechen. Die Umschließung der Herde durch produktive Gewebsmassen bietet, wie schon geschildert, keine besonders erwähnenswerten Merkmale. Doch möchte ich eines noch besonders erwähnen. Selbst bei makroskopisch völlig vernarbten und anscheinend in Ruhe befindlichen Herden, z. B. auch in Fällen von tuberkulöser Schrumpfniere, zeigt das Mikroskop oft, daß es sich durchaus nicht um einfache fibröse Narben oder Kapseln handelt. Wir sehen vielmehr nicht nur mit Lymphozyten untermischte Epitheloidzellsäume mit Riesenzellen von den inneren Teilen der Kapsel her in etwa vorhandene Käsemassen hineinreichen, sondern wir sehen auch ganz ähnlich wie bei den primären Lungenherden das Aufsprießen neuer Tuberkel innerhalb des oft schon fast völlig hyalinen Kapselgewebes. Wir sehen endlich, daß solche Tuberkel die Kapsel durchbrechen und daß auch in der Nachbarschaft hier und da einige Tuberkel aufgeschossen sind. Die ganze Umgebung pflegt dann von reichlichen Lymphozytenmassen dicht durchsetzt zu sein. Wir haben also auch hier Exazerbationen vor uns, die für den Verlauf des Falles nicht ohne Bedeutung sein können. Daß aber in anderen Fällen tatsächlich auch das Mikroskop eine völlige und schließlich unspezifische hyaline Abkapselung und Vernarbung und damit eine wirkliche Heilung aufdeckt, mag noch besonders bemerkt werden.

Daß die Nieren, die bei makroskopischer Betrachtung eine anscheinend oder tatsächliche völlige Heilung käsiger Herde durch Abkapselung aufweisen, nebenher nicht selten in der restierenden Nierensubstanz noch einige rundliche oder verzweigte graue tuberkulöse Herde beherbergen können, wurde oben erwähnt. Diese Herde bieten nun bei der mikroskopischen Betrachtung zuweilen ganz besonders interessante Veränderungen. Zunächst handelt es sich gewöhnlich um typische produktive Tuberkelherde, und man sieht sie entweder einzeln liegen oder in Konglomeraten, so zwar, daß sich oft ein mehr oder weniger fibrös umgewandelter Tuberkel in der Mitte befindet und sich andere kreisförmig um ihn gruppieren oder daß es sich um größere Konglomerate ohne besondere Anordnung handelt. Meist geringfügige Lymphozytenkränze schließen das Bild ab. Wir können hier, sofern wir nicht neue hämatogene Infektionen zulassen wollen, von wahrscheinlich lymphogen entstandenen Resorptionstuberkeln sprechen. Auch diese Tuberkel wären dann ein Beleg dafür, daß aus dem abgekapselten Käseherd noch Bazillen ausgeführt werden. Wir müssen aber außerdem für die anscheinend ungemein schnelle produktive Umwandlung solcher Tuberkel einen hohen lokalen Allergiezustand annehmen, der bedingt

Abb. 91. Produktiver, einem flach geschnittenen Glomerulus entsprechender Tuberkel in der Rinde außerhalb eines älteren abgekapselten Käseherdes. VAN GIESON.

ist durch die Anwesenheit der großen alten abgekapselten Käseherde. Daß diese Tuberkel nicht von vornherein produktiver Natur sind, geht daraus hervor, daß sie unter Umständen, besonders in ihrem Zentrum, typische gelapptkernige Leukozyten enthalten. Im übrigen kann man auch viele Übergänge zu den oben bei der Miliartuberkulose beschriebenen Tuberkeln erkennen.

Was aber das Auftreten dieser Tuberkel ganz besonders interessant macht, ist ihre Beziehung zu den Glomeruli. Nicht nur, daß sie sich oft an den Glomerulus eng anlegen und bei ihrer Entstehung dann anscheinend die Kapselgefäßchen der Glomeruli eine besondere Rolle spielen, es ist vielmehr die Entstehung solcher Knötchen *im* Glomerulus selbst, die mir so bemerkenswert erscheint (Abb. 91). Es handelt sich um folgende Bilder. Der Glomerulus ist geschwollen, zuweilen nur in ganz geringem Ausmaße, zuweilen bis auf das Doppelte und Dreifache seines Volumens. Seine Gefäßschlingen sind als solche nicht zu erkennen. Jedoch erinnern an sie noch zahlreiche rundliche Zellkonvolute, zumal dann, wenn vereinzelte Schlingen noch einigermaßen erhalten sind. Die Zellkonvolute bestehen aus typischen epitheloiden Zellen, die anscheinend ohne jede Ordnung durcheinander liegen. Ihre Kerne sind unter Umständen sehr stark angeschwollen. Auch LANGHANSsche Riesenzellen, wenigstens kleine, in Bildung begriffene, kommen vor. Einige feine Fasern sind erhalten und erinnern an die Grundmembran der ursprünglichen Gefäßschlingen. Gerade an solchen Stellen sieht man auch kleinere Lymphozytenanhäufungen und zuweilen auch einige typische gelapptkernige Leukozyten. Von den Kapselepithelien ist an den geschwollenen Glomeruli nichts mehr zu sehen. An Stelle der Kapsel sieht man ein aufgelockertes Fasernetz, das von Lymphozyten durchsetzt ist, die sich wiederum zwischen den benachbarten Harnkanälchen verlieren. In anderen Glomeruli erkennt man aber auch schon reichlichere und auch dickere, zuweilen hyaline Fasern, und es gibt selbst Glomeruli, in denen nur an einigen Gefäßschlingen Epitheloidzellen sichtbar werden, andere aber intakt sind, bezw. eine mehr oder weniger weitgehende hyaline Umwandlung zeigen. Auch Verbreiterungen der Kapsel mit Hyalinisierung sind dann zu sehen. Wie weit solche Vorgänge in den schon erwähnten Narbenbildungen mitspielen, d. h. wieviele Glomeruli auf Grund spezifischer Veränderungen, wieviel auf Grund unspezifischer, also perifokaler, Entzündung schließlich zur völligen Hyalinisierung gelangen, kann ich einstweilen nicht mit Bestimmtheit sagen, weil das Material dazu noch nicht ausreicht. Jedenfalls möchte ich auch die geschilderten Glomerulusveränderungen mit den oben erwähnten Allergieverhältnissen in Zusammenhang bringen. Bei der allgemeinen Miliartuberkulose habe ich sie noch nicht gesehen. Es mag aber weiter bemerkt werden — und sehr viele Bilder sprechen dafür — daß der Glomerulus bei solchen Veränderungen seinen Charakter überhaupt verlieren und sich in einen gewöhnlichen Epitheloidzelltuberkel umwandeln kann. In der Tat ist es bei vielen derartigen Knötchen nicht mehr möglich, die Entscheidung zu treffen, ob es ursprünglich vom Glomerulus ausging oder sich abseits von ihm bildete.

Eine besondere Erscheinungsform der Nierentuberkulose läßt sich zuweilen noch im Rahmen der umschriebenen knotigen, nicht ins Becken durchgebrochenen Form erkennen. Es handelt sich makroskopisch um auf der Grenze zwischen Mark und Rinde gelegene Herde, teils käsiger Beschaffenheit, teils mehr von grauer anscheinend weitgehend fibröser Beschaffenheit, die an der Seite der Pyramide in einen kleinen, gewöhnlich wenigstens zum Teil glattwandigen Hohlraum übergehen. Die mikroskopische Untersuchung zeigt im Prinzip dieselben Bilder, wie sie mehrfach beschrieben wurden, d. h. teils frische käsige Prozesse, die in eine Höhle übergehen, eventuell schon von epitheloiden Zellen umrandet werden, oder auch schon umschriebene Knötchen zeigen und nach der Nierensubstanz hin in lymphozytäre Infiltrate übergehen; teils aber sind die Herde schon weitgehend fibrös umgewandelt und stellen demgemäß eine Art Kapsel gegen den Hohlraum hin vor. Das Besondere dieser Herde liegt aber daran, daß die Hohlräume nach der Peripherie der Pyramide hin auf mehr oder weniger lange Strecken von einem völlig intakten kubischen Epithel ausgekleidet werden. Das läßt sich sowohl bei frischeren käsigen als auch bei älteren, in fibröser Umwandlung begriffenen, erkennen. In letzterem Fall kann man sogar eine partielle Epithelisierung der sich bildenden Kapsel wahrnehmen. Auch Mehrschichtigkeit des Epithels habe ich dabei beobachtet. Für die Erklärung dieser Bilder gibt es eigentlich nur eine einzige Möglichkeit, nämlich daß es sich um einen Einbruch eines tuberkulösen Prozesses in eine vorgebildete Zyste handelt. Solche auf der Grenze zwischen Mark und Rinde gelegenen Zysten finden sich ja in den Nieren nicht selten, und die angezogene Erklärung ist um so wahrscheinlicher, als bei Anwesenheit derartiger tuberkulöser Herde in derselben Niere auch noch intakte Zysten in den gleichen Bezirken zu finden sind. Man könnte natürlich auch an die Möglichkeit denken, daß es sich um die sekundäre Erweiterung eines Sammelrohres handele. Jedoch wäre die Mechanik eines solchen Vorganges sehr schwer zu verstehen. Deshalb möge die erste Erklärung bestehen bleiben. Nun ist es natürlich nicht nur möglich, sondern sogar sehr wahrscheinlich, daß in manchen Fällen eine derartige Zyste auch in ihrer Gesamtheit in dem tuberkulösen Prozeß aufgeht. In der Tat gibt es Fälle, bei denen man an denselben Stellen kleine Hohlräume vor sich hat, die überall das mikroskopische Bild einer tuberkulösen Kaverne geben, aber eben gegen das Nierenbecken völlig abgeschlossen sind. Man kann nach dem oben Gesagten wohl ohne weiteres annehmen, daß auch solche Herde auf Grund einer praeformierten Zyste entstanden sind, daß aber unter der Einwirkung des tuberkulösen Prozesses das gesamte sie auskleidende Epithel zugrunde ging.

Zum Schluß dieser Erörterungen möge noch die Frage kurz gestreift werden, ob es eine Erkrankung der Nieren gibt, die man als tuberkulöse Nephritis in dem Sinne bezeichnen kann, wie man etwa von einer Streptokokken- etc. -Glomerulonephritis spricht. Ich möchte meine Meinung kurz dahin zusammenfassen, daß ich typische Glomerulonephritiden bei Tuberkulose gesehen habe, daß ich aber in solchen Fällen stets eine Mischinfektion mit anderen Bakterien, insbesondere mit Streptokokken, nachweisen konnte. Ich bestreite daher die Annahme, daß es durch Tuberkelbazillen verursachte Nephritiden gibt, die mikroskopisch das Bild der gewöhnlichen Glomerulonephritis darbieten und die auch klinisch diesem Bild entsprechen. Andererseits hindert uns aber nichts, in den Fällen, in denen Glomerulusveränderungen wie die oben beschriebenen vorkommen, prinzipiell von einer herdförmigen tuberkulösen Glumerulonephritis zu sprechen. In dem Rahmen meiner Anschauungsweise, die die Zuweisung des tuberkulösen Prozesses in das Gebiet der Entzündung als Voraussetzung hat, muß diese Bezeichnung selbstverständlich sein. Nun ist es bekannt, daß es sogenannte tuberkulöse Schrumpfnieren gibt, in denen auch die anderen anatomischen und klinischen Merkmale der Schrumpfniere bestehen, d. h. im wesentlichen Hypertonie und die Hypertrophie des linken Herzventrikels. Es ist mir nicht bekannt, ob es derartige Fälle gibt, in denen die klinische Feststellung der Nierenerkrankung schon lange Zeit vor dem Tode erfolgte. Es wäre aber interessant, festzustellen, ob es sich gerade um solche Fälle handelt, bei denen von vornherein die Glomeruli bei der tuberkulösen Erkrankung besonders bevorzugt sind. Es müßten diese Fälle solchen entsprechen, bei denen eine doppelseitige, relativ leichte und kaum ins Becken durchgebrochene multiple käsig-knotige Tuberkulose besteht und vorwiegend zahlreiche Glomeruli im Bereich der Erkrankungszone ergriffen sind. Es wäre weiter in diesem Zusammenhang von Interesse, zu erfahren, wie sich der Blutdruck bei einer allgemeinen Miliartuberkulose in ihren verschiedenen Stadien verhält. Es wäre möglich, daß es Fälle gibt, bei denen Blutdruckerhöhungen vorhanden sind, und daß diese Fälle eine ausgedehnte Glomerulusbeteiligung aufweisen.

Von sonstigen entzündlichen Erscheinungen in den Nieren sind umschriebene interstitielle Lymphozyteninfiltrate ohne spezifische Zeichen von Tuberkulose zu nennen. Diese sind garnicht selten bei gleichzeitigem Vorhandensein anderer chronischer Organtuberkulosen in den Nieren zu finden, und ich möchte es durchaus nicht ablehnen, daß sie auf geringfügige, flüchtige Infektionen mit Tuberkelbazillen selbst zurückzuführen sind. Sie würden dann überleiten zu den sogenannten entzündlichen Tuberkulosen im Sinne PONCETS und LIEBERMEISTERS.

Sodann müssen noch die rein parenchymatösen Veränderungen, die trübe Schwellung etc. erwähnt werden, die sowohl bei Nierentuberkulose aller Art in den noch intakten Partien, als auch als Begleiterscheinung anderer Organtuberkulosen nicht selten zu beobachten sind. Diese stehen aber auf demselben Blatt wie die gleichen Veränderungen bei anderen Infektionskrankheiten und sind einerseits auf die allgemeine Endotoxinwirkung, andererseits auf die besonders mit den schweren Zerfallserscheinungen einhergehenden Stoffwechselstörungen zu beziehen. Dahin gehört auch die Amyloidose. Können solche mit allgemeinen Stoffwechselstörungen zu erklärenden Veränderungen wohl auch schon für sich zuweilen zu einer gewissen Sklerose des Organs infolge von Verhärtung und Verdickung der fasrigen Grundsubstanzen führen, so muß man weiter bedenken, daß bei manchen Lungentuberkulosen auch infolge der Rückwirkung auf das rechte Herz Stauungen entstehen, die wiederum die Entstehung einer allgemeinen Induration der Nieren fördern müssen. Auch manche klinischen Symptome werden durch eine einfache Stauung erklärt werden können.

2. Nierenbecken.

Die Tuberkulose des Nierenbeckens ist ausnahmslos eine Begleiterscheinung einer Nierentuberkulose, obwohl der Fall denkbar sein muß, daß auch durch die intakte Niere ausgeschiedene Tuberkelbazillen unter Umständen einmal das Nierenbecken infizieren können. Sein verhältnismäßig dickes Übergangsepithel und das kurze Verweilen des infektiösen Urins im Nierenbecken drückt aber wohl die Infektionsmöglichkeiten auf ein sehr geringes Maß herab. Im übrigen hängt die Ausdehnung der Erkrankung im Nierenbecken sicher zum größten Teil von der Schwere der Nierenerkrankung ab. So sehen wir bei den schwersten Fällen der Nierenphthise das gesamte Becken mit allen Kelchen und mit dem ganzen oder dem größten Teil des Ureters ebenfalls schwer erkrankt (Abb. 88, S. 366). Es handelt sich dabei um eine diffuse käsige Umwandlung der gesamten Schleimhaut mit äußerst starker Aufquellung. Die Käsemassen sind oberflächlich sehr unregelmäßig, rauh, höckrig und weich, wie mazeriert. Der Hohlraum ist gewöhnlich mit trüben, eiterähnlichen Massen gefüllt, und aufgequollene Käsebröckel sind ihm oft beigemischt. Durch die starke Schwellung des Ureters schon an seinem Ursprung, eventuell auch durch Verstopfung mit losgelösten Käsebröckeln, kommt es dann, wie schon oben geschildert wurde, zur Erweiterung des Nierenbeckens, und es wurde auch darauf hingewiesen, daß infolge des dabei entstehenden höheren Druckes der aufsteigenden Infektion von noch intakten Pyramiden aus Tür und Tor geöffnet ist. Neben diesen diffusen Erkrankungen kommen aber auch partielle vor; d. h. es treten umschriebene käsige Herde nur an einigen Stellen, z. B. in der Nachbarschaft einer erkrankten Pyramide, auf. Diese käsigen Herde können dann zuweilen in weiter Ausdehnung begrenzt und umgeben werden von geschwollenen und geröteten, auch von Haemorrhagien durchsetzten, wulstigen oder gehöckerten, weichen Schleimhautpartien, die auf der Schnittfläche ein graurotes Aussehen haben und mehr oder weniger deutlich Tuberkelknötchen aufweisen, in denen aber auch noch unregelmäßige, zuweilen ziemlich feste Käsemassen oder nur ganz kleine käsige Herdchen eingelagert sein können. Ähnliche Veränderungen sieht man auch mitunter im Ureter im Anschluß an die Verkäsung. Endlich gibt es Fälle, in denen man lediglich kleine, z. T. unverkäste Knötchen, gewöhnlich in geringer Anzahl in der Nierenbeckenschleimhaut feststellen kann, dann liegt in der Niere selbst entweder eine geringfügige knotige Tuberkulose oder eine Miliartuberkulose vor. Auch die erhaltenen Schleimhautteile pflegen im Zustand einer entzündlichen Schwellung und Rötung zu sein, und zeigen wie bei anderen Entzündungen gewöhnlich kleinere und größere Haemorrhagien.

Das Schicksal aller dieser Nierenbeckenveränderungen hängt wohl lediglich von der Schwere der Ausgangserkrankung ab. Die Fälle von ausgebreiteter käsiger Nierentuberkulose pflegen im allgemeinen rasch tödlich zu sein. Nur in seltenen Fällen erhält der Pathologe derartige Nieren vom Operateur, und noch seltener hört er dann von einem guten weiteren Verlauf. Doch ebenso wie wir oben gesagt haben, daß Heilungen selbst ausgebreiteter käsiger Nierentuberkulosen vorkommen, können wir auch Veränderungen sehen, die die Heilung einer Nierenbeckentuberkulose bedeuten. In den Fällen z. B. von Abkapselung einer im ganzen käsigen Niere ist ein Nierenbecken überhaupt nicht mehr festzustellen. Es ist vielmehr völlig verödet und in eine fibrös narbige Masse umgewandelt. Dasselbe läßt sich erkennen an Abkapselungen, die große Teile einer Niere betreffen. Dann kann man eine Obliteration der dazu gehörigen Beckenteile feststellen. Es mögen das Fälle sein, in denen nicht nur die Verbindungen zwischen Kelchen und Becken sehr enge sind, sondern bei denen sogar das Nierenbecken weitgehend geteilt sein mag. In ersterem Fall setzt sich die Obliteration gewöhnlich weit in den Ureter hinein fort, eventuell bis zu seiner Einmündung in die Blase. In den Fällen von partieller Obliteration ist aber nicht nur der andere Teil des Nierenbeckens völlig intakt, sondern auch der Ureter zuweilen unverändert.

Das mikroskopische Verhalten dieser Veränderungen ist nicht immer leicht zu verfolgen, weil die durch den Urin veranlaßten Mazerationsvorgänge, besonders bei Sektionsmaterial, die Bilder stark verwischen können. In den schwersten Fällen erkennt man eine Verkäsung, die sich oft bis in die äußersten Schichten fortsetzt und auch große Teile der Muskulatur in sich aufnimmt. Im übrigen sieht man wieder die gewöhnlichen Bilder: reichlich, zum großen Teil zerfallende Leukozyten im Käse und Lymphozytenkränze am äußeren Rande. Man sieht aber auch hier wieder erhaltene Fasern im Käse und kann erkennen, wie sie sich bei älteren Fällen vermehren, wie dann auch am Rande Epitheloidzellen und Riesenzellen aufsprießen und so weiter fort. Bietet so die Beurteilung des fertigen Prozesses keine Schwierigkeiten, so dürfte seine Genese doch noch nicht genügend geklärt sein. Insbesondere ist es mir nicht klar, ob auch hierbei

Fibrinausscheidungen eine Rolle spielen. Es finden offenbar schon frühzeitig infolge der schon mehrfach erwähnten quellungsbefördernden Wirkung des Urins so starke Aufquellungen statt, daß die fibrinöse Komponente sehr bald unkenntlich wird. In Fällen nicht totaler Verkäsung sieht man am Übergang der erkrankten Teile zu den normalen statt der Schleimhaut eine im wesentlichen von Leukozyten durchsetzte, aber auch noch deutliche Reste von Epithelien enthaltende, bei van Gieson gelblich gefärbte feinkörnige oder schollige Grundmasse, bei der es sich sehr wohl um eine Mischung von Fibrin und nekrotischen Epithelien handeln kann. Doch werden noch genauere Untersuchungen nötig sein, um diese Vorgänge in ihren Einzelheiten aufklären zu können. In der weiteren Nachbarschaft, in der das Epithel noch intakt ist, kann man dann außer der noch vorhandenen schweren Hyperaemie auch umfangreiche lymphozytäre Infiltrate erkennen. Auch Blutungen lassen sich bei der mikroskopischen Untersuchung nicht nur im Bereich der käsig erkrankten Teile, sondern auch in der Umgebung sehr oft in reichlichem Maße feststellen. Daß bei der klinischen Untersuchung Blut nicht selten dem Urin beigemengt ist, ist bekannt. Ich möchte annehmen, daß derartige Blutungen im wesentlichen von der Miterkrankung des Nierenbeckens abhängig sind. Mikroskopisch läßt sich dieser Vorgang sehr gut erkennen, denn man sieht Beimengungen von Blut nicht nur in den käsigen Massen, sondern kann hier und da auch das Blut auf seinem Durchtritt durch erhaltenes Epithel im Bereich der entzündeten Zone beobachten.

Während in den meisten Fällen die Nierenbeckentuberkulose mit schnell einsetzender Verkäsung einhergeht, kommen in selteneren Fällen auch leichtere Prozesse vor, bei denen man den Eindruck gewinnen könnte, es handle sich um von vorneherein produktive Vorgänge. Man sieht dann unter dem im Großen und Ganzen erhaltenen Epithel Einlagerungen von produktiven Tuberkeln in allen Entwicklungsstadien, und zwar in einer Weise, daß man durchaus an lupöse Erkrankungen erinnert wird. In solchen Fällen pflegen keine besonders schweren Nierenerkrankungen vorzuliegen. Ich brauche auf eine in alle Einzelheiten gehende Beschreibung dieser Vorgänge nicht einzugehen, da hier die Tuberkelbildung in derselben Weise zustande kommt, wie auch sonst. So kann man schließlich auch bei diesen Veränderungen bei genauer Untersuchung jedes Einzelfalles und bei Vergleich vieler Fälle miteinander alle Übergänge von leichteren Exsudationen bis zu den fertigen produktiven Tuberkeln verfolgen. Daß auch hier bei bestehender und vielleicht schon in gewisser Weise in Heilung begriffener Nierentuberkulose günstige allergische Verhältnisse die Entwicklung der Nierentuberkulose beeinflussen können, ist naheliegend. Grade diese Fälle mögen es sein, bei denen auch im Nierenbecken weitgehende Heilungen, unter Umständen mit Schrumpfungen und Obliterationen zustande kommen.

Über die Obliterationsvorgänge nach Nierenbeckentuberkulose stehen mir noch zu wenig mikroskopische Beobachtungen zur Verfügung, sodaß ich hier darüber hinweggehen möchte. Im Prinzip werden die Verhältnisse natürlich nicht anders liegen, als auch bei anderen Obliterationen von tuberkulös erkrankten Höhlen.

3. Harnblase.

Obwohl im Verlauf der allgemeinen Miliartuberkulose auch in der Blasenschleimhaut zuweilen Knötchen beobachtet werden können, woraus hervorgeht, daß eine direkte haematogene Infektion der Blasenschleimhaut möglich ist, so läßt sich doch für die große Mehrzahl der tuberkulösen Erkrankungen der Blase der Satz aufstellen, daß die Erkrankung mit anderen Herden im Bereich des Urogenitaltraktes in ursächlichem Zusammenhang steht. Das ist allerdings noch nicht ohne weiteres klar für eine seltenere Veränderung, die im Auftreten von kleinsten bis linsengroßen, oberflächlichen Geschwüren besteht. Diese Geschwüre kommen nämlich auch zuweilen vor, ohne daß man eine andere tuberkulöse Erkrankung im Bereich der Nieren oder der Geschlechtsorgane erkennen kann. In anderen Fällen allerdings finden sich zu gleicher Zeit, wenn auch nicht sehr fortgeschrittene, Nierentuberkulosen. Im übrigen bestehen gewöhnlich Organtuberkulosen verschiedener Lokalisation. Man hat es also im allgemeinen mit atypischen Verlaufsformen zu tun. Ich möchte nun der Ansicht zuneigen, daß in allen diesen Fällen die Infektion durch den bazillenhaltigen Urin zustande kommt, auch dann, wenn die Niere nicht miterkrankt ist. Man muß dazu bedenken, daß der Urin verhältnismäßig lange in der Blase verweilt, und daß demgemäß auch den in ihm enthaltenen Bazillen Gelegenheit gegeben wird, sich in der Schleimhaut ansiedeln zu können. Dem entspricht die Tatsache, die jedenfalls nach meinen Erfahrungen sich immer wieder bestätigen läßt, daß im allgemeinen diese Prozesse sich in den tief liegenden Teilen der Blase, entweder auf der Hinterfläche oder im Bereich des Trigonum bis zur Harnröhre hin, lokalisieren. Was die Genese dieser kleinen Geschwüre betrifft, so habe ich sie zwar im einzelnen nicht mit genügender Klarheit verfolgen können. Doch liegt wohl kein Grund zu der Annahme vor, daß sie eine andere ist als die der übrigen Schleimhautgeschwüre. Ich verweise dazu auf die Schilderungen der Geschwüre im Darm- und Respirationskanal.

Außerdem gibt es in der Blase ausgedehntere tuberkulöse Veränderungen, unter Umständen sogar solche, die die gesamte Schleimhaut einnehmen. Es handelt sich dann anatomisch um ganz ähnliche Veränderungen, wie sie für das Nierenbecken beschrieben wurden. Es kommt zu größeren plattenförmigen Verkäsungen und unter Umständen zu starken Aufquellungen der verkästen Massen. Auch schmierig nekrotische Beläge sind dann zuweilen festzustellen, wie sie sich bei Zystitiden anderer Ätiologie finden. Auch fehlen dann nicht die bei der alkalischen Harngärung auftretenden Einlagerungen von Mineralien, insbesondere von Tripelphosphaten. Die käsig-nekrotischen Massen werden im übrigen viel öfter abgestoßen als im Nierenbecken, sodaß daraus größere Geschwürsflächen entstehen können. Auch hier sind dann wie bei anderen Geschwüren im Grund und in der nächsten Nachbarschaft zuweilen keine spezifisch tuberkulösen Veränderungen mehr zu entdecken. Erst in einiger Entfernung davon sieht man dann in den tieferen Schichten der Schleimhaut und zwischen den Muskelbündeln in chronisch entzündliche Infiltrate eingebettete Tuberkel. In anderen Fällen können aber auch mehr oder weniger ausgebreitete produktive Veränderungen in der Schleimhaut vorhanden sein. Das histologische Bild all dieser Veränderungen braucht darum nicht besonders geschildert zu werden, weil es in allen Stücken dem der Nierentuberkulose entspricht. Als Ursprungsherd für die Blaseninfektion erkennt man in den meisten Fällen eine fortschreitende Nierentuberkulose, des öfteren kombiniert mit einer ebenfalls schweren Nierenbecken- und Uretererkrankung. Doch kommen auch sehr schwere Blasenerkrankungen vor, ohne daß das Nierenbecken und der Ureter entsprechend schwere Veränderungen zeigen. Das hängt wieder damit zusammen, daß der infizierte Harn die ableitenden Harnwege viel schneller verläßt als das Sammelbecken der Blase, in der Blase also eine verlängerte Infektionsgefahr besteht. Neben dieser Infektion von der Niere aus spielt aber beim Manne auch die aufsteigende Infektion von den Genitalorganen, insbesondere von der Prostata und den Samenblasen her eine nicht geringe Rolle. Dabei findet man alle Übergänge von den leichtesten bis zu schwereren Erkrankungsformen, die aber oft auf den Blasenhals beschränkt bleiben. Anders wird allerdings das Bild, wenn es zu größeren Durchbrüchen von erweichten käsigen Prostata- oder Samenblasenherden gekommen ist. Dann kann sich daran ebenfalls eine sehr schwere und fast diffuse, käsige Erkrankung der Harnblase anschließen. Sind also diese schwereren Formen der Blasentuberkulose im Allgemeinen Begleiterscheinungen von ebenfalls schweren tuberkulösen Erkrankungen im Bereich der drüsigen Organe des Urogenitalsystems und diesen also zeitlich untergeordnet und von ihrem Schicksal in weitem Maße abhängig, so können sie doch auch zuweilen mehr selbständig hervortreten. Das wird z. B. der Fall sein, wenn eine vorhergehende Nierenerkrankung ihrerseits der Heilung entgegengeht, die Blasentuberkulose aber einstweilen noch bestehen bleibt oder sogar fortschreitet. Das sind dann die Fälle, bei denen sich in der Blase weitgehende Heilungsvorgänge entwickeln können, die zuweilen von erheblichen Schrumpfungen begleitet sind. Man spricht dann auch von einer Schrumpfblase.

Auch Fortsetzungen der schwereren Blasenerkrankungen auf die Harnröhre werden beobachtet. Doch ist das ein verhältnismäßig seltenes Ereignis, und gewöhnlich wird dann die Pars prostatica allein betroffen. Dagegen sind, wenigstens im Sektionsmaterial, leichtere Harnröhrenprozesse, wiederum hauptsächlich in den Anfangsteilen, garnicht so selten. Es handelt sich dann entweder um kleine Geschwüre, oder auch nur um distinkte, unterhalb des intakten Epithels gelegene, tuberkulöse Einlagerungen.

Weibliche Geschlechtsorgane.

Im Rahmen des Gesamtbildes der Tuberkulose spielt die der weiblichen Geschlechtsorgane eine relativ große Rolle, wobei ich zunächst lediglich die Tubentuberkulose und in zweiter Linie die oft mit ihr kombinierte Uterustuberkulose im Auge habe. Während ihre Beteiligung an der allgemeinen Miliartuberkulose eine so geringe ist, daß sie kaum besonders in das Bereich unserer Besprechungen aufgenommen zu werden braucht, ist die Tuberkulose der weiblichen Geschlechtsorgane nicht nur als isolierte Systemtuberkulose von Wichtigkeit, sondern auch als Begleiterscheinung anderer Tuberkuloseformen. So geht schon aus unserer Zusammenfassung auf S. 42 f. hervor, daß sie als Begleiterscheinung chronischer Lungentuberkulose recht häufig ist. Das könnte erklärt werden durch die starken Beanspruchungen, denen die weiblichen Genitalien von der Pubertät an ausgesetzt sind, einmal in Gestalt aller mit der Periode zusammenhängenden Erscheinungen und sodann auch auf Grund etwa durchgemachter Schwangerschaften. Doch dürften das nicht die einzigen Momente sein, die die Erkrankung dieser Organe begünstigen; sehen wir doch z. B. die Ovarien sehr selten erkranken und sehen wir andererseits in den Tuben die tuberkulösen Veränderungen viel häufiger und viel früher erscheinen als im Uterus. Also gerade diejenigen Organe, die am aktivsten an den erwähnten Vorgängen beteiligt sind, nämlich das Ovarium und die Uterusschleimhaut, zeigen sich für die tuberkulöse Erkrankung weniger disponiert als die Schleimhaut der dabei im wesentlichen passiv beteiligten Tuben. Das zeigt sich auch in der Tatsache, daß gerade die Tubentuberkulose (mit oder ohne Uterustuberkulose) auch lange vor der Pubertät und selbst bei kleinen und kleinsten Kindern auftreten kann. Solche Fälle sind nach meinen eigenen Erfahrungen ziemlich häufig. Das jüngste Kind, bei dem ich eine schwere Tubentuberkulose mit leichterer Uterustuberkulose feststellen konnte, war ein Säugling von 6 Wochen. Es handelt sich dabei entweder um schwere Fälle einer Frühgeneralisation mit frischen knotigen Herden in allen Organen. Es kommen aber auch Fälle vor — und der erwähnte des sechswöchentlichen Säuglings gehört hierher —, bei denen offenbar die Tubentuberkulose der älteste Erkrankungsherd ist, sodaß man in gewissem Sinne von einer primären Tubenerkrankung sprechen könnte. Das sind die Fälle, bei denen man auch an eine intrauterine Infektion denken muß. Jedenfalls sind das alles Momente, die für eine besondere Empfindlichkeit der Tuben für die tuberkulöse Infektion sprechen. Das anatomische Substrat dafür können wir vielleicht in der lockeren und sehr gefäßreichen, vielfach gefalteten, also eine große Angriffsfläche gebenden Tubenschleimhaut sehen, so daß jede Bazillämie zu immer erneuten Infektionsschüben Anlaß geben kann. Denn darüber dürfen wir uns keinem Zweifel hingeben, daß die Infektion der weiblichen Genitalien, wobei ja in erster Linie die Tuben in Betracht kommen, im wesentlichen auf dem Blutwege erfolgt. Vor allen Dingen möchte ich auch hier wie bei der Tuberkulose der Harnorgane unbedingt von Baumgarten zustimmen, wenn er eine von Scheide oder Uterus aufsteigende Infektion ablehnt. Auch hier sind zahlreiche Experimente an Tieren gemacht worden, die eine aufsteigende Infektion, unter Umständen mit dem Umweg über die Lymphbahn beweisen sollen. Doch läßt sich gerade für die Verhältnisse an den weiblichen Genitalien der Satz aufstellen, daß durch künstliche, beim kleinen Versuchstier geschaffene Bedingungen nichts für die menschliche Pathologie bewiesen wird. Die Beobachtungen am Menschen selbst sprechen ganz einwandfrei dafür, daß eine nach den Tuben aufsteigende Tuberkulose sicher zu den größten Seltenheiten gehört. Sie kann nur hier und da einmal erfolgen, wenn eine isolierte tuberkulöse Erkrankung des Uterus zu einem Verschluß des Zervikalkanals führt und damit im Lumen des Uteruskörpers ähnliche Bedingungen geschaffen werden, wie wir sie beispielsweise bei der Tuberkulose des Nierenbeckens kennen gelernt haben; d. h. es kann infolge der Exsudatansammlung im Uteruskörper zu einem erhöhten Druck kommen, durch den mechanisch das infektiöse Material in die Tuben geleitet wird. Aber es handelt sich dabei, wie gesagt, nur um wenige Ausnahmefälle. Neben der haematogenen Infektion wird außerdem noch die Infektion vom Peritoneum aus genannt. Meine eigenen Erfahrungen sprechen auch hier gegen ein häufigeres Vorkommen. Die tuberkulösen Peritonitiden pflegen so schnell zu Verbackungen und Verwachsungen zu führen, daß, wenn das kleine Becken erreicht ist, so schnell ein Verschluß der abdominellen Tubenenden stattfindet, daß ein Eintritt der Infektion dort bald unmöglich gemacht wird. Auch die direkte Untersuchung der Tuben bei tuberkulöser Peritonitis, die nicht von den Genitalien ausgegangen ist, deckt nur ganz ausnahmsweise einmal eine tuberkulöse Erkrankung der Tuben auf. Der umgekehrte Weg, d. h. die Infektion des Peritoneums von den Tuben her ist sehr viel häufiger. Wir müssen aus allen diesen Erwägungen tatsächlich den Schluß ziehen, daß die Infektion der inneren weiblichen Genitalien mit Tuberkulose im wesentlichen auf dem Blutweg erfolgt.

1. Tuben.

Wenn man hier und da in den Lehrbüchern Bilder von tuberkulöser Salpingitis sieht, bei der der ganze Peritonealüberzug mit Knötchen bedeckt ist, so würde sich sowohl der Anatom wie der Kliniker einer unangenehmen Täuschung hingeben, wenn er derartige Veränderungen als Maßstab für die Diagnose Tubentuberkulose nehmen würde. Man kann sogar sagen, daß selbst bei fortgeschrittenen Tubentuberkulosen derartige Bilder verhältnismäßig selten, jedenfalls durchaus nicht mit einer für die Diagnose verwendbaren Regelmäßigkeit auftreten. Jeder Pathologe, der vom Kliniker eine Tube zur Untersuchung erhält, und jeder auf diesem Gebiet bewanderte Kliniker weiß vielmehr, daß besonders frische tuberkulöse Erkrankungen der Tube von außen als solche nicht zu erkennen sind. Immer wieder lautet die Frage, ob etwa eine einfache und dann gewöhnlich gonorrhoische oder vielleicht doch tuberkulöse Salpingitis vorliegt. In solchen Fällen pflegt man es mit einer leicht geschwollenen Tube zu tun zu haben, deren Schlängelung demgemäß etwas deutlicher ist wie bei der normalen Tube, bei der weiterhin der Peritonealüberzug eine deutliche Hyperämie zeigt. Auf dem Durchschnitt erkennt man ebenfalls die Schwellung und man erkennt auch, daß sie sich im wesentlichen auf die Schleimhaut bezieht. Auf dem Durchschnitt der Tube sind bekanntlich die einzelnen Falten der Schleimhaut nicht ohne weiteres zu erkennen. Die Durchschnittsfläche zeigt vielmehr entsprechend der Schleimhaut eine blasse grau-rötliche, runde, meist etwas hervorspringende Fläche. Diese Fläche ist nun bei der Salpingitis bedeutend vergrößert. Eine Hyperaemie der Schleimhaut fehlt gewöhnlich, allenfalls sieht man eine gewisse rötliche Fleckung. Im übrigen scheint der Durchschnitt mehr von gelblicher Farbe zu sein. Auf Druck oder auch spontan entleeren sich gewöhnlich aus dem Lumen einige Tropfen eitrigen Exsudates. Oft hat man den Eindruck einer beginnenden Verkäsung. Aber ebenso oft zeigt grade dann die mikroskopische Untersuchung, daß tatsächlich keine Tuberkulose, sondern eine banale Salpingitis, zuweilen mit partiell verfettetem Exsudat vorliegt. Wie in einem solchen Stadium sich die tuberkulösen Veränderungen im Mikroskop darbieten, soll weiter unten besprochen werden. Hier kam es mir nur darauf an, zu zeigen, daß unter gewissen Umständen eine makroskopische Differentialdiagnose zwischen gonorrhoischer und tuberkulöser Salpingitis nicht möglich ist. Anders wird allerdings das Bild, wenn tatsächlich Verkäsungen aufgetreten sind. Dann ist die makroskopische Diagnose ohne weiteres möglich. Die Tuben sind noch stärker angeschwollen, bis auf Fingerdicke und darüber, ihre Schlängelungen werden immer steiler und dichter. Dadurch, daß dann die Windungen unter Umständen fast kugelig hervortreten, wird zuweilen der Eindruck erweckt, als bestände die Tube aus mehreren aneinander gereihten Knoten, so daß auch manche Autoren von einer rosenkranzartigen Umwandlung gesprochen haben. Schon durch das Peritoneum hindurch erkennt man die gelbliche Verkäsungsfarbe und auf dem Durchschnitt bietet sich dann die trockene typische homogene Käsemasse deutlich dem Auge dar. Ein eigentliches Lumen ist nicht vorhanden, doch kommen besonders in den am stärksten geschwollenen Tuben in den Käsemassen auch unregelmäßige Kanäle vor, die mit eiterähnlichen Massen gefüllt sind und den Eindruck machen, als wenn sie zu dem ehemaligen Tubenlumen in Beziehung stehen. Die einzelnen Schichten der Tubenwand sind dann nicht mehr zu erkennen. Allenfalls bleibt noch unter dem Peritonealüberzug ein feiner Ring, der der Muskulatur zu entsprechen scheint. Der seröse Überzug kann sich verschieden verhalten. Entweder ist die Oberfläche frei von Verwachsungen; dann sieht man immer eine schwere Hyperämie und in den hyperaemischen Serosamassen mehr oder weniger reichlich miliare, meist graue, seltener gelbliche Knötchen. Ganz selten einmal kann man auch einen leichten fibrinösen Überzug feststellen. Viel häufiger sind Verwachsungen mit der Nachbarschaft. Wir können daraus schon nach der makroskopischen Betrachtung schließen, daß sehr bald nach den ersten fibrinösen Ausscheidungen Verklebungen und ebenso schnell Verwachsungen mit der Nachbarschaft eintreten. Diese sind in frischeren Fällen sehr gefäßreich und mit Knötchen untermischt. In älteren Fällen aber, in denen auch im Inneren der Tube Abkapselungsvorgänge bestehen, findet man gewöhnlich gefäßarme, fibröse Verwachsungen, in denen nur noch durch das Mikroskop vereinzelte fibröse Tuberkel festzustellen sind. Solche Verklebungen und Verwachsungen finden sich oft besonders reichlich am abdominellen Ende, und man sieht dann, daß wie bei anderen Salpingitiden auch hier das abdominelle Ende schnell verschlossen wird. Zuweilen kommt es dann zu jenen retortenförmigen Ausbuchtungen, die wir auch als Folgezustände anderer Salpingitiden kennen. Auch hier sind in frischen Fällen wenige oder gar keine Knötchen mehr mit bloßem Auge zu erkennen. In anderen Fällen kommt es aber offenbar nicht so schnell zu einem Verschluß der Tube. Dann muß es zu einem Übertreten der Infektion in die freie Bauchhöhle kommen, und auf diese Weise entstehen gewöhnlich die schon oben erwähnten allgemeinen tuberkulösen Peritonitiden. Doch gibt es alle Übergänge zwischen diesen und lediglich im kleinen Becken lokalisierten oder auch etwas darüber hinausreichenden tuberkulösen Bauchfellentzündungen. Eine weitere Veränderung, die aus der käsigen Salpingitis hervorgehen kann, ist die tuberkulöse Pyosalpinx. Schon oben wurde von gewissen Veränderungen gesprochen, die den Eindruck von Erweichungen machen konnten. Es gibt nun aber auch Fälle, in denen große Teile oder fast die ganzen Käsemassen einer eiterartigen Erweichung anheim fallen und dadurch Säcke entstehen, aus denen sich beim Einschneiden die eiterartige Flüssigkeit entleert, während Reste von weichen käsigen Massen an den Wandungen hängen bleiben. Auch hier dürfte aber die makroskopische Differentialdiagnose gegen banale Pyosalpingen nicht immer ohne weiteres zu stellen sein. Endlich mag noch erwähnt werden, daß besonders in der älteren Literatur auch umfangreiche und totale Verkalkungen erwähnt werden. Ich selbst kann mich erinnern, nur einen einzigen derartigen Fall vor langen Jahren gesehen zu haben. Ich möchte annehmen, daß derartige Fälle heute darum viel seltener sind als früher, weil die klinische Diagnose und die operative Therapie heute so gut arbeiten, daß diese Spätveränderungen nur selten erreicht werden können. Leichtere, beginnende Verkalkungen kommen jedoch häufiger vor, werden allerdings dann erst durch das Mikroskop festgestellt.

Mikroskopische Untersuchung. Bei Beherrschung eines genügend großen Materials eignen sich die tuberkulösen Erkrankungen der Tuben ganz besonders gut für den Nachweis, daß die Tuberkulose als ein typischer Entzündungsprozeß in dem schon oft in diesem Buche vorgebrachten Sinne aufzufassen ist. Nachdem SIMMONDS im Jahre 1909 auch in die Pathologie der Tubentuberkulose den Begriff des bazillären Katarrhs eingeführt hatte, ist es erstaunlich, daß selbst in den Lehrbüchern, die die SIMMONDS'sche Auffassung zitieren, auch die Tuberkulose der Tuben immer noch unter der Überschrift „Granulationsgeschwülste" abgehandelt wird. Ich möchte bei meiner Beschreibung von diesem bazillären Katarrh ausgehen. Es handelt sich um jene Fälle, bei denen, wie oben erwähnt, makroskopisch nicht die geringsten Zeichen einer Tuberkulose zu erkennen sind. Auch das Mikroskop zeigt dann zuweilen nur banale Entzündungsvorgänge in der Schleimhaut in Gestalt von Schwellung und Zellreichtum und partieller Hyperaemie der Falten, während sich im Lumen in der Mitte und besonders in den Buchten zwischen den Falten ein typisches eitriges, d. h. aus regelrechten gelapptkernigen Leukozyten bestehendes, zum Teil auch etwas haemorrhagisches Exsudat befindet. Auch in der Schleimhaut selbst befinden sich dann Leukozyten neben zahlreichen lymphozytenartigen und größeren phagozytischen Zellen. Das Epithel pflegt im großen und ganzen intakt zu sein, nur stellenweise sieht man eine Abschilferung und Beimengung der Epithelien zu dem freien Exsudat. In den übrigen Schichten, insbesondere der Serosa, läßt sich lediglich eine gewisse Hyperaemie feststellen. Hier kann die Diagnose Tuberkulose tatsächlich nur durch den Bazillennachweis gestellt werden. Das ist aber garnicht schwierig, weil man die Bazillen gewöhnlich in erklecklicher Zahl, zuweilen sogar in recht ansehnlichen Massen findet. Sowohl an Ausstrichen wie an Schnitten läßt sich das zeigen. Eine große Anzahl der Bazillen ist dabei in die Leukozyten aufgenommen worden. Sind diese ganz reinen Fälle von bazillärem Katarrh auch nicht häufig, so findet man doch alle Übergänge von ihnen zu den Verkäsungen. Es mag allerdings die Frage erlaubt sein, ob bei geringfügiger Infektion nicht ein derartiger Katarrh abheilen kann, ohne an Tuberkulose erinnernde Residuen zu hinterlassen. Eine exakte Beantwortung dieser Frage dürfte aber einstweilen nicht möglich sein. Im allgemeinen wird man wohl sagen können, daß wie bei anderen Ausscheidungstuberkulosen — und es liegt natürlich hier ganz einwandfrei eine solche vor — so auch hier der eitrige Katarrh eine Vorstufe der Verkäsung ist.

Bevor wir diese besprechen, möge noch die Frage erörtert werden, ob es, wie ebenfalls SIMMONDS beschreibt, in der Tubenschleimhaut zur Bildung von primär-produktiven Tuberkeln kommen kann, ohne daß zu gleicher Zeit oder vorher ein Katarrh mit Exsudatbildung im Lumen vorhanden ist oder wenigstens in der Tubenschleimhaut selbst die Zeichen einer akuten Entzündung in Gestalt von typischen Leukozyten auftreten. Ganz allgemein möchte ich in dieser Hinsicht auf meine Ausführungen über die Tuberkelbildung überhaupt hinweisen. Unter bestimmten allergischen Bedingungen ist natürlich der Fall denkbar, daß wie überall so auch in der Tubenschleimhaut eine leichtere Infektion in der Weise verläuft, daß die exsudative Komponente fast Null bleibt und schnell von der produktiven verdeckt wird. Nach meinen Erfahrungen dürfte allerdings dieser Fall in den Tuben kaum vorkommen. Ich habe stets in Fällen, auch bei der Miliartuberkulose, in denen ich in der Tubenschleimhaut produktive Tuberkel antraf, neben der entzündlichen Hyperaemie auch die anderen Zeichen der frischen Entzündung, wenigstens in gewissem Umfang, angetroffen, d. h. wenigstens ein geringfügiges leukozytäres und etwas haemorrhagisches Exsudat im Lumen und auch unregelmäßige Leukozytenanhäufungen in der Schleimhaut selbst. Ich glaube sogar Bilder gesehen zu haben, die die Übergänge darstellen zwischen reinen Leukozytenanhäufungen in der Schleimhaut und produktiven Tuberkeln. Doch ist das Material gerade dieser ganz leichten Fälle nicht so umfangreich, daß aus ihm allein derartige Schlüsse gezogen werden könnten. Im übrigen passen aber die gefundenen Bilder so gut in die hier immer wieder entwickelte Anschauung hinein, daß sie sogar als ein neuer Beleg für sie angesehen werden können. Was das weitere Verhalten der Tube bei ganz leichten Infektionen betrifft, so lassen sich gewöhnlich auch hier gewisse Schwellungszustände der Schleimhautfalten feststellen mit Vermehrung im wesentlichen der lymphozytären Elemente und ihrer Abkömmlinge. Hier und da kann man auch die Ausläufer des Prozesses in Gestalt von leichten perivaskulären Lymphozyteninfiltraten sowohl in der Muskularis als auch in der Serosa erkennen, alles Veränderungen, die in den Bereich der perifokalen Entzündung gehören.

Die weitere Entwicklung der schwereren Fälle ist die folgende. Wir sehen ein dichteres leukozytäres, oft mehr oder weniger haemorrhagisches Exsudat das Tubenlumen erfüllen, und wir sehen, wie dieses ohne scharfe Grenze in gleiche Exsudatmassen im Bereich der Schleimhaut übergeht und sich allmählich in ihnen verliert. Übergänge von solchen Bildern zu den eben geschilderten leichten Fällen lassen sich zuweilen beobachten. Dann pflegen dem leukozytären Exsudat auch reichlich abgeschilferte Epithelien beigemengt zu sein. Diese Massen gehen unmittelbar in die Tubenschleimhaut über, wo sich dann sehr bald, zum Teil noch untermischt mit ihnen, Epitheloidzellwucherungen finden und zum Teil auch typische rundliche Epitheloidzelltuberkel mit Riesenzellen (Abb. 92). Verkäsungen können völlig fehlen. Ich glaube, daß bis zu derartigen Bildern vorgeschrittene Prozesse noch zu denjenigen gehören, die einer Rückbildung, bezw. Heilung ohne wesentliche Residuen fähig sind. Doch kann man auch bei ihnen zuweilen schon feststellen, daß das Tubenlumen unter Umständen stärkeren Gestaltsveränderungen unterworfen ist. Es kommt zu Verschiebungen und stellenweise wohl auch zu Verklebungen der Falten, sodaß sicher die Passage im Lumen beeinträchtigt werden kann. Es wäre zu erörtern, ob dadurch auch schon völlige oder wenigstens partielle Obliterationen verursacht werden können oder ob andererseits auch leichtere Tubentuberkulosen für die Entstehung einer Hydrosalpinx in Betracht kommen.

Sobald aber umfangreichere Exsudate zustande kommen und das Tubenlumen prall ausfüllen, dürfte stets ihr Schicksal das gewöhnliche der tuberkulösen Exsudate sein, nämlich die Verkäsung. Sehen wir eine tuberkulöse Salpingitis im Mikroskop an, die uns schon makroskopisch eine mehr oder weniger deutliche Verkäsung zeigt, so läßt sich folgendes feststellen. An manchen Stellen ist das leukozytäre Exsudat, dem auch große phagozytäre Zellen in reichlichem Maße beigemengt sein können, noch ganz gut erhalten, an anderen Stellen befinden sich in ihm wulstige nekrotische Massen. Diese sind ihrerseits wieder von dickbalkigen Netzwerken fibrinartiger Massen durchsetzt, enthalten manche Züge wohl erhaltener Leukozyten oder auch massenhaft Kerntrümmer. Diese Massen gehen dann allmählich peripherwärts in das Gewebe der Tubenschleimhaut über. Da diese Verkäsungen zuweilen relativ scharf gegen das noch freie fast rein zelluläre Exsudat begrenzt sind, hat man durchaus den Eindruck, daß es sich hier zunächst um eine Verkäsung der stark exsudativ

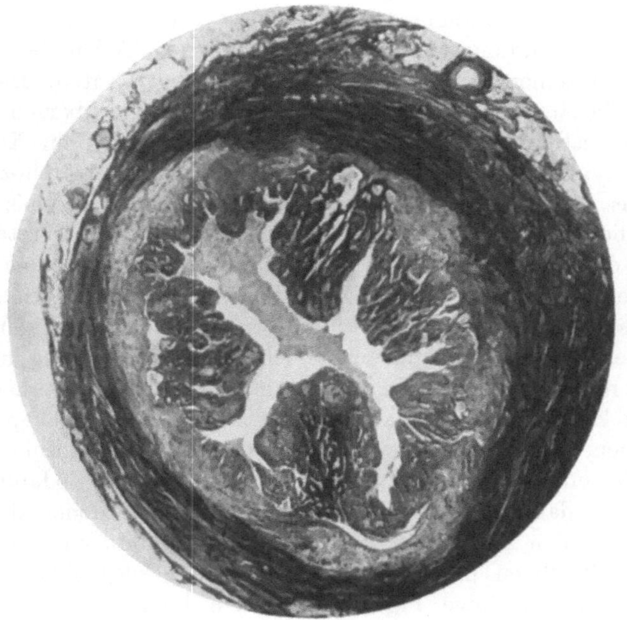

Abb. 92. Tuberkulöse Salpingitis. Lumen mit eitrigem Exsudat gefüllt, Schleimhautfalten geschwollen, ebenfalls von Leukozyten, zum Teil auch von Lymphozyten durchsetzt. An einigen Stellen (heller gefärbt) beginnende Epitheloidzellwucherung. Muskulatur und äußere Schichten frei von Veränderungen. 9fache Vergr.

infiltrierten Tubenschleimhaut handelt, und diese Annahme wird bei der Anwendung von VAN GIESON-Färbungen zur Sicherheit; denn man findet dann deutliche, wenn auch zum Teil sehr stark aufgequollene und hier und da unmittelbar in die Fibrinmassen aufgehende Faserreste, insbesondere, wie an der Anordnung deutlich zu erkennen ist, von Blutgefäßen. Ich möchte danach annehmen, daß in diesem Fall tatsächlich die Verkäsung im Bereich des Schleimhautgewebes beginnt und erst allmählich das frei im Lumen befindliche Exsudat in sich aufnimmt. So sind dann diejenigen Bilder zu erklären, bei denen man einen völligen Ersatz des gesamten Lumens einschließlich der Schleimhaut bis zum Muskelring hin durch käsige Massen feststellen kann. Doch kommen hier wieder alle möglichen Abstufungen vor. Vor allen Dingen findet sich in den dem ehemaligen Lumen entsprechenden Spalten gewöhnlich eine gewisse Menge von ungeronnenem Exsudat, das entweder aus gut erhaltenen

Eiterkörperchen besteht oder auch nekrotisch ist und reichlich Kerntrümmer enthält. Der Mangel an Fibrin in diesen Exsudaten mag der Grund dafür sein, warum sie nicht total in der Verkäsung aufgehen. Ferner kann man selbst bei relativ ausgebreiteten Verkäsungen noch Reste wohl erhaltener Schleimhaut finden, die dann irgendwo zwischen den Käsemassen eingeklemmt liegen können. Es muß aber auch bei allen mikroskopischen Tubenuntersuchungen berücksichtigt werden, daß infolge der erheblichen pathologischen Schwellungen und der damit verbundenen sehr viel stärkeren Schlängelungen des Schlauches Kunstprodukte in der Weise zustande kommen können, daß entferntere Windungen mit angeschnitten werden.

Was die weiteren Veränderungen betrifft, so sind sie natürlich im Prinzip dieselben wie bei allen anderen tuberkulösen Prozessen. Wir sehen die produktive Gewebsneubildung von den noch erhaltenen Teilen der Schleimhaut ausgehen. Im einzelnen kann man folgende Bilder beobachten. Die erhaltenen Schleimhautteile sind dicht zellig infiltriert. In der Nachbarschaft der Verkäsung finden sich noch die letzten Ausläufer der fibrinösen Einlagerungen und reichlich typische Leukozyten. Dann folgen dichte Lymphozytenmassen, die je nach der Schwere des Prozesses mehr oder weniger weit bis in die Muskularis und die Serosa einstrahlen. In der Nähe des Käses treten in diesen Gewebsteilen die Epitheloidzellen und mit ihnen die Riesenzellen auf, teils in unregelmäßiger Verteilung, teils in Knötchenform und wuchern auch in die verkästen Massen hinein, wobei wiederum die pallisadenartigen Figuren zustande kommen. Die Faserbildung und schließlich die Kapselbildung unterscheidet sich dann in nichts von denselben Vorgängen bei anderen verkäsenden Prozessen. Dazu kann dann eine partielle Verkalkung der eingekapselten Käsemassen kommen, die ich in den wenigen Fällen, die ich daraufhin untersuchen konnte, in sehr unregelmäßiger Anordnung gesehen habe. Sodann möge noch erwähnt werden, daß man auch Fälle finden kann, bei denen die Verkäsung von mehreren Stellen zu gleicher Zeit ausgeht und dann entweder konfluiert oder zu unregelmäßigen partiellen Abkapselungen Gelegenheit gibt, so daß dadurch sehr unregelmäßige Figuren entstehen können. Weiter aber muß noch betont werden, daß es auch Verkäsungen gibt, die nicht an der Muskularis halt machen, sondern sie und die subserösen Zellschichten nach vorheriger Durchtränkung mit Fibrin und zelligem Exsudat in sich aufnehmen, so daß man es schließlich mit einer Verkäsung zu tun hat, die nur noch von der Serosa gehalten wird, von der dann die Abkapselung ausgeht. Solche Fälle entsprechen den bei der makroskopischen Beschreibung erwähnten, bis auf über Fingerdicke angeschwollenen und in käsige Massen umgewandelten Tuben.

Das ist aber nicht der einzige Ausgang auch schwererer Tubentuberkulosen. Zwischen diesen zu umfangreicher Verkäsung und Einkapselung führenden Fällen und jenen, bei denen wir eine völlige Resorption des tuberkulösen Prozesses für möglich gehalten haben, gibt es noch jene Übergänge, die wir auch bei allen Tuberkuloseformen anderer Organe in verschiedenen Entwicklungsstadien verfolgen können. Ist nämlich in der Tube die Verkäsung keine so ausgebreitete und sind dann des weiteren gute allergische Bedingungen und auch sonstige günstige Heilungsmöglichkeiten gegeben, dann kann es zu einem völligen oder fast völligen Ersatz der verkästen Massen in der produktiven Phase kommen. In solchen Fällen sieht man in relativ stark verdickten Tuben auf dem mikroskopischen Querschnitt die Schleimhaut in dicken Wülsten vorspringen, zwischen denen nur ein vielfach verzweigtes spaltförmiges Lumen besteht (Abb. 93). Die Wülste sind dann dicht von Epitheloid- und Riesenzelltuberkeln, z. T. mit käsigem Zentrum, durchsetzt, die in dichte lymphozytäre Infiltrate übergehen. Je frischer der Prozeß ist, um so mehr Leukozyten finden sich noch dazwischen und um so reichlicher sind auch noch Leukozyten im Lumen gemischt mit einkernigen Elementen angesammelt. Das Epithel kann z. T. erhalten sein, ist dann gewöhnlich etwas abgeplattet, oder es ist verloren gegangen und auf diese Weise kommt es wiederum zu Verklebungen und Verwachsungen einzelner Schleimhautfalten. Noch leichtere Fälle unterscheiden sich dann von diesen dadurch, daß die Schleimhaut weniger verdickt ist, demgemäß das Lumen

Abb. 93. Tubentuberkulose. Stark angeschwollene Schleimhautfalten mit mannigfachen, scheinbar drüsigen Spalten. In der Schleimhaut sehr reichlich, in der Photographie helle, Epitheloidzelltuberkel und dunkler gefärbte Lymphozyteninfiltrate. 15fache Vergr.

den normalen Verhältnissen noch etwas näher kommt, nur daß durch die vielfachen Verschiebungen und Faltungen und Knickungen der Schleimhautfalten vielfache, z. T. direkt an Adenome erinnernde mit Epithel ausgekleidete Lumina entstehen. Von einer Epithelwucherung ist dabei natürlich nicht die Rede. Im übrigen sind dann die Schleimhautbilder ganz ähnlich wie eben beschrieben, nur daß die tuberkulösen Veränderungen weniger ausgebreitet sind. Auch hier findet sich dann neben den nur zum Teil verkäste Zentren enthaltenden Tuberkeln sowohl in der Schleimhaut als auch im Lumen ein im wesentlichen leukozytäres Exsudat, dem im Lumen auch abgeschilferte Epithelien beigemengt sind. Das Epithel ist in diesen leichteren Fällen natürlich durchschnittlich noch besser erhalten, zeigt aber auch Defekte, bezw. Ulzerationen. So kommt es auch schon bei den leichteren Formen zu Verklebungen und Verwachsungen im Bereich der Schleimhautfalten.

Damit berühren wir wieder jene schon oben erwähnten Fälle, bei denen man den Eindruck gewinnen könnte, daß überhaupt keine exsudative Komponente bestand, sondern von vorneherein produktive Tuberkel das Bild beherrschten. In der Tat finden wir Tuben, die äußerlich nur eine leichte Verdickung ohne wesentliche Hyperaemie zeigen, die auf der Schnittfläche etwas erweitert sind und deren Schleimhautfalten dort als kleine dicke Wülste imponieren. Im Lumen pflegt sich dann ein anscheinend seröses Exsudat zu befinden, das aber mikroskopisch meist einkernige, zellige Beimengungen enthält. Die mikroskopische Untersuchung der Tubenwand ergibt dann zuweilen eine nur in geringem Maße diffus mit Lymphozyten durchsetzte Schleimhaut und dazwischen, besonders auch auf der Höhe der Faltenwülste oft sehr zahlreiche typische rundliche Epitheloidzelltuberkel mit Riesenzellen, ohne die geringste Verkäsung. Im Lumen findet man auch im Schnitt nur etwas aus Lymphozyten, Plasmazellen und Blut bestehendes Exsudat. Diese Fälle brauchen natürlich trotzdem nicht als sozusagen primäre „Granulationsgeschwülste" bezeichnet werden. Sondern es liegt viel näher, an das produktive Stadium eines vorher ausgesprochen exsudativen Prozesses zu denken, wofür auch die Erweiterung des Tubenlumens und die relative Schrumpfung der Schleimhaut spricht. Man kann andererseits mit einiger Wahrscheinlichkeit einen bei verhältnismäßig hoher positiver Allergie entstandenen Prozeß annehmen, bei dem die exsudative Komponente insofern sehr gering war, als sie nur zu einem, im wesentlichen serösen und nur wenig Leukozyten enthaltenden Erguß führte. Grade solche Fälle mögen es übrigens sein, die bei langsamem Verlauf doch lange Zeit einen gewissen Reizzustand bedeuten, auf Grund dessen sich allmählich auch stärkere Grade einer Hydrosalpinx mit mehr oder weniger starken Blutbeimengungen entwickeln können. Diesen stehen dann die Fälle gegenüber, bei denen es zu einer tuberkulösen Pyosalpinx kommt. Man kann deren Entstehung auch mikroskopisch sehr gut verfolgen. Es handelt sich, wie bei allen Einschmelzungsvorgängen um eine Auflösung des käsigen Exsudates durch die Leukozyten.

Sowohl von den leichteren als auch von den schwereren Erscheinungsformen der soeben beschriebenen Prozesse kann man nun alle möglichen Übergänge zu Veränderungen sehen, die wir als Heilungsstadien bezeichnen können. D. h. es kommt zur fibrösen Umwandlung der Tuberkel und ebenso zu narbigen Bildungen in ihrer Umgebung. So sieht man zuweilen unregelmäßig verteilte Narbenbildungen in der Schleimhaut und schließlich auch in einigen Fällen eine weitgehende narbige Umwandlung der ganzen Schleimhaut. Als Endeffekt können daraus jene Bilder resultieren, bei denen man eine verdickte, narbig umgewandelte, aber noch chronisch entzündlich durchsetzte, auch noch Reste von Tuberkeln aufweisende Schleimhaut sieht, die ein stark verengtes oder auch mehrfache kleine Lumina enthält. In solchen Fällen pflegt auch Muskularis, Subserosa und Serosa narbige Veränderungen mit mehr oder weniger ausgesprochenen chronisch entzündlichen Infiltraten zu zeigen, während von der Außenfläche der Serosa aus mannigfache Verwachsungsstränge in die Nachbarschaft ziehen. Dieser Endeffekt der Tubentuberkulose dürfte darum der Abkapselung käsiger Prozesse gegenüber von einer gewissen Bedeutung sein, weil dabei immerhin eine gewisse Durchgängigkeit der Tuben im Bereich der Möglichkeit liegt.

Was endlich den serösen Überzug selbst betrifft, so kann man besonders in allen noch in voller Entwicklung begriffenen Fällen, häufiger natürlich in den schwereren, genau dieselben Veränderungen erkennen wie bei den tuberkulösen Entzündungen der serösen Häute überhaupt. D. h. es kommt zu Fibrinausscheidungen und erst bei der Organisation dieser zur Tuberkelbildung. Damit können dann natürlich auch umfangreiche Verwachsungen mit der Nachbarschaft, d. h. dem Uterus, der Blase, dem Rektum, der ganzen Fläche des Ligamentum latum verbunden sein. Nur selten kann man jenen Entwicklungsstadien begegnen, in denen die Tubenoberfläche noch frei von Verwachsungen ist, wohl aber eine umfangreiche Tuberkelaussaat aufweist.

2. Uterus.

Die Uterustuberkulose ist nicht so häufig wie die der Tuben. Das ist hauptsächlich darin begründet, daß sie im allgemeinen absteigend von den Tuben aus zur Entstehung kommt und darum natürlich zeitlich später auftritt. Unter diesen Umständen ist es klar, daß wir der Tubentuberkulose häufiger begegnen müssen. Diese Abhängigkeit der Uterustuberkulose von der der Tuben zeigt sich auch darin, daß die klinischen Statistiken eine viel geringere Beteiligung des Uterus an der Tubentuberkulose aufweisen als die anatomischen. Der Kliniker beobachtet nämlich naturgemäß sehr viel häufiger frische Fälle von Tubentuberkulose, während auf dem Sektionstisch viel häufiger die schweren und fortgeschrittenen Formen erscheinen, an die sich die Erkrankung des Uterus schon angeschlossen hat. Spricht das alles für die intrakanalikuläre Infektion des Uterus von der Tube aus, so darf man doch nicht daran zweifeln, daß auch eine haematogene Infektion der Uterusschleimhaut vorkommt, und zwar entweder gleichzeitig mit der der Tuben oder auch unabhängig davon. Letzterer Fall dürfte besonders bei der in oder nach der Schwangerschaft auftretenden Uterustuberkulose vorliegen, bei der es bekanntlich auch zu einer Infektion der Plazenta kommen kann. Der hier und da als möglich bezeichneten lymphogenen Infektion möchte ich sehr skeptisch gegenüber stehen. Ich wüßte nicht, von wo aus sie hergeleitet sein sollte. Desgleichen möchte ich meinen, daß eine Infektion durch infiziertes Sperma im wesentlichen eine theoretisch konstruierbare Bedeutung hat, während ihre effektive Bedeutung eine äußerst geringe und im Einzelfall kaum je nachweisbare sein dürfte. Eine aufsteigende Infektion von tuberkulösen Herden der Vagina etc. aus braucht schon darum kaum erörtert zu werden, weil derartige Herde zu den äußersten Seltenheiten gehören.

Was nun das pathologisch-anatomische Bild der Uterustuberkulose betrifft, so liegen hier die Verhältnisse ganz ähnlich wie bei den Tuben. Ich gehe über die leichteren Formen kurz hinweg. Es besteht für mich kein Zweifel, daß es sich auch bei ihnen in den Anfangsstadien um einen bazillären Katarrh handelt, dem die produktiven Veränderungen der Schleimhaut folgen. Bilder, die dafür sprechen, habe ich wiederholt in Ausschabungsmaterial gesehen. Auch das Auftreten der besonders von Franqué beschriebenen atypischen Drüsenwucherungen bei diesen leichteren Fällen möchte ich nicht nur für die Korpusschleimhaut, sondern auch für die der Zervix bestätigen.

Diesen leichteren Formen stehen wieder diejenigen gegenüber, die wir gewöhnlich im Zustand der ausgebreiteten Verkäsung zur Beobachtung bekommen.

Makroskopisch hat man dabei ein äußerlich oft unverändertes Organ, während man nach der Öffnung den ganzen Uteruskörper ausgekleidet sieht von oberflächlich höckrigen und sehr weichen, zum Teil in Zerfall begriffenen käsigen Massen. Die Veränderungen beschränken sich gewöhnlich auf das Korpus, während Isthmus und Zervix selten und nur zum kleinen Teil in die Veränderungen einbezogen sind. Schon makroskopisch kann man auf der Schnittfläche verschiedene Grade unterscheiden, indem bald die tiefen Schichten der Schleimhaut noch als solche zu erkennen sind, bald jedoch die Verkäsung unmittelbar in die Muskulatur übergeht. Das erstere wird nach meinen Erfahrungen häufiger beobachtet als das letztere und ist gut mit der Annahme einer intrakanalikulären Infektion vereinbar.

Die mikroskopische Untersuchung zeigt in frischeren Fällen käsiger Endometritis folgendes Bild (Abb. 94). Die oberflächlichen Schichten der Schleimhaut sind in nekrotisch käsige Massen umgewandelt, an denen wiederum das Strukturbild der ehemaligen Schleimhaut noch gut zu erkennen ist. Es handelt sich natürlich hier wie überall um eine unmittelbare Verkäsung des exsudativ infiltrierten Schleimhautgewebes, ist doch auch hier in ganz frischen Fällen irgendein Zeichen einer produktiven Gewebswucherung noch nirgends vorhanden. Die Käsemassen sind noch mehr oder weniger stark von typischen Leukozyten durchsetzt, deren Anordnung in Zügen oft ihre Beziehungen zu den Blutgefäßen und den Drüsen verrät. Die Verkäsungsmassen selbst lassen, wie gesagt, besonders bei stärkeren Vergrößerungen, noch gut gewisse Strukturelemente, Drüsen, Fasern etc. erkennen, sind aber im übrigen auch von gequollenen fibrinartigen Massen durchsetzt. Dieselben nekrotisch käsigen Massen sieht man auch zuweilen mit viel Schleim untermischt in konzentrischen Schichten frei im Lumen liegen. Sehr eigentümlich ist dabei zuweilen die reihenförmige Anordnung der Leukozyten, die den schleimigen Schlieren oder Fäden entspricht. Nach innen hin finden sich an der Grenze zum intakten Gewebe dichte Leukozytenwälle. Hier wie in den verkästen Massen selbst sind die Leukozyten zum Teil intakt, zum Teil in Zerfall begriffen oder zerfallen. Weiter nach außen verlieren sich die Leukozytenmassen bald in der die intakten Drüsenenden enthaltenden Schleimhaut, liegen dann besonders auch mit losgelösten rundlichen aufgequollenen und verfetteten Epithelien gemischt in den Drüsenlichtungen. Das Stroma kann wohl zuweilen etwas zellreicher sein als es der Norm entspricht, zeigt aber besonders in den ganz tiefen Schichten unter Umständen auch gewöhnliche Verhältnisse. Von diesen klaren Bildern der rein

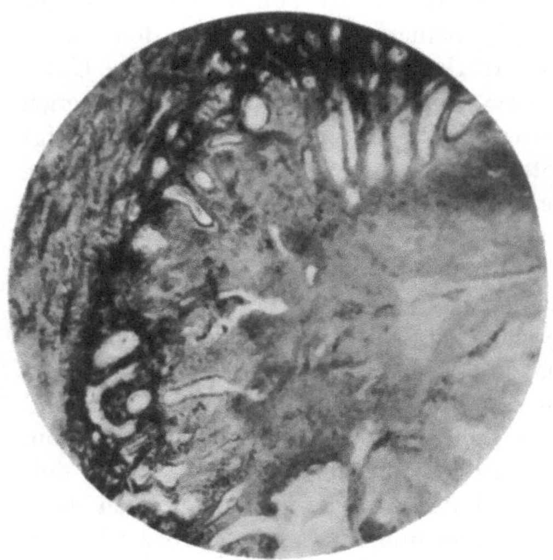

Abb. 94. Uterustuberkulose. Links Muskulatur, sodann erhaltene Drüsenenden und dicht zellig infiltriertes Stroma, daran nach rechts anschließend verkäsende Exsudatmassen. 25fache Vergr.

exsudativ verkäsenden Entzündung, bei der übrigens Tuberkelbazillen oft sehr reichlich gefunden werden, gibt es nun zahlreiche Übergänge zum produktiven Stadium. Zuweilen hat man nur hier und da Andeutungen davon in Gestalt einzelner LANGHANSscher Riesenzellen oder von Wällen von Epitheloidzellen. Ich glaube annehmen zu können, daß diese letzteren aus den Stromazellen selbst entstehen. Jedenfalls sieht man oft, wie in der auf die Verkäsung folgenden Schicht die Stromazellen sich vergrößern, einen helleren, mehr bläschenförmigen Kern annehmen und so allmählich den Epitheloidzellen durchaus ähnlich und gleich werden. Schließlich gibt es natürlich auch Fälle, in denen der Übergang zum produktiven Stadium noch deutlicher wird, auch durch das Auftreten von Tuberkeln und das Hineinwachsen der Epitheloidzellen in den Käse. Doch werden solche Fälle im Durchschnitt recht selten beobachtet, und das scheint mir damit zusammenzuhängen, daß, soweit wenigstens Sektionsmaterial in Betracht kommt, die käsige Uterustuberkulose der Ausdruck einer sehr schweren, schnell zum Tode führenden Tuberkulose ist.

Neben diesen, im wesentlichen die oberflächliche Schicht der Schleimhaut betreffenden Formen sind die anderen sehr viel seltener, in denen man nämlich eine Erkrankung der gesamten Schleimhaut vor sich hat; im Übrigen unterscheidet sie sich in nichts von den vorigen.

Kann man die Übergänge zwischen den einzelnen Etappen der Uterustuberkulose bis zur etwaigen Heilung aus dem genannten Grunde nicht so genau verfolgen wie die der Tuben, so sieht man doch zuweilen Endstadien, die von Interesse sind. Ein solches Endstadium wird z. B. durch den als tuberkulöse Pyometra bezeichneten Zustand dargestellt. Allerdings muß dem gegenüber sofort betont werden, daß man auch in Frühstadien der beschriebenen käsigen Uterustuberkulose zuweilen von einer Pyometra sprechen kann, dann nämlich, wenn wie in anderen Organen die käsigen Massen zum Teil oder ganz durch die Leukozytenwirksamkeit verflüssigt werden. Doch stellen die in späteren Stadien auftretenden Pyometren eine viel eindrucksvollere Veränderung dar. In solchen Fällen ist der Uteruskörper zuweilen etwas vergrößert und rundlich aufgebläht, der Zervikalkanal ist entweder garnicht oder kaum für eine Sonde durchgängig und mit eingedickten Schleimpfröpfen verstopft, während dagegen das Korpuslumen erweitert und mit teils rein eitrigen, teils mehr glasig trüben fadenziehenden Massen gefüllt ist. Die Erweiterung des Lumens kann bis zu Walnuß- ja selbst zuweilen bis zu Pfirsichgröße gehen; die Uteruswand pflegt dann stark verdünnt zu sein. Die Innenfläche sieht man ausgekleidet von einer glatten grauroten oder gefleckten Gewebsmasse. Das Mikroskop zeigt in solchen Fällen eine fast völlige Umwandlung der Schleimhaut in produktiv tuberkulöses Gewebe mit Riesenzellen, das auch noch einige Leukozyten enthält. Im Inhalt sind je nach Beschaffenheit Leukozyten in großen Massen oder in geringer Menge zu finden. Es liegen hier also Verhältnisse vor, die in gewisser Weise an die Kavernenbildung erinnern, nur daß hier die Höhle von spezifisch tuberkulösem Gewebe eingefaßt wird. Derartige Pyometren werden auch verhältnismäßig häufig im Greisenalter beobachtet.

Der Zervikalkanal bleibt, wie schon betont, bei allen diesen Tuberkuloseformen gewöhnlich frei. Doch finden sich bei mikroskopischer Untersuchung auch in seiner Schleimhaut dann nicht selten einfache umschriebene Tuberkelbildungen, die wohl sicher auch durch Implantation der Bazillen von der

Oberfläche der Schleimhaut her entstehen. Im übrigen ist über ihre Genese nichts besonderes mehr zu sagen.

3. Vagina und äußere Genitalien.

Daß eine primäre Tuberkulose im Bereich der Vagina unter Umständen einmal vorkommen kann, braucht nicht bezweifelt zu werden. Doch dürfte das schon darum ein überaus seltenes Vorkommnis sein, weil das dicke, geschichtete Plattenepithel eine Infektion in weitem Maße zu verhindern imstande ist. Aus demselben Grunde gehen auch absteigende Infektionen von den Tuben und dem Uterus aus in der Vagina etc. nur schwer an. Man muß natürlich auch an lymphogene und haematogene Infektionen denken. Praktisch werden sie aber im Gesamtbild der betreffenden Fälle keine besondere Rolle spielen; Fälle von haematogener Aussaat bei allgemeiner Miliartuberkulose kommen zuweilen vor. Auch im Übrigen ist die Tuberkulose der Scheide selten und kommt nach meinen Erfahrungen hier und da einmal als Begleiterscheinung einer besonders schweren Tuben-Uterustuberkulose vor.

Es handelt sich dann um oberflächliche Geschwürsbildungen, makroskopisch mit allen Besonderheiten des tuberkulösen Geschwürs, scharfen überhängenden Rändern etc. Wie bei anderen Scheidengeschwüren sind auch hier die reaktiven Veränderungen im Grunde und am Rande des Geschwürs verhältnismäßig gering ausgebildet. Wir sehen im Mikroskop gewöhnlich unspezifisches, gefäßreiches und von Zellen dicht durchsetztes Granulationsgewebe, in dem sich nur vereinzelte Tuberkel befinden. — Außerdem ist noch die Fortleitung einer Tuberkulose der äußeren Genitalien auf die Scheidenschleimhaut zu erwähnen. Es handelt sich dabei um Tuberkuloseformen, wie sie für die äußere Haut charakteristisch sind. Insbesondere kommt wie bei anderen Schleimhäuten der Lupus in Betracht. Da nun diese Erkrankung an anderen Stellen genauer besprochen wird, mag hier dieser Hinweis genügen.

Was die sonstigen Tuberkuloseformen der äußeren Genitalien betrifft, so sei auch hier hauptsächlich auf das Kapitel über die Hauttuberkulose hingewiesen.

4. Ovarium.

Wenn man die tuberkulösen Veränderungen des Ovariums als wenigstens in gewissem Maße selbständige, für sich allein irgendwie in den Vordergrund tretende Erkrankungen betrachten will, so ist zu sagen, daß es sich um überaus seltene Ereignisse handelt. Aber auch sonst ist die Eierstocktuberkulose selten. Eine Beteiligung an der allgemeinen Miliartuberkulose habe ich nur selten gesehen und auch dann hat man den Eindruck, daß nicht eine direkte haematogene Infektion vorliegt, sondern daß man es mit einer Fortleitung von dem gleichfalls erkrankten Peritoneum aus zu tun hat. Dafür spricht vor allen Dingen die Tatsache, daß man die tuberkulösen Veränderungen in Gestalt von Tuberkelknötchen gewöhnlich direkt auf der Oberfläche oder wenigstens dicht unter ihr zu sehen bekommt. In der Tiefe des Ovarialgewebes habe ich bei allgemeiner Miliartuberkulose noch nie Tuberkelknötchen gesehen. Auch dann, wenn keine allgemeine Tuberkulose besteht, sondern nur eine lokale Genitaltuberkulose, finden wir, wenn überhaupt, ebenfalls die tuberkulösen Veränderungen gewöhnlich nur an der Oberfläche des Eierstocks. Es pflegen dann außerdem schon mannigfache Verklebungen und Verwachsungen im DOUGLASschen Raume zu bestehen. Auch hier handelt es sich also um eine Fortleitung der Infektion vom erkrankten Peritoneum aus.

Dasselbe gilt nun auch für jene sehr seltenen Tuberkulosen des Ovariums, bei denen man von einer selbständigen Erkrankung des ganzen Organes sprechen kann. Es sind jene Fälle, bei denen es unter Umständen zu einer gewaltigen Vergrößerung des Eierstocks kommt. Bis Faustgröße soll beobachtet worden sein. Ich selbst verfüge aus den letzten Jahren nur über zwei typische Fälle, bei denen es zu etwa kleinpfirsichgroßen Vergrößerungen gekommen war. Wie in anderen derartigen Fällen lag auch hier zu gleicher Zeit schwere Tubentuberkulose vor, und dieser Zusammenhang dürfte für alle Fälle der gegebene sein. Das Ovarium wird auch hier von der zunächst noch offenen Tube aus infiziert und ist schließlich wie diese in mannigfache, Tuberkel enthaltende Verwachsungen eingebettet. Wie die Genese dieser Erkrankung im einzelnen ist, vermag ich nicht genau zu sagen. Sie erinnert in erster Linie an die Nebennierentuberkulose, bei der es ja auch zu kolossalen tumorartigen Anschwellungen kommen kann. Auch die im Verlauf der Erkrankung auftretenden fibrösen Indurationen haben bei beiden Erkrankungen große Ähnlichkeiten miteinander. Wird in der Literatur diese Form der Ovarialtuberkulose gewöhnlich als eine käsig-knotige beschrieben, so wird die Bezeichnung wohl von dem makroskopischen Aussehen her genommen worden sein. Auch in meinen Fällen hatte man zunächst den Eindruck einer im wesentlichen käsigen Veränderung. Aber schon der makroskopische Durchschnitt deckte mannigfache narbige Verhärtungen auf, und die mikroskopische Untersuchung bestätigte das. Ich habe den Eindruck, als ob diese Art der tuberkulösen Ovarialerkrankung in der Weise zustande kommt, daß, wahrscheinlich auf Grund bestimmter allergischer, bezw. hyperergischer Verhältnisse, ziemlich akut schnell verkäsende exsudative Herde auftreten, denen erst langsam die produktiven Veränderungen folgen, daß ferner diese Prozesse in verschiedenen Schüben auftreten und daß endlich anscheinend die gelben Körper dabei eine besondere Rolle spielen. Der ganze Hergang des Prozesses könnte natürlich in all seinen Etappen nur dann genau erkannt werden, wenn man genügendes Vergleichsmaterial aus verschiedenen Entwicklungsstadien zur Verfügung hätte. Das wird dem Einzelnen aber schwerlich in kürzerer Frist in die Hände fallen, da sich, wie gesagt, diese tuberkulösen Erkrankungsformen des Ovariums recht selten finden. In den mir vorliegenden Fällen handelt es sich um sehr komplizierte Bilder, in denen dichte fibröse Indurationen mit eingeschlossenen Käseherden, ausgebreitete produktiv-tuberkulöse Veränderungen mit gefäßreichem Narbengewebe abwechseln und in denen nur hier und da einige ältere fibröse Körper die Herkunft der Präparate vom Ovarium verraten. Im einzelnen läßt sich dazu noch folgendes sagen. Man sieht ovale Durchschnitte von Käseherden, in denen sich mehr oder weniger reichlich Züge von fasrigem Bindegewebe finden und die eingeschlossen werden von einer fibrösen, zum Teil hyalinen Kapsel, die ihrerseits wiederum von mannigfachen typisch produktiven Tuberkeln mit Riesenzellen durchbrochen ist. Lymphozyteninfiltrate finden sich dann reichlich in der Umgebung, oder das Kapselgewebe setzt sich in ganz unregelmäßige fibröse Massen fort, in die ohne besondere Ordnung Tuberkel eingestreut sind. Erinnern schon die erwähnten Käseherde mit ihrer

Kapsel etwas an gelbe Körper, bezw. ihre Übergänge zu fibrösen Körpern, so ist das noch mehr an anderen Stellen der Fall, wo die Abkapselung erst in Bildung begriffen ist. Man sieht allerdings auch hier nach außen lockere fibröse Kapseln, im Inneren jedoch eine kavernenartige Höhle, die mit einem dichten fibrinös-leukozytären, stellenweise in Verkäsung begriffenen Exsudat ausgefüllt oder wenigstens belegt ist. Zwischen diesen Exsudatmassen aber und der Kapsel finden sich massenhaft Tuberkelbildungen, teils mit, teils ohne Verkäsungen, teils in beginnender fibröser Umwandlung oder Abkapselung, teils noch in frischem Zustand mit Lymphozytenwällen. Die ganze Zeichnung aber dieser tuberkulösen Produkte einschließlich der exsudativ-käsigen Auflagerungen erinnert durchaus an die wellenartige oder girlandenartige Beschaffenheit des Corpus luteum. Soweit noch irgend etwas von der Oberfläche des Eierstockes vorhanden ist, sieht man dort auch käsige, von Leukozyten durchsetzte Auflagerungen, die von der Unterlage her in spezifischer Organisation begriffen sind. Die abseits von diesen Hauptveränderungen gelegenen Tuberkel zeigen noch hier und da besondere Eigentümlichkeiten. So sieht man z. B. an einigen Stellen typische Follikelzysten und erkennt, wie sich hier und da ein produktiver Tuberkel halbkugelig in die Zysten hinein vorwölbt und dann innen von dem allerdings etwas abgeplatteten Epithel überzogen wird. Zusammenfassend läßt sich sagen, daß diese Bilder mit der oben vermuteten Genese sämtlich in Einklang zu bringen sind: d. h. es treten vorwiegend im Inneren eines Corpus luteum exsudative, schnell verkäsende Prozesse auf, in die dann von den äußeren Schichten des gelben Körpers her die produktiven Gewebsveränderungen vorrücken, sie zum Teil ersetzen, zum Teil abkapseln. Das verschiedene Alter der einzelnen Herde spricht durchaus in diesem Sinne und es lassen sich sogar vielleicht diese Vorgänge für die Frage verwerten, in welcher Zeit ein derartiger tuberkulöser Prozeß abläuft. Denn ich halte es nicht nur für möglich, sondern sogar für sehr wahrscheinlich, daß sich jeweils ein neuer Schub unmittelbar an die Ovulation anschließt. Alle weiteren tuberkulösen Veränderungen in einem solchen Ovarium wären dann zu den lymphogen entstehenden Resorptionstuberkeln zu rechnen, die schweren, abseits der eigentlichen tuberkulösen Veränderungen auftretenden Indurationen aber auch ins Bereich der perifokalen Entzündung. Ich bin mir bewußt, bei der Beurteilung der tuberkulösen Veränderungen des Ovariums zum Teil durchaus hypothetisch verfahren zu sein. Ich habe mich bemüht, auch diese Veränderungen mit meiner Gesamtauffassung des tuberkulösen Prozesses in Einklang zu bringen und, da auch hier Widersprüche zu meiner Auffassung nicht bestehen, glaube ich mich trotz des hypothetischen Charakters dieser Ausführungen auf dem richtigen Wege zu befinden.

5. Plazenta.

Es ist mir trotz eifrigen Bemühens in den letzten Jahren nicht möglich gewesen, eine Plazentartuberkulose zur Untersuchung zu erhalten oder eine solche in dem mir laufend zur Verfügung stehenden Material aufzufinden. Bekanntlich können aber tuberkulöse Plazentarveränderungen in sehr geringem Umfange auftreten, sodaß sie nur bei systematischer Durchmusterung der Plazenta an ungemein zahlreichen mikroskopischen Schnitten aufgedeckt werden. Da ich derartige systematische Untersuchungen nicht vornehmen konnte, können meine negativen Befunde auch nicht für die Frage der Häufigkeit der Plazentartuberkulose verwertet werden. Auf Grund meiner eigenen Erfahrungen und der in der Literatur niedergelegten Befunde möchte ich mich allerdings gegenüber den hier und da ausgesprochenen Vermutungen, daß die Plazentartuberkulose ein häufiges Vorkommnis sei, sehr skeptisch verhalten. Bei der allgemeinen Miliartuberkulose wird sie wahrscheinlich verhältnismäßig häufig sein, bei einer lokalen Uterustuberkulose müßte sie natürlich ebenfalls häufig sein. Doch dürfte die absolute Zahl derjenigen Fälle, in denen es bei einer Uterustuberkulose nicht nur zur Konzeption, sondern auch zur Plazentabildung oder gar zur Austragung der Frucht kommt, eine äußerst geringe sein. Was endlich die tuberkulöse Infektion der Plazenta bei anderweitig lokalisierten chronischen Organtuberkulosen betrifft, so dürfte sie gemäß unserer heutigen Anschauungen über die Miterkrankung anderer Organe bei lokalisierten Organtuberkulosen kaum im Bereich der Möglichkeit liegen. Ich verweise im übrigen auf die am Schluß zusammengestellte Literatur.

6. Mamma.

Schon die Tatsache, daß eine tuberkulöse Infektion der Milchdrüse nur bei geschlechtsreifen Individuen auftritt, deutet darauf hin, daß das ruhende Mammagewebe den Bazillen keinen Angriffspunkt bietet. Wenn man weiter sieht, daß auch bei jüngeren Individuen trotz wiederholter Schwangerschaften nur sehr selten eine Infektion ihrer Brustdrüse erfolgt, so muß man zu dem Schluß kommen, daß auch die gewöhnlichen mit der Schwangerschaft einhergehenden Umwälzungen noch nicht allein den Boden für eine wirksame Infektion schaffen. Die große Mehrzahl der Mammatuberkulosen wird vielmehr erst nach dem 40., ja wohl erst nach dem 50. Lebensjahr und von da an bis ins Greisenalter hinein beobachtet. Danach ist wohl die Annahme berechtigt, daß erst die endgültigen, mit dem Klimakterium eintretenden Involutionsvorgänge das wesentlichste dispositionelle Moment mit sich bringen. Meine eigenen Erfahrungen würden sich insofern damit decken, als ich leichtere Tuberkulosen der Mamma am häufigsten in Fällen sehe, in denen die übrigen Teile der Brustdrüse eine diffuse oder herdförmige Fibrosis, eventuell verbunden mit unregelmäßigen chronisch entzündlichen Zellinfiltraten zeigen, oder bei denen auch ausgesprochene narbige Veränderungen zu finden sind, die eventuell von einer überstandenen akuten Mastitis herrühren. Es handelt sich dann meist um Fälle, bei denen dem Pathologen Probeexzisionen zur Diagnose auf Karzinom eingeschickt werden. Das Mikroskop ergibt an einem solchen Material oft nur sehr geringfügige tuberkulöse Veränderungen in Gestalt von Tuberkeln in allen Entwicklungsstadien, während sich in der näheren und weiteren Umgebung Lymphozyteninfiltrate und auch katarrhalische Zustände in den Milchgängen finden.

Neben diesen leichteren Fällen kommen aber auch schwerere vor, die jedoch nach meinen eigenen Erfahrungen sehr selten sein dürften, da ich in etwa 20 Jahren nur ganz vereinzelte Fälle gesehen habe. Es handelte sich dann um abszedierende Prozesse verschiedener Größe. Das Mikroskop zeigt im Inneren eine erweichte, teils erhaltene, teils nekrotische, Leukozyten enthaltende Masse, auf die eine käseartige Schicht folgt, die wiederum in ein reichlich produktive Tuberkel enthaltendes Granulationsgewebe übergeht, das sich seinerseits mit mannigfachen Lymphozyteninfiltraten in der Umgebung verliert. Daß mit derartigen Prozessen auch Fistelbildungen in Zusammenhang stehen können, leuchtet ein. Andere Formen der tuberkulösen Mammaerkrankung, insbesondere auch eine von KAUFMANN erwähnte geschwulstartige habe ich selbst noch nicht gesehen.

Wie sich die Mammatuberkulosen zu den sonstigen tuberkulösen Veränderungen des Körpers verhalten, ist noch nicht bekannt. In der Literatur finden sich, so weit ich sehe, darüber keine brauchbaren Angaben. Da diese Veränderungen fast ausnahmslos, wenigstens in ihrem Beginn tief im Bereich des Drüsengewebes ihren Sitz haben, dürften äußere Infektionen keine Rolle spielen. Eine Infektion von benachbarten Organen kommt ebenfalls kaum in Betracht. So bleibt nur der Blutweg übrig, auf dem die Mammatuberkulosen fast ausnahmslos zustande kommen dürften.

Männliche Geschlechtsorgane.

Für die Einreihung der tuberkulösen Erkrankungen der männlichen Geschlechtsorgane in das Gesamtbild der Tuberkulose-Erkrankung gelten ähnliche Regeln wie für die der weiblichen Genitalien; d. h. man findet sie erstens als isolierte Erkrankung des gesamten Systems oder eines Teiles davon, oder sie treten als Kombination mit der Erkrankung eines anderen Organsystems, insbesondere der Respirationsorgane, auf. Häufiger aber noch als bei der Frau kommt es hier zu einer gleichzeitigen Erkrankung der Geschlechtsorgane und des Harnsystems, also zu einer Urogenitaltuberkulose.

Primärkomplexe im Bereich der männlichen Genitalien dürften zu den äußersten Seltenheiten gehören. Eine Beteiligung der einzelnen Organe bei der allgemeinen *Miliartuberkulose* ist ebenfalls selten. Dagegen gibt es nicht wenig Fälle, in denen das eine oder das andere Organ bei einer großherdigen *Allgemeintuberkulose*, also im wesentlichen einer Frühgeneralisation, miterkrankt. Die Art der Erkrankung ist dann aber in keiner Weise verschieden von den Fällen *isolierter oder kombinierter Organerkrankungen.* Wir brauchen ihr also keine besondere Beschreibung zu widmen. Was das Lebensalter betrifft, in dem die männlichen Genitalien am häufigsten erkranken, so ist es keine Frage, daß das jugendliche Mannesalter, von der Pubertät an gerechnet, am häufigsten betroffen wird. Doch geht schon aus der Tatsache der Beteiligung an der Frühgeneralisation hervor, daß auch die Kindesjahre und selbst das Säuglingsalter nicht verschont bleiben. Auf der anderen Seite werden auch in späteren Lebensjahrzehnten und selbst noch im Greisenalter vereinzelte Fälle beobachtet.

Eine wichtige Frage ist es immer gewesen, nicht nur auf welchem Wege die Genitaltuberkulose des Mannes zustande kommt, sondern auch in welchem Abhängigkeitsverhältnis die Erkrankungen der einzelnen Organe, Hoden, Nebenhoden, Samenblasen, Prostata, zueinander stehen. Schon die Häufigkeitsskala der Erkrankung der einzelnen Organe gibt in dieser Beziehung einige Fingerzeige. Am häufigsten ist nämlich fraglos der Nebenhoden erkrankt. Es folgt nach meinen Erfahrungen die Prostata (nach anderen Mitteilungen erkrankt die Prostata am häufigsten) und sodann Hoden und Samenblasen etwa an gleicher Stelle. Daraus können wir schon schließen, daß in vielen Fällen die Erkrankung der anderen Organe in einem gewissen Abhängigkeitsverhältnis von der der Nebenhoden stehen wird. Fragen wir uns aber zuerst, auf welchem Wege jedes einzelne dieser Organe infiziert wird, wenn seine Erkrankung offenbar selbständig zustande gekommen ist, so darf kein Zweifel darüber bestehen, daß das nur auf dem Blutwege geschehen kann. Eine aufsteigende Erkrankung von der Harnröhre aus braucht garnicht in Erwägung gezogen zu werden, der Lymphweg von der Nachbarschaft her braucht ebenfalls nicht genannt zu werden. Allenfalls wäre ja wohl eine Fortleitung von der Haut, vom Knochen, vom Mastdarm, von der Blase her denkbar. Aber dann würden die Verhältnisse so liegen, daß das Interesse an dem Fall von ganz anderen Gesichtspunkten beherrscht wird. Am wichtigsten dürften in dieser Beziehung noch die von einer tiefgreifenden Blasentuberkulose ausgehenden Erkrankungen der Prostata und Samenblasen sein. In dem Abhängigkeitsverhältnis zwischen den Erkrankungen der einzelnen Genitalorgane gibt es jedoch noch manche wichtige Gesichtspunkte, die hier schon kurz zusammengefaßt werden mögen. Man kann nämlich bei den männlichen Genitalien die Regel einer im wesentlichen absteigenden Tuberkulose nicht annähernd so klar anwenden wie bei den weiblichen Genitalien. Ist z. B. der Nebenhoden zuerst erkrankt, so tritt wohl dann, wenn die Erkrankung fortschreitet und eine gewisse Zeit bestanden hat, mit großer Regelmäßigkeit auch eine Erkrankung des Hodens hinzu. Diese Weiterverbreitung ist, soweit man nicht etwa eine nachfolgende haematogene Infektion des Hodens annehmen will, auf zwei Wegen denkbar. Einmal kann sie intrakanalikulär aufsteigend erfolgen; denn bei jeder Nebenhodentuberkulose muß es wegen der Enge des abführenden Vas deferens schnell zu einer Sekretstauung kommen, wodurch die infektiösen Massen mechanisch in die Hodenkanälchen hineingedrückt werden. Auch die strahlenförmige Verbreitung der tuberkulösen Herde im Hoden deutet dann zuweilen auf diesen Mechanismus hin. Diese strahlenförmige vom Corpus Highmori ausgehende Verteilung der tuberkulösen Herde im Hoden ist aber auch mit der Annahme einer aufsteigenden lymphogenen Verbreitung vereinbar, denn die Lymphgefäße verlaufen in derselben Richtung. Im einzelnen wird die Entscheidung schwierig sein, welcher Weg wirklich begangen wurde. Auf der anderen Seite verbreitet sich die Tuberkulose vom Nebenhoden aus natürlich auch absteigend durch das Vas deferens. Wird dabei die Mündung des Vas deferens erreicht, so ist wiederum einer aufsteigenden Infektion der Prostata und der Samenblasen Tür und Tor geöffnet. Denn auch dort muß es wegen der Enge der Lumina sehr bald zu einer Sekretstauung kommen. Ganz ähnlich liegen dann die Verhältnisse, wenn die Prostata oder die Samenblasen zuerst betroffen werden. Diese Organe können sich dann nicht nur gegenseitig infizieren, sondern es wird dann auch bald zu einer Verlegung des Vas deferens kommen, wodurch dann wiederum eine aufsteigende Infektion durch dieses nach dem Nebenhoden hin erleichtert wird. Ich glaube allerdings, daß dieser Infektionsweg nicht so oft beschritten wird, wie es manche Autoren annehmen. Denn die Enge und Länge des Vas deferens dürfte immerhin die Erreichung des Nebenhodens erschweren. Im übrigen bin ich der Meinung, daß man derartige Beziehungen zwischen der Infektion der einzelnen Organe nicht in jedem Fall zu suchen braucht. Es dürfte vielmehr zweifellos die Annahme viel Berechtigung haben, daß auch eine gleichzeitige haematogene Infektion sämtlicher Organe nicht selten vorkommt. Alle diese Organe bilden ja zusammen eine funktionelle Einheit. Da wir aber für die Erkrankung der männlichen Genitalorgane ebenso wie für die weiblichen, sowohl in Fällen von isolierter Erkrankung des Systems als auch in solchen, bei denen es sich um eine Kombination mit anderen Organtuberkulosen handelt, eine bestimmte auf dispositionellen und konstitutionellen Faktoren beruhende Krankheitsbereitschaft annehmen müssen, so ist es durchaus wahrscheinlich, daß diese Krankheitsbereitschaft bei sämtlichen Genitalorganen gleichzeitig und gleichmäßig vorhanden ist.

1. Nebenhoden.

Wer Gelegenheit hatte, eine genügende Anzahl von Nebenhodentuberkulosen mikroskopisch zu untersuchen, wird bei kritischer und unvoreingenommener Einstellung nicht daran zweifeln können, daß die Erkrankung mit der Ausscheidung eines leukozytären Exsudates in die Kanälchen hinein beginnt. Es handelt sich also um eine typische Ausscheidungstuberkulose, und zwar darf man wohl annehmen, daß die Tuberkelbazillen unmittelbar in die Nebenhodenkanälchen selbst ausgeschieden und nicht etwa von höher gelegenen Teilen oder gar von den Hodenkanälchen her erst in sie hinein befördert werden. Über die weiteren Veränderungen im Nebenhoden können wir uns ziemlich kurz fassen, da man es schließlich in allen Einzelheiten mit ganz ähnlichen Vorgängen zu tun hat wie bei anderen intrakanalikulären Tuberkulosen. In ganz frisch erkrankten Kanälchen sehen wir noch fast intaktes Epithel, das nur von durchwandernden Leukozyten durchsetzt ist, im Lumen aber vorwiegend leukozytäre Zellen, denen auch einkernige Zellen und abgeschilferte Epithelien beigemischt sind. Außerdem finden sich geronnene Massen, die nur z. T. eine fibrinähnliche Beschaffenheit haben. Sodann sehen wir Kanälchen, in denen durch Zusammensintern der Exsudatmassen unter gleichzeitigem Zugrundegehen der zelligen Elemente die Verkäsung entsteht. Dann pflegt wohl noch hier und da ein Teil des Epithels erhalten zu sein. Aber es geht schließlich in den Exsudatmassen unter, zuweilen auch in der Weise, daß sich die Verkäsung bis weit über die Kanalgrenzen hinaus ausdehnt. Außerhalb des Epithels hatte vorher auch eine sich allmählich in die Umgebung hinein verlierende Leukozyteninfiltration bestanden. Erst dann treten auch hier im Umkreis der verkäsenden Exsudate epitheloide und Riesenzellen auf. Je nachdem, ob nun die Erkrankung auf einzelne Kanälchen beschränkt bleibt oder zu gleicher Zeit mehrere benachbarte Kanälchen erkranken und mit ihren Verkäsungsmassen konfluieren, entstehen kleinere oder größere käsige Bezirke, die von spezifisch produktiven Säumen eingefaßt werden. Auch die weitere Umwandlung in eine mehr oder weniger rein fibröse Kapsel läßt sich verfolgen. An den größeren Herden läßt sich zuweilen noch ganz gut ihre Herkunft aus mehreren erkrankten Kanälchen erkennen, allerdings nicht so deutlich, wie man es im Hoden selbst zu sehen gewohnt ist. In der Nachbarschaft frischerer oder auch älterer Herde kann man zuweilen auch rein zellige Infiltrate in einzelnen Kanälchen erkennen, die anscheinend keine Neigung zur Verkäsung aufweisen. Es ist möglich, daß wir es hier mit unspezifischen Ausstrahlungen des Prozesses, also mit einer perifokalen Entzündung zu tun haben. Doch finden sich zuweilen auch in der Umgebung von größeren Herden interstitielle produktive Tuberkel, die sich wohl als lymphogen entstandene Resorptionstuberkel deuten lassen. Intrakanalikuläre, rein produktive Tuberkel habe ich im Nebenhoden relativ selten gesehen.

Das makroskopische Bild der Nebenhodentuberkulose ist bekannt genug. Ist der Nebenhoden im ganzen betroffen und verkäst, so umfaßt er entsprechend seiner normalen Lage als ein die ursprüngliche Masse um ein Vielfaches an Volumen übertreffendes, wurstartig gebogenes, käsiges Gebilde den Hoden von hinten, während der alte Vergleich mit der Raupe des bayerischen Helms heute nicht mehr zeitgemäß sein dürfte. Finden sich nur einzelne und z. T. schon abgekapselte Käseherde, so ist die Diagnose immer noch einfach, da zwar die Lues an sich ähnliche Veränderungen setzen kann, aber doch im Nebenhoden nur selten vorkommt. Ist es aber, was ziemlich häufig der Fall ist, zu ausgedehnteren Vernarbungen ohne wesentliche oder überhaupt ohne käsige Einschlüsse gekommen, dann ist die makroskopische Diagnose gegenüber gonorrhoischen Prozessen nicht mehr möglich. Im Mikroskop gelingt sie aber meist noch lange, da sich in den narbigen, chronisch entzündlich durchsetzten Massen noch geraume Zeit typische Tuberkel mit Riesenzellen finden. Zuweilen verraten nur noch einige LANGHANSsche Riesenzellen die ursprüngliche Ätiologie. Schließlich aber kann es auch ganz rein narbige Prozesse geben, bei denen eine Differentialdiagnose nicht mehr möglich ist und nur noch aus der gesamten Beurteilung des betreffenden Falles gewisse Rückschlüsse gezogen werden können. Auf der anderen Seite stehen Erweichungsprozesse der käsigen Nebenhodenherde, die zur Bildung vielfach gewundener, sinuöser, mit eiterähnlichen Massen gefüllter Gänge führen, die aber auch, ebenso wie ähnliche Hodenherde, zuweilen nach außen durchbrechen können.

In Abhängigkeit von solchen Nebenhodenerkrankungen, besonders bei ausgebreiteteren Formen, findet sich dann auch mit großer Regelmäßigkeit eine Erkrankung des Vas deferens. Hier ist natürlich die Genese ganz dieselbe. In schweren Fällen sieht man eine bis weit in die Muskulatur hinein reichende Verkäsung, in der sich allerdings gewöhnlich die fasrigen Massen der Schleimhaut ganz gut erhalten haben. Erst im Bereich der Muskulatur finden sich dann die produktiven Veränderungen in Gestalt von Muskelzüge auseinanderdrängenden Epitheloidzellwucherungen mit Riesenzellen und schließlich noch weiter außen mehr oder weniger geschlossenen Lymphozytenwällen. Je nach der Schwere der Erkrankung endigt dann der Prozeß in der Weise, daß entweder Epithel und Lumen erhalten sind, aber die Schleimhaut noch durch produktiv tuberkulöse Prozesse eingenommen wird, oder mit einer totalen fibrösen Obliteration oder endlich mit einer fibrösen Einscheidung der zentralen Käsemassen.

2. Hoden.

Obwohl, wie wir noch sehen werden, anscheinend der Verlauf der Hodentuberkulose ein anderer ist, je nachdem die Erkrankung selbständig, also haematogen entsteht, oder vom Nebenhoden fortgeleitet wird, möchte ich doch zunächst die Veränderungen im Zusammenhang besprechen. In schweren Fällen sieht man makroskopisch kleine und größere, oft miteinander konfluierende käsige Knoten, während in leichteren Fällen unter Umständen makroskopisch überhaupt die tuberkulöse Erkrankung nicht zu erkennen ist. Alle Zwischenstufen sind natürlich vorhanden. Im Mikroskop hat man in schwereren Fällen gewöhnlich das folgende Bild. Zahlreiche kleinere und größere knotige Herde liegen in Gruppen beieinander, die zuweilen deutlich zu einem umschriebenen Läppchen gehören. Der einzelne Knoten stellt sich folgendermaßen dar. Man sieht in der Mitte des makroskopisch verkästen Herdes eine schollige, leicht körnige, geronnene Masse, in der noch hier und da einzelne, erhaltene oder in Auflösung begriffene Leukozyten zu erkennen sind. Daran schließt sich eine Ringzone, die aus einem Netzwerk von aufgequollenen fibrinähnlichen Fasern besteht und in der ebenfalls Leukozyten und Leukozytenreste zu erkennen sind. Diese Zone wird wiederum nach außen begrenzt durch Epitheloidzellen mit Riesenzellen, die endlich nach außen in das lymphozytär durchsetzte Zwischengewebe übergehen. Es läßt sich nun durch Vergleich zahlreicher verschiedener Bilder feststellen, daß der Prozeß sich im Prinzip in derselben Weise entwickelt wie im Nebenhoden, d. h. man hat zuerst eine größtenteils leukozytäre Infiltration im Kanälchenlumen, in die aber auch die Hodenepithelien einbezogen werden. Diese Massen gehen dann in Verkäsung über, wobei auch das gesamte Hodenepithel zugrunde gehen kann. Daß es sich bei der Verkäsung tatsächlich um einen intrakanalikulären Prozeß handelt, läßt sich in vielen Fällen noch deutlich daran erkennen, daß leichte Reste von den kollagenen und elastischen Fasern der Tunica proprica der Kanälchen erhalten bleiben. Die Verkäsung geht aber auch oft weit über die Grenze des Kanälchens hinaus und erst dort sieht man dann das erwähnte fibrinartige Netzwerk. Auch hier tritt wieder die Frage auf, ob es sich um ein typisches extravasiertes Fibrin handelt oder ob eine fibrinoide Umwandlung der vorgebildeten Fasern vorliegt. Der ganze Prozeß ist gewöhnlich mit einer gewaltigen Aufquellung verbunden, sodaß die Größe des einzelnen Herdes ganz bedeutend über die eines Kanälchenquerschnittes hinausgeht. Demgemäß kann man auch in der Umgebung zahlreiche stark komprimierte oder auch verödete Hodenkanälchen erkennen. Natürlich gibt es auch hier alle möglichen Abstufungen. Auf der einen Seite stehen die größten käsigen Herde, in denen auch zentrale Erweichungen vorkommen, die offenbar wiederum von dem Überschuß vorhandener Leukozyten abhängig sind. Auf der anderen Seite stehen dann die Übergänge zu ganz geringfügigen intrakanalikulären Verkäsungen, bei denen die produktive Komponente mehr im Vordergrund steht, und schließlich zu den rein produktiven intrakanalikulären Veränderungen. Letztere sind schon oft wegen ihrer Eigenart der Gegenstand von Untersuchungen gewesen. Eine relativ große Literatur zeugt davon. Ich möchte deswegen hier noch kurz darauf hinweisen. Auch hier lassen sich Bilder finden, die für eine leichte Exsudation sprechen, an die sich dann erst die produktive Reaktion anschließt. Im übrigen handelt es sich um die wichtige Frage, ob das Hodenepithel selbst an diesen Wucherungen beteiligt ist. Man kann sich des Eindrucks nicht erwehren, daß das tatsächlich geschieht. So sieht man z. B. unter Umständen ganz typische Epitheloidzelltuberkel mit Riesenzellen, die sich ganz allmählich in das eigentliche Hodenepithel verlieren, ohne daß allerdings die charakteristischen Eigenschaften der in Spermiogenese befindlichen Hodenzellen erhalten bleiben. Noch eigentümlicher sind jene Bilder, in denen man innerhalb eines entdifferenzierten Hodenkanälchens eine einzige oft sehr große Riesenzelle liegen sieht, die entweder ganz dem LANGHANSschen Typus entspricht oder in Bezug auf die Lagerung der Kerne mehr oder weniger von ihm abweicht. Wenn man hier also tatsächlich eine gewisse Beteiligung von Epithelien an der Tuberkelbildung feststellen kann, so muß man doch bedenken, daß die Hodenepithelien ganz besonderer Art sind. Sie müssen ja gemäß ihrer

Rolle im Organismus in Bezug auf die Zellbildung über omnipotente Fähigkeiten verfügen. Ob sie allerdings auch in diesem Fall zu Faserbildnern werden, muß doch noch zweifelhaft bleiben. Ich habe den Eindruck, als wenn diese Veränderungen sich in weitem Maße zurückbilden können, daß dann schließlich ein atrophisches Kanälchen übrig bleibt, das sich kaum von auf andere Weise atrophierten unterscheidet. Daß neben diesen intrakanalikulären Tuberkeln bei allen Formen von Hodentuberkulose auch interstitielle vorkommen, kann nicht bezweifelt werden. Doch sind sie sicher seltener und finden sich gewöhnlich nur in der Peripherie als letzte spezifische Ausläufer des Prozesses; sie sind dann wohl als lymphogene Resorptionstuberkel zu deuten.

Was nun die Entstehung der verschiedenen Bilder und ihre Beziehungen zueinander und zu anderweitigen Veränderungen, insbesondere denen des Nebenhodens betrifft, so kann man im allgemeinen folgendes feststellen. Die nicht verkäsenden intrakanalikulären Prozesse findet man bei schweren selbständigen Hodenerkrankungen gewöhnlich in der Nachbarschaft von verkäsenden Herden. Bei denjenigen Fällen aber, bei denen die Hodentuberkulose offenbar in zeitlicher Abhängigkeit von einer Nebenhodentuberkulose entstand, pflegen diese intrakanalikulären produktiven Prozesse besonders reichlich zu sein. Ich möchte aus beiden Gründen annehmen, daß wir hier wieder die Zeichen einer lokalen Allergie vor uns haben, daß nämlich sowohl eine vorhandene Nebenhodentuberkulose auf den gesamten Hoden oder Herde von Hodentuberkulose auf ihre Nachbarschaft in der Weise einwirken, daß auf Grund dieser Einwirkung nunmehr bei weiterer Propagation der Infektion auf Grund der lokal entstandenen Allergie Prozesse entstehen, bei denen die exsudative Komponente gegen die produktive stark zurücktritt, also die Fremdkörperwirkung der Tuberkelbazillen im Vordergrunde steht.

Von weiteren Entwicklungsstadien ist zunächst auch für die käsigen Hodentuberkulosen die eiterartige Erweichung zu nennen, die in derselben Weise vor sich geht wie auch in anderen Organen. Hierbei werden auch Durchbrüche in die Haut des Skrotums und über sie hinaus bis zur Oberfläche beobachtet. Dabei kann es dann auch bei der nachfolgenden produktiven Gewebswucherung zur Bildung fungösen Gewebes, nicht nur im Bereich der entstehenden Abszesse, sondern auch zu pilzartigen Wucherungen auf der Oberfläche des Hodensackes kommen.

Des Weiteren sei die Miterkrankung der Scheidenhäute erwähnt, die sich in ähnlicher Weise abspielt, wie die tuberkulösen Entzündungen der serösen Häute und deren endgültiger Effekt eine totale oder partielle Obliteration ist.

Den Erweichungsprozessen stehen die Vernarbungen gegenüber. Es dürfte den Angaben E. Fraenkels entsprechend nicht zu bezweifeln sein, daß auch aus tuberkulösen Prozessen Hodenschwielen entstehen können, die von denen mit syphilitischer Ätiologie nicht ohne weiteres zu unterscheiden sind. Mikroskopisch sieht man dann ebenfalls Narbenmassen mit Einschluß von völlig atrophischen, als hyaline Ringe erscheinenden Hodenkanälchen, wie sie oben schon erwähnt wurden. Bei den schwereren Zerstörungsprozessen sind allerdings viel größere Narben zu erwarten, die zuweilen noch Käsemassen einschließen und dann makroskopisch unter Umständen den Hodengummen gleichen, aber mikroskopisch meist noch gut von ihnen unterschieden werden können. Bei einem völligen Stillstand des Prozesses nach totaler Organisation oder meist unregelmäßiger Abkapselung der Käseherde wird andererseits genau wie bei den Nebenhodenerkrankungen gegenüber der Gonorrhöe hier wiederum die Differentialdiagnose gegenüber der Syphilis zuweilen auf Schwierigkeiten stoßen.

3. Samenblasen.

Ich möchte auf die tuberkulöse Erkrankung der Samenblasen nur mit wenigen Worten eingehen, da irgendwelche besondere Gesichtspunkte, hauptsächlich der Nebenhodentuberkulose gegenüber nicht bestehen. Ich weise darauf hin, daß gerade auch für die Samenblasen SIMMONDS den Begriff des bazillären Katarrhs geprägt hat. Tatsächlich kann man bei ihrer Erkrankung diesen Vorgang genau so gut verfolgen, wie etwa bei der Tuberkulose des Nebenhodens und der der Tuben. Auch hier wiederum zunächst ein leukozytäres Exsudat im Lumen und zwischen den Epithelien, sodann die Verkäsung und alles weitere genau so wie es für die erwähnten Organe geschildert wurde. Die Verkäsung kann in den Samenblasen ganz gewaltige Ausmaße annehmen, die gesamte Masse der Samenblasen umfassen und sie in fast hühnereigroße, käsige, tumorartige Wülste verwandeln. Auch Erweichungen sind nicht selten, besonders in ihren zentralen, der Harnröhre anliegenden Teilen. Dadurch kommt es dann unter Umständen zu offenen, frei mit den Harn- und Samenwegen in Verbindung stehenden Geschwüren, die für die weitere Verbreitung des Prozesses in allen Richtungen von Bedeutung sind.

4. Prostata.

Eine Beteiligung der Prostata an der allgemeinen Miliartuberkulose ist nach meinen Erfahrungen ziemlich selten. Die Prostatatuberkulose ist aber eine der wichtigsten Begleiterscheinungen einer Genital- oder Urogenitaltuberkulose und wird von manchen für die am häufigsten vorkommende erste Manifestation einer Genitaltuberkulose gehalten. Sie imponiert bei der Sektion gewöhnlich als eine käsig knotige Erkrankung, unter Umständen mit starker Vergrößerung des Organes. Selbst fast totale Verkäsungen kommen vor, bei denen man aber immer noch die Zusammensetzung aus einzelnen Knoten erkennen kann. Wichtig sind auch die Ulzerationen, die ebenso wie die der Samenblasen in die Harnröhre einbrechen und eine Ausbreitung der Infektion nach allen Seiten hin begünstigen können.

Die Histogenese der Prostatatuberkulose ist im großen und ganzen die gleiche wie die der Nebenhoden und Samenblasen. Man kann keinen Unterschied erkennen, je nachdem etwa die Infektion auf dem Blutweg erfolgte oder durch die Ausführungsgänge aufsteigend hinein geleitet wurde. Immer läßt sich auch hier an frischen Fällen und an verschiedenen Stellen auch an älteren Fällen als Beginn ein bazillärer Katarrh feststellen; d. h. die Drüsen zeigen sich mit einem zelligen, im wesentlichen leukozytären Exsudat gefüllt, in dem Tuberkelbazillen nachweisbar sind. Gewisse fibrinähnliche oder auch aus den schleimartigen Massen hervorgehende Beimengungen pflegen ebenfalls vorhanden zu sein. Man sieht auch hier wieder, wie das Epithel dabei zunächst noch erhalten sein kann, später aber verloren geht. Man sieht aber auch Stellen, in denen der Ausdruck Katarrh um so berechtigter ist, als dem Inhalt der Drüsen auch abgeschilferte Epithelien, zuweilen auch ganz große, aufgeblähte und verfettete, offenbar ebenfalls epitheliale Elemente beigemischt sind, und die Leukozyten mehr zurücktreten, dagegen die lymphozytenartigen Zellen etwas reichlicher sein können. Allerdings halte ich es für sehr möglich, daß solche Bilder nur den Ausläufern des tuberkulösen Prozesses bezw. der perifokalen Entzündung entsprechen, finden sie sich doch oft gerade in der Umgebung der schwereren, rein tuberkulösen Veränderungen, insbesondere in der Umgebung von schon verkästen oder noch in Verkäsung begriffenen Herden. Man kann nämlich wiederum alle Übergänge verfolgen von wohl erhaltenen leukozytären Exsudaten über jene Zustände, in denen man die Zellen zerfallen sieht, bis zu gleichmäßig käsigen Nekrosen mit oder ohne Kerntrümmer. Diese käsigen Nekrosen können dann noch von Leukozytenwällen umgeben sein, die sich mit Blutungen untermischt in das Stroma hinein fortsetzen. Sie zeigen aber an anderen Stellen am Rande der Verkäsungen auch alle Entwicklungsstadien der produktiven Reaktion in Gestalt von Epitheloidzellen und Riesenzellwucherungen. Aber auch hier kommen wieder, in manchen Fällen reichlicher, in anderen weniger reichlich, Bilder vor, die alle Übergänge aufweisen bis zu Tuberkelbildungen von rein produktivem Charakter, ferner auch in der Umgebung der käsigen Herde interstitielle Tuberkel. Endlich sind bei anscheinend länger bestehenden Erkrankungen auch stets fibröse Einkapselungen von Käseherden und sonstige Narbenbildungen zu beobachten. Die schwereren ulzerösen Prozesse am Ausgang zur Harnröhre laufen prinzipiell in derselben Weise ab. Nur sind naturgemäß bei ihnen die Exsudate und damit die Verkäsungen umfangreicher. Auch greifen etwaige lymphozytäre Ausläufer des Prozesses viel weiter in die Nachbarschaft ein, als bei den kleineren innerhalb der Drüsen auftretenden Herden. Auch sonst sind hier und an anderen Stellen noch manch interessante Einzelheiten festzustellen, so bei der Aufnahme von Bindegewebszügen und Muskulatur in die Verkäsung. Doch sind das Dinge, die keine Besonderheiten der Prostatatuberkulose darstellen, sondern auch in anderen Organen beobachtet werden können. Ich will deshalb darüber hinweg gehen, dafür aber noch eine Besonderheit der Prostatatuberkulose besprechen, und das ist das Verhalten der Corpora amylacea bei ihr. Schon die Tatsache, daß diese Körperchen sehr oft mitten in verkästen Herden gelegen sind, hätte von vornherein klar erweisen müssen, daß es sich um intrakanalikuläre Vorgänge handelt. Wir können nun erkennen, daß derartige, in Exsudate und dann in Verkäsungen eingeschlossene Körperchen kaum irgendwelche Veränderungen zeigen. Wir sehen sie zuweilen noch völlig intakt in fibrös oder hyalin abgekapselten Käseherden liegen. Unter Umständen sind sogar einzelne Körperchen für sich allein in eine hyaline Kapsel eingeschlossen. Dann allerdings werden sie gewöhnlich von lymphozytären Zellen umgeben und zeigen auch mehr oder weniger, ihnen eng und schalenartig anliegende, platte Riesenzellen. Diese Befunde leiten dann über zu jenen anderen, bei denen man die spezifisch produktiven Vorgänge die Corpora amylacea erreichen sieht, also Fälle, bei denen die Exsudation eine geringere war oder auch die Verkäsung fehlte. Wir können in solchen Fällen erkennen, daß neben typischen LANGHANSschen Riesenzellen auch massenhaft andere Gebilde zustande kommen, die als typische Fremdkörperriesenzellen zu bezeichnen sind. Unter Umständen legen sich viele und große derartige, mit besonders reichlichen Kernen versehene Elemente von allen Seiten an die Corpora amylacea an, und man kann dann deutlich erkennen, wie deren Substanz angenagt und allmählich resorbiert wird. Es läßt sich einwandfrei zeigen, daß auf diese Weise manche Corpora amylacea völlig verschwinden können.

Skelett.

Wenn man bedenkt, daß gerade in früheren Zeiten die Skelettuberkulosen für die operative Chirurgie ungemein wichtige Erkrankungen darstellten, so muß man sich darüber wundern, daß die pathologischen Anatomen sich im Ganzen verhältnismäßig wenig mit den feineren Vorgängen bei diesen Erkrankungen befaßt haben. In allen Lehrbüchern finden sich natürlich, z. T. sogar recht ausführliche und sehr instruktive Beschreibungen. Aber in dem sonstigen Schrifttum sind die pathologischen Anatomen nur wenig hervorgetreten. Gerade aus diesem Grunde wäre es mir sehr erwünscht gewesen, wenn ich an dieser Stelle eine besonders eingehende Beschreibung der Knochen- und Gelenkveränderungen hätte geben können. Das ist aber leider aus einem einfachen Grunde in dem wünschenswerten Maße nicht gut möglich. Denn das Material von Knochen- und Gelenktuberkulosen, das der heutige pathologische Anatom zur Untersuchung erhält, ist verhältnismäßig gering. Das liegt daran, daß die operative Chirurgie sich von diesen Erkrankungen immer mehr zurückgezogen und den konservativen Behandlungsmethoden Platz gemacht hat. Auf dem Sektionstisch aber sieht der pathologische Anatom entweder nur ganz schwere Fälle in frischen Stadien oder im Gegenteil völlig ausgeheilte Erkrankungen. Es wird also im allgemeinen recht lange dauern, bis der Einzelne ein Material zur Verfügung hat, das ihm die Möglichkeit eines bis in alle Einzelheiten gehenden Studiums und einer ebensolchen Beschreibung seiner Befunde gibt. Da der Verlauf der tuberkulösen Skeletterkrankungen, insbesondere der Knochen, in den verschiedenen Körperregionen ein praktisch durchaus verschiedener sein kann, so wäre es auch zweckmäßig, solche Gesichtspunkte bei der Beschreibung zu berücksichtigen. Aber auch dieses Bestreben muß zunächst an der Materialfrage scheitern. Ich möchte dazu noch bemerken, daß älteres Sammlungsmaterial für verschiedene sich aufdrängende Fragen wegen der schlechten Färbbarkeit etc. nur wenig in Betracht kommt. Das makroskopische Verhalten läßt sich an solchem Material wohl noch recht gut erkennen, aber darauf kommt es sehr viel weniger an, als auf die genaueren mikroskopischen Vorgänge, aus denen allein die wirkliche Genese der Erkrankungen erkannt werden kann.

Es bleibt mir darum nichts anderes übrig, als auf die meisten speziellen, d. h. besonders die sich auf die verschiedenen Lokalisationen beziehenden Fragen zu verzichten, sondern nur ganz im allgemeinen zu schildern, wie sich der tuberkulöse Prozeß im Knochengewebe und in den Gelenken abspielt und wie sich diese Vorgänge in die Gesamtheit der in diesem Buche entwickelten Anschauungen einfügen. Aber auch hierbei werden besonders große Lücken in der Schilderung der späteren Entwicklungsstadien und ihre Beziehungen zu den anatomischen Heilungen offen bleiben müssen.

Obwohl nun die tuberkulösen Erkrankungen der Knochen und der Gelenke zuweilen in einem gewissen Zusammenhang miteinander stehen, so ist es doch zweckmäßig, sie einer gesonderten Besprechung zu unterziehen.

1. Knochen.

Eine primäre Tuberkulose der Knochen braucht zwar nicht prinzipiell abgelehnt zu werden, doch ist ihre besondere Erwähnung auch darum überflüssig, weil sie sicher keine Unterschiede gegenüber gewissen anderen Erkrankungsformen zeigen würde, worauf ich weiter unten zurückkomme. Wir haben uns vielmehr zuerst mit der Beteiligung der Knochen an den Generalisationsformen zu beschäftigen und beginnen mit der allgemeinen Miliartuberkulose. Dazu möchte ich bemerken, daß ich bei dieser Erkrankung miliare Tuberkel im Knochengewebe oder vielmehr im Knochenmark noch nie vermißt habe. Besonders sind allerdings in dieser Hinsicht die kindlichen Fälle hervorzuheben. Gerade bei den Miliartuberkulosen des Säuglings- und Kleinkindesalters pflegen die Knochen am stärksten mit betroffen zu sein. Ich habe zwar nicht das ganze Knochensystem systematisch durchuntersucht. Doch berechtigt wohl die Tatsache, daß Miliartuberkel in den Rippen, den Wirbelkörpern, den Epiphysen der Röhrenknochen, dem Sternum mit großer Regelmäßigkeit gefunden werden, zu der Annahme, daß sie auch in den anderen Knochen nicht fehlen. Was die Erwachsenen betrifft, so fand ich Miliartuberkel im Fettmark, auch in den Epiphysen der Röhrenknochen, sehr selten, hingegen mit einer gewissen Regelmäßigkeit ebenfalls insbesondere in den Rippen und in den Wirbelkörpern. Einschränkend ließe sich vielleicht sagen, daß bei denjenigen Erkrankungsformen, bei denen die allgemeine Aussaat in den meisten Organen nur eine sehr undichte ist, die Miliartuberkel im Knochenmark auch vermißt werden können. Andererseits ist aber zu betonen, daß doch schließlich immer im Verhältnis zur Gesamtheit des Knochengewebes nur sehr geringe Teile davon untersucht werden können, so daß man sicher in vielen Fällen das Vorhandensein von Miliartuberkeln auch dann annehmen kann, wenn man sie nicht findet.

Über das *makroskopische Verhalten* läßt sich kaum etwas sagen. In den meisten Fällen sind die Miliartuberkel mit bloßem Auge nicht sicher zu erkennen. Doch sieht man nicht nur bei kindlichen Fällen, die zuweilen schon Übergänge zu den großherdigen Frühgeneralisationen darstellen, sondern auch bei Erwachsenen mitunter übermiliare, schon deutlich verkäste Knötchen, die unscharf begrenzt im Bereich des roten Knochenmarkes sehr deutlich hervortreten.

Die *mikroskopischen Bilder* hingegen zeigen uns mit großer Deutlichkeit alle Etappen von der primären Gewebsschädigung bis zur fertigen Bildung des produktiven Tuberkels. Man findet im großen und ganzen durchaus ähnliche Bilder wie in der Milz. So kann man kleinste umschriebene Nekrosen erkennen, die von einem aufgequollenen Netzwerk durchsetzt werden, wobei es nicht immer leicht zu unterscheiden ist, ob man es mit einer Quellung vorgebildeter Elemente, insbesondere der Fasern, zu tun hat oder mit Fibrinausscheidungen. Letztere sind allerdings oft als solche, wenn auch zuweilen nur in sehr geringem Umfange, zu erkennen. Eine Wucherung von epitheloiden Zellen und von Riesenzellen scheint in den meisten Fällen schon sehr frühzeitig einzusetzen, sodaß die Bilder, in denen man die kleinen nekrotischen Herdchen von einer gewissen Menge derartiger Zellen durchdrungen sieht, häufiger sind als reine, eventuell von Leukozyten durchsetzte Nekrosen. Von da an lassen sich dann alle Etappen bis zum fertigen typischen Epitheloidzelltuberkel deutlich verfolgen. Es gibt aber auch Fälle, in denen gerade eine

Riesenzellenbildung mehr im Vordergrunde steht, auch dann, wenn das in anderen Organen nicht so ist. Obwohl es sich meistens um ganz typische LANGHANSsche Riesenzellen und nur viel seltener um atypische Formen handelt, kann das vielleicht doch mit einer Besonderheit der Retikulumzellen in Zusammenhang stehen, aus denen sich ja zweifellos sowohl Epitheloidzellen wie Riesenzellen entwickeln. An den Knochenbälkchen habe ich bei Miliartuberkulosen nur selten besondere Veränderungen gesehen. Die Miliartuberkel liegen vielmehr gewöhnlich inmitten des zelligen Markes ohne engere Beziehungen zur

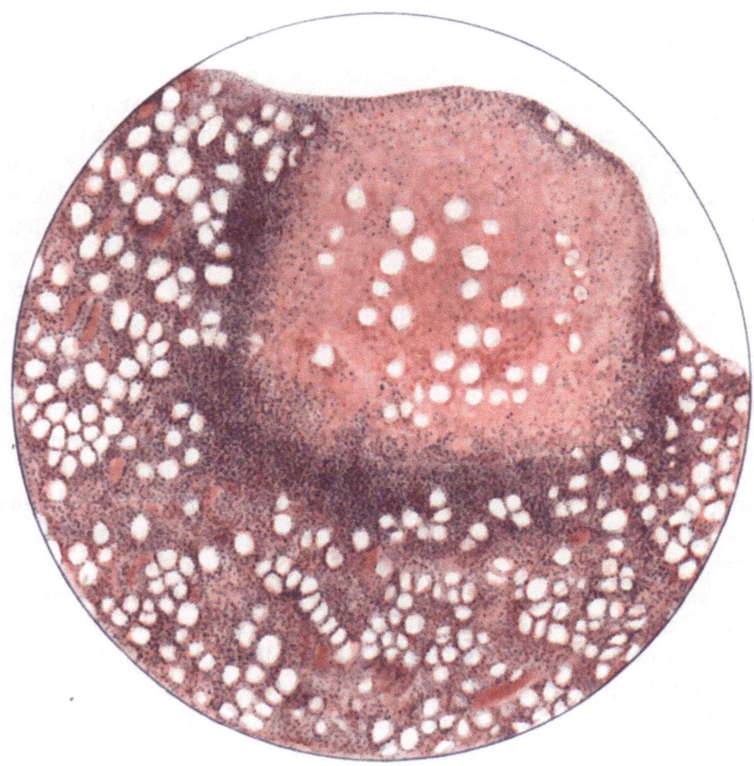

Abb. 95. Knochenmarksherd bei allgemeiner Miliartuberkulose eines 53jährigen Mannes. Keilförmiger nekrotischer Herd mit demarkierender Zellinfiltration. In der Nekrose die gewöhnlichen Fettzellen noch deutlich sichtbar. Hämatoxylin-Eosin.

Knochensubstanz. Wenn jedoch ein Tuberkel im produktiven Stadium mit seinen Epitheloidzellen an ein Knochenbälkchen anstößt, so kann man deutlich an diesen Stellen eine kleine Nekrose und auch gewisse Resorptionsverhältnisse erkennen, die im Prinzip nicht anders sind, als die weiter unten zu beschreibenden.

Nun wurden aber bei der makroskopischen Betrachtung schon deutliche kleine Käseherdchen erwähnt. An diesen kann man im Mikroskop mit großer Deutlichkeit erkennen, daß sie nicht etwa aus vorher produktiven Tuberkeln hervorgehen, sondern daß es sich um eine käsige Quellungsnekrose des in seiner Struktur noch nicht veränderten Markes handelt (Abb. 95). Das erkennt man insbesondere bei Miliartuberkulosen Erwachsener, wenn sich an den betreffenden Stellen im Mark nicht nur myelogenes Gewebe, sondern auch Fettzellen finden, auch z. B. im eigentlichen Fettmark der Röhrenknochen. Es handelt sich dann um eine teils gleichmäßig käsige, teils mehr gekörnte und noch reichlich Zellschatten aufweisende, oder auch mit Kerntrümmern übersäte käsige Fläche, in der die blasigen Fettzellen noch kenntlich bleiben. Solche Herde pflegen demarkiert zu werden durch eine dichte Zellzone, in der man nach innen deutlich Leukozyten erkennt, während sie nach außen in mehr lymphozytenähnliche Gebilde übergeht. Leider ist es mir bisher nicht möglich gewesen, an solchen Herden auch eine Oxydasereaktion vorzunehmen. Es dürfte sich jedoch zweifellos um eine fast zu gleicher Zeit mit der Exsudation auftretende Verkäsung handeln, bei der die vorherige primäre Zellschädigung eine besonders intensive und umfangreiche war. Es tritt hier auch wieder die Frage auf, ob solche Herde durch eine Einengung oder einen Verschluß, eventuell durch eine Embolie der zuführenden Arterie oder eine Arteriitis eingeleitet werden. Auf Grund des mir bisher vorliegenden Materials bin ich jedoch noch nicht imstande, zu dieser Frage Stellung zu nehmen. Immerhin dürften gerade diese Herde von besonderem Interesse sein, weil sie überleiten zu den großartigeren Formen der Knochentuberkulose.

In den typischen Fällen von *großherdigen Frühgeneralisationen* sehen wir die Knochen sehr häufig mitbetroffen und zwar entweder in der Form der gewöhnlichen Miliartuberkulosen oder mit etwas größeren Herdchen, wie die zuletzt beschriebenen. Doch leiten diese Erkrankungen schon über zu denjenigen, bei denen eine besondere Bevorzugung des Knochensystems besteht, und schließlich zu denen, bei denen das Knochensystem fast isoliert oder auch ganz isoliert betroffen ist. Solche *isolierten Knochentuberkulosen* können in Fällen vorkommen, in denen sonst nur ein frischer oder abheilender Primärkomplex vorhanden ist. Ich habe aber auch schon an verschiedenen Stellen Fälle von multiplen Knochentuberkulosen erwähnt, ohne daß überhaupt ein anderer tuberkulöser Herd, einschließlich des Primärkomplexes, festgestellt werden konnte. Wenn solche Fälle auch recht selten sind, so müssen sie doch immer wieder auch von der Frage aus betrachtet werden, ob es sich dabei um intrauterine, lange latent gebliebene Infektionen oder auch um extrauterine, kryptogenetische handelt. In solchen Fällen wäre dann die Knochenerkrankung im gewissen Sinne als eine primäre zu betrachten, wenngleich sie sich in nichts von den Beteiligungen an manchen Frühgeneralisationen oder auch den isolierten Knochenerkrankungen *mit* Primärkomplex unterscheidet.

Aus den erwähnten Möglichkeiten möchte ich nun besonders den Fall hervorheben, daß es zu einer Erkrankung mehrerer Knochen zu gleicher Zeit oder hintereinander kommt. Solche Ereignisse deuten darauf hin, daß von allen Organen das Knochensystem allein zuweilen eine besondere Bereitschaft zur tuberkulösen Erkrankung darbieten kann. Es geht nicht an, dies einfach mit der erhöhten Empfindlichkeit in der Hauptwachstumsperiode zu erklären, da solche Fälle auch bei ausgewachsenen Individuen vorkommen. Es dürfte sich dabei vielmehr um besondere konstitutionelle Empfindlichkeiten handeln, wie wir sie auch in anderen Organen — ich erinnere an die doppelseitige Erkrankung paariger Organe — zuweilen erkennen können.

Der *Infektionsweg* ist praktisch in allen Fällen der *haematogene*. Im übrigen kommt nur noch in vereinzelten Fällen das Übergreifen eines anderen Organherdes, am häufigsten eines Gelenkherdes, auf den benachbarten Knochen in

Frage. Bei der haematogenen Entstehung wird nun, insbesondere für solche Fälle, in denen sich keilförmige Knochenherde feststellen lassen, an eine wahre embolische Entstehung gedacht, in der Weise, daß wirklich die Verstopfung eines kleinen Arterienastes durch einen Bazillenpfropf angenommen wird. So weit ich sehe, ist ein derartiger Vorgang aber tatsächlich noch nicht im Mikroskop demonstriert worden. Auch möchte ich mich der Annahme gegenüber, daß eine vorhergehende tuberkulöse Endarteriitis den Knochenprozeß einleitet, sehr skeptisch verhalten, da ich selbst noch niemals mit Sicherheit etwas derartiges habe feststellen können (vgl. S. 88). Immerhin verdient gerade in dem Kapitel der isolierten Knochentuberkulose die Frage, wie diese etwa durch das Verhalten der zuführenden Arterien beeinflußt werden könnte, in Zukunft eine genauere Beachtung. Für die Pathogenese solitärer Knochentuberkulosen, insbesondere auch bei Individuen, die sonst keine schwereren tuberkulösen Prozesse im Körper aufweisen, muß noch beachtet werden, daß als auslösendes Moment garnicht selten ein Trauma in Betracht kommt. Es handelt sich bei der Entstehung derartiger tuberkulöser Erkrankungen am Locus minoris resistentiae um ein Ereignis, das nur dadurch erklärt werden kann, daß von Zeit zu Zeit auch in leichteren Tuberkulosefällen Bazillaemien auftreten, und daß im Knochenmark die Bazillen eine Weile in virulentem Zustand latent bleiben können.

Das makroskopische Verhalten tuberkulöser Knochenherde ist im großen und ganzen in allen seinen Einzelheiten genau bekannt. Nehmen wir eine Wirbelsäulentuberkulose als Beispiel, so erkennt man gewöhnlich in mehreren Wirbelkörpern entweder eine Umwandlung der ganzen Knochensubstanz in eine gelbliche, käseähnliche, wenn auch starre, harte Masse, oder man sieht unregelmäßig gestaltete und verschieden große, einzelne oder multiple Herde von derselben Beschaffenheit. Es können auch mehrere Wirbelkörper im ganzen diese Veränderung zeigen, während die benachbarten nur einige umschriebene Herde aufweisen. Der Knochen braucht in solchen Fällen von seiner Härte nichts eingebüßt zu haben. Dem stehen aber andere Fälle gegenüber, in denen größere Teile der Wirbelkörper verloren gegangen sind und der Rest eine zackige, wie angenagte Begrenzung aufweist. Die entstandenen Lücken sind dann mit eiterähnlichen Massen ausgefüllt und auch die Bandscheiben können in ihrer Gesamtheit oder zum Teil eingeschmolzen sein. Auf die infolge solcher Veränderungen zustande kommenden Verkrümmungen will ich hier nicht eingehen, weil sie mehr von speziellem Interesse sind. Man kann aber auch Übergänge beobachten zwischen diesen Knochenzerstörungen und den endlichen Heilungsvorgängen. Letztere stellen sich bekanntlich in der Weise dar, daß, wenn wir wieder das Beispiel der Wirbelkörpertuberkulose wählen, die deformierten Wirbelkörper eine völlig knöcherne Verbindung miteinander eingehen, an der die Grenzen zwischen den einzelnen Teilen nur noch hier und da einmal an erhalten gebliebenen Resten der Bandscheibe kenntlich sind (Abb. 96). Zuweilen lassen sich aber in derartigen verknöchernden Ankylosen auch noch weichere, anscheinend granulierende Stellen nachweisen und wohl hier und da auch einmal eine, wiederum an die Verkäsung erinnernde, blaß gelbliche Einsprengung. Im übrigen kann man sagen, daß die Knochensubstanz gewöhnlich bei diesen zur Heilung gekommenen Prozessen eine sehr dichtmaschige und feste, man kann sagen sklerotische ist. Von weiteren bei der makroskopischen Betrachtung auffallenden

Besonderheiten seien noch die Durchbrüche nach außen kurz erwähnt. Es handelt sich nicht nur um Abhebungen des Periosts durch eiterähnliche Massen, sondern auch um das Weiterschreiten dieser Eiterungen, die dann zu Fistelbildungen, in anderen Teilen zu den sogenannten Senkungsabszessen Anlaß geben können. Prinzipiell die gleichen oder ganz ähnliche Veränderungen sieht man in den anderen Knochen, so insbesondere in den Epiphysen der Röhrenknochen, so

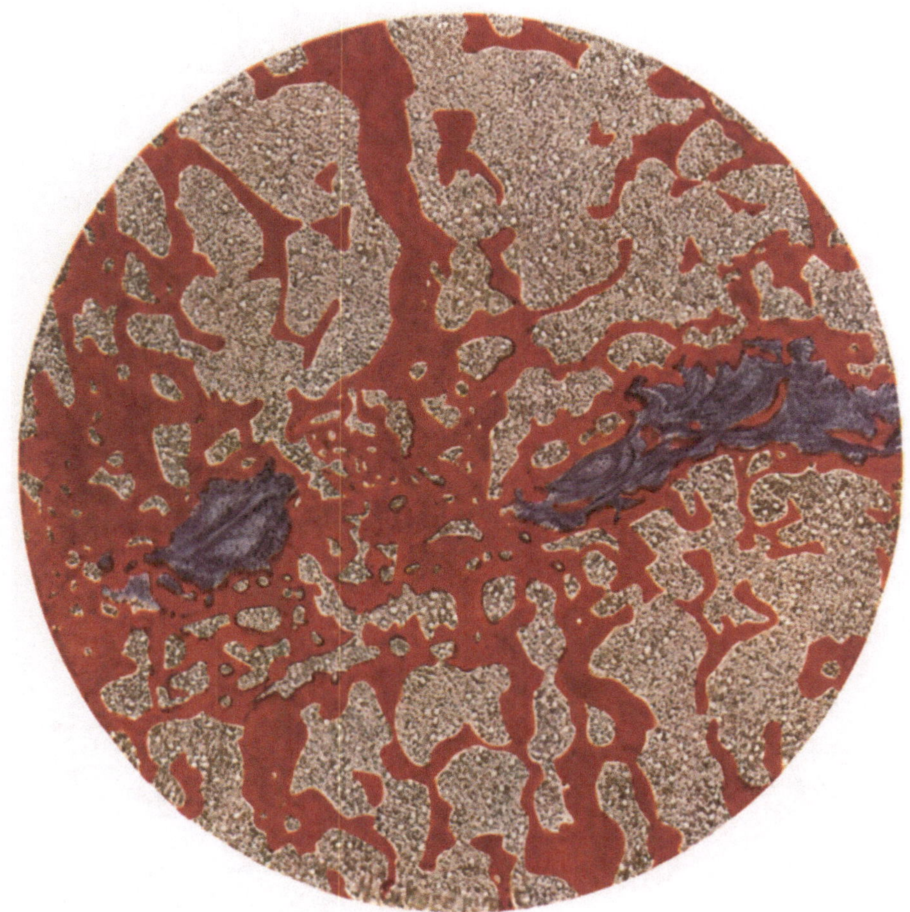

Abb. 96. Mit Ankylose zweier Wirbelkörper geheilte Knochentuberkulose. Bildung eines sehr dichten spongiösen Knochengewebes, rot gefärbt, in dem sich noch Reste der blau gefärbten Bandscheiben befinden. VAN GIESON. 21fache Vergr.

auch in den seltenen Fällen von perforierender Schädeltuberkulose (v. VOLKMANN). Ob bei der letzteren Erkrankung auch schon makroskopisch sichtbare, granulierende Prozesse mitwirken, vermag ich nicht zu sagen, da ich über kein derartiges Material verfüge.

Was im übrigen die granulierenden, im Bereich der Knochensubstanz zu weichen fungusartigen Massen führenden Knochenprozesse betrifft, so dürften sie im Bereich der Wirbel- und Epiphysentuberkulose nur selten zur Beobachtung kommen. Anders liegen die Verhältnisse bei den Tuberkulosen der kleinen

Extremitätenknochen, insbesondere denen der Hand. Ich habe jene Veränderungen im Auge, die als Spina ventosa bezeichnet werden. Auch dabei sind zwar mit gewaltiger Eiterung einhergehende verkäsende Prozesse beschrieben

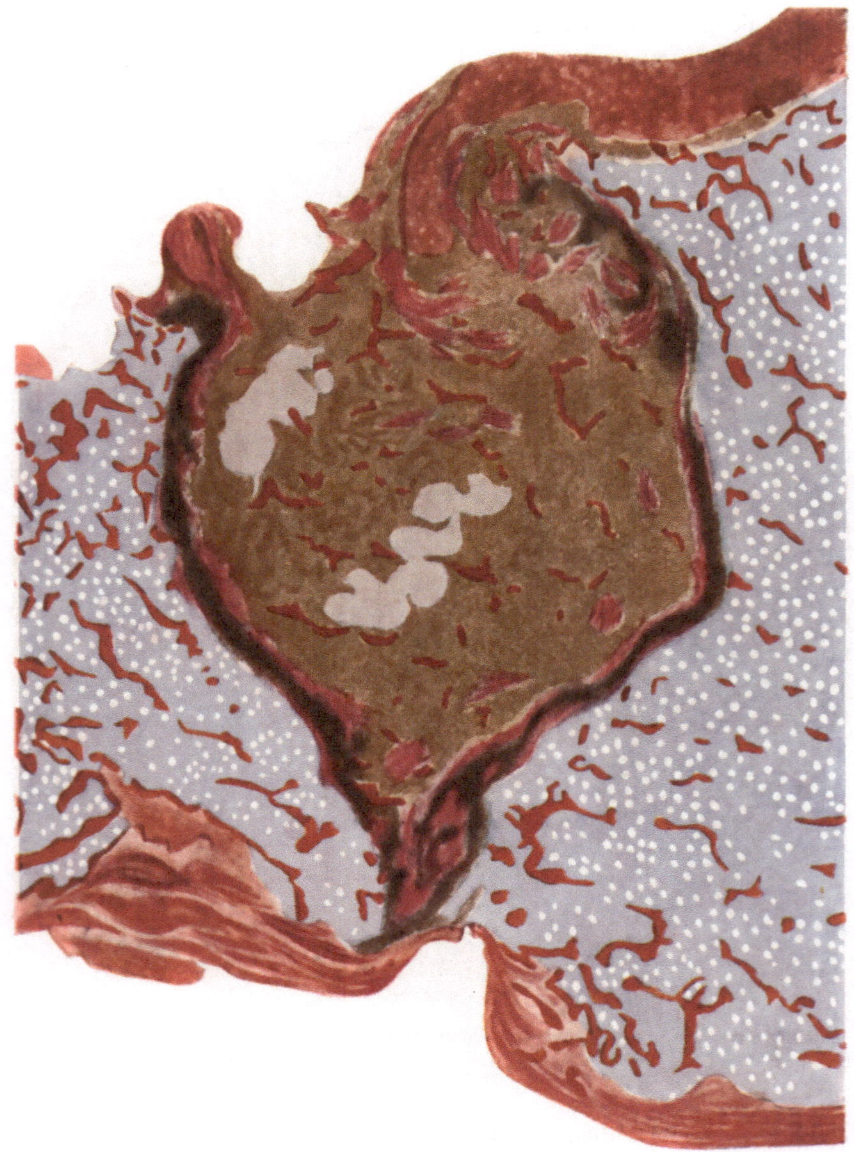

Abb. 97. Frischer tuberkulöser Herd des Kalkaneus. In der braun gefärbten Verkäsung reichlich erhaltene Knochenbälkchen. Abschluß des Herdes teils mit fibröser Kapsel, teils mit Leukozyten- und Lymphozytensäumen, nur zum kleinsten Teil, oben rechts, mit Epitheloidzellgewebe. VAN GIESON. 20fache Vergr.

worden. Doch ist es nach meinen Erfahrungen für die Spina ventosa viel charakteristischer, daß man bei makroskopischer Betrachtung auf dem Durchschnitt des betroffenen Knochens die Knochensubstanz zum größten Teil ersetzt sieht durch ein ziemlich weiches; graurot geflecktes, saftiges, stellenweise deutlich granuliertes Gewebe.

Das *mikroskopische Verhalten der Knochentuberkulose* sollte nun imstande sein, uns über alle Etappen dieser interessanten Erkrankung klare Auskunft zu geben. Aber gerade darauf beziehen sich die in diesem Gebiet der Pathologie noch bestehenden, oben erwähnten Unvollkommenheiten, und ich bin auch selbst nicht imstande, eine solche Beschreibung zu geben, wie sie mir erwünscht gewesen wäre. Immerhin muß man versuchen, sich auf Grund des vorliegenden Materials ein Bild von den genaueren Vorgängen zu machen. Ich wähle dazu zunächst einen Fall von umschriebener Kalkaneustuberkulose (Abb. 97 u. 98). Es handelt sich dabei um einen kaum haselnußgroßen, auf der Schnittfläche ziemlich scharf begrenzten käsigen Herd bei einem älteren Individuum. Auch bei ganz schwachen Vergrößerungen hat man noch den Eindruck einer einigermaßen homogenen, wenn auch schon stellenweise körnigen Verkäsung, in der aber die Knochenbälkchen fast in derselben Größe, Gestalt und Anordnung zu erkennen sind, wie in den benachbarten unveränderten Knochenteilen (Abb. 97). Stärkere Vergrößerungen zeigen dann, daß sich die Verkäsung besonders in den peripheren Teilen zusammensetzt aus verquollenen Massen, die z. T. durchaus den Eindruck von Fibrin machen, in denen sich auch rundliche Lücken als Reste von Fettzellen befinden, die weiter im Zentrum stellenweise ganze Züge von zerfallenen Kernmassen aufweisen, dann aber auch Züge von intakten Leukozyten und endlich große Massen von schlecht färbbaren Zellen bis zu blassen Zellschatten, den ehemaligen Markzellen. Nirgends erinnern diese Strukturen auch im entferntesten an die Struktur von produktiven Tuberkeln, sondern man hat durchaus den Eindruck, als wenn es sich um eine direkte Verkäsung des gesamten Markgewebes handelt. Das Bild gleicht durchaus den oben erwähnten größeren bei der Miliartuberkulose gefundenen Knochenmarksherden. Stärkere Vergrößerungen zeigen aber auch, daß die Knochenbälkchen durchaus nicht völlig intakt sind, sondern an manchen Stellen oberflächliche und auch tiefer eingefressene Substanzverluste zeigen. Einige kleinere Bälkchen sind sogar auf diese Weise zu einem großen Teil resorbiert worden. An manchen Stellen sieht man, daß gerade in diesen Gegenden reichlich Zellen, z. T. erhaltene, z. T. in Nekrobiose befindliche, angesammelt sind. Weiterhin ist zu erwähnen, daß stellenweise diese Zellmassen auch so dicht liegen, daß zwischen ihnen verkäste Substanz kaum noch vorhanden ist. Das Bild ist ein ganz ähnliches wie bei den umschriebenen Einschmelzungen käsiger Lungenherde.

Dieser ganze Herd wird nun kranzartig umgeben von einer Kapsel, die auch stellenweise ziemlich weit und in unregelmäßiger Weise in die käsige Masse eingreift. Die Kapsel besteht zu innerst stellenweise nur aus einem groben Netzwerk kollagener Fasern, die unmittelbar in die erwähnten fibrinösen, man kann wohl auch sagen fibrinoiden, Fasernetze übergehen und sich mit diesen auch untermischen. An anderen Stellen sprießen aber auch lang ausgestreckte, parallel stehende epitheloide Zellen in die Käsemasse hinein. Weiter nach außen, z. T. auch in den in die Käsemassen eingedrungenen Teilen, besteht dann die Kapsel aus einem mit Lymphozyten durchsetzten fasrigen und mäßig gefäßreichen Gewebe, in dem reichlich typische, runde Epitheloidzelltuberkel mit vielen Riesenzellen gelegen sind. Auch einzelne typische LANGHANSsche

Riesenzellen liegen stellenweise in der dort schon fast rein fibrös gewordenen Kapsel. In frischeren Fällen kann der Käse aber natürlich auch von noch faserfreien Epitheloidzellsäumen mit Riesenzellen begrenzt sein (Abb. 98). Die Zellinfiltration verliert sich ziemlich schnell in das benachbarte Knochenmark, in dem aber stellenweise auf weite Strecken eine perivaskuläre Zellinfiltration erhalten bleibt. Alle Knochenbälkchen nun, die im Bereich der

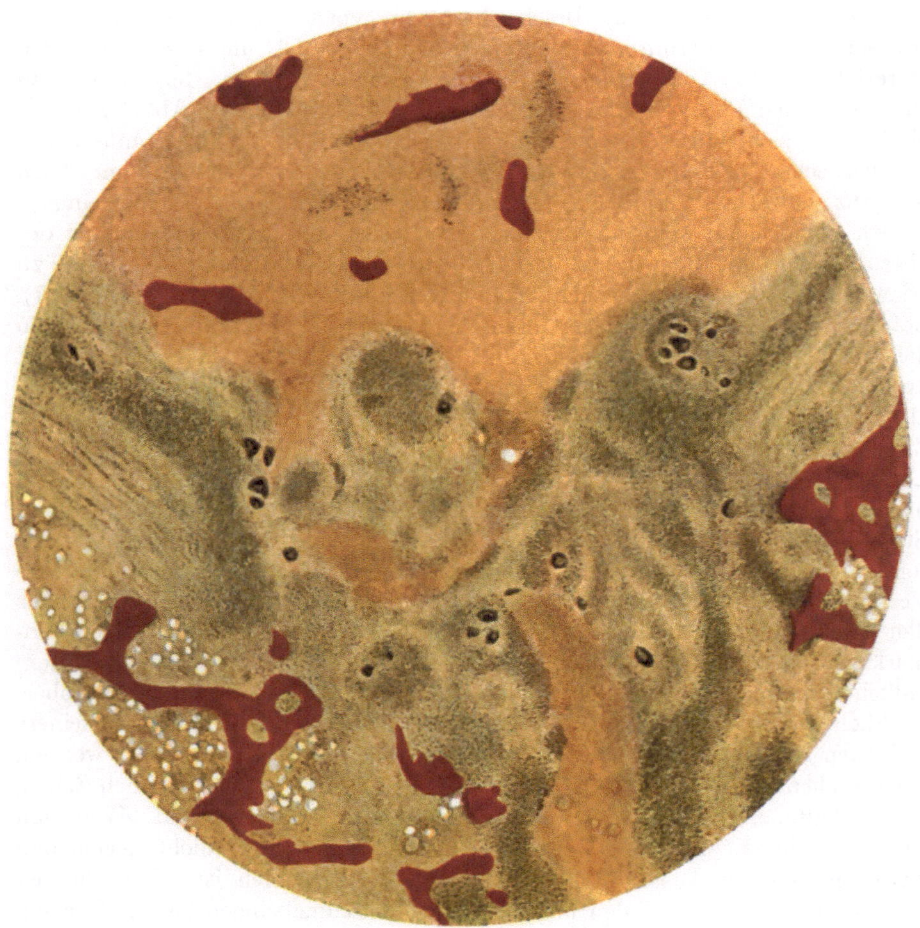

Abb. 98. Von demselben Fall wie Abb. 97. Oben reine Verkäsungszone mit erhaltenen Knochenbälkchen. Begrenzung der Verkäsung durch Epitheloidzelltuberkel mit Riesenzellen, zum Teil auch mit Lymphozyten. Unten rechts und links gewöhnliches Knochengewebe. van Gieson. 26fache Vergr.

Kapsel selbst gelegen sind, zeigen eine z. T. sehr weit gehende Resorption der Knochensubstanz. Man sieht überall in kleine Lakunen und auch in tiefer greifende Lücken Granulationsgewebe eindringen, ganz selten auch einmal eine Riesenzelle, sogar zuweilen vom Langhansschen Typus, einem Knochenbälkchen anliegen. Zuweilen werden dann auch kleine Reste von Knochenbälkchen völlig von fibrösem, nur wenig infiltriertem Gewebe eingehüllt.

Wenn man im Anschluß an derartige Bilder eine käsige Wirbeltuberkulose untersucht, so kann man zunächst feststellen, daß die makroskopisch verkäst erscheinenden Partien sich ganz genau so verhalten, wie der käsige Kalkaneusherd. Auch die beschriebene Kapselbildung kann sich ganz ähnlich verhalten. Nur fällt auch hier wieder auf, daß zuweilen an solchen Stellen, an denen offenbar eine erhebliche Einschmelzung der verkästen Massen besteht, die Kapselbildung nur aus fibrösen Fasern zu bestehen scheint, ohne daß eine wesentliche produktiv-tuberkulöse Reaktion vorhanden ist. An anderen Stellen wiederum hat man den Eindruck, als wenn diese Art der Kapselbildung keinen Bestand hat, sondern ihrerseits in die fortschreitende Verkäsung aufgenommen wird. Sowohl in solchen Fällen, als auch dann, wenn ähnliche Verhältnisse existieren wie bei der beschriebenen Kalkaneustuberkulose, kann man gewöhnlich in der Nachbar-

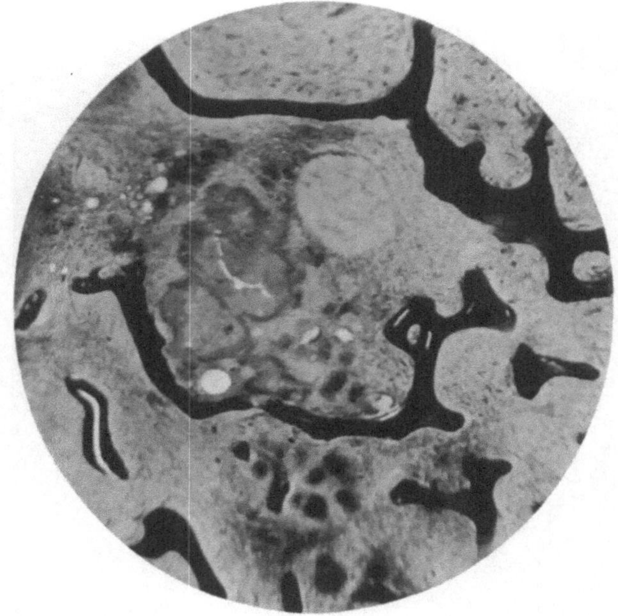

Abb. 99. Aus einer Wirbeltuberkulose. In der Mitte teils käsiger, teils granulierender Herd. Deutlich lakunäre Knochenresorption am Rande des Herdes. Oben im Bild helles gallertartiges Knochenmark. Am oberen Rand des tuberkulösen Herdes ein eigentümliches helles tuberkelartiges Gebilde. 10fache Vergr.

schaft entweder einzeln stehende oder auch größere Gruppen bildende, in Nekrobiose befindliche Herde erkennen, die sich bei schwacher Vergrößerung nur als etwas verwaschene, allerdings im ganzen scharf begrenzte, dunklere Herde darstellen, in denen man erst bei stärkerer Vergrößerung einen fortgeschrittenen Zellzerfall sieht (Abb. 99). Eine leichte Kapselbildung ist allerdings in diesen Herden auch zuweilen schon zu erkennen, jedoch nur in Form von etwas stärker hervortretenden Fasern. Daneben befinden sich häufig helle rundliche Gebilde mit eigentümlich verquollenen Zellen, bei denen man es vielleicht mit tuberkelähnlichen Gebilden zu tun hat. Aber auch typische kleine Epitheloidzelltuberkel mit Riesenzellen, selbst mit beginnenden Abkapselungsvorgängen können in solchen Bezirken vorhanden sein. Ich möchte auf weitere Beschreibungen vieler Einzelheiten nicht eingehen, da ich, wie gesagt, nicht überall klare Zusammenhänge erkennen kann. Eine Eigenart des, manche tuberkulösen Herde umgebenden Gewebes muß jedoch noch erwähnt werden, von der auch hier und da schon in der Literatur die Rede ist. Es handelt sich um eine eigentümliche Umwandlung des myeloiden Markes in ein leicht gallertiges, reichlich Gefäße enthaltendes, im übrigen aus feinen spindeligen oder auch sternförmig verzweigten Zellen bestehendes Gewebe, das mit seiner diffusen Verteilung von leukozytenartigen, lymphozytenartigen und phagozytischen Zellen, mit seinen reichlichen feinen Gefäßsprossen, durchaus als eine Art Granulationsgewebe zu bezeichnen ist. Die Knochenbälkchen pflegen im Bereich eines solchen Gewebes kräftiger und ihr Netzwerk dichter zu sein, als in den benachbarten unveränderten Knochenteilen. Wieweit hier etwa zur perifokalen Entzündung

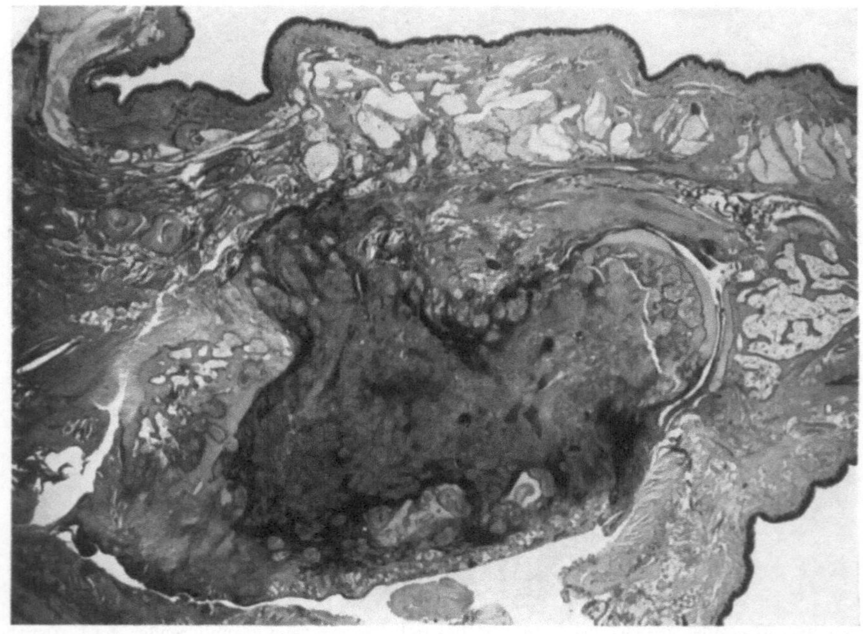

Abb. 100. Spina ventosa der Mittelphalange des Zeigefingers. Fast völliger Ersatz des Knochens durch Epitheloidzelltuberkel, nur am Rande, besonders rechts, erhaltenes Knochengewebe. Zwischen den Epitheloidzellmassen auch dunkler gefärbte Stellen, in der Peripherie mehr aus Lymphozyten, im Zentrum mehr aus Leukozyten und Fibrin bestehend. Außen Haut usw. 7fache Vergr.

gehörende Prozesse vorliegen und wieweit diese Wucherungen als knöcherne unspezifische Abkapselungen, auch im Sinne einer besonderen Art von Kallusbildung zu beobachten sind, vermag ich vorläufig nicht zu sagen.

In einem äußerlich sehr starken Gegensatz zu diesen verkäsenden Formen stehen die schon bei der makroskopischen Beschreibung erwähnten, mit *Bildung von Granulationen einhergehenden Erkrankungen.* Ich wähle als Beispiel die Fälle von *Spina ventosa* (Abb. 100). Hier erkennt man im Mikroskop eine stark aufgetriebene Phalange, die nur in der Peripherie und auch dort nicht überall Knochengewebe aufweist, im übrigen zum größten Teil aus einem dichten, tuberkulöse Granulationen enthaltenden, Zellgewebe besteht. Im einzelnen ist dazu noch folgendes zu sagen. Inmitten des Herdes erkennt man in sehr unregelmäßiger Anordnung formlose Züge von z. T. netzartig hyalinen, bis fibrinoiden Massen, die von allerhand Zellen durchsetzt werden. In einem Fall sah ich auch in solchen Bezirken reichlich Leukozytenansammlungen und beginnende Nekrosen dieser Leukozyten, sodaß man den Eindruck von Einschmelzungsvorgängen gewann. Die Umgebung davon bildet ein dichtes, gefäßreiches Granulationsgewebe, in dem man aber diffus Zellen verteilt sieht, die durchaus den Namen epitheloide Zellen verdienen und dazwischen auch vereinzelte LANGHANSsche Riesenzellen. Weiterhin finden sich dann nach allen Seiten hin ausgreifende, zunächst eng miteinander konglomerierte, sodann auch einzeln liegende typische Epitheloidzelltuberkel, teils ohne, teils mit einzelnen, teils mit zahlreichen Riesenzellen. Zwischendurch ziehen sich reichlich Lymphozyteninfiltrate, z. T. in Gestalt von Kränzen um die Tuberkel herum. Hier und da aber sieht man auch in diesen Bezirken noch, zuweilen inmitten eines Tuberkels, dichte umschriebene Ansammlungen von typischen Leukozyten. Das spezifische tuberkulöse Granulationsgewebe, bezw. die Tuberkel werden nun einerseits nach außen begrenzt von dem noch erhaltenen Periost, z. T. aber zerklüften sie dieses auch und dringen in unregelmäßiger Weise in das benachbarte Binde- und Fasziengewebe ein. Andererseits dringen die tuberkulösen Granulationen, und zwar besonders an der Peripherie der betreffenden Phalange, in das noch erhaltene Knochengewebe ein. Hier kann man dann die Resorptionsvorgänge ausgezeichnet verfolgen. Dabei wirken, wie es scheint, auch die LANGHANSschen Riesenzellen mit. Man kann z. B. an manchen Stellen kleine Restchen des Knochengewebes völlig von Riesenzellen umgeben erkennen, die z. T. deutlich dem LANGHANSschen Typus entsprechen. Auch eine Resorption des Knorpelgewebes durch das eindringende Gewebe läßt sich deutlich feststellen. Andererseits gibt es auch Knochenbälkchen, die z. T. von dichten Reihen kubischer, selbst fast zylinderförmiger, epithelartiger Zellen begrenzt werden, sodaß man den Eindruck von Osteoblastenreihen gewinnen kann. Aber gerade an solchen Stellen kommen auch platte Riesenzellen vor, im Bereich derer man eine deutliche lakunäre Resorption erkennt.

Wenn man auf Grund dieser Beschreibungen einen allgemeinen Überblick über die Genese der Knochentuberkulose gewinnen will, so mag es den Anschein haben, als ob hier zwei grundverschiedene Verlaufsformen vorliegen. Ich glaube jedoch, daß man auch hier zu einer völlig einheitlichen Auffassung gelangen kann. Der wesentlichste Punkt scheint mir nämlich der zu sein, daß es einmal Knochentuberkulosen gibt, bei denen es sehr schnell zu einer umfangreichen Gewebsschädigung kommt, die ihrerseits über exsudative Veränderungen hin sehr schnell, also akut, in Verkäsung übergeht. Auf der anderen Seite stehen dann die Prozesse, bei denen die primäre Gewebsschädigung eine weniger umfangreiche ist, demgemäß auch nur wenig umfangreiche Exsudationen und Verkäsungen auftreten, die schnell von produktiven Gewebsmassen ersetzt werden können. Es liegt nahe, diese beiden Reaktionsformen wiederum in Zusammenhang zu bringen mit bestimmten allergischen Zuständen. Dem entspricht auch die Tatsache, daß die ausgebreiteten verkäsenden Knochentuberkulosen so häufig im Kindesalter vorkommen und dann oft in das Bereich der Frühgeneralisation gehören, für das ja die hyperergische Reaktion charakteristisch ist. In den Fällen aber, in denen uns die Knochentuberkulose in der granulierenden Form entgegentritt, müßte dann ein positiv allergischer Zustand im Sinne einer relativen Immunität vorliegen. Es wäre sehr wünschenswert, wenn in

Zukunft alle Fälle von Knochentuberkulose, insbesondere die isolierten, von diesem Standpunkt aus betrachtet würden, d. h. daß dabei die Gesamtlage bis ins einzelne berücksichtigt würde.

Hier müssen wir uns noch mit der Frage beschäftigen, welches das mutmaßliche Schicksal der Verlaufsformen ist, von denen im Vorhergehenden Beispiele angeführt wurden. Aber gerade hier sind die Zusammenhänge leider durchaus noch nicht so klar, daß man zu einem abschließenden Urteil kommen könnte. Was die Fälle mit größeren verkäsenden Herden betrifft, so habe ich den Eindruck, besonders auf Grund der Untersuchungen an Wirbeltuberkulosen, daß sehr oft, vielleicht in der Regel, schnell auf die Verkäsung die Einschmelzung folgt. Selbst in dem angeführten Fall von umschriebener Verkäsung des Kalkaneus konnte man gewisse Zeichen der Einschmelzung deutlich feststellen, obwohl zu gleicher Zeit schon eine deutliche Einkapselung der verkästen Partien bestand. Wenn, wie ich sowohl im allgemeinen Teil als auch an verschiedenen anderen Stellen betont habe, die Einschmelzung fraglos infolge der proteolytischen Fermente von Leukozyten zustande kommt, so haben wir schließlich im Bereich des myeloischen Knochenmarks die besten Bedingungen dafür, da ja in ihm myeloische Zellen in fertigem und unausgebildetem Zustand stets in großer Masse zur Verfügung stehen. Besonders eindrucksvoll sind solche Einschmelzungen im Bereich der Wirbelkörper. Sie scheinen sowohl in Bildung begriffene, wie fertig gebildete, aus produktiv tuberkulösem Gewebe oder selbst aus reichlicheren Fasern bestehende Kapseln ohne weiteres durchbrechen zu können, als auch die normalen Schranken, die die Knochen nach außen abgrenzen. Nur auf diese Weise können ja die periostalen Eiterungen und die Senkungsabszesse zustande kommen. Es ist bei solchen Fällen nur die Frage, in welcher Weise das Knochengewebe selbst zur Auflösung kommt. Ich möchte zunächst dazu bemerken, daß überall, wo Knochengewebe in verkäste Partien eingeschlossen ist, dieses Gewebe selbstverständlich ebenfalls völlig nekrotisch ist. Für den Knochenschwund sind nun auch die klinisch-röntgenologischen Beobachtungen von Interesse. In den Lehrbüchern der Chirurgie ist zu lesen, daß eine beginnende Tuberkulose, beispielsweise der Wirbelkörper, mit Wahrscheinlichkeit durch eine gewisse Aufhellung des Knochengewebes, die man als Reflexatrophie oder ähnlich bezeichnet, gestellt wird. Erst später wird dann die völlige Auflösung des Knochens beobachtet. In den Lehrbüchern der pathologischen Anatomie aber ist gewöhnlich zu lesen, daß die Resorption des Knochens infolge der Wirkung des primär auftretenden tuberkulösen Granulationsgewebes zustande kommt, daß diese Resorption aber unterbrochen wird, wenn das tuberkulöse Granulationsgewebe infolge seiner Verkäsung seine resorbierende Kraft einbüßt; wie dann aber weiter die endgültige Auflösung des Knochengewebes erfolgen soll, muß bei einer solchen Anschauungsweise offen bleiben. Daß Knochensubstanz durch produktiv tuberkulöses Gewebe überhaupt aufgelöst werden kann, untersteht keinem Zweifel, und ich habe selbst diesen Vorgang oben bei der Besprechung der Spina ventosa geschildert. Bei den größeren verkäsenden Herden tritt aber, wie wir gesehen haben, zunächst überhaupt kein produktives Gewebe auf, und kann deswegen auch nicht für die Knochenauflösung in Betracht kommen. Ich möchte vielmehr annehmen, — und einige der oben geschilderten Merkmale der käsigen Knochentuberkulose sprechen durchaus dafür — daß Leukozyten, bezw. ihre im Knochenmark vorhandenen

Mutterzellen, die Resorption in wirksamer Weise bewerkstelligen können. Wir finden demnach die ersten Zeichen der Resorption schon im exsudativen Stadium vor der Verkäsung. Eine Unterbrechung findet dann unter Umständen während der Bildung des Käses statt, obgleich mir dies durchaus noch nicht bewiesen erscheint. Besonders bei den schnell erweichenden Formen dürfte eine solche Unterbrechung nicht stattfinden. Die volle Auflösung der Knochensubstanz hält dann mit der proteolytischen Erweichung des Käses Schritt, indem dieselben fermentativen Einflüsse auch die nekrotischen Knochenbälkchen zur Auflösung und Zertrümmerung bringen. Diese Art der Einschmelzung wird übrigens, soweit ich sehe, von den meisten Autoren, die zu diesen Fragen Stellung genommen haben, anerkannt, wenngleich die Grundlagen für die allgemeine Darstellung des Gesamtprozesses gewöhnlich andere sind. Die Folge der Einschmelzung ist die Bildung eines Eiters, in dem mikroskopisch gewöhnlich nur noch Reste von Zellen und Kernen zu erkennen sind, in dem aber als Knochensand bezeichnete Reste des aufgelösten Knochens vorhanden zu sein pflegen.

Wenn wir nun zunächst von den *weiteren möglichen Komplikationen,* die auch in einem Fortschreiten des Prozesses auf andere Knochenteile bestehen können, absehen, so wäre noch die Frage zu erörtern, wie die schließliche Heilung, d. h. die Konsolidierung der unterbrochenen Knochenmassen, bezw. die bei der makroskopischen Beschreibung erwähnten knöchernen Ankylosen zustande kommen. Ebenso, wie die wenigen Autoren, die sich prinzipiell mit diesem Thema befaßt haben, ebenso wie auch die Lehrbücher, muß ich mich über diese Zusammenhänge sehr kurz fassen, da mir ein Material, das einen klaren Einblick in die Zusammenhänge gestattet, nicht zur Verfügung steht. Es ist mir zunächst nicht klar, in wie weit nach diesen Verkäsungen und Einschmelzungen tatsächlich ein spezifisch tuberkulöses Granulationsgewebe gebildet wird. Ich habe den Eindruck, als wenn es in manchen Fällen völlig fehlt, und daß schließlich, wie auch bei anderen verkäsenden Prozessen (s. Lungenkavernen) eine völlig unspezifische Abkapselung zustande kommt. In anderen Fällen — und es war auch oben die Rede davon — sieht man wohl einzelne tuberkulöse Granulationen auftreten. Aber es ist mir nicht klar geworden, welche Bedeutung sie für die weiteren Entwicklungsstadien haben. Es muß jedoch daran erinnert werden, daß gerade im Bereich der tuberkulösen Granulationen eine besonders wirksame Knochenauflösung stattfinden kann. Des weiteren muß es auffallen, wie gering bei heilenden und geheilten Knochentuberkulosen oft die Kallusbildung ist, während ja sklerotische Partien in heilenden und geheilten Herden etwas durchaus gewöhnliches sind. Endlich bin ich bisher nicht imstande, die Funktion des oben erwähnten eigentümlichen gallertigen Granulationsgewebes mit den in ihm vorhandenen, neugebildeten Knochenbälkchen richtig zu deuten.

Die weiteren Schicksale der zunächst ohne wesentliche Verkäsung verlaufenden Knochenprozesse, für die wir als Beispiel Fälle von Spina ventosa angeführt hatten, dürfte ebenfalls noch nicht genügend geklärt sein. Daß sekundär in derartigen Granulationen neue exsudative Schübe und mit ihnen Verkäsung und Erweichung auftreten können, darf nicht geleugnet werden. Ich habe Andeutungen davon in der Beschreibung dieses Prozesses erwähnt. Wenn solche Verkäsungen einen großen Umfang annehmen, dürften schließlich dieselben Verhältnisse resultieren, wie bei den primär verkäsenden Knochentuberkulosen. Kommt es aber nicht zur nachträglichen Auflösung der Granulationen, so kann man nur eine allmähliche Umwandlung des spezifischen in unspezifisches Granulationsgewebe erwarten, mit der dann eine Neubildung von Knochengewebe einhergehen muß. Solche Heilungen der Spina ventosa sind verschiedentlich beschrieben worden.

Als wichtigste und eigenartigste Komplikation der Knochentuberkulosen sind die sogenannten *Senkungsabszesse* zu nennen. Sie entstehen nach Auflösung und Durchbrechung des Periosts durch den bei den Einschmelzungen sich bildenden Eiter und breiten sich in verschiedenen Richtungen aus, die nicht etwa allein durch eine wirkliche Senkung des Eiters, also durch die Schwerkraft, bestimmt werden. Sie benutzen dazu alle zur Verfügung stehenden Gewebslücken, insbesondere auch die weichen Bindegewebsinterstitien zwischen verschiedenen Organen und Organteilen (Retropharyngealabszeß, Psoasabszeß etc.).

Die mikroskopische Untersuchung zeigt jedoch, daß das anschließende Organgewebe dabei durchaus nicht ungeschädigt bleibt, und selbst schwerere, schon makroskopisch sichtbare Zerstörungen, insbesondere der Muskelsubstanz, kommen vor. Das mikroskopische Verhalten ist im übrigen dadurch charakterisiert, daß im allgemeinen von produktiv tuberkulösen Veränderungen kaum etwas zu bemerken ist. Die schon makroskopisch mit bröckligen Käsemassen oder auch mit glattem schwammigen oder derben Gewebe ausgekleideten Kanäle zeigen mikroskopisch als innere Auskleidung käsig-körnige Gewebsmassen, die von zahlreichen erhaltenen Faserzügen durchsetzt werden. Die Faserzüge zeigen wiederum zuweilen alle Übergänge zu gequollenen fibrinartigen Netzen. Weiterhin hat man den Eindruck, daß diese verkästen Massen aus einem gewöhnlichen Granulationsgewebe hervorgegangen sind, sehen wir doch zuweilen ganz deutlich noch reichlich Gerüste von senkrecht zur Oberfläche verlaufenden feinen Gefäßen. Sodann ist es wichtig, daß man in diesen Massen neben reichlichen in Nekrobiose befindlichen oder zerfallenen Zellen auch typische Leukozyten sieht, die nach den tieferen Schichten deutlicher werden und schließlich wieder in ein mehr oder weniger gut erhaltenes unspezifisches Granulationsgewebe übergehen. Nur an wenigen Stellen sieht man am Rande des Käses Andeutungen von epitheloiden und Riesenzellen, die in die käsigen Massen in der gewöhnlichen Weise eindringen. Eine einleuchtende Erklärung für diese Abszeßgänge, die zuweilen auch an der äußeren Oberfläche als Fisteln aufbrechen können, ist bisher, soweit ich sehe, noch nicht gegeben worden. Eine Sekundärinfektion durch Eitererreger ist in ihnen so selten, daß sie bei Erklärungsversuchen keine Rolle spielen kann. Auffällig ist aber auch der geringe Gehalt des Eiters an Tuberkelbazillen, die wohl im Tierversuch ausnahmslos nachweisbar sein mögen, aber mikroskopisch nur in geringer Zahl oder garnicht gefunden werden. Ich kann mir den Vorgang einstweilen nur in der Weise denken, daß trotzdem verhältnismäßig virulente Infektionen vorliegen, die zu einer stürmischen, im wesentlichen unspezifischen Reaktion führen. Dabei mögen auch reichlich Bazillen zugrunde gehen, bezw. bis zu unfärbbaren Gebilden umgewandelt werden. Es müssen aber wohl stets genügend Bazillenmengen übrig bleiben, bezw. durch Nachschübe geliefert werden, da es sich ja gerade bei diesen sogenannten Senkungsabszessen um Prozesse handelt, die unaufhaltsam fortzuschreiten pflegen. Das sieht man auch daran, daß die gebildeten Abszeßmembranen selbst immer wieder nekrotisch-käsig zugrunde gehen und daß dann unter Umständen eine eigentümliche Schichtung der Wand zustande kommt.

Damit möchte ich die Besprechung der Knochentuberkulosen abschließen. Ich bin mir bewußt, in vielen Punkten ebenso wenig wie meine Vorgänger eine Klärung gebracht zu haben. Ich glaube aber, es ist schon einiges durch den Hinweis gewonnen, daß gerade in der Lehre der Knochentuberkulose noch viele Unklarheiten bestehen. Eine Beseitigung dieser Unklarheiten würde sowohl ein erhebliches praktisches Interesse für die Kliniker haben, als auch geeignet sein, eine allen Tatsachen gerecht werdende Auffassung des tuberkulösen Prozesses überhaupt zu fördern. Wenn ich im Vorwort erklärte, daß das vorliegende Buch auch ein Programm bedeuten solle, so bezieht sich das in ganz besonderem Maße auch auf die Lehre von der Knochentuberkulose.

2. Gelenke.

Von vielen Klinikern wird die Gelenktuberkulose nach F. König eingeteilt in den *Hydrops tuberculosus, die tuberkulöse granulierende Gelenkentzündung und die tuberkulöse eitrige Gelenkentzündung*. Es ist für uns die Frage, ob wir eine derartige Einteilung auch auf Grund der pathologisch-anatomischen Veränderungen billigen können. Dazu müssen wir zunächst wieder versuchen, die tuberkulösen Gelenkerkrankungen in den Gesamtrahmen der tuberkulösen Prozesse einzufügen. Es stellt sich sofort heraus, daß primäre Tuberkulosen der Gelenke nicht in Erwägung gezogen zu werden brauchen, wenngleich sie theoretisch natürlich ebenso wie in anderen Organen auf Grund einer kryptogenetischen Infektion denkbar sind. Die Gelenkerkrankungen, die im Rahmen der anderen Erscheinungsformen des tuberkulösen Prozesses vorkommen, müssen wir zunächst vom Standpunkt der allgemeinen Pathogenese aus betrachten. Es gab eine Zeit, in der man geneigt war, das Gros der tuberkulösen Gelenkaffektionen auf vorausgegangene und in die Gelenke eingebrochene Knochentuberkulosen zurückzuführen. Lexer hebt aber mit Recht hervor, daß bei mindestens der Hälfte der Fälle diese Anschauung nicht zutrifft. Meine Erfahrungen, die auf diesem Gebiet ziemlich große sind, bestätigen das. Ich möchte sogar annehmen, daß die nicht osteogenen Gelenktuberkulosen weit mehr als die Hälfte der Fälle ausmachen. Von den anderen Infektionswegen möge hier und da einmal das Übergreifen eines außerhalb des Skelettsystems gelegenen Herdes, entweder direkt oder unter Vermittlung einer Lymphstauung in Betracht kommen. Eine überragende Bedeutung kommt aber allein dem Blutweg zu, und ich möchte meiner Meinung dahin Ausdruck geben, daß die große Mehrzahl der Gelenktuberkulosen auf dem Blutweg zustande kommt. Dabei mögen in einigen Fällen unterstützende Momente, auch das Trauma, eine Rolle spielen. Daß die haematogene Entstehung der Gelenktuberkulosen eine bedeutende Rolle spielt, geht schon daraus hervor, daß bei der typischen allgemeinen Miliartuberkulose nicht selten auch in den Synovialmembranen, insbesondere der großen Gelenke, Miliartuberkel in allen Entwicklungsstadien gefunden werden. Es zeigt sich aber auch darin, daß bei den Frühgeneralisationen und den ihnen gleichwertigen Formen der späteren Lebensalter die Gelenke zuweilen auch ohne entsprechende Knochenherde beteiligt sind. Doch mag gleich bemerkt werden, daß gerade auch bei Kindern mit Frühgeneralisation Fälle vorkommen, in denen die Gelenke auffallend stark bevorzugt sind. Diese Fälle leiten dann zu den anderen, auch noch im wesentlichen im jugendlichen Alter vorkommenden, über, bei denen multiple Gelenkerkrankungen so im Vordergrund stehen, daß man schon von einer isolierten Organsystemtuberkulose sprechen könnte. Nun ist es bekannt, daß Gelenktuberkulosen überhaupt vorzugsweise Erkrankungen des jugendlichen Alters sind, und gerade in ihm scheinen die multiplen Erkrankungen besonders im Vordergrunde zu stehen. Jenseits des 20. Lebensjahres aber scheinen die monartikulären Erkrankungen häufiger zu werden. Läßt sich dieses Schema auch nicht einheitlich durchführen, so handelt es sich doch nach meinen Erfahrungen um eine gewisse Regel. Des Weiteren möchte ich meinen, daß in den früheren Lebensjahren jene Erkrankungen häufiger sind, die von den Autoren als eitrige bezeichnet worden sind, die aber, wie wir sehen werden, besser als käsig-eitrige benannt werden. Während in den späteren Lebensjahren offenbar Erkrankungen stärker im Vordergrunde stehen, bei denen ein mehr seröses Exsudat vorhanden ist bei gleichzeitiger nicht käsiger Erkrankung der Gelenkhüllen.

Bevor ich nun selbst zu einer Einstellung gegenüber dem am Anfang genannten Schema komme und dann auch von neuem den Versuch mache, eine endgültige Einreihung der Gelenkerkrankungen in die Haupterscheinungsformen der Tuberkulose vorzunehmen, ist es notwendig, den anatomischen Werdegang der möglichen Prozesse zu besprechen. Dabei ist zu beachten, daß anscheinend kein grundsätzlicher Unterschied in dieser Genese besteht, je nachdem etwa die Erkrankung auf dem Blutwege oder fortgeleitet von einem Knochenprozeß zustande kam. Auf gewisse Ausnahmen davon werde ich weiter unten zurückkommen.

Am Anfang jeder Besprechung der Gelenktuberkulosen muß der Satz stehen, daß es keine derartige Erkrankung gibt, die nicht mit einem *freien Exsudat* in der Gelenkhöhle beginnt. Gerade auf Grund dieser Eigenart der tuberkulösen Gelenkprozesse werden ja z. T. die verschiedenen Formen gegeneinander abgegrenzt, denn es gibt Erkrankungen, bei denen von vornherein bis zum Schluß nur eine offenbar rein seröse Flüssigkeit vorhanden ist, und im Gegensatz dazu andere, bei denen sich bald ein dickes, eiterähnliches Exsudat ausbildet. Alle Zwischenstufen lassen sich selbstverständlich beobachten. Die Erkrankungen mit mehr serösem Exsudat sind nun zweifellos in den späteren Lebensjahren häufiger als in ganz jugendlichem Alter und umgekehrt. Ganz trockne Gelenktuberkulosen dürfte es nicht geben. Es handelt sich dann wohl mehr um Fälle, in denen das Exsudat relativ schnell gerinnt und als Fibrin die Gelenkmembran bedeckt. Im übrigen steht es fest, daß in ganz frischen Fäl en, die im allgemeinen nur dem Kliniker zur Verfügung stehen, stets typische Leukozyten in der Flüssigkeit gefunden werden. Schon darin sehen wir eine Parallele zu den tuberkulösen Entzündungen der serösen Häute, mit denen auch sonst die tuberkulösen Gelenkerkrankungen große Ähnlichkeit haben.

Zunächst müssen wir hier einige Bemerkungen über das makroskopische Verhalten einschieben. Wesentliche Merkmale wurden oben schon angedeutet. Wir sehen nämlich einerseits, und dies besonders bei kleinen Kindern, eine sozusagen völlig *käsige Umwandlung des gesamten Gelenkes.* Die Gelenkmembranen imponieren als festere oder auch weiche käsige Massen und gehen nach innen in eine ganz weiche oder auch eitrig verflüssigte Masse über. Im benachbarten Knochen pflegen dann auch Veränderungen deutlich vorhanden zu sein, über die noch zu sprechen sein wird. Auf der anderen Seite stehen dann die Fälle, bei denen die Gelenkmembranen in schmierige graurote, wulstige, unter Umständen mit fibrinähnlichen Massen bedeckte Gebilde umgewandelt sind, die seit langer Zeit als *fungöse Granulationen* bezeichnet werden und zuweilen in der Tiefe in derbes, blutreiches Gewebe übergehen. Andererseits sieht natürlich auch der Anatom zuweilen Fälle, in denen diese Veränderungen noch weniger stark ausgebildet sind, dagegen aber reichliches, helles Exsudat die Gelenkhöhle erfüllt hatte.

Mikroskopische Untersuchung. Wir beginnen mit der Besprechung der leichteren, keine wesentliche Verkäsung aufweisenden Prozesse. In solchen Fällen sieht man im Mikroskop auf der Oberfläche der Gelenkmembran eine mehr oder weniger dicke Schicht einer fibrinartigen Masse, die von Leukozyten dicht durchsetzt ist. Darauf folgt in manchen Fällen auf weite Strecken ein sehr gefäßreiches, typisches, nicht tuberkulöses Granulationsgewebe, und nur an manchen Stellen sieht man mehr oder weniger deutliche Tuberkel; zuweilen nur Andeutungen von epitheloiden und Riesenzellen, die mit Leukozyten und anderen Zellen des Granulationsgewebes, auch unter Umständen mit Fibrinfasern untermischt sind, bis zu typischen runden Epitheloidzellanhäufungen mit mehr oder weniger deutlichen Riesenzellen. Andererseits gibt es dann Bilder, bei denen die Oberfläche kaum noch Exsudat aufweist, wohl aber von einem dichten, ungemein zellreichen, aber nur kleinere und wenig gefüllte Gefäße enthaltenden Granulationsgewebe gebildet wird, in dem sich ebenfalls teils diffuse Epitheloidzellbildungen zeigen, teils auch nur Andeutungen von Tuberkelbildungen hervortreten. Von diesen Bildern gibt es sodann alle Übergänge bis zu jenen, bei denen das Granulationsgewebe ganz dicht durchsetzt ist von typischen Epitheloidzelltuberkeln mit oder ohne Riesenzellen. Hier handelt es sich dann um die makroskopisch typisch fungösen Veränderungen. In allen diesen verschiedenen Fällen läßt sich auch zuweilen deutlich zeigen, wie der Tuberkel im Bereich einer kleinen, umschriebenen, verkäsenden Exsudatmasse entsteht, und diese Fälle leiten dann wiederum über zu denen, bei denen die Verkäsungen reichlicher sind. In der Tiefe gehen alle diese Prozesse in ein faserreiches Granulationsgewebe über.

Alle bisher erörterten Möglichkeiten entsprechen zweifellos Fällen, in denen entweder nur ein anscheinend rein serös oder mehr oder weniger eitrig getrübtes Exsudat die Gelenkhöhle erfüllte. Es muß aber auch die Annahme erlaubt sein, daß es tatsächlich einen reinen Hydrops articulosus auf Grund einer tuberkulösen Aetiologie gibt, bei dem es spezifisch tuberkulöse Veränderungen in der Gelenkmembran überhaupt nicht oder vielleicht vorsichtiger ausgedrückt, noch nicht gibt. Es ist möglich, daß derartige Fälle dann zu den rein entzündlichen Tuberkulosen im Sinne PONCETS und LIEBERMEISTERS gehören. Auf der anderen Seite aber muß man auch daran denken, daß eventuell im Anschluß an eine in der Nähe befindliche, aber nicht durchgebrochene, tuberkulöse Knochenerkrankung, wie bei den analogen Pleuritiden auch hier Arthritiden im Sinne der perifokalen Entzündung vorliegen. Damit hätten wir dann wieder eine nahe Beziehung zu den bei der Tuberkulose vorkommenden Erkrankungen der serösen Häute.

Als anderer Krankheitstyp wurde bei der makroskopischen Besprechung derjenige genannt, bei dem umfangreiche Käsemassen und dickes eitriges Exsudat das Bild beherrschen. Bei der mikroskopischen Untersuchung zeigt es sich, daß prinzipielle Unterschiede gegenüber den anderen Fällen nicht bestehen. Man hat es vielmehr lediglich mit graduellen Verschiedenheiten zu tun. Die die Gelenkhöhle ausfüllenden Massen bestehen z. T. aus gut erhaltenem Eiter, z. T. aus nekrotischen Eitermassen, ganz ähnlich wie in sonstigen tuberkulösen Zerfallshöhlen. Die Höhlung wird begrenzt von breiteren, dichten, fibrinös zelligen Exsudatmassen, die an vielen Stellen ebenfalls in Nekrose, bezw. Verkäsung begriffen sind. Darauf folgt wiederum ein gefäßreiches Granulationsgewebe mit allen seinen Zellarten, zuweilen mit sehr reichlichen großen Phagozyten. Aber innerhalb dieser oft sehr dicken Gewebsschicht finden sich reichlich neue Exsudatschübe, bestehend aus Fibrinmassen und Leukozyten und man sieht im Bereich dieser Exsudate wiederum alle Übergänge zur homogenen Verkäsung. Gerade in der Nachbarschaft dieser noch im Gewebe gelegenen Verkäsungen kann man dann auch diffuse Epitheloidzellwucherungen oder auch unregelmäßige rundliche Tuberkelbildungen mit Riesenzellen, oder auch reichlich einzelne Riesenzellen vorfinden. In diesen Gegenden sind dann auch viele Lymphozyteninfiltrate vorhanden. Doch gibt es auch hier wieder Fälle, bei denen die spezifisch tuberkulösen Prozesse ganz zurücktreten.

Wenn wir nun nach diesen kurzen Schilderungen selbst zu den vorgeschlagenen Einteilungen Stellung nehmen wollen, so wird sich gegen die Einteilung in 1. *einfachen Hydrops*, 2. *Fungus articularis* und 3. *eitrig-käsige Tuberkulose* nichts einwenden lassen. Wir werden uns jedoch darüber klar sein müssen, daß mit dieser Einteilung keine qualitativen oder genetischen Unterschiede angegeben werden sollen, sondern daß es sich tatsächlich nur um quantitative Unterschiede handelt, und daß es zwischen allen Erkrankungen völlig fließende Übergänge gibt. Im übrigen ist die Gelenktuberkulose ein eindrucksvolles Beispiel für die Auffassung der Tuberkulose als eines entzündlichen Prozesses. Nur die Heftigkeit der Entzündung, bezw. ihres exsudativen Stadiums, ist in den verschiedenen Fällen eine verschiedene. Bei leichteren Infektionen kommt es im wesentlichen zur Bildung eines nicht oder kaum verkäsungsfähigen Exsudates, und die produktive Komponente (Fungus) kann sich in den Vordergrund drängen oder vielleicht in den leichtesten Fällen auch ganz zurücktreten, sodaß im wesentlichen unspezifische Vorgänge resultieren. Bei schwereren Infektionen hingegen wird reichlich ein derartiges Exsudat gebildet, das wahrscheinlich auf Grund seines Fibrin- und Zellreichtums ausgesprochen verkäsungsfähig ist, das aber auch in den meisten Fällen infolge des Leukozytenüberschusses zu Einschmelzungen neigt, zumal da die stets vermehrte Gelenkflüssigkeit diesen Vorgang noch unterstützen wird. Die produktive Komponente tritt zunächst zurück, sodaß man den Eindruck einer reinen Verkäsung gewinnt.

Es liegt nun nahe, diese verschiedenen Verlaufsformen auch wiederum mit verschiedenen allergischen Zuständen in Zusammenhang zu bringen. Einen solchen Zusammenhang sehen wir z. B. in der Tatsache, daß die schweren käsigen Prozesse nicht selten Begleiterscheinungen einer Frühgeneralisation sind. Bei diesen Erkrankungen darf allerdings auch nicht die Massigkeit der Infektionen vernachlässigt werden; sind es doch zuweilen auch gerade käsige

Gelenktuberkulosen, die infolge Einbruchs eines käsigen Knochenherdes zustande kommen, bei denen also sicher eine plötzliche sehr schwere Infektion vorliegt. Auf der anderen Seite möchte ich noch einmal darauf hinweisen, daß die rein hydropischen oder leichteren fungösen Erkrankungen des öfteren in Fällen vorkommen, bei denen in anderen Organen schon tuberkulöse Prozesse im Sinne der isolierten Tuberkulosen bestehen, bei denen wir also eine gute Ausbildung der positiven Allergie, bezw. relativen Immunität, erwarten können.

Über die weitere Entwicklung der Gelenktuberkulose bis zum Stillstand, bezw. bis zur Heilung des Prozesses vermag ich zunächst Einzelheiten nicht zu bringen. Wir wissen, daß Gelenktuberkulosen mit fibröser Versteifung der Gelenke ausheilen, daß aber unter Umständen auch knöcherne Ankylosen eintreten können. Der letztere Vorgang ist von großem Interesse, weil er auf eine Beteiligung des Knochengewebes hinweist. Eine solche kommt sicher auch in Fällen vor, bei denen der Knochen primär nicht betroffen war. Man sieht vor allen Dingen ein Eingreifen des Granulationsgewebes in die Knochensubstanz hinein. Dabei treten auch Knochenresorptionen auf. Man sieht aber auch wiederum ähnlich wie bei den Knochenerkrankungen selbst in der Nachbarschaft erkrankter Gelenke eigentümliche, fibröse Umwandlungen des Markes. Man erkennt endlich in manchen, offenbar schon lange bestehenden Fällen im Bereich dieser Zonen Knochenneubildungen. Wie aber alle diese Vorgänge im einzelnen miteinander in Zusammenhang stehen, müßte erst durch neue systematische Untersuchungen geklärt werden. Sodann ist noch das Verhalten des Knorpels bei der Gelenktuberkulose zu erwähnen. Es ist bekannt, daß in einigermaßen schweren Fällen der ganze Knorpelüberzug verloren geht. Das geschieht entweder von der Oberfläche aus, oder, wenn der Knochen miterkrankt ist, auch von dort her. Die Resorption erfolgt nicht nur dort, wo sich produktive Tuberkel, bezw. spezifisch tuberkulöses Granulationsgewebe entwickelt, sondern auch im Bereich des völlig unspezifischen Granulationsgewebes und auch im Anschluß an jenes eigenartige gallertige Gewebe, in das sich zuweilen die benachbarten Teile des Knochenmarks umwandeln. Aber es ist nicht allein das gefäßhaltige und gefäßarme Granulationsgewebe, das die Resorption besorgt. Besonders in den Fällen, bei denen ein stark leukozytäres Exsudat vorhanden ist, wird der Knorpel zum Teil schon resorbiert, bevor er von Granulationsgewebe überwuchert ist. Man kann dann erkennen, daß es die Leukozyten sind, die die Resorption herbeiführen. Doch scheint im allgemeinen die völlige Auflösung des Knorpelüberzuges erst zu erfolgen, wenn das Granulationsgewebe, unspezifisches oder spezifisches, in voller Entwicklung ist. Daß das jeweils nach dem äußeren Bilde in den einzelnen Fällen in ganz verschiedener Weise geschehen kann, nämlich vom Rande oder von der Mitte oder auch zunächst in Form mehrfacher Perforationen, mag noch kurz angedeutet werden.

Endlich muß noch die *Entstehung von freien Gelenkkörpern* erwähnt werden. Sie treten gewöhnlich erst in späteren Stadien der Erkrankung auf, und zwar bei den fungösen Formen und bei relativ starkem Fibringehalt des Exsudates. Ich möchte jedoch dazu bemerken, daß mir die Frage, wie oft es tatsächlich bei tuberkulösen Gelenkerkrankungen zur Bildung freier Gelenkkörper kommt, durchaus noch nicht genügend geklärt erscheint. Ich habe den Eindruck, daß auf diesem Gebiete die Differentialdiagnose zwischen tuberkulösen und „rheumatischen" Erkrankungen durchaus noch nicht eine genügend sichere ist.

Daran schließt sich aber sofort wieder die andere Frage, ob vielleicht doch gewisse Beziehungen zwischen Rheumatismus und Tuberkulose bestehen, eine Frage, die wiederum einer systematischen Prüfung wert ist. Was im übrigen die Entstehung der freien Gelenkkörper oder Reiskörper betrifft, so möchte ich mit GOLDMANN auf dem Standpunkt stehen, daß es sich vorwiegend um fibrinoid um-

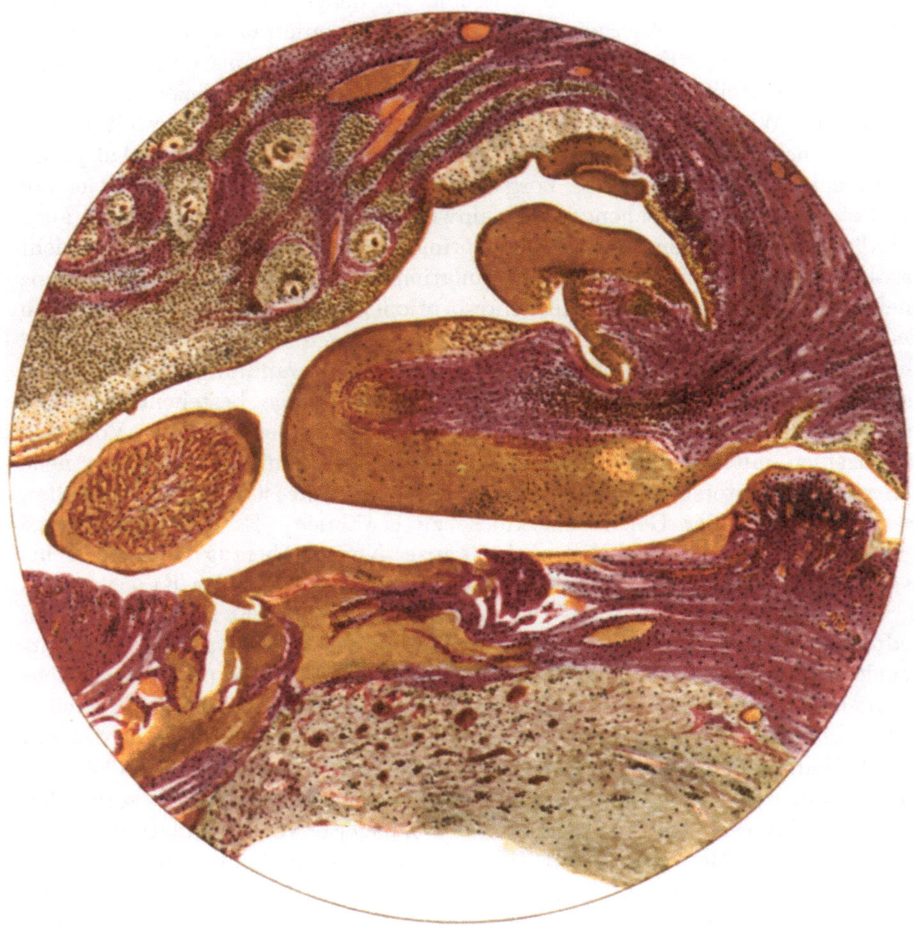

Abb. 101. Ältere Gelenktuberkulose. Oben noch fungöse Massen mit Epitheloid- und Riesenzelltuberkeln. Im übrigen reichlich, rot gefärbtes, fibröses Narbengewebe, das in bräunlich-gelb gefärbte, zum Teil polypenartig gestaltete fibrinoide Massen übergeht. Bildung von freien Gelenkkörpern. VAN GIESON. 22fache Vergr.

gewandelte Auswüchse des Granulationsgewebes handelt, die besonders im Verlauf der fungösen Erkrankung entstehen. Die mikroskopischen Bilder, die darauf schließen lassen, sind zuweilen recht eindrucksvoll und instruktiv (Abb. 101). Die Gelenkkapsel ist fast überall stark verdickt und in ein zähes, grobfasriges, fast hyalines Narbengewebe umgewandelt. Darin befinden sich oft noch reichlich typische Epitheloidzelltuberkel mit Riesenzellen oder auch einzelne oder in kleinen Haufen liegende Riesenzellen allein. Die Innenfläche ist sehr unregelmäßig. Die dort noch stärker hyalinen Gewebsmassen gehen in mehr oder weniger breite, entweder homogene oder sehr grobfaserige und netzförmig aufgequollene, fibrinartige oder fibrinoide Beläge über. An manchen Stellen haben sich aber auch ausgesprochen zottige, kurz oder langstielig aufsitzende und kolbig angeschwollene Ausläufer gebildet. Besonders die kolbigen Veränderungen bestehen dann aus nach VAN GIESON gelblich oder bräunlich gefärbten, fast homogenen, fibrinoiden Massen, in denen man noch aufgequollene, die rote Kollagenfarbe annehmende Fasern in verschiedener Menge erkennen kann, die ihrerseits mit der kollagenen Faserung des Stieles in Verbindung stehen. Manche derartige Kolben lassen nun eine Abblassung der kollagenen Teile in verschiedenen Schattierungen erkennen, die sich in dieser Weise in die fibrinoide Substanz umzuwandeln scheinen. Man kann außerdem allerhand Abschnürungsvorgänge derartig kolbiger Anschwellungen erkennen (Abb. 101). Die mechanische Anspannung der Zotten bei Bewegungen ist dabei zweifellos die treibende Kraft, die schließlich zu einer völligen Loslösung der rundlich-ovalen Gebilde führen kann. So entstehen die freien Gelenkkörper. Bekanntlich können sie zuweilen eine recht ansehnliche Größe erreichen. Sie bestehen übrigens nicht immer aus rein fibrinoiden Massen, sondern enthalten des öfteren auch noch Reste der gequollenen kollagenen Substanz. Das Gelenkmaterial scheint mir im übrigen besonders geeignet, um den ganzen Vorgang der sogenannten fibrinoiden Umwandlung oder Degeneration einer endgültigen Klärung entgegen zu bringen. Die Entstehung der freien Gelenkkörper hängt auch mit der der großartigeren Zottengelenke, auch des sogenannten Lipoma arborescens, zusammen, und auch hier drängt sich wieder die Frage auf, wie weit wir berechtigt sind, derartige Veränderungen mit der Tuberkulose in Zusammenhang zu bringen. In den meisten Fällen hat man es zweifellos nicht mit einer tuberkulösen Erkrankung zu tun, sondern mit der sogenannten Arthritis deformans.

Anhang.

Schleimbeutel und Sehnenscheiden.

Es erübrigt sich, auf die tuberkulösen Erkrankungen der Schleimbeutel und Sehnenscheiden genauer einzugehen, weil im Prinzip der Werdegang dieser Erkrankungen genau dem der Gelenktuberkulosen entspricht. Allerdings pflegen in diesen Gebilden die schwereren Erkrankungen nur recht selten aufzutreten, während den leichteren praktisch sogar eine verhältnismäßig große Bedeutung zukommt. Des öfteren stehen die Veränderungen zwar nicht nur in deutlichen Beziehungen, sondern sogar in direkter Abhängigkeit von Knochen- und Gelenktuberkulosen, aber sie kommen auch selbständig und völlig isoliert vor, und haben eben dann ein nicht geringes praktisches Interesse für den Arzt. Erwähnt sei insbesondere das Hygrom der Schleimbeutel, insbesondere das der Bursa praepatellaris, das im übrigen pathogenetisch und anatomisch dem Hydrops articularis oder auch der fungösen Gelenkentzündung, bis auf die Bildung freier Reiskörper, gleicht. Aber auch bei ihm dürften die Schwierigkeiten der Abgrenzung gegen Prozesse anderer Aetiologie noch nicht genügend beseitigt sein. Was die Sehnenscheiden betrifft, so möchte ich besonders gewisse chronische hartnäckige Erkrankungen erwähnen, die in ihrem histologischen Bilde am ehesten mit den lupösen Erkrankungen der Haut zu vergleichen sind.

Muskeln.

Nur wenige Worte brauchen an dieser Stelle der Tuberkulose der Skelettmuskulatur, bezw. der quergestreiften Muskulatur, gewidmet werden. Eine selbständige Rolle spielt die tuberkulöse Muskelerkrankung nur überaus selten. Ich selbst habe einen derartigen Fall nie gesehen. Auch die Beteiligung an der allgemeinen Miliartuberkulose scheint eine sehr geringe zu sein. Ich habe, ohne allerdings über systematische Untersuchungen zu verfügen, nur hier und da einmal dabei einen interstitiellen Miliartuberkel auffinden können. Dem gegenüber stehen die etwas häufigeren tuberkulösen Erkrankungen, die von Nachbarorganen auf die Muskulatur entweder direkt oder durch Vermittlung der Lymphgefäße fortgeleitet werden. In erster Linie sind in dieser Hinsicht zu nennen die Interkostalmuskeln und ganz besonders das Zwerchfell bei schwereren Pleuritiden oder Peritonitiden. Ferner ist bei Zungentuberkulose gar nicht so selten die Muskulatur mitbetroffen. In allen diesen Fällen handelt es sich gewöhnlich um die Einlagerung von Tuberkeln in mehr oder weniger ausgebreitete interstitielle, chronisch entzündliche Herde. Ich habe aber in einigen Fällen in der Mitte von Muskelbündeln des Zwerchfells und der Zungenmuskulatur auch Herde gesehen, deren Entwicklung zweifellos dieselbe war, wie ich sie für die Miliartuberkel des Myokards geschildert habe. In jenen Herden ließen sich nämlich noch kleine Reste nekrotischer Muskelfasern, übergehend in fibrinoide Substanzen, erkennen, während im übrigen das typische Bild des produktiven Tuberkels mit Lymphozytenwall bestand. Hier waren also noch Zeichen der primären Parenchymschädigung und in gewisser Weise auch der Exsudation vorhanden, während die produktiven Zellmassen erst der nachfolgenden Phase entsprachen.

Haut.

Das Gebiet der Hauttuberkulose ist zwar zweifellos gegenüber allen anderen sowohl klinisch, als auch pathologisch-anatomisch am breitesten und in mancher Beziehung auch am exaktesten durchgearbeitet; das gilt sowohl für die Klassifizierung der großen Anzahl der verschiedenen beschriebenen Krankheitsbilder, die allerdings zum Teil nur aus einer Reihe nicht immer zweckmäßig gewählter Namen besteht, als auch z. B. für die histologische Beschreibung jedes einzelnen dieser Krankheitsbilder. Davon zeugen insbesondere die verschiedenen vorzüglichen Bearbeitungen von dermatologischer Seite, so insbesondere aus den letzten Jahren die von Lewandowsky und die von Gans. Wenn man jedoch zu einer klaren Beurteilung der verschiedenen Erkrankungsformen von allgemein pathologischen Gesichtspunkten aus gelangen will, wozu in erster Linie die Kenntnis der Beziehungen zwischen den Hauttuberkulosen und sonstigen im Körper vorhandenen tuberkulösen Herden, wozu aber auch eine klare und einheitliche Gesamtauffassung des tuberkulösen Prozesses in histogenetischer Beziehung gehört, so bleibt noch sehr viel, in mancher Beziehung noch alles zu tun. Im übrigen kann man wohl sagen, daß kaum ein anderes Gebiet der tuberkulösen Erkrankungen geeigneter erscheint, die möglichen verschiedenen Reaktionsarten des Organismus und ihre Abhängigkeit von schon bestehenden, spezifisch tuberkulösen oder irgendwie unspezifisch bedingten Zuständen bis in alle Einzelheiten zu studieren; besteht doch für die Haut die Möglichkeit, alle nur denkbaren Veränderungen, von den leichtesten und flüchtigsten bis zu den schwersten, in allen ihren Entwicklungsstadien, von ihrem ersten Auftreten an bis zu ihrem endgültigen Ausgang, nicht nur klinisch zu beobachten, sondern auch durch Probeexzision mikroskopisch zu kontrollieren. Dazu gehört aber eine enge Zusammenarbeit zwischen Dermatologen und pathologischem Anatomen. Der Dermatologe darf sich nicht damit begnügen, solche Patienten zu untersuchen, die ihn wegen irgendwelcher Hautleiden aufsuchen, sondern er muß sich auch systematisch mit dem ganzen Krankenmaterial großer Kliniken und Krankenhäuser beschäftigen, um seine Beobachtungen nicht nur an recht vielen Patienten zu machen, die an offenkundigen Tuberkulosen irgendwelcher Organe leiden, sondern auch an zahlreichen anderen Individuen, bei denen eine tuberkulöse Erkrankung klinisch nicht festgestellt ist. Nur so wird mit der Zeit das Material zur Verfügung stehen, um die oben angedeuteten Fragen einer Klärung entgegen zu bringen. Einstweilen kann dem pathologischen Anatomen nichts anderes übrig bleiben, als die verschiedenen tuberkulösen Hauterkrankungen in ähnlicher Weise zu registrieren, wie es die Dermatologen tun. Es befindet sich jedoch leider der pathologische Anatom in dieser Beziehung nicht in derselben günstigen Lage, weil ihm gerade von den selteneren Erkrankungsformen im allgemeinen sehr viel weniger Material zur Verfügung steht als dem Dermatologen. Auch hier wäre schon eine etwas engere Zusammenarbeit zwischen beiden Disziplinen sehr wünschenswert. Zunächst wird es sich deshalb an dieser Stelle nur darum handeln können, die häufigsten und wichtigsten Erkrankungen kurz zu erörtern, während die selteneren nur ganz kursorisch behandelt werden können.

Der Versuch, die *verschiedenen Formen der Hauttuberkulose in unsere Haupterscheinungsformen der Tuberkuloseerkrankung* einzureihen, wird einstweilen nur unvollkommen gelingen. Wir werden überhaupt dazu erst Stellung nehmen können, wenn wir die verschiedenen Veränderungen in ihren Hauptzügen erörtert haben. Daß primäre Hauttuberkulosen zuweilen vorkommen, dürfte außer Zweifel stehen, doch scheint mir ein ganz einwandfreier Fall bisher noch nicht bekannt zu sein. Praktisch läßt sich in allen Fällen, bei denen sicher eine exogene Infektion der Haut stattgefunden hatte, nicht ausschließen, daß auch sonst schon tuberkulöse Herde im Körper und damit allergische Zustände bestanden. Auch bei den übrigen Haupterscheinungsformen der Tuberkulosekrankheit gibt es noch manche Schwierigkeiten für die Beurteilung, sodaß wir einstweilen diese Betrachtungsweise ausschalten wollen, um dann weiter unten noch einmal darauf zurückzukommen.

Die bekannteste und häufigste tuberkulöse Hauterkrankung ist der *Lupus*, oder wenn wir mit GANS die sehr empfehlenswerte Nomenklatur von JADASSOHN annehmen und alle Hauttuberkulosen als „Tuberculosis cutis" bezeichnen, die *Tuberculosis cutis luposa*. Es wurde dieser Krankheit schon an verschiedenen Stellen Erwähnung getan, da sie auch an den der Haut benachbarten Schleimhäuten nicht selten vorkommt. In ihrer Bedeutung treten aber alle diese, meist erst sekundär an eine Hauterkrankung angeschlossene Veränderungen gegen den Hautlupus stark zurück. Die makroskopisch sichtbaren Veränderungen dieser Erkrankung genauer zu schildern, erübrigt sich wohl, da die gründlichsten Beschreibungen in allen dermatologischen Lehrbüchern und spezielleren Bearbeitungen zu finden sind. Die wichtigsten Veränderungen sind die Lupusflecken, ferner Höckerungen und Verhärtungen der Kutis, Abschuppungen der Epidermis, oberflächliche, zuweilen nässende Geschwürchen, und schließlich mehr oder weniger umfangreiche, aber oberflächliche Narbenbildungen. Das histologische Bild ist sehr charakteristisch. Man muß im allgemeinen daran festhalten, daß die wichtigsten Veränderungen in der Kutis selbst, und zwar meist unmittelbar unter der Epidermis gelegen sind. In den markantesten Fällen stellt sich dann das mikroskopische Bild in folgender Weise dar. Die Haut ist etwas vorgewölbt, und die vorgewölbte Stelle ganz dicht durchsetzt von vielfach miteinander konfluierenden Knötchen und Zügen heller Zellen, die in mannigfacher Weise, im Allgemeinen netzartig, durchzogen werden von kleinzelligen, bei allen Kernfärbungen dunkel gefärbten Infiltraten. Bei den helleren Zellen hat man es mit ganz typischen, ziemlich großen Epitheloidzellen zu tun, während es sich bei den netzförmigen Zellzügen im wesentlichen um Lymphozyten handelt. Letztere sind dann oft sehr deutlich im Verlauf der Blutgefäße gelegen. Auch Plasmazellen finden sich gewöhnlich dazwischen in gewisser Menge, manchmal sogar in ansehnlicher Zahl. Aber daß sie, wie Unna ursprünglich wollte, irgend eine besondere Rolle in der Genese des Lupus spielen, ist sicher nicht richtig. Bei stärkeren Vergrößerungen sieht man auch innerhalb der Epitheloidzellmassen mit ihren meist sehr großen, hellen, durchaus epithelähnlichen Kernen, kleinere Wanderzellen mit dunklen, oft auch etwas gelappten Kernen, bei denen man es einerseits mit Lymphozyten, aber sicher z. T. auch mit Leukozyten zu tun hat. Langhanssche Riesenzellen können ganz fehlen, finden sich aber doch meist hier und da in einigen Exemplaren mitten in den Epitheloidzellknötchen, treten in selteneren Fällen sogar ziemlich reichlich auf. Diese ganzen Infiltrate legen sich unmittelbar der Epidermis an; diese ist dann total verstrichen, sodaß Papillen höchstens nur noch andeutungsweise zu erkennen sind. Meist ist dann die Epidermis auch stark verdünnt, jedenfalls im Bezug auf die rein zelligen Bestandteile, während fertige und unfertige Hornlamellen unter Umständen in ziemlich dicker Schicht darüber gelegen sind. Oft wird die Begrenzung zur Epidermis durch eine zwar dünne, aber doch sehr dichte Schicht von Lymphozyten gegeben. Doch kommen auch leichte oberflächliche Ulzerationen vor, im Bereich derer Leukozyten, zuweilen auch in pseudomembranähnliche Gebilde eingeschlossen, vorherrschen können. Nach den tieferen Schichten hin dringen in die Subkutis einige Epitheloidzellknötchen vor. In der Nachbarschaft pflegt dann noch hier und da ein einzelnes derartiges Knötchen, von Lymphozyten umgeben, isoliert in die Subkutis eingelagert zu sein. Ferner finden sich auch nach allen Seiten hin matte Ausstrahlungen von banalen, meist perivaskulären, im wesentlichen aus Lymphozyten und einigen Plasmazellen bestehenden Zellinfiltraten.

Befindet sich die lupöse Erkrankung auf der Höhe ihrer Entwicklung, so ist eine Faserbildung im Bereich der epitheloiden Zellen kaum vorhanden, vielleicht hier und da ganz leicht angedeutet. In weiteren Entwicklungsstadien jedoch treten ganz ähnliche Veränderungen ein, wie auch sonst in Epitheloidzelltuberkeln; d. h. die Faserbildung wird unter Verkleinerung der Zellen und der gesamten Zellmasse, sowohl innerhalb des Knötchens als auch besonders in seiner Peripherie, immer reichlicher. Desgleichen breiten sich die Lymphozytenfelder zwischen den Knötchen und Zügen immer stärker aus, und auch in ihrem Bereich sieht man in Begleitung von Gefäßen immer mehr fasernbildendes Bindegewebe auftreten. Beim Vergleich vieler verschiedener Fälle kann man dann diesen Prozeß immer weiter fortschreiten sehen, bis zum völligen Schwinden der spezifisch tuberkulösen Bestandteile, sodaß schließlich nur ein narbiges, noch reichlich mit Lymphozyten durchsetztes Gewebe übrig bleibt. In dem gleichen Maßstabe pflegt dann auch eine Regeneration der Epidermis wieder aufzutreten, und man kann dann bei fortgeschrittenen Heilungsvorgängen nicht nur sehr dicke Epithelschichten mit umfangreicher, oberflächlicher Verhornung, nicht nur erneute und weit ausgreifende Papillenbildung erkennen, sondern auch mannigfache atypische Epithelwucherungen. Auf die Beziehungen dieser Epithelwucherungen zum Karzinom, dem Lupuskarzinom, sei nur kurz hingewiesen. Am häufigsten sehen wir übrigens dies Ereignis eintreten bei rezidivierenden Lupusformen, d. h. solchen, bei denen es zwar zu partiellen Vernarbungen kommt, aber in ihrem Bereich, zwischen ihnen und in ihrer Nachbarschaft, auch zu immer erneuten Schüben der lupösen Erkrankung. Dann können auch Epithelschädigungen und Epithelregenerationen öfters miteinander abwechseln, wobei zu besonders umfangreichen atypischen Wucherungen Gelegenheit gegeben wird und damit zu einer wichtigen Grundlage der Karzinomentwicklung. Die tiefer in der Subkutis gelegenen Knötchen scheinen sich übrigens bei derartigen Heilungsvorgängen länger zu halten als die oberflächlichen. Um die Wirksamkeit etwaiger therapeutischer Maßnahmen auf die Heilungsvorgänge zu beurteilen, reicht mein Material nicht aus.

Haben wir so die lupösen Veränderungen auf der Höhe ihrer Entwicklung geschildert, und die möglichen Heilungsvorgänge kurz angedeutet, so ist nun noch die Frage zu erörtern, welche Entwicklungsstadien dem voll ausgebildeten Lupus vorhergehen. Im allgemeinen werden die Veränderungen in der Weise geschildert, daß man den Eindruck gewinnen muß, der Lupus entstehe durch eine sozusagen primäre Wucherung der Epitheloidzellen. Da weiterhin eine eigentliche Verkäsung nur selten beobachtet wird, und die Verkäsungen bekanntlich fast allgemein für sekundäre Nekrosen fertiger Epitheloidzellknötchen gehalten werden, so hat man manche weiteren, fast bei jedem Lupus erkennbaren Veränderungen bisher nur wenig beachtet. Auf diese Veränderungen will ich hier noch kurz eingehen. Zunächst möchte ich bemerken, daß ich gewisse Andeutungen von Verkäsungen fast in keinem Fall von Lupus, sowohl der Haut, als auch der Schleimhäute, vermisse. Man findet derartige Veränderungen aber gewöhnlich nicht so sehr inmitten der Herde, sondern viel häufiger in der Peripherie, dort wo der Prozeß in die benachbarten Teile der Kutis fortschreitet. Es handelt sich um sehr unregelmäßig gestaltete, meist ganz kleine nekrotische Felder, in denen man unter Umständen noch deutlich die wellige, fasrige Struktur der Kutis erkennen kann. In diesen Bezirken erkennt man auch mehr oder weniger typische Leukozyten und zuweilen sehr deutliche Netzwerke von feinen oder von aufgequollenen Fasern von fibrinöser oder fibrinoider Beschaffenheit. Man kann auch hier und da erkennen, wie derartige Veränderungen in eine mehr homogene, durchaus anderen Verkäsungen entsprechende Masse übergehen. Man sieht ferner, wie in diese Felder von allen Seiten her typische, oft in die Länge gezogene Epitheloidzellen eindringen, und kann alle Übergänge verfolgen zwischen solchen Bildern und einem rein zelligen Tuberkelknötchen.

Wenn nun zuweilen in solchen Fällen auch weiter in der Peripherie noch rein zellige Knötchen zu erkennen sind, so darf doch kein Zweifel darüber bestehen, daß man es bei den beschriebenen Veränderungen nicht mit einer nachträglichen Nekrose eines Knötchens zu tun hat, sondern daß hier die ersten Entwicklungsstadien des lupösen Prozesses vorliegen. Es ist also auch hier, wenn auch nur in geringem Umfange, an manchen Stellen die primäre Gewebsschädigung, die Exsudation und die Verkäsung zu erkennen, der die produktive Reaktion erst folgt. Eine scharfe Trennung zwischen primärer Gewebsschädigung und Verkäsung scheint sich aber auch hier nicht klar durchführen zu lassen. Ich möchte nun nicht behaupten, daß der Bildung jedes einzelnen Lupusknötchens ein so deutlich faßbares exsudatives Stadium vorhergeht. Es dürfte vielmehr an vielen Stellen dieses Stadium so leicht und flüchtig sein, vielleicht sich hier und da nur in einer ganz geringen Leukozytenansammlung ausdrücken, so daß es im Mikroskop nicht immer ohne weiteres feststellbar sein kann.

Die zweite sehr häufig vorkommende tuberkulöse Hauterkrankung ist die *Tuberculosis cutis colliquativa*, bezw. das sogenannte *Skrofuloderma*. Die letztere Bezeichnung deutet schon darauf hin, daß gewisse Beziehungen zur Skrofulose bestehen und daß die Erkrankung demgemäß auch besonders häufig im jugendlichen Kindesalter auftritt. Für die Beurteilung des ihr zugrunde liegenden pathologisch-anatomischen Prozesses ist es aber von ebenso großer Wichtigkeit, daß, wenn auch viel seltener, doch ebensogut Erwachsene bis ins Greisenalter hinein an dieser Tuberkuloseform erkranken können. Obwohl ich selbst auf diesem Gebiet über sehr viel geringere Erfahrungen verfüge als beim Lupus, so glaube ich doch, daß man mit gleichzeitiger Verwertung der sonstigen Beschreibungen, insbesondere auch in den beiden erwähnten Monographien, zu einer klaren Auffassung dieses Prozesses gelangen kann. Klinisch handelt es sich um umschriebene, derbe Schwellungen, die zuweilen wie Abszesse nach außen durchbrechen. Meist also tritt, der Namengebung entsprechend, eine Verflüssigung ein, und es fragt sich nun, wie diese zustande kommt. Es dürfte kein Zweifel darüber bestehen, daß es sich in solchen Fällen um eine, mit erheblicher Exsudatbildung einhergehende und schnell zur Verkäsung führende Tuberkulose-Erkrankung handelt, bei der es ebenso wie in anderen analogen Prozessen infolge eines Überschusses von Leukozyten zu einer, mit der Verkäsung fast Hand in Hand gehenden, eiterartigen Einschmelzung kommt. Dafür spricht auch die Tatsache, daß in manchen Fällen, die nach dem klinischen Verlauf von vornherein für ein Skrofuloderma gehalten wurden, eine Art von Heilung eintrat, die zu einer umschriebenen, derben Knotenbildung führte; im Mikroskop aber handelte es sich dann um fibrös abgekapselte, verkäste und z. T. verkalkte Herde. In solchen Fällen könnte man von einer abortiven Form der Erkrankung sprechen. Untersucht man aber ihre Produkte auf dem Höhepunkt der Entwicklung, so hat man zentral durchaus dasselbe Bild, wie auch sonst bei einschmelzenden Käseherden, nämlich erhaltene und zugrundegehende Leukozyten, während die Umgebung oft von gewöhnlichem, zellreichen, allmählich in die Umgebung ausstrahlenden Granulationsgewebe gebildet wird, in dem tuberkulöse Veränderungen ganz fehlen können. In anderen Fällen aber findet man noch hier und da mehr oder weniger deutliche Anzeichen einer produktiv tuberkulösen Gewebswucherung. Soweit ich sehe, handelt es sich in allen Lebensaltern um relativ gut heilende Prozesse, was für die Beurteilung des Wesens der Erkrankung nicht ohne Belang ist. Wenn in der Literatur hier und da die Histogenese dieses Prozesses als undurchsichtig bezeichnet wird, so liegt das nur daran, daß die betreffenden Autoren von der aprioristischen Vorstellung ausgingen, jeder tuberkulöse Prozeß müsse durchaus mit der Bildung eines produktiven Tuberkels beginnen. Vermißten sie bei einer derartigen Einstellung in den Frühstadien der Erkrankung das typische Tuberkelknötchen, so mußten sie vor einem Rätsel stehen.

Wenn wir nun zunächst bei den beiden beschriebenen Krankheitsformen stehen bleiben, so läßt sich folgendes sagen. Die kolliquative Tuberkulose, bezw. das Skrofuloderma, erweist sich deutlich als eine Ablaufsform, die sich bei einem entweder lokal oder allgemein bedingten hyperergischen Zustand abspielt. Dem entspricht auch die Tatsache, daß sie besonders häufig im jugendlichen Alter und wohl hier und da auch als Begleiterscheinung der Frühgeneralisation, vorkommt. Oder sie entwickelt sich im Rahmen einer auch sonst evidenten, skrofulösen Erkrankung, bei der, wie wir wissen, Überempfindlichkeitsreaktionen, gewöhnlich mit gutem Ausgang, garnicht selten sind. Auch die Fälle, die bei Erwachsenen beobachtet werden, kann man dann in derselben Weise erklären, denn nach unseren hier entwickelten Anschauungen können die Bedingungen für eine Überempfindlichkeitsreaktion in jedem Lebensalter und bei jeder Tuberkuloseverlaufsform vorkommen. *Haben wir hier also eine Erkrankung mit stürmischer exsudativer Phase und eventuell ganz zurücktretender spezifisch produktiver Reaktion, so liegen beim Lupus die Verhältnisse gerade umgekehrt.* Wir werden also bei dieser Erkrankung einen allgemein oder lokal bedingten, hoch entwickelten Zustand einer positiven Allergie, bezw. relativen Immunität, erwarten können, unter dessen Einfluß eben die exsudative Komponente sehr flüchtig sein und weit zurücktreten kann, während sich die produktive ganz in den Vordergrund drängt. Dem entsprechen nun auch gewisse Lupusformen, die sich im Anschluß an benachbarte oder entferntere chronische Organtuberkulosen entwickeln. Dem entsprechen aber auch jene Lupusformen, die durchaus für sich selbst als isolierte chronische Organerkrankungen aufzufassen sind. Ich verfüge über einige Sektionsfälle mit ganz gewaltig ausgebreiteten lupösen Haut- und Schleimhautveränderungen, bei denen sonst von tuberkulösen Veränderungen im Körper nichts weiter festzustellen war als ein völlig abgelaufener Primärkomplex.

Auf die sonstigen Verhältnisse von zahlreichen, teils sicheren, teils zweifelhaften Tuberkuloseformen der Haut an dieser Stelle genauer einzugehen, muß ich mir versagen. Einesteils reicht mein Material dazu nicht aus, andererseits könnte ich für das vorhandene Material nur solche Beschreibungen wiederholen, wie sie auch an verschiedenen anderen Stellen zu finden sind. Nur auf einige wenige dieser Tuberkuloseformen möchte ich noch mit kurzen Worten eingehen. Was zunächst den sogenannten *Leichentuberkel* (Tuberculum anatomicum) betrifft, so kann ich mich nicht davon überzeugen, daß es sich in allen Fällen um gleichartige Erkrankungen handelt. Ich habe Fälle gesehen, in denen das Bild mehr an Lupus erinnerte, und andere, bei denen es wie beim Skrofuloderma zu eitrigen Einschmelzungen und selbst zum Durchbruch in die Fingergelenke gekommen war, endlich wieder andere, bei denen mehr die Zeichen einer Tuberculosis verrucosa cutis vorhanden waren, also jener relativ leichten, mit Hyperkeratosis einhergehenden Erkrankung, die ja am häufigsten bei

Schlächtern beobachtet und dann zwanglos auf eine Infektion mit dem Typus bovinus zurückgeführt wird. Ich möchte meinen, daß die Entwicklung der Leichentuberkel von mehreren verschiedenen Faktoren abhängig ist und das Bild demgemäß auch ein verschiedenes sein muß. Von diesen Faktoren sind zu nennen: die Infektionsdosis, die Bazillenart (Typus bovinus und Typus humanus) und die lokale und allgemeine Reaktionsfähigkeit des Körpers, die ja, wie wir wissen, wiederum von mehreren verschiedenen Faktoren, insbesondere von etwa sonst im Körper vorhandenen tuberkulösen Herden abhängig ist.

Über die hier und da erwähnte *Beteiligung der Haut an der allgemeinen Miliartuberkulose* habe ich insofern keine Erfahrungen, als ich typische tuber-

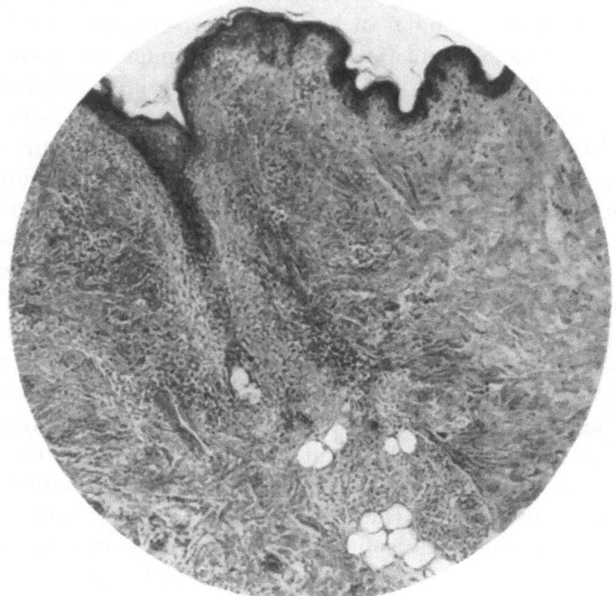

Abb. 102. Lichenoide Infiltration der äußeren Haut bei allgemeiner Miliartuberkulose. $2^3/_4$jähr. ♀. 58fache Vergr.

kulöse Veränderungen dabei noch nicht gesehen habe. Sie mögen deshalb auch sehr selten sein, da meine Untersuchungen sich über eine verhältnismäßig große Zahl von Fällen erstrecken. Ich möchte mich aber auch dagegen wenden, daß tuberkulöse Herde der Haut nur deswegen als zur Miliartuberkulose gehörig bezeichnet werden, weil sie sicher auf dem Blutwege entstanden sind. Ich bin z. B. der Meinung, daß anatomisch der oft zitierte Fall von HEDINGER eher zu der Tuberculosis colliquativa gehört. Wenn ich oben sagte, daß ich spezifisch tuberkulöse Veränderungen der Haut bei allgemeiner Miliartuberkulose noch nicht gesehen habe, so möchte ich dem hinzufügen, daß zuweilen andere Veränderungen vorkommen, die ein besonderes Interesse verdienen. Ich habe sie in einigen Fällen bei Kindern gesehen, an deren Leichenhaut allerdings makroskopisch allenfalls eine leichte, fleckige Rötung festzustellen war. Mikroskopisch handelte es sich um einkernige, vorwiegend lymphozytäre Zellinfiltrate der Kutis, die nur zum geringen Teil perivaskulär gelegen sind, zum größeren Teil sich um

Haarbälge, Talg- und Schweißdrüsen und ihre Ausführungsgänge gruppierten (Abb. 102). Diese Veränderungen haben große Ähnlichkeit mit solchen, wie sie allein oder als Begleiterscheinung des Lichen scrofulosorum beschrieben worden sind. In meinen Fällen liegen jedenfalls ganz unspezifische leichtere, flüchtige Entzündungserscheinungen vor, und wir werden damit an gewisse, als Tuberkulide bezeichnete Erkrankungen erinnert, deren Zugehörigkeit oder deren Beziehungen überhaupt zur Tuberkulose im einzelnen noch nicht genügend geklärt sind. Es ist mir nicht möglich, auf diese Erkrankungen einzugehen, weil ich noch weniger wie die Dermatologen etwas Abschließendes darüber zu sagen wüßte. Wahrscheinlich wird sich ein Teil von ihnen in jene Symptome einreihen lassen, die LIEBERMEISTER seinem zweiten Stadium zuschreibt, und die PONCET als entzündliche Tuberkulosen bezeichnet. Aber es ist nicht unwahrscheinlich, daß ein Teil dieser Hauterscheinungen auch auf eine andere Aetiologie zurückzuführen ist, vielleicht auch mit den rheumatischen Erkrankungen etwas zu tun hat. Dabei erhebt sich dann aber auf der anderen Seite wieder die Frage, ob nicht auch der Rheumatismus zu den tuberkulösen Erkrankungen Beziehungen haben kann. Ich möchte zum Schluß dieser kurzen Andeutungen noch einmal meiner Meinung dahin Ausdruck geben, daß eine Klärung aller dieser noch offenen Fragen nicht allein durch den Dermatologen oder überhaupt den Kliniker herbeigeführt werden kann, sondern daß auf diesem Gebiet tatsächlich nur die enge Zusammenarbeit mit der pathologischen Anatomie einen Erfolg verspricht.

Nervensystem.

1. Die tuberkulöse Leptomeningitis.

Es gibt kaum ein Kapitel der Tuberkuloseforschung, das so viele Irrtümer aufweist, als das der tuberkulösen Leptomenigitis. In fast allen älteren und alten Darstellungen wird das Exsudat und werden Knötchen erwähnt. Aber wie diese beiden Produkte der Tuberkulose-Erkrankung zeitlich, bezw. kausal sich zueinander verhalten, ist kaum je richtig erkannt worden. So betont z. B. BIRCH-HIRSCHFELD in seinem Lehrbuch (4. Aufl., II/1, S. 268), daß die Knötchen stets vor dem Exsudat auftreten und setzt diese Behauptung sogar in Sperrdruck. Andererseits findet man wohl in den meisten neueren Darstellungen, besonders denen von klinischer Seite, die Angabe, daß in frischen Fällen typische Leukozyten im Liquor nachweisbar sind. Auch der Fibringehalt des Liquor (Spinngewebegerinnsel) spielt eine nicht geringe Rolle. Aber die Konsequenzen sind in klarer Weise, soweit ich sehe, bisher noch nie gezogen worden.

Zerebrale Leptomeningitis.

Über die Pathogenese der tuberkulösen Leptomeningitis sind sich allerdings heutzutage wohl die meisten Forscher einig. Schon die Tatsache, daß die Erkrankung in einer großen Anzahl der Fälle eine Begleiterscheinung der allgemeinen Miliartuberkulose ist, zeigt mit aller Deutlichkeit, daß auch sie auf dem Blutwege entsteht. Wir können weitergehen und sagen, daß mit einigen wenigen Ausnahmen alle tuberkulösen Leptomenigitiden auf dem Blutwege zustande kommen. Finden wir doch auch in Fällen ohne allgemeine Miliartuberkulose die Zeichen einer haematogenen Aussaat, z. B. in Gestalt von einigen miliaren Milztuberkeln und oft einigen miliaren Tuberkeln in den Lungenspitzen. Daß der Lymphweg überhaupt nicht in Betracht kommt, braucht heute kaum noch besonders betont zu werden. Die Vorstellung, daß etwa eine Infektion der weichen Hirnhäute von einer tuberkulösen Erkrankung der Tonsillen oder der Halslymphknoten auf dem Lymphwege entstehen könnte, ist schon darum unmöglich, weil direkte Lymphgefäßverbindungen garnicht bestehen. Außerdem finden sich in den seltensten Fällen von Meningitis derartige Erkrankungen im Bereich des Halses. Wenn wir vielmehr nachsehen, in welchem Verhältnis die tuberkulöse Leptomeningitis zu anderweitigen tuberkulösen Erkrankungen des Körpers steht, so finden wir sie zunächst häufig als Miterkrankung bei der Frühgeneralisation; wir begegnen des ferneren ähnlichen Verhältnissen wie bei der allgemeinen Miliartuberkulose. Das ist ohne weiteres klar für diejenigen Fälle, in denen beide Erkrankungen vorhanden sind. Aber auch die Meningitis allein zeigt in weitem Maße jenes Ausschließungsverhältnis gegen Organtuberkulosen, wie wir es für die allgemeine Miliartuberkulose festgestellt haben. Wenn wir diese Verhältnisse im einzelnen etwas genauer ansehen, so läßt sich etwa folgendes feststellen: Sehr häufig ist die tuberkulöse Leptomeningitis im Säuglings- und frühen Kindesalter, und zwar dort eben gewöhnlich zusammen mit einer Frühgeneralisation, in selteneren Fällen mit einer Spätgeneralisation (nach vollständiger oder partieller Abheilung des Primärkomplexes). Aber auch ohne allgemeine Generalisation ist die Erkrankung im frühen Lebensalter recht häufig. Man kann nicht leugnen, daß das auf einer besonderen Empfindlichkeit der weichen Häute beruhen muß, und man kann Aschoff zustimmen, wenn er diese besondere Empfindlichkeit mit dem besonders intensiven Wachstum des Gehirns im jugendlichen Lebensalter zusammenbringt. In späteren Lebensaltern und beim Erwachsenen liegen die Verhältnisse insofern etwas anders, als Frühgeneralisationen kaum mehr in Betracht kommen. So findet man bei ihnen die Meningitis in den meisten Fällen als Begleiterscheinung einer allgemeinen Miliartuberkulose (Spätgeneralisation). Seltener ist bei Erwachsenen die isolierte Erkrankung der weichen Hirnhäute. Aber noch einmal mag betont werden, daß das erwähnte Ausschließungsverhältnis auch dann fast ausnahmslos vorhanden ist. Nebenbei mag bemerkt werden, daß bei isolierter Leptomeningitis zuweilen ein Trauma als das auslösende Moment zu verzeichnen ist. Daß im übrigen die weichen Hirnhäute des Erwachsenen nicht gerade besonders empfindlich gegen die tuberkulöse Infektion sind, scheint mir daraus hervorzugehen, daß bei der allgemeinen Miliartuberkulose sich gewöhnlich erst nach wochenlangem Bestehen die ersten Symptome der Meningitis zeigen, wie es aus unserer Zusammenstellung (Huebschmann und Arnold) hervorgeht und wie es sich immer wieder an neuen Fällen bestätigen läßt.

Alle diese Ausführungen gelten für die allgemeine und typische Leptomeningitis tuberculosa, deren Merkmale wir sogleich schildern werden. In vereinzelten Fällen kann nun diese Erkrankung auch noch in anderer Weise zustande kommen, nämlich durch eine Kontaktinfektion von benachbarten Organen oder von der Gehirnsubstanz aus. So sehen wir hier und da einmal eine Meningitis bei perforierender Schädeltuberkulose und Miterkrankung der harten Hirnhaut auftreten. So sehen wir auch, daß sich hin und wieder die Erkrankung an einen sogenannten Solitärtuberkel der Gehirnsubstanz anschließt. In solchen Fällen kann sich, wie gesagt, auch eine typische allgemeine Erkrankung der weichen Hirnhäute ausbilden. Doch zeigt diese dann unter Umständen insofern Abweichungen von dem gewöhnlichen Bild, als an der Infektionsstelle selbst die Veränderungen am stärksten entwickelt sein können, und noch mehr als das, es sind das diejenigen Fälle, in denen man unter Umständen nur eine lokale Erkrankung der Infektionsstelle und ihrer Nachbarschaft allein feststellen kann. Auf weitere Besonderheiten dieser Erkrankungsform werde ich weiter unten eingehen.

Wenn wir nach diesen allgemeinen Bemerkungen zur Schilderung des *Sektionsbefundes bei der tuberkulösen Leptomeningitis* übergehen, so läßt sich folgendes sagen: nach Entfernung des Schädeldaches wölbt sich gewöhnlich die harte Hirnhaut in ziemlich stark gespanntem Zustand vor. In Fällen, die sehr lange gedauert haben, kann man sogar an der Innenfläche des Schädeldaches schon eine gewisse Rauhigkeit feststellen, die auf einer beginnenden Resorption der Tabula interna in Folge des lange erhöhten Hirndruckes beruht. Die Blutleiter der harten Hirnhaut pflegen ohne Besonderheiten zu sein. Nur in Fällen, in denen der Tod unter den Zeichen der Atemlähmung erfolgte, ist das Blut flüssig geblieben. Nach Abhebung der harten Hirnhaut quillt das Gehirn gewöhnlich stark hervor. Die Gründe dafür sollen gleich besprochen werden. Bei Herausnahme des Gehirns läßt es sich nicht vermeiden, daß die Arachnoidea einreißt und sich der Liquor entleert. Ich pflege bei dieser Gelegenheit vor Durchschneidung der Medulla oblongata mit einer Pipette so viel wie möglich Liquor zur sofortigen Untersuchung zu entnehmen. In allen Fällen kann man schon an der Menge der Flüssigkeit, die sich im Foramen magnum ansammelt, erkennen, daß der Liquor cerebrospinalis bedeutend vermehrt ist. Er ist im übrigen nur sehr selten (in ganz frischen Fällen) klar, meist mehr oder weniger stark getrübt, doch niemals soweit, daß man im engeren Sinne von einer eitrigen Flüssigkeit sprechen könnte. Die sofortige mikroskopische Untersuchung des Liquors ist ebenso wichtig wie interessant. In dem entweder durch Absetzen oder durch Zentrifugieren gewonnenen Bodensatz findet man im Prinzip drei verschiedene Zellarten: 1. typische Leukozyten, 2. lymphozytenartige Zellen, 3. größere, oft aufgeblähte Zellen mit hellem Kern, makrophagenartig, welch letztere, wie wir sehen werden, als endotheliale, bezw. ependymale Elemente zu deuten sind. Nun finden sich diese Zellen aber nicht regellos durcheinander, sondern es läßt sich ganz einwandfrei feststellen, daß, je frischer die Erkrankung ist, um so reichlicher Leukozyten vorhanden sind, daß im Gegenteil die lymphozytenartigen Zellen immer mehr im Vordergrund stehen, je länger die Erkrankung bestand. Die größeren makrophagenartigen Zellen pflegen in den frischeren Stadien reichlicher zu sein als in den älteren. Ebenso interessant wie diese zytologischen Befunde ist das Verhalten der Tuberkelbazillen. Sie finden sich nämlich in reichlicheren Mengen nur in den frischen Fällen, und dann eingeschlossen in die Leukozyten und Makrophagen, seltener frei liegend. In den späteren Stadien fehlen sie sehr oft ganz, oder sind nur nach langem Suchen in einzelnen wenigen Exemplaren aufzufinden. Auch dann liegen sie vorwiegend in den Makrophagen, während die lymphozytenartigen Zellen nur sehr selten irgendwelche direkten Beziehungen zu ihnen zu haben scheinen. Bemerkt mag noch werden, daß sich in der übrig bleibenden Flüssigkeit, besonders dann, wenn es sich um frische Fälle handelt, zuweilen ein feines spinngewebeartiges Fibringerinnsel absetzt.

Makroskopisches Verhalten der allgemeinen tuberkulösen Leptomeningitis. Diese gewöhnliche Form der tuberkulösen Leptomeningitis wird bekanntlich von Meningitiden anderer Aetiologie auch durch die Benennung „Basilarmeningitis" abgegrenzt. Diese Benennung entspricht ebenso den klinischen Symptomen wie dem anatomischen Befunde, finden wir doch tatsächlich ausnahmslos bei der Sektion die schwersten Veränderungen an der Gehirnbasis. Die Frage, warum diese Lokalisation so regelmäßig vorkommt, ist meines Wissens noch niemals klar gestellt oder gar beantwortet worden. Ich habe darüber folgende Vorstellung. Die Tuberkelbazillen, die auf dem Blutwege in das Gehirn, in die weichen Häute und in die Plexus chorioidei eingeschwemmt werden, verlassen an verschiedenen Stellen im Bereich der Kapillaren, namentlich denen der Chorioidealplexus, die Blutbahn, gelangen in die perivaskulären Lymphräume, in die Subarachnoidealräume und in die Ventrikel, werden von dort aus weiter transportiert und konzentrieren sich in weitem Maße in den basalen Zysternen, ehe sie dann weiter abtransportiert werden. Ich werde an verschiedenen Stellen noch auf diese Verhältnisse eingehen. Infolge dieser Konzentration an der Basis werden nun dort die intensivsten Gewebsschädigungen gesetzt, infolge derer dort auch die stärksten Reaktionsvorgänge auftreten.

Das Bild der typischen, voll ausgebildeten tuberkulösen Leptomeningitis ist ein sehr charakteristisches. Vom Pons an bis über die Sehnerven hinaus und seitlich am Kleinhirn und nach den Sylviischen Furchen hin ist die unter normalen Verhältnissen stets ungemein deutliche Zeichnung der dort verlaufenden großen Arterien und aller von ihnen abgehenden Verästelungen verwaschen oder total verschwunden. Obwohl die bedeckende Arachnoidea nach außen glatt und spiegelnd ist, erscheint die ganze Gegend undurchsichtig und von eigentümlich grau-gelblicher, oft selbst etwas ins Grünliche opaleszierender Beschaffenheit. Beim Einschneiden fließt sofort etwas trübe Flüssigkeit ab und man erkennt, daß zwischen Arachnoidea und der Oberfläche der Gehirnteile sich eine fast flüssige, nur leicht getrübte Masse befindet, etwa von jener Beschaffenheit, die man beim Einschneiden in einen Quallenkörper feststellen kann. Man spricht deshalb mit Recht auch von einem sulzigen Exsudat. Ganz ähnlich liegen dann auch die Verhältnisse, wenn man etwa in die Sylviischen Furchen einzudringen versucht. Das gelingt meist nicht ohne Substanzverlust, da die Gehirnsubstanz gewöhnlich äußerst weich und zerreißlich ist. In den Sylviischen Furchen erkennt man dann die gleiche sulzige Durchtränkung der Subarachnoidealräume. Diese Veränderungen erstrecken sich nun in verschiedener Ausdehnung seitlich über das Kleinhirn hin, ferner über die basalen Teile der Großhirnlappen. Jedoch verlieren sie überall sehr schnell an Intensität. Ziemlich selten ist es möglich, ein eigentliches sulziges Exsudat in einigen seitlichen Furchen des Großhirns oder gar auf der eigentlichen Konvexität festzustellen. Dagegen ist zuweilen in ganz frischen Fällen ein weitgehendes allgemeines Oedem mit geringer Trübung über dem ganzen Gehirn zu erkennen. Ist der Prozeß aber einmal auf der Höhe seiner Entwicklung, so kann das Oedem auf der Konvexität ganz geschwunden sein. Man sieht hingegen die Zeichen einer allgemeinen schweren Hirnschwellung. Die Furchen der Konvexität sind dann fast verstrichen, die Windungen mehr oder weniger abgeplattet, die größeren Piavenen aber gewöhnlich noch ziemlich stark gefüllt. In seltenen Fällen kann man auch einmal eine frische Thrombose einzelner oder mehrerer Venen feststellen. Das Gehirngewicht pflegt in solchen Fällen bedeutend, um 10—20, ja 25—30%, vermehrt zu sein. Weiterhin ist natürlich in allen Fällen eine erhebliche Hyperaemie in Form eines ausgesprochenen, deutlich injizierten feinen Gefäßnetzes zu erkennen.

Was nun das Vorhandensein von Knötchen betrifft, so gibt es ganz gewiß zahlreiche Fälle — und es handelt sich dann wiederum um die frischen, beginnenden —, in denen zumindesten einige Phantasie dazu gehört, um sie überhaupt feststellen zu können. Am ehesten erkennt man dann in den SYLVIschen Furchen eine gerade angedeutete feinste Körnelung, ohne daß zunächst deutliche Beziehungen zu den Gefäßen ins Auge fallen. In anderen Fällen werden dann allerdings Knötchen deutlich sichtbar, jedoch bleiben sie gewöhnlich sehr klein, d. h. sie erreichen kaum je wirkliche Hirsekorngröße, sondern bleiben nur etwa stecknadelkopfgroß und kleiner. Wenn man in solchen Fällen eine Arterie herauszupft, läßt sich schon mit bloßem Auge erkennen, daß diese Knötchen in spindelförmigen Anschwellungen der Arterienwand bestehen. In derartigen Fällen lassen sich dann auch Knötchenbildungen an anderen Stellen mit Deutlichkeit konstatieren, so vor allen Dingen dort, wo sich das Exsudat auf die seitlichen Kleinhirn- und Großhirnteile etc. erstreckt. Auch hat man den Eindruck, daß sich manche direkt auf der Innenfläche der Arachnoidea befinden.

Sind das die Gehirnveränderungen, denen man bei der äußeren Betrachtung begegnet, so fallen nach dem Durchschneiden des Gehirns, wozu sich für die Orientierung zunächst ein Horizontalschnitt besonders eignet, weitere wichtige Veränderungen ins Auge. Das ist zunächst der kaum je zu vermissende Hydrozephalus internus. Besonders die Seitenventrikel sind erweitert und mit gewöhnlich nur verhältnismäßig leicht getrübtem Liquor gefüllt. In länger dauernden Fällen läßt sich zuweilen auch eine feine Granulierung des Ependyms in Form einer sogenannten Ependymitis granularis feststellen. Das Gewebe der Chorioidealgeflechte hingegen ist wiederum sehr stark sulzig infiltriert und zuweilen selbst von eiterähnlichen, bezw. eitrig-fibrinösen Massen belegt und durchsetzt. Auch dort lassen sich dann unter Umständen mehr oder weniger deutlich Knötchen feststellen. Die Gehirnsubstanz selbst zeigt stets ein erhebliches Oedem, ist in frischeren Fällen noch recht blutreich, ja hyperaemisch, in länger bestehenden hingegen blaß und ganz besonders stark aufgequollen. Weiter erkennt man nun, und zwar auch im wesentlichen bei schon voll entwickelten Fällen, daß sich an verschiedenen Stellen auch in der Tiefe mancher besonders der Basis nahe gelegener Furchen dasselbe sulzige Exsudat befindet wie an der Basis und daß dieses Exsudat sich nach der Oberfläche zuweilen verliert. Gerade an solchen Stellen kommen dann auch zuweilen kleine, in Gruppen stehende Blutungen in der angrenzenden Gehirnsubstanz zur Beobachtung. Nur in seltenen Fällen entwickeln sich solche Blutungen an sehr viel verschiedenen Stellen und bilden so eine wesentliche Begleiterscheinung der Erkrankung. Unter Umständen sind die Fälle, bei denen derartige Blutungen überhaupt vorhanden sind, dieselben, bei denen auch eine Thrombose größerer Piavenen festgestellt wird.

Endlich muß noch eine weitere wichtige Veränderung erwähnt werden. Während an dem von außen sichtbaren Exsudat nur recht selten Bilder zu erkennen sind, die auf eine Verkäsung hindeuten, sind derartige Veränderungen garnicht so selten in der Tiefe der Furchen. Es handelt sich dabei gewöhnlich um Fälle aus den ersten Lebensjahren, insbesondere solchen, bei denen die Erkrankung der Meningen die Begleiterscheinung einer Frühgeneralisation ist. Die Bilder sind dann gewöhnlich so, daß gelbliche, allerdings sehr weiche, käseähnliche Massen von geringer Ausdehnung entstehen, und diese käsigen Partien auch schon bei makroskopischer Betrachtung deutlich in die angrenzende Hirnsubstanz oberflächlich eingreifen.

Mikroskopische Untersuchung. Bezüglich des Liquorbefundes wird auf die Ausführungen auf S. 437 verwiesen. Im übrigen muß die erste anzuwendende Untersuchungsmethode jene altbewährte sein, bei der einige Arterienäste herausgezupft und entweder in frischem Zustand mit einer physiologischen Lösung oder nach der Fixierung in Formalin in Wasser, bezw. auch nach der Färbung mit Haematoxylin etc. untersucht werden. So gut und empfehlenswert diese Methode auch ist und bleiben wird, so wird man doch auch bei ihr Enttäuschungen erleben, wenn man es durchaus darauf absieht, ausgesprochene Knötchen zu demonstrieren. Es wurde ja schon oben erwähnt, daß derartige Knötchen in etwas länger bestehenden Fällen schon mit bloßem Auge sichtbar sind, während man sie bei frischen Fällen vergeblich suchen wird. Das bestätigt nun auch die mikroskopische Untersuchung. Sind Knötchen makroskopisch sichtbar, so erkennt man sie um so deutlicher im Mikroskop als scharf umschriebene, spindelförmige Anschwellungen des Arterienrohres. Schon bei der frischen Untersuchung, noch besser bei gewöhnlichen Färbungen, erweisen sich diese Anschwellungen als dichte Zellanhäufungen, und zwar pflegen es in den meisten Fällen gleichmäßig verteilte, kleinzellige Elemente zu sein. Ganz selten einmal werden in gefärbten Präparaten auch Zonen erkannt, die infolge ihrer helleren Färbung an Epitheloidzellanhäufungen erinnern, und die sogar ganz selten einmal mehr oder weniger deutlich eine LANGHANSsche Riesenzelle erkennen lassen. In mindestens ebenso vielen, so weit meine neueren Erfahrungen reichen, sogar viel zahlreicheren Fällen, sind aber umschriebene Knötchen an den Arterien nicht vorhanden. Wohl aber sieht man dann auf kürzere oder weitere Strecken eine lockere Einscheidung der Arterienwandungen in kleinzellige Massen. Die Erklärung hierfür kann erst durch die mikroskopische Untersuchung in Schnittpräparaten gegeben werden.

Solche Untersuchungen können in der Weise angestellt werden, daß man größere Konvolute von Arterien mit den anhängenden weichen Häuten aus dem Gehirn herauszieht, fixiert und wie ein Gewebsstück einbettet und auf dem gewöhnlichen Weg weiter untersucht. Empfehlenswerter ist aber die Untersuchung in der natürlichen Lage. Auch hierfür möchte ich raten, das Gehirn nicht in frischem Zustand zu zerschneiden, sondern zuerst durch Einlegen in Formalin, eventuell nach vorheriger Injektion der Arterien, zu fixieren und erst nach gründlicher Durchhärtung die weitere Untersuchung vorzunehmen. Hierdurch bleiben alle normalen und pathologischen Bestandteile in ihrer natürlichen Lage erhalten, was gewiß für die Beurteilung der oft recht komplizierten Bilder sehr zweckmäßig ist. Daß sich gerade auch für diese Untersuchungen die VAN GIESON-Färbung am besten bewährt, möchte ich noch besonders betonen. Gerade hier ist es äußerst wichtig, feinere Fasermassen von anderen Gebilden zu unterscheiden, was z. B. bei der gewöhnlichen Haematoxylin-Eosin-Färbung unter Umständen ganz unmöglich ist. Auch eine gleichzeitige Elastika-Färbung, insbesondere zur Differenzierung der stark veränderten Gefäße kann unter Umständen sehr nützlich sein.

Am besten eignen sich natürlich für das Studium der am meisten charakteristischen Veränderungen jene basalen Hirnteile, an denen man schon makro-

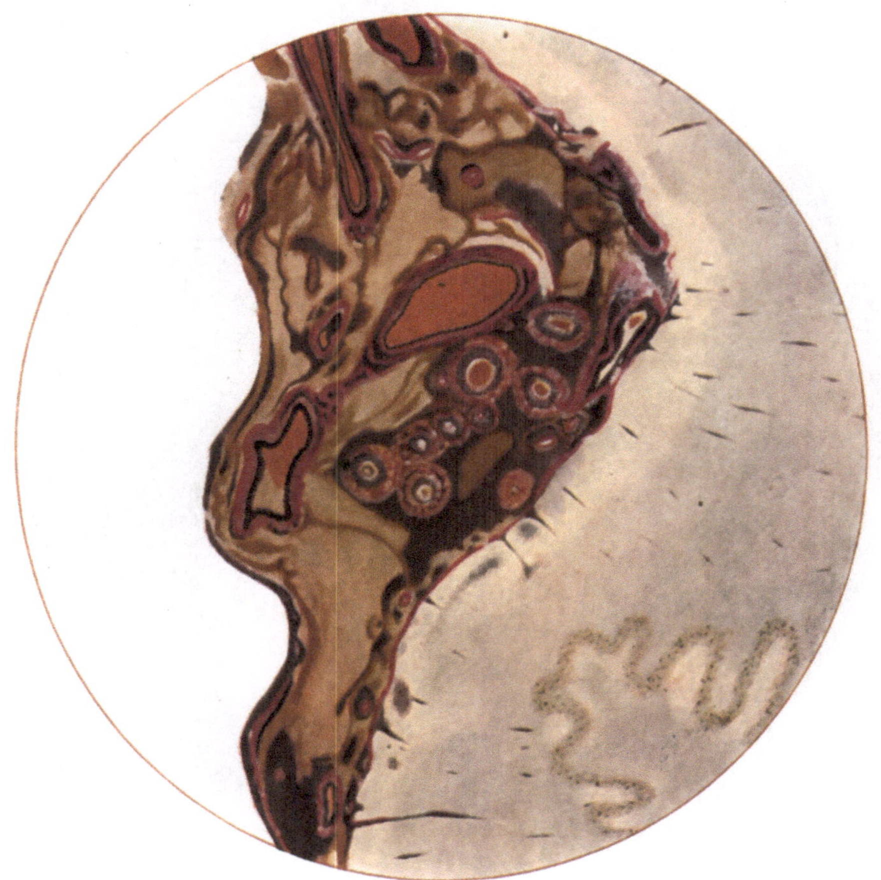

Abb. 103. Frische tuberkulöse Leptomeningitis im Bereich des Kleinhirns. Keine eigentliche Tuberkelbildung. Bräunlich gefärbtes, meist homogenes Exsudat. Umfangreiche Zellwucherung in allen Gefäßschichten. Genauere Beschreibung im Text. Elastika : VAN GIESON. 13fache Vergr.

skopisch am reichlichsten Exsudat findet. In Schnittpräparaten von solchen Teilen läßt sich folgendes feststellen (Abb. 103 u. 104). Man erkennt oft sehr deutlich, fast deutlicher als unter normalen Verhältnissen, die feinen Netzfäden bezw. weiten Maschen des subarachnoidalen Piageflechtes, und diese Maschen sind gefüllt mit einer gleichmäßig geronnenen, nur ganz hell gefärbten Oedemmasse, teils mit feinen Fibrinnetzen. Am häufigsten jedoch sieht man gleichmäßiges geronnenes Oedem, das von den feinen Fibrinnetzen ungleichmäßig stark durchsetzt wird. In der Gegend der durchgehenden Gefäße oder auch in den Winkeln zwischen aneinander liegenden Gefäßen, oder endlich dort, wo die Furchen in die Hirnmasse eingreifen, liegen gewöhnlich die Fibrinmassen sehr viel dichter. In diese Gerinnungsmassen sind nun Zellen von verschiedener Menge suspendiert. Am reichlichsten sind diese Zellen im Bereich der Gefäße, z. B. auch nahe der Gehirnoberfläche. Entsprechend dem Liquorbefund handelt es sich in frischen Fällen vorwiegend oder fast ausschließlich um gelapptkernige Leukozyten.

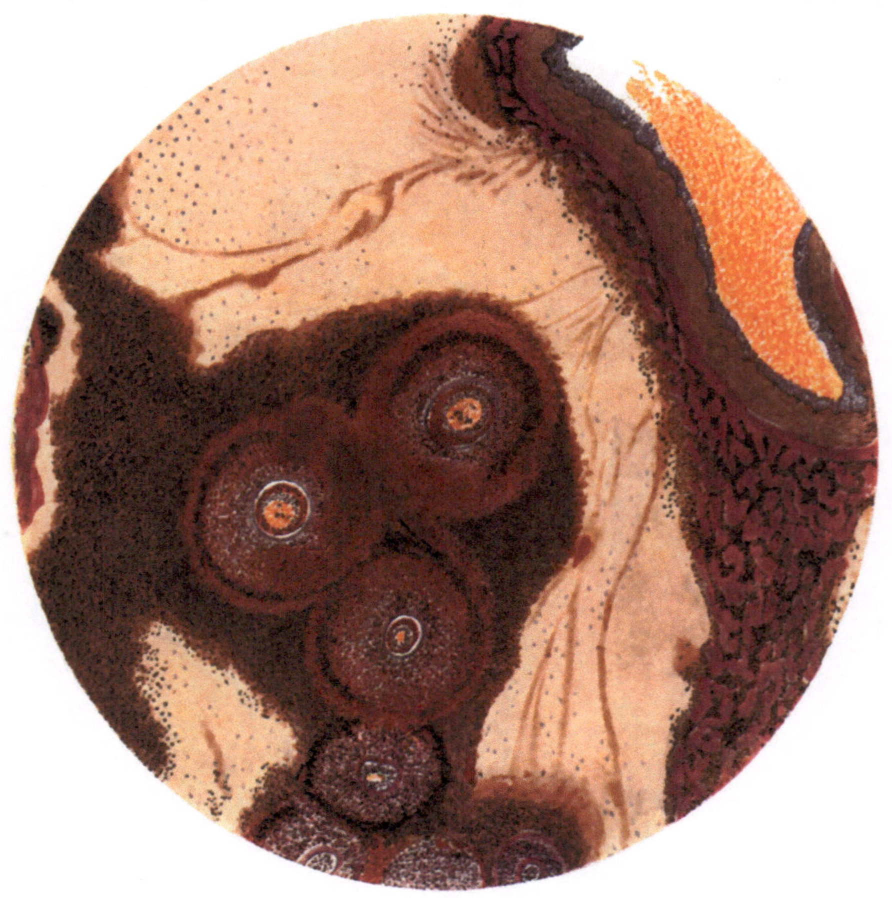

Abb. 104. Leptomeningitis tuberculosa von demselben Fall wie Abb. 103. Rechts oben Intimareaktion einer größeren Arterie. In der Mitte fibrinoide Umwandlung kleinerer Arterien und umfangreiche Zellwucherung in allen Schichten, besonders von der Adventitia ausgehend. Im bräunlichen Exsudat sind Fibrinstreifen und Zellen sichtbar. Keine eigentliche Tuberkelbildung. Elastika: van Gieson. 50fache Vergr.

Je weiter diese sich in die Gerinnungsmassen verlieren, um so undeutlicher werden ihre Kerne und man kann auch an zahlreichen Stellen ein Zugrundegehen unter Pyknose und Kernzerfall feststellen. Andererseits finden sich auch in diesen Gegenden eine Anzahl größerer, ganz blasser, in Auflösung begriffener Kerne, die zweifellos von einer anderen Zellart (Endothelien, bezw. Makrophagen) herstammen, von denen noch zu sprechen sein wird. Außerdem sind dem Exsudat gewöhnlich auch rote Blutkörperchen beigemengt. Je weiter der Raum zwischen Arachnoidea und Gehirnoberfläche ist, um so ausgedehnter sind diese auch nach dem mikroskopischen Bild fast flüssigen Exsudate, die der makroskopisch festgestellten sulzigen Beschaffenheit entsprechen.

Dagegen wird überall dort, wo Gefäße in dem Subarachnoidealraum verlaufen, das Bild ein ganz anderes. Gehen wir von den größeren Arterien aus, so kann man folgendes erkennen. Manche von ihnen zeigen im Lumen und in der Intima und Media keine wesentlichen Veränderungen. An anderen kann man ein sehr eigentümliches Verhalten feststellen. Sie sind gewöhnlich etwas weiter, enthalten reichlicher Blut und zeigen bei schwacher Vergrößerung am Rande der Intima eine gleichmäßige Anhäufung kleiner Zellen, sodaß man zunächst den Eindruck gewinnt, daß es sich um randständige weiße Blutzellen handelt. Bei stärkerer Vergrößerung erkennt man jedoch, daß über diesem Belag lang gestreckte Endothelzellen gelegen sind, daß sich also die Zellansammlung im Gewebe der Intima, und zwar zwischen dem Endothel und der Elastica interna befindet. Es handelt sich um einkernige, lymphozytenartige Elemente, aber auch um solche mit gelapptem Kern, zwischen denen auch hier und da etwas hellere, größere Kerne zu erkennen sind. Im übrigen ist die Infiltration so dicht, daß eine Differenzierung der einzelnen Zellformen nicht gut möglich ist. Dieses Material, ebenso wie die weiter unten beschriebenen Veränderungen an der Außenwand der Gefäße, scheint sich für das Studium der Gefäßreaktion bei der Entzündung ganz besonders gut zu eignen. Hier möge einstweilen die einfache Beschreibung genügen. In der Media sind an derartigen Arterien zwischen den Muskelzellen unregelmäßig verteilte, meist leukozytenartige Zellen deutlich sichtbar, während in der Adventitia wieder sehr viel umfangreichere Zellansammlungen festzustellen sind. Die größere Bereitschaft der Adventitia zu zellbildenden Reaktionsvorgängen geht auch daraus hervor, daß an Arterien, deren Intima und Media unverändert sind, dieselben Infiltrate in der Adventitia dennoch sichtbar werden. Gewöhnlich liegen die Verhältnisse so, daß zwischen den aufgelockerten Fasern der Adventitia die Zellen sich in unregelmäßiger Verteilung ausbreiten und daß die Infiltrate von innen nach außen an Mächtigkeit zunehmen. Ohne auch hier die verschiedenen Entwicklungsphasen dieser Zellen im einzelnen analysieren oder gar von theoretischem Standpunkt aus beleuchten zu wollen, möchte ich nur ganz kurz angeben, daß es sich wiederum nach dem morphologischen Verhalten um teils lymphozytenartige, teils größere helle Elemente handelt, daß aber in frischen Fällen, je weiter man nach außen geht, um so reichlicher typisch gelapptkernige Leukozyten auftreten und sich dem ödematös-fibrinösen Exsudat beimischen. Dieses kann in der unmittelbaren Umgebung schon der größeren Arterien sehr dicht sein, ebenso reichlich fein- und grobmaschiges Fibrin wie ganz kompakte Zellmassen enthalten. Auch sieht man hier schon zuweilen Verquellung des Fibrins und jene Zellzerfallserscheinungen, die an die Verkäsung bei exsudativen Zuständen einiger anderer Organe erinnern.

Sehr eindrucksvoll sind nun aber die Erscheinungen an den kleinen und kleinsten Arterien; hier sieht man gewöhnlich sehr weite und auf dem Querschnitt ausgesprochen kreisrunde Lumina, die meist prall mit Blut gefüllt sind. Darauf folgt dann eine nicht immer deutliche Endothelschicht, die sich wiederum in mehr oder weniger dichte Zellinfiltrate fortsetzt. Andererseits aber wird hier die Intima z. T. ersetzt durch auf dem Querschnitt geschlossene Ringe oder mondsichelartige Gebilde, die aus einer eigentümlich hyalinen Masse bestehen. Es handelt sich um eine nach VAN GIESON rötlich-gelblich gefärbte Substanz, die durchaus Fibrin ähnlich ist, aber andererseits doch auch in ihrer Zusammensetzung aus gequollenen und gewellten Faserzügen der Bindegewebegrundsubstanz nahe steht. Es handelt sich zweifellos um eine Veränderung der fasrigen Grundsubstanz der Intima, für die an dieser Stelle wohl kein anderer Name besser paßt, als der der fibrinoiden Degeneration (Abb. 104). Was die weiteren Schichten der kleinen Arterien betrifft, so kann man an ihnen die folgenden Veränderungen in allen möglichen Abstufungen feststellen. Die Media mit ihrer Muskulatur kann noch ganz gut sichtbar sein, ist von Zellen durchsetzt, oder die Zellinfiltration ist eine so schwere, daß kaum noch Reste der eigentlichen Mediasubstanz zu erkennen sind. Die Elastica interna, die in allen diesen kleinen Gefäßen infolge der Aufblähung des Lumens keine Wellung mehr zeigt, sondern glatt und kreisrund ist, pflegt im Verlauf aller dieser Veränderungen allmählich zugrunde zu gehen. Was die Adventitia betrifft, so finden sich wiederum alle Übergänge von den für die größeren Arterien beschriebenen Veränderungen bis zu einer kolossalen Aufquellung, die man wiederum nach ihrem ganzen Verhalten als eine typische fibrinoide Degeneration bezeichnen muß. Zwischen diesen Extremen gibt es Stellen, an denen dann zwischen den aufgequollenen degenerierten Fasern auch noch Fuchsin-färbbare Reste erhalten sind. Die ganze Masse der Adventitia ist ebenfalls dicht von Zellen durchsetzt, die nun schon zum allergrößten Teil die Merkmale der polymorphkernigen Leukozyten tragen. Schließlich geht die ganze Masse über in ein dichtes, fibrinöses, aber stark aufgequollenes Exsudat, das, wiederum begleitet von umfangreichen Zellzerfallserscheinungen, durchaus einer beginnenden Verkäsung gleichkommt. An den kleineren, in den Subarachnoidealräumen, insbesondere den Furchen gelegenen Venen werden ähnliche Veränderungen beobachtet, doch habe ich den Eindruck, als wenn sich die straffere Adventitia etwas länger erhält, als an den Arterien. Dicht unter der Arachnoidea pflegt übrigens das Exsudat oft ebenfalls sehr kompakt und zellreich zu sein, ebenso wie die Arachnoidea selbst gewöhnlich dicht von Zellen durchsetzt ist und auch auf der Oberfläche eigentümliche Zellwucherungen zeigt, die weiter unten noch zu erwähnen sein werden. Was die Maschen der Subarachnoidealräume betrifft, so kann man zumindesten Reste von ihnen auch dann noch beobachten, wenn die Veränderungen im übrigen schon sehr weit vorgeschritten sind; doch pflegen die feinsten Züge sehr bald mit Fuchsin nicht mehr färbbar zu sein, sondern gehen auch eine Art von fibrinoider Degeneration ein.

Überschauen wir die bisher beschriebenen Veränderungen, so können wir wohl sagen, daß es *kaum eine andere Erscheinungsform der Tuberkulose gibt, an der sich besser zeigen ließe, daß es sich um einen typischen entzündlichen Vorgang* handelt, bei dem in den ersten Stadien eine großartige Exsudation, begleitet vorwiegend von den eigentlichen Repräsentanten der akuten Entzündung, den Leukozyten, vorliegt. Die primäre Gewebsschädigung tritt darum nicht in den Vordergrund oder ist überhaupt nicht zu erkennen, weil es sich ja im wesentlichen um Blutgefäße handelt, bei denen die Reaktion sozusagen Hand in Hand mit der Schädigung geht. Dagegen treten die Zeichen der ersten Entzündungsphase, der Exsudation, ganz besonders deutlich in die Erscheinung. Genau so, wie wir bei der tuberkulösen Erkrankung von Organen und Organteilen mit großen Oberflächen eine besonders reichliche Exsudation kennen, tritt auch hier die Exsudation besonders deutlich in den Vordergrund, obwohl von einer eigentlichen Oberflächenexsudation nicht die Rede sein kann. Aber zwei andere Momente sind es, die hier die schwere Exsudation einerseits begünstigen, andererseits ihr ein besonderes Gepräge geben. Das ist erstens die Tatsache, daß die Blutgefäße sozusagen frei durch die Subarachnoidealräume hindurchziehen, so daß also weder einer wirklichen Extravasierung von flüssigen und festen Bestandteilen, noch einer Zellwucherung von Gefäßwandzellen insbesondere der Adventitia her, irgendwelche nennenswerte Widerstände entgegenstehen. Und das ist zweitens die Tatsache, daß die Subarachnoidealräume weder Luft enthalten, wie die Lungenalveolen, noch leer sind, wie die Pleurahöhlen, sondern daß sie mit einer fast Wasser gleichen Flüssigkeit angefüllt sind. Dadurch muß natürlich eine ganz besondere Art und Weise der Verteilung des Fibrins zustande kommen. Dadurch muß auch das ganze Exsudat von vornherein den eigentümlichen, schon mehrfach erwähnten, sulzigen Charakter annehmen. Darum kommt es auch nicht zu einer Käsebildung wie in den anderen Organen, obwohl wir mikroskopisch Veränderungen feststellen können, wie sie bei beginnender Verkäsung auch sonst zu beobachten sind: Aufquellung des Fibrins und nekrotischer Zerfall der Exsudatzellen. Die große Menge der vorhandenen Flüssigkeit muß von vornherein, und meist für die ganze Dauer des Prozesses, die Bildung jener trockenen Käsemassen verhindern.

Neben diesen Substraten der eigentlichen Exsudation, bezw. Extravasation, an der auch rote Blutkörperchen beteiligt sein können, sieht man die Zeichen der entzündlichen Hyperaemie in Gestalt von offenbar gelähmten, weiten Gefäßen, meist Arterien, und in Gestalt von Stasen und deren Vorstufen. Endlich sei ganz besonders noch einmal zusammenfassend auf die großartige Gefäßwandreaktion hingewiesen mit ihrer enormen Zellproliferation. Ob hier überhaupt eine Auswanderung von weißen Blutzellen gegenüber der reichlichen Bildung von Exsudatzellen aus den Elementen der Gefäßwand irgendeine maßgebliche Rolle spielt, kann füglich bezweifelt werden.

Eines muß nun aber noch ganz besonders betont und scharf unterstrichen werden. Von einer Knötchenbildung oder auch nur einem Auftreten von epitheloiden oder ihnen ähnlichen Zellen ist in einigermaßen frischen Fällen überhaupt nicht die geringste Spur festzustellen. Die Angabe der älteren und auch einiger neuerer Autoren, daß das Knötchen stets da ist, ist falsch und nur zu erklären durch ihre aprioristische Auffassung, daß der „Tuberkel" durchaus das primäre Produkt der Tuberkulosekrankheit sein müsse. Die Vorgänge der viel später folgenden eigentlichen Tuberkelbildung werden wir sogleich zu besprechen haben. Vorher aber sind noch andere Veränderungen zu betrachten, die mit der exsudativen Phase des Prozesses in Zusammenhang stehen. Zunächst sehen wir uns die Veränderungen an, die wir als Fernwirkungen bezeichnen oder auch in das Gebiet der perifokalen Entzündung einreihen dürfen. Wir können ja bei allen tuberkulösen Prozessen derartige Veränderungen erkennen, und wir haben sie stets zurückgeführt auf eine zum großen Teil unspezifische Wirkung abnormer Stoffwechselprodukte, die in die Umgebung der tuberkulösen Herde auf allen verfügbaren Wegen diffundieren. Derartige Veränderungen findet man also auch als Begleiterscheinungen der tuberkulösen Leptomeningitis. Wenn man nämlich bei einer typischen Basalmeningitis den Prozeß an den seitlichen Teilen des Gehirns verfolgt, so kommt man bald in Gegenden, in denen zwar noch eine Art von Exsudat vorhanden ist. Das Bild ist aber insofern ein ganz anderes, als Fibrin nicht mehr auftritt, sondern im wesentlichen eine zelluläre Reaktion sich darbietet. An den Gefäßen selbst sind schwerere Veränderungen kaum noch vorhanden, doch sind nicht nur Venen, sondern auch Arterien weit und stark mit Blut gefüllt. Die Bindegewebsfasern der Piamaschen sind gut erhalten und in ihnen befinden sich kaum noch Leukozyten, dagegen ziemlich reichlich lymphozytenartige Zellen und vor allen Dingen jene großen, runden, geblähten Zellen mit exzentrisch gelegenem Kern, die wir schon oben als endotheliale Phagozyten bezeichnet haben. Endlich gehen, zwar nicht immer, aber oft, diese Gebiete in solche über, in denen nur noch diese Phagozyten zu erkennen sind. Und man kann jetzt deutlich sehen, daß es sich tatsächlich um Zellen handelt, die sich von den Belegzellen des Pianetzwerkes herleiten. Man erkennt alle Übergänge von den, feinen Faserzügen aufsitzenden, wenig geblähten Zellen bis zu sehr großen, frei liegenden Elementen. Selbst Mitosen lassen sich in diesen Zellen hier und da einmal erkennen. Ähnlich liegen die Verhältnisse dort, wo sich der Entzündungsprozeß bis tief in die engen Furchen jener Hirnteile hinein erstreckt. Dort tritt ebenfalls oft die fibrinöse Exsudation ganz und gar zurück, man sieht nur dichte Zellanhäufungen, entweder vorwiegend aus Lymphozyten oder mehr aus den phagozytischen Zellen bestehend.

Doch findet man an manchen anderen Stellen, besonders auch in den größeren Furchen, sehr oft ganz dieselben Veränderungen wie an den basalen Teilen selbst. Gerade dann kann man auch sehr gut das Übergreifen des tuberkulösen Entzündungsprozesses auf die Hirnsubstanz beobachten, wozu zu bemerken ist, daß ganz ähnliche Bilder natürlich zuweilen auch an der Oberfläche zu beobachten sind. Doch prägen sie sich in der Tiefe der Furchen dem Beobachter viel deutlicher ein. Das kann in ganz verschiedener Weise geschehen. Entweder setzen sich lediglich längs der Gefäße die zellulären Infiltrate mehr oder weniger weit in die Gehirnsubstanz hinein fort, wobei zu gleicher Zeit auch immer mancherlei Zellwucherungen (Glia) vorhanden zu sein scheinen, wie man sie bei chronisch entzündlichen Gehirnerkrankungen (Paralyse, Encephalitis lethargica etc.) erkennen kann. Auch Veränderungen der Ganglienzellen mögen wohl vorhanden sein, doch können wir in diesem Zusammenhang auf ihre Analyse verzichten. Aber nicht nur Zellinfiltrate, sondern auch fibrinöses Exsudat scheint hier und da auf die Gehirnsubstanz überzugreifen. Solche Bilder sieht man an Stellen, an denen jene Aufquellung des Fibrins und jener Zellzerfall auftritt, wie er der beginnenden Verkäsung entspricht. Solche Massen greifen dann entweder ohne scharfe Grenze, oder häufiger bei erhaltener und deutlich sichtbarer Grenze auf die Gehirnsubstanz über, in der man dann ganz ähnliche Veränderungen feststellen kann, wie wir sie später bei der Beschreibung der Solitärtuberkel der Gehirnsubstanz genauer zu erwähnen haben werden. Es sind das jene Fälle, bei denen man mit Recht von einer Meningoencephalitis tuberculosa oder caseosa spricht. Diese Veränderungen lassen sich natürlich schon makroskopisch diagnostizieren, wie ich es auch oben erwähnt habe. Von großem Interesse ist dabei noch die Tatsache, daß sowohl bei genauer makroskopischer als auch bei mikroskopischer Betrachtung zu erkennen ist, daß im Bereich der eigentlichen Gehirnsubstanz in solchen Fällen tatsächlich eine typische und ziemlich trockene Käsemasse vorhanden ist, während die unmittelbar anschließenden Teile der Meningen mehr ihren sulzigen Charakter wahren.

Doch sind dies nicht die einzigen groben Rückwirkungen auf die Gehirnsubstanz. Schon bei der makroskopischen Beschreibung wurde von Blutungen gesprochen, die nicht selten im Bereich der meningitischen Veränderungen in den oberen Gehirnschichten zu sehen sind. Gerade im Bereich von meningoenzephalitischen Veränderungen sieht man solche Blutungen oft recht reichlich. Entweder handelt es sich um im mikroskopischen Schnitt formlose, vielfach miteinander konfluierende Massen, oder auch um typische Ringblutungen um kleine Gefäße herum. An den Gefäßwänden selbst lassen sich dann unter Umständen auch jene fibrinoiden Umwandlungen mit Zellinfiltrierungen in gewissem Maße feststellen, wie sie oben für die meningealen Gefäße beschrieben wurden. Es handelt sich also offenbar um Diapedesisblutungen infolge von Schädigungen der Gefäßwand. Doch kommt noch ein anderes Moment hinzu, das ursächlich mit jenen Blutungen in Zusammenhang stehen kann. Und das ist die Thrombose der Piavenen, die ja auch bei der makroskopischen Beschreibung schon erwähnt wurde. Mikroskopisch läßt sich die Thrombose leicht feststellen. Sie ist, so weit meine Erfahrungen reichen, im Allgemeinen unspezifischer Natur, auch gewissermaßen eine Folge der Fernwirkungen des tuberkulösen Prozesses. Andererseits schließt sie sich auch zuweilen an die von M. Askanazy beschriebenen tuberkulösen Endophlebitiden an. In allen derartigen Fällen sieht man dann die zu dem Zuflußgebiet der verstopften Vene gehörenden Pia- und Gehirnvenen prall und mit Blut gefüllt. Wir werden darum einen Teil jener Gehirnblutungen auch zu den Stauungsblutungen rechnen können, zumindesten der Stauung eine die Blutungen unterstützende Rolle zuschreiben müssen.

Wir haben uns nun noch mit den Veränderungen der Gefäßplexus zu beschäftigen. Gleich ob wir die der Seitenventrikel oder die des 4. Ventrikels vornehmen, die Veränderungen pflegen überall annähernd dieselben zu sein. Wir finden einmal ähnliche Veränderungen wie in den Subarachnoidealräumen, d. h. fibrinöse, mit gleichmäßig geronnenen Eiweißmassen durchsetzte Exsudate und annähernd dieselben Zellbilder wie dort. Auch die Plexusepithelien schwellen zum großen Teil stark an, schilfern sich ab und werden als große geblähte Zellen dem Exsudat beigemischt. Das Stroma der Zotten zeigt gewöhnlich eine sehr schwere Hyperaemie, auch Blutungen sind vorhanden und mischen sich dem Exsudat bei. Das Besondere dieser Plexusveränderungen ist aber das, daß sie gewöhnlich schon viel weiter entwickelt sind als in den Subarachnoidealräumen der Basis. In allen bisher daraufhin untersuchten Fällen habe ich dieses feststellen können. Um es kurz vorweg zu nehmen, handelt es sich darum, daß produktive Vorgänge hier schon in weitem Maße vorhanden sein können, wenn an anderen Stellen das exsudative Stadium noch in voller Blüte steht. Diese produktiven Veränderungen äußern sich in folgender Weise. Die zwischen den einzelnen Zotten liegenden Fibrinmassen zeigen eine ziemlich starke Aufquellung mit relativ geringen Zeichen von Zellzerfall, sind hingegen in weitem Maße durchsetzt von Zellen, die in allen ihren Merkmalen durchaus mit den epitheloiden Zellen übereinstimmen. Dazwischen finden sich auch mehr oder weniger reichlich in Bildung begriffene oder fertige Langhanssche Riesenzellen. Die Plexuszotten selbst sind im Bereich solcher Veränderungen sehr stark angeschwollen. Während sie sonst bekanntlich nur aus fasrigem, z. T. fast hyalinem, kernarmen Bindegewebe und kleinen Gefäßen bestehen, sieht man sie jetzt dicht durchsetzt von lymphozytenartigen Zellen, denen nur wenige größere Elemente beigemengt sind. Die Oberflächengrenzmembranen sind durchbrochen und von dort her, anscheinend von den Gefäßen ausgehend, sieht man die epitheloiden Zellen in das anliegende Exsudat eindringen. Von dem Plexusepithel ist an solchen Stellen kaum noch etwas zu sehen, es scheint bei diesen Veränderungen bald zu Grunde zu gehen. Von einer Faserbildung im Bereich der epitheloiden Zellen ist gewöhnlich noch kaum etwas zu sehen. Doch bleibt die Tatsache bestehen, daß hier schon produktive Prozesse in Entwicklung sind, während an der Basis etc. noch nichts davon zu erkennen ist.

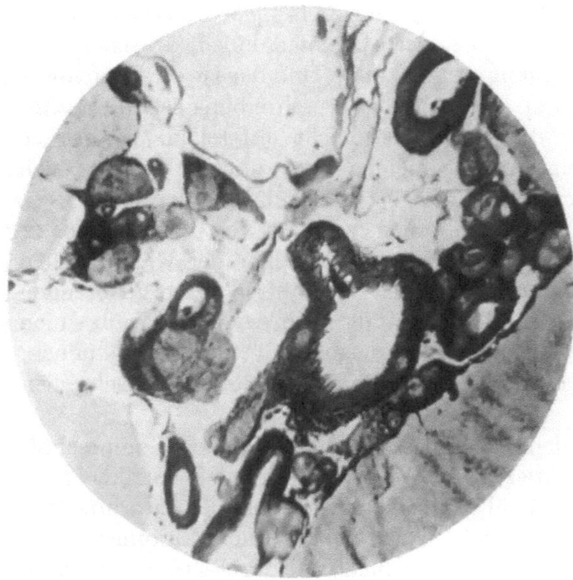

Abb. 105. Leptomeningitis tuberculosa in einem späteren Stadium wie Abb. 103 und 104. Bildung von typischen Epitheloid- und Riesenzelltuberkeln (hell gefärbt) im Bereich der Arterien. 14fache Vergr.

Man könnte nun annehmen, daß dieses Verhalten mit besonderen geweblichen Bedingungen im Bereich der Plexus in Zusammenhang steht, wie wir etwa bei der allgemeinen Miliartuberkulose in manchen Organen schon produktive Veränderungen erkennen, wenn die Reaktion beispielsweise in den Lungen noch eine fast rein exsudative ist. Doch glaube ich nicht, daß sich eine derartige Anschauung für den vorliegenden Fall beweisen ließe. Ich möchte vielmehr annehmen, daß man es hier mit produktiven Veränderungen zu tun hat, die ebenso schweren Exsudationen folgten, wie sie noch in den Meningen vorhanden sind. Dies wäre dann ein wichtiges Argument für die Annahme, daß die Entwicklung der tuberkulösen Leptomeningitis im Bereich der Plexus beginnt und daß sich dort die Hauptausscheidungsstelle für die Tuberkelbazillen befindet.

Die *Rolle der Gefäßplexus bei der Leptomeningitis tuberculosa* ist jedenfalls bisher im großen und ganzen noch zu wenig bearbeitet worden. Allerdings liegen auch schon einige bedeutsame Hinweise vor, neben einigen früheren Beobachtern besonders von Seiten KMENTS aus dem GHONschen Institut. KMENT will im Anschluß an seine Beobachtungen eine *plexogene Form* der Meningitis abgrenzen von einer *meningealen*, d. h. unabhängig von den Plexus in den Meningen entstandenen, und dazwischen soll auch noch eine gemischte *plexomeningeale* bestehen. Obwohl KMENTS und meine Voraussetzungen etwas andere sind, glaube ich doch, daß man dieser Einteilung zustimmen kann. Nach meiner Auffassung würden dann sämtliche typischen tuberkulösen Meningitiden plexogen sein und die rein meningealen den gleich zu beschreibenden, mehr lokalisierten Formen entsprechen.

In den weichen Häuten stellen sich die den exsudativen folgenden *produktiven* Veränderungen folgendermaßen dar (Abb. 105 u. 106). Im Bereich der oben erwähnten adventitiellen Zellwucherungen sieht man größere und hellere Elemente auftreten, die bald die Charaktere der typischen epitheloiden Zellen annehmen. Man kann nun durch Vergleich vieler verschiedener Stellen und vieler verschiedener Fälle erkennen, wie sich diese Epitheloidzellwucherungen zu breiten Umscheidungen der kleinen Arterien heranbilden. Dabei läßt sich auch im Mikroskop die eigentümliche Tatsache feststellen, daß ein An- und Abschwellen dieser Zellumscheidungen stattfindet und daß dabei ein Wechsel zwischen Einscheidungen durch Epitheloidzellen und solchen durch Lymphozyten stattfindet. Das entspricht den durch die anderen erwähnten Methoden darstellbaren spindelförmigen Anschwellungen der Arterien, die uns auch makroskopisch als deutliche Knötchen sichtbar werden. Sowohl die epitheloiden Zellen als auch die Lymphozyten verlieren sich dann allmählich in das benachbarte fibrinöse Exsudat. Doch kann man unter Umständen in passenden Fällen auch derartige Epitheloidzellwucherungen frei im anscheinend leeren Subarachnoidealraum endigen sehen. Daß Riesenzellen, wenn auch nicht in größeren Mengen, bei diesen Prozessen vorkommen, mag noch besonders erwähnt sein. Des weiteren sei auch registriert, daß nicht nur Epitheloidzell*knötchen*, sondern auch etwas diffusere Durchwucherungen des Exsudates vorkommen, wie sie für die Plexusveränderungen beschrieben wurden. Wie die Gesamtheit dieser Veränderungen sich nun weiter entwickeln kann, wie weit beispielsweise eine Faserbildung im Bereich der Epitheloidzellwucherung vorkommt, wie weit daraus Narbenbildungen und schließlich eigentliche Heilungsvorgänge entstehen können, vermag ich auf Grund eigener Untersuchungen noch nicht zu sagen.

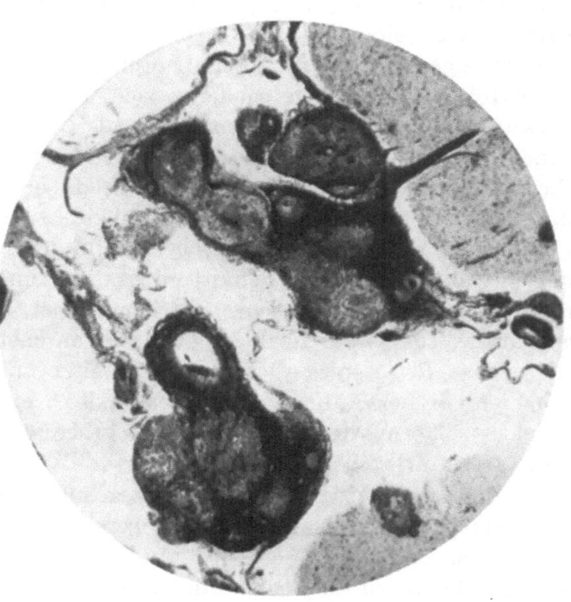

Abb. 106. Eine Stelle aus der Abb. 105 bei 22facher Vergrößerung. Typische, hell gefärbte Epitheloidzelltuberkel mit dunkler gefärbten Lymphozytensäumen.

Doch muß nun noch ergänzend folgendes bemerkt werden. Genau so, wie wir nicht erwarten können, daß bei der Miliartuberkulose der Lungen fast rein produktive Knötchen hervorgegangen sind aus den schweren und schwersten exsudativ-käsigen Knötchen, wie wir sie in Fällen von Miliartuberkulosen sehen, die nur sehr kurze Zeit gedauert haben und eben darum so schnell ad exitum kamen, weil es sich um von vornherein sehr schwere und mit heftiger exsudativer Reaktion einhergehende Fälle handelte: genau so darf man auch nicht annehmen, daß jene Fälle von Leptomeningitis tuberculosa, bei denen wir reichlich typische periarterielle produktive Tuberkel finden, aus einem exsudativen Stadium hervorgegangen sind, das etwa den schwersten der oben geschilderten Veränderungen entspricht. Wir werden auch hier annehmen müssen, daß die schweren und schwersten Fälle schon im exsudativen Stadium zugrunde gehen und daß es nur bei den leichteren Fällen überhaupt zu einem produktiven Stadium kommen kann. So mag es auch Fälle geben, in denen das exsudative Stadium nur sehr gering ist und daß man bei ihnen den Eindruck gewinnen könnte, daß die produktive Tuberkelbildung sozusagen eine primäre war. Das dürfte jedoch in jedem Fall ein Trugschluß sein. Ich möchte hier vielmehr noch einmal den Satz mit aller Schärfe unterstreichen: die ersten Veränderungen der tuberkulösen Leptomeningitis sind exsudativer Natur und die produktiven Vorgänge schließen sich ihnen an. Es liegen also gerade die Verhältnisse umgekehrt, wie sie von Birch-Hirschfeld und anderen angegeben werden. Neben der Miliartuberkulose der Lungen gibt es kaum einen anderen tuberkulösen Prozeß, bei dem gerade in dieser Hinsicht die Verhältnisse so klar liegen, wie eben bei der Leptomeningitis tuberculosa. Im übrigen spricht ja dafür auch ganz klar die Tatsache, daß in den meisten Fällen dieser Erkrankung in mikroskopischen Schnittpräparaten von einer Tuberkelbildung oder produktiven Gewebswucherung überhaupt noch keine Spur zu erkennen ist. Daß für das Tempo der Reaktion auch hier anscheinend die Allergieverhältnisse eine gewisse Rolle spielen, werden wir weiter unten sehen. Ich möchte aber auch hier vor der Auffassung warnen, daß es etwa eine exsudative und eine produktive „Form" der Leptomeningitis tuberculosa gibt. Im Gegenteil spricht gerade diese Erkrankung sehr eindrucksvoll für meine Gesamtauffassung der Tuberkulose als Entzündung, bei der man nur von einem exsudativen *Stadium* und einem produktiven *Stadium* sprechen kann. Grade bei dieser Auffassung gewinnt man auch ein besseres Verständnis für jene klinisch sicher beobachteten Fälle von Heilungen einer tuberkulösen Leptomeningitis. Ich möchte annehmen, daß eine solche Heilung noch weniger im ausgebildeten produktiven Stadium als im exsudativen möglich ist. Jedenfalls dürfte kein Zweifel darüber bestehen, daß auch bei solchen „geheilten" Fällen in der Regel noch gewisse Reizzustände zurückbleiben können, die einen Hydrozephalus dauernd zu unterhalten imstande sind. Es wurde oben schon erwähnt, daß bei jeder tuberkulösen Leptomeningitis von vorneherein ein gewisser Grad von Hydrozephalus vorhanden ist. Ich möchte dem noch hinzufügen, daß in etwas länger dauernden Fällen schon während der Krankheit ein recht hoher Grad von Wasserkopf erreicht werden kann. Der Liquor pflegt dabei verhältnismäßig klar zu bleiben. Im übrigen ist es sehr wohl denkbar, daß es in leichteren Fällen zu einer völligen Rückbildung des Exsudates vor Eintritt des produktiven Stadiums und auf diese Weise zur Heilung kommt. Gewisse Residuen in Gestalt der sogenannten chronischen Leptomeningitis und eventuell leichtere Grade von Hydrozephalus werden aber wohl auch dann stets zu erwarten sein.

Die spinale Leptomeningitis tuberculosa. Über die tuberkulösen Veränderungen in den weichen Häuten des Rückenmarks können wir uns sehr kurz fassen. Voranstellen möchte ich den Satz, daß es nach meinen Erfahrungen keine tödliche zerebrale tuberkulöse Leptomeningitis gibt ohne eine Beteiligung der weichen Rückenmarkshäute. Allerdings gibt es je nach der Schwere der Fälle alle Abstufungen von totaler Erkrankung im ganzen Verlauf des Markes, bis zu partiellen, nur kurze Abschnitte betreffenden, die sich nicht immer direkt an die erkrankte Medulla oblongata anzuschließen brauchen. Im übrigen hieße es die soeben gegebene Beschreibung in allen Stücken zu wiederholen, wenn man die Veränderungen im Berich des Rückenmarks schildern wollte. Es bleibt nur die Frage zu erörtern, ob eine Erkrankung der spinalen Leptomeningen auftreten kann ohne Beteiligung der zerebralen. Diese Frage ist zu bejahen, wenngleich ich selbst in den letzten Jahren einen derartigen Fall nicht mehr gesehen habe und eine entsprechende Beschreibung demnach auch nicht geben kann. Es gibt aber zweifellos Fälle, bei denen beispielsweise infolge einer tuberkulösen Wirbelerkrankung unter Beteiligung der harten Hirnhaut auch eine tuberkulöse Leptomeningitis spinalis zustande kommt. Diese Fälle dürften dann anatomisch ähnlich verlaufen, wie die gleich zu beschreibenden mehr lokalisierten Erkrankungen im Bereich der weichen Häute des Gehirns.

Die lokalen tuberkulösen Leptomeningitiden. Es wurde oben schon erwähnt, daß von Erkrankungen der Nachbarorgane aus (Knochen, harte Hirnhaut) tuberkulöse Prozesse auf die weichen Häute fortgeleitet werden können, und daß sie sich auch an sogenannte Solitärtuberkel des Gehirns anschließen. Daß auf diese Weise auch die diffuse typische tuberkulöse Leptomeningitis entstehen kann, ist nicht zu bezweifeln, doch kommen bei dieser Gelegenheit auch lokalisierte Erkrankungen vor, auf die ich nun noch in Kürze eingehen möchte. Ich verfüge allerdings nicht über Fälle, bei denen der Ausgangspunkt ein benachbartes Organ war, sondern nur über solche, bei denen sie sich im Anschluß an einen oder mehrere Solitärtuberkel entwickelte. Diese sitzen ja oft nahe der Oberfläche. Zumindesten erreichen sie gewöhnlich an irgend einer Stelle eine mehr oder weniger tief eingeschnittene Furche mit ihren weichen Häuten. In solchen Fällen, sofern daraus wirklich nur eine mehr oder weniger lokalisierte Erkrankung der letzteren zustande kam, habe ich dann etwa folgendes feststellen können. Der ganze Prozeß breitet sich seitlich nur über kurze Strecken hin in den weichen Häuten aus. Schon makroskopisch fällt zuweilen auf, daß Knötchenbildungen sehr reichlich und sehr deutlich sind, daß dagegen die Schwellung und Exsudatbildung nicht gerade in den Vordergrund tritt. Mikroskopisch läßt sich dann erkennen, daß tatsächlich eine relativ geringe Exsudatbildung besteht, dagegen Epitheloidzellwucherungen und Knötchenbildungen das Bild in weitem Maße beherrschen. Daß hier die Epitheloidzellwucherung schon relativ frühzeitig einsetzte, läßt sich unter Umständen aus dem Vergleich mit den klinischen Symptomen erschließen oder wenigstens vermuten. Wenn z. B. wegen seiner besonderen Lokalisation der Sitz des Solitärtuberkels klinisch genau diagnostiziert werden kann und man dann unter Umständen bald nach dem Auftreten der ersten klinischen Symptome Gelegenheit hat, die Sektion auszuführen, kann man wohl auch annähernd das Alter der meningitischen Veränderungen berechnen. Wenn man sich nun fragt, aus welchem Grunde gerade bei derartigen lokalen Prozessen die exsudative Reaktion eine verhältnismäßig geringe ist, und die produktive Komponente ihr sozusagen auf dem Fuße folgt, so dürfte wohl auch hier die Annahme erlaubt sein, daß infolge des vorher schon vorhandenen tuberkulösen Prozesses in der Gehirnsubstanz eine gewisse lokale Allergisierung oder Immunisierung aufgetreten ist, infolge derer nunmehr die tuberkulöse Reaktion an den weichen Häuten viel weniger stürmisch verläuft, als bei ihrer direkten Infektion auf dem Blut-Liquor-Weg. Besteht diese Auffassung zu Recht, so werden wir auf ähnlichem Wege auch eine Erklärung für diejenigen Fälle diffuser haematogener Meningitis finden können, bei denen das exsudative Stadium ebenfalls mehr zurücktritt; denn es dürfte nicht zu bezweifeln sein, daß auch eine allgemeine, z. B. durch eine Lungentuberkulose bedingte Allergie auf die Erkrankung der weichen Häute denselben Einfluß haben kann, wie eine lokal bedingte. Es wird sich empfehlen, bei weitern Untersuchungen auf diese Verhältnisse etwas genauer zu achten.

2. Harte Hirnhaut.

Am häufigsten findet sich eine tuberkulöse Erkrankung der harten Hirnhaut als Begleiterscheinung der Leptomeningitis tuberculosa. Es entspricht wohl nicht der Tatsache, daß, wie RIBBERT und CHIARI es angeben, in *jedem* Fall von tuberkulöser Leptomeningitis eine Miterkrankung der harten Hirnhaut vorliegt. Nach meinen Erfahrungen muß die Erkrankung der weichen Hirnhäute schon eine gewisse Zeit bestanden haben, bevor sich Veränderungen an der Dura mater bemerkbar machen. So habe ich in den frischesten Fällen auch bei genauester mikroskopischer Kontrolle noch keine Veränderungen der Dura feststellen können. Immerhin bleiben noch recht zahlreiche Fälle, und man kann wohl sagen, die große Mehrzahl, bei der ein positiver Befund erhoben wird. Das makroskopische Bild ist ein sehr charakteristisches. Man findet allerkleinste, höchstens stecknadelkopfgroße, glashelle Knötchen auf der Innenfläche der Dura und zwar vorzugsweise in der Umgebung des Türkensattels, am Clivus und in der Gegend der kleinen Keilbeinflügel oder auch in der Umgebung der Sehlöcher. Es sind das also die Stellen, an denen sich in den weichen Hirnhäuten die umfangreichsten Exsudatansammlungen befinden. Doch soll damit nicht gesagt sein, daß nicht auch an anderen Stellen dieselben Knötchen aufsprießen können. Es hängt einmal von der Ausdehnung der Leptomeningitis ab, dann wohl aber auch von der Dauer ihres Bestehens. Jedenfalls läßt sich mit einiger Sicherheit zeigen, daß man um so reichlicher und um so ausgebreiteter Knötchen auf der harten Hirnhaut findet, je weiter die produktiven Prozesse in den weichen Häuten vorgeschritten sind. Die Knötchen treten übrigens bei makroskopischer Betrachtung besonders deutlich hervor, wenn die harte Hirnhaut nach der Herausnahme des Gehirns mit einer dünnen Liquor- oder gar Blutschicht bedeckt ist. Dann erscheinen die Knötchen wie kleinste aus einem Wasserspiegel herausragende Klippen. Auch an der harten Hirnhaut des Rückenmarks kann man sie beobachten.

Das *mikroskopische Verhalten* dieser Knötchen dürfte immer wieder einer genaueren Beobachtung wert sein. Bevor wir sie von ihren ersten Anfängen an verfolgen, möge zuerst das fertige Bild geschildert werden. Nach den Beschreibungen der Autoren und meinen eigenen Erfahrungen handelt es sich oft um ausgesprochen produktive Tuberkel mit typischen, großen, hellen Epitheloidzellen und einzelnen LANGHANSschen Riesenzellen aller Entwicklungsstadien (Abb. 107). In der Mitte des halbkugelig sich vorwölbenden Knötchens sieht man zuweilen umschriebene Verkäsungen mit ganz besonders charakteristischen radiären Pallisadenstellungen der Epitheloidzellen. Die seitlichen und basalen

Teile des Knötchens werden von lymphozytenartigen Zellen beherrscht, die wiederum in kleinzellige, in der Substanz der Dura gelegene Infiltrate übergehen. Auch perivaskuläre Gefäßinfiltrate, bezw. Wucherungen der Adventitiazellen sind dann, oft bis in die weitere Umgebung hinein, festzustellen,

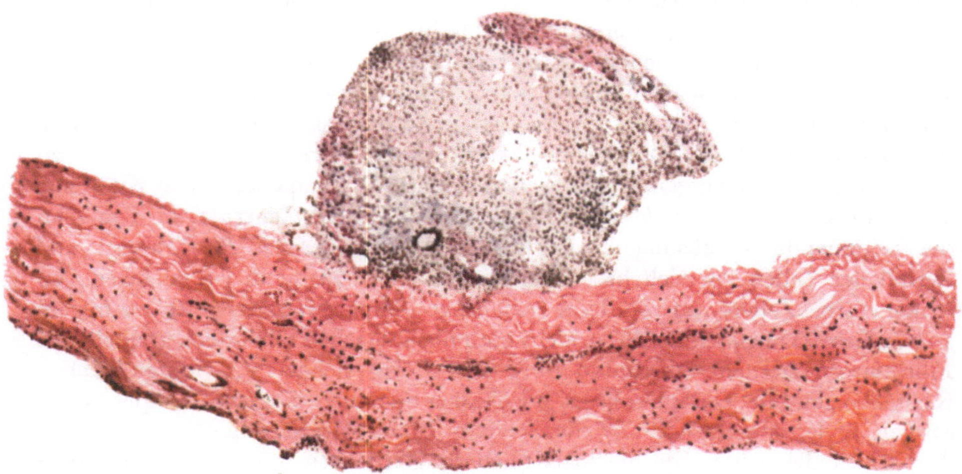

Abb. 107. Ausgebildeter Epitheloid-Riesenzelltuberkel auf der Innenfläche der harten Hirnhaut. VAN GIESON. 50fache Vergr.

ebenso eine erhebliche Hyperaemie. Gefäßwandzellen beteiligen sich sicher an der Bildung dieser Knötchen. Doch spielen auch die Endothelzellen der Dura eine hervorragende Rolle. Dies zeigt sich nicht nur daran, daß man hier und da an ihnen kleinste umschriebene Wucherungen erkennen kann, sondern daß

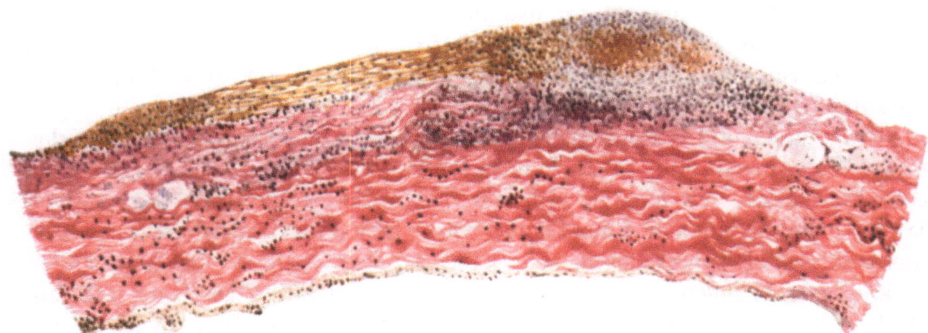

Abb. 108. Duratuberkel in Entwicklung. Fibrinauflagerung auf der Innenfläche, in eine knötchenförmige, von Zellen durchsetzte Anschwellung übergehend. Umfangreichere Zellinfiltrate in den anschließenden Teilen des Duragewebes. VAN GIESON. 50fache Vergr.

unter Umständen sogar ganz diffuse Wucherungen vorhanden sind, sodaß man stellenweise von einem ausgesprochen mehrschichtigen Zellbelag sprechen kann. Zu gleicher Zeit pflegen sich dann aber auch Gefäßwandveränderungen im Bereich dieser Bezirke vorzufinden. Ich möchte diese Befunde hier nur vermerken, ohne genauer auf ihre Analyse einzugehen. Wenn man an diesen Knötchen zuweilen den Eindruck hat, daß die produktiven Prozesse ganz im

Vordergrund stehen, so ist das erklärlich, denn wir haben es ja stets mit einer der tuberkulösen Leptomeningitis folgenden Erkrankung und wiederum mit einem hohen, zumindesten lokal bedingten Allergiezustand zu tun.

Aber es lassen sich auch zuweilen die Übergänge vom exsudativen zum produktiven Stadium gut beobachten. Die ersten Anfänge dieser Knötchenbildungen stellen sich nämlich folgendermaßen dar (Abb. 108). Man sieht im Mikroskop größere oder kleinere Flächen der harten Hirnhaut mit einer dünnen Schicht von fibrinösem Exsudat in Form eines feinen Netzwerkes bedeckt und in diesem Exsudat zum größten Teil typische, gelapptkernige Leukozyten, während in der Nachbarschaft im Duragewebe selbst mehr einkernige Zellinfiltrate zu erkennen sind. An einigen Stellen schwillt nun das Exsudat zu einem Knötchen an. Man sieht in dessen Mitte ein kleines verkäsendes Zentrum, in dem man die beginnende Verkäsung in Gestalt von aufquellenden Fibrinfasern und Zerfall der Zellen vor sich hat. Dieses verkäsende Zentrum ist umgeben von leukozytären Zellen, auf die dann reichlicher lymphozytenartige Zellen folgen. Durch diese Zellmassen hindurch sieht man noch deutlich allmählich abquellende Fibrinfasern zu dem erwähnten fibrinösen Belag ziehen. Das unter solchen Knötchen gelegene Duragewebe ist gewöhnlich besonders dicht mit lymphozytenartigen Zellen durchsetzt. Wieder andere Bilder lassen sich beobachten, in denen sich die ersten Epitheloidzellwucherungen zeigen, die von den Gefäßen der Dura ausgehen, und so gibt es alle Übergänge bis zu den oben beschriebenen fertigen produktiven Tuberkeln.

Was die Genese dieser Erkrankung betrifft, so kann man wohl, wie die Autoren es tun, in gewissem Sinne von einer Kontaktinfektion sprechen; ich verweise dazu auf die oben beschriebenen Bilder, bei denen man ein Hindurchdringen des tuberkulösen Prozesses durch die Arachnoidea bis auf ihre äußere Oberfläche feststellen konnte. Dadurch wird natürlich eine direkte Kontaktinfektion ermöglicht, und der Befund von Duraknötchen an den Stellen, an denen sich in den weichen Häuten das umfangreichste Exsudat befindet, spricht ja auch in diesem Sinne. Doch dürften auf diese Weise Tuberkelbazillen auch frei in den Subarachnoidealraum hinein gelangen und auf diese Weise auch entferntere Teile infizieren können.

Neben diesen auf Grund einer Leptomeningitis tuberculosa entstehenden Duraveränderungen gibt es aber noch andere, die man unabhängig davon beobachten kann. Es handelt sich um das Auftreten von größeren käsigen Platten, ebenfalls auf der Innenfläche. Diese können sich anschließen an perforierende Schädeltuberkulosen. Ich habe sie aber auch in einzelnen Fällen bei knotigen Frühgeneralisationen im ersten Kindesalter gesehen. Ich bin jedoch nicht in der Lage, genauere Angaben darüber zu machen, da ich in den letzten Jahren derartige Fälle nicht mehr gesehen habe.

3. Gehirn- und Rückenmarksubstanz.

Eine Beteiligung der Gehirn- und Rückenmarksubstanz an der allgemeinen Miliartuberkulose in Form von miliaren Herden, wie sie hier und da einmal in der Literatur beschrieben wird, ist mir aus eigener Erfahrung nicht bekannt[1].

[1] Während der Korrektur habe ich Präparate eines derartigen Falles sehen können, die meinem Assistenten Dr. Böhne von Prof. Spielmeyer-München zur Verfügung gestellt waren.

Die gewöhnliche, allen bekannte Form der Tuberkulose der spezifischen Substanz des Zentralnervensystems ist vielmehr der *sogenannte Solitärtuberkel.* Seine Entstehungsweise ist fraglos ausschließlich die haematogene, sofern man die eigentlichen wirklich isoliert in der Nervensubstanz sitzenden Herde im Auge hat. Die verkäsenden Tuberkulosen der Hirnrinde — und wir wollen uns einstweilen nur mit den Gehirnerkrankungen beschäftigen — wurden ja oben schon bei der Besprechung der Leptomenigitis erwähnt, und wir konnten erkennen, daß es sich stets um von den weichen Häuten direkt fortgeleitete Prozesse handelt. Tuberkulöse Gehirnherde, deren Entstehung etwa so zu deuten wäre, daß die Infektion auf dem Lymphwege von den weichen Häuten aus erfolgte, sind mir nicht bekannt. Andererseits ist es eigenartig, daß eine gleichzeitige Erkrankung der weichen Häute und der Gehirnsubstanz nicht häufiger beobachtet wird. Vielleicht ist das auch nur auf immun-biologischem Wege zu erklären. Daß sekundäre Erkrankungen der weichen Häute von Gehirnherden aus vorkommen, haben wir ebenfalls schon erwähnt und dabei auch besondere, nur immun-biologisch zu deutende Verhältnisse erkannt.

Im übrigen ist die Tuberkulose der Gehirnsubstanz vorwiegend eine Erkrankung des jugendlichen Alters. Wohl auch darum, weil das Gehirn in seiner Wachstumsperiode stärker empfindlich ist als im fertig ausgebildeten Zustand. So sehen wir auf der einen Seite nicht selten eine Beteiligung des Gehirns an der Frühgeneralisation. Es handelt sich dann gewöhnlich um multiple Herde, die nicht in demselben Maße an bestimmte Hirnteile gebunden sind, wie die „Solitärtuberkel" im engeren Sinne. Diese sind andererseits als die wichtigsten Erscheinungsformen der Gehirntuberkulose zu nennen. Ihr Vorkommen ist etwa von denselben Verhältnissen abhängig wie das der isolierten allgemeinen Leptomeningitis tuberculosa; sie kommen z. B. auch am häufigsten im jugendlichen Alter vor. Ihre Häufigkeitskurve fällt von den ersten Lebensjahren an gerechnet sehr schnell steil ab. Schon bei jugendlichen Erwachsenen sind sie selten, können dann aber in jedem Lebensalter, bis ins Greisenalter hinein, hier und da einmal beobachtet werden. Im übrigen pflegen auch sie nicht grade im Anschluß an andere tuberkulöse Erkrankungen aufzutreten, sondern finden sich häufig in Fällen, in denen nur noch ein mehr oder weniger in Abheilung begriffener oder abgeheilter Primärkomplex, allenfalls noch eine geringfügige, ebenfalls nicht fortschreitende anderweitige Organtuberkulose besteht. Als Zeichen der haematogenen Infektion kann man außerdem hier und da einige Miliartuberkel in anderen Organen feststellen.

Nach meinen Erfahrungen sind die eigentlichen Solitärtuberkel in der größeren Menge der Fälle in der Einzahl vorhanden. Doch gehören zwei oder drei derartige Herde durchaus nicht zu den Seltenheiten, nur in wenigen Fällen wird diese Zahl überschritten. Solche Fälle leiten dann über zu manchen Frühgeneralisationen, in denen sich zehn und mehr erbsen- bis walnußgroße, selbst noch größere Knoten finden können. Diese letzteren lassen dann keine Bevorzugung besonderer Hirnteile erkennen. Was aber die Lokalisation der solitären Herde betrifft, so ist es eine lange bekannte Tatsache, daß hauptsächlich der Hirnstamm und ganz besonders das Kleinhirn betroffen wird. Im übrigen kommen sie auch hier und da einmal in allen anderen Gehirnteilen vor, ohne daß sich dabei irgendwelche Gesetzmäßigkeiten erkennen lassen.

Ihr Aussehen ist ungemein charakteristisch, sodaß sie kaum mit irgend welchen anderen Erkrankungen verwechselt werden können. Es handelt sich in den meisten Fällen um ausgesprochen derb-käsige Herde, deren Substanz über die Schnittfläche stark hervorquillt. Gewöhnlich ist ihre Grenze auch dann, wenn die bald zu erwähnenden Abkapselungsvorgänge noch nicht vorhanden sind, eine recht scharfe. Die Form ist verschieden. Von kreisrunden bis zu vielfach verzweigten und zackigen Herden gibt es alle Übergänge. Ebenso ist die Größe weiten Schwankungen unterworfen. Von den kleinen, erbsengroßen Herden, wie sie besonders bei den Frühgeneralisationen vorkommen, bis zu den größeren und größten im eigentlichen Sinne solitären Knoten, können alle Dimensionen beobachtet werden. Ich selbst habe nicht selten weit über walnußgroße Knoten gesehen. In der Literatur werden aber auch hühnereigroße, ja faustgroße beschrieben. Was ihre genauere Beschaffenheit betrifft, so wurden sie oben schon als gewöhnliche derb-käsige Massen charakterisiert. Tatsächlich hat man in den meisten Fällen eine gleichmäßige hellgelbliche, lehmartige, ziemlich trockene, typisch käsige Masse vor sich. Doch kann man schon makroskopisch verschiedene Entwicklungsstadien erkennen. Gerade bei den multiplen Herdchen der Frühgeneralisation sah ich zuweilen Erweichungen, die wohl sicher als sekundäre zu bezeichnen sind, ferner auch eigentümliche gelatinöse Umwandlungen der Zentren. Bei den eigentlichen solitären Knoten dürften aber diese Vorgänge seltener sein. Dagegen kann man bei diesen zumal dann, wenn auch die klinische Beobachtung auf einen längeren Bestand hindeutet, Abkapselungsvorgänge schon makroskopisch leicht erkennen. Allerdings pflegen diese gewöhnlich grauweißlichen, scharf begrenzten Kapseln sehr dünn zu sein, sodaß sie mit bloßem Auge oft schlecht zu erkennen sind. Sie machen sich besser dadurch bemerkbar, daß sich in solchen Fällen die Herde im ganzen aus der Gehirnsubstanz leicht herauslösen lassen, unter Umständen schon bei unvorsichtigem Einschneiden unabsichtlich lostgelöst werden. Erweichungszonen sind in ihrer Nachbarschaft trotzdem bei makroskopischer Beobachtung kaum festzustellen. Eine weitere wichtige Veränderung ist die Verkalkung. Diese läßt sich makroskopisch hier und da einmal an weißlichen, unscharf begrenzten Einlagerungen erkennen. Doch ist es schwer — wie wir sehen werden auch bei der mikroskopischen Untersuchung — ein lückenloses Bild vom Ablauf dieses Vorganges zu erkennen. Am Ende muß eine völlige Verkalkung stehen. Jedenfalls sehen wir hier und da einmal kleine verkalkte Knoten in der Gehirnsubstanz, die mit großer Wahrscheinlichkeit als ehemalige Solitärtuberkel gedeutet werden müssen. Auf weitere Einzelheiten dieses Vorganges komme ich bei der mikroskopischen Beschreibung zurück.

Von den *Folgezuständen* möge zunächst noch einmal die Leptomeningitis erwähnt werden. Wie schon oben bemerkt, muß sich eine solche entwickeln, wenn die Herde an irgendeiner Stelle, sei es an der äußeren Oberfläche, sei es in der Tiefe einer Furche, die weichen Häute erreichen und sie in Mitleidenschaft ziehen. Auch daß dann oft keine allgemeine, sondern nur eine mehr oder weniger lokalisierte Meningitis entsteht, mag noch einmal betont werden. Was die sonstigen Folgen für das Gehirn betrifft, so wissen wir, daß sie im großen und ganzen genau dieselben sind, wie die des Gehirntumors. Das geht schon aus den klinischen Beobachtungen hervor. Genau wie beim Hirntumor sind auch hier die allgemeinen Gehirnerscheinungen von den Herdsymptomen zu unterscheiden. Im einzelnen läßt sich auf Grund pathologisch-anatomischer Beobachtungen folgendes sagen. In der Substanz des Großhirns sitzende Knoten geben je nach der Lokalisation Herdsymptome oder nicht. Sie pflegen nur dann auffallende allgemeine Rückwirkungen zu haben, wenn sie eine gewisse Größe, z. B. mindestens Haselnußgröße erreicht haben. Dann kann man auch in ihrer Umgebung unter Umständen jene ödematösen Schwellungen sehen, wie sie bei Gehirntumoren beobachtet werden. Auch Schwellungen der ganzen Hemisphaere können dann eintreten. Viel wichtiger aber sind die Rückwirkungen auf das Gesamthirn, wenn die Knoten an ihren Praedilektionsstellen im Bereich des Gehirnstammes und Kleinhirns sitzen. Dann stehen neben den Herderscheinungen, durch Zerstörung von Kernen oder Unterbrechung von Leitungsbahnen bedingt, die Allgemeinerscheinungen ganz im Vordergrund. Diese werden dann bedingt durch Verlegung des Ventrikelsystems, entweder im Bereich des Aquaeductus sylvii oder des vierten Ventrikels, haben dann einen mehr oder weniger mächtigen Hydrozephalus zur Folge und weiter alle Zeichen der Hirnschwellung und des Hirndruckes. Sämtliche Furchen des Großhirns sind verstrichen, sämtliche Windungen abgeplattet. Das Kleinhirn und insbesondere die Tonsillen des Unterwurms sind in das Foramen magnum hinein gedrückt. Die harte Hirnhaut läßt sich auch bei kleineren Kindern zuweilen sehr leicht vom Knochen lösen. Die Innenfläche des Schädels fühlt sich dann infolge beginnender oder vorgeschrittener Resorption der Tabula interna mehr oder weniger rauh an. Doch pflegen im großen und ganzen diese Veränderungen durchschnittlich kaum annähernd die hohen Grade zu erreichen, wie sie unter Umständen bei Gehirntumoren beobachtet werden. Und das liegt zweifellos daran, daß wir es bei den Gehirntuberkeln im Allgemeinen mit sehr viel akuteren und schneller verlaufenden Vorgängen zu tun haben, was übrigens auch die klinische Beobachtung bestätigt und was auch durch die mikroskopischen Befunde erhärtet wird.

Die mikroskopische Untersuchung. Wenn man die Entwicklung der käsigen Solitärtuberkel des Gehirns im Mikroskop zu verfolgen sucht, so muß der Satz an die Spitze gesetzt werden, daß es sich unter keinen Umständen um eine Verkäsung eines vorher aus produktivem tuberkulösem Gewebe bestehenden Herdes handelt. Obwohl das nach meiner Auffassung des tuberkulösen Prozesses selbstverständlich ist und in den bisherigen Darstellungen der Gehirntuberkel im großen und ganzen ernstlich nicht bezweifelt wurde, möchte ich es doch auch an dieser Stelle scharf betonen. Allerdings muß nun von vornherein zugegeben werden, daß die eigentlichen Vorgänge bei dieser Verkäsung durchaus noch nicht genügend durchsichtig sind und daß ich auch selbst nicht imstande bin, eine völlig befriedigende Erklärung zu geben. Wenn wir einen derartigen relativ frischen Käseherd im Mikroskop betrachten, so erkennen wir bei schwacher Vergrößerung zentral eine ziemlich homogene Masse, die an der Peripherie umgeben wird von einem dunkleren, durch dichte Anhäufung von Kernen bedingten Saum, auf den wiederum die mehr oder weniger dicht zellig infiltrierte Hirnsubstanz folgt. Stärkere Vergrößerungen zeigen dann, daß die zentralen Käsemassen durchaus nicht homogen sind. Man erkennt vor allen Dingen in ihnen noch sehr deutlich, wenn auch ohne spezifische Färbung, die Blutgefäße, in deren Bereich wiederum bei der van Gieson-Färbung mannigfache kollagene Fasern erhalten sind. Außerdem sieht man deutlich hier und da Reste von Nervenfasern, z. T. varikös angeschwollen, endlich auch eine gewisse Andeutung eines aufgequollenen Netzwerkes. Daß es sich aber hier etwa um Fibrin handele, ist sehr zweifelhaft, ja unwahrscheinlich. Ich habe vielmehr den Eindruck, daß man es mit einer gequollenen Glia zu tun hat. Doch kann darüber mangels einer spezifischen Färbbarkeit noch nichts Endgültiges ausgesagt werden. Gewöhnlich sind diese zentralen Partien, die entweder im mikroskopischen Schnitt von rundlicher Gestalt oder je nach der Gestalt des Gesamtherdes unregelmäßig geformt sind, fast frei von erhaltenen Zellen. Nur wenige Kernschatten, pyknotische Kerne und kleine Kerntrümmer sind zu erkennen. Auch Zellreste, die auf zu Grunde gegangene Gliazellen und Ganglienzellen hindeuten, sind vorhanden. Zuweilen sind sogar einzelne völlig nekrotische Ganglienzellen in ihrer Form noch sehr gut zu erkennen. Der Tuberkelbazillengehalt dieser Bezirke ist unter Umständen ein recht beträchtlicher. Was nun die schon bei schwacher Vergrößerung sichtbare zellige Zone an der Peripherie betrifft, so handelt es sich zunächst um massenhaft pyknotische Kerne, an denen man je weiter nach außen, um so deutlicher deren Leukozytennatur feststellen kann. Bei der Sudanfärbung enthalten diese Zellen gewöhnlich feinste Fetttröpfchen, sind sogar unter Umständen damit ganz beladen. Das entspricht der Tatsache, daß die Käsemasse selbst ebenfalls von allerkleinsten staubförmigen Fettmassen durchsetzt ist, jedoch kaum in stärkerem Maße, als man es auch bei Verkäsungen in anderen Organen zuweilen erkennen kann. Bevor ich nun auf weitere Veränderungen eingehe, die zweifellos einem späteren Entwicklungsstadium entsprechen und zu der produktiven Phase gehören, möchte ich noch einige Bilder schildern, die ich für frühere Stadien halte. Dies um so mehr, als die entsprechenden klinischen Angaben durchaus mit dieser Annahme übereinstimmen. Makroskopisch pflegt in solchen Fällen die Verkäsung noch relativ weich und körnig zu sein. Mikroskopisch sieht man reichlich hyalin umgewandelte, den Blutgefäßen entsprechende Balken, in denen auch hier und da das Lumen und Reste der Muskulatur zu erkennen sind. Im Anschluß daran strahlen aufgequollene kollagene Fasern in die Nachbarschaft ein. Vor allen Dingen aber erkennt man bei der van Gieson-Färbung zwischen diesen Balken ein relativ grobfasriges, aber scharf gezeichnetes Netzwerk, das eine bräunliche Färbung annimmt. In den Furchen dieses Netzwerkes sieht man in der Mitte reichlich schattenhaft blasse Zellen, die nach ihrer Form wohl nur als Gliazellen zu deuten sind. Allerdings sind sie stellenweise so reichlich, daß man auch an eine gewisse Wucherung denken muß. Diesen Zellen sind in ganz unregelmäßiger Verteilung Leukozyten beigemischt. In den peripheren Zonen des Herdes tritt das Netzwerk noch deutlicher hervor, ist gewöhnlich ärmer an den gliaartigen Zellbestandteilen, viel reicher an Leukozyten. Gerade diese Bilder sind es, die sehr eindringlich die Annahme nahe legen, daß man es mit aufgequollenen Gliamassen zu tun hat. Die Dichtigkeit des Netzes in der Peripherie erinnert, abgesehen von dem stärkeren Kaliber der einzelnen Fasern durchaus an das unentwirrbare Glianetz bei Anwendung spezifischer Färbemethoden. In diesen peripheren Teilen sieht man übrigens auch die hyaline, bezw. fibrinoide Umwandlung der Gefäßwandungen in ihrer Entwicklung. Auch Adventitiazellwucherungen im Bereich der Gefäße, deren Produkt hier im großen und ganzen einkernige Zellen sind, sind in der Randzone und auch noch in der weiteren Nachbarschaft sehr deutlich.

Im übrigen kann man sagen, daß sich nach außen an die Leukozytenzone ein weiterer, mehr oder weniger breiter Bezirk anschließt, in dem man schon in diesem Entwicklungsstadium eine Art von Granulationsgewebe und eine Einwucherung von Gefäßen sieht. Dort kommen dann zuweilen auch kleine Blutungen vor. Die zwischen diesen Gefäßen gelegenen Zellen sind sehr verschiedener Art, und entsprechend den oben erwähnten Befunden sieht man auch hier schon Fettkörnchenzellen in allen Entwicklungsstadien. Ferner ist hier eine deutliche Aufquellung der benachbarten Hirnsubstanz festzustellen.

Nach diesen Befunden läßt sich wohl der Prozeß so deuten, daß auch hier wie bei anderen Tuberkulosen nach der primären Gewebsschädigung sich zunächst Bilder entwickeln, die durchaus dem exsudativen Stadium entsprechen, nur daß dieses Stadium infolge der Besonderheit des Substrates, nämlich der Gehirnsubstanz, hier etwas andere Merkmale annimmt. Ein wesentliches Merkmal ist aber auch hier die Anwesenheit von Leukozyten, sodaß nicht zu zweifeln ist, daß sie bei der Verkäsung auch dieses eigenartigen exsudativen Stadiums dieselbe Bedeutung haben wie bei anderen Verkäsungen.

Die Leukozyten sind auch wie bei sonstigen Verkäsungen noch für eine andere Rolle berufen. Es kommen nämlich auch in diesen käsigen Hirnknoten Erweichungen vor, und man kann deutlich erkennen, daß dabei wieder ein Überschuß von Leukozyten die Auflösung des Käses bedingt. Das sieht man besonders in den größeren Herden. Schon makroskopisch wird das Zentrum zuweilen von eiterähnlichen Massen gebildet. Im Mikroskop kann man dann bei frischeren Erweichungen noch gut erhaltene, später zerfallene Leukozyten erkennen und schließlich nur noch Kerntrümmer. Einen Durchbruch derartiger Erweichungen habe ich nie gesehen. Wohl aber findet man zuweilen im Zentrum eines Käseherdes eine nur wenig oder kaum getrübte Flüssigkeit von etwas fadenziehender Beschaffenheit und nach der Härtung eine mehr dünne, gelatinöse Masse, die auch im Mikroskop ziemlich homogen ist, aber unter Umständen auch noch intakte Leukozyten und Kernreste enthält. Es handelt sich hier offenbar um eine völlige Peptonisierung oder gar um einen noch weiteren Abbau der vorher festen Käsemassen.

Spielt, wie wir gesehen haben, in den ersten Stadien des Gehirntuberkels die Glia eine gewisse Rolle, nicht nur unter Beteiligung ihres Fasernetzes bei der Quellung, sondern auch als Lieferant von Phagozyten durch Umwandlung ihrer Zellen in solche, so tritt doch ihre Beteiligung bei den nun folgenden produktiven Prozessen immer mehr zurück. Schon im Bereich der soeben beschriebenen Bilder kann man hier und da in der Adventitia der Blutgefäße unter den gewucherten Zellen solche erkennen, die insbesondere in ihrer Kernform an die typischen epitheloiden Zellen erinnern. Unter völligem Zurücktreten der Leukozyten beherrschen in mehrere Wochen alten Fällen diese Zellen dann das ganze Bild, und man kann an ihnen dieselben Vorgänge verfolgen, wie auch bei anderen tuberkulösen Prozessen: die Faserbildung wird immer reichlicher, die Kapselbildung deutlicher. Nur muß noch bemerkt werden, daß im Großen und Ganzen die Zone der produktiven Gewebswucherung gewöhnlich eine ziemlich schmale ist. Man kann aber auch in seltenen Fällen eine ganz gewaltige Anhäufung von produktivem tuberkulösen Gewebe mit massenhaft Riesenzellen erkennen. In den gewöhnlichen Fällen kann man alle Bilder verfolgen: von einer schmalen fibrösen Kapsel, die noch in reichlichem Maße von Epitheloidzellknötchen, unter Umständen mit vielen typischen Riesenzellen, durchsetzt ist, die außerdem im Bereich der Knötchen, aber auch sonst in der Peripherie ziemlich reichlich Lymphozyten aufweist, bis zu einer schmalen, rein fibrösen, bezw. hyalinen Kapsel. Im Inneren ist auffallender Weise zuweilen auch die körnige, stellenweise auch etwas fädige Käsemasse durchsetzt von Zügen aufgesplitterter, nach VAN GIESON rot färbbarer, also kollagener Fasern: sicher ein ausgezeichnetes Objekt für das Studium der Faserbiologie. An die fibröse Kapsel schließt sich stets nach außen an eine ganz schmale Zone mit deutlicher Gliawucherung, deren Züge im Großen und Ganzen parallel zu der fibrösen Kapsel angeordnet sind. Es folgt eine zunächst ödematöse, dann gewöhnliche Hirnsubstanz. Im Bereich der Gliazone lassen sich unter Umständen total verkalkte und gewöhnlich auch eine Eisenreaktion gebende Nervenzellen erkennen. Auch eisenhaltiges Blutpigment kann man in manchen Fällen in dieser Zone beobachten. Es handelt sich um Residuen der oben erwähnten Blutungen.

Von weiteren Veränderungen ist die *Verkalkung* des Käseherdes zu nennen. Diese tritt gewöhnlich zuerst in der Mitte des Herdes in Form von ganz unregelmäßig verteilten Körnern und Schollen auf, sodaß man beim ersten Anblick den Eindruck gewinnen könnte, es handele sich um Farbstoffniederschläge, nehmen doch diese Kalkmassen bei Haematoxylinfärbung eine intensive dunkelblau-violette bis fast schwarze Farbe an. Doch kann man auch hier feststellen, daß zum Teil wenigstens eine Verkalkung von nekrotischen Zellen vorliegt, die in ihrer Form noch einigermaßen erhalten sind. Es handelt sich vorwiegend um rundliche Gebilde, also Gliazellen, nur selten um Formen, die denen der Nervenzellen entsprechen. Neben dieser Verkalkung sieht man zuweilen auch eine andere, die in ihrer netzförmigen Anordnung durchaus den mehrfach erwähnten, bei der Verkalkung auftretenden gequollenen Netzwerken entspricht. Wie schon bei der makroskopischen Besprechung erwähnt, reicht mein Material nicht aus, um eine lückenlose Beschreibung bis zur totalen Verkalkung solcher Herde zu geben. Ich möchte aber noch ein weiteres Endprodukt dieser Vorgänge erwähnen, das ich in mehreren Fällen beobachtete, das nach Lage der Dinge nur aus verkalkten Tuberkuloseherden hervorgegangen sein konnte, und das ist die Verknöcherung. Es handelt sich um höchstens erbsengroße Herde von steinharter Konsistenz, an denen man im Mikroskop eine mit noch homogenen verkalkten Massen zusammenhängende Knochenbildung in der Peripherie erkennt, während man im Zentrum noch Reste einer mehr oder weniger homogenen oder etwas schwammigen Masse sieht, die der ehemaligen Verkäsung entsprechen würde. Auch Markbildung läßt sich zwischen den Knochenbälkchen nachweisen.

Alles was hier für die käsigen Gehirntuberkel gesagt wurde, gilt ohne weiteres auch für die des Rückenmarks. Diese bewirken natürlich in der klinischen Beobachtung noch mehr als jene die typischen Tumorsymptome. Anatomisch müssen die Folgezustände auf- und absteigende Degeneration sein. Es erübrigt sich wohl, auf diese Dinge des näheren einzugehen. Die käsige Rückenmarkstuberkulose ist im übrigen eine äußerst seltene Erkrankung. Ich selbst habe mindestens in den letzten 10 Jahren keinen derartigen Fall gesehen.

4. Nerven.

Eine selbständige Rolle kommt den tuberkulösen Veränderungen der Gehirn- und Rückenmarksnerven nicht zu. Daß hier und da bei der tuberkulösen Erkrankung jedes Organes einige Nerven in Mitleidenschaft gezogen werden können, ist selbstverständlich. Soweit diese Miterkrankung für die Organtuberkulose eine Rolle spielt, wird sie in den betreffenden Kapiteln erwähnt. Daß im übrigen bei jeder tuberkulösen Erkrankung durch die allgemeine Vergiftung auch das gesamte Nervensystem und mit ihm die peripheren Nerven in irgend einer Weise geschädigt werden können, ist selbstverständlich. Doch gehören diese Schädigungen, wie auch aus meinen Ausführungen im allgemeinen Teil hervorgeht, nicht zu den tuberkulösen im engeren Sinne. Sie können deswegen hier übergangen werden, zumal da ihnen anatomisch greifbare Substrate nicht zukommen. Doch müssen hier noch die Veränderungen der Ursprünge und Eintritte von Gehirn- und Rückenmarksnerven erwähnt werden, wie wir sie ausnahmslos in allen Fällen von Leptomeningitis tuberculosa sehen. Klinisch sind bekanntlich in dieser Beziehung besonders bemerkenswert die Erscheinungen an den Hirnnerven, die nicht immer allein durch den allgemeinen Hirndruck und die Beeinträchtigung der Nerven durch ihn erklärt werden können. Für diese Erscheinung und auch gewisse an den Rückenmarksnerven zu beobachtende haben wir aber besonders in den schwereren Fällen ein deutliches anatomisches Substrat. Denn ebenso wie sich der tuberkulöse Entzündungsprozeß mit den Gefäßen in die Gehirnsubstanz hinein fortsetzt, so begleitet er auch die Nerven in ihren Scheiden, die ja mit den weichen Häuten in Verbindung stehen. Mikroskopisch sieht man in solchen Fällen sehr selten Ausläufer der ersten exsudativen Prozesse im Bereich der Nervenwurzeln. Dagegen ist sehr häufig, ja fast regelmäßig eine lymphozytäre Infiltration der Nervenscheiden und der intraneuralen Bindegewebssepten, beide begleitet von einer sehr erheblichen Hyperaemie. Es handelt sich nach meiner Auffassung im allgemeinen lediglich um Ausstrahlungen der sogenannten perifokalen Entzündung. In den schwersten Fällen kann man dann auch beginnende Zerfallserscheinungen an Markscheiden und Achsenzylindern feststellen.

Bemerkungen zur Literatur.

Wie ich auch im Vorwort betonte, ließ sich die ursprüngliche Absicht einer handbuchmäßigen Bearbeitung der pathologischen Anatomie der Tuberkulose nicht durchführen. Es wurde schließlich die vorstehende Form gewählt, bei der sich der Text im wesentlichen auf eigene langwierige Untersuchungen und Erfahrungen stützt. Die vorhandene Literatur wurde zwar auch darin schon berücksichtigt, wenn auch oft nicht direkt zitiert. Wäre von Zitaten in dem Maße Gebrauch gemacht worden, wie es nur dem wichtigeren vorhandenen Schrifttum entspricht, so hätte der Text damit eine Vervielfachung erfahren müssen. Um zu einer möglichst einheitlichen Darstellung zu gelangen, schien mir daher die vorliegende Form die zweckmäßigere. Trotzdem empfinde ich es selbst als einen Mangel, daß der bisherige Text einen fast rein subjektiven Charakter trägt und auf eine Kritik anderer Arbeiten nur an wenigen Stellen eingeht. Ich möchte daher im Folgenden versuchen, diesen Mangel wenigstens in einem gewissen Maße auszugleichen. Es soll eine kurze Literaturübersicht gegeben werden, in der Interessenten die wichtigsten Arbeiten, insbesondere die der neuesten Epoche, über die Pathogenese und pathologische Anatomie der Tuberkulose finden können. Natürlich kann es sich auch hier nur um eine Auswahl handeln. Eine restlose Besprechung der Weltliteratur läge wohl in keinem Fall im Bereich der Möglichkeit und müßte selbst bei höchster Anstrengung nur sehr unvollkommen bleiben. Aber auch ein Überblick in der Form, wie sie etwa den Darstellungen in den vorhandenen Sammelwerken und Handbüchern entspricht, kann hier weder erreicht noch auch nur geplant werden, denn das hieße wieder soviel, wie ein neues Buch schreiben, das den bisherigen Umfang bedeutend übertreffen würde. Ein annähernd den wirklichen Verhältnissen entsprechendes Übersichtsbild hoffe ich trotzdem geben zu können.

Zunächst möchte ich einige zusammenfassende oder sammelnde Darstellungen erwähnen. So vor allen Dingen die Artikel von DÜRCK, EBER, PERTIK, BEITZKE in den Ergebnissen von LUBARSCH und OSTERTAG. Sodann sei die Bearbeitung unseres Gebietes durch TENDELOO im Handbuch der Tuberkulose erwähnt. In seiner Darstellung finden sich an vielen Stellen enge Beziehungen zu meiner Auffassung. Im Großen und Ganzen sind TENDELOOs Anschauungen jedoch nicht von einheitlichen Gesichtspunkten getragen, so daß sie sich darin grundsätzlich von meiner Anschauungsweise unterscheiden. Auch das Buch PAGELs über die allgemeinen pathologisch-anatomischen Grundlagen der Tuberkuloseforschung möchte ich an dieser Stelle erwähnen, zumal da es die vorhandene Literatur in einem solchen Umfang und einer so geschickten Anordnung verwertet, wie es bisher noch kaum geschehen ist. Überhaupt ist dies Buch so anregend geschrieben, daß der Tuberkuloseforscher von seiner Lektüre nur Vorteile haben kann. Natürlich darf es nur unter strenger Kritik gelesen werden. Denn in manchen Punkten geht PAGEL in seiner Neigung, Kompromisse zu machen, und in seiner wertenden teleologischen Betrachtungsweise so weit, daß man ihm unmöglich folgen kann. Darum seine Ausführungen überhaupt abzulehnen, wie es LUBARSCH tut, liegt kein Grund vor. Alles in allem genommen, stehe ich diesem Buche vielmehr mit großer Achtung, sogar mit einer gewissen Bewunderung gegenüber. Auch auf HERXHEIMERS kürzlich erschienenes Buch, in dem er zu einigen der aktuellen Tuberkulosefragen kritisch Stellung nimmt, sei an dieser Stelle hingewiesen. Endlich möchte ich in diesem Zusammenhang noch das KAUFMANNsche Lehrbuch erwähnen, das in allen die spezielle Organpathologie betreffenden Fragen in derselben wertvollen Weise Auskunft gibt, wie über alle Fragen der speziellen Organpathologie überhaupt. Wenn KAUFMANN in den hoffentlich noch recht zahlreich folgenden Neuauflagen bei den tuberkulösen Organveränderungen die Bezeichnung Granulationsgeschwülste vermeiden würde, so wäre das sehr zu begrüßen.

Allgemeine Pathogenese.

Es erscheint mir nicht notwendig, bei der Besprechung der allgemeinen Pathogenese in der vorhandenen Literatur all zu weit zurück zu greifen. Wenn auch von vorn herein zugegeben werden kann, daß die Lehre vom Primärkomplex durchaus nicht als ein starres allgemein gültiges Dogma hingenommen werden darf, in dem Sinne, daß ein Primärkomplex immer vorhanden sein muß, und demgemäß die Eintrittspforte immer durch einen Primärkomplex angezeigt wird, so dürfte trotzdem diese Lehre in dem ihr zukommenden und sicher sehr weiten Rahmen so grundlegend für das ganze Tuberkuloseproblem sein, daß man kaum erwarten kann, sie würde in absehbarer Zeit wieder aus unserem Gedankenkreis ausgeschaltet werden können. Da diese Lehre gewissermaßen eine neue Forschungsperiode eröffnete beziehungsweise die zuerst von E. v. BEHRING vertretene Anschauung vom zyklischen Verlauf der Tuberkulose mit unwiderstreitbaren Tatsachen festlegte, so werden wir für unsere Zwecke mit der wichtigsten Literatur dieser Forschungsperiode beginnen können und brauchen nicht in jene Zeiten überzugreifen, in denen die Grundlagen der Tuberkuloseforschung ganz andere waren.

Auf der Grenze zwischen der älteren und neueren Literatur steht etwa die sehr lesenswerte Abhandlung von J. BARTEL, obwohl sie erst im Jahre 1918 erschien. Sie bringt alles bis dahin Wissenswerte in klarer, kritischer Bearbeitung. Auch die RANKEschen Ideen üben schon ihren Einfluß aus. Die Frage der Eintrittspforten ist nicht mehr entsprechend den älteren Anschauungen in den Vordergrund gerückt. BARTELs Schluß ist vielmehr der, daß weder die Konstitutionslehre der Alten, noch eine apodiktisch vertretene Infektionslehre der Bakteriologen das Leitmotiv für die Forschung sein müssen. Seine Ausführungen gipfeln vielmehr in dem Satz: „Heute ist für unser weiteres Studium der Pathogenese der Tuberkulose die Aufdeckung der Wechselbeziehungen zwischen jeweiliger Beschaffenheit des Organismus und dem speziellen Infektionsträger zur maßgebenden Forderung geworden.“ BARTEL kam also auf anderen Wegen, besonders auch unter Verwertung der modernen Konstitutionslehre, zu ähnlichen Schlußfolgerungen wie RANKE. Über dessen Arbeiten, die an sehr vielen Stellen dieses Buches direkt oder indirekt zitiert werden, braucht hier nicht besonders berichtet zu werden. Wenn wir bei der weiteren Besprechung zunächst die Bedeutung des Primärkomplexes im Auge haben, so möchte ich SCHÜRMANN erwähnen, der in einem längeren historisch gefaßten Artikel den Nachweis führt, daß auch in der älteren und alten Literatur sich schon mannigfache Grundlagen für die neuere Lehre finden. Auch diese Studie SCHÜRMANNs ist dazu angetan, uns in der Wertung des Primärkomplexes für den Gang der Tuberkulosekrankheit zu bestärken. Von anderen Forschern, die in der neueren Zeit sich mit dem Primärkomplex beschäftigten und annähernd auf demselben Boden stehen wie wir, mögen neben den schon zitierten noch genannt sein HEDREN, H. ALBRECHT, E. ALBRECHT, GOLDSCHMID, F. HESSE, womit die Reihe noch lange nicht abgeschlossen ist. In neuester Zeit haben BLUMENBERG und SCHÜRMANN größere Abhandlungen geliefert. Insbesondere sei auch auf die zusammenfassende Arbeit BLUMENBERGs über die sogenannten Lokalisationsgesetze hingewiesen, obwohl seine Angaben nicht überall zuverlässig sind.

Wenn BLUMENBERG dabei an der Hand der Literatur und eigener Versuche und Befunde zu dem Schluß kommt, daß das PARROTsche Gesetz wortgetreu zutrifft, das CORNETsche nicht selten durchbrochen wird, das BAUMGARTEN-TANGLsche Gesetz keine allgemeine Gültigkeit besitzt, so kann man ihm wohl im Großen und Ganzen zustimmen. Man kann diese Schlüsse aber auch in einer die Tatsachen selbst treffenden Formel zusammenfassen, indem man sagt: In der Mehrzahl aller Tuberkulosefälle findet sich sowohl an der Eintrittsstelle der Bazillen als auch in den regionären Lymphknoten ein Herd. Abweichungen davon kommen vor; wie häufig sie sind, wie viele Fälle ohne Herde im Aufnahmeorgan und seinen regionären Lymphknoten vorkommen, bezw. wie oft eine kryptogenetische Infektion vor und nach der Geburt stattfindet, läßt sich noch nicht sagen.

Wir sind nach den Befunden der genannten und vieler anderer Forscher berechtigt, die Lehre vom Primärkomplex in den Vordergrund zu stellen, und können sagen, daß Vorstellungen, wie sie früher etwa von KRETZ, RIBBERT, AUFRECHT, in gewisser Weise auch von SCHLOSSMANN vertreten wurden, eine allgemeine Gültigkeit bestimmt nicht haben können. In Bezug auf die in ihrer Anzahl noch nicht bekannten Ausnahmen sei nun noch folgendes gesagt. Schon im Jahre 1909 wies SCHLOSSMANN gegenüber HAMBURGER darauf hin, daß das bis dahin überhaupt auf Tuberkulose geprüfte Kindermaterial sich lediglich auf Krankenhäuser bezog, daß also vorwiegend Kinder der ärmeren Bevölkerung (in diesem Falle Wiens) untersucht wurden. Ich betone hier noch einmal, daß sich das auch im Großen und Ganzen von dem Sektionsmaterial sagen läßt. Hier ist noch eine Lücke auszufüllen. Die Lehre vom Primärkomplex und der weiteren Pathogenese wird aber dadurch insofern nicht berührt, als erstens die Fälle mit Primärkomplex darum nicht anders gedeutet zu werden brauchen als es heute geschieht, als zweitens der weitere Entwicklungsgang der Fälle *ohne* Primärkomplex wahrscheinlich derselbe ist wie der der ersten Kategorie. Gerade in diesem Sinne möchte ich BARTEL zustimmen, wenn er betont, daß die Frage nach den Eintrittspforten an Bedeutung verloren hat. Allerdings führen die Fälle ohne Primärkomplex wieder zu den Anschauungen RIBBERTs und KRETZs zurück und zu gleicher Zeit zum Begriff der primären Latenz und mit ihm zum lymphoiden Vorstadium BARTELs. Man sieht, wie sich hier allmählich die Notwendigkeit ergibt und immer ergeben wird, daß eine gewisse Synthese zwischen älteren und neueren Anschauungen versucht wird. Allerdings dürfte die Anschauung, daß die Tuberkelbazillen etwa nach ihrem Eintritt durch die Tonsillen auf dem Lymphwege über die zervikalen Lymphknoten zu denen der Brust gelangen und daß von dort wiederum auf dem Lymphwege die Lunge erkranke, endgültig erledigt sein. Zum Beleg dafür möchte ich besonders auf Arbeiten von BEITZKE verweisen. Auch auf die Anschauungen CALMETTEs und seiner Schüler (VANSTEENBERGHE und GRYSEZ) werden wir kaum noch zurückzukommen brauchen. Auch sie sind genügend widerlegt worden (W. H. SCHULTZE u. a.).

Auf die Arbeiten über die genäogenetische Infektion — ich nenne BAUMGARTEN, SITZENFREY, SCHMORL, HARBITZ, PANKOW, DUBOIS, VESZPRÉMI, HUGUENIN, H. R. SCHMIDT, GHON und ROMAN, FRIEDMANN, HAMBURGER, HENKE — möchte ich hier nicht näher eingehen. Ich habe sie an mehreren Stellen des Buches berührt und bin der Meinung, daß zu ihrer endgültigen Klärung ein noch sehr viel größeres, am Menschen gewonnenes Material gehört als bis jetzt vorliegt.

Keine der bisher erörterten und der noch folgenden pathogenetischen Fragen wird ohne die pathologische Anatomie gelöst werden können und niemand wird auf diesem Gebiete weiter kommen, der unter Mißachtung der pathologischen Anatomie zu solchen Schlüssen kommt, wie v. HAYEK. Dieser Forscher will „mit einer über jeden Zweifel erhabenen Sicherheit“ erkannt haben, „daß die Tuberkulose im menschlichen Körper nicht mit der pathologischen Veränderung lebenswichtiger Organe beginnt, sondern mit Immunitätsreaktionen“. Er warnt deswegen vor der anatomischen Denkungsweise in der Tuberkulosepraxis. Ich habe dagegen schon in Bad Elster eingewandt, daß das Tuberkuloseproblem zur Zeit leider noch ein eminent anatomisches ist. Aber man wird als pathologischer Anatom getrost die Zusicherung geben können: so bald v. HAYEK auch nur wenige Menschen auf Grund von Immunitätsreaktionen vor einer Tuberkulosekrankheit, d. h. vor anatomisch faßbaren tuberkulösen Veränderungen, bewahrt haben wird, kann die pathologische Anatomie mit ihrem Verzicht auf die weitere Mitarbeit in der Tuberkuloseforschung beginnen.

In wie weit die Entwicklung der Tuberkulose im Körper sich anders gestaltet, je nachdem, ob ein Primärkomplex vorliegt oder nicht, werden wir erst sagen können, wenn für die Beantwortung dieser Frage ein größeres und zu diesem besonderen Zweck beobachtetes Material vorliegt. Hier komme ich noch einmal auf die Weiterentwicklung der Fälle mit Primärkomplex zurück. Auf die RANKEsche Stadieneinteilung bin ich im Text schon genauer eingegangen. Auch andere derartige Systeme wurden dort erwähnt. Hier möge noch der Versuch von SATA genannt sein, eine von anderen Gesichtspunkten ausgehende Stadieneinteilung der Tuberkulosekrankheit zu geben. Er spricht von einem primären Stadium mit beginnender Immunität, von einem sekundären Stadium mit exsudativer Diathese, einem tertiären, bezw. Granulations-Stadium mit fibröser Diathese (chronische lokale Tuberkulosen, bezw. Phthisen aller Art) und viertens einem Heilungsstadium. Die Immunitätszustände sollen sich bis zur völligen Immunität im vierten Stadium allmählich und progressiv entwickeln. So anregend und lesenswert SATAs Ausführungen sind, so interessant es wäre, eine Synthese seiner Anschauungen mit denen RANKEs zu versuchen oder sie meinen Anschauungen anzupassen, so verlangte eine derartige Synthese doch so weit ausgreifende Erörterungen, daß sie hier nicht unternommen werden kann. Auf der anderen Seite wäre es zu begrüßen, wenn SATA seinerseits zu den Lehren RANKEs genauer Stellung nehmen würde.

Warum ich selbst RANKE in seiner Stadieneinteilung nicht zu folgen vermag, habe ich im Text genau ausgeführt. Es ist zu beklagen, daß sonst eine begründete Stellungnahme der RANKEschen Lehre gegenüber noch kaum erfolgt ist, insbesondere nicht vonseiten derer, die sich äußerlich ganz auf seine Seite gestellt haben. Ich habe gerade in den Arbeiten von Klinikern und Praktikern, die die RANKEsche Nomenklatur im Munde führen, vergeblich danach gesucht. Von den pathologischen Anatomen wandeln SCHMINCKE, PAGEL und SCHÜRMANN in den Bahnen RANKEs. Sie haben dessen Lehre im Großen und Ganzen nur durch mannigfache pathologisch-anatomische Mitteilungen zu stützen versucht, in denen die RANKEsche Nomenklatur in einer Weise gebraucht wird, als ob eine Kritik an ihr nicht nötig wäre. Daß auch ihnen sich dabei Schwierigkeiten in den Weg gestellt haben, sieht man besonders bei PAGEL, der sich an verschiedenen Stellen gezwungen sieht, bei manchen Veränderungen, die sich den sogenannten tertiären anschließen, von einem Rückfall in das sekundäre Stadium oder gar von einem besonderen quartären Stadium zu sprechen. Auch ablehnende Urteile gegen RANKE finden sich nur spärlich. Ich nenne MARCHAND, LUBARSCH, BLUMENBERG und BEITZKE. Letzterer weist, was auch ich bestätigt habe, auf die zuweilen vorkommenden schweren käsigen Erkrankungen von Bronchiallymphknoten bei chronischer isolierter Lungentuberkulose hin, die zweifellos nicht in das RANKEsche Schema hineinpassen. Mit der Form, unter der BLUMENBERG die RANKEsche Lehre ablehnt, kann ich mich allerdings nicht einverstanden erklären. Wenn er dem Lebensalter einen bestimmenden Einfluß auf die Entwicklung der Tuberkulosekrankheit einräumt, so ist dem in einem gewissen Umfang beizupflichten. Aber es zeigt von keinem sehr weiten Blick, wenn diese Einflüsse als die in erster Linie maßgebenden herausgestellt werden und behauptet wird, daß die pathologisch-anatomische Methode den Nachweis „immunisierender" Faktoren im Verlauf der menschlichen Tuberkulose nicht erbringt. RANKEs Allergielehre, an der ich selbst manches auszusetzen hatte, enthält immerhin soviel fruchtbare Gedanken, daß sie kaum deswegen ganz verschwinden wird, weil BLUMENBERG für seine Ablehnung ein größeres Material zur Verfügung hatte als RANKE.

Die Einwendungen von LUBARSCH beziehen sich weniger auf die zeitliche Stadieneinteilung, sondern darauf, daß „neuerdings immermehr der Versuch gemacht wird, die spezifischen Immunitätseinflüsse einseitig in den Vordergrund zu stellen" Hiermit bin ich natürlich einverstanden, soweit es sich um wirkliche Übertreibungen handelt, und kann auch die Ausführungen LUBARSCHs, soweit sie sich nicht auf die Miliartuberkulose beziehen, im Großen und Ganzen unterschreiben. Aber da der Vorwurf jener Einseitigkeit sich in seiner Kritik meiner Auffassung der Miliartuberkulose (S. 468) auch auf mich bezieht, so brauche ich ihn dem Kundigen gegenüber kaum zurückzuweisen, weil er schon auf Grund meiner früheren Arbeiten und auch meiner Stellungnahme in diesem Buch völlig unberechtigt ist. Ich bin andererseits der Meinung, daß die von LUBARSCH getadelte Einseitigkeit vielmehr bei ihm selbst zu suchen ist, wenn er nämlich die Wichtigkeit von allergischen Zuständen für die Entwicklung der Tuberkulose im menschlichen Körper nicht genügend anerkennen will.

Erwähnen möchte ich noch den Versuch ASCHOFFs, an der Hand der Lungentuberkulose eine Synthese zwischen der RANKEschen Stadieneinteilung und einer Systematik nach den verschiedenen Lebensperioden zu geben. Er unterscheidet: 1. den Primärkomplex, 2. die anaphylaktische und generalisierende Form, 3. die Frühform der isolierten Phthise, 4. die Übergangsformen, z. B. Pubertätsphthise, 5. die isolierte Phthise, vorwiegend der Erwachsenen, 6. die Spätformen der generalisierten Phthise, 7. die Altersphthise. Es ist keine Frage, daß es sich dabei um Gesichtspunkte handelt, die berücksichtigt werden müssen. Doch wird man auch hier ohne Beachtung der verschiedenen Allergiezustände nicht auskommen. Auch die farblose äußere Einteilung ASCHOFFs und NICOLs in eine primäre Infektionsperiode und eine Reinfektionsperiode, der sich BEITZKE in weitem Maße angeschlossen hat, ist durchaus beachtenswert. Sie betont die Tatsache, daß bei den meisten Tuberkulosefällen der Primärkomplex als eine in sich abgeschlossene Phase bezeichnet werden kann, während alle Phasen des späteren Geschehens, besonders pathogenetisch, nicht mehr scharf voneinander getrennt werden können, sondern vielfach miteinander durchflochten sind.

Auf die Stellungnahme der Kliniker, Heilstättenärzte, Fürsorgeärzte usw. zu den RANKEschen Lehren möchte ich auch hier nicht näher eingehen. Eine wirklich begründende und zusammenfassende Darstellung ist übrigens, so weit ich sehe, überhaupt vom klinischen Standpunkt aus noch nicht gegeben worden, ist wohl allerdings auch ohne Berücksichtigung der pathologisch-anatomischen Grundlagen recht fragwürdig. Im übrigen verweise ich auf meine Ausführungen im Text, in denen ich die oft kritiklose Anwendung der RANKEschen

Nomenklatur bemängelte. Es darf aber nicht geleugnet werden, daß sich bei manchen Autoren, von denen ich ohne Anspruch auf Vollständigkeit nur ULRICI, O. ZIEGLER, NICOL, REDEKER nennen möchte, an verschiedenen Stellen ihrer Arbeiten Ausblicke finden, die auf eine allmählich sich durchsetzende vernünftige Verwertung der RANKEschen Lehre hoffen lassen. Solche Ausblicke werden in der neuesten Literatur immer deutlicher. Dahin gehört auch die gerade beim Abschluß meines Manuskriptes erscheinende Arbeit von REDEKER, die mit ebenso ernster Kritik wie weitem Blick zu zeigen versucht, „daß die Entwicklung der Tuberkuloseforschung mit dem ärztlich schöpferischen RANKE bis jetzt nicht in Konflikt kommt, wohl aber mit dem Systematisierenden".

Die Crux der RANKEschen Einteilung bleibt die sekundäre Tuberkulose, sowohl was ihre äußere Einreihung zwischen Primärkomplex und isolierter Phthise, als auch, was ihre angeblichen Beziehungen zur Allergie betrifft. Das zeigte sich auch auf dem Tuberkulosekongreß in Danzig 1925, wo sie als ein Hauptverhandlungsthema auf der Tagesordnung stand. Weder die Referenten SCHMINCKE und LIEBERMEISTER konnten eine dem Unbefangenen einleuchtende Definition geben, zumal, da ja der eine ganz auf dem RANKEschen Standpunkte steht, der andere hingegen weit davon abweicht, noch konnten STOCK für das Auge und SCHÖNFELD für die Haut ihrem Thema wirkliche, fördernde Gesichtspunkte abgewinnen. Im Gegenteil scheint mir gerade wieder der Versuch, die verschiedenen Hauttuberkulosen in sekundäre und tertiäre zu trennen, meine Einwendungen gegen die schablonenhafte Stadieneinteilung zu unterstreichen. Mit Spannung mußte man besonders dem Bericht SCHMINCKEs vom pathologisch-anatomischen Standpunkt aus entgegensehen. Aber gerade er könnte für sich allein erweisen, daß es ein sekundäres Stadium im Sinne RANKEs nicht gibt. Im Mittelpunkt der Erörterung stand die allgemeine Miliartuberkulose, ohne daß die von mir und ARNOLD geschilderten Verlaufsarten, ob im negativen oder positiven allergischen Sinne, genügend beachtet wurden. Bezeichnend für die Sachlage ist hingegen folgender Satz SCHMINCKEs: „bedeutet diese anatomisch erste Phase (nämlich der Primärkomplex, H.) des tuberkulösen Geschehens immunbiologisch das Erreichtsein einer ersten Gleichgewichtslage zwischen erreichter Wirkung und Widerstandskraft des Körpers, so sehen wir bei der sekundären Tuberkulose diese Gleichgewichtslage zu Gunsten des Parasiten verändert, und es läßt sich als allgemeiner Satz unter Betrachtung der anatomischen Bilder der Sekundärperiode voransetzen, daß diese in der Vorherrschaft des Virus und seiner Toxine über die Abwehr des Körpers begründet sind". In diesem Satz zeigt sich mit aller Deutlichkeit, zu welchen Wirrungen und Täuschungen ein Dogma führen kann. Denn es dürfte ohne weiteres klar sein, daß diese Definition des „sekundären Stadiums" genau so gut auf jeden anderen in Entwicklung begriffenen oder fortschreitenden tuberkulösen und auch sonst auf irgendwie infektiös bedingte Prozesse anwandbar ist.

Die Diskussion zu den genannten Vorträgen ergab die auffallende, aber bezeichnende Tatsache, daß alle jene Kliniker und Tuberkuloseärzte, die sich sonst an derartigen Aussprachen lebhaft beteiligen, schwiegen. Sie hatten nichts zu sagen, und so mußte die Aussprache sehr kurz werden. Bemerkenswert waren nur die Ausführungen von ED. SCHULZ. Hier und an anderen Stellen vertritt er selbständig eine Auffassung des sekundären Stadiums, die die engsten Berührungspunkte mit LIEBERMEISTER hat. SCHULZ nennt den nach dem Primärkomplex oder auch nach Reinfektionen zurückbleibenden infektionsfähigen Lymphknotenherd „Sekundärherd". Solche Herde können lokal bleiben und völlig heilen, können aber auch eine dauernde Tuberkulinempfindlichkeit setzen. Von ihnen aus können weiterhin Bazillen ins Blut eindringen und Erscheinungen setzen, die etwa den LIEBERMEISTERschen Sekundärerscheinungen entsprechen. Oder endlich, sie können richtige tuberkulöse Herde in den Organen setzen, die dann schon den tertiären Tuberkulosen entsprechen. So sei das Tertiärstadium eine direkte Folge des Sekundär-Stadiums. „Den nachweisbaren Beginn der Tuberkulose haben wir im Sekundärherd zu suchen, sowohl beim Kinde, wie beim Erwachsenen. Eine diagnostizierte Lungenspitzentuberkulose ist schon der Beginn des Tertiär-Stadiums".

Und die allgemeine Miliartuberkulose? Sie wäre dann natürlich auch eine Tertiär-Tuberkulose. Mag man nun über die lokalen „sekundären" Symptome (ebenso wie über die LIEBERMEISTERschen) denken wie man will, ich wende gegen ED. SCHULZ dasselbe ein, wie gegen LIEBERMEISTER, daß nämlich solche Symptome genau so gut bei schon bestehenden Tertiär-Erscheinungen im Sinne SCHULZs auftreten können. Also warum eine Stadieneinteilung? Im übrigen steht die Auffassung von SCHULZ, daß nach der Entstehung des Primärkomplexes das weitere Geschehen im Wesentlichen von einer lymphhämatogenen

Ausbreitung der Tuberkelbazillen abhängt, auch in Bezug auf etwa eintretende äußere Reinfektionen, der meinigen sehr nahe.

Miliartuberkulose.

Meine Auffassung der Genese der allgemeinen Miliartuberkulose, wie ich sie zum ersten Mal im Jahre 1922 skizziert habe, ist bisher noch verhältnismäßig wenig Gegenstand der Diskussion gewesen. In den inzwischen erschienenen Lehrbüchern wird sie im allgemeinen nicht beachtet. Eine mehr oder weniger ausführliche Stellungnahme findet sich bei SCHÜRMANN, BLUMENBERG, HESSE, PAGEL, HERXHEIMER, LUBARSCH, SCHMINCKE, ENGEL. Ein Teil der früheren Arbeiten ist in meiner erwähnten Veröffentlichung zitiert, alles Übrige ist aus den S. 462 angeführten Sammelreferaten zu ersehen. Historisch ist auf diesem Gebiete noch interessant, daß WEIGERT in seiner Lehre, die Miliartuberkulose entstehe durch Einbruch eines tuberkulösen Herdes in die Blutbahn einen Vorgänger in dem Züricher Pathologen HUGUENIN hatte. Doch dürfte HUGUENIN eine Priorität in dieser Frage nicht beanspruchen können. Seine Angaben waren recht vage und wurden später, worauf HANAU hinweist, kaum noch von ihm selbst beachtet, obwohl auch WEIGERT sie inzwischen zitiert hatte. Das Verdienst, die genannte Lehre selbständig aufgestellt und eingehend anatomisch begründet zu haben, kommt allein WEIGERT zu. Ich möchte aber an dieser Stelle auch noch einmal BUHL nennen, der in der vorbakteriologischen Zeit (1857 und 1872) lehrte, es müsse bei der Miliartuberkulose ein primärer tuberkulöser Herd vorhanden sein, von dem aus die Resorption des Tuberkelgiftes in die Blutbahn erfolgen könne. Unter dem Eindruck der WEIGERTschen Arbeiten wurde diese Lehre bald völlig vergessen, obwohl sie sicher die erste Vorstellung vom Wesen der Miliartuberkulose war, die noch heute als „modern“ bezeichnet werden könnte. Daß die wesentlichsten Einwände gegen die WEIGERTsche Lehre von Seiten BAUMGARTENs, RIBBERTs und WILDs erfolgten, ist bekannt; es sind die von mir im Text unter 1 und 2 genannten. BAUMGARTEN (1890) hielt, sich auf Tierversuche stützend, den Weg von Lymphdrüse zu Lymphdrüse und über die Hauptlymphgänge in die Blutbahn für den gegebenen. Dadurch, daß er später (1911) seinen Einspruch zurückzog, ging man in der späteren Literatur nicht mehr darauf ein.

Ich komme nunmehr zu denjenigen Autoren zurück, die zu meiner Auffassung Stellung genommen haben. Von ihnen erhebt HESSE keinen Widerspruch. Man könnte sogar aus seinen Äußerungen herauslesen, daß er sich meiner Meinung anschließt. Ebenso äußert sich SCHMINCKE im Großen und Ganzen zustimmend. Auch ST. ENGEL gibt zu, daß mein Gedankengang „viel für sich“ hat. PAGELs Stellungnahme ist keine klare. Man könnte ihn überhaupt als den Mann des Kompromisses bezeichnen. Er gibt, ebenso wie den Inhalt der WEIGERTschen Lehre und die sich anschließende Diskussion auch meine Ausführungen, genau wieder und nennt die WEIGERTsche Erklärung die mechanische und meine die dispositionell-biologische. Er lehnt die letztere nicht ab, anerkennt aber andererseits „keineswegs die Notwendigkeit oder auch nur die Möglichkeit, den Gefäßherd als die unmittelbare Entstehungsbasis der Miliartuberkulose zu entbehren“. Muß man darin schon ein recht verschwommenes Kompromiß sehen, so vermag ich PAGEL absolut nicht zu folgen, wenn er schließlich in seinen Erörterungen auf eine kraß teleologische Formulierung des Problems hinauskommt, und „den Kern des Wesens der Miliartuberkulose“ folgendermaßen formuliert: „sie stellt eine Immunisierung des Gesamtorganismus größten Stieles dar. Die Reaktion sämtlicher Ufergewebe mit dem Virus, im wesentlichen mit dem Erfolg wirksamer Keimabwehr und Keimvernichtung“. Damit ist natürlich nichts gewonnen und man müßte nun, wenn man zur Forschung zurückkehrt, wieder von vorne anfangen. Ich halte derartige Ausführungen PAGELs zwar für eine Entgleisung, schließe mich darum aber auch auf diesem Gebiete in keiner Weise den Einsprüchen LUBARSCHs gegen PAGEL an und werde das weiter unten ausführen. Ich möchte aber gegen PAGEL noch einwenden, daß ich es für sehr unzweckmäßig halte, der mechanischen, bezw. rein bakteriologischen Theorie WEIGERTs eine dispositionell-biologische gegenüberzustellen, denn nur eine Synthese kann hier zum Ziele führen und eine solche habe ich mit meinen Ausführungen bezwecken wollen.

In SCHÜRMANNs Erörterungen befindet sich ebenfalls ein Widerspruch, wenn er mir nämlich zunächst grundsätzlich zustimmt, daß das Ausschließungsverhältnis zwischen fortschreitenden chronischen Organtuberkulosen und der Miliartuberkulose auf einer Umstimmung des Organismus in seinem Verhalten gegenüber den Tuberkelbazillen beruht, dann aber am Schluß seiner Ausführungen erklärt, daß die Fortschritte unserer Erkenntnis der Immunitätsverhältnisse keineswegs an dem Kern der WEIGERTschen rütteln, ihn vielmehr festigen, und daß zur Aufstellung komplizierter Hypothesen wie der meinigen keine Veranlassung wäre. Dabei beschäftigt sich SCHÜRMANN auch mit den verschiedenen Allergien im Sinne RANKES, die er als bewiesen hinzunehmen scheint, während meine Anschauung damit nicht übereinstimmen solle. Der Unterschied liegt eben darin, daß ich die RANKEsche Allergielehre nicht ohne weiteres hinnehme, sondern sie für verbesserungsbedürftig halte. In welcher Weise die Miliartuberkulose in diesen Rahmen eingefügt werden kann, habe ich im Text ausführlich genug begründet. In SCHÜRMANNS Versuch, die WEIGERTsche Lehre von neuem zu stützen, spielt auch die bekannte Arbeit SCHMORLS eine Rolle, in der von 95% positiven Befunden von Gefäßherden bei Miliartuberkulose berichtet wird. Ich werde diese Arbeit weiter unten erörtern, möchte hier nur noch hinzufügen, daß auch die in neuerer Zeit erschienene Arbeit von HARTWICH nicht dazu angetan ist, meine Kritik der WEIGERTschen Lehre einzuschränken. Im übrigen enthält die Arbeit HARTWICHS viele bemerkenswerte Befunde, besonders auch eine Monatskurve der Sterbezahlen, die denselben Frühjahrsgipfel enthält wie meine Kurve, außerdem unter anderem interessante Befunde über das Verhalten der Miliartuberkulose zu den sonstigen tuberkulösen Erkrankungen. Auch nach HERXHEIMER besteht die WEIGERTsche Lehre weiter zu Recht. Er versucht eine Synthese zwischen meinen Ausführungen und dieser Lehre. Da ich jedoch in diesem Buche weiter gegangen bin als 1922, möchte ich HERXHEIMER gegenüber auf meine Ausführungen im Text verweisen.

BLUMENBERG schließt sich zwar meiner Auffassung in der Form an, „daß viele Faktoren für den Ausbruch einer Miliartuberkulose in Betracht kommen". Er glaubt sich aber zu dem Ausspruch berufen, daß von einem Ausschließungsverhältnis zwischen chronischer Lungentuberkulose und Miliartuberkulose keine Rede sein kann. Das ist um so erstaunlicher, als er selbst im Reifungsalter nur 5,17% Ausnahmen findet. BLUMENBERG zitiert übrigens auch hier falsch, wenn er behauptet, ich hätte von einem Ausschließungsverhältnis in allgemeiner Form gesprochen. Kritik muß begründet und nicht leichtfertig hingeworfen werden. Wenn BLUMENBERG dann im Greisenalter etwas häufigere Ausnahmen findet, so mag das stimmen, würde aber ausgezeichnet in meine Formel passen, daß das Greisenalter mit zu den unspezifisch-dispositionellen Faktoren gerechnet werden kann. Nachdem der auch von BLUMENBERG zitierte, von mir 1922 schon erwähnte Jos. ENGEL-Prag (1855) und nach ihm BUHL, WEIGERT, LIEBERMEISTER und schließlich auch RANKE das Ausschließungsverhältnis als bemerkenswert hingestellt hatten, wird es durch einfache Negierung nicht mehr beseitigt und wird an der Tatsache, daß es in der Form besteht, unter die ich es im Jahre 1922 gebracht und jetzt bestätigt habe, kaum mehr etwas geändert werden können. Daß BLUMENBERG auch auf diesem Gebiet allergische Verhältnisse nicht sehen will, ist ohne Belang.

Alle genannten Autoren sind also, wenn auch bei den meisten zunächst noch der Widerspruch vorherrscht, auf meine Einwendungen gegen die WEIGERTsche Lehre im Großen und Ganzen ernstlich eingegangen und haben darin, wie man wohl sagen darf, besonders in Bezug auf die Allergielehre, manches gefunden, was einer eingehenden Erwägung wert ist. Von der Stellungnahme LUBARSCHS zu meinen Ausführungen kann man das leider nicht sagen. Wenigstens geht er auf meine Betrachtungen über die dispositionellen Verhältnisse bei der Miliartuberkulose, die unspezifischen und die spezifischen, überhaupt nicht ein, sondern wendet sich in dieser Beziehung nur gegen PAGEL und zwar in einer Weise, daß der Leser den Eindruck gewinnen muß, es decke sich die PAGELsche Anschauungsweise mit der meinigen. Daß dem nicht so ist, habe ich oben schon hervorgehoben. Muß so schon in dieser Beziehung die Kritik LUBARSCHS an der Oberfläche bleiben, so wird sie nicht gründlicher, wenn sie mir gegenüber eigentlich nur auf die alten WEIGERTschen Argumente zurückgreift. Auf die formelle Seite der Angelegenheit bin ich an anderer Stelle eingegangen. Hier möchte ich nur zum Tatsächlichen Stellung nehmen. LUBARSCH stützt sich, um für die WEIGERTsche Lehre einzutreten, wie SCHÜRMANN u. a. auf die Untersuchungen SCHMORLS und anderer mit den 90—98% positiven Gefäßherden. Da es mir durchaus fern liegt und peinlich wäre, in die z. T. sehr lange zurückliegenden Angaben ausgezeichneter Forscher Zweifel zu setzen, möchte ich auf die Zahlen selbst nicht mehr eingehen. Ich möchte aber an die Leser jener Arbeiten die Frage stellen: gesetzt den Fall, die WEIGERTsche Lehre existierte nicht, würde man sich dann in einer so wichtigen und, wie wohl heute sehr viele zugeben werden, recht komplizierten Frage wie die Genese der allgemeinen Miliartuberkulose, mit den Angaben der meisten Autoren, die sich mit dieser Frage beschäftigten, zufrieden geben. In der erwähnten Arbeit SCHMORLS, ebenso bei HANAU, HARTWICH, SILBERGLEIT, SIGG, SCHÜRHOFF u. a. findet sich teils kein einziges Wort über die mikroskopische Untersuchung der Gefäßherde und keine Schilderung der mikroskopischen Befunde, teils nur sehr kärgliche Bemerkungen darüber. Es sind überhaupt außer von BENDA und WEIGERT verzweifelt wenig Untersuchungen über die Histogenese der Gefäßherde veröffentlicht worden. Was LUBARSCH über ihre Entstehung sagt, ist wenig exakt, z. T. auch dunkel. Ihre Lokalisation sei wohl die Folge „von für uns nicht immer übersehbaren Nebenumständen, die mit der eigentlichen Grundkrankheit überhaupt nicht oder wenigstens nicht in unmittelbarem Zusammenhang zu stehen brauchen." Die Verhältnisse sollen genau so liegen, wie bei anderen Solitärtuberkeln (in Gehirn, Milz, Nieren, Leber). Die Gefäßherde hätten auch zunächst dieselbe Bedeutung wie jene anderen Herde und machten so lange keine Erscheinungen, wie sie abgekapselt sind. „Sobald sie aber ihrer schützenden, vom Blute trennenden Decke beraubt sind, kommt es schlagartig zum Ausbruch" usw. Niemand wird behaupten können, daß diese Ausführungen überzeugend wirken. Kennt jemand einen Fall von Solitärtuberkeln in einem der genannten Organe und dazu ihnen konforme Herde in Lungenvenen und Ductus thoracicus? Hat jemand schon einmal einen tuberkulösen Herd in den Lungenvenen oder Ductus thoracicus gesehen, der sich in Entwicklung befand, bevor die Miliartuberkulose ausgebrochen ist? Etwas Derartiges müßte es doch geben, wenn durch sekundäre Ulzeration eines verkäsenden Gefäßherdes die Miliartuberkulose entstehen sollte. Jene Frage habe ich schon 1922 gestellt. Warum beantwortet LUBARSCH sie nicht? Bevor diese Frage nicht geklärt ist, dürfte eigentlich überhaupt nicht mehr mit den WEIGERTschen Argumenten diskutiert werden. Denn es muß doch jedem klar sein, daß Herde in Lungenvenen und Ductus thoracicus nicht die Ursprungsstätte der Miliartuberkulose sein können, wenn sie ausschließlich bei schon bestehender Miliartuberkulose gefunden werden. Nun meint LUBARSCH, die Größe der Gefäßherde im Gegensatz zu den kleinen Miliartuberkeln spreche unbedingt dagegen, daß sie ebensogut Folge oder Begleiterscheinung der Krankheit sein könnten. Abgesehen davon, daß die in diesem Zusammenhang stehenden Angaben von LUBARSCH, eine Miliartuberkulose dauere 3—6 Wochen und Miliartuberkel seien durchschnittlich kaum $^1/_3$ mm groß, falsch sind, möchte auch ich das Mißverhältnis zwischen der Größe der Gefäßherde und der der Miliartuberkel als merkwürdig bezeichnen. Ganz absonderlich ist es aber durchaus nicht, wenn man nur die „für uns nicht immer übersehbaren Nebenumstände" (LUBARSCH) richtig einzuschätzen versucht, wenn man nämlich überhaupt etwas tiefer in das Wesen der Miliartuberkulose einzudringen strebt, wenn man die besondere Eigentümlichkeit des Gefäßendothels berücksichtigt, wie ich es kurz im Kapitel über die Gefäßtuberkulose gestreift habe, wenn man endlich überhaupt die Histogenese der Gefäßherde eingehend zu analysieren trachtet.

Dazu möchte ich LUBARSCH gegenüber betonen, daß es für mich gerade die sich immer wiederholenden mikroskopischen Befunde an den Gefäßherden waren, die in mir die ersten Zweifel an der Richtigkeit der WEIGERTschen Lehre erweckten. Die Vorstellung, die LUBARSCH und mit ihm viele andere haben, daß die Herde mit der Bildung eines produktiven Tuberkels beginnen, dann zentral verkäsen, dann ulzerieren, ist eine Annahme, die noch niemals mit objektiven und überzeugenden Befunden begründet, ich möchte sagen, deren Begründung überhaupt noch nicht ernstlich versucht worden ist. Mit den Vorstellungen, die ich selbst von der Entwicklung der tuberkulösen Prozesse habe, ist natürlich eine primäre Intimawucherung nicht vereinbar, eine sekundäre Verkäsung einer solchen Wucherung aber nur in sehr beschränktem Maße. Nach meinen Untersuchungen beginnt die Intimaveränderung mit einem thrombotischen Vorgang, der eine Art Verkäsung einzugehen imstande ist und sekundär von einer produktiven Gewebswucherung umgeben, z. T. auch ersetzt wird. Bei einer solchen Sachlage hat natürlich die Tatsache, daß die Venenherde sehr viel größer sein können als die Miliartuberkel in den Organen nichts Wunderbares mehr an sich, denn Thromben können sich bekanntlich in sehr kurzer Zeit in noch viel größerem, ja ganz gewaltigem Umfange bilden. Weiter mag hinzukommen die prompte produktive Reaktion der Gefäßintima und der übrigen Gefäßschichten, begünstigt vielleicht durch besondere allergische Zustände. Einen Vorgang, der im eigentlichen Sinne als eine Ulzeration bezeichnet werden könnte, habe ich dabei noch nicht gesehen, wohl aber können die frischen thrombotischen Auflagerungen oder neu hinzukommende thrombotische Massen eine gewisse Erweichung eingehen. Tuberkelbazillen werden dabei gewöhnlich gefunden, selten in großen Mengen, viel häufiger in geringer Zahl, meistens recht spärlich. Meine Untersuchungen stimmen im Großen und Ganzen mit dem überein, was WEIGERT selbst ursprünglich über diesen Vorgang sagte. Zunächst hielt er nämlich eine Thrombosierung mit großer Wahrscheinlichkeit für das Primäre und machte für die Entwicklung der Herde einen Vergleich mit den tuberkulösen Entzündungen der serösen Häute. Später allerdings spricht er nur davon, daß sich Thrombenbildungen gelegentlich beteiligen können. Im übrigen möchte er den Prozeß genau so auffassen, wie die Tuberkelbildung in anderen Organen. Für die Annahme, es komme bei solchen Herden zu einem Durchbruch zentraler Käseherde, bringt aber auch WEIGERT selbst keine Beweise. Auch bei BENDA, der bekanntlich für die Mehrzahl der WEIGERTschen Herde ihre endangitische Natur feststellte, vermisse ich diese Belege. Im übrigen geben BENDAs Arbeiten, insbesondere seine zusammenfassende Darstellung aus dem Jahre 1898, die reifste Kritik aller bis dahin erhobenen Befunde, und der Kundige kann wohl in seinen Abhandlungen auch zwischen den Zeilen genügend Zweifel herauslesen. Alles in allem genommen, kann man sagen, daß sich außer WEIGERT und BENDA alle Nachfolger (HANAU, SIGG, SILBERGLEIT, SCHMORL, HARTWICH usw.) die Sache sehr leicht gemacht haben. Die WEIGERTsche Lehre galt ihnen als bewiesen, und sie selbst nahmen sich nicht mehr die Mühe, neue unwiderlegbare Beweise herbeizubringen. Wegen weiteren Einzelheiten verweise ich auf eine soeben erschienene Veröffentlichung von mir und auf meinen Bericht über BENDAs neueste zusammenfassende Darstellung der Gefäßtuberkulose auf S. 475. Auf die Herde des Ductus thoracicus gesondert einzugehen, erübrigt sich wohl. Einige Worte noch über die tuberkulöse Thrombophlebitis in Körpervenen. Jene Fälle, bei denen es nach Einbruch eines Lymphknotens oder sonstigen Herdes in der daraus resultierenden Thrombophlebitis von Tuberkelbazillen wimmelt, hatte ich im Auge, wenn ich im Text von einem starken Überwiegen der mechanischen Komponente gesprochen habe. Solche Fälle sind aber recht selten und spielen darum für eine allgemeine Erklärung des Wesens der Miliartuberkulose nur eine sehr geringe Rolle. Es kommt bei ihnen gewöhnlich auch nicht zu dem typischen Bild der schweren allgemeinen Miliartuberkulose, sondern zu mehr oder weniger abortiven Formen. Zusammenfassend läßt sich sagen, daß es denjenigen Autoren, die meiner Vorstellung von dem Wesen der Miliartuberkulose ganz oder teilweise ablehnend gegenüber stehen, in keiner Weise gelungen ist, meine Einwände gegen die WEIGERTsche Lehre zu entkräften oder gar neue überzeugende Beweise für die Richtigkeit der WEIGERTschen Anschauung zu erbringen. In besonderem Maße gilt dies von LUBARSCH. Die Schwäche seiner Argumente ist mir der beste Beweis dafür, daß die WEIGERTsche Lehre nicht mehr haltbar ist. Eine weitere Diskussion dürfte nur dann einen Zweck haben, wenn Neues, nicht nur nach makroskopischen und statistischen Gesichtspunkten, sondern auch auf mikroskopische Befunde hin gut durchgearbeitetes Material herangebracht wird. Ich hoffe selbst, derartiges Material in einiger Zeit liefern zu können.

Genese der Lungentuberkulose.

Hier möchte ich nur anführen, daß GHON und seine Mitarbeiter (KREIDER und KUDLICH) im großen und ganzen auf einem Standpunkt stehen, der dem meinigen sehr nahe kommt. Auch ASCHOFF hat sich in einer Weise ausgesprochen, die eine weitere Verständigung anbahnt. Ebenso sehe ich in SCHMINCKEs Ausführungen viele Berührungspunkte zu meinen Vorstellungen. BEITZKE hingegen betont immer wieder die größere Wichtigkeit der aerogenen Lungenspitzeninfektion gegenüber der hämatogenen. Auf seine zusammenfassenden Ausführungen über die Spitzendisposition sei auch hier hingewiesen.

Histogenese.

Die Auffassung von der Histogenese des tuberkulösen Prozesses. wie sie in diesem Buch im allgemeinen und für alle Organe durchgeführt worden ist, habe ich schon in einer Arbeit mit ARNOLD über die Miliartuberkulose der Lunge im Jahre 1924 vertreten. SCHLEUSSING hat sie dann zwei Jahre später für die miliaren Lebertuberkel bestätigt. Es ist die streng durchgeführte Auffassung der Tuberkulose als einer Entzündung, bei der exsudative Prozesse und produktive Prozesse gesetzmäßig aufeinander folgen, und bei der selbstverständlich die Voraussetzung einer primären Gewebsschädigung gemacht werden muß. Sie schließt sich also an WEIGERTs Ideen an, wie ich sie bei anderer Gelegenheit für die Entzündung überhaupt und für andere Vorgänge im Organismus als Grundlage und für viele pathologische Prozesse bezeichnet habe (Grundsätzliches zur Entzündungslehre, Klin. Wochenschr. 1926. S. 1751).

Im übrigen geht die Darstellung der tuberkulösen Prozesse im allgemeinen von den klassischen Arbeiten BAUMGARTENs aus. Seine im wesentlichen im Tierversuch erhaltenen Resultate werden immer in der histologischen Tuberkuloseforschung als grundlegend dienen können, und man wird auch bis in alle Einzelheiten hinein kaum etwas gegen seine tatsächlichen Befunde einwenden können. Man muß aber bedenken, daß diese Versuche zu einer Zeit stattfanden, in der man auf gewisse uns heute wichtig erscheinende Punkte nicht besonders achtete. Und man darf nicht vergessen, daß ein großer Teil dieser Versuche am Kaninchen mit menschlichem Tuberkulosematerial angestellt wurde, gegen das diese Tiere bekanntlich eine sehr hohe Resistenz haben. Selbst wenn man also BAUMGARTENs Schilderungen anerkennt, kann man die von ihm erhobenen Befunde nicht ohne weiteres auf die natürlichen Verhältnisse beim Menschen übertragen. Wenn z. B. heute DIETRICH in seinem Lehrbuch zur Illustration der Histogenese des Tuberkels eine ältere Abbildung BAUMGARTENs von einer Iristuberkulose des Kaninchens bringt, so muß man doch auf den großen Unterschied hinweisen, der zwischen einer solchen, beim Tier mit fast avirulenten Bazillen im Irisgewebe erzeugten Veränderung und etwa einem Miliartuberkel in der Lunge des Menschen besteht, wo sich der Prozeß in einem völlig anders gearteten Gewebe unter dem Einfluß von virulenten Tuberkelbazillen abspielt. Für Studierende der Medizin dürfte der menschliche Lungentuberkel wichtiger sein als der künstlich erzeugte Iristuberkel des Kaninchens. Schon hier möchte ich auch auf die oft zitierte Arbeit von JOEST und EMSHOFF über die Histogenese der Lymphknotentuberkulose hinweisen, für deren Studium das künstlich infizierte Meerschweinchen gewählt wurde. Es ist charakteristisch, daß in Abb. 10 dieser Arbeit Zellen, die jeder Unbefangene ohne Zögern als typische gelapptkernige Leukozyten bezeichnen würde, einfach als veränderte Lymphozyten bezeichnet werden, und das wohl nur darum, weil es besser in die nun einmal gebräuchliche Denkweise paßt.

Im übrigen ist es unmöglich, hier auf die gesamte überaus große Literatur über die Histogenese der tuberkulösen Prozesse ausführlich einzugehen. Derartige Übersichten sind schon verschiedentlich gegeben worden, zuletzt in gedrängter Form von SCHLEUSSING. Ein Markstein in der Entwicklung der Anschauungen waren die Referate von BAUMGARTEN und von ORTH im Jahre 1901. Ihnen voran waren die schon erwähnten Untersuchungen WECHSBERGs gegangen, der im Auftrage WEIGERTs in Experimenten die durch die Tuberkelbazillen hervorgerufenen Gewebsschädigungen demonstrierte. Die BAUMGARTENschen Deutungen seiner Untersuchungsergebnisse gipfeln dagegen im Anschluß an die VIRCHOWsche Lehre in dem Satz, daß die Körperzellen durch Tuberkelbazillen einen nutritiven und formativen Reiz erfahren, dem zufolge sie anschwellen und in Wucherung geraten. BAUMGARTENs ganze Lehre von der Histogenese des Tuberkels und der sonstigen bei der Tuberkulose vorkommenden Veränderungen geht von diesem Satz aus. Bei ORTH liegen die Dinge anders. Wenn man ORTHs erwähntes Referat und viele andere seiner Tuberkulosearbeiten aufmerksam liest, kann man sich des Eindruckes nicht erwehren, als ob bei ihm dauernd die von anderen übernommenen Anschauungen mit neuen, ihnen offenbar widersprechenden Deutungen in Konflikt stehen, ja daß sich bei ihm etliche Male Andeutungen finden, die auf neuere und andere Wege der anatomischen Tuberkuloseforschung hinweisen. In dem zitierten Referat werden vor allen Dingen die exsudativen und selbst anscheinend rein exsudativen Vorgänge in weitgehendem Maße berücksichtigt, während allerdings vorher ausdrücklich gesagt wird, daß der Tuberkel zu den „Granulationsgeschwülsten" gehöre. Immerhin bleiben die Ausführungen BAUMGARTENs und besonders ORTHs eine der wichtigsten Grundlagen der histogenetischen Tuberkuloseforschung. Sie führen in gerader Linie zu MARCHAND, der bisher am klarsten die Histogenese der Tuberkulose auf Grund der Entzündungslehre herausgearbeitet hat. Hat MARCHAND auch keine Arbeiten publiziert, die sich im speziellen mit diesem Gebiet befassen, so finden sich doch in vielen seiner Beiträge zur Entzündungslehre, insbesondere in den großen zusammenfassenden Werken viele äußerst wichtige Befunde über die zellulären Vorgänge bei der Tuberkulose. Meine Mitarbeiter und ich werden in weiteren Arbeiten noch oft Gelegenheit haben, auf diese grundlegenden Untersuchungen zurückzukommen.

Wenn ich selbst den tuberkulösen Prozeß grundsätzlich in das Gebiet der Entzündungslehre stelle, d. h. bei ihm, wo er sich auch abspiele, ein auf die Gewebsschädigung folgendes exsudatives und ein späteres produktives Stadium unterscheide, so bin ich mir sehr wohl bewußt, damit nichts durchaus Neues zu bringen. Von Forschern, die in ähnlichen Bahnen ganz oder teilweise gewandelt sind, möchte ich vor allen Dingen Benda erwähnen, der insbesondere für die Miliartuberkel der Niere ein Stadium der exsudativen Entzündung und ein Stadium der Gewebswucherung unterschieden hat. In diesem Zusammenhang sei auch darauf hingewiesen, daß Metschnikow von vornherein im Gegensatz zu Baumgarten bei der Genese des Tuberkels die wesentliche Rolle den freien Exsudatzellen zuschrieb. Bei der experimentellen Infektion der Lungen sind von verschiedenen Autoren den eigentlichen Tuberkelwucherungen vorangehende, exsudative Vorgänge beschrieben worden. So vor allen Dingen von Wechsberg, Watanabe, Herxheimer und Miller. Besonders Wechsberg spricht auch bei dieser Gelegenheit klar und eindeutig in dem Sinne Weigerts aus, daß den exsudativen Veränderungen eine primäre Gewebsschädigung vorausgehe. Auch Herxheimer spricht sich ähnlich aus und gibt neuerdings an, daß er diese Auffassung im Gegensatz zu der von Baumgarten stets vertreten habe. Ich möchte dazu bemerken, daß Herxheimer in seinem Lehrbuch einen solchen Standpunkt meiner Meinung nach nicht klar genug vertritt. Dazu kommen die finnischen Forscher Homen, Wallgren, Fieandt usw. Besonders auf die Arbeit von Fieandt über die experimentelle Meningeal- und Gehirntuberkulose möchte ich hinweisen. In dieser Arbeit finden sich mehrfache Berührungspunkte zu der in diesem Buche vertretenen Auffassung.

Ich möchte weiter die amerikanischen Forscher Hektoen und Foot erwähnen, die sich insbesondere mit der Rolle der Gefäßwandreaktionen bei der Histogenese des Tuberkels beschäftigt haben. Sodann weise ich noch auf die Arbeiten Maximows hin. Seine Lehre von der Entstehung zahlreicher Zellen des Granulationsgewebes aus den sog. Polyblasten ist bekannt. In neueren Arbeiten läßt er die Epitheloidzellen des Tuberkels im Gegensatz zu den genannten amerikanischen Forschern nicht aus Endothelien, sondern z. T. aus Histiozyten, z. T. aus ausgewanderten Lymphozyten und Monozyten entstehen, d. h. er identifiziert sie mit seinen Polyblasten, bezw. den Makrophagen. Auch in explantierten Kulturen von nicht granulierten weißen Blutzellen, die mit Tuberkelbazillen geimpft wurden, findet er weitere Unterlagen für seine Anschauungen. Es ist hier nicht der Ort, genauer auf die besondere Histogenese des produktiven Tuberkels einzugehen, zumal da ich es im Text auch nicht getan habe. Ich möchte zu den Untersuchungen Maximows nur bemerken, daß schwer wiegende Gegensätze z. B. gegen Marchands Ansichten kaum mehr bestehen. Finde ich zwar bei Maximow eine Schilderung der Tuberkelgenese, bei der exsudatives Stadium und produktives Stadium nicht klar genug voneinander getrennt werden, so glaube ich doch ganz im allgemeinen auch von ihm sagen zu können, daß er undifferenzierten mesenchymalen Elementen eine wichtige Rolle bei den tuberkulösen Prozessen zuerkennt, womit eben die Berührungspunkte zu Marchands Lehre gegeben sind. Es sei bemerkt, daß in vielen Punkten Gegensätzlichkeiten eigentlich nur noch in der verschiedenen Nomenklatur liegen. Was nun Maximows Studien an Explantaten betrifft, so sind sie natürlich von größtem Interesse. Ich möchte jedoch meinen, daß man einstweilen bei der Übertragung derartiger Untersuchungsergebnisse auf die natürlichen Verhältnisse beim Menschen recht vorsichtig sein muß.

Über die Langhansschen Riesenzellen sind in neuester Zeit Untersuchungen von Bakacs und von Wurm veröffentlicht worden. Bakacs beschäftigt sich mit ihrer Struktur und ihrer Genese. Er will dabei folgende Stadien unterscheiden: die primäre Zellschädigung, Wucherung, käsige Degeneration und vollständige Nekrose oder Ausheilung. Er sieht außerdem in der Anwesenheit von Riesenzellen ein Zeichen für das weitere Fortschreiten des tuberkulösen Prozesses. Wurm versucht den Nachweis, daß sich die Langhansschen Riesenzellen im wesentlichen aus Gefäßsprossungen entwickeln, und belegt seine Anschauung mit guten Gründen. Derselbe Autor beschäftigt sich übrigens auch noch mit der Frage der Gefäßversorgung des produktiven Tuberkels und zeigt, daß besonders in langsam verlaufenden produktiven Wucherungen gar nicht wenig Blutkapillaren nachzuweisen sind.

Über die weiteren Vorgänge bei der Tuberkulose, insbesondere über Vernarbungen und Abkapselungen bestehen, soweit ich sehe, kaum neuere Untersuchungen, die sich mit diesen Fragen von allgemeineren Standpunkten aus beschäftigen. Soweit sie für die einzelnen Organe in Betracht kommen, werden sie z. T. noch Erwähnung finden. Auf die Verkäsung möchte ich an dieser Stelle darum nicht noch einmal eingehen, weil demnächst eine Arbeit von Schleussing erscheinen wird, die sich auf breiter Grundlage mit der tuberkulösen Verkäsung beschäftigt.

Tuberkulose und Allergie.

Über die Wirkungsweise der Tuberkelbazillen im menschlichen und tierischen Körper und auch über ihre Beziehungen zu allergischen Zuständen finden sich in der Literatur verstreut sehr zahlreiche Bemerkungen. Soweit es sich dabei um rein klinische Gesichtspunkte handelt, sind sie für uns hier ohne Interesse. Mit der speziellen Frage, in welcher Weise sich die histologischen Vorgänge bei allergischen Zuständen von den normergischen Reaktionen unterscheiden, haben sich wohl auch schon zahlreiche Autoren beschäftigt. Aber besonders daraufhin gerichtete Untersuchungen sind bisher nicht in sehr großem Umfange veröffentlicht worden. Die Unterscheidung von Fremdkörperwirkung und Giftwirkung der Bakterien überhaupt und der Tuberkelbazillen im besonderen ist schon alt und findet sich wohl zum ersten Male bei METSCHNIKOW angedeutet. Aber auch schon bei den älteren deutschen Autoren wird sie hier und da nebenher erwähnt, ohne daß man zunächst eine Vorstellung hatte, wie etwa diese beiden Komponenten der Bazillenwirkung unter dem Einfluß von allergischen Zuständen wechseln könnten. Erst bei K. E. RANKE findet sich eine etwas ausführlichere Analyse dieser Verhältnisse.

Die verschiedene Wirksamkeit der Bazillen bei schon infizierten Tieren gegenüber normalen wurde wohl zum ersten Male von R. KOCH selbst dargetan. Seine oft zitierten Versuche bestanden einmal darin, daß er infizierte Meerschweinchen nach 4—6 Wochen, und zwar subkutan, von neuem infizierte. Dabei stellte er fest, daß an der neuen Infektionsstelle sich keine Knötchen entwickelten, sondern daß die vorher hart gewordene Haut in einigen Tagen nekrotisch wird. „Sie wird schließlich abgestoßen, und es bleibt dann eine flache Ulzeration zurück, welche gewöhnlich schnell und dauernd heilt, ohne daß die benachbarten Lymphdrüsen infiziert werden.“ R. KOCH konnte daraus schon damals schließen, daß die Bazillen auf ein gesundes Meerschweinchen ganz anders wirken, als auf ein schon infiziertes. Er konnte aber auch weiter zeigen, daß sich in dieser Beziehung abgetötete Bazillen ganz ähnlich verhalten, daß aber außerdem genügend hohe Dosen abgetöteter Bazillen imstande sind, schon infizierte Tiere je nach der angewandten Dosis innerhalb von 6—48 Stunden zu töten. Einen eigentlichen Erklärungsversuch dieses Phänomens hat R. KOCH nicht gegeben. Ähnliche Versuche wurden weiterhin von BAIL gemacht. Er spricht schon von der Überempfindlichkeit infizierter Tiere, und zeigt ebenfalls, daß man bei derartigen Tieren durch die Zufuhr neuer Bazillen eine rasche, oft den akuten Tod veranlassende Vergiftung erzeugen kann. BAIL sucht eine Erklärung dafür auf Grund seiner Aggressintheorie, indem er annimmt, daß die vorher infizierten Tiere mit Aggressin völlig überschwemmt sind. Sind bei den beiden zitierten Autoren die histologischen Vorgänge nur wenig berücksichtigt worden, so möchte ich nun insbesondere auf die Miteilungen LEWANDOWSKYs hinweisen. Er erkennt den KOCHschen Elementarversuch durchaus an und berichtet auch über genauere mikroskopische Untersuchungen der Reinfektionsstelle: entzündliches Ödem mit Leukozyten, Nekrose und Abstoßung des Herdes mittelst demarkierender Entzündung. Während damit in manchen Fällen die Wirkung der zweiten Impfung angeblich vorüber ist, tritt sehr häufig, und zwar schon von der zweiten Woche an „ein ziemlich scharf abgesetztes tuberkuloides Infiltrat aus Epitheloiden- und Riesenzellen“ auf, das sich dann schließlich ebenfalls wieder zurückbildet. Noch interessanter sind seine Versuche mit intrakardialer Reinfektion. Dabei traten in der Haut von frischen Tieren zunächst banale entzündliche Veränderungen mit reichlichen Tuberkelbazillen auf, während sich bei schon infizierten Tieren sehr rasch reichlich Riesenzellen enthaltende produktive Veränderungen mit nur sehr wenig Bazillen ausbildeten. Es würde zu weit führen, über andere Versuche LEWANDOWSKYs mit abgetöteten Bazillen zu berichten und im einzelnen auf seine Vorstellung einzugehen, auf welche Weise die Infektionsresultate erklärt werden können. Kurz sei bemerkt, daß er auch in anatomisch-histologischer Hinsicht von einer Allergie spricht. Er sieht sie z. B. in der stürmischen Frühreaktion bei exogener Reinfektion und erklärt sie durch die Fähigkeit des infizierten Organismus, „aus den Tuberkelbazillen eine toxische Substanz frei zu machen“. Andererseits aber möchte er die stürmische Frühreaktion durch eine schrankenlose Vermehrung der Bazillen erklären. Die nekrotisch-käsigen Massen sollten einen Nährboden für eine derartige Vermehrung abgeben. Hat LEWANDOWSKY bisher den Antikörperbegriff bewußt noch nicht angewandt, so tut er es nunmehr für die Erklärung seiner Untersuchungsresultate bei den intrakardialen Reinfektionen. Die histologisch typischen Tuberkel seien nicht infolge einer Vermehrung der Bazillen entstanden, sondern infolge des Unterganges von Bazillen auf Grund einer

Einwirkung abbauender Antikörper. Schließlich kommt LEWANDOWSKY zu der Folgerung: „wo Bakterien sich im Körper schrankenlos vermehren, da antwortet der Organismus mit den unspezifischen Reaktionen der Entzündung. Wo Bakterien unter der Einwirkung von Antikörpern langsam zerfallen, wo Bakterieneiweiß durch ihre Tätigkeit abgebaut wird, da entstehen Tuberkel und tuberkuloide Strukturen“. Auf eine Kritik dieser Schlußfolgerungen komme ich weiter unten zurück.

Vorher möchte ich noch auf die experimentellen Untersuchungen von JAFFÉ und LÖWENSTEIN hinweisen, die beim Meerschweinchen Reinfektionen am Daumenballen vornahmen und eine Bestätigung der Resultate R. KOCHs brachten. Es kam an der Neuinfektionsstelle zur eitrigen Einschmelzung und Abstoßung, woran sich unmittelbare Heilungsvorgänge anschlossen, ohne daß eigentliche Tuberkel auftraten. Spielte nun schon bei LEWANDOWSKY die Vorstellung eine Rolle, daß bei den Reinfektionen Antikörper, mit ihnen also Abbauprodukte der Bazillen wirksam sind, so hat dieses VON HAYEK noch klarer ausgedrückt, indem er, allerdings lediglich vom klinischen Standpunkt aus, die entzündlichen Überempfindlichkeitserscheinungen auf die Wirksamkeit giftiger Zwischenprodukte des Antigenabbaues zurückführte. Hier finden sich nahe Berührungspunkte zu der Theorie WOLFF-EISNERs über die Tuberkulinwirkung.

In welcher Weise K. E. RANKE die Allergielehre auf die pathologisch-anatomischen und histologischen Vorgänge angewandt hat, darüber habe ich im Text in genügender Ausführlichkeit berichtet. Auch auf einige meiner früheren Arbeiten möchte ich in diesem Zusammenhang hinweisen. Schließlich ist auch BEITZKE in einem besonderen Artikel auf diese Frage eingegangen, wobei er allerdings lediglich die Lungentuberkulose im Auge hat. Auch BEITZKE sieht wie RANKE schon in der Tatsache, daß sich um einen primären rein pneumonischen Lungenherd ein Granulationswall bildet, die Zeichen einer Umstimmung, bezw. einer allergischen Reaktion. (Ich selbst habe das übrigens in dieser Form nicht getan.) BEITZKE leugnet aber entgegen RANKE die Überempfindlichkeitsreaktion in den Lymphknoten des Primärkomplexes und behauptet, daß exsudative Prozesse in den Lymphknoten kaum vorkommen. Für den weiteren Verlauf der Tuberkulose nimmt er wohl allergische Reaktionen an, aber so weit ich ihn verstehe, nur in der Form, daß eine erhöhte erworbene Resistenz zu produktiven Reaktionen führe, daß exsudative hingegen dann auftreten, „wenn der Tuberkelbazillus die Oberhand gewinnt“. Er kommt daher auch auf diesem Wege zu einer Trennung von exsudativen und produktiven Prozessen. Er kommt dann im weiteren Verlauf seiner Ausführungen zu dem Schluß, daß es gegenüber RANKE richtiger sei, „nur von zwei Perioden der tuberkulösen Infektionskrankheit zu sprechen, einer mit geringgradiger (noch in Entwicklung begriffener) spezifischer Resistenz, umfassend den Primärkomplex mit oder ohne Metastasen und einer mit stark erhöhter spezifischer Resistenz, umfassend die chronischen Organtuberkulosen, insbesondere die Lungenphthise.“ Die RANKEsche Einteilung in drei Stadien lehnt aber BEITZKE auch in diesem Zusammenhang ab. Auch TÖPPICH muß hier genannt werden, der beim einfach infizierten und reinfizierten Tier die Reaktionsverhältnisse in den Lungen verglich und dabei lediglich quantitative Unterschiede fand.

Alles zusammen genommen läßt sich jedenfalls zeigen, daß verschiedene Versuche gemacht worden sind, Beziehungen zu finden zwischen den allergischen Zuständen und den Gewebsreaktionen. Ich möchte allerdings meinen, daß sämtliche genannten Autoren die verschiedenen möglichen Zustände nicht in genügender Weise berücksichtigt haben. Ich verweise dazu auf meinen Text. Besonders möchte ich noch LEWANDOWSKY gegenüber betonen, daß es mir nicht angängig erscheint, nur für ganz bestimmte Reaktionsarten die Abbauprodukte der Bazillen eine Rolle spielen zu lassen. Kein einziger Vorgang bei einer durch Endotoxinbildner verursachten Infektionskrankheit ist ohne die Wirksamkeit von Abbauprodukten der betreffenden Bakterien zu erklären. Die Unterschiede liegen nur darin, wie ich auch hier noch einmal hervorheben möchte, daß das Tempo des Abbaues, vielleicht auch die feineren chemischen Vorgänge dabei, und also auch die Giftwirkung unter den verschiedenen Allergiezuständen verschiedene sein müssen. Beim Tuberkelbazillus darf aber auch die Fremdkörperwirkung nicht vernachlässigt werden. Daß die verschiedenen Reaktionsmöglichkeiten nicht scharf gegeneinander abgegrenzt sind, sondern daß Übergänge zwischen ihnen vorkommen müssen, darf als selbstverständlich angenommen werden.

Zirkulationsorgane.

Bei der Besprechung der tuberkulösen Veränderungen des Herzens glaube ich schon im Text die Literatur in ausreichendem Maße berücksichtigt zu haben, ohne daß natürlich eine Vollständigkeit erreicht ist. Im großen und ganzen ist festzustellen, daß in der neuesten Literatur die tuberkulösen Herzveränderungen nur sehr wenig berücksichtigt worden sind. So wird in der neuesten zusammenfassenden Arbeit MÖNCKEBERGS über die Herzerkrankungen die tuberkulöse Endokarditis nur gerade erwähnt, die Tuberkulose des Herzfleisches auf einer einzigen Seite kurz und im wesentlichen referierend erörtert, schließlich auch die Perikardtuberkulose nur wenig ausführlich besprochen, ohne daß dabei die Beziehungen zu sonstigen im Körper vorhandenen tuberkulösen Prozessen berücksichtigt werden. Etwas ausführlicher werden die Arbeiten über Herztuberkulose von KIRCH referiert. Außerdem möchte ich hier auf die verschiedenen zusammenfassenden Darstellungen der pathologischen Anatomie des Herzens von THOREL hinweisen, in denen die ganze ältere Literatur ziemlich restlos erfaßt ist. Für die Histogenese tuberkulöser Perikarditis verweise ich auf die kürzlich erschienene Veröffentlichung meines Mitarbeiters RANDERATH.

Was über die tuberkulöse Erkrankung der Arterien bekannt ist, habe ich zum großen Teil im Text erwähnt. Eine kurze Darstellung dieses Kapitels findet sich bei JORES. Mit großer Genauigkeit und Gründlichkeit hat in neuester Zeit BENDA die tuberkulöse Erkrankung der Venen dargestellt. Die Ausführungen dieses Forschers, der neben WEIGERT die erste beste Beschreibung dieser Veränderungen gegeben hat, bieten ein ganz besonders hohes Interesse. BENDA unterscheidet unter dem Sammelnamen tuberkulöse Phlebitis eine tuberkulöse Periphlebitis und eine tuberkulöse Endophlebitis, also zwei Erkrankungstypen, wie ich sie ebenfalls im Text geschildert habe. Während auch bei BENDA die Periphlebitis durch Übergreifen anderer tuberkulöser Herde auf die Venenwand zustande kommt, ist nach ihm die Endophlebitis eine durchaus selbständige Erkrankung der Venenwand und kommt durch in der Blutbahn kreisende Tuberkelbazillen zustande. BENDA schildert auf das Genaueste das mikroskopische Bild der sog. Lungenvenentuberkel und kommt am Schluß dieser Schilderung zu der Frage: „Woher rührt die verblüffende Ähnlichkeit des polypösen Tuberkels mit einem Parietalthrombus?“ Und BENDA beantwortet diese Frage folgendermaßen: „Ich meine, daß es nur *eine* Antwort gibt, die über alle Schwierigkeiten hinweghilft. Wir müssen wieder zu der ersten Auffassung WEIGERTS zurückkehren: der polypöse Tuberkel *ist* tatsächlich ein Thrombus, eine tuberkulöse Thrombophlebitis ebenso wie der miliare Intimatuberkel.“ Hieraus ergibt sich tatsächlich die einzige Erklärung seiner Genese und seines mikroskopischen Verhaltens. Nach meiner Auffassung, die mit den BENDAschen Schilderungen im Einklang steht, ist hier die Reihenfolge: Thrombenbildung, Verkäsung, produktive Reaktion. Daß unter diesen Umständen die sog. Venentuberkel ganz bedeutend größer sein können als die bei der Sektion gleichzeitig bestehenden miliaren Organtuberkel, ist ohne weiteres verständlich, was ich noch einmal LUBARSCH gegenüber betonen möchte. Wenn ich oben (S. 470) sagte, daß man bei BENDA zwischen den Zeilen alle möglichen Zweifel an der WEIGERTschen Lehre liest, so möchte ich das hier noch einmal wiederholen. Wenn BENDA für die Entstehung der Venenherde eine vorher schon bestehende Bazillämie verantwortlich macht, so fühlt er wohl selbst die Unmöglichkeit, in der nunmehr auf Grund der Bazillämie eintretenden Thrombusbildung, die doch eine Brutstätte für die Tuberkelbazillen werden sollte, aber in den meisten Fällen nicht wird, die eigentliche Ursprungsstätte für die allgemeine Bazillenaussaat zu sehen. Wenn er dann gar für die sog. „typhöse“ Form der Miliartuberkulose eine Ausschwemmung von Bazillen daraus nicht für notwendig hält, sondern an eine plötzliche Einschwemmung von „Bazillentoxinen“ in das Blut denkt, so sehe ich auch darin den Verzicht auf die WEIGERTsche Lehre angedeutet. Daß übrigens gerade bei derartigen Fällen in den frischen Organherden zuweilen überaus reichlich Tuberkelbazillen zu finden sind, sei nur nebenher bemerkt.

In demselben Zusammenhang wie die Abhandlungen von MÖNCKEBERG, JORES und BENDA wird von WINKLER die Tuberkulose des Ductus thoracicus behandelt. Ich vermisse darin eine Darstellung der Histogenese sowohl der miliaren Knötchen als auch der größeren polypösen Gebilde. Aber auch aus der Darstellung WINKLERS geht hervor, daß einer Erklärung der Duktusherde durch primäre Thrombenbildung nichts im Wege steht, während auch hier für eine sekundäre Ulzeration vorher produktiver Herde nicht die geringsten Belege gebracht werden.

Lungentuberkulose.

Über das makroskopische Verhalten des primären Lungenherdes und die sich auf ihn beziehende Literatur ist an verschiedenen Stellen das Wesentlichste gesagt worden. Über seine mikroskopische Entwicklung sind im großen und ganzen nur wenig Untersuchungen veröffentlicht worden. Ich erwähne hier ausdrücklich noch einmal PUHL und füge KEBBEN hinzu. Wenn letzterer auf Grund seiner mikroskopischen Untersuchungen dem Schluß zuneigt, daß die Ansiedelung der Tuberkelbazillen beim primären Herd in einem Bronchiolus stattfände, und von dort aus erst das zugehörige Alveolengebiet erkranke, so habe ich dem schon an anderer Stelle widersprochen und möchte es auch hier tun. Die Miterkrankung von Bronchiolen kann das nicht beweisen. Denn wir finden sie auch bei den Früh- und Spätgeneralisationen, bei denen zweifellos die meisten Herde in den Alveolen beginnen, und, wo Bronchiolen mit betroffen sind, dies sekundär von den Alveolen aus geschieht. Die mikroskopischen Bilder sind aber in solchen Fällen keine anderen als in manchen Primärherden. Es kann also die käsige Bronchiolenerkrankung in keiner Weise eine primäre Erkrankung des Bronchiolus beweisen. Außerdem dürfte man heute nicht mehr daran zweifeln können, daß beim Menschen Tuberkelbazillen, auch bei der Tröpfcheninfektion, bis in die Alveolen aspiriert werden. Natürlich kann man zugeben, daß bei der Aspirationsinfektion die zuführenden Bronchiolen zuweilen gleichzeitig mit den Alveolen erkranken, aber das bedeutet noch nicht die Abhängigkeit der primären tuberkulösen Pneumonie von der Erkrankung des Bronchiolus. Die weiteren Entwicklungsstadien des primären Lungenherdes sind seit RANKE insbesondere von PUHL ausführlicher geschildert worden. Auch auf die Arbeit meines Mitarbeiters EB. SCHULZE sei hier noch einmal hingewiesen.

Auf die Veränderungen der Lunge bei der Frühgeneralisation und bei der eigentlichen Miliartuberkulose glaube ich hier nicht noch einmal eingehen zu müssen. Ich wende mich vielmehr gleich einigen Arbeiten über die chronische isolierte Lungentuberkulose zu. Es läßt sich natürlich nicht bezweifeln, daß auch die ältere Literatur viele wertvolle Beiträge zu diesem Thema enthält. Im allgemeinen kann man aber sagen, daß die meisten früheren Schilderungen viel zu sehr von den Gesichtspunkten beherrscht wurden, die man in Tierversuchen gewonnen hatte, sodaß wirklich objektive Beschreibungen, d. h. solche, die ohne in gewissem Sinne vorgefaßte Meinungen gegeben wurden, recht selten sind. Das gilt auch für die Lehrbücher (u. a. KLEBS, BIRCH-HIRSCHFELD, ZIEGLER, ORTH, SCHMAUS usw.). Auf die neueren Lehrbücher (KAUFMANN, ASCHOFF, RIBBERT-MÖNCKEBERG, HERXHEIMER) bin ich schon an verschiedenen Stellen eingegangen. Eine Kritik aller Lehrbuchschilderungen würde hier viel zu weit führen. Ich möchte meinen, daß in den Forschungen über die anatomischen Grundlagen der chronischen Lungentuberkulose die aus dem ASCHOFFschen Institut hervorgegangene Arbeit von NICOL einen wichtigen Wendepunkt bezeichnet. In dieser Arbeit wird zunächst mit der früher sehr gebräuchlichen Bezeichnung „peribronchialer Herd“ usw. aufgeräumt. Darin muß zweifellos ein großes Verdienst NICOLs gesehen werden. Denn diese Bezeichnung war eine durchaus irreführende. Es wurde eigentlich nichts mit ihr gesagt, es sei denn, daß sie immer wieder die Vorstellung erweckte, daß die Entstehung eines tuberkulösen Lungenherdes von der Bronchialerkrankung abhängig sei. NICOLs Verdienst liegt darin, daß er die natürlichen Lungenstrukturen seinen Beschreibungen der tuberkulösen Prozesse zugrunde legte und damit auch zum ersten Male den Begriff des azinösen Herdes klar herausarbeitete.

Auch bei der eigentlichen Beschreibung der verschiedenen Arten von tuberkulösen Herden, wie sie sich bei der Sektion darstellen, hat NICOL zweifellos im Gegensatz zu vielen älteren Darstellungen den richtigen Weg beschritten. Auch in dieser Beziehung kommt ihm ein großes Verdienst zu. Das einzige, was ich gegen ihn einzuwenden habe, ist sein Einteilungsprinzip, bei dem die einzelnen Erscheinungsformen des histologischen Bildes zu scharf von einander getrennt werden, wobei insbesondere die Beziehungen zwischen exsudativen und produktiven Vorgängen nicht genügend scharf betont werden. Ich habe mich an anderer Stelle über seine Einteilung der tuberkulösen Lungenprozesse, die im großen und ganzen mit den verschiedenen von seinem Lehrer ASCHOFF gegebenen übereinstimmt, ausführlicher geäußert und möchte hier nicht noch einmal darauf eingehen, verweise vielmehr auf meine Ausführungen im Text. Von ASCHOFFs zahlreichen Arbeiten aus diesem Gebiete möchte ich vor allen Dingen seinen Wiesbadener Vortrag erwähnen, in dem er klar zum Ausdruck bringt, „daß es zwei Hauptformen defensiver Reaktion gibt, die produktive und die exsudative, die sich bekanntlich in den verschiedensten Massen mischen, aber auch so gut wie rein auftreten können". Ich möchte dagegen auch hier noch einmal betonen, daß es eine rein exsudative und eine rein produktive Reaktion im allgemeinen nicht geben kann. Die exsudative kommt isoliert nur vor, wenn die Möglichkeit einer Elimination oder Resorption des Exsudates besteht. Im übrigen muß ihr zwangsweise eine produktive Reaktion folgen. Der produktiven Reaktion muß aber im allgemeinen eine exsudative vorausgegangen sein. Die Faktoren, die Schwere und Ausbreitung der anfänglichen exsudativen Reaktion bestimmen, habe ich im Text genauer analysiert. Eine einheitliche Auffassung sämtlicher in den Lungen sich abspielenden tuberkulösen Prozesse vom Standpunkt der Entzündungslehre aus ist bisher am klarsten von BAUMGARTEN und von MARCHAND durchgeführt worden.

Von weiteren Autoren, die sich mit der pathologischen Anatomie der Lungentuberkulose von allgemeinen Gesichtspunkten aus beschäftigt haben, nenne ich noch BEITZKE und SCHMINCKE. Während sich BEITZKE im allgemeinen der durch ASCHOFF gegebenen Erweiterung des NICOLschen Schemas anschließt, bewegt sich SCHMINCKE im großen und ganzen in den Bahnen EUGEN ALBRECHTs. BEITZKE hat ganz recht, wenn er in ein für die Klinik brauchbares Schema nicht ganz seltene und dann gewöhnlich nur anatomisch feststellbare Erkrankungsformen aufnehmen will. Das ist auch der wesentlichste Grund dafür, warum ich selbst die ganz einfache Einteilung bevorzuge, die ich im Text gegeben habe.

Ferner hat GRÄFF in seinem mit KÜPFERLE herausgegebenen Buch eine ziemlich ausführliche Darstellung der tuberkulösen Lungenprozesse gegeben. Was zunächst die Lokalisation der Herde betrifft, so nimmt er von der Bezeichnung nach Lappen-Grenzen Abstand, sondern gibt entsprechend dem besonderen Zwecke des Buches, in dem die pathologisch-anatomischen Befunde zu den Röntgenbildern in Beziehung gesetzt werden, eine Einteilung nach Lungenfeldern. In der allgemeinen Histogenese unterscheidet auch GRÄFF die exsudative Reaktion von der produktiven Reaktion und versucht diese dualistische Auffassung für alle Lungenprozesse durchzuführen. Warum ich eine derartige Darstellung nicht billigen kann, habe ich an verschiedenen anderen Stellen ausgeführt. GRÄFFs dualistische Auffassung macht sich dann auch überall bei der Schilderung der einzelnen Herdtypen bemerkbar, wobei er sich im großen und ganzen in den Bahnen ASCHOFFs bewegt. Er versucht auch eine Trennung der histologischen Bilder, je nachdem, ob sie bronchiogen oder hämatogen entstanden sind, durchzuführen. So behauptet er, daß bei der hämatogenen Infektion die Bazillen in die Interstitien ausgeschieden werden und dort vorwiegend produktive miliare Tuberkel verursachen, während er die Ausscheidung der Bazillen in das Alveolarlumen gewissermaßen als Ausnahme bezeichnet. Exsudativ-intraalveoläre Prozesse werden auch als sekundäre Folgezustände interstitieller miliarer Tuberkel bezeichnet, eine Auffassung, die ganz sicher den tatsächlichen Verhältnissen nicht entspricht. Ich möchte nicht weiter auf die sonstigen Differenzen eingehen, die in den Schilderungen GRÄFFs gegenüber meiner Auffassung bestehen. Sie ergeben sich ohne weiteres aus dem Text dieses Buches. Die weiteren Schilderungen GRÄFFs über Vernarbungen, über Kavernenbildung, über unspezifische Folgeerscheinungen der tuberkulösen Herde, über die Erkrankungen der Bronchien, der Blutgefäße, der Pleura, der Lymphknoten bei der chronischen Lungentuberkulose geben eine gute Übersicht über die tatsächlichen Verhältnisse. Wenn GRÄFF weiter neben dem Primärkomplex und der Miliartuberkulose bei der chronischen Lungentuberkulose als bezeichnende Krankheitsbilder die lobär-exsudative und -käsige Phthise, die lobulär-exsudative und -käsige und -käsig-ulzerierende Phthise, die azinös-nodöse und nodös-kavernöse Phthise, die nodös-zirrhotische kavernöse Phthise und endlich die zirrhotische Phthise als ausgeheilte Phthise nennt, so sind das alles Bezeichnungen, an deren tatsächlichen Unterlagen ich kaum etwas auszusetzen habe. Hier ist vielmehr ein Weg gezeigt, auf dem man zu einer allgemein gültigen Benennung kommen könnte. Die bestehenden Differenzen sind leicht zu erkennen. — Ein weiteres, allerdings nur sehr kurzes Kapitel in GRÄFFs Darstellung, das sich mit den Prädilektionswegen und Prädilektionsstellen der Ausheilung und des Zerfalls beschäftigt, halte ich für sehr wichtig. Es handelt sich um ein Gebiet, das von den pathologischen Anatomen noch viel zu wenig beachtet worden ist. Ich bin auf diese Stelle der GRÄFFschen Darstellung zum Teil schon im Text eingegangen. Genauer wird darüber demnächst aus meinem Institut berichtet werden.

In der französischen und englischen bezw. amerikanischen Literatur hat man sich, soweit ich sehe, in neuerer Zeit im großen und ganzen viel weniger mit der Lungentuberkulose beschäftigt als bei uns. Beachtenswert und sicher für viele Kliniker anregend sind die

Ausführungen L. Bards, in denen er auf seine 30 Jahre vorher gegebene Einteilung der Lungentuberkulosen zurückkommt. v. Meyenburg hat die Auffassung Bards, die von klinischen Formen der Lungentuberkulose spricht, aber dabei anatomische Bilder vor Augen hat, als unbrauchbar bezeichnet. Ich möchte soweit nicht gehen, da ich der Meinung bin, daß auch der Anatom mancherlei Anregung durch die Ausführungen Bards erfahren kann. Bard teilt ein in parenchymatöse und interstitielle (miliare) Formen. Die ersteren zerfallen in käsige, in fibrös-käsige und fibröse. Diese wiederum in Unterformen, bei denen man manche unserer Bezeichnungen in anderer Ausdrucksweise wiederfinden kann. Außerdem werden noch die bronchitischen Formen und die postpleuritischen Formen erwähnt, und zum Schluß abortive Formen ohne bestimmte Lokalisation, unter denen eigentümlicherweise die Typhobacillose Landouzys, chronische Bazillämien und geschlossene Tuberkulosen genannt werden. In seinen kritischen Bemerkungen zur ausländischen Literatur, wobei Nicol, Ulrici, Neumann und Aschoff genannt werden, berührt Bard auch die Beziehungen, die in Deutschland zwischen den pathologischen Anatomen und den Klinikern bestehen, und spricht seine Meinung dahin aus, daß die Wege beider Disziplinen so verschieden sind, daß der Versuch, sie zu vereinigen, vergeblich sein müßte. Sie laufen nach seiner Meinung parallel nebeneinander, ohne sich je zu begegnen. Daß das übertrieben ist, liegt auf der Hand. Die Beziehungen, die in Deutschland zwischen pathologischen Anatomen und Klinikern bestehen, sind, wie die Arbeit der letzten 10 bis 20 Jahre zeigt, gerade auf diesem Gebiet sehr enge geworden. Wenn aber die französischen Kliniker mit unseren pathologisch-anatomischen Arbeiten nicht viel anzufangen wissen, und z. B. auch Giraud und Sedad hervorheben, daß sie es vorziehen, auf die alte Klassifikation von Bard zurückzukommen, obwohl die französischen Tuberkulose-Ärzte auch aus den deutschen Arbeiten manchen Nutzen ziehen könnten, so möchte ich meiner Verwunderung darüber Ausdruck geben, daß die trefflichen, z. T. geradezu klassischen Arbeiten des Franzosen Letulle meiner Meinung nach in Frankreich selbst viel zu wenig beachtet worden sind. Es ist leider nicht möglich, hier genauer darauf einzugehen. Außer dem zusammenfassenden Vortrag Letulles bei der Pariser Laennec-Feier ist schon im Jahre 1916 eine große Monographie von Letulle über die Lungen- und Pleuratuberkulose erschienen, die mit über 100 ausgezeichneten Bildern illustriert ist. In diesem in Deutschland ganz unbekannt gebliebenen Buche bespricht Letulle alle nur möglichen Formen der Lungentuberkulose, die er grundsätzlich einteilt in follikuläre, bezw. miliare Formen, in noduläre, bezw. knotige und endlich in pneumonische Formen. Auch alle Komplikationen werden ausführlich durchgesprochen. Trotz mannigfacher Verschiedenheiten finden sich in seinen Arbeiten so viele Anklänge an unsere neueren Forschungen, daß dadurch nicht nur eine Synthese der deutschen und französischen pathologisch-anatomischen Anschauung möglich wäre, sondern daß man auch bei genügender Beachtung der Arbeiten Letulles in französischen Klinikerkreisen durchaus in beiden Ländern zu einer Nomenklatur gelangen könnte, die den beiderseitigen pathologischen Anatomen *und* Klinikern gerecht werden würde.

Auf die Frage, ob die isolierte Lungentuberkulose in den Spitzen oder mit sog. infraklavikulären Infiltraten beginnt, möchte ich hier nur sehr kurz eingehen. Es handelt sich um eine durchaus in Fluß befindliche Diskussion. Ich weise darauf hin, daß in neuerer Zeit auch von klinischer Seite, nämlich von G. Simon bei Kindern initiale Spitzenherde beschrieben worden sind. Was nun die infraklavikulären Infiltrate betrifft, so ist Assmann kürzlich wieder darauf eingegangen. Er spricht davon, daß diese Infiltrate „in bestimmten Fällen die ersten wahrnehmbaren Krankheitsherde sind", und betont ihre praktische und theoretische Wichtigkeit. Dennoch ist er der Meinung, daß die vorliegenden Beobachtungen noch nicht dazu ausreichen, um die Lehre von der initialen Spitzentuberkulose, die von Redeker als Irrlehre bezeichnet wird, gänzlich zu beseitigen. Im übrigen ist wohl die Sachlage die, daß man auf der klinischen Seite geneigt ist, sich eher der radikalen Anschauung Redekers als einer vermittelnden anzuschließen. Das ist jedenfalls die Sachlage, wenn man die literarischen Grundlagen im Auge hat, die allerdings kaum ein ganz richtiges Bild der verbreitetsten Meinung geben können. Als pathologischer Anatom möchte ich dazu nur ganz kurz folgendes sagen. Was das Leichenmaterial betrifft, so ist die überwiegende Häufigkeit von Spitzenaffektionen aller Entwicklungsstadien mit so absoluter Sicherheit festzustellen, daß niemals irgendeine Kritik diese Tatsache wird beseitigen können. Ich habe jedoch schon im Text gesagt, daß hier unter Umständen pathologisch-anatomische und klinische Betrachtungsweise nicht parallel zu gehen braucht;

denn es ist möglich, daß geringe Spitzenaffektionen keine klinischen, insbesondere keine röntgenologischen Zeichen zu machen brauchen. Ob darum die Spitzenaffektionen belanglos sind, und ob nicht die alten Meister der Perkussion und Auskultation in dieser Beziehung höhere diagnostische Leistungen aufbrachten, als sie durch das Röntgenverfahren möglich sind, ist eine andere Frage, die hier nur angedeutet sein mag.

Das Referat SCHMINCKEs über das Kavernenproblem möchte ich hier nur eben zitieren. Eine weitere ausführliche Stellungnahme dazu behalte ich mir vor.

Auch einige andere, die Lungentuberkulose betreffende neuere Arbeiten möchte ich hier nur kurz anführen. So zunächst BEITZKEs Ausführungen über fortschreitende Phthisen. Sodann einige Veröffentlichungen, die sich mit dem Unterschied zwischen primären und Reinfektionsherden beschäftigen. Ich nenne PAGEL, HESSE und WURM. Außerdem sei PAGEL noch einmal genannt mit seinen Mitteilungen über die Histologie der Exsudatzellen bei der käsigen Pneumonie. Sie stehen nach ihm „wahrscheinlich sowohl hinsichtlich des Baues, wie der Verschiedenartigkeit ihrer Herkunft den Epitheloidzellen des Tuberkels nahe.“ Weiterhin werden von PAGEL unter den „zirkumfokalen“ Veränderungen auch Blutungen beschrieben.

Die kartilaginösen Pleuraschwielen in der Lungenspitze untersuchte FOCKE. Er hält sie vorwiegend für tuberkulösen Ursprungs, und zwar gehen sie nach seinen Untersuchungen von geringfügigen und gutartigen Veränderungen der benachbarten Alveolen und interlobulären Septen aus.

Abführende Luftwege.

Über die Tuberkulose der oberen Luftwege ist in neuerer Zeit außer der Arbeit von MANASSE auch eine zusammenfassende Darstellung von BLUMENFELD und PIFFL erschienen. Ferner nenne ich noch den Fall einer primären Tuberkulose der Trachea und großen Bronchien, von ROSSIER veröffentlicht. Sog. tuberkulöse Kehlkopftumoren werden ausser von den genannten Autoren auch von JORES beschrieben. GHON und TERPLAN beschreiben neben anderen tuberkulösen Nasenaffektionen, die sie für endogen entstanden halten, auch einen tuberkulösen Primärkomplex im Bereich der Nase. In diesem Zusammenhang sei auch auf eine Veröffentlichung von FEYRTER hingewiesen, der sich mit der Frage der isolierten Bronchiolitis tuberculosa beschäftigt.

Mundhöhle und Rachen.

In der älteren Literatur finden sich zahlreiche Arbeiten, die sich mit der Rolle der Mundhöhle, bezw. der Tonsillen als Eintrittspforte der Tuberkelbazillen beschäftigen. Auch in den z. T. an anderer Stelle erwähnten Arbeiten über die allgemeine Pathogenese der Tuberkulose sind darüber Bemerkungen zu finden. Von besonderen Veröffentlichungen nenne ich die von GOTTSTEIN, GROBER, LACHMANN, G. SIMON, BAUP, CHANCELLER. Aus ihnen führe ich nur die Resultate SIMONs an, der mit der Antiforminmethode in adenoiden Vegetationen des Nasenrachenraums unter 88 Fällen nur 3mal Tuberkelbazillen fand. Ähnlich liegen die Verhältnisse für die Gaumentonsillen. Zusammenfassend kann man sagen, daß für die allgemeine Pathogenese der Tuberkulose die Untersuchung des lymphatischen Rachenringes heute fast alles Interesse verloren hat, da sich die Lehre von der Pathogenese in anderer Richtung entwickelte. Aber auch die eigentlichen pathologisch-anatomischen Veränderungen in Mundhöhle und Rachen scheinen heutzutage nur wenig beachtet zu werden. So finden wir in der neuesten handbuchmäßigen Bearbeitung von DIETRICH darüber nur ganz kurze Bemerkungen, während das KAUFMANNsche Lehrbuch ausführlichere Angaben enthält. Auch bei KAISERLING finden sich über die Tuberkulose der eigentlichen Mundhöhle, einschließlich der Zunge etwas ausführlichere Bemerkungen. Daß Primärherde besonders in den Gaumentonsillen vorkommen, kann, wie schon betont, nicht geleugnet werden. Weitere Bemerkungen darüber finden sich bei LUBARSCH und bei ITO. Über die nicht primären Tuberkulosen der Mund- und Rachenhöhle gibt es nur verhältnismäßig wenig Veröffentlichungen. Da die uns besonders interessierende Histogenese aller dieser Veränderungen noch kaum eine Bearbeitung gefunden hat, die für die hier durchgeführte Auffassung zu verwerten wäre, so glaube ich über diese Literatur zunächst hinweggehen zu können. Erwähnen möchte ich nur 2 Arbeiten über die von mir noch nicht berücksichtigte Parotistuberkulose, nämlich die von KLOTZ und die von HALSHOFER.

Oesophagus.

Die tuberkulösen Veränderungen der Speiseröhre sind neuerdings von W. Fischer kurz zusammengefaßt worden. Fischer unterscheidet 1. die Infektion von der Lichtung aus, 2. durch Übergreifen von tuberkulösen Lymphknoten usw. und 3. die hämatogene Infektion. Nur die ersteren beiden Infektionsarten dürften eine Bedeutung haben, während allerdings wohl in dem einzig dastehenden Fall von Glockner darum nur eine hämatogene Infektion vorliegen konnte, weil der tuberkulöse Prozeß auf die Muscularis allein beschränkt war. Für die Entstehung der Oesophagustuberkulose ist besonders der Fall von Chiari von Interesse, in dem die Tuberkulose nach einer Ätzung zur Ausbildung kam, was darauf hindeutet, daß wohl im allgemeinen die Erkrankung im wesentlichen auf Grund besonderer dispositioneller Verhältnisse eintreten wird. Über die dabei auftretenden kleineren und größeren Geschwüre wird von W. Fischer berichtet. Von etwas ausführlicheren Darstellungen dieses Gebietes nenne ich noch die Arbeit von Staehelin-Burckardt.

Magen.

Daß die Magentuberkulose ein seltenes Ereignis ist, zeigt sich auch an der verhältnismäßig geringen Literatur. Handelt es sich in den meisten veröffentlichten Fällen (cf. Spengler, Schneider, Przewoski) um Geschwüre, die denen des Darmes nicht unähnlich sind, so werden doch auch Erkrankungen beschrieben, die durchaus an die sog. Ileozökaltumoren erinnern, wie Kaufmann erwähnt. Auch echte Karzinome, die sich auf Grund eines tuberkulösen Geschwüres entwickelten, sind wie für den Darm so auch für den Magen beschrieben worden (Simmonds, Frank, Harbitz). Eine ausgezeichnete Zusammenstellung aller tuberkulösen Magenerkrankungen und ihrer Pathogenese findet sich, vermehrt durch Mitteilung eigener Erfahrungen, in der neuesten handbuchmäßigen Bearbeitung von Konjetzny.

Darm.

Über die Literatur der Darmtuberkulose möchte ich mich hier sehr kurz fassen. Es ist zwar gerade darüber nicht wenig geschrieben worden, doch handelt es sich vorwiegend um statistische Erhebungen, besonders über die Frage der primären Darmtuberkulose. Ich erwähne in dieser Beziehung insbesondere die Arbeiten von Bernhard Fischer und Orth. Hier sollen des weiteren nur noch einige Besonderheiten Erwähnung finden. So weise ich auf die Arbeit von Busse hin, die sich mit der Entstehung der tuberkulösen Darmstrikturen beschäftigt. Ferner sei Pagel erwähnt, der sich neuerdings mit der Duodenaltuberkulose beschäftigte. Der Wurmfortsatztuberkulose wurde von verschiedenen Seiten Aufmerksamkeit geschenkt. Ich nenne die Arbeiten von de Josselin de Jong, Coley, der zu gleicher Zeit eine tuberkulöse Erkrankung eines Meckelschen Divertikels beschreibt. Daß Darmtuberkulosen auch hämatogen entstehen können, hat besonders Baumgarten betont. Ein Schüler Askanazys, Christides, beschäftigt sich besonders mit dieser Frage. Umfangreich ist die Literatur über den sog. Ileozökaltumor. Ich nenne die Arbeiten von Wiener, Tomita, Rotermund, Hülse, Richter und die Diskussionsbemerkungen von E. Fraenkel und Beneke. Auch aus allen diesen Mitteilungen scheint mir hervorzugehen, daß man diese eigentümliche Erkrankung in das Bereich der isolierten Organtuberkulosen stellen kann.

Leber.

Über die Beteiligung der Leber an allgemeiner Miliartuberkulose braucht hier nichts mehr gesagt zu werden. Es sind jedoch auch Fälle von isolierter Miliartuberkulose der Leber beschrieben worden. So von W. Bruns, Glaus, Massini. Meiner Meinung nach muß in solchen Fällen die Ursprungsstätte stets im Bereich der Pfortaderwurzel gesucht werden. Bei Glaus lag die Quelle in Form einer tuberkulösen Pankreaserkrankung klar zutage. In den Fällen von Bruns und von Massini bestand zu gleicher Zeit neben sonstigen unbedeutenden tuberkulösen Prozessen nur noch eine Miliartuberkulose der Milz. Diese als retrograd-lymphogene zu betrachten, wie es Massini tut, halte ich für unangebracht, möchte vielmehr annehmen, daß in solchen Fällen die Infektion der Milz zuerst erfolgte und die der Leber von ihr abhängig war.

Für die Histogenese der miliaren Lebertuberkel habe ich schon auf die Untersuchungen Schleussings hingewiesen. Von älteren Untersuchern nenne ich hier noch Benda. Von experimentellen Arbeiten erwähne ich außer R. OPPENHEIMER vor allen Dingen WALLGREN. Bei ihm wird u. a. auch einwandfrei festgestellt, daß der erste reaktive Effekt das Auftreten amphophiler Leukozyten ist, die eine starke Phagozytose den eingespritzten Tuberkelbazillen gegenüber ausüben. In der ganzen weiteren Entwicklung des Tuberkels wird diesen Zellen eine hervorragende Rolle im Sinne der MAXIMOWschen Lehre zugeschrieben, während die Rolle der fixen Gewebszellen sehr gering angeschlagen wird. Es handelt sich hier gegenüber meinen Anschauungen lediglich um Differenzen in der Deutung. An verschiedenen anderen Stellen bin ich auf diese Deutung eingegangen. Daß beim Menschen offenbar auf Grund einer tuberkulösen Infektion auch eigentümliche epitheliale Riesenzellen in der Leber auftreten können, hat RÖSSLE gezeigt.

Die Entstehung der sog. Gallengangstuberkel wird, wie schon betont, verschieden aufgefaßt. Während KOTLAR, LICHTENSTEIN, JOEST und EMSHOFF die extrakanalikuläre Entstehung mit nachträglichem Einbruch annehmen, hat SIMMONDS schon frühzeitig von hämatogener Ausscheidungstuberkulose gesprochen, und auch die Bezeichnung Röhrentuberkulose geprägt. Ich betone hier noch einmal, daß ich die SIMMONDSsche Auffassung für die richtige halte. Eine eigentümliche Kombination einer derartigen Röhrentuberkulose mit Syphilis wird von HALL beschrieben.

Auch bei den Fällen von großknotiger „tumorähnlicher" Tuberkulose der Leber wird von W. FISCHER die Kombination mit Syphilis erwogen. Solche großknotigen Formen der Lebertuberkulose sind im übrigen von ORTH, SIMMONDS, ELLIESEN, E. FRAENKEL u. a. beschrieben worden.

Über die Beziehung der Leberzirrhose zur Tuberkulose ist im Text das Nötige gesagt worden. Ich verweise im übrigen auf die Arbeiten von KIRCH, SCHÖNBERG, KERN und GOLD, ISAAC. Von besonderem Interesse ist noch der Fall CEELENS, in dem bei einem 6jährigen Kinde eine großknotige Hyperplasie mit zirrhotischen Veränderungen vorlag und wobei die hyperplastischen Leberknoten bis zur Nekrose gehende regressive Veränderungen aufwiesen. Da zu gleicher Zeit eine Wirbeltuberkulose und eine schwere Lungen- und Darmtuberkulose vorlag, ferner in Antiforminpräparaten der Leber vereinzelte Tuberkelbazillen gefunden wurden, wird der ganze Leberprozeß für tuberkulösen Ursprungs gehalten. Ich möchte allerdings bezweifeln, daß hier eine direkte Wirkung der Tuberkelbazillen und ihrer Gifte vorlag. Experimentell sind die Beziehungen zwischen Tuberkulose und Leberzirrhose von STOERCK geprüft worden. Abgesehen davon, daß derartige Experimente an Meerschweinchen nichts über die Verhältnisse beim Menschen aussagen, möchte ich bezweifeln, daß die von STOERCK beschriebenen Bilder als eigentliche Zirrhosen bezeichnet werden können. Es handelt sich lediglich um rezidivierende, mit immer neuen Gewebsschädigungen einhergehende, andererseits zu weitgehenden Heilungsprozessen mit Narbenbildung führende Veränderungen, wie sie auch in anderen Meerschweinchenorganen bei etwas protrahiertem Verlauf der Tuberkulose beobachtet wurden. — Mit Blutungen einhergehende Leberschädigungen als Begleiterscheinung chronischer Lungentuberkulose werden von MITTASCH beschrieben.

Über die seltene tuberkulöse Erkrankung der Gallenblase haben SIMMONDS, BEITZKE, HALTMEYER Mitteilungen gebracht.

Pankreas.

Zur Literatur der Pankreastuberkulose möchte ich neben SEYFARTH noch WALTER-SALIS, MAYER und KIRCH erwähnen. Von diesen Autoren wird auch die Frage geprüft, in wie weit eine Sklerose, bezw. Zirrhose der Bauchspeicheldrüse auf Grund einer tuberkulösen Erkrankung entstehen kann. Mir scheint aber diese Frage aus mannigfachen, an verschiedenen anderen Stellen erwähnten Gründen noch nicht spruchreif zu sein.

Lymphknoten.

Die Tuberkulose der Lymphknoten ist in neuester Zeit zusammenfassend von C. STERNBERG behandelt worden. Allerdings ist der Artikel nur sehr kurz und die Literatur demgemäß nur mit Auswahl berücksichtigt. In der Einteilung schließt sich STERNBERG BAUMGARTEN an, der nach morphologischen Gesichtspunkten fünf verschiedene Formen der Lymphknotentuberkulose unterscheidet. Nämlich 1. das körnige oder granuläre Lymphom, 2. das käsige Lymphom, 3. das indurierende und 4. das fibrös-käsige Lymphom. Als 5. Form bezeichnete BAUMGARTEN seinerzeit das Lymphogranulom, das bekanntlich inzwischen als eine besondere, nicht tuberkulöse Erkrankung erkannt worden ist. Auf die eigentlichen Tuberkuloseformen bin ich im Text eingegangen und habe auch versucht, sie in genetische Beziehung zueinander zu setzen. Eine ausführliche handbuchmäßige Behandlung aller nur möglichen, bei der Lymphknotentuberkulose auftretenden Veränderungen und ihre Beziehungen zueinander wäre sicher eine dankenswerte und lohnende Aufgabe. Aber aus den mehrfach genannten Gründen kann eine derartige Übersicht hier nicht gegeben werden. Ich möchte mich daher darauf beschränken, auf Grund der Literatur kurz auf einige Besonderheiten einzugehen.

Was zunächst die Genese der Erkrankung im allgemeinen betrifft, so weise ich für die hämatogene Entstehung wiederum auf BAUMGARTEN und seinen Schüler HAUSTEIN hin. Über die Frage der Verbreitung von Lymphknoten zu Lymphknoten auf dem Lymphwege sind zahlreiche Untersuchungen veröffentlicht worden. WELEMINSKYs Meinung von der Konzentration der Lymphe in den thorakalen Knoten und über die Rolle der tuberkulösen Erkrankung dieser Lymphknotengruppe für die Entstehung der Lungentuberkulose dürfte heute völlig überwunden sein. So brauche ich auch hier überhaupt nicht auf jene Arbeiten einzugehen, die die Lungentuberkulose retrograd von den bronchialen Lymphknoten aus entstehen lassen. Dennoch möchte ich noch die ausführliche Arbeit von BAKACS registrieren, der dem retrograden Transport der Tuberkelbazillen auf dem Lymphwege von Knoten zu Knoten für die Verbreitung der tuberkulösen Infektion eine große Rolle zuschreibt. Ich schließe mich BAKACS gegenüber aber durchaus den Einwendungen BEITZKEs an, „daß eine Umkehr des Lymphstroms nur unter besonderen Bedingungen und nur auf kurze Strecken vorkommt“. BEITZKEs vorangegangene Arbeiten geben übergenug Belege für diesen Satz. Daß aber die Lymphknotentuberkulose für die Weiterverbreitung der Krankheit im Körper von großer Bedeutung ist, habe ich selbst an verschiedenen Stellen dieses Buches betont. In welcher Weise dabei Exazerbationen eine Rolle spielen, haben GHON, KUDLICH und SCHMIEDL für das Abflußgebiet der bronchialen Lymphknoten in einer ausführlichen Arbeit gezeigt.

Für die Histogenese der Lymphknotentuberkulose sind in neuerer Zeit die Arbeiten von JOEST und seinen Mitarbeitern EMSHOFF und SEMMLER von Bedeutung gewesen. Daß ich diesen Autoren in Bezug auf die initialen Veränderungen nicht zustimmen kann, habe ich im Text schon betont. Im übrigen aber muß auch ich den großen Wert ihrer Untersuchungen, nicht nur für das besondere Gebiet der Lymphknotentuberkulose, sondern für die Histogenese der Tuberkulose überhaupt anerkennen. Ein Nachteil ist es aber, daß diese Untersuchungen an experimentellen Veränderungen beim Tier gemacht wurden. Es wäre sehr wünschenswert, auch für das menschliche Material über ganz systematische Untersuchungen der Lymphknotentuberkulose zu verfügen. In diesem Zusammenhang wären dann auch die Arbeiten BARTELs über das lymphoide Vorstadium zu berücksichtigen.

Von großem Interesse sind einige neuere Arbeiten, die sich mit den Beziehungen der Lymphknotentuberkulose zu anderen Erkrankungen befassen. Während der Begriff der Pseudoleukämie heute so weit eingeschränkt ist, daß wir ihn kaum noch im Rahmen der Tuberkulose zu betrachten brauchen (cf. TANGL und BRENTANO, WEISHAUPT), gewinnen die Beziehungen zwischen echter Leukämie und Tuberkulose größere Bedeutung. Hierüber liegen Arbeiten vor von BRÜCKMANN, MÖNCKEBERG, HEMMERLING und SCHLEUSSING. Hier handelt es sich offenbar um sozusagen primäre systematisierte tuberkulöse Erkrankungen des gesamten lymphatischen Apparates oder auch nur eines Teiles davon, der dann erst die Leukämie folgte. Für die Erklärung solcher Fälle wird sich die Annahme besonderer konstitutioneller Verhältnisse, bezw. Krankheitsbereitschaften nicht umgehen lassen. Anders liegen die Dinge in jenen Fällen, bei denen sich z. B. eine Tuberkulose von axillaren Lymphknoten an anderweitige pathologische Prozesse der Brustdrüse anschloß. Dieser Vorgang wurde von EBBINGHAUS und von PRYM bei Tumoren der Brustdrüse beschrieben. Wir selbst sahen kürzlich eine schwere käsige Tuberkulose der axillaren Lymphknoten bei sog. Hypertrophia vera mammae, ohne daß in der Brustdrüse selbst tuberkulöse Veränderungen nachweisbar waren. In allen diesen Fällen muß wohl ein gewisser Reizzustand in den axillaren Lymphknoten vorausgesetzt werden, der eine Disposition für die tuberkulöse Erkrankung schaffte. Auf demselben Gebiete stehen dann wahrscheinlich diejenigen Fälle, bei denen sich eine Kombination von Krebs und Tuberkulose in metastatisch erkrankten Lymphknoten findet (cf. KRISCHE). Ich bin geneigt, in allen solchen Fällen an eine hämatogene Infektion der Lymphknoten zu denken. Auch die Untersuchungen PICKHANs würden für eine solche Annahme sprechen, da dieser Autor in seinen Fällen auch stets eine Lungentuberkulose beobachtete. Allerdings steht PICKHAN auf einem anderen Standpunkt. Er glaubt nämlich feststellen zu können, daß eine Tuberkulose der axillaren Lymphknoten als Begleiterscheinung einer Lungentuberkulose nur vorkomme, wenn zu gleicher Zeit Pleuraverwachsungen bestehen. Er nimmt an, daß dadurch abnorme Lymphgefäßkommunikationen zwischen Thoraxwand und Achselhöhle entstehen und daß auf diesem Wege die Infektion der Achseldrüsen zustande kommt. Diese Annahme konnte dadurch bekräftigt werden, daß in einigen Fällen auch Kohlepigment in den tuberkulösen Achseldrüsen nachweisbar war. Ich möchte mich mit diesem Bericht begnügen, da mir eigene Erfahrungen nicht in genügendem Maße zur Verfügung stehen. Die ganze Frage ist aber wohl der Nachprüfung wert.

Was endlich die Skrofulose betrifft, so möchte ich an dieser Stelle auf die neueren zusammenfassenden Arbeiten von v. HAYEK und von ROST hinweisen. Doch auch das Referat PONFICKs aus dem Jahre 1900 muß genannt werden, in dem die „skrofulösen" Veränderungen nicht nur der Lymphknoten, sondern auch aller anderer Organe beschrieben werden. Es handelt sich um jene Epoche, in der man zu einer Einengung des Begriffes Skrofulose kam und die eigentümlichen anatomischen und klinischen Veränderungen mit bestimmten Konstitutionen in Zusammenhang zu bringen begann.

Milz.

Die tuberkulösen Erkrankungen der Milz sind in neuester Zeit von LUBARSCH zusammenfassend besprochen worden. Er unterscheidet: 1. die Miliartuberkulose, 2. die chronisch-käsig-knotige Tuberkulose, 3. die tuberkulöse Infarktbildung, 4. die tuberkulöse Splenomegalie. Während über die Miliartuberkulose hier nichts mehr gesagt zu werden braucht, möchte ich die Benennung der zweiten Form als chronisch nicht für glücklich halten. Die Fälle, die LUBARSCH dabei im Auge hat, sind offenbar dieselben, die ich als zur Frühgeneralisation oder ihr analogen Erkrankungen der späteren Lebensalter gehörig bezeichnet habe. Die Erkrankungen werden von LUBARSCH offenbar deswegen als chronische bezeichnet, weil die Voraussetzung gemacht wird, daß die unregelmäßig gestalteten größeren käsigen Herde aus vorher vorhanden gewesenen produktiven Herden entstanden sind. Daß das meiner Auffassung widersprechen würde, brauche ich kaum noch einmal hervorzuheben. Die dritte Form, der tuberkulöse Infarkt, wird von LUBARSCH leider ohne Abbildungen besprochen. Es wäre für Viele sicher der Nachweis von großem Interesse gewesen, daß die eigentümlichen, keilförmigen, von einem gewöhnlichen anämischen Infarkt kaum unterscheidbaren Herde tatsächlich in Zusammenhang stehen mit einer ihnen vorgeordneten tuberkulösen Arteriitis. Wie an verschiedenen anderen Stellen betont, harrt die Lösung dieser Frage ebenso wie für andere Organe so auch für die Milz noch ihrer endgültigen Lösung. Am lehrreichsten sind die ausführlicheren Erörterungen LUBARSCHs über die tuberkulöse Splenomegalie bzw. Megalosplenie, die nicht nur in der großknotig-käsigen, sondern auch in der miliaren Form vorkomme. Gewichte bis 3780 g sollen beobachtet worden sein. Die Fälle werden kurz rekapituliert und eine eigene Beobachtung mitgeteilt. Den von LUBARSCH erwähnten Fällen füge ich noch die beiden Fälle von CARLING und HICKS und den von HALLERMANN hinzu. Auch auf Grund dieser Zusammenstellung hat man durchaus den Eindruck, daß wir es bei der tuberkulösen Splenomegalie tatsächlich mit einer isolierten Organerkrankung im Sinne RANKEs zu tun haben, d. h. einer Erkrankung, bei der in keinem anderen Organ eine chronische fortschreitende Tuberkulose besteht. Daß es sich dabei nicht immer um eine allein auf die Milz beschränkte Erkrankung handelt, geht besonders aus dem Falle ASKANAZYs hervor, bei dem eine chronische, von ihm als lupös bezeichnete Tuberkulose nicht nur der Milz, sondern auch der Lymphknoten und des Knochenmarks, also des gesamten hämatopoetischen Systems bestand. In diesem Fall lag außerdem nur noch ein allerdings ziemlich weit verbreiteter Lupus (Lupus erythematoides) vor. Andeutungen von ähnlichen Systemerkrankungen, z. B. in Gestalt von Miterkrankung der Lymphknoten finden sich auch in einigen anderen Fällen von tuberkulöser Splenomegalie. Daß auch sonst Fälle von isolierter Milzerkrankung ohne wesentliche Vergrößerung des Organes, unter Umständen erst durch das Mikroskop nachweisbar, vorkommen, darüber wird ebenfalls von LUBARSCH berichtet. Ich nenne dazu die z. T. von LUBARSCH noch nicht erwähnten Arbeiten von BAYER, ESSER, FRANKE, LOREY, SCHUBERT und GEIPEL, STREHL.

Zur Histogenese der Milztuberkel möchte ich nur auf die Arbeit von GRABERG hinweisen, nach dessen Schilderungen sich die Tuberkel vorwiegend in den Follikeln oder, wie er sagt, in der weißen Pulpa entwickeln. An 20 Milzen sind diese Resultate gewonnen worden. Auch LUBARSCH schließt sich im großen und ganzen dieser Meinung an. Nach meinen Erfahrungen sind diese Angaben übertrieben. Ich muß zwar zugeben, daß ich Zählungen noch nie vorgenommen und daß ich auf die Pulpatuberkel deswegen besonders geachtet habe, weil sie mir histogenetisch interessanter erschienen. Doch habe ich einstweilen nicht den Eindruck, daß die Follikel so stark bevorzugt sind, wie die beiden Autoren es angeben. Auch nach den älteren Beobachtungen von ZIEGLER und von ARNOLD ist das nicht der Fall. HEITZMANN allerdings, der unter ORTH arbeitete, spricht auch von einer Bevorzugung der Follikel. Aus seinen Untersuchungen ist hervorzuheben und zu bestätigen, daß es gerade die Milztuberkel sind, in denen recht häufig kleine Blutungen vorkommen. HEITZMANN bringt das mit der eigentümlichen Struktur des Blutgefäßnetzes der Milz in Zusammenhang. Daß die Tuberkel der Milz besondere Beziehungen zu den Trabekeln haben, wird von den meisten Autoren geleugnet, meines Erachtens mit Recht; doch darf nicht bezweifelt werden, daß sich hier und da auch einmal ein Tuberkel nicht nur am Rande, sondern auch innerhalb eines Trabekels entwickelt. In Bezug auf die feinere Histogenese der Milztuberkel gibt PAGEL neuerdings an, daß man bei chronischen Lungentuberkulosen Knötchen findet, die offenbar infolge einer primären Epitheloidzellwucherung zustande kommen. Ich möchte dem nur insofern zustimmen, als man tatsächlich bei chronischen Lungentuberkulosen, insbesondere dann, wenn keine oder doch nur eine geringe Darmtuberkulose besteht, häufiger unter den im ganzen recht spärlichen Tuberkeln rein produktive Knötchen findet als ihre Vorstufen. Doch kann man sich bei der Anwendung von Oxydaseschnitten leicht davon überzeugen, daß die exsudativen Vorstufen dennoch zu beobachten sind. Man hat es hier offenbar mit einem allergischen Zustand zu tun, bei dem die exsudative Komponente eine sehr geringe ist und die produktive sehr schnell ganz das Bild beherrscht. — Zum Schluß möchte ich noch die Arbeiten von PETROFF, von SCHRÖDER, KAUFMANN und KÖGEL und von WEIL nennen, die sich mit den unspezifischen Veränderungen der Milz bei anderweitig lokalisierter Tuberkulose beschäftigen.

Nebennieren.

Die pathologische Anatomie der Nebennierentuberkulose wird in den Lehrbüchern sehr kurz behandelt, und auch in der neuesten handbuchmäßigen Darstellung von DIETRICH und SIEGMUND sind dieser Erkrankung nur knapp drei Seiten gewidmet. Dem entspricht auch die Tatsache, daß in der Literatur nur sehr wenig Arbeiten existieren, die sich mit dem Thema beschäftigen. Insbesondere ist die Histogenese der Nebennierentuberkulose nur sehr kurz gekommen, obwohl sie, wie aus meinem Text hervorgeht, nicht ohne Interesse ist. Nur über die Beziehungen zwischen ADDISONscher Krankheit und Nebennierentuberkulose gibt es eine größere Literatur. Eine vortreffliche Zusammenstellung findet sich im KAUFMANNschen Lehrbuch und bei BITTORF. Von einzelnen Arbeiten möchte ich nur noch LÖFFLER und PULAWSKI erwähnen, bei denen auch die Beziehungen zwischen ADDISONscher Krankheit und Status thymico-lymphaticus berücksichtigt worden sind.

Schilddrüse.

Über die Schilddrüsentuberkulose gibt es eine recht umfangreiche Literatur. Vor allen Dingen möchte ich auch hier noch einmal auf die ausgezeichnete Bearbeitung von WEGELIN hinweisen, worin ich nur die Überschrift „Infektiöse Granulationsgeschwülste" zu beanstanden habe. Eine kürzere handbuchmäßige Darstellung ist von BERBERICH und FISCHER-WASELS gegeben worden. Auch WEGELIN nimmt eine verhältnismäßig hohe Resistenz des Schilddrüsengewebes gegen Tuberkulose wegen der relativen Seltenheit schwererer Erkrankungen an und verteidigt diese Annahme mit Recht gegenüber NATHER. Wenn NATHER nämlich auf Grund von Meerschweinchenversuchen zu anderen Resultaten gekommen sein will, so beweist das für die menschlichen Verhältnisse nichts. Dennoch ist es sehr eigentümlich, daß gerade am menschlichen Material garnicht selten einzelne tuberkulöse Herdchen in der Schilddrüse auch dann gefunden werden, wenn weder eine allgemeine Miliartuberkulose noch auch sonst nennenswerte tuberkulöse Herde bestehen. Solche Befunde werden von vielen Autoren vermerkt. Ich nenne ARND, CREITE, GEBELE, HEDINGER, OEHLER, RENDLEMAN und MARKER, UEMURA. Die Beschreibungen der einzelnen

Knötchen stimmen im großen und ganzen miteinander überein. Nur wird von den meisten Autoren die interstitielle Entstehung der Tuberkel unberechtigter Weise in den Vordergrund gestellt. Ich selbst habe in der letzten Zeit wieder einige Fälle gesehen, bei denen die intrafollikuläre Entstehung der tuberkulösen Herdchen mit absoluter Sicherheit nachzuweisen war. Eine Beteiligung von Epithelien an der Tuberkelbildung, wie sie hier und da behauptet wird, ist nach meinen Anschauungen nicht nur theoretisch unmöglich, sondern läßt sich tatsächlich bei der kritischen Durcharbeitung einer genügend großen Anzahl von Fällen ausschließen. Die Tatsache, daß sich Tuberkelknötchen besonders gern in strumösen Teilen ansiedeln, wird auch von einigen der genannten und noch anderen Autoren anerkannt. Wenn WILKE betont, daß man mit der Diagnose Struma-Tuberkulose vorsichtig sein müsse, weil auch Knötchen mit den LANGHANSschen ähnlichen Riesenzellen vorkommen, die wahrscheinlich nicht tuberkulösen Ursprungs sind, so möchte ich diese Warnung für etwas übertrieben halten. Der einzeln dastehende Fall WILKES, der sich bei der Sektion sonst völlig frei von Tuberkulose erwies, wird uns nicht hindern, bei operativ gewonnenem Schilddrüsenmaterial auch weiterhin eine Tuberkulose zu diagnostizieren, wenn sich typische Tuberkelknötchen finden. BERBERICH und FISCHER-WASELS stehen allerdings auf Grund der Untersuchungen von VOLK auf dem Standpunkt, „daß die Diagnose der Schilddrüsentuberkulose auf Grund des histologischen Bildes nur dann zu stellen ist, wenn unzweifelhafte tuberkulöse Knötchen mit Verkäsung nachgewiesen sind". Dazu möchte ich sagen, daß eine Verkäsung die Diagnose natürlich bedeutend erleichtern kann, daß aber doch wohl auch ohne Verkäsung in den meisten Fällen die Differentialdiagnose zwischen unspezifischen, auch Fremdkörperriesenzellen enthaltenden, Wucherungen und eigentlichen tuberkulösen Veränderungen auf keine Schwierigkeiten stößt. Mit dem Nachweis von Tuberkelbazillen ist allerdings nicht viel anzufangen, weil sie sehr oft in ganz sicher tuberkulösen Veränderungen vermißt werden. Daß sich die Schilddrüse an allen oder doch wenigstens an den meisten Fällen von allgemeiner Miliartuberkulose beteiligt, wird auch von WEGELIN ausgesagt. Vor ihm wurde diese Tatsache insbesondere schon von E. FRAENKEL und vor diesem schon von COHNHEIM vermerkt.

Unter den chronischen tuberkulösen Erkrankungen der Schilddrüse unterscheidet WEGELIN die proliferierende Tuberkulose mit reichlicher Neubildung von Granulationsgewebe und die käsig abszedierende Form mit Bildung größerer Käseherde oder kalter Abszesse. Wie sich diese Erkrankungen zu sonstigen Tuberkuloseherden des Körpers verhalten, ist für die meisten Fälle nicht klar genug ausgesagt worden. Es ist zu hoffen, daß das bei späterer Gelegenheit nachgeholt wird. Es ist doch anzunehmen, daß die allergischen Verhältnisse in den langsamer und unter Bildung von reichlichem Granulationsgewebe verlaufenden Fälle andere sind als bei den schnell zur Verkäsung oder gar zur Erweichung führenden Herden. Gewisse Belege dafür finden sich sowohl bei WEGELIN als auch bei anderen Autoren, unter denen ich BRUNS, CLAIRMONT, IVANOFF, LEBERT, PUPOVAC, RUPPANNER, SCHÖNBERG nenne.

Ich möchte in diesem Zusammenhang auch jene Autoren erwähnen, die Beziehungen zwischen der BASEDOWschen Krankheit und der Tuberkulose erkennen wollen, so von BRANDENSTEIN und HUFNAGEL. Ich möchte allerdings bezweifeln, daß derartige Beziehungen direkte sind, möchte vielmehr annehmen, daß eine vorhandene latente Basedowerkrankung infolge der Schwächung des Körpers durch eine Tuberkulose manifest werden kann. Denn wie für andere Organe, so möchte ich auch für die Schilddrüse bezweifeln, daß etwa infolge irgendeiner chronischen Organtuberkulose nicht-tuberkulöse Veränderungen in ihr entstehen, die auf die spezifische Wirkung der Tuberkelbazillen zurückzuführen wären. Etwas derartiges ist auch von KASHIVAMURA behauptet worden. Das gilt insbesondere für gewisse sklerotische Veränderungen, das gilt schließlich aber auch für die Amyloiderkrankung. Von BRUNS, WEGELIN, BERBERICH und FISCHER-WASELS wird allerdings auch angegeben, daß sich im Anschluß an spezifisch tuberkulöse Veränderungen hochgradige Bindegewebswucherungen mit folgender Sklerose entwickeln und auch zu funktionellen Störungen führen können. Ich selbst verfüge über solche Beobachtungen nicht und kann sie deswegen nur referierend anführen.

Zur Geschichte der Schilddrüsentuberkulose ist zu vermerken, daß wohl die ersten ausführlichen Beschreibungen von LEBERT stammen, daß dann VIRCHOW eine Beobachtung mitteilte, in der die Schilddrüse von der Nachbarschaft aus erkrankt war. VIRCHOW betonte damals im Anschluß an ROKITANSKY, daß kein Organ so wenig zur Tuberkelbildung disponiert sei wie die Schilddrüse, daß allerdings ein Ausschließungsverhältnis zwischen Kropf und sonstigen Organtuberkulosen nicht bestehe. Letztere Frage ist in späterer Zeit noch mehrfach erörtert worden und zwar auch mit anderen Resultaten. So glaubt STAEMMLER auf Grund statistischer Erhebungen feststellen zu können, daß der Kropf den Körper in gewisser Weise gegen Tuberkulose schütze. Dem stehen nun wiederum andere Untersuchungsresultate gegenüber und auch die Tatsache, daß sich in manchen Fällen wie die Miliartuberkel so auch die chronische Tuberkulose innerhalb von Kropfknoten entwickeln (cf. RÜPPANNER), spricht nicht gerade in diesem Sinne. Auch REINHART wendet sich dagegen und beschreibt außerdem Kombinationen von Krebs und Kropf mit Tuberkulose.

Andere Drüsen mit innerer Sekretion.

Über die Tuberkulose der Hypophyse ist in letzter Zeit eine Zusammenstellung von E. J. KRAUS erschienen, die allerdings nicht ganz vollständig ist. Die erste Beschreibung einer Hypophysentuberkulose findet sich bei BECK (1835). Statistische Angaben hat SCHMIDTMANN gemacht, die bei 1200 untersuchten Hypophysen 5mal Tuberkelbildung fand. Sie unterscheidet auf Grund der Literatur und ihrer eigenen Fälle 1. Miliartuberkulose, 2. die sehr seltenen vorgeschrittenen Fälle und 3. aus der Nachbarschaft übergreifende Tuberkulosen. Ich möchte dagegen ausdrücklich bemerken, daß es sich bei den umfangreicheren Verkäsungen des Hinterlappens nicht um vorgeschrittene Fälle zu handeln braucht, sondern um ganz akute in Begleitung einer Frühgeneralisation entstandene Herde. Weitere Fälle sind beschrieben worden von SIMMONDS, M. B. SCHMIDT, HEIDKAMP, HUETER, KURZAK, FROBÖSE, BRANCHLI. Auffallend ist, daß die Neurohypophyse häufiger betroffen wird als der innersekretorische Teil. Allerdings war in dem Fall von FROBÖSE, bei dem es sich um eine so gut wie isolierte, im produktiven Stadium befindliche Tuberkulose der Hypophyse handelte, das ganze Organ gleichmäßig betroffen. In den Fällen von KURZAK und HEIDKAMP handelt es sich um ein Übergreifen einer Knochentuberkulose auf die Hypophyse. Von besonderem Interesse ist noch der Fall von HUETER, der eine 42jährige Zwergin betraf und in dem nur der Vorderlappen erkrankt war. Hier muß man immerhin, wie bei den Nebennieren, daran denken, daß es sich um die Erkrankung eines mangelhaft gebildeten Organs handelt. Im übrigen lag nur eine alte abgelaufene Lungentuberkulose, eine Uterus- und Nebennierentuberkulose, ferner eine Leptomeningitis tuberculosa vor. Das Mitbetroffensein der Nebenniere ist besonders interessant. Einen Zusammenhang der Hypophysenerkrankung mit der Meningitis lehnt HUETER für seinen Fall mit Recht ab. Was die Beziehungen der Hypophysentuberkulose zur Akromegalie betrifft, so sei nur auf die Mitteilung von M. B. SCHMIDT hingewiesen, daß er in einem Fall eine völlige Umwandlung der Drüse durch einen Solitärtuberkel ohne Akromegalie gesehen hat.

Für die tuberkulöse Erkrankung der Zirbeldrüse sei auf die kurze Zusammenfassung BERBLINGERS hingewiesen. Selbständige Erkrankungen der Zirbel scheinen noch nicht beobachtet zu sein. Die bisherigen Beobachtungen (JOSEPHY, BERBLINGER, SCHLAGENHAUFER) beziehen sich vielmehr auf die Beteiligung der Epiphyse an allgemeinen Tuberkulosen bezw. Leptomeningitis tuberculosa, was auch meinen bisherigen Erfahrungen entspricht.

Über die tuberkulösen Erkrankungen der *Epithelkörperchen* wird zusammenfassend von HERXHEIMER berichtet. Dort werden auch einige Autoren genannt, von denen einschlägige Fälle beschrieben worden sind. So weit ich sehe, scheint es sich fast ausschließlich um Fälle von Miliartuberkulose oder Frühgeneralisation zu handeln, während selbständig in den Vordergrund tretende Zirbeltuberkulosen einwandfrei noch nicht beschrieben worden sind. Das wird auch in einer zweiten zusammenfassenden Darstellung von FISCHER-WASELS und BERBERICH bestätigt.

Über die Tuberkulose der Thymusdrüse bestehen, soweit ich sehe, kaum selbständige Untersuchungen. Das geht auch aus den sehr kurzen zusammenfassenden Worten SCHMINCKES hervor. SCHMINCKE hat wohl Recht mit seiner Meinung, daß Thymustuberkulose des öfteren mit einer Erkrankung der mediastinalen Lymphknoten verwechselt worden ist. Von mehr selbständigen Erkrankungen führt er aus der Literatur nur die Fälle von DEMME und WILDFANG an.

Nieren.

Um das Studium der Nierentuberkulose haben sich in letzter Zeit WEGELIN und WILDBOLZ verdient gemacht. Insbesondere sei auf die zusammenfassende Arbeit von WILDbolz im Handbuch der Urologie verwiesen, wo sich auch eine Anzahl ausgezeichneter Abbildungen befinden. Auch er teilt, ebenso wie Kaufmann, die tuberkulösen Nierenerkrankungen nur in Miliartuberkulose und chronische Nierentuberkulosen ein. Die Meinung, die auch von Wegelin geteilt wird, daß die chronische Nierentuberkulose mit einer Infektion des Markes bezw. einer Pyramide beginne, möchte ich nicht für allgemein gültig halten. Es gibt sicher auch Fälle, in denen eine in der Rinde beginnende Tuberkulose intrakanalikulär in die Pyramiden fortgeleitet wird, von wo aus sich dann alle weiteren Veränderungen entwickeln. Wildbolz gibt sich auch mit der Frage der tuberkulösen Nephritis ab und ist nicht abgeneigt, banale entzündliche Veränderungen als Folge einer Tuberkelbazilleninfektion anzuerkennen. Er beruft sich dazu auf Untersuchungen von Heyn und Jousset, die in banalen interstitiellen Entzündungsherdchen und auch bei „parenchymatöser Nephritis" Tuberkelbazillen gefunden haben wollen. Auch Poncets Anschauungen über die entzündliche Tuberkulose werden als Belege herangezogen. Selbst wenn man die Richtigkeit mancher von diesen Befunden nicht bezweifeln will, würde damit kaum etwas für die Frage der tuberkulösen Nephritis gewonnen werden. Allenfalls könnten umschriebene, chronisch entzündliche Infiltrate als lokale Nierenentzündung bezeichnet werden. Es ist aber kaum anzunehmen, daß sie wesentliche klinische Symptome machen. Die parenchymatösen Veränderungen, die schon nach der gebräuchlichsten Nomenklatur nicht als entzündliche zu bezeichnen sind, werden sicherlich nicht durch eine lokale Wirkung von Tuberkelbazillen verursacht, sondern können nur auf allgemeinere, mit dem gesamten Krankheitsbild in Zusammenhang stehende Einwirkungen bezogen werden. Ich halte diesen ganzen Fragenkomplex für sehr viel weniger wichtig, als die spezielle Frage, ob es eine typische, sich auch klinisch bemerkbar machende, durch Tuberkelbazillen hervorgerufene Glomerulonephritis gibt, und daß über diese Frage das letzte Wort noch nicht gesprochen ist, habe ich im Text schon betont.

Ganz besonders wichtig, nicht nur für die Histogenese der Nierentuberkulose, sondern auch für die des tuberkulösen Prozesses überhaupt, ist, wie ich schon oben betonte, die Arbeit von Benda aus dem Jahre 1903, die übrigens anscheinend das Schicksal erfuhr, in weiten Kreisen vergessen zu werden. In den Lehrbüchern liest man immer wieder, daß die Miliartuberkel der Niere durch Wucherung von kleinen Gefäßen und vom interstitiellen Gewebe, ja sogar aus von Harnkanälchen ausgehenden Wucherungen entstehen (cf. Kaufmann). Was dieser Wucherung, an der sich die Epithelien bestimmt nicht beteiligen, vorausging, wird im großen und ganzen nirgends für beachtenswert gehalten. Benda hat aber gerade für die Histogenese des Miliartuberkels der Niere ganz einwandfrei gezeigt, „daß wir hier zwei ziemlich scharf gegeneinander abgegrenzte Perioden haben", wobei Benda die um die Glomeruli entstehenden Tuberkel im Auge hat. Er sagt weiter: „die erste Periode kennzeichnet sich vollständig als ein akuter, in seinem Verlauf ganz unspezifischer Entzündungsvorgang", wozu Benda vor allen Dingen eine starke Zuwanderung von typischen Leukozyten beschreibt. Auch Phagozytose von Tuberkelbazillen komme dabei vor. Hier ist auch die Stelle, in der Benda die Bazillenembolien in den Glomerulusschlingen erwähnt. „Proliferationsvorgänge beteiligen sich an dieser Periode nur so weit, als sie bei jedem Entzündungsvorgang erkennbar sind. Das gilt besonders für die Epithelien, deren Vermehrung nur den Charakter einer kompensatorischen Vermehrung der nicht unmittelbar an dem Entzündungsvorgang beteiligten und durch ihn zerstörten Elemente, aber keinen spezifischen Krankheitsvorgang zeigt. Auch die lymphozytäre Infiltration der Peripherie des Herdes ist eine Begleiterscheinung der Entzündung ohne spezifische Bedeutung." Von dieser, wie ich es nenne, exsudativen Phase scheidet Benda streng die produktive Phase in folgender Weise: „die zweite Periode setzt zunächst scheinbar wie ein heilender Granulationsvorgang ein, von dem man vermuten könnte, daß er einzig zur Organisation des zerstörten Territoriums führen sollte. Nichtsdestoweniger zeigt er seinen pathologischen Charakter an dem Ausbleiben der Gefäßbildung. Wir müssen ihn somit ebenfalls auf eine von dem Infektionsherd ausgehende spezifische Giftwirkung zurückführen. Dieselbe ist aber durchaus anderer Art als die der ersten Periode, da sie ausschließlich auf die fixen Gewebszellen chemotaktisch und (vielleicht allerdings nur indirekt) proliferationserregend wirkt". Auch die weiteren Ausführungen Bendas über die verschiedene Wirkungsweise der Tuberkelbazillen sind von großem Interesse. Sie klingen aus in die Anschauung Orths, „daß die Wirkungsweise des Tuberkelbazillus nicht einem einheitlichen Prinzip untergeordnet werden kann, sondern daß wenigstens 2 ganz voneinander trennbare Wirkungsweisen bestehen, die entzündungserregende und die proliferationserregende. Dieselben können entweder jede allein oder miteinander vermischt, oder auch in verschiedener Folge abwechselnd in Aktion treten. Es ist zu vermuten, daß dieselben nicht sowohl auf verschiedener quantitativer, sondern vielmehr auf verschiedener qualitativer Giftwirkung beruhen". Da BENDA natürlich auch die Tatsache auffiel, daß in frischen, noch exsudativen Herden oft reichlich Bazillen nachweisbar sind, während sie in verkästen Herden und im produktiven Stadium gewöhnlich sehr spärlich sind oder sich ganz dem färberischen Nachweis entziehen, ventiliert er die Frage, ob sich die Bazillen in den späteren Stadien des tuberkulösen Prozesses in unfärbbare Dauerformen umwandeln, eine Frage, die ja später immer wieder einmal angeschnitten wurde, zuletzt in etwas modifizierter Weise von TÖPPICH und von GROMELSKI. BENDA betont im übrigen selbst, daß seine Beobachtungen gegen die Auffassung BAUMGARTENs von der primären produktiven Gewebswucherung gerichtet sind. Seine Schlüsse gehen aber nicht so weit, daß er auch zu der Anwendung seiner Auffassung auf die Genese des tuberkulösen Prozesses überhaupt gelangt. Wie aus den Zitaten schon hervorgeht, läßt er ja auch eine isolierte „proliferationserregende" Wirkung der Bazillen zu, und er drückt das auch in der Weise aus, daß er sagt: „ich denke also nicht im entferntesten daran, die Entwicklung des Glomerulusherdes etwa als typisch aufzustellen und damit die an anderen Objekten gewonnenen Resultate anderer Autoren zu bekämpfen. Im Gegenteil, ich gebe zu, daß die Entwicklung, wie zuerst BAUMGARTEN beobachtete, geradewegs die entgegengesetzte sein kann, so daß zunächst die Proliferationen einsetzen und die entzündlichen Vorgänge nachfolgen." Immerhin büßen die Beobachtungen und Ausführungen BENDAs trotz dieser Einschränkungen nichts an ihrer Wichtigkeit ein. Bei konsequenter Weiterführung seiner Anregungen hätte er wohl selbst und auch andere zu einer völlig einheitlichen Auffassung des tuberkulösen Prozesses gelangen können.

Zur Frage der tuberkulösen Schrumpfnieren möchte ich noch die Arbeiten von CEELEN, SCHÖNBERG und KIRCH erwähnen. KIRCH faßt die betreffenden Betrachtungen in die Worte zusammen: „Ähnlich wie in der Leber kann es auch in den Nieren zur Entwicklung eines herdweise auftretenden und diffus sich verbreitenden tuberkulösen Granulationsgewebes mit nachträglicher Ausreifung und Vernarbung kommen. Auf diese Weise entsteht ein Teil der als tuberkulöse Schrumpfnieren zu bezeichnenden Fälle." In SCHÖNBERGs Arbeiten spielen auch die von ORTH zum ersten Male beschriebenen infarktartigen Schrumpfungen eine Rolle, die in Folge eines tuberkulös-endarteriitischen Prozesses zustande kommen. Beide Arten von Prozessen dürften relativ selten vorkommen. Ich selbst habe in den letzten Jahren keine derartigen Fälle gesehen. Über die Heilbarkeit selbst schwerer Nierentuberkulosen finden sich interessante Bemerkungen bei KÖNIG und PELS-LEUSDEN und bei HARBITZ.

Weibliche Genitalien.

Eine zusammenfassende Darstellung der Tuberkulose der weiblichen Geschlechtsorgane ist in letzter Zeit von PANKOW gegeben worden. Auch sei auf die kurze zusammenfassende Darstellung von M. ASKANAZY und die seiner Schülerin NIEPOKOJCZYCKA hingewiesen. Im übrigen ist auch hier für die einzelnen Organveränderungen das KAUFMANNsche Lehrbuch die beste Auskunftsstelle. Diejenige Anschauung über die Genese der Tuberkulose der weiblichen Genitalorgane, die sich am meisten mit der meinigen deckt, findet sich wieder bei SIMMONDS. Er stellt fest, daß in 87% der Fälle die Tuben, in 76% der Uterus befallen ist. Die Genese ist nach ihm vorwiegend eine hämatogene, die Tuberkelbazillen werden „auf der Schleimhautoberfläche ausgeschieden, verursachen eine oberflächliche Mortifikation des Epithels oder Knötchenbildung". Der erstere Vorgang sei im Uterus, der zweite in der Tube der häufigere. Außerdem aber weist, wie schon erwähnt, SIMMONDS darauf hin, daß es in den Tuben ein Frühstadium der Tuberkulose gibt, „bei welchem Wandveränderungen fehlen, und nur im Lumen des Kanals im Sekret Tuberkelbazillen angetroffen werden (bazillärer Katarrh)".

Obwohl ich die Tierversuche für die Klärung des Ausbreitungsweges bei der Genitaltuberkulose nicht für zuständig halte, möchte ich doch hier auch auf die Arbeiten von BENNECKE, ENGELHORN und JUNG hinweisen, die auf Grund ihrer Experimente für eine aszendierende Infektion eintreten, während ihnen mit ähnlichen Experimenten von SUGIMURA und von BAUEREISEN widersprochen wurde. Es ist keine Frage, daß nur die BAUMGARTENsche Lehre durch diese Diskussion eine Stütze erfuhr und daß demnach der aszendierende Infektionsweg beim Menschen durchaus als eine große Seltenheit zu betrachten ist. JUNG allerdings will auch auf Grund seiner Beobachtungen am Menschen eine Aszension von der Scheide aus durch antiperistaltische Bewegungen zulassen. Eine Stütze dieser Anschauungen vermögen seine Beobachtungen aber nicht zu geben. Im Rahmen solcher Überlegungen muß man auch bedenken, daß eine direkte Infektion der äußeren Genitalien und der Scheide überaus selten sind. Als Besonderheit steht in dieser Beziehung der Fall von MENGE da, bei dem angeblich mit Sicherheit eine Kohabitationsinfektion vorlag. Im übrigen handelt es sich bei denjenigen Fällen, in denen von einer „primären" Genitaltuberkulose gesprochen wird (A. MÜLLER, SCHNEIDER) um Erkrankungen der Tuben. Auf ihr etwaiges isoliertes Vorkommen bin ich im Text eingegangen. Die SIMMONDSsche Anschauung von der hämatogenen Tubeninfektion und ihrer Wichtigkeit für die Entstehung der weiblichen Genitaltuberkulose ist im übrigen geteilt. Im besonderen führe ich noch KAFKA an, der sich kürzlich speziell mit dieser Frage beschäftigte.

Das geht auch aus der sonstigen Literatur hervor. Ich nenne die Arbeiten von H. ALBRECHT, GRAGERT, HOEHNE, KALBFLEISCH, R. KELLER, KRÖNIG, SCHLIMPERT und S. WOLFF. Die Mehrzahl dieser Autoren geht auch auf die Frage der Beziehungen zwischen Genitaltuberkulose und Peritonealtuberkulose ein. Zusammenfassend läßt sich wohl sagen, daß die Meisten der auch von mir vertretenen Ansicht sind, daß nämlich der Infektion des Peritoneums von den Tuben aus eine viel größere Bedeutung beizumessen ist, als dem umgekehrten Wege.

Für manche Einzelheiten möchte ich noch auf folgende Arbeiten hinweisen. Interessant sind die Feststellungen von GRÜNBAUM, der Beziehungen zwischen der Adenomyosis des Corpus uteri und der Tuberkuloseinfektion sah und von ZAHN, der die tuberkulöse Infektion eines Uteruspolypen beschreibt. Solche Beobachtungen deuten auf die Rolle unspezifisch dispositioneller Faktoren für die Entstehung der Tuberkulose hin. Daß auch die allgemeine Körperkonstitution für die Entstehung der Genitaltuberkulose wichtig sein kann, zeigt A. MAYER.

Wie gefährlich die tuberkulösen Pyosalpingen werden können, geht aus den Mitteilungen von C. ROUX hervor. Während von sämtlichen operierten entzündlichen Tubenerkrankungen nur 24% tuberkulöser Natur waren, waren von 24 in das Rektum durchgebrochenen Pyosalpingen 12 auf tuberkulöser Basis entstanden.

Die wichtigsten Mitteilungen über tuberkulöse Eierstockerkrankungen finden sich bei v. FRANQUÉ. Über das seltene Vorkommen von tuberkulösen Prozessen in Eierstocksgeschwülsten, besonders in Kystomen, sind eine ganze Anzahl von Arbeiten veröffentlicht worden. Ich nenne nur die von ROSENTHAL, GARKISCH, PRIBRAM.

Die tuberkulösen Erkrankungen der äußeren Genitalien werden von C. DAVIDSOHN und von SEIFERT besprochen. Besonders bei dem letzteren wird etwas ausführlicher über dieses Gebiet berichtet. Auch eine exogen entstandene Infektion der äußeren Genitalien in Form von kleinen miliaren Geschwüren wird dort erwähnt.

Hier ist auch der Ort, noch einmal auf die Arbeiten über Plazentartuberkulose hinzuweisen. Ich nenne die Namen GEIPEL, HUNZIKER, F. LEHMANN, SCHMORL, SCHMORL und GEIPEL, SCHMORL und KOCKEL, SCHLIMPERT.

Über die Tuberkulose der weiblichen Brustdrüse finden sich genauere Angaben im KAUFMANNschen Lehrbuch. KAUFMANNs letzte Beobachtungen betreffen Frauen im Alter von 40—68 Jahren. Dagegen konnte NAGASHIMA bei der Untersuchung der Mammae von vorwiegend jüngeren und nur wenigen älteren Frauen mit fortschreitenden Organtuberkulosen oder Miliartuberkulosen niemals tuberkulöse Veränderungen finden. Er weist auch auf das Vorkommen von Fremdkörperriesenzellen bei chronischen Mastitiden hin, die eine Tuberkulose vortäuschen können. Über ein besonderes Krankheitsbild, das von ihm als Mastitis tuberculosa obliterans bezeichnet wird, berichtet INGIER. Endlich sind auch hier wieder Fälle zu nennen, bei denen sich eine Tuberkulose im Bereich von Geschwülsten entwickelte. Solche Fälle sind von BAUER, BUNDSCHUH, W. FISCHER u. a. beschrieben worden.

Männliche Genitalien.

Daß die Tuberkulose der männlichen Geschlechtsorgane so gut wie ausnahmslos auf dem Blutweg entsteht, wird heute von den meisten Autoren angenommen, bezw. zugegeben. Darin stimmen vor allen Dingen diejenigen Forscher miteinander überein, die sich ausführlicher mit diesem Thema beschäftigt haben, so BAUMGARTEN, SUSSIG, W. JADASSOHN u. a. Nur über die Weiterverbreitung innerhalb des Genitalschlauches und über die Histogenese gehen die Meinungen noch auseinander. Darüber ist im Text genügend gesagt worden. Es will mir jedoch scheinen, daß diejenigen Autoren, die auch eine intrakanalikulär aufsteigende Infektion annehmen (ORTH, BENDA etc.) immer seltener werden. Bemerkenswert ist, daß SUSSIG selbst der testifugalen Ausbreitung innerhalb des Genitalschlauches skeptisch gegenüber steht, vielmehr bei Betroffensein mehrerer Organe eine so gut wie gleichzeitige hämatogene Infektion annehmen möchte. Es ist für mich keine Frage, daß diese Annahme für viele Fälle zu Recht besteht. Im Gegensatz dazu tritt TEUTSCHLÄNDER für die Anschauung ein, daß die männliche Genitaltuberkulose gewöhnlich in *einem* Organ mit dem „genitoprimären Herd" beginne. Auch will er neben der „urethropetalen", im Hoden beginnenden Ausbreitung der Erkrankung die „testipetale", in der Samenblase beginnende, in einem Umfange zulassen, wie es meiner Meinung nach etwas zu weit geht. In der Histogenese widerspricht SUSSIG der schon im Text erwähnten Lehre SIMMONDS von der hämatogenen Ausscheidungstuberkulose. Er glaubt vielmehr, auf Grund seiner Untersuchungen an Hoden und Nebenhoden von Miliartuberkulosen und chronischen Lungentuberkulosen zu dem Schluß kommen zu dürfen, daß es eine hämatogene Ausscheidungstuberkulose nicht gibt, daß intrakanalikuläre Prozesse überhaupt nur vorkommen, wenn interstitiell entstandene Tuberkel in die Kanälchen durchbrechen. Bemerkenswert ist es nun, daß in demselben Heft, in dem die letzte Arbeit von SUSSIG erschien, sich auch eine Veröffentlichung von W. JADASSOHN befindet, in der er über akute Nebenhodentuberkulosen mit vorwiegend tuberkelfreier Entzündung, bezw. einer Tuberkulose ohne Tuberkel, spricht. Diese Widersprüche sind wichtig. Mir scheint der Grund dafür im wesentlichen darin zu liegen, daß SUSSIG wahllos die Genitalorgane vorwiegend bei chronischen Lungentuberkulosen untersuchte, während bei JADASSOHN offenbar frische Fälle einer isolierten Genitalerkrankung vorlagen. Dem entsprechen auch die ausführlichen Untersuchungen TEUTSCHLÄNDERS über die Tuberkulose sämtlicher Genitalorgane, insbesondere der Samenblasen. Er ist nach seinen Untersuchungsresultaten davon überzeugt, daß der intrakanalikuläre käsige Prozeß stets durch eine desquamativkatarhalische Schleimhautentzündung eingeleitet werde, die die Hauptrolle bei der Genitalerkrankung spiele und daß die Verbreitung der Krankheit mittelst „intramuraler" Tuberkel keine Rolle spiele. Wenn ich nun selbst auch der Überzeugung bin, daß sich JADASSOHN und TEUTSCHLAENDER auf dem richtigen Wege befinden, so geht doch aus diesen Widersprüchen hervor, daß die ganze Frage nach einer gründlichen systematischen Nachprüfung wert ist. Auch in der sonstigen Literatur treten dieselben Widersprüche verschiedentlich auf. Ohne auf Einzelheiten einzugehen nenne ich die Arbeiten von BALLIANO, FRANKENSTEIN, GÖTZEL, HARTUNG, G. KOCH, TSUDA, ZOLLINGER. Sodann sei noch die Veröffentlichung von ROSHDESTWENSKY erwähnt, der sich mit unspezifischen Hodenveränderungen bei der Lungentuberkulose beschäftigt. Die seltene Tuberkulose des Penis wurde von W. PETERS beschrieben, der auch darauf hinweist, daß in ihrem Verlauf Strikturen entstehen können. Im übrigen findet sich die brauchbarste Zusammenstellung über die Literatur der verschiedenen Veränderungen im KAUFMANNschen Lehrbuch.

Knochen und Gelenke.

Seit der zusammenfassenden Darstellung der Knochentuberkulose durch M. B. SCHMIDT im Jahre 1902 sind, soviel ich sehe, keine größeren von allgemeinen Gesichtspunkten ausgehende Abhandlungen darüber erschienen. M. B. SCHMIDT gibt in seiner Darstellung eine sehr lehrreiche geschichtliche Übersicht über dieses Kapitel der Pathologie und beschäftigt sich kritisch mit der bis dahin vorhandenen Literatur. Der Leser erkennt jedoch auch leicht, daß M. B. SCHMIDT sich in seinen Ausführungen auf große eigene Erfahrungen stützen kann. Er unterscheidet bei der Knochentuberkulose die fungöse oder granulierende und die käsige Form, die sich dadurch voneinander unterscheiden, „daß die eingeschlossenen Knochenbälkchen bei der ersteren schwinden und ein rundlicher oder röhrenförmiger Defekt im Knochen entsteht, bei der käsigen dagegen sich im allgemeinen erhalten, obschon oft in verändertem Zustand". Von besonderem Interesse sind dann die folgenden Sätze: es liege keine scharfe Grenze zwischen beiden Formen, „denn das Gewebe der fungösen Herde kann schließlich der Verkäsung anheimfallen und da wie erwähnt die käsigen Herde mit erhaltener Knochensubstanz aus dem gleichen grauen granulierenden Stadium hervorgehen wie die fungösen und nicht, wie NÉIATON als möglich hinstellte, aus dem unveränderten präformierten Markgewebe, so wird das Schicksal der Tela ossea lediglich davon abhängen, ob die regressive Metamorphose des proliferierenden Gewebes früh oder spät eintritt". Wir sehen hier wieder, daß für die Erklärung des Vorganges eine Annahme gemacht wird, die von der üblichen Anschauung über das Verhältnis zwischen granulierender Tuberkulose und Verkäsung ausgeht, während doch die Erklärung NÉLATONs mit den tatsächlich zu beobachtenden Bildern sehr viel besser übereinstimmt. Daß M. B. SCHMIDT sich der Meinung NÉLATONs nicht anschloß, ist um so auffallender, als er selbst angibt, daß bei der käsigen Ostitis die „regressive Metamorphose" schon früh einsetzt, „zuweilen bevor noch die Umwandlung des Fettmarks zu Granulationsgewebe innerhalb des Krankheitsbezirkes beendet ist, so daß in dem Käse noch die Konturen von Fettzellen auftreten können". In diesem Punkte muß ich also M. B. SCHMIDT widersprechen. Im übrigen ist es keine Frage, daß für die Pathologie der Knochentuberkulose seine Abhandlung bisher die erste und beste Quelle darstellt, auch für die in den verschiedenen Körpergegenden vorkommenden speziellen Veränderungen. Eine zweite gute Quelle bildet das Lehrbuch von KAUFMANN, wenngleich sich gerade bei ihm ebenfalls zahlreiche Widersprüche finden, die der dualistischen Auffassung des Tuberkuloseprozesses zur Last gelegt werden müssen. Im übrigen ist die Literatur über die Knochentuberkulose nicht groß, sofern man wenigstens lediglich pathologisch-anatomische und pathogenetische Gesichtspunkte im Auge hat. Die wichtigste ältere Arbeit in deutscher Sprache ist die von F. KÖNIG. Von besonderen Arbeiten aus neuerer Zeit möchte ich nur einige wenige erwähnen, so die von E. FRAENKEL und von VOUTE über multiple tuberkulöse Ostitiden. Ganz spezielle Arbeiten gibt es eine größere Anzahl, so von BRENNER über Wirbeltuberkulose, von ACKERMANN über Tuberkulose der Vorderarmknochen, von SIEGFRIED über Beckentuberkulose, von KÖNIGER, von HAUSER, F. KÖNIG und von RALL über die perforierende Schädeltuberkulose, von MADLENER über Tuberkulose der Schambeine. Auch erwähne ich die Arbeit von PAUL MÜLLER über Perichondritis costalis tuberculosa, eine Erkrankung, die nach den Erfahrungen der pathologischen Anatomen verhältnismäßig häufig vorkommt. Endlich sei noch die allerdings von fast rein klinischen Gesichtspunkten ausgehende Zusammenstellung von DE QUERVAIN angeführt, die sich zu gleicher Zeit auch mit den Gelenktuberkulosen beschäftigt.

Eine zusammenfassende Darstellung der Lehre von der Gelenktuberkulose scheint bisher noch nicht zu existieren. Am wertvollsten ist immer noch die Arbeit von F. KÖNIG aus dem Jahre 1906. Sodann möchte ich auch für diese Erkrankungen auf das KAUFMANNsche Lehrbuch hinweisen. Auf weitere Einzelheiten möchte ich einstweilen nicht eingehen, da, wie auch schon aus meinem Text hervorgeht, gerade das Gebiet der Knochen- und Gelenktuberkulosen einer viel weiter ausgreifenden, von Grund aus neuen Bearbeitung bedarf. Auch die Beziehungen zwischen Tuberkulose und Gelenkrheumatismus müßten darin berücksichtigt werden. Nachdem besonders von PONCET der Begriff des tuberkulösen Gelenkrheumatismus geprägt wurde, haben sich auch andere Autoren damit beschäftigt. In Frankreich LANDOUZY, GOUGEROT und VALIN, in Deutschland ROEPKE, POPPER, MELCHIOR, KOBYLICKA. Geklärt ist diese Frage noch lange nicht, sie gewinnt aber an Wichtigkeit auch auf Grund der neueren Bestrebungen in der Rheumatismusbekämpfung.

Muskeln.

Über die seltene Tuberkulose der Muskeln gibt es nur wenig Veröffentlichungen. Ich erwähne die Fälle von MARCHAND, der zahlreiche produktiv tuberkulöse Veränderungen in Hüft- und Beckenmuskeln im Anschluß an Hüftgelenkstuberkulose beschreibt. Sodann sei auf die Arbeit von FRIEDA KAISER hingewiesen, in der auch die übrige Literatur zusammengestellt wird, ferner auf die von ZONDEK und von DANSEL. Aus den experimentellen Untersuchungen von SALTYKOW möchte ich nur hervorheben, daß er als erste Veränderung eine leukozytäre Infiltration feststellte.

Meningitis tuberculosa.

Von den Arbeiten über tuberkulöse Meningitis erwähne ich in erster Linie die von O. RANKE, HEKTOEN, M. ASKANAZY, bezw. seiner Schülerin HOUCID und BIBER. In allen diesen Arbeiten finden sich bemerkenswerte Beschreibungen der Gefäßwandveränderungen, die im Prinzip mit meinen Befunden durchaus übereinstimmen, deren Beurteilung aber vor allen Dingen zu einer Auffassung der Genese der tuberkulösen Meningitis führen muß, wie sie leider in den Lehrbüchern noch keinen Niederschlag gefunden hat. ASKANAZY bringt auch einige Bemerkungen über die allgemeine Genese der Erkrankung. Daß diese vorwiegend eine hämatogene ist, besonders in den typischen diffusen Fällen, wird auch von ihm betont. Dennoch entstehen im einzelnen auch nach ihm grundsätzlich dieselben Veränderungen, gleich ob die Infektion hämatogen oder lymphogen (z. B. von einem Solitärtuberkel aus) zustande kommt. Der Schlüssel dafür liege darin, „daß das, was wir grob anatomisch konstatieren, immer eine (primäre oder sekundäre) lymphogene Tuberkulose der Adventitia und des perivaskulären Gewebes der Arterien und Arteriolen (und dann des gesamten Liquors in den Meningen) darstellen". Für die Arterien beschreibt ASKANAZY an der Innenwand erstens umschriebene Intimatuberkel, zweitens diffuse Endarteriitis, drittens „eine hyaline oder fibrinoide Umwandlung der Media oder Intima oder beider, resp. aller drei Gefäßhäute, die sich auch ohne jede Verkäsung des angrenzenden Tuberkels einstellen kann". Die letztere Gefäßveränderung ist vor ASKANAZY noch kaum beachtet worden. Es finden sich nur Andeutungen bei einigen französischen Autoren, bei J. ARNOLD, O. RANKE und HEKTOEN. HEKTOEN beschreibt ebenfalls Intimaveränderungen. Er spricht von einer Tuberkelbildung und einer diffusen subendothelialen Intimaproliferation. Er glaubt, daß diese Veränderungen infolge direkter Implantation der Tuberkelbazillen vom Blute aus zustande kommen. Dann aber gibt er auch zu, daß die Adventitiawucherungen die Media und die Intima in Mitleidenschaft ziehen können. Ich möchte auch hier noch einmal meiner Meinung dahin Ausdruck geben, daß ich die adventitiellen Veränderungen für die wichtigsten, wenn nicht überhaupt für die eigentlich primären halte, während alles übrige von ihnen abhängig ist. Ganz dieselben Veränderungen an den pialen Arterien werden auch in aller Ausführlichkeit von BIBER und von O. RANKE beschrieben. BIBER hat eigentliche Tuberkelbildung in der Intima nicht gesehen, was auch mit meinen Erfahrungen übereinstimmt. RANKEs Beschreibungen sind ganz besonders instruktiv. Er stellt für seine drei genau durchuntersuchten Fälle fest, daß es in keinem Fall zur Entwicklung des klassischen Tuberkels gekommen war. Von HEKTOEN werden auch Veränderungen an den Venen beschrieben. Genauere Angaben darüber bringt aber erst ASKANAZY. Er stellt vor allen Dingen für 3 Fälle fest, daß die in den Venen beobachteten thrombotischen Vorgänge Folgen einer tuberkulösen Erkrankung der Venenwand seien. Ich selbst habe im Text die Meinung ausgesprochen, daß solche Thrombosen auch ohne spezifische Venenwanderkrankungen auftreten können, da ich in mehreren Fällen den Nachweis einer solchen Erkrankung nicht führen konnte. Eine weitere Klärung dieser Verhältnisse wäre wünschenswert. Die Untersuchungen sind allerdings schwierig, weil man kaum ohne zahlreiche Serienschnitte auskommen dürfte. Die Wichtigkeit der thrombotischen Veränderungen wird von ASKANAZY darum stark hervorgehoben, weil sie nicht nur von Stauungen, sondern auch von blutigen Erweichungen begleitet sein und darum für gewisse mit der tuberkulösen Meningitis einhergehende Herderscheinungen verantwortlich gemacht werden können.

Derartige Fälle sind auch von BIBER beschrieben worden und KAUP teilt sogar einen Fall mit, bei dem es im Anschluß an eine völlig auf die Venenwände beschränkte tuberkulöse Erkrankung zu einer tödlichen Gehirnblutung gekommen war. Daß es im Anschluß an tuberkulöse Leptomeningitiden nicht selten auch zu tuberkulösen encephalitischen Prozessen kommt, darf nicht geleugnet werden, und O. RANKE geht wohl zu weit, wenn er vom histo-pathologischen Standpunkt aus derartige Erkrankungen von den reinen Meningitiden streng zu trennen wünscht.

Sodann möchte ich die an Hunden vorgenommenen experimentellen Untersuchungen über die Meningeal- und Gehirntuberkulose von v. FIEANDT erwähnen. Es handelt sich um eine ungemein gründliche Arbeit, in der der Verf. für die Genese der tuberkulösen Leptomeningitis ganz ähnliche Anschauungen vertritt, wie ich es im Text getan habe. Er zeigt vor allen Dingen, daß die ersten Veränderungen nicht etwa produktive Wucherungen oder gar Tuberkelbildungen sind, sondern daß es zuerst zu leukozytären Infiltraten kommt, auf die dann erst alle übrigen Veränderungen folgen. Für die weiteren zellulären Vorgänge steht er im großen und ganzen durchaus auf dem Standpunkt MAXIMOWs.

Den Veränderungen der Gefäßplexus bei der tuberkulösen Meningitis ist bisher noch wenig Aufmerksamkeit geschenkt worden. Die Bemerkungen KMENTs darüber habe ich im Text erwähnt. Weitere Untersuchungen sollen aus meinem Institut veröffentlicht werden. Daß auch Veränderungen im Ependym der Ventrikel vorkommen, hat WALBAUM gezeigt. Es handelt sich nach seinen Untersuchungen teils um die gewöhnliche Form der Ependymitis granularis, teils auch um tuberkelähnliche, unter Umständen erst subendymal gelegene Gebilde.

Muß die tuberkulöse Meningitis im allgemeinen als eine tödliche Erkrankung gelten, so werden doch auch immer wieder Fälle beschrieben, in denen es zu einer Heilung kam. Von besonderem Interesse sind in dieser Hinsicht die Mitteilungen SIEPERS, daß solche Heilungen zuweilen gerade in jenen seltenen Fällen beobachtet werden können, die sich im Verlaufe einer „tertiären" Erkrankung, also einer chronischen isolierten Organtuberkulose ausbilden. Auf der anderen Seite werden auch Fälle beschrieben, in denen der Tod nicht im akuten Stadium erfolgte, sondern erst sehr viel später. Anatomisch werden dann viel weiter fortgeschrittene Prozesse mit Verkäsungen, produktiven Tuberkelbildungen und mehr oder weniger fortgeschrittenen Vernarbungen gefunden, die mit der syphilitisch-gummösen Meningitis große Ähnlichkeit haben können. Ich nenne in dieser Beziehung die Veröffentlichungen von BUSSE, von RÖSSLE und von HIRSCHSOHN, schließlich auch RUEDI, der sogar von einer tumorartigen chronischen tuberkulösen Leptomeningitis spricht.

Für das Verhältnis zwischen tuberkulöser Meningitis und sonstigen Organerkrankungen möchte ich neben dem schon genannten KMENT noch STEINMEIER zitieren. Mit meinen Anschauungen stimmt dessen Feststellung überein, daß bei Erwachsenen zugleich mit den größeren Zahlen der tuberkulösen Erkrankungen überhaupt die Häufigkeit der Meningitis abnimmt, während bei Kindern die Zahlen durchaus parallel gehen. Das hängt natürlich mit der Tatsache zusammen, daß bei Kindern die tuberkulöse Leptomeningitis so häufig als Begleiterscheinung einer Generalisation, insbesondere der Frühgeneralisation auftritt, während sich bei Erwachsenen das Ausschließungsverhältnis gegen Organtuberkulosen wie bei der allgemeinen Miliartuberkulose so auch bei der Meningitis deutlich ausdrückt. Das Verhältnis der isolierten Meningitis gegenüber ihrer Kombination mit allgemeiner Miliartuberkulose ist bei STEINMEIER 44 : 45%, während ich in meinen Berechnungen auf etwa 50 : 50% komme. Wichtig ist noch die Angabe STEINMEIERS, daß er Kontaktinfektionen der Meningen durch Solitärtuberkel des Gehirns nur selten beobachtete, ferner auch die Angabe, daß die Urogenitaltuberkulose, wie schon SIMMONDS betonte, verhältnismäßig häufig als Ursprungsstätte in Betracht kommt.

Literaturverzeichnis.

Tuberkulosearbeiten des Verfassers und seiner Mitarbeiter.

HUEBSCHMANN: Zur Pathologie der Lungentuberkulose. Münch. med. Wochenschr. 1921. S. 1380.

— Bedeutung der Einteilung der Lungentuberkulose nach pathologisch-anatomischen Gesichtspunkten. Disk.-Bemerk. Tuberkulosekongr. Bd. Elster. 1921. Zeitschr. f. Tuberkul. Bd. 34, S. 726. 1921.

— Über Miliartuberkulose, primäre Herde und Tuberkuloseimmunität. Münch. med. Wochenschr. 1922. S. 1654.

— und ARNOLD: Beiträge zur pathologischen Anatomie der Miliartuberkulose. Virchows Arch. f. pathol. Anat. u. Physiol. Bd. 249, S. 165. 1923.

LANGE, MAX: Der primäre Lungenherd bei der Tuberkulose der Kinder. Zeitschr. f. Tuberkulose. Bd. 38, S. 167. 1923.

HUEBSCHMANN: Bemerkungen zur Einteilung und Entstehung der anatomischen Prozesse bei der chronischen Lungentuberkulose. Beitr. z. Klin. d. Tuberkul. Bd. 55, S. 76. 1923.

— Die ersten Erscheinungen der Tuberkulose im Kindesalter. Beitr. z. Klinik d. Tuberkul. Bd. 59, S. 509. 1924.

HEILMANN: Beiträge zum Studium des tuberkulösen Primäraffektes und Reinfektes der Lunge bei 150 Sektionsbefunden. Beitr. z. Klin. d. Tuberkul. Bd. 60, S. 185. 1924.

SCHLEUSSING: Die Beteiligung von Benzidinreaktion gebenden Zellen an der Verkäsung bei Lungentuberkulose. Zentralbl. f. allg. Pathol. u. pathol. Anat. Bd. 36, S. 98. 1925.

SIEGEN: Untersuchungen über den primären tuberkulösen Komplex unter besonderer Berücksichtigung des Reinfektes der Lunge. Beitr. z. Klin. d. Tuberkul. Bd. 63, S. 143. 1925.

HUEBSCHMANN: Zur Frage der Infektionswege. Zeitschr. f. Tuberkul. Bd. 45, S. 177. 1926.

— Die Stellung der pathologischen Anatomie zur Entstehung der Erstinfektion und Weiterverbreitung der Tuberkulose im Körper. Handb. d. Tuberkulosefürsorge, herausgegeben von BLÜMEL. Bd. 2, S. 1. 1926.

HUEBSCHMANN: Die Tuberkulose als Entzündung. Zeitschr. f. Tuberkul. Bd. 46, S. 49. 1926 und Zentralblatt f. allg. Pathol. u. pathol. Anat. Bd. 38, S. 388. 1926.
SCHLEUSSING: Beitrag zur Histogenese des Lebertuberkels. Beitr. z. Klin. d. Tuberkul. Bd. 63, S. 317. 1926.
— Über die reaktiven Vorgänge bei der Entstehung des miliaren Lebertuberkels. Beitr. z. Klin. der Tuberkul. Bd. 65, S. 521. 1926.
HUEBSCHMANN: Bemerkungen zu dem Artikel von H. BEITZKE zur Frage der Infektionswege. Zeitschr. f. Tuberkul. Bd. 47, S. 23. 1927.
— Die Pathogenese und pathologische Anatomie der Miliartuberkulose. Zeitschr. f. Tuberkul. Bd. 47, S. 484. 1927.
— Über Kavernen und Pseudokavernen. Beitr. z. Klin. d. Tuberkul. Bd. 67, S. 186. 1927.
HEMMERLING und SCHLEUSSING: Leukämie und Tuberkulose. Dtsch. Arch. f. klin. Med. Bd. 157, S. 309. 1927.
RANDERATH: Zur pathologischen Anatomie der Tuberkulose der serösen Häute. Virchows Arch. f. pathol. Anat. u. Physiol. Bd. 266, S. 475. 1927.
MADLENER: Zur Entwicklung der Lungenanthrakose im Kindesalter. Zeitschr. f. Tuberkul. Bd. 49, S. 321. 1927.
SCHULZE, EBERHARD: Untersuchungen über den primären tuberkulösen Lungenherd. Beitr. z. Klin. d. Tuberkul. Bd. 68, S. 216. 1928.
HUEBSCHMANN: RANKEsche Stadieneinteilung und Miliartuberkulose. Klin. Wochenschr. 1928. S. 486.
— Über Heilungsvorgänge bei der Lungentuberkulose. Beitr. z. Klin. d. Tuberkul. Bd. 68, S. 718. 1928.
SCHLEUSSING: Studien zur Verkäsung bei der Tuberkulose. Im Druck.

Allgemeines und allgemeine Pathogenese.

ALBRECHT, E.: Thesen zur Frage der menschlichen Tuberkulose. Frankfurt. Zeitschr. f. Pathol. Bd. 1, S. 214. 1907. — ALBRECHT, H.: Über die Tuberkulose im Kindesalter. Wien. klin. Wochenschr. 1889. S. 307. — ASCHOFF (1): Diskussionsbemerkung. Verhandl. d. dtsch. pathol. Ges. Bd. 21, S. 332. 1926. — (2): Die gegenwärtige Lehre von der Pathogenese der menschlichen Lungenschwindsucht. In „Vorträge über Pathologie". Jena 1925. — (3): Über die natürlichen Heilungsorgane bei der Lungenphthise. 2. Aufl. München 1922. — ASSMANN, H. (1): Infraclaviculäre Infiltrationen im Beginn der Lungentuberkulose. Klin. Wochenschr. 1927. S. 2128. — (2): Über eine typische Form isolierter tuberkulöser Lungenherde im klinischen Beginn der Erkrankung. Beitr. z. Klin. d. Tuberkul. Bd. 60, S. 527. 1925. — (3): Über die isolierten infraclaviculären Infiltrate nebst Anmerkungen zu der gleichnamigen Arbeit von REDEKER in Band 63, H. 4/5 dieser Zeitschr. Beitr. z. Klin. d. Tuberkul. Bd. 64, S. 578. 1926. — AUFRECHT: Pathologische Mitteilungen. Magdeburg 1887. — BARTEL, J.: Pathogenese der Tuberkulose. Berlin-Wien 1918. — BAUMGARTEN, P. v. (1): Zur Kritik der Lehre von den Infektionserregern der menschlichen Tuberkulose. Virchows Arch. f. pathol. Anat. u. Physiol. Bd. 254, S. 662. 1925. — (2): Lehrbuch der pathogenen Mikroorganismen. Leipzig 1911. S. 674. — (3): Pathologische Mykologie. Leipzig 1890. S. 594. — BEHRING, E. v. (1): Leitsätze betreffend die Phthisiogenese beim Menschen und Tieren. Berlin. klin. Wochenschr. 1904. S. 90. — (2): Über Lungenschwindsuchtsentstehung und Tuberkulosebekämpfung. Dtsch. med. Wochenschr. 1903. S. 689. — BEITZKE, H. (1): Über den Weg der Tuberkelbacillen von der Mund- und Rachenhöhle zu den Lungen. Berlin. klin. Wochenschr. 1905. S. 975. — (2): Warum beginnt die chronische Lungenschwindsucht in der Spitze? Beitr. z. Klin. d. Tuberkul. Bd. 57, S. 351. 1924. — (3): Infektion und Reinfektion bei Tuberkulose. Beitr. z. Klin. d. Tuberkul. Bd. 56, S. 304. 1923. — (4): Untersuchungen über die Infektionswege der Tuberkulose. Verhandl. d. dtsch. pathol. Ges. Bd. 15, S. 100. 1912. — (5): Zur Frage der Infektionswege. Zeitschr. f. Tuberkul. Bd. 47, S. 18. 1927. — (6): Über die Infektionswege der Tuberkulose. Zeitschr. f. Tuberkul. Bd. 37, S. 401. 1923. — (7): Über den Weg der Tuberkelbacillen von der Mund- und Rachenhöhle zu den Lungen mit besonderer Berücksichtigung der Verhältnisse beim Kinde. Virchows Arch. f. pathol. Anat. u. Physiol. Bd. 184, S. 1. 1906. — (8): Über einige neue Gesichtspunkte zur Verbreitungsweise der Tuberkulose. Dtsch. med. Wochenschr. Bd. 51, S. 849. 1925. — (9): Häufigktei, Herkunft und Infektionswege der Tuberkulose beim Menschen. Ergebn. d. allg. Pathol. u. pathol. Anat. Bd. 14, 1, S. 169. 1910. — (10): Untersuchungen über die Infektionswege der Tuberkulose. Virchows Arch. f. pathol. Anat. u. Physiol. Bd. 210, S. 173. 1912. — (11): Über das Verhältnis der kindlichen tuberkulösen Infektion zur Schwindsucht der Erwachsenen. Berlin. klin. Wochenschr. 1921. S. 912. — (12): Nochmals über das Verhältnis der kindlichen tuberkulösen Infektion zur Schwindsucht der Erwachsenen. Berlin. klin. Wochenschr. 1921. S. 1410. — (13): Die Verbreitungswege der Tuberkulose im Körper. Beitr. z. Klin. d. Tuberkul. Bd. 65, S. 291. 1926. — BENDA: Diskussionsbemerkung. Ann. d'anat. pathol. Tome 3, p. 945. 1926. — BLUMENBERG: Über die Lokalisationsgesetze bei der Tuberkulose. Zentralbl. f. d. ges. Tuberkulosef. Bd. 26, S. 129 u. 257. 1926. — CALMETTE et GUERIN: Origine intestinale de la tuberculose pulmonaire. Ann. de l'inst. Pasteur. Tome 19, p. 601. 1905. — CORNET: Die Tuberkulose. Wien 1907. — DUBOIS: M. Über intrauterine Tuberkuloseinfektion. Schweiz. med. Wochenschr. 1920. S. 772. — DÜRCK: Tuberkulose. Ergebn. d. allg. Pathol. u. pathol. Anat. Bd. 2, S. 196. 1897. Bd. 6, S. 184. 1901. — EBER, A.: Die Tuberkulose der Tiere. Ergebn. d. allg. Pathol. u. pathol. Anat. Bd. 18, 2, S. 1. 1917. Bd. 4, S. 859. 1899. Bd. 10, S. 535. 1906. — FRÄNKEL, ERNST: Nachweis von Tuberkelbacillen im strömenden Blut. SCHMIDTS Jahrb. Bd. 317, S. 201. 1913. — FRIEDMANN, F.: Experimentelle Beiträge zur Frage kongenitaler Tuberkelbacillenübertragung und kongenitaler Tuberkulose. Virchows Arch. f. pathol. Anat. u. Physiol. Bd. 181, S. 150. 1905. — GHON (1): Der primäre Lungenherd bei der Tuberkulose der Kinder. Berlin-Wien 1912. — (2): Einiges zum primären Komplex bei der Tuberkulose. Beitr. z. pathol. Anat. u. z. allg. Pathol. Bd. 69, S. 65. 1921. — (3): Zur Tuberkulose der Kinder. Verhandl. d. dtsch. pathol. Ges. 1913. S. 172. — GHON, KREIDER und KÜDLICH: Zur Entstehung der Reinfektion der menschlichen Lungenphthise. Virchows Arch. f. pathol. Anat. u. Physiol. Bd. 264, S. 563. 1927. — GHON und KUDLICH: Weitere Mitteilungen über die Tuberkulose bei Säuglingen und Kindern. Zeitschr. f. Tuberkul. Bd. 46, S. 391. 1926. — GHON und ROMAN: Die Bedeutung der kongenitalen Tuberkulose. Österr. Sanitätswesen. 1913. Nr. 38, S. 1. — GOLDSCHMID (1): Zur Frage des genetischen Zusammenhanges zwischen Bronchialdrüsen- und Lungentuberkulose. Frankfurt. Zeitschrift f. Pathol. Bd. 1, S. 332. 1907. Bd. 4, S. 203. 1910. — (2): Zur Kenntnis der Säuglingstuberkulose. Inaug.-Diss. München 1905. — HAMBURGER, F. (1): Die Tuberkulose als Kinderkrankheit. Münch. med. Wochenschr. 1908. S. 2702. — (2): Die Tuberkulose des Kindesalters. Leipzig-Wien: Deuticke 1912. 2. Aufl. — (3): Ein Fall von angeborener Tuberkulose. Beitr. z. Klin. d. Tuberkul. Bd. 5, S. 197. 1906. — (4): Über Spätformen der Tuberkulose. Münch. med. Wochenschr. 1912. S. 631. — HAMBURGER und MÜLLEGGER: Beobachtungen über die Tuberkuloseinfektion. Wien. klin. Wochenschr. 1919. S. 33. — HARBITZ: Über angeborene Tuberkulose. Münch. med. Wochenschr. 1913. S. 741. — HEDREN: Pathologische Anatomie und Infektionsweise der Tuberkulose der Kinder, besonders der Säuglinge. Zeitschr. f. Hyg. u. Infektionskrankh. Bd. 73, S. 273. 1912. — HENKE, F.: Beitrag zur Frage der intrauterinen Infektion der Frucht mit Tuberkelbazillen. Arb. a. d. Geb. d. pathol. Anat. u. Bakteriol. a. d. pathol. Inst. Tübingen. Bd. 2, S. 268. 1894/99. — HERXHEIMER, G.: Krankheitslehre der Gegenwart. Dresden u. Leipzig 1927. — HESSE, F.: Beitrag zur Reinfektion der Tuberkulose. Beitr. z. Klin. d. Tuberkul. Bd. 61, S. 689. 1925. — HUGUENIN, B.: Nachweis von Tuberkelbazillen im Blut eines Fetus. Zentralbl. f. Bakteriol., Parasitenk. u. Infektionskrankh., Abt. I, Orig. Bd. 48, S. 394. 1909. — KAUFMANN: Lehrbuch d. spez. pathol. Anat. 7. u. 8. Aufl. Berlin u. Leipzig 1922. — KRETZ, R.: Über Phthiseogenese. Beitr. z. Klin. d. Tuberkul. Bd. 12, S. 307. 1909. — KUSS: De l'hérédité parasitaire de la tbc. humaine. Thèse de Paris. 1896. — LANGE, B. Weitere Untersuchung über die Bedeutung der Staubinfektion bei der Tuberkulose. Zeitschr. f. Hyg. u. Infektionskrankh. Bd. 106. S. 1. 1926. — LANGE, B. und KESCHISCHIAN: Experimentelle Untersuchungen über die Bedeutung der Tröpfcheninfektion bei der Tuberkulose. Zeitschr. f. Hyg. u. Infektionskrankh. Bd. 104, S. 256. 1925. — LANGE, B. und NOWOSSELSKY: Experimentelle Untersuchungen über die Bedeutung der Staubinfektion bei der Tuberkulose. Zeitschr. f. Hyg. u. Infektionskrankh. Bd. 104, S. 286. 1925. — LANGE, M.: Der primäre Lungenherd bei der Tuberkulose der Kinder. Zeitschr. f. Tuberkul. Bd. 38, S. 167. 1923. — LIEBERMEISTER, G. (1): Über „sekundäre" Tuberkulose. Med. Klinik. 1912. S. 1018. — (2): Infektion, Reinfektion und die Stadien der Tuberkulose. Schweiz. med. Wochenschrift. 1923. Nr. 43. — (3): Das Sekundärstadium der Tuberkulose vom klinischen Standpunkt. Beitr. z. Klin. d. Tuberkul. Bd. 62, S. 228. 1926. — (4): Tuberkulose. Ihre verschiedenen Erscheinungsformen und Stadien sowie ihre Bekämpfung. Berlin 1921. — LOESCHKE, H.: Über das Wesen der Lungenspitzendisposition zur Tuberkuloseerkrankung.

Beitr. z. Klin. d. Tuberkul. Bd. 64, S. 344. 1926. — LUBARSCH, O.: Einiges über die Lokalisation und die Ausbreitungsweise tuberkulöser Veränderungen im Körper. In „Auf neuen Wegen zu neuen Zielen". Festschr. f. A. SCHLOSSMANN. Düsseldorf 1927. S. 298. — NEUFELD, J.: Tröpfchen und Staub in ihrer Bedeutung für die Verbreitung der Tuberkulose. Zeitschr. f. Tuberkul. Bd. 48, S. 1. 1927. — NICOL, K. (1): Zur Frage der Entwicklung der Lungentuberkulose. Rückblicke und Ausblicke. Beitr. z. Klin. d. Tuberkul. Bd. 68, S. 61. 1928. — (2): Zur Nomenklatur und Einteilung der Lungenphthise. Med. Klinik. 1919. S. 404 u. 430. — (3): Die Entwicklung und Einteilung der Lungenphthise. Beitr. z. Klin. d. Tuberkul. Bd. 30, S. 231, 1914. — ORSOS: Die Pigmentverteilung der Pleura pulmonalis und ihre Beziehungen zum Atmungsmechanismus und zur generellen mechanischen Disposition der Lungenspitzen für die Tuberkulose. Verhandl. d. dtsch. pathol. Ges. Bd. 15, S. 136. 1912. — PAGEL: Die allgemeinen pathomorphologischen Grundlagen der Tuberkulose. Berlin 1927. — PANKOW: Zur Frage der kongenitalen Übertragung der Tuberkulose. Monatsschr. f. Geburtsh. u. Gynäkol. Bd. 32, S. 579. 1910. — PARROT: Cpt. rend. des séances de la soc. de biol. 1876. p. 308. — PERTIK: Pathologie der Tuberkulose. Ergebn. d. allg. Pathol. u. pathol. Anat. Bd. 8, 2, S. 1. 1904. — PETRUSCHKY: Stadieneinteilung. 11. internat. Tuberkulosekonferenz Berlin 1919. Internat. Zentralbl. f. d. ges. Tuberkulosef. Bd. 8, S. 140. 1914. — PUHL: Über phthisische Primär- und Reinfektion in der Lunge. Beitr. z. Klin. d. Tuberkul. Bd. 52, S. 116. 1922. — RANKE, K. E. (1): Über den zyklischen Verlauf der menschlichen Tuberkulose. Beitr. z. Klin. d. Tuberkul. Bd. 21, S. 1. 1911. — (2): Primäraffekt, sekundäre und tertiäre Stadien der Lungentuberkulose. Dtsch. Arch. f. klin. Med. Bd. 119, S. 201 u. 297. 1916. Bd. 129, S. 224. 1917. — (3): Primäre, sekundäre und tertiäre Tuberkulose des Menschen. Münch. med. Wochenschr. 1917. S. 305. — REDEKER, F. (1): Über die Primärinfiltrierung. Zeitschr. f. Tuberkul. Bd. 45, S. 1. 1926. — (2): Zur Stadien- und Allergielehre. Beitr. z. Klin. d. Tuberkul. Bd. 68, S. 107. 1928. — (3): Über das „Frühinfiltrat" und die Irrlehre vom gesetzmäßigen Zusammenhang der sog. Spitzentuberkulose mit der Erwachsenenphthise. Dtsch. med. Wochenschr. 1927. S. 97. — (4): Über die infraclaviculären Infiltrate, ihre Entwicklungsformen und ihre Stellung zur Pubertätsphthise und zum Phthiseogeneseproblem. Beitr. z. Klin. d. Tuberkul. Bd. 63, S. 574. 1926. — RIBBERT: Über die Ausbreitung der Tuberkulose im Körper. Marburger Universitätsprogramm 1900. — RÖMER, P. (1): Über Immunität gegen „natürliche" Infektion mit Tuberkelbazillen. Beitr. z. Klin. d. Tuberkul. Bd. 22, S. 265. 1912. — (2): Kritisches und Antikritisches zur Lehre von der Phthiseogenese. Beitr. z. Klin. d. Tuberkul. Bd. 21, S. 301. 1911. — SATA, A. (1): Über das Wesen der Infektion und Immunität bei Tuberkulose. Beitr. z. Klin. d. Tuberkul. Bd. 67, S. 311. 1927. — (2): Meine Tuberkuloseforschungen aus den letzten Jahren. Zeitschr. f. Tuberkul. Bd. 48, S. 6. 1927. — SCHLOSSMANN, A. (1): Die Tuberkulose als Kinderkrankheit. Münch. med. Wochenschr. 1909. S. 398. — (2): Tuberkulose. Handb. d. Kinderheilk. PFAUNDLER-SCHLOSSMANN. Bd. 2, S. 488. 1910. — SCHMIDT, H. R.: Plazentare und congenitale Tuberkulose. Die extrapulmonale Tuberkulose. Bd. 2, S. 49. 1927. — SCHMINCKE, A.: Über einige grundsätzliche Tuberkulosefragen. Münch. med. Wochenschr. 1926. S. 1223. — SCHMINCKE: Sekundäre Tuberkulose vom Standpunkt der pathologischen Anatomie. Beitr. z. Klin. d. Tuberkul. Bd. 62, S. 221. 1925. — SCHMORL und KOCKEL: Die Tuberkulose der menschlichen Placenta und ihre Beziehung zur fötalen Tuberkulose. Beitr. z. pathol. Anat. u. z. allg. Pathol. Bd. 16, S. 313. 1894. — SCHÖNFELD: Sekundäre Hauttuberkulose. Beitr. z. Klin. d. Tuberkul. Bd. 62, S. 239. 1926. — SCHULZ, E.: Das Sekundärstadium der Tuberkulose beim Erwachsenen: Klinisches Bild und Behandlung. Beitr. z. Klin. der Tuberkul. Bd. 61, S. 245. 1925. — SCHULTZE, W. H.: Gibt es einen intestinalen Ursprung der Lungenanthrakose? Münch. med. Wochenschr. 1906. S. 1702 u. Zeitschr. f. Tuberkul. Bd. 9, S. 425. 1907. — SCHÜRMANN (1): Der Primärkomplex RANKES unter den anatomischen Erscheinungsformen der Tuberkulose. Virchows Arch. f. pathol. Anat. u. Physiol. Bd. 260. S. 664. 1926. — STOCK: Die Tuberkulose in der Augenheilk. Beitr. z. Klin. d. Tuberkul. Bd. 62, S. 236. 1926. — TANGL: Über das Verhalten der Tuberkelbazillen an der Eingangspforte der Infektion. Zentralbl. f. allg. Pathol. u. pathol. Anat. 1890. S. 793. — TENDELOO (1): Pathologische Anatomie der Tuberkulose. Handb. d. Tuberkul. Bd. 1, S. 41. 1914. — (2): Studien über die Ursache der Lungenkrankheiten. Wiesbaden 1902. — TURBAN, K.: Einheitliche Untersuchungsnomenklatur und einheitliche Klassifikation der Lungentuberkulose als Grundlage internationaler Verständigung. (Internat. Tuberkulosekonferenz. Berlin 1902.) Tuberkulosearbeiten aus Dr. TURBANs Sanatorium. Davos 1907. S. 118. —

Ulrici (1): Klinische Einteilung der Lungentuberkulose nach den anatomischen Grundprozessen. Beitr. z. Klin. d. Tuberkul. Bd. 51, S. 63. 1921. — (2): Die Formen der Lungentuberkulose. Klin. Wochenschr. 1926. S. 969. — Vansteenberghe et Grysez: Sur l'origine intestinale de l'anthracose pulmonaire. Ann. de l'inst. Pasteur. Tome 19, Nr. 12. 1905. — Veszprémi, D.: Ein Fall von kongenitaler Tuberkulose. Zentralbl. f. allg. Pathol. u. pathol. Anat. Bd. 15, S. 483. 1904. — Ziegler, O.: Über die Beziehungen der Allergie und der Immunität zu den Entwicklungsformen der Tuberkulose. Beitr. z. Klin. d. Tuberkul. Bd. 68, S. 89. 1928.

Miliartuberkulose.

Albinger, E. Zur Frage des Frühjahrsgipfels der tuberkulösen Meningitis im Kindesalter unter besonderer Berücksichtigung des Einflusses der Witterung. Beitr. z. Klin. d. Tuberkul. Bd. 51, S. 223. 1922. — v. Baumgarten (1): Pathologische Mykologie. Leipzig 1890. S. 594. — (2): Lehrbuch der pathogenen Mikroorganismen. Leipzig 1911. S. 674. — Beitzke (1): Warum beginnt die chronische Lungenschwindsucht in der Spitze? Beitr. z. Klin. d. Tuberkul. Bd. 57, S. 351. 1924. — (2): Zur Frage der Infektionswege. Zeitschr. f. Tuberkul. Bd. 47, S. 18. 1927. — Benda (1): Miliartuberkulose. Ergebn. d. allg. Pathol. u. pathol. Anat. Bd. 5, S. 447. 1900. — (2): Untersuchungen über Miliartuberkulose. Berlin. klin. Wochenschr. 1884. S. 177. — (3): Kleine tuberkulöse Prozesse der Aorta, von denen eine Miliartuberkulose ausging. Zentralbl. f. allg. Pathol. u. pathol. Anat. Bd. 10, S. 835. 1899. — (4): Akute Miliartuberkulose. Berlin. klin. Wochenschr. 1899, S. 566, 596, 646. — (5): Tuberkulöse Phlebitis. Handbuch der speziellen pathologischen Anatomie (Henke und Lubarsch). Bd. 2, S. 851. 1924. — Blumenberg, W.: (1): Die Tuberkulose des Menschen in den verschiedenen Lebensaltern auf Grund anatomischer Untersuchungen. I. Beitr. z. Klin. d. Tuberkul. Bd. 62, S. 532. 1926. — (2): Die Tuberkulose des Menschen in den verschiedenen Lebensaltern. Beitr. z. Klin. d. Tuberkul. Bd. 63, S. 13. 1926. — Buhl: Bericht über 280 Leichenöffnungen. Zeitschr. f. rat. Med. Bd. 8, S. 1. 1857. — Engel, J.: Über Tuberkel. Prag. Vierteljahrsschr. Bd. 1, S. 1. 1885. — Engel, St.: Die okkulte Tuberkulose im Kindesalter. Tuberkul.-Bibliothek. 1923. S. 1, Nr. 12. — Fränkel, Ernst: Nachweis von Tuberkelbazillen im strömenden Blut. Schmidts Jahrb. 1913. S. 201. — Hanau: Beitrag zur Lehre von der akuten Miliartuberkulose. Virchows Arch. f. pathol. Anat. u. Physiol. Bd. 108, S. 221. 1887. — Hartwich: Statistische Mitteilungen über Miliartuberkulose. Virchows Arch. f. pathol. Anat. u. Physiol. Bd. 237, S. 196. 1922. — Herxheimer: Krankheitslehre der Gegenwart. Wissenschaftl. Forschungsber., naturwissenschaftl. Reihe. Bd. 17, S. 199. Dresden u. Leipzig 1927. — Hesse, F.: Beiträge zur Anatomie, Statistik und klinischen Diagnostik der Tuberkulose. Beitr. z. Klin. d. Tuberkul. Bd. 58, S. 244. 1924. — Huguenin: Über die Verbreitungsweise des Miliartuberkels im Körper. Korresp.-Blatt f. Schweiz. Ärzte. Bd. 6, S. 362. 1876. — Liebermeister, G.: Tuberkulose. Berlin S. 113. 1921. — Löwensetin: Vorlesung über Bakteriologie, Immunität, spezifische Diagnostik und Therapie der Tuberkulose. Jena 1920. S. 146. — Lubarsch: Einiges über die Lokalisation und die Ausbreitungsweise tuberkulöser Veränderungen im Körper. In „Auf neuen Wegen zu neuen Zielen". Festschr. f. A. Schlossmann. Düsseldorf 1927. S. 298. — Marchand: Eulenburgs Realenzyklopädie. 4. Aufl. Bd. 1, S. 701. 1907. — Pagel: Die allgemeinen pathomorphologischen Grundlagen der Tuberkulose. Berlin 1927. S. 115ff. — Ponfick: Über die Entstehungs- und Verbreitungswege der akuten Miliartuberkulose. Berlin. klin. Wochenschr. 1877. S. 672. — Ribbert (1): Zur Entstehung der akuten Miliartuberkulose. Dtsch. med. Wochenschr. 1897. S. 841. — (2): Über Miliartuberkulose. Dtsch. med. Wochenschr. 1906. S. 5. — (3): Über die Ausbreitung der Tuberkulose im Körper. Marburger Programm. 1900. — Schmincke: Sekundäre Tuberkulose vom Standpunkt der pathologischen Anatomie. Beitr. z. Klin. d. Tuberkul. Bd. 62, S. 223. 1926. — Schmorl: Zur Frage der Genese der Lungentuberkulose. Münch. med. Wochenschrift. 1902. Nr. 33/34, S. 1379 u. 1419. — Schürhoff: Zur Pathogenese der akuten allgemeinen Miliartuberkulose. Zentralbl. f. allg. Pathol. u. pathol. Anat. Bd. 4, S. 161. 1893. — Schürmann, P.: Ablauf und anatomische Erscheinungsformen der Tuberkulose des Menschen. Ber. z. Klin. d. Tuberkul. Bd. 57, S. 185. 1924. — Sigg, A.: Beiträge zur Lehre von der akuten Miliartuberkulose mit anhangsweisen Bemerkungen über Meningitis tuberculosa und die Verbreitungsart einiger anderer krankhafter Prozesse im Körper. Inaug.-Diss. Zürich 1896/97. — Silbergleit, H.: Beiträge zur Entstehung der akuten allgemeinen

Miliartuberkulose. Virchows Arch. f. pathol. Anat. u. Physiol. Bd. 179, S. 283. 1905. — WEIGERT (1): Bemerkungen über die Entstehung der akuten Miliartuberkulose (1897). Ges. Abhandl. Bd. 1, S. 473. — (2): Zur Lehre von der Tuberkulose und von verwandten Erkrankungen (1879). Ges. Abhandl. Bd. 1, S. 356. — (3) Ges. Abhandl. Bd. 1, S. 355. Berlin 1906. (Mitteilung 1877.) — (4): Über Venentuberkel und ihre Beziehungen zur tuberkulösen Blutinfektion. (1882). Ges. Abhandl. Bd. 1, S. 378. — (5): Neue Mitteilungen über die Pathogenie der akuten allgemeinen Miliartuberkulose (1883). Ges. Abhandl. Bd. 1. S. 442. — WILD, O.: Über die Entstehung der Miliartuberkulose. Virchows Arch. f. pathol. Anat. u. Physiol. Bd. 149, S. 65. 1897.

Allgemeine Histogenese.

ARNOLD, I.: Beiträge zur Anatomie des miliaren Tuberkels. Virchows Arch. f. pathol. Anat. u. Physiol. Bd. 87, S. 114. 1881. Bd. 88, S. 397. 1882. — ASCHOFF: Über die natürlichen Heilungsvorgänge bei der Lungenphthise. 2. Aufl. München u. Wiesbaden 1922. — BAKACS, G.: Beitrag zur Lehre der tuberkulösen Riesenzellen. Virchows Arch. f. pathol. Anat. u. Physiol. Bd. 260, S. 271. 1926. — v. BAUMGARTEN, P. (1): Histologie und Histogenese des Tuberkels. Berlin 1885. — (2): Über Lupus und Tuberkulose, besonders der Conjunctiva. Virchows Arch. f. pathol. Anat. u. Physiol. Bd. 82, S. 397. 1880. — (3): Über die pathologisch-histologische Wirkung und Wirksamkeit des Tuberkelbazillus. Verhandl. d. dtsch. pathol. Ges. Bd. 4, S. 2. 1902. — (4): Experimentelle und pathologisch-anatomische Untersuchungen über Tuberkulose. Zeitschr. f. klin. Med. Bd. 9, S. 245. 1885. — BENDA: Zur Kenntnis der Histiogenese des miliaren Tuberkels und der Wirkung des Tuberkelbazillus beim Menschen. Pathol.-anat. Arb. Festschrift f. ORTH. 1903. S. 520. — DIETRICH, A.: Grundriß der allgemeinen Pathologie. Leipzig 1927. S. 227. — v. FIEANDT: Beiträge zur Kenntnis der Pathogenese und Histologie der experimentellen Meningeal- und Gehirntuberkulose. Berlin 1911. — FISCHER, B.: Der Entzündungsbegriff. München 1924. — FOOT, N. CH.: Studies on endothelial reactions. Journ. of exp. med. Vol. 32, p. 531 a. 533. 1920. Vol. 33, p. 271. 1921. Vol. 36, p. 607. 1922. — GHON und POTOTSCHNIG: Über den primären tuberkulösen Lungenherd beim Erwachsenen nach initialer Kindheitsinfektion und nach initialer Spätinfektion und seine Beziehungen zur endogenen Reinfektion. Beitr. z. Klin. d. Tuberkul. Bd. 41, S. 103. 1919. — GHON und ROMAN: Pathologisch-anatomische Studien über die Tuberkulose bei Säuglingen und Kindern. Sitzungsber. d. kais. Akad. d. Wiss. i. Wien. Mathem.-naturw. Kl. Bd. 122, Abt. III, S. 1. 1913. — HAMBURGER: Über tuberkulöse Exazerbation. Wien. klin. Wochenschr. 1911. S. 859. — HEKTOEN: The vascular changes of tubercul. meningitis, especially the tubercul. endarteritis. Journ. of exp. Med. Vol. 1, p. 112. 1896. — HERXHEIMER, G. (1): Über die Wirkungsweise des Tuberkelbazillus bei experimenteller Lungentuberkulose. Beitr. z. pathol. Anat. u. z. allg. Pathol. Bd. 33, S. 363. 1903. — (2): Krankheitslehre der Gegenwart. Wissenschaftl. Forschungsber. Naturwissenschaftl. Reihe. Bd. 17, S. 199. Dresden u. Leipzig 1927. — HERXHEIMER, G. und ROTH: Zur feineren Struktur und Genese der Epitheloidzellen und Riesenzellen des Tuberkels. Beitr. z. pathol. Anat. u. z. allg. Pathol. Bd. 61, S. 1. 1915. — HERZOG, G.: Über adventitielle Zellen und über die Entstehung von granulierten Elementen. Verhandl. d. dtsch. pathol. Ges. Bd. 17, S. 562. 1914. — HOLLOS, J.: Symptomatologie und Therapie der latenten und larvierten Tuberkulose. Wiesbaden 1911. — HOMEN: Studien über experimentelle Tuberkulose in den peripheren Nerven und dem Rindengewebe bei gesunden und alkoholisierten Tieren. Arb. a. d. pathol. Inst. Helsingfors. Bd. 3, S. 91. — HUECK, W.: Über das Mesenchym. Beitr. z. pathol. Anat. u. z. allg. Pathol. Bd. 66, S. 330. 1920. — JOEST und EMSHOFF: Studien über die Histogenese des Lymphdrüsentuberkels und die Frühstadien der Lymphdrüsentuberkulose. Virchows Arch. f. pathol. Anat. u. Physiol. Bd. 210, S. 188. 1912. — KAGEYAMA (und ASCHOFF): Die Goldmannsche Theorie über den zellulären Transport der Geflügel- und Rindertuberkelbazillen bei der Maus. Verhandl. d. dtsch. pathol. Ges. Bd. 20, S. 358. 1925. — KOCH, R.: Die Ätiologie der Tuberkulose. Mitt. a. d. kais. Gesundheitsamt. Bd. 2. Berlin 1884. Ges. Werke. Bd. 1, S. 467. Leipzig 1912. — LANDOUZY: L'évolution historique de la phthisiologie. Le concept modern de la bacillo-tuberculose; les bacillaires les tuberculeures les phthisiques. Presse méd. 1912. p. 237. — LIEBERMEISTER, G.: Tuberkulose. Berlin 1921. — LOESCHKE: Über das Wesen von Hyalin und Amyloid auf Grund von serologischen Untersuchungen. Zentralblatt f. allg. Pathol. u. pathol. Anat. Bd. 39, S. 10. 1927. — LUBARSCH: Vergleichende

Pathologie der Tuberkulose. Zentralbl. f. allg. Pathol. u. pathol. Anat. Bd. 19, S. 931. 1908. — MARCHAND, F.: Die örtlichen reaktiven Vorgänge (Lehre von der Entzündung). Handbuch der allgemeinen Pathologie. Bd. 4, 1, S. 78. 1924. — MAXIMOW, A. (1): Rôle of the nongranular blood leukocytes in the formation of the tubercle. Journ. of infect. dis. Vol. 37, p. 418. 1925. — (2): The histogenesis of the tubercle. Transact. of the 21. annual meeting of the national tuberculosis association. 1925. — (3): Tuberculosis of mammalian tissue in vitro. Journ. of infect. dis. Vol. 34, p. 549. 1924. — (4): Experimentelle Untersuchungen über die entzündliche Neubildung von Bindegewebe. Beitr. z. pathol. Anat. u. z. allg. Pathol. Suppl.-Bd. 5. 1902. — MILLER, I.: Die Histogenese des hämatogenen Tuberkels in der Leber des Kaninchens. Beitr. z. pathol. Anat. u. z. allg. Pathol. Bd. 31, S. 347. 1902. — MÜLLER, FR.: Über die Bedeutung der Selbstverdauung bei einigen krankhaften Zuständen. Verhandl. d. Kongr. f. inn. Med. Bd. 20, S. 192. 1902. — OELLER, H. (1): Zur Immunbiologie des Typhus. Zeitschr. f. klin. Med. Bd. 94, S. 49. 1922. — (2): Experimentelle Studien zur pathologischen Physiologie des Mesenchyms und seiner Stoffwechselleistungen bei Infektionen. Krankheitsforschung. Bd. 1, S. 28. 1925. — ORTH (1): Welche morphologischen Veränderungen können durch Tuberkelbazillen erzeugt werden. Verhandl. d. dtsch. pathol. Ges. Bd. 4, S. 30. 1902. — (2): Einige Zeit- und Streitfragen auf dem Gebiete der Tuberkulose. Berl. klin. Wochenschr. 1904. S. 265 u. 335. — (3): Zur Frage nach den Beziehungen der sogenannten akuten Miliartuberkulose und der Tuberkulose überhaupt zur Lungenschwindsucht. Berl. klin. Wochenschr. 1881. S. 609. — PERRIER, CH.: Ein Fall von tumorartiger Tuberkulose des Oberkiefers. Med. Klinik. 1908. S. 1151. — PONCET: Tuberculose inflamm. Lyon méd. Tome 1, p. 1213. 1905. — PONCET et LERICHE: La tuberculose inflammatoire. Paris 1912. — RABINOWITSCH, L. (1): Experimentelle Untersuchungen über die Virulenz latenter tuberkulöser Herde. Zeitschr. f. Tuberkul. Bd. 15. 1910. — (2): Zur Frage latenter Tuberkelbazillen. Berl. klin. Wochenschrift. 1907. S. 35. 1913. S. 116. 1914. S. 416. — REICHE, F.: Septicaemia tuberculosa acutissima oder „Typhobacillose" LANDOUZYS. Beitr. z. Klin. d. Tuberkul. Bd. 32, S. 239. 1914. — RENNEN, KARL: Über Sepsis tuberculosa gravisimia bei einem Falle von Polycythämie. Beitr. z. Klin. d. Tuberkul. Bd. 53, S. 197. 1922. — RÖSSLE: Referat über Entzündung. Verhandl. d. dtsch. pathol. Ges. Bd. 19, S. 18. 1923. — SCHLEUSSING: Siehe S. 493 u. 494. — SCHLICK, M.: Allgemeine Erkenntnislehre. 2. Aufl. Berlin 1925. — SCHOLZ, M.: Die Formen der durch Tuberkelbazillen verursachten Sepsis: Sepsis tuberculosa acutissima (Typhobacillose LANDOUZY) und Miliartuberkulose. Inaug.-Diss. Göttingen 1918. — TENDELOO (1): Primäre, sekundäre und tertiäre Lungentuberkulose. Krankheitsforschung. Bd. 2, S. 287. 1926. — (2): Formen, Fälle und Verlauf der Lungentuberkulose. Krankheitsforschung. Bd. 1, S. 195. 1925. — (3): Kollaterale tuberkulöse Entzündung. Beitr. z. Klin. d. Tuberkul. Bd. 6, S. 329. 1906. — VAIHINGER: Die Philosophie des Als ob. 7. u. 8. Aufl. Leipzig 1922. — VIRCHOW, R.: Die krankhaften Geschwülste. Bd. 2, S. 620 ff. Berlin 1864—65. — WALLGREN, A.: Beitrag zur Kenntnis der Pathogenese und Histologie der experimentellen Lebertuberkulose. Berlin 1910. — WATANABE, K.: Versuche über die Wirkung in die Trachea eingeführter Tuberkelbazillen auf die Lunge von Kaninchen. Beitr. z. pathol. Anat. u. z. allg. Pathol. Bd. 31, S. 367. 1902. — WECHSBERG: Beiträge zur Lehre von der primären Einwirkung des Tuberkelbazillus. Beitr. z. pathol. Anat. u. z. allg. Pathol. Bd. 29, S. 203. 1901. — WEIGERT, C. (1): Neue Fragestellungen in der pathologischen Anatomie (1896). Ges. Abhandl. Bd. 1, S. 53. Berlin 1906. — (2): Die VIRCHOWsche Entzündungstheorie und die Entzündungslehre (1889). Ges. Abhandl. Bd. 2, S. 306. Berlin 1906. — WURM, H.: Beiträge zur pathologischen Anatomie der Tuberkulose. Beitr. z. Klin. d. Tuberkul. Bd. 63, S. 977. 1926. — ZARFL: Zur Kenntnis des primären tuberkulösen Lungenherdes. Zeitschr. f. Kinderheilk. Bd. 5, S. 303. 1913. — ZIEGLER, E.: Untersuchungen über die pathologische Bindegewebs- und Gefäßneubildung. Würzburg 1876.

Tuberkulose und Allergie.

AUCLAIR et PARIS: Constitution chimique et propriétés biologiques du protoplasma du bacille de KOCH. Cpt. rend. hebdom. des séances de l'acad. des sciences. Tome 146. p. 301. 1909. Arch. de méd. exp. Tome 20, p. 736. 1910. — BAIL, O. (1): Überempfindlichkeit bei tuberkulösen Tieren. Wien. klin. Wochenschr. 1904. S. 846. — (2): Der akute Tod von Meerschweinchen an Tuberkulose. Wien. klin. Wochenschr. 1905. S. 211. — BEITZKE, H.: Pathologische Anatomie, Resistenz und Allergie bei der Lungentuberkulose.

Wien. klin. Wochenschr. 1923. S. 531. — Gerlach, W.: Studien über hyperergische Entzündung. Virchows Arch. f. pathol. Anat. u. Physiol. Bd. 247, S. 294. 1923. — von Hayek (1): Die praktische Bedeutung der Immunität für die Prognose und Behandlung der Tuberkulose. Ergebn. d. Hyg., Bakteriol., Immunitätsforsch. u. exp. Therapie. Bd. 3, S. 113. 1919. — (2): Das Tuberkuloseproblem. Berlin 1920. S. 133. — Jaffé, R. H. und R. Löwenstein: Das histologische Reaktionsbild der tuberkulösen Reinfektion. Beitr. z. Klin. d. Tuberkul. Bd. 50, S. 128. 1922. — Koch, R.: Fortsetzung der Mitteilungen über ein Heilmittel gegen Tuberkulose. Dtsch. med. Wochenschr. 1891. S. 101. — Lehmann-Facius: Neue Wege der Serodiagnostik auf der Grundlage der Antikörperbildung gegen arteigenes Eiweiß. Zentralbl. f. allg. Pathol. u. pathol. Anat. Bd. 39, S. 9. 1927. — Lewandowsky: Die Tuberkulose der Haut. Berlin 1916. S. 43 ff. — Loeschke: Über das Wesen von Hyalin und Amyloid auf Grund von serologischen Untersuchungen. Zentralbl. f. allg. Pathol. u. pathol. Anat. Bd. 39, S. 10. 1927. — Ranke, K. E. (1): Primäre, sekundäre und tertiäre Tuberkulose des Menschen. Münch. med. Wochenschr. 1917. S. 305. — (2): Primäraffekt, sekundäre und tertiäre Stadien der Lungentuberkulose. Dtsch. Arch. f. klin. Med. Bd. 119, S. 201 u. 297. 1916. Bd. 129, S. 224. 1917. — Rokitansky: Lehrbuch der pathologischen Anatomie. Bd. 2, S. 231. Wien 1856. — Rössle: Referat über Entzündung. Verhandl. d. dtsch pathol. Ges. Bd. 19, S. 18. 1923.

Tuberkulose oder Phthise? Wertende Betrachtung der tuberkulösen Prozesse.

Albrecht, E.: Teleologie und Pathologie. Frankfurt. Zeitschr. f. Pathol. Bd. 2, S. 1. 1909. — Aschoff, L.: Zur Nomenklatur der Phthise. Zeitschr. f. Tuberkul. Bd. 27, S. 28. 1917. Münch. med. Wochenschr. 1922. S. 183. — Becher, E.: Die fremddienliche Zweckmäßigkeit der Pflanzenzellen usw. Leipzig 1917. — Fischer, B.: Vitalismus und Pathologie. Berlin 1923. — Gruber, G. B.: Altes und Neues über die Tuberkulose. Bibl. v. Coler-v. Schjerning. Bd. 42. Berlin 1920. — Herxheimer: Krankheitslehre der Gegenwart. Wissenschaftl. Forschungsber. Naturwissenschaftl. Reihe. Bd. 17, S. 6 ff. u. 12 ff. Dresden u. Leipzig 1927. — Marchand, F. (1): Die örtlichen reaktiven Vorgänge (Lehre von der Entzündung). Handbuch der allgemeinen Pathologie. Bd. 4, I, S. 97, 100, 124, 186. 1924. — (2): Tuberkulös oder phthisisch? Münch. med. Wochenschr. 1922. S. 104. — (3): Zur pathologischen Anatomie und Nomenklatur der Lungentuberkulose. Münch. med. Wochenschr. 1922. S. 1 u. 55. — Metschnikoff (1): L'immunité dans les maladies infectieuses. Paris 1901. — (2): Leçons sur la pathologie comparée de l'inflammation. Paris 1892. — Müller, Armin: Die sog. fremddienliche Zweckmäßigkeit und die menschliche Pathologie. Virchows Arch. f. pathol. Anat. u. Physiol. Bd. 244, S. 308. 1923. — Pagel: Die allgemeinen pathomorphologischen Grundlagen der Tuberkulose. Berlin 1927. S. 124. — Rössle: Referat über Entzündung. Verhandl. d. dtsch. pathol. Ges. Bd. 19, S. 18. 1923. — Schmincke: Das Kavernenproblem vom pathologisch-anatomischen Standpunkt. Beitr. z. Klin. d. Tuberkul. Bd. 67, S. 124. 1927.

Zirkulationsorgane.

Aschoff, L.: Über Endarteriitis tuberculosa aortica. Verhandl. d. dtsch. pathol. Ges. 1899. S. 419. — Aschwanden: Über Myocarditis tuberculosa usw. Inaug.-Diss. Zürich. 1905. — Askanazy, M.: Tuberkulöse Perikarditis. Baumgartens Jahresber. Bd. 20, S. 645. 1904. — Benda (1): Venen. Handbuch der speziellen pathologischen Anatomie. Bd. 2, S. 787. Berlin 1924. — (2): Die akute Miliartuberkulose vom ätiologischen Standpunkte. Ergebn. d. allg. Pathol. u. pathol. Anat. Bd. 5, S. 447. 1900. — (3): Über akute Miliartuberkulose. Berl. klin. Wochenschr. 1899. S. 566, 596, 646. — (4) Kasuistische Mitteilungen über Endangitis tuberculosa. Verhandl. d. dtsch. pathol. Ges. Bd. 2, S. 335. 1900. — Benda und Geissler: Neue Fälle von Herz- und Gefäßtuberkulose. Dtsch. med. Wochenschrift. 1905. S. 1169. — Birch-Hirschfeld: Über Tuberkulose in Herzthromben. Naturforscher-Vers. 1891. Zentralbl. f. allg. Pathol. u. pathol. Anat. Bd. 2, S. 807. 1891. — Brucker: Herztuberkulose. Inaug.-Diss. Freiburg 1903. — Buttermilch: Über einen Fall von Tuberkulose der Aortenwand. Inaug.-Diss. Würzburg 1898. — Dietrich, A.: Die Reaktionsfähigkeit des Körpers bei septischen Erkrankungen in ihren pathologisch-anatomischen Äußerungen. Verhandl. d. dtsch. Kongr. f. inn. Med. Bd. 37, S. 180. 1925. — Dittrich: Ein Beitrag zur Pathogenese der akuten Miliartuberkulose. Prag. Zeitschr. f.

Heilk. Bd. 9, S. 97. 1888. — DRESSLER: Zur Kenntnis der Tuberkulose der Herzklappen. Frankfurt. Zeitschr. f. Pathol. Bd. 26, S. 401. 1922. — EICHHORST: Über eine besondere Form tuberkulöser Perikarditis. Charité-Annalen. Bd. 2, S. 219. 1875. — ETIENNE: Les endocardites dans la tuberculose etc. Arch. méd. exp. 1898. p. 146. — FIESSINGER: Le myocard des tuberculeuses en d'hors de la tuberculose myocardique. Arch. méd. exp. 1906. p. 493. — FORSSNER, G.: Ein Fall von chemischer Aortentuberkulose mit sekundärer, akuter, allgemeiner Miliartuberkulose. Zentralbl. f. allg. Pathol. u. pathol. Anat. Bd. 16, S. 7. 1905. — FROMBERG: Tuberkelbazillenperikarditis. Dtsch. med. Wochenschr. 1913. S. 1539. — GEIPEL: Endocartitis tuberculosa. Münch. med. Wochenschr. 1911. S. 654. — HANOT: Tuberculose de l'aorte. Semaine méd. 1895. p. 281. — HEDINGER: Miliartuberkulose der Haut bei Tuberkulose der Aorta abdominalis. Frankfurt. Zeitschr. f. Pathol. Bd. 2, S. 121. 1908. — HERXHEIMER, KARL: Ein weiterer Fall von circumscripter Miliartuberkulose in der offenen Lungenarterie. Virchows Arch. f. pathol. Anat. u. Physiol. Bd. 107, S. 180. 1887. — v. HINÜBER: Statistik und Kasuistik der Gefäßtuberkulose. Zentralblatt f. allg. Pathol. u. pathol. Anat. Bd. 31, S. 227. 1920/21. — JORES, L.: Arterien. Handbuch der speziellen pathologischen Anatomie. Bd. 2, S. 660. Berlin 1924. — KACH: Zur Kenntnis der Herzmuskeltuberkulose. Zeitschr. f. klin. Med. Bd. 87, S. 439. 1919. — KAMEN: Aortenruptur auf tuberkulöser Grundlage. Beitr. z. pathol. Anat. u. z. allg. Pathol. Bd. 17, S. 416. 1895. — KAST: Zur Pathogenese der tuberkulösen Perikarditis. Berl. klin. Wochenschr. 1883. S. 671. — KAUFMANN: Lehrbuch. 7. u. 8. Aufl. Bd. 1, S. 13. 1922. — KAUFMANN, E.: Beitrag zur Tuberkulose des Herzmuskels. Berl. klin. Wochenschr. 1897. S. 667. — KIRCH: Pathologie des Herzens. Ergebn. d. allg. Pathol. u. pathol. Anat. Bd. 22, 1, S. 1. 1927. — KOTLER: Über Herzthrombentuberkulose. Prag. med. Wochenschrift. 1894. S. 78. — LANCERAUX: Herztuberkulose. Anatomie pathologique. Tome 2, p. 218. 1879/81. — v. LEYDEN: Über die Affektion des Herzens mit Tuberkulose. Dtsch. med. Wochenschr. 1896. S. 1 u. 19. — LIEBERMEISTER: Tuberkulose. Berlin 1921. S. 14. — LIEBERMEISTER, G.: Studien über Komplikationen der Lungentuberkulose und über die Verbreitung der Tuberkelbazillen in den Organen und im Blut der Phthisiker. Virchows Arch. f. pathol. Anat. u. Physiol. Bd. 197, S. 332. 1909. — LONDE et PETIT: Endocardite végétante tbc. Arch. de zool. exp. et gén. Tome 1, p. 94. 1894. — LÜSCHER: Über Myocarditis tuberculosa. Schweizer med. Wochenschr. 1921. S. 50. — MASSINI: Über tuberkulöse Myokarditis. Schweiz. med. Wochenschr. 1921. S. 1156. — MELTZER: Beitrag zur Herzbeuteltuberkulose (perlsuchtartige Form). Münch. med. Wochenschr. 1898. S. 1086. — MÖNCKEBERG: Herz. Handbuch der speziellen pathologischen Anatomie. Bd. 2, S. 402. Berlin 1924. — NAUWERCK: Tuberkulöse Wandendokarditis. Münch. med. Wochenschr. 1905. S. 976. — ORTH: Lehrbuch der speziellen pathologischen Anatomie. Bd. 1, S. 137. Berlin 1887. — PONCET et LERICHE: La tuberculose inflammatoire. Paris 1912. — RANDERATH: Siehe S. 494. — RAVIART: La tuberculose du myocarde. Arch. méd. exp. Tome 18, p. 141. 1906. — VON RECKLINGHAUSEN: Tuberkel des Myokardium. Virchows Arch. f. pathol. Anat. u. Physiol. Bd. 16, S. 172. 1859. — REINHARD, A.: Ein Fall von endokardialem Abklatschtuberkel. Virchows Arch. f. pathol. Anat. u. Physiol. Bd. 210, S. 248. 1912. — SÄNGER: Über Tuberkulose des Herzmuskels. Arch. d. Heilk. Bd. 19, S. 448. 1878. — SCHADE: Über einen Fall von Miliartuberkulose, ausgehend von einem Solitärtuberkel des Herzens. Inaug.-Diss. München 1907. — SCHILLING, FR.: Zwei Fälle von akuter idiopathischer Myokarditis mit zahlreichen Riesenzellen. Verhandl. d. dtsch. pathol. Ges. Bd. 18, S. 227. 1921. — SCHMORL: Zur Frage der Genese der Lungentuberkulose. Münch. med. Wochenschr. 1902. Nr. 33, S. 1379 u. 1419. — SCHULTZE, W. H.: Über Endocarditis tuberculosa parietalis. Zentralbl. f. allg. Pathol. u. pathol. Anat. Bd. 17, S. 305. 1906. — SOLI: Di una rara forma di tuberculosi dell' endocardio. Pathologica. 1910. Nr. 18, p. 243. — SOMMER, K.: Ein in die Vena jugularis interna eingebrochenes Carcinom als WEIGERTscher Venentuberkel erkannt. Inaug.-Diss. Heidelberg 1913. — SORGO und SÜSS: Über Endokarditis bei Tuberkulose. Wien. klin. Wochenschr. 1906. S. 176. — SOTTI, G.: Über den hämorrhagischen Typus der tuberkulösen Myokarditis. Ref. Zentralbl. f. allg. Pathol. u. pathol. Anat. Bd. 16, S. 708. 1905. — STOICESCO et BABES: Myocardite aigue greffée sur une myocardite localisée tuberculeuse. Progr. méd. Tome 2, Nr. 49, p. 405. Paris 1895. — STROEBE: Über Aortitis tuberculosa. Zentralbl. f. allg. Pathol. u. pathol. Anat. Bd. 8, S. 998. 1897. — THOREL: Pathologie der Kreislauforgane des Menschen. Ergebn. d. allg. Pathol. u. pathol. Anat. Bd. 9, 1, S. 559. 1904. Bd. 14, 2, S. 133. 1910. Bd. 17, 2, S. 90. 1915. Bd. 18, 1, S. 1. 1915. — TÖPPICH: Zur Kenntnis des Myokards bei

Tuberkulose. Dtsch. med. Wochenschr. 1923. S. 1179. — VIRCHOW: Herzbeuteltuberkulose. Dtsch. med. Wochenschr. 1892. S. 1145. — WAGNER, C.: Tuberkel eines Endokardiums. Arch. d. Heilk. Bd. 2, S. 574. 1861. — WEIGERT: Zur Lehre von der Tuberkulose und von verwandten Erkrankungen. Virchows Arch. f. pathol. Anat. u. Physiol. Bd. 77, S. 269. 1879. — WINKLER, K.: Lymphgefäße. Handbuch der speziellen pathologischen Anatomie. Bd. 2, S. 956. Berlin 1924. — WITTE: Über Tuberkulose der Mitralklappen und der Aorta. Beitr. z. pathol. Anat. u. z. allg. Pathol. Bd. 36, S. 192. 1904. — ZRUNEK, K.: Zur Kenntnis der umschriebenen käsigen Tuberkulose der Aortenwand. Zentralbl. f. allg. Pathol. u. pathol. Anat. Bd. 25, S. 577. 1914.

Respirationsorgane.

ABRIKOSOFF: Die ersten anatomischen Veränderungen bei Lungenphthise. Virchows Arch. f. pathol. Anat. u. Physiol. Bd. 178, S. 173. 1904. — ALBRECHT, E.: Zur klinischen Einteilung der tuberkulösen Prozesse in den Lungen. Frankfurt. Zeitschr. f. Pathol. Bd. 1, S. 361. 1907. — ASCHOFF, L. (1): Lehrbuch. 7. Aufl. 1928. S. 812. — (2): Über die natürlichen Heilungsvorgänge bei der Lungenphthise. 2. Aufl. München u. Wiesbaden 1922. — ASSMANN: Siehe Allgemeine Pathogenese. — BARD, L.: Les formes cliniques de la tuberculose pulmonaire. Paris 1927. — v. BAUMGARTEN (1): Über das Verhältnis der käsigen Pneumonie zum miliaren Lungentuberkel. Dtsch. Arch. f. klin. Med. Bd. 73, S. 464. 1902. — (2): Bemerkungen zur Lehre von der käsigen Pneumonie mit besonderer Berücksichtigung von ORTHs Abhandlung über dieselbe. Arb. a. d. Geb. d. pathol. Anat. u. Bakteriol. a. d. pathol. Inst. Tübingen. Bd. 1, S. 371. 1892. — (3): Über den Beginn und das Fortschreiten des tuberkulösen Prozesses bei der Lungenphthise. Beitr. z. pathol. Anat. u. z. allg. Pathol. Bd. 69, S. 27. 1921. — BEITZKE (1): Zur Anatomie der Lungentuberkulose. Zeitschr. f. Tuberkul. Bd. 27, S. 210. 1917. — (2): Über Spätverkäsungen von Lymphdrüsen und über die RANKEsche Stadieneinteilung. Zeitschr. f. Tuberkul. Bd. 47, S. 449. 1927. — (3): Fortschreitende Phthisen. Handbuch der ärztlichen Erfahrungen im Weltkriege. Bd. 8, S. 63. 1921. — BENDA, C. (1): Die akute Miliartuberkulose vom ätiologischen Standpunkt. Ergebn. d. allg. Pathol. u. pathol. Anat. Bd. 5, S. 447. 1900. — (2): Venen. Handbuch der speziellen pathologischen Anatomie. Bd. 2, S. 787. Berlin 1924. — BIRCH-HIRSCHFELD: Über den Sitz und die Entwicklung der primären Lungentuberkulose. Dtsch. Arch. f. klin. Med. Bd. 64, S. 58. 1899. — BLUMENBERG: Die Tuberkulose des Menschen in den verschiedenen Lebensaltern auf Grund anatomischer Untersuchungen. Beitr. z. Klin. d. Tuberkul. Bd. 62, S. 532. 1926. — BLUMENFELD, F. und PIFFEL: Die Tuberkulose der oberen Luftwege usw. Die extrapulmonale Tuberkulose. Bd. 1, H. 8. 1926. — CEELEN: Über Karnifikation in tuberkulösen Lungen. Virchows Arch. f. pathol. Anat. u. Physiol. Bd. 214, S. 99. 1913. — FEYRTER, F.: Ein Fall von Bronchiolitis tuberculosa. Beitr. z. Klin. d. Tuberkul. Bd. 62, S. 481. 1926. — FOCKE, F.: Über die kartilaginösen Pleuraschwielen an der Lungenspitze. Beitr. z. Klin. d. Tuberkul. Bd. 59, S. 228. 1924. — FRAENKEL, A. (1): Über die Einteilung der chemischen Lungentuberkulose. Kongreß Wiesbaden. Bd. 27, S. 174. 1910. — (2): Einteilung und Benennung der Lungenphthise nach klinischen Gesichtspunkten. Zeitschr. f. Tuberkul. Bd. 15, S. 191. 1921. — (3): Untersuchungen über die Ätiologie der Kehlkopftuberkulose. Virchows Arch. f. pathol. Anat. u. Physiol. Bd. 121, S. 523. 1890. — FRAENKEL und GRÄFF: Ein Schema zur prognostischen Einteilung der bronchogenen Lungentuberkulose auf pathologisch-anatomischer Grundlage. Münch. med. Wochenschr. 1921. S. 445. — GHON, A. (1): Über Sitz, Größe und Form des primären Lungenherdes bei der Säuglings- und Kindertuberkulose. Virchows Arch. f. pathol. Anat. u. Physiol. Bd. 254, S. 734. 1925. — (2): Über den Primäraffekt bei Kindertuberkulose. Verhandl. d. dtsch. pathol. Ges. Bd. 19, S. 143. 1923. — (3): Einiges zum primären Komplex bei der Tuberkulose. Beitr. z. pathol. Anat. u. z. allg. Pathol. Bd. 69, S. 65. 1921. — (4): Der primäre Lungenherd bei der Tuberkulose der Kinder. Berlin-Wien 1912. — GHON und KUDLICH: Ein Beitrag zur Frage des mehrfachen Primärinfektes bei pulmonaler Tuberkuloseinfektion im Kindesalter. Med. Klinik. 1924. S. 1282. — GHON und REYMANN: Zur Größe des tuberkulösen Primärherdes in der Lunge. Med. Klinik. 1923. S. 1323. — GHON und ROMAN: Pathologisch-anatomische Studien über die Tuberkulose bei Säuglingen und Kindern. Sitzungsber. d. kais. Akad. d. Wiss. i. Wien. Mathemat.-naturw. Kl. Bd. 122, Abt. 3, S. 1. — GHON und TERPLAN: Zur Kenntnis der Nasentuberkulose. Zeitschr. f. Laryngol., Rhinol. u. ihre Grenzgeb. Bd. 10, S. 393. 1921. — GIEGLER: Über die Vorgänge der Reinigung und Heilung der

Kavernen bei der Lungenphthise und deren prognostische Bedeutung. Beitr. z. Klin. d. Tuberkul. Bd. 60, S. 195. 1925. — GIRAUD et SEDAD: Zit. nach BARD. — GRÄFF (1): Die Bedeutung der Kavernen für den Verlauf und für die Einstellung zur Therapie der Lungentuberkulose. Zeitschr. f. Tuberkul. Bd. 47, S. 177. 1927. — (2): Über die Bedeutung der Lungenphthise nach pathologisch-anatomischen Gesichtspunkten. Zeitschr. f. Tuberkul. Bd. 34, S. 689. 1921. — (3): Erläuterung zur Demonstration der pathologisch-anatomischen Präparate und Röntgenbilder der Lungenphthise. Zeitschr. f. Tuberkul. Bd. 34, S. 634. 1921. — (4): Über die Bedeutung der Röntgenplatte für die Forschung der Lungentuberkulose. Zeitschr. f. Tuberkul. Bd. 46, S. 304. 1926. — GRÄFF und KÜPFERLE (1): Die Bedeutung des Röntgenverfahrens für die Diagnostik der Lungenphthise auf Grund vergleichender röntgenologisch-anatomischer Untersuchungsergebnisse. Beitr. z. Klin. d. Tuberkul. Bd. 44, S. 165. 1920. — (2): Die Lungenphthise. Ergebnisse vergleichender röntgenologisch-anatomischer Untersuchungen. Berlin 1923. — HAUSER, G.: Die peptischen Schädigungen des Magens, des Duodenums und der Speiseröhre usw. Handbuch der speziellen pathologischen Anatomie. Bd. 4, 1, S. 639. Berlin 1926. — HERXHEIMER, G.: Über die Wirkungsweise des Tuberkelbazillus bei experimenteller Lungentuberkulose. Beitr. z. pathol. Anat. u. z. allg. Pathol. Bd. 33, S. 363. 1903. — HESSE, F. (1): Beitrag zur Reinfektion der Tuberkulose. Beitr. z. Klin. d. Tuberkul. Bd. 61, S. 689. 1925. — (2): Beitrag zur Anatomie, Statistik und klinischen Diagnostik der Tuberkulose. Beitr. z. Klin. d. Tuberkul. Bd. 58, S. 244. 1924. — HUSTEN: Über den Lungenacinus und den Sitz der acinösen phthisischen Prozesse. Beitr. z. pathol. Anat. u. z. allg. Pathol. Bd. 68, S. 496. 1921. — KAUFMANN, E.: Lungentuberkulose. Lehrbuch. 7. u. 8. Aufl. Berlin u. Leipzig 1922. S. 333. — KEBBEN, A.: Beitrag zur Histologie des tuberkulösen Primärherdes der Lunge. Virchows Arch. f. pathol. Anat. u. Physiol. Bd. 237, S. 224. 1922. — KÜSS: De l'hérédité parasitaire de la tuberculose humaine. Paris 1898. — LANGE, M.: Der primäre Lungenherd bei der Tuberkulose der Kinder. Zeitschr. f. Tuberkul. Bd. 38, S. 167. 1923. — LETULLE, M. (1): Les conceptions anatomiques actuelles de la tuberculose pulmonaire. Ann. d'anat. pathol. Tome 3, p. 881. 1926. — (2): La tuberculose pleuro-pulmonaire. Paris 1916. — LOESCHCKE (1): Die Morphologie des normalen und emphysematösen Acinus der Lunge. Beitr. z. pathol. Anat. u. z. allg. Pathol. Bd. 68, S. 213. 1921. — (2): Über den Bau des Lungenacinus und die Lokalisation der Tuberkulose in ihm. Beitr. z. Klin. d. Tuberkul. Bd. 56, S. 211. 1923. — MANASSE (1): Anatomische Untersuchungen über die Tuberkulose der oberen Luftwege. Berlin 1927. — (2): Pathologische Anatomie der oberen Luftwege. Zeitschr. f. Hals-, Nasen- u. Ohrenheilk. Bd. 15, S. 1. 1926. — MARCHAND, F.: Zur pathologischen Anatomie und Nomenklatur der Lungentuberkulose. Münch. med. Wochenschr. 1922. S. 1 u. 55. — v. MEYENBURG: Les conceptions anatomiques actuelles de la tuberculose pulmonaire. Ann. d'anat. pathol. Tome 3, p. 917. 1926. — NICOL (1): Zur Nomenklatur und Einteilung der Lungenphthise. Med. Klinik. 1909. S. 404 u. 430. — (2): Die Entwickelung und Einteilung der Lungenphthise. Beitr. z. Klin. d. Tuberkul. Bd. 30, S. 231. 1914. — (3): Die pathologisch-anatomischen Grundlagen der Lungenphthise und ihre Bedeutung für die klinische Einteilung der Verlaufsformen. Beitr. z. Klin. d. Tuberkul. Bd. 52, S. 228. 1922. — PAGEL, W. (1): Zur Pathogenese der Lungenblutung bei Tuberkulose. Beitr. z. Klin. d. Tuberkul. Bd. 66, S. 631. 1927. — (2): Über eine eigentümliche Erscheinungsform des mutmaßlichen „Superinfektionsherdes" der Lunge bei Tuberkulose. Beitr. z. Klin. d. Tuberkul. Bd. 62, S. 614. 1926. — (3): Zur Frage der Abstammung der Exsudatzellen bei käsiger Pneumonie. Beitr. z. Klin. d. Tuberkul. Bd. 61, S. 221. 1925. — (4): Zur Frage der Pubertätsphthise. Beitr. z. Klin. d. Tuberkul. Bd. 60, S. 312. 1925. — (5): Zur Morphologie der circumfokalen Veränderungen bei Lungentuberkulose. Beitr. z. Klin. d. Tuberkul. Bd. 59, S. 261. 1924. — PUHL, H.: Über phthisische Primär- und Reinfektion in der Lunge. Beitr. z. Klin. d. Tuberkul. Bd. 52, S. 116. 1922. — RANKE, K. E.: Primäraffekt, sekundäre und tertiäre Stadien der Lungentuberkulose. Dtsch. Arch. f. klin. Med. Bd. 119, S. 201 u. 297. 1916. Bd. 129, S. 224. 1917. — REDEKER: Siehe Allgemeine Pathogenese. — ROSSIER, P.: Tuberculose primaire de la trachée et des grosses bronches. Thése. Basel 1925. — SCHMINCKE: Die anatomischen Formen der Lungentuberkulose. Münch. med. Wochenschr. 1920. S. 407. — SCHMORL: Zur Frage der beginnenden Lungentuberkulose. Münch. med. Wochenschr. 1901. S. 1995. — SCHULZE, E.: l. c. S. 494. — SCHÜRMANN, P.: Ablauf und anatomische Erscheinungsformen der Tuberkulose des Menschen. Beitr. z. Klin. d. Tuberkul. Bd. 57, S. 185. 1924. — SIEGEN: Siehe S. 493. — SIMON: Über die Früherscheinungen der kindlichen Lungentuberkulose. Beitr.

z. Klin. d. Tuberkul. Bd. 59, S. 529. 1924. — SIMON, G.: Die Tuberkulose der Lungenspitzen. Beitr. z. Klin. d. Tuberkul. Bd. 67, S. 467. 1927. — ZARFL: Zur Kenntnis des primären tuberkulösen Lungenherdes. Zeitschr. f. Kinderheilk. Bd. 5, S. 303. 1913.

Magendarmkanal.

BAUP: Les amygdales porte d'entrée de la tubercle. Thèse de Paris 1900. — BENEKE: Ileocöcaltumor. Diskussion zu RICHTER. Verhandl. d. dtsch. pathol. Ges. Bd. 9, S. 287. 1906. — BUSSE, O.: Über die Entstehung tuberkulöser Darmstrikturen. Arch. f. klin. Chirurg. Bd. 83, H. 1. 1907 — CHIARI, H.: Tuberkulose des Oesophagus nach Ätzung. Verhandl. d. dtsch. pathol. Ges. Bd. 14, S. 189. 1910. — CHRISTIDÈS: La tuberculose macroscopique et ulcéreuse hématogène de l'intestin. Arb. a. d. Geb. d. pathol. Anat. u. Bakteriol. a. d. pathol. Inst. Tübingen. Bd. 9, S. 242. — COLEY, B. L.: Tuberculosis of Meckels diverticulum associated with tuberculous appendix. Arch. of surg. Vol. 11, p. 519. 1925. — DIETRICH, A.: Rachen und Tonsillen. Handbuch der speziellen pathologischen Anatomie. Bd. 4, 1, S. 12 u. 62. 1926. — FISCHER, B.: Über primäre Darmtuberkulose bei Erwachsenen. Münch. med Wochenschr. 1908. S. 1966. — FISCHER, W.: Speiseröhre. Handbuch der speziellen pathologischen Anatomie. Bd. 4, 1, S. 118. Berlin 1926. — FRAENKEL, E.: Zur Kenntnis der sogenannten „tuberkulösen" Ileocöcaltumoren. Diss. zu RICHTER. Verhandl. d. dtsch. pathol. Ges. Bd. 9, S. 297. 1906. — FRANK, G.: Über Kombination von Carcinom und Tuberkulose des Magens. Arb. a. d. Geb. d. pathol. Anat. u. Bakteriol. a. d. pathol. Inst. Tübingen. Bd. 8, S. 172. 1914. — GLOCKNER, A.: Über eine neue Form von Oesophagustuberkulose. Prag. med. Wochenschr. Bd. 21, S. 114. 1896. — GOTTSTEIN, G.: Pharynx- und Gaumentonsille, primäre Eingangspforten der Tuberkulose. Berl. klin. Wochenschr. 1896. S. 689 u. 714. — GROBER: Die Tonsillen als Eintrittspforten für Krankheitserreger, insbesondere für Tuberkelbazillen. Klin. Jahrb. Bd. 14. 1905. — HALSHOFER, L.: Ein Beitrag zur Kenntnis der Tuberkulose der Parotis. Virchows Arch. f. pathol. Anat. u. Physiol. Bd. 266, S. 499. 1927. — HARBITZ, F.: Tuberkulose i ventrikelen. Norsk magaz. f. laegevidenskaben. 1927. p. 572. — HÜLSE: Beitrag zur Pathogenese des tuberkulösen Ileocöcaltumors. Virchows Arch. f. pathol. Anat. u. Physiol. Bd. 217, S. 64. 1914. — DE JOSSELIN DE JONG: Appendicitis tuberculosa. Nederlandsch tijdschr. v. geneesk. Bd. 1, S. 325. 1902. — ITO, S.: Über primäre Darm- und Gaumentonsillentuberkulose. Berl. klin. Wochenschr. 1904. Nr. 2. — KAISERLING, C.: Mundhöhle. Handbuch der speziellen pathologischen Anatomie. Bd. 4, 2, S. 94. Berlin 1928. — KAUFMANN, E.: Darmtuberkulose. Lehrbuch. 7. u. 8. Aufl. Berlin u. Leipzig 1922. S. 528 u. 627. — KLOTZ, R.: Ein Fall von Parotistuberkulose als Beitrag zur Frage der Genese der tuberkulösen Riesenzellen. Virchows Arch. f. pathol. Anat. u. Physiol. Bd. 200, S. 346. 1910. — KONJETZNY, G. E.: Die Entzündung des Magens. Handbuch der speziellen pathologischen Anatomie. Bd. 4, 2, S. 1040. Berlin 1928. — LACHMANN: Untersuchungen über latente Tuberkulose der Rachenmandeln. Inaug. Diss. Leipzig 1908. — LUBARSCH: Beiträge zur Pathologie der Tuberkulose. Virchows Arch. f. pathol. Anat. u. Physiol. Bd. 213, S. 417. 1913. — ORTH: Zur Statistik der primären Darmtuberkulose. Berl. klin. Wochenschr. 1907. S. 213. — PAGEL, W.: Zur Kenntnis der Duodenaltuberkulose. Zugleich ein Beitrag zur Pathogenese des Ulcus duodeni. Virchows Arch. f. pathol. Anat. u. Physiol. Bd. 251, S. 628. 1924. — PRZEWOSKI, E.: Gastritis tuberculosa. Virchows Arch. f. pathol. Anat. u. Physiol. Bd. 197, S. 424. 1902. — RICHTER: Zur Kenntnis des sogenannten „tuberkulösen Ileocöcaltumors". Verhandl. d. dtsch. pathol. Ges. Bd. 9, S. 294. 1906. — ROTERMUNDT, H.: Ein Fall von primärem Ileocöcaltumor. Inaug.-Diss. Erlangen 1913. — SCHNEIDER, HANS: Ein Fall von isolierter Magentuberkulose. Zugleich auch ein Beitrag zur Kenntnis der Wandphlegmone. Med. Klinik. 1924. S. 1355. — SCHNEIDER, THEOD.: Über die Veränderungen der Magenschleimhaut bei Lungenphthise. Beitr. z. Klin. d. Tuberkul. Bd. 64, S. 734. 1926. — SIMMONDS: Über Tuberkulose des Magens. Münch. med. Wochenschr. 1900. S. 317. — SIMON, G.: Die adenoiden Wucherungen des Nasenrachenraums und ihre Beziehungen zur Tuberkulose. Beitr. z. Klin. d. Tuberkul. Bd. 19, S. 417. 1911. — SPENGLER, G.: Magentuberkulose. Med. Klinik. Bd. 21, S. 101. — STAEHELIN-BURCKHARDT, A.: Über Tuberkulose des Oesophagus. Arch. f. Verdauungskrankh. Bd. 16, S. 484. 1910. — TOMITA, CH.: Einige Fälle von operativ behandelter Ileocöcaltuberkulose. Wien. klin. Wochenschr. 1906. S. 1581. — WIENER, A.: Abdominal tumors of tuberculous origin. Med. record. July 1912.

Leber und Pankreas.

ALTMEYER: Über Tuberkulose der Gallenblase mit gleichzeitiger Uterustuberkulose. Zentralbl. f. allg. Pathol. u. pathol. Anat. Bd. 32, S. 366. 1922. — BEITZKE: Über einen Fall von tuberkulöser Cholecystitis. Zentralbl. f. allg. Pathol. u. pathol. Anat. Bd. 16, S. 106. 1905. — BENDA: Zur Kenntnis der Histiogenese des miliaren Tuberkels und der Wirkung des Tuberkelbazillus beim Menschen. Pathol.-anat. Arb., Festschrift f. ORTH, Berlin 1903. S. 520. — BRUNS: Über primäre Tuberkulose der Milz und Leber. Inaug.-Diss. München 1905. — CEELEN: Eine eigenartige Form von tuberkulöser Lebererkrankung bei einem 6jährigen Kinde. Charité-Ann. 1912. S. 324. — CLAUBERG, K. W.: Ist die Fettleber bei Lungenschwindsucht ein Fermentproblem? Virchows Arch. f. pathol. Anat. u. Physiol. Bd. 253, S. 452. 1924. — ELLIESEN, P.: Über multiple Solitärtuberkel in der Leber. Inaug.-Diss. Erlangen 1900. — ESSER, A.: Über isolierte Milztuberkulose. Virchows Arch. f. pathol. Anat. u. Physiol. Bd. 253, S. 695. 1924 u. Münch. med. Wochenschr. 1924. S. 419. — FISCHER, W.: Über großknotige tumorähnliche Tuberkulose der Leber, wahrscheinlich kombiniert mit Syphilis. Virchows Arch. f. pathol. Anat. u. Physiol. Bd. 188, S. 21. 1907. — FRAENKEL, E.: Über geschwulstartige Lebertuberkulose. Zeitschr. f. Tuberkul. Bd. 27, H. 1/4. 1917. — GLAUS, A.: Isolierte Miliartuberkulose der Leber bei Tuberkulose des Pankreas und der Vena lienalis. Berl. klin. Wochenschr. 1919. S. 538. — HALL, H. C.: Ein Fall von „Röhrentuberkulose“ der Leber, wahrscheinlich mit Syphilis kombiniert. Virchows Arch. f. pathol. Anat. u. Physiol. Bd. 206, S. 167. 1911. — ISAAC: Zur Frage der tuberkulösen Lebercirrhose. Frankfurt. Zeitschr. f. Pathol. Bd. 2, S. 125. 1908. — JOEST: Über die Ausscheidung von Tuberkelbazillen mit der Galle. Verhandl. d. dtsch. pathol. Ges. Bd. 16, S. 178. 1913. — JOEST und EMSHOFF: Gallengangstuberkel. Zeitschr. f. Infektionskrankh., parasitäre Krankh. u. Hyg. d. Haustiere. Bd. 10. 1911. — KERN, W. und E. GOLD: Über die Beziehung von Lebercirrhose zur Tuberkulose. Virchows Arch. f. pathol. Anat. u. Physiol. Bd. 222, S. 78. 1916. — KIRCH, E.: Über tuberkulöse Lebercirrhose, tuberkulöse Schrumpfnieren und analoge Folgeerscheinungen granulierender tuberkulöser Entzündung in Pankreas und Mundspeicheldrüsen. Virchows Arch. f. pathol. Anat. u. Physiol. Bd. 225, S. 129. 1918. — KOTLAR: Über die Pathogenose der sog. Gallengangstuberkulose in der Leber des Menschen. Zeitschr. f. Heilk. Bd. 15, S. 121. 1894. — LICHTENSTEIN, M.: Sind die Gallengangstuberkel in der Leber das Resultat einer Ausscheidungstuberkulose? Beitr. z. Klin. d. Tuberkul. Bd. 25, S. 53. 1912. — MASSINI, M.: Isolierte Miliartuberkulose der Leber. Schweiz. med. Wochenschr. 1921. S. 181. — MAYER, ARTUR: Klinische und experimentelle Untersuchungen über Erkrankungen der Bauchspeicheldrüse bei Tuberkulose. Zeitschr. f. exp. Pathol. Bd. 22, S. 235. 1921. — MITTASCH, G.: Über Leberblutungen bei Lungentuberkulose. Virchows Arch. f. pathol. Anat. u. Physiol. Bd. 228, S. 476. 1920. — OPPENHEIMER, R.: Experimentelle Beiträge zur Histogenese des miliaren Lebertuberkels. Virchows Arch. f. pathol. Anat. u. Physiol. Bd. 194, Beih. 254. 1908. — ORTH, I.: Über lokalisierte Tuberkulose der Leber. Virchows Arch. f. pathol. Anat. u. Physiol. Bd. 188, S. 177. 1907. — RÖSSLE: Epitheliale Riesenzellen in der Leber bei Tuberkulose. Verhandl. d. dtsch. pathol. Ges. Bd. 11, S. 209. 1907. — SCHÖNBERG: Lebercirrhose und Tuberkulose. Beitr. z. pathol. Anat. u. z. allg. Pathol. Bd. 59, S. 601. 1914. — SEYFERTH, C.: Neue Beiträge zur Kenntnis der LANGERHANSschen Inseln im menschlichen Pankreas. Jena 1920. — SIMMONDS (1): Die Gallenblasentuberkulose. Verhandl. d. dtsch. pathol. Ges. Bd. 14, S. 332. 1910. — (2): Über Ausscheidungstuberkulose. Med. krit. Blätter. Bd. 1, S. 155. 1910. — SIMMONDS, M.: Über lokalisierte Tuberkulose der Leber. Zentralbl. f. allg. Pathol. u. pathol. Anat. Bd. 9, S. 865. 1898. — STOERCK: Über experimentelle Lebercirrhose auf tuberkulöser Basis. Wien. klin. Wochenschr. 1907. S. 847 u. 1011. — WALLGREN: Beitrag zur Kenntnis der Pathogenese und Histologie der experimentellen Lebertuberkulose. Berlin 1910. — WALTER-SALLIS: Tuberculose primitive du pancréas. Rev. de la tubercul. Tome 11, p. 114. 1914/15.

Lymphknoten und Milz.

ASKANAZY, M.: Über lupöse Tuberkulose des Blutbildungsapparates und tuberkulöse Splenomegalie. Beitr. z. pathol. Anat. u. z. allg. Pathol. Bd. 69, S. 563. 1921. — BAKÁCS, G.: Der Vorbereitungsweg der tuberkulösen Infektion mit besonderer Berücksichtigung des Lymphdrüsensystems. Virchows Arch. f. pathol. Anat. u. Physiol. Bd. 258, S. 646. 1925. —

Bartel, J.: Das Stadium „lymphoider" Latenz im Infektionsgange bei der Tuberkulose. Wien. klin. Wochenschr. 1913. S. 485. — v. Baumgarten (1): Über das Verhältnis der Lymphogranulomatose zur Tuberkulose. Münch. med. Wochenschr. Bd. 61, S. 1545. 1914. — (2): Experimente über hämatogene Lymphdrüsentuberkulose. Verhandl. d. dtsch. pathol. Ges. 10. Tag. 1906. S. 5. — Bayer, J.: Über die primäre Tuberkulose der Milz. Mitt. a. d. Grenzgeb. d. Med. u. Chirurg. Bd. 13, H. 4/5. 1904. — Beitzke, H. (1): Über Spätverkäsungen von Lymphdrüsen und über die Rankesche Stadieneinteilung. Zeitschr. f. Tuberkulose. Bd. 47, S. 449. 1927. — (2): Bemerkungen zu der Arbeit von Bakacs in Bd. 258: Die Verbreitungswege der tuberkulösen Infektion mit besonderer Berücksichtigung des Lymphdrüsensystems. Virchows Arch. f. pathol. Anat. u. Physiol. Bd. 259, S. 815. 1926. (3): Über lymphogene Staubverschleppung. Virchows Arch. f. pathol. Anat. u. Physiol. Bd. 254, S. 625. 1925. — (4): Die pathologisch-anatomischen Unterlagen für die Diagnose „Hilusdrüsentuberkulose". Handbuch der Tuberkulosenfürsorge von Blümel. Bd. 1, S. 81. 1926. — Brückmann, P.: Ein Fall von Lymphdrüsen- und Bauchfelltuberkulose. Arb. a. d. Geb. d. pathol. Anat. u. Bakteriol. a. d. pathol. Inst. Tübingen. Bd. 2, S. 468. 1894/99. — Carling and Hicks: Two cases of tbc. Splenomegalie. Brit. med. journ. 1925. p. 291. — Ebbinghaus, H.: Isolierte regionäre Achseldrüsentuberkulose bei Tumoren der weiblichen Mamma nebst Bemerkungen über die Genese der Milchdrüsentuberkulose. Virchows Arch. f. pathol. Anat. u. Physiol. Bd. 171, S. 472. 1903. — Escherich, Th.: Was nennen wir Skrofulose? Wien. klin. Wochenschr. 1909. S. 224. — Esser: Beiträge zur Frage der atypischen Tuberkulosen. Beitr. z. Klin. d. Tuberkul. Bd. 63, S. 699. 1926. — Franke, F.: Über die primäre Tuberkulose der Milz. Dtsch. med. Wochenschr. 1906. S. 1656. — Ghon, Kudlich, Schmiedl: Die Veränderungen der Lymphknoten in den Venenwinkeln bei Tuberkulose und ihre Bedeutung. Zeitschr. f. Tuberkul. Bd. 46, S. 1 u. 97. 1926. — Graeberg: Die Lokalisation der miliaren Tuberkelknoten in der Milz beim Menschen. Virchows Arch. f. pathol. Anat. u. Physiol. Bd. 260, S. 287. 1926. — Hallermann, A.: Über den Verlauf eines Falles von Milztuberkulose und seine Behandlung mit Röntgenstrahlen. Klin. Wochenschr. 1927. S. 502. — Haustein, Hermann: Über hämatogene Lymphdrüsentuberkulose. Arb. a. d. Geb. d. pathol. Anat. u. Bakteriol. a. d. pathol. Inst. Tübingen. Bd. 7, S. 117. 1909. — v. Hayek, H.: Zur Immunbiologie der Skrofulose. Die extrapulmonale Tuberkulose. Bd. 2, S. 73. 1927. — Heitzmann, O.: Über das Vorkommen roter Blutkörperchen in den Miliartuberkeln der Milz. Virchows Arch. f. pathol. Anat. u. Physiol. Bd. 227, S. 174. 1920. — Hemmerling und Schleissing: Siehe S. 494. — Joest, E. (1): Versuche zur Frage des Vorkommens latenter Tuberkelbazillen in Lymphdrüsen. Verhandl. d. dtsch. pathol. Ges. Bd. 15, S. 109. 1912. — (2): Zur Histogenese der Lymphdrüsentuberkulose. Verhandl. d. dtsch. pathol. Ges. Bd. 15, S. 101. 1912. — Joest und Emshoff (1): Studien über die Histogenese des Lymphdrüsentuberkels und die Frühstadien der Lymphdrüsentuberkulose. Virchows Arch. f. pathol. Anat. u. Physiol. Bd. 210, S. 188. 1912. — (2): Nachtrag zu unserer Arbeit „Studien über die Histogenese der Lymphdrüsentuberkulose und die Frühstadien des Lymphdrüsentuberkels". Virchows Arch. f. pathol. Anat. u. Physiol. Bd. 214, S. 475. 1913. — Joest, Emshoff und Semmler: Experimentelle Untersuchungen zur Frage des Vorkommens latenter Tuberkelbazillen in Lymphknoten. Zeitschr. f. Infektionskrankh., parasitäre Krankh. u. Hyg. d. Haustiere. Bd. 12, S. 117. 1912. — Kaiser, Albert: Über primäre Tuberkulose der Lymphdrüsen. Arb. a. d. Geb. d. pathol. Anat. u. Bakteriol. a. d. pathol. Inst. Tübingen. Bd. 7, S. 129. 1909. — Kaufmann, E.: Milz. Lehrbuch, 7. u. 8. Aufl. Berlin u. Leipzig 1922. S. 182. — Klein, St.: Die isolierte Tuberkulose der Mesenteriallymphdrüsen. Beitr. z. Klin. d. Tuberkul. Bd. 63, S. 268. 1926. — Krische, K.: Kombination von Krebs und Tuberkulose in metastatisch erkrankten Drüsen. Frankfurt. Zeitschr. f. Pathol. Bd. 12, S. 63. 1913. — Lorey, A.: Über Miliartuberkulose. Beitr. z. Klin. d. Tuberkul. Bd. 24, S. 235. 1912. — Lubarsch, O.: Pathologische Anatomie der Milz. Handbuch der speziellen pathologischen Anatomie. Bd. 1, 2, S. 574. Berlin 1927. — Mönckeberg, J. G.: Zur Komplikation myeloider Leukämie mit Tuberkulose. Verhandl. d. dtsch. pathol. Ges. Bd. 15, S. 42. 1912. — Moro: Über Skrofulose. Jahrb. f. Kinderheilk. Bd. 116, S. 127. 1927. — Nüssel, K.: Ein Fall von hochgradiger aktiver Bronchialdrüsentuberkulose und Paratrachealdrüsentuberkulose bei einem 16 jährigen Kinde. Beitr. z. Klin. d. Tuberkul. Bd. 62, S. 505. 1926. — Pagel, W.: Zur Entstehungsgeschichte des Milztuberkels. Zentralbl. f. allg. Pathol. u. pathol. Anat. Bd. 38, S. 195. 1926. — Petroff: Histologische Veränderungen in der Milz bei chronischer Lungentuberkulose. Beitr. z. Klin. d. Tuberkul. Bd. 66, S. 660. 1927. — Pickhan: Tuberkulose der axillaren Lymphknoten bei Lungentuberkulose. Virchows Arch. f. pathol. Anat. u. Physiol. Bd. 231, S. 212. 1921. — Ponfick: Über die Beziehungen der Skrofulose zur Tuberkulose. Verhandl. d. Ges. f. Kinderheilk. Bd. 72, S. 88. 1901. — Prym, P.: Tuberkulose der axillaren Lymphknoten bei Geschwülsten der Brustdrüse. Beitr. z. Klin. d. Tuberkul. Bd. 63, S. 900. 1926. — Ranke, K. E.: Primäraffekt, sekundäre und tertiäre Stadien der Lungentuberkulose. Dtsch. Arch. f. klin. Med. Bd. 119, S. 201 u. 297. 1916. Bd. 129, S. 224. 1917. — Rost, G. A.: Beitrag zum Skrofuloseproblem. Die extrapulmonale Tuberkulose. Bd. 2, S. 91. 1927. — Schubert und Geipel: Über sog. primäre Milztuberkulose. Münch. med. Wochenschr. 1914. S. 1852. — Schröder, Kaufmann und Kögel: Über die Rolle der Milz als Schutzorgan gegen tuberkulöse Infektion. Beitr. z. Klin. d. Tuberkul. Bd. 23, S. 1. 1912. — Spieler, Fritz: Skrofulose und Tuberkulose. Leipzig und Wien: Deuticke 1920. — Sternberg, C.: Die Lymphknoten. Handbuch der speziellen pathologischen Anatomie. Bd. 1, 1, S. 292. Berlin 1926. — Strehl: Über Milztuberkulose. Arch. f. klin. Chirurg. (Langenbeck). Bd. 88, S. 834. 1909. — Tangl und Brentano: Beitrag zur Ätiologie der Pseudoleukämie. Dtsch. med. Wochenschr. 1891. S. 588. — Weil, E.: La tuberculose de la rate. Bull. de la soc. d'études sc. sur la tubercul. July 1911. — Weishaupt, H.: Über das Verhältnis von Pseudoleukämie und Tuberkulose. Arb. a. d. Geb. d. pathol. Anat. u. Bakteriol. a. d. pathol. Inst. Tübingen. Bd. 1, S. 194. 1891/92. — Weleminsky, F.: Pathogenese der Tuberkulose. Die extrapulmonale Tuberkulose. Bd. 1, H. 6, S. 32. 1925.

Drüsen mit innerer Sekretion.

Addison: Die Erkrankungen der Nebenniere und ihre Folgen (1855; übers. von E. Ebstein). Klassiker d. Med. Bd. 20. Leipzig 1912. — Arnd, C.: Beitrag zur Kenntnis der Schilddrüsentuberkulose. Dtsch. Zeitschr. f. Chirurg. Bd. 116, S. 7. 1912. — Beck: Hypophyse. Ammons Zeitschr. f. Ophth. 1835. — Berberich, J. und Fischer-Wasels: Schilddrüse und innere Sekretion. Handbuch der inneren Sekretion. Bd. 1, S. 337. — Berblinger, W.: Die Glandula pinealis. Handbuch der speziellen pathologischen Anatomie. Bd. 8, S. 711. Berlin 1926. — Bittorf: Die Pathologie der Nebennieren und das Morbus Addisonii. Jena 1908. — Branchli: Beiträge zur pathologischen Anatomie der Hypophyse. Frankfurt. Zeitschr. f. Pathol. Bd. 31, S. 459. 1925. — v. Brandenstein: Basedowsymptome bei Lungentuberkulose. Berlin. klin. Wochenschr. 1912. S. 1840. — Bruns: Struma tuberculosa. Brun's Beitr. z. klin. Chirurg. Bd. 10, S. 1. 1893. — Clairmont: Zur Tuberkulose der Schilddrüse (Struma tuberculosa). Wien. klin. Wochenschr. 1902, S. 1267. — Cohnheim: Über Tuberkulose der Chorioidea. Virchows Arch. f. pathol. Anat. u. Physiol. Bd. 39, S. 49. 1867. — Creite: Über tuberkulöse Strumen. Brun's Beitr. z. klin. Chirurg. Bd. 78, S. 487. 1912. — Demme: Erkrankungen der Schilddrüse. Handbuch der Kinderheilkunde. Bd. 3, 2. 1878. — Dietrich, A. und H. Siegmund: Die Nebennieren und das chromaffine System. Handbuch der speziellen pathologischen Anatomie. Bd. 8, S. 1029. 1926. — Fischer-Wasels, B. und J. Berberich: Epithelkörperchen und innere Sekretion. Handbuch der inneren Sekretion. Bd. 1, S. 432. — Fraenkel, E. (1): Über Schilddrüsentuberkulose. Virchows Arch. f. pathol. Anat. u. Physiol. Bd. 104, S. 58. 1886. — (2): Über Schilddrüsentuberkulose. Virchows Arch. f. pathol. Anat. u. Physiol. Bd. 104, S. 58. 1886. — Froboese: Die tuberkulöse Erkrankung der Hypophysis, insbesondere über die primäre Form. Zentralblatt f. allg. Pathol. u. pathol. Anat. Bd. 29, S. 145. 1918. — Gebele: Über Schilddrüsentuberkulose. Münch. med. Wochenschr. 1913. S. 1683. — Hedinger, E.: Zur Lehre der Schilddrüsentuberkulose. Dtsch. Zeitschr. f. Chiurg. Bd. 116, S. 125. 1912. — Heidkamp, H.: Beitrag zur Tuberkulose der Hypophyse. Virchows Arch. f. pathol. Anat. u. Physiol. Bd. 210, S. 445. 1912. — Herxheimer, G.: Die Epithelkörperchen. Handbuch der speziellen pathologischen Anatomie. Bd. 8, S. 604. Berlin 1926. — Hueter, C.: Hypophysistuberkulose bei einer Zwergin. Virchows Arch. f. pathol. Anat. u. Physiol. Bd. 182, S. 219. 1905. — Hufnagel: Basedow im Anschluß an tuberkulöse Erkrankung. Münch. med. Wochenschr. 1908. 2392. — Josephy: Die feinere Histologie der Epiphyse. Zeitschr. f. d. ges. Neurol. u. Psychiatrie. Bd. 62, S. 91. 1920. — Ivanoff: De la tbc. de la glande thyroid. Thèse de Lyon. 1899. — Kashivamura: Die Schilddrüse bei Infektionskrankheiten. Virchows Arch. f. pathol. Anat. u. Physiol. Bd. 166, S. 373. 1901. — Kaufmann, E.: Drüsen mit innerer Sekretion. Lehrbuch. 7. u. 8. Aufl. Berlin u. Leipzig 1922. S. 393, 412, 1004, 1515. — Kraus, E. J.: Die Hypophyse. Handbuch der speziellen pathologischen Anatomie. Bd. 8, S. 859. Berlin

1926. — KURZAK: Die Tuberkulose des Keilbeins und ihre Beziehungen zur Hypophyse. Zeitschr. f. Tuberkul. Bd. 34, S. 433. 1921. — LEBERT: Die Krankheiten der Schilddrüse und ihre Behandlung. 1862. — LÖFFLER: Beitrag zur Kenntnis der Addisonschen Krankheit. Zeitschr. f. klin. Med. Bd. 90, S. 265. 1921. — NATHER, KARL: Zur Pathologie der Schilddrüsentuberkulose. Mitt. a. d. Grenzgeb. d. Med. u. Chirurg. Bd. 33, S. 375. 1921. — OEHLER: Über das histologische Bild der Basedowstruma in seinem Verhältnis zum klinischen Bild der Basedowschen Krankheit. Zugleich ein Beitrag zur Kasuistik der Tuberkulose der Basedowstruma. Brun's Beitr. z. klin. Chirurg. Bd. 83, S. 156. 1912. — PULAWSKI, A.: Ein Fall von Addisonscher Krankheit. Wien. klin. Wochenschr. 1912. S. 757. — PUPOVAC: Zur Kenntnis der Tuberkulose der Schilddrüse. Wien. klin. Wochenschrift. 1903. S. 1012. — REINHART: Über Kombination von Krebs und Kropf mit Tuberkulose. Virchows Arch. f. pathol. Anat. u. Physiol. Bd. 224, S. 236. 1917. — RENDLEMAN und MARKER: Ein Fall von primärer Schilddrüsentuberkulose. Journ. of the Americ. med. assoc. Vol. 76, p. 306. 1921. — RUPPANNER: Über tuberkulöse Strumen. Frankfurt. Zeitschrift f. Pathol. Bd. 2, S. 513. 1909. — SCHMIDT, M. B.: Akromegalie. Ergebn. d. allg. Pathol. u. pathol. Anat. Bd. 5, S. 918. 1898. — SCHMIDTMANN: Über anatomische Veränderungen des Hirnanhanges bei Tuberkulose. Zentralbl. f. allg. Pathol. u. pathol. Anat. Bd. 30, S. 3. 1919/20. — SCHMINCKE, A.: Pathologie des Thymus. Handbuch der speziellen pathologischen Anatomie. Bd. 8, S. 784. Berlin 1926. — SCHÖNBERG: Primäre Schilddrüsentuberkulose und allgemeine Miliartuberkulose. Zentralbl. f. allg. Pathol. u. pathol. Anat. Bd. 27, 464. 1916. — SIMMONDS: Zur Pathologie der Hypophyse. Verhandl. d. dtsch. pathol. Ges. Bd. 17, S. 208. 1914. — STAEMMLER: Über Kropfbefunde im Leichenhause des Charitékrankenhauses zu Berlin. Virchows Arch. f. pathol. Anat. u. Physiol. Bd. 217, S. 184. 1914. — UEMURA: Die Tuberkulose der Schilddrüse mit besonderer Berücksichtigung der Tuberkulose in Basedowschilddrüsen. Dtsch. Zeitschr. f. Chirurg. Bd. 140, S. 242. 1917. — VIRCHOW: Die krankhaften Geschwülste. Virchows Arch. f. pathol. Anat. u. Physiol. Bd. 2, S. 679. 1864/65 u. Bd. 3, S. 63. 1864/65. — VOLK: Riesenzellen in der Schilddrüse. Inaug.-Diss. Frankfurt 1921. — WEGELIN: Schilddrüse. Handbuch der speziellen pathologischen Anatomie. Bd. 8, S. 125. Berlin 1926. — WILDFANG: Tuberkulose des Thymus. Inaug.-Diss. Kiel 1883. — WILKE: Über Riesenzellbildung in Thyroidea und Prostata. (Zugleich ein Beitrag zur Histologie der Fremdkörpertuberkulose.) Virchows Arch f. pathol. Anat. u. Physiol. Bd. 211, S. 165. 1913.

Harnorgane.

v. BAUMGARTEN, P.: Über aszendierende Urogenitaltuberkulose. Arb. a. d. Geb. d. pathol. Anat. u. Bakteriol. a. d. pathol. Inst. Tübingen. Bd. 5, S. 372. 1906. — BENDA (1): Zur Kenntnis der Histiogenese des miliaren Tuberkels und der Wirkung des Tuberkelbazillus beim Menschen. Pathol.-anat. Arbeiten. Festschr. f. ORTH, Berlin 1903. S. 520. — CEELEN, W.: Über tuberkulöse Schrumpfnieren. Virchows Arch. f. pathol. Anat. u. Physiol. Bd. 219, S. 68. 1915. — GROMELSKI, A.: Die zellulären Abwehrvorgänge des großen Netzes gegenüber Tuberkelbazillen und die Abhängigkeit der spezifischen Gewebsreaktion von der Zustandsänderung der Bazillen. Krankheitsforschung. Bd. 3, S. 355. 1926. — HARBITZ, F.: Über spontane Heilbarkeit der Nierentuberkulose. Zeitschr. f. urol. Chirurg. Bd. 1, S. 582. 1913. — HEYN, A.: Über disseminierte Nephritis bacillaris Tuberkulöser ohne Nierentuberkel. Virchows Arch. f. pathol. Anat. u. Physiol. Bd. 156, S. 42. 1901. — JOUSSET (1): Reins et bacilles de KOCH. Arch. méd. exp. 1904. — (2): La bacillémie tbc. Semaine de méd. 1904. p. 269. — (3): Des septicémie tbc. Semaine de méd. 1903. p. 153. — KAUFMANN, E.: Nierentuberkulose. Lehrbuch. 7. u. 8. Aufl. Berlin u. Leipzig 1922. S. 1072. — KIRCH, E.: Über tuberkulöse Leberzirrhose, tuberkulöse Schrumpfnieren und analoge Folgeerscheinungen granulierender tuberkulöser Entzündung in Pankreas und Mundspeicheldrüsen. Virchows Arch. f. pathol. Anat. u. Physiol. Bd. 225, S. 129. 1918. — KÖNIG und PELS-LEUSDEN: Die Tuberkulose der Niere. Dtsch. Zeitschr. f. Chirurg. Bd. 55, S. 1. 1900. — ORTH, J.: Über die Folgen der Gefäßtuberkulose in den Nieren. Verhandl. d. pathol. dtsch. Ges. Bd. 15, S. 129. 1922. — SCHÖNBERG, S.: Über tuberkulöse Schrumpfnieren. Virchows Arch. f. pathol. Anat. u. Physiol. Bd. 220, S. 285. 1915. — TÖPPICH, G. (1): Der Abbau der Tuberkelbazillen in der Lunge durch Zellvorgänge und ihr Wiederauftreten in veränderter Form. Krankheitsforschung. Bd. 3, S. 335. 1926. — (2): Die zellulären

Abwehrvorgänge in der Lunge bei Erst- und Wiederinfektion mit Tuberkelbazillen. Krankheitsforschung. Bd. 2, S. 15. 1926. — WEGELIN und WILDBOLZ: Anatomische Untersuchungen von Frühstadien der chronischen Nierentuberkulose. Zeitschr. f. urol. Chirurg. Bd. 2, S. 201. 1914. — WILDBOLZ, H.: Die Tuberkulose der Harnorgane. Abh. a. d. Geb. d. Dermatol. usw. Bd. 1, H. 8. 1912. Handbuch der Urologie. Bd. 4, S. 1. 1927.

Geschlechtsorgane.

ALBRECHT, H.: Über die Beziehungen zwischen Peritoneal- und Genitaltuberkulose. Verhandl. d. dtsch. Ges. f. Gynäkol. Bd. 14, S. 428. 1911. — ASKANAZY, M.: La pathogénie de la tuberculose des voies génitales chez la femme. Schweiz. med. Wochenschr. 1923. S. 715. — BALLIANO, A.: Über einen Fall von primärer Tuberkulose der Samenkanälchen des Hodens und des Nebenhodens. Beitr. z. Klin. d. Tuberkul. Bd. 25, S. 385. 1912. — BAUER: Über die Kombination von Karzinom und Tuberkulose in der Mamma. Inaug.-Diss. Göttingen 1912. — BAUEREISEN: Die Ausbreitungswege der Genitaltuberkulose. Arch. f. Gynäkol. Bd. 96, S. 217. 1913. — v. BAUMGARTEN, P.: Experimente über die Ausbreitung der weiblichen Genitaltuberkulose im Körper. Arb. a. d. Geb. d. pathol. Anat. u. Bakteriol. a. d. pathol. Inst. Tübingen. Bd. 5, S. 247. 1906. — BENNECKE, A. (1): Über die Ascension der Tuberkulose im weiblichen Genitaltraktus. Zentralbl. f. Bakteriol., Parasitenk. u. Infektionskrankh., Abt. I, Orig. Bd. 64, S. 189. 1912. — (2): Experimentelle Studien zur aszendierenden Genitaltuberkulose. Verhandl. d. dtsch. Ges. f. Gynäkol. Bd. 14, S. 312. 1911. — BUNDSCHUH: Über Karzinom und Tuberkulose derselben Mamma. Beitr. z. pathol. Anat. u. z. allg. Pathol. Bd. 57, S. 65. 1913. — DAVIDSOHN, CARL: Tuberkulose der Vulva und Vagina. Berl. klin. Wochenschr. 1899. S. 547. — ENGELHORN, E.: Zur Frage der aszendierenden Urogenitaltuberkulose beim Weibe. Monatsschr. f. Geburtsh. u. Gynäkol. Bd. 35, S. 198. 1912. — FRAENKEL, E.: Orchitis fibrosa. Mitt. d. Hamburg. Staatskrankenanst. 1905. — FRANKENSTEIN: Bemerkungen zu einem Falle von männlicher Genitaltuberkulose. Frankfurt. Zeitschr. f. Pathol. Bd. 1, S. 268. 1907. — FISCHER, W.: Über Tuberkulose in einem Krebs der Brustdrüsen und in einem Krebs der Gallenblase. Arb. a. d. Geb. d. pathol. Anat. u. Bakteriol. a. d. pathol. Inst. Tübingen. Bd. 7, S. 215. 1910. — v. FRANQUÉ (1): Die Epithelveränderungen bei Tuberkulose der weiblichen Genitalien und ihre Beziehungen zur Karzinomentwicklung, besonders der Tube. Verhandl. d. dtsch. Ges. f. Gynäkol. Bd. 14, S. 301. 1911. — (2): Zur Tuberkulose der weiblichen Genitalien, insbesondere der Ovarien. Zeitschr. f. Geburtsh. u. Gynäkol. Bd. 37, S. 185. 1897. — (3): Über das gleichzeitige Vorkommen von Karzinom und Tuberkulose an den weiblichen Genitalien, insbesondere Tube und Uterus. Zeitschr. f. Geburtsh. u. Gynäkol. Bd. 69, H. 2. 1911. — GARKISCH, A.: Tuberkulöse Korpusluteumcyste. Zeitschr. f. Geburtsh. u. Gynäkol. Bd. 63, S. 66. 1908. — GEIPEL, P.: Über Säuglingstuberkulose. Zeitschr. f. Hyg. u. Infektionskrankh. Bd. 53, S. 1. 1906. — GÖTZEL: Die Tuberkulose der Prostata. Fol. urolog. Bd. 7, Nr. 7. — GRAGERT, O.: Über Genital- und Bauchfelltuberkulose beim Weibe. Beitr. z. Klin. d. Tuberkul. Bd. 63, S. 768. 1926. — GRÜNBAUM, D.: Adenomyoma corporis uteri mit Tuberkulose. Arch. f. Gynäkol. Bd. 81, S. 190, 383. — HARTUNG, E.: Ätiologie der primären Nebenhodentuberkulose. Virchows Arch. f. pathol. Anat. u. Physiol. Bd. 180, S. 179. 1905. — HOEHNE: Experimentelles und Klinisches zur Tuberkuloseinfektion des Peritoneums und der Urogenitalorgane. Verhandl. d. dtsch. Ges. f. Gynäkol. Bd. 14, S. 324. 1911. — HUNZIKER: Über miliare Tuberkulose bei Schwangerschaft, Geburt und Wochenbett. Verhandl. d. dtsch. Ges. f. Gynäkol. Bd. 14, S. 360. 1911. — JADASSOHN, W.: Akute Nebenhodentuberkulose mit vorwiegend tuberkelfreier Entzündung. Die extrapulmonale Tuberkulose, Bd. 1, H. 6, S. 20. 1925. — INGIER, H.: Mastitis tuberculosa obliterans. Virchows Arch. f. pathol. Anat. u. Physiol. Bd. 202, S. 217. 1910. — JUNG, PH. (1): Über die Tuberkulose der Genitalien und des uropoetischen Systems beim Weibe. Verhandl. d. dtsch. Ges. f. Gynäkol. Bd. 14, S. 29. 1911. — (2): Zur Frage der aszendierenden Urogenitaltuberkulose beim Weibe. Monatsschr. f. Geburtsh. u. Gynäkol. Bd. 35, S. 200. 1912. — (3): Urogenitaltuberkulose beim Weibe. Monatsschr. f. Geburtsh. u. Gynäkol. Bd. 35, H. 2. 1912. — KAFKA: Die Genese der weiblichen Genitaltuberkulose. Die extrapulmonale Tuberkulose. Bd. 1, 4, S. 13. 1925. — KALBFLEISCH: Beitrag zur Kenntnis der Genitaltuberkulose des Weibes; primäre Tuberkulose. Beitr. z. Klin. d. Tuberkul. Bd. 66, S. 328. 1927. — KAUFMANN, E. (1): Männliche Genitalien. Lehrbuch. 7. u. 8. Aufl. Berlin

u. Leipzig 1922. S. 1164, 1186, 1189, 1202. — (2): Weibliche Genitalien. Lehrbuch. 7. u. 8. Aufl. Berlin u. Leipzig 1922. S. 1213, 1249, 1280, 1349 u. 1374. — KELLER, R.: Histologische Untersuchungen über den Infektionsweg bei der weiblichen Genitaltuberkulose. Arch. f. Gynäkol. Bd. 98, S. 253. 1913. — KOCH, G.: Über isolierte Prostatatuberkulose. Frankfurt. Zeitschr. f. Pathol. Bd. 1, S. 272. 1907. — KRÖNIG, B.: Genitaltuberkulose. Verhandl. d. dtsch. Ges. f. Gynäkol. Bd. 14, S. 206. 1911. — LEHMANN, F.: Weitere Mitteilungen über Plazentartuberkulose. Berl. klin. Wochenschr. 1894. S. 601 u. 646. — MAYER, A.: Genitaltuberkulose des Weibes und Konstitution. Beitr. z. Klin. d. Tuberkul. Bd. 63, S. 874. 1926. — MENGE: Experimentelles zur Genitaltuberkulose des Weibes. Verhandl. d. dtsch. Ges. f. Gynäkol. Bd. 14, S. 317. 1911. — MÜLLER, ALB.: Zur primären Tubentuberkulose. Dtsch. med. Wochenschr. 1910. S. 1529. — NAGASHIMA, Y.: Über die Beteiligung der Brustdrüse des Weibes bei der Tuberkulose der inneren Organe usw. Virchows Arch. f. pathol. Anat. u. Physiol. Bd. 254, S. 184. 1925. — NIEPOKOJCZYCKA, H.: La tuberculose génitale chez la femme. Thèse, Genf 1912. — PANKOW, O.: Die Genitaltuberkulose des Weibes. Handbuch der Tuberkulose. Bd. 3, S. 623. 1923. — PETERS (1): Die Tuberkulose des Penis. Bruns Beitr. z. klin. Chirurg. Bd. 122, S. 647. 1921. — (2): Über Tuberkulose der männlichen Geschlechtsorgane. Fortschr. d. Med. Bd. 38, Nr. 11. 1921. — PRIBRAM, E.: Zur Tuberkulose der Ovarialgeschwülste. Monatsschr. f. Geburtsh. u. Gynäkol. Bd. 55, S. 256. 1921. — ROSENTHAL, TH.: Zur Tuberkulose der Eierstockgeschwülste. Monatsschr. f. Geburtsh. u. Gynäkol. Bd. 34, S. 302. 1911. — ROSHDESTWENSKY, W. I.: Pathologisch-anatomische Veränderungen in den Hoden bei der Lungentuberkulose. Beitr. z. Klin. d. Tuberkul. Bd. 63, S. 138. 1926. — ROUX, C.: In das Rektum perforierte tuberkulöse Pyosalpinx. Dtsch. Zeitschr. f. Chirurg. Bd. 116, S. 671. 1912. — SCHLIMPERT (1): Die Tuberkulose bei der Frau, insbesondere die Bauchfell- und die Genitaltuberkulose usw. Arch. f. Gynäkol. Bd. 94, S. 863. 1911. — (2): Über Placentartuberkulose. Arch. f. Gynäkol. Bd. 90, S. 121. 1910. — SCHMORL: Über die Tuberkulose der menschlichen Plazenta. Verhandl. d. dtsch. pathol. Ges. Bd. 7, S. 94. 1904. — SCHMORL und GEIPEL: Über die Tuberkulose der menschlichen Plazenta. Münch. med. Wochenschr. 1904. S. 1676. — SCHMORL und KOCKEL: Die Tuberkulose der menschlichen Plazenta und ihre Beziehung zur fötalen Tuberkulose. Beitr. z. pathol. Anat. u. z. allg. Pathol. Bd. 16, S. 313. 1897. — SCHNEIDER: Über primäre weibliche Genitaltuberkulose. Inaug.-Diss. Freiburg 1913. — SEIFERT, O.: Über Tuberkulose der äußeren Genitalien des Weibes. Arch. f. Dermatol. u. Syphilis. Bd. 113, S. 1065. 1912. — SIMMONDS, M. (1): Über Frühformen der Samenblasentuberkulose. Virchows Arch. f. pathol. Anat. u. Physiol. Bd. 183, S. 92. 1906. — (2): Über hämatogene Tuberkulose der Prostata. Virchows Arch. f. pathol. Anat. u. Physiol. Bd. 216, S. 45. 1914. — (3): Über Tuberkulose des weiblichen Genitalapparates. Arch. f. Gynäkol. Bd. 88, S. 29. 1909. — SITZENFREY, A.: Die Lehre von der kongenitalen Tuberkulose mit besonderer Berücksichtigung der Plazentartuberkulose. Habilitationsschr. Gießen 1908. — SUGIMURA, ST.: Zur Frage der aszendierenden Urogenitaltuberkulose beim Weibe. Monatsschr. f. Geburtsh. u. Gynäkol. Bd. 34, S. 674. 1911. Arb. a. d. Geb. d. pathol. Anat. u. Bakteriol. a. d. pathol. Inst. Tübingen. Bd. 8, S. 29. 1912. — SUSSIG, L. (1): Zur Frage über die Genese der Tuberkulose des männlichen Genitales. Dtsch. Zeitschr. f. Chirurg. Bd. 165, S. 101. 1921. — (2): Einiges über die Genese der männlichen Genitaltuberkulose. Die extrapulmonale Tuberkulose. Bd. 1, H. 6, S. 10. 1925. — TEUTSCHLAENDER, O. R. (1): Die Samenblasentuberkulose und ihre Beziehungen zur Tuberkulose der übrigen Genitalorgane. Beitr. z. Klin. d. Tuberkul. Bd. 3, S. 215 u. 297. 1905. — (2): Wie breitet sich die Genitaltuberkulose aus. Beitr. z. Klin. d. Tuberkul. Bd. 5, S. 83. 1906. — TSUDA, S.: Über die hämatogene Prostatatuberkulose. Virchows Arch. f. pathol. Anat. u. Physiol. Bd. 251, S. 1. 1924. — WOLFF, S.: Die Genital- und Peritonealtuberkulose des Weibes mit besonderer Berücksichtigung von 82 Fällen der Heidelberger Univ.-Frauenklinik. Inaug.-Diss. Heidelberg 1919 u. Beitr. z. Geburtsh. u. Gynäkol. Bd. 17, S. 296. 1913. — ZAHN, F. W.: Uteruspolyp mit Tuberkeln. Virchows Arch. f. pathol. Anat. u. Physiol. Bd. 115, S. 66. 1889. — ZOLLINGER: Hoden- und Nebenhodentuberkulose und Unfall. Zeitschr. f. Tuberkul. Bd. 48, S. 119. 1927.

Skelett, Muskeln, Haut.

ACKERMANN, V.: Die Tuberkulose der Vorderarmknochen. Inaug.-Diss. Freiburg 1912. — BRENNER: Über klinisch latente Wirbelsäulentuberkulose. Frankfurt. Zeitschr.

f. Pathol. Bd. 1. 1907. — Chancellor: Beitrag zur Frage des Primäraffektes bei der Tuberkulose. Zeitschr. f. Kinderheilk. Bd. 10, S. 12. 1914. — Dansel, E.: Über primäre Muskeltuberkulose. Inaug.-Diss. Berlin 1913. — Fraenkel, E.: Über eine eigenartige Form multipler Knochentuberkulose (Spina ventosa multiplex adultorum). Beitr. z. Klin. d. Tuberkul. Bd. 50, S. 441. 1922. — Gans, O.: Histologie der Hautkrankheiten. Bd. 1, S. 418ff. Berlin 1925. — Goldmann (1): Über das reiskörperchenhaltige Hygrom der Sehnenscheiden. Beitr. z. pathol. Anat. u. z. allg. Pathol. Bd. 7, S. 299. 1890. — (2): Über die Bildungsweise der Reiskörperchen in tuberkulös erkrankten Gelenken, Schleimbeuteln, und Sehnenscheiden. Brun's Beitr. z. klin. Chirurg. Bd. 15, S. 757. 1896. — Hauser: Über einen Fall von perforierender Tuberkulose der glatten Schädelknochen. Arch. f. klin. Med. Bd. 40. 1887. — Hedinger, E.: Miliartuberkulose der Haut bei Tuberkulose der Aorta abdominalis. Frankfurt. Zeitschr. f. Pathol. Bd. 2, S. 121. 1908. — Kaiser, Frida: Zur Kenntnis der primären Muskeltuberkulose. Inaug.-Diss. Berlin 1905. — Kaufmann, E. (1): Gelenke. Lehrbuch. 7. u. 8. Aufl. Berlin u. Leipzig 1922. S. 981. — (2): Knochen. Lehrbuch. 7. u. 8. Aufl. Berlin u. Leipzig. 1922. S. 874. — (3): Muskeln. Lehrbuch. 7. u. 8. Aufl. Berlin u. Leipzig 1922. S. 1584. — Kobylicka, K.: Zwei Fälle von Rheumatismus tbc. (Poncetsche Krankheit. Inaug.-Diss. Berlin 1912. — König, F.: Die Tuberkulose der menschlichen Gelenke sowie der Brustwand und des Schädels. Berlin 1906. — Königer, U.: Über Schädeltuberkulose. Inaug.-Diss. München 1905. — Landouzy, L. H. Gongerot et H. Valin: Démonstration et pathogénie des arthropathies bac. séreuses et congestives. Presse méd. 1912. p. 385. — Lewandowsky, F.: Die Tuberkulose der Haut. Berlin 1916. — Lexer, E.: Lehrbuch der allgemeinen Chirurgie. 12. u. 13. Aufl. Bd. 2. Stuttgart 1921. — Madlener, M.: Die Tuberkulose des Schambeins. Dtsch. Zeitschr. f. Chirurg. Bd. 196, S. 329. 1926. — Marchand, F.: Über Tuberkulose der Körpermuskeln. Virchows Arch. f. pathol. Anat. u. Physiol. Bd. 72, S. 142. 1878. — Melchior: Zur Kasuistik des tuberkulösen Gelenkrheumatismus. Therapie d. Gegenw. 1908. S. 444. — Müller, Paul: Ein Fall von progressiver Rippenknorpelnekrose (Perichondritis costalis tuberculosa). Med. Klinik. 1911. Nr. 20. — Popper, E.: Chronischer tuberkulöser Gelenkrheumatismus. Wien. med. Wochenschrift. 1912. S. 2418. — de Quervain: Tuberkulose der Knochen und Gelenke. Die extrapulmonale Tuberkulose. Bd. 1, H. 1. 1925. — Rall, O.: Tuberkulose des Schädeldaches. Inaug.-Diss. Tübingen 1906. — Roepke: Gelenktuberkulose unter dem Bilde des Gelenkrheumatismus (Poncet). Inaug.-Diss. Leipzig 1910. — Saltykow: Über Tuberkulose der quergestreiften Muskeln. Zentralbl. f. allg. Pathol. u. pathol. Anat. Bd. 13, S. 715. 1902. — Schmidt, M. B.: Allgemeine Pathologie und pathologische Anatomie der Knochen. (3. Teil. Die tuberkulösen Knochenentzündungen.) Ergebn. d. allg. Pathol. u. pathol. Anat. Bd. 7, S. 221. 1900—1901. — Siegfried, R.: Beitrag zur Beckentuberkulose. Samml. klin. Vortr. 1912. S. 662, Chirurg.-Nr. 184. — v. Volkmann: Die perforierende Tuberkulose der Knochen des Schädeldaches. Zentralbl. f. Chirurg. Bd. 1, S. 3. 1880. — Vouté, H.: Über Ostitis tuberculosa multiplex. Beitr. z. Klin. d. Tuberkul. Bd. 59, S. 272. 1924. — Zondek: Zur primären Muskeltuberkulose. Münch. med. Wochenschr. 1917. S. 891.

Nervensystem.

Askanazy, M.: Die Gefäßveränderungen bei der akuten tuberkulösen Meningitis und ihre Beziehungen zu den Gehirnläsionen. Dtsch. Arch. f. klin. Med. Bd. 99, S. 333. 1910. Biber, W.: Über Hämorrhagien und Gefäßveränderungen bei tuberkulöser Meningitis. Frankfurt. Zeitschr. f. Pathol. Bd. 6, S. 262. 1911. — Birch-Hirschfeld: Lehrbuch der pathologischen Anatomie. Bd. 2, 1, S. 268. Leipzig 1894—1897. — Busse, O.: Über eine ungewöhnliche Form der Meningitis tuberculosa. Virchows Arch. f. pathol. Anat. u. Physiol. Bd. 145, S. 107. 1896. — Chiari: Zur Kenntnis der Pachymeningitis tuberculosa interna bei Meningitis tuberculosa. Arch. f. exp. Pathol. u. Pharmakol. Suppl. S. 110. 1908. — v. Fieandt: Beiträge zur Kenntnis der Pathogenese und Histologie der experimentellen Meningeal- und Gehirntuberkulose. Berlin 1911. — Hektoen: The vascular changes of tbc. meningitis especially the tbc. endarteritis. Journ. of exp. med. Vol. 1, p. 112. 1896. — Hirschsohn: Zur Kenntnis der Tuberkulose der Hirnrinde, sowie des atypischen Verlaufes der entsprechenden Hirnhautentzündungen. (Leptomeningitis tbc. chron. adls.) Beitr. z. Klin. d. Tuberkul. Bd. 51, S. 38. 1922. — Houcid, A.: Les modifications des vaisseaux dans la méningite tuberculeuse aigue. Inaug.-Diss. Genf 1909. — Kaup, M.: Über Gefäßtuberkulose in weichen Hirnhäuten mit tödlicher intrazerebraler Blutung. Frankfurt.

Zeitschr. f. Pathol. Bd. 34, S. 117. 1926. — KMENT: Zur Meningitis tuberculosa mit besonderer Berücksichtigung ihrer Genese. Tuberkul.-Bibliothek. Bd. 14, S. 1. 1924. — RANKE, O.: Beiträge zur Lehre von der Meningitis tuberculosa. Histol. u. histopathol. Arb. über die Großhirnrinde, herausgegeb. von NISSL. Bd. 2, S. 252. 1908. — RIBBERT-MÖNCKEBERG: Lehrbuch der allgemeinen Pathologie. 8. Aufl. Leipzig 1921. S. 415. — RÖSSLE: Über eine chronische tuberkulöse Meningitis. Verhandl. d. dtsch. pathol. Ges. Bd. 17, S. 557. 1914. — SIEPER: H., Die Meningitis in den verschiedenen Stadien der Tuberkulose. Beitr. z. Klin. d. Tuberkul. Bd. 64, S. 311. 1926. — STEINMEIER: Statistische Erhebungen über das Vorkommen von Meningitis tbc. bei anderweitigen Organtuberkulosen. Virchows Arch. f. pathol. Anat. u. Physiol. Bd. 216, S. 452. 1914. — WALBAUM, O.: Das Ependym der Hirnventrikel bei tuberkulöser Meningitis. Virchows Arch. f. pathol. Anat. u. Physiol. Bd. 160, S. 85. 1900.

Namenverzeichnis.